### JOÃO USBERCO

Bacharel em Ciências Farmacêuticas pela Faculdade de Ciências Farmacêuticas da Universidade de São Paulo (FCF-USP).
Professor de Química de escolas de Ensino Médio.

### PHILIPPE SPITALERI KAUFMANN (PH)

Bacharel em Química pelo Instituto de Química da Universidade de São Paulo (IQ-USP).
Professor de Química de escolas de Ensino Médio.

---
PARTE I
# Química

**Presidência:** Mario Ghio Júnior
**Direção de soluções educacionais:** Camila Montero Vaz Cardoso
**Direção editorial:** Lidiane Vivaldini Olo
**Gerência editorial:** Viviane Carpegiani
**Gestão de área:** Julio Cesar Augustus de Paula Santos
**Edição:** Erich Gonçalves da Silva e Mariana Amélia do Nascimento
**Planejamento e controle de produção:** Flávio Matuguma (ger.), Felipe Nogueira, Juliana Batista, Juliana Gonçalves e Anny Lima
**Revisão:** Kátia Scaff Marques (coord.), Brenda T. M. Morais, Claudia Virgilio, Daniela Lima, Malvina Tomáz e Ricardo Miyake
**Arte:** André Gomes Vitale (ger.), Catherine Saori Ishihara (coord.) e Lisandro Paim Cardoso (edição de arte)
**Diagramação:** WYM Design
**Iconografia e tratamento de imagem:** André Gomes Vitale (ger.), Claudia Bertolazzi e Denise Kremer (coord.), Evelyn Torrecilla (pesquisa iconográfica) e Fernanda Crevin (tratamento de imagens)
**Licenciamento de conteúdos de terceiros:** Roberta Bento (ger.), Jenis Oh (coord.), Liliane Rodrigues, Flávia Zambon e Raísa Maris Reina (analistas de licenciamento)
**Ilustrações:** Adilson Secco, Conceitograf, Ericson Guilherme Luciano, Hélio Senatore, Luis Moura, Mario Kanno, Paulo César Pereira, R2 Editorial
**Cartografia:** Eric Fuzii (coord.) e Robson Rosendo da Rocha
**Design:** Erik Taketa (coord.) e Adilson Casarotti (proj. gráfico e capa)
**Foto de capa:** Westend61/Getty Images / welcomia/Shutterstock / fotohunter/Shutterstock

Todos os direitos reservados por Somos Sistemas de Ensino S.A.
Avenida Paulista, 901, 6º andar – Bela Vista
São Paulo – SP – CEP 01310-200
http://www.somoseducacao.com.br

**Dados Internacionais de Catalogação na Publicação (CIP)**

```
Usberco, João
   Conecte live : Química : volume único / João
Usberco, Philippe Spitaleri. -- 1. ed. -- São Paulo :
Saraiva, 2020. (Conecte)

ISBN 978-85-4723-720-2 (aluno)
ISBN 978-85-4723-721-9 (professor)

1. Química (Ensino Médio) I. Título II. Spitaleri, Philippe
III. Série

20-2108                                        CDD 540.7
```

Angélica Ilacqua - CRB-8/7057

**2024**
Código da obra CL 801852
CAE 721909 (AL) / 721910 (PR)
OP: 258042 (AL)
ISBN 9788547237202 (AL)
ISBN 9788547237219 (PR)
1ª edição
10ª impressão
De acordo com a BNCC.

Impressão e acabamento: EGB Editora Gráfica Bernardi Ltda.

Uma publicação

# Apresentação

A Química, assim como outras ciências, exerce grande influência na vida cotidiana; seu estudo não está limitado às pesquisas de laboratório e à produção industrial.

Ao contrário do que se imagina, a Química está presente em nossa vida e é parte integrante dela. Quando preparamos os alimentos e os cozinhamos, quando lavamos os utensílios ou quando ingerimos um medicamento, estamos lançando mão de princípios, conceitos e reações da Química.

Neste **Conecte Live - Química volume único**, completamente reformulado, procuramos aproveitar as relevantes sugestões de diversos professores. Pretendemos que você aproveite ao máximo esta obra e consiga ampliar seus horizontes.

Durante seus estudos, conte sempre com a ajuda do professor: ele poderá orientar seu trabalho, esclarecer dúvidas, auxiliar nas pesquisas e, principalmente, trocar ideias e emitir opiniões. Bom estudo!

Usberco & PH

## Conheça seu livro

Apresentamos a seguir as partes que compõem este livro, as seções e os boxes, além do material complementar.

Este livro está distribuído em três partes (I, II e III), que podem ser utilizadas ao longo do Ensino Médio de modos variados, conforme a opção da escola e dos professores.

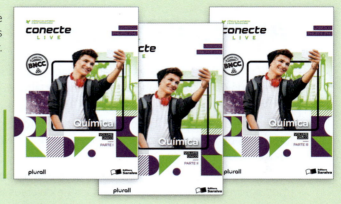

### Abertura de unidade

A obra está organizada em unidades, que reúnem capítulos com temas relativos a elas. Cada unidade se inicia sempre com um texto que explora algum aspecto interessante do que será estudado.

### Capítulos

Em cada capítulo são detalhados os conceitos abordados, estabelecendo sempre uma conexão com o que já foi trabalhado e fundamentando o que será estudado na sequência. As imagens complementam e enriquecem o texto.

### Boxes e seções

Em boxes, encontram-se seções variadas, que complementam informações, propõem pesquisas ou reflexões, fazem alertas, sugerem ampliações, entre outras constantes interações com você.

### Investigue seu mundo

Por meio de procedimentos simples, nesta seção são propostos experimentos e observações que tornam mais concretos alguns aspectos da Química.

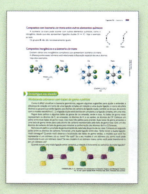

### Atividades

Para pôr em prática e consolidar seu aprendizado, você tem, ao longo dos capítulos, as seções **Exercícios resolvidos**, **Explore seus conhecimentos** e **Relacione seus conhecimentos**.

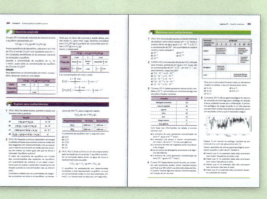

### Em contexto

Esta seção dialoga com as demais Ciências da Natureza e com os temas transversais saúde, ambiente, cidadania e pluralidade cultural. O objetivo é que você desenvolva um olhar mais completo sobre cada tema e perceba quanto a Química depende das outras ciências.

### Dica

Boxe com sugestões de *sites*, textos, tecnologias digitais, entre outros recursos que podem auxiliar você a compreender, ampliar ou aprofundar os estudos ao longo dos capítulos.

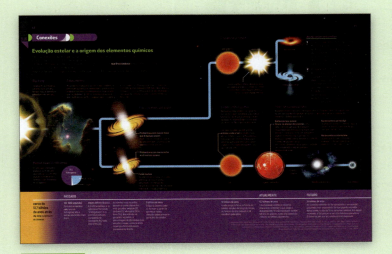

### Conexões

Por meio de textos, recursos visuais diversificados e atividades, esta seção traz assuntos pertinentes à Química, relacionando-os a outros campos de saber da área de Ciências da Natureza e suas Tecnologias ou de outras áreas de conhecimento.

### Perspectivas

Esta seção ajuda você a refletir sobre seu projeto de vida por meio de leituras e atividades que abordam temas contemporâneos importantes para o convívio social e o mundo do trabalho.

**plurall** Este ícone indica que há conteúdo adicional no Plurall.

### Projeto

Esta seção, por meio de questões e situações-problema, oferece a oportunidade de você e os colegas colocarem em prática conhecimentos e habilidades seguindo um percurso construído coletivamente.

Acompanha o livro do estudante um **Caderno de Atividades**. Você pode utilizar esse material para continuar a desenvolver os conhecimentos e habilidades trabalhados no livro, além de se preparar para o Enem e os principais vestibulares do Brasil.

# Sumário

## PARTE I

### Unidade 1
### Matéria, energia e estrutura da matéria

**Capítulo 1 – Composição da matéria** ............................ 10
- Teoria atômica de Dalton .................................................. 11
- Notação química ................................................................ 11
- Classificação da matéria .................................................. 12
- Sistemas ............................................................................. 14

**Capítulo 2 – Matéria, energia e transformações** ........ 17
- Sólidos, líquidos e gases ................................................... 17
- Transformações físicas e transformações químicas ...... 18
- Energia e algumas de suas modalidades ....................... 18
- Energia e mudanças de estado físico .............................. 20
- Diferenciando substância pura de mistura .................... 21

**Capítulo 3 – Métodos de separação de misturas** ....... 24
- Métodos de separação de misturas heterogêneas ........ 24
- Métodos de separação de misturas homogêneas ......... 26
- **Conexões** - Saneamento a mbiental .............................. 30

### Unidade 2
### Evolução do modelo atômico

**Capítulo 4 – O estudo do átomo** .................................... 33
- O modelo atômico de Thomson ...................................... 33

**Capítulo 5 – Estrutura do átomo** ................................... 38
- Número atômico ................................................................ 38
- Número de massa .............................................................. 38
- Íons ..................................................................................... 38
- Semelhanças atômicas ...................................................... 39

**Capítulo 6 – Radiações e suas aplicações** ................... 42
- A descoberta da radioatividade ....................................... 42
- Tipos de radiação .............................................................. 43
- Tempo de meia-vida .......................................................... 45
- Algumas aplicações das emissões radioativas ............... 46
- **Conexões** - Efeitos biológicos das radiações ionizantes .... 52

**Capítulo 7 – O modelo atômico de Böhr** ...................... 54
- O espectro eletromagnético ............................................. 54
- O modelo de Böhr ............................................................. 55
- Os subníveis de energia .................................................... 55

### Unidade 3
### A tabela periódica dos elementos químicos

**Capítulo 8 – A tabela periódica atual** .......................... 60
- Tabela periódica ................................................................ 61
- A organização da tabela periódica atual ........................ 62

- **Conexões** - Evolução estelar e a origem dos elementos químicos .................................... 66

**Capítulo 9 – Propriedades periódicas** ......................... 68
- Raio atômico ...................................................................... 69
- Energia de ionização (E. I.) ............................................... 70
- Afinidade eletrônica .......................................................... 71
- Eletronegatividade ............................................................ 72

### Unidade 4
### Interações atômicas e moleculares

**Capítulo 10 – Ligações químicas e estabilidade** ........ 76
- Ligação iônica .................................................................... 77
- Ligação covalente ou molecular ...................................... 82
- Alotropia ............................................................................ 85
- Ligação metálica ............................................................... 90

**Capítulo 11 – Geometria molecular e polaridade** ..... 94
- Geometria molecular ........................................................ 94
- **Atividade prática** - Repulsão dos pares eletrônicos ...... 98
- Polaridade das ligações .................................................... 98
- Polaridade das moléculas ................................................ 100

**Capítulo 12 – Interações intermoleculares** ............... 103
- Modelos de interações intermoleculares ...................... 104
- Interações intermoleculares e as propriedades físicas das substâncias ................................................................. 107

### Unidade 5
### Funções inorgânicas

**Capítulo 13 – Ionização e dissociação iônica** ............ 115
- Dissociação iônica ........................................................... 116
- Ionização .......................................................................... 116

**Capítulo 14 – Ácidos** ..................................................... 119
- Propriedades .................................................................... 119
- Nomenclatura e classificação ........................................ 119
- Principais ácidos .............................................................. 121

**Capítulo 15 – Bases** ...................................................... 123
- Propriedades .................................................................... 123
- Nomenclatura e formulação ........................................... 123
- Classificação das bases ................................................... 124
- Principais bases ............................................................... 124
- Identificação de ácidos e bases ...................................... 126

**Capítulo 16 – Sais** ......................................................... 128
- Propriedades .................................................................... 128
- Nomenclatura e formulação ........................................... 128
- Classificação dos sais ...................................................... 129
- Principais sais .................................................................. 129
- Reações de neutralização ............................................... 131

**Capítulo 17 – Óxidos** ......................................... 133
  Classificação ................................................. 133
  Peróxidos ...................................................... 134
  **Conexões** - Óxidos e o ambiente ................. 136

**Capítulo 18 – Reações inorgânicas** ............... 138
  **Perspectivas** ............................................... 141

## Unidade 6
### Relações estequiométricas

**Capítulo 19 – Relações de massa** .................. 143
  Massa atômica (MA) ..................................... 143
  Massa molecular (MM) ................................. 144
  A constante de Avogadro ............................. 146

**Capítulo 20 – Estudo dos gases** ..................... 149
  A teoria cinética da matéria aplicada aos gases ....... 149
  As variáveis de estado de um gás ................ 150
  Transformações no estado gasoso ............. 154
  Princípio de Avogadro .................................. 158
  Misturas gasosas .......................................... 160

**Capítulo 21 – Estequiometria** ......................... 163
  Lei da conservação das massas (lei de Lavoisier) ....... 163
  Lei das proporções definidas (lei de Proust) ......... 164
  Fórmulas químicas ....................................... 165
  Relações estequiométricas ......................... 170
  Reagente em excesso e reagente limitante ....... 173
  Pureza ........................................................... 175
  **Projeto** ........................................................ 178

**Gabarito** ........................................................... 180

## PARTE II

## Unidade 7
### Estudo das soluções

**Capítulo 22 – Soluções** ..................................... 188
  Tipos de solução ........................................... 188
  Solubilidade ................................................... 189
  Em contexto ................................................... 195
  Aspectos quantitativos das soluções ........ 196
  Diluição de soluções .................................... 206
  Mistura de soluções ..................................... 208

**Capítulo 23 – Propriedades coligativas** ........ 214
  Diagrama de fases ....................................... 214
  Pressão máxima de vapor de um líquido ...... 216
  Efeitos coligativos ......................................... 220
  Ebulioscopia e crioscopia ............................ 224

  Osmose .......................................................... 227
  **Perspectivas** ............................................... 232

## Unidade 8
### Termoquímica

**Capítulo 24 – Princípios de Termodinâmica** ....... 234
  Sistemas térmicos ........................................ 235
  Quantidade de energia ................................ 235

**Capítulo 25 – Reações termoquímicas** .......... 241
  Processos endotérmicos e exotérmicos ... 242
  Entalpia padrão e equações termoquímicas ......... 247
  Lei de Hess ................................................... 252
  Energia de ligação ....................................... 255

## Unidade 9
### Cinética química e equilíbrio químico

**Capítulo 26 – Rapidez das reações químicas** ....... 259
  Fatores necessários para a ocorrência das reações ....... 263
  Fatores que influem na rapidez das reações ....... 267
  Lei da velocidade e as concentrações ........ 271

**Capítulo 27 – Reações reversíveis** ................. 276
  Constante de equilíbrio ............................... 276
  Quociente de equilíbrio ($Q_c$) .................. 283
  Deslocamento de equilíbrio ......................... 287
  Equilíbrios em meio aquoso ....................... 294
  Autoionização da água e pH ....................... 297
  Hidrólise salina ............................................. 302
  Constante do produto de solubilidade ($K_{ps}$ ou $K_s$) ....... 306

## Unidade 10
### Eletroquímica

**Capítulo 28 – Oxirredução** ............................... 311
  Número de oxidação .................................... 312
  Reações de oxirredução .............................. 317

**Capítulo 29 – Reações eletroquímicas** .......... 320
  Pilhas e geração de energia elétrica ......... 320
  Potencial padrão de uma pilha ................... 325
  Em contexto ................................................... 329
  Corrosão e proteção dos metais ................ 333
  Eletrólise ........................................................ 338
  Aspectos quantitativos da eletrólise ......... 343
  **Projeto** ........................................................ 346

**Gabarito** ........................................................... 348

## PARTE III

### Unidade 11
### Os compostos orgânicos

**Capítulo 30 – O que é a Química orgânica?** ............... 356
   O início dos estudos da Química orgânica ..................... 357
   **Conexões** - Origem da vida ....................................... 358

**Capítulo 31 – As cadeias carbônicas** ........................... 360
   As características do carbono ....................................... 360
   Classificação das cadeias carbônicas ............................ 363
   Nomenclatura de compostos orgânicos ........................ 369

**Capítulo 32 – Funções orgânicas e suas interações moleculares** .................................................. 377
   Propriedades físico-químicas dos compostos orgânicos .................................................. 380

**Capítulo 33 – Isomeria** ................................................... 383
   Isomeria plana ................................................................. 383
   Isomeria espacial (estereoisomeria) ............................. 387

**Capítulo 34 – Tipos de reações orgânicas** ............... 398
   Substituição .................................................................... 398
   Adição .............................................................................. 398
   Eliminação ....................................................................... 399
   Descarboxilação .............................................................. 399
   Descarbonilação .............................................................. 399
   Hidrólise .......................................................................... 399
   Oxidação ......................................................................... 400
   Redução .......................................................................... 400
   Em contexto .................................................................... 403

### Unidade 12
### Hidrocarbonetos

**Capítulo 35 – Petróleo e reações de combustão** .................................................. 406
   O ciclo do carbono ......................................................... 406
   A formação do petróleo ................................................. 406
   Outras fontes de combustíveis fósseis .......................... 409
   Reações de combustão .................................................. 414

**Capítulo 36 – Reações envolvendo hidrocarbonetos** ............................................................. 417
   Reações de substituição ................................................. 417
   Reações de adição .......................................................... 421
   **Perspectivas** .................................................................. 433

### Unidade 13
### Funções oxigenadas

**Capítulo 37 – Álcoois** ..................................................... 435
   Nomenclatura e classificação ........................................ 435
   Principais álcoois ............................................................ 436
   Em contexto .................................................................... 438
   Propriedades físicas ....................................................... 441
   Algumas reações ............................................................ 442

**Capítulo 38 – Fenóis, éteres, aldeídos e cetonas** ... 449
   Fenóis .............................................................................. 450
   Éteres .............................................................................. 452
   Aldeídos e cetonas ......................................................... 455

**Capítulo 39 – Ácidos carboxílicos e ésteres** ............. 459
   Ácidos carboxílicos ......................................................... 459
   Ésteres – óleos e gorduras ............................................. 467
   Em contexto .................................................................... 470

### Unidade 14
### Funções nitrogenadas e haletos orgânicos

**Capítulo 40 – Aminas e amidas** .................................... 482
   Aminas ............................................................................ 482
   Amidas ............................................................................ 486

**Capítulo 41 – Haletos orgânicos** ................................. 491
   Nomenclatura ................................................................. 491
   Alguns haletos ................................................................ 492

### Unidade 15
### Polímeros

**Capítulo 42 – Polímeros artificiais** ............................... 495
   **Conexões** - Plásticos: vantagens e desvantagens ......... 496
   Polímeros de adição ...................................................... 498
   Polímeros de condensação ............................................ 503

**Capítulo 43 – Polímeros naturais** ................................ 508
   A borracha natural ......................................................... 508
   Polissacarídeos ............................................................... 509
   Em contexto .................................................................... 510
   Proteínas ou polipeptídeos ........................................... 512
   **Projeto** ........................................................................... 518

**Gabarito** ............................................................................. 520

**Habilidades da BNCC do Ensino Médio: Ciências da Natureza e suas Tecnologias** ................................... 527

**Bibliografia** ........................................................................ 528

**CIÊNCIAS DA NATUREZA E SUAS TECNOLOGIAS**

UNIDADE

# 1

# Matéria, energia e estrutura da matéria

A ciência é uma busca contínua pela compreensão dos fenômenos e dos processos naturais. É movida pelo raciocínio, pela observação e pela experimentação, ou seja, por meio da resolução de problemas científicos. Mas inúmeras indagações sobre a natureza ainda afligem os pesquisadores. Saber qual a origem do Universo e como ele foi formado são questões que até hoje intrigam o ser humano, por exemplo. A prova disso é que as respostas para tais questões continuam a ser investigadas por diversos cientistas de todo o mundo.

Do que são constituídos os planetas? Do que é constituída a matéria? Do que a natureza e nós mesmos somos formados?

Quality Stock Arts/Shutterstock

Fotomontagem ilustrando o *big bang*.

## Nesta unidade vamos:

- conhecer as primeiras ideias sobre a composição da matéria;
- compreender a teoria atômica de Dalton;
- identificar e caracterizar substâncias puras e misturas;
- identificar os processos utilizados na separação de misturas;
- analisar, identificar e representar transformações físicas e químicas.

# CAPÍTULO 1
# Composição da matéria

Este capítulo favorece o desenvolvimento das habilidades
EM13CNT101
EM13CNT201

Uma das primeiras explicações sobre a constituição da matéria foi dada pelo filósofo grego Empédocles (495 a.C.-435 a.C.), que acreditava que toda matéria era formada por quatro elementos – água, terra, fogo e ar –, aos quais foram atribuídos os seguintes símbolos:

Água     Terra     Fogo     Ar

Porém, nem todos os filósofos gregos da Antiguidade tinham a mesma ideia a respeito da constituição da matéria. Por volta de 400 a.C., os filósofos gregos Leucipo e Demócrito elaboraram uma teoria de que toda matéria era constituída de pequenas partículas indivisíveis, denominadas átomos, e espaços vazios nos quais os átomos se movimentavam.

De acordo com Leucipo e Demócrito, os átomos eram partículas muito pequenas, invisíveis a olho nu, que sempre tinham existido e sempre iriam existir. Apesar de idênticos em sua composição, os átomos teriam diferentes tamanhos e formatos, o que explicaria as diferentes propriedades da matéria. As ideias de Leucipo e Demócrito não foram bem aceitas na época, tendo sido retomadas apenas muitos séculos depois, com o surgimento da Química.

Alguns estudiosos acreditam que o "pai" da Química foi Antoine Laurent Lavoisier (1743-1794), que introduziu o uso da balança nas pesquisas químicas e realizou inúmeros experimentos envolvendo pesagens cuidadosas de materiais contidos em frascos fechados, antes e depois de uma reação química.

Uma das conclusões de Lavoisier foi que a massa se conserva durante as reações químicas. Em 1775, ele propôs a lei da conservação das massas, assim popularmente enunciada:

> Na natureza, nada se cria, nada se perde, tudo se transforma.

Isso significa que, em uma reação química, a matéria não é criada nem destruída.

O astrônomo estadunidense Carl Sagan (1934-1996) acreditava que algumas partes do nosso ser indicam de onde viemos. Sagan fez uma declaração que mexeu com o público: "Somos feitos de matéria estelar, a poeira das estrelas (*stardust*)". Com isso, ele resumiu o fato de que os átomos de carbono, nitrogênio e oxigênio em nosso corpo, assim como os átomos de todos os outros elementos pesados, foram criados em gerações anteriores de estrelas há mais de 4,5 bilhões de anos. Como todos os seres humanos e os outros animais – bem como a maior parte da matéria na Terra – contêm esses elementos, sim, nós somos literalmente feitos de matéria estelar. Todo o carbono contido em matéria orgânica foi produzido originalmente nas estrelas. Se você quiser saber mais, acesse o *site* www.carlsagan.com (texto em inglês, mas com possibilidade de tradução). Acesso em: 18 set. 2019.

Carl Sagan.

Em 1808, com base em fatos experimentais, o cientista britânico John Dalton (1766-1844) retomou a ideia de Demócrito e Leucipo e elaborou um modelo atômico para explicar a constituição da matéria. Em termos simplificados, um modelo científico é uma representação usada para explicar um dado fenômeno observado na natureza.

Dalton acreditava que os átomos eram esféricos, maciços e indivisíveis, semelhantes a bolinhas de gude.

## Teoria atômica de Dalton

De acordo com o modelo atômico de Dalton:
- Toda matéria é constituída por átomos.
- Átomos não são criados nem destruídos; são esferas rígidas e indivisíveis.
- Os átomos de mesma massa e tamanho apresentam propriedades semelhantes e constituem um elemento químico.
- Os átomos de diferentes elementos químicos apresentam propriedades diferentes.
- A combinação de átomos sempre ocorre em uma proporção de números inteiros, originando substâncias diferentes.

Para facilitar a compreensão do modelo de Dalton, vamos padronizar as cores e os tamanhos relativos dos átomos:

Representação de diferentes átomos de acordo com o modelo atômico de Dalton.

## Notação química

Atualmente são conhecidos 118 elementos químicos, e cada um deles tem um nome e um símbolo diferente. A origem do nome dos elementos químicos é muito variada: os nomes são inspirados em planetas, figuras mitológicas, cores, minerais, localização geográfica, cientistas famosos, etc. Os símbolos dos elementos são constituídos por uma ou duas letras, sendo a primeira sempre maiúscula.

| Elemento | Origem do nome |
|---|---|
| Urânio | Planeta Urano |
| Titânio | Titãs da mitologia grega |
| Iodo | Violeta (do grego *Ioeides*) |
| Magnésio | Magnesia, ou Magnésia, região da Grécia antiga |
| Califórnio | Estado da Califórnia, nos Estados Unidos |
| Cúrio | Marie e Pierre Curie |

| Elemento | Símbolo |
|---|---|
| Hidrogênio | H |
| Oxigênio | O |
| Nitrogênio | N |
| Hélio | He |
| Alumínio | Aℓ |
| Bário | Ba |

Em muitos casos, o símbolo de um elemento é derivado do seu nome em latim. Por isso, nem todos os símbolos podem ser relacionados com o nome do elemento em português. Veja alguns exemplos.

| Elemento | Ouro | Prata | Cobre |
|---|---|---|---|
| Nome em latim | *Aurum* | *Argentum* | *Cuprum* |
| Símbolo | Au | Ag | Cu |

Segundo Dalton, os átomos dos elementos se combinam, originando diferentes substâncias. Para indicar a proporção dos átomos dos elementos que constituem uma substância, Dalton associou um índice numérico ao símbolo do elemento.

A representação de uma substância com símbolos e índices numéricos caracteriza uma fórmula. Para muitas substâncias, sua unidade formadora é denominada molécula.

Veja, por exemplo, a representação de uma molécula de gás carbônico, cuja fórmula é $CO_2$.

| Elemento | Quantidade de átomos |
|---|---|
| Carbono (C) | 1 átomo |
| Oxigênio (O) | 2 átomos |

## Classificação da matéria

Segundo o modelo de Dalton, toda matéria é constituída por uma ou mais substâncias, e essas substâncias podem ser classificadas de acordo com sua constituição.

### Substância pura

As substâncias puras são aquelas formadas por unidades estruturais iguais entre si; elas podem ser simples ou compostas.

### Substância pura simples

Essas substâncias podem ser denominadas, simplesmente, substâncias simples e são constituídas por um ou mais átomos de **um único elemento químico**.

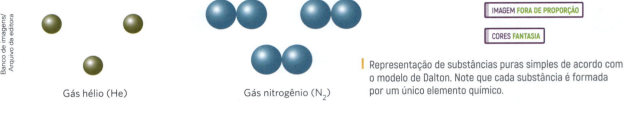

Gás hélio (He)    Gás nitrogênio ($N_2$)

Representação de substâncias puras simples de acordo com o modelo de Dalton. Note que cada substância é formada por um único elemento químico.

### Substância pura composta

Essas substâncias podem ser denominadas, simplesmente, substâncias compostas e são constituídas por átomos de **dois ou mais elementos químicos**.

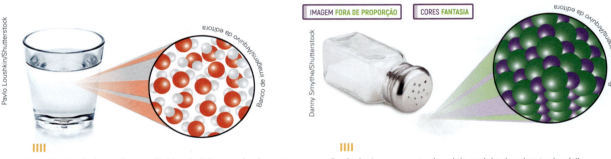

As moléculas de água são constituídas de 2 átomos do elemento hidrogênio e 1 átomo do elemento oxigênio.

O principal componente do sal de cozinha é o cloreto de sódio ($NaC\ell$), em cuja estrutura encontramos os elementos sódio e cloro.

### Misturas

As misturas são formadas por duas ou mais substâncias.

A maioria dos materiais que nos cercam são misturas. O ar que respiramos é uma mistura, principalmente, dos gases nitrogênio e oxigênio. O aço, utilizado nas construções, é uma mistura de ferro, carbono, níquel e crômio. O chá adoçado é uma mistura constituída, principalmente, de água, açúcar e substâncias extraídas da erva utilizada para preparar o chá.

Gás oxigênio
Gás carbônico
Gás nitrogênio

A água da chuva, além de água ($H_2O$), contém dissolvidas nela várias substâncias presentes no ar atmosférico, como os gases nitrogênio ($N_2$), oxigênio ($O_2$) e carbônico ($CO_2$).

## Tipos de mistura

As misturas podem ser classificadas de acordo com seu aspecto visual. Considere a seguinte mistura:

Quando o açúcar (a sacarose) se dissolve completamente em água, forma-se uma mistura homogênea.

Observando a mistura água + açúcar, verificamos que ela apresenta aspecto uniforme e as mesmas características em qualquer ponto de sua extensão. Assim, uma amostra retirada de qualquer parte dessa mistura terá a mesma composição. Em razão de seu aspecto uniforme, dizemos que essa mistura apresenta uma **única fase**, sendo classificada como uma **mistura homogênea**.

Denominamos **fase** cada uma das porções que apresenta aspecto visual homogêneo (uniforme), contínuo ou não, mesmo quando observado ao microscópio comum.

As misturas homogêneas são chamadas **soluções**. Água de torneira, vinagre, ar, álcool hidratado, gasolina, soro caseiro, soro fisiológico e algumas ligas metálicas são exemplos de misturas homogêneas muito conhecidas.

- Todas as misturas formadas por gases, quaisquer que sejam, são sempre misturas homogêneas.
- Toda mistura homogênea apresenta uma única fase.

Agora, observe a imagem a seguir.

A água e o óleo são líquidos imiscíveis, isto é, não se dissolvem entre si, e formam uma mistura heterogênea com duas fases.

Uma mistura água + óleo não apresenta aspecto uniforme, mas dois aspectos visuais distintos. Isto é, apresenta **duas fases** com características diferentes, sendo classificada como uma **mistura heterogênea**. Assim, para uma mistura ser classificada como heterogênea, ela deve apresentar ao menos duas fases.

Um exemplo comum de mistura heterogênea é o leite. Areia, madeira e sangue são alguns outros exemplos comuns de misturas heterogêneas.

Apesar de o leite apresentar um aspecto homogêneo quando observado a olho nu, ao ser observado com o auxílio de um microscópio óptico comum, apresenta aspecto heterogêneo. Na ilustração, as esferas amarelas representam partículas de gordura.

**IMAGEM FORA DE PROPORÇÃO** **CORES FANTASIA**

Alguns autores não consideram a mistura heterogênea uma mistura, pois, embora os componentes estejam em contato, não estão realmente "misturados".

O granito é formado por três sólidos – quartzo (branco), feldspato (cinza) e mica (preto) – e apresenta três fases.

Reunindo em um esquema os conceitos estudados, temos:

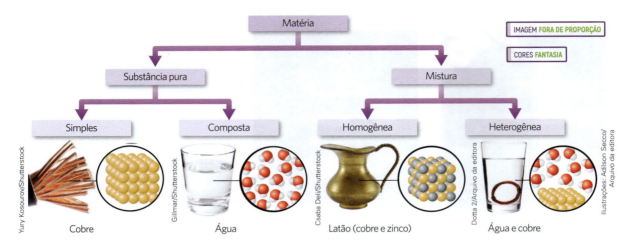

## ◉ Sistemas

Qualquer porção do Universo que seja submetida à observação é um sistema. Um sistema pode ser uma substância pura ou uma mistura e, em função do seu aspecto visual ou macroscópico, pode ser classificado em **sistema homogêneo** ou **sistema heterogêneo**.

Um sistema é classificado em **homogêneo** quando apresenta aspecto contínuo, ou seja, é constituído por uma única fase. Esse tipo de sistema pode ser composto de uma ou mais substâncias.

Por exemplo, a água pura, no estado líquido, apresenta uma única fase, constituindo um sistema homogêneo formado por uma substância pura. Já a água mineral, embora também apresente uma única fase, é constituída por mais de uma substância. Assim, ela é um sistema homogêneo formado por uma mistura.

Um sistema é classificado em **heterogêneo** quando apresenta aspecto descontínuo, ou seja, é constituído por mais de uma fase. Esse tipo de sistema pode ser composto de uma única substância em diferentes estados físicos ou de mais de uma substância. Veja a seguir alguns exemplos.

- No sistema água líquida e gelo temos apenas uma substância – a água –, porém temos duas fases. Assim, esse sistema é heterogêneo, constituído por uma substância pura em diferentes estados físicos.
- O sistema água e óleo também apresenta duas fases, porém cada uma delas é constituída por uma substância diferente. Assim, esse sistema é heterogêneo, composto por uma mistura de duas substâncias.
- Uma garrafa fechada de água mineral gaseificada é um sistema homogêneo. Porém, ao ser aberta, formam-se bolhas de gás carbônico e, com isso, o sistema passa a ser heterogêneo.

### ❗ Dica

**Barbies, bambolês e bolas de bilhar: 67 deliciosos comentários sobre a fascinante química do dia a dia,** de Joe Schwarcz. Editora Jorge Zahar.
Misturando assuntos tão díspares como aventuras amorosas, KGB, CIA, *jeans*, xampus, assassinatos, zumbis, bruxas, mágicos, entre outros, o livro procura mostrar que os fenômenos químicos ocorrem em toda parte. Contudo, um dos seus principais objetivos é fazer do leitor um consumidor desconfiado, que não embarca em propagandas enganosas ou em pesquisas sem fundamento.

## Investigue seu mundo

### Sistema homogêneo ou heterogêneo?

Pegue uma garrafa de água mineral com gás e leia o seu rótulo.

a) Você pode concluir que se trata de uma substância pura ou de uma mistura? O sistema é homogêneo ou heterogêneo?
b) Abra a garrafa, observe a água e responda: O sistema é homogêneo ou heterogêneo? O número de componentes se alterou?
c) Como você pode explicar as suas observações?

## Explore seus conhecimentos

**1** Considere as informações:
   I. Um anel pode ser feito de **ouro 18 quilates** (liga metálica formada por 75% de ouro e 25% de cobre e/ou prata).
   II. O **suco de laranja** é rico em vitamina C.
   III. O **cobre** apresenta cor avermelhada, sendo o metal mais utilizado em instalações elétricas.
   IV. O **suor** é um dos fatores responsáveis pela manutenção da temperatura corporal.
   V. A água que chega à nossa casa foi tratada e se tornou **água potável**.

Classifique cada um dos materiais destacados nas informações como substância pura ou mistura. Justifique cada uma das respostas que você deu como "mistura", explicando o que você sabe sobre seus componentes.

Considere as ilustrações para responder às questões **2** a **9**.

I - Água
II - Água
III - Água e açúcar dissolvido
IV - Água e gasolina (Gelo, Gasolina, Água)

**2** Quais das ilustrações representam substâncias puras?

**3** Quais são misturas?

**4** Quais são sistemas homogêneos?

**5** Quais são sistemas heterogêneos?

**6** Em qual frasco temos uma mistura heterogênea?

**7** Em qual frasco temos uma mistura homogênea?

**8** Quais sistemas são monofásicos?

**9** Quais sistemas são bifásicos?

**10** Escreva o número de fases e de componentes dos seguintes sistemas:
   a) Uma amostra de ar isenta de poeira, composta por 78% de gás nitrogênio, 21% de gás oxigênio e 1% de argônio.
   b) Um frasco com álcool etílico hidratado e granito.
   c) Um pires com sal e açúcar sólidos.

**11** (Cefet-SC) Em um laboratório de química, em condições ambientais, foram preparadas as seguintes misturas:
   I. gasolina + areia.
   II. água + gasolina.
   III. gás oxigênio + gás nitrogênio.
   IV. água + sal.
   V. água + álcool.

Quais misturas podem ser homogêneas?
a) III, IV e V, somente.
b) II, III e IV, somente.
c) IV e V, somente.
d) I, II e IV, somente.
e) I e II, somente.

**12** A hemoglobina, que apresenta em sua estrutura o elemento ferro, é encontrada nas células vermelhas (hemácias). A carência de ferro provoca quadros anêmicos. Para pacientes nessas condições, os médicos podem prescrever o sulfato ferroso, substância representada pela fórmula $FeSO_4$.

Sobre o sulfato ferroso pode-se afirmar que
a) é constituído por 6 elementos químicos.
b) possui 3 átomos por fórmula.
c) é uma substância simples.
d) possui 6 átomos de 3 elementos diferentes.
e) pode ser encontrado também nos glóbulos brancos do sangue.

## Relacione seus conhecimentos

**1** (Vunesp-SP)

Consideram-se arte rupestre as representações feitas sobre rochas pelo Homem da pré-história, em que se incluem gravuras e pinturas. Acredita-se que essas pinturas, em que os materiais mais usados são sangue, saliva, argila e excrementos de morcegos (cujo hábitat natural são as cavernas), têm cunho ritualístico.

(www.portaldarte.com.br. Adaptado.)

Todos os materiais utilizados para as pinturas, citados no texto, são
a) substâncias compostas puras.
b) de origem animal.
c) misturas de substâncias compostas.
d) de origem vegetal.
e) misturas de substâncias simples.

**2** (Unirio-RJ) A vida na Terra depende de dois processos básicos: a fotossíntese e a fixação biológica do nitrogênio. Por meio da fotossíntese, plantas e microrganismos convertem o dióxido de carbono (gás carbônico) atmosférico em moléculas orgânicas, liberando gás oxigênio como subproduto. A fixação biológica do nitrogênio [...] é operada por bactérias.

Fonte: Scientific American, 2004.

Baseando-se no texto, indique:
a) duas substâncias químicas dentre as citadas.
b) uma substância composta.

**3** (Vunesp-SP) Uma amostra de água do rio Tietê, que apresentava partículas em suspensão, foi submetida a processos de purificação, obtendo-se, ao final do tratamento, uma solução límpida e cristalina. Em relação às amostras de água colhidas antes e depois do tratamento, podemos afirmar que correspondem, respectivamente, a:
a) substâncias composta e simples.
b) substâncias simples e composta.
c) misturas homogênea e heterogênea.
d) misturas heterogênea e homogênea.
e) mistura heterogênea e substância simples.

**4** (Cefet-CE) Aplicando os conceitos fundamentais da matéria e da energia, é correto afirmar que:
a) toda mistura de dois sólidos é sempre homogênea.
b) uma mistura de vários gases pode ser homogênea ou heterogênea, dependendo da proporção entre os mesmos.
c) toda mistura de um líquido mais um gasoso (gás) sempre é homogênea.
d) as misturas água + sal e gasolina + álcool são homogêneas em quaisquer proporções.
e) uma substância pura pode constituir um sistema heterogêneo, quando mudando de fase.

**5** (Ufes) Dada a tabela:

| Mistura (T = 25 °C) | Substância A | Substância B |
|---|---|---|
| I | água | + álcool etílico |
| II | água | + sal de cozinha |
| III | água | + gasolina |
| IV | gás oxigênio | + gás carbônico |
| V | carvão | + enxofre |

Resultam misturas homogêneas:
a) I, II e III.    c) I, II e V.    e) III, IV e V.
b) I, II e IV.    d) II, IV e V.

**6** (UFRGS-RS) Considere as seguintes propriedades de três substâncias líquidas:

| Substâncias | Densidade (g/mL a 20 °C) | Solubilidade em água |
|---|---|---|
| hexano | 0,659 | insolúvel |
| tetracloreto de carbono | 1,595 | insolúvel |
| água | 0,998 | – |

Misturando-se volumes iguais de hexano, tetracloreto de carbono e água, será obtido um sistema:
a) monofásico.
b) bifásico, no qual a fase sobrenadante é o hexano.
c) bifásico, no qual a fase sobrenadante é o tetracloreto de carbono.
d) trifásico, no qual a fase intermediária é o tetracloreto de carbono.
e) bifásico ou trifásico, dependendo da ordem de colocação das substâncias durante a preparação da mistura.

Informação: o hexano e o tetracloreto de carbono são líquidos miscíveis entre si.

## CAPÍTULO 2
# Matéria, energia e transformações

Este capítulo favorece o desenvolvimento da habilidade
EM13CNT101

Observe a fotografia ao lado. Nela, você pode observar a água em dois de seus estados físicos: no estado sólido, na geleira; e no estado líquido, no lago. A água também está presente no ar, na forma de vapor, que não é visível.

Um dos fatores que determinam cada um dos três estados físicos da água é a temperatura: ao nível do mar, ou a 1 atm, a água líquida se transforma em gelo a 0 °C e em vapor a 100 °C. Neste capítulo, vamos estudar de que forma essas transformações ocorrem.

Glaciar Helado, geleira localizada no Parque Nacional Alacalufes, no Chile, 2017.

## Sólidos, líquidos e gases

A matéria existe em diferentes estados físicos, entre eles o sólido, o líquido e o gasoso. O estado da matéria é determinado pelo estado de agregação das partículas (unidades submicroscópicas que constituem um material – átomos isolados ou ligados), isto é, pelo tipo de organização espacial, pelo grau de agitação (movimento) e pelas forças de atração existentes entre essas partículas em determinadas condições, o que pode ser observado macroscopicamente pelo volume e pela forma dos materiais, como descrito na tabela a seguir.

IMAGEM FORA DE PROPORÇÃO
CORES FANTASIA

|  |  | Sólido | Líquido | Gasoso (vapor) |
|---|---|---|---|---|
| Característica macroscópica | Volume | Definido. | Definido. | **Indefinido.** Gases assumem o volume do recipiente no qual estão contidos. |
|  | Forma | Definida. | **Indefinida.** Líquidos assumem a forma do recipiente no qual estão contidos. | **Indefinida.** Gases assumem a forma do recipiente no qual estão contidos. |
| Organização submicroscópica |  | **Partículas muito próximas.** Em geral, as unidades submicroscópicas de sólidos se organizam em estruturas rígidas e bem definidas. | **Partículas ligeiramente afastadas**, em relação ao estado sólido. | **Partículas completamente afastadas.** |
| Grau de agitação |  | Baixo. | **Médio.** No estado líquido, as unidades submicroscópicas se movem em direções aleatórias. | **Alto.** No estado gasoso, as unidades submicroscópicas se movem livremente. |
| Forças de atração |  | Intensas. | **Médias.** No estado líquido, as unidades submicroscópicas estão suficientemente atraídas para manter um volume definido. | Fracas. |
| Exemplo |  |  Mesmo antes da lapidação, diamantes, sólidos constituídos de carbono, apresentam forma e volume definidos. |  A água líquida presente no chá assume a forma do recipiente em que está contida. |  O gás hélio contido nos balões tem a forma e o volume deles. |

Neste capítulo, utilizamos os termos *gás* e *vapor* de maneira indistinta; eles serão diferenciados posteriormente, quando abordarmos o estudo dos gases ideais.

## Transformações físicas e transformações químicas

Todos os dias, observamos mudanças da matéria: metal enferrujando, gelo derretendo, gás queimando, frutas amadurecendo. O que acontece com as unidades submicroscópicas que compõem a matéria durante essas mudanças? A resposta depende do tipo de transformação.

As transformações que alteram somente o estado físico ou a aparência de um material, mas não alteram sua composição, são **transformações físicas**. É o que ocorre quando a água ferve ou um copo de vidro se quebra.

As transformações que alteram a composição da matéria são as **transformações químicas**. Durante uma transformação química, os átomos se rearranjam, transformando as substâncias iniciais em substâncias diferentes.

As substâncias iniciais envolvidas em uma transformação química são denominadas **reagentes**, enquanto as substâncias formadas são denominadas **produtos**. A transformação química pode ser representada por uma **equação química**, em que reagentes e produtos devem ser separados por uma seta indicativa de orientação da transformação química:

Na ebulição, as moléculas de água passam do estado líquido para o de vapor, mas continuam sendo moléculas de água.

Reagentes → Produtos

- reagentes (estado inicial): são anotados do lado esquerdo da equação química;
- produtos (estado final): são anotados do lado direito da equação química.

A formação da ferrugem é um exemplo de transformação química ou **reação química**. Os átomos de ferro, ao se combinarem com o gás oxigênio e o vapor de água presentes na atmosfera, originam uma nova substância: o óxido de ferro hidratado, também conhecido como ferrugem. Essa transformação química pode ser representada pela equação:

Peça de ferro com áreas de oxidação (ferrugem).

$$\underbrace{\text{ferro} + \text{oxigênio} + \text{vapor de água}}_{\text{reagentes}} \rightarrow \underbrace{\text{óxido de ferro hidratado (ferrugem)}}_{\text{produto}}$$

Existem situações em que podemos reconhecer uma reação química pela observação de alterações que ocorrem com os materiais envolvidos, como:
- mudança de cor: quando, por exemplo, a água sanitária entra em contato com um tecido colorido.
- liberação de um gás (efervescência): quando, por exemplo, colocamos antiácido estomacal em água ou bicarbonato de sódio (fermento químico de bolo) em vinagre.
- formação de um sólido: ao misturar dois sistemas (ambos líquidos ou um líquido e um gasoso), poderá ocorrer a formação de uma nova substância sólida. Exemplo: quando o líquido de uma bateria de automóvel entra em contato com cal de construção dissolvida em água.
- aparecimento de chama ou luminosidade: por exemplo, na queima do álcool.

Tanto nas transformações físicas como nas transformações químicas, uma ou mais modalidades de energia sempre está(ão) envolvida(s).

## Energia e algumas de suas modalidades

A definição de energia é um tema bastante debatido nas Ciências da Natureza. Mesmo assim, é consenso na comunidade científica que alterações em um sistema ocorrem devido a transferências de energia: ao caminhar, correr, falar ou pensar, você está realizando transferências de energia, pois em qualquer atividade você está constantemente alterando a posição ou a composição química do seu corpo por meio de interações físicas e bioquímicas.

Quando a alteração envolve interações macroscópicas, como movimentar membros do corpo, chamamos a transferência de energia de **trabalho**; quando a alteração envolve interações submicroscópicas, como pensar, chamamos a transferência de energia de **calor**. Além disso, a energia pode ser classificada de acordo com o tipo de alteração provocada. A seguir, vamos estudar alguns tipos de energia.

## Energia cinética e energia potencial

As modalidades mais conhecidas de energia são a energia cinética e a energia potencial. A **energia cinética** é a energia do movimento, enquanto a **energia potencial** é a energia armazenada, ou seja, a energia que um corpo possui devido à sua posição relativa em um sistema ou por causa da composição química das substâncias presentes nele.

Uma pedra em repouso no topo de uma montanha tem energia potencial gravitacional devido à sua posição em relação a outra posição predeterminada. Se a pedra rola montanha abaixo, a energia potencial se transforma em energia cinética.

Alimentos e combustíveis fósseis, por exemplo, apresentam **energia potencial química** em suas moléculas. Quando você digere um alimento, a energia potencial química é convertida em energia térmica e há transferência de energia na forma de calor. Quando a gasolina é queimada em um carro, a energia potencial química é convertida em energia cinética e um trabalho é realizado.

| A energia potencial gravitacional é convertida em energia cinética enquanto o corpo cai. Quando o corpo atinge o solo, a energia cinética é convertida em energia sonora e, principalmente, em energia térmica.

## Energia térmica

A energia térmica está associada ao movimento (energia cinética) das partículas. Aquecendo-se um corpo, a agitação de suas partículas aumenta, isto é, ocorre um aumento da energia térmica. Quando esse corpo aquecido resfria, a energia cinética de suas partículas diminui, ou seja, diminui a energia térmica.

Uma grandeza física que está associada ao grau de agitação das partículas que constituem um corpo é a temperatura: quanto maior a agitação, mais elevada será a temperatura do corpo.

A elevação da temperatura durante um aquecimento e a sua diminuição durante o resfriamento podem ser explicadas pela transferência de energia térmica. Quando um frasco contendo água é aquecido por uma chama, ocorre transferência de energia térmica da chama para o frasco com água. Durante o resfriamento, a transferência ocorre do frasco contendo água para o ambiente. Tanto no aquecimento quanto no resfriamento, a transferência de energia térmica ocorre sempre do corpo com temperatura mais elevada para o corpo com temperatura mais baixa.

A quantidade de energia térmica transferida por causa da diferença de temperatura é denominada **calor**. O calor é a energia térmica em trânsito de um corpo que se encontra a uma temperatura mais elevada para um corpo que se encontra a uma temperatura mais baixa.

### Explore seus conhecimentos

**1** Observe a fotografia:

Quais são as modalidades de energia envolvidas quando o carrinho no topo da montanha-russa desce?

**2** Esfregue suas mãos; em seguida, cite duas modalidades de energia envolvidas nesse procedimento.

**3** Quando você se alimenta, quais são as modalidades de energia envolvidas nesse processo?

**4** Cite as duas modalidades de energia envolvidas em um terremoto.

# Energia e mudanças de estado físico

Como foi explorado no início deste capítulo, o estado físico de um material depende, entre outros fatores, do grau de agitação de suas unidades submicroscópicas, o que está associado à temperatura do sistema. Desse modo, ao se alterar a temperatura de um sistema, isto é, ao se alterar o grau de agitação das partículas, altera-se também o estado físico de um material: são as chamadas **mudanças de estado físico**.

O aumento da temperatura causa o aumento da energia cinética das partículas, o que enfraquece as forças de atração entre elas. Já a diminuição da temperatura causa a diminuição da energia cinética das partículas, o que aumenta as forças de atração. A temperatura em que cada material passa por uma mudança de estado é característica e bem definida.

## Mudanças de estado físico

O esquema ao lado representa as mudanças de estado físico da matéria, indicando quais ocorrem por absorção de energia térmica (aquecimento) e quais ocorrem por liberação de energia térmica (resfriamento). Os processos que ocorrem por absorção de energia são denominados **endotérmicos**, enquanto os que ocorrem por liberação de energia são denominados **exotérmicos**.

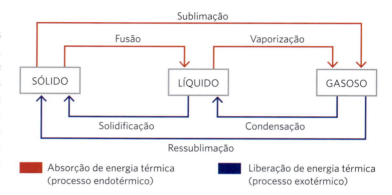

## Curvas de aquecimento e de resfriamento

Todas as mudanças de estado durante o aquecimento ou o resfriamento de um material podem ser representadas graficamente. Em uma curva de aquecimento ou de resfriamento, a temperatura é indicada no eixo vertical (das ordenadas) e a energia térmica absorvida é indicada no eixo horizontal (das abscissas).

### Etapas de uma curva de aquecimento

A primeira linha diagonal indica que um sólido está absorvendo energia térmica e a sua temperatura está aumentando. Quando a **temperatura de fusão** (TF) é atingida, a primeira linha horizontal, representada por um patamar, indica que o sólido está derretendo, isto é, está sofrendo fusão. Na fusão, ocorre absorção de energia térmica, e o sólido se transforma em líquido, sem qualquer mudança na temperatura.

Uma vez que todas as unidades submicroscópicas constituem o estado líquido e essas absorvem energia térmica, a temperatura do líquido aumenta. Esse aumento é representado pela linha diagonal a partir da temperatura de fusão. No segundo patamar, que ocorre na **temperatura de ebulição** (TE), há absorção de energia térmica, mas a temperatura permanece constante; o líquido está se transformando em vapor, isto é, está ocorrendo a vaporização (ebulição). Note que o segundo patamar é maior, isso porque o **calor de vaporização** (ebulição) é superior ao **calor de fusão**. Uma vez que todo o líquido se transforma em vapor, a energia térmica absorvida pelas unidades submicroscópicas faz com que a temperatura do vapor aumente.

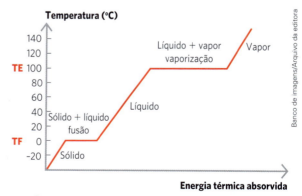

O diagrama representa a curva de aquecimento da água ao nível do mar.

### Etapas de uma curva de resfriamento

O diagrama que representa a curva de resfriamento nos mostra a diminuição da temperatura devido à liberação de energia térmica, sendo o inverso do diagrama de aquecimento: no diagrama de resfriamento, o segundo patamar é menor, porque o **calor de solidificação** é menor que o **calor de condensação**.

No resfriamento, a condensação ocorre na **temperatura de condensação** (TC), que é igual à temperatura de ebulição, enquanto a solidificação ocorre na **temperatura de solidificação** (TS), que é igual à temperatura de fusão. Por esse motivo, é mais comum utilizarmos apenas os termos temperatura de ebulição e temperatura de fusão.

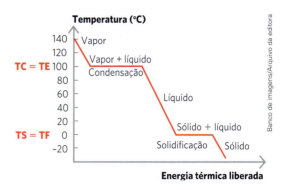

| O diagrama representa a curva de resfriamento da água ao nível do mar.

## ◉ Diferenciando substância pura de mistura

Existem propriedades que possibilitam caracterizar a matéria, inclusive permitindo sua identificação como substância pura ou mistura. Entre diversas propriedades, vamos destacar as mais relevantes: temperaturas de mudança de estado físico e densidade.

### Temperaturas de mudança de estado físico

Enquanto as substâncias puras apresentam um diagrama de mudança de estado com dois patamares, na maioria das misturas a temperatura não permanece constante, pois a composição da mistura varia durante a mudança de estado. Se repetíssemos o mesmo procedimento utilizado com água pura para uma mistura de água e açúcar, por exemplo, obteríamos o diagrama a seguir, em que:

- ΔTF = variação da temperatura de fusão;
- ΔTE = variação da temperatura de ebulição.

Algumas misturas têm comportamento característico, apresentando apenas um patamar, seja durante a fusão, seja durante a vaporização.

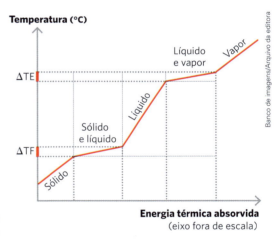

| O diagrama representa a curva de aquecimento da mistura água + açúcar.

### Misturas eutéticas

Essas misturas apresentam temperatura de fusão constante durante o aquecimento, comportando-se como uma substância pura durante a fusão. Nesse caso, a temperatura de fusão da mistura é inferior às temperaturas de fusão de cada um dos componentes.

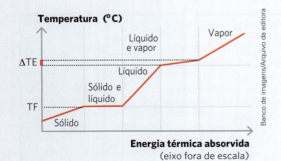

| O diagrama representa a curva de aquecimento de uma mistura eutética.

### Misturas azeotrópicas

Essas misturas apresentam temperatura de ebulição constante durante o aquecimento, comportando-se como uma substância pura durante a ebulição.

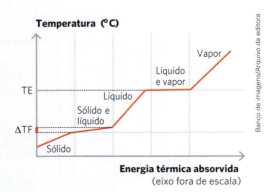

| O diagrama representa a curva de aquecimento de uma mistura azeotrópica.

Assim, as temperaturas de fusão (TF) e de ebulição (TE) são duas propriedades físicas específicas que caracterizam substâncias puras.

## Densidade

Densidade (d) é a relação entre a **massa** (m) de um objeto e seu **volume** (V), como se observa na equação a seguir. Essa propriedade é específica para cada substância: duas amostras de diferentes massas e diferentes volumes de uma mesma substância apresentarão sempre a mesma densidade.

$$\text{densidade} = \frac{\text{massa}}{\text{volume}} \quad \text{ou} \quad d = \frac{m}{V}$$

Na tabela a seguir, você pode ver os valores de TF, de TE e da densidade (medida a 4 °C e 1 atm) de algumas substâncias:

|  | TF (°C) | TE (°C) | d (g/cm³) |
|---|---|---|---|
| Água ($H_2O$) | 0 | 100,0 | 1,0 |
| Álcool comum ($C_2H_6O$) | –117,0 | 78,0 | 0,78 |
| Mercúrio (Hg) | –38,8 | 356,6 | 13,64 |
| Ferro (Fe) | 1 535,0 | 2 750,0 | 7,87 |

Tabela com base em LIDE, David R. (Editor-chefe). *CRC Handbook of Chemistry and Physics*. 81. ed. Flórida: CRC Press LCC, 2001.

### Explore seus conhecimentos

**1** Observe a tirinha abaixo.
Note que a "nuvenzinha" é mera representação de um estado físico da água, no qual ela não é visível.

Considerando a sequência dos quadrinhos, indique os nomes das mudanças de estado que ocorrem com a água.

**2** Observe a tirinha abaixo e responda aos itens I e II.

I. Em qual estado físico a água se encontra na saliva?
II. Qual é o nome da mudança de estado físico da água mostrada no último quadrinho?

**3** Indique as mudanças de estado físico da água em cada situação.
a) Peças de roupa molhadas secam quando penduradas em um varal.
b) Ao respirar próximo a um espelho, podem-se observar gotículas de água em sua superfície.
c) O vapor de água presente na atmosfera forma as nuvens.

**4** Reflita sobre as situações a seguir.
I. Quando colocamos um pedaço de gelo na palma da mão, o gelo "derrete" (se funde) e temos a sensação de frio.
II. Mesmo no verão, quando uma pessoa sai da piscina ou do mar, ela tem a sensação de frio.
Como você pode explicar essas duas situações, relacionando as mudanças de estado à absorção ou liberação de energia térmica?

**5** (Enem)
O ciclo da água é fundamental para a preservação da vida no planeta. As condições climáticas da Terra permitem que a água sofra mudanças de fase, e a compreensão dessas transformações é fundamental para entender o ciclo hidrológico.

Numa dessas mudanças, a água ou a umidade da terra absorve o calor do sol e dos arredores. Quando já foi absorvido calor suficiente, algumas das moléculas do líquido podem ter energia necessária para começar a subir para a atmosfera.

Disponível em: http://www.keroagua.blogspot.com.
Acesso em: 30 mar. 2009 (adaptado).

A transformação mencionada no texto é a:
a) fusão.
b) liquefação.
c) evaporação.
d) solidificação.
e) condensação.

**6** Gálio e rubídio são dois metais visualmente muito parecidos e que apresentam as seguintes propriedades físicas:

| Metal | TF (°C) | TE (°C) | d (g/cm³) |
|---|---|---|---|
| gálio | 29,8 | 2 403 | 5,9 |
| rubídio | 39 | 686 | 1,53 |

Considerando esses dados, responda às questões:
a) Qual o estado físico dos dois metais em um dia com temperatura de 25 °C?
b) Qual o estado físico dos dois metais em um deserto em que a temperatura chega a 45 °C?
c) Como você identificaria esses metais, sem dispor de nenhum equipamento, em um dia com temperatura de 25 °C?

## Relacione seus conhecimentos

**1** (UFRGS-RS) A água é uma das raras substâncias que se pode encontrar, na natureza, em três estados de agregação.
O quadro abaixo mostra algumas características dos diferentes estados de agregação da matéria.

| Propriedade | Sólido | Líquido | Gasoso |
|---|---|---|---|
| Fluidez | Não fluido | Fluido | I |
| Mobilidade molecular | Quase nula | II | Grande |
| Forças de interação | Fortes | III | Fracas |

Assinale a alternativa que preenche corretamente as lacunas do quadro acima, indicadas com I, II e III, respectivamente.
a) Não fluido – Pequena – Moderadamente fortes
b) Não fluido – Grande – Fracas
c) Fluido – Pequena – Moderadamente fortes
d) Fluido – Grande – Fracas
e) Fluido – Quase nula – Muito fortes

**2** (Cefet-RJ) O café solúvel é obtido a partir do café comum dissolvido em água. A *solução é congelada* e, a seguir, diminui-se bruscamente a pressão. Com isso, a *água passa direta e rapidamente para o estado gasoso*, sendo eliminada do sistema por sucção. Com a remoção da água do sistema, por esse meio, resta o café em pó e seco. Identifique as mudanças de estado físico ocorridas neste processo:
a) solidificação e fusão.
b) vaporização e liquefação.
c) fusão e ebulição.
d) solidificação e sublimação.

CAPÍTULO

# 3 Métodos de separação de misturas

Este capítulo favorece o desenvolvimento da habilidade
EM13CNT101

A bebida mais consumida no mundo é o café. Para a preparação dessa bebida, utiliza-se um método de separação de misturas: a filtração. Nesse método, a água extrai as substâncias solúveis do pó de café, enquanto as substâncias não solúveis ficam retidas no filtro.

Além desse, há outros métodos de separação de misturas em nosso cotidiano. Você conhece algum deles? Qual?

Existem muitos processos físicos utilizados para separar os componentes de uma mistura **heterogênea** ou **homogênea**. Para escolher o método mais eficiente, é necessário conhecer as propriedades das substâncias que compõem a mistura.

Alguns métodos de separação são utilizados tanto em laboratórios e indústrias quanto em atividades diárias. Veremos, a seguir, alguns desses métodos.

## Métodos de separação de misturas heterogêneas

Observe, a seguir, alguns processos físicos utilizados para separar os componentes de uma mistura heterogênea.

### Levigação

A levigação é usada para separar sólidos de densidades diferentes, geralmente com o auxílio da água corrente. Na imagem ao lado, a areia, por ser menos densa que o ouro, é arrastada pela água corrente; o ouro, por ser mais denso, permanece no fundo da bateia.

Garimpeiro realizando o processo de levigação para separar o ouro da areia.

### Tamisação

Trabalhadores da área de construção civil usam a técnica de tamisação para separar pedrinhas dos fragmentos de areia mais finos. Esse processo consiste na separação de sólidos que apresentam diferentes tamanhos.

Separação de sólidos de diferentes tamanhos, também chamada de peneiração.

Capítulo 3 – Métodos de separação de misturas   **25**

## Catação

O método de catação pode ser utilizado na separação de materiais para reciclagem. A separação inicial desses materiais ocorre em casa, na escola ou em qualquer estabelecimento, sendo feita manualmente. Posteriormente, em locais próprios para o processamento do lixo, ocorre a separação manual desses materiais conforme características comuns.

Separação de materiais para reciclagem.

## Atração magnética

Quando é necessário separar um material ferromagnético, ou seja, que é atraído por ímãs, de materiais que não possuem essa propriedade, utiliza-se o método conhecido como separação magnética. Essa técnica é usada na coleta seletiva do lixo, na qual os metais, como peças de ferro, são separados com o auxílio de um eletroímã.

Separação de metais por meio de um eletroímã. Os metais atraídos por ímãs são: ferro, cobalto e níquel.

## Filtração

O processo de filtração é utilizado para separar os componentes de uma mistura heterogênea, formada por sólidos não dissolvidos em um líquido ou em uma solução. Na filtração, o sólido não dissolvido fica retido no filtro, sendo denominado resíduo; o líquido e o que estiver nele dissolvido passa pelo filtro, recebendo o nome de filtrado.

Na filtração do macarrão cozido, interessa-nos o resíduo.

## Dissolução fracionada

O processo de dissolução fracionada é utilizado para separar, por exemplo, uma mistura de sal de cozinha e areia. Sabemos que o sal de cozinha é solúvel na água; assim, se adicionarmos água ao sistema, o sal vai se dissolver e a areia permanecerá no fundo do béquer, podendo ser separada pelo método de filtração.

Sal e areia misturados, aos quais se adiciona água.

Sal dissolvido em água com areia no fundo do béquer.

## Decantação no funil de bromo

A técnica de decantação no funil de bromo é destinada a separar líquidos imiscíveis e consiste em separar uma mistura líquida heterogênea por simples ação da gravidade: o líquido mais denso se deposita na parte inferior do funil e é escoado para o béquer, controlando-se a abertura da torneira.

Funil de bromo preso a um suporte universal, que é um dispositivo ao qual são acoplados aparelhos com a ajuda de garras.

# Métodos de separação de misturas homogêneas

Vejamos agora alguns processos físicos utilizados para separar os componentes de misturas homogêneas.

## Evaporação

No processo de evaporação, a mistura de sólido dissolvido em líquido é deixada em repouso ou é aquecida até que a substância mais volátil (composto de menor temperatura de ebulição) evapore. Nesse processo, o líquido com menor temperatura de ebulição é perdido para o ambiente.

Processo de separação do sal da água em salinas.

## Destilação simples

Na destilação simples, é necessário aquecer a mistura até que o componente de menor temperatura de ebulição (mais volátil) se transforme em vapor. O vapor obtido no balão de destilação desloca-se pelo tubo interno do condensador e é resfriado pela passagem de água corrente no tubo externo, o que faz com que ele se condense. Então, o líquido é recolhido no béquer; a parte sólida da mistura, que não é volátil e portanto não evapora, permanece no balão de destilação.

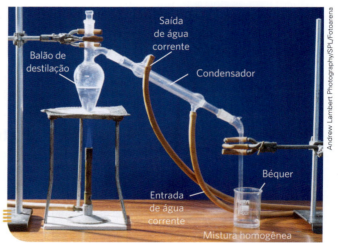

Destilação simples de solução aquosa de sulfato de cobre.

## Destilação fracionada

O processo de destilação fracionada é utilizado para separar líquidos com temperaturas de ebulição (TE) que não sejam próximas. Durante o aquecimento da mistura, é separado, inicialmente, o líquido de menor TE; depois, o líquido com TE intermediária; e assim sucessivamente, até o líquido de maior TE. Conhecendo-se a TE de cada líquido, é possível determinar, pela temperatura indicada no termômetro, qual composto está sendo destilado. Esse método é utilizado em indústrias petroquímicas, com o objetivo de separar os diferentes derivados do petróleo.

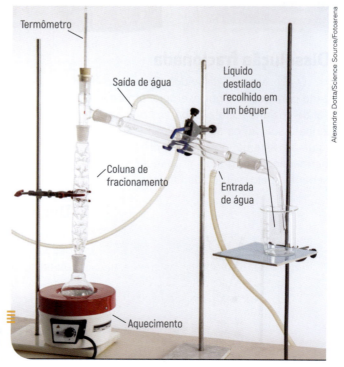

Destilação fracionada utilizada para separar dois ou mais líquidos com diferentes temperaturas de ebulição.

## Explore seus conhecimentos

1. Associe cada mistura ao processo de separação mais adequado.

| Mistura | Processo |
|---|---|
| I. água + óleo | A. catação |
| II. sal + limalha de ferro | B. filtração |
| III. salmoura | C. atração magnética |
| IV. ervilha + milho | D. destilação |
| V. água + areia | E. funil de separação |

2. Para que a água chegue às residências, são necessárias várias etapas, e uma delas é seu tratamento. Em determinada fase da estação de tratamento, a água passa por espessas camadas de areia. Essa fase pode ser considerada uma:
   a) decantação.
   b) filtração.
   c) destilação.
   d) flotação.
   e) levigação.

3. Uma bebida típica do sul da América do Sul é o chimarrão. O hábito de beber esse líquido é uma herança dos povos Aimará, Guarani e Quíchua. Na preparação do chimarrão, é necessário adicionar água quente à erva-mate; depois, com o uso de uma bomba, é possível ingerir essa infusão da água com a erva.

A respeito do chimarrão, responda:
a) A infusão formada é uma mistura ou uma substância pura?
b) De onde são obtidas as substâncias que compõem a infusão dessa bebida?
c) Quais métodos de separação foram utilizados nessa bebida?
d) Cite algum exemplo em que esses processos de separação podem ser utilizados no dia a dia.

4. Qual método de separação pode ser utilizado para separar uma mistura de água do mar com o objetivo de obter apenas sal?
   a) Evaporação.
   b) Destilação fracionada.
   c) Liquefação.
   d) Filtração.
   e) Sedimentação.

5. O esquema a seguir representa o tradicional alambique. Ele é utilizado para a preparação de bebidas alcoólicas a partir da fermentação de cereais ou açúcares.

Apresente um esquema com aparelhos de laboratório que possa substituir essa estrutura de alambique. Dê o nome de cada aparelho e explique seu funcionamento.

6. Um estudante precisa separar três sólidos (A, B e C) presentes em uma amostra na sua aula de Química. A tabela abaixo apresenta algumas características desses sólidos:

| Sólido | Água fria | Água quente |
|---|---|---|
| A | Insolúvel | Solúvel |
| B | Solúvel | Insolúvel |
| C | Insolúvel | Insolúvel |

Sabendo que a amostra é composta apenas de A, B e C, proponha um procedimento que o estudante possa utilizar para separar os três sólidos.

## Relacione seus conhecimentos

**1** (Olimpíada Brasileira de Química) Um processo de separação de uma mistura é ilustrado abaixo.

Considerando que houve adequação da técnica utilizada nesse procedimento, no béquer acima do funil há uma:
a) solução.
b) substância pura, apenas.
c) mistura homogênea.
d) mistura heterogênea.

**2** (Enem) Uma pessoa é responsável pela manutenção de uma sauna úmida. Todos os dias cumpre o mesmo ritual: colhe folhas de capim-cidreira e algumas folhas de eucalipto. Em seguida, coloca as folhas na saída do vapor da sauna, aromatizando-a, conforme representado na figura.

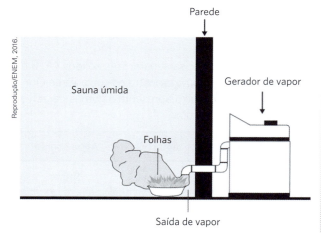

Qual processo de separação é responsável pela aromatização promovida?
a) Filtração simples.
b) Destilação simples.
c) Extração por arraste.
d) Sublimação fracionada.
e) Decantação sólido-líquido.

**3** (Uerj) São preparadas 3 misturas binárias em um laboratório, descritas da seguinte maneira:
1ª mistura ⇒ heterogênea, formada por um sólido e um líquido.
2ª mistura ⇒ heterogênea, formada por dois líquidos.
3ª mistura ⇒ homogênea, formada por um sólido e um líquido.
Os processos de separação que melhor permitem recuperar as substâncias originais são, respectivamente:
a) filtração, decantação, destilação simples.
b) decantação, filtração, destilação simples.
c) destilação simples, filtração, decantação.
d) decantação, destilação simples, filtração.

**4** (Cefet-SC)

A composição química do café inclui, além da cafeína, outras substâncias: as lactonas, que agem sobre o sistema nervoso central e são tão estimulantes quanto à celulose, que estimula os intestinos; os sais minerais, importantes para o metabolismo; os açúcares e o tanino, que acentuam o sabor; e os lipídeos, que caracterizam o aroma.

Fonte: SANTOS, Widson Luiz Pereira; MÓL, Gerson de Souza. *Química e Sociedade*. São Paulo: Nova Geração. 2005.

Portanto, a preparação de um bom café na cafeteira envolve, em ordem de acontecimentos, os seguintes processos:
a) extração e filtração.
b) filtração e dissolução.
c) dissolução e decantação.
d) filtração e extração.
e) extração e decantação.

**5** (Cefet-RJ) Um químico deseja separar todos os componentes que constituem um **sistema heterogêneo** formado pela mistura de um álcool, de uma base, de areia e de um óleo. Determine o processo de separação adequado em X, Y e Z, sabendo que a base é um granulado solúvel no álcool.

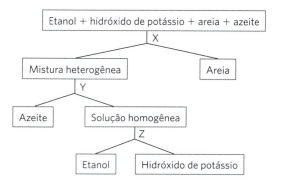

a) X = dissolução fracionada, Y = sifonação e Z = filtração.
b) X = decantação, Y = sedimentação e Z = filtração.
c) X = filtração, Y = decantação e Z = destilação simples.
d) X = sedimentação, Y = filtração e Z = destilação simples.

**6** (Enem) Na atual estrutura social, o abastecimento de água tratada desempenha um papel fundamental para a prevenção de doenças. Entretanto, a população mais carente é a que mais sofre com a falta de água tratada, em geral, pela falta de estações de tratamento capazes de fornecer o volume de água necessário para o abastecimento ou pela falta de distribuição dessa água.

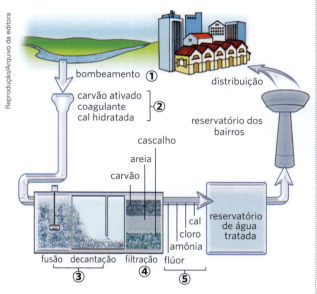

Disponível em: http://www.sanasa.com.br. Acesso em: 13 mar. 2014 (adaptado).

No sistema de tratamento de água apresentado na figura, a remoção do odor e a desinfecção da água coletada ocorrem, respectivamente, nas etapas:

a) 1 e 3.
b) 1 e 5.
c) 2 e 4.
d) 2 e 5.

**7** (FASM-SP)

No tratamento de esgotos, o método utilizado para a remoção de poluentes depende das características físicas, químicas e biológicas de seus constituintes. Na Região Metropolitana de São Paulo, as grandes estações de tratamento de esgotos utilizam o método de lodos ativados, em que há uma fase líquida e uma fase sólida.

A figura representa as etapas de tratamento da fase líquida dos esgotos.

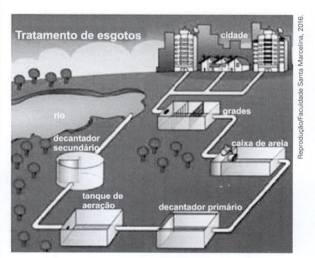

No tanque de aeração, o ar fornecido faz com que os micro-organismos ali presentes multipliquem-se e alimentem-se de material orgânico, formando o lodo e diminuindo, assim, a carga poluidora do esgoto.

(http://site.sabesp.com.br. Adaptado.)

a) Tendo por base as propriedades físicas dos constituintes de esgotos, como ocorre a separação desses constituintes nas grades e no decantador primário?
b) Por que a água proveniente do decantador secundário não pode ser considerada potável?

# Conexões

## Saneamento ambiental

**Saneamento ambiental** é o conjunto de ações socioeconômicas adotadas para preservar ou modificar o meio ambiente visando melhorar a qualidade de vida das populações humanas. Inclui tratamento e abastecimento de água, coleta e tratamento de esgoto, coleta e disposição de resíduos sólidos, drenagem urbana e controle do uso do solo.

### Tratamento de água

O tratamento de água ocorre por meio de vários processos físicos e químicos, que reduzem ou eliminam impurezas e microrganismos. Veja alguns desses processos.

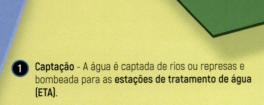

Estações de tratamento de água (ETA)

1. **Captação** - A água é captada de rios ou represas e bombeada para as **estações de tratamento de água (ETA)**.

2. **Pré-cloração** - Adição de cloro para facilitar a retirada de matéria orgânica e metais.

3. **Pré-alcalinização** - Para ajuste do pH nas fases posteriores do tratamento, é adicionada cal ou soda cáustica à água.

4. **Coagulação** - Adição de sulfato de alumínio ou outro coagulante, seguido de agitação: as partículas de sujeira ficam eletricamente desestabilizadas e mais fáceis de agregar.

5. **Floculação** - Em uma mistura lenta, ocorre a formação de flocos com as partículas de sujeira.

6. **Decantação ou sedimentação** - Ocorre a separação dos flocos de sujeira formados na etapa anterior. Os flocos, como são mais densos, decantam no fundo do tanque.

7. **Filtração** - A água passa por filtros que retêm os flocos menores que não decantaram na etapa anterior.

8. **Desinfecção** - Nova adição de cloro para eliminar microrganismos presentes na água.

9. **Fluoretação** - Adição de flúor (estabelecida pela Lei Federal nº 6.050 de 24 de maio de 1974) para redução da incidência da cárie dentária.

10. **Armazenamento e distribuição** - A água tratada é armazenada em reservatórios e, posteriormente, segue para rede de distribuição para chegar aos consumidores.

## Tratamento de esgoto

A água utilizada nas indústrias e nas residências para higiene pessoal alimentação e limpeza vira esgoto. Por meio de redes coletoras, ele segue para as **estações de tratamento de esgoto (ETE)**. O esgoto pode ser tratado de diferentes formas dependendo do tipo e da situação. Veja um dos tipos a seguir.

**Estações de tratamento de esgoto (ETE)**

1. **Grades** - Separam sujeiras maiores, como papel, plásticos, galhos, tampinhas, etc. do esgoto.
2. **Caixa de areia** - Separa o esgoto da areia contida nele.
3. **Decantadores primários** - Ocorre a sedimentação de partículas mais densas.
4. **Tanque de aeração** - É fornecido ar ao composto, o que faz com que os microrganismos se multipliquem e se alimentem de material orgânico presente no esgoto, formando lodo.
5. **Decantadores secundários** - O sólido restante decanta e vai para o fundo do tanque e a parte líquida já está praticamente sem impurezas. No entanto, essa água não é considerada potável. Ela pode ser lançada nos rios ou reaproveitada para limpeza de áreas públicas.

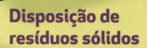

**Aterro sanitário**

## Disposição de resíduos sólidos

O **aterro sanitário** é uma solução ambientalmente segura para destinar resíduos sólidos não recicláveis, como resíduos orgânicos. Nos aterros, os resíduos são dispostos em áreas escavadas e impermeabilizadas, com tubulações para escoar os gases e o chorume gerados pela decomposição.

### Consequências do saneamento ambiental inadequado

A destinação inadequada de esgoto e de resíduos pode levar à poluição dos rios e de outros corpos de água. Isso pode interferir na vida aquática, prejudicando seres vivos e contaminando os rios com microrganismos que podem causar doenças inclusive aos seres humanos.

**Doenças relacionadas ao saneamento ambiental inadequado (DRSAI)**
Segundo dados de 2015 do IBGE, no Brasil, no período de 2000 a 2013, as doenças de transmissão feco-oral estão associadas a 87% das internações relacionadas ao saneamento ambiental inadequado.

Elaborado com base em: IBGE. **Séries históricas e estatísticas**. Disponível em: https://seriesestatisticas.ibge.gov.br/series.aspx?vcodigo=AM38. Acesso em: 14 ago. 2019.

## Analisando o infográfico

1. Quais processos de separação de misturas estão representados na ilustração?

2. Analise o gráfico desta página. Em seguida, pesquise as medidas que provavelmente tenham levado à queda na incidência de doenças de transmissão feco-oral.

3. Em grupos, elaborem um material digital para compartilhar informações sobre os processos que ocorrem em uma ETA ou uma ETE. Vocês podem realizar visitas físicas ou virtuais para tirar fotos, gravar os processos, entrevistar funcionários, etc.

4. Pesquise qual é a porcentagem da população brasileira atendida adequadamente por um sistema de esgotamento sanitário e responda: Por que é importante para a saúde dos seres humanos e para o ambiente que os governos instituam medidas para o aumento dessa porcentagem?

5. Mesmo em regiões abastecidas com água tratada recomenda-se o uso do filtro para a limpeza da água antes do consumo. Qual é a razão dessa recomendação?

Elaborado com base em: IBGE. PNAD Contínua: de 2016 para 2017, Centro-Oeste puxa redução no abastecimento diário de água do país. **Agência IBGE Notícias**. Disponível em: https://agenciadenoticias.ibge.gov.br/agencia-sala-de-imprensa/2013-agencia-de-noticias/releases/20978-pnad-continua-de-2016-para-2017-centro-oeste-puxa-reducao-no-abastecimento-diario-de-agua-do-pais; FUNDAÇÃO NACIONAL DA SAÚDE. **Manual de saneamento**. Disponível em: http://www.fiocruz.br/biosseguranca/Bis/manuais/ambiente/Manual%20de%20Saneamento.pdf; SNIS. **Diagnóstico dos serviços de água e esgotos do Sistema Nacional de Informações sobre Saneamento (SNIS)**. Disponível em: http://www.snis.gov.br/diagnostico-agua-e-esgotos; VIEIRA, M. C. dos S.; GARCIA, L. A. M. **A química no contexto do saneamento ambiental**: possibilidades de inserção da proposta em outras realidades Brasília, DF: 2017. Disponível em: http://ppgec.unb.br/wp-content/uploads/boletins/volume12/16_2017_MariaCecilia Vieira.pdf. Acesso em: 15 ago. 2019.

**CIÊNCIAS DA NATUREZA E SUAS TECNOLOGIAS**

UNIDADE

# Evolução do modelo atômico

As primeiras tentativas de entender os fenômenos naturais surgiram no século V a.C., na Grécia. Após inúmeras tentativas de explicações sobre a constituição da matéria, foram surgindo teorias atômicas e propostas de modelos para o átomo. A descoberta da radiação por Marie Curie, por seu marido, Pierre, e por seu professor, Becquerel, forneceram caminhos para um novo modelo atômico. Sabe-se hoje que a radioatividade, por sua vez, está presente em diversas atividades do dia a dia.

Você sabe quais são essas atividades? Qual a natureza dos fenômenos radioativos? E a diferença entre os processos de fusão e fissão nuclear, bem como sua relação com a estrutura atômica?

Morphart Creation/Shutterstock

Antoine Henri Becquerel (à esquerda), Pierre Curie e Marie Curie receberam em conjunto, em 1903, o prêmio Nobel da Física, em reconhecimento por suas investigações e descobertas no âmbito da radioatividade.

## Nesta unidade vamos:

- analisar a evolução do modelo atômico;
- compreender as características atômicas e o processo de formação de íons;
- investigar as semelhanças atômicas;
- conhecer o fenômeno da radioatividade;
- avaliar as aplicações dos fenômenos radioativos.

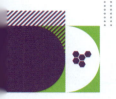

CAPÍTULO

# 4 O estudo do átomo

Este capítulo favorece o desenvolvimento das habilidades

EM13CNT201

EM13CNT204

O primeiro modelo atômico foi proposto por Dalton em 1808. Desde então, muitas descobertas foram feitas, e com isso o modelo atômico foi sendo aperfeiçoado.

Como estudamos no capítulo 1, os modelos científicos podem ser considerados representações de objetos ou fenômenos presentes no mundo real. Eles têm por finalidade auxiliar a compreender melhor as propriedades e características de nossos objetos de estudo, permitindo inclusive realizar previsões, dentro das limitações de cada modelo. É importante ressaltar que os modelos não são representações exatas da realidade.

Assim, devemos considerar que os conhecimentos atuais acerca da estrutura do átomo foram desenvolvidos e aperfeiçoados durante um longo período, por meio de experimentos e proposições realizados por diversos cientistas.

## O modelo atômico de Thomson

Em 1897, o físico inglês J. J. Thomson (1856-1940), realizando experimentos nos quais aplicava descargas elétricas em gases rarefeitos (sob baixa pressão) confinados em tubos (ampolas) de vidro, conseguiu obter a formação de feixes luminosos que se movimentavam na ampola de uma extremidade a outra.

Joseph John Thomson, após diversos experimentos, propôs a primeira alteração do modelo atômico de Dalton.

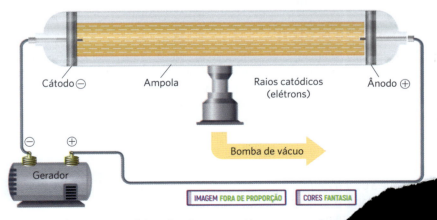

Observando que esses feixes luminosos partiam sempre de u[m]a [placa carregada ne]gativamente (cátodo) em direção a uma placa carregada posi[tivamente (ânodo), Thom]son os denominou raios catódicos. Embora a existência dos [raios catódicos tenha sido] comprovada anteriormente por Julius Plücker (1801-186[8), a natureza dessas emissões] não estava clara e estabelecida.

Thomson realizou diversos experimentos, cujas conclusões podem ser observadas na tabela a seguir:

| Representação do experimento | Descrição | Observação | Conclusão |
|---|---|---|---|
| | Anteparo intercepta os raios catódicos | Formação de sombra do anteparo | Os raios catódicos se propagam em linha reta |
| | Molinete como anteparo | O molinete inicia movimento de rotação | Os raios catódicos são formados por partículas, isto é, são corpusculares e apresentam massa, pois colocam o molinete em movimento |
| | Aplicação de um campo elétrico perpendicular | Os raios catódicos são atraídos para o polo positivo do campo elétrico | As partículas que formam os raios catódicos apresentam carga negativa |

Assim, Thomson pôde concluir que os raios catódicos eram constituídos por partículas ainda menores do que os átomos, as quais foram posteriormente denominadas **elétrons**.

A descoberta do elétron evidenciou que o átomo é uma estrutura divisível, levando Thomson a propor um novo modelo, em que os átomos seriam:

- estruturas não uniformes e não homogêneas;
- formados por uma espécie de fluido positivo, no qual estariam dispersos os elétrons, negativos;
- eletricamente neutros.

O modelo de Thomson, por associar a natureza elétrica da matéria com a estrutura atômica, apresentou avanços consideráveis, pois foi a primeira vez que o átomo foi considerado divisível, o que lhe rendeu o prêmio Nobel de Física, em 1906.

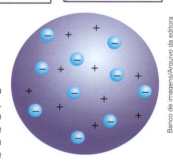

Representação do modelo de Thomson. Esse modelo atômico é frequentemente associado à imagem de um **pudim de passas**.

## A descoberta do próton

Em 1886, o físico alemão Eugene Goldstein (1850-1930), realizando experimentos semelhantes aos de Thomson, notou a formação de feixes luminosos que partiam da placa positiva (ânodo) em direção à placa negativa (cátodo), o que o levou a concluir que os constituintes desses feixes apresentavam carga positiva; ele os chamou de raios anódicos (pois partiam do ânodo) ou **raios canais.**

Em 1920, o físico neozelandês Ernest Rutherford (1871-1937), ao realizar o mesmo experimento com gás hidrogênio, detectou novamente a presença de pequenas partículas com carga positiva. Essas partículas foram denominadas **prótons** e hoje sabemos que apresentam a massa aproximadamente 1836 vezes maior que a de um elétron.

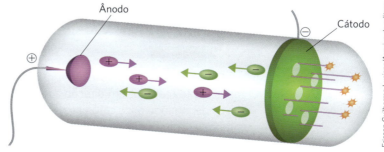

## O experimento de Rutherford

Em 1911, Rutherford idealizou um experimento para investigar a estrutura atômica que consistia em bombardear uma finíssima lâmina de ouro com partículas alfa (positivas), emitidas por um material radioativo. Para determinar a trajetória das partículas alfa após colidirem com a lâmina de ouro, Rutherford utilizou uma tela de sulfeto de zinco, que brilha ao ser atingida pela radiação.

O resultado esperado, considerando o modelo de Thomson, era que todas as partículas alfa atravessassem a lâmina de ouro em trajetórias praticamente retilíneas.

Porém, Rutherford notou que, apesar de algumas partículas alfa sofrerem pequenas alterações no desvio de sua trajetória ao atravessarem a folha de ouro, um número menor de partículas parecia colidir com algo, pois algumas delas eram refletidas e quase voltavam à fonte emissora.

Observe a seguir o esquema do experimento de Rutherford.

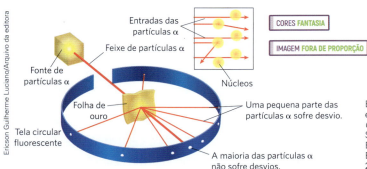

Elaborado com base em: BROWN, T. *Chemistry*: the Central Science. 13. ed. England: Pearson Education Limited, 2015.

> **! Dica**
>
> *A ciência através dos tempos*, de Attico Chassot. Editora Moderna.
>
> O livro faz um apanhado geral da história das grandes áreas científicas (Física, Biologia, Química), apresentando suas principais personagens e fatos marcantes, além de enfocar aqueles que usualmente não são mencionados na história oficial.

Para explicar os resultados, Rutherford propôs um novo modelo para a estrutura atômica. De acordo com ele, o átomo seria constituído de duas regiões: uma central, positiva, densa e pequena, denominada núcleo; e uma região periférica, carregada negativamente e difusa ao redor do núcleo, denominada eletrosfera.

Nesse modelo, praticamente toda a massa do átomo está contida no núcleo, composto pelos prótons. Para Rutherford, as partículas alfa eram desviadas ou refletidas ao passarem próximo ao núcleo ou ao colidirem com ele. Já a eletrosfera seria formada por cargas negativas, quase 2 000 vezes mais leves que os prótons, incapazes de perturbar a trajetória das partículas alfa que atravessavam essa região. Como poucas partículas alfa foram refletidas ou desviadas, Rutherford considerou que o volume do núcleo deveria ser muito menor do que o volume da eletrosfera.

Esse modelo ficou conhecido como **modelo planetário**, por assemelhar-se ao Sistema Solar.

Representação do modelo atômico de Rutherford.

Em 1932, experimentos com materiais radioativos conduzidos pelo físico britânico James Chadwick (1891-1974) apontaram a existência de uma nova classe de partículas subatômicas, sem carga, existentes no núcleo. Essas partículas foram denominadas **nêutrons**.

Logo, o modelo atômico utilizado atualmente é o proposto por Rutherford, porém com a inclusão dos nêutrons no núcleo, resultando no **modelo atômico clássico**.

A tabela a seguir mostra as características das partículas subatômicas que foram apresentadas.

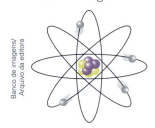

Representação do modelo atômico clássico. Note que se trata da ilustração de um modelo para o átomo, e não de um átomo.

| Partícula | Símbolo | Massa (g) | Massa relativa (u)* | Carga (C) | Carga relativa (u.c.e.)* |
|---|---|---|---|---|---|
| Nêutron | $_{0}^{1}n$ | $1{,}67494 \cdot 10^{-24}$ | 1 | 0 | 0 |
| Próton | $_{+1}^{1}p$ | $1{,}67263 \cdot 10^{-24}$ | 1 | $+1{,}60217 \cdot 10^{-19}$ | +1 |
| Elétron | $_{-1}^{0}e$ | $9{,}10939 \cdot 10^{-28}$ | 1/1836 (desprezível) | $-1{,}60217 \cdot 10^{-19}$ | −1 |

* Como os valores de massa (g) e carga (C) das partículas subatômicas são muito pequenos, estabeleceram-se os valores padrões indicados na tabela, os quais são expressos em unidades de massa relativa (u) e unidades de carga relativa (u.c.e.), respectivamente.

## Explore seus conhecimentos

**1** (UFJF-MG) Desde a Grécia antiga, filósofos e cientistas vêm levantando hipóteses sobre a constituição da matéria. Demócrito foi uns dos primeiros filósofos a propor que a matéria era constituída por partículas muito pequenas e indivisíveis, as quais chamaram de átomos. A partir de então, vários modelos atômicos foram formulados, à medida que novos e melhores métodos de investigação foram sendo desenvolvidos. A seguir, são apresentadas as representações gráficas de alguns modelos atômicos:

I.   II.   III.

Assinale a alternativa que correlaciona o modelo atômico com a sua respectiva representação gráfica.
a) I - Thomson, II - Dalton, III - Rutherford-Bohr.
b) I - Rutherford-Bohr, II - Thomson, III - Dalton.
c) I - Dalton, II - Rutherford-Bohr, III - Thomson.
d) I - Dalton, II - Thomson, III - Rutherford-Bohr.
e) I - Thomson, II - Rutherford-Bohr, III - Dalton.

**2** (UFPR) Considere as seguintes afirmativas sobre o modelo atômico de Rutherford:
1. O modelo atômico de Rutherford é também conhecido como modelo planetário do átomo.
2. No modelo atômico, considera-se que elétrons de cargas negativas circundam ao redor de um núcleo de carga positiva.
3. Segundo Rutherford, a eletrosfera, local onde se encontram os elétrons, possui um diâmetro menor que o núcleo atômico.
4. Na proposição do seu modelo atômico, Rutherford se baseou num experimento em que uma lâmina de ouro foi bombardeada por partículas alfa.

Assinale a alternativa correta.
a) Somente a afirmativa 1 é verdadeira.
b) Somente as afirmativas 3 e 4 são verdadeiras.
c) Somente as afirmativas 1, 2 e 3 são verdadeiras.
d) Somente as afirmativas 1, 2 e 4 são verdadeiras.
e) As afirmativas 1, 2, 3 e 4 são verdadeiras.

**3** (IME-RJ) Os trabalhos de Joseph John Thomson e Ernest Rutherford resultaram em importantes contribuições na história da evolução dos modelos atômicos e no estudo de fenômenos relacionados à matéria. Das alternativas abaixo, aquela que apresenta corretamente o autor e uma de suas contribuições é:
a) Thomson – Conclui que o átomo e suas partículas formam um modelo semelhante ao sistema solar.
b) Thomson – Constatou a indivisibilidade do átomo.
c) Rutherford – Pela primeira vez, constatou a natureza elétrica da matéria.
d) Thomson – A partir de experimentos com raios catódicos, comprovou a existência de partículas subatômicas.
e) Rutherford – Reconheceu a existência de partículas sem carga elétrica denominadas nêutrons.

**4** (UFG-GO) Leia o poema apresentado a seguir.
Pudim de passas
Campo de futebol
Bolinhas se chocando
Os planetas do sistema solar
Átomos
Às vezes
São essas coisas
Em química escolar

LEAL, Murilo Cruz. Soneto de hidrogênio. São João del Rei: Editora UFSJ, 2011.

O poema faz parte de um livro publicado em homenagem ao Ano Internacional da Química. A composição metafórica presente nesse poema remete
a) aos modelos atômicos propostos por Thomson, Dalton e Rutherford.
b) às teorias explicativas para as leis ponderais de Dalton, Proust e Lavoisier.
c) aos aspectos dos conteúdos de cinética química no contexto escolar.
d) às relações de comparação entre núcleo/eletrosfera e bolinha/campo de futebol.
e) às diferentes dimensões representacionais do sistema solar.

### Relacione seus conhecimentos

**1** (UEM-PR) Sobre os principais fundamentos da teoria atômica de Dalton, assinale a(s) alternativa(s) **correta(s)**.
01) A massa fixa de um elemento pode combinar-se com massas múltiplas de outro elemento para formar substâncias diferentes.
02) O átomo é semelhante a uma massa gelatinosa carregada positivamente, tendo cargas negativas espalhadas nessa massa.
04) A carga positiva de um átomo não está distribuída por todo o átomo, mas concentrada na região central.
08) Existem vários tipos de átomos e cada um constitui um elemento químico. Átomos de um mesmo elemento químico são idênticos, particularmente em seu peso.
16) Toda matéria é composta por átomos, que são partículas indivisíveis e não podem ser criados ou destruídos.

**2** (UPM-SP) Comemora-se, neste ano de 2011, o centenário do modelo atômico proposto pelo físico neozelandês Ernest Rutherford (1871-1937), prêmio Nobel da Química em 1908. Em 1911, Rutherford bombardeou uma finíssima lâmina de ouro com partículas alfa, oriundas de uma amostra contendo o elemento químico polônio.
De acordo com o seu experimento, Rutherford concluiu que
a) o átomo é uma partícula maciça e indestrutível.
b) existe, no centro do átomo, um núcleo pequeno, denso e negativamente carregado.
c) os elétrons estão mergulhados em uma massa homogênea de carga positiva.
d) a maioria das partículas alfa sofria um desvio ao atravessar a lâmina de ouro.
e) existem, no átomo, mais espaços vazios do que preenchidos.

**3** (UFRGS-RS) A partir do século XIX, a concepção da ideia de átomo passou a ser analisada sob uma nova perspectiva: a experimentação. Com base nos dados experimentais disponíveis, os cientistas faziam proposições a respeito da estrutura atômica. Cada nova teoria atômica tornava mais clara a compreensão da estrutura do átomo.

Assinale, no quadro a seguir, a alternativa que apresenta a correta associação entre o nome do cientista, a fundamentação de sua proposição e a estrutura atômica que propôs.

| | Cientista | Fundamentação | Estrutura atômica |
|---|---|---|---|
| a) | John Dalton | Experimentos com raios catódicos que foram interpretados como um feixe de partículas carregadas negativamente denominadas elétrons, os quais deviam fazer parte de todos os átomos. | O átomo deve ser um fluido homogêneo e quase esférico, com carga positiva, no qual estão dispersos uniformemente os elétrons. |
| b) | Niels Bohr | Leis ponderais que relacionavam entre si as massas de substâncias participantes de reações. | Os elétrons movimentam-se em torno do núcleo central positivo em órbitas específicas com níveis energéticos bem definidos. |
| c) | Ernest Rutherford | Experimentos envolvendo o fenômeno da radioatividade. | O átomo é constituído por um núcleo central positivo, muito pequeno em relação ao tamanho total do átomo, porém com grande massa, ao redor do qual orbitam os elétrons com carga negativa. |
| d) | Joseph Thomson | Princípios da teoria da mecânica quântica. | A matéria é descontínua e formada por minúsculas partículas indivisíveis denominadas átomos. |
| e) | Demócrito | Experimentos sobre condução de corrente elétrica em meio aquoso. | Os átomos são as unidades elementares da matéria e comportam-se como se fossem esferas maciças, indivisíveis e sem cargas. |

# CAPÍTULO 5
# Estrutura do átomo

Este capítulo favorece o desenvolvimento da habilidade
**EM13CNT103**

Conhecidas as partículas subatômicas – nêutrons, prótons e elétrons –, os cientistas passaram a estudar sua relação com as características dos átomos, o que possibilitou o estabelecimento de algumas relações, como número atômico e de massa. A seguir vamos analisar essas descobertas.

## Número atômico

O número atômico, representado pela letra Z, corresponde ao número de prótons presentes no núcleo dos átomos. O número atômico caracteriza os elementos químicos. Sendo assim, os átomos de elementos químicos diferentes, necessariamente, apresentam números atômicos distintos.

Observe os exemplos a seguir:

| Elemento químico | Número atômico |
|---|---|
| $_{11}Na$ | $Z = p = 11$ |
| $_{13}A\ell$ | $Z = p = 13$ |
| $_{26}Fe$ | $Z = p = 26$ |

## Número de massa

O número de massa corresponde à soma do número de prótons e de nêutrons presentes no núcleo do átomo. Esse número é representado pela letra A.

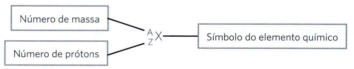

Para átomos eletricamente neutros, o número de partículas positivas (prótons) é igual ao número de partículas negativas (elétrons).

Observe os exemplos a seguir:

$${}^{23}_{11}Na \begin{cases} p = 11 \\ n = 23 - 11 = 12 \\ e = 11 \end{cases} \quad {}^{27}_{13}A\ell \begin{cases} p = 13 \\ n = 27 - 13 = 14 \\ e = 13 \end{cases}$$

## Íons

Já estudamos as características atômicas relacionadas aos átomos quando eles estão eletricamente neutros. Mas o que ocorre quando um átomo perde ou ganha elétrons?

Os átomos que perderam ou ganharam elétrons passam a ser denominados íons e já não apresentam carga nula. Caso um átomo neutro perca elétrons, ele se transformará em um íon positivo (cátion); caso ganhe elétrons, ele se transformará em um íon negativo (ânion).

Em relação às cargas, um átomo que perdeu:

- um elétron origina um íon monovalente positivo;
- dois elétrons origina um íon bivalente positivo;
- três elétrons origina um íon trivalente positivo.

## Cátions

Quando um átomo perde elétrons, fica com uma quantidade maior de cargas positivas. Observe o exemplo a seguir.

- Um átomo de lítio, ao perder um elétron, ficará com um próton a mais em relação ao número de elétrons, e sua carga será +1: Li$^+$.

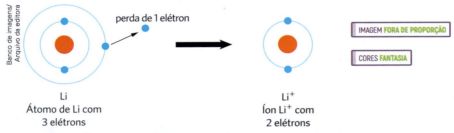

Esquema de formação do íon Li$^+$.

Observe um exemplo relacionando o número de prótons, nêutrons e elétrons.

$$_{20}^{41}Ca^{2+} \begin{cases} p = 20 \\ n = 21 \\ e = 18 \end{cases}$$

## Ânions

Quando um átomo ganha elétrons, ele fica com uma quantidade menor de cargas positivas. Observe o exemplo a seguir.

- Um átomo de flúor, ao ganhar um elétron, ficará com um próton a menos em relação ao número de elétrons; sua carga será −1: F$^-$.

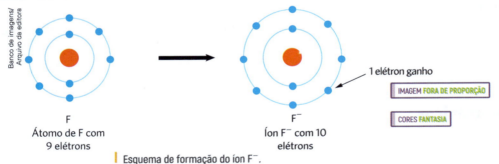

Esquema de formação do íon F$^-$.

Observe um exemplo relacionando o número de prótons, nêutrons e elétrons.

$$_{15}^{31}P^{3-} \begin{cases} p = 15 \\ n = 16 \\ e = 18 \end{cases}$$

## Semelhanças atômicas

Alguns átomos podem ter o mesmo número de prótons, nêutrons ou elétrons; são as chamadas semelhanças atômicas. A seguir estão apresentadas cada uma delas.

### Isótopos

Átomos que têm o mesmo número atômico (Z), porém diferente número de massa (A), são denominados isótopos. Como esses átomos apresentam o mesmo número de prótons, pertencem ao mesmo elemento químico e detêm propriedades químicas semelhantes; contudo, por terem número de massa diferente, apresentam propriedades físicas diferentes.

Por exemplo, o elemento hidrogênio tem três isótopos:

| Representação | Nomes | Abundância na natureza (%) |
|---|---|---|
| $_{1}^{1}H$ | Hidrogênio leve; hidrogênio comum, prótio | 99,985 |
| $_{1}^{2}H$ | Deutério | 0,015 |
| $_{1}^{3}H$ | Trítio; tricério; tritério | $10^{-7}$ |

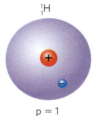
$_{1}^{1}H$
p = 1
n = 0
e = 1

$_{1}^{2}H$
p = 1
n = 1
e = 1

$_{1}^{3}H$
p = 1
n = 2
e = 1

IMAGEM FORA DE PROPORÇÃO
CORES FANTASIA

## Isóbaros

Isóbaros são átomos que apresentam o mesmo número de massa (A) e diferente número atômico (Z) e de nêutrons.

Exemplo: $_{20}^{40}Ca$    $_{18}^{40}Ar$
A = 40    A = 40

## Isótonos

Isótonos são átomos que possuem mesmo número de nêutrons (n) e diferente número de massa (A) e atômico (Z).

Exemplo: $_{5}^{11}B$    $_{6}^{12}C$
n = 6    n = 6

## Isoeletrônicos

Isoeletrônicos são átomos ou íons (espécies químicas) que apresentam o mesmo número de elétrons.

Exemplo: $_{8}^{16}O^{2-}$    $_{11}^{23}Na^{+}$    $_{10}^{20}Ne$
e = 10    e = 10    e = 10

### Explore seus conhecimentos

**1** (UFRJ) O envenenamento por chumbo é um problema relatado desde a Antiguidade, pois os romanos utilizavam esse metal em dutos de água e recipientes para cozinhar. No corpo humano, com o passar do tempo, o chumbo deposita-se nos ossos, substituindo o cálcio. Isso ocorre, porque os íons $Pb^{2+}$ e $Ca^{2+}$ são similares em tamanho, fazendo com que a absorção de chumbo pelo organismo aumente em pessoas que têm deficiência de cálcio. Com relação ao Pb (Z = 82 e A = 207), seu número de prótons, nêutrons e elétrons são, respectivamente:

a) 82, 125 e 82.
b) 82, 125 e 84.
c) 84, 125 e 82.
d) 82, 127 e 80.
e) 84, 127 e 82.

**2** (Ifsul-RS) Os átomos são formados por prótons, nêutrons e elétrons. Os prótons e os nêutrons estão localizados no núcleo enquanto os elétrons circundam o átomo na eletrosfera. A tabela a seguir apresenta a quantidade de partículas que formam os elementos F, Mg e Fe.

| Elemento | Prótons | Nêutrons | Elétrons | Massa |
|---|---|---|---|---|
| F | 9 | | 9 | 19 |
| Mg | | 12 | 12 | 24 |
| Fe | 26 | 30 | | 56 |

Em relação ao número de nêutrons, prótons e elétrons, os valores que completam corretamente a tabela são, respectivamente,

a) 10, 12 e 26.
b) 9, 12 e 30.
c) 19, 24 e 26.
d) 9, 24 e 30.

**3** (Cefet-MG) A água de coco é um isotônico natural de sabor muito agradável consumido por atletas de corrida de rua. Sua constituição é variada, apresentando carboidratos, vitaminas e sais minerais de cálcio ($_{20}Ca^{2+}$), magnésio ($_{12}Mg^{2+}$), potássio ($_{19}K^+$) e sódio ($_{11}Na^+$).

Considerando os metais na sua forma iônica, a soma do número de elétrons de todos os íons citados é igual a

a) 56.   c) 100.
b) 62.   d) 106.

**4** (Uerj)

O desastre de Chernobyl ainda custa caro para a Ucrânia. A radiação na região pode demorar mais de 24000 anos para chegar a níveis seguros.

Adaptado de Revista Superinteressante, 12/08/2016.

Após 30 anos do acidente em Chernobyl, o principal contaminante radioativo presente na região é o césio-137, que se decompõe formando o bário-137. Esses átomos, ao serem comparados entre si, são denominados:

a) isótopos       c) isóbaros
b) isótonos       d) isoeletrônicos

## Relacione seus conhecimentos

**1** (Vunesp-SP) Com a frase "Grupo concebe átomo 'mágico' de silício", a edição da "Folha de S. Paulo" chama a atenção para a notícia da produção de átomos estáveis de silício com duas vezes mais nêutrons do que prótons, por cientistas da Universidade Estadual da Flórida, nos Estados Unidos da América. Na natureza, os átomos estáveis deste elemento químico são: $_{14}^{28}Si$, $_{14}^{29}Si$ e $_{14}^{30}Si$. Quantos nêutrons há em cada átomo "mágico" de silício produzido pelos cientistas da Flórida?

a) 14.
b) 16.
c) 28.
d) 30.
e) 44.

**2** (Vunesp-SP)

No ano de 2014, o Estado de São Paulo vive uma das maiores crises hídricas de sua história. A fim de elevar o nível de água de seus reservatórios, a Companhia de Saneamento Básico do Estado de São Paulo (Sabesp) contratou a empresa ModClima para promover a indução de chuvas artificiais. A técnica de indução adotada, chamada de bombardeamento de nuvens ou semeadura ou, ainda, nucleação artificial, consiste no lançamento em nuvens de substâncias aglutinadoras que ajudam a formar gotas de água.

(http://exame.abril.com.br. Adaptado.)

Uma das substâncias aglutinadoras que pode ser utilizada para a nucleação artificial de nuvens é o sal iodeto de prata, de fórmula AgI. É correto afirmar que o cátion e o ânion do iodeto de prata possuem, respectivamente,

Dados: Ag (Z = 47) e I (Z = 53)

a) 46 elétrons e 54 elétrons.
b) 48 elétrons e 53 prótons.
c) 46 prótons e 54 elétrons.
d) 47 elétrons e 53 elétrons.
e) 47 prótons e 52 elétrons.

**3** (Vunesp-SP) A carga elétrica do elétron é $-1,6 \cdot 10^{-19}$ C e a do próton é $+1,6 \cdot 10^{-19}$ C. A quantidade total de carga elétrica resultante presente na espécie química representada por $_{40}Ca^{2+}$ é igual a

a) $20 \cdot (+1,6 \cdot 10^{-19})$ C.
b) $20 \cdot (-1,6 \cdot 10^{-19})$ C.
c) $2 \cdot (-1,6 \cdot 10^{-19})$ C.
d) $40 \cdot (+1,6 \cdot 10^{-19})$ C.
e) $2 \cdot (+1,6 \cdot 10^{-19})$ C.

CAPÍTULO

# 6 Radiações e suas aplicações

Este capítulo favorece o desenvolvimento das habilidades

EM13CNT103
EM13CNT104
EM13CNT106

No capítulo anterior estudamos que o núcleo de um átomo é constituído por partículas subatômicas, os prótons e os nêutrons. Essas partículas são mantidas estáveis formando o núcleo devido à ação de diferentes forças, dentre as quais podemos destacar duas: a **força nuclear forte** e a **força elétrica**.

A força nuclear forte é a responsável por manter a coesão entre os prótons e nêutrons no núcleo. A força elétrica está relacionada à repulsão entre os prótons, uma vez que estes apresentam carga positiva e tendem a se afastar um do outro.

Assim, de modo geral, a condição ideal de estabilidade nuclear ocorre quando o núcleo apresenta o mesmo número de prótons e nêutrons, ou seja, quando a razão nêutron/próton é igual a 1, de modo a haver equilíbrio entre as forças de atração e de repulsão nucleares. No entanto, conforme os núcleos tornam-se maiores e mais pesados, o desvio da condição de idealidade entre o número de prótons e nêutrons pode contribuir para que esses núcleos se tornem instáveis.

IMAGEM FORA DE PROPORÇÃO
CORES FANTASIA

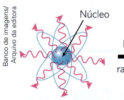
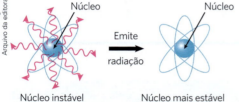

Núcleo instável — Emite radiação — Núcleo mais estável

Esses núcleos instáveis podem emitir radiação: são os chamados núcleos radioativos. Desse modo, a radioatividade é, fundamentalmente, um **fenômeno nuclear**, no qual núcleos atômicos instáveis e de elevada energia transformam-se em núcleos mais estáveis e de menor energia, mediante a emissão espontânea de radiação (ondas e/ou partículas).

## A descoberta da radioatividade

De acordo com relatos históricos, a radioatividade foi observada pela primeira vez em 1896, pelo cientista francês Henri Becquerel (1852-1908). Nesse período, Becquerel trabalhava com materiais luminescentes, ou seja, materiais que podem emitir luz em determinadas condições, quando notou que alguns sais de urânio formavam manchas no negativo de um filme fotográfico, mesmo quando recoberto por um papel preto ou por uma fina lâmina metálica.

Como esse fenômeno não havia sido observado em outros sais, Becquerel concluiu que os compostos de urânio emitiam raios e denominou esse fenômeno de **radioatividade**. Os estudos de Becquerel foram levados adiante pela cientista polonesa Marie Curie (1867-1934) e por seu marido Pierre Curie (1859-1906). Marie demonstrou que a intensidade dos raios emitidos por esses sais estava relacionada diretamente com a quantidade de urânio encontrada na amostra, concluindo, assim, que a radioatividade é um fenômeno relacionado à presença do átomo de urânio.

Em 1903, Henri Becquerel, Marie Curie e Pierre Curie receberam o prêmio Nobel de Física por seus trabalhos com elementos radioativos. Marie Curie foi a primeira mulher a receber um Nobel. Posteriormente, ela demonstrou que o tório, o rádio e o polônio também eram radioativos. Por essas descobertas, Marie foi premiada com o Nobel de Química em 1911, o que fez dela uma das poucas pessoas a receber dois prêmios Nobel em áreas científicas diferentes.

!Dica

*Curie e a radioatividade em 90 minutos*, de Paul Strathern. Jorge Zahar Editor.

Marie Curie, ganhadora de dois prêmios Nobel, foi uma das maiores cientistas do século XX. Esse livro é um relato de sua vida e de seu trabalho com o elemento químico rádio, que permitiu progressos na Física nuclear e no tratamento do câncer.

Marie Curie morreu em 1934, em decorrência de sua exposição à radiação durante o desenvolvimento de suas pesquisas. Infelizmente, somente anos mais tarde os perigos da radioatividade foram reconhecidos.

## Tipos de radiação

Como vimos anteriormente, os núcleos instáveis podem emitir radiação na forma de partículas ou ondas. Os átomos que apresentam núcleos radioativos são denominados **radioisótopos** (ou radionuclídeos), e o processo de emissão de radiação é chamado de **decaimento radioativo**.

Em 1898, Ernest Rutherford desenvolveu uma aparelhagem para estudar a ação de um campo elétrico sobre as radiações, conseguindo assim identificar dois tipos de emissão radiativa: partículas alfa, α, e partículas beta, β. Em 1900, o químico francês Paul Ulrich Villard (1860-1934) identificou outro tipo de emissão radioativa: os raios gama, γ.

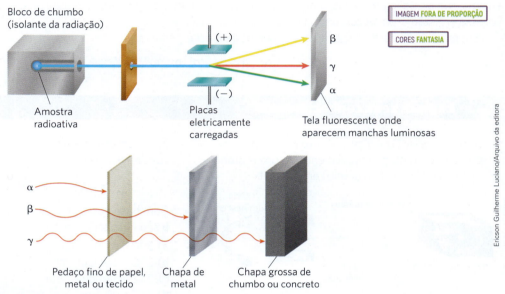

Representação esquemática do poder de penetração das emissões radioativas.

- **Emissão de partículas alfa (α)**

As partículas alfa são formadas por dois prótons e dois nêutrons, apresentando, portanto, carga positiva. Essa partícula também pode ser representada por $_{+2}^{4}He$, pois apresenta a mesma estrutura que o núcleo de um átomo de hélio.

O átomo de um elemento radioativo, ao emitir uma partícula α, sofre um decréscimo de 4 unidades em seu número de massa e de 2 unidades em seu número atômico, originando assim um novo elemento químico:

$$_{Z}^{A}X \rightarrow\ _{+2}^{4}\alpha +\ _{Z-2}^{A-4}Y \qquad _{95}^{241}Am \rightarrow\ _{+2}^{4}\alpha +\ _{93}^{237}Np$$

- **Emissão de partículas beta (β)**

As partículas beta podem ser compreendidas como elétrons de origem nuclear. Essa forma de radiação tem origem na decomposição de um nêutron, que origina um próton, um elétron e um antineutrino.

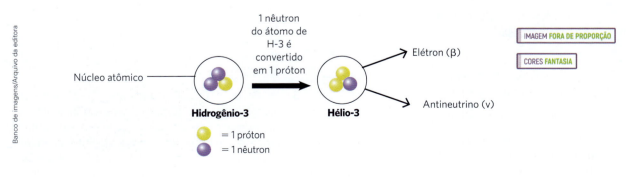

$$_{0}^{1}n \rightarrow\ _{+1}^{1}p +\ _{-1}^{0}\beta + \text{antineutrino}$$

Embora a partícula beta seja emitida em alta velocidade, o próton permanece no núcleo, aumentando em uma unidade o número atômico do átomo.

Assim, o átomo de um elemento radioativo, ao emitir uma partícula β, sofre o aumento de uma unidade em seu número atômico, e seu número de massa é conservado, originando um novo elemento químico.

$$^{A}_{Z}X \rightarrow {}^{0}_{-1}\beta + {}^{A}_{Z+1}R \qquad {}^{131}_{53}I \rightarrow {}^{0}_{-1}\beta + {}^{131}_{54}Xe$$

- **Emissão de radiação gama (γ)**

É importante ressaltar que, nos processos de emissão radioativa naturais, a radiação gama sempre é acompanhada da emissão de partículas alfa e beta. Como a radiação gama é uma onda eletromagnética de elevada energia, sua emissão não causa alteração do número atômico e do número de massa dos átomos. Por esse motivo, essa emissão é, por vezes, omitida nas equações nucleares.

Em resumo, as partículas e radiações que podem ser emitidas são:

$$^{4}_{+2}\alpha;\ ^{0}_{-1}\beta;\ ^{0}_{0}\gamma;\ ^{1}_{+1}p;\ ^{1}_{0}n;\ ^{0}_{+1}e\text{(pósitron)}$$

## Explore seus conhecimentos

**1** (Unimontes-MG) A figura abaixo representa a separação da radiação proveniente de um material radioativo (mineral de urânio) em I, II e III.

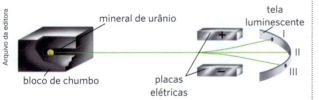

Assim, III corresponde à radiação:

a) alfa.
b) beta.
c) gama.
d) delta.

**2** (PUCC-SP) O isótopo do elemento césio de número de massa 137 sofre decaimento segundo a equação:

$$^{137}_{55}Cs \rightarrow X + {}^{0}_{-1}\beta$$

O número atômico do isótopo que X representa é igual a:

a) 54.
b) 56.
c) 57.
d) 136.
e) 138.

**3** (Vunesp-SP)

> Cientistas russos conseguem isolar o elemento 114 superpesado.

("Folha Online", 31/5/2006.)

Segundo o texto, foi possível obter o elemento 114 quando um átomo de plutônio-242 colidiu com um átomo de cálcio-48, a $\frac{1}{10}$ da velocidade da luz. Em cerca de 0,5 segundo, o elemento formado transforma-se no elemento de número atômico 112 que, por ter propriedades semelhantes às do ouro, forma amálgama com mercúrio. O provável processo que ocorre é representado pelas equações nucleares:

$$^{242}_{94}Pu + {}^{48}_{20}Ca \rightarrow {}^{a}_{114}X \rightarrow {}^{286}_{112}Y + b$$

Com base nessas equações, pode-se dizer que **a** e **b** são, respectivamente:

a) 290 e partícula beta.
b) 290 e partícula alfa.
c) 242 e partícula beta.
d) 242 e nêutron.
e) 242 e pósitron.

**4** (Uerj) O reator atômico instalado no município de Angra dos Reis é do tipo PWR — reator de água pressurizada. O seu princípio básico consiste em obter energia através do fenômeno "fissão nuclear", em que ocorre a ruptura de núcleos pesados em outros mais leves, liberando grande quantidade de energia. Esse fenômeno pode ser representado pela seguinte equação nuclear:

$$^{1}_{0}n + {}^{235}_{92}U \rightarrow {}^{144}_{55}Cs + T + 2\,{}^{1}_{0}n + \text{energia}$$

Os números atômico e de massa do elemento T estão respectivamente indicados na seguinte alternativa:

a) 27 e 91.
b) 37 e 90.
c) 39 e 92.
d) 43 e 93.

**5** (Vunesp-SP) O isótopo radioativo Sr-90 não existe na natureza, sua formação ocorre principalmente em virtude da desintegração do Br-90 resultante do processo de fissão do urânio e do plutônio em reatores nucleares ou em explosões de bombas atômicas. Observe a série radioativa, a partir do Br-90, até a formação do Sr-90:

$${}^{90}_{35}Br \rightarrow {}^{90}_{36}Kr \rightarrow {}^{90}_{37}Rb \rightarrow {}^{90}_{38}Sr$$

A análise dos dados exibidos nessa série permite concluir que, nesse processo de desintegração, são emitidas:

a) partículas alfa.
b) partículas alfa e partículas beta.
c) apenas radiações gama.
d) partículas alfa e nêutrons.
e) partículas beta.

**6** (ITA-SP) Suponha que um metal alcalinoterroso se desintegre radioativamente emitindo uma partícula alfa. Após três desintegrações sucessivas, em qual grupo (família) da tabela periódica deve-se encontrar o elemento resultante desse processo?

a) 13 (IIIA)
b) 14 (IVA)
c) 15 (VA)
d) 16 (VIA)
e) 17 (VIIA)

## Tempo de meia-vida

Utilizamos o termo meia-vida $(t_{1/2})$ para indicar o tempo necessário para que metade dos núcleos radioativos de uma amostra decaia, ou seja, sofra decaimento radioativo. Esse tempo é característico para cada radioisótopo e pode variar de milésimos de segundos até bilhões de anos.

| Radioisótopo | Meia-vida |
|---|---|
| Polônio-212 | 0,16 segundo |
| Sódio-24 | 15 horas |
| Estrôncio-90 | 28 dias |
| Cobalto-60 | 5,3 anos |
| Césio-137 | 30 anos |
| Carbono-14 | 5730 anos |
| Urânio-235 | 7,1 bilhões de anos |

Elaborado com base em: *The Free High School Science Texts:* Textbooks for High School Students Studying the Sciences Chemistry – Grades 10-12, p. 114. Disponível em: http://nongnu.askapache.com/fhsst/Chemistry_Grade_10-12.pdf. Acesso em: 1º jun. 2020.

Por exemplo, considere uma amostra de 40 mg de ${}^{131}_{53}I$, um radioisótopo que apresenta meia-vida de 8 dias e que decai por emissão de partículas beta (β), transformando-se em ${}^{131}_{54}Xe$:

$${}^{131}_{53}I \rightarrow {}^{131}_{54}Xe + {}^{0}_{-1}\beta$$

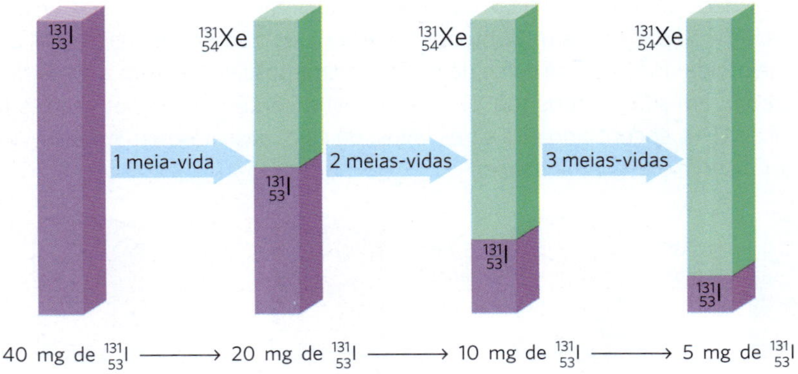

40 mg de ${}^{131}_{53}I$ ⟶ 20 mg de ${}^{131}_{53}I$ ⟶ 10 mg de ${}^{131}_{53}I$ ⟶ 5 mg de ${}^{131}_{53}I$

Elaborado com base em: TIMBERLAKE, K. *Química general, orgánica y biológica.* 4. ed. Naucalpan de Juarez: Pearson, 2013.

Esse processo pode ser representado por meio de uma curva de decaimento radioativo:

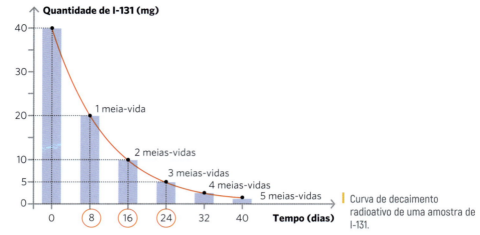

Curva de decaimento radioativo de uma amostra de I-131.

Elaborado com base em: TIMBERLAKE, K. *Química general, orgánica y biológica*. 4. ed. Naucalpan de Juarez: Pearson, 2013.

A fórmula matemática que permite relacionar a massa inicial ($m_i$) com a massa final ($m_f$) de um decaimento radioativo, é:

$$\frac{m_i}{m_f} = 2^x$$, em que $x$ é número dos períodos de semidesintegração ou meia-vida.

E a fórmula matemática que permite relacionar o tempo de meia-vida $\left(t_{1/2}\right)$ com o tempo de decaimento (T), é:

$$T = x \cdot t_{1/2}$$

## Algumas aplicações das emissões radioativas

A energia nuclear pode ter diversas aplicações, dentre as quais podemos citar:
- datação arqueológica;
- produção de radionuclídeos para o tratamento e diagnóstico de doenças;
- esterilização de materiais;
- irradiação de alimentos para aumentar o tempo de prateleira ou para evitar a migração de pragas;
- obtenção de energia elétrica;
- uso de marcadores radioativos em experimentos, como nos de bioquímica ou bioengenharia genética;
- análises elementares.

### Datação de material orgânico: carbono-14

A determinação da idade, ou seja, a datação de um material orgânico, como fósseis de animais, pode ser feita pela medida das emissões radioativas de um isótopo do carbono de número de massa 14 (C-14).

Sabendo que a meia-vida do C-14 é de cerca de 5 730 anos, é possível estimar a idade de fósseis ou qualquer objeto que tenha carbono em sua composição: se uma amostra contém 0,125 ppt (partes por trilhão) de C-14, possui 12,5% do teor de C-14 encontrado nos seres vivos, ou seja, passaram-se 3 meias-vidas de C-14 desde a morte do organismo. Observe o esquema abaixo.

O C-14 sofre decaimento radioativo, dando origem ao N-14.

Desse modo, podemos estimar que a idade do fóssil é de cerca de 17 190 anos.

# Fissão nuclear

O funcionamento das usinas nucleares para obtenção de energia elétrica é baseado na **fissão nuclear**, processo que consiste na quebra de núcleos radioativos em núcleos menores. Esse fenômeno envolve a liberação de grande quantidade de energia.

Existem, na natureza, três isótopos do urânio (U-238, U-234 e U-235), sendo que o U-235 é o único isótopo físsil desse elemento. Ao sofrer fissão, o U-235 pode gerar diversos átomos diferentes.

Simultaneamente à quebra do núcleo, são liberados 3 nêutrons que provocam a fissão de outros átomos de urânio, e assim sucessivamente, gerando uma reação em cadeia. Observe a representação a seguir:

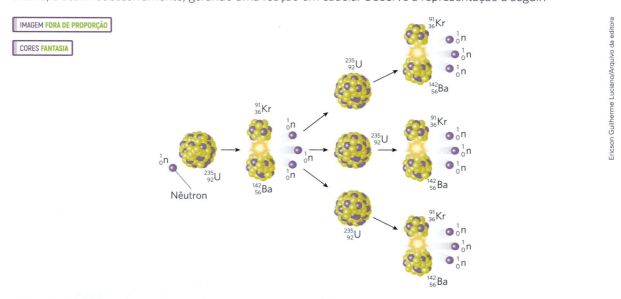

No esquema a seguir, está representado o funcionamento de uma usina nuclear que utiliza como combustível o elemento U-235 em um reator do tipo PWR.

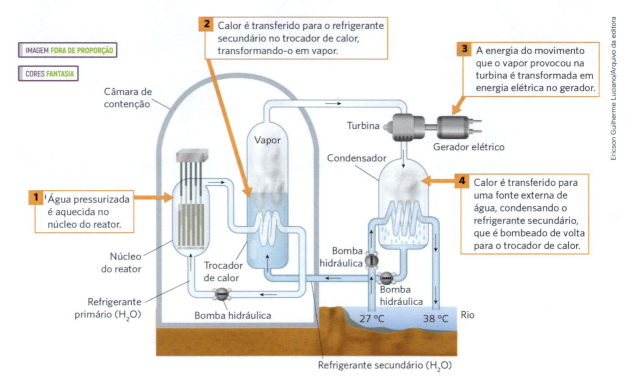

Elaborado com base em: BROWN, T. L. *et al. Química*: a ciência central. 13. ed. São Paulo: Pearson, 2017.

Note que o funcionamento do reator nuclear é baseado em um sistema térmico: a energia liberada na fissão nuclear aumenta a temperatura da água sob pressão constante, o que faz com que o vapor gerado se expanda e movimente as turbinas, para, finalmente, um gerador transformar a energia cinética (do movimento) em energia elétrica.

Para manter o sistema funcionando de maneira otimizada, o vapor, após passar pela turbina, é condensado e, na fase líquida, retorna ao sistema. Porém, a água responsável por resfriar e condensar o vapor é devolvida ao rio ou ao mar, em temperaturas muito superiores às encontradas na natureza.

Assim, embora as usinas nucleares emitam menos gases poluentes do que outros tipos de usina, seu funcionamento, além de gerar lixo radioativo, contribui para a poluição térmica dos cursos de água.

Você já ouviu o termo poluição térmica? Sabe a que se refere? Caso você não conheça, faça uma pesquisa sobre o assunto e, tendo como base o que aprendeu sobre o funcionamento das usinas nucleares, proponha algumas alterações nesse sistema que visem minimizar os impactos ambientais causados nessa atividade e tornar mais sustentável esse processo de obtenção de energia elétrica.

## A bomba atômica

A reação em cadeia produzida pelo processo de **fissão nuclear** pode ocorrer de maneira descontrolada, produzindo uma explosão que libera uma enorme quantidade de energia em segundos. Esse tipo de fissão ocorre na explosão das bombas atômicas.

Uma bomba nuclear de U-235 foi utilizada durante a Segunda Guerra Mundial, sobre a cidade de Hiroxima, no Japão, causando a morte imediata de mais de 80 mil pessoas nas semanas seguintes. Alguns dias depois, uma segunda bomba atômica, que utilizava a fissão de Pu-239, foi lançada sobre a cidade de Nagasáqui, matando instantaneamente mais de 40 mil pessoas. Nos anos posteriores, muitos problemas de saúde e morte dos cidadãos dessas cidades foram decorrentes dos efeitos prolongados da radiação.

Observe a seguir o esquema que ilustra a sequência de eventos relacionados a uma explosão atômica.

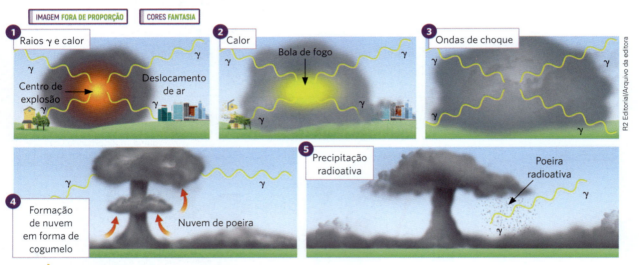

Ilustração dos efeitos de uma bomba nuclear.

## Fusão nuclear

A fusão nuclear consiste na união de núcleos atômicos, formando núcleos maiores e novos elementos químicos. Esse processo libera quantidades de energia superiores à fissão nuclear.

A fusão nuclear é o processo que ocorre nas estrelas, gerando grande quantidade de energia.

$${}^{2}_{1}H + {}^{3}_{1}H \rightarrow {}^{4}_{2}He + {}^{1}_{0}n + \text{energia}$$

Para que o processo de fusão nuclear ocorra, é necessário fornecer ao sistema uma grande quantidade de energia, a fim de superar as fortes forças de repulsão eletrostáticas entre os núcleos atômicos.

Diversos grupos de pesquisa trabalham para controlar o processo de fusão nuclear, que, além de produzir uma quantidade de energia muito superior à da fissão, é um processo limpo, uma vez que o hélio produzido no processo não é prejudicial ao meio ambiente. Porém, esses pesquisadores ainda não obtiveram sucesso.

### Explore seus conhecimentos

**1** (Uerj) Uma das consequências do acidente nuclear no Japão em março de 2011 foi o vazamento de isótopos radioativos que podem aumentar a incidência de certos tumores glandulares. Para minimizar essa probabilidade, foram prescritas pastilhas de iodeto de potássio à população mais atingida pela radiação. A meia-vida é o parâmetro que indica o tempo necessário para que a massa de uma certa quantidade de radioisótopos se reduza à metade de seu valor. Considere uma amostra de $^{133}_{53}I$, produzido no acidente nuclear, com massa igual a 2 g e meia-vida de 20 h. Após 100 horas, a massa dessa amostra, em miligramas, será de:
a) 62,5.
b) 125.
c) 250.
d) 500.

**2** (PUC-PR) Um certo isótopo radioativo apresenta um período de semidesintegração de 5 horas. Partindo de uma massa inicial de 400 g, após quantas horas a mesma ficará reduzida a 6,25 g?
a) 5 horas.
b) 25 horas.
c) 15 horas.
d) 30 horas.
e) 10 horas.

**3** (Acafe-SC) Quanto tempo levará para a atividade do radioisótopo $^{137}Cs$ cair para 3,125% de seu valor inicial?
Dado: Considere que o tempo de meia vida do radioisótopo $^{137}Cs$ seja de 30 anos.

a) 150 anos
b) 0,93 anos
c) 180 anos
d) 29 anos

**4** (Enem) O lixo radioativo ou nuclear é resultado da manipulação de materiais radioativos, utilizados hoje na agricultura, na indústria, na medicina, em pesquisas científicas, na produção de energia, etc. Embora a radioatividade se reduza com o tempo, o processo de decaimento radioativo de alguns materiais pode levar milhões de anos. Por isso, existe a necessidade de se fazer um descarte adequado e controlado de resíduos dessa natureza. A taxa de decaimento radioativo é medida em termos de um tempo característico, chamado meia-vida, que é o tempo necessário para que uma amostra perca metade de sua radioatividade original. O gráfico a seguir representa a taxa de decaimento radioativo do rádio-226, elemento químico pertencente à família dos metais alcalinoterrosos e que foi utilizado durante muito tempo na medicina.

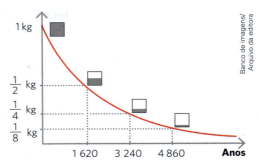

As informações fornecidas mostram que:
a) quanto maior é a meia-vida de uma substância mais rápido ela se desintegra.
b) apenas $\frac{1}{8}$ de uma amostra de rádio-226 terá decaído ao final de 4 860 anos.
c) metade da quantidade original de rádio-226, ao final de 3 240 anos, ainda estará por decair.
d) restará menos de 1% de rádio-226 em qualquer amostra dessa substância após decorridas 3 meias-vidas.
e) a amostra de rádio-226 diminui a sua quantidade pela metade a cada intervalo de 1 620 anos devido à desintegração radioativa.

**5** (Enem) O debate em torno do uso da energia nuclear para produção de eletricidade permanece atual. Em um encontro internacional para a discussão desse tema, foram colocados os seguintes argumentos:
 I. Uma grande vantagem das usinas nucleares é o fato de não contribuírem para o aumento do efeito estufa, uma vez que o urânio, utilizado como "combustível", não é queimado, mas sofre fissão.
 II. Ainda que sejam raros os acidentes com usinas nucleares, seus efeitos podem ser tão graves que essa alternativa de geração de eletricidade não nos permite ficar tranquilos.
A respeito desses argumentos, pode-se afirmar que:
a) o primeiro é válido e o segundo não é, já que nunca ocorreram acidentes com usinas nucleares.
b) o segundo é válido e o primeiro não é, pois de fato há queima de combustível na geração nuclear de eletricidade.
c) o segundo é válido e o primeiro é irrelevante, pois nenhuma forma de gerar eletricidade produz gases do efeito estufa.
d) ambos são válidos para se compararem vantagens e riscos na opção por essa forma de geração de energia.
e) ambos são irrelevantes, pois a opção pela energia nuclear está se tornando uma necessidade inquestionável.

**6** (Enem)

A bomba reduz nêutrons e neutrinos, e abana-se com o leque da reação em cadeia.

ANDRADE, C. D. *Poesia completa e prosa*. Rio de Janeiro: Aguilar, 1973 (fragmento).

Nesse fragmento de poema, o autor refere-se à bomba atômica de urânio. Essa reação é dita "em cadeia" porque na:

a) fissão do $^{235}$U ocorre liberação de grande quantidade de calor, que dá continuidade à reação.
b) fissão de $^{235}$U ocorre liberação de energia, que vai desintegrando o isótopo $^{238}$U, enriquecendo-o em mais $^{235}$U.
c) fissão do $^{235}$U ocorre uma liberação de nêutrons, que bombardearão outros núcleos.
d) fusão do $^{235}$U com $^{238}$U ocorre formação de neutrino, que bombardeará outros núcleos radioativos.
e) fusão do $^{235}$U com $^{238}$U ocorre formação de outros elementos radioativos mais pesados, que desencadeiam novos processos de fusão.

## Relacione seus conhecimentos

**1** (Enem)

Partículas beta, ao atravessarem a matéria viva, colidem com uma pequena porcentagem de moléculas e deixam atrás de si um rastro aleatoriamente pontilhado de radicais livres e íons quimicamente ativos. Essas espécies podem romper ainda outras ligações moleculares, causando danos celulares.

HEWITT, P. G. *Física conceitual*. Porto Alegre: Bookman, 2002 (adaptado).

A capacidade de gerar os efeitos descritos dá-se porque tal partícula é um

a) elétron e, por possuir massa relativa desprezível, tem elevada energia cinética translacional.
b) nêutron e, por não possuir carga elétrica, tem alta capacidade de produzir reações nucleares.
c) núcleo do átomo de hélio (He) e, por possuir massa elevada, tem grande poder de penetração.
d) fóton e, por não possuir massa, tem grande facilidade de induzir a formação de radicais livres.
e) núcleo do átomo de hidrogênio (H) e, por possuir carga positiva, tem alta reatividade química.

**2** (UPM-SP) O urânio-238 após uma série de emissões nucleares de partículas alfa e beta, transforma-se no elemento químico chumbo-206 que não mais se desintegra, pelo fato de possuir um núcleo estável. Dessa forma, é fornecida a equação global que representa o decaimento radioativo ocorrido.

$$^{238}_{92}U \rightarrow {}^{206}_{82}Pb + \alpha + \beta$$

Assim, analisando a equação acima, é correto afirmar-se que foram emitidas

a) 8 partículas α e 6 partículas β.
b) 7 partículas α e 7 partículas β.
c) 6 partículas α e 8 partículas β.
d) 5 partículas α e 9 partículas β.
e) 4 partículas α e 10 partículas β.

**3** (Cefet-RJ)

"O acidente nuclear de Fukushima alcançou o nível de gravidade 6, quase chegando ao nível do Chernobyl (7), afirmou nesta segunda-feira o presidente da Autoridade Francesa de Segurança Nuclear (ASN), André-Claude Lacoste."

"A exposição aos raios não é o único risco ao qual o corpo humano está sujeito em relação à radioatividade. É ainda mais importante evitar que as pessoas incorporem material radiativo. A forma mais comum de isto acontecer é pela inalação de gases que se misturam à atmosfera depois de um vazamento."

Agência AFP: segunda-feira, 14 de março de 2011.

Por apresentar um núcleo instável, o Urânio ($^{238}_{92}$U) emite radiações e partículas transformando-se sequencialmente até chegar a elementos mais estáveis como é mostrado abaixo:

$^{238}_{92}$U (urânio) → $^{4}_{2}\alpha$ + $^{232}_{90}$Th (tório)
$^{232}_{90}$Th (tório) → $^{4}_{2}\alpha$ + $^{228}_{88}$Ra (rádio)
$^{228}_{88}$Ra (rádio) → $^{208}_{82}$Pb (chumbo)

Marque a alternativa que apresenta respectivamente o número de prótons do Urânio, o número atômico do Tório e o número de nêutrons do Chumbo.

a) 238, 90 e 82
b) 92, 234 e 126
c) 92, 90 e 126
d) 238, 234 e 82

**4** (PUC-RJ) Num processo de fissão nuclear, um nêutron colidiu com o núcleo de um isótopo do urânio levando à formação de dois núcleos menores e liberação de nêutrons que produziram reações em cadeia com liberação de grande quantidade de energia. Uma das possíveis reações nucleares nesse processo é representada por:

$$^{235}_{92}U + ^{1}_{0}n \rightarrow ^{90}_{35}Br + X + 3\,^{1}_{0}n$$

O produto X formado na fissão nuclear indicada acima, é um isótopo do elemento químico:

a) Tório.
b) Xenônio.
c) Chumbo.
d) Lantânio.
e) Radônio.

**5** (EsPCEx-SP/Aman-RJ) Considere o gráfico de decaimento, abaixo, (Massa × Tempo) de 12 g de um isótopo radioativo. Partindo-se de uma amostra de 80,0 g deste isótopo, em quanto tempo a massa dessa amostra se reduzirá a 20,0 g?

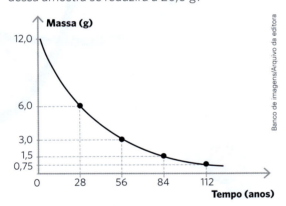

a) 28 anos.
b) 56 anos.
c) 84 anos.
d) 112 anos.
e) 124,5 anos.

**6** (Fatec-SP) Leia o texto.

Um dos piores acidentes nucleares de todos os tempos completa 30 anos em 2016. Na madrugada do dia 25 de abril, o reator número 4 da Estação Nuclear de Chernobyl explodiu, liberando uma grande quantidade de Sr-90 no meio ambiente que persiste até hoje em locais próximos ao acidente. Isso se deve ao período de meia-vida do Sr-90 que é de aproximadamente 28 anos.

O Sr-90 é um beta emissor, ou seja, emite uma partícula beta, transformando-se em Y-90. A contaminação pelo Y-90 representa um sério risco à saúde humana, pois esse elemento substitui com facilidade o cálcio dos ossos, dificultando a sua eliminação pelo corpo humano.

http://tinyurl.com/jzljzwc. Acesso em: 30.08.2016. Adaptado.

Em 2016, em relação à quantidade de Sr-90 liberada no acidente, a quantidade de Sr-90 que se transformou em Y-90 foi, aproximadamente, de:

a) $\frac{1}{8}$
b) $\frac{1}{6}$
c) $\frac{1}{5}$
d) $\frac{1}{4}$
e) $\frac{1}{2}$

**7** (Unifesp) O decaimento do tecnécio-99, um isótopo radioativo empregado em diagnóstico médico, está representado no gráfico fornecido a seguir.

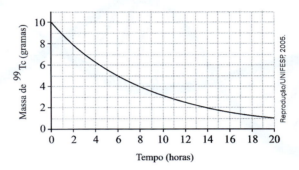

Uma amostra típica de tecnécio-99 usada em exames apresenta uma atividade radioativa inicial de $2 \cdot 10^7$ desintegrações por segundo. Usando as informações do gráfico, pode-se prever que essa amostra apresentará uma atividade de $2{,}5 \cdot 10^6$ desintegrações por segundo após, aproximadamente:

a) 3,5 horas.
b) 7 horas.
c) 10 horas.
d) 18 horas.
e) 24 horas.

**8** (Uerj) O berquélio (Bk) é um elemento químico artificial que sofre decaimento radioativo. No gráfico, indica-se o comportamento de uma amostra do radioisótopo $^{249}$Bk ao longo do tempo.

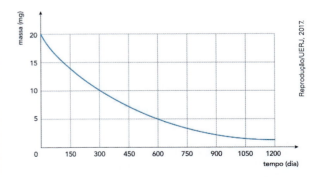

Sabe-se que a reação de transmutação nuclear entre o $^{249}$Bk e o $^{48}$Ca produz um novo radioisótopo e três nêutrons.

Apresente a equação nuclear dessa reação. Determine, ainda, o tempo de meia-vida, em dias, do $^{249}$Bk.

## Conexões

# Efeitos biológicos das radiações ionizantes

As radiações ionizantes têm a propriedade de interagir com a matéria, ionizando ou modificando as moléculas do meio irradiado por meio de transferência de energia. Os efeitos biológicos das radiações ionizantes podem ser classificados em estocásticos ou determinísticos, em imediatos ou tardios e em somáticos ou hereditários.

### Efeitos somáticos e efeitos hereditários

Os **efeitos somáticos** surgem de danos nas células somáticas, ou seja, células que formam os tecidos do corpo. Com isso, o efeito aparece na própria pessoa irradiada.

Os **efeitos hereditários** são decorrentes de danos produzidos pela radiação nas células germinativas e, por isso, podem aparecer no descendente da pessoa irradiada.

### Efeitos imediatos e efeitos tardios

Os **efeitos imediatos** são aqueles que ocorrem de poucas horas até dias após a exposição. Quando aparecem anos após a exposição, são considerados **efeitos tardios**. Ao se expor a doses altas, predominam os efeitos imediatos, e os danos serão severos ou até letais. A doses intermediárias, predominam os efeitos imediatos com danos menores, e há a probabilidade de ocorrerem danos a longo prazo. A doses baixas, não ocorrem efeitos imediatos, mas há possibilidade de danos a longo prazo.

### Efeitos estocásticos e efeitos determinísticos

Os **efeitos estocásticos** são aqueles em que a chance de ocorrência varia em função da dose de radiação, mas mesmo doses baixas podem induzir esses efeitos. Entre eles, destaca-se o câncer.

Os **efeitos determinísticos** são produzidos por doses elevadas e a gravidade do dano varia em função da dose aplicada. Exemplos: necrose, esterilidade e catarata.

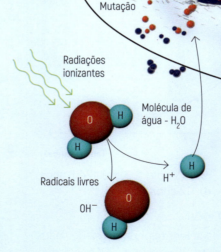

**Estruturas das proteínas**
Moléculas do corpo, como proteínas e açúcares, podem deixar de executar sua função caso suas estruturas sejam modificadas pela ação de radiações ionizantes. A modificação de um átomo na estrutura primária de uma proteína pode transformar as demais estruturas e afetar a função dessa molécula.

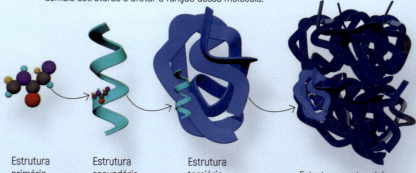

Estrutura primária — Estrutura secundária — Estrutura terciária — Estrutura quaternária

$10^{-17}$ a $10^{-5}$ segundos (ionização)

## Mutações gênicas radioinduzidas

As radiações ionizantes podem causar mutações em genes funcionais e gerar alterações metabólicas em maior ou menor grau dependendo do estágio de desenvolvimento do organismo e do momento da exposição à radiação. Quando o dano é pequeno, o organismo pode se recuperar sem sentir os efeitos, uma vez que os seres vivos têm sistemas de identificação e reparo de danos ao material genético.

## Câncer radioinduzido

A exposição à radiação pode induzir a formação de células cancerígenas por causa de mutações no genoma das células. O aparecimento de um tumor cancerígeno radioinduzido pode significar um processo de danos, reparos e propagação, de vários anos após o período de exposição.

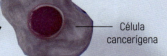

## Como medir a dose de radiação?

A unidade de dose absorvida é o gray (Gy), que corresponde à média da radiação ionizante incorporada por unidade de massa.

## Aplicações das radiações ionizantes

As radiações ionizantes são empregadas na Medicina principalmente em radiodiagnóstico e radioterapia. No entanto, como elas também podem produzir danos, seu uso deve ser feito de forma criteriosa.

| Procedimento | Dose absorvida |
|---|---|
| sessão de radioterapia | aproximadamente 2 Gy |
| morte de cerca de 50% dos seres humanos irradiados no corpo todo, cerca de 30 dias após a irradiação | 4 Gy a 4,5 Gy |
| morte em poucas horas por colapso | superior a 10 Gy |
| esterilização de sementes de pimenta do reino | 10 kGy a 20 kGy |

### Analisando o infográfico

1. Em grupos, escolham uma das aplicações da radiação, pesquisem e avaliem os benefícios e os riscos de sua utilização. Vocês podem escolher entre usos na saúde (radioterapia, braquiterapia, radioesterilização, tomografia, etc.), no ambiente, na indústria, na agricultura ou na geração de energia elétrica, por exemplo.

2. Agora, cada grupo deve expor as conclusões da pesquisa do item anterior e debatê-las com os demais grupos. Vocês devem considerar as questões éticas, os custos e os benefícios de cada uso, os riscos ao ambiente e às populações humanas e as precauções relacionadas à segurança no trabalho.

3. Cite medidas e atitudes importantes para o uso seguro das radiações ionizantes. Qual é o órgão governamental responsável pela criação e fiscalização do cumprimento das normas e dos regulamentos relacionados a esse uso?

Elaborado com base em: INSTITUTO NACIONAL DE CÂNCER (INCA). Radiações ionizantes. Disponível em: https://www.inca.gov.br/exposicao-no-trabalho-e-no-ambiente/radiacoes/radiacoes-ionizantes; NOUAILHETAS, Yannick. **Radiações ionizantes e a vida**. Rio de Janeiro: CNEN. Disponível em: http://www.cnen.gov.br/component/weblinks/?task=weblink.go&catid=77:material-didatico&id=15:radiacoes-ionizantes; SECRETARIA DA SAÚDE DO PARANÁ. Radiação ionizante – Efeitos biológicos da radiação. Disponível em: http://www.saude.pr.gov.br/modules/conteudo/conteudo.php?conteudo=824. Acesso em: 28 ago. 2019.

minutos a anos (mutação e reparo)

# CAPÍTULO 7
# O modelo atômico de Böhr

Este capítulo favorece o desenvolvimento da habilidade
EM13CNT205

Após a proposição do modelo atômico de Rutherford, os cientistas direcionaram seus estudos para compreender a organização dos elétrons na eletrosfera. Esse estudo só foi possível devido ao conhecimento sobre a relação entre as ondas eletromagnéticas e as cores.

## O espectro eletromagnético

Para compreendermos a definição de espectro eletromagnético, vamos utilizar como exemplo a radiação solar: a luz branca, ao atravessar um prisma, se decompõe em ondas eletromagnéticas, dando origem a um conjunto de cores denominado **espectro contínuo**, uma vez que a região de transição entre as cores é praticamente imperceptível.

Também é possível obter espectros da luz emitida por gases quando submetidos a baixa pressão e a descargas elétricas (ou aquecimento): são denominados espectros descontínuos. A partir desse experimento, constatou-se que cada elemento químico possui um espectro característico. Observe a seguir.

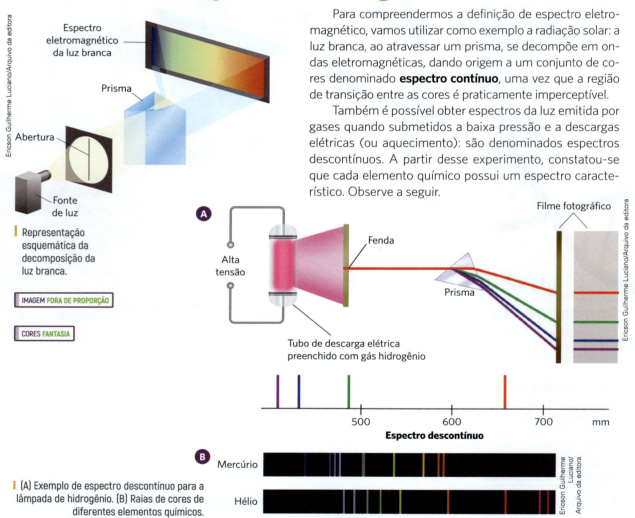

Representação esquemática da decomposição da luz branca.

IMAGEM FORA DE PROPORÇÃO

CORES FANTASIA

(A) Exemplo de espectro descontínuo para a lâmpada de hidrogênio. (B) Raias de cores de diferentes elementos químicos.

As ondas eletromagnéticas podem ser descritas basicamente pelas grandezas velocidade da luz ($c$ ou $v$), frequência (número de oscilações por segundo) e comprimento de onda ($\lambda$) (correspondente à distância entre dois picos ou vales consecutivos).

Relacionando essas três grandezas, temos:

$$c = \lambda \cdot f$$

E podemos associar a frequência da onda à energia transportada com a seguinte relação:

$$E = h \cdot f$$

em que $h$ é a constante de Planck ($h = 6{,}63 \cdot 10^{-34}$ J·s).

## O modelo de Böhr

As evidências experimentais do modelo atômico de Rutherford fizeram com que ele fosse aceito por muitos anos pela comunidade científica. Contudo, havia um problema em relação a esse modelo de átomo: de acordo com a teoria eletromagnética, os elétrons, ao circularem em torno do núcleo, perderiam energia, sendo atraídos pelo núcleo positivo até atingi-lo, o que causaria um colapso do átomo.

Além disso, o modelo não explicava os espectros atômicos descontínuos já conhecidos na época. Em 1913, o cientista dinamarquês Niels Böhr (1885-1962) relacionou as raias do espectro descontínuo dos gases às variações de energia dos elétrons contidos nos átomos desses gases. Em função dessa relação, ele propôs um novo modelo atômico, que ficou conhecido como modelo de Böhr, comumente chamado de modelo Rutherford-Böhr.

Para a concepção desse modelo, Böhr elaborou os seguintes postulados, ou seja, partiu dos seguintes pressupostos:

**1**. Os elétrons descrevem órbitas circulares ao redor do núcleo.
**2**. Cada uma dessas órbitas tem energia constante.
**3**. A energia do elétron numa determinada órbita é constante. Como a energia desse elétron não muda enquanto ele estiver nessa órbita, pode-se falar que o elétron está num estado estacionário.
**4**. Os elétrons que estão situados em órbitas mais afastadas do núcleo apresentam maior quantidade de energia.
**5**. Quando um elétron absorve certa quantidade de energia, salta para uma órbita mais energética. Quando ele retorna à sua órbita original, libera a mesma quantidade de energia que absorveu, na forma de luz (onda eletromagnética). Essa energia quantizada, ou seja, que apresenta apenas alguns determinados valores, é também chamada de fóton.

O salto dos elétrons entre diferentes órbitas libera diferentes quantidades de energia, que correspondem a diferentes cores no espectro eletromagnético.

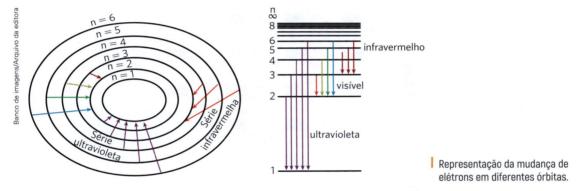

Representação da mudança de elétrons em diferentes órbitas.

De acordo com o modelo de Böhr, o átomo pode ser representado de forma que as órbitas permitidas para os elétrons tenham relação com os diferentes níveis de energia e, ainda, com as respectivas raias presentes no espectro característico do elemento químico.

## Os subníveis de energia

Após Böhr, vários cientistas prosseguiram com o estudo dos espectros descontínuos, descobrindo que as linhas observadas por Böhr eram, na realidade, formadas por um conjunto de linhas mais finas. Assim, consideraram que os níveis de energia estariam divididos em regiões ainda menores, denominadas **subníveis de energia**.

À direita, temos a representação dos espectros dos elementos químicos sódio, hidrogênio e cálcio, evidenciando que as linhas do espectro de emissão são formadas por linhas mais finas.

Representação de espectros de elementos químicos.

Desse modo, para compreendermos como os elétrons estão organizados na eletrosfera dos átomos, devemos conhecer a energia dos elétrons e, consequentemente, as energias dos níveis e subníveis da eletrosfera.

## Energia dos níveis e subníveis

Os níveis de energia dos átomos (numerados de 1 a 7) são também denominados camadas (nomeadas com as letras K, L, M, N, O, P e Q) e comportam um número máximo de elétrons, como representado na tabela a seguir.

| Nível | 1 | 2 | 3 | 4 | 5 | 6 | 7 |
|---|---|---|---|---|---|---|---|
| Camada | K | L | M | N | O | P | Q |
| Número máximo de elétrons | 2 | 8 | 18 | 32 | 32 | 18 | 8 |

Os níveis de energia são divididos em subníveis. Os quatro subníveis de energia são simbolizados pelas letras minúsculas **s**, **p**, **d**, **f**. Cada subnível de energia comporta um número máximo de elétrons, como apresentado na tabela abaixo:

| Subníveis de energia | s | p | d | f |
|---|---|---|---|---|
| Número máximo de elétrons | 2 | 6 | 10 | 14 |

É possível relacionar o aumento de energia dos níveis e subníveis por meio de um diagrama representativo, denominado diagrama de Linus Pauling, ou simplesmente diagrama de Pauling. A ordem crescente de energia para os elétrons é indicada pelas setas diagonais, como apresentado a seguir.

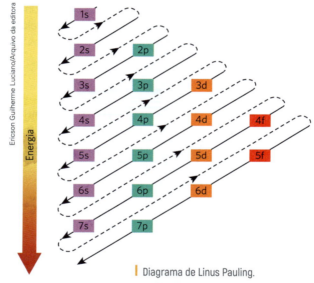

| Diagrama de Linus Pauling.

O preenchimento da eletrosfera pelos elétrons em subníveis obedece à ordem crescente de energia definida pelo diagrama de Pauling. Observe a seguir.

$$1s < 2s < 2p < 3s < 3p < 4s < 3d < 4p < 5s < 4d < 5p < 6s < 4f < 5d < 6p < 7s < 5f < 6d < 7p$$

## Distribuição eletrônica

A tabela a seguir apresenta a distribuição eletrônica de alguns elementos em seu estado fundamental, obtida pelo preenchimento sucessivo de seus subníveis em ordem crescente de energia.

| Elemento | Número atômico | Distribuição eletrônica | Camada de valência | Subnível mais energético |
|---|---|---|---|---|
| Na | Z = 11 | $1s^2\ 2s^2\ 2p^6\ 3s^1$ | 3 (com 1 elétron) | $3s^1$ |
| Mg | Z = 12 | $1s^2\ 2s^2\ 2p^6\ 3s^2$ | 3 (com 2 elétrons) | $3s^2$ |
| P | Z = 15 | $1s^2\ 2s^2\ 2p^6\ 3s^2\ 3p^3$ | 3 (com 5 elétrons) | $3p^3$ |
| Br | Z = 35 | $1s^2\ 2s^2\ 2p^6\ 3s^2\ 3p^6\ 4s^2\ 3d^{10}\ 4p^5$ | 4 (com 7 elétrons) | $4p^5$ |
| Sc | Z = 21 | $1s^2\ 2s^2\ 2p^6\ 3s^2\ 3p^6\ 4s^2\ 3d^1$ | 4 (com 2 elétrons) | $3d^1$ |

## Explore seus conhecimentos

**1** (Enem) Um fato corriqueiro ao se cozinhar arroz é o derramamento de parte da água de cozimento sobre a chama azul de fogo, mudando-a para uma chama amarela. Essa mudança de cor pode suscitar interpretações diversas, relacionadas às substâncias presentes na água de cozimento. Além do sal de cozinha (NaCℓ), nela se encontram carboidratos, proteínas e sais minerais.
Cientificamente, sabe-se que essa mudança de cor da chama ocorre pela

a) reação do gás de cozinha com o sal, volatilizando gás cloro.
b) emissão de fótons pelo sódio, excitado por causa da chama.
c) produção de derivado amarelo, pela reação com o carboidrato.
d) reação do gás de cozinha com a água, formando gás hidrogênio.
e) excitação das moléculas de proteínas, com formação de luz amarela.

**2** (UFRGS-RS)
*Glow sticks* são tubos plásticos luminosos, utilizados como pulseiras em festas e que exemplificam o fenômeno da quimioluminescência. Eles contêm uma mistura que inclui difenil-oxalato e um corante. Dentro do tubo, encontra-se um tubo de vidro menor que contém peróxido de hidrogênio. Quando o tubo exterior é dobrado, o tubo interior quebra-se e libera o peróxido de hidrogênio. Este reage com o difenil-oxalato, formando fenol e um peróxido cíclico, o qual reage com o corante e forma dióxido de carbono. No decorrer do processo, elétrons das moléculas do corante são promovidos a estados eletrônicos excitados.

A produção de luz nessa reação quimioluminescente ocorre devido

a) à emissão do $CO_2$.
b) à oxidação do peróxido de hidrogênio.
c) à adição desses elétrons excitados aos átomos de oxigênio do peróxido.
d) ao retorno dos elétrons excitados para um nível inferior de energia onde a estabilidade é maior.
e) à liberação das moléculas do corante para o interior do tubo.

**3** (UEPB) Texto para a próxima questão:

### Xote ecológico

(Composição: Luiz Gonzaga)

Não posso respirar, não posso mais nadar
A terra está morrendo, não dá mais pra plantar
Se planta não nasce se nasce não dá
Até pinga da boa é difícil de encontrar
Cadê a flor que estava aqui?
Poluição comeu
O peixe que é do mar?
Poluição comeu
E o verde onde que está?
Poluição comeu
Nem o Chico Mendes sobreviveu

Do texto, a letra de música composta por Luiz Gonzaga, pode-se observar a preocupação do autor com o meio ambiente e o efeito da degradação deste na qualidade de um produto tipicamente brasileiro, a cachaça.

Os três elementos químicos mais abundantes da pinga apresentam as seguintes distribuições eletrônicas no estado fundamental:

Dados: $_1H$, $_6C$ e $_8O$

a) $1s^2$; $1s^2\ 2s^2\ 2p^6$ e $1s^2\ 2s^2\ 2p^6\ 3s^2\ 3d^{10}$
b) $1s^1$; $1s^8$ e $1s^6$
c) $1s^2$; $1s^2\ 2s^2\ 2p^6$ e $1s^2\ 2s^2\ 2p^6\ 3s^2$
d) $1s^2$; $2s^1$ e $1s^2\ 2s^2\ 2p^1$
e) $1s^1$; $1s^2\ 2s^2\ 2p^4$ e $1s^2\ 2s^2\ 2p^2$

**4** (IFCE) Um íon pode ser conceituado como um átomo ou grupo de átomos, com algum excesso de cargas positivas ou negativas. Nesse contexto, a distribuição eletrônica do íon $Mg^{2+}$ pode ser representada corretamente por
Dado: $_{12}^{24}Mg$

a) $1s^2\ 2s^2\ 2p^6\ 3s^2\ 3p^6\ 4s^2\ 3d^2$.
b) $1s^2\ 2s^2\ 2p^6\ 3s^2$.
c) $1s^2\ 2s^2\ 2p^6\ 3s^2\ 3p^2$.
d) $1s^2\ 2s^2\ 2p^6$.
e) $1s^2\ 2s^2\ 2p^6\ 3s^2\ 3p^6\ 4s^2\ 3d^6$.

## Relacione seus conhecimentos

**1** (Vunesp-SP) A luz branca é composta por ondas eletromagnéticas de todas as frequências do espectro visível. O espectro de radiação emitido por um elemento, quando submetido a um arco elétrico ou a altas temperaturas, é descontínuo e apresenta uma de suas linhas com maior intensidade, o que fornece "uma impressão digital" desse elemento. Quando essas linhas estão situadas na região da radiação visível, é possível identificar diferentes elementos químicos por meio dos chamados testes de chama.

A tabela apresenta as cores características emitidas por alguns elementos no teste de chama:

| Elemento | Cor |
|---|---|
| sódio | laranja |
| potássio | violeta |
| cálcio | vermelho-tijolo |
| cobre | azul-esverdeada |

Em 1913, Niels Böhr (1885-1962) propôs um modelo que fornecia uma explicação para a origem dos espectros atômicos. Nesse modelo, Böhr introduziu uma série de postulados, dentre os quais, a energia do elétron só pode assumir certos valores discretos, ocupando níveis de energia permitidos ao redor do núcleo atômico.

Considerando o modelo de Böhr, os diferentes espectros atômicos podem ser explicados em função

a) do recebimento de elétrons por diferentes elementos.
b) da perda de elétrons por diferentes elementos.
c) das diferentes transições eletrônicas, que variam de elemento para elemento.
d) da promoção de diferentes elétrons para níveis mais energéticos.
e) da instabilidade nuclear de diferentes elementos.

**2** (Vunesp-SP) As figuras representam dois modelos, 1 e 2, para o átomo de hidrogênio. No modelo 1, o elétron move-se em trajetória espiral, aproximando-se do núcleo atômico e emitindo energia continuamente, com frequência cada vez maior, uma vez que cargas elétricas aceleradas irradiam energia. Esse processo só termina quando o elétron se choca com o núcleo. No modelo 2, o elétron move-se inicialmente em determinada órbita circular estável e em movimento uniforme em relação ao núcleo, sem emitir radiação eletromagnética, apesar de apresentar aceleração centrípeta. Nesse modelo a emissão só ocorre, de forma descontínua, quando o elétron sofre transição de uma órbita mais distante do núcleo para outra mais próxima.

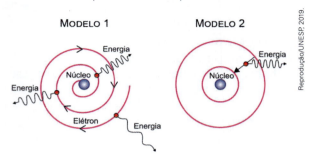

A respeito desses modelos atômicos, pode-se afirmar que

a) o modelo 1, proposto por Böhr em 1913, está de acordo com os trabalhos apresentados na época por Einstein, Planck e Rutherford.
b) o modelo 2 descreve as ideias de Thomson, em que um núcleo massivo no centro mantém os elétrons em órbita circular na eletrosfera por forças de atração coulombianas.
c) os dois estão em total desacordo com o modelo de Rutherford para o átomo, proposto em 1911, que não previa a existência do núcleo atômico.
d) o modelo 1, proposto por Böhr, descreve a emissão de fótons de várias cores enquanto o elétron se dirige ao núcleo atômico.
e) o modelo 2, proposto por Böhr, explica satisfatoriamente o fato de um átomo de hidrogênio não emitir radiação o tempo todo.

**3** Determine o número atômico de um átomo, sabendo que o subnível de maior energia da sua distribuição eletrônica no estado fundamental é $4p^5$.

**4** A pedra-ímã natural é a magnetita ($Fe_3O_4$). O metal ferro pode ser representado por $_{26}Fe$, e seu átomo apresenta a seguinte distribuição eletrônica por níveis:

a) 2 – 8 – 16.
b) 2 – 8 – 8 – 8.
c) 2 – 8 – 10 – 6.
d) 2 – 8 – 14 – 2.
e) 2 – 8 – 18 – 18 – 10.

 CIÊNCIAS DA NATUREZA E SUAS TECNOLOGIAS

UNIDADE

# A tabela periódica dos elementos químicos

A ciência classifica seus objetos de estudo como uma necessidade de organização dos conhecimentos. Assim, a Física classifica os planetas em rochosos e gasosos. A Biologia faz uso da taxonomia para a classificação dos seres vivos. A Química, por sua vez, organiza os elementos químicos em uma tabela.

Mas a tabela periódica apresentada nesta página é diferente da convencional: nela estão representadas a disponibilidade de cada elemento no planeta, a previsão de escassez de suas reservas no futuro e os cerca de 30 elementos comumente utilizados na produção de *smartphones*.

O *design* distorcido da tabela objetiva chamar a atenção para o fato de que a disponibilidade dos elementos químicos não é infinita e que, dependendo da intensidade de seu uso, eles podem se esgotar.

Você sabe como a tabela periódica foi construída? Quais informações podem ser extraídas de sua leitura? Qual o objetivo de sua organização clássica?

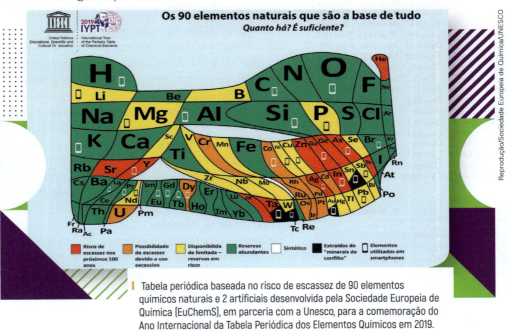

Tabela periódica baseada no risco de escassez de 90 elementos químicos naturais e 2 artificiais desenvolvida pela Sociedade Europeia de Química (EuChemS), em parceria com a Unesco, para a comemoração do Ano Internacional da Tabela Periódica dos Elementos Químicos em 2019.

## Nesta unidade vamos:

- analisar e discutir modelos de tabela periódica propostos;
- interpretar a tabela periódica atual;
- analisar propriedades dos elementos químicos.

CAPÍTULO

# A tabela periódica atual

Este capítulo favorece o desenvolvimento das habilidades

EM13CNT203
EM13CNT209
EM13CNT309

A tabela periódica é uma forma de organização dos elementos químicos que permite não só verificar suas características, mas também fazer previsões em relação às suas propriedades. No decorrer da História, muitos cientistas trabalharam em formas de organização dos elementos, tendo sido o professor de Química russo Dmitri Ivanovich Mendeleev (1834-1907) o principal deles.

Em 1869, Mendeleev trabalhava na organização dos elementos químicos conhecidos na época, cujas propriedades ele havia anotado em fichas separadas. Ele percebeu que, ao organizar as fichas dos elementos em função da **massa atômica**, alguns grupos apresentavam propriedades semelhantes e que esse fenômeno se repetia de forma periódica, ou seja, em intervalos regulares. Essas propriedades foram então denominadas **propriedades periódicas**.

 **Número de massa** e **massa atômica** são conceitos distintos: o número de massa é dado pela soma do número de prótons e do número de nêutrons; já a massa atômica é uma relação matemática, que será estudada no **capítulo 19**.

Mendeleev organizou os elementos químicos com propriedades semelhantes em colunas, chamadas **grupos** ou **famílias**, e em linhas, chamadas **períodos**, mantendo-os em ordem crescente de massa atômica.

A tabela de Mendeleev foi eficaz ao demonstrar a periodicidade das propriedades da maioria dos elementos químicos. No entanto, ao organizar todos os elementos em função da massa atômica, ele inseriu alguns elementos em grupos que não correspondiam às suas propriedades. A explicação para essas anomalias somente seria proposta no início do século XX.

Em 1913, ao realizar experimentos em que bombardeava diferentes átomos com raios X, o químico inglês Henry Moseley (1887-1915) verificou que as propriedades elétricas dos elementos ocorriam de forma periódica e relacionada às suas cargas nucleares (número atômico). Assim, Moseley propôs que, se os elementos químicos fossem organizados em ordem crescente de número atômico, seria possível observar a repetição periódica de várias de suas propriedades (**lei periódica atual** ou **lei de Moseley**), solucionando, assim, os problemas observados na tabela proposta por Mendeleev.

Até o momento em que este livro é escrito, são reconhecidos **118 elementos químicos**, sendo **88 naturais** (encontrados na natureza) e **30 artificiais** (produzidos em laboratório). Os elementos artificiais podem ser classificados em:

- **Cisurânicos**: apresentam número atômico inferior a 92 (incluindo o frâncio, o astato, o promécio e o tecnécio).
- **Transurânicos**: apresentam número atômico superior a 92, compondo os demais elementos químicos artificiais.

Após Moseley, o *design* da tabela periódica passou por algumas modificações. O *design* atual foi consolidado em 1945 por Glenn Seaborg (1912-1999), após descobrir alguns dos elementos transurânicos. Neste capítulo, vamos analisar alguns aspectos importantes da organização da tabela periódica atual.

Tabela periódica de Mendeleev, publicada em 1869. Ao organizar os elementos químicos conhecidos pela massa atômica, o químico russo manteve lacunas, como entre o elemento hidrogênio e o elemento lítio, o que pode ser interpretado como uma previsão da existência de elementos intermediários.

> **! Dica**
>
> *O sonho de Mendeleiev*, de Paul Strathern. Zahar.
>
> Naquela tarde, em 1869, Mendeleiev trabalhava em suas fichas quando, exausto, dormiu sobre a mesa – e teve um sonho que lhe mostrou a solução para a organização da tabela periódica dos elementos. Um sonho que mudaria para sempre nosso modo de ver o mundo. Essa é uma das histórias envolvidas na busca pelos elementos químicos, que Strathern nos conta em um texto bem-humorado.

## Tabela periódica

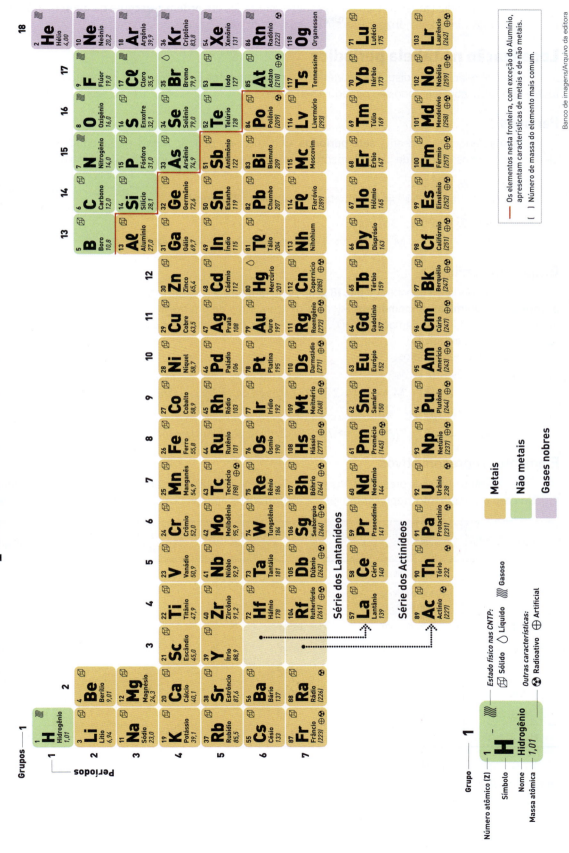

## A organização da tabela periódica atual

Na tabela periódica atual, os elementos estão organizados em **ordem crescente de número atômico**, dispostos em períodos (linhas na horizontal) e em grupos ou famílias (colunas na vertical).

### Localização na tabela periódica

É possível relacionar a distribuição eletrônica dos elementos químicos com a posição que eles ocupam na tabela periódica, considerando seu período e seu grupo.

### Períodos

A tabela periódica apresenta **sete períodos**. O número do período indica a quantidade de níveis (camadas eletrônicas) que os átomos de cada elemento químico apresentam. Observe alguns exemplos:

$_{11}Na - 1s^2 \quad 2s^2 2p^6 \quad 3s^1$
$\qquad\quad K \qquad L \qquad\quad M \Rightarrow$ 3 camadas eletrônicas = **3º período**

$_{20}Ca - 1s^2 \quad 2s^2 2p^6 \quad 3s^2 3p^6 \quad 4s^2$
$\qquad\quad K \qquad L \qquad\quad M \qquad\quad N \Rightarrow$ 4 camadas eletrônicas = **4º período**

### Grupos ou famílias

A tabela periódica é constituída por **18 grupos** ou **famílias**, e cada um deles agrupa elementos químicos com **propriedades químicas semelhantes**. Átomos de elementos de um mesmo grupo apresentam a mesma configuração eletrônica na sua camada (nível) de valência. Essa regra vale para os elementos dos grupos 1, 2 e 13 a 18 (elementos representativos).

Observe alguns exemplos:

$_{12}Mg: 1s^2 \quad 2s^2 2p^6 \quad 3s^2$
$\qquad K = 2 \quad L = 8 \quad M = 2 \Rightarrow 2\ e^-$ na camada de valência – família 2A ou grupo 2

$_{17}C\ell: 1s^2 \quad 2s^2 2p^6 \quad 3s^2 3p^5$
$\qquad K = 2 \quad L = 8 \quad M = 7 \Rightarrow 7\ e^-$ na camada de valência – família 7A ou grupo 17

### Elementos representativos

Os elementos químicos presentes nos grupos 1 e 2 e de 13 a 18 são chamados **elementos representativos**. No caso dos elementos representativos, os elétrons mais energéticos estão situados nos subníveis **s** ou **p**.

| Grupo ou família | Nome | Configuração na camada de valência | Nº de elétrons na camada de valência | Elementos químicos |
|---|---|---|---|---|
| 1 ou 1A | Metais alcalinos | $ns^1$ | 1 | Li, Na K, Rb, Cs, Fr |
| 2 ou 2A | Metais alcalinos terrosos | $ns^2$ | 2 | Be, Mg, Ca, Sr, Ba, Ra |
| 13 ou 3A | Família do boro | $ns^2np^1$ | 3 | B, A$\ell$, Ga, In, T$\ell$, Nh |
| 14 ou 4A | Família do carbono | $ns^2np^2$ | 4 | C, Si, Ge, Sn, Pb, F$\ell$ |
| 15 ou 5A | Família do nitrogênio | $ns^2np^3$ | 5 | N, P, As, Sb, Bi, Mc |
| 16 ou 6A | Calcogênios | $ns^2np^4$ | 6 | O, S, Se, Te, Po, Lv |
| 17 ou 7A | Halogênios | $ns^2np^5$ | 7 | F, C$\ell$, Br, I, At, Ts |
| 18 ou 8A ou 0 | Gases nobres | $ns^2np^6$ | 8 | He, Ne, Ar, Kr, Xe, Rn, Og |

Apesar de possuir configuração eletrônica $1s^1$, o elemento hidrogênio não é classificado como um metal alcalino, sendo atualmente considerado um ametal pela IUPAC.

Já o elemento hélio é considerado um gás nobre, mesmo apresentando uma configuração eletrônica $1s^2$, pois ele é inerte – assim como os demais gases nobres – e é encontrado na natureza como átomos isolados no estado gasoso.

## Elementos de transição

Os elementos químicos presentes nos grupos 3 a 12 são chamados **elementos de transição**.

Os elementos de transição podem ser divididos em dois grupos, conforme o subnível em que é encontrado o elétron mais energético:

> **Elementos de transição externa:** o elétron mais energético ocupa um subnível **d**.

Esses elementos ocupam o bloco central da tabela periódica, correspondendo a um total de 10 colunas, como indicado na tabela a seguir.

| Grupo ou família | 3 ou 3B | 4 ou 4B | 5 ou 5B | 6 ou 6B | 7 ou 7B | 8 ou 8B | 9 ou 9B | 10 ou 10B | 11 ou 1B | 12 ou 2B |
|---|---|---|---|---|---|---|---|---|---|---|
| Subnível do elétron mais energético | $d^1$ | $d^2$ | $d^3$ | $d^4$ | $d^5$ | $d^6$ | $d^7$ | $d^8$ | $d^9$ | $d^{10}$ |

> **Transição interna:** o elétron mais energético está situado em um subnível **f**.

Encontram-se deslocados do corpo central da tabela, constituindo a série dos **lantanídeos** e **actinídeos**. Ocupam 14 colunas (**$f^1$ a $f^{14}$**).

O esquema a seguir mostra o subnível ocupado pelos elétrons mais energéticos dos átomos de cada elemento químico, assim como a posição relativa desses elementos na tabela periódica.

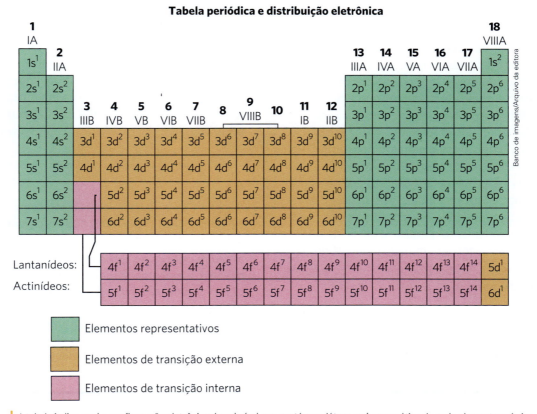

A tabela indica qual a configuração eletrônica do subnível que contém o elétron mais energético de cada elemento químico.

## Explore seus conhecimentos

Consulte a tabela periódica sempre que necessário.

**1** (UEG-GO) No processo de evolução da tabela periódica, os modelos de Mendeleev e Moseley foram as formulações mais bem-sucedidas para demonstrar a periodicidade das propriedades dos elementos químicos. Nesse contexto, a diferença básica entre os modelos de Mendeleev e Moseley residem, respectivamente, na forma de organização dos seguintes parâmetros atômicos:
a) massa atômica e elétrons.
b) massa atômica e nêutrons.
c) elétrons e número de prótons.
d) nêutrons e número de prótons.
e) massa atômica e número de prótons.

**2** (Uerj)
### ANO INTERNACIONAL DA TABELA PERIÓDICA

Há 150 anos, a primeira versão da tabela periódica foi elaborada pelo cientista Dimitri Mendeleiev. Trata-se de uma das conquistas de maior influência na ciência moderna, que reflete a essência não apenas da química, mas também da física, da biologia e de outras áreas das ciências puras. Como reconhecimento de sua importância, a UNESCO/ONU proclamou 2019 o Ano Internacional da Tabela Periódica. Na tabela proposta por Mendeleiev em 1869, constavam os 64 elementos químicos conhecidos até então, além de espaços vazios para outros que ainda poderiam ser descobertos. Para esses possíveis novos elementos, ele empregou o prefixo "eca", que significa "posição imediatamente posterior". Por exemplo, o ecassilício seria o elemento químico a ocupar a primeira posição em sequência ao silício no seu grupo da tabela periódica. Em homenagem ao trabalho desenvolvido pelo grande cientista, o elemento químico artificial de número atômico 101 foi denominado mendelévio.

Atualmente, o símbolo do elemento correspondente ao ecassilício é:
a) Aℓ.
b) C.
c) Ge.
d) P.

**3** (UFRGS-RS) Na coluna da direita, estão listados cinco elementos da tabela periódica; na da esquerda, a classificação desses elementos.
Associe a coluna da direita à da esquerda.

| | |
|---|---|
| ( ) Alcalino | 1. Magnésio |
| ( ) Halogênio | 2. Potássio |
| ( ) Alcalino terroso | 3. Paládio |
| ( ) Elemento de transição | 4. Bromo |
| | 5. Xenônio |

A sequência correta de preenchimento dos parênteses, de cima para baixo, é:
a) 1 – 2 – 3 – 4.
b) 2 – 4 – 1 – 3.
c) 2 – 4 – 3 – 5.
d) 3 – 2 – 4 – 5.
e) 4 – 2 – 1 – 3.

**4** (Enem)
Na mitologia grega, Nióbia era a filha de Tântalo, dois personagens conhecidos pelo sofrimento. O elemento químico de número atômico (Z) igual a 41 tem propriedades químicas e físicas tão parecidas com as do elemento de número atômico 73 que chegaram a ser confundidos. Por isso, em homenagem a esses dois personagens da mitologia grega, foi conferido a esses elementos os nomes de nióbio (Z = 41) e tântalo (Z = 73). Esses dois elementos químicos adquiriram grande importância econômica na metalurgia, na produção de supercondutores e em outras aplicações na indústria de ponta, exatamente pelas propriedades químicas e físicas comuns aos dois.

KEAN, S. *A colher que desaparece*: e outras histórias reais de loucura, amor e morte a partir dos elementos químicos. Rio de Janeiro: Zahar, 2011 (adaptado).

A importância econômica e tecnológica desses elementos, pela similaridade de suas propriedades químicas e físicas, deve-se a:
a) terem elétrons no subnível f.
b) serem elementos de transição interna.
c) pertencerem ao mesmo grupo na tabela periódica.
d) terem seus elétrons mais externos nos níveis 4 e 5, respectivamente.
e) estarem localizados na família dos alcalinos terrosos e alcalinos, respectivamente.

## Relacione seus conhecimentos

**1** (IFCE) O iodo, cujo símbolo é I e número atômico 53, possui aplicações bastante importantes. A sua ingestão é indicada, pois sua deficiência pode causar complicações no organismo. Na medicina é utilizado como tintura de iodo, um antisséptico. Sabendo que o iodo é um ametal, o seu grupo e período na Tabela Periódica são, respectivamente:
a) calcogênios, 3º período.
b) halogênios, 5º período.
c) calcogênios, 5º período.
d) halogênios, 7º período.
e) actinídeos, 5º período.

**2** (PUC-RJ) Um elemento químico, representativo, cujos átomos possuem, em seu último nível, a configuração eletrônica $4s^2\ 4p^3$ está localizado na tabela periódica dos elementos nos seguintes grupo e período, respectivamente:
a) IIB e 3º.
b) IIIA e 4º.
c) IVA e 3º.
d) IVB e 5º.
e) VA e 4º.

**3** (Fuvest-SP) Para que um planeta abrigue vida nas formas que conhecemos, ele deve apresentar gravidade adequada, campo magnético e água no estado líquido. Além dos elementos químicos presentes na água, outros também são necessários. A detecção de certas substâncias em um planeta pode indicar a presença dos elementos químicos necessários à vida. Observações astronômicas de cinco planetas de fora do sistema solar indicaram, neles, a presença de diferentes substâncias, conforme o quadro a seguir:

| Planeta | Substâncias observadas |
|---|---|
| I | tetracloreto de carbono, sulfeto de carbono e nitrogênio |
| II | dióxido de nitrogênio, argônio e hélio |
| III | metano, dióxido de carbono e dióxido de nitrogênio |
| IV | argônio, dióxido de enxofre e monóxido de dicloro |
| V | monóxido de dinitrogênio, monóxido de dicloro e nitrogênio |

Considerando as substâncias detectadas nesses cinco planetas, aquele em que há quatro elementos químicos necessários para que possa se desenvolver vida semelhante à da Terra é:
a) I.
b) II.
c) III.
d) IV.
e) V.

**4** (Fuvest-SP) Observe a posição do elemento químico ródio (Rh) na tabela periódica.

Assinale a alternativa correta a respeito do ródio.
a) Possui massa atômica menor que a do cobalto (Co).
b) Apresenta reatividade semelhante à do estrôncio (Sr), característica do 5º período.
c) É um elemento não metálico.
d) É uma substância gasosa à temperatura ambiente.
e) É uma substância boa condutora de eletricidade.

**5** (Enem)

O ambiente marinho pode ser contaminado com rejeitos radioativos provenientes de testes com armas nucleares. Os materiais radioativos podem se acumular nos organismos. Por exemplo, o estrôncio-90 é quimicamente semelhante ao cálcio e pode substituir esse elemento nos processos biológicos.

FIGUEIRA, R. C. L.; CUNHA, I. I. L. A contaminação dos oceanos por radionuclídeos antropogênicos. *Química Nova na Escola*, n. 1, 1998 (adaptado).

Um pesquisador analisou as seguintes amostras coletadas em uma região marinha próxima a um local que manipula o estrôncio radioativo: coluna vertebral de tartarugas, concha de moluscos, endoesqueleto de ouriços-do-mar, sedimento de recife de corais e tentáculos de polvo.

Em qual das amostras analisadas a radioatividade foi menor?
a) Concha de moluscos.
b) Tentáculos de polvo.
c) Sedimento de recife de corais.
d) Coluna vertebral de tartarugas.
e) Endoesqueleto de ouriços-do-mar.

## Conexões

# Evolução estelar e a origem dos elementos químicos

De onde vêm os elementos que formam a matéria? O oxigênio que respiramos, o cálcio presente em nossos ossos, o silício encontrado na areia da praia...

Os elementos químicos têm sua origem no processo chamado **nucleossíntese**, que pode ser classificado em: primordial, estelar e interestelar.

Veja a seguir como a origem dos elementos químicos está relacionada à evolução das estrelas.

### Big bang
Surgimento do Universo caracterizado por alta temperatura e densidade extremamente elevada.

### Fases iniciais
Havia apenas radiação e *quarks*, cujas combinações formaram as partículas elementares, como elétrons, prótons e neutrinos. As temperaturas eram maiores que, ou da ordem de $10^{12}$ K, e o tempo era menor que, ou da ordem de $10^{-4}$ segundo após o *big bang*.

A isso seguiu-se a formação de nuvens atômicas contendo apenas hidrogênio (H), hélio (He) e lítio (Li). O Universo começa, então, a esfriar, possibilitando a formação de compostos como o deutério ($^2$H) e o trítio ($^3$H).

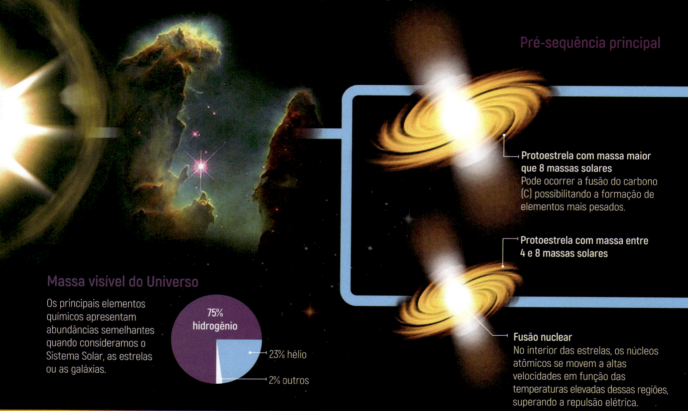

### Pré-sequência principal

**Protoestrela com massa maior que 8 massas solares**
Pode ocorrer a fusão do carbono (C) possibilitando a formação de elementos mais pesados.

**Protoestrela com massa entre 4 e 8 massas solares**

**Fusão nuclear**
No interior das estrelas, os núcleos atômicos se movem a altas velocidades em função das temperaturas elevadas dessas regiões, superando a repulsão elétrica.

### Massa visível do Universo
Os principais elementos químicos apresentam abundâncias semelhantes quando consideramos o Sistema Solar, as estrelas ou as galáxias.

- 75% hidrogênio
- 23% hélio
- 2% outros

## PASSADO

**cerca de 13,7 bilhões de anos atrás**
*Big bang*: surgimento do Universo.

**100-1000 segundos**
Formam-se núcleos atômicos de hidrogênio, lítio e outros elementos mais leves.

**Alguns bilhões de anos**
A matéria começa a se aglomerar formando "protogaláxias" e as primeiras estrelas, compostas de hidrogênio (H), hélio (He) e lítio (Li).

**As estrelas mais recentes** passam a conter elementos mais pesados: oxigênio (O), carbono (C), nitrogênio (N) e ferro (Fe). Nas estrelas de gerações seguintes, a porcentagem de elementos mais pesados é maior, embora ainda sejam predominantemente compostas de H e He.

**9 bilhões de anos**
O Sol e o Sistema Solar se formam a partir de detritos e restos deixados pelas primeiras gerações de estrelas.

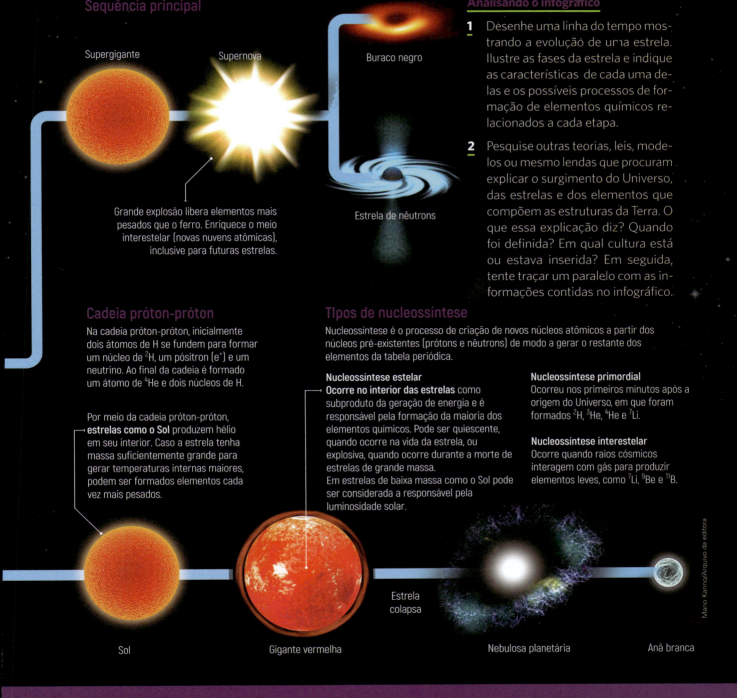

## Analisando o infográfico

**1** Desenhe uma linha do tempo mostrando a evolução de uma estrela. Ilustre as fases da estrela e indique as características de cada uma delas e os possíveis processos de formação de elementos químicos relacionados a cada etapa.

**2** Pesquise outras teorias, leis, modelos ou mesmo lendas que procuram explicar o surgimento do Universo, das estrelas e dos elementos que compõem as estruturas da Terra. O que essa explicação diz? Quando foi definida? Em qual cultura está ou estava inserida? Em seguida, tente traçar um paralelo com as informações contidas no infográfico.

### Sequência principal

**Supergigante** — **Supernova** — **Buraco negro** / **Estrela de nêutrons**

Grande explosão libera elementos mais pesados que o ferro. Enriquece o meio interestelar (novas nuvens atômicas), inclusive para futuras estrelas.

### Cadeia próton-próton

Na cadeia próton-próton, inicialmente dois átomos de H se fundem para formar um núcleo de $^{2}$H, um pósitron ($e^{+}$) e um neutrino. Ao final da cadeia é formado um átomo de $^{4}$He e dois núcleos de H.

Por meio da cadeia próton-próton, **estrelas como o Sol** produzem hélio em seu interior. Caso a estrela tenha massa suficientemente grande para gerar temperaturas internas maiores, podem ser formados elementos cada vez mais pesados.

### Tipos de nucleossíntese

Nucleossíntese é o processo de criação de novos núcleos atômicos a partir dos núcleos pré-existentes (prótons e nêutrons) de modo a gerar o restante dos elementos da tabela periódica.

**Nucleossíntese estelar**
**Ocorre no interior das estrelas** como subproduto da geração de energia e é responsável pela formação da maioria dos elementos químicos. Pode ser quiescente, quando ocorre na vida da estrela, ou explosiva, quando ocorre durante a morte de estrelas de grande massa.
Em estrelas de baixa massa como o Sol pode ser considerada a responsável pela luminosidade solar.

**Nucleossíntese primordial**
Ocorreu nos primeiros minutos após a origem do Universo, em que foram formados $^{2}$H, $^{3}$He, $^{4}$He e $^{7}$Li.

**Nucleossíntese interestelar**
Ocorre quando raios cósmicos interagem com gás para produzir elementos leves, como $^{7}$Li, $^{9}$Be e $^{11}$B.

**Sol** — **Gigante vermelha** — Estrela colapsa — **Nebulosa planetária** — **Anã branca**

---

**ATUALMENTE**

**10 bilhões de anos**
A vida surge na Terra na forma de células simples. Ao longo do tempo, as formas de vida evoluem e se espalham pelo globo.

**13,7 bilhões de anos**
A humanidade explora o Universo, procurando entender o que ainda é desconhecido. O Universo visível contém bilhões de galáxias, cada uma contendo milhões, ou bilhões, de estrelas.

**FUTURO**

**20 bilhões de anos**
As camadas externas do Sol começarão a se expandir, passando a ser uma estrela do tipo gigante vermelha. Nesse ponto, a vida na Terra se tornará inviável. Em algum momento, o Sol passará a ser uma nebulosa planetária. O Universo, por sua vez, continuará em expansão.

Mario Kanno/Arquivo da editora

Elaborado com base em: Maciel, W. J. Formação dos elementos químicos. Revista USP, São Paulo, n. 62, p. 66-73, jun./ago. 2004; UFMG. Formação dos elementos químicos: da grande explosão às estrelas. Observatório Astronômico Frei Rosário. Disponível em: http://www.observatorio.ufmg.br/pas36.htm; UFSM. A origem dos elementos. Diretório Acadêmico do Curso de Química e Licenciatura. Disponível em: http://coral.ufsm.br/daquil/pag-div-elem.html. Acesso em: 2 out. 2019.

# CAPÍTULO 9
# Propriedades periódicas

Os fenômenos periódicos são aqueles que ocorrem em intervalos regulares de tempo. Um exemplo desse tipo de fenômeno é a periodicidade das fases da Lua. A Lua apresenta um total de quatro fases, sendo que o ciclo completo leva cerca de 30 dias para ser finalizado.

Representação das fases da Lua, um fenômeno periódico.

Já os fenômenos não periódicos são aqueles que não apresentam uma regularidade em sua repetição, podendo inclusive não se repetir.

Na tabela periódica, a periodicidade não ocorre de forma temporal, mas pela observação da repetição de propriedades à medida que percorremos os períodos da tabela, seguindo a ordem crescente de seu número atômico. Como um exemplo de fenômeno periódico, temos a repetição do número de elétrons presentes na camada de valência dos elementos representativos.

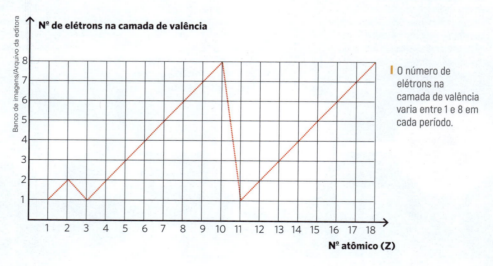

O número de elétrons na camada de valência varia entre 1 e 8 em cada período.

E como exemplo de fenômeno não periódico, temos o aumento da massa atômica em função do aumento do número atômico dos elementos.

Neste capítulo, vamos enfatizar as propriedades periódicas: raio atômico, energia de ionização, afinidade eletrônica e eletronegatividade.

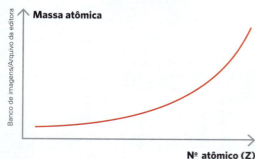

A massa atômica, uma propriedade não periódica, aumenta constantemente com o aumento do número atômico.

## ◉ Raio atômico

O **raio atômico** é a propriedade periódica relacionada ao **tamanho do átomo**. De modo geral, para comparar o tamanho de átomos, devemos levar em consideração dois critérios:

### 1º) Número de camadas eletrônicas

> Quanto maior o número de camadas eletrônicas, maior será o tamanho do átomo.

As comparações podem ser feitas por meio da distribuição eletrônica dos átomos, como mostrado abaixo:
$_3$Li — $1s^2\ 2s^1$ (2 camadas eletrônicas)
$_{11}$Na — $1s^2\ 2s^2\ 2p^6\ 3s^1$ (3 camadas eletrônicas)
$_{19}$K — $1s^2\ 2s^2\ 2p^6\ 3s^2\ 3p^6\ 4s^1$ (4 camadas eletrônicas)
Assim,
Nº de camadas K > Nº de camadas Na > Nº de camadas Li
Raio K > Raio Na > Raio Li

### 2º) Número atômico (Z)

> Para um mesmo número de camadas, quanto maior for o número de prótons presentes no núcleo do átomo, maior será a atração núcleo-eletrosfera e, portanto, menor será o raio atômico.

Observe o exemplo a seguir:
$_{11}$Na — $1s^2\ 2s^2\ 2p^6\ 3s^1$ (3 camadas eletrônicas; Z = 11)
$_{15}$P — $1s^2\ 2s^2\ 2p^6\ 3s^2\ 3p^3$ (3 camadas eletrônicas; Z = 15)
$_{17}$Cℓ — $1s^2\ 2s^2\ 2p^6\ 3s^2\ 3p^5$ (3 camadas eletrônicas; Z = 17)
Então,
Nº atômico Cℓ > Nº atômico P > Nº atômico Na
Raio Cℓ < Raio P < Raio Na

De maneira geral, a partir dos critérios enunciados, pode-se determinar que:
- **em um mesmo grupo**: o raio atômico aumenta de cima para baixo na tabela periódica;
- **em um mesmo período**: o raio atômico aumenta da direita para a esquerda na tabela periódica.

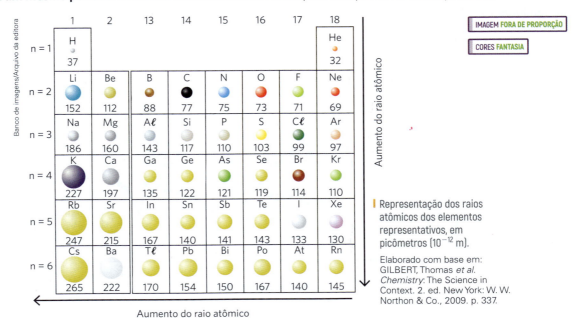

Representação dos raios atômicos dos elementos representativos, em picômetros ($10^{-12}$ m).

Elaborado com base em: GILBERT, Thomas *et al*. *Chemistry*: The Science in Context. 2. ed. New York: W. W. Northon & Co., 2009. p. 337.

É importante salientar que essas informações são válidas para os átomos neutros. Para ânions, cátions e íons isoeletrônicos falamos em **raio iônico**, o qual se comporta da seguinte forma:

- **raio iônico dos ânions**: é sempre maior que o raio atômico correspondente, pois o excesso de elétrons aumenta a repulsão na eletrosfera, aumentando o raio do íon.
- **raio iônico dos cátions**: é sempre menor que o raio atômico correspondente, pois a redução do número de elétrons pode promover a diminuição do número de camadas eletrônicas ou, ainda, a diminuição da repulsão na eletrosfera, reduzindo o raio do íon.
- **série de íons isoeletrônicos**: o íon que apresentar o menor número atômico terá o maior raio, pois ele apresentará a menor intensidade de atração núcleo-eletrosfera.

## Energia de ionização (E. I.)

A **energia de ionização** (**E. I.**), ou **energia potencial de ionização**, é a energia necessária para remover um ou mais elétrons de um átomo isolado no seu estado gasoso, ou seja, para transformar o átomo em um cátion.

$$X(g) + Energia \rightarrow X^+(g) + e^-$$

A energia de ionização é uma propriedade que depende do raio atômico: para átomos com raio atômico pequeno, a atração exercida pelo núcleo sobre um elétron da camada de valência é elevada e, portanto, a energia necessária para remover esse elétron também será elevada. Além disso, para a remoções sucessivas de elétrons, cada remoção necessitará de uma energia de ionização diferente. Generalizando, temos:

Quanto menor o raio atômico, maior será a primeira energia de ionização.

Dessa maneira, podemos concluir que:
- **em um mesmo grupo**: a energia de ionização aumenta de baixo para cima na tabela periódica;
- **em um mesmo período**: a energia de ionização aumenta da esquerda para a direita na tabela periódica.

O gráfico a seguir mostra a primeira energia de ionização em função do número atômico para átomos de alguns elementos químicos. Comumente, a unidade de medida da energia de ionização é **quilojoules por mol** (**kJ/mol**), ou apenas **quilojoules** (**kJ**).

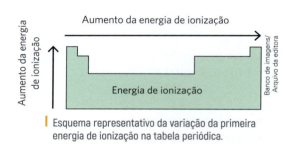

Esquema representativo da variação da primeira energia de ionização na tabela periódica.

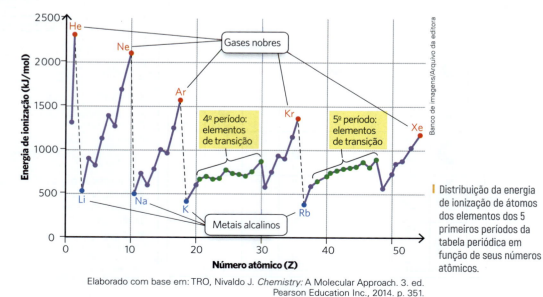

Distribuição da energia de ionização de átomos dos elementos dos 5 primeiros períodos da tabela periódica em função de seus números atômicos.

Elaborado com base em: TRO, Nivaldo J. *Chemistry*: A Molecular Approach. 3. ed. Pearson Education Inc., 2014. p. 351.

Os elementos químicos metálicos são os que têm as menores energias de ionização (facilidade em perder elétrons). Os elementos que apresentam as maiores energias de ionização são os gases nobres, por serem naturalmente estáveis.

## Energias de ionização sucessivas

Para a remoção sucessiva de elétrons, temos que considerar que, a partir da segunda remoção, cada uma ocorrerá em íons e não mais em átomos neutros. À medida que retiramos sucessivamente elétrons de um átomo, promovemos a diminuição progressiva de seu raio, o que aumenta a energia necessária para novas retiradas.

$$X(g) + 1^a\ E.\ I. \rightarrow X^+(g) + e^-$$
$$X^+(g) + 2^a\ E.\ I. \rightarrow X^{2+}(g) + e^-$$
$$X^{2+}(g) + 3^a\ E.\ I. \rightarrow X^{3+}(g) + e^-$$
$$1^a\ E.\ I. < 2^a\ E.\ I. < 3^a\ E.\ I. < ...$$

A tabela a seguir apresenta os valores em kJ determinados experimentalmente para as energias de ionização de átomos dos elementos do terceiro período da tabela periódica. É interessante perceber que os elétrons das camadas internas apresentam energias de ionização superiores aos elétrons da camada de valência.

| Elemento | 1ª E. I. | 2ª E. I. | 3ª E. I. | 4ª E. I. | 5ª E. I. | 6ª E. I. | 7ª E. I. |
|---|---|---|---|---|---|---|---|
| $_{11}$Na ($1s^2\ 2s^22p^6\ 3s^1$) | 496 | 4560 | | | | | |
| $_{12}$Mg ($1s^2\ 2s^22p^6\ 3s^2$) | 738 | 1450 | 7730 | | Elétrons internos à camada de valência | | |
| $_{13}$Aℓ ($1s^2\ 2s^22p^6\ 3s^23p^1$) | 578 | 1820 | 2750 | 11600 | | | |
| $_{14}$Si ($1s^2\ 2s^22p^6\ 3s^23p^2$) | 786 | 1580 | 3230 | 4360 | 16100 | | |
| $_{15}$P ($1s^2\ 2s^22p^6\ 3s^23p^3$) | 1012 | 1900 | 2910 | 4960 | 6700 | 22200 | |
| $_{16}$S ($1s^2\ 2s^22p^6\ 3s^23p^4$) | 1000 | 2250 | 3360 | 4560 | 7010 | 8500 | 27100 |
| $_{17}$Cℓ ($1s^2\ 2s^22p^6\ 3s^23p^5$) | 1251 | 2300 | 3820 | 5160 | 6540 | 9460 | 11000 |
| $_{18}$Ar ($1s^2\ 2s^22p^6\ 3s^23p^6$) | 1521 | 2670 | 3930 | 5770 | 7240 | 8780 | 12000 |

Fonte: TRO, Nivaldo J. *Chemistry:* A Molecular Approach. 3. ed. Pearson Education Inc., 2014. p. 363.

## Afinidade eletrônica

A **afinidade eletrônica**, ou **eletroafinidade**, é a energia liberada quando um átomo isolado no seu estado gasoso ganha um elétron, ou seja, quando o átomo é transformado em um ânion.

$$X(g) + e^- \rightarrow X^-(g) + \text{Energia}$$

A afinidade eletrônica também está relacionada à atração núcleo-eletrosfera: quanto maior a atração, maior a afinidade eletrônica de um átomo. Generalizando, temos:

Quanto menor o raio atômico, maior será a afinidade eletrônica.

Dessa maneira, podemos concluir que:
- **em um mesmo grupo**: a afinidade eletrônica aumenta de baixo para cima na tabela periódica;
- **em um mesmo período**: a afinidade eletrônica aumenta da esquerda para a direita na tabela periódica.

Ao contrário da energia de ionização, apenas alguns valores de afinidade eletrônica são conhecidos, devido às dificuldades experimentais de determinação. Por esse motivo, não é comum utilizar valores energéticos para essa propriedade. Além disso, a definição de afinidade eletrônica utilizada não se aplica aos elementos pertencentes ao grupo dos gases nobres.

Esquema representativo da variação da afinidade eletrônica na tabela periódica.

## Eletronegatividade

A eletronegatividade está relacionada à intensidade com que um átomo atrai os elétrons de outro átomo quando ambos interagem em uma ligação química. De modo geral, quanto menor o raio atômico, maior será a sua capacidade de atrair os elétrons numa ligação química e, portanto, maior será a sua eletronegatividade.

> A **eletronegatividade** é a intensidade com que um átomo atrai elétrons numa ligação química. Essa é uma propriedade inversamente proporcional ao raio atômico.

Dessa maneira, podemos concluir que:
- **em um mesmo grupo**: a eletronegatividade aumenta de baixo para cima na tabela periódica;
- **em um mesmo período**: a eletronegatividade aumenta da esquerda para a direita na tabela periódica.

Em 1932, Linus Pauling propôs uma escala de eletronegatividade para os elementos do 1º ao 6º período da tabela periódica, como a apresentada no diagrama a seguir. Vale ressaltar que Pauling não definiu a eletronegatividade para os gases nobres, devido à sua estabilidade.

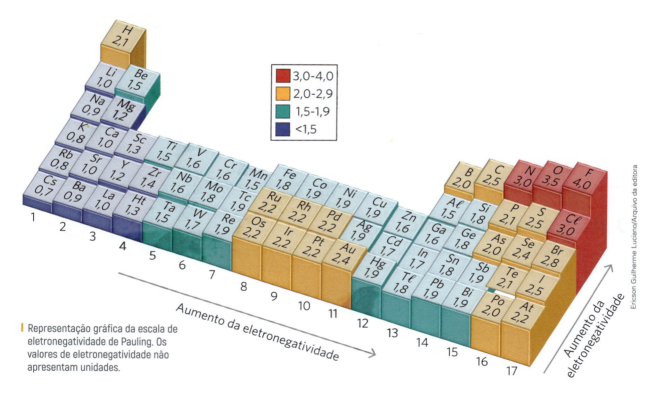

Representação gráfica da escala de eletronegatividade de Pauling. Os valores de eletronegatividade não apresentam unidades.

Elaborado com base em: BROWN, Theodore R. *et al. Chemistry:* the Central Science. 7. ed. Upper Saddle River: Prentice Hall, 1997. p. 202.

Para fins práticos, é comum utilizarmos a **fila de eletronegatividade**, um comparativo entre os principais elementos químicos:

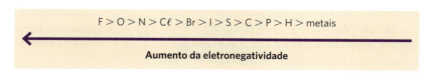

## Explore seus conhecimentos

**1** Os elementos X, Y e Z têm as seguintes configurações em suas camadas de valência:

X: $3s^2\ 3p^4$        Y: $3s^2$        Z: $4s^2\ 4p^6$

Com base nessas informações, é correto afirmar que:

a) o elemento Y tem o maior raio atômico.
b) o elemento Z apresenta raio atômico menor que o X.
c) o elemento X tem o menor raio atômico.
d) os elementos X e Z são do mesmo período.

**2** (Uerj) Recentemente, quatro novos elementos químicos foram incorporados à tabela de classificação periódica, sendo representados pelos símbolos Uut, Uup, Uus e Uuo.

Dentre esses elementos, aquele que apresenta maior energia de ionização é:

Dado: sétimo período da tabela periódica.

| 87 | 0,7 | 88 | 0,9 | 89 – 103 | 104 | 105 | 106 | 107 | 108 | 109 | 110 | 111 | 112 | 113 | 114 | 115 | 116 | 117 | 118 |
|---|---|---|---|---|---|---|---|---|---|---|---|---|---|---|---|---|---|---|---|
| Fr | | Ra | | actinídeos | Rf | Db | Sg | Bh | Hs | Mt | Ds | Rg | Cn | Uut | Fℓ | Uup | Lv | Uus | Uuo |
| (223) | | (226) | | | (261) | (262) | (263) | (262) | (265) | (268) | (281) | (280) | (285) | (286) | (289) | (289) | (293) | (294) | (294) |

a) UUt.        b) Uup.        c) Uus.        d) Uuo.

**3** (PUC-SP) Observe as reações abaixo:

$$A\ell(g) + X \rightarrow A\ell^+(g) + e^-$$
$$A\ell^+(g) + Y \rightarrow A\ell^{2+}(g) + e^-$$
$$A\ell^{2+}(g) + Z \rightarrow A\ell^{3+}(g) + e^-$$

X, Y e Z correspondem ao valor de energia necessária para remover um ou mais elétrons de um átomo isolado no estado gasoso. A alternativa que apresenta corretamente o nome dessa propriedade periódica e os valores de X, Y e Z, respectivamente, é:

a) eletroafinidade; 578 kJ, 1820 kJ e 2 750 kJ.
b) energia de ionização; 2 750 kJ, 1820 kJ e 578 kJ.
c) energia de ionização; 578 kJ, 1820 kJ e 2 750 kJ.
d) eletroafinidade; 2 750 kJ, 1829 kJ e 578 kJ.

**4** (Enem)

No ar que respiramos existem os chamados "gases inertes". Trazem curiosos nomes gregos, que significam "o Novo", "o Culto", "o Inativo". E de fato são de tal modo inertes, tão satisfeitos em sua condição, que não interferem em nenhuma reação química, não se combinam com nenhum outro elemento e justamente por esse motivo ficaram sem ser observados durante séculos: só em 1962 um químico, depois de longos e engenhosos esforços, conseguiu forçar "o Estrangeiro" (o xenônio) a combinar-se fugazmente com o flúor ávido e vivaz, e a façanha pareceu tão extraordinária que lhe foi conferido o Prêmio Nobel.

LEVI, P. **A tabela periódica**. Rio de Janeiro: Relume-Dumará, 1994 (adaptado).

Qual propriedade do flúor justifica sua escolha como reagente para o processo mencionado?

a) Densidade.
b) Condutância.
c) Eletronegatividade.
d) Estabilidade nuclear.
e) Temperatura de ebulição.

## Relacione seus conhecimentos

**1** (UFPR) A tabela periódica dos elementos é ordenada pelo número atômico de cada elemento. A sua organização é útil para relacionar as propriedades eletrônicas dos átomos com as propriedades (químicas) das substâncias. Além disso, pode ser usada para prever comportamentos de elementos não descobertos ou ainda não sintetizados.

Considere os elementos $_9X$, $_{16}Y$ e $_{19}Z$ (X, Y, Z são símbolos fictícios).

a) Faça a distribuição eletrônica dos átomos X, Y e Z, indicando claramente a última camada preenchida.
b) A que período e grupo (ou família) pertencem os elementos X, Y e Z?
c) Coloque X, Y e Z em ordem crescente de raio atômico.
d) Coloque X, Y e Z em ordem crescente de eletronegatividade.

**2** (Cefet-MG) O cádmio é um metal tóxico que, na sua forma iônica ($Cd^{2+}$), apresenta uma similaridade química (tamanhos aproximados) com os íons dos metais cálcio e zinco, importantes para o nosso organismo. Esse fato permite que, em casos de intoxicação com o íon cádmio, esse substitua:
1. o cátion zinco ($Zn^{2+}$ em certas enzimas do organismo humano, o que provoca a falência dos rins,
2. o cátion cálcio ($Ca^{2+}$ no tecido ósseo, o que causa a doença de itai-itai, caracterizada por ossos quebradiços.

Dados:

| Elemento | Ca | Sc | Ti | V | Cr | Mn | Fe | Co | Ni | Cu | Zn |
|---|---|---|---|---|---|---|---|---|---|---|---|
| Número atômico (Z) | 20 | 21 | 22 | 23 | 24 | 25 | 26 | 27 | 28 | 29 | 30 |

| Elemento | Cd |
|---|---|
| Número atômico (Z) | 48 |

Com base nessas informações, é **INCORRETO** afirmar que:

a) o subnível mais energético do $Cd^{2+}$ é $4d^{10}$.
b) o cálcio possui eletronegatividade menor que o zinco.
c) os dois metais de maior Z são elementos de transição.
d) o cátion zinco apresenta dois elétrons na camada de valência.

**3** (Udesc) A tabela periódica dos elementos químicos é uma das ferramentas mais úteis na Química. Por meio da tabela é possível prever as propriedades químicas dos elementos e dos compostos formados por eles. Com relação aos elementos C, O e Si, analise as proposições.

I. O átomo de oxigênio apresenta maior energia de ionização.
II. O átomo de carbono apresenta o maior raio atômico.
III. O átomo de silício é mais eletronegativo que o átomo de carbono.
IV. O átomo de silício apresenta maior energia de ionização.
V. O átomo de oxigênio apresenta o maior raio atômico.

Assinale a alternativa **correta**.

a) Somente a afirmativa V é verdadeira.
b) Somente as afirmativas I e II são verdadeiras.
c) Somente as afirmativas IV e V são verdadeiras.
d) Somente a afirmativa I é verdadeira.
e) Somente a afirmativa III é verdadeira.

**4** (Enem)

O cádmio, presente nas baterias, pode chegar ao solo quando esses materiais são descartados de maneira irregular no meio ambiente ou quando são incinerados.

Diferentemente da forma metálica, os íons $Cd^{2+}$ são extremamente perigosos para o organismo, pois eles podem substituir íons $Ca^{2+}$, ocasionando uma doença degenerativa dos ossos, tornando-os muito porosos e causando dores intensas nas articulações. Podem ainda inibir enzimas ativadas pelo cátion $Zn^{2+}$, que são extremamente importantes para o funcionamento dos rins. A figura mostra a variação do raio de alguns metais e seus respectivos cátions.

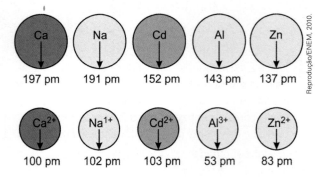

FIGURA 1: Raios atômicos e iônicos de alguns metais.

ATKINS, P.; JONES, L. **Princípios de química**: Questionando a vida moderna e o meio ambiente. Porto Alegre: Bookman, 2001 (adaptado).

Com base no texto, a toxicidade do cádmio em sua forma iônica é consequência de esse elemento:

a) apresentar baixa energia de ionização, o que favorece a formação do íon e facilita sua ligação a outros compostos.
b) possuir tendência de atuar em processos biológicos mediados por cátions metálicos com cargas que variam de +1 a +3.
c) possuir raio e carga relativamente próximos aos de íons metálicos que atuam nos processos biológicos, causando interferência nesses processos.
d) apresentar raio iônico grande, permitindo que ele cause interferência nos processos biológicos em que, normalmente, íons menores participam.
e) apresentar carga +2, o que permite que ele cause interferência nos processos biológicos em que, normalmente, íons com cargas menores participam.

CIÊNCIAS DA NATUREZA E SUAS TECNOLOGIAS

UNIDADE

# Interações atômicas e moleculares

Todos os materiais que existem na natureza são formados por um ou mais dos 88 elementos químicos naturais. Tudo! Desde os ossos dos dinossauros extintos há milhões de anos à eletricidade que chega em nossas casas.

Na imagem de abertura, observam-se diversos componentes do meio natural: areia, rochas, plantas e água do mar. A glicose produzida pelas plantas e o cloreto de sódio dissolvido na água do mar, por exemplo, também são formados por átomos dos elementos químicos naturais, e ambos são sólidos à temperatura ambiente. Mas será que apresentam as mesmas propriedades? Será que os átomos que os compõem estão unidos da mesma maneira?

Nesta unidade estudaremos algumas formas de ligação entre átomos e muitos outros fatos relacionados com interações intermoleculares.

Todas as substâncias existentes na natureza, apesar de apresentarem propriedades e características distintas, são formadas pelas diferentes combinações dos elementos químicos naturais.

## Nesta unidade vamos:

- identificar as maneiras de os átomos adquirirem estabilidade;
- caracterizar os diferentes tipos de ligação entre os átomos;
- prever as possíveis fórmulas das substâncias originadas pelas combinações dos átomos;
- analisar, a partir de uma fórmula, suas possíveis estruturas e geometrias;
- identificar os diferentes tipos de interações intermoleculares;
- prever as propriedades dos compostos a partir de sua estrutura.

# CAPÍTULO 10
# Ligações químicas e estabilidade

Este capítulo favorece o desenvolvimento das habilidades

- EM13CNT105
- EM13CNT107
- EM13CNT203
- EM13CNT306

Em 1704, Isaac Newton propôs um princípio que se tornou importantíssimo na Química: "As partículas se atraem por alguma força que no contato imediato é extremamente forte e a distâncias pequenas possibilitam interações químicas". Esse foi o primeiro passo rumo ao entendimento de como os átomos se combinam para originar diferentes substâncias.

Mesmo com essa percepção de Newton, somente no início do século XX foi criado um modelo para explicar as ligações químicas, elaborado pelo químico estadunidense Gilbert Lewis (1875-1946) e o físico alemão Walther Kossel (1888-1956), que em 1916, trabalhando independentemente, observaram que, dos milhões de substâncias conhecidas, apenas seis existem na forma monoatômica, isto é, formadas por um único átomo.

Essas substâncias são os gases nobres (He, Ne, Ar, Kr, Xe e Rn). Estes átomos se encontram isolados, isto é, não estão combinados entre si e raramente se combinam com átomos de outros elementos.

Para explicar esse fato, ambos propuseram uma regra que ficou conhecida como regra do octeto de elétrons ou, simplesmente, **regra do octeto**:

> Átomos de diferentes elementos, excluindo os gases nobres (estáveis), se unem uns aos outros a fim de adquirir a configuração de estabilidade.
> Um átomo estará estável quando sua última camada possuir 8 elétrons ($ns^2 np^6$) ou 2 ($1s^2$), no caso da camada K.

Para melhor compreender esse modelo, vamos retomar o conceito de nível (camada) de valência, pois são os elétrons desse nível que determinam como os átomos se unem uns aos outros.

Observe a tabela a seguir:

| Período | 1 (1A) $ns^1$ | 2 (2A) $ns^2$ | 13 (3A) $ns^2np^1$ | 14 (4A) $ns^2np^2$ | 15 (5A) $ns^2np^3$ | 16 (6A) $ns^2np^4$ | 17 (7A) $ns^2np^5$ | 18 (8A) $ns^2np^6$ |
|---|---|---|---|---|---|---|---|---|
| 2 | •Li | •Be• | •B• | •C• | •N• | •O: | •F: | •Ne: |
| 3 | •Na | •Mg• | •Aℓ• | •Si• | •P• | •S: | •Cℓ: | •Ar: |

Os elétrons da camada de valência, de acordo com a representação de Lewis, são dados por pontos (•) ao redor do símbolo do elemento.

De acordo com a quantidade de elétrons na camada de valência, os átomos podem perder, ganhar ou compartilhar elétrons para alcançar a estabilidade, ou seja, completar o octeto.

Há estabilidade quando há **ganho** ou **perda** de elétrons da camada de valência.

IMAGEM FORA DE PROPORÇÃO
CORES FANTASIA

M é um metal — Tem tendência a perder elétrons
Nm é um não metal — Tem tendência a ganhar elétrons

Ligação iônica

Também há estabilidade quando átomos de não metais **compartilham** seus elétrons da camada de valência.

Vamos agora estudar alguns tipos de ligação, de acordo com a maneira com que os átomos adquirem estabilidade.

## Ligação iônica

A ligação iônica é caracterizada pela existência de forças de atração eletrostática entre íons de cargas opostas.

Os compostos formados por esse tipo de ligação são denominados compostos iônicos, e o mais conhecido é o principal componente do sal de cozinha, o cloreto de sódio, formado a partir de átomos de sódio (Na) e de cloro (Cℓ).

Os átomos de sódio (Na), que têm 1 elétron na camada de valência, tendem a perder 1 elétron da camada de valência. Já os átomos de cloro (Cℓ), que têm 7 elétrons na camada de valência, tendem a ganhar 1 elétron na camada de valência. Nesse caso, ocorre a formação dos íons: cátion sódio ($Na^+$) e ânion cloreto ($Cℓ^-$).

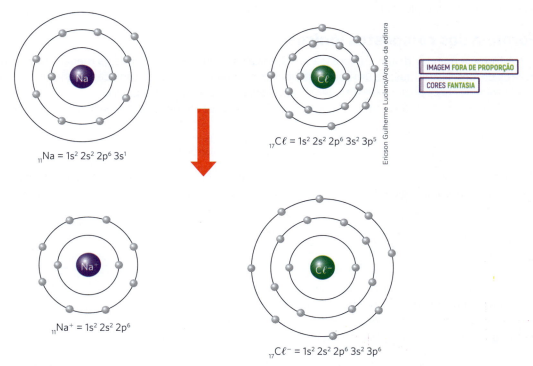

O cátion é sempre menor do que o átomo de origem, enquanto o ânion é sempre maior.

Utilizando as representações de Lewis, temos:

$$Na\bullet \xrightarrow{\text{perde 1e}^-} [Na]^+ \qquad :\!\overset{..}{\underset{..}{Cℓ}}\!\bullet \xrightarrow{\text{ganha 1e}^-} [:\!\overset{..}{\underset{..}{Cℓ}}\!:]^-$$

Após a formação dos íons $Na^+$ e $Cℓ^-$ (eletronicamente estáveis), ocorre uma interação eletrostática (cargas de sinal contrário se atraem) e o cloreto de sódio é formado:

$$Na^+ + Cℓ^- \rightarrow NaCℓ$$

Os compostos iônicos formados são estruturas eletricamente neutras.

O nome de um composto iônico é dado por:

> Nome do ânion + de + nome do cátion

Na tabela a seguir, temos as fórmulas e os nomes de alguns íons monoatômicos.

| Metal ||| Não metal |||
|---|---|---|---|---|---|
| Grupo | Cátion | Nome | Grupo | Ânion | Nome |
| 1 (1A) | $Li^+$ | Lítio | 15 (5A) | $N^{3-}$ | Nitreto |
| | $Na^+$ | Sódio | | $P^{3-}$ | Fosfeto |
| | $K^+$ | Potássio | 16 (6A) | $O^{2-}$ | Óxido |

Os átomos dos elementos dos grupos 1 (1A), 2 (2A), e 13 (3A) apresentam tendência a perder os elétrons da camada de valência, formando cátions. Ao perder os elétrons de valência, seu último nível (última camada) passa a satisfazer a regra do octeto.

Dos elementos do grupo 14 (4A), apenas estanho e chumbo (metais) apresentam razoável tendência a perder elétrons, formando cátions.

Os átomos dos elementos dos grupos 15 (5A), 16 (6A) e 17 (7A) apresentam, de modo geral, tendência a receber elétrons, completando 8 elétrons na camada de valência.

## Fórmula dos compostos iônicos

A fórmula química de um composto iônico indica os símbolos e os índices na menor proporção de números inteiros de íons. Na fórmula de um composto iônico, o somatório das cargas iônicas é sempre zero, isto é, a quantidade total de carga positiva deve ser igual à quantidade total de carga negativa.

Considere a fórmula do brometo de magnésio. Os íons desse composto são o íon magnésio e o íon brometo. Veja:

$Mg^{2+}$      $Br^-$
Íon magnésio      Íon brometo

Como a carga total do composto deve ser igual a zero, a proporção entre os íons será de 1 íon magnésio para 2 íons brometo, como segue:

$Br^-$
Íon brometo

$Mg^{2+}$
Íon magnésio

$Br^-$
Íon brometo

Assim, a fórmula do brometo de magnésio será: $Mg_1Br_2$.

Como o índice 1 pode ser omitido, temos: $MgBr_2$.

Os compostos iônicos podem ser formados por metais de elementos representativos e, também, por outros metais que originam cátions. Vejamos alguns desses na tabela a seguir:

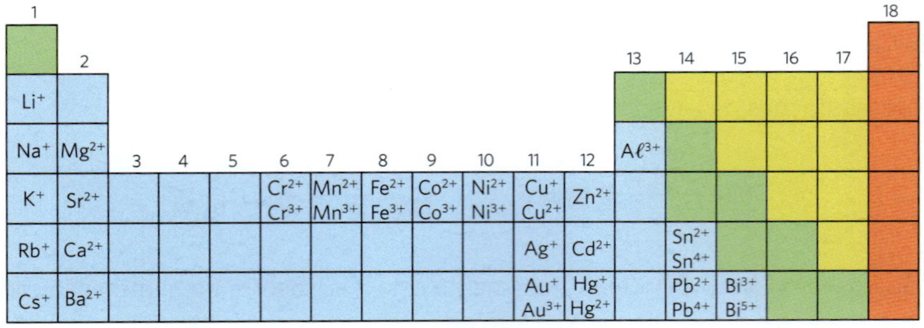

Note que alguns metais podem formar dois cátions possíveis, com cargas distintas; essas cargas devem ser indicadas em algarismos romanos e fazer parte do nome do composto.

Por exemplo, o nome do composto $FeCl_3$ será cloreto de ferro (III).

Existem também compostos iônicos formados por íons poliatômicos, isto é, formados por mais de um elemento químico. Veja na tabela a seguir alguns íons poliatômicos.

| Fórmula | Nome | Fórmula | Nome |
|---|---|---|---|
| $OH^-$ | Hidróxido | $(CO_3)^{2-}$ | Carbonato |
| $(NH_4)^+$ | Amônio | $(HCO_3)^-$ | Hidrogenocarbonato ou bicarbonato |
| $(NO_3)^-$ | Nitrato | $CN^-$ | Cianeto |
| $(NO_2)^-$ | Nitrito | $(SO_4)^{2-}$ | Sulfato |
| $(C\ell O_4)^-$ | Perclorato | $(HSO_4)^-$ | Hidrogenossulfato ou bissulfato |
| $(C\ell O_3)^-$ | Clorato | $(SO_3)^{2-}$ | Sulfito |
| $(C\ell O_2)^-$ | Clorito | $(HSO_3)^-$ | Hidrogenossulfito ou bissulfito |
| $(C\ell O)^-$ | Hipoclorito | $(PO_4)^{3-}$ | Fosfato |

O bicarbonato de sódio, componente do fermento químico, é um composto iônico formado por um íon poliatômico. Nesse composto temos os íons:

Íon bicarbonato: $(HCO_3)^-$

Íon sódio: $Na^+$

e sua fórmula pode ser representada por: $NaHCO_3$.

Generalizando, as fórmulas dos compostos iônicos podem ser determinadas por meio de uma regra prática:

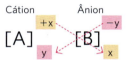

## Propriedades dos compostos iônicos

As propriedades físicas e químicas dos compostos iônicos são muito diferentes dos elementos que lhes deram origem. Por exemplo, os elementos que originaram o $NaC\ell$ são:
- sódio metálico, Na: metal macio e muito reativo que em contato com a água líquida pega fogo.
- gás cloro, $C\ell_2$: gás esverdeado extremamente tóxico, utilizado na primeira Guerra Mundial como arma química. Já o cloreto de sódio, um sal branco, é o principal componente do sal de cozinha.

Sódio metálico.

Gás cloro.

Cloreto de sódio.

Os compostos iônicos formam um retículo cristalino (átomos organizados de forma geométrica), que confere a esses compostos algumas características:
1. São sólidos cristalinos à temperatura ambiente.
2. São quebradiços e seus fragmentos apresentam faces paralelas.
3. Apresentam elevadas temperaturas de fusão e de ebulição.
4. São solúveis em água.
5. Apresentam condutibilidade elétrica quando fundidos (líquidos) ou em solução aquosa, isto é, quando dissolvidos em água.

# Explore seus conhecimentos

Consulte a tabela periódica sempre que necessário.

Considere a imagem, que apresenta algumas peças de um quebra-cabeça de cátions e ânions, para responder às questões **1** a **3**:

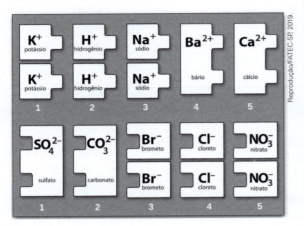

**1** (CPS-SP) Unindo as peças do quebra-cabeça de cátions e ânions, o aluno pode concluir, corretamente, que o cloreto de bário apresenta a fórmula
a) BaCℓ.
b) BaCℓ$_2$.
c) CℓBa.
d) CℓBa$_2$.
e) Ba$_2$Cℓ$_2$.

**2** (CPS-SP) Sabendo que os compostos devem apresentar a neutralidade de cargas, um aluno está usando as peças do quebra-cabeça para descobrir as fórmulas de algumas substâncias químicas.
Quando ele unir as peças que apresentam os íons K$^+$ e NO$_3^-$, estará representando um composto
a) iônico, denominado nitrato de potássio.
b) iônico, denominado potássico de nitrogênio.
c) molecular, denominado nitrato de potássio.
d) molecular, denominado potássio de nitrogênio.
e) metálico, denominado nitrato de potássio.

**3** (CPS-SP) Leia o trecho do poema *A Arte de Cozinhar*, de Vânia Jesus.

> Mais um pouco de alecrim por favor
> e uma pitada de sal
> não ficava nada mal!
> Prova-se o gosto
> verificam-se os temperos,
> fazem-se poemas com ingredientes,
> agora uma batata, ora uma cenoura,
> junta-se coentros, um fio de azeite,
> depois o tomate, o lume acende-se
> e a magia acontece...
>
> https://tinyurl.com/ybs2sxe8 Acesso em: 23.10.2018. Adaptado.

Na segunda linha, a autora faz referência a um tempero muito utilizado em nossas cozinhas.
Assinale a alternativa que apresenta, corretamente, os números das peças do quebra-cabeça que representam a fórmula do principal componente desse tempero.

|    | CÁTION | ÂNION |
|----|--------|-------|
| a) | 4 | 3 |
| b) | 5 | 4 |
| c) | 5 | 2 |
| d) | 3 | 3 |
| e) | 3 | 4 |

**4** (Uerj) A aplicação de campo elétrico entre dois eletrodos é um recurso eficaz para separação de compostos iônicos. Sob o efeito do campo elétrico, os íons são atraídos para os eletrodos de carga oposta. Considere o processo de dissolução de sulfato ferroso (Fe$^{2+}$ SO$_4^{2-}$) em água, no qual ocorre a dissociação desse sal.
Após esse processo, ao se aplicar um campo elétrico, o seguinte íon salino irá migrar no sentido do polo positivo:
a) Fe$^{3+}$
b) Fe$^{2+}$
c) SO$_4^{2-}$
d) SO$_3^{2-}$

**5** A figura a seguir mostra alguns elementos do 2º e do 3º período da tabela periódica. A combinação dos elementos mostrados, dois a dois, forma três compostos iônicos. Com esses dados, escreva a fórmula desses compostos.

| 1 | 2 | 13 | 14 | 15 | 16 | 17 | 18 |
|---|---|----|----|----|----|----|----|
|   |   |    |    |    |    | F  |    |
| Na | Mg | Aℓ |   |    |    |    |    |

**6** Considere os compostos formados pelos pares:
I. $_{20}$Ca e $_{17}$Cℓ.   III. $_{11}$Na e $_8$O.
II. $_{12}$Mg e $_{16}$S.   IV. $_3$Li e $_9$F.
Determine a proporção entre as quantidades de cátions e de ânions nas fórmulas desses compostos.

## Relacione seus conhecimentos

Consulte a tabela periódica sempre que necessário.

1. (Uerj) Diversos compostos formados por metais alcalinos e halogênios têm grande importância fisiológica para os seres vivos. A partir do fluido extracelular de animais, vários desses compostos podem ser preparados. Dentre eles, um é obtido em maior quantidade e outro, apesar de sua importância para a síntese de hormônios, é obtido em quantidades mínimas. Esses dois compostos estão indicados, respectivamente, em:

   a) NaCℓ e NaI.
   b) KCℓ e K₂S.
   c) Na₂S e CaI.
   d) KBr e MgCℓ₂.

2. (Uerj) A nanofiltração é um processo de separação que emprega membranas poliméricas cujo diâmetro de poro está na faixa de 1 nm. Considere uma solução aquosa preparada com sais solúveis de cálcio, magnésio, sódio e potássio. O processo de nanofiltração dessa solução retém os íons bivalentes, enquanto permite a passagem da água e dos íons monovalentes. As espécies iônicas retidas são:

   a) sódio e potássio.
   b) potássio e cálcio.
   c) magnésio e sódio.
   d) cálcio e magnésio.

3. (Fatec-SP) Cinco amigos estavam estudando para a prova de Química e decidiram fazer um jogo com os elementos da Tabela Periódica:
   - cada participante selecionou um isótopo dos elementos da Tabela Periódica e anotou sua escolha em um cartão de papel;
   - os jogadores Fernanda, Gabriela, Júlia, Paulo e Pedro decidiram que o vencedor seria aquele que apresentasse o cartão contendo o isótopo com o maior número de nêutrons.

   Os cartões foram, então, mostrados pelos jogadores.

   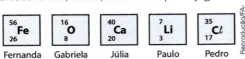

   A ligação química que ocorre na combinação entre os isótopos apresentados por Júlia e Pedro é

   a) iônica, e a fórmula do composto formado é CaCℓ.
   b) iônica, e a fórmula do composto formado é CaCℓ₂.
   c) covalente, e a fórmula do composto formado é CℓCa.
   d) covalente, e a fórmula do composto formado é CaCℓ₂.
   e) covalente, e a fórmula do composto formado é Ca₂Cℓ.

4. (Uece) O quadro a seguir contém as cores das soluções aquosas de alguns sais.

   | Nome | Fórmula | Cor |
   | --- | --- | --- |
   | Sulfato de Cobre (II) | CuSO₄ | Azul |
   | Sulfato de Sódio | Na₂SO₄ | Incolor |
   | Cromato de Potássio | K₂CrO₄ | Amarela |
   | Nitrato de Potássio | KNO₃ | Incolor |

   Os íons responsáveis pelas cores amarela e azul são respectivamente

   a) $CrO_4^{2-}$ e $SO_4^{2-}$.
   b) $CrO_4^{2-}$ e $Cu^{2+}$.
   c) $K^+$ e $Cu^{2+}$.
   d) $K^+$ e $SO_4^{2-}$.

5. (Vunesp-SP) Analise o gráfico que mostra a variação da eletronegatividade em função do número atômico.

   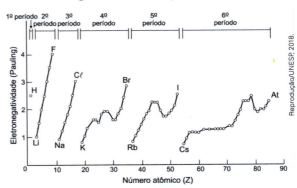

   (John B. Russell. *Química geral*, 1981. Adaptado.)

   Devem unir-se entre si por ligação iônica os elementos de números atômicos

   a) 17 e 35.
   b) 69 e 70.
   c) 17 e 57.
   d) 15 e 16.
   e) 12 e 20.

## Investigue seu mundo

Lendo o rótulo de uma garrafa de água mineral, você vai notar que, entre os componentes, estão indicados vários íons. Consulte as tabelas presentes neste capítulo e escreva as fórmulas desses íons.

## Ligação covalente ou molecular

Vimos que na formação de compostos iônicos ocorre uma atração eletrostática entre íons de cargas opostas. Já na formação de compostos moleculares, os átomos se unem pelo **compartilhamento** de elétrons da camada de valência para adquirir a configuração eletrônica de um gás nobre.

Quando átomos se unem por compartilhamento de elétrons, dizemos que se estabelece **ligação covalente** entre eles. Vejamos um exemplo.

Na formação do gás hidrogênio ($H_2$), ocorre a interação entre dois átomos de hidrogênio (H): cada átomo de hidrogênio (Z = 1 e configuração eletrônica $1s^1$) precisa de mais 1 elétron para adquirir configuração eletrônica semelhante à do gás nobre hélio (Z = 2), que apresenta 2 elétrons na camada de valência ($1s^2$). Para que isso ocorra, é necessário que cada átomo de H compartilhe o seu elétron. Nesse compartilhamento, ambos os elétrons passam a fazer parte da camada de valência dos dois átomos, que adquirem eletrosfera semelhante à do gás nobre hélio.

Esse compartilhamento pode ser representado da seguinte maneira:

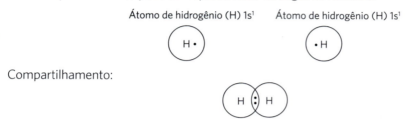

Representação da molécula do gás hidrogênio ($H_2$)

| Modelo de ligação covalente. Os elétrons estão representados por bolinhas pretas.

A explicação da formação da molécula do gás hidrogênio ($H_2$) pode ser dada relacionando as forças de atração e repulsão e as energias envolvidas. Observe o diagrama a seguir.

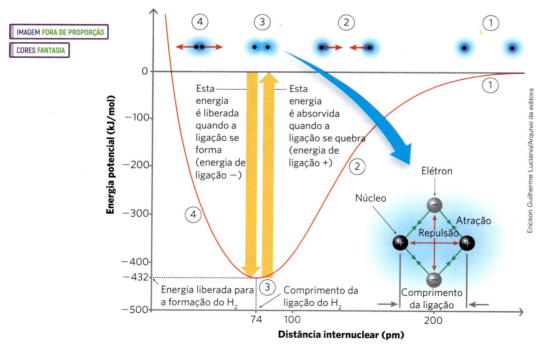

SILBERBERG, M. S.; AMATEIS, P. *Chemistry*: the Molecular Nature of Matter and Change. 7. ed. New York: McGraw-Hill Education, 2015. p. 369.

No ponto 1 os átomos estão muito afastados e não interagem. À medida que a distância entre os átomos diminui, começa a existir uma interação entre eles (ponto 2). No ponto 3 existe um equilíbrio entre as forças de atração e repulsão, que corresponde a uma situação de menor energia (poço de energia) e máxima estabilidade. Nessas condições, a distância corresponde ao comprimento da ligação (distância entre dois núcleos).

Os valores negativos de energia e a seta para baixo indicam que está ocorrendo liberação de energia, tratando-se de um processo exotérmico.

Para Lewis, este tipo de ligação ocorre entre átomos de elevada eletronegatividade, com tendência a receber elétron(s).

Esquematicamente, a ligação covalente ocorre entre:
- Ametal – Ametal
- Ametal – Hidrogênio
- Hidrogênio – Hidrogênio

Desde 2013 a IUPAC (União de Química Pura e Aplicada) classifica o hidrogênio como um ametal (não metal).

## Fórmula dos compostos covalentes

Os grupos de átomos unidos por ligação covalente são denominados moléculas. As substâncias formadas por moléculas são denominadas substâncias moleculares.

Existem três maneiras de representar uma molécula: pela fórmula molecular, pela fórmula eletrônica (ou de Lewis) e pela fórmula estrutural (ou de Couper), na qual cada par de elétrons compartilhado é representado por um traço.

| Fórmula molecular | $H_2$ | $O_2$ | $N_2$ | $F_2$ |
|---|---|---|---|---|
| Fórmula eletrônica | H ∙∙ H | :Ö::Ö: | :N:::N: | :F̈ ∙∙ F̈: |
| Fórmula estrutural | H — H | O = O | N ≡ N | F — F |
| Tipo de ligação covalente | simples | dupla | tripla | simples |

Agora, vamos estudar dois modelos para a determinação da fórmula estrutural de um composto a partir de sua fórmula molecular.

### 1º modelo

A partir da fórmula molecular e do conhecimento do número de elétrons da camada de valência dos átomos dos elementos, devemos fazer os compartilhamentos necessários para que cada átomo atinja a estabilidade (configuração de gás nobre).

Veja alguns exemplos.

| Fórmula molecular | $H_2O$ | $PCl_3$ | $CO_2$ |
|---|---|---|---|
| Elétrons de valência | 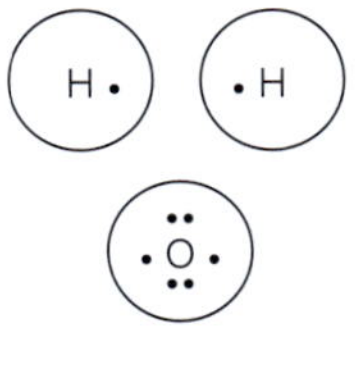 H∙  ∙H   ∙Ö∙ | 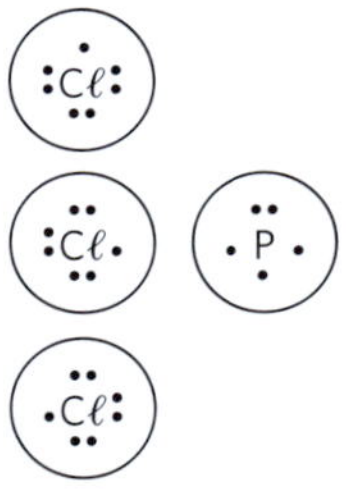 :Cl̈:  :Cl̈:  ∙P∙  ∙Cl̈: | 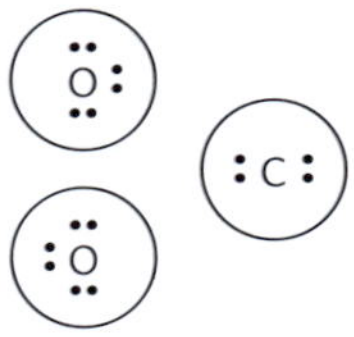 :Ö:  :C:  :Ö: |
| Compartilhamento | 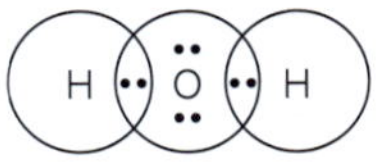 H :Ö: H | 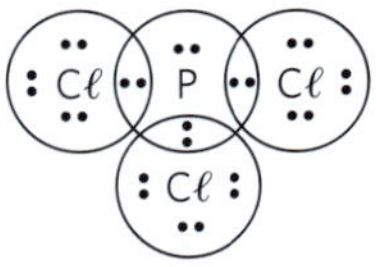 :Cl̈: P :Cl̈:  :Cl̈: | 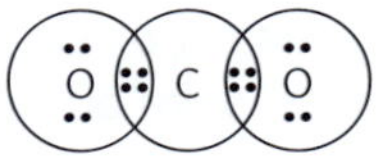 :Ö: C :Ö: |
| Fórmula eletrônica | 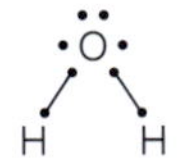 ∙∙Ö∙∙ <br> H   H | 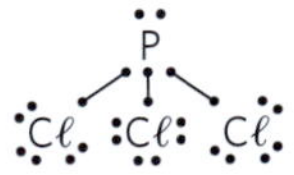 P <br> :Cl̈: :Cl̈: :Cl̈: | 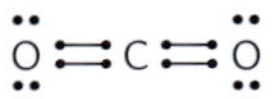 :Ö::C::Ö: |
| Fórmula estrutural | 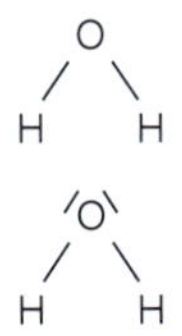 O <br> / \ <br> H   H <br><br> ↗O↘ <br> H   H | 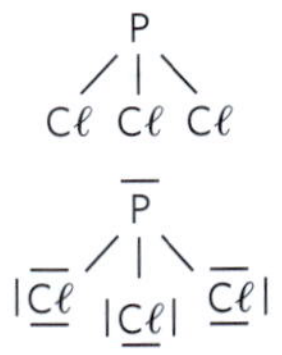 P <br> / \| \ <br> Cl  Cl  Cl <br><br> P̄ <br> / \| \ <br> \|C̄l\|  \|C̄l\|  \|C̄l\| | 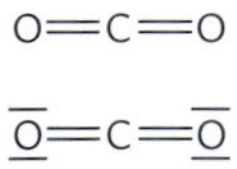 O=C=O <br><br> Ō=C=Ō |

## 2º modelo

A partir da fórmula molecular, do conhecimento do número de elétrons da camada de valência de cada átomo e da quantidade de elétrons que cada átomo necessita para se estabilizar (completar o octeto), podemos representar as fórmulas eletrônicas e estruturais das moléculas.

Vejamos alguns exemplos:

- **Para a molécula de HF:**

    Inicialmente, devemos saber com quantos elétrons cada átomo se estabiliza e somar todos eles:

    $$\left.\begin{array}{l} \text{H: se estabiliza com 2 e}^- \\ \text{F: se estabiliza com 8 e}^- \end{array}\right\} = 10\ e^-$$

    Total de elétrons necessários para se estabilizar = 10 e$^-$

    Em seguida, descobrir o número de elétrons da camada de valência de cada átomo e também somar todos eles.

    $$\left.\begin{array}{l} \text{H: 1 e}^- \text{ na camada de valência} \\ \text{F: 7 e}^- \text{ na camada de valência} \end{array}\right\} = 8\ e^-$$

    Total de elétrons nas camadas de valência = 8 e$^-$

    Por último, calcular a diferença entre o total de elétrons necessários para estabilizar (10 e$^-$) e o total de elétrons nas camadas de valência (8 e$^-$):

    $$10 - 8 = 2$$

    O resultado corresponde ao número de elétrons compartilhados. Lembrando que cada 2 e$^-$ compartilhados correspondem a uma ligação, temos:

    H—F          H••F
    Fórmula estrutural     Fórmula eletrônica

    Se desejarmos representar os elétrons não compartilhados, no caso, pelo flúor, basta completar com pares eletrônicos até atingir o octeto.

    H—F̈:          H••F̈:

- **Para a molécula de O₃:**

    Quantidade de elétrons para os átomos se estabilizarem:
    Cada átomo de O se estabiliza com 8 e$^-$. Então, 3 átomos de O = 3 · 8 e$^-$ = 24 e$^-$
    Total de elétrons necessários para estabilizar = 24 e$^-$
    Quantidade de elétrons que os átomos possuem na camada de valência:
    1 átomo de O tem 6 e$^-$ na camada de valência. Então, 3 átomos de O = 3 · 6 e$^-$ = 18 e$^-$.
    Total de elétrons nas camadas de valência = 18 e$^-$
    A diferença entre o total de elétrons necessários para estabilizar (24 e$^-$) e o total de elétrons nas camadas de valência (18 e$^-$) é 24 − 18 = 6.
    Assim, o número de elétrons compartilhados será 6 e, consequentemente, teremos 3 ligações covalentes na união dos átomos:

    O=O—O          O::O••O
    Fórmula estrutural     Fórmula eletrônica

    Representando os elétrons compartilhados e não compartilhados:

    Ö=O—Ö:          Ö::O••Ö:

- **Para a molécula de HNO₃:**

    O elemento central é o nitrogênio (N) cercado pelos átomos de oxigênio (O), e o hidrogênio (H) deve ser colocado ao lado de um dos átomos de oxigênio.
    Quantidade de elétrons para os átomos se estabilizarem:
    Cada átomo de H se estabiliza com 2 e$^-$. Então, 1 átomo de H = 1 · 2 e$^-$ = 2 e$^-$.

Cada átomo de N se estabiliza com 8 e⁻. Então, 1 átomo de N = 1 · 8 e⁻ = 8 e⁻.
Cada átomo de O se estabiliza com 8 e⁻. Então, 3 átomos de O = 3 · 8 e⁻ = 24 e⁻.
Total de elétrons necessários para estabilizar = 34 e⁻
Quantidade de elétrons que os átomos possuem na camada de valência:
1 átomo de H tem 1 e⁻ na camada de valência. Então, 1 átomo de H = 1 · 1 e⁻ = 1 e⁻.
1 átomo de N tem 5 e⁻ na camada de valência. Então, 1 átomo de N = 1 · 5 e⁻ = 5 e⁻.
1 átomo de O tem 6 e⁻ na camada de valência. Então, 3 átomos de O = 3 · 6 e⁻ = 18 e⁻.
Total de elétrons nas camadas de valência = 24 e⁻

A diferença entre o total de elétrons necessários para estabilizar (34 e⁻) e o total de elétrons nas camadas de valência (24 e⁻) é 34 − 24 = 10.

Assim, o número de elétrons compartilhados será 10 e, consequentemente, teremos 5 ligações covalentes na união dos átomos:

$$\begin{array}{c} O \\ | \\ H—O—N—O \end{array}$$

Observe que utilizamos 4 ligações para unir todos os átomos e ainda devemos colocar uma ligação, assim a ligação restante deve ser feita entre o átomo central (N) e um dos átomos de oxigênio (O) periféricos.

$$\begin{array}{cc} O & O \\ | & \vdots \\ H—O—N=O & H\cdot\cdot O\cdot\cdot N::O \\ \text{Fórmula estrutural} & \text{Fórmula eletrônica} \end{array}$$

Representando os elétrons compartilhados e não compartilhados:

$$\begin{array}{c} :\ddot{O}: \\ | \\ H—\ddot{O}—N=\ddot{O} \end{array}$$

## Propriedades dos compostos moleculares

Da mesma maneira que nos compostos iônicos, as propriedades das substâncias moleculares são diferentes das propriedades dos elementos que as formam.

Em condições ambientes, as substâncias moleculares podem ser encontradas nos três estados físicos. Veja os exemplos:

| Substância | Fórmula | Estado físico (25 °C e 1 atm) |
|---|---|---|
| Gás hidrogênio | $H_2$ | Gasoso |
| Água | $H_2O$ | Líquido |
| Sacarose | $C_{12}H_{22}O_{11}$ | Sólido |

As substâncias moleculares geralmente apresentam temperatura de fusão e temperatura de ebulição inferiores às das substâncias iônicas e, quando puras, não conduzem corrente elétrica.

As substâncias formadas por ligações covalentes, quando no estado sólido, podem apresentar dois tipos de retículos cristalinos:

- **retículo cristalino molecular:** $H_2O(s)$; $CO(s)$; $C_{12}H_{22}O_{11}(s)$. Nesse tipo de retículo, ocorrem interações entre as moléculas, que as mantêm unidas;
- **retículo cristalino covalente:** $C_{diam}$; $C_{graf}$; $SiO_2$. Nesse tipo de retículo, todos os átomos estão unidos por ligações covalentes.

## Alotropia

Alguns elementos se unem compartilhando elétrons, originando substâncias simples diferentes, com propriedades físicas distintas. Esse fenômeno é denominado **alotropia**. Observe os exemplos a seguir.

**86** Unidade 4 – Interações atômicas e moleculares

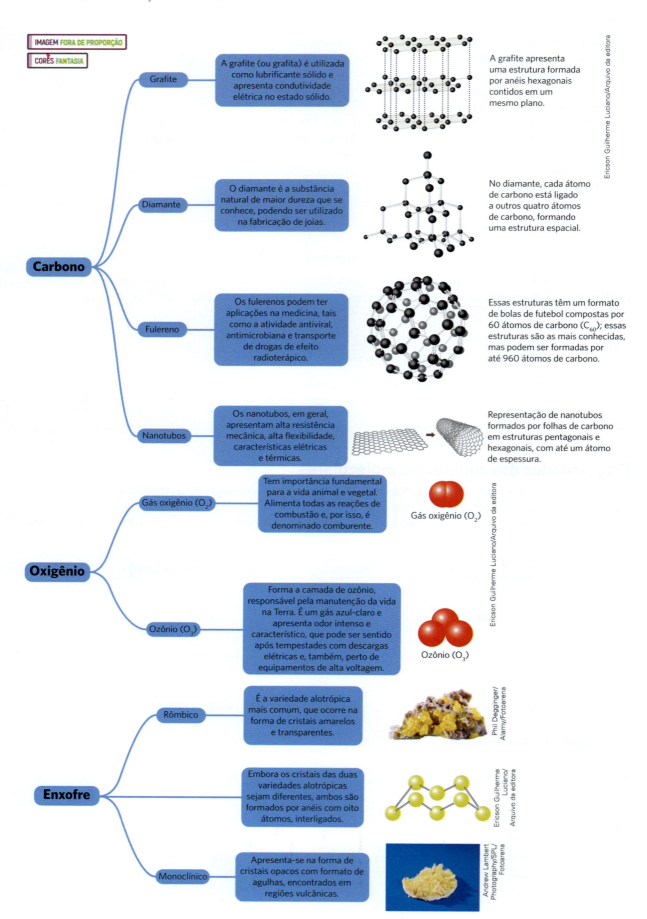

# Capítulo 10 – Ligações químicas e estabilidade

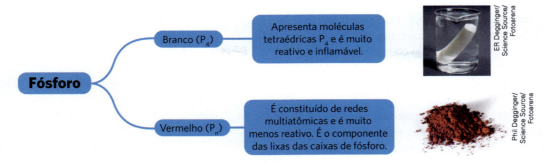

**Fósforo**
- Branco (P₄): Apresenta moléculas tetraédricas P₄ e é muito reativo e inflamável.
- Vermelho (Pₙ): É constituído de redes multiatômicas e é muito menos reativo. É o componente das lixas das caixas de fósforo.

## A camada de ozônio

O gás ozônio (O₃) é produzido nas altas camadas da atmosfera (estratosfera) pela ação dos raios solares sobre o gás oxigênio (O₂). Tem a importante função de filtrar os raios ultravioleta (UV) provenientes do Sol, permitindo a passagem de apenas 7% desses raios, aproximadamente. Sem a camada de ozônio, não existiria vida na Terra, pelo menos como nós a conhecemos atualmente.

Alguns produtos, denominados genericamente CFCs (clorofluorcarbonos), foram muito usados até o fim da década de 1980 e meados dos anos 1990, na fabricação de aerossóis, equipamentos de refrigeração e plásticos, e na expansão de espumas. Estudos científicos, porém, apontaram o fato de que tais produtos (entre outros) afetavam a camada de ozônio.

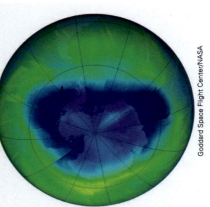

Camada de ozônio sobre o polo Sul no dia 12 de setembro de 2018: em roxo e azul estão as áreas que têm menos ozônio, e, em verde, as que têm mais.

A partir de 1987, diversos países assinaram o Protocolo de Montreal, um compromisso para a redução gradual até a eliminação do uso desses produtos. Entretanto, alguns gases propostos como alternativas aos CFCs, como o HCFC (hidroclorofluorcarbono), o HFC (hidrofluorcarbono) e o PFC (perfluorcarbono), embora afetem menos a camada de ozônio, estão entre os gases de efeito estufa.

O problema se agravou ainda mais depois que, em 2018, a Organização Meteorológica Mundial (WMO, em inglês) detectou o ressurgimento do gás CFC-11, um dos principais causadores do buraco. Sua produção é duplamente nociva, pois além de aumentar o buraco na camada de ozônio, contribuiu para o aumento do efeito estufa. Investigações apontam a possível origem desse retorno de CFCs em fábricas na China. Cientistas afirmam, preocupados, que pode haver uma piora ainda maior. Mais do que nunca, faz-se necessário investir em novas tecnologias que assegurem um futuro para as novas gerações.

Fontes das informações: Instituto Nacional de Pesquisas Espaciais: http://www.inpe.br; Ministério do Meio Ambiente: http://www.mma.gov.br; BBC: https://www.bbc.com/portuguese/internacional-46321447. Acesso em: 1º jun. 2020.

## Explore seus conhecimentos

Consulte a tabela periódica sempre que necessário.

**1** Os elementos carbono, nitrogênio, oxigênio e flúor estão situados, respectivamente, nas famílias 14, 15, 16 e 17 da tabela periódica. Com base nessas informações, represente as fórmulas estruturais das seguintes substâncias:
a) CF₄
b) NF₃
c) OF₂

**2** Complete o quadro a seguir com as fórmulas que faltam.

| Fórmula | | |
|---|---|---|
| Molecular | Eletrônica | Estrutural |
| Cℓ₂ | | |
| | H :Cℓ: | |
| | | S / \ H  H |

**3** Observe o exemplo que mostra os modelos das fórmulas eletrônica, estrutural e molecular, respectivamente, de uma molécula do gás ozônio.

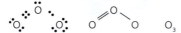

Escreva as fórmulas estruturais e moleculares correspondentes às seguintes fórmulas eletrônicas e indique o número de elétrons compartilhados e não compartilhados em cada molécula:

a) :C ⋮⋮ O:

b) :Ö:
   ⋮
   Ö⋯S⋯Ö:

c) H⋯Ö⋯Cl⋯Ö:

d) :Ö:
   H⋯Ö⋯S⋯Ö⋯H
   :Ö:

**4** Observe as fórmulas e leia o texto a seguir.

| Fórmula estrutural | Fórmula molecular | Pares eletrônicos não compartilhados |
|---|---|---|
| H—C(H)(H)—H | $CH_4$ | Não existem pares eletrônicos não compartilhados da camada de valência. |
| H—C(H)(H)—Cl: | $H_3CCl$ | 3 pares eletrônicos não compartilhados da camada de valência. |
| H₂C=Ö: | $H_2CO$ | 2 pares eletrônicos não compartilhados da camada de valência. |

Com base nessas informações e consultando a tabela periódica, responda à seguinte questão:
O medicamento Dissulfiram, cuja fórmula estrutural está representada a seguir, é usado no tratamento do alcoolismo. Sob supervisão médica, que leva em conta as contraindicações, e com o apoio da família e a colaboração do paciente, a administração de dosagem adequada provoca grande intolerância a bebidas que contenham álcool.

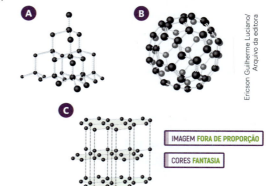

a) Escreva em seu caderno a fórmula molecular do Dissulfiram.
b) Quantos pares de elétrons não compartilhados existem nessa molécula?
c) Seria possível preparar um composto com a mesma estrutura do Dissulfiram, no qual os átomos de nitrogênio fossem substituídos por átomos de oxigênio? Responda sim ou não e justifique.

**5** Associe as ilustrações a seguir às três variedades alotrópicas do carbono com as características abaixo.

I. É a substância natural de maior dureza.
II. Conduz corrente elétrica no estado sólido.
III. Tem a forma de uma esfera oca.

**6** O elemento químico oxigênio é encontrado na natureza sob duas formas alotrópicas diferentes: o gás oxigênio e o gás ozônio.
A respeito dessas variedades alotrópicas, assinale a única alternativa incorreta:

a) O gás ozônio pode ser usado no tratamento de água por ter ação bactericida.
b) A camada de gás ozônio, que envolve a Terra a aproximadamente 30 km de altura, pode ser destruída por compostos formados por carbono, flúor e/ou cloro (CFC).
c) O gás oxigênio, quando submetido a descargas elétricas, pode ser transformado em gás ozônio.
d) Nas reações de combustão, o gás oxigênio atua como combustível.
e) O gás oxigênio é fundamental para a existência da vida na Terra.

## Relacione seus conhecimentos

**1** O gás carbônico (CO$_2$) é o principal responsável pelo efeito estufa, enquanto o dióxido de enxofre (SO$_2$) é um dos principais poluentes atmosféricos. Se considerarmos uma molécula de CO$_2$ e uma molécula de SO$_2$, podemos afirmar que o número total de elétrons compartilhados em cada molécula é, respectivamente, igual a:
Dados os números atômicos: C = 6; O = 8; S = 16.

a) 4 e 3.
b) 2 e 4.
c) 4 e 4.
d) 8 e 4.
e) 8 e 6.

**2** (Fuvest-SP) Considere as figuras a seguir, em que cada esfera representa um átomo.

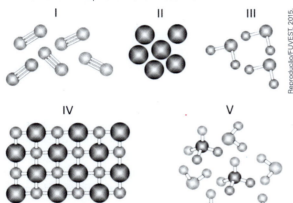

As figuras mais adequadas para representar, respectivamente, uma mistura de compostos moleculares e uma amostra da substância nitrogênio são:

a) III e II.
b) IV e III.
c) IV e I.
d) V e II.
e) V e I.

**3** (UFJF-MG) Dois estudantes do ensino médio estavam brincando de forca durante a aula de Química. O professor resolveu dar-lhes uma charada baseada no assunto da aula: Propriedades periódicas! Siga as dicas e veja se consegue matar a charada!

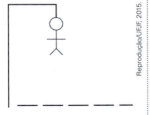

Dicas:

I. É um nome próprio feminino com três sílabas.
II. A primeira sílaba corresponde a um elemento que possui 7 elétrons de valência e está no quinto período da Tabela Periódica.
III. A segunda sílaba corresponde a um metal de número atômico 75.
IV. A terceira sílaba corresponde ao elemento que possui 10 prótons, 10 elétrons e 10 nêutrons.

a) Você "matou" a charada! Então, qual é o nome?
b) Sabe-se que o elemento correspondente à primeira sílaba do nome formado acima sublima em condições ambientais formando uma substância simples (gás diatômico) de coloração violeta e odor irritante. Represente a estrutura de Lewis para o gás diatômico formado.
c) Qual é a fórmula dos compostos formados entre o elemento correspondente à dica II da charada e os elementos químicos potássio e hidrogênio? De acordo com os dados que constam na tabela a seguir, qual o estado físico destes compostos a 25 °C?

|  | Ponto de fusão (°C) | Ponto de ebulição (°C) |
|---|---|---|
| Composto com potássio | 681 | 1330 |
| Composto com hidrogênio | –51 | –35,4 |

d) Qual a família do elemento correspondente à terceira sílaba da charada? Cite uma característica desta família.

**4** (Unicamp-SP) A partir de um medicamento que reduz a ocorrência das complicações do diabetes, pesquisadores da Unicamp conseguiram inibir o aumento de tumores em cobaias. Esse medicamento é derivado da guanidina, C(NH)(NH$_2$)$_2$, que também pode ser encontrada em produtos para alisamento de cabelos.

a) Levando em conta o conhecimento químico, preencha os quadrados incluídos no espaço de resposta abaixo com os símbolos de átomos ou de grupos de átomos, e ligue-os através de linhas, de modo que a figura obtida represente a molécula da guanidina.

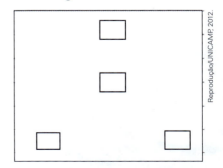

b) Que denominação a figura completa e sem os quadrados recebe em química? E o que representam as diferentes linhas desenhadas?

**5** Observe a tabela a seguir:

| Esquema | A ∶∶ A | A ∷ A | A ⁞⁞ A |
|---|---|---|---|
| Fórmula estrutural de Couper | A — A | A = A | A ≡ A |
| Pares de elétrons | 1 par eletrônico | 2 pares eletrônicos | 3 pares eletrônicos |
| Classificação | ligação simples | ligação dupla | ligação tripla |
| Tipo de ligação | 1 sigma (σ) | 1 sigma (σ) e 1 pi (π) | 1 sigma (σ) e 2 pi (π) |

Comprimento da ligação:

A — A > A = A > A ≡ A

Com base nas informações presentes na tabela e na estrutura do ácido oxálico,

faça o que se pede nos itens a seguir:

Dados: família H = 1 (1A); C = 14 (4A); O = 16 (6A)

I. Escreva a fórmula molecular do ácido.
II. Indique a quantidade de ligações sigma (σ) e pi (π) presentes em uma molécula do ácido.
III. Indique o número total de elétrons compartilhados.
IV. Indique o número total de elétrons da camada de valência não compartilhados.
V. Indique entre as ligações X e Y qual é a maior.

**6** (Uece) Segundo o artigo "Grafeno será o silício do século 21?", do físico Carlos Alberto Santos, publicado na edição *on-line* da revista *Ciência Hoje*, "o grafeno é uma forma de carbono, uma folha com espessura de alguns átomos, constituindo o que é conhecido como estrutura genuinamente bidimensional. Se for enrolado na forma de um canudo, recebe o nome de nanotubo de carbono. Se for manipulado para formar uma bola, é conhecido como fulereno".

Sobre o carbono e suas formas cristalinas, assinale a única afirmação verdadeira.

a) As diversas estruturas como grafite, diamante, grafeno e fulereno são isótopos do carbono.
b) O grafeno é tido como o substituto do silício, por ser um semicondutor, ser mais resistente e mais abundante na natureza.
c) O grafeno é uma variedade alotrópica do carbono que não existe na natureza, sendo produzido sinteticamente.
d) A única forma cristalina do carbono que apresenta condutibilidade elétrica é o grafite.

# Ligação metálica

A ligação metálica se estabelece entre átomos de metais, do mesmo elemento ou de elementos diferentes. Esse tipo de ligação confere aos metais algumas propriedades, que são distintas das observadas em substâncias formadas por ligações iônicas ou covalentes. Por exemplo, você já se perguntou por que as frigideiras são, em sua maioria, de metal, e os cabos, não? Ou por que os componentes elétricos são feitos de metal?

O mercúrio (Hg) é o único metal líquido à temperatura ambiente.

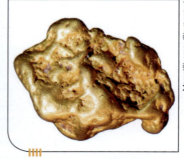

Os únicos metais que não são cinza são o ouro (Au), amarelo, e o cobre (Cu), avermelhado.

O modelo mais comum para explicar a ligação metálica é conhecido como "mar de elétrons". Nesse modelo, os retículos cristalinos dos metais sólidos consistem em um agrupamento de cátions fixos, rodeados por um "mar" de elétrons. Segundo essa interpretação, esses elétrons são provenientes da camada de valência dos respectivos átomos e não são atraídos por nenhum núcleo em particular: eles são deslocalizados. Esses elétrons ocupam o retículo cristalino do metal por inteiro e têm a liberdade de se moverem através do cristal.

A ilustração mostra cátions (núcleo do metal) envoltos por uma nuvem eletrônica.

## Propriedades dos compostos metálicos

A maioria dos metais é sólida à temperatura ambiente (25 °C, 1 atm) e apresenta cor cinza e brilho característico. Veja a seguir as principais características dos metais.

- **Condutibilidade** – são excelentes condutores de corrente elétrica e de calor. Nos metais, os elétrons da camada de valência são fracamente atraídos pelo núcleo, podendo facilmente se locomover aleatoriamente pelo metal. Quando um fio metálico está ligado a um gerador elétrico, os elétrons ficam orientados em virtude do campo elétrico (E) gerado. Esse fluxo orientado de elétrons é a corrente elétrica.

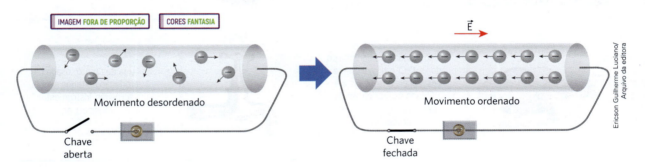

- **Maleabilidade** – podem ser moldados em lâminas, chapas muito finas.
- **Ductibilidade** – podem ser moldados em fios.
- **Elevadas temperaturas de fusão e ebulição** – em geral, os metais apresentam elevadas temperaturas de fusão e ebulição. Veja alguns exemplos:

| Metal | Chumbo, Pb | Ferro, Fe | Níquel, Ni | Ouro, Au |
|---|---|---|---|---|
| TF (°C) | 327 | 1538 | 1455 | 1064 |
| TE (°C) | 1749 | 2861 | 2913 | 2856 |

Porém, existem algumas exceções: mercúrio (TF = −39 °C), frâncio (TF = 27 °C) e gálio (TF = 30 °C).

Um pedaço do metal gálio colocado na palma da mão se funde (temperatura corpórea = 36,5 °C).

# Ligas metálicas

As ligas metálicas são misturas sólidas de dois ou mais elementos, sendo que ao menos um deles é um metal. Vejamos alguns exemplos de ligas metálicas:

| Liga | Característica | Liga | Característica |
|---|---|---|---|
| Ouro 18K | O ouro 18 quilates é uma mistura formada basicamente por 75% de ouro, e 25% de cobre e prata. Essa liga apresenta uma dureza superior à do ouro puro. | Amálgama | Liga constituída de Hg, Ag e Sn utilizada em obturações dentárias. |
| Aço | O aço é constituído, basicamente, de Fe e C. Apresenta grande resistência mecânica e por isso é utilizado na fabricação de peças metálicas que sofrem tração elevada, principalmente em estruturas metálicas. | Bronze | Liga de Cu e Sn usada na produção de sinos, medalhas, moedas, estátuas, etc. |
| Aço inox | O aço inoxidável é constituído de Fe, C, Cr e Ni. Apresenta resistência à oxidação e é utilizado na fabricação de panelas, peças de carro, brocas, etc. | Latão | Liga de Cu e Zn usada na produção de tubos, armas, torneiras, instrumentos musicais, etc. |
| Duralumínio | Liga de Aℓ e Ti, utilizada na indústria aeronáutica por ser mais leve e resistente. | | |

## Explore seus conhecimentos

**1** (Ufla-MG) O alumínio e o cobre são largamente empregados na produção de fios e cabos elétricos. A condutividade elétrica é uma propriedade comum dos metais. Este fenômeno deve-se:
a) à presença de impurezas de ametais que fazem a transferência de elétrons.
b) ao fato de os elétrons nos metais estarem fracamente atraídos pelo núcleo.
c) à alta afinidade eletrônica destes elementos.
d) à alta energia de ionização dos metais.
e) ao tamanho reduzido dos núcleos dos metais.

**2** (UFPE) Cite três propriedades referentes aos metais. Dê cinco exemplos de metais.

**3** (UFRRJ) As ligas metálicas são formadas pela união de dois ou mais metais, ou ainda, por uma união entre metais, ametais e semimetais. Relacionando, no quadro a seguir, cada tipo de liga com as composições dadas:

| Liga | Composição |
|---|---|
| (I) aço | (a) Cu 67%; Zn 33% |
| (II) ouro 18 quilates | (b) Cu 90%; Sn 10% |
| (III) bronze | (c) Fe 98,5%; C 0,5% a 1,5%; Traços de Si, S e P |
| (IV) latão | (d) Au 75%; Cu 12,5%; Ag 12,5% |

Pode-se afirmar que a única correlação correta entre liga e composição encontra-se na opção:

a) I b; II c; III a; IV d.
b) I c; II b; III d; IV a.
c) I a; II b; III c; IV d.
d) I c; II d; III b; IV a.
e) I d; II a; III c; IV b.

**4** (Uerj) Para fabricar um dispositivo condutor de eletricidade, uma empresa dispõe dos materiais apresentados na tabela abaixo:

| Material | Composição química |
|---|---|
| I | C |
| II | S |
| III | As |
| IV | Fe |

Sabe-se que a condutividade elétrica de um sólido depende do tipo de ligação interatômica existente em sua estrutura. Nos átomos que realizam ligação metálica, os elétrons livres são os responsáveis por essa propriedade.

Assim, o material mais eficiente para a fabricação do dispositivo é representado pelo seguinte número:

a) I.            b) II.            c) III.            d) IV.

**5** (UFMG) Nas figuras I e II, estão representados dois sólidos cristalinos, sem defeitos, que exibem dois tipos diferentes de ligação química:

Figura I

Nuvem de elétrons

Figura II

Considerando-se essas informações, é correto afirmar que:

a) a figura II corresponde a um sólido condutor de eletricidade.
b) a figura I corresponde a um sólido condutor de eletricidade.
c) a figura I corresponde a um material que, no estado líquido, é um isolante elétrico.
d) a figura II corresponde a um material que, no estado líquido, é um isolante elétrico.

## Relacione seus conhecimentos

**1** (UEMG)

"Minha mãe sempre costurou a vida com fios de ferro."

EVARISTO, 2014, p. 9.

Identifique na tabela a seguir a substância que possui as propriedades do elemento mencionado no trecho acima.

| Substância | Estrutura | Condutividade elétrica | Ponto de fusão |
|---|---|---|---|
| A | íons | boa condutora | baixo |
| B | átomos | boa condutora | alto |
| C | moléculas | má condutora | alto |
| D | átomos | má condutora | baixo |

A resposta **CORRETA** é:

a) Substância A.            c) Substância C.
b) Substância B.            d) Substância D.

**2** (UEA-AM) O quadro, incompleto, relaciona a condutibilidade elétrica de três substâncias químicas em três situações diferentes.

| Substância | Condutibilidade elétrica |||
|---|---|---|---|
| | No estado sólido | No estado líquido | Em solução aquosa |
| Cloreto de sódio | x | boa | boa |
| Sacarose | má | má | y |
| Prata metálica | z | boa | não se dissolve |

Para completar corretamente o quadro, os espaços ocupados por x, y e z devem ser preenchidos, respectivamente, com:

a) boa – boa – boa.            d) má – má – boa.
b) boa – boa – má.
c) má – má – má.               e) má – boa – boa.

# CAPÍTULO 11

# Geometria molecular e polaridade

Quando átomos de não metais se unem, por meio de ligações covalentes, surgem as moléculas que podem se apresentar no espaço em algumas conformações diferentes: são as geometrias moleculares.

O conhecimento da geometria molecular é muito importante para entendermos o modo como as moléculas interagem nos sistemas biológicos. As respostas fisiológicas são coordenadas por interações que dependem do formato espacial das moléculas por meio da ação de receptores que envolvem tanto mecanismos enzimáticos como a percepção de sabor ou odor.

## Geometria molecular

A geometria de uma molécula é dada pelo posicionamento, no espaço, dos núcleos dos átomos que a constituem. Para moléculas **diatômicas**, isto é, formadas por dois átomos, temos dois núcleos, que determinam uma única reta entre eles. Assim, a geometria dessas moléculas é sempre **linear**.

| Fórmula molecular | $H_2$ | $HC\ell$ | $O_2$ |
|---|---|---|---|
| Fórmula estrutural | H — H | H — $C\ell$ | O = O |
| Geometria linear | •—• | •—• | •—• |

Para moléculas com três ou mais átomos, o modelo mais utilizado atualmente para determinar a geometria molecular é o da repulsão dos pares eletrônicos da camada de valência (VSEPR, do inglês *Valence Shell Electron Pair Repulsion*).

Essa teoria considera que todos os pares eletrônicos ao redor de um átomo central, estejam ou não participando das ligações, comportam-se como **nuvens eletrônicas** que se repelem entre si, de forma a ficarem orientadas no espaço com a **maior distância angular** possível.

Neste modelo é considerada uma nuvem eletrônica:

- uma ligação covalente simples: —
- uma ligação covalente dupla: =
- uma ligação covalente tripla: ≡
- um par de elétrons não ligantes: ••

1 nuvem eletrônica

Para facilitar a visualização, representamos cada nuvem eletrônica com um formato ovalado.

Para determinarmos as geometrias das moléculas pelo modelo VSEPR, devemos seguir alguns procedimentos.

1. Escreva a fórmula eletrônica da molécula e determine quantos pares de elétrons (nuvens eletrônicas) existem ao redor do átomo central.
2. A disposição geométrica das nuvens eletrônicas deve assegurar a máxima distância angular entre elas.

IMAGEM FORA DE PROPORÇÃO

CORES FANTASIA

2 nuvens — 180°   3 nuvens — 120°   4 nuvens — 109,5°

3. A geometria será dada pelo posicionamento dos núcleos dos átomos que compõem a molécula.

**Capítulo 11** – Geometria molecular e polaridade

Veja o quadro a seguir.

| Nº de nuvens ao redor do átomo central A | Fórmula eletrônica | Orientação das nuvens | Disposição dos átomos | Geometria molecular |
|---|---|---|---|---|
| 2 | 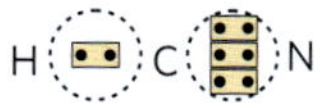 H:C:::N | 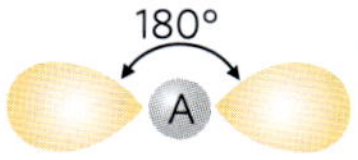 180° | 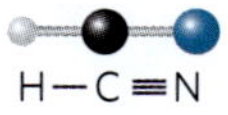 H—C≡N | sempre linear |
| 3 — átomo A no centro de um triângulo | 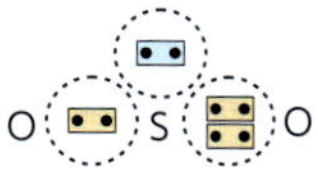 O:S:O (2 átomos ligantes) | 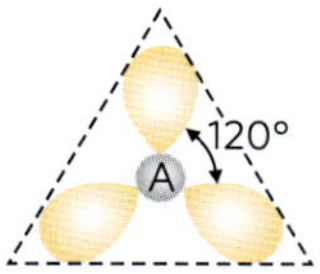 120° |  O=S—O | angular |
| | 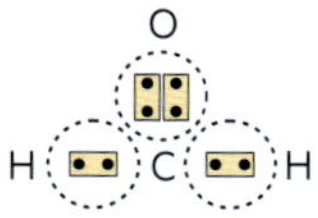 H:C:H com O (3 átomos ligantes) | | 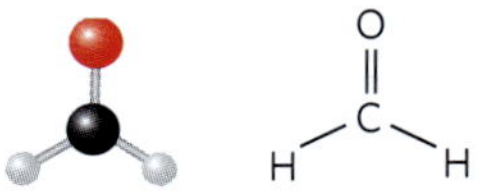 H—C(=O)—H | trigonal |
| 4 — átomo A no centro de um tetraedro | 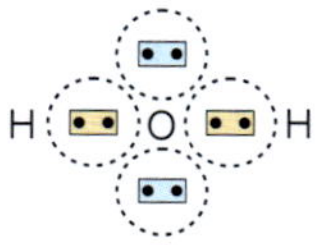 H:O:H (2 átomos ligantes) | 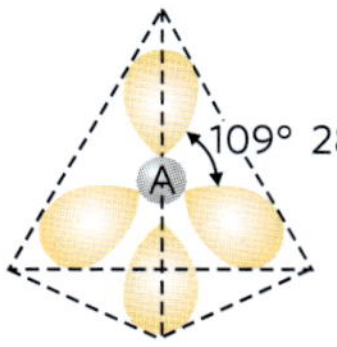 109° 28' | 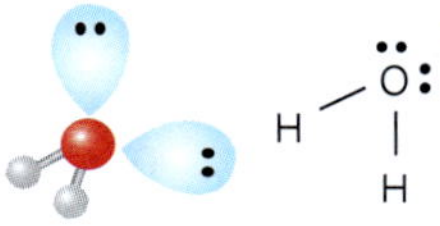 H—O—H | angular |
| | 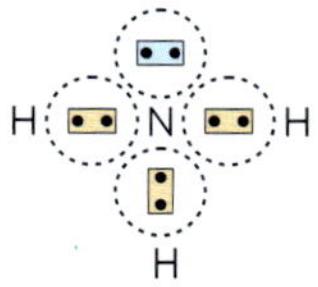 H:N:H, H (3 átomos ligantes) | | 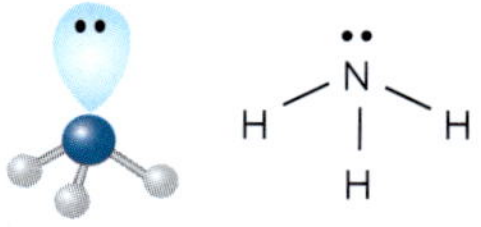 H—N(H)—H | piramidal |
| | 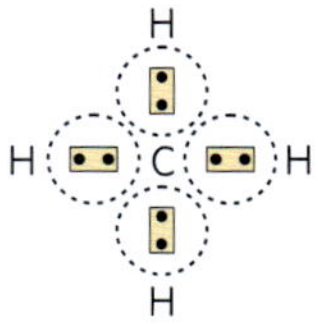 H:C:H, H, H (4 átomos ligantes) | | 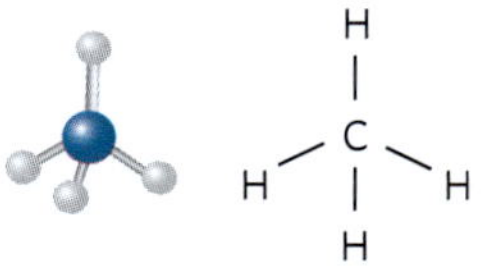 H—C(H)(H)—H | tetraédrica |

Para representar espacialmente as moléculas, costuma-se usar a seguinte representação:
— : ligação entre átomos no plano da folha;
◂ : ligação entre um átomo que se encontra no plano da folha (ponta) e um átomo situado acima do plano da folha;
⁞⁞⁞▸ ou ▸ : ligação entre um átomo que se encontra no plano da folha e um átomo situado atrás do plano da folha (ponta).

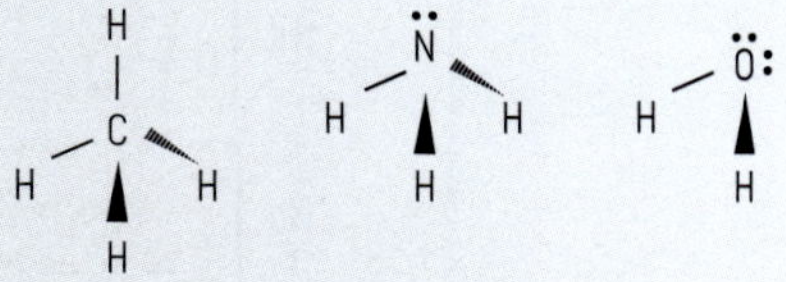

## Explore seus conhecimentos

**1** Observe os modelos a seguir:

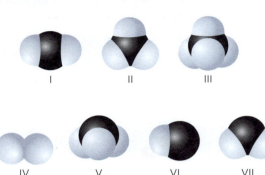

Indique a forma geométrica de cada molécula.

**2** Determine a geometria das seguintes moléculas:
a) $H_2$
b) $O_2$
c) $CO$
d) $BeC\ell_2$
e) $SO_2$
f) $BF_3$
g) $H_2O$
h) $NH_3$
i) $CH_4$

**3** (Cefet-CE) A geometria de uma molécula é informação muito importante uma vez que define algumas propriedades do composto, como a polaridade, a solubilidade, o ponto de fusão e ebulição, possibilitando uma boa aplicação para ela. O fosgênio $COC\ell_2$ é usado na obtenção dos policarbonatos, que são plásticos que se aplicam na fabricação de visores para astronautas, vidros à prova de bala e CDs. A amônia é bastante solúvel em água e no estado líquido é utilizada como solvente. O tetracloreto de carbono é um líquido muito pouco reativo, sendo empregado como solvente de óleos, gorduras e ceras. As estruturas dos três compostos citados estão representadas logo a seguir.

  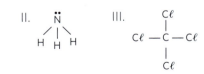

Com relação à geometria das moléculas I, II e III, na figura, é correto afirmar:
a) Todas são planas.
b) Todas são piramidais.
c) Apenas I e II são planas.
d) Apenas I é plana.
e) Todas são tetraédricas.

**4** (UFRGS-RS) O modelo de repulsão dos pares de elétrons da camada de valência estabelece que a configuração eletrônica dos elementos que constituem uma molécula é responsável pela sua geometria molecular. Relacione as moléculas com as respectivas geometrias.
Dados: Números atômicos: H = 1, C = 6, N = 7, O = 8, S = 16.
Geometria molecular:
1. linear.
2. quadrada.
3. trigonal plana.
4. angular.
5. pirâmide trigonal.
6. bipirâmide trigonal.
Moléculas:
• $SO_3$. • $NH_3$. • $CO_2$. • $SO_2$.
A relação numérica, da esquerda para a direita, das moléculas, que estabelece a sequência de associações corretas é:
a) 5 - 3 - 1 - 4.
b) 3 - 5 - 4 - 6.
c) 3 - 5 - 1 - 4.
d) 5 - 3 - 2 - 1.
e) 2 - 3 - 1 - 6.

**5** Observe as equações:

$$H-\ddot{O}-H + H^+ \longrightarrow \left[ H-\overset{H}{\underset{}{\overset{|}{O}}}-H \right]^+$$

$$H-\overset{}{\underset{H}{\overset{|}{\ddot{N}}}}-H + H^+ \longrightarrow \left[ H-\overset{H}{\underset{H}{\overset{|}{N}}}-H \right]^+$$

Indique a geometria dos íons $H_3O^+$ (hidroxônio ou hidrônio) e $NH_4^+$ (cátion amônio).

**6** Indique a geometria de cada íon:

I. $\left[ O-\overset{O}{\overset{||}{C}}-O \right]^{2-}$ carbonato

II. $\left[ O-\overset{O}{\overset{||}{\underset{..}{S}}}-O \right]^{2-}$ sulfito

III. $\left[ O-\overset{O}{\underset{..}{\overset{|}{C\ell}}}-O \right]^{-}$ clorato

IV. $\left[ O-\overset{O}{\overset{||}{N}}-O \right]^{-}$ nitrato

## Relacione seus conhecimentos

**1** (FCMSCSP) O tetracloreto de carbono (CCℓ₄), a amônia (NH₃) e o sulfeto de hidrogênio (H₂S) são substâncias moleculares que apresentam, respectivamente, as seguintes formas geométricas:

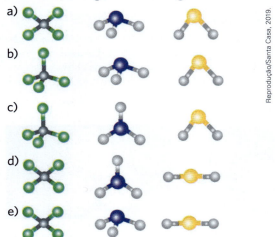

**2** (Fuvest-SP) A reação de água com ácido clorídrico produz o ânion cloreto e o cátion hidrônio. A estrutura que representa corretamente o cátion hidrônio é

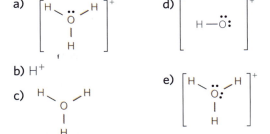

**3** (EsPCEx-SP/Aman-RJ) As substâncias ozônio O—Ö=O (O₃), dióxido de carbono O=C=O (CO₂), dióxido de enxofre O—S̈=O (SO₂), água H—Ö—H (H₂O) e cianeto de hidrogênio H—C≡N (HCN) são exemplos que representam moléculas triatômicas. Dentre elas, as que apresentam geometria molecular linear são, apenas,
a) cianeto de hidrogênio e dióxido de carbono.
b) água e cianeto de hidrogênio.
c) ozônio e água.
d) dióxido de enxofre e dióxido de carbono.
e) ozônio e dióxido de enxofre.

**4** (PUC-SP) Sabendo-se que:
- a amônia (NH₃) é constituída por moléculas solúveis em água;
- o diclorometano (CH₂Cℓ₂) não possui isômeros. Sua molécula apresenta polaridade, devido à sua geometria e à alta eletronegatividade do elemento Cℓ;
- o dissulfeto de carbono (CS₂) é um solvente apolar de baixa temperatura de ebulição.

As fórmulas estruturais que melhor representam essas três substâncias são, respectivamente:

a) N com H,H,H ; H—C(Cℓ)(Cℓ)(H)—Cℓ ; C=S,S
b) N piramidal ; C com Cℓ,Cℓ,H,H ; S=C=S
c) N trigonal com H ; C tetraédrico Cℓ,Cℓ,H,H ; C=S,S
d) N com H,H ; H—C(Cℓ)(Cℓ)—H ; S—C—S
e) N com H,H,H ; H—C(Cℓ)(H)—Cℓ ; S=C=S

**5** (UFC-CE) Selecione as alternativas em que há exata correspondência entre a molécula e sua forma geométrica:
a) N₂ — Linear.
b) CO₂ — Linear.
c) H₂O — Angular.
d) PCℓ₅ — Plana trigonal.
e) CCℓ₄ — Tetraédrica.
f) BF₃ — Pirâmide trigonal.

**6** (Uerj) O nitrato, íon de geometria trigonal plana, serve como fonte de nitrogênio para as bactérias. Observe as seguintes fórmulas estruturais:

A fórmula que corresponde ao íon nitrato está identificada pelo seguinte número:
a) I.   b) II.   c) III.   d) IV.

## Investigue seu mundo

### Repulsão dos pares eletrônicos

Você já deve ter percebido que cada nuvem eletrônica (uma ligação simples, dupla ou tripla) pode ser representada por um balão de festa de forma ovoide.

Com alguns balões cheios de ar, você pode criar modelos que serão úteis para visualizar e entender melhor a geometria molecular. Quando unidas pelos bicos, os balões ficarão dispostos espacialmente sempre da mesma maneira.

**Material**
- 9 balões de festa cheios de ar

**Procedimento**
De acordo com o número de nuvens eletrônicas envolvidas em cada caso, você deve unir os balões e, em seguida, jogá-los para cima, observando a forma que eles assumem quando chegam ao chão. Considere o local de união dos balões como o átomo central (A).

1º caso: molécula com duas nuvens ao redor do átomo central.

2º caso: molécula com três nuvens ao redor do átomo central.

3º caso: molécula com quatro nuvens ao redor do átomo central.

# Polaridade das ligações

Por meio da diferença de eletronegatividade (força de atração sobre os elétrons da ligação) entre os átomos que estabelecem uma ligação, podemos prever o caráter, iônico ou covalente, dessa ligação.

Linus Pauling, relacionando as energias de ionização e as afinidades eletrônicas dos elementos, elaborou uma tabela de eletronegatividade.

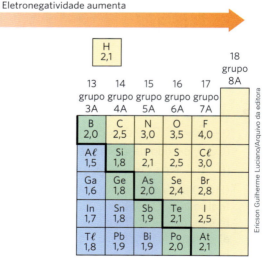

Para a ligação H—H, a diferença de eletronegatividade é igual a zero (2,1 − 2,1 = = 0), o que mostra que os elétrons são igualmente compartilhados. As ligações entre átomos de mesma eletronegatividade ou muito próximas (com diferença de até 0,4) são consideradas apolares.

IMAGEM FORA DE PROPORÇÃO
CORES FANTASIA

Na ligação covalente apolar, o par de elétrons é atraído com a mesma intensidade pelos dois átomos que estabelecem a ligação.

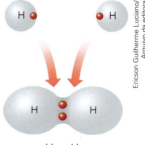

Quando ocorre uma ligação entre átomos de diferentes eletronegatividades, os elétrons não são igualmente compartilhados, e a ligação é considerada uma ligação covalente polar ou, dependendo da diferença de eletronegatividade, iônica.

Quanto maior a diferença de eletronegatividade, mais polar é a ligação. Quando a diferença de eletronegatividade estiver compreendida entre 0,5 e 1,9, a ligação é considerada covalente polar.

Para a ligação H—Cℓ, a diferença de eletronegatividade entre o Cℓ e o H é 0,9 (3,0 - 2,1); logo, a ligação que se estabelece entre esses dois átomos é classificada como polar.

Nas ligações covalentes polares ocorre a formação de dipolos. A extremidade positiva (menos eletronegativa, que atrai menos o par eletrônico) e a negativa (mais eletronegativa, que atrai mais o par eletrônico) do dipolo são indicadas pela letra minúscula grega delta com um sinal positivo ($\delta^+$) ou negativo ($\delta^-$), respectivamente.

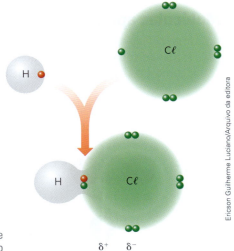

IMAGEM FORA DE PROPORÇÃO

CORES FANTASIA

A carga negativa está indicada no cloro: o par de elétrons é atraído mais fortemente para o átomo de cloro, pois ele é o elemento mais eletronegativo.

Veja mais alguns exemplos de ligações covalentes polares:

A polarização de uma ligação covalente é representada por uma grandeza denominada momento dipolar ($\vec{\mu}$), ou dipolo elétrico, geralmente representada por um vetor orientado do sentido do elemento menos eletronegativo para o elemento mais eletronegativo. Assim, o vetor é orientado do polo positivo para o polo negativo. Veja alguns exemplos:

Resumindo:

Se a diferença de eletronegatividade for superior a 1,9, a ligação é considerada iônica.

**Diferença de eletronegatividade e tipos de ligação**

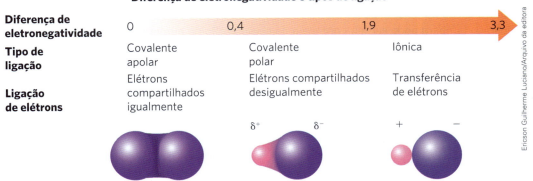

## Polaridade das moléculas

Já vimos que as ligações covalentes são polares ou apolares. Agora vamos analisar como o caráter das ligações e a geometria determinam se as moléculas serão classificadas como polares ou apolares.

### Moléculas apolares

Uma molécula é classificada como apolar em duas situações:
1) Quando todas as ligações que são estabelecidas na sua formação são apolares, como é o caso das moléculas de $H_2$ e $C\ell_2$. Exemplos:

H—H    $C\ell$—$C\ell$    | Moléculas apolares com ligações apolares.

2) Quando o momento dipolar resultante das ligações é igual a zero:

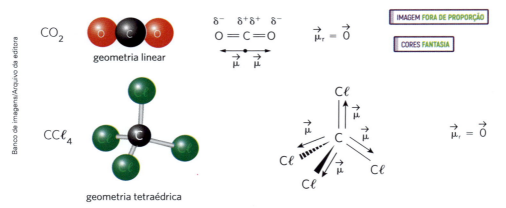

### Moléculas polares

Uma molécula é classificada como polar quando o momento dipolar resultante das ligações não é igual a zero. Veja alguns exemplos.

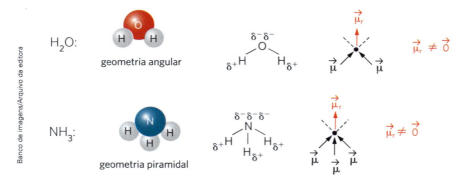

A determinação da polaridade de moléculas formadas por mais de um tipo de elemento químico também pode ser feita por meio da comparação do número de "nuvens" eletrônicas localizadas ao redor do átomo central com o número de grupos ligantes iguais. Veja o esquema a seguir:

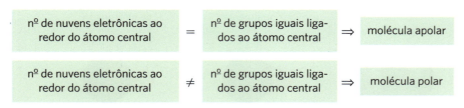

Veja alguns exemplos na tabela a seguir.

| Fórmula molecular | Fórmula eletrônica | Número de nuvens eletrônicas ao redor do átomo central | Número de átomos iguais ligados ao átomo central | Polaridade da molécula |
|---|---|---|---|---|
| $CO_2$ | O::C::O | 2 | 2 átomos | apolar |
| $H_2O$ | H::O::H | 4 | 2 átomos | polar |
| $NH_3$ | H::N::H / H | 4 | 3 átomos | polar |
| $CH_4$ | H::C::H (H acima e abaixo) | 4 | 4 átomos | apolar |
| $HCCl_3$ | H::C::Cl (Cl acima e abaixo) | 4 | 3 átomos | polar |
| $BF_3$ | F::B::F / F | 3 | 3 átomos | apolar |
| $BeCl_2$ | Cl::Be::Cl | 2 | 2 átomos | apolar |

## Explore seus conhecimentos

**1** (Cefet-MG) A figura seguinte ilustra a molécula de água e o compartilhamento de elétrons entre os seus átomos para formar as ligações.

Larry Gonick, Craig Criddle – *Química Geral em quadrinhos*, 2013 – 1ª Edição. Editora Blucher.

A polaridade da ligação covalente indica a distribuição de cargas sobre os átomos de uma molécula. Nessa representação, nota-se a formação de polos positivos e negativos sobre os átomos, o que torna a molécula polar.

A propriedade capaz de explicar a formação de polos na molécula representada é a

a) eletroafinidade.
b) eletronegatividade.
c) energia de ionização.
d) condutividade elétrica.

**2** Consulte a tabela com os valores de eletronegatividade no início do capítulo e analise as afirmações e indique as corretas.
   I. Na molécula de $H_2$ existe ligação apolar.
   II. Na molécula de $SO_2$ existem ligações polares.
   III. A ligação LiF é iônica.

**3** O quartzo é um mineral cuja composição química é $SiO_2$, dióxido de silício. Considerando os valores de eletronegatividade para o silício e o oxigênio, 1,8 e 3,5, respectivamente, e seus grupos da tabela periódica (o silício pertence ao grupo 14 e o oxigênio

ao grupo 16), prevê-se que a ligação entre esses átomos seja:
a) covalente apolar.
b) covalente coordenada.
c) covalente polar.
d) iônica.
e) metálica.

**4** (UFJF-MG) Nos motores de explosão dos automóveis, devido à alta temperatura, o nitrogênio e o oxigênio do ar se combinam formando dióxido de nitrogênio. O dióxido de nitrogênio liberado pelos escapamentos reage com o oxigênio do ar, produzindo ozônio ($O_3$) e óxido de nitrogênio. No escapamento dos automóveis modernos, são adaptados conversores catalíticos (catalisadores).
Algumas das reações envolvendo o monóxido de carbono ou o dióxido de nitrogênio em presença de catalisadores são:

$$2\ CO(g) + O_2(g) \rightarrow 2\ CO_2(g)$$
$$2\ NO_2(g) \rightarrow N_2(g) + 2\ O_2(g)$$

Com base no texto lido, faça o que se pede:

I. Escreva a fórmula das substâncias simples.
II. Indique o número de fases existentes em um sistema onde existam todas as substâncias mencionadas.
III. Escreva a fórmula estrutural do ozônio.
IV. Indique a polaridade das moléculas CO e $N_2$.

**5** (PUC-MG) Dentre as alternativas abaixo, assinale a que corresponde a uma substância covalente polar, covalente apolar e iônica, respectivamente.
a) $N_2$, $CH_4$ e $MgCl_2$
b) $H_2SO_4$, $N_2$, $MgCl_2$
c) $CCl_4$, $NaCl$ e $HCl$
d) $O_2$, $CH_4$, e $NaCl$

**6** (UPE-SSA) Qual a geometria molecular dos seguintes gases: clorofluorcarbono (por exemplo, $CFCl_3$), monóxido de carbono (CO) e dióxido de enxofre ($SO_2$)?
Dados: Números Atômicos – C = 6; F = 9; $Cl$ = 17; O = 8; S = 16.
a) Linear, Angular e Tetraédrica
b) Bipiramidal, Angular e Linear
c) Trigonal Plana, Bipiramidal e Piramidal
d) Tetraédrica, Linear e Angular
e) Angular, Linear e Trigonal Plana

## Relacione seus conhecimentos

**1** (UPM-SP) Assinale a alternativa que apresenta compostos químicos que possuam, respectivamente, ligação covalente polar, ligação covalente apolar e ligação iônica.
a) $H_2O$, $CO_2$ e $NaCl$
b) $CCl_4$, $O_3$ e HBr
c) $CH_4$, $SO_2$ e HI
d) $CO_2$, $O_2$ e $KCl$
e) $H_2O$, $H_2$ e $HCl$

**2** (UFRJ) Uma festa de aniversário foi decorada com dois tipos de balões. Diferentes componentes gasosos foram usados para encher cada tipo de balão. As figuras observadas representam as substâncias presentes no interior de cada balão.

Balão I

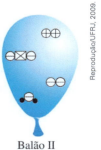
Balão II

a) O elemento ⊠, que aparece no balão II, está localizado no 2º período, grupo 14. Um de seus isótopos apresenta 8 nêutrons. Calcule o número de massa desse isótopo.
b) Identifique, no balão II, as moléculas que apresentam ligações do tipo polar e as moléculas que apresentam ligações do tipo apolar.

**3** (Fuvest-SP) A figura mostra modelos de algumas moléculas com ligações covalentes entre seus átomos.

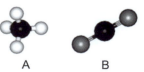  
A  B  C  D

Dentre essas moléculas, pode-se afirmar que são polares apenas:
a) A e B.
b) A e C.
c) A, C e D.
d) B, C e D.
e) C e D.

# CAPÍTULO 12

# Interações intermoleculares

Este capítulo favorece o desenvolvimento das habilidades

EM13CNT104
EM13CNT205

À temperatura ambiente, os compostos moleculares podem ser encontrados nos três estados físicos: sólido, líquido e gasoso. A diferença entres esses três estados inclui uma diferença na intensidade das interações estabelecidas entre suas moléculas.

Essas interações, ditas interações intermoleculares, são de natureza elétrica e estão relacionadas à polaridade das moléculas.

Observe a imagem a seguir, que apresenta resumidamente as características dos três estados físicos, considerando um modelo submicroscópico.

Aumento da intensidade das atrações intermoleculares →

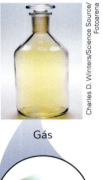

Gás

Cloro, $Cl_2$

IMAGEM FORA DE PROPORÇÃO
CORES FANTASIA

O cloro se encontra no estado gasoso e suas moléculas apresentam liberdade de movimento.

Líquido

Bromo, $Br_2$

O bromo se encontra no estado líquido; consequentemente, as interações são mais intensas, diminuindo o grau de liberdade de suas moléculas.

Sólido cristalino

Iodo, $I_2$

O iodo se encontra no estado sólido, em que as interações são mais intensas e suas moléculas estão mais organizadas e com pouco grau de liberdade.

▌ À temperatura ambiente.

É importante salientar que, quando um composto molecular passa do estado sólido para o líquido, ou do líquido para o gasoso, ocorre um aumento da energia cinética e, consequentemente, um afastamento das moléculas, o que causa o enfraquecimento ou até mesmo a anulação das interações intermoleculares. Mas atenção: nas mudanças de estado físico, as ligações químicas permanecem inalteradas, como exemplificado no esquema ao lado.

IMAGEM FORA DE PROPORÇÃO
CORES FANTASIA

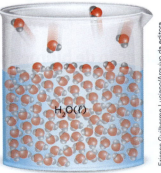

$H_2O(v)$

$H_2O(l)$

▌ Representação submicroscópica da vaporização da água. Note que as ligações químicas estabelecidas entre os átomos de hidrogênio e oxigênio que caracterizam uma molécula de água permanecem inalteradas.

## Modelos de interações intermoleculares

Fundamentalmente, podem ser descritos quatro modelos de interações intermoleculares: interações do tipo dipolo induzido-dipolo induzido, interações dipolo permanente, ligações de hidrogênio e interações íon-dipolo. Essa última não corresponde precisamente a uma interação entre moléculas, uma vez que há íons envolvidos.

### Interações dipolo induzido-dipolo induzido

Esse tipo de interação intermolecular ocorre entre moléculas apolares. Durante a maior parte do tempo, a distribuição dos elétrons na eletrosfera de uma molécula apolar é uniforme. Contudo, em determinado instante, pode ocorrer um acúmulo de elétrons em uma das extremidades da molécula. Isso provoca a formação de um dipolo instantâneo ou temporário, que irá induzir a formação de dipolos nas moléculas vizinhas. Tais alterações ou deformações nas nuvens podem ser chamadas de **dispersões de London**. Esse fenômeno ocorre nos estados líquido e sólido.

Molécula apolar | Molécula apolar | Formação de dipolo instantâneo | Dispersões de London

Alguns exemplos de substâncias formadas por moléculas apolares que apresentam interação do tipo dipolo induzido-dipolo induzido: $H_2$, $O_2$, $F_2$, $Cℓ_2$, $CO_2$, $CH_4$, $C_2H_6$.

### Interações dipolo permanente-dipolo permanente ou dipolo-dipolo

Esse tipo de interação ocorre em moléculas polares, nas quais o polo positivo de uma molécula atrai o polo negativo de outra.

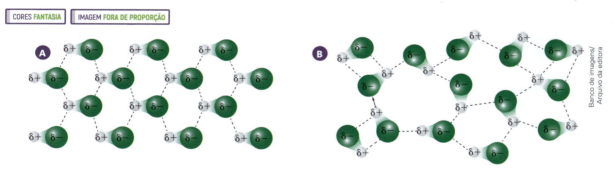

| A ilustração representa as interações dipolo-dipolo nas moléculas do cloreto de hidrogênio ($^{\delta+}H-Cℓ^{\delta-}$) no estado sólido (A) e no estado líquido (B), no qual as moléculas apresentam maior liberdade de movimento.

Alguns outros exemplos de substâncias polares cujas moléculas interagem por dipolo-dipolo: HBr, $H_2S$, CO, $SO_2$.
Os dois tipos de interação vistos até agora (dipolo induzido e dipolo permanente) podem ser chamados genericamente de **forças de Van der Waals**.

### Ligação de hidrogênio

A ligação de hidrogênio é um exemplo extremo das interações dipolo-dipolo: são interações intensas que ocorrem entre moléculas que apresentam um átomo de hidrogênio ligado por ligação covalente a um átomo muito eletronegativo, como F, O ou N.
Ligações de hidrogênio podem ser estabelecidas entre moléculas iguais, da mesma substância, ou entre moléculas diferentes.

Observe a seguir como se estabelecem as ligações de hidrogênio entre as moléculas de H₂O:

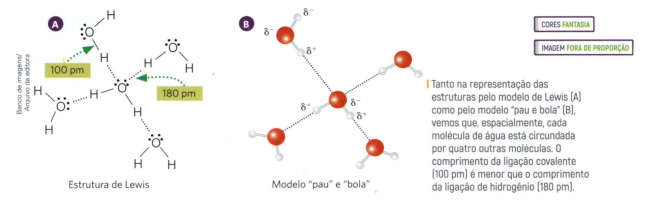

Tanto na representação das estruturas pelo modelo de Lewis (A) como pelo modelo "pau e bola" (B), vemos que, espacialmente, cada molécula de água está circundada por quatro outras moléculas. O comprimento da ligação covalente (100 pm) é menor que o comprimento da ligação de hidrogênio (180 pm).

Veja as ligações de hidrogênio entre moléculas diferentes:

No formol, mistura utilizada na conservação de peças anatômicas, ocorrem ligações de hidrogênio entre as moléculas de água e do aldeído fórmico. O formol é uma solução aquosa de aldeído fórmico, utilizada como desinfetante e conservante.

Outros exemplos de ligações de hidrogênio, nos estados sólido e líquido:
a) amônia (NH₃)

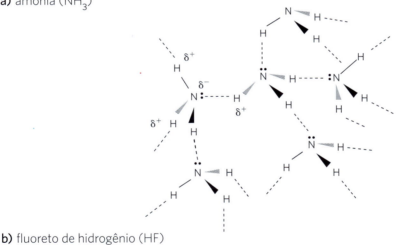

b) fluoreto de hidrogênio (HF)

## As ligações de hidrogênio e a tensão superficial

Moléculas localizadas no interior de líquidos sofrem atrações intermoleculares em todas as direções, porém as moléculas encontradas na superfície desse líquido são atraídas somente pelas moléculas situadas abaixo ou ao lado delas, como representado na ilustração ao lado.

As moléculas da superfície do líquido só estabelecem interação intermolecular com as moléculas que estão ao lado ou abaixo, diferente do que ocorre com as moléculas do interior do líquido, que estabelecem interações com as moléculas presentes em todas as direções.

Essa desigualdade provoca a contração do líquido, dando a impressão de existir uma fina película na sua superfície. Esse fenômeno, denominado tensão superficial, é mais acentuado em líquidos que estabelecem interações intermoleculares intensas, como a água.

A tensão superficial é tão elevada na água que permite que pequenos objetos ou alguns insetos repousem e caminhem sobre sua superfície.

## Interação íon-dipolo

Esse tipo de interação ocorre quando um composto iônico está dissolvido em um solvente polar, sendo a água o mais conhecido. Quando o cloreto de sódio se dissolve na água, os íons sódio ($Na^+$) e cloreto ($C\ell^-$) interagem com as moléculas de água. Essa interação está representada na ilustração a seguir.

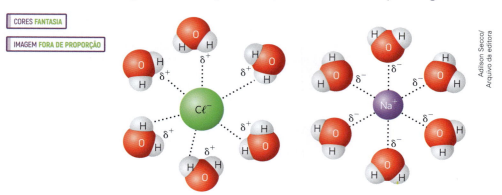

Os íons $Na^+$ interagem com o polo negativo da molécula de água, enquanto o íon cloreto interage com o polo positivo.

Esse tipo de interação apresenta grande intensidade quando comparada com as demais interações intermoleculares e é responsável por algumas propriedades macroscópicas das soluções iônicas.

O quadro a seguir sintetiza os tipos de interação intermolecular estudados.

| Tipo | Presente em | Modelo | Intensidade |
|---|---|---|---|
| Dipolo induzido–dipolo induzido | Átomos e moléculas apolares | | Fraca |
| Dipolo-dipolo | Moléculas polares | | |
| Ligação de hidrogênio | H ligado a F, O, N | | |
| Íon-dipolo | Íons ligados a moléculas polares | | Forte |

# Interações intermoleculares e as propriedades físicas das substâncias

IMAGEM FORA DE PROPORÇÃO

As interações intermoleculares estão relacionadas diretamente a algumas propriedades das substâncias, como temperatura de ebulição e solubilidade.

## Temperatura de ebulição

Você já deve ter percebido que até podemos deixar aberto um frasco de azeite ou óleo, mas nunca um frasco de acetona. Você sabe o motivo?

A passagem de uma substância do estado líquido para o estado de vapor envolve o rompimento das interações intermoleculares. Para que a mudança de estado físico ocorra, a quantidade de energia fornecida deve ser maior do que a intensidade das interações que mantêm as moléculas unidas. Assim, de modo geral, quanto menos intensas forem as ligações intermoleculares, mais volátil será a substância e menor será sua temperatura de ebulição.

Frasco de acetona e vidro de azeite.

As interações entre as moléculas que compõem óleo são muito intensas, o que dificulta sua evaporação; já na acetona, as interações são pouco intensas, por isso a evaporação ocorre mais facilmente.

A temperatura de ebulição de uma substância é, portanto, influenciada basicamente por dois fatores:

- o tipo de ligação intermolecular: quanto mais intensas as atrações intermoleculares, maior a TE;
- o tamanho das moléculas: quanto maior o tamanho de uma molécula, maior sua superfície, o que propicia maior número de interações com as moléculas vizinhas e, portanto, maior TE.

Para comparar as temperaturas de ebulição de diferentes substâncias, devemos considerar esses dois fatores da seguinte maneira:

- entre moléculas com o mesmo tipo de interação: quanto maior o tamanho da molécula, maior a TE.

| As substâncias simples dos halogênios ($F_2$, $C\ell_2$, $Br_2$ e $I_2$) são apolares e apresentam o mesmo tipo de interação intermolecular: dipolo induzido. Suas temperaturas de ebulição variam em função do aumento do tamanho da molécula.

Fonte: LIDE, D. R. *CRC Handbook of Chemistry and Physics*. 89. ed. Boca Raton: CRC Press, 2009.

- entre moléculas com tamanhos aproximadamente iguais: quanto maior a intensidade de interação, maior a TE.

| Dipolo induzido | Dipolo permanente | Ligação de hidrogênio | Íon-dipolo |

Sentido crescente da força das interações intermoleculares

Vejamos alguns exemplos. O gráfico abaixo mostra a TE dos compostos formados pelo hidrogênio com os elementos das famílias 14 (roxo), 15 (verde), 16 (vermelho) e 17 (azul).

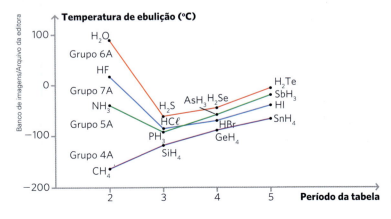

Fonte: CHANG, Raymond. *Chemistry*. 6. ed. New York: McGraw Hill, 2010. p. 405.

Analisando-o, temos:
1) As quatro substâncias formadas pelos elementos da família 14 ($CH_4$, $SiH_4$, $GeH_4$ e $SnH_4$) têm moléculas apolares e apresentam o mesmo tipo de interação: dipolo induzido-dipolo induzido. Assim, o tamanho das moléculas é o único fator responsável pelas diferentes TE dessas substâncias.
2) Observe que as moléculas de $H_2O$ (família 16), HF (família 17) e $NH_3$ (família 15) são as que apresentam as maiores TE em cada grupo. Isso ocorre porque essas substâncias interagem por meio das ligações de hidrogênio, que são forças intermoleculares mais intensas.
3) As demais substâncias apresentam, em cada grupo, interações moleculares do mesmo tipo (dipolo-dipolo). Portanto, o tamanho das moléculas é o fator determinante das diferentes TE.

## Solubilidade

Uma maneira de explicar o fato de o óleo não se dissolver na água é relacionar os processos de dissolução às interações moleculares.

Substâncias que não se dissolvem entre si têm diferentes interações intermoleculares. Com base nesse fato, podemos afirmar que:

> Substâncias líquidas polares tendem a se dissolver em solventes polares.
> Substâncias líquidas apolares tendem a se dissolver em solventes apolares.

A água, considerada o solvente universal, é uma substância polar; assim, podemos concluir que as moléculas do óleo devem ser apolares, mesmo sem conhecer sua estrutura.

Se adicionarmos em um frasco gasolina + querosene + óleo *diesel*, vamos obter um sistema monofásico, pois todos os componentes são líquidos apolares.

Dentre os solventes polares orgânicos, um dos mais conhecidos é o álcool comum (etanol), comercializado tanto em farmácias e supermercados quanto em postos de combustíveis, misturado com certa quantidade de água, formando uma mistura homogênea (álcool hidratado). Isso se deve ao fato de essas substâncias serem polares e suas moléculas interagirem por meio das ligações de hidrogênio:

O óleo e a água são imiscíveis entre si.

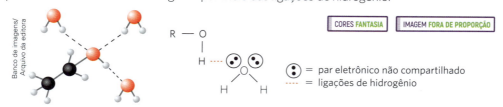

CORES FANTASIA   IMAGEM FORA DE PROPORÇÃO

$\cdot\cdot$ = par eletrônico não compartilhado
---- = ligações de hidrogênio

| As moléculas de etanol interagem com as moléculas de água por meio de ligações de hidrogênio.

Veja, agora, uma tabela que mostra a solubilidade de alguns álcoois em água:

| Álcoois | Solubilidade em água (g/100 g $H_2O$ a 20 °C) |
|---|---|
| $H_3C$ — OH | Infinita |
| $H_3C$ — $CH_2$ — OH | Infinita |
| $H_3C$ — $CH_2$ — $CH_2$ — OH | Infinita |
| $H_3C$ — $CH_2$ — $CH_2$ — $CH_2$ — OH | 8,1 |
| $H_3C$ — $CH_2$ — $CH_2$ — $CH_2$ — $CH_2$ — OH | 2,6 |

TRO, N. J. *Chemistry*: a Molecular Approach. 4. ed. Boston: Pearson, 2017. p. 577.

> **Dica**
>
> *Moléculas*, de P. W. Atkins. Editora da Universidade de São Paulo; *Moléculas em exposição*, de John Emsley. Editora Edgard Blücher.
>
> Estes dois livros descrevem alguns compostos, em sua maioria orgânicos, que apresentam aplicações importantes na indústria, fazem parte de nosso cotidiano ou apresentam propriedades inusitadas.

Pela análise da tabela, pode-se notar que, conforme a cadeia carbônica do álcool aumenta, sua solubilidade em água diminui. Isso se deve ao fato de os álcoois apresentarem em sua estrutura uma parte polar e outra apolar.

R — OH
Apolar   Polar

Nos álcoois que apresentam quatro ou mais carbonos em sua estrutura, começa a ocorrer uma predominância da parte apolar, o que acarreta a diminuição da solubilidade em água. Como consequência, ocorre o aumento da solubilidade em solventes apolares (gasolina, óleos, etc.).

Assim como os álcoois, existem outras substâncias que podem se dissolver tanto em água quanto em solventes apolares por apresentarem em sua estrutura uma parte polar e outra apolar.

Dessas substâncias, as mais conhecidas são os sabões e os detergentes. Veja a seguir um exemplo da estrutura de cada um deles.

Sabão          Detergente

Tais estruturas podem ser genericamente representadas por:

Apolar hidrofóbica     Polar hidrófila

A parte apolar (hidrofóbica ou hidrófoba) de um sabão ou detergente interage com a gordura (apolar), ao passo que a parte polar (hidrofílica ou hidrófila) interage com a água (polar).

## Investigue seu mundo

Você vai usar três garrafas PET pequenas, água, óleo, uma solução de água e sal de cozinha e detergente.
a) Em uma delas coloque água e óleo; em seguida agite. O que ocorre depois de um tempo?
b) Na outra garrafa, coloque a solução de água, sal e óleo; em seguida agite. O que ocorre? Compare com o primeiro caso. O tempo foi o mesmo?
c) Na terceira garrafa, coloque água, óleo e algumas gotas de detergente; agite bem. O que ocorre?

**Atenção!** Ao final do experimento, não descarte a mistura com água e óleo no ralo da pia. Óleos descartados no ambiente são extremamente poluentes. Procure um posto de coleta de resíduos para realizar o correto descarte do óleo utilizado em sua casa.

## Explore seus conhecimentos

**1** (Cefet-MG)

O consumo excessivo de bebidas alcoólicas tornou-se um problema de saúde pública no Brasil, pois é responsável por mais de 200 doenças, conforme resultados de pesquisas da Organização Mundial de Saúde (OMS).

<small>Disponível em: http://brasil.estadao.com.br/noticias/geral, consumo-de-alcool-aumenta43-5-no-brasil-em-dez-anos-afirma-oms,70001797913. Acesso em: 11 set. 2017 (adaptado).</small>

O álcool presente nessas bebidas é o etanol (CH$_3$CH$_2$OH), substância bastante volátil, ou seja, que evapora com facilidade. Sua fórmula estrutural está representada a seguir.

Considerando-se as ligações químicas e interações intermoleculares, o modelo que representa a volatilização do etanol é:

a)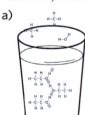

c)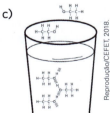

b)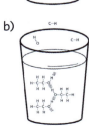

d)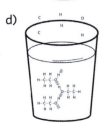

**2** O cloreto de sódio (NaCℓ), principal componente do sal de cozinha, ao ser adicionado à água sofre dissociação iônica, originando uma solução eletrolítica. A ilustração mostra o retículo cristalino do NaCℓ e a interação entre seus íons e a água.

A interação entre os íons e a água é denominada:
a) ligação de hidrogênio.
b) dipolo-dipolo.
c) dipolo induzido-dipolo induzido.
d) íon-dipolo.

**3** (Unicid-SP) Considere as seguintes substâncias químicas: $CCℓ_4$, $HCCℓ_3$, $CO_2$, $H_2S$, $Cℓ_2$, $H_3CCH_3$ e $NH_3$.
a) Qual o tipo de ligação química que ocorre nessas moléculas? Classifique-as em substâncias polares e não polares.
b) Separe essas substâncias de acordo com o tipo de interação intermolecular (forças de Van der Waals, dipolo-dipolo e ligações de hidrogênio) que apresentam quando em presença de outras substâncias iguais a elas.

**4** (Unicamp-SP) Uma alternativa encontrada nos grandes centros urbanos para se evitar que pessoas desorientadas urinem nos muros de casas e estabelecimentos comerciais, é revestir esses muros com um tipo de tinta que repele a urina e, assim, "devolve a urina" aos seus verdadeiros donos. A figura a seguir apresenta duas representações para esse tipo de revestimento.

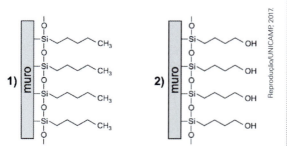

Como a urina é constituída majoritariamente por água, e levando-se em conta as forças intermoleculares, pode-se afirmar corretamente que:
a) os revestimentos representados em 1 e 2 apresentam a mesma eficiência em devolver a urina, porque ambos apresentam o mesmo número de átomos na cadeia carbônica hidrofóbica.
b) o revestimento representado em 1 é mais eficiente para devolver a urina, porque a cadeia carbônica é hidrofóbica e repele a urina.
c) o revestimento representado em 2 é mais eficiente para devolver a urina, porque a cadeia carbônica apresenta um grupo de mesma polaridade que a água, e, assim, é hidrofóbica e repele a urina.
d) o revestimento representado em 2 é mais eficiente para devolver a urina, porque a cadeia carbônica apresenta um grupo de mesma polaridade que a água, e, assim, é hidrofílica e repele a urina.

**5** (Unicamp-SP) Na tirinha abaixo, o autor explora a questão do uso apropriado da linguagem na Ciência. Muitas vezes, palavras de uso comum são utilizadas na Ciência, e isso pode ter várias consequências.

(adaptado de www.reddit.com/r/funny/comments/1ln5uc/bear-troubles. Acessado em 10/09/2013)

a) De acordo com o urso cinza, o urso branco usa o termo "dissolvendo" de forma cientificamente inadequada. Imagine que o urso cinza tivesse respondido: **"Eu é que deveria estar aflito, pois o gelo é que está dissolvendo!"** Nesse caso, estaria o urso cinza usando o termo "dissolvendo" de forma cientificamente correta? Justifique.
b) Considerando a última fala do urso branco, interprete o duplo significado da palavra "polar" e suas implicações para o efeito cômico da tirinha.

Leia o texto para responder às questões **6** a **7**.

Em janeiro de 2017, cientistas de Harvard anunciaram a façanha de obtenção do hidrogênio metálico pela primeira vez na história mediante a aplicação de uma pressão de 495 Gigapascal (GPa) em uma pequena amostra de hidrogênio, fenômeno que havia sido teorizado há cerca de 100 anos pelos cientistas Wigner e Huntington. De acordo com o diagrama de fases apresentado, um dos caminhos para obtenção do hidrogênio metálico sólido envolve o aumento progressivo da pressão à baixa temperatura.

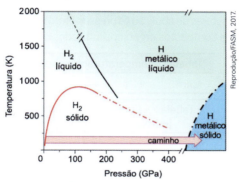

(Ranga P. Dias e Isaac F. Silvera. *Science*, 2017. Adaptado.)

**6** (FASM-SP) A primeira fase para obtenção do hidrogênio metálico consiste na formação de hidrogênio molecular sólido.
a) Considerando o isótopo mais estável do átomo de hidrogênio (Z = 1 e A = 1), calcule seu número de prótons e de nêutrons e indique quantos elétrons esse isótopo possui na camada de valência.
b) Represente a fórmula estrutural do hidrogênio molecular e indique a geometria dessa molécula.

**7** (FASM-SP) Conforme o diagrama apresentado, a obtenção de hidrogênio metálico decorre da transformação de hidrogênio molecular sólido em um ambiente de baixa temperatura e de alta pressão.
a) Represente as interações entre duas moléculas do hidrogênio molecular sólido e escreva o nome da força intermolecular envolvida nessa interação.
b) Explique, em termos de interações intermoleculares, por que a obtenção de hidrogênio molecular sólido somente ocorre em um ambiente de temperatura muito baixa ou de alta pressão.

## Relacione seus conhecimentos

**1** (Fuvest-SP) Para aumentar o grau de conforto do motorista e contribuir para a segurança em dias chuvosos, alguns materiais podem ser aplicados no para-brisa do veículo, formando uma película que repele a água. Nesse tratamento, ocorre uma transformação na superfície do vidro, a qual pode ser representada pela seguinte equação química não balanceada:

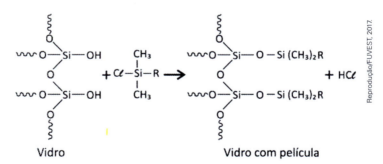

Vidro                         Vidro com película

Das alternativas apresentadas, a que representa o melhor material a ser aplicado ao vidro, de forma a evitar o acúmulo de água, é:

Note e adote:
— R = grupo de átomos ligado ao átomo de silício.

a) $C\ell Si(CH_3)_2OH$.
b) $C\ell Si(CH_3)_2O(CHOH)CH_2NH_2$.
c) $C\ell Si(CH_3)_2O(CHOH)_5CH_3$.
d) $C\ell Si(CH_3)_2OCH_2(CH_2)_2CO_2H$.
e) $C\ell Si(CH_3)_2OCH_2(CH_2)_{10}CH_3$.

**2** (UFPR) A coloração de Gram é um importante método empregado na microbiologia, que permite diferenciar bactérias em duas classes – as Gram-positivas e Gram-negativas – em função das propriedades químicas da parede celular. As bactérias Gram-positivas possuem na parede celular uma camada espessa de peptideoglicano, que é uma rede polimérica contendo açúcares (N-acetilglicosamina e ácido N-acetilmurâmico) e oligopeptídeos, enquanto que as bactérias Gram-negativas contêm uma camada fina. Na coloração de Gram utiliza-se o cristal violeta (cloreto de hexametilpararoanilina), que interage com o peptideoglicano. A adição de iodeto causa a precipitação do corante e as partículas sólidas ficam aprisionadas na rede polimérica, corando a parede celular. Abaixo estão esquematizadas a rede polimérica do peptideoglicano e as estruturas das espécies envolvidas.

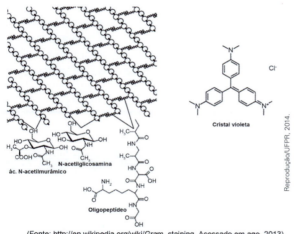

(Fonte: http://en.wikipedia.org/wiki/Gram_staining. Acessado em ago. 2013)

A partir das informações fornecidas, é correto afirmar que a principal interação entre o cristal violeta e a parede celular é:

a) ligação de hidrogênio.
b) interação íon-dipolo.
c) interação íon-dipolo instantâneo.
d) interação dipolo-dipolo.
e) interação dipolo-dipolo instantâneo.

**3** (UFRGS-RS) Em 2015, pesquisadores comprimiram o gás sulfeto de hidrogênio ($H_2S$), em uma bigorna de diamantes até 1,6 milhão de vezes à pressão atmosférica, o suficiente para que sua resistência à passagem da corrente elétrica desaparecesse a −69,5 °C. A experiência bateu o recorde de "supercondutor de alta temperatura" que era −110 °C, obtido com materiais cerâmicos complexos.
Assinale a afirmação abaixo que justifica corretamente o fato de o sulfeto de hidrogênio ser um gás na temperatura ambiente e pressão atmosférica, e a água ser líquida nas mesmas condições.

a) O sulfeto de hidrogênio tem uma massa molar maior que a da água.
b) O sulfeto de hidrogênio tem uma geometria molecular linear, enquanto a água tem uma geometria molecular angular.
c) O sulfeto de hidrogênio é mais ácido que a água.
d) A ligação S — H é mais forte que a ligação O — H.
e) As ligações de hidrogênio intermoleculares são mais fortes com o oxigênio do que com o enxofre.

**4** (UPF-RS) A seguir, na tabela 1, são fornecidas as temperaturas de ebulição (à pressão atmosférica de 1 atm) dos compostos orgânicos indicados na tabela 2.

| Tabela 1 – Temperaturas de ebulição |||||
|---|---|---|---|
| A: 78 °C | B: 101 °C | C: −42 °C | D: −0,5 °C |

| Tabela 2 – Compostos orgânicos (massa molar g · mol⁻¹) ||||
|---|---|---|---|
| $CH_3CH_2OH$ (46) | $CH_3CH_2CH_3$ (44) | HCOOH (46) | $CH_3(CH_2)_2CH_3$ (58) |
| I | II | III | IV |

Correlacione cada composto com a temperatura de ebulição adequada, considerando a influência relativa dos fatores que atuam sobre as propriedades físicas dos compostos orgânicos.

A correspondência correta é:

a) I – A; II – C; III – B; IV – D.
b) I – C; II – A; III – D; IV – B.
c) I – B; II – A; III – C; IV – D.
d) I – C; II – D; III – A; IV – B.
e) I – A; II – B; III – D; IV – C.

**5** (Unicamp-SP) Já faz parte do folclore brasileiro alguém pedir um "prato quente" na Bahia e se dar mal. Se você come algo muito picante, sensação provocada pela presença da capsaicina (fórmula estrutural mostrada a seguir) no alimento, logo toma algum líquido para diminuir essa sensação. No entanto, nem sempre isso adianta, pois logo em seguida você passa a sentir o mesmo ardor.

a) Existem dois tipos de pimenta em conserva, um em que se usa vinagre e sal, e outro em que se utiliza óleo comestível. Comparando-se os dois tipos, observa-se que o óleo comestível se torna muito mais picante que o vinagre. Em vista disso, o que seria mais eficiente para eliminar o ardor na boca provocado pela ingestão de pimenta: vinagre ou óleo? Justifique sua escolha baseando-se apenas nas informações dadas.

b) Durante uma refeição, a ingestão de determinados líquidos nem sempre é palatável; assim, se o "prato quente" também estiver muito salgado, a ingestão de leite faz desaparecer imediatamente as duas sensações. Baseando-se nas interações químicas entre os componentes do leite e os condimentos, explique por que ambas as sensações desaparecem após a ingestão do leite. Lembre-se que o leite é uma suspensão constituída de água, sais minerais, proteínas, gorduras e açúcares.

**6** (Enem)

Em sua formulação, o spray de pimenta contém porcentagens variadas de oleorresina de Capsicum, cujo princípio ativo é a capsaicina, e um solvente (um álcool como etanol ou isopropanol). Em contato com os olhos, pele ou vias respiratórias, a capsaicina causa um efeito inflamatório que gera uma sensação de dor e ardor, levando à cegueira temporária. O processo é desencadeado pela liberação de neuropeptídios das terminações nervosas.

<small>Como funciona o gás de pimenta. Disponível em: http://pessoas.hsw.uol.com.br. Acesso em: 1 mar. 2012 (adaptado).</small>

Quando uma pessoa é atingida com o spray de pimenta nos olhos ou na pele, a lavagem da região atingida com água é ineficaz porque a

a) reação entre etanol e água libera calor, intensificando o ardor.
b) solubilidade do princípio ativo em água é muito baixa, dificultando a sua remoção.
c) permeabilidade da água na pele é muito alta, não permitindo a remoção do princípio ativo.
d) solubilização do óleo em água causa um maior espalhamento além das áreas atingidas.
e) ardência faz evaporar rapidamente a água, não permitindo que haja contato entre o óleo e o solvente.

**7** (UEPG-PR) Em um laboratório existem três frascos sem identificação. Um contém benzeno, outro tetracloreto de carbono e o terceiro, metanol. A tabela a seguir apresenta a densidade e a solubilidade desses líquidos em água. Sabendo que a densidade da água é 1,00 g/cm³, assinale o que for correto.

| | Densidade (g/cm³) | Solubilidade em água |
|---|---|---|
| Benzeno – $C_6H_6$ | 0,87 | Insolúvel |
| Tetracloreto de carbono – $CC\ell_4$ | 1,59 | Insolúvel |
| Metanol – $H_3C – OH$ | 0,79 | Solúvel |

01) O frasco com metanol pode ser identificado através da solubilidade em água, isto é, o líquido desse frasco, em água, formará uma mistura sem fases.
02) O tetracloreto de carbono é insolúvel em água porque é uma substância apolar.
04) A mistura de tetracloreto de carbono e água pode ser separada através de um funil de decantação.
08) A mistura de água e metanol pode ser separada por destilação simples.
16) O frasco com benzeno pode ser identificado através da densidade e a solubilidade em água, isto é, o líquido desse frasco é insolúvel em água e na presença da água ficará na parte inferior da mistura.

**8** (Unicamp-SP) O carro *flex* pode funcionar com etanol ou gasolina, ou com misturas desses combustíveis. A gasolina comercial brasileira é formada por uma mistura de hidrocarbonetos e apresenta, aproximadamente, 25% de etanol anidro em sua composição, enquanto o etanol combustível apresenta uma pequena quantidade de água, sendo comercializado como etanol hidratado.

a) Do ponto de vista das interações intermoleculares, explique, separadamente: (1) por que a gasolina comercial brasileira, apesar de ser uma mistura de hidrocarbonetos e etanol, apresenta-se como um sistema monofásico; e (2) por que o etanol combustível, apesar de ser uma mistura de etanol e água, apresenta-se como um sistema monofásico.

b) Em um tanque subterrâneo de gasolina comercial houve uma infiltração de água. Amostras do líquido contido no tanque, coletadas em diversos pontos, foram juntadas em um recipiente. Levando em conta as possíveis interações intermoleculares entre os componentes presentes no líquido, complete o desenho do recipiente na figura apresentada abaixo. Utilize, necessariamente, a legenda fornecida, de modo que fique evidente que houve infiltração de água.

**CIÊNCIAS DA NATUREZA E SUAS TECNOLOGIAS**

UNIDADE

5

# Funções inorgânicas

Diversas funções inorgânicas fazem parte da composição dos seres vivos. As conchas de moluscos, como as ostras, por exemplo, têm como principal componente um sal, o carbonato de cálcio. Já o suco gástrico produzido no estômago dos seres humanos contém ácido clorídrico, que lhe confere caráter ácido.

Além disso, as funções inorgânicas são muito comuns em nosso cotidiano. O leite de magnésia, utilizado como laxante e antiácido, contém hidróxido de magnésio, que confere o caráter básico dessas substâncias. Já o gás carbônico, por exemplo, é um óxido presente em bebidas gaseificadas, como a água com gás; também é o principal responsável pelo efeito estufa.

Quais são as principais características dos ácidos, bases, sais e óxidos? Você conseguiria dar outros exemplos de funções inorgânicas presentes em nosso dia a dia?

Yellowj/Shutterstock

As conchas são formadas por um filamento de proteínas, seguido de uma capa de calcita e por fim uma camada de carbonato de cálcio.

## Nesta unidade vamos:

- analisar a dissociação iônica e a ionização;
- conhecer os ácidos e as suas principais aplicações;
- conhecer as bases e as suas principais aplicações;
- conhecer os sais e a sua presença no cotidiano;
- interpretar e analisar as reações de neutralização;
- conhecer os óxidos e discutir a aplicação dos conhecimentos da Química no meio ambiente.

## CAPÍTULO 13
# Ionização e dissociação iônica

Este capítulo favorece o desenvolvimento da habilidade
EM13CNT107

No final do século XIX, o físico-químico sueco Svante August Arrhenius (1859-1927) iniciou seus estudos sobre a condutividade elétrica de soluções aquosas. Nesse estudo ele realizou um experimento com o objetivo de testar a passagem de corrente elétrica através de soluções aquosas que continham diversos solutos. A partir de seus resultados experimentais, Arrhenius elaborou a hipótese de que determinadas substâncias, quando dissolvidas em água, formariam partículas carregadas, ou seja, **íons**. Essa teoria lhe rendeu um prêmio Nobel em 1903.

Para compreender o experimento de Arrhenius, vamos considerar que ele tenha sido realizado nos seguintes meios: água pura; água + sal de cozinha (NaCℓ) dissolvido; água + açúcar dissolvido; água + gás clorídrico (HCℓ) dissolvido. Observe a seguir os resultados.

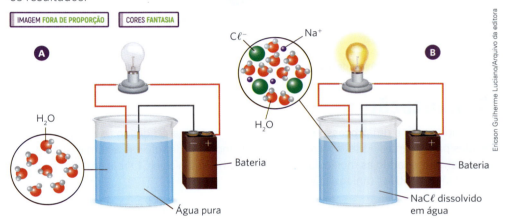

(A) A lâmpada não acende, pois a água pura não conduz corrente elétrica. (B) A lâmpada acende, pois o sal de cozinha (NaCℓ) dissolvido em água faz com que ela conduza corrente elétrica.

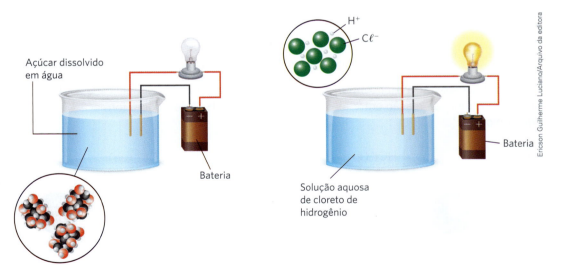

O açúcar dissolvido em água não conduz corrente elétrica (a lâmpada não acende), ao passo que a solução aquosa de cloreto de hidrogênio conduz corrente elétrica (a lâmpada acende).

Mas como ocorreria a formação de íons? Fundamentalmente através de dois processos distintos, a **dissociação iônica** ou a **ionização**. Vamos analisar esses processos a seguir.

## Dissociação iônica

A dissociação iônica consiste em um **processo físico**, no qual ocorre a separação dos íons de uma substância iônica, quando esta é dissolvida em água; por exemplo, o sal de cozinha dissociado em água. Observe o que ocorre a seguir.

$$NaC\ell\ (s) \xrightarrow{H_2O} Na^+\ (aq) + C\ell^-\ (aq)$$

O resultado da interação entre a molécula de água ($H_2O$) e o cloreto de sódio ($NaC\ell$) é uma solução iônica. A interação que ocorre entre as moléculas de água e os diversos tipos de íons é denominada **solvatação**.

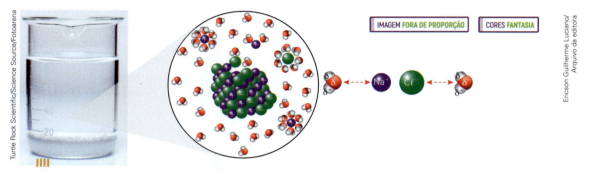

Solução iônica de cloreto de sódio e água. As interações que ocorrem entre os íons e a molécula de água são do tipo íons-dipolo.

## Ionização

A ionização é um **processo químico**, no qual há formação de íons que não existiam anteriormente nas moléculas participantes. Esse fenômeno ocorre quando são dissolvidas algumas substâncias moleculares em água; por exemplo, quando as moléculas de cloreto de hidrogênio ($HC\ell$) reagem com a água, formando íons positivos (cátions) e negativos (ânions). Observe a seguir:

$$HC\ell\ (g) + H_2O\ (\ell) \rightarrow H_3O^+\ (aq) + C\ell^-\ (aq)$$

Podemos também ter as seguintes representações para essa reação:

$$HC\ell \xrightarrow{\text{água}} H^+ + C\ell^-$$

$$H{:}\!\cdot\!C\ell{:} \xrightarrow{\text{água}} H^+ + {:}C\ell{:}^-$$

$$HC\ell\ (g) + H_2O\ (\ell) \rightarrow H_3O^+\ (aq) + C\ell^-\ (aq)$$

Os processos acima encontram-se representados de maneira simplificada. O fenômeno da ionização ocorre por meio da reação entre as moléculas de $HC\ell$ e $H_2O$, levando à formação do cátion hidrônio ou hidroxônio $H_3O^+$.

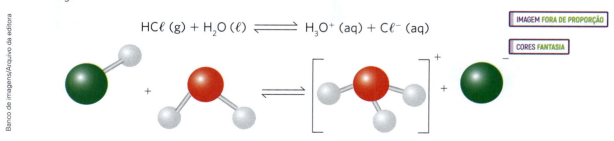

$$HC\ell\ (g) + H_2O\ (\ell) \rightleftharpoons H_3O^+\ (aq) + C\ell^-\ (aq)$$

- **Condutividade elétrica**

Substâncias iônicas e moleculares apresentam condutividade elétrica quando originam íons livres em solução aquosa, seja por ionização, seja por dissociação iônica. As soluções que apresentam íons livres são chamadas de soluções **iônicas** ou **eletrolíticas**. Já as soluções que não apresentam íons livres, como a dissolução de açúcar em água, são chamadas de **moleculares** ou **não eletrolíticas**.

## Explore seus conhecimentos

**1** Faça a associação:

a) Conduz corrente elétrica.
b) Não conduz corrente elétrica.

I. Solução eletrolítica.
II. Solução não eletrolítica.
III. Solução iônica.
IV. Solução molecular.

**2** (Fuvest-SP) Observa-se que uma solução aquosa saturada de HCℓ libera uma substância gasosa. Uma estudante de química procurou representar, por meio de uma figura, os tipos de partículas que predominam nas fases aquosa e gasosa desse sistema — sem representar as partículas de água. A figura com a representação mais adequada seria:

a)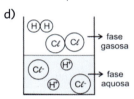

b)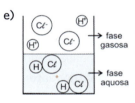

c)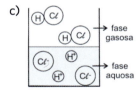

d)

e)

**3** (Enem) As misturas efervescentes, em pó ou em comprimidos, são comuns para a administração de vitamina C ou de medicamentos para azia. Essa forma farmacêutica sólida foi desenvolvida para facilitar o transporte, aumentar a estabilidade de substâncias e, quando em solução, acelerar a absorção do fármaco pelo organismo.

As matérias-primas que atuam na efervescência são, em geral, o ácido tartárico ou o ácido cítrico que reagem com um sal de caráter básico, como o bicarbonato de sódio ($NaHCO_3$), quando em contato com a água. A partir do contato da mistura efervescente com a água, ocorre uma série de reações químicas simultâneas: liberação de íons, formação de ácido e liberação do gás carbônico gerando a efervescência. As equações a seguir representam as etapas da reação da mistura efervescente na água, em que foram omitidos os estados de agregação dos reagentes, e $H_3A$ representa o ácido cítrico.

I. $NaHCO_3 \rightarrow Na^+ + (HCO_3)^-$
II. $H_2CO_3 \rightarrow H_2O + CO_2$
III. $(HCO_3)^- + H^+ \rightarrow H_2CO_3$
IV. $H_3A \rightarrow 3\,H^+ + A^-$

A ionização, a dissociação iônica, a formação do ácido e a liberação do gás ocorrem, respectivamente, nas seguintes etapas:

a) IV, I, II e III.
b) I, IV, III e II.
c) IV, III, I e II.
d) I, IV, II e III.
e) IV, I, III e II.

## Relacione seus conhecimentos

**1** (Univag-MT) A figura mostra um processo que ocorre quando determinados compostos são colocados em água tornando a solução condutora de eletricidade.

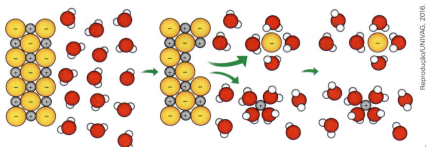

(qnesc.sbq.org.br)

Assinale a alternativa que indica corretamente o nome do processo representado pela figura e o nome da ligação formada entre as moléculas de água e as partículas dissolvidas.

a) Dissociação molecular – ligação de hidrogênio
b) Dissociação iônica – ligação íon-dipolo
c) Dissociação iônica – ligação iônica
d) Ionização – ligação de hidrogênio
e) Diluição – ligação íon-dipolo

**2** (PUC-RS) Analise o texto a seguir.

Durante o verão, verificam-se habitualmente tempestades em muitas regiões do Brasil. São chuvas intensas e de curta duração, acompanhadas muitas vezes de raios. No litoral, essas tempestades constituem um risco para os banhistas, pois a água salgada é eletricamente condutora. Isso se explica pelo fato de a água salgada conter grande quantidade de _____ como $Na^+$ e $Cl^-$ livres para transportar carga elétrica no meio. Uma maneira de liberar essas partículas é dissolver sal de cozinha em um copo de água. Nesse processo, os _____ existentes no sal sofrem _____.

As expressões que completam corretamente o texto são, respectivamente:

a) átomos – cátions e ânions – ionização.
b) átomos – átomos e moléculas – dissociação.
c) íons – elétrons livres – hidrólise.
d) íons – cátions e ânions – dissociação.
e) moléculas – átomos e moléculas – ionização.

**3** (Unicamp-SP) À temperatura ambiente, o cloreto de sódio ($NaCl$) é sólido e o cloreto de hidrogênio ($HCl$) é um gás. Essas duas substâncias podem ser líquidas em temperaturas adequadas.

a) Por que, no estado líquido, o $NaCl$ é um bom condutor de eletricidade, enquanto no estado sólido não é?
b) Por que, no estado líquido, o $HCl$ é um mau condutor de eletricidade?
c) Por que, em solução aquosa, ambos são bons condutores de eletricidade?

**4** (UFMG) Observe a figura. Ela representa um circuito elétrico.

O béquer contém água pura, à qual se adiciona uma das seguintes substâncias:

$KOH$ (s), $C_6H_6$ ($\ell$), $HCl$ (g), $Fe$ (s), $NaCl$ (s)

Após essa adição, a lâmpada pode ou não acender. Indique quantas dessas substâncias fariam a lâmpada acender.

**Nota dos autores:** Para realizar essa atividade, considerar quantas dessas substâncias produzem uma solução eletrolítica capaz de acender a lâmpada.

a) 5
b) 4
c) 3
d) 2
e) 1

**5** (UFG-GO) Duas placas condutoras (representadas por +Q e −Q), espaçadas por uma distância d, foram colocadas no interior de uma mangueira, conforme visualizado no esquema abaixo. Ao se aplicar uma diferença de potencial entre as placas é gerado um campo elétrico.

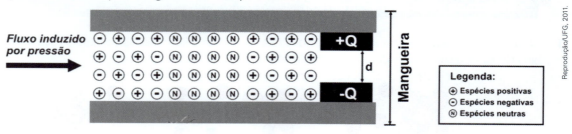

Quando uma solução é introduzida na mangueira sob um fluxo constante (induzido por pressão), o sistema capacitivo, formado pelas placas condutoras, permite o monitoramento das espécies químicas presentes. Esse monitoramento é realizado por meio da variação da corrente elétrica, que é proporcional à condutividade do meio. Com base nestas informações, explique o que ocorre com a intensidade da corrente elétrica quando uma solução iônica e uma solução molecular são introduzidas sequencialmente no sistema esquematizado acima.

# Ácidos

Em estudos posteriores, Arrhenius identificou íons presentes em determinados tipos de soluções. A partir disso, foi possível elaborar a seguinte definição:

**Ácidos**: Toda substância que, em solução aquosa, origina como único cátion o $H^+$ ($H_3O^+$).

Observe a seguir os exemplos e suas reações simplificadas:

$HC\ell + H_2O \rightleftharpoons H_3O^+ + C\ell^-$
$H_2SO_4 + 2\,H_2O \rightleftharpoons 2\,H_3O^+ + SO_4^{2-}$
$H_3PO_4 + 3\,H_2O \rightleftharpoons 3\,H_3O^+ + PO_4^{3-}$

$HC\ell \xrightleftharpoons{\text{água}} H^+ + C\ell^-$
$H_2SO_4 \xrightleftharpoons{\text{água}} 2\,H^+ + SO_4^{2-}$
$H_3PO_4 \xrightleftharpoons{\text{água}} 3\,H^+ + PO_4^{3-}$

## Propriedades

Os ácidos apresentam algumas propriedades características: geralmente são voláteis, reagem com metais e carbonatos, neutralizam bases, entre outras. Diversos tipos de ácidos estão presentes em nosso dia a dia. A seguir vamos conhecer alguns desses ácidos, suas nomenclaturas, aplicações e características.

## Nomenclatura e classificação

Os ácidos podem ser classificados a partir da presença ou não de oxigênio em sua composição, por seu grau de ionização e número de hidrogênios ionizáveis. Vamos analisar a seguir essas classificações.

### Hidrácidos

Os hidrácidos são ácidos que **não** apresentam oxigênio em sua composição. Seus nomes podem ser dados de maneira genérica:

Ácido + nome do elemento + ídrico

- HF – Ácido fluorídrico
- HC$\ell$ – Ácido clorídrico
- HBr – Ácido bromídrico

HI – Ácido iodídrico
$H_2S$ – Ácido sulfídrico
HCN – Ácido cianídrico

### Oxiácidos

Os oxiácidos são ácidos que apresentam oxigênio em sua composição, os principais são:

$HC\ell O_3$ – ácido clórico
$H_2SO_4$ – ácido sulfúrico
$HNO_3$ – ácido nítrico
$H_3PO_4$ – ácido fosfórico
$H_2CO_3$ – ácido carbônico

A partir desses ácidos de referência, é possível obter as fórmulas e os nomes de outros ácidos oxigenados, por meio da alteração do número de átomos de oxigênio que estão presentes em sua composição. De maneira geral, podemos utilizar o esquema a seguir para a nomenclatura dos oxiácidos.

ácido padrão
- ácido **per** + (nome do elemento) + **ico** ⎫ + 1 átomo de oxigênio
- ácido + (nome do elemento) + **ico** ⎬ – 1 átomo de oxigênio
- ácido + (nome do elemento) + **oso** ⎬ – 1 átomo de oxigênio
- ácido **hipo** + (nome do elemento) + **oso** ⎭

Observe os exemplos a seguir.

HCℓO₄ - ácido **per**clór**ico**
HCℓO₃ - ácido clór**ico**
HCℓO₂ - ácido clor**oso**
HCℓO - ácido **hip**oclor**oso**
H₂SO₄ - ácido sulfúr**ico**
H₂SO₃ - ácido sulfur**oso**

## Classificação quanto ao número de hidrogênios ionizáveis

Os ácidos podem ser classificados também em relação ao número de hidrogênios ionizáveis presentes em sua composição.

- **Monoácido**: Apresenta 1 H⁺ ionizável por molécula.
  Exemplos: HCℓ, HF, HBr, HNO₃, HCℓO₄
- **Diácido**: Apresenta 2 H⁺ ionizáveis por molécula.
  Exemplos: H₂SO₄, H₂SO₃
- **Triácido**: Apresenta 3 H⁺ ionizáveis por molécula.
  Exemplo: H₃PO₄

É importante ressaltar que, no caso dos oxiácidos, os hidrogênios ionizáveis são aqueles que se encontram ligados ao oxigênio.

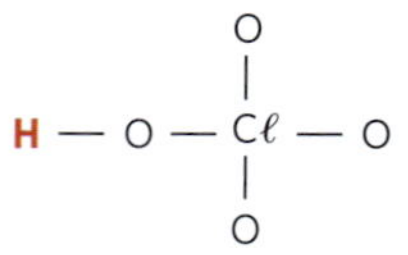

HCℓO₄
1 **H** ionizável
monoácido

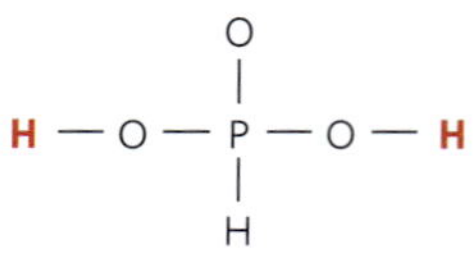

H₃PO₃
2 **H** ionizáveis
diácido

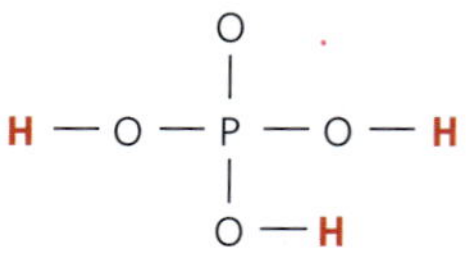

H₃PO₄
3 **H** ionizáveis
triácido

## Grau de ionização (α)

Grau de ionização de um ácido (α) é a relação entre o número de moléculas que sofreram ionização e a quantidade total de moléculas dissolvidas. Matematicamente, temos:

$$\alpha = \frac{n^\circ \text{ de moléculas ionizadas}}{n^\circ \text{ de moléculas dissolvidas}}$$

Observe a seguir.

- HCℓ α = 92% → ácido forte ⇒ α > 50%
  Em outras palavras, podemos dizer que a cada 100 moléculas de HCℓ dissolvidas, 92 sofrem ionização.
- HCN α = 4% → ácido fraco ⇒ α ≤ 5%
  Então, para cada 100 moléculas de HCN dissolvidas, 4 sofrem ionização.

É possível classificar um ácido de acordo com o seu grau de ionização:

| Fortes | Semifortes ou moderados | Fracos |
|---|---|---|
| α > 50% | 5% < α ≤ 50% | α ≤ 5% |

Já para os hidrácidos, temos:

| Fortes | Semifortes ou moderados | Fracos |
|---|---|---|
| HCℓ, HBr, HI | HF | H₂S, HCN |

A determinação da força de um oxiácido pode ser obtida pela diferença entre o número de átomos de oxigênio e o número de átomos de hidrogênio ionizáveis:

$$H_xEO_y \begin{cases} y - x \geq 2 \Rightarrow \text{forte} \\ y - x = 1 \Rightarrow \text{moderado} \\ y - x = 0 \Rightarrow \text{fraco} \end{cases}$$

Exemplos:

$HCℓO_4$: 4 − 1 = 3 ⇒ forte
$HCℓO_3$: 3 − 1 = 2 ⇒ forte

$HCℓO_2$: 2 − 1 = 1 ⇒ moderado ou semiforte
$HCℓO$: 1 − 1 = 0 ⇒ fraco

Observações:
- O ácido carbônico ($H_2CO_3$) - ácido instável que se decompõe, é considerado um ácido fraco.
$(H_2CO_3) \rightleftharpoons H_2O + CO_2$.
- O ácido acético ($H_3CCOOH$) - principal componente do vinagre, tem grau de ionização de 1,3% e é considerado um ácido fraco.

## Principais ácidos

- **Ácido fluorídrico (HF)**: é utilizado na gravação de informações em vidros automotivos, pois esse ácido tem o poder de corroer materiais de vidro.
- **Ácido clorídrico (HCℓ)**: é comumente utilizado na remoção de argamassa seca em pisos, na remoção de ferrugem e na produção de corantes e colas.
- **Ácido sulfídrico ($H_2S$)**: esse ácido, na forma de gás, é formado no processo de apodrecimento de ovos, sendo ele o responsável pelo odor característico.
- **Ácido sulfúrico ($H_2SO_4$)**: pode ser utilizado na composição das baterias dos automóveis, em processos industriais; além disso, ele pode desidratar o açúcar e transformá-lo em carvão.
- **Ácido carbônico ($H_2CO_3$):** esse ácido é encontrado em todas as bebidas gaseificadas e é formado a partir da reação de água com gás carbônico.

### Explore seus conhecimentos

**1** Com relação aos oxiácidos, sabe-se que ácidos com sufixo "oso" apresentam um oxigênio a menos que os terminados em "ico". Com base nisso, assinale a alternativa que completa corretamente os espaços em branco na tabela abaixo, respectivamente:

| Nome | Fórmula |
|---|---|
| Ácido nítrico | $HNO_3$ |
| Ácido nitroso | – |
| – | $H_3PO_4$ |
| Ácido fosforoso | $H_3PO_3$ |
| Ácido sulfúrico | $H_2SO_4$ |
| – | $H_2SO_3$ |

a) $H_2NO_3$, ácido fosforídrico, ácido sulfuroso.
b) $HNO_2$, ácido fosforídrico, ácido sulfuroso.
c) $H_2NO_3$, ácido fosfórico, ácido sulfídrico.
d) $HNO_2$, ácido fosfórico, ácido sulfuroso.
e) $H_2NO_3$, ácido fosfórico, ácido sulfuroso.

**2** (Udesc) As seguintes soluções aquosas são ácidos comuns encontrados em laboratórios:

1) $HCℓO_2$
2) $HCℓO_3$
3) $HCℓO$
4) $HCℓO_4$

Indique a alternativa que apresenta, respectivamente, os nomes corretos dos ácidos mencionados acima.

a) Ácido clórico; ácido cloroso; ácido perclórico; ácido hipocloroso.
b) Ácido hipocloroso; ácido perclórico; ácido cloroso; ácido clórico.
c) Ácido cloroso; ácido clórico; ácido clorídrico; ácido perclórico.
d) Ácido cloroso; ácido clórico; ácido hipocloroso; ácido perclórico.
e) Ácido clorídrico; ácido clórico; ácido hipocloroso; ácido perclórico.

**3** (Ifsul-RS) Leia o texto para responder à questão a seguir.

Os refrigerantes são bebidas consumidas em todo o mundo e vários são os ingredientes utilizados para a sua produção, destacando-se os ácidos, adicionados pela ação acidulante, que está relacionada com o realce do sabor, diminuição do pH e também regulação do teor de açúcar. Diversos ácidos são utilizados, tais como ácidos naturais (cítrico e tartárico) e o ácido fosfórico – $H_3PO_4$, presente em refrigerantes sabor cola.

Em média o pH de refrigerantes do tipo 'cola' é de 2,0.

(Fonte: Site Brasil Escola – adaptado).

Sobre o ácido fosfórico, é correto afirmar que é um:
a) oxiácido, forte, diácido.
b) hidrácido, fraco, diácido.
c) oxiácido, semiforte, triácido.
d) hidrácido, semiforte, monoácido.

**4** (Uece) Considere os seguintes ácidos, com seus respectivos graus de ionização (a 18 °C) e usos:
  I. $H_3PO_4$ ($\alpha$ = 27%), usado na preparação de fertilizantes e como acidulante em bebidas refrigerantes;
  II. $H_2S$ ($\alpha$ = 7,6 · $10^{-2}$%), usado como redutor;
  III. $HC\ell O_4$ ($\alpha$ = 97%), usado na medicina, em análises químicas e como catalisador em explosivos;
  IV. HCN ($\alpha$ = 8,0 · $10^{-3}$%), usado na fabricação de plásticos, corantes e fumigantes para orquídeas e poda de árvores.

Podemos afirmar que:
a) $HC\ell O_4$ e HCN são triácidos.
b) $H_3PO_4$ e $H_2S$ são hidrácidos.
c) $H_3PO_4$ é considerado um ácido semiforte.
d) $H_2S$ é um ácido ternário.

## Relacione seus conhecimentos

**1** (Cefet-SC) Considerando os oxiácidos $H_2SO_4$, $HC\ell O_4$, $HC\ell O$, podemos dizer que a ordem correta quanto à força decrescente de ionização é:
a) $HC\ell O$, $HC\ell O_4$, $H_2SO_4$.
b) $HC\ell O_4$, $H_2SO_4$, $HC\ell O$.
c) $HC\ell O_4$, $HC\ell O$, $H_2SO_4$.
d) $HC\ell O$, $H_2SO_4$, $HC\ell O_4$.
e) $H_2SO_4$, $HC\ell O$, $HC\ell O_4$.

**2** (UVA-CE) Os ácidos $HC\ell O_4$, $H_2MnO_4$, $H_3PO_4$, $H_4Sb_2O_7$, quanto ao número de hidrogênios ionizáveis, podem ser classificados em:
a) monoácido, diácido, triácido, tetrácido.
b) monoácido, diácido, triácido, triácido.
c) monoácido, diácido, diácido, tetrácido.
d) monoácido, monoácido, diácido, triácido.
e) monoácido, monoácido, triácido, tetrácido.

**3** (Cesgranrio-RJ) Com base na tabela de graus de ionização apresentada a seguir:

| Ácido | Grau de ionização ($\alpha$) |
|---|---|
| HF | 8% |
| $HC\ell$ | 92% |
| HCN | 0,008% |
| $H_2SO_4$ | 61% |
| $H_3PO_4$ | 27% |

podemos concluir que o ácido mais forte é:
a) HF.
b) HCN.
c) $H_3PO_4$.
d) $HC\ell$.
e) $H_2SO_4$.

# CAPÍTULO 15

# Bases

De acordo com a teoria de Arrhenius:

**Base**: toda substância que, em solução aquosa, origina uma hidroxila (OH⁻) como único tipo de ânion.

Exemplos:
$$NaOH \xrightarrow{água} Na^+ + OH^-$$
$$Ca(OH)_2 \xrightarrow{água} Ca^{2+} + 2\ OH^-$$
$$A\ell(OH)_3 \xrightarrow{água} A\ell^{3+} + 3\ OH^-$$

## Propriedades

As bases apresentam algumas propriedades características: geralmente não são voláteis (exceto a amônia, uma base extremamente volátil) e neutralizam ácidos. Diversas bases estão presentes em nosso cotidiano, a seguir vamos conhecer suas nomenclaturas, aplicações e características.

## Nomenclatura e formulação

A fórmula genérica das bases é dada por:

$$M^{X+}OH^- \Rightarrow M(OH)_X$$

Além disso, podemos utilizar a seguinte regra para a nomenclatura das bases:

Hidróxido + de + nome do cátion

Observe os exemplos a seguir.

Hidróxido de sódio $\begin{cases} \text{cátion: } Na^+ \\ \text{ânion: } OH^- \end{cases}$ $\langle Na^+OH^- \Rightarrow NaOH$

Hidróxido de cálcio $\begin{cases} \text{cátion: } Ca^{2+} \\ \text{ânion: } OH^- \end{cases}$ $\langle Ca^{2+}OH^- \Rightarrow Ca(OH)_2$

Hidróxido de alumínio $\begin{cases} \text{cátion: } A\ell^{3+} \\ \text{ânion: } OH^- \end{cases}$ $\langle A\ell^{3+}OH^- \Rightarrow A\ell(OH)_3$

No entanto, existem algumas exceções para essa nomenclatura. Por exemplo, quando um elemento químico forma cátions com diferentes eletrovalências (cargas), podemos acrescentar algarismos romanos ao final do nome ou adicionar os sufixos **oso** (cátion de menor carga) e **ico** (cátion de maior carga). Observe a seguir o exemplo do ferro.

Ferro $\begin{cases} Fe^{2+}: Fe(OH)_2 \Rightarrow \text{hidróxido de ferro (II) ou hidróxido ferr}\textbf{oso} \\ Fe^{3+}: Fe(OH)_3 \Rightarrow \text{hidróxido de ferro (III) ou hidróxido férr}\textbf{ico} \end{cases}$

O hidróxido de amônio é uma base que difere em sua formação, pois não é obtida a partir da ligação de um metal (cátion) com uma hidroxila (ânion). Essa base é formada pela reação de borbulhamento do gás amônia com a água. Observe a seguir.

$$\underbrace{NH_3\ (g)}_{\text{amônia}} + H_2O\ (\ell) \rightarrow \underbrace{(NH_4)^+\ (aq) + OH^-\ (aq)}_{\text{hidróxido de amônio}}$$

## Classificação das bases

As bases podem ser classificadas de acordo com alguns critérios:

### Número de hidroxilas

|  | Monobases | Dibases | Tribrases |
|---|---|---|---|
| Número de OH⁻ liberados | 1 OH⁻ | 2 OH⁻ | 3 OH⁻ |
| Exemplo | KOH | Ca(OH)$_2$ | Fe(OH)$_3$ |

### Solubilidade e força

A força das bases pode ser determinada por meio de sua solubilidade; de modo geral, temos:

Há algumas exceções, como:
- As bases Be(OH)$_2$ e Mg(OH)$_2$, por apresentarem solubilidade muito pequena, são consideradas praticamente insolúveis.
- O hidróxido de amônio (NH$_4$OH) tem grande solubilidade, porém apresenta um grau de ionização muito pequeno, sendo assim, é uma base solúvel e fraca.

Dessa forma, temos:
- **Bases fortes**: LiOH, NaOH, KOH, RbOH, CsOH, Ca(OH)$_2$, Sr(OH)$_2$, Ba(OH)$_2$;
- **Bases fracas**: NH$_4$OH e bases dos demais metais.

## Principais bases

Diversas bases estão presentes em nosso cotidiano. A seguir vamos conhecer suas aplicações e características.
- **Hidróxido de sódio (NaOH)**: é utilizado na fabricação de sabão a partir de óleos e gorduras; comumente é chamado de soda cáustica.
- **Hidróxido de magnésio (Mg(OH)$_2$)**: geralmente é utilizado para combater o excesso de ácido clorídrico no estômago (azia).
- **Hidróxido de amônio (NH$_4$OH)**: principal componente de fertilizantes, mas também pode ser encontrado em produtos de limpeza à base de amoníaco.
- **Hidróxido de cálcio (Ca(OH)$_2$)**: esse hidróxido é utilizado na preparação de argamassa e na de pinturas de cal. É conhecido como cal apagada ou cal extinta.

### Explore seus conhecimentos

**1** (PUC-MG) Segundo a definição de Arrhenius, as bases são espécies que, em solução aquosa:
a) fornecem íons OH⁻
b) fornecem íons H⁺
c) recebem íons OH⁻
d) recebem íons H⁺

**2** Considere os seguintes cátions: Na⁺, Ag⁺, Sr²⁺, Aℓ³⁺, (NH$_4$)⁺. Escreva em seu caderno a fórmula das suas bases e seus respectivos nomes.

**3** Dada a nomenclatura a seguir, escreva em seu caderno as fórmulas das bases e classifique-as de acordo com o número de OH⁻.
a) hidróxido férrico ou de ferro III;
b) hidróxido cuproso ou de cobre I;
c) hidróxido de bário;
d) hidróxido de lítio;
e) hidróxido plúmbico ou de chumbo IV.

**4** (UPM-SP)

| Força e solubilidade de bases em água ||
|---|---|
| bases de metais alcalinos | fortes e solúveis |
| bases de metais alcalinoterrosos | fortes e parcialmente solúveis, exceto a de magnésio, que é fraca |
| demais bases | fracas e praticamente insolúveis |

Para desentupir um cano de cozinha e para combater a acidez estomacal, necessita-se, respectivamente, de uma base forte e solúvel e de uma base fraca e parcialmente solúvel. Consultando a tabela acima, conclui-se que as fórmulas dessas bases podem ser:
a) Ba(OH)$_2$ e Fe(OH)$_3$
b) Aℓ(OH)$_3$ e NaOH
c) KOH e Ba(OH)$_2$
d) Cu(OH)$_2$ e Mg(OH)$_2$
e) NaOH e Mg(OH)$_2$

**5** (Unioeste-PR) Os hidróxidos de sódio, cálcio, alumínio e magnésio são bases utilizadas com diferentes números de hidroxilas. Assinale a alternativa que define corretamente estas bases na sequência indicada.
a) Monobase, dibase, dibase e monobase.
b) Monobase, monobase, tribase e dibase.
c) Dibase, dibase, tribase e dibase.
d) Tribase, monobase, monobase e monobase.
e) Monobase, dibase, tribase e dibase.

**6** Considere a ionização total do ácido fosfórico (H$_3$PO$_4$):
$$H_3PO_4 \rightarrow 3\ H^+ + (PO_4)^{3-}$$
Indique a alternativa na qual tem-se uma base que, na sua dissociação total, produz o mesmo número de íons, por fórmula, que o ácido fosfórico.
a) Hidróxido de sódio.
b) Hidróxido de cálcio.
c) Hidróxido de prata.
d) Hidróxido de alumínio.
e) Hidróxido de bário.

## Relacione seus conhecimentos

**1** As equações a seguir mostram a dissociação, em água, dos hidróxidos de sódio e de alumínio:
- Hidróxido de sódio
  NaOH → Na$^+$ + OH$^-$
- Hidróxido de alumínio
  Aℓ(OH)$_3$ → Aℓ$^{3+}$ + 3 OH$^-$

Equacione as dissociações, em água, dos seguintes hidróxidos:
a) hidróxido de lítio;
b) hidróxido de estrôncio;
c) hidróxido de ferro II;
d) hidróxido de ferro III.

**2** (FBA-SP) Um certo hidróxido tem fórmula M(OH)$_2$. O elemento M pode ser:
a) magnésio.          c) sódio.
b) enxofre.           d) alumínio.

**3** (PUC-PR) Assinale a alternativa que representa as bases segundo o grau crescente de solubilidade:
a) Hidróxido de Ferro II, Hidróxido de Sódio, Hidróxido de Cálcio.
b) Hidróxido de Lítio, Hidróxido de Magnésio, Hidróxido de Cálcio.
c) Hidróxido de Sódio, Hidróxido de Cálcio, Hidróxido de Magnésio.
d) Hidróxido de Ferro II, Hidróxido de Cálcio, Hidróxido de Sódio.
e) Hidróxido de Sódio, Hidróxido de Potássio, Hidróxido de Cálcio.

**4** O esquema a seguir mostra uma aparelhagem utilizada para testar a força de eletrólitos.

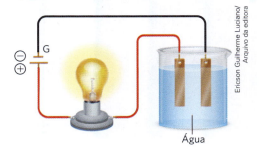

Quando uma substância X é adicionada ao frasco com água, verificamos que, dependendo da natureza de X, podem ocorrer três fenômenos:
- a lâmpada acende com brilho intenso;
- a lâmpada acende com brilho fraco;
- a lâmpada não acende.

Considere que X seja hidróxido de:
a) amônio;      d) cálcio;      g) prata;
b) sódio;       e) bário;       h) ferro II;
c) potássio;    f) magnésio;    i) ferro III.

Escreva suas fórmulas e indique o comportamento da lâmpada em cada um dos casos.

## Identificação de ácidos e bases

Podemos identificar ácidos e bases por meio da utilização de indicadores ácido-base. Os indicadores são substâncias que apresentam diferentes colorações características dependendo do pH da substância na qual estão inseridos. Observe a seguir os principais indicadores e suas colorações.

| Indicador ácido-base | Substância ácida | Substância neutra | Substância básica |
|---|---|---|---|
| Papel de tornassol | Vermelho | Não altera a cor do papel | Azul |
| Fenolftaleína | Incolor | Incolor | Rosa |
| Azul de bromotimol | Amarelo | Verde | Azul |

A maioria dos indicadores são de natureza artificial, porém existem alguns naturais, como o suco de repolho-roxo. Observe suas colorações em diferentes faixas de pH.

As diferentes cores que o extrato de repolho roxo adquire em soluções aquosas de pH variados.

Lembramos que, em uma escala de pH, a 25°C, temos:

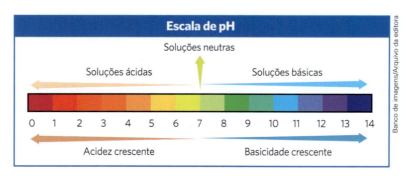

### Explore seus conhecimentos

1. (UFRGS-RS) Aos frascos A, B e C, contendo soluções aquosas incolores de substâncias diferentes, foram adicionadas gotas de fenolftaleína. Observou-se que só o frasco A passou a apresentar coloração rósea. Identifique a alternativa que indica substâncias que podem estar presentes em B e C.
   a) NaOH e NaCℓ.
   b) $H_2SO_4$ e HCℓ.
   c) NaOH e $Ca(OH)_2$.
   d) $H_2SO_4$ e NaOH.
   e) NaCℓ e $Mg(OH)_2$.

2. (PUC-RS) A soda cáustica se comporta diante da fenolftaleína do mesmo modo que:
   a) o amoníaco.
   b) a água da chuva.
   c) a urina.
   d) os refrigerantes gaseificados.
   e) o suco de laranja.

3. (Faap-SP) O creme dental é básico, porque:
   a) produz dentes mais brancos.
   b) a saliva é ácida.
   c) tem gosto melhor.
   d) se fosse ácido, iria corroer o tubo (bisnaga).
   e) produz mais espuma.

4. (Vunesp-SP) Alguns produtos de limpeza contêm, em suas composições, amoníaco, que impropriamente é representado como $NH_4OH$ (aq). O cheiro forte e sufocante desse composto básico tende a desaparecer depois de utilizado na remoção de gordura impregnada em pias ou panelas.
   a) Forneça as equações químicas para a dissolução da amônia e para sua dissociação em água.
   b) Explique o desaparecimento do cheiro forte do amoníaco após sua utilização.

### Relacione seus conhecimentos

1. (Ulbra-RS)

   **Achocolatado é recolhido depois de causar mal-estar em consumidores.**

   Queixas chegaram à Vigilância Sanitária Estadual e foram relatadas por moradores de Canoas, São Leopoldo e Porto Alegre.
   Na zona sul da Capital, uma menina de 10 anos foi levada ao Hospital de Pronto Socorro (HPS) depois que sentiu uma forte ardência na boca e na garganta ao beber o produto, comprado pela avó dela, que é dona de um minimercado no bairro Guarujá. A garota foi medicada e retornou para casa nesta tarde.
   Segundo a responsável pelo setor de alimentos da Divisão de Vigilância Sanitária do Estado, Susete Lobo Saar de Almeida, uma análise laboratorial prévia do produto constatou alterações no pH da bebida. Esse índice, que aponta o quanto uma substância é ácida ou alcalina, estaria em torno de 13 — em uma escala que vai de zero a 14 — indicando grande alcalinidade no produto.
   Fonte: http://zerohora.clicrbs.com.br

   Qual das substâncias abaixo poderia ter causado o problema citado na reportagem?
   a) Ácido sulfúrico.
   b) Hidróxido de sódio.
   c) Nitrato de potássio.
   d) Dióxido de carbono.
   e) Cloreto de amônio.

2. (UFJF-MG) Uma dona de casa realizou as seguintes operações:
   1. Bateu em um liquidificador folhas de repolho roxo picadas com um pouco de água e depois aqueceu por cinco minutos.
   2. Separou o líquido, que apresentava cor roxa, das folhas, com o auxílio de um coador, e o dividiu em dois copos.
   3. A um dos copos, adicionou vinagre (ácido acético) e não houve alteração na cor do líquido, ou seja, ele permaneceu roxo.
   4. Ao outro copo, adicionou leite de magnésia (hidróxido de magnésio) e a cor do líquido passou para verde.

   Assinale a afirmação correta:
   a) O processo de separação utilizado na primeira operação é a destilação.
   b) O líquido que apresentava cor roxa, separado na segunda operação, funciona como indicador ácido-base.
   c) O processo de separação utilizado na segunda operação é a decantação.
   d) O hidróxido de magnésio é um óxido.
   e) O vinagre é uma base.

# Sais

Este capítulo favorece o desenvolvimento das habilidades
EM13CNT101
EM13CNT310

Os sais são compostos iônicos que podem ser obtidos por meio da reação de neutralização entre ácidos e bases, que serão vistas com detalhes mais adiante. De acordo com a definição de Arrhenius:

> **Sal**: toda substância que, em solução aquosa, libera pelo menos um cátion diferente de $H^+$ ($H_3O^+$) e um ânion diferente de $OH^-$.

Exemplos:
$NaCl\ (s) \xrightarrow{\text{água}} Na^+\ (aq) + Cl^-\ (aq)$
$K_2SO_4\ (s) \xrightarrow{\text{água}} 2\ K^+\ (aq) + (SO_4)^{2-}\ (aq)$
$Ca(NO_3)_2\ (s) \xrightarrow{\text{água}} Ca^{2+}\ (aq) + 2\ (NO_3)^-\ (aq)$

Observe que um sal, ao se dissolver na água, sofre dissociação iônica.

## Propriedades

Os sais possuem propriedades características de compostos iônicos: são sólidos em temperatura ambiente (25 °C a 1 atm), apresentam alta temperatura de fusão e de ebulição, são bons condutores de corrente elétrica quando estão em estado líquido ou em solução aquosa. Diversos sais estão presentes em nosso dia a dia. A seguir vamos conhecer sua nomenclatura e algumas de suas aplicações.

## Nomenclatura e formulação

De maneira geral, a formulação do sal pode ser dada por:

$$C^{x+}A^{y-} \Rightarrow C_yA_x$$

Assim, conhecendo o cátion e o ânion que constituem o sal, podemos utilizar a seguinte regra para a sua nomenclatura:

> nome do ânion + de + nome do cátion

Como o nome do ânion é proveniente do nome de um ácido que o origina, devemos substituir as terminações. Observe a tabela.

| Sufixo do ácido | Sufixo do ânion |
|---|---|
| ídrico | eto |
| ico | ato |
| oso | ito |

Exemplos:

| Ácido | Ânion | Cátion | Sal |
|---|---|---|---|
| HCl – ácido clorídrico | $Cl^-$ – cloreto | $Na^+$ – sódio | NaCl – cloreto de sódio |
| $H_2SO_4$ – ácido sulfúrico | $(SO_4)^{2-}$ – sulfato | $K^+$ – potássio | $K_2SO_4$ – sulfato de potássio |
| $HNO_2$ – ácido nitroso | $(NO_2)^-$ – nitrito | $Al^{3+}$ – alumínio | $Al(NO_2)_3$ – nitrito de alumínio |

# Classificação dos sais

Os sais podem ser classificados ainda de acordo com a solubilidade em água:

| Solúveis (como regra) | Insolúveis (principais exceções) | Insolúveis (como regra) | Solúveis (principais exceções) |
|---|---|---|---|
| nitratos $(NO_3^-)$ acetatos $(CH_3-COO^-)$ | – | sulfetos $(S^{2-})$ | metais alcalinos, alcalinoterrosos e amônio $(NH_4^+)$ |
| cloretos $(C\ell^-)$ brometos $(Br^-)$ iodetos $(I^-)$ | $Ag^+$, $Pb^{2+}$, $Hg_2^{2+}$, $Hg^{2+}$ | carbonatos $(CO_3^{2-})$ | metais alcalinos e amônio $(NH_4^+)$ |
| sulfatos $(SO_4^{2-})$ | $Ca^{2+}$, $Sr^{2+}$, $Ba^{2+}$, $Pb^{2+}$ | fosfatos $(PO_4^{3-})$ | metais alcalinos e amônio $(NH_4^+)$ |

Dados válidos para a temperatura de 25 °C e pressão correspondente a 1 atm.

# Principais sais

Diversos sais estão presentes em nosso dia a dia. A seguir vamos conhecer algumas de suas aplicações.

- **Cloreto de sódio (NaCℓ)**: está presente, junto com outros tipos de sais (iodetos ou iodatos), na composição do sal de cozinha.
- **Carbonato de cálcio (CaCO₃)**: é encontrado na composição do calcário e do mármore; além disso, é constituinte das estalactites, estalagmites e da casca do ovo. É utilizado principalmente para correção da acidez do solo e em cremes dentais.
- **Nitrato de sódio (NaNO₃)**: é utilizado na fabricação de fertilizantes e pólvora.
- **Bicarbonato de sódio (NaHCO₃)**: geralmente é utilizado na fabricação de fermentos químicos, antiácidos e extintores de incêndio.
- **Hipoclorito de sódio (NaCℓO)**: pode ser utilizado como alvejante, sendo o principal componente das águas sanitárias. Além disso, é um poderoso antisséptico.
- **Sulfato de alumínio (Aℓ₂(SO₄)₃)**: esse composto é utilizado no tratamento de água. Ao ser adicionado à água em meio básico, forma flocos em que se aglomeram as impurezas sólidas presentes na água.

## Explore seus conhecimentos

**1** Os compostos $AgNO_3$, $NH_4OH$ e $HC\ell O_4$ são, respectivamente:
a) sal, base, base.
b) ácido, base, sal.
c) base, sal, base.
d) sal, base, ácido.
e) ácido, sal, ácido.

**2** Considere os seguintes ânions: $Br^-$ (brometo), $PO_4^{3-}$ (fosfato) e $SO_3^{2-}$ (sulfito). Escreva a fórmula e dê o nome dos sais obtidos pela combinação, em separado, desses ânions com o cátion $Ca^{2+}$ (cálcio).

**3** Em água, os sais sofrem dissociação. Observe um exemplo:

$$CaC\ell_2 \xrightarrow{\text{água}} Ca^{2+} + 2\,C\ell^-$$

Escreva a equação que representa a dissociação dos seguintes sais:
a) $KC\ell$
b) $NaNO_3$
c) $A\ell F_3$
d) $A\ell_2(SO_4)_3$
e) $Na_3PO_4$

**4** (Acafe-SC) Assinale a alternativa que contém as fórmulas das respectivas espécies químicas: carbonato de bário, sulfato de bário, sulfato de potássio, cloreto de bário, ácido clorídrico e gás carbônico.
a) $BaCO_3$, $BaSO_4$, $K_2SO_4$, $BaC\ell_2$, $HC\ell$ (aq), $CO_2$ (g).
b) $Ba_2CO_3$, $BaSO_4$, $KSO_4$, $BaC\ell_2$, $HC\ell$ (aq), $H_2CO_3$ (g).
c) $BaCO_3$, $BaSO_3$, $K_2CO_3$, $BaC\ell_3$, $HC\ell O_3$ (aq), $CO_2$ (g).
d) $BaCO_3$, $BaSO_4$, $KSO_4$, $BaC\ell_2$, $HC\ell$ (aq), $CO_2$ (g).

**5** (UFF-RJ) Até os dias de hoje e em muitos lares, a dona de casa faz uso de um sal vendido comercialmente em solução aquosa com o nome de água sanitária ou água de lavadeira. Esse produto possui efeito bactericida, fungicida e alvejante.

A fabricação dessa substância se faz por meio da seguinte reação:

$$C\ell_2 + 2\,NaOH \rightarrow NaC\ell O\ (A) + NaC\ell\ (B) + H_2O$$

Considerando a reação apresentada, os sais formados pelas espécies A e B são denominados, respectivamente:
a) hipoclorito de sódio e cloreto de sódio.
b) cloreto de sódio e clorato de sódio.
c) clorato de sódio e cloreto de sódio.
d) perclorato de sódio e hipoclorito de sódio.
e) hipoclorito de sódio e perclorato de sódio.

6 (Uerj) O consumo inadequado de hortaliças pode provocar sérios danos à saúde humana. Assim, recomenda-se, após lavar as hortaliças em grande quantidade de água, imergi-las nesta sequência de soluções aquosas:
• hipoclorito de sódio;
• vinagre;
• bicarbonato de sódio.

Dos quatro materiais empregados para limpeza das hortaliças, dois deles pertencem à seguinte função química:
a) sal.
b) ácido.
c) óxido.
d) hidróxido.

## Relacione seus conhecimentos

1 (UPM-SP) O hipoclorito de sódio é um sal utilizado frequentemente em soluções aquosas como desinfetante e/ou agente alvejante. Esse sal pode ser preparado pela absorção do gás cloro em solução de hidróxido de sódio mantida sob resfriamento, de modo a prevenir a formação de clorato de sódio. As soluções comerciais de hipoclorito de sódio sempre contêm quantidade significativa de cloreto de sódio, obtido como subproduto durante a formação do hipoclorito.

Assim, é correto afirmar que as fórmulas químicas do hipoclorito de sódio, clorato de sódio e cloreto de sódio são, respectivamente:
a) $NaC\ell O$, $NaC\ell O_3$ e $NaC\ell$.
b) $NaC\ell O_2$, $NaC\ell O_4$ e $NaC\ell$.
c) $NaC\ell O$, $NaC\ell O_2$ e $NaC\ell$.
d) $NaC\ell O$, $NaC\ell O_4$ e $NaC\ell O_2$.
e) $NaC\ell O_2$, $NaC\ell O_3$ e $NaC\ell$.

2 (Ufal) Importante substância fertilizante é representada pela fórmula $(NH_4)_2SO_4$. Seu nome é:
a) hidrogenossulfato de amônio.
b) sulfito de amônio.
c) sulfato de amônio.
d) sulfato de amônio e hidrogênio.
e) amoniato de enxofre e oxigênio.

3 (UEPG-PR) Assinale a alternativa que contém, nesta ordem, as fórmulas dos seguintes sais: cloreto férrico, sulfato plumboso, nitrito de potássio e perclorato de sódio.
a) $FeC\ell_2$, $PbSO_4$, $KNO_3$, $NaC\ell O_4$
b) $FeC\ell_2$, $Pb(SO_4)_2$, $KNO_2$, $NaC\ell O_4$
c) $FeC\ell_3$, $Pb(SO_4)_2$, $KNO$, $NaC\ell O_3$
d) $FeC\ell_2$, $PbSO_3$, $KNO_3$, $NaC\ell O_3$
e) $FeC\ell_3$, $PbSO_4$, $KNO_2$, $NaC\ell O_4$

4 (PUC-MG) Para descascar facilmente camarões, uma boa alternativa é fervê-los rapidamente em água contendo suco de limão. Sabendo-se que a casca de camarão possui carbonato de cálcio, é provável que o suco de limão possa ser substituído pelos seguintes produtos, exceto:
a) vinagre.
b) suco de laranja.
c) ácido ascórbico (vitamina C).
d) bicarbonato de sódio.

5 (Enem)

A formação frequente de grandes volumes de pirita ($FeS_2$) em uma variedade de depósitos minerais favorece a formação de soluções ácidas ferruginosas, conhecidas como "drenagem ácida de minas". Esse fenômeno tem sido bastante pesquisado pelos cientistas e representa uma grande preocupação entre os impactos da mineração no ambiente. Em contato com oxigênio, a 25 °C, a pirita sofre reação, de acordo com a equação química:

$$4\ FeS_2(s) + 15\ O_2(g) + 2\ H_2O(\ell) \rightarrow$$
$$\rightarrow 2\ Fe_2(SO_4)_3(aq) + 2\ H_2SO_4(aq)$$

FIGUEIREDO, B. R. *Minérios e ambiente*. Campinas: Unicamp, 2000.

Para corrigir os problemas ambientais causados por essa drenagem, a substância mais recomendada a ser adicionada ao meio é o:
a) sulfeto de sódio.
b) cloreto de amônio.
c) dióxido de enxofre.
d) dióxido de carbono.
e) carbonato de cálcio.

# Reações de neutralização

Como já mencionado, os sais podem ser obtidos por meio de reações de neutralização, que podem ser totais ou parciais. Essas reações ocorrem entre ácidos e bases, resultando em um sal e água.

## Neutralização total

A neutralização total ocorre quando todos os íons H$^+$ liberados pelo ácido reagem com todos os íons OH$^-$ liberados pela base. Nessa situação, acontece o consumo total de ambos os íons, havendo a formação de H$_2$O.

Esse processo pode ser representado simplificadamente através das seguintes equações:

1 H$^+$ (aq) + 1 OH$^-$ (aq) → 1 H$_2$O ($\ell$)
2 H$^+$ (aq) + 2 OH$^-$ (aq) → 2 H$_2$O ($\ell$)
3 H$^+$ (aq) + 3 OH$^-$ (aq) → 3 H$_2$O ($\ell$)

Generalizando, teríamos: n H$^+$ (aq) + n OH$^-$ (aq) → n H$_2$O ($\ell$)

Observe a seguir alguns exemplos de neutralização total, com a formação dos respectivos sais:

HC$\ell$ (1H$^+$) + NaOH (1OH$^-$) → NaC$\ell$ (cloreto de sódio) + H$_2$O    [1H$_2$O]

2 HNO$_3$ (2H$^+$) + Ca(OH)$_2$ (2OH$^-$) → Ca(NO$_3$)$_2$ (nitrato de cálcio) + 2 H$_2$O    [2H$_2$O]

3 HNO$_2$ (3H$^+$) + Fe(OH)$_3$ (3OH$^-$) → Fe(NO$_2$)$_3$ (nitrito de ferro (III)) + 3 H$_2$O    [3H$_2$O]

2 H$_3$PO$_4$ (6H$^+$) + 3 Ba(OH)$_2$ (6OH$^-$) → Ba$_3$(PO$_4$)$_2$ (fosfato de bário) + 6 H$_2$O    [6H$_2$O]

1H$_2$SO$_4$ (2H$^+$) + 2 KOH (2OH$^-$) → K$_2$SO$_4$ (sulfato de potássio) + 2 H$_2$O    [2H$_2$O]

Note que, como na neutralização total não existe excesso de íons H$^+$ ou OH$^-$, os sais formados nesse tipo de reação são sais neutros, de acordo com a classificação já apresentada.

## Neutralização parcial

Quando a quantidade de íons H$^+$ liberados do ácido for diferente da quantidade de íons OH$^-$ liberados da base, a reação de neutralização será parcial. Observe os exemplos abaixo:

### Neutralização parcial do ácido

Neste caso, o excesso de íons H$^+$ promove a formação de um sal ácido.

1H$_2$SO$_4$ (1H$^+$) + 1NaOH (1OH$^-$) → NaHSO$_4$ (hidrogenossulfato de sódio) + 1H$_2$O    [1H$_2$O]

### Neutralização parcial da base

Neste caso, o excesso de íons OH$^-$ promove a formação de um sal básico.

1HC$\ell$ (1H$^+$) + 1Ca(OH)$_2$ (1OH$^-$) → Ca(OH)C$\ell$ (hidroxicloreto de cálcio) + H$_2$O    [1H$_2$O]

## Explore seus conhecimentos

**1** (Olimpíada Brasileira de Química) Uma colisão entre caminhões numa estrada causou o vazamento de cerca de 50 litros de ácido sulfúrico ($H_2SO_4$), com 98% de concentração. Não houve feridos. A companhia ambiental adicionou cal hidratada – $Ca(OH)_2$ – no local. Depois realizou a limpeza da pista e das áreas afetadas. No tratamento da área ocorreu uma reação de:
a) cloração.
b) neutralização.
c) saponificação.
d) simples troca.

**2** (Udesc) Complete as equações:
   I. $HC\ell + KOH \rightarrow$
   II. $H_2SO_4 + Ca(OH)_2 \rightarrow$
   III. $HNO_3 + NaOH \rightarrow$
Assinale a alternativa que corresponde à representação correta dos produtos das equações acima.

**Nota dos autores:** Para realizar essa atividade, considerar neutralização total.

a) $KC\ell + HOH$; $CaSO_4 + 2\ HOH$; $NaNO_3 + HOH$
b) $KC\ell + HOH$; $Ca + SO_4 + HOH$; $Na + NO_3 + HOH$
c) $KC\ell + 2\ HOH$; $CaSO_4 + 2\ HOH$; $Na + NO_3 + 3\ HOH$
d) $KC\ell + HOH$; $CaSO_4 + HOH$; $NaNO_3 + HOH$
e) $KC\ell + HOH$; $CaSO_4 + 2\ HOH$; $NaNO_3 + HOH$

**3** Equacione as reações de neutralização total a seguir e dê o nome dos sais formados.
a) $HNO_3 + KOH$
b) $HC\ell + Ca(OH)_2$
c) $H_2SO_4 + NaOH$
d) $H_2SO_4 + Mg(OH)_2$
e) $H_3PO_4 + Ba(OH)_2$

**4** Equacione as reações entre os ácidos e as bases nas proporções dadas e dê o nome do sal formado em cada reação.
a) $1\ H_2SO_4 + 1\ NaOH$
b) $1\ H_3PO_4 + 1\ AgOH$
c) $1\ H_3PO_4 + 1\ Mg(OH)_2$
d) $1\ HC\ell + 1\ Ca(OH)_2$

## Relacione seus conhecimentos

**1** (Uerj)

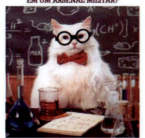

PARA QUE SERVE O ÁCIDO CLORÍDRICO EM UM ARSENAL MILITAR?
PARA NEUTRALIZAR AS BASES DO INIMIGO.

Considere que, no texto acima, as "bases do inimigo" correspondam, na verdade, ao hidróxido de bário.

Escreva a equação química completa e balanceada da reação de neutralização total do ácido clorídrico por essa base. Aponte, ainda, o nome do produto iônico formado na reação.

**2** (UFPR) A nomenclatura de um sal inorgânico pode ser derivada formalmente da reação entre um ácido e uma base. Assinale nos parênteses de acordo com sua correspondência com as fórmulas dos sais produzidos.
( ) Ácido nítrico com hidróxido ferroso.
( ) Ácido nítrico com hidróxido férrico.
( ) Ácido nítrico com hidróxido de sódio.
( ) Ácido nitroso com hidróxido de sódio.
( ) Ácido nitroso com hidróxido férrico.
1. $NaNO_3$   3. $Fe(NO_2)_3$   5. $NaNO_2$
2. $Fe(NO_3)_3$   4. $Fe(NO_3)_2$

Assinale a alternativa que apresenta a sequência correta, de cima para baixo.
a) 3, 2, 5, 1, 4.
b) 3, 1, 2, 5, 4.
c) 5, 4, 1, 2, 3.
d) 4, 5, 2, 1, 3.
e) 4, 3, 1, 5, 2.

**3** (Uerj) Um caminhão transportando ácido sulfúrico capotou, derramando o ácido na estrada. O ácido foi totalmente neutralizado por uma solução aquosa de hidróxido de sódio. Essa neutralização pode ser corretamente representada pelas equações abaixo.
$H_2SO_4 + 2\ NaOH \rightarrow X + 2\ H_2O$
$H_2SO_4 + NaOH \rightarrow Y + H_2O$
As substâncias $X$ e $Y$ são, respectivamente:
a) $Na_2SO_4$ e $NaHSO_4$.
b) $NaHSO_4$ e $Na_2SO_4$.
c) $Na_2SO_3$ e $Na_2SO_4$.
d) $Na_2SO_4$ e $NaHSO_3$.
e) $NaHSO_3$ e $Na_2SO_4$.

# Óxidos

> **Óxido:** composto binário formado por dois elementos químicos, sendo o oxigênio o elemento mais eletronegativo entre eles.

Exemplos:

NO: monóxido de nitrogênio
$NO_2$: dióxido de nitrogênio

CO: monóxido de carbono
$CO_2$: dióxido de carbono

Não existem óxidos de flúor, pois esse elemento químico possui eletronegatividade maior do que o oxigênio.

Os óxidos podem ser classificados em **iônicos** ou **moleculares**, em função do tipo de ligação entre os átomos; portanto, a nomenclatura depende dessa classificação.

- **Óxidos moleculares**

São formados em geral por átomos de ametais que se encontram ligados ao átomo de oxigênio por ligação covalente. A nomenclatura dos óxidos moleculares segue a seguinte a regra:

prefixo (quantidade de oxigênio) [mono, di, tri...] + óxido de + prefixo (quantidade do outro elemento) [mono, di, tri...] + nome do elemento

Observe a seguir alguns exemplos:

$SO_3$: trióxido de enxofre
$CO_2$: dióxido de carbono

CO: monóxido de carbono
$C\ell_2O_7$: heptóxido de dicloro

- **Óxidos iônicos**

São formados, geralmente, por átomos de metais ligados ao oxigênio por ligação iônica. Nesses compostos o oxigênio apresenta carga **−2** e o nome pode ser dado por:

> óxido + nome do elemento

Veja os principais exemplos:

$Na_2O$: óxido de sódio
$A\ell_2O_3$: óxido de alumínio

CaO: óxido de cálcio
FeO: óxido de ferro II ou óxido ferroso

## Classificação

Os óxidos podem ser classificados de acordo com o seu comportamento na presença de água, ácidos ou bases. Observe a seguir.

### Óxidos básicos

Os óxidos básicos são compostos iônicos, nos quais o metal apresenta cargas **+1** ou **+2**. O comportamento desses óxidos tende a seguir o modelo:

$$\text{óxido básico} + H_2O \rightarrow \text{base}$$
$$\text{óxido básico} + \text{ácido} \rightarrow \text{sal} + H_2O$$

Exemplos:

$\begin{cases} K_2O + H_2O \rightarrow 2\ KOH \\ K_2O + 2\ HC\ell \rightarrow 2\ KC\ell + H_2O \end{cases}$

$\begin{cases} CaO + H_2O \rightarrow Ca(OH)_2 \\ CaO + H_2SO_4 \rightarrow CaSO_4 + H_2O \end{cases}$

### Óxidos ácidos

Os óxidos ácidos, geralmente, são compostos moleculares. Neles, os átomos de ametais encontram-se ligados ao oxigênio.

O comportamento dos óxidos ácidos pode seguir o modelo:

óxido ácido + $H_2O$ → ácido

óxido ácido + base → sal + $H_2O$

Exemplos:

$\begin{cases} CO_2 + H_2O \rightarrow H_2CO_3 \\ CO_2 + 2\,NaOH \rightarrow Na_2CO_3 + H_2O \end{cases}$ $\begin{cases} SO_3 + H_2O \rightarrow H_2SO_4 \\ SO_3 + Ca(OH)_2 \rightarrow CaSO_4 + H_2O \end{cases}$ $\begin{cases} N_2O_3 + H_2O \rightarrow 2\,HNO_2 \\ N_2O_3 + 2\,KOH \rightarrow 2\,KNO_2 + H_2O \end{cases}$

## Óxidos neutros

Os óxidos neutros são óxidos moleculares que não reagem com ácidos, bases ou água.
CO: monóxido de carbono
NO: monóxido de nitrogênio ou óxido nítrico
$N_2O$: monóxido de dinitrogênio ou óxido nitroso

## Óxidos anfóteros

Os óxidos anfóteros podem reagir com ácidos e bases, porém não ocorre reação com água. Quando esses óxidos reagem com ácidos, comportam-se como óxidos básicos; já quando reagem com uma base, comportam-se como óxidos ácidos.

Os principais óxidos anfóteros são óxido de alumínio ($Aℓ_2O_3$) e óxido de zinco (ZnO).

Observe alguns exemplos:

| óxido anfótero + ácido → sal + água | óxido anfótero + base → sal + água |
|---|---|
| ZnO + 2 HCℓ → $ZnCℓ_2$ + $H_2O$ | ZnO + 2 NaOH → $Na_2ZnO_2$ + $H_2O$ |
| $Aℓ_2O_3$ + 6 HCℓ → 2 $AℓCℓ_3$ + 3 $H_2O$ | $Aℓ_2O_3$ + 2 NaOH → 2 $NaAℓO_2$ + $H_2O$ |

## Óxidos duplos ou mistos

Os óxidos duplos ou mistos são originados da combinação de dois óxidos de um mesmo elemento.

|  | Fórmulas | Componentes | Utilização |
|---|---|---|---|
| Magnetita | $Fe_3O_4$ | $FeO + Fe_2O_3$ | Ímã natural |
| Zarcão | $Pb_3O_4$ | $2\,PbO + PbO_2$ | Pintura de fundo |

# Peróxidos

Os peróxidos apresentam em sua estrutura o grupo $(O_2)^{2-}$. Cada oxigênio apresenta carga **−1**, e seu grupo característico $(O_2)^{2-}$ tem carga **−2**.

$$(O-O)^{2-} \Rightarrow {}^{-1}O-O^{-1}$$

Os peróxidos mais comuns são constituídos por hidrogênio, metais alcalinos e metais alcalinos terrosos.
- Peróxido de hidrogênio ($H_2O_2$) - principal componente da água oxigenada.
- Peróxido de metal alcalino

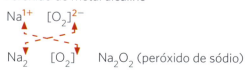

$Na_2O_2$ (peróxido de sódio)

- Peróxido de metal alcalino terroso

$CaO_2$ (peróxido de cálcio)

> **! Dica**
>
> **Laboratório Didático Virtual da Faculdade de Educação da USP.**
>
> Nesta simulação, pode-se praticar a nomenclatura de compostos inorgânicos. Disponível em: www.labvirtq.fe.usp.br/simulacoes/quimica/sim_qui_quimicadosremedios.htm. Acesso em: 9 jan. 2020.

## Explore seus conhecimentos

1. Na Terra, há dois gases no ar atmosférico que, em consequência de descargas elétricas em tempestades (raios), podem reagir formando monóxido de nitrogênio e dióxido de nitrogênio. As fórmulas dos reagentes e dos produtos da reação citada são, respectivamente,
   a) $H_2$ e $O_2$; $N_2$ e $N_2O$.
   b) $O_2$ e $N_2O$; $N_2$ e $NO_2$.
   c) $N_2$ e $O_2$; $NO$ e $NO_2$.
   d) $O_2$ e $N_2$; $N_2O$ e $NO_2$.
   e) $N_2$ e $H_2$; $N_2O$ e $N_2O_4$.

2. (UFPA) Um dos parâmetros utilizados para avaliar a qualidade de um carvão é o "índice de alcalinidade" de suas cinzas. A alternativa que apresenta dois dos óxidos responsáveis por essa propriedade é a:
   a) $Fe_2O_3$ e $BaO$.
   b) $Mn_3O_4$ e $CaO$.
   c) $K_2O$ e $TiO_2$.
   d) $K_2O$ e $Na_2O$.
   e) $P_2O_5$ e $MgO$.

3. (Cesgranrio-RJ) As indústrias de produção de vidro utilizam a areia como principal fonte de sílica ($SiO_2$) para conferir o estado vítreo. Utilizam, ainda, com a finalidade de reduzir a temperatura de fusão da sílica, os fundentes $Na_2O$, $K_2O$ e $Li_2O$.
   A escolha dos óxidos de sódio, potássio e lítio para reagir com a sílica e dar origem a um produto vítreo de menor ponto de fusão deve-se ao fato de esses óxidos manifestarem caráter:
   a) básico.
   b) neutro.
   c) ácido.
   d) misto.
   e) anfótero.

4. Complete as equações:
   I. $BaO + H_2O \rightarrow$
   II. $K_2O + H_2O \rightarrow$
   III. $MgO + HC\ell \rightarrow$
   IV. $Na_2O + HC\ell \rightarrow$

5. O sulfato de bário ($BaSO_4$) é uma substância muito usada em exames do aparelho digestivo. A produção dessa substância deve ser feita com muito cuidado, pois, apesar de ela não ser tóxica, muitos compostos de bário são venenosos. Observe os reagentes abaixo e faça o que se pede:

   $H_2SO_4$; $Ba(OH)_2$; $B_2O_3$; $K_2S$; $Na_2SO_4$; $BaO$; $H_3BO_3$; $H_2S$; $BaC\ell_2$.

   Escolha um óxido e um ácido cuja reação fornecerá sulfato de bário e escreva em seu caderno a equação balanceada dessa reação.

6. Equacione as reações:
   a) trióxido de enxofre + água.
   b) trióxido de enxofre + hidróxido de cálcio.
   c) pentóxido de dinitrogênio + água.
   d) pentóxido de dinitrogênio + hidróxido de sódio.

## Relacione seus conhecimentos

1. (EsPCEx-SP/Aman-RJ) Considere os seguintes óxidos:
   I. $MgO$
   II. $CO$
   III. $CO_2$
   IV. $CrO_3$
   V. $Na_2O$

   Os óxidos que, quando dissolvidos em água pura, reagem produzindo bases são:
   a) apenas II e III.
   b) apenas I e V.
   c) apenas III e IV.
   d) apenas IV e V.
   e) apenas I e II.

2. (Ufla-MG) O anidrido sulfúrico é o óxido de enxofre que em reação com a água forma o ácido sulfúrico. Nas regiões metropolitanas, onde o anidrido é encontrado em grandes quantidades na atmosfera, essa reação provoca a formação da chuva ácida. As fórmulas do anidrido sulfúrico e do ácido sulfúrico são, respectivamente:
   a) $SO_3$ e $H_2SO_4$.
   b) $SO_4$ e $H_2SO_4$.
   c) $SO_2$ e $H_2SO_3$.
   d) $SO$ e $H_2SO_3$.

3. (Uerj) As fotocélulas são dispositivos largamente empregados para acender lâmpadas, abrir portas, tocar campainhas, etc. O seu mecanismo baseia-se no chamado "efeito fotoelétrico", que é facilitado quando se usam metais com energia de ionização baixa. Os metais que podem ser empregados para esse fim são: sódio, potássio, rubídio e césio.
   a) De acordo com o texto anterior, cite o metal mais eficiente para a fabricação de fotocélulas, indicando o nome da família a que ele pertence, de acordo com a Tabela de Classificação Periódica.
   b) Escreva a fórmula mínima e o nome do composto formado pelo ânion $O^{2-}$ e o cátion potássio.

# Conexões

## Óxidos e o ambiente

Fenômenos causados pelas emissões de gases poluentes provocam danos ao ambiente, à fauna, à flora e à saúde humana. Chuva ácida, intensificação do efeito estufa e degradação da camada de ozônio são apenas alguns desses fenômenos.

A preocupação com os efeitos da poluição torna ainda mais importante o uso sustentável dos recursos naturais e a redução da emissão de poluentes.

### Ciclo do carbono

Os principais reservatórios de carbono da Terra são a atmosfera, a litosfera e os oceanos. O ciclo do carbono pode ser dividido em: ciclo biológico e ciclo biogeoquímico.

O ciclo biológico é relacionado ao ciclo do oxigênio e envolve atividades como a respiração, que libera $CO_2$ e retira $O_2$ do ambiente, e a fotossíntese, que libera $O_2$ e retira $CO_2$ do ambiente.

O ciclo biogeoquímico do carbono regula as quantidades de carbono no meio ambiente, entre a atmosfera, a litosfera e a hidrosfera. Por difusão é mantido, por exemplo, o equilíbrio entre o $CO_2$ atmosférico e o $CO_2$ dos oceanos. O carbono também pode ser transferido entre a atmosfera, a litosfera e a hidrosfera, por meio da erosão das rochas pelo ácido carbônico presente na chuva. O $H_2CO_3$ participa da erosão de determinadas rochas liberando íons $Ca^{2+}$ e $HCO_3^-$. Estes podem ser carregados até os oceanos, onde são assimilados por organismos marinhos que os utilizam na construção de suas conchas.

### Chuva ácida

Além do ácido carbônico, outros compostos de caráter ácido podem estar dissolvidos na chuva. Esses ácidos provêm, principalmente, de atividades humanas que levam à emissão de óxidos ácidos para a atmosfera. Óxidos de enxofre, de nitrogênio ou grandes quantidades de gás carbônico podem acentuar o caráter ácido da chuva, que passa a ser chamada **chuva ácida**.

### Chuva

A água da chuva tem caráter ligeiramente ácido em função da presença do ácido carbônico ($H_2CO_3$) em sua composição. Este ácido é formado a partir da reação entre o gás carbônico ($CO_2$) da atmosfera e a água.

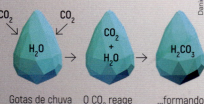

Gotas de chuva absorvem o $CO_2$ do ar. O $CO_2$ reage com a água... ...formando o $H_2CO_3$.

A chuva ácida danifica estruturas nos grandes centros urbanos. A corrosão de estruturas de mármore, pedra-sabão e até mesmo de edifícios pode representar risco de acidente para a população, além de danificar obras importantes da cultura local.

Detalhe de chafariz com figuras de Anfitrite e Tritão no Parque Buenos Aires, em São Paulo (SP).

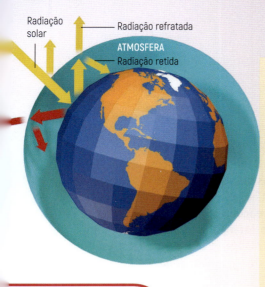

## Efeito estufa

Diariamente a Terra recebe do Sol enormes quantidades de energia na forma de radiação. Grande parte dessa radiação é refletida pela Terra de volta ao espaço; no entanto, parte fica retida na atmosfera terrestre, devido a presença dos denominados gases estufa. O planeta está envolto por uma camada de gases, composta de gás carbônico ($CO_2$), gás metano ($CH_4$) e óxido nitroso ($N_2O$), além de vapor de água ($H_2O$). Sem a presença dessa camada, a temperatura da Terra seria baixa, o que inviabilizaria a vida de inúmeras espécies; os gases do efeito estufa atuam impedindo que parte dessa energia irradiada se dissipe, retendo parte da energia térmica nas camadas mais baixas da atmosfera terrestre.

Com o aumento da concentração desses gases na atmosfera, porém, ocorre um desequilíbrio no balanço de entrada e saída de radiação solar do planeta, acarretando aquecimento excessivo da superfície. A quantidade de $CO_2$ – principal gás do efeito estufa – na atmosfera tem aumentado em razão de diversas atividades humanas, como:
- uso de combustíveis derivados do petróleo;
- queimadas de árvores com a finalidade de preparar o terreno para plantações ou pastagens;
- devastação das florestas e poluição dos mares.

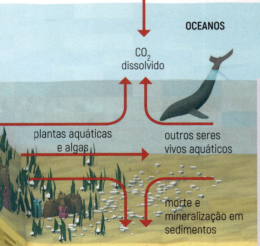

### Acidificação dos oceanos

Outro problema do aumento da concentração de $CO_2$ na atmosfera provém do fato de esse gás se dissolver facilmente na água dos oceanos, formando ácido carbônico. A diminuição do pH causada pela ionização do ácido carbônico pode deformar as conchas de determinados seres ou mesmo levar a morte de organismos marinhos.

$$CO_2 + H_2O \rightarrow H_2CO_3$$
$$H_2CO_3 \rightarrow H^+ + HCO_3^-$$
$$HCO_3^- \rightarrow H^+ + CO_3^{2-}$$

### Branqueamento de corais

Os corais são animais com esqueleto composto basicamente de carbonato de cálcio e vivem em simbiose com microalgas zooxantelas. Com a intensificação do efeito estufa, a temperatura da água dos oceanos aumenta, podendo levar à morte das zooxantelas, deixando os **corais** sem os nutrientes que elas produziam e com seus esqueletos expostos. Com o tempo, os corais também morrem.

O fenômeno de branqueamento de corais é um dos primeiros sinais de alerta sobre a degradação do ambiente marinho pelo aumento da temperatura.

## Analisando o infográfico

1. Selecione um dos óxidos citados no conteúdo desta página e da anterior. Avalie os benefícios e os riscos à saúde e ao ambiente ocasionados pela emissão dele. Discuta com os colegas e proponham soluções individuais e/ou coletivas para seu uso responsável.

2. De acordo com a 7ª edição do Sistema de Estimativas de Emissões de Gases de Efeito Estufa (SEEG), divulgada pelo Observatório do Clima, 44% das emissões de gases do efeito estufa no Brasil em 2018 estão relacionados com as mudanças de uso do solo, 25% com a agropecuária, 21% com a energia, 5% com os processos industriais e 5% com resíduos. O que caracteriza as mudanças de uso do solo? De que forma essas mudanças estão relacionadas com as emissões de gases do efeito estufa?

3. O dióxido de enxofre ($SO_2$) é um gás tóxico e incolor que pode ser emitido por fontes naturais, mas tem nas atividades humanas, como a queima de combustíveis fósseis que contenham enxofre, suas principais fontes emissoras. Considere um processo industrial cujo principal combustível seja o carvão mineral e responda: De que forma é possível reduzir as emissões de $SO_2$ na atmosfera? Como essa redução pode favorecer a saúde da população e o ambiente?

Elaborado com base em: OLIVEIRA, E. Mudança de uso do solo é responsável por 44% das emissões de gases do efeito estufa no Brasil, aponta relatório. **G1**. Disponível em: https://g1.globo.com/natureza/noticia/2019/11/05/mudanca-de-uso-do-solo-e-responsavel-por-44percent-das-emissoes-de-gases-do-efeito-estufa-no-brasil-aponta-relatorio.ghtml; O ciclo do carbono. **Instituto de Biociências**. Disponível em: https://www.ib.usp.br/~delitti/projeto/rhavena/Index.htm. Acesso em: 5 nov. 2019.

# CAPÍTULO 18
# Reações inorgânicas

Diariamente estamos em contato com diversas transformações da matéria. Essas transformações podem ser, em geral, classificadas como **fenômenos físicos**, nos quais não ocorre a formação de novas substâncias, e **fenômenos químicos**, nos quais há a transformação da matéria, levando à formação de novas substâncias.

Os fenômenos químicos podem ser denominados **reações químicas**, e a representação é feita por meio de **equações químicas**, que, para estarem corretas, devem estar balanceadas. Mas o que significa balancear uma equação? Observe os exemplos a seguir:

- Considere a formação da água por meio da reação entre o gás hidrogênio ($H_2$) e o gás oxigênio ($O_2$):

$$H_2 + O_2 \rightarrow H_2O$$

Assim, temos:

| Reagentes | → | Produtos |
|---|---|---|
| 2 átomos de hidrogênio | | 2 átomos de hidrogênio |
| 2 átomos de oxigênio | | 1 átomo de oxigênio |

Nessa equação, o número de átomos de oxigênio não é o mesmo em ambos os lados; dessa forma, concluímos que ela não está balanceada.

Para que os reagentes e produtos apresentem o mesmo número de átomos de cada elemento químico, devemos atribuir números na frente (à esquerda) de suas fórmulas químicas; esses números serão os **coeficientes da equação**.

Para o balanceamento de equações, podemos utilizar o **método das tentativas**:

1. Atribuímos o coeficiente 1 à substância com maior número de átomos.
2. A partir dessa substância, determinamos os coeficientes dos outros integrantes da equação.
3. Se algum coeficiente obtido for fracionário, devemos multiplicar todos os coeficientes por um número que elimine as frações.

Exemplo 1:

(1) $H_2 + O_2 \rightarrow \mathbf{1}\,H_2O$
(2) $\mathbf{1}\,H_2 + O_2 \rightarrow \mathbf{1}\,H_2O$

$$\mathbf{1}\,H_2 + \frac{1}{2}\,O_2 \rightarrow \mathbf{1}\,H_2O$$

(3) $\mathbf{2}\,H_2 + \mathbf{1}\,O_2 \rightarrow \mathbf{2}\,H_2O$

Os números em destaque são os menores números inteiros possíveis que tornam a equação corretamente balanceada.

Exemplo 2:

$$Mg + HC\ell \rightarrow MgC\ell_2 + H_2$$

| Reagentes | → | Produtos |
|---|---|---|
| 1 átomo de magnésio | | 1 átomo de magnésio |
| 1 átomo de hidrogênio | | 2 átomos de hidrogênio |
| 1 átomo de cloro | | 2 átomos de cloro |

Utilizando os passos anteriores, temos:

(1) $Mg + HC\ell \rightarrow \mathbf{1}\,MgC\ell_2 + H_2$
$\mathbf{1}\,Mg + \mathbf{2}\,HC\ell \rightarrow \mathbf{1}\,MgC\ell_2 + H_2$
(2) $\mathbf{1}\,Mg + \mathbf{2}\,HC\ell \rightarrow \mathbf{1}\,MgC\ell_2 + \mathbf{1}\,H_2$

Exemplo 3:

$$CH_4 + O_2 \rightarrow CO_2 + H_2O$$

| Reagentes | → | Produtos |
|---|---|---|
| 1 átomo de carbono | | 1 átomo de carbono |
| 4 átomos de hidrogênio | | 2 átomos de hidrogênio |
| 2 átomos de oxigênio | | 3 átomos de oxigênio |

Utilizando os passos anteriores, temos:

(1) **1** $CH_4 + O_2 \rightarrow CO_2 + H_2O$
(2) **1** $CH_4 + O_2 \rightarrow$ **1** $CO_2 + H_2O$
 **1** $CH_4 + O_2 \rightarrow$ **1** $CO_2 +$ **2** $H_2O$
(3) **1** $CH_4 +$ **2** $O_2 \rightarrow$ **1** $CO_2 +$ **2** $H_2O$

É importante ressaltar que as equações químicas, além de apresentarem as fórmulas das substâncias, podem nos fornecer outras informações importantes, tais como:

- estado físico: gás (g); vapor (v); líquido (ℓ); sólido (s); cristal (c);
- presença de moléculas ou íons em solução aquosa: (aq);
- desprendimento de gás: (↗);
- formação de precipitado: (↓);
- necessidade de aquecimento: (Δ);
- presença de luz: (λ);
- ocorrência de reações reversíveis: (⇌).

!  **Dica**

**Laboratório Didático Virtual da Faculdade de Educação da USP.**

Nessa simulação, é possível treinar o balanceamento de equações por tentativa. Disponível em: www.labvirtq.fe.usp.br/simulacoes/quimica/sim_qui_balanceando.htm. Acesso em: 9 jan. 2020.

## Explore seus conhecimentos

**1** (CPS-SP) Vendo crianças brincando, correndo, pulando e gritando, costuma-se dizer: "Quanta energia!". A que se deve tanta energia? Deve-se, entre outras coisas, à liberação de energia, resultado da oxidação da glicose ($C_6H_{12}O_6$), que pode ser representada pela seguinte equação:

1 $C_6H_{12}O_6 +$ ___ $O_2 \rightarrow$ ___ $CO_2 +$ ___ $H_2O$

Uma equação química deve representar a conservação dos átomos; portanto, essa equação estará correta se os coeficientes que estão faltando nas lacunas forem preenchidos, respectivamente, por:

a) 1, 1, 1.
b) 2, 6, 6.
c) 3, 3, 3.
d) 3, 2, 6.
e) 6, 6, 6.

**2** (IFBA) O mineral esfalerita, composto de sulfeto de zinco (ZnS), é usado em telas de raios X e tubos de raios catódicos, pois emite luz por excitação causada por feixe de elétrons. Uma das etapas da obtenção do metal pode ser representada pela seguinte equação química não balanceada:

___ ZnO (s) + ___ $SO_2$ (g) → ___ ZnS (s) + + ___ $O_2$ (g)

Nessa equação, se o coeficiente estequiométrico da esfalerita for 2, os coeficientes estequiométricos, em números mínimos e inteiros, do oxigênio, do óxido de zinco e do dióxido de enxofre serão, respectivamente:

a) 2, 2 e 2.
b) 2, 2 e 3.
c) 2, 3 e 3.
d) 3, 2 e 2.
e) 3, 3 e 3.

**3** (UTFPR) O gás hidrogênio ($H_2$) é uma excelente alternativa para substituir combustíveis de origem fóssil ou qualquer outro que produza $CO_2$. Uma forma bastante simples de produzir gás hidrogênio em pequena escala é adicionando alumínio a ácido clorídrico, de acordo com a equação a seguir:

j Aℓ + q HCℓ → x AℓCℓ$_3$ + y $H_2$

Após o balanceamento correto, a soma dos menores coeficientes estequiométricos inteiros j, q, x e y será:

a) 4
b) 9
c) 11
d) 13
e) 15

**4** A transformação química de obtenção de ferro-gusa pode ser representada por meio da equação química:

___ $Fe_2O_3$ + 3 CO → ___ Fe + ___ $CO_2$

Sabendo que uma equação química sempre deve apresentar a conservação do número de átomos, determine quais coeficientes preenchem, correta e respectivamente, os espaços da equação química apresentada.

a) 1; 1; 1
b) 1; 2; 2
c) 1; 2; 3
d) 2; 2; 2
e) 2; 2; 3

## Relacione seus conhecimentos

**1** (IFSP) Em 24/09/2013, uma carga de fertilizante à base de nitrato de amônio explodiu em um galpão a dois quilômetros do porto de São Francisco do Sul, no Litoral Norte de Santa Catarina. A decomposição do nitrato de amônio envolve uma reação química que ocorre com grande velocidade e violência. A equação não balanceada dessa reação é:

___ $NH_4NO_3 \rightarrow$ ___ $N_2 +$ ___ $O_2 +$ ___ $H_2O$

Nessa equação, quando o coeficiente estequiométrico do nitrato de amônio é 2, os coeficientes do nitrogênio, do oxigênio e da água são, respectivamente,

a) 2, 1 e 4
b) 2, 2 e 4
c) 2, 3 e 2
d) 1, 2 e 2
e) 1, 1 e 3

**2** (FGV-SP) A reação:

$$x\, Ca(OH)_2 + y\, H_2SO_4 \rightarrow z\, A + w\, B$$

depois de corretamente balanceada, resulta para a soma $x + y + z + w$ o número:

a) 6
b) 5
c) 4
d) 7
e) 10

**3** (Cefet-CE) Nas estações de tratamento a água que será consumida pela população precisa passar por uma série de etapas que possibilite eliminar todos os seus poluentes. Uma dessas etapas é a coagulação ou floculação, com o uso de hidróxido de cálcio, conforme a reação:

$$3\, Ca(OH)_2 + X \rightarrow 2\, A\ell(OH)_3 + 3\, CaSO_4$$

O hidróxido de alumínio obtido, que é uma substância insolúvel em água, permite reter em sua superfície muitas das impurezas presentes na água. O composto representado por $X$ que completa a reação é:

a) sulfato de alumínio.
b) óxido de alumínio.
c) sulfeto de alumínio.
d) sulfito de alumínio.
e) sulfato duplo de alumínio.

**4** (Cefet-MG) Escreva as equações químicas balanceadas, correspondentes às seguintes reações:
a) O fermento de pão pode ser preparado pela adição de gás carbônico ($CO_2$) ao cloreto de sódio ($NaC\ell$), à amônia ($NH_3$) e à água ($H_2O$). Nessa reação, formam-se bicarbonato de sódio ($NaHCO_3$), que é o fermento, e cloreto de amônio ($NH_4C\ell$).
b) Durante a descarga de uma bateria de automóvel, o chumbo (Pb) reage com o óxido de chumbo ($PbO_2$) e com o ácido sulfúrico ($H_2SO_4$), formando sulfato de chumbo ($PbSO_4$) e água.
c) Nos botes salva-vidas, comumente se utiliza o hidreto de lítio (LiH), que reage em contato com a água, produzindo hidróxido de lítio (LiOH) e gás hidrogênio ($H_2$).

**5** (UFRJ) O vidro pode ser usado como evidência científica em investigações criminais; isso é feito, usualmente, comparando-se a composição de diferentes amostras de vidro. Alguns métodos de análise empregam uma reação de vidro com ácido fluorídrico. A reação entre o ácido fluorídrico e o dióxido de silício presente nos vidros produz fluoreto de silício e água. Escreva a equação química balanceada dessa reação.

**6** (UFC-CE) Alguns compostos químicos são tão instáveis que sua reação de decomposição é explosiva. Por exemplo, a nitroglicerina se decompõe segundo a equação química a seguir:
$x\, C_3H_5(NO_3)_3\, (\ell) \rightarrow y\, CO_2\, (g) + z\, H_2O\, (\ell) +$
$+ w\, N_2\, (g) + k\, O_2\, (g)$
A partir da equação, a soma dos coeficientes $x + y + z + w + k$ é igual a:

a) 11
b) 22
c) 33
d) 44
e) 55

**7** (Udesc) Reação de decomposição é quando um único reagente fornece dois ou mais novos produtos. Assim, a reação de decomposição térmica, abaixo, ocorre para 1 mol de dicromato de amônio:

$$(NH_4)_2Cr_2O_7 \rightarrow N_2 + Cr_aO_b + c\, H_2O$$

Assinale a alternativa que corresponde aos valores de $a$, $b$ e $c$, respectivamente:

a) 3, 2 e 8
b) 2, 7 e 4
c) 2, 3 e 4
d) 2, 7 e 8
e) 3, 2 e 4

## Perspectivas

### Mineração representa 30% da balança comercial brasileira

A mineração é um dos mais importantes setores da economia brasileira, movimenta algo perto de US$ 50 bilhões por ano e vem crescendo de forma consistente desde 2003. O Brasil tem uma extensa pauta de produtos minerais para exportação, mas o minério de Ferro é de longe o produto de maior representatividade, seja em volume ou em valor. [...]

[...] Uma estimativa rasa, baseada em diversas fontes acadêmicas e oficiais dá conta de que existem cerca de três mil operações oficiais de mineração no Brasil, sendo que a grande maioria são de pequeno e médio porte. [...]

Um setor com tamanha representatividade na economia, nas exportações e na geração de emprego mereceria uma atenção maior do ponto de vista de governança e capacidade de fiscalização, planejamento e resposta a crises. Depois de Mariana ficou claro que há fragilidades na governança, principalmente na gestão de resíduos, um subproduto que os economistas e gestores empresariais gostam de chamar de externalidade. [...]

Acontece que essas "externalidades" estão se transformando em alguns dos maiores desastres sociais e ambientais do planeta provocados pelas atividades humanas. [...]

O momento não é de leniência, mas de reestruturação de um setor que tem uma importância vital para o país, mas não pode continuar a ser um vetor de desastres, irresponsabilidades, corrupção e a lista pode ser muito longa! [...]

MINERAÇÃO representa 30% da balança comercial brasileira. Disponível em: https://envolverde.cartacapital.com.br/mineracao-representa-30-da-balanca-comercial-brasileira/. Acesso em: 18. nov. 2019.

### Discuta com seu grupo

O segmento da mineração demanda profissionais com diversas formações, exigindo equipes multidisciplinares. Destacamos aqui dois profissionais: o geólogo e o engenheiro de minas; no entanto, o advogado ambiental e o administrador, principalmente com o uso de ferramentas de análise de dados que orientem a tomada de decisões sobre finanças, *marketing*, operações e pessoas, também são profissionais bastante requisitados nesse segmento.

O **geólogo** analisa minerais, localiza e acompanha a exploração de jazidas minerais, reservas de carvão mineral e pode atuar na recuperação de áreas degradadas pela atividade de mineração.

O **engenheiro de minas** atua na busca por depósitos minerais e na lavra (extração), incluindo o tratamento da matéria-prima (purificação ou aumento da concentração para serem aproveitados pela indústria). A recuperação ambiental e a atenção com a segurança e a saúde da equipe também devem ser preocupações dos engenheiros de minas.

Reflita com o seu grupo, após a leitura do texto, sobre a importância desse segmento e a necessidade de profissionais capacitados para alavancar seu crescimento, considerando os aspectos de segurança, da sociedade, do ambiente e da economia. Caso não tenha interesse nesse campo, ajude seus colegas a buscarem informações relevantes para a escolha profissional.

### E você?

Pensando na sua profissão e carreira, você fica motivado a trabalhar em uma das profissões apresentadas? Nesse caso, faça um fluxograma que servirá de guia para atingir seu objetivo.

UNIDADE

# Relações estequiométricas

O raro fenômeno da infestação de flores de papoula, conhecido como *super bloom*, ocorreu em abril de 2019 no sul da Califórnia, marcando a chegada da primavera no hemisfério norte.

Ao observar a imagem desse evento, podemos pensar em quantas flores cobriram os vales e cumes das formações rochosas: seriam na ordem de milhares, milhões ou mais? Como seria possível calcular essa quantidade?

E quando lidamos com quantidades muito pequenas, abaixo da ordem de milésimos? Poderíamos usar as mesmas noções matemáticas nos dois casos?

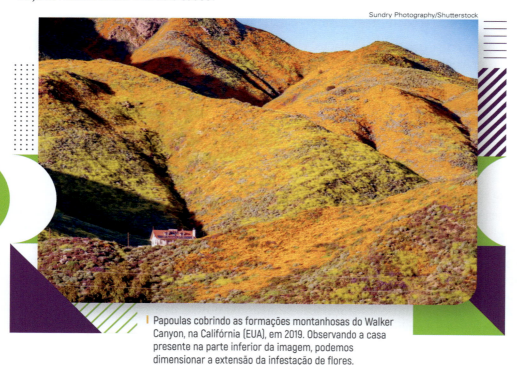

Sundry Photography/Shutterstock

Papoulas cobrindo as formações montanhosas do Walker Canyon, na Califórnia (EUA), em 2019. Observando a casa presente na parte inferior da imagem, podemos dimensionar a extensão da infestação de flores.

## Nesta unidade vamos:

- compreender e utilizar os conceitos de massa atômica, massa molecular, mol e massa molar;
- utilizar a constante de Avogadro;
- realizar o estudo dos gases;
- compreender a determinação de fórmulas químicas;
- compreender e realizar cálculos estequiométricos.

CAPÍTULO

# 19 Relações de massa

A tirinha acima tem como mote de humor a ambiguidade da palavra peso, valendo-se da contraposição entre sua utilização cotidiana como sinônimo de massa e a concepção científica de força peso.

Em resumo, podemos afirmar que a **massa** está relacionada à quantidade de matéria que constitui um corpo, enquanto o **peso** (ou **força peso**) corresponde à força de atração gravitacional entre corpos diferentes, como o planeta Terra e seus habitantes.

Mas como é possível dimensionar massas? Para podermos estabelecer comparações entre massas, foi adotado um padrão de referência conhecido como **quilograma** (**kg**): quando uma pessoa sobe em uma balança e essa indica 80 kg, isso significa que essa pessoa tem 80 vezes mais massa do que o padrão, ou seja, 80 vezes mais massa do que 1 kg.

Assim como outras unidades de medidas, o quilograma tem submúltiplos, como o **grama** (**g**), que corresponde a $10^{-3}$ kg, ou o **miligrama** (**mg**), que corresponde a $10^{-6}$ kg, os quais possibilitam dimensionar massas cada vez menores.

Mas e se desejássemos medir a massa de estruturas tão pequenas que não podem nem ser vistas, como átomos e moléculas? Como átomos são entidades muito pequenas para serem colocadas isoladamente em uma balança, o quilograma não é considerado um padrão adequado para dimensionar a **massa atômica**: a massa de um átomo de carbono, por exemplo, é cerca de $2,00 \cdot 10^{-26}$ kg.

Por esse motivo, cientistas estabeleceram um padrão específico para dimensionar a massa atômica: a **unidade de massa atômica unificada** (**u**). A partir dessa unidade, diversas relações de massa puderam ser estabelecidas. Neste capítulo, estudaremos as principais.

## ⦁ Massa atômica (MA)

Ao longo da História, cientistas buscaram estabelecer padrões mais adequados do que o quilograma para dimensionar a massa de átomos de diferentes elementos químicos. Com os avanços nas pesquisas sobre a estrutura da matéria, como a descoberta das partículas subatômicas, foi estabelecido que o padrão de massa atômica deveria ter como referência o número de massa, ou seja, a soma dos números de prótons e de nêutrons dos átomos.

Desde 1962, a escala de massas atômicas é baseada no isótopo mais comum do carbono, que tem número de massa igual a 12 ($^{12}$C). Por convenção, foi atribuída ao carbono-12 a massa de 12 unidades de massa atômica unificada (12 u). Deste modo, temos:

**1 unidade de massa atômica unificada (1 u)** = $\dfrac{1}{12}$ da massa de um átomo de carbono-12 (número de massa igual a 12).

Considerando que a massa de um átomo de carbono é equivalente a $2,00 \cdot 10^{-26}$ kg, podemos estabelecer a seguinte relação:

$$1\,u = 1,66 \cdot 10^{-27}\,kg \text{ ou } 1\,u = 1,66 \cdot 10^{-24}\,g$$

Além de ser definida para um único átomo isolado (massa atômica ou massa atômica de um átomo), a massa atômica pode ser definida para um elemento químico (massa atômica de um elemento). No primeiro caso, consideramos como massa atômica os valores inteiros de números de massa dos átomos. Já para a massa atômica de um elemento, são necessários cálculos que levem em consideração os isótopos existentes.

## Massa atômica de um elemento (MA$_{elemento}$)

Observando o símbolo de um elemento químico na tabela periódica, podemos reparar que a massa atômica representada não é um número inteiro: ao verificar a massa do elemento cloro (Cℓ), por exemplo, encontramos o valor de 35,45 u.

A maior parte dos elementos apresentam diversos isótopos, que possuem diferentes números de massa e ocorrem na natureza em abundâncias diferentes. No caso do elemento cloro, cerca de 76% dos átomos têm número atômico igual a 35 ($^{35}_{17}Cℓ$), enquanto 24% possuem número atômico igual a 37 ($^{37}_{17}Cℓ$).

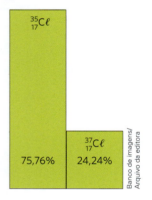

Elaborado com base em: TIMBERLAKE, K. *Química general, orgánica y biológica. Estructuras de la vida.* 4. ed. Naucalpan de Juarez: Pearson, 2013.

Abundância dos isótopos naturais do cloro ($^{35}_{17}Cℓ$ e $^{37}_{17}Cℓ$).

Por esse motivo, a massa atômica do elemento cloro é estimada através do cálculo da média ponderada das massas atômicas de seus isótopos:

$$MA_{elemento} = \frac{75,76 \cdot (35\,u) + 24,24 \cdot (37\,u)}{100} = 35,45\,u$$

## ⊙ Massa molecular (MM)

Analogamente à massa atômica, a massa molecular indica quantas vezes uma molécula ou um composto iônico possui mais massa do que 1 u ($\frac{1}{12}$ da massa do carbono-12).

A massa molecular é calculada através da soma das massas atômicas dos átomos que constituem a molécula. Observe os exemplos a seguir:

$H_2O$: H = 1 u · 2 = 2 u
O = 16 u · 1 = 16 u
= 18 u

$NH_3$: N = 14 u · 1 = 14 u
H = 1 u · 3 = 3 u
= 17 u

$CO(NH_2)_2$: C = 12 u · 1 = 12 u
O = 16 u · 1 = 16 u
N = 14 u · 2 = 28 u
H = 1 u · 4 = 4 u
= 60 u

Escolhendo como exemplo a molécula de $H_2O$, podemos interpretar a massa molecular das seguintes formas:
- uma molécula de $H_2O$ tem massa de 18 u;
- uma molécula de $H_2O$ apresenta massa 18 vezes maior do que a massa de 1 u ($\frac{1}{12}$ da massa do carbono-12);
- uma molécula de $H_2O$ apresenta massa 1,5 vez maior do que a massa de um átomo de carbono-12.

## Explore seus conhecimentos

**1** A expressão "a massa atômica de magnésio-24 vale 24 u" pode ser interpretada da seguinte maneira:
a) A massa de um átomo de magnésio-24 vale 24 g.
b) A massa de um átomo de magnésio-24 vale 24 vezes a massa do carbono-12.
c) Qualquer isótopo do elemento magnésio tem massa 24 u.
d) A massa de um átomo de magnésio-24 vale 24 vezes a massa de $\frac{1}{12}$ da massa do carbono-12.
e) Um átomo de magnésio tem massa igual a 12 prótons.

**2** A partir do gráfico a seguir, determine a massa atômica do elemento X, que apresenta 3 isótopos.

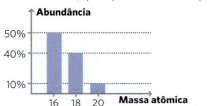

**3** (Unimontes-MG) O cloro presente no PVC tem dois isótopos estáveis. O cloro-35, com massa 34,97 u, constitui 75,77% do cloro encontrado na natureza. O outro isótopo é o cloro-37, de massa 36,97 u. Em relação aos isótopos, é **CORRETO** afirmar que o cloro-37:
a) contribui menos para a massa atômica do cloro.
b) apresenta maior quantidade de elétrons.
c) apresenta maior número atômico.
d) é mais abundante na natureza.

**4** (UFRGS-RS) O elemento bromo apresenta massa atômica 79,9. Supondo que os isótopos $^{79}$Br e $^{81}$Br tenham massas atômicas, em unidades de massa atômica, exatamente iguais aos seus respectivos números de massa, qual será a abundância relativa de cada um dos isótopos?
a) 75% $^{79}$Br e 25% $^{81}$Br.
b) 55% $^{79}$Br e 45% $^{81}$Br.
c) 50% $^{79}$Br e 50% $^{81}$Br.
d) 45% $^{79}$Br e 55% $^{81}$Br.
e) 25% $^{79}$Br e 75% $^{81}$Br.

## Relacione seus conhecimentos

**1** A tabela seguinte contém a constituição dos isótopos do elemento hidrogênio:

| Isótopo | Número de prótons | Número de nêutrons |
|---|---|---|
| Prótio | 1 | zero |
| Deutério | 1 | 1 |
| Trítio | 1 | 2 |

A respeito das massas atômicas desses isótopos, pode-se dizer corretamente que:
a) a massa do deutério é duas vezes a massa do prótio.
b) a massa do prótio é três vezes a massa do trítio.
c) são todas iguais entre si.
d) a massa do trítio é $\frac{2}{3}$ da massa do deutério.

**2** (UFG-GO) A análise de massas de um elemento químico demonstrou a existência de três isótopos, conforme apresentado na figura a seguir.

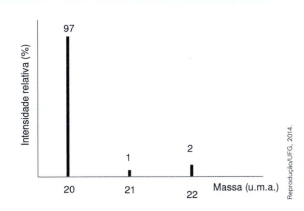

Considerando as abundâncias apresentadas, conclui-se que a massa média para esse elemento é:
a) 20,05.   c) 20,80.   e) 20,40.
b) 21,00.   d) 19,40.

**3** (Uerj) Em 1815, o médico inglês William Prout formulou a hipótese de que as massas atômicas de todos os elementos químicos corresponderiam a um múltiplo inteiro da massa atômica do hidrogênio. Já está comprovado, porém, que o cloro possui apenas dois isótopos e que sua massa atômica é fracionária (35,5).

Os isótopos do cloro, de massas atômicas 35 e 37, estão presentes na natureza, respectivamente, nas porcentagens de:
a) 55% e 45%.
b) 65% e 35%.
c) 75% e 25%.
d) 85% e 15%.

**4** (Olimpíada Brasileira de Química) Um elemento X ocorre na forma de moléculas diatômicas, $X_2$, com massas 70, 72, 74 e abundâncias relativas na razão de 9:6:1, respectivamente. Com base nessas informações, analise as afirmações abaixo.

I. O elemento X possui três isótopos.
II. A massa atômica média desse elemento é 36.
III. Esse elemento possui um isótopo de massa 35 com abundância de 75%.
IV. Esse elemento é o cloro.

Estão corretas:
a) todas as afirmações.
b) apenas as afirmações I e II.
c) apenas as afirmações II e IV.
d) apenas as afirmações III e IV.
e) apenas a afirmação I.

## ● A constante de Avogadro

No estudo da Química, é importante que consigamos estabelecer relações entre o universo submicroscópico e o universo macroscópico, já que quase sempre lidamos com quantidades de matéria em nível macroscópico.

Um exemplo dessa necessidade é a relação estabelecida entre a unidade de massa atômica unificada e o grama (1 u = 1,66 · $10^{-24}$ g) a partir da massa, em gramas, do carbono-12. Entretanto, mesmo quando consideramos o valor de massa atômica em gramas, ainda estaremos lidando com a massa de um único átomo, ou seja, em nível submicroscópico.

E quando lidamos com quantidades de matéria em nível macroscópico como, por exemplo, 12 g de átomos de carbono-12? Quantos átomos de carbono equivalem a essa massa?

Podemos calcular a quantidade de átomos de carbono-12 que têm 12 g de massa da seguinte forma:

1 átomo de carbono = 12 u = 12 · 1,66 · $10^{-24}$ g = 19,92 · $10^{-24}$ g

1 átomo de carbono ——————— 19,92 · $10^{-24}$ g
n° de átomos de carbono ——————— 12 g
n° de átomos de carbono ≅ 6 · $10^{23}$ átomos

Ou seja, para que tenhamos 12 g de carbono-12, seriam necessários aproximadamente 6 · $10^{23}$ átomos.

Embora analogias que relacionem o mundo submicroscópico com o mundo macroscópico nem sempre sejam apropriadas, o exemplo dado busca facilitar a compreensão da chamada **constante de Avogadro**. A partir dos cálculos realizados, podemos observar que, para uma massa (em gramas) numericamente igual à massa atômica do carbono-12 (em unidades de massa atômica unificada), teremos a quantidade de 6 · $10^{23}$ átomos.

Lorenzo Romano Amedeo Carlo Avogadro (1776-1856) propôs que uma amostra de um elemento, com massa em gramas numericamente igual a sua massa atômica (MA), apresentará sempre o mesmo número de átomos, o qual foi chamado de **número de Avogadro ($N_A$)**. Esse número tem como valor aceito atualmente: 6,022 · $10^{23}$ ou 6,02 · $10^{23}$ ou ainda 6,0 · $10^{23}$.

Avogadro foi advogado e físico. Formou-se bacharel em Direito em 1792, com 16 anos de idade.

> Generalizando, podemos dizer que, para qualquer elemento, em uma massa em gramas numericamente igual à massa atômica existem 6,02 · $10^{23}$ átomos.

Essa determinação, como demonstrado anteriormente, também é válida para substâncias:

> Em uma massa em gramas numericamente igual à massa molecular (MM), para qualquer substância, existem $6,02 \cdot 10^{23}$ moléculas.

## Mol

Em nosso cotidiano, muitas vezes nos referimos à quantidade de objetos utilizando diferentes conjuntos, como dezenas, centenas, dúzias, entre outros.

Na Química, ao realizarmos procedimentos de contagem, geralmente estamos nos referindo a entidades muito pequenas, como átomos e moléculas. Desse modo, é conveniente trabalhar com conjuntos numericamente bem grandes, ou seja, que se refiram a uma grande quantidade dessas entidades. A esse conjunto associamos o termo **mol**, que está relacionado ao número de Avogadro e representa aproximadamente $6,02 \cdot 10^{23}$ entidades ou ainda $6 \cdot 10^{23}$ entidades.

Atualmente, de acordo com a IUPAC, temos a seguinte definição de mol:

> **Mol**: unidade do SI para quantidade de matéria. Um mol contém exatamente $6,02 \cdot 10^{23}$ entidades.

Assim, quando nos referimos a determinada quantidade de mols, falamos em **número de mol** ou **quantidade de matéria** (**n**).

## Massa molar (M)

A **massa molar** pode ser definida como a massa que contém $6,02 \cdot 10^{23}$ entidades, ou seja, 1 mol de entidades. Sua unidade é expressa em $g \cdot mol^{-1}$ (g/mol).

Por exemplo, considerando que um átomo de mercúrio (Hg) tem massa atômica de 201 u, podemos afirmar que 201 g de mercúrio contêm $6,02 \cdot 10^{23}$ átomos de Hg, ou seja, 1 mol de átomos de Hg. Deste modo, a massa molar do Hg equivale a $201 \text{ g} \cdot mol^{-1}$.

Os valores de massa (m), massa molar (M) e número de mol (n) relacionam-se matematicamente pela seguinte expressão:

$$n = \frac{\text{massa}}{\text{massa molar}} = \frac{m}{M} \frac{\cancel{g}}{\cancel{g}/mol} \Rightarrow n = \frac{m}{M} \text{ mol}$$

### Explore seus conhecimentos

**1** Determine a massa em gramas ou o número de mol de átomos existentes em:
   a) 56 g de Fe (massa molar = 56 g/mol).
   b) 0,050 mol de Hg (massa molar = 200 g/mol).
   c) 10 g de Ne (massa molar = 20 g/mol).

**2** Determine o número de mol de átomos ou o número de átomos existentes em:
   a) 2,5 mol de átomos de He.
   b) $3,0 \cdot 10^{20}$ átomos de Fe.
   c) $2,4 \cdot 10^{24}$ átomos de Ag.

**3** Determine o número de átomos ou a massa, em gramas, de:
   (Dados: massas molares: He = 4 g/mol; Ca = 40 g/mol; Co = 60 g/mol; Hg = 200 g/mol)
   a) 4,0 g de He.
   b) $4,5 \cdot 10^{23}$ átomos de Ca.
   c) 90,0 g de Co.
   d) $2,4 \cdot 10^{23}$ átomos de Hg.

**4** Determine a massa, em gramas, ou o número de mol de moléculas existentes em:
   a) 6,0 mol de $H_2O$ (massa molar = 18 g/mol).
   b) 160 g de $CH_4$ (massa molar = 16 g/mol).
   c) 110 g de $CO_2$ (massa molar = 44 g/mol).

**5** Determine o número de moléculas ou o número de mol de moléculas em:
   a) 5,0 mol de moléculas de $CO_2$.
   b) $1,8 \cdot 10^{25}$ moléculas de $H_2SO_4$.
   c) $3,0 \cdot 10^{26}$ moléculas de $C_6H_{12}O_6$.

## Relacione seus conhecimentos

**1** (Unicamp-SP) Entre os vários íons presentes em 200 mililitros de água de coco há aproximadamente 320 mg de potássio, 40 mg de cálcio e 40 mg de sódio. Assim, ao beber água de coco, uma pessoa ingere quantidades diferentes desses íons, que, em termos de massa, obedecem à sequência: potássio > sódio = cálcio. No entanto, se as quantidades ingeridas fossem expressas em mol, a sequência seria:
Dados de massas molares em g/mol: cálcio = 40; potássio = 39; sódio = 23.
a) potássio > cálcio = sódio.
b) cálcio = sódio > potássio.
c) potássio > sódio > cálcio.
d) cálcio > potássio > sódio.

**2** (Enem)

O brasileiro consome em média 500 miligramas de cálcio por dia, quando a quantidade recomendada é o dobro. Uma alimentação balanceada é a melhor decisão para evitar problemas no futuro, como a osteoporose, uma doença que atinge os ossos. Ela se caracteriza pela diminuição substancial de massa óssea, tornando os ossos frágeis e mais suscetíveis a fraturas.

Disponível em: www.anvisa.gov.br.
Acesso em: 1 ago. 2012 (adaptado).

Considerando-se a constante de Avogadro e a massa molar do cálcio igual a 40 g/mol, qual a quantidade mínima diária de átomos de cálcio a ser ingerida para que uma pessoa supra suas necessidades?
a) $7,5 \cdot 10^{21}$
b) $1,5 \cdot 10^{22}$
c) $7,5 \cdot 10^{23}$
d) $1,5 \cdot 10^{25}$
e) $4,8 \cdot 10^{25}$

**3** (Uerj) Alumínio, chumbo e materiais plásticos como o polipropileno são substâncias que estão sob suspeita de provocar intoxicações no organismo humano. Considerando uma embalagem de creme dental que contenha 0,207 g de chumbo, o número de mols de átomos desse elemento químico corresponde a:
(Dado: Massa molar do Pb = 207 g/mol.)
a) $1,00 \cdot 10^{-3}$.
b) $2,07 \cdot 10^{-3}$.
c) $1,20 \cdot 10^{23}$.
d) $6,02 \cdot 10^{23}$.

**4** (FGV-SP) Para atrair machos para o acasalamento, muitas espécies fêmeas de insetos secretam compostos químicos chamados feromônios. Aproximadamente $10^{-12}$ g de tal composto de fórmula $C_{19}H_{38}O$ devem estar presentes para que seja eficaz. Quantas moléculas isso representa?

a) $2 \cdot 10^9$ moléculas
b) $3 \cdot 10^9$ moléculas
c) $10^{10}$ moléculas
d) $4 \cdot 10^9$ moléculas
e) $8 \cdot 10^9$ moléculas

**5** (UFU-MG) A vitamina E tem sido relacionada à prevenção ao câncer de próstata, além de atuar como antioxidante para prevenir o envelhecimento precoce. A dose diária recomendada para uma pessoa acima de 19 anos é de 15 mg.
Considerando-se que, em alguns suplementos alimentares, existam $0,105 \cdot 10^{20}$ moléculas da vitamina E, por comprimido, fórmula molecular $C_{29}H_{50}O_2$, e que o número de Avogadro é $6 \cdot 10^{23}$ mol$^{-1}$, o número de comprimidos que deve ser consumido em um mês (30 dias) para manter a dose recomendada diária é cerca de:
a) 30 comprimidos.
b) 45 comprimidos.
c) 60 comprimidos.
d) 15 comprimidos.

**6** (UFSC)

**Uma nova definição para o mol está disponível**

Em 2018, a União Internacional de Química Pura e Aplicada (IUPAC) publicou uma nova definição para o mol, estabelecendo que *"um mol contém exatamente $6,02214076 \cdot 10^{23}$ entidades elementares"*. Essa definição substitui a definição vigente desde 1971, que relacionava o mol à massa.

Disponível em: https://iupac.org/new-definition-mole-arrived/.
[Adaptado]. Acesso em: 20 set. 2018.

Sobre o assunto e com base nas informações acima, é correto afirmar que:

Dados: Zn = 65,4; As = 74,5.

01) pela nova definição, assume-se que um mol de átomos de ouro possui mais átomos do que um mol de moléculas de sacarose ($C_{12}H_{22}O_{11}$).
02) há mais átomos em 1,00 g de zinco do que em 1,00 g de arsênio.
04) em 1,00 mol de moléculas de água, há 1,00 mol de átomos de oxigênio e 2,00 mol de átomos de hidrogênio.
08) há mais átomos de oxigênio em 2,00 mol de moléculas de $CO_2$ do que em um 1,00 mol de moléculas de $C_6H_{12}O_6$.
16) na reação $H_2(g) + C\ell_2(g) \rightarrow 2\ HC\ell(g)$, o número total de átomos de produto é maior do que o número total de átomos dos reagentes.

CAPÍTULO 20

# Estudo dos gases

Este capítulo favorece o desenvolvimento das habilidades
- EM13CNT101
- EM13CNT102
- EM13CNT201
- EM13CNT202
- EM13CNT301

Como estudamos anteriormente, a matéria pode ser encontrada, essencialmente, em três estados físicos (sólido, líquido ou gasoso) e suas propriedades estão diretamente relacionadas com o estado de agregação das unidades submicroscópicas que a constituem.

Neste capítulo, vamos estudar as propriedades gerais relacionadas aos gases e como podemos utilizá-las para prever o comportamento das massas gasosas em diversas situações.

O estado gasoso pode ser caracterizado por um sistema constituído por partículas (geralmente moléculas) afastadas e que se movimentam de maneira contínua e desordenada. Devido ao seu elevado grau de agitação, partículas no estado gasoso possuem elevada energia cinética média.

Por esse motivo, podemos estudar os gases a partir da **teoria cinética da matéria**, uma teoria construída para explicar o comportamento de materiais nos diversos estados físicos da matéria.

## A teoria cinética da matéria aplicada aos gases

A teoria cinética da matéria é fundamentada considerando-se que a energia cinética de átomos e moléculas constituintes de um sistema é dependente de sua temperatura, de modo que, de maneira geral, quanto maior for a temperatura do sistema, maior será a energia cinética de seus constituintes.

Os **gases ideais** ou **perfeitos** são aqueles que seguem rigorosamente as relações entre temperatura e energia cinética citadas e nos quais desprezamos a existência de interações elétricas entre as moléculas. Já nos **gases reais**, as interações intermoleculares não podem ser desprezadas, de modo que os consideramos como gases ideais apenas em situações nas quais o afastamento das moléculas é favorecido, como em baixa pressão e elevada temperatura.

Ao descrevermos a teoria cinética dos gases, devemos considerar a temperatura do sistema na **escala absoluta**, ou seja, em **Kelvin** (**K**).

$$E_{cin} = kT,\text{ em que } k \text{ é a constante de Boltzmann } (k = 1{,}38 \cdot 10^{-23}\ m^2\ kg\ s^{-2}\ K^{-1})\text{ e } T \text{ é a temperatura na escala absoluta (K).}$$

Podemos, ainda, relacionar a energia cinética das moléculas com sua velocidade e com sua massa:

$$E_{cin} = \frac{m \cdot v^2}{2},\ \text{em que}\ \begin{cases} m = \text{massa}\,(kg) \\ v = \text{velocidade}\,(m \cdot s^{-1}) \end{cases}$$

Uma forma de estudar o comportamento de um gás é relacionar a variação da energia cinética de suas moléculas em função do aumento da temperatura do sistema. Veja o gráfico ao lado.

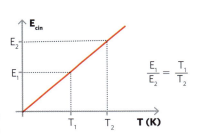

Gráfico da variação da energia cinética em função da temperatura do sistema.

Observe que a cada temperatura ($T_1$ e $T_2$) estão relacionadas uma única energia cinética média e, consequentemente, uma única velocidade média das moléculas. A partir dessa observação, é possível estabelecer a seguinte relação matemática:

$$\left. \begin{array}{l} T_1 = \dfrac{E_1}{k} = \dfrac{m \cdot v_1^2}{2k} \\ T_2 = \dfrac{E_2}{k} = \dfrac{m \cdot v_2^2}{2k} \end{array} \right\} \dfrac{T_1}{T_2} = \dfrac{E_1}{E_2} = \dfrac{v_1^2}{v_2^2}$$

Outra análise possível para o mesmo exemplo é a representação gráfica ao lado, que relaciona a velocidade com o número de moléculas nas temperaturas $T_1$ e $T_2$.

Nesse tipo de diagrama, conhecido como **distribuição de Maxwell-Boltzmann**, a área abaixo da curva indica o número total de moléculas do gás.

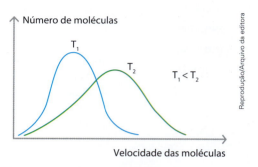

Distribuição de Maxwell-Boltzmann.

Assim, quanto maior for a temperatura do gás, maior será o número de moléculas com maior velocidade, o que pode ser evidenciado pela curva mais baixa e mais larga. Caso o gás seja resfriado, ocorrerá a diminuição da velocidade média das moléculas, como é representado pela curva mais alta e mais estreita. Portanto, quanto mais frio estiver o gás, maior será o pico (a curva $T_1$ é mais alta e mais estreita), e quanto mais quente estiver o gás, menor será o pico (a curva $T_2$ é mais baixa e mais larga).

Para compreendermos o comportamento de um gás, é importante conhecermos quatro grandezas: pressão (P), volume (V), temperatura (T) e quantidade de matéria (n). As grandezas pressão, volume e temperatura também são chamadas de **variáveis de estado**.

## As variáveis de estado de um gás

As variáveis de estado são grandezas que, para um dado momento de observação, apresentam os mesmos valores em todas as partes do sistema. Ou seja, ao observarmos um sistema gasoso no instante **t**, constataremos, por exemplo, que a pressão de todo o sistema será igual. O mesmo valerá para a temperatura e para o volume do sistema.

### Pressão

A pressão de um gás está relacionada com a frequência de colisões das partículas que o compõem com a parede do recipiente que o contém. Ao colidir com o recipiente, as partículas vão aplicar uma força em uma certa área de colisão, determinando, assim, a pressão. Quanto maior for a frequência das colisões, maior será a pressão do sistema.

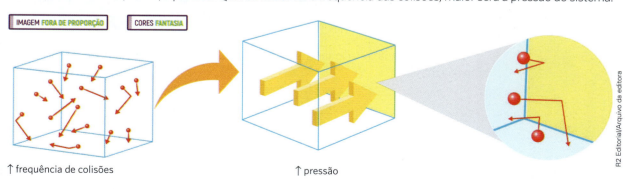

↑ frequência de colisões    ↑ pressão

Existem diversas unidades de pressão; aquelas que mais utilizaremos, assim como a relação entre elas, encontram-se abaixo:

1 atm = 76 cmHg (centímetro de mercúrio) = 760 mmHg (milímetro de mercúrio) = 760 torr ≈ $10^5$ Pa (pascal) = 1 bar

Para determinar a pressão de um gás contido em um recipiente fechado, é utilizado um aparelho chamado de manômetro. O manômetro é constituído basicamente de um tubo em forma de "U" contendo mercúrio (Hg). Associando a uma das extremidades do tubo um frasco contendo um gás qualquer, podemos observar três situações, representadas abaixo.

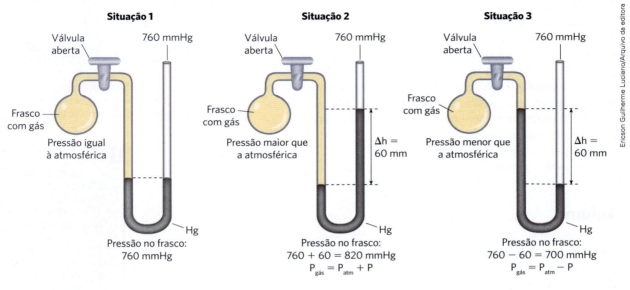

$P = \Delta h$ da coluna de mercúrio

## Pressão atmosférica

Os gases que constituem a atmosfera (principalmente os gases oxigênio e nitrogênio) exercem uma determinada pressão sobre a superfície da Terra e, consequentemente, sobre as pessoas; essa pressão é denominada pressão atmosférica. É possível estimar matematicamente que há cerca de 10 toneladas de ar para cada 1 m² da superfície terrestre.

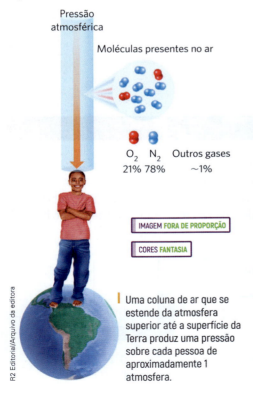

Uma coluna de ar que se estende da atmosfera superior até a superfície da Terra produz uma pressão sobre cada pessoa de aproximadamente 1 atmosfera.

À medida que a altitude aumenta, o ar torna-se cada vez mais rarefeito, e, portanto, há uma consequente diminuição da pressão exercida pela coluna de ar.

O valor da pressão atmosférica ao nível do mar foi determinado em 1643 pelo físico italiano Evangelista Torricelli (1608-1647). Torricelli elaborou um experimento no qual verteu um tubo de vidro de 1 metro de comprimento, totalmente preenchido por mercúrio (Hg), em uma bacia (cuba) de vidro, que também continha mercúrio líquido. O físico pôde então observar que o líquido contido no tubo de vidro desceu para a cuba até que sua altura fosse de 76 cm, como pode ser observado no esquema ao lado.

O nível do mercúrio estabiliza quando a pressão atmosférica equilibra a pressão exercida pela coluna de mercúrio que permanece dentro do tubo; assim, é possível concluir que, ao nível do mar, a pressão exercida por uma coluna de mercúrio cuja altura é de 76 cm equivale à pressão atmosférica.

1 atm = 76 cmHg = 760 mmHg

Em homenagem a Torricelli, 1 mmHg passou a ser chamado de 1 torricelli (torr).

1 atm = 76 cmHg = 760 mmHg = 760 torr

Representação do experimento de Torricelli. O mercúrio é um metal extremamente tóxico. Não tente reproduzir esse experimento em casa.

## Volume

O volume é a grandeza relacionada ao espaço ocupado por um gás. É importante ressaltar que uma das principais propriedades do gás é a **expansibilidade**. Ou seja, um gás, quando livre, ocupa todo o volume do recipiente que o contém. As principais unidades de volume são:

$$1\ m^3 = 10^3\ dm^3 = 10^3\ L = 10^6\ cm^3 = 10^6\ mL$$

## Temperatura

A temperatura está associada ao grau de agitação das partículas que formam o sistema gasoso. Para o estudo dos gases, utilizamos a temperatura sempre na escala absoluta, ou seja, em Kelvin, embora em nosso dia a dia estejamos mais acostumados a utilizar a escala Celsius. A conversão de uma temperatura na escala Celsius para a escala Kelvin pode ser realizada facilmente por meio da expressão abaixo:

$$T_K = T_{°C} + 273$$

Por exemplo, convertendo 25 °C para Kelvin, teremos:
$T_K = 25\ °C + 273 = 298\ K$

!!! Dica
*A atmosfera terrestre*, de Mario Tolentino, Romeu C. Rocha-Filho e Roberto Ribeiro da Silva. Editora Moderna.

Os autores nos apresentam a atmosfera de um ponto de vista multidisciplinar, oferecendo uma visão ampla e integrada de sua importância para a vida e para o planeta Terra.

### Explore seus conhecimentos

**1** Considere as afirmações a seguir sobre as substâncias químicas no estado gasoso.
  I. Apresentam partículas afastadas.
  II. As partículas se movimentam de forma ordenada.
  III. Assumem o volume do recipiente em que se encontram.
  IV. Ao aumentar a temperatura, aumentamos a energia cinética média das partículas.

São corretas as afirmativas:
a) todas.
b) I e IV.
c) I e III.
d) I, II e IV.
e) I, III e IV.

**2** (UFU-MG) Na figura a seguir, a altura do mercúrio no braço direito aberto à pressão atmosférica (760 mmHg) é de 100 mm e a altura no braço esquerdo é de 120 mm. A pressão do gás no bulbo é:

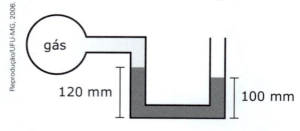

a) 780 mmHg.
b) 640 mmHg.
c) 740 mmHg.
d) 20 mmHg.

**3** Costuma-se chamar de pressão atmosférica a pressão que o ar atmosférico (uma mistura gasosa) exerce em um dado local. Essa pressão depende principalmente da altitude. Considere a tabela a seguir, que mostra as pressões atmosféricas em alguns locais do Brasil.

| Local | Pressão atmosférica |
| --- | --- |
| João Pessoa (PB) | 1 atm |
| São Paulo (SP) | 0,92 atm |
| Itatiaia (RJ) | 0,80 atm |
| Pico da Neblina (AM) | 0,70 atm |

a) Pela análise da tabela e usando seus conhecimentos sobre a geografia desses locais, qual a relação existente entre a altitude e a pressão atmosférica?
b) Qual das cidades citadas se encontra ao nível do mar? Qual o valor da pressão atmosférica nesse local?
c) Considerando que a pressão de 1 atm equivale a 760 mmHg, qual a pressão atmosférica de Itatiaia expressa em mmHg?

**4** (Enem) A adaptação dos integrantes da seleção brasileira de futebol à altitude de La Paz foi muito comentada em 1995, por ocasião de um torneio, como pode ser lido no texto abaixo.

A seleção brasileira embarca hoje para La Paz, capital da Bolívia, situada a 3700 metros de altitude, onde disputará o torneio Interamérica. A adaptação deverá ocorrer em um prazo de 10 dias, aproximadamente. O organismo humano, em altitudes elevadas, necessita desse tempo para se adaptar, evitando-se, assim, risco de um colapso circulatório.

(Adaptado da revista *Placar*, fev. 1995.)

A adaptação da equipe foi necessária principalmente porque a atmosfera de La Paz, quando comparada à das cidades brasileiras, apresenta:

a) menor pressão e menor concentração de oxigênio.
b) maior pressão e maior quantidade de oxigênio.
c) maior pressão e maior concentração de gás carbônico.
d) menor pressão e maior temperatura.
e) maior pressão e menor temperatura.

## Relacione seus conhecimentos

**1** (UFSE) De acordo com a Teoria Cinética Molecular dos Gases:
I. Estes são constituídos por pequenas partículas denominadas moléculas.
II. As partículas que os constituem são separadas, umas das outras, por distâncias, na média, muito maiores do que o tamanho das moléculas.
III. As forças de atração e repulsão entre as partículas são iguais a zero.
IV. As partículas (moléculas) estão em contínuo movimento, caótico em relação à direção e à rapidez.

Para o vapor-d'água, um gás real, aplicam-se as afirmações:
a) I, II, III e IV.
b) I, II e IV somente.
c) I, III e IV somente.
d) II e III somente.
e) III e IV somente.

**2** (UFC-CE) "Ar em tubulação faz conta de água disparar" (Folha de S.Paulo, 27 de agosto de 2001). Esse fenômeno ocorre porque o ar ocupa rapidamente os espaços vazios nas tubulações de água. Quando o fornecimento é regularizado, a água empurra a solução gasosa acumulada nas tubulações fazendo o hidrômetro girar rapidamente. Sabendo que há uma pressão moderada na tubulação, analise as afirmativas I, II e III e assinale a alternativa correta.
I. O ar é constituído de uma solução gasosa real, cujos componentes experimentam interações de atração que o tornam mais denso, se comparado a uma mistura ideal de mesma composição.
II. O ar ocupa rapidamente os espaços vazios nas tubulações devido a sua elevada densidade, uma vez que se trata de uma mistura heterogênea.
III. Deve-se esperar uma redução na velocidade de rotação do hidrômetro em dias frios.
a) Somente I e II são verdadeiras.
b) Somente II é verdadeira.
c) Somente III é verdadeira.
d) Somente I e III são verdadeiras.
e) Somente II e III são verdadeiras.

**3** (Enem) Pesquisas recentes estimam o seguinte perfil da concentração de oxigênio (O$_2$) atmosférico ao longo da história evolutiva da Terra:

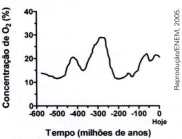

No período Carbonífero, entre aproximadamente 350 e 300 milhões de anos, houve uma ampla ocorrência de animais gigantes, como insetos voadores de 45 centímetros e anfíbios de até 2 metros de comprimento. No entanto, grande parte da vida na Terra foi extinta há cerca de 250 milhões de anos, durante o período Permiano.
Sabendo-se que o O$_2$ é um gás extremamente importante para os processos de obtenção de energia em sistemas biológicos, conclui-se que:

a) a concentração de nitrogênio atmosférico se manteve constante nos últimos 400 milhões de anos, possibilitando o surgimento de animais gigantes.
b) a produção de energia dos organismos fotossintéticos causou a extinção em massa no período Permiano por aumentar a concentração de oxigênio atmosférico.
c) o surgimento de animais gigantes pode ser explicado pelo aumento de concentração de oxigênio atmosférico, o que possibilitou uma maior absorção de oxigênio por esses animais.
d) o aumento da concentração de gás carbônico (CO$_2$) atmosférico no período Carbonífero causou mutações que permitiram o aparecimento de animais gigantes.
e) a redução da concentração de oxigênio atmosférico no período Permiano permitiu um aumento da biodiversidade terrestre por meio da indução de processos de obtenção de energia.

## Transformações no estado gasoso

As transformações que ocorrem em sistemas gasosos consistem em alterações das variáveis de estado (alterações na pressão, no volume e na temperatura), sem que ocorram mudanças de estado físico dos gases: tanto o estado inicial como o estado final do sistema se referem ao estado gasoso. Existem basicamente três tipos de transformações: **isotérmica**, **isobárica** e **isovolumétrica**.

### Transformação isotérmica (T = constante)

Considere a situação na qual uma massa fixa de gás está aprisionada dentro de um cilindro com embolo móvel. Considerando um processo que ocorra a temperatura constante, ao aumentarmos a pressão sobre o gás, o êmbolo descerá e o volume diminuirá. Caso a pressão sobre o gás seja dobrada, o volume ocupado pelo gás será reduzido pela metade, como exemplificado ao lado.

Essa relação entre pressão e volume foi observada e quantificada em 1662 pelo cientista irlandês Robert Boyle (1627-1691), que enunciou a seguinte lei:

**Lei de Boyle**: para uma massa fixa de gás, mantida à temperatura constante, o volume ocupado é inversamente proporcional à pressão exercida sobre ela.

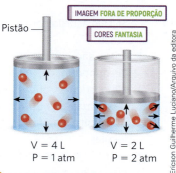

Representação da variação do volume e da pressão de um gás, em sistema fechado, com temperatura constante.

Matematicamente, duas grandezas são inversamente proporcionais quando seu produto é uma constante:

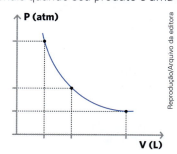

Lei de Boyle: $PV = k \xrightarrow{\text{transformação isotérmica}} P_1 \cdot V_1 = P_2 \cdot V_2$

## Transformação isobárica (P = constante)

Considere uma massa fixa de gás retida em um cilindro com êmbolo móvel e sob pressão constante. Caso aqueçamos o sistema, o aumento da temperatura vai provocar o aumento da energia cinética média das partículas e, consequentemente, haverá um afastamento entre as moléculas, provocando um aumento de volume no sistema. Caso a temperatura do sistema seja dobrada, o volume também será duplicado.

A relação entre volume e temperatura foi inicialmente observada em 1787 por Jacques Charles (1746-1823) e quantificada em 1802 por Joseph Gay-Lussac (1778-1850), sendo conhecida como lei de Charles e Gay-Lussac.

**Lei de Charles e Gay-Lussac**: para uma massa fixa de gás, mantida à pressão constante, o volume ocupado pelo gás é diretamente proporcional à temperatura absoluta.

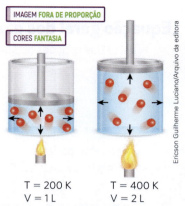

Representação da variação da temperatura e do volume de um gás, em sistema fechado, com pressão constante.

Matematicamente, duas grandezas são diretamente proporcionais quando seu quociente é uma constante.

Lei de Charles: $\frac{V}{T} = k \xrightarrow{\text{transformação isobárica}} \frac{V_1}{T_1} = \frac{V_2}{T_2}$

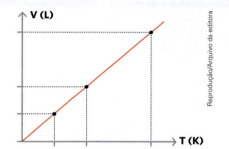

## Transformação isocórica ou isovolumétrica (V = constante)

Considere uma massa fixa de gás presente no interior de um cilindro que apresenta êmbolo fixo. Ao aumentarmos a temperatura do sistema, ocorrerá um aumento da energia cinética média das partículas que o compõem. O aumento da agitação provocará um aumento da frequência de colisões das partículas com a parede do recipiente, provocando um aumento de pressão. Caso a temperatura do sistema seja dobrada, a sua pressão também será dobrada.

Essa relação foi identificada em 1802, quando Joseph Gay-Lussac verificou que, se a temperatura fosse medida pela escala Kelvin (K), a pressão (P) e a temperatura (T) apresentariam variação proporcional.

**Lei de Gay-Lussac**: para uma massa fixa de gás, mantida a volume constante, a pressão exercida pelo gás é diretamente proporcional à temperatura do sistema.

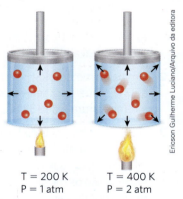

Representação da variação da temperatura e da pressão de um gás, em sistema fechado, com volume constante.

Matematicamente, duas grandezas são diretamente proporcionais quando o seu quociente é uma constante.

Lei de Gay-Lussac: $\frac{P}{T} = k \xrightarrow{\text{transformação isocórica}} \frac{P_1}{T_1} = \frac{P_2}{T_2}$

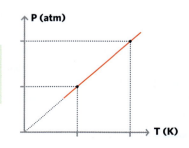

## Equação geral dos gases

A partir das relações estabelecidas anteriormente, temos a denominada **equação geral dos gases**:

$$\frac{P_1 V_1}{T_1} = \frac{P_2 V_2}{T_2}$$

Essa equação pode ser utilizada para determinar os valores das variáveis de estado de um gás em uma transformação, desde que a quantidade de gás envolvida seja constante.

> As comparações das propriedades dos gases são feitas a partir de certos referenciais conhecidos como Condições Normais de Temperatura e Pressão (CNTP).
> $P_{normal}$ = 1 atm = 760 mmHg ≅ 100 kPa
> $T_{normal}$ = 0 °C = 273 K

### Explore seus conhecimentos

**1** Numa transformação isotérmica de quantidade fixa de gás, pode-se afirmar que:
a) a temperatura é diretamente proporcional à pressão.
b) a pressão é diretamente proporcional à temperatura.
c) a pressão do gás é diretamente proporcional ao volume.
d) a pressão do gás é inversamente proporcional ao volume.
e) o volume ocupado pelo gás é diretamente proporcional à temperatura.

**2** Um balão meteorológico apresenta volume de 2,0 L a 27 °C. Qual será seu volume em um local em que a temperatura é de –33 °C, à mesma pressão?

**3** (PUC-RJ) Um pneu de bicicleta é calibrado a uma pressão de 4 atm em um dia frio, à temperatura de 7 °C. Supondo que o volume e a quantidade de gás injetada são os mesmos, qual será a pressão de calibração nos dias em que a temperatura atinge 37 °C?
a) 21,1 atm
b) 4,4 atm
c) 0,9 atm
d) 760 mmHg
e) 2,2 atm

**4** (UFF-RJ) Num recipiente com 12,5 mL de capacidade, está contida certa amostra gasosa cuja massa exerce uma pressão de 685,0 mmHg, à temperatura de 22 °C. Quando esse recipiente foi transportado com as mãos, sua temperatura elevou-se para 37 °C e a pressão exercida pela massa gasosa passou a ser, aproximadamente:
a) 0,24 atm
b) 0,48 atm
c) 0,95 atm
d) 1,50 atm
e) 2,00 atm

**5** (PUC-PR) O gráfico a seguir representa as transformações sofridas por determinada massa de gás ideal.

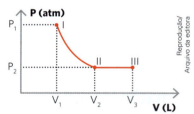

As transformações sofridas pelo gás do estado I para o II e do II para o III são, respectivamente:
a) isotérmica e isocórica.
b) isotérmica e isotérmica.
c) isobárica e isotérmica.
d) isocórica e isotérmica
e) isotérmica e isobárica

**6** Antes de tossir, uma pessoa inala aproximadamente 2,0 L de ar, estando a 1 atm e a 25 °C. Com a inspiração, a epiglote e as cordas vocais se fecham, retendo o ar nos pulmões, dentro dos quais é aquecido até 37 °C e comprimido pela ação do diafragma e dos músculos torácicos, até o volume de 1,7 L. A abertura rápida da epiglote e das cordas vocais expele esse ar de maneira abrupta. A pressão aproximada do ar contido nos pulmões imediatamente antes de tossir vale aproximadamente:
a) 1,02 atm.
b) 1,11 atm.
c) 1,22 atm.
d) 1,33 atm.
e) 1,44 atm.

## Relacione seus conhecimentos

**1** (Ufam) Uma bolha de volume igual a 2 mL foi formada no fundo do oceano, em um local onde a pressão é de 4 atm. Considerando que a temperatura permaneceu constante, o volume final da bolha ao atingir a superfície do oceano, local em que a pressão é igual a 1 atm, foi de:
a) 20 mL.      c) 8 mL.       e) 2 mL.
b) 10 mL.      d) 4 mL.

**2** (Unimontes-MG) As figuras a seguir ilustram a transformação de uma certa massa de neônio que ocupa inicialmente 200 cm³ de volume ($V_1$), a 100°C.

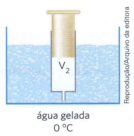

O volume $V_2$, em cm³, será igual a:
a) 73      c) 146      e) 250
b) 100     d) 200

**3** (UFG-GO) Considere o esquema apresentado a seguir, em que um experimento é executado do seguinte modo: um ovo cozido e sem casca, colocado sobre o bocal de uma garrafa à temperatura ambiente, não passa para seu interior em virtude de seu diâmetro ser levemente maior que o do bocal, conforme desenho A. Em seguida, o ovo é retirado e a garrafa é aquecida a 60 °C, conforme desenho B. Com a garrafa ainda aquecida, o ovo é recolocado sobre o bocal da garrafa e, durante o processo de resfriamento da garrafa, ele passa para seu interior, conforme desenho C. Explique o fenômeno que ocorre no experimento descrito e justifique por que o ovo, após o resfriamento, passa pelo bocal da garrafa.

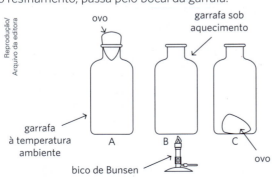

**4** (UPM-SP) Certa massa fixa de um gás ideal, sob temperatura de 30 °C e pressão de 2 atm, foi submetida a uma transformação isocórica, em que sua temperatura foi aumentada em 150 unidades. Dessa forma, é correto afirmar que, durante a transformação,
a) além do volume, a pressão manteve-se constante.
b) apenas o volume permaneceu constante, e no final, a pressão exercida por essa massa gasosa, foi aumentada para aproximadamente 12 atm.
c) apenas o volume permaneceu constante, e no final, a pressão exercida por essa massa gasosa, foi aumentada para aproximadamente 3 atm.
d) apenas o volume permaneceu constante, e no final, a pressão exercida por essa massa gasosa, foi diminuída para aproximadamente 1 atm.
e) apenas o volume permaneceu constante, e no final, a pressão exercida por essa massa gasosa, foi diminuída para aproximadamente 0,33 atm.

**5** (FURRN) No alto de uma montanha, o termômetro marca 15 °C e o barômetro, 600 mmHg. Ao pé da montanha, a temperatura é de 25 °C e a pressão é 760 mmHg. A relação entre os volumes ocupados pela mesma massa de gás no alto da montanha e ao pé da montanha é:
a) 2,1     b) 1,5     c) 12     d) 2     e) 1,2

**6** O gráfico a seguir indica as transformações sofridas por uma quantidade fixa de gás ideal.

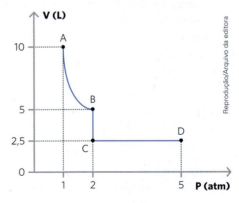

a) Identifique as transformações:
• A para B:
• B para C:
• C para D:
b) A temperatura do gás no estado A é igual a 127 °C. Determine a temperatura desse gás nos estados B, C e D.

## Princípio de Avogadro

A hipótese ou princípio de Avogadro pode ser enunciada do seguinte modo:

> Para qualquer gás, volumes iguais, nas mesmas condições de pressão e temperatura, apresentam a mesma quantidade de matéria, em mol.

### Equação de estado dos gases ideais

A equação de estado para os gases perfeitos consiste na relação entre as variáveis de estado utilizadas para descrever um gás (pressão, volume e temperatura) e a quantidade de matéria ou número de mol do gás (n). Assim, temos:

$$PV = nRT$$

R é a **constante universal dos gases** que, para quaisquer valores de P e T, vale:

$$R = 0{,}082 \text{ atm} \cdot L \cdot mol^{-1} \cdot K^{-1} = 62{,}3 \text{ mmHg} \cdot L \cdot mol^{-1} \cdot K^{-1} = 8{,}31 \text{ kPa} \cdot L \cdot mol^{-1} \cdot K^{-1}$$

Qualquer gás que obedeça a essa lei será considerado um **gás ideal** ou **perfeito**. Para esses gases, as colisões entre as partículas e o recipiente são consideradas perfeitamente elásticas, ou seja, não ocorre variação de energia nesse processo. No Ensino Médio, todos os gases são considerados gases ideais. A diferença entre gás real e gás ideal é estudada em detalhes em alguns cursos do Ensino Superior.

### Explore seus conhecimentos

**1** Um botijão de gás propano com volume interno igual a 82 L contém 20 mol de gás a 27 °C. Admitindo que o gás tenha comportamento ideal, qual será a pressão dentro do botijão? $R = 0{,}082 \text{ atm} \cdot L \cdot mol^{-1} \cdot K^{-1}$

**2** (Unaerp-SP) O argônio é um gás raro utilizado em solda, por arco voltaico, de peças de aço inoxidável. Qual a massa de argônio contida num cilindro de 9,84 L que, a 27 °C, exerce uma pressão de 5 atm? Dados: $R = 0{,}082 \text{ atm} \cdot L \cdot mol^{-1} \cdot K^{-1}$. Massa molar do Ar = 40 g · $mol^{-1}$

**3** O volume em litros ocupado por uma amostra gasosa com 20 g de $H_2$, em um cilindro com pistão móvel e sem atrito a −23 °C e que exerce uma pressão de 623 mmHg, valerá:
Dados: $R = 62{,}3 \text{ mmHg} \cdot L \cdot mol^{-1} \cdot K^{-1}$; $M(H_2) = 2 \text{ g} \cdot mol^{-1}$.
a) 250 L.   c) 60 L.   e) 12,5 L.
b) 125 L.   d) 25 L.

**4** Uma amostra gasosa de 128 g de $SO_2$, ocupando um volume de 22,4 L e exercendo uma pressão de 2,0 atm, estará à temperatura de:
Dados: $R = \dfrac{22{,}4}{273} \text{ atm} \cdot L \cdot mol^{-1} \cdot K^{-1}$; $M_{SO_2} = 64 \text{ g} \cdot mol^{-1}$.
a) 546 °C.   c) 273 °C.   e) 300 K.
b) 546 K.   d) 273 K.

**5** (UEL-PR) Considerando os gases estomacais: nitrogênio ($N_2$), oxigênio ($O_2$), hidrogênio ($H_2$) e dióxido de carbono ($CO_2$) e observando a figura a seguir, quais deles estão sob a mesma temperatura e mesma pressão? O tamanho das moléculas dos gases não está em escala real, encontra-se ampliado em relação ao volume constante e igual do recipiente que as contém, para efeito de visualização e diferenciação das espécies.

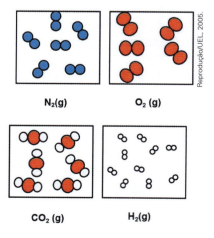

a) $N_2$ e $O_2$   c) $O_2$ e $CO_2$   e) $CO_2$ e $N_2$
b) $H_2$ e $N_2$   d) $O_2$ e $H_2$

6. Na tentativa de minimizar os efeitos gerados pela emissão de gás carbônico, foram criadas medidas como os créditos de carbono, que são certificações dadas para empresas, indústrias e países que conseguem reduzir a emissão de $CO_2$ na atmosfera. Cada tonelada de $CO_2$ não emitida ou retirada da atmosfera equivale a um crédito de carbono. Determine o volume aproximado ocupado pela quantidade de $CO_2$ equivalente a 1 crédito de carbono coletado a 27 °C e à pressão de 1 atm.
Dado: R = 0,082 atm · L · mol$^{-1}$ · K$^{-1}$;
C = 12 g · mol$^{-1}$ e O = 16 g · mol$^{-1}$.
1 tonelada = $10^6$ g

7. (UPE) Um tanque, contendo gás butano ($C_4H_{10}$) a 227 °C com capacidade de 4,10 m$^3$, sofre um vazamento ocasionado por defeito em uma das válvulas de segurança. Procedimentos posteriores confirmaram uma variação de pressão na ordem de 1,5 atm. Admitindo-se que a temperatura do tanque não variou, pode-se afirmar que a massa perdida de butano, em kg, foi:
Dados: massas molares (g/mol): H = 1; C = 12.
Constante dos gases:
R = 0,082 atm · L · mol$^{-1}$ · K$^{-1}$.

a) 8,7.   c) 15,0.   e) 330,3.
b) 2,9.   d) 0,33.

## Relacione seus conhecimentos

1. (Unifesp) A oxigenoterapia, tratamento terapêutico com gás oxigênio, é indicada para pacientes que apresentam falta de oxigênio no sangue, tais como portadores de doenças pulmonares. O gás oxigênio usado nesse tratamento pode ser comercializado em cilindros a elevada pressão, nas condições mostradas na figura.

No cilindro, está indicado que o conteúdo corresponde a um volume de 3 m$^3$ de oxigênio nas condições ambiente de pressão e temperatura, que podem ser consideradas como sendo 1 atm e 300 K, respectivamente.

150 atm
20 L

Dado: R = 0,082 atm · L · · mol$^{-1}$ · K$^{-1}$, a massa de oxigênio, em kg, armazenada no cilindro de gás representado na figura é, aproximadamente:

a) 0,98.   c) 1,95.   e) 3,90.
b) 1,56.   d) 2,92.

2. (UPM-SP) Uma amostra de 20 g de um gás ideal foi armazenada em um recipiente de 15,5 L sob pressão de 623 mmHg a uma temperatura de 37 °C. Dentre os gases elencados abaixo, aquele que podia representar esse gás ideal é o:
Dados:
• massas molares (g · mol$^{-1}$): H = 1, C = 12, N = 14, O = 16, Ar = 40.
• constante universal dos gases ideais (mmHg · · L · mol$^{-1}$ · K$^{-1}$) = 62,3.

a) gás hidrogênio.   d) gás etano.
b) gás carbônico.    e) gás nitrogênio.
c) gás argônio.

3. (Fuvest-SP) Um grão de milho de pipoca, visto a olho nu, apresenta duas regiões distintas, representadas por **A** e **B** na figura. Em **A**, ocorre o tecido acumulador de amido, usado, pela planta, para nutrir o embrião. Em **B**, os tecidos vegetais possuem maior teor de água. Ao ser aquecida, parte da água transforma-se em vapor, aumentando a pressão interna do grão. Quando a temperatura atinge 177 °C, a pressão se torna suficiente para romper o grão, que vira uma pipoca.

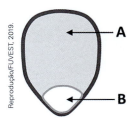

Um estudo feito por um grupo de pesquisadores determinou que o interior do grão tem 4,5 mg de água da qual, no momento imediatamente anterior ao seu rompimento, apenas 9% está na fase vapor, atuando como um gás ideal e ocupando 0,1 mL. Dessa forma, foi possível calcular a pressão P$_{final}$ no momento imediatamente anterior ao rompimento do grão.

A associação correta entre região do milho e P$_{final}$ é dada por:

a) A = endosperma e P$_{final}$ = 8,3 atm.
b) B = endosperma e P$_{final}$ = 5,9 atm.
c) A = xilema e P$_{final}$ = 22,1 atm.
d) B = xilema e P$_{final}$ = 5,9 atm.
e) B = endosperma e P$_{final}$ = 92,0 atm.

## Misturas gasosas

As misturas gasosas consistem em sistemas que apresentam mais de um gás. Em relação às grandezas de interesse de sistemas gasosos (pressão, volume, temperatura e quantidade de matéria), as misturas gasosas apresentam particularidades quanto à pressão e à quantidade de matéria.

Considere o exemplo a seguir, no qual é realizada a mistura entre os gases hélio e argônio.

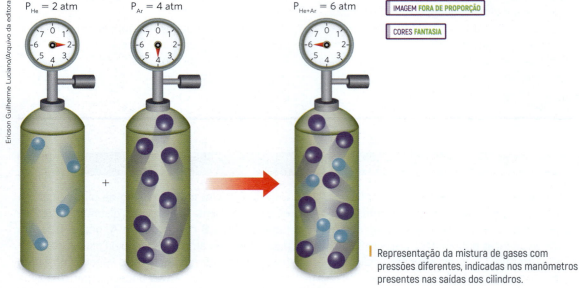

Representação da mistura de gases com pressões diferentes, indicadas nos manômetros presentes nas saídas dos cilindros.

Elaborado com base em: TIMBERLAKE, K. *Química general, orgánica y biológica. Estructuras de la vida.* 4. ed. Naucalpan de Juarez: Pearson, 2013. p. 287.

A pressão total do sistema corresponde à soma das pressões exercidas por cada gás constituinte da mistura; assim:

$$P_{Total} = P_{He} + P_{Ar} \text{ (Lei de Dalton para as pressões parciais)}$$

Genericamente, temos:

$$P_T = P_A + P_B + P_C + ...$$

No exemplo dado, se aplicarmos a equação de estado, teremos:

$$P_{He} = n_{He} \frac{RT}{V}$$
$$P_{Ar} = n_{Ar} \frac{RT}{V}$$

Note que a pressão parcial exercida por um gás é diretamente proporcional ao número de mol.

$$P = \sum n \frac{RT}{V} \Rightarrow \boxed{PV = \sum nRT}$$

### Fração em quantidade de matéria (fração molar)

A razão entre o número de mol de um gás componente de uma mistura e o número total de mol da mistura é denominada **fração em quantidade de matéria** ou **fração molar** desse gás. Geralmente, a fração molar é representada pela letra **x**:

$$x_A = \frac{n_A}{\sum n}$$

A fração molar pode ser obtida estabelecendo-se relações entre as pressões parciais dos gases e a pressão total da mistura.

$$x_A = \frac{n_A}{\sum n} = \frac{P_A}{P_T}$$

Assim, é válida a seguinte relação:

$$P_A = x_A P_T$$

Podemos, ainda, estabelecer outra relação matemática para uma mistura gasosa, a qual considera que cada um dos gases é responsável por uma parte do volume total ou, ainda, por certa porcentagem do volume total.

Como a pressão parcial, o volume parcial poderia ser relacionado com a fração em mol. A expressão a seguir nos mostra todas as relações que podem ser estabelecidas com a fração em mol.

$$x_A = \frac{n_A}{\sum n} = \frac{P_A}{P_T} = \frac{V_A}{V_T} = \frac{\% \text{ em volume de A}}{100\%}$$

## Explore seus conhecimentos

**1** Considere a ilustração ao lado, que representa uma mistura gasosa. Nesta ilustração, cada mol de gás é representado por uma esfera, e esferas de cores diferentes correspondem a gases diferentes: a esfera azul corresponde ao gás oxigênio e a vermelha, ao gás cloro.

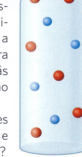

$P_T = 20$ atm

**a)** Quais as quantidades (em mols) de oxigênio e de cloro nessa mistura?
**b)** Qual a quantidade total de gás (em mols) nesse frasco?
**c)** Calcule a fração molar de cada gás nessa mistura.
**d)** Levando em conta a pressão total indicada pelo manômetro, calcule a pressão parcial de cada gás nesse frasco.

**2** Considere a mistura de 0,5 mol de $CH_4$ e 1,5 mol de $C_2H_6$, contidos num recipiente de 30,0 litros de capacidade, a 300 K. Com essas informações, determine:
Dado: $R = 0,082$ atm · L · mol$^{-1}$ · K$^{-1}$.
**a)** a pressão da mistura;
**b)** a fração molar de cada gás;
**c)** a pressão parcial de cada gás.

**3** Em mergulhos profundos a mais de 60 m de profundidade, recomenda-se utilizar uma mistura gasosa diferente do ar comprimido. Nesse caso, utiliza-se o trimix, uma mistura formada por 16% em volume de oxigênio, 24% em volume de hélio e 60% em volume de nitrogênio. Sabendo que a pressão interna do cilindro é próxima de 4 000 mmHg, calcule as pressões parciais de cada gás componente da mistura.

**4** Considere um sistema formado por dois frascos (a e b) conectados por um tubo de volume desprezível.

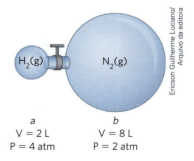

a
V = 2 L
P = 4 atm

b
V = 8 L
P = 2 atm

Inicialmente, cada frasco contém um gás que exerce uma pressão diferente, conforme indicado na figura. Considerando que a torneira de comunicação foi aberta e que o sistema entrou em equilíbrio, determine a pressão da mistura sabendo que se trata de uma transformação isotérmica.

## Relacione seus conhecimentos

**1** (UFC-CE) Considere um recipiente de 10 L contendo uma mistura gasosa de 0,20 mol de metano, 0,30 mol de hidrogênio e 0,40 mol de nitrogênio, a 25 °C. Admitindo-se o comportamento do gás ideal, pede-se:
(Dado: R = 0,082 atm · L · mol$^{-1}$ · K$^{-1}$)
a) a pressão, em atmosferas, no interior do recipiente;
b) as pressões parciais dos componentes.

**2** (Uece) Um frasco de 250 mL contém neônio a uma pressão de 0,65 atm. Um outro frasco de 450 mL contém argônio a uma pressão de 1,25 atm. Os gases são misturados a partir da abertura de uma válvula na conexão que liga os dois recipientes. Considerando o volume da conexão desprezível e, ainda, o sistema mantido a uma temperatura constante, a pressão final da mistura de gases é de, aproximadamente:
a) 1,03 atm.   c) 2,06 atm.
b) 1,90 atm.   d) 2,80 atm.

**3** (PUC-RJ) O gás natural, embora também seja um combustível fóssil, é considerado mais limpo do que a gasolina, por permitir uma combustão mais completa e maior eficiência do motor. Assim, um número crescente de táxis roda na cidade movidos por esse combustível. Esses veículos podem ser reconhecidos por terem parte de seu porta-malas ocupado pelo cilindro de aço que contém o gás. Um cilindro destes, com volume de 82 litros, foi carregado em um posto, numa temperatura de 27 °C, até uma pressão de 6 atm. A massa de gás natural nele contido, considerando o gás natural formado (em mols) por 50% de metano (CH$_4$) e 50% de etano (C$_2$H$_6$) será:
Dado: R = 0,082 atm · L · mol$^{-1}$ · K$^{-1}$.
a) 400 g   c) 480 g   e) 600 g
b) 460 g   d) 500 g

**4** (UFPR) Mergulhadores que utilizam cilindros de ar estão sujeitos a sofrer o efeito chamado "narcose pelo nitrogênio" (ou "embriaguez das profundezas"). Devido à elevada pressão parcial do nitrogênio na profundidade das águas durante o mergulho, esse gás inerte se difunde no organismo e atinge o sistema nervoso, causando efeito similar a embriaguez pelo álcool ou narcose por gases anestésicos. A intensidade desse efeito varia de indivíduo para indivíduo, mas em geral começa a surgir por volta de 30 m de profundidade. No mergulho, a cada 10 m de profundidade, aproximadamente 1 atm é acrescida à pressão atmosférica. A composição do ar presente no cilindro é a mesma da atmosférica e pode ser considerada como 80% N$_2$ e 20% O$_2$.
Dados: PV = nRT; R = 0,082 L · atm · K$^{-1}$ · mol$^{-1}$.
a) Um mergulhador está numa profundidade de 30 m. Qual é a pressão total a que esse mergulhador está submetido?
b) Calcule a pressão parcial de N$_2$ inspirada pelo mergulhador que utiliza o cilindro a 30 m de profundidade. Mostre o cálculo.
c) Considere um mergulhador profissional que possui uma capacidade pulmonar de 6 litros. Calcule a quantidade de matéria de N$_2$ na condição de pulmões totalmente cheios de ar quando o mergulhador está a 30 m de profundidade e à temperatura de 298 K (25 °C). Mostre o cálculo.

**5** Observe as ilustrações a seguir:

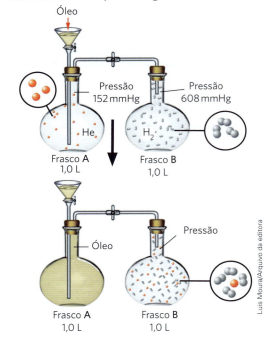

Considere que todo gás contido em A passou para B após a adição de óleo e que a temperatura permaneceu constante. Dados: massas molares: H$_2$ = 2 g · mol$^{-1}$ e He = 4 g · mol$^{-1}$.
Com base nas ilustrações e informações, responda aos itens:
I. Qual o valor da pressão total?
II. Determine as frações molares de He e H$_2$ na mistura gasosa.
III. Determine as porcentagens em volume de He e H$_2$ na mistura.
IV. Determine a massa molar aparente da mistura.

# CAPÍTULO 21
# Estequiometria

Este capítulo favorece o desenvolvimento das habilidades
- EM13CNT205
- EM13CNT301
- EM13CNT302
- EM13CNT303
- EM13CNT307

Se você já preparou ou acompanhou o preparo de um alimento, como um bolo ou um pudim, deve reconhecer a importância de seguir as recomendações de uma receita em relação a ingredientes, quantidades e unidades (colher, xícara, copo, etc.).

Mesmo quando precisamos aumentar ou reduzir a porção a ser produzida, devemos utilizar quantidades proporcionais às presentes na receita original. Ou seja, ao cozinhar, estamos pondo em prática princípios de uma área fundamental da Química: a **estequiometria** (do grego *stoicheia*, 'partes mais simples', e *metrein*, 'medida').

Na Química, a estequiometria consiste no cálculo das quantidades de matéria envolvidas em uma reação. As primeiras observações sobre a proporcionalidade das quantidades de matéria em transformações químicas foram feitas por Lavoisier e Joseph Louis Proust (1754-1826), a partir do estudo das massas das substâncias que participam de reações.

Genericamente, as observações realizadas foram sintetizadas em leis que relacionam massas, as quais são denominadas **leis ponderais**, sendo a **lei da conservação das massas**, ou lei de Lavoisier, a principal.

## ● Lei da conservação das massas (lei de Lavoisier)

Por volta de 1775, Lavoisier realizou uma série de experimentos determinando a massa dos recipientes fechados antes e depois de uma reação química acontecer e verificou que ela sempre se conservava, ou seja, que:

> Em um sistema fechado, a massa total dos reagentes é igual à massa total dos produtos.

Veja um exemplo:

$$\underbrace{\text{hidrogênio} + \text{oxigênio}}_{\substack{\text{Reagentes} \\ 2\,g + 16\,g = 18\,g}} \rightarrow \underbrace{\text{água}}_{\substack{\text{Produto} \\ 18\,g}}$$

$$\underbrace{2\,g \quad\quad 16\,g}\quad\quad\quad \underbrace{18\,g}$$

Generalizando, em sistemas fechados temos:

$$A + B \rightarrow C + D$$

$$\underbrace{m_A + m_B}_{\text{Reagentes}} = \underbrace{m_C + m_D}_{\text{Produto}}$$

## ● Investigue seu mundo

Sobre uma balança, coloque uma garrafa plástica com água até a metade e anote a massa indicada. Adicione um comprimido efervescente (se necessário, divida-o em partes) e anote a massa indicada imediatamente após a adição e ao terminar a efervescência.

Em seguida, repita o procedimento com outra garrafa plástica também com água até a metade. Ao adicionar um comprimido efervescente, coloque um balão de festa no gargalo, de modo que não saia ar ou água da garrafa. Não se esqueça de anotar a massa do sistema antes e após a adição do comprimido.

Sabendo que em ambas as situações ocorreu a mesma reação química, alguma obedeceu à lei da conservação das massas? Justifique, analisando as condições experimentais em cada situação.

# Lei das proporções definidas (lei de Proust)

Em 1799, Proust determinou que a composição de substâncias puras apresenta proporções constantes de massa, independentemente de seu processo de obtenção.

Vamos considerar a formação da água como exemplo:

|  | Hidrogênio + Oxigênio → Água |  |  |
|---|---|---|---|
| Experimento 1 | 1 g | 8 g | 9 g |
| Experimento 2 | 2 g | 16 g | 18 g |
| Experimento 3 | 10 g | 80 g | 90 g |

Note que as relações entre as massas de hidrogênio e oxigênio é sempre a mesma = 1 : 8.

$$\frac{\text{massa de hidrogênio}}{\text{massa de oxigênio}} = \frac{1\,g}{8\,g} = \frac{2\,g}{16\,g} = \frac{10\,g}{80\,g} = \frac{1}{8}$$

Em função desses resultados, Proust enunciou a segunda lei ponderal, ou **lei das proporções definidas**:

> A composição de toda substância apresenta uma proporção constante de massa.

## Explore seus conhecimentos

**1** (PUC-SP) Querendo verificar a Lei da Conservação das Massas (Lei de Lavoisier), um estudante realizou a experiência esquematizada abaixo:

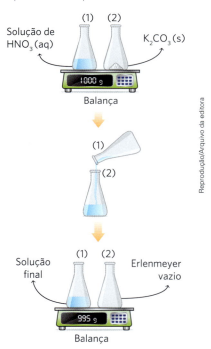

Terminada a reação, o estudante verificou que a massa final era menor que a massa inicial. Assinale a alternativa que explica o ocorrido:

a) A Lei de Lavoisier só é válida nas condições normais de temperatura e pressão.
b) A Lei de Lavoisier não é válida para reações em solução aquosa.
c) De acordo com a Lei de Lavoisier, a massa dos produtos é igual à massa dos reagentes, quando estes se encontram na mesma fase de agregação.
d) Para que se verifique a Lei de Lavoisier, é necessário que o sistema seja fechado, o que não ocorreu na experiência realizada.
e) Houve excesso de um dos reagentes, o que invalida a Lei de Lavoisier.

**2** (UFMG) Em um experimento, soluções aquosas de nitrato de prata, $AgNO_3$, e de cloreto de sódio, $NaC\ell$, reagem entre si e formam cloreto de prata, $AgC\ell$, sólido branco insolúvel, e nitrato de sódio, $NaNO_3$, sal solúvel em água.

A massa desses reagentes e a de seus produtos estão apresentadas no quadro:

| Massa das substâncias (g) ||||
|---|---|---|---|
| Reagentes || Produtos ||
| $AgNO_3$ | $NaC\ell$ | $AgC\ell$ | $NaNO_3$ |
| 1,699 | 0,585 | x | 0,850 |

Considere que a reação foi completa e que não há reagentes em excesso.

Assim sendo, é correto afirmar que x — ou seja, a massa de cloreto de prata produzida — é:

a) 0,585 g.
b) 1,434 g.
c) 1,699 g.
d) 2,284 g.

**3** O cálcio reage com o oxigênio produzindo o óxido de cálcio, conhecido como cal virgem. Foram realizados dois experimentos, cujos dados incompletos constam da tabela a seguir.

| | cálcio | + | oxigênio | → | cal virgem |
|---|---|---|---|---|---|
| 1º experimento | 40 g | + | x | → | 56 g |
| 2º experimento | y | + | 32 g | → | z |

Determine os valores de x, y e z e cite o nome das leis ponderais que permitiram essa determinação.

**4** (Cefet-MG) O esquema ao lado mostra um experimento que ocorre em duas etapas: a combustão (reação com $O_2$) do enxofre e a reação do produto obtido com a água presente no recipiente. Assim, produz-se ácido sulfúrico ($H_2SO_4$), o que pode ser confirmado pelo aumento da acidez do meio.

Considere que, ao final de dois experimentos análogos, foram obtidos os dados registrados na tabela seguinte.

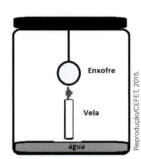

| Experimentos | Massa dos reagentes (g) ||| Massa do produto (g) |
| | $S_8$ | $O_2$ | $H_2O$ | $H_2SO_4$ |
|---|---|---|---|---|
| I | 0,32 | 0,48 | X | 0,98 |
| II | 1,28 | Y | 0,72 | Z |

A análise desses dados permite afirmar, corretamente, que
a) Y/X < 4
b) Z < (X + Y)
c) Y/0,48 = X/0,72
d) 0,72/X = Z/0,98

## ● Fórmulas químicas

A linguagem química permite representar de várias maneiras quais e quantos átomos compõem as substâncias. Cada uma delas evidencia um aspecto: porcentagens em massa (**fórmula percentual**), proporções numéricas (**fórmula molecular**) ou quantidades necessárias dos átomos de determinado elemento químico para montar a menor estrutura que constitui a substância (**fórmula mínima ou empírica**).

Cada representação pode ser considerada como uma **fórmula química**, que sempre será construída com base em conhecimentos como símbolos de elementos, ligações químicas e estequiometria.

### Fórmula percentual

A composição percentual de uma substância pode ser feita, por exemplo, a partir da sua fórmula química. Considere que se tenha 1 mol de metano ($CH_4$), cuja massa molar é 16 g/mol. Para encontrar a composição percentual, é preciso, então, determinar qual porcentagem da massa total (16 g) corresponde ao hidrogênio e qual corresponde ao carbono.

Para fazer isso, inicialmente determinamos a massa dos átomos de hidrogênio. Sabendo que sua massa molar é 1,0 g/mol e que temos na substância 4 mol de átomos de hidrogênio, 1 mol da substância terá 4,0 g de hidrogênio. Então, dividimos a massa dos átomos de hidrogênio pela massa de metano e multiplicamos o resultado por 100%. Assim, teremos:

$$\text{Porcentagem em massa de hidrogênio} = \frac{4,0 \text{ g}}{16 \text{ g}} \cdot 100\% = 25\%$$

No caso do metano, que é constituído somente por dois elementos, se a porcentagem em massa de hidrogênio é de 25%, a porcentagem restante para completar os 100% é de 75% de carbono.

Desse modo, temos: $C_{75\%} H_{25\%}$. Portanto, em uma amostra de 100 g de metano, temos 75 g de carbono e 25 g de hidrogênio.

## Fórmula mínima ou empírica

A **fórmula mínima** indica a proporção entre o número de átomos de cada elemento que compõe uma única estrutura que constitui uma substância (uma molécula ou um aglomerado iônico). Essa proporção é expressa pelos **menores números inteiros** possíveis.

A sequência a seguir nos indica um procedimento para determinarmos uma fórmula mínima.

- 1º) Determinar a composição, em massa, de cada elemento que constitui a substância.
- 2º) Determinar a quantidade, em mol de átomos, de cada elemento.
- 3º) Determinar a menor proporção possível de números inteiros entre cada elemento presente. Isso pode ser feito dividindo-se os valores em números de mol pelo menor deles.

Considere como exemplo uma amostra que apresenta 40% de enxofre e 60% de oxigênio, em massa.

Se a amostra apresenta 40% de enxofre, em massa, podemos afirmar que em cada 100 g da substância temos 40 g de enxofre e 60 g de oxigênio.

Conhecendo as massas molares de cada elemento (S = 32 g/mol e O = 16 g/mol), para determinarmos o número de mol de átomos, devemos nos lembrar da relação:

$$n^o \text{ de mol de átomos (n)} = \frac{\text{massa (g)}}{\text{massa molar} \left(g \cdot mol^{-1}\right)}$$

Nesse caso, teremos:

$$S \Rightarrow n = \frac{40 \text{ g}}{32 \text{ g} \cdot mol^{-1}} = 1,25 \text{ mol de átomos}$$

$$O \Rightarrow n = \frac{60 \text{ g}}{16 \text{ g} \cdot mol^{-1}} = 3,75 \text{ mol de átomos}$$

Para determinar a proporção entre o número de mol de átomos, devemos dividir os valores obtidos pelo menor deles.

| | S | O |
|---|---|---|
| Relação entre o número de mol | $\frac{1,25 \text{ mol}}{1,25 \text{ mol}} = 1$ | $\frac{3,75 \text{ mol}}{1,25 \text{ mol}} = 3$ |

O resultado obtido é um número adimensional que indica a menor proporção entre o número de átomos de cada elemento em uma molécula do composto. Se o resultado obtido nessa operação não for de números inteiros, devemos multiplicar todos os valores por um mesmo número, de maneira a obter a menor proporção em números inteiros.

Assim, a fórmula mínima desse composto é: $SO_3$.

## Fórmula molecular

A **fórmula molecular** indica quais e quantos átomos de cada elemento compõem uma fórmula ou uma molécula de determinada substância.

A tabela a seguir apresenta as fórmulas moleculares e mínimas de algumas substâncias:

| Nome da substância | Fórmula molecular | Fórmula mínima |
|---|---|---|
| Água | $H_2O$ | $H_2O$ |
| Água oxigenada | $H_2O_2$ | $HO$ |
| Glicose | $C_6H_{12}O_6$ | $CH_2O$ |

Existem algumas maneiras de determinar a fórmula molecular das substâncias. Vejamos uma delas.

O vinagre é uma solução aquosa de um ácido que apresenta a seguinte composição, em massa: C = 40%, H = 6,67% e O = 53,3% e massa molar = 60 g/mol.

A partir desses dados, podemos calcular a massa de cada elemento em relação à massa molar:

$C \begin{cases} 60\,g \text{——} 100\% \\ x \text{——} 40\% \end{cases} \quad x = \dfrac{60\,g \cdot 40\%}{100\%} = 24\,g$

$H \begin{cases} 60\,g \text{——} 100\% \\ x \text{——} 6,67\% \end{cases} \quad y = \dfrac{60\,g \cdot 6,67\%}{100\%} = 4\,g$

$O \begin{cases} 60\,g \text{——} 100\% \\ x \text{——} 53,3\% \end{cases} \quad z = \dfrac{60\,g \cdot 53,3\%}{100\%} = 32\,g$

Com esses valores, podemos determinar o número de mol de átomos de cada elemento.

$C \begin{cases} \dfrac{24\,g}{12\,g \cdot mol^{-1}} = 2\,mol\ de\ átomos\ de\ C \end{cases}$

$H \begin{cases} \dfrac{4\,g}{1\,g \cdot mol^{-1}} = 4\,mol\ de\ átomos\ de\ H \end{cases}$

$O \begin{cases} \dfrac{32\,g}{16\,g \cdot mol^{-1}} = 2\,mol\ de\ átomos\ de\ O \end{cases}$

Assim, a fórmula molecular do ácido é: $C_2H_4O_2$.

## Explore seus conhecimentos

Consulte a tabela periódica sempre que necessário.

**Fórmula centesimal ou percentual**

Com base nas informações abaixo, responda às questões **1** e **2**.

A ilustração representa o modelo de uma molécula da substância denominada butanodiona, que, à temperatura ambiente, é um líquido amarelo e volátil, responsável pelo sabor característico da manteiga.

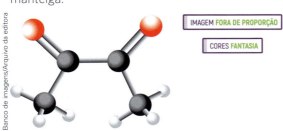

IMAGEM FORA DE PROPORÇÃO
CORES FANTASIA

Dados:

| Esfera/Cor | Elemento | MA (u) |
|---|---|---|
| preta | carbono | 12 |
| vermelha | oxigênio | 16 |
| cinza-clara | hidrogênio | 1 |

**1** Qual sua fórmula molecular?

**2** Calcule o teor de carbono nessa substância.

**3** (Ufes) Uma das reações que ocorrem na produção de ferro (Fe) a partir da hematita ($Fe_2O_3$) pode ser representada pela equação:

$Fe_2O_3 + 3\,CO \rightarrow Fe + 3\,CO_2$

A percentagem em massa de ferro na hematita, considerando-a pura, é:

(Dados: Fe = 56; O = 16)

a) 16%.  d) 56%.
b) 35%.  e) 70%.
c) 49%.

**Fórmula mínima**

**4** (UFV-MG) Uma substância pura, de massa igual a 32 g, foi submetida à análise elementar e verificou-se que continha 10 g de cálcio, 6 g de carbono e 16 g de oxigênio.
(Dados: massas molares (g/mol): Ca = 40; C = 12 e O = 16)

a) Qual é o teor (porcentagem) de cada elemento na substância?

b) Qual é a fórmula mínima dessa substância?

**5** (UEMG) Nicotina, um dos principais constituintes do cigarro, é um alcaloide, encontrado nas folhas do tabaco (*Nicotiana tabacum*), planta originária das Américas, sendo a molécula responsável pela dependência.

Sua composição porcentual, em massa, é 74,1% de carbono, 8,6% de hidrogênio e 17,3% de nitrogênio.

Dados: H = 1; C = 12; N = 14.

Assinale a alternativa que indica **CORRETAMENTE** a fórmula mínima da nicotina.

a) $C_5H_7N$  c) $C_{10}H_{14}N_2$
b) $C_3H_3N$  d) $C_6H_8N$

**Fórmula molecular**

**6** (UPM-SP) O ácido acetilsalicílico é um medicamento muito comum e muito utilizado em todo o mundo possuindo massa molar de 180 g · mol⁻¹. Sabendo que a sua composição centesimal é igual a 60% de carbono, 35,55% de oxigênio e 4,45% de hidrogênio, é correto afirmar que a sua fórmula molecular é:
Dados: massas molares (g · mol⁻¹): H = 1; C = 12 e O = 16.

a) $C_9H_8O_4$.
b) $C_6H_5O_4$.
c) $C_6H_4O_3$.
d) $C_5H_4O_2$.
e) $C_4H_2O$.

**7** (Fac. Pequeno Príncipe-PR) A talidomida é um derivado do ácido glutâmico que foi sintetizado na Alemanha, em 1953. Em pouco tempo, conquistou o mercado como um remédio eficaz que controlava a ansiedade e os enjoos de mulheres grávidas. Mas, a partir de 1960, foi descoberto que o remédio provocava má formação de fetos dessas gestantes. Nasceu, nos anos seguintes, uma geração com graves anomalias, conhecidas como síndrome da talidomida. Em uma amostra de 2,58 g desse composto, existem 1,56 g de carbono, 0,10 g de hidrogênio, 0,28 g de nitrogênio e 0,64 de oxigênio, portanto, a fórmula molecular da talidomida é:
Dados: C = 12; H = 1; N = 14; O = 16.

a) $C_{26}H_{20}N_4O_8$.
b) $C_8H_{10}NO_2$.
c) $C_6H_8N_3O$.
d) $C_{13}H_{10}N_2O_4$.
e) $C_{10}H_{10}NO_4$.

**8** (Vunesp-SP) A massa de 1 mol de vanilina, uma substância utilizada para dar sabor aos alimentos, é constituída por 96 g de carbono, 8 g de hidrogênio e 48 g de oxigênio. São dadas as massas molares, em g/mol: vanilina = 152; H = 1; C = 12; O = 16. As fórmulas empírica e molecular da vanilina são, respectivamente:

a) $C_3H_4O$ e $C_9H_{12}O_2$.
b) $C_3H_4O_2$ e $C_7H_{12}O_4$.
c) $C_3H_5O$ e $C_{10}H_{10}O_2$.
d) $C_5H_5O$ e $C_{11}H_{14}O$.
e) $C_8H_8O_3$ e $C_8H_8O_3$.

## Relacione seus conhecimentos

Sempre que necessário, consulte a tabela periódica.
**Fórmula centesimal ou percentual**

**1** (Ulbra-RS)

No capítulo Raios Penetrantes, Oliver Sacks relembra de um exame de úlcera do estômago que presenciou quando criança.

"Mexendo a pesada pasta branca, meu tio continuou: 'Usamos sulfato de bário porque os íons de bário são pesados e quase opacos para os raios X'. Esse comentário me intrigou, e eu me perguntei por que não se podiam usar íons mais pesados. Talvez fosse possível fazer um 'mingau' de chumbo, mercúrio ou tálio – todos esses elementos tinham íons excepcionalmente pesados, embora, evidentemente, ingeri-los fosse letal. Um mingau de ouro e platina seria divertido, mas caro demais. 'E que tal mingau de tungstênio?', sugeri. 'Os átomos de tungstênio são mais pesados que os do bário, e o tungstênio não é tóxico nem caro.'"

(SACKS, O. *Tio Tungstênio*: Memórias de uma infância química. São Paulo: Cia. das Letras, 2002).

O material usado no exame citado no texto, o sulfato de bário ($BaSO_4$), quando puro, apresenta, aproximadamente, qual % (em massa) de bário?

Dados: Massa Molar (g/mol) Ba = 137   S = 32 e O = 16

a) 85%
b) 74%
c) 59%
d) 40%
e) 10%

**2** (UFF-RJ) O principal componente inorgânico dos ossos e dentes é a hidroxiapatita, $Ca_{10}(PO_4)_6(OH)_2$. A composição porcentual em massa de fosfato nessa substância é, aproximadamente:

a) 40%
b) 10%
c) 12%
d) 48%
e) 57%

### Fórmula mínima

**3** (Vunesp-SP) Em uma amostra de vanilina encontram-se 5,3 mol de carbono, 5,3 mol de hidrogênio e 2 mol de oxigênio.
A fórmula mínima da vanilina é:
a) $C_9H_{12}O_2$.
b) $C_8H_8O_3$.
c) $C_7H_{20}O_3$.
d) $C_6H_{12}O_4$.
e) $C_6H_6O_5$.

**4** Molas e ferramentas de corte são fabricadas com "ferrovanádio", uma liga obtida pelo aquecimento de ferro com óxido de vanádio. Uma análise do óxido de vanádio mostrou que 71,4 g de vanádio (MA = 51 u) estavam combinados com 56 g de oxigênio (MA = 16 u). Determine a fórmula mínima do óxido de vanádio.

**5** Um sulfeto foi obtido pela reação de 11,2 g de ferro com 12,8 g de enxofre. A proporção de átomos $\left(\dfrac{Fe}{S}\right)$ na fórmula do composto vale:
Dados: Fe = 56 g/mol e S = 32 g/mol
a) $\dfrac{1}{1}$
b) $\dfrac{1}{2}$
c) $\dfrac{1}{3}$
d) $\dfrac{2}{3}$
e) $\dfrac{3}{4}$

**6** (IMS-SP) Uma análise revelou que um composto do tipo $C_xH_y$ apresentava 88,9% em massa de carbono. Logo, podemos prever que a proporção entre os números de átomos de carbono e hidrogênio será, respectivamente, igual a:
Dados: C = 12; H = 1.
a) 1 : 1.
b) 1 : 2.
c) 1 : 3.
d) 2 : 3.
e) 3 : 4.

### Fórmula molecular

**7** (UFRGS-RS) A análise elementar de um hidrocarboneto (CH) mostrou que ele é composto por 20% de hidrogênio e 80% de carbono. O composto abaixo que apresenta essa composição é o:
a) $C_2H_4$
b) $C_6H_6$
c) $C_2H_2$
d) $C_2H_6$
e) $CH_4O$

**8** (PUC/Senac-SP) A cafeína é um alcaloide presente nos grãos de café e nas folhas de chá, atuando como estimulante do sistema nervoso central. Um mol de cafeína contém $4,8 \cdot 10^{24}$ átomos de carbono, 10 mol de átomos de hidrogênio, 56 g de nitrogênio e $1,2 \cdot 10^{24}$ átomos de oxigênio. A fórmula molecular da cafeína é (N = 14).
a) $C_6H_{10}N_5H_{12}$
b) $C_{48}H_{10}N_{56}O_{12}$
c) $C_8H_{10}N_4O_2$
d) $C_5H_5N_6O_2$
e) $C_8H_{10}N_2O_2$

**9** (UFC-CE) Na análise de 5 (cinco) diferentes compostos (A, B, C, D e E) formados apenas por nitrogênio e oxigênio, as relações de massas entre nitrogênio e oxigênio em cada um deles figuram na tabela a seguir.

| Composto | Massa de nitrogênio (g) | Massa de oxigênio (g) |
|---|---|---|
| A | 2,8 | 1,6 |
| B | 2,8 | 3,2 |
| C | 2,8 | 4,8 |
| D | 2,8 | 6,4 |
| E | 2,8 | 8,0 |

a) Se a massa molar do composto C é de 76 g · mol$^{-1}$, determine as fórmulas químicas para os compostos A, B, C, D e E.
b) Identifique entre A, B, C, D e E os óxidos nítrico e nitroso.

**10** (PUC-SP) A criolita é um minério cujo principal componente é o fluoreto de alumínio e sódio. Sua principal aplicação é na produção do alumínio, onde é adicionada à alumina (óxido de alumínio), obtendo-se uma mistura de temperatura de fusão de 950 °C, tornando economicamente viável a eletrólise da alumina e a obtenção do metal alumínio.
A relação entre a massa de sódio e de alumínio na criolita é de $\dfrac{23}{9}$ e, portanto, a fórmula mínima do fluoreto de alumínio e sódio é
a) NaAℓF.
b) NaAℓF$_4$.
c) Na$_3$AℓF$_4$.
d) Na$_3$AℓF$_6$.

## Relações estequiométricas

Observe a equação da reação balanceada:

1 CH$_4$ + 2 O$_2$ → 1 CO$_2$ + 2 H$_2$O

Quando estudada em nível molecular, ela pode ser interpretada da seguinte maneira:

1 CH$_4$ + 2 O$_2$ → 1 CO$_2$ + 2 H$_2$O

1 molécula de CH$_4$ + 2 moléculas de O$_2$ → 1 molécula de CO$_2$ + 2 moléculas de H$_2$O

Como não trabalhamos em nível molecular, mas em nível macroscópico, ou seja, com uma grande quantidade de moléculas, é necessário multiplicar o número de moléculas de cada participante pela constante de Avogadro (6,0 · 10$^{23}$), obtendo:

|  | Reagentes |  |  | Produtos |  |
|---|---|---|---|---|---|
| Nível molecular | 1 molécula de CH$_4$ | + 2 moléculas de O$_2$ | → | 1 molécula de CO$_2$ | + 2 moléculas de H$_2$O |
|  | ↓× 6,0 · 10$^{23}$ | ↓× 6,0 · 10$^{23}$ |  | ↓× 6,0 · 10$^{23}$ | ↓× 6,0 · 10$^{23}$ |
| Nível macroscópico | 6,0 · 10$^{23}$ moléculas de CH$_4$ | + 12,0 · 10$^{23}$ moléculas de CH$_4$ | → | 6,0 · 10$^{23}$ moléculas de CO$_2$ | + 12,0 · 10$^{23}$ moléculas de H$_2$O |

Como a constante de Avogadro (6,0 · 10$^{23}$) de qualquer entidade química corresponde a 1 mol, essa equação pode ser interpretada da seguinte maneira:

1 mol de CH$_4$ + 2 mol de O$_2$ → 1 mol de CO$_2$ + 2 mol de H$_2$O

Observe que, na equação balanceada, os coeficientes de cada substância correspondem ao número de mol de cada um dos participantes.

A quantidade de substância em mol pode ser relacionada com outras grandezas, tais como: massa (massa molar – g/mol), volume de gases (22,4 L/mol – CNTP) ou, ainda, número de moléculas (6,0 · 10$^{23}$ moléculas/mol).

Conhecendo as massas atômicas do carbono (C = 12), do oxigênio (O = 16) e do hidrogênio (H = 1), pode-se interpretar a equação de combustão do metano de várias maneiras:

| Interpretação | 1 CH$_4$ (g) | + | 2 O$_2$ (g) | → | 1 CO$_2$ (g) | + | 2 H$_2$O (g) |
|---|---|---|---|---|---|---|---|
| Em n° de moléculas | 1 molécula |  | 2 moléculas |  | 1 molécula |  | 2 moléculas |
| Em n° de mol | 1 mol |  | 2 mol |  | 1 mol |  | 2 mol |
| Em massa | 16 g |  | 64 g |  | 44 g |  | 36 g |
| Em volume (CNTP) | 22,4 L |  | 44,8 L |  | 22,4 L |  | 44,8 L |

## Explore seus conhecimentos

Consulte a tabela periódica sempre que necessário.

**1** O fornecimento de energia ao organismo humano é dado pela combustão completa da glicose ($C_6H_{12}O_6$):

$$C_6H_{12}O_6 + 6\,O_2 \rightarrow 6\,CO_2 + 6\,H_2O$$

(Dados: H = 1; O = 16; C = 12.)

Na combustão de 5,0 mol de glicose, a massa, em gramas, de água formada é igual a:

a) 6.
b) 12.
c) 18.
d) 108.
e) 540.

**2** (Enem)

Objetos de prata sofrem escurecimento devido à sua reação com enxofre. Estes materiais recuperam seu brilho característico quando envoltos por papel alumínio e mergulhados em um recipiente contendo água quente e sal de cozinha.

A reação que ocorre é:

$$3\,Ag_2S(s) + 2\,A\ell(s) \rightarrow A\ell_2S(s) + 6\,Ag(s)$$

Dados da massa molar dos elementos (gmol$^{-1}$): Ag = 108; S = 32.

UCKO, D. A. *Química para as ciências da saúde*: uma introdução à química geral, orgânica e biológica. São Paulo: Manole, 1995 (adaptado).

Utilizando o processo descrito, a massa de prata metálica que será regenerada na superfície de um objeto que contém 2,48 g de $Ag_2S$ é

a) 0,54 g.
b) 1,08 g.
c) 1,91 g.
d) 2,16 g.
e) 3,82 g.

**3** (Olimpíada Brasileira de Química) O gás $SO_2$ é formado na queima de combustíveis fósseis. Sua liberação na atmosfera é um grave problema ambiental, pois através de uma série de reações ele irá se transformar em $H_2SO_4$(aq), um ácido muito corrosivo, no fenômeno conhecido como chuva ácida. Sua formação pode ser simplificadamente representada por:

$$S(s) + O_2(g) \rightarrow SO_2(g)$$

Quantas toneladas de dióxido de enxofre serão formadas caso ocorra a queima de 1 tonelada de enxofre?

(Dados: S = 32 g/mol e O = 16 g/mol.)

a) 1 tonelada
b) 2 toneladas
c) 3 toneladas
d) 4 toneladas
e) 5 toneladas

**4** Observe a equação que representa a reação entre o zinco metálico e uma solução aquosa de ácido clorídrico:

$$Zn(s) + 2\,HC\ell(aq) \rightarrow ZnC\ell_2(aq) + H_2(g)$$

Determine o volume de gás hidrogênio produzido, a 0 °C e 1 atm, quando uma quantidade de ácido reage completamente com 6,53 g de zinco metálico.

(Dados: massa molar: Zn = 65,3 g/mol; volume molar a 0 °C e 1 atm = 22,4 L.)

**5** (UFRGS-RS) A decomposição térmica do ácido nítrico na presença de luz libera $NO_2$ de acordo com a seguinte reação

$$2\,HNO_3(aq) \rightarrow H_2O(\ell) + 2\,NO_2(g) + \frac{1}{2}\,O_2(g)$$

Assinale a alternativa que apresenta o volume de gás liberado, nas CNTP, quando 6,3 g de $HNO_3$ são decompostos termicamente.

Dados: H = 1; N = 14; O = 16.

a) 2,24 L
b) 2,80 L
c) 4,48 L
d) 6,30 L
e) 22,4 L

**6** (Fatec-SP)

Um incêndio atingiu uma fábrica de resíduos industriais em Itapevi, na Grande São Paulo. O local armazenava **três toneladas** de fosfeto de alumínio (A$\ell$P).

https://tinyurl.com/yafzufbo Acesso em: 11.10.18. Adaptado.

A reação química da produção da fosfina pode ser representada pela equação

$$A\ell P(s) + 3\,H_2O(\ell) \rightarrow A\ell(OH)_3(s) + PH_3(g)$$

Considerando que toda a massa de fosfeto de alumínio reagiu com a água e que o rendimento da reação é 100%, o volume aproximado de fosfina produzido no local, em litros, é:

Dados: Volume molar dos gases nas condições descritas: 30 L/mol. Massas molares em g/mol: A$\ell$ = 27, P = 31.

a) $3,33 \cdot 10^2$.
b) $3,33 \cdot 10^3$.
c) $3,33 \cdot 10^6$.
d) $1,55 \cdot 10^3$.
e) $1,55 \cdot 10^6$.

## Relacione seus conhecimentos

Consulte a tabela periódica sempre que necessário.

**1** (IFCE) O menor dos hidrocarbonetos, o metano ($CH_4$), é um gás incolor e pode causar danos ao sistema nervoso central se for inalado. Pode ser obtido da decomposição do lixo orgânico, assim como sofrer combustão como mostra a reação balanceada:

$CH_4(g) + 2\ O_2(g) \rightarrow CO_2(g) + 2\ H_2O(\ell)$
$\Delta H = -890$ kJ

A massa de metano que, em g, precisa entrar em combustão para que sejam produzidos exatamente 54 g de água é igual a:

Dados: M(H) = 1 g/mol, M(C) = 12 g/mol e M(O) = 16 g/mol.

a) 36.   b) 24.   c) 20.   d) 44.   e) 52.

**2** (UPF-RS) Tendo por referência a reação química não balanceada

$$C\ell_2(g) + O_2(g) \rightarrow C\ell_2O_5(s)$$

qual é o volume de oxigênio necessário para reagir com todo o cloro, considerando-se que se parte de 20 L de cloro gasoso medidos em condições ambientes de temperatura e pressão?

(Considere volume molar de 25 L · mol$^{-1}$ nas CATP)

a) 20 L   c) 50 L   e) 100 L
b) 25 L   d) 75 L

**3** (UPE/SSA) A efervescência de um comprimido contendo vitamina C é causada pelo dióxido de carbono ($CO_2$), produzido na reação do bicarbonato de sódio ($NaHCO_3$) com o ácido cítrico ($C_6H_8O_7$), formando o dihidrogenocitrato de sódio ($C_6H_7O_7Na$), conforme a equação a seguir:

$NaHCO_3(aq) + C_6H_8O_7(aq) \rightarrow C_6H_7O_7Na(aq) + H_2O(\ell) + CO_2(g)$

Inicialmente, pesou-se o sistema formado pelo béquer, pelo comprimido efervescente e uma quantidade de água, e a massa foi de 80 g. Ao final do processo, a massa do sistema foi novamente medida 77,8 g. Qual a massa de bicarbonato de sódio na composição do comprimido, informada no rótulo do medicamento?

Dados: H = 1 g/mol; C = 12 g/mol; O = 16 g/mol; Na = 23 g/mol.

a) 2 200 mg.   c) 4 400 mg.   e) 4 200 mg.
b) 2 350 mg.   d) 4 700 mg.

**4** (Uerj) Durante a Segunda Guerra Mundial, um cientista dissolveu duas medalhas de ouro para evitar que fossem confiscadas pelo exército nazista. Posteriormente, o ouro foi recuperado e as medalhas novamente confeccionadas.

As equações balanceadas a seguir representam os processos de dissolução e de recuperação das medalhas.

**Dissolução:**

$Au(s) + 3\ HNO_3(aq) + 4\ HC\ell(aq) \rightarrow$
$\rightarrow HAuC\ell_4(aq) + 3\ H_2O(\ell) + 3\ NO_2(g)$

**Recuperação:**

$3\ NaHSO_3(aq) + 2\ HAuC\ell_4(aq) + 3\ H_2O(\ell) \rightarrow$
$\rightarrow 3\ NaHSO_4 + 8\ HC\ell(aq) + 2\ Au(s)$

Admita que foram consumidos 252 g de $HNO_3$ para a completa dissolução das medalhas.

Nesse caso, a massa, de $NaHSO_3$, em gramas, necessária para a recuperação de todo o ouro corresponde a:

Dados: H = 1; N = 14; O = 16; Na = 23; S = 32.

a) 104.   b) 126.   c) 208.   d) 252.

**5** (UFPR) O dispositivo de segurança que conhecemos como air bag utiliza como principal reagente para fornecer o gás $N_2$ (massa molar igual a 28 g/mol), com velocidade, temperatura e pressão necessária à segurança, a substância azida de sódio [$NaN_3(s)$, de massa molar igual a 65 g/mol], de acordo com a reação:

$$2\ NaN_3(s) \xrightarrow{\Delta} 2\ Na(s) + 3\ N_2(g)$$

Em cada dispositivo, é utilizado um pélete de 70 g de azida de sódio. Com base nessas informações, considere as seguintes afirmativas:

I. A substância azida de sódio foi escolhida por apresentar uma cinética lenta, incapaz de produzir risco ao usuário.

II. O símbolo ($\Delta$) sobre a seta da reação indica que essa reação se desenvolve com grande desprendimento de calor.

III. Durante a reação química da azida de sódio, são formadas substâncias simples.

IV. A equação química mostra que cada 65 g de azida de sódio produz 67,2 L de $N_2$ nas CNTP.

V. A massa de sódio produzida na reação completa de um pélete de azida de sódio é de 24,77 g.

Assinale a alternativa correta.

a) Somente a afirmativa II é verdadeira.
b) Somente as afirmativas I e III são verdadeiras.
c) Somente as afirmativas III e V são verdadeiras.
d) Somente as afirmativas I, II e IV são verdadeiras.
e) Somente as afirmativas II, IV e V são verdadeiras.

**6** (Unicamp-SP)

A adição de biodiesel ao diesel tradicional é uma medida voltada para a diminuição das emissões de gases poluentes. Segundo um estudo da FIPE, graças a um aumento no uso de biodiesel no Brasil, entre 2008 e 2011, evitou-se a emissão de 11 milhões de toneladas de $CO_2$ (gás carbônico).

(Adaptado de Guilherme Profeta, "Da cozinha para o seu carro: cúrcuma utilizada como aditivo de biodiesel". *Cruzeiro do Sul*, 10/04/2018.)

Dados de massas molares em g · mol⁻¹: H = 1, C = 12, O = 16.

Considerando as informações dadas e levando em conta que o diesel pode ser caracterizado pela fórmula mínima ($C_nH_{2n}$), é correto afirmar que entre 2008 e 2011 o biodiesel substituiu aproximadamente:

a) 3,5 milhões de toneladas de diesel.
b) 11 milhões de toneladas de diesel.
c) 22 milhões de toneladas de diesel.
d) 35 milhões de toneladas de diesel.

## Reagente em excesso e reagente limitante

As reações químicas ocorrem sempre em uma proporção constante, que corresponde ao número de mol indicado pelos coeficientes estequiométricos. Se uma das substâncias que participam da reação estiver em quantidade maior que a proporção, ela não será consumida totalmente. Essa quantidade de substância que não reage é chamada **reagente em excesso**. O reagente que é consumido totalmente, e, por esse motivo, determina o fim da reação, é chamado **reagente limitante**.

Vamos, agora, estudar o conceito de excesso e limitante associado a uma reação química. Para isso, vamos analisar a reação de formação de água ($H_2O$) a partir dos gases hidrogênio ($H_2$) e oxigênio ($O_2$).

| | $2 H_2 (g)$ | + | $O_2 (g)$ | → | $2 H_2O (\ell)$ |
|---|---|---|---|---|---|
| Interpretação: | 2 moléculas | | 1 molécula | | 2 moléculas |

Considere inicialmente um recipiente contendo 4 moléculas de $H_2$ e 2 moléculas de $O_2$: 4 moléculas de $H_2$ reagem com 2 moléculas de $O_2$, formando 4 moléculas de $H_2O$. Como não houve excesso de nenhum dos reagentes, podemos afirmar que eles estão presentes em quantidades estequiométricas na reação.

| | $2 H_2 (g)$ | + | $O_2 (g)$ | → | $2 H_2O (\ell)$ |
|---|---|---|---|---|---|
| Interpretação: | 2 moléculas | | 1 molécula | | 2 moléculas |
| Quantidades: | 4 moléculas | | 2 moléculas | | |
| Reação: | 4 moléculas | | 2 moléculas | | 4 moléculas |

Considere uma nova situação, em que estão presentes 6 moléculas de $H_2$ e 6 moléculas de $O_2$. A partir das quantidades apresentadas, teríamos a formação de 6 moléculas de $H_2O$ e sobrariam 3 moléculas de $O_2$ sem reagir, sendo o $H_2$ totalmente consumido no processo. Nessas condições, o $H_2$ atua como reagente limitante, uma vez que é totalmente consumido no processo, enquanto o $O_2$ atua como reagente em excesso. A quantidade de produto formado, no caso a água, é determinada pelo reagente limitante.

| | $2 H_2 (g)$ | + | $O_2 (g)$ | → | $2 H_2O (\ell)$ |
|---|---|---|---|---|---|
| Interpretação: | 2 moléculas | | 1 molécula | | 2 moléculas |
| Quantidades: | 6 moléculas | | 6 moléculas | | |
| Reação: | 6 moléculas | | 3 moléculas | | 6 moléculas |
| Excesso: | | | 3 moléculas | | |

### Explore seus conhecimentos

**1** Considere que a equação a seguir representa uma das possíveis etapas de formação da ferrugem:
$$4\,Fe\,(s) + 3\,O_2\,(g) \rightarrow 2\,Fe_2O_3\,(s)$$
Admita, agora, a reação completa em uma mistura de 10 mol de ferro e 9 mol de gás oxigênio e determine:
a) o reagente limitante;
b) a quantidade, em mol, do excesso de reagente;
c) o número de mol de $Fe_2O_3$ produzido.

**2** (UFRJ) O fósforo pode ser produzido industrialmente por meio de um processo eletrotérmico no qual fosfato de cálcio é inicialmente misturado com areia e carvão; em seguida, essa mistura é aquecida em um forno elétrico onde se dá a reação representada a seguir.
$$Ca_3(PO_4)_2 + 3\,SiO_2 + 5\,C \rightarrow 3\,CaSiO_3 + 5\,CO + P_2$$
Determine a quantidade máxima, em mol, de fósforo formado quando são colocados para reagir 8 mol de $Ca_3(PO_4)_2$ com 18 mol de $SiO_2$ e 45 mol de carbono.

**3** (UFRGS-RS) Observe a reação abaixo, que ilustra a síntese do paracetamol.

p-aminofenol
M = 109 g mol⁻¹

anidrido acético
M = 102 g mol⁻¹

paracetamol
M = 151 g mol⁻¹

ácido acético
M = 60 g mol⁻¹

Foi realizada uma síntese de paracetamol usando 218 g de p-aminofenol e 102 g de anidrido acético. Considerando que, para cada comprimido, são necessários 500 mg de paracetamol, qual a quantidade máxima de comprimidos que pode ser obtida?
a) 204   b) 218   c) 302   d) 422   e) 640

**4** (UFPI) Alguns produtos comerciais utilizados para desentupir pias e vasos sanitários, além de conter flocos de NaOH, também contêm pedaços de alumínio metálico, ocasionando uma reação com consequente formação de hidrogênio, o que ajuda a agitar a mistura e a acelerar o processo de desentupimento:
$$2\,A\ell(s) + 2\,NaOH(aq) + 6\,H_2O(\ell) \rightarrow 2\,Na^+(aq) + 2\,A\ell(OH)_4^-(aq) + 3\,H_2(g)$$
Assinale a alternativa correta com relação à equação acima.
(Dados: $A\ell$ = 27 g/mol; NaOH = 40 g/mol; $H_2O$ = 18 g/mol; Na = 23 g/mol; $A\ell(OH)_4$ = 95 g/mol; $H_2$ = 2 g/mol.)
a) Na reação de 3,0 mol de $A\ell$ e 4,0 mol de NaOH, produzem-se 4,0 mol de $H_2$.
b) Na reação de 4,0 mol de $A\ell$ e 4,0 mol de NaOH produzem-se 3,0 mol de $H_2$.
c) Ao utilizar 30,0 g de $A\ell$ e 40,0 g de NaOH, o reagente em excesso é o NaOH.
d) Para produzir 6,00 g de $H_2$, seriam necessários no mínimo 54,0 g de $A\ell$ e 80,0 g de NaOH.
e) No processo em que se utilizam 40,0 g de $A\ell$ e 50,0 g de NaOH, o $A\ell$ é o reagente limitante.

**5** (PUC-MG) A liga de estanho e chumbo (Sn – Pb) é empregada como solda metálica. Para a obtenção de estanho, é necessário extraí-lo da natureza. Uma fonte natural de estanho é o minério cassiterita. A equação química de redução da cassiterita, não balanceada, a estanho metálico é apresentada abaixo.
$$SnO_2\,(s) + C\,(s) \rightarrow Sn\,(s) + CO\,(g)$$
Reagindo-se 50 kg de carbono com 25 kg de minério cassiterita (100% de pureza), a massa de estanho produzida será aproximadamente:
a) 12,5 kg.   b) 19,7 kg.   c) 25 kg.   d) 50 kg.

# Pureza

Até agora, os cálculos estequiométricos realizados admitiam que as amostras não continham impurezas, ou seja, que em sua composição não existiam substâncias que não participassem da reação estudada.

Mas como a presença de impurezas pode afetar uma reação química? Veja um exemplo de cálculo estequiométrico envolvendo amostras impuras.

Uma amostra de 250 kg de calcário apresenta 80% de pureza de carbonato de cálcio. Essa amostra foi submetida à transformação térmica, formando cal viva (CaO) e gás carbônico, conforme representado pela equação:

$$CaCO_3 \text{ (s)} \rightarrow CaO \text{ (s)} + CO_2 \text{ (g)}$$

Considerando as massas molares de reagentes e produtos ($CaCO_3$ = 100 g/mol; CaO = 56 g/mol e $CO_2$ = 44 g/mol), devemos calcular a massa de $CaCO_3$ presente na amostra.

250 kg ——— 100%
x ——— 80%

x = 200 kg = 200 000 g de $CaCO_3$ na amostra.

Assim, ao submeter 250 kg de calcário à transformação térmica, apenas 200 kg de $CaCO_3$ vão reagir. Com base nessa informação, podemos calcular a massa e o volume dos produtos.

$$CaCO_3 \text{ (s)} \rightarrow CaO \text{ (s)} + CO_2 \text{ (g)}$$

1 mol ——— 1 mol ——— 1 mol
100 g ——— 56 g ——— 22,4 L
200 000 g ——— x ——— y

x = 112 000 g = 112 kg
y = 44 800 L

## Explore seus conhecimentos

**1** (Ufal) O óxido de cálcio é obtido segundo a equação representada a seguir e gera durante sua produção grande quantidade de dióxido de carbono.

$$CaCO_3(s) \xrightarrow{\Delta} CaO(s) + CO_2(g)$$

A massa de dióxido de carbono formada partindo-se de 200,0 g de carbonato de cálcio com 90% de pureza é:

Dados: Massas molares (g · mol$^{-1}$): Ca = 40; C = 12; O = 16.

a) 7,9 g.
b) 8,8 g.
c) 79,2 g.
d) 88,0 g.
e) 96,8 g.

**2** (PUC-MG) Nas usinas siderúrgicas, a obtenção do ferro metálico, Fe (MM = 56 g · mol$^{-1}$), a partir da hematita, $Fe_2O_3$ (MM = 160 g · mol$^{-1}$), envolve a seguinte equação, não balanceada:

$$Fe_2O_3(s) + CO(g) \rightarrow Fe(s) + CO_2(g)$$

Assinale a massa de ferro metálico, em gramas, obtida quando se faz reagir 200 kg de hematita, que apresenta 20% de impurezas.

a) 5,60 · 10$^5$
b) 1,12 · 10$^5$
c) 5,60 · 10$^3$
d) 1,12 · 10$^3$

**3** (UFRGS-RS) A fermentação alcoólica é um processo biológico no qual açúcares como a sacarose, conforme reação abaixo, são convertidos em energia celular, com produção de etanol e dióxido de carbono como resíduos metabólicos.

$$C_{12}H_{22}O_{11} + H_2O \rightarrow 4\ CH_3CH_2OH + 4\ CO_2$$

A quantidade, em g, de açúcar necessária para preparar 1 L (1000 g) de aguardente, contendo 46% em massa de etanol, é aproximadamente:

Dados: C = 12; H = 1; O = 16.

a) 46.
b) 171.
c) 342.
d) 855.
e) 1710.

**4** (Enem) O cobre, muito utilizado em fios da rede elétrica e com considerável valor de mercado, pode ser encontrado na natureza na forma de calcocita, $Cu_2S(s)$, de massa molar 159 g/mol.

Por meio da reação $Cu_2S(s) + O_2(g) \rightarrow 2\ Cu(s) + SO_2(g)$, é possível obtê-lo na forma metálica.

A quantidade de matéria de cobre metálico, produzida a partir de uma tonelada de calcocita com 7,95% (m/m) de pureza, é:

a) 1,0 · 10$^3$ mol.
b) 5,0 · 10$^2$ mol.
c) 1,0 · 10$^0$ mol.
d) 5,0 · 10$^{-1}$ mol.
e) 4,0 · 10$^{-3}$ mol.

# 176 Unidade 6 – Relações estequiométricas

**5** (Unifesp) O gráfico apresenta a curva da decomposição térmica do oxalato de magnésio, $MgC_2O_4$. Nessa reação os produtos da decomposição são CO, $CO_2$ e MgO (massa molar 40 g/mol). Neste gráfico são apresentados os valores da massa da amostra em função da temperatura.

Se a diferença entre as massas X e Y no gráfico for 576 mg, o valor de Y e a porcentagem de perda da massa da reação de decomposição térmica do oxalato de magnésio são, respectivamente:

a) 320 e 35,7%.
b) 320 e 64,3%.
c) 352 e 39,2%.
d) 576 e 35,7%.
e) 576 e 64,3%.

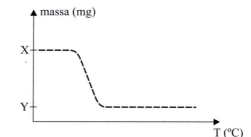

---

# Rendimento

Até agora consideramos todas as relações estequiométricas das reações químicas como processos em que número de mol, massas e volumes dos reagentes, desde que na proporção correta, transformam-se totalmente em produtos. Entretanto, em muitos casos, existem fatores que alteram a quantidade final dos produtos.

Quando ocorre a transformação total dos reagentes em produtos, dizemos que a reação teve 100% de rendimento. Em geral, consideramos que um rendimento de 100% é um rendimento teórico. O rendimento real, ou seja, aquele obtido em experimentos, tende a ser menor.

Considere como exemplo a obtenção da amônia, que ocorre segundo a reação:

$1 N_2(g) + 3 H_2(g) \rightarrow 2 NH_3(g)$

Qual foi o rendimento de um experimento em que 14 g de nitrogênio reagiram com 3 g de hidrogênio, produzindo 15,3 g de amônia?

Primeiramente, devemos calcular a massa de amônia produzida para o rendimento teórico. (Massas molares: $N_2$ = 28 g/mol; $H_2$ = 2 g/mol e $NH_3$ = 17 g/mol)

$$1 N_2(g) + 3 H_2(g) \rightarrow 2 NH_3(g)$$

| 1 mol | 3 mol | 2 mol |
|---|---|---|
| 28 g | 6 g | 34 g |
| 14 g | 3 g | y |

y = 17 g de $NH_3$ para um rendimento de 100%

Em seguida, devemos calcular o rendimento real a partir da massa obtida. Assim, temos:

17 g ——— 100%
15,3 g ——— x

x = 90% ⇒ rendimento real da reação

---

## Investigue seu mundo

Em uma panela com tampa, coloque uma colher de sopa de manteiga ou margarina e adicione 50 grãos de milho de pipoca. Leve a panela tampada ao fogo e espere até o intervalo entre dois estouros ser maior do que 30 segundos. Retire e separe a pipoca dos grãos de milho que não estouraram. Qual o rendimento do processo?

## Relacione seus conhecimentos

**1** (UPM-SP) A reação entre o ferro e a solução de ácido clorídrico pode ser equacionada, sem o acerto dos coeficientes estequiométricos, por:

$$Fe(s) + HC\ell(aq) \rightarrow FeC\ell_2(aq) + H_2(g)$$

Em uma análise no laboratório, após essa reação, foram obtidos 0,002 mol de $FeC\ell_2$. Considerando-se que o rendimento do processo seja de 80%, pode-se afirmar que reagiram:

(Dados: massas molares (g · mol$^{-1}$): H = 1; $C\ell$ = 35,5 e Fe = 56.)

a) $5,600 \cdot 10^{-2}$ g de ferro.
b) $1,460 \cdot 10^{-1}$ g de ácido clorídrico.
c) $1,680 \cdot 10^{-1}$ g de ferro.
d) $1,825 \cdot 10^{-1}$ g de ácido clorídrico.
e) $1,960 \cdot 10^{-1}$ g de ferro.

**2** (Uepa) O estrôncio pode ser obtido a partir do mineral celestita ($SrSO_4$). Supondo que se tenha 1837 g deste mineral, a quantidade, em kg, que se obtém de estrôncio, considerando um rendimento de 80%, é de:

$$SrSO_4 \rightarrow Sr^{2+} + SO_4^{2-}$$

Dados:
Sr = 87,6 g/mol; S = 32,1 g/mol e O = 16 g/mol.

a) 0,7 kg.
b) 7,0 kg.
c) 70,0 kg.
d) 0,8 kg.
e) 8,76 kg.

**3** (Udesc) Uma das aplicações da amônia ($NH_3$) é a sua utilização na síntese industrial da ureia, que pode ser preparada a partir de amônia e de dióxido de carbono. Dentre as suas aplicações destaca-se o seu uso como fonte de fertilizante nitrogenado.

$$NH_3 + CO_2 \rightarrow (NH_2)_2CO + H_2O$$

Os produtos formados na reação de combustão da amônia são o gás nitrogênio e a água, conforme representados na reação a seguir.

$$NH_3(g) + O_2(g) \xrightarrow{\Delta} N_2(g) + H_2O(g)$$

Balanceie a equação e determine a massa, em gramas, de água obtida pela combustão de 42,5 g de amônia, em que o rendimento da reação é de 95%.
(Dados: N = 14,0 g · mol$^{-1}$; O = 16,0 g · mol$^{-1}$; H = 1,0 g · mol$^{-1}$.)

**4** (Enem)

O cobre presente nos fios elétricos e instrumentos musicais é obtido a partir da ustulação do minério calcosita ($Cu_2S$). Durante esse processo, ocorre o aquecimento desse sulfeto na presença de oxigênio, de forma que o cobre fique "livre" e o enxofre se combine com o $O_2$ produzindo $SO_2$, conforme a equação química:

$$Cu_2S(s) + O_2(g) \xrightarrow{\Delta} 2\,Cu(\ell) + SO_2(g)$$

As massas molares dos elementos Cu e S são, respectivamente, iguais a 63,5 g/mol e 32 g/mol.

CANTO, E. L. Minerais, minérios, metais: de onde vêm?, para onde vão? São Paulo: Moderna, 1996 (adaptado).

Considerando que se queira obter 16 mol do metal em uma reação cujo rendimento é de 80%, a massa, em gramas, do minério necessária para obtenção do cobre é igual a:

a) 955.
b) 1018.
c) 1590.
d) 2035.
e) 3180.

**5** (Unisa-SP) A produção de metanol a partir da biomassa é uma técnica promissora para tornar a produção de biodiesel mais sustentável. A técnica consiste em trituração de madeira e gaseificação desse material, produzindo $H_2$ e CO, cujas massas molares são iguais a 2 g/mol, e 28 g/mol, respectivamente. Esses gases devem ter suas concentrações ajustadas para que a proporção molar $H_2$/CO seja igual a 2. A equação que representa a reação de formação do metanol está representada a seguir.

$$2\,H_2(g) + CO(g) \rightarrow CH_4O(\ell)$$

Considere dois sistemas contendo os gases $H_2$ e CO:

| Sistema | Massa de $H_2$ (g) | Massa de CO (g) |
|---|---|---|
| 1 | 2,0 | 56,0 |
| 2 | 3,0 | 21,0 |

a) Qual dos sistemas está ajustado para produzir metanol pela técnica indicada? Justifique sua resposta mostrando os cálculos realizados.
b) Determine a massa de hidrogênio, em quilogramas, necessária para produzir 1600 kg de metanol, considerando um rendimento de reação de 80%.

# Projeto: A importância do conhecimento científico

## Pensando no problema

Você já está no Ensino Médio, a etapa final da educação básica. Até aqui, percorreu um longo caminho escolar e já aprendeu muitas coisas sobre Ciências da Natureza e Humanas, Matemática e Linguagens.

Todo esse conhecimento é muito importante, pois o ajuda a compreender o mundo a sua volta e lhe dá os subsídios necessários para atuar no mundo, como um cidadão.

Porém, infelizmente, nem todas as pessoas têm acesso ao conhecimento e, portanto, sem as informações necessárias para, até mesmo, consumirem de maneira consciente. Pensando nisso, o que você, estudante do Ensino Médio, pode fazer para levar as informações corretas, em uma linguagem acessível, para o maior número possível de pessoas, em especial para aquelas carentes de conhecimento, de maneira que isso melhore a qualidade de vida dessas pessoas?

Nosso primeiro projeto tratará da pesquisa e divulgação de um tema que, por sua importância, afeta a vida de todos os seres vivos do planeta: a questão da **água**.

Josep Suria/Shutterstock

## Como se organizar

- Formem grupos de quatro ou cinco pessoas: times de sucesso precisam de pessoas que pensem diferente, e que tragam contribuições diversas. O debate de ideias diferentes, desde que feito com respeito e tolerância, contribui muito para a construção do conhecimento. Por isso, procurem formar equipes com perfis que se complementem.
- Durante as etapas de trabalho, procurem definir papeis e as tarefas de cada membro do grupo. Isso pode ser feito utilizando uma lista, física ou em ambiente digital compartilhado, que ficará disponível para acesso de todos.
- Estabeleçam as tarefas necessárias para a execução de cada etapa e estipulem um prazo para o cumprimento de cada tarefa. Anotem as datas de início e fim de cada tarefa em um calendário. Existem aplicativos gratuitos de gerenciamento de projetos que podem ser úteis.
- Registrem as atividades desenvolvidas em um diário de bordo, anotando as fontes utilizadas na pesquisa e as questões que estão norteando o seu desenvolvimento. Relatem os principais acontecimentos em cada encontro da sua equipe.

## Em ação!

### ETAPA 1 A escolha do tema

Cada grupo deverá escolher um tema relacionado à água e que acredite ser importante e pouco difundido em sua comunidade escolar, domiciliar, do bairro, ou até do município.

As perguntas a seguir podem nortear a escolha do tema:

1. Esse tema é pouco conhecido pela comunidade?

**2** O conhecimento desse assunto pode proporcionar informação ambiental, de saúde, de preservação ou uso da água aos cidadãos da comunidade escolhida, trazendo melhorias na qualidade de vida das pessoas?

**3** O conhecimento desse tema poderá ajudar as pessoas a tomar decisões mais conscientes em relação ao consumo sustentável ou à preservação da água?

**4** De alguma maneira, essa informação estimulará os participantes da comunidade a implementar ações de exercício da cidadania, multiplicando práticas participativas dentro da comunidade?

Registrem no diário de bordo o tema selecionado, justificando a escolha.

### ETAPA 2 Pesquisa

Agora que cada grupo já definiu um tema, chegou a hora de pesquisar e conhecer mais sobre esse assunto tão importante, tão próximo de todos nós e, muitas vezes, negligenciado.

É necessário, ao fazer a pesquisa, estarem atentos aos objetivos do projeto: se apropriar do assunto com profundidade, selecionar o que for mais relevante para a comunidade e traduzir as informações para uma linguagem acessível, de fácil entendimento. Dica: cuidado para não simplificarem demais o assunto e, com isso, acabarem passando a informação de maneira imprecisa ou incorreta.

Aprofundem o conhecimento buscando informações em fontes confiáveis: livros, jornais, revistas, *sites*, etc. Leiam os conteúdos e retirem o que for mais importante de cada fonte. Registrem no diário de bordo todas as pesquisas feitas, indicando a data e as fontes.

### ETAPA 3 Montagem do material

Agora que o tema já foi escolhido e a pesquisa já foi feita, chegou a hora de colocar a mão na massa e elaborar o material de divulgação para a comunidade. Vocês podem usar a criatividade: fazer *blogs*, panfletos, jornais, cartazes, maquetes, *podcasts*, minipalestras, representações teatrais, infográficos, material publicitário, campanhas em redes sociais, mutirões, etc.

Dicas:

- Escolham um meio de divulgação que privilegie as habilidades dos integrantes do grupo.
- Independentemente do meio escolhido, não deixem de inserir as fontes de pesquisa: isso dá credibilidade às informações apresentadas e é essencial na divulgação de qualquer informação.
- Avaliem as condições necessárias para a criação/execução do produto final considerando a disponibilidade de recursos na sua escola e como o material poderá ser entregue à comunidade.
- Levem em consideração o aspecto estético do produto final: o material precisa ser de fácil entendimento, apresentar as informações de maneira clara e ser interessante!

### ETAPA 4 Comunicação à comunidade

Façam a divulgação do material produzido para a comunidade. Essa divulgação vai variar de acordo com a estratégia de cada grupo; porém, certamente será um momento importante para as pessoas que vão aprender com a iniciativa de vocês. Aproveitem esse momento para inspirar as pessoas a buscarem conhecimento, a questionarem sobre tudo o que os cerca, melhorando a vida de si próprias e de todos à sua volta.

Não deixem de registrar esse momento com fotografias, vídeos, *prints*, entre outras formas de registro. Compartilhem o resultado com os demais estudantes da escola. Quem sabe essa ação também inspirará outras turmas a fazer um projeto semelhante?

# Gabarito

## Unidade 1

### Matéria, energia e estrutura da matéria

#### Capítulo 1 – Composição da matéria

**Explore seus conhecimenos (p. 15)**
1. 
   I. Ouro 18 quilates – mistura homogênea (liga metálica), constituída basicamente por ouro (75%) e por prata + cobre (25%).
   II. Suco de laranja – mistura constituída basicamente por água, vitamina C e demais substâncias que podem ser encontradas na polpa da laranja.
   III. Cobre (Cu) – substância pura simples.
   IV. Suor – mistura formada basicamente por água e sais dissolvidos.
   V. Água potável – mistura formada basicamente por água e sais minerais dissolvidos em quantidade adequada para o consumo humano.
2. I e II
3. III e IV
4. I e III
5. II e IV
6. IV
7. III
8. I e III
9. II e IV
10. a) 1 fase (todo sistema gasoso é homogêneo) e 3 componentes.
    b) 4 fases - álcool hidratado (1 fase) e granito (3 fases). 5 componentes – álcool etílico hidratado (etanol + álcool) e granito (3 componentes).
    c) 2 fases (cada sólido é uma fase) 2 componentes 2 componentes (água e açúcar)
11. a.
12. d.

**Relacione seus conhecimentos (p. 16)**
1. c.
2. a) Gás carbônico e gás oxigênio.
   b) Gás carbônico.
3. d.
4. e.
5. b.
6. e.

#### Capítulo 2 – Matéria, energia e transformações

**Explore seus conhecimentos (p. 19)**
1. Principalmente a energia potencial gravitacional e a energia cinética.
2. Energia térmica e energia cinética.
3. Energia química e energia térmica, principalmente.
4. Energia cinética e energia térmica.

**Explore seus conhecimentos (p. 22)**
1. Fusão e vaporização (evaporação).
2. I. Líquido.
   II. Solidificação.
3. a) Evaporação.  c) Condensação.
   b) Condensação.
4. I. O gelo ao se fundir absorve energia térmica da mão (processo endotérmico), proporcionando a sensação de frio.
   II. Quando uma pessoa sai da piscina ou do mar, a água presente na superfície de sua pele absorve energia térmica do seu corpo e evapora (processo endotérmico), proporcionando a sensação de frio.
5. c.
6. a) Sólidos   c) Pela densidade.
   b) Líquidos

**Relacione seus conhecimentos (p. 23)**
1. c.
2. d.

#### Capítulo 3 – Métodos de separação de misturas

**Explore seus conhecimentos (p. 27)**
1. I-E; II-C; III-D; IV-A; V-B.
2. b.
3. a) Mistura de água e substâncias extraídas do mate.
   b) Do mate, foram extraídas pela água quente.
   c) Extração (dissolução fracionada).
   d) Na preparação de chá e café.
4. a.
5. Destilação simples.
6. 

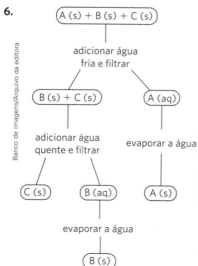

**Relacione seus conhecimentos (p. 28)**
1. d.
2. c.
3. a.
4. a.
5. c.
6. d.
7. a) Nas grades são retirados materiais sólidos como papel, plástico, madeira, etc. (peneiração). Porém, o esgoto ainda não sofre tratamento nessa etapa. No decantador primário ocorre a sedimentação das partículas mais densas.
   b) No decantador secundário o material sólido que restou do decantador primário sedimenta; porém, mesmo após a aeração (processo no qual o ar provoca a multiplicação de microrganismos que se alimentam do material orgânico), essa água ainda não sofreu desinfecção.

## Unidade 2

### Evolução do modelo atômico

#### Capítulo 4 – O estudo do átomo

**Explore seus conhecimentos (p. 36)**
1. d.
2. d.
3. d.
4. a.

**Relacione seus conhecimentos (p. 37)**
1. 01, 08 e 16.
2. e.
3. c.

#### Capítulo 5 – Estrutura do átomo

**Explore seus conhecimentos (p. 40)**
1. a.
2. d.
3. a.
4. c.

**Relacione seus conhecimentos (p. 41)**
1. c.
2. a.
3. e.

#### Capítulo 6 – Radiações e suas aplicações

**Explore seus conhecimentos (p. 44)**
1. a.
2. b.
3. b.
4. b.
5. e.
6. b.

**Explore seus conhecimentos (p. 49)**
1. a.
2. d.
3. a.
4. e.
5. d.
6. c.

**Relacione seus conhecimentos (p. 50)**
1. a.
2. a.
3. c.
4. d.
5. b.
6. e.
7. d.
8. $^{249}_{97}Bk + ^{48}_{20}Ca \rightarrow ^{294}_{117}Ts + 3\,^{1}_{0}n$
   300 dias

### Capítulo 7 – O modelo atômico de Böhr

**Explore seus conhecimentos** (p. 57)
1. b.
2. d.
3. e.
4. d.

**Relacione seus conhecimentos** (p. 58)
1. c.
2. e.
3. Z = 35: $1s^2\ 2s^2\ 2p^6\ 3s^2\ 3p^6\ 4s^2\ 3d^{10}\ 4p^5$
4. d.

## Unidade 3

## A tabela periódica dos elementos químicos

### Capítulo 8 – A tabela periódica atual

**Explore seus conhecimentos** (p. 64)
1. e.
2. d.
3. b.
4. c.

**Relacione seus conhecimentos** (p. 65)
1. b.
2. e.
3. c.
4. e.
5. b.

### Capítulo 9 – Propriedades periódicas

**Explore seus conhecimentos** (p. 73)
1. c.
2. d.
3. c.
4. c.

**Relacione seus conhecimentos** (p. 73)
1. a) $_9X: 1s^2\ \underbrace{2s^2\ 2p^5}_{\text{Última camada preenchida}}$

   $_{16}Y: 1s^2\ 2s^2\ 2p^6\ \underbrace{3s^2\ 3p^4}_{\text{Última camada preenchida}}$

   $_{19}Z: 1s^2\ 2s^2\ 2p^6\ 3s^2\ 3p^6\ \underbrace{4s^1}_{\text{Última camada preenchida}}$

   b) X: grupo 17 ou família 7A (halogênios).
   Y: grupo 16 ou família 6A (calcogênios).
   Z: grupo 1 ou família 1A (metais alcalinos).

   c) Raio X (2 camadas) < Raio Y (3 camadas) < Raio Z (4 camadas)

   d) $E_Z < E_Y < E_X$
2. d.
3. d.
4. c.

## Unidade 4

## Interações atômicas e moleculares

### Capítulo 10 – Ligações químicas e estabilidade

**Explore seus conhecimentos** (p. 80)
1. b.
2. a.
3. e.
4. c.
5. $Na^+F^- \rightarrow NaF$
   $Mg^{2+}F^- \rightarrow MgF_2$
   $A\ell^{3+}F^- \rightarrow A\ell F_3$
6. I. $CaC\ell_2$   III. $Na_2O$
   II. $MgS$     IV. $LiF$

**Relacione seus conhecimentos** (p. 81)
1. a.
2. d.
3. b.
4. b.
5. c.

**Explore seus conhecimentos** (p. 87)
1. a)

   c) 
   
   b) F — N — F
        |
        F

2. 
| Fórmula | | |
|---|---|---|
| MOLECULAR | ELETRÔNICA | ESTRUTURAL |
| $C\ell_2$ | :C̈ℓ••C̈ℓ: | Cℓ — Cℓ |
| $HC\ell$ | H••C̈ℓ: | H — Cℓ |
| $H_2S$ | S̈ with H H | S with H H |

3. a) C≡O ou |C≡O|; CO
   b) O=S—O ou O=S—O ; $SO_3$
           |            |
           O            O
   c) H—O—Cℓ—O ou H—O—Cℓ=O ; $HC\ell O_2$
   d) 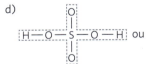 ou
      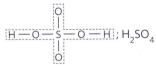 ; $H_2SO_4$

4. a) $C_{10}H_{20}N_2S_4$.
   b) 10.
   c) Não, pois as valências do N e do O são diferentes.
5. I-a; II-c; III-b;
6. d.

**Relacione seus conhecimentos** (p. 89)
1. e.
2. e.
3. IReNe.
   b) O gás formado é o $I_2$.
   
   c) KI: sólido; HI: gasoso.
   d) O neônio pertence à família 18 ou 8A, dos gases nobres, cuja principal característica é serem inertes e possuírem a camada de valência completa.
4. a)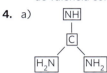

   b) A denominação dada à figura é a fórmula estrutural simplificada, e as linhas desenhadas entre os símbolos representam as ligações covalentes.
5. I. $C_2H_2O_4$.
   II. 7 ligações sigma e 2 ligações pi.
   III. 18 $e^-$ compartilhados.
   IV. 16 $e^-$ não compartilhados.
   V. X > Y.
6. c.

**Explore seus conhecimentos** (p. 92)
1. b.
2. São bons condutores de calor, bons condutores de eletricidade e geralmente apresentam elevadas TF e TE. Ouro, ferro, cobre, prata e sódio, entre outros.
3. d.
4. d.
5. b.

**Relacione seus conhecimentos** (p. 93)
1. b.
2. d.

### Capítulo 11 – Geometria molecular e polaridade

**Explore seus conhecimentos** (p. 96)
1. I. Linear.
   II. Trigonal plana.
   III. Tetraédrica.
   IV. Linear.
   V. Piramidal.
   VI. Linear.
   VII. Angular.
2. a) Linear.      f) Trigonal.
   b) Linear.     g) Angular.
   c) Linear.     h) Piramidal.
   d) Linear.     i) Tetraédrica.
   e) Angular.
3. d.
4. c.

5. $H_3O^+$: piramidal; $NH_4^+$: tetraédrica.
6. I. Trigonal.  III. Piramidal.
   II. Piramidal.  IV. Trigonal.

**Relacione seus conhecimentos** (p. 97)
1. b.
2. a.
3. a.
4. b.
5. Alternativas a; b; c; e.
6. b.

**Explore seus conhecimentos** (p. 101)
1. b.
2. Todas estão corretas.
3. c.
4. I. $N_2$ e $O_2$.
   II. Uma única fase.
   III. 
   IV. CO (polar) e $N_2$ (apolar).
5. c.
6. d.

**Relacione seus conhecimentos** (p. 102)
1. d.
2. a) 14.
   b) Polar: ⊖• e ⊖⊠⊖
      Apolar: ⊖⊖ e ⊕⊕
3. e.

## Capítulo 12 – Interações intermoleculares

**Explore seus conhecimentos** (p. 109)
1. c.
2. d.
3.

| Substâncias químicas | a) Tipo de ligação | a) Polaridade | b) Interação Intermolecular |
|---|---|---|---|
| $CCl_4$ | covalente | apolar | dipolo induzido |
| $HCCl_3$ | covalente | polar | dipolo-dipolo |
| $CO_2$ | covalente | apolar | dipolo induzido |
| $H_2S$ | covalente | polar | dipolo-dipolo |
| $Cl_2$ | covalente | apolar | dipolo induzido |
| $H_2CCH_3$ | covalente | apolar | dipolo induzido |
| $NH_3$ | covalente | polar | ligações de hidrogênio |

4. b.

5. a) O termo foi usado de maneira cientificamente incorreta. O urso cinza se referiu à fusão do gelo (mudança do estado sólido para o líquido). No caso de uma dissolução ocorreria a separação das partículas formadoras de um soluto a partir do acréscimo de um solvente.
   b) O urso cinza não é oriundo da região polar do planeta. No caso de compostos polares, teríamos uma dissolução em água, já que esta é polar, e semelhante tende a dissolver semelhante.
6. a) p = 1; n = 0; 1 elétron na camada de valência.
   b) H — H; geometria linear.
7. a) H — H ⋯⋯ H — H (interações do tipo dipolo induzido)
   b) As interações intermoleculares do tipo dipolo induzido são pouco intensas, assim, para a manutenção do estado sólido, é necessário "forçar" a aproximação das moléculas através do abaixamento de temperatura ou do aumento de pressão.

**Relacione seus conhecimentos** (p. 111)
1. e.
2. b.
3. e.
4. a.
5. a) O óleo seria mais eficiente para eliminar o ardor na boca provocado pela ingestão de pimenta, pois a partir do enunciado observa-se que o óleo comestível se torna muito mais picante que o vinagre devido às fortes interações intermoleculares entre a capsaicina e o óleo, ou seja, o óleo dissolve melhor a capsaicina retirando-a da língua.
   b) A sensação de salgado é diminuída devido à diluição do sal na água presente no leite.
   A sensação de ardência gerada pela pimenta é diminuída devido à presença de gordura (predominantemente apolar) no leite, já que, de acordo com o enunciado, a capsaicina sofre diluição no óleo (também predominantemente apolar) o que é uma indicação da interação intermolecular entre estruturas apolares.
6. b.
7. 01, 02 e 04.

8. a) (1) A cadeia carbônica do etanol estabelece com as moléculas de hidrocarbonetos (apolares) interações intermoleculares do tipo dipolo induzido-dipolo induzido.
   b) O etanol é mais solúvel em água e forma com ela um sistema homogêneo e mais denso que a gasolina comercial. A quantidade de etanol que será extraída da gasolina é proporcional ao volume de água infiltrada.

## Unidade 5

# Funções inorgânicas

## Capítulo 13 – Ionização e dissociação iônica

**Explore seus conhecimentos** (p. 117)
1. I–a; II–b; III–a; IV–b.
2. c.
3. e.

**Relacione seus conhecimentos** (p. 117)
1. b.
2. d.
3. a) Porque no estado líquido (fundido) há a presença de íons livres.
   b) Porque o $HCl$ é um composto molecular e, no estado líquido, não possui íons livres.
   c) Porque em solução aquosa ambos liberam íons. O $NaCl$ sofre dissociação e o $HCl$ sofre ionização.
4. c.
5. A introdução de uma solução iônica aumentará a intensidade da corrente elétrica, pois se aumenta a condutividade do meio em razão do aumento da concentração de íons.
   A introdução de uma solução molecular reduzirá a intensidade da corrente elétrica, fazendo-a tender a zero, em razão da redução da concentração de íons.

## Capítulo 14 – Ácidos

**Explore seus conhecimentos** (p. 121)
1. d.
2. d.
3. c.
4. c.

**Relacione seus conhecimentos** (p. 122)
1. b.
2. a.
3. d.

## Capítulo 15 – Bases

**Explore seus conhecimentos** (p. 124)
1. a.
2. NaOH: hidróxido de sódio
   AgOH: hidróxido de prata
   Sr(OH)$_2$: hidróxido de estrôncio
   Aℓ(OH)$_3$: hidróxido de alumínio
   NH$_4$OH: hidróxido de amônio
3. a) Fe(OH)$_3$     d) LiOH
   b) Cu(OH)$_2$    e) Pb(OH)$_4$
   c) Ba(OH)$_2$
4. e.      6. d.
5. e.

**Relacione seus conhecimentos** (p. 125)
1. a) LiOH → Li$^+$ + OH$^-$
   b) Sr(OH)$_2$ → Sr$^{2+}$ + 2 OH$^-$
   c) Fe(OH)$_2$ → Fe$^{2+}$ + 2 OH$^-$
   d) Fe(OH)$_3$ → Fe$^{3+}$ + 3 OH$^-$
2. a.      3. d.
4. a) NH$_4$OH – brilho fraco.
   b) NaOH – brilho intenso.
   c) KOH – brilho intenso.
   d) Ca(OH)$_2$ – brilho intenso.
   e) Ba(OH)$_2$ – brilho intenso.
   f) Mg(OH)$_2$ – não acende.
   g) AgOH – não acende.
   h) Fe(OH)$_2$ – não acende.
   i) Fe(OH)$_3$ – não acende.

**Explore seus conhecimentos** (p. 127)
1. b.      3. b.
2. a.
4. a) NH$_3$(g) + H$_2$O(ℓ) ⇌ NH$_4$OH(aq)
   NH$_4$OH(aq) ⇌ NH$_4^+$(aq) + OH$^-$(aq)
   b) O íon OH$^-$ reage com a gordura, formando sabão. O cátion NH$_4^+$ não tem cheiro

**Relacione seus conhecimentos** (p. 127)
1. b.
2. b.

## Capítulo 16 – Sais

**Explore seus conhecimentos** (p. 129)
1. d.
2. CaBr$_2$: brometo de cálcio
   Ca$_3$(PO$_4$)$_2$: fosfato de cálcio
   CaSO$_3$: sulfito de cálcio
3. a) KCℓ → K$^+$ + Cℓ$^-$
   b) NaNO$_3$ → Na$^+$ + NO$_3^-$
   c) AℓF$_3$ → Aℓ$^{3+}$ + 3 F$^-$
   d) Aℓ$_2$(SO$_4$)$_3$ → 2 Aℓ$^{3+}$ + 3 SO$_4^{2-}$
   e) Na$_3$PO$_4$ → 3 Na$^+$ + PO$_4^{3-}$
4. a.    5. a.    6. a.

**Relacione seus conhecimentos** (p. 130)
1. a.      4. d.
2. c.      5. e.
3. e.

**Explore seus conhecimentos** (p. 132)
1. b.
2. a.
3. a) HNO$_3$ + KOH → KNO$_3$ + H$_2$O
   (nitrato de potássio)
   b) 2 HCℓ + Ca(OH)$_2$ → CaCℓ$_2$ + 2 H$_2$O
   (cloreto de cálcio)
   c) H$_2$SO$_4$ + 2 NaOH → Na$_2$SO$_4$ + 2 H$_2$O
   (sulfato de sódio)
   d) H$_2$SO$_4$ + Mg(OH)$_2$ → MgSO$_4$ + 2 H$_2$O
   (sulfato de magnésio)
   e) 2 H$_3$PO$_4$ + 3 Ba(OH)$_2$ → Ba$_3$(PO$_4$)$_2$ + 6 H$_2$O
   (fosfato de bário)
4. a) 1 H$_2$SO$_4$ + 1 NaOH → NaHSO$_4$ + H$_2$O
   (mono) hidrogenossulfato de sódio, sulfato (mono) ácido de sódio ou bissulfato de sódio.
   b) 1 H$_3$PO$_4$ + 1 AgOH → AgH$_2$PO$_4$ + H$_2$O
   di-hidrogenofosfato de prata ou fosfato diácido de prata.
   c) 1 H$_3$PO$_4$ + 1 Mg(OH)$_2$ → MgHPO$_4$ + 2 H$_2$O
   (mono) hidrogenofosfato de magnésio ou fosfato (mono) ácido de magnésio.
   d) 1 HCℓ + 1 Ca(OH)$_2$ → Ca(OH)Cℓ + H$_2$O
   hidroxicloreto de cálcio ou cloreto básico de cálcio.

**Relacione seus conhecimentos** (p. 132)
1. 2 HCℓ + Ba(OH)$_2$ → 2 H$_2$O + BaCℓ$_2$.
   BaCℓ$_2$: cloreto de bário.
2. a.
3. a.

## Capítulo 17 – Óxidos

**Explore seus conhecimentos** (p. 135)
1. c.
2. d.
3. a.
4. I. BaO + H$_2$O → Ba(OH)$_2$
   II. K$_2$O + H$_2$O → 2 KOH
   III. MgO + 2 HCℓ → MgCℓ$_2$ + H$_2$O
   IV. Na$_2$O + 2 HCℓ → 2 NaCℓ + H$_2$O
5. H$_2$SO$_4$ + BaO → BaSO$_4$ + H$_2$O
6. a) SO$_3$ + H$_2$O → H$_2$SO$_4$
   b) SO$_3$ + Ca(OH)$_2$ → CaSO$_4$ + H$_2$O
   c) N$_2$O$_5$ + H$_2$O → 2 HNO$_3$
   d) N$_2$O$_5$ + 2 NaOH → 2 NaNO$_3$ + H$_2$O

**Relacione seus conhecimentos** (p. 135)
1. b.
2. a.
3. a) Metal Césio (Cs), família dos metais alcalinos.
   b) K$_2$O.

## Capítulo 18 – Reações inorgânicas

**Explore seus conhecimentos** (p. 139)
1. e.   2. b.   3. d.   4. c.

**Relacione seus conhecimentos** (p. 140)
1. a.   2. b.   3. a.
4. a) CO$_2$ + NaCℓ + NH$_3$ + H$_2$O → NaHCO$_3$ + NH$_4$Cℓ
   b) Pb + PbO$_2$ + 2 H$_2$SO$_4$ → PbSO$_4$ + 2 H$_2$O
   c) LiH + H$_2$O → LiOH + H$_2$
5. 4 HF + SiO$_2$ → SiF$_4$ + 2 H$_2$O
6. c.
7. c.

# Unidade 6
## Relações estequiométricas

### Capítulo 19 – Relações de massa

**Explore seus conhecimentos** (p. 145)
1. d.
2. 18,8 u.
3. a.
4. b.

**Relacione seus conhecimentos** (p. 145)
1. a.      3. c.
2. a.      4. d.

**Explore seus conhecimentos** (p. 147)
1. a) n = 1 mol    c) n = 0,5 mol
   b) m = 10 g
2. a) 1,5 · 10$^{24}$ átomo de He
   b) 5 · 10$^{-4}$ mol de átomos de Fe
   c) 4 mol de átomos de Ag

3. a) $6 \cdot 10^{23}$ átomos
   b) 30 g
   c) $9 \cdot 10^{23}$ átomos de Co
   d) 80 g
4. a) 108 g
   b) 10 mol de moléculas de $CH_4$
   c) 2,5 mol de moléculas de $CO_2$
5. a) $3 \cdot 10^{24}$ moléculas
   b) 30 mol de moléculas de $H_2SO_4$
   c) 500 mol de moléculas de $C_6H_{12}O_6$

**Relacione seus conhecimentos** (p. 148)
1. c.
2. b.
3. a.
4. a.
5. c.
6. 02 e 04

## Capítulo 20 – Estudo dos gases

**Explore seus conhecimentos** (p. 152)
1. e.
2. c.
3. a) Com o aumento da altitude temos uma diminuição da pressão atmosférica.
   b) João Pessoa (Pb); pressão atmosférica = 1 atm
   c) 608 mmHg
4. a.

**Relacione seus conhecimentos** (p. 153)
1. b.
2. d.
3. c.

**Explore seus conhecimentos** (p. 156)
1. d.
2. 16 L
3. b.
4. c.
5. e.
6. c.

**Relacione seus conhecimentos** (p. 157)
1. c.
2. c.
3. Durante o aquecimento, ocorre expansão e saída de gás atmosférico de dentro da garrafa. Quando o ovo é colocado sobre a garrafa, ainda aquecida, ele funciona como uma rolha flexível. À medida que a garrafa esfria, a pressão interna diminui (a volume constante), tornando-se menor que a pressão atmosférica, a qual empurra o ovo para o interior da garrafa.
4. c.
5. e.
6. a) A – B: isotérmica
      B – C: isobárica
      C – D: isocórica (ou isovolumétrica)
   b) 400 K = 127 °C

**Explore seus conhecimentos** (p. 158)
1. 6 atm
2. 80 g
3. a.
4. d.
5. e.
6. 559 000 L
7. a.

**Relacione seus conhecimentos** (p. 159)
1. e.
2. c.
3. a.

**Explore seus conhecimentos** (p. 161)
1. a) $O_2$: 4 mol; $C\ell_2$: 6 mol.
   b) 10 mol.
   c) $O_2$: 0,4; $C\ell_2$: 0,6.
   d) 12 atm
2. a) 1,64 atm
   b) $X_{CH_4} = 0,25$; $X_{C_2H_6} = 0,75$.
   c) $P_{CH_4} = 0,41$ atm; $P_{C_2H_6} = 1,23$ atm.
3. $P_{O_2} = 640$ mmHg; $P_{He} = 960$ mmHg; $P_{N_2} = 2400$ mmHg.
4. 2,4 atm

**Relacione seus conhecimentos** (p. 162)
1. a) 2,2 atm
   b) $P_{CH_4} \cong 0,49$ atm; $P_{H_2} \cong 0,73$ atm; $P_{N_2} \cong 0,98$ atm.
2. a.
3. b.
4. a) 4 atm
   b) 3,2 atm
   c) 0,8 mol
5. I. 760 mmHg.
   II. $X_{He} = 0,2$
       $X_{H_2} = 0,8$
   III. $X_{He} = 0,2$ (20% em volume)
        $X_{H_2} = 0,8$ (80% em volume)
   IV. $M_{aparente} = 2,4$ g · mol$^{-1}$

## Capítulo 21 – Estequiometria

**Explore seus conhecimentos** (p. 164)
1. d.
2. b.
3. x = 16 g; y = 80 g; z = 112 g.
4. d.

**Explore seus conhecimentos** (p. 167)
1. $C_4H_6O_2$.
2. 55,81%
3. e.

4. a) %Ca = 31,25%; %C = 18,75%; %O = 50%.
   b) $CaC_2O_4$
5. a.
6. a.
7. d.
8. e.

**Relacione seus conhecimentos** (p. 168)
1. c.
2. e.
3. b.
4. $V_2O_5$
5. b.
6. d.
7. d.
8. c.
9. a) A: $N_2O$; B: NO; C: $N_2O_3$; D: $N_2O_4$; E: $N_2O_5$.
   b) Óxido nítrico (NO): B; óxido nitroso ($N_2O$): A.
10. d.

**Explore seus conhecimentos** (p. 171)
1. e.
2. d.
3. b.
4. 0,2 g
5. b.
6. e.

**Relacione seus conhecimentos** (p. 172)
1. b.
2. c.
3. e.
4. c.
5. c.
6. a.

**Explore seus conhecimentos** (p. 174)
1. a) O ferro. Para 9 mol de gás oxigênio seriam necessários 12 mol de ferro.
   b) 1,5 mol de excesso.
   c) 5 mol de $Fe_2O_3$.
2. Reagente limitante: $SiO_2$. Os 18 mol de $SiO_2$ consomem 6 mol de $Ca_3(SO_4)_2$ e 30 mol de C.
   Como há 6 vezes mais do reagente limitante do que os coeficientes na equação balanceada, haverá a formação de 6 mol de fósforo.
3. c.
4. d.
5. b.

**Explore seus conhecimentos** (p. 175)
1. c.
2. b.
3. d.
4. a.
5. b.

**Relacione seus conhecimentos** (p. 177)
1. d.
2. a.
3. 64,125 g
4. c.
5. a) Sistema 2.   b) 125 kg

CIÊNCIAS DA NATUREZA E SUAS TECNOLOGIAS

**JOÃO USBERCO**

Bacharel em Ciências Farmacêuticas pela Faculdade de Ciências Farmacêuticas da Universidade de São Paulo (FCF-USP).
Professor de Química de escolas de Ensino Médio.

**PHILIPPE SPITALERI KAUFMANN (PH)**

Bacharel em Química pelo Instituto de Química da Universidade de São Paulo (IQ-USP).
Professor de Química de escolas de Ensino Médio.

# Química

## Caderno de Atividades
ATIVIDADES COMPLEMENTARES

Editora Saraiva

**Presidência:** Mario Ghio Júnior
**Direção de soluções educacionais:** Camila Montero Vaz Cardoso
**Direção editorial:** Lidiane Vivaldini Olo
**Gerência editorial:** Viviane Carpegiani
**Gestão de área:** Julio Cesar Augustus de Paula Santos
**Edição:** Erich Gonçalves da Silva e Mariana Amélia do Nascimento
**Planejamento e controle de produção:** Flávio Matuguma (ger.), Felipe Nogueira, Juliana Batista, Juliana Gonçalves e Anny Lima
**Revisão:** Kátia Scaff Marques (coord.), Brenda T. M. Morais, Claudia Virgilio, Daniela Lima, Malvina Tomáz e Ricardo Miyake
**Arte:** André Gomes Vitale (ger.), Catherine Saori Ishihara (coord.) e Lisandro Paim Cardoso (edição de arte)
**Diagramação:** WYM Design
**Iconografia e tratamento de imagem:** André Gomes Vitale (ger.), Claudia Bertolazzi e Denise Kremer (coord.), Evelyn Torrecilla (pesquisa iconográfica) e Fernanda Crevin (tratamento de imagens)
**Licenciamento de conteúdos de terceiros:** Roberta Bento (ger.), Jenis Oh (coord.), Liliane Rodrigues, Flávia Zambon e Raísa Maris Reina (analistas de licenciamento)
**Cartografia:** Eric Fuzii (coord.) e Robson Rosendo da Rocha
**Design:** Erik Taketa (coord.) e Adilson Casarotti (proj. gráfico e capa)
**Foto de capa:** Westend61/Getty Images / welcomia/Shutterstock / fotohunter/Shutterstock

Todos os direitos reservados por Somos Sistemas de Ensino S.A.
Avenida Paulista, 901, 6º andar – Bela Vista
São Paulo – SP – CEP 01310-200
http://www.somoseducacao.com.br

**2024**
Código da obra CL 801852
CAE 721909 (AL) / 721910 (PR)
OP: 258042 (AL)
1ª edição
10ª impressão
De acordo com a BNCC.

Impressão e acabamento: EGB Editora Gráfica Bernardi Ltda.

# Conheça seu Caderno de Atividades

Este Caderno de Atividades foi elaborado especialmente para você, estudante do Ensino Médio, que deseja praticar o que aprendeu durante as aulas e se qualificar para as provas do Enem e de vestibulares.

O material foi estruturado para que você consiga utilizá-lo autonomamente, em seus estudos individuais além do horário escolar, ou sob orientação de seu professor, que poderá lhe sugerir atividades complementares às do livro.

### Flip!
Gire o seu livro e tenha acesso a uma seleção de questões do Enem e de vestibulares de todo o Brasil.

### Respostas
Consulte as respostas das atividades no final do material.

### plurall
No Plurall, você encontrará as resoluções em vídeo das questões propostas.

Atividades organizadas por unidade, seguindo a estrutura do livro.

Aqui você encontra os objetivos de aprendizagem relacionados às atividades.

Em continuidade ao trabalho do livro, as atividades dão suporte ao desenvolvimento das habilidades da BNCC indicadas.

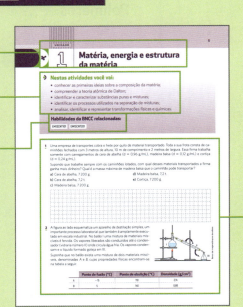

### Atividades
Os principais conceitos trabalhados no livro são retomados em atividades que permitem a aplicação dos conhecimentos aprendidos durante o Ensino Médio.

# Sumário

**Unidade 1**
Matéria, energia e estrutura da matéria ............ 5

**Unidade 2**
Evolução do modelo atômico ............ 7

**Unidade 3**
A tabela periódica dos elementos químicos ............ 15

**Unidade 4**
Interações atômicas e moleculares ............ 17

**Unidade 5**
Funções inorgânicas ............ 22

**Unidade 6**
Relações estequiométricas ............ 27

**Unidade 7**
Estudo das soluções ............ 31

**Unidade 8**
Termoquímica ............ 38

**Unidade 9**
Cinética química e equilíbrio químico ............ 42

**Unidade 10**
Eletroquímica ............ 50

**Unidade 11**
Os compostos orgânicos ............ 57

**Unidade 12**
Hidrocarbonetos ............ 59

**Unidade 13**
Funções oxigenadas ............ 64

**Unidade 14**
Funções nitrogenadas e haletos orgânicos ............ 73

**Unidade 15**
Polímeros ............ 76

**Respostas** ............ 80

# UNIDADE 1
# Matéria, energia e estrutura da matéria

## Nestas atividades você vai:

- conhecer as primeiras ideias sobre a composição da matéria;
- compreender a teoria atômica de Dalton;
- identificar e caracterizar substâncias puras e misturas;
- identificar os processos utilizados na separação de misturas;
- analisar, identificar e representar transformações físicas e químicas.

**Habilidades da BNCC relacionadas:**

EM13CNT101   EM13CNT201

---

**1** Uma empresa de transportes cobra o frete por quilo de material transportado. Toda a sua frota consta de caminhões fechados com 3 metros de altura, 10 m de comprimento e 2 metros de largura. Essa firma trabalha somente com carregamentos de cera de abelha (d = 0,96 g/mL), madeira balsa (d = 0,12 g/mL) e cortiça (d = 0,24 g/mL).

Supondo que trabalhe sempre com os caminhões lotados, com qual desses materiais transportados a firma ganha mais dinheiro? Qual é a massa máxima de madeira balsa que o caminhão pode transportar?

a) Cera de abelha, 7 200 g.
b) Cera de abelha, 7,2 t.
c) Madeira balsa, 7 200 g.
d) Madeira balsa, 7,2 t.
e) Cortiça, 7 200 g.

**2** A figura ao lado esquematiza um aparelho de destilação simples, um importante processo laboratorial que também é amplamente executado em escala industrial. No balão I uma mistura de materiais miscíveis é fervida. Os vapores liberados são conduzidos até o condensador (vidraria número II) onde circula água fria. Os vapores condensam e o líquido formado goteja em III.

Suponha que no balão exista uma mistura de dois materiais miscíveis, denominadas A e B, cujas propriedades físicas encontram-se na tabela a seguir.

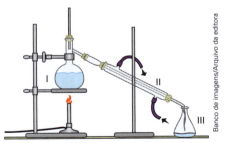

| | Ponto de fusão (°C) | Ponto de ebulição (°C) | Densidade (g/cm³) |
|---|---|---|---|
| A | −15 | 110 | 2,14 |
| B | 5 | 140 | 0,89 |

Considerando o início da destilação, qual material provavelmente está gotejando em III? Assinale a resposta que apresenta a melhor justificativa para sua escolha.

a) Somente o líquido A (puro), pois este material possui o menor ponto de fusão entre os dois.

b) Somente o líquido A (puro), pois este material possui o menor ponto de ebulição entre os dois.

c) Somente o líquido B (puro), pois este material possui a menor densidade entre os dois.

d) Somente o líquido B (puro), pois este material possui o maior ponto de ebulição entre os dois.

e) Uma mistura de A e B, pois ambos possuem pontos de ebulição próximos e a fervura dessa mistura libera vapores de ambos os materiais.

**3** A tabela ao lado lista cinco metais. As duas colunas indicam indistintamente os pontos de fusão e ebulição deles em °C.

Lâmpadas incandescentes, dispositivos tão comuns em nosso cotidiano, consistem em um filamento (fio muito fino) metálico dentro de um bulbo de vidro que, com a passagem de corrente elétrica, aquece até temperaturas da ordem de 3 000 °C. Com esse intenso aquecimento, o fio passa a brilhar (incandescer), emitindo luz. Qual(is) metal(is), entre os listados na tabela ao lado, pode(m) ser usado(s) para fabricar o filamento?

| Alumínio | 2 450 | 660 |
| Ferro | 2 750 | 1 536 |
| Chumbo | 1 725 | 327 |
| Zinco | 906 | 419 |
| Tungstênio | 5 930 | 3 410 |

a) Todos os metais serviriam.

b) Nenhum deles serviria.

c) Apenas o ferro e o tungstênio serviriam.

d) Apenas o ferro serviria.

e) Apenas o tungstênio serviria.

**4** Apenas cerca de 3% da água do planeta é doce e somente 1% está disponível para abastecer as pessoas. Para agravar a situação, uma parcela dessa água disponível já se encontra poluída.

Se o ritmo do aumento de consumo e da poluição continuar a crescer, a Organização das Nações Unidas (ONU) prevê que até 2050 aproximadamente 45% da população não terá à disposição a quantidade diária mínima necessária de água.

A respeito desse assunto, pode-se dizer que a preservação da água:

a) não está relacionada com o controle do uso de fertilizantes agrícolas.

b) pode ser mensurada apenas através de índices como a DBO (demanda bioquímica de oxigênio).

c) depende, dentre outros fatores, do tratamento de esgoto doméstico e industrial.

d) requer somente a diminuição do seu consumo.

e) é responsabilidade de órgãos públicos, não dependendo de ações populares.

# UNIDADE 2 — Evolução do modelo atômico

## Nestas atividades você vai:

- analisar a evolução do modelo atômico;
- compreender as características atômicas e o processo de formação de íons;
- investigar as semelhanças atômicas;
- conhecer o fenômeno da radioatividade;
- avaliar as aplicações dos fenômenos radioativos.

### Habilidades da BNCC relacionadas:

EM13CNT103   EM13CNT104   EM13CNT106   EM13CNT201   EM13CNT204   EM13CNT205

**1** As explicações sobre os fenômenos que ocorrem ao nosso redor sofreram profundas modificações desde a época pré-histórica até os dias de hoje, e os modelos que discutem a constituição da matéria também. A seguir temos quatro trechos de textos que apresentam alguns conceitos dispostos fora de ordem cronológica.

Trecho I
Para esclarecer esse resultado, ele pressupôs que o átomo é formado por um núcleo positivo extremamente pequeno posicionado no centro de uma esfera muito mais ampla, na qual a carga negativa dos elétrons se acha mais ou menos igualmente distribuída.

Trecho II
Mas, o que os mitos e os deuses têm para nos explicar? Tudo que interessa para o homem primitivo. O raio desce dos céus como manifestação do poder de algum deus. As estações do ano se sucedem devido a alguma história que envolve os deuses e suas vontades, necessidades e caprichos.

Trecho III
Há uma quantidade infinita de átomos que existem no espaço em perpétuo movimento; há também inumeráveis tipos de átomos, que diferem em forma e tamanho, peso e posição. Os átomos que compõem a água devem ser esféricos, já que a água escorre. Os átomos que compõem o fogo apresentam pequenos espinhos, que justificam a dor que sentimos ao colocarmos a mão no fogo. Os átomos que compõem a areia devem ser pesados e irregulares, já que ela não flui.

Trecho IV
Sua teoria dizia que, embora o átomo seja maciço, ele é formado por uma esfera com carga elétrica positiva, no qual estão espalhados elétrons. Esse modelo atômico também ficou conhecido como modelo do "pudim de passas", já que os elétrons negativos espalhados dentro de uma esfera positiva lembram passas dentro de um pudim.

Assinale o item que mostra a ordem cronológica correta, partindo da ideia mais antiga para a mais recente.

a) I, II, IV, III.   b) II, III, IV, I.   c) II, I, IV, III.   d) I, IV, III, II.   e) II, IV, I, III.

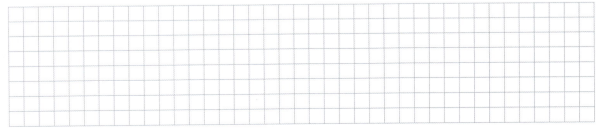

**2** O gráfico ao lado é chamado de Cinturão de Estabilidade. Nele cada ponto indica um isótopo estável (não radioativo) conhecido. Assim, qualquer combinação de próton e nêutron que não esteja indicada é instável (radioativa). Por exemplo, o elemento químico formado pela combinação entre 20 prótons e 21 nêutrons não apresenta um ponto correspondente no gráfico, portanto esse núcleo é instável (radioativo). Ao contrário, o elemento químico formado por 20 prótons e 20 nêutrons, cuja combinação está representada por um ponto, indica um núcleo estável.

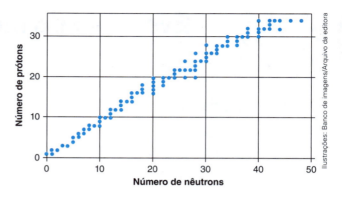

Com base nas informações presentes no Cinturão de Estabilidade, assinale a alternativa correta.

a) O elemento químico com número atômico 30 possui cinco isótopos estáveis.

b) Há pelo menos um núcleo estável com número de nêutrons igual a 10, a 11, a 12, e assim sucessivamente até 20.

c) Núcleos estáveis têm, de modo geral, maior quantidade de prótons do que de nêutrons.

d) Não existe núcleo não radioativo com número de massa igual a 30.

e) Todos os elementos com número atômico igual ou maiores do que 20 apresentam pelo menos dois isótopos estáveis.

**3** Uma amostra de um pó branco foi transferida para um borrifador, foram adicionados 60 mL de água e o sistema foi agitado até a completa dissolução do sólido. Foram adicionados 40 mL de etanol (álcool combustível) na mistura aquosa. Uma pequena quantidade dessa solução foi borrifada em uma chama de um fogareiro de acampamento. O contato da solução com a chama produziu um efeito laranja na chama.

De acordo com o descrito, e considerando a tabela a seguir, podemos afirmar que:

| Cores emitidas pelos cátions de alguns elementos no teste da chama ||
|---|---|
| ELEMENTO | COR |
| Potássio | Violeta |
| Cálcio | Vermelho-tijolo |
| Estrôncio | Vermelho-carmim |
| Bário | Verde |
| Cobre | Azul-esverdeado |
| Césio | Azul-claro |
| Sódio | Laranja |

a) existe o metal sódio ($Na^0$) na solução do borrifador.

b) a coloração observada é explicada pelo modelo atômico de Böhr.

c) o etanol é um álcool conhecido como álcool da madeira.

d) a coloração laranja ocorre por causa da absorção de energia pelos elétrons ao se transferirem para um nível mais externo.

e) o cátion responsável pelo efeito laranja é o de um elemento de transição.

**4** O elemento X é isóbaro do elemento $^{55}Fe_{26}$, produzido sinteticamente para uso em pigmentos, no formato de óxido. Ao mesmo tempo, é isótono do elemento $^{54}Cr_{24}$, que possui várias aplicações, como a produção de aço inoxidável ou a cromagem de metais por eletrodeposição. Então, como fica a distribuição eletrônica do elemento X?

a) $1s^2\ 2s^2\ 2p^6\ 3s^2\ 3p^6\ 4s^2\ 3d^6$
b) $1s^2\ 2s^2\ 2p^6\ 3s^2\ 3p^6\ 4s^2\ 3d^5$
c) $1s^2\ 2s^2 2p^6 3s^2 3p^6\ 4s^2 3d^4$
d) $1s^2\ 2s^2\ 2p^6\ 3s^2 3p^6\ 4s^2\ 3d^3$
e) $1s^2\ 2s^2\ 2p^6\ 3s^2 3p^6\ 4s^2\ 3d^2$

**5** A prática regular de esportes leva o indivíduo a uma vida mais saudável, tanto física como mentalmente. Porém, se não forem tomados os devidos cuidados, poderá levar a mais malefícios do que benefícios.

Durante a prática de corridas, o indivíduo deve se hidratar constantemente.

Nos últimos anos ocorreu um aumento expressivo do consumo de bebidas isotônicas, que apresentam concentração de substâncias e sais minerais semelhante à encontrada nos fluidos orgânicos, evitando a desidratação durante a prática esportiva.

A tabela a seguir mostra a concentração de algumas espécies presentes em diferentes isotônicos encontrados à venda.

| Porção de 200 mL – 1 copo | Isotônico 1 | Isotônico 2 | Isotônico 3 | Isotônico 4 |
|---|---|---|---|---|
| Valor energético | 48 kcal | 45 kcal | 56 kcal | 44 kcal |
| Carboidratos | 12 g | 11 g | 14 g | 11 g |
| Sódio ($Na^+$) | 90 mg | 90 mg | 95 mg | 83 mg |
| Magnésio ($Mg^{2+}$) | 24 mg | 20 mg | 69 mg | 44 mg |
| Ferro ($Fe^{3+}$) | 0 mg | 5,9 mg | 0 mg | 0 mg |
| Cloreto ($Cl^-$) | 5 mg | 2,4 mg | 4 mg | 3 mg |
| Zinco ($Zn^{2+}$) | 10 mg | 3,5 mg | 7,5 mg | 0,5 mg |

(Dados: Mg – A = 26 e Z = 12; Fe – A = 56 e Z = 26; Cl – A = 35 e Z = 17.)

a) Determine o número de prótons, nêutrons e elétrons presentes nos íons de magnésio, ferro e cloreto.

b) Sabendo que o íon zinco possui 28 elétrons e 35 nêutrons, determine o número atômico e o número de massa do elemento zinco.

**6** As estrelas atuam como verdadeiras "fornalhas" espaciais, produzindo, através de uma série de processos, uma grande diversidade de átomos de diferentes elementos químicos. Apesar de não podermos nos aproximar desses núcleos estelares, é possível identificar os elementos presentes em diferentes estrelas através da análise de sua emissão luminosa. A seguir são apresentadas duas tabelas periódicas modificadas. A primeira mostra a origem estelar de diversos elementos químicos, e, a segunda, as principais radiações (cores) emitidas por átomos de diferentes elementos.

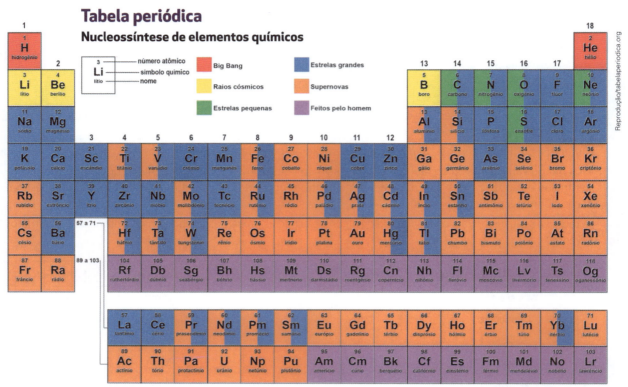

Disponível em: https://www.tabelaperiodica.org/como-surgiram-os-elementos-quimicos/. Acesso em: 10 fev. 2020.

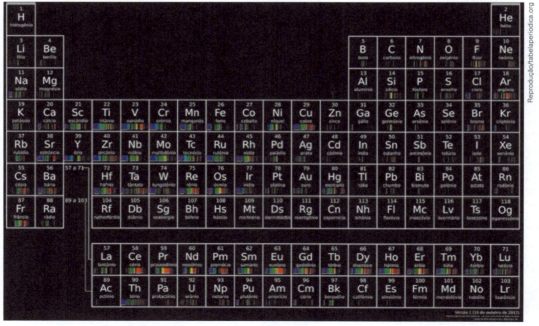

Disponível em: https://www.tabelaperiodica.org/tabela-periodica-com-espectros-de-emissao-atomica-dos-elementos/. Acesso em: 10 fev. 2020.

a) Explique, por meio do modelo de Böhr, como ocorre a emissão de luz pelos átomos dos diferentes elementos presentes nas estrelas.

b) Qual a principal radiação (cor) emitida que poderia ser identificada em uma estrela que apresentasse em sua composição grandes quantidades de Crômio, Manganês, Zircônio e Nióbio? Como poderia ser classificada essa estrela?

**7** Séries radioativas correspondem ao conjunto de elementos que têm origem na emissão de partículas alfa e beta, resultando, como produto final, um isótopo estável de chumbo.

Sabe-se que o átomo de um elemento radioativo:
  I. ao emitir uma partícula alfa ($\alpha$), origina um novo elemento que apresenta número de massa com quatro unidades a menos e número atômico com duas unidades a menos.
  II. ao emitir uma partícula beta ($\beta$), transforma-se em um novo elemento de mesmo número de massa, mas o seu número atômico apresenta uma unidade a mais.

Considere o gráfico ao lado, que relaciona o número de massa (A), que corresponde à soma do número de prótons e nêutrons de um átomo, e o número atômico (Z), que indica o número de prótons, para a série radioativa que se inicia com urânio de número de massa 238 e termina com chumbo que possui 132 nêutrons.

Os números de partículas alfa ($\alpha$) e beta ($\beta$) emitidas nesse processo são, respectivamente:

a) 8 e 6
b) 6 e 3
c) 7 e 4
d) 6 e 2
e) 7 e 5

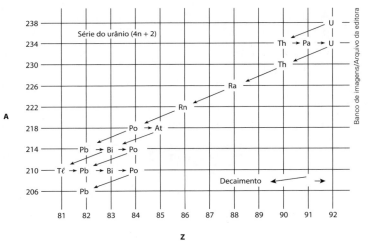

**8** O ácido acetilsalicílico, utilizado como anti-inflamatório, analgésico e antitérmico, é o medicamento mais consumido do mundo. Só nos Estados Unidos, seu consumo é maior que dez milhões de toneladas por ano. Esse fármaco geralmente é administrado por via oral e a dose recomendada para um adulto é de 600 mg a cada 4 horas.

O gráfico ao lado mostra a variação da massa do fármaco no organismo em função do tempo.

Qual a massa de ácido acetilsalicílico encontrada em um indivíduo adulto após 4 horas da ingestão do fármaco?

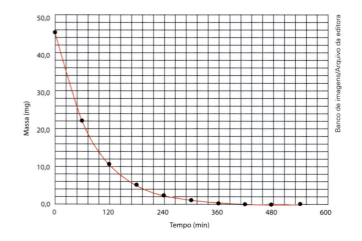

a) 22,5 mg   b) 37,5 mg   c) 45 mg   d) 75 mg   e) 150 mg

**9** As emissões radioativas produzem efeitos diferentes em nosso organismo. A extensão de danos provocados por exposição à radiação depende do tipo de tecido vivo atingido e do tipo de emissão radioativa.

Com o objetivo de avaliar o efeito da radiação absorvida criou-se o conceito de radiação absorvida equivalente, que é igual ao produto da radiação absorvida por um fator de qualidade correspondente ao efeito que ela produz no organismo, medida na unidade
Sievert (Sv): 1 Sv = J/kg.

A tabela a seguir relaciona a dose equivalente e os efeitos no ser humano.

| Dose equivalente (Sv) | Efeitos no ser humano |
|---|---|
| 0 — 0,25 | Efeitos clínicos não observáveis |
| 0,25 — 0,50 | Diminuição temporária do número de glóbulos brancos (leucócitos) |
| 1,0 — 2,0 | Náuseas, redução dramática de leucócitos |
| 5,0 | Morte de metade da população atingida após trinta dias |
| 20,0 | Morte de toda a população atingida após algumas horas |

Considere que uma população acidentalmente ficou exposta a uma dose equivalente igual a $3,5 \cdot 10^5$ μSv. Sabendo que 1 μ = $10^{-6}$, essa população:

a) não apresentará efeitos clínicos observáveis.

b) apresentará náuseas e redução dramática de leucócitos.

c) apresentará diminuição temporária do número de glóbulos brancos (leucócitos).

d) morrerá após algumas horas.

e) se reduzirá à metade após trinta dias.

**10** Veja o esquema apresentado ao lado.

Reações nucleares são processos em que há a transformação dos núcleos atômicos. Considere as seguintes proposições:

I. Em reações nucleares há destruição e formação de novos núcleos, enquanto nas reações químicas há formação e destruição de substâncias, mas não dos núcleos, ocorrendo um reagrupamento dos átomos.

II. Tanto em reações nucleares quanto em reações químicas existe o envolvimento de grandes quantidades de energia.

III. Em reações nucleares, a velocidade do processo depende da pressão e da temperatura.

IV. Durante uma reação nuclear participam as partículas do núcleo, enquanto nas reações químicas os elétrons da última camada é que participam do processo.

Pode-se concluir que apenas as proposições:

a) I e IV são plausíveis.
b) I, III e IV são plausíveis.
c) II e IV são plausíveis.
d) II, III e IV são plausíveis.
e) I, II e III são plausíveis.

**11** De cada 4 bilhões de toneladas de alimentos produzidos por ano no mundo, cerca de meio milhão de toneladas é irradiado com a finalidade de prolongar o seu tempo de vida útil. Uma fonte de radiação gama comum para essa finalidade é o $^{60}$Co, que possui tempo de meia-vida em torno de 5 200 anos.

Suponha que em um teste com alimentos eles receberam doses de até 10 Gy (gray), sendo que a dose média de radiação natural absorvida pela população mundial é de 2,6 · $10^{-3}$ Gy por ano.

Sobre esse fato pode-se afirmar que:

a) os alimentos irradiados no teste não podem ser consumidos, pois possuem uma quantidade de radiação maior do que a natural absorvida pela população.

b) os alimentos poderão ser consumidos após 5 200 anos, pois a radiação gama permanece esse período de tempo armazenada no alimento.

c) a radiação utilizada na esterilização não impede o imediato consumo dos alimentos, pois ela não permanece armazenada no alimento.

d) alimentos irradiados não podem ser consumidos, pois possuem o risco de contaminação pela radiação utilizada na esterilização.

e) a técnica de esterilização por irradiação é muito barata, por isso grande parte dos alimentos industrializados passam por esse processo.

**12** Certa cidade foi desocupada após a notícia de um vazamento de material radioativo X de uma usina nuclear. O gráfico de decaimento radioativo de X é mostrado ao lado.

Sabe-se que o tempo de meia-vida (t) pode ser calculado a partir da expressão $N = N_0 \cdot e^{-k \cdot t}$, onde $N_0$ representa a quantidade inicial da amostra, N a quantidade após o decaimento e k uma constante.

Sabendo que, por motivos de segurança, a ocupação da cidade só pode ocorrer quando o nível de emissão alcançar um décimo do nível inicial, os moradores só deverão retornar após:

Dados: log 2 = 0,30; log 3 = 0,48; log 5 = 0,70

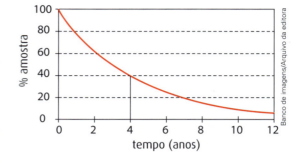

a) 5 anos.  b) 8 anos.  c) 10 anos.  d) 20 anos.  e) 35 anos.

**13** Apesar de uma usina termonuclear ter um alto rendimento na geração de energia elétrica, uma desvantagem do seu uso é a produção de lixo atômico, que precisa ser estocado em local seguro por um longo período. Essa duração é definida pelo tempo ou período de meia-vida do material ($t_{1/2}$) que é necessário para a desintegração natural de metade de sua massa.

O período de meia-vida pode ser encontrado levando-se em consideração a seguinte situação:

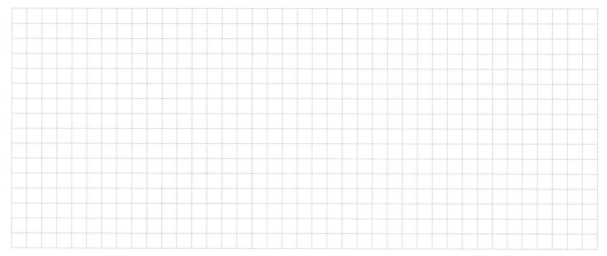

em que n representa a quantidade de meias-vidas passadas e $m_0$ é a massa inicial do material.

O lixo atômico produzido nas usinas termonucleares possui longo período de meia-vida, o que obriga seu estoque por um grande intervalo de tempo. Um dos elementos presentes nesse lixo atômico é o criptônio-85 ($^{85}$Kr), que possui período de meia-vida de cerca de 10,7 anos. Então, quanto tempo, aproximadamente, é necessário para que certa massa de $^{85}$Kr decaia até cerca de 1,6% de sua quantidade original?

a) 11 anos  b) 22 anos  c) 32 anos  d) 64 anos  e) 128 anos

# UNIDADE 3
# A tabela periódica dos elementos químicos

> **Nestas atividades você vai:**
> - analisar e discutir modelos de tabela periódica propostos;
> - interpretar a tabela periódica atual;
> - analisar propriedades dos elementos químicos.
>
> **Habilidades da BNCC relacionadas:**
>
> EM13CNT203  EM13CNT209  EM13CNT309

**1** Dmitri Ivanovich (1834-1907) foi o químico russo que criou, em 1869, a primeira versão da tabela periódica dos elementos químicos. De lá para cá houve várias mudanças, mas o formato básico idealizado por Mendeleyev, organizado em colunas e linhas, mantém-se até hoje, conforme se vê nas tabelas periódicas atuais (figura abaixo).

Todavia, há outras propostas de distribuição gráfica dos elementos em "tabelas" de formatos inusitados, como a que se vê a seguir.

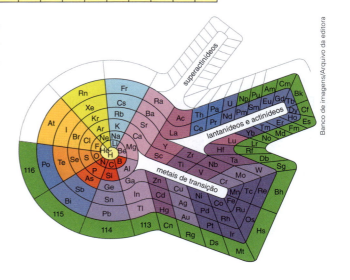

Sobre essas duas "tabelas" periódicas mostradas, podemos dizer que elas:

a) não possuem absolutamente nada em comum.

b) possuem em comum apenas a mesma sequência, já que em ambas os elementos estão organizados em números atômicos crescentes.

c) possuem em comum apenas a mesma distribuição em famílias e a mesma ordem dos elementos em números atômicos crescentes.

d) mantêm em comum as famílias, os períodos e a ordem dos elementos, em números atômicos crescentes, mas no segundo tipo de "tabela" não há separação em grupos de elementos representativos e de transição.

e) apresentam praticamente as mesmas informações, apenas arranjados de modo diferente os elementos no plano, já que em ambas é possível perceber a mesma divisão básica em famílias, períodos e grupos de elementos (transição e representativos).

**2** As pilhas e as baterias, embora possuam vida útil limitada, são dispositivos amplamente utilizados no funcionamento de aparelhos eletroeletrônicos. O descarte inadequado das pilhas em lixões pode provocar a contaminação do ambiente por metais pesados, compostos altamente tóxicos e de efeito cumulativo. Assim, através da contaminação do solo e de lençóis freáticos, esses metais podem atingir os seres humanos e demais seres vivos.

A fim de realizar a identificação de alguns metais como Pb, Cd, Zn, Hg e Mn em uma possível área de contaminação, um grupo de pesquisadores coletou diversas amostras de água em pontos distintos de um lençol freático.

Ao lado é exibido um fluxograma com um resumo dos procedimentos que foram realizados.

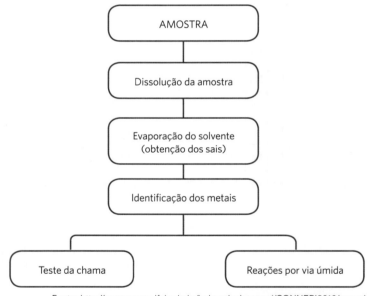

Fonte: http://congressos.ifal.edu.br/index.php/connepi/CONNEPI2010/paper/viewFile/1041/800. (Adaptado.) Acesso em: 8 maio 2020.

Em relação às informações apresentadas, responda aos itens a seguir:

a) Explique por que o teste de chama pode ser utilizado para identificar os metais pesados presentes nas pilhas.

b) Coloque os elementos cádmio, zinco e mercúrio em ordem crescente de raio atômico. Justifique sua resposta.

c) Entre os elementos zinco e manganês, qual possui maior energia de ionização? Justifique sua resposta.

UNIDADE

# 4 Interações atômicas e moleculares

## � Nestas atividades você vai:

- identificar as maneiras de os átomos adquirirem estabilidade;
- caracterizar os diferentes tipos de ligação entre os átomos;
- prever as possíveis fórmulas das substâncias originadas pelas combinações dos átomos;
- analisar, a partir de uma fórmula, suas possíveis estruturas e geometrias;
- identificar os diferentes tipos de interações intermoleculares;
- prever as propriedades dos compostos a partir de sua estrutura.

**Habilidades da BNCC relacionadas:**

| EM13CNT104 | EM13CNT105 | EM13CNT107 | EM13CNT203 | EM13CNT205 | EM13CNT306 |

**1** A tensão superficial forma uma película na superfície de todos os líquidos, pela atração maior que as moléculas apresentam nessa região. A água, por possuir moléculas unidas por pontes de hidrogênio, portanto com grande força de coesão, tem a maior tensão superficial entre todos os líquidos. Podemos observar essa película elástica quando um copo está cheio de água, praticamente para transbordar. A forma abaulada da superfície da água na periferia, onde se dá o contato entre o vidro e o líquido, é determinada pela tensão superficial. A forma esférica das gotas também.

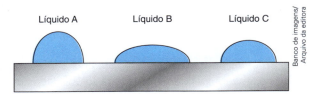

Uma das maneiras de se avaliar a tensão superficial de líquidos é medir a dimensão das suas gotas. No desenho temos gotas de três diferentes líquidos. Todas apresentam o mesmo volume. Coloque os líquidos A, B e C em ordem decrescente de tensão superficial.

a) A, B, C
b) A, C, B
c) B, C, A
d) C, B, A
e) C, A, B

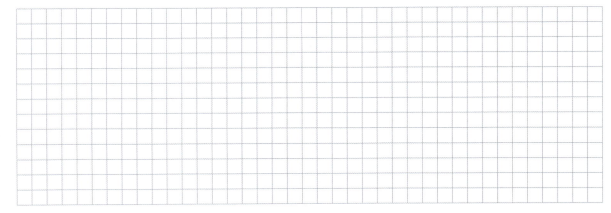

**2** Alúmen é o nome que recebem os sais duplos (com dois cátions) de sulfato. De modo mais amplo, os alumens são constituídos por um cátion monovalente e um cátion trivalente (que normalmente é o de alumínio). A fórmula geral de um alúmen pode ser escrita como $X^+Aℓ^{3+}(SO_4^{2-})_Y$.

O alúmen de potássio, também chamado de pedra-ume, é um sólido branco, cristalino, de baixa toxicidade e gosto adstringente ("amarra" a língua, como banana ou caqui verdes). Apresenta muitas aplicações, como na floculação de impurezas no tratamento de água, curtimento de couro, fabricação de tecidos à prova de fogo, endurecedor de gelatinas e emulsões de chapas fotográficas, fabricação de desodorantes e loções pós-barba, clarificação de açúcar e como mordente (fixador de corantes no tingimento de tecidos).

Qual é a fórmula química da pedra-ume?

a) $PAℓ(SO_4)$
b) $PAℓ(SO_4)_2$
c) $KAℓ(SO_4)$
d) $KAℓ(SO_4)_2$
e) $KAℓ(SO_4)_3$

**3** Os gases irritantes são substâncias de ação local que agridem o aparelho respiratório e os olhos e podem levar à inflamação tecidual, com risco de infecção secundária. São percebidos pelos seres humanos em concentrações baixas. A seguir temos os modelos de quatro gases irritantes.

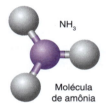
Molécula de amônia

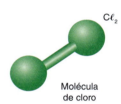
Molécula de cloro

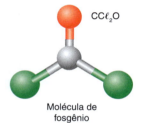
Molécula de fosgênio

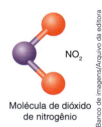
Molécula de dióxido de nitrogênio

Eles podem produzir efeitos irritantes no trato respiratório superior e inferior, mas o risco principal e a localização primária dos sintomas dependem grandemente da sua solubilidade em água e da concentração à qual os indivíduos se expõem. Assim, os gases irritantes são divididos em dois grupos principais, baseado na sua solubilidade em água.

Considerando o texto e o seu conhecimento, é possível afirmar que:

a) amônia e dióxido de nitrogênio são solúveis em água.
b) fosgênio e cloro são solúveis em água.
c) amônia e fosgênio são solúveis em água.
d) apenas a molécula de cloro, dentre as citadas, é insolúvel em água.
e) apenas a molécula de amônia, dentre as citadas, é solúvel em água.

**4** A água é conhecida como solvente universal devido à propriedade de dissolver muitas substâncias. Porém, essa substância não é capaz de dissolver compostos apolares, como os presentes no óleo, por exemplo. Na realidade, a água é um solvente polar capaz de dissolver substâncias polares e os compostos iônicos solúveis em água.

Pesquisadores da Universidade Federal de Minas Gerais (UFMG) desenvolveram um solvente universal capaz de dissolver materiais orgânicos ou inorgânicos. Porém, verificou-se que esse solvente é incapaz de dissolver vidros, plásticos e metais (essenciais e tóxicos). Essa propriedade é importante, pois, caso contrário, o solvente dissolveria os recipientes que são utilizados para seu armazenamento.

O solvente desenvolvido pelos pesquisadores mineiros foi patenteado com o nome Universol, em alusão à grande capacidade de dissolução dessa substância.

Considerando os conhecimentos envolvidos no assunto descrito e o texto, podemos afirmar, EXCETO:

a) O Universol, citado no texto, é capaz de dissolver qualquer material.
b) A água, embora seja conhecida como solvente universal, é incapaz de solubilizar compostos apolares.
c) O Universol é um solvente mais abrangente que a água.
d) A água é uma molécula angular e polar.
e) O Universol possui a propriedade de dissolver substâncias polares e apolares.

**5** Para dispersar manifestantes, forças policiais fazem uso de compostos orgânicos conhecidos como gás lacrimogênio. Esses compostos provocam uma irritação nos olhos, fazendo com que a pessoa "chore" involuntariamente.

Abaixo temos a representação de alguns compostos utilizados como gás lacrimogênio:

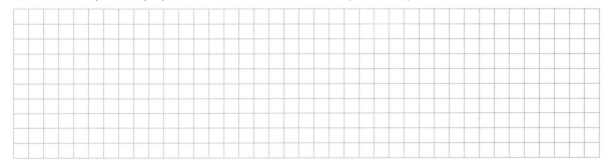

CH₃ — CO — CH₂ — Cℓ     CH₃ — CO — CH₂ — Br     CH₂ = CH — ÇOH
(cloroacetona)                  (bromoacetona)                 (acroleína)

A respeito dos compostos citados, pode-se afirmar:

a) Nos três existe a presença de um halogênio.
b) Os átomos dos compostos encontram-se unidos por ligações iônicas.
c) Nos compostos apresentados ocorre a transferência definitiva de elétrons, o que leva à formação de íons.
d) A cloroacetona e a bromoacetona diferem em suas estruturas apenas pelo halogênio presente em cada uma.
e) Os compostos apresentados não provocam irritação nos olhos.

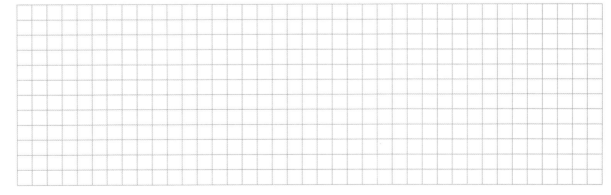

**6** Observe as figuras a seguir.

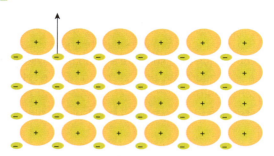

Modelo de ligação metálica (átomos do metal com carga positiva rodeados por nuvem de elétrons).

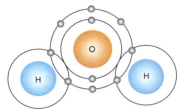

Modelo de ligação covalente (átomo de oxigênio compartilha seus elétrons com átomos de hidrogênio).

Observando os modelos de ligação metálica e ligação covalente, podemos afirmar que:

a) A água é um bom condutor de eletricidade, pois seus elétrons estão livres para se movimentar.

b) Metais são bons condutores de eletricidade, pois as nuvens eletrônicas que rodeiam os átomos constituem-se de elétrons livres que podem se movimentar.

c) Metais são maus condutores de eletricidade, pois seus elétrons estão presos entre os átomos da liga metálica.

d) A água é má condutora de eletricidade, pois não possui elétrons.

e) A água é boa condutora de eletricidade; a prova disso é que ela dá choque.

**7** As proteínas, além de constituírem o componente celular mais abundante, são as moléculas mais diversificadas quanto à forma e função. As funções que desempenham são estruturais e dinâmicas. A variedade das funções celulares está relacionada com a variedade das estruturas espaciais que uma proteína pode ter. A manutenção dessa estrutura é feita por interações, como as representadas ao lado.

Considere as afirmações:
I. Existe compartilhamento de elétrons nas interações indicadas por 1 e 2.
II. A interação 3 é de Van der Waals.
III. A ordem decrescente de força das interações é 1 > 4 > 3.
IV. As proteínas do sistema imunológico e as enzimas são exemplos da função dinâmica a que se refere o texto.

A alternativa que contém as afirmações verdadeiras é:

a) I e II.   b) I e IV.   c) II e III.   d) II e IV.   e) III e IV.

**8** Observe as figuras a seguir.

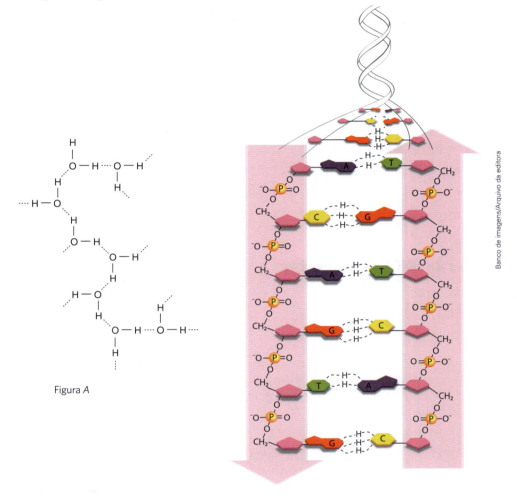

Figura A

Figura B

Na figura A estão representadas moléculas de água unidas por ligações químicas também presentes na estrutura da molécula de DNA, ilustrada na figura B. Essas ligações químicas são:

a) ligações peptídicas.
b) ligações metálicas.
c) ligações iônicas.
d) ligações complexas.
e) ligações de hidrogênio.

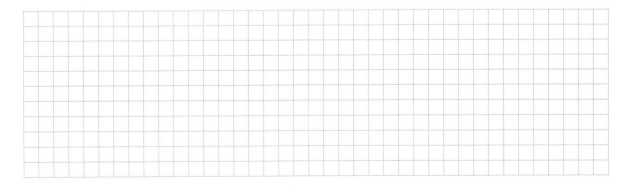

# UNIDADE 5
# Funções inorgânicas

## Nestas atividades você vai:
- analisar a dissociação iônica e a ionização;
- conhecer os ácidos e as suas principais aplicações;
- conhecer as bases e as suas principais aplicações;
- conhecer os sais e a sua presença no cotidiano;
- interpretar e analisar as reações de neutralização;
- conhecer os óxidos e discutir a aplicação dos conhecimentos da Química no meio ambiente.

**Habilidades da BNCC relacionadas:**

EM13CNT101    EM13CNT107    EM13CNT310

---

**1** O principal componente do sal de cozinha é o cloreto de sódio. Pessoas hipertensas são orientadas a restringir o consumo desse composto por meio de uma dieta. Alguns médicos sugerem a seus pacientes a substituição desse composto por outro cloreto cujo cátion se encontra no mesmo grupo da classificação periódica do sódio, porém ocupando o quarto período.

A respeito do que foi descrito é possível afirmar que:

a) o principal componente do sal de cozinha é um bom condutor de corrente elétrica no estado sólido.

b) a substância indicada pelos médicos para substituir o cloreto de sódio é um composto molecular.

c) é possível afirmar que o íon responsável pela hipertensão é o íon cloreto.

d) o composto indicado pelos médicos contém em sua composição um elemento do grupo dos metais alcalinos da classificação periódica.

e) os compostos mencionados no texto são insolúveis em água.

**2** O nitrato de sódio purificado, quando colocado para reagir com uma solução aquosa de cloreto de potássio, é a principal matéria-prima para a obtenção do nitrato de potássio, sal menos solúvel que é usado como conservante pelas indústrias de alimentos que produzem carnes defumadas e embutidos. Serve também para ressaltar a cor e o sabor do alimento, além de participar da fabricação de fertilizantes e explosivos.

Sobre a síntese do nitrato de potássio, qual é a reação química que melhor a representa?

a) $NaNO_3 + KC\ell \rightarrow KNO_3 + NaC\ell$

b) $Na_2NO_3 + 2\ KC\ell \rightarrow K_2NO_3 + 2\ NaC\ell$

c) $Na(NO_3)_2 + KC\ell \rightarrow K(NO_3)_2 + NaC\ell$

d) $NaNO_2 + KC\ell \rightarrow KNO_3 + NaC\ell$

e) $Na_2NO + 2\ KC\ell \rightarrow K_2NO + 2\ NaC\ell$

**3** A atividade humana tem sido responsável pelo lançamento inadequado de diversos poluentes na natureza. Dentre eles, destacam-se: a amônia, proveniente de processos industriais; o dióxido de enxofre, originado da queima de combustíveis fósseis; e o cádmio, presente em pilhas e baterias descartadas.

Durante uma discussão sobre poluição, alunos de Ensino Médio fizeram várias afirmações, e algumas foram transcritas a seguir.
  I. O dióxido de enxofre é um dos compostos responsáveis pela chuva ácida.
  II. Uma solução aquosa de amônia contém óxido de amônio.
  III. Por meio de reações químicas adequadas, o cádmio pode ser transformado em um elemento menos tóxico.

É (São) correta(s) a(s) afirmação(ões):

**a)** Apenas I. **b)** Apenas II. **c)** Apenas III. **d)** I e III. **e)** II e III.

**4** Os gases asfixiantes são classificados, de acordo com o seu mecanismo de ação tóxica, em:
- *Asfixiantes simples*: são gases inertes que em altas concentrações em ambientes confinados reduzem a disponibilidade do oxigênio. Dessa forma, a substância ocupa o espaço do oxigênio na árvore brônquica. Exemplos: gases nobres, dióxido de carbono ($CO_2$), metano, butano e propano.
- *Asfixiantes químicos*: são substâncias que impedem a utilização bioquímica do oxigênio ($O_2$). Atuam no transporte de oxigênio pela hemoglobina (Hb) e impedem o uso tecidual do oxigênio. Exemplos: monóxido de carbono e substâncias metemoglobinizantes, cianeto e gás sulfídrico ($H_2S$).

Considerando a classificação dada para os gases asfixiantes, é correto afirmar-se o que segue, EXCETO:

**a)** Dos gases asfixiantes simples citados, três substâncias são classificadas como hidrocarbonetos.

**b)** A substância que apresenta odor de ovo podre é classificada como asfixiante químico.

**c)** Os gases asfixiantes simples presentes em um determinado ambiente aumentam a fração molar do gás oxigênio.

**d)** Os gases asfixiantes químicos desfavorecem a utilização do gás oxigênio pelos tecidos.

**e)** O monóxido de carbono é um gás tóxico e asfixiante químico.

**5** Nas estações de tratamento de água (ETA), a água bruta dos mananciais que chega às estações sofre um processo denominado floculação, que consiste na adição de hidróxido de cálcio (para ajustar o pH) e solução de sulfato de alumínio. O **sal** formado entre a reação dessas duas substâncias produz um composto gelatinoso e pouco solúvel em água que age aglutinando as partículas de sujeira em flocos para facilitar a sua remoção.

A fórmula e o nome do composto que se encontra destacado no texto são:

a) $Ca(OH)_2$; sulfato de cálcio.
b) $Aℓ(SO_4)_3$; hidróxido de alumínio.
c) $CaSO_4$; hidróxido de cálcio.
d) $Aℓ(OH)_3$; hidróxido de alumínio.
e) $CaSO_4$; sulfato de cálcio.

**6** **Natron** é o nome de um mineral rico em carbonato de sódio hidratado, bicarbonato de cálcio e sulfato de sódio, encontrado há milhares de anos no vale de Natron, perto do Cairo e de Alexandria, do qual se extraía o carbonato. Foi esse mineral que inspirou o nome latino do sódio – *natrium*.

O lago Natron, ao norte da Tanzânia, tem esse nome devido à concentração elevada de sais carbonato de cálcio e bicarbonato de sódio, de origem vulcânica. Esses sais conferem intenso caráter básico e corrosivo às águas do lago. Os egípcios conheciam as propriedades do natron e usavam-no na forma de mineral, com a finalidade de desidratação das células e combate às bactérias em processos de mumificação.

Animais mortos encontrados dentro do lago sofreram essa forma de mumificação por deposição dos sais de cálcio, e foram fotografados recentemente em belos trabalhos do artista britânico Nick Brandt, gerando imagens dignas de um filme de terror.

A respeito do texto podemos afirmar que:

a) Somente é possível mumificar animais nos filmes de terror.
b) A grande maioria dos filmes de terror utilizam as águas do lago Natron.
c) O natron é uma substância química.
d) Alguns sais citados no texto possuem as seguintes fórmulas: $Na_2CO_3$ e $Ca(HCO_3)_2$.
e) As substâncias químicas citadas no texto são óxidos.

**7** Cientistas das universidades de Halifax, no Canadá, e Sevilha, na Espanha, isolaram um novo microrganismo a partir de um rustículo (aglomerado de ferrugem) retirado do Titanic – navio transatlântico que naufragou em 14 de abril de 1912 em sua viagem inaugural – que se encontra a 3,8 km abaixo da superfície do oceano. Esse microrganismo é uma bactéria que foi batizada de *Halomonas titanicae*. Essa bactéria é capaz de aderir a uma superfície de aço, produzindo ferrugem.

Segundo os especialistas, a ação da bactéria pode ser utilizada para biodegradação de materiais que afundam no oceano. Assim, as bactérias podem atuar na reciclagem de ferro em determinadas profundezas, o que pode ser útil para o descarte de navios e plataformas petrolíferas (após serem limpos de toxinas e produtos à base de óleo).

Considere que a equação da reação de formação de ferrugem seja:

$$2\,Fe + O_2 + H_2O \rightarrow 2\,Fe(OH)_2$$

A análise das informações citadas permite concluir que:

a) A bactéria em questão não corrói o aço.

b) A bactéria descoberta pelos cientistas não é útil para a reciclagem de ferro submerso em águas oceânicas.

c) No caso de descarte de plataformas petrolíferas, é necessário retirar o petróleo existente na estrutura para evitar maiores danos ambientais.

d) Na equação fornecida, é possível observar a formação de um sal.

e) Segundo a equação fornecida, não há necessidade da presença de oxigênio para ocorrer a formação da ferrugem.

**8** O metal ferro pode ser obtido a partir da reação entre um minério chamado hematita e o monóxido de carbono. As principais regiões do Brasil onde se pode encontrar esse minério são as assinaladas no mapa ao lado.

Indique a alternativa que relaciona corretamente uma das regiões onde pode ser encontrada a hematita e a reação química de obtenção do ferro a partir desse minério.

a) Goiás; Fe (s) + 2 HCℓ (aq) →
→ H$_2$ (g) + FeCℓ$_2$ (aq)

b) Minas Gerais; Fe$_2$O$_3$ (s) + 3 CO (g) →
→ 2 Fe (s) + 3 CO$_2$ (g)

c) Pará; Fe (s) + CuSO$_4$ (aq) →
→ FeSO$_4$ (aq) + Cu (s)

d) Espírito Santo; Fe$_2$O$_3$ (s) + 3 CO (g) →
→ 2 Fe (s) + 3 CO$_2$ (g)

e) Paraná; Fe (s) + CuSO$_4$ (aq) →
→ FeSO$_4$ (aq) + Cu (s)

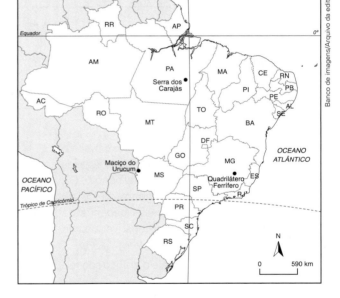

**9** Segundo o *Dicionário Houaiss*, um dos significados para a palavra *afinidade* é coincidência ou semelhança de gostos, interesses, sentimentos, etc. Para uma reação química ocorrer, uma das condições é que haja afinidade entre os reagentes. Ao ocorrer uma reação química, há alguns fatores que confirmam a ocorrência dela, como formação de precipitados, liberação de gás, mudança de coloração e cheiro, etc.

Baseando-se nessas informações, assinale a alternativa em que não ocorre reação química.

a) NaCl (aq) + AgNO$_3$ (aq) →
b) NaOH (aq) + HCl (aq) →
c) Pb(NO$_3$)$_2$ (aq) + 2 NaCl (aq) →
d) NaCl (aq) + KNO$_3$ (aq) →
e) Pb (s) + H$_2$SO$_4$ (aq) →

**10** Em regiões com alta concentração de automóveis, a qualidade do ar cai consideravelmente em decorrência da emissão de gases poluentes, prejudicando assim a saúde da população. Na tentativa de minimizar esse problema, foram desenvolvidos os conversores catalíticos. Esse dispositivo é colocado antes do tubo de escape e sua função é converter gases tóxicos em não tóxicos. O esquema abaixo representa um conversor catalítico de três vias e algumas das reações que ele proporciona.

BAIRD, Colin. *Química ambiental*. 2. ed. Porto Alegre: Bookman, 2002.

A eficiência com que um conversor catalítico de três vias promove a conversão de gases tóxicos, como o monóxido de carbono (CO), hidrocarbonetos (HCs) e monóxido de nitrogênio (NO) em não tóxicos depende da relação volumétrica ar/combustível, como mostra o gráfico ao lado.

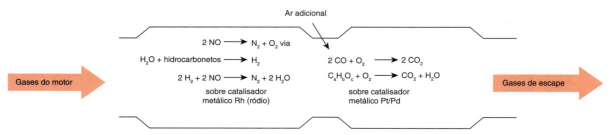

De acordo com o esquema e o gráfico são feitas as seguintes afirmações:

I. Todas as reações geradas pelo conversor são de oxirredução.
II. Todas as catálises são homogêneas.
III. A conversão do NO é mais eficiente quando a relação ar/combustível apresenta-se mais alta.
IV. A eficiência da conversão de hidrocarbonetos independe da relação ar/combustível.
V. 44,1 L de ar e 3 L de combustível promovem a maior eficiência de conversão.

Quais afirmações acima estão corretas?

a) I, II, IV e V.
b) II, III e IV.
c) I, III e IV.
d) I, IV e V.
e) I, III e V.

# UNIDADE 5

# Relações estequiométricas

## Nestas atividades você vai:

- compreender e utilizar os conceitos de massa atômica, massa molecular, mol e massa molar;
- utilizar a constante de Avogadro;
- realizar o estudo dos gases;
- compreender a determinação de fórmulas químicas;
- compreender e realizar cálculos estequiométricos.

### Habilidades da BNCC relacionadas:

EM13CNT101  EM13CNT102  EM13CNT201  EM13CNT202  EM13CNT205  EM13CNT301  EM13CNT302  EM13CNT303

EM13CNT307

---

**1** As massas atômicas de 10 elementos (hidrogênio, lítio, boro, carbono, nitrogênio, oxigênio, silício, cloro, enxofre e tálio) serão expressas de uma nova maneira na tabela periódica, para refletir com mais precisão como esses elementos são encontrados na natureza. A massa atômica desses elementos será expressa em intervalos, com limites superiores e inferiores.

O elemento enxofre, por exemplo, é conhecido por ter um peso atômico de 32,065. No entanto, o seu peso atômico real pode estar em um intervalo entre 32,059 e 32,076, dependendo da origem do elemento.

Considerando as informações acima, assinale a alternativa **incorreta**:

a) Dos elementos citados, apenas o lítio e o tálio são classificados como metais.

b) A massa atômica corresponde à média ponderada dos isótopos do elemento químico.

c) O limite inferior para o exemplo citado é 32,065.

d) Dos elementos citados, apenas o oxigênio e o enxofre são classificados como calcogênios.

e) Considerando os 10 elementos citados, aquele com maior quantidade de elétrons no nível mais externo é o cloro.

**2** Ligas são misturas de metais. Por exemplo, o bronze é uma liga de estanho e cobre. As ligas usadas em joalheria, e que contêm ouro em sua composição, apresentam muitas possibilidades de composição. Uma delas é a mistura de ouro, prata e cobre (Au, Ag e Cu). Composições de misturas formadas por três componentes, como a liga de joalheria mencionada, podem ser representadas por um *diagrama ternário*, ou *diagrama triangular* (figura a seguir). Como as porcentagens em peso dos três componentes devem somar 100%, se em uma liga há 10% de Cu e 20% de Ag, deve haver 70% de Au.

Essa composição percentual de exemplo está indicada como o ponto X no diagrama.

Considerando uma liga com quantidades iguais de átomos de cobre (massa molar 64 g/mol), de átomos de ouro (massa molar 197 g/mol) e de átomos de prata (massa molar 108 g/mol), qual ponto no diagrama melhor representa essa mistura?

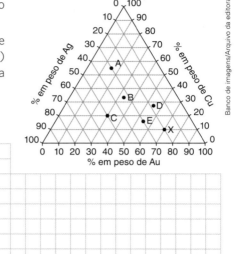

a) Ponto A.
b) Ponto B.
c) Ponto C.
d) Ponto D.
e) Ponto E.

**3** A destruição da camada de ozônio foi atribuída ao aumento da emissão de clorofluorcarbonos (CFC). Esses compostos são derivados de alcanos, nos quais os átomos de hidrogênio são substituídos por halogênios (cloro e/ou flúor).

Os CFCs são representados por um código comercial, o CFC-11. Para determinar a fórmula molecular do composto, basta somar 90 em seu código. Os dígitos resultantes correspondem, respectivamente, ao número de átomos de carbono, hidrogênio e flúor na molécula. A quantidade de átomos de cloro presente na molécula é deduzida de forma a completar as quatro ligações do carbono, caso haja necessidade. Sendo assim, qual é a fórmula molecular do CFC-11?

a) $CHFCl_2$
b) $CH_2F_2$
c) $CFCl_3$
d) $CF_2Cl_2$
e) $CHF_2Cl$

**4** A *ustulação* é uma técnica utilizada na remoção do enxofre encontrado em alguns minérios. Nesse processo, um minério é aquecido na presença de oxigênio proveniente do ar, convertendo o sulfeto em óxido na maioria dos casos.

O processo de obtenção de zinco metálico a partir do sulfeto de zinco começa pela ustulação e posterior redução do óxido, como mostram as seguintes equações:

$$2\ ZnS + 3\ O_2 \rightarrow 2\ ZnO + 2\ SO_2$$
$$2\ ZnO + C \rightarrow 2\ Zn + CO_2$$

Admitindo 80% de rendimento, a massa de zinco metálico, em toneladas, obtida a partir de 19,4 toneladas de sulfeto de zinco é:

(Massas molares (g/mol): Zn = 65; S = 32.)

a) 9,2
b) 10,4
c) 12,0
d) 13,0
e) 14,4

**5** Um jovem levou sua bicicleta até um posto de combustíveis para calibrar os pneus que estavam murchos. Chegando lá ele precisou aguardar um senhor que utilizava o calibrador para encher os pneus do carro. O jovem observou que, ao encher o pneu do carro, o marcador indicava 32, sem notar a unidade de pressão.

Após o senhor terminar a calibragem, o jovem pensou em reduzir a pressão do aparelho, já que o pneu de sua bicicleta era menor do que o do carro. Por isso, ajustou o aparelho até chegar no número 16 e encheu o pneu da bicicleta. Ficou surpreso ao apertar o pneu da bicicleta e verificar que ele ainda não estava completamente cheio. Alterou o valor do calibrador para 20, depois 25 e assim foi até chegar em 45, quando o pneu finalmente ficou completamente cheio. Não entendendo o porquê disso, questionou seu professor de Química a respeito do que houve. O professor fez uso da equação geral dos gases ideais para explicar o fenômeno. Qual é a explicação correta para o ocorrido?

Equação geral dos gases ideais: $p \cdot V = n \cdot R \cdot T$.

Em que: p = pressão do gás

V = volume do gás

n = número de mols do gás

R = constante universal dos gases

T = temperatura do gás

a) Como o pneu da bicicleta possui volume menor que o do carro, e, portanto, menor área superficial, para alcançar a força correta que o mantém rígido, a pressão em seu interior deve ser maior que a de um pneu de automóvel.

b) Como o pneu da bicicleta possui volume maior que o do carro, e, portanto, maior área superficial, para alcançar a força correta que o mantém rígido, a pressão em seu interior deve ser maior que a de um pneu de automóvel.

c) O jovem deve ter se enganado, pois a pressão deveria ser a mesma. Ela depende da pressão atmosférica local e não das dimensões do pneu.

d) A pressão no exterior do pneu da bicicleta é menor, em decorrência de seu volume mais reduzido, por isso o pneu necessita de maior pressão interna para ficar totalmente cheio.

e) A pressão no exterior do pneu da bicicleta é maior, em decorrência de seu volume menor, por isso o pneu necessita de mais pressão interna para ficar totalmente cheio.

**6** A camada de ozônio ($O_3$) está localizada na estratosfera, região compreendida entre 17 e 50 km de altitude. Seu papel é atuar como um "escudo protetor natural da vida na Terra", filtrando raios ultravioleta (UV) danosos, provenientes do Sol. Na metade dos anos 1980, foi identificado um "buraco" na camada de ozônio sobre a Antártida, desencadeando uma crise ambiental importante. O gráfico ao lado mostra a variação da quantidade de ozônio estratosférico sobre Halley Bay, Antártida, no decorrer dos anos.

A quantidade de ozônio presente em qualquer local é expressa em unidades Dobson (UD), cada unidade equivalendo a: $2,7 \cdot 10^{20}$ moléculas de ozônio puro por m² nas CNTP (0 °C e 1 atm). De acordo com o gráfico, quantos mols de ozônio por m², aproximadamente, desapareceram dessa região, desde 1979 até o ano em que foi observada a mais baixa quantidade desse gás?

(Considere o ozônio se comportando como gás ideal.)

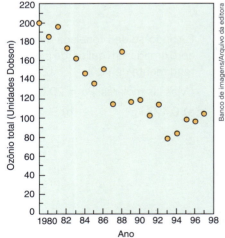

SHANKLIN, J. *British Antarctic Survey*, Cambridge, Inglaterra.

a) $1,2 \cdot 10^{-3}$
b) $1,2 \cdot 10^{-1}$
c) $5,4$
d) $5,4 \cdot 10^{-2}$
e) $5,4 \cdot 10^{-3}$

**7** O pigmento *amarelo de cromo* é usado em tintas para pintar faixas de demarcação em ruas e estradas, na composição de tintas a óleo, além de aplicações decorativas, mas de uso restrito, por possuir dois elementos muito tóxicos, o cromo e o chumbo.

Esse pigmento é obtido industrialmente segundo o processo esquematizado a seguir. O *litargírio*, mencionado no diagrama, é óxido de chumbo II, que se transforma em nitrato de chumbo II dentro do reator 1.

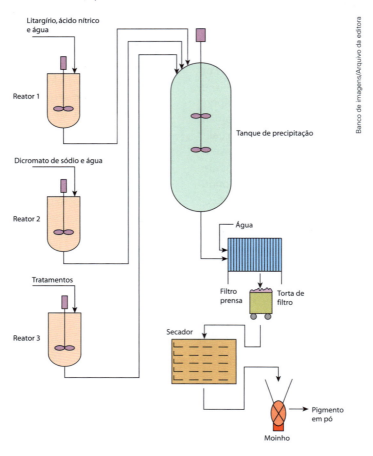

Partindo-se de 1 tonelada de dicromato de sódio (Na$_2$Cr$_2$O$_7$, massa molar = 262 g · mol$^{-1}$), calcule a massa aproximada, em quilos, de pigmento que pode ser produzida, sabendo que a reação de precipitação apresenta rendimento de 90%.

(Massas molares: Pb = 207 g · mol$^{-1}$; Na = 23 g · mol$^{-1}$.)

a) 0,423 kg     b) 9 · 10$^2$ kg     c) 1,4 · 10$^3$ kg     d) 1,6 · 10$^3$ kg     e) 10$^9$ kg

# UNIDADE 7

# Estudo das soluções

## Nestas atividades você vai:

- compreender o conceito de solução;
- analisar os diferentes tipos de solução;
- interpretar curvas de solubilidade;
- analisar e discutir diferentes formas de expressar a concentração das soluções;
- analisar os processos de diluição e mistura de soluções;
- discutir as propriedades coligativas da matéria.

**Habilidades da BNCC relacionadas:**

EM13CNT101  EM13CNT202  EM13CNT307  EM13CNT309  EM13CNT310

---

**1** Essências são substâncias aromáticas extraídas de certos vegetais. Essas substâncias são utilizadas na fabricação de perfumes, loções, água de toalete, água de colônia e deocolônia.

A porcentagem da essência é o que caracteriza determinado tipo de produto, por exemplo, um produto com 15% (em volume) de essência é classificado como perfume, já água de toalete apresenta 4% (em volume) de essência. Abaixo está representada a fórmula estrutural do ocimeno (136 g/mol), substância utilizada como essência de jasmim:

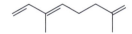

Em um frasco de perfume, cuja essência utilizada é de jasmim, de 225 mL, o número de mol de ocimeno contida é:

(Dado: densidade do ocimeno: 0,80 g/mL)

a) 1,33    b) 0,2    c) 2    d) 27    e) 0,8

**2** Em depósitos subterrâneos, a água pode entrar em contato com certas rochas como o calcário ($CaCO_3$) ou a dolomita ($CaCO_3 \cdot MgCO_3$), e dessa forma passa a apresentar em sua composição determinada quantidade de íons $Ca^{2+}$ e $Mg^{2+}$ na forma de bicarbonatos ($HCO_3^-$), nitratos ($NO_3^-$), cloretos ($C\ell^-$) e sulfatos ($SO_4^{2-}$).

Conforme a quantidade total de íons de cálcio e magnésio presentes, podemos classificar a água em dura (com teores acima de 150 mg/L), mole (com teores abaixo de 75 mg/L) ou moderada (com teores entre 75 e 150 mg/L). A água com altos teores desses cátions não faz espuma quando entra em contato com sabão, pois esses íons reagem com ele e formam um precipitado, daí o nome de água dura. A água dura não apresenta um risco à saúde, mas traz um incômodo por causa do acúmulo mineral em dispositivos elétricos e tubulações – principalmente em indústrias onde a água é utilizada para gerar vapor em caldeiras.

A tabela ao lado apresenta a composição química de determinada água mineral. Dados de massa molar em g/mol: cálcio = 40; magnésio = 24.

| Composição química ($\cdot 10^{-5}$ mol/L) |     |          |      |
|---|---|---|---|
| Nitrato | 8,0 | Magnésio | 2,2 |
| Bicarbonato | 4,0 | Sódio | 1,5 |
| Potássio | 3,1 | Sulfato | 0,7 |
| Cálcio | 2,7 | Bário | 0,8 |
| Cloreto | 1,7 | Fluoreto | 0,36 |

Essa água em questão pode ser classificada como:

a) mole, podendo ser usada para consumo humano.

b) mole, porém seu consumo pode ser prejudicial à saúde humana.

c) moderada, todavia pode ser usada para beber, pois a presença de cálcio e magnésio não é nociva.

d) dura, sendo, portanto, uma água muito perigosa para ser consumida.

e) dura, porém, apesar de seus altos teores de cálcio ou magnésio, não significa que seja imprópria para beber.

**3** A L-carnitina é uma substância comercializada como suplemento alimentar e tem recebido atenção especial por estar associada ao processo de emagrecimento. Para testar a eficiência da L-carnitina, foi elaborado o experimento descrito a seguir.

Foram tomados dois grupos de ratos sedentários: o grupo suplementado com L-carnitina (S) e o grupo de controle (C). O grupo S foi subdividido em três subgrupos: um suplementado com 0,1 g de L-carnitina · $kg^{-1}$ de massa corporal ($S_{0,1}$), outro com 1,0 g de L-carnitina · $kg^{-1}$ de massa corporal ($S_{1,0}$) e o último com 2,0 g de L-carnitina · $kg^{-1}$ de massa corporal ($S_{2,0}$). A suplementação foi realizada por 14 e 28 dias, sendo servida uma quantidade controlada de ração para esses animais.

A seguir mostramos o gráfico da variação de massa desses grupos. Com esses dados, como podemos analisar a variação de massa ao longo do tempo (14 e 28 dias)?

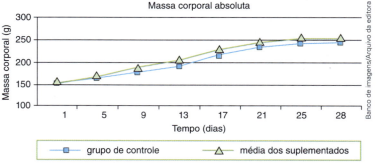

a) O uso de L-carnitina é ineficaz para a redução da massa corporal.

b) O uso de L-carnitina é eficaz para a redução da massa corporal.

c) Nada se pode dizer a respeito do uso da L-carnitina, pois o experimento foi realizado com ratos, em vez de ser feito com seres humanos.

d) O gráfico mostra uma redução da massa corporal em todos os ratos.

e) O gráfico mostra redução da massa corporal apenas nos ratos que se alimentaram com L-carnitina.

**4** As vitaminas são catalisadores enzimáticos essenciais para a vida e para a regulação do metabolismo. Elas intervêm na produção e no controle da energia, assim como no crescimento e desenvolvimento das células de todos os tecidos do corpo. Sua deficiência pode causar sérios danos à saúde.

| Vitamina | Principais sintomas/doenças | Principais fontes |
|---|---|---|
| A 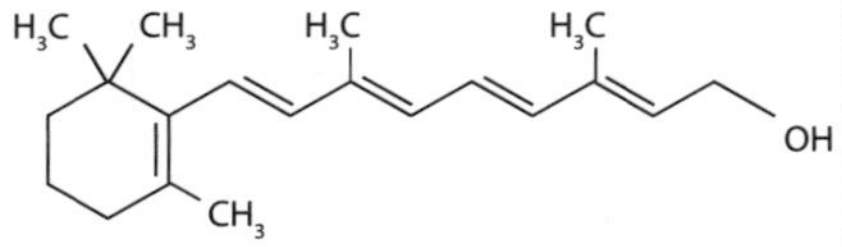 (estrutura do retinol) | Cegueira noturna e infecções frequentes | Fígado, gemas de ovos, leite integral e seus derivados |
| B12  $C_{63}H_{88}CoN_{14}O_{14}P$ | Anemia | Batatas, bananas, lentilhas, pimenta, óleo de fígado, peru e atum |
| C 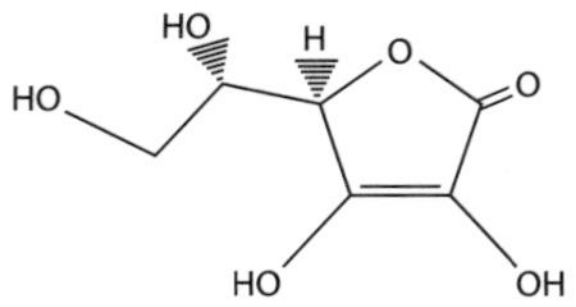 (estrutura do ácido ascórbico) | Escorbuto: sangramento na gengiva e na pele, provocando minúsculas manchas. A deficiência pode progredir a ponto de causar dificuldade de cicatrização, anemia e má-formação óssea | Frutas e verduras |
| D 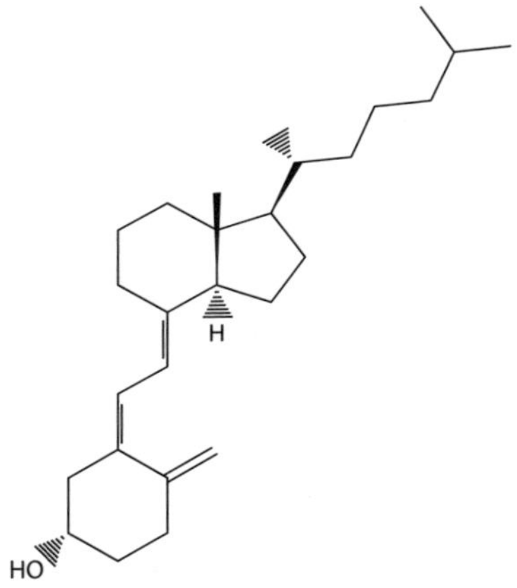 (estrutura do colecalciferol) | Raquitismo em crianças e amolecimento dos ossos em adultos | Óleo de fígado de peixe e peixe de água salgada |

Uma dieta especial prescrita por médicos recomenda, por um curto período, a ingestão de 7 miligramas de vitamina A e 60 microgramas de vitamina D, provenientes exclusivamente de um iogurte especial e uma mistura de cereais. O iogurte prescrito possui uma composição média de 1 miligrama de vitamina A e 20 microgramas de vitamina D por litro da bebida, enquanto cada pacote de cereais fornece 15 microgramas de vitamina D.

Identifique a alternativa que contém a concentração em mol/L de vitamina A na dieta prescrita e o/a principal sintoma/doença decorrente da carência da vitamina encontrada no tubérculo mais consumido no Brasil e em outros alimentos.

a) $2{,}44 \cdot 10^{-5}$ mol/L; escorbuto.
b) $3{,}49 \cdot 10^{-6}$ mol/L; anemia.
c) $5{,}68 \cdot 10^{-6}$ mol/L; raquitismo.
d) $7{,}38 \cdot 10^{-7}$ mol/L; cegueira noturna.
e) $3{,}97 \cdot 10^{-4}$ mol/L; infecções frequentes.

**5** Três soluções, de mesmo soluto e mesmo solvente, foram preparadas em concentrações diferentes. Para isso, foram utilizados três recipientes cilíndricos idênticos, A, B e C. A figura ao lado apresenta as quantidades de solvente (V, 2V e 3V) e a quantidade de soluto (pontos escuros) em cada solução.

Analisando o desenho das soluções, é correto afirmar que:

a) a solução do tubo A possui a menor concentração.
b) a solução do tubo A possui a maior concentração.
c) a solução do tubo B possui a menor concentração.
d) a solução do tubo B possui a maior concentração.
e) os três tubos possuem soluções de mesma concentração.

Tubos contendo soluções

**6** O garimpo na região amazônica nas décadas de 1970 e 1980 deixou um rastro de mercúrio na natureza, cujos efeitos são monitorados atualmente. Sabe-se que o Hg representa enorme risco à saúde quando inalado sob a forma de vapor ou ingerido. As tabelas a seguir mostram a concentração de mercúrio, ng · g$^{-1}$ em peso úmido, encontrada em peixes da região amazônica, considerado um alimento de dieta diária, e a classificação do indivíduo contaminado.

| Localidade | Peixes piscívoros | Peixes onívoros |
|---|---|---|
| Rio Madeira | 680 | 80 |
| Rio Jamari | 580 | 300 |
| Rio Jacy-Paraná | 660 | 110 |
| * C.M.R. (OMS) | 500 | 500 |

Concentração média de mercúrio (ng · g$^{-1}$ em peso úmido) em amostras coletadas entre 1996 e 2000 em espécies de peixes de diferentes hábitos alimentares. (Bastos, W. R. & Lacerda, L. D. Geochim. Brasil, 18(2), 99-114, 2004). * C.M.R. (OMS) – Concentração Máxima Recomendada pela Organização Mundial de Saúde.

| Sangue | Classificação |
|---|---|
| De 0,00 a 0,1 mg/L | não tóxico |
| Acima de 10 mg/L | tóxico |

BRITO FILHO, D. *Toxicologia humana e geral*. 2. ed. Rio de Janeiro: Atheneu, 1988.

Suponha que uma pessoa com 90 kg e 1,80 m de altura tenha 5 litros de sangue e que todo o mercúrio ingerido é absorvido pelo organismo.

(Dados: 1 ng = 1,0 · 10$^{-9}$ g; Hg = 200 g · mol$^{-1}$)

I. se essa pessoa ingerir 0,5 kg de um peixe piscívoro, proveniente do rio Madeira, será classificada como intoxicada.
II. se essa pessoa ingerir, durante um mês, um total de 2 kg de peixe onívoro do rio Jamari, ela será classificada como intoxicada.
III. a ingestão de um filé de peixe piscívoro de 100 g e de outro filé de mesma massa, mas onívoro, ambos do rio Jacy-Paraná, acarretará uma concentração aproximada de 77 nmol/L de mercúrio no sangue.

De acordo com as informações:

a) Apenas I é verdadeiro.
b) Apenas II é verdadeiro.
c) Apenas III é verdadeiro.
d) Apenas I e II são verdadeiros.
e) Apenas II e III são verdadeiros.

**7** Alguns fenômenos da natureza, como a precipitação e a evapotranspiração, estão presentes em um ciclo hidrológico, como o representado a seguir:

Sobre os fenômenos que ocorrem nesse ciclo pode-se afirmar corretamente que:

a) a precipitação e a evapotranspiração independem da umidade relativa do ar.
b) o escoamento superficial é intensificado quanto mais água se infiltra no solo.
c) uma baixa umidade relativa do ar favorece o fenômeno da evapotranspiração.
d) a pressão de vapor da água evaporada dos mares é maior do que a pressão de vapor da água evaporada dos rios.
e) o tipo de solo não influencia as transformações químicas sofridas pela água líquida em sua evaporação.

**8** Uma panela de pressão utiliza o princípio segundo o qual, a partir do aumento da pressão a que um líquido está sujeito, também há elevação de sua temperatura de ebulição. No caso da água, essa variação pode ser observada no gráfico a seguir.

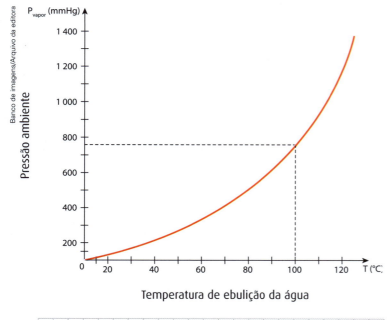

De que maneira esse princípio é aproveitado para o cozimento de alimentos em uma panela de pressão?

a) Há um aumento da pressão e com isso também uma elevação da temperatura de ebulição, o que estende o tempo de cozimento.

b) Há um aumento da pressão e com isso uma redução da temperatura de ebulição, o que estende o tempo de cozimento.

c) Há um aumento da pressão e com isso também uma elevação da temperatura de ebulição, o que reduz o tempo de cozimento.

d) Há uma redução da pressão e com isso também uma diminuição da temperatura de ebulição, o que encurta o tempo de cozimento.

e) Há uma redução da pressão e com isso um aumento da temperatura de ebulição, o que diminui o tempo de cozimento.

**9** A adição de um soluto em um líquido altera suas propriedades. Considere as seguintes situações presentes no cotidiano:
   I. Ao requentar um café em fogo direto e o deixar ferver, ele ficará com um gosto ruim; porém, se o aquecimento for feito em banho-maria, o sabor e o aroma serão um pouco melhores.
   II. Em locais muito frios, adicionam-se anticongelantes na água do radiador do automóvel.
   III. O deslizar de um patinador no gelo.
   IV. Verduras cruas murcham mais rapidamente quando temperadas com sal.
   V. A injeção de soro fisiológico na veia de um paciente.

Em qual das alternativas a seguir há uma relação correta entre as situações cotidianas mencionadas e uma possível explicação para elas?

a) Na situação II, a adição de anticongelantes na água do radiador do automóvel ocasiona o arrebentamento do radiador por causa do aumento de volume da água congelada.

b) Na situação I, o café preparado, sendo considerado uma mistura de várias substâncias, ferve, em banho-maria, em temperatura superior ao ponto de ebulição da água pura, conservando melhor seu aroma e sabor.

c) Na situação V, o soro fisiológico injetado na veia de um paciente deve ser hipertônico em relação ao sangue, evitando dessa forma que os glóbulos vermelhos do sangue "murchem".

d) Na situação IV, as verduras cruas murcham na presença de sal porque ele impede, por osmose, a saída da água de suas células.

e) Na situação III, o deslizar de um patinador no gelo é possível porque a pressão exercida pelo patim não derrete momentaneamente o gelo, que deixa de solidificar-se após a passagem do patinador.

**10** A figura ao lado mostra o diagrama de fases aproximado do carbono. Nele é possível estabelecer a relação entre pressão e temperatura com os estados físicos e cristalinos do carbono. Na abscissa está representada a temperatura em Kelvin (K), e na ordenada está representada a pressão em gigapascal (GPa) ou $10^9$ Pa. As linhas tracejadas indicam regiões metaestáveis, onde duas fases podem coexistir. As linhas cheias indicam regiões de transição, onde o carbono passa de uma forma a outra. Também podemos perceber a existência de quatro variedades de carbono: gasoso, líquido, sólido na forma alotrópica de diamante, e sólido na forma alotrópica de grafite.

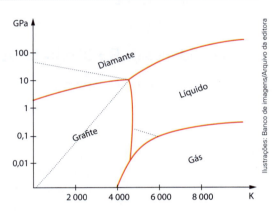

Analise cada afirmação seguinte com base no diagrama de fases.

I. O ponto de fusão da grafite está situado entre 4 000 K e 5 000 K em qualquer condição de pressão.

II. Somente é possível converter grafite em diamante com altas temperaturas (acima de 4 000 K) e altas pressões (acima de 1 GPa).

III. Carbono gasoso só pode ser obtido com temperaturas acima de 4 000 K e pressões acima de $1 \cdot 10^9$ Pa.

É(são) correta(s) a(s) afirmação(ões):

a) Apenas I.    b) Apenas II.    c) Apenas III.    d) I e III.    e) II e III.

UNIDADE

# Termoquímica

## Nestas atividades você vai:

- analisar e representar processos endotérmicos e exotérmicos por meio de uma equação termoquímica;
- realizar previsões com base na variação de entalpia (ΔH) de um processo;
- analisar a energia das ligações químicas;
- discutir o uso de combustíveis com base em seu poder calorífico;
- analisar e utilizar a lei de Hess.

### Habilidades da BNCC relacionadas:

EM13CNT101   EM13CNT102   EM13CNT106   EM13CNT205   EM13CNT310

---

**1** Um analista químico recebeu uma amostra de um sólido branco. Ao levá-la ao microscópio, percebeu que o material era constituído por pequenos cristais. Analisando uma tabela do laboratório, concluiu que se tratava de um modelo microscópico de baixa organização. A amostra, então, foi aquecida com o auxílio de um maçarico e um sensor de temperatura. Após alguns minutos, o material sofreu fusão a uma temperatura de 1000 °C.

A respeito do que foi dito, é possível afirmar que:

a) a fusão é um processo endotérmico.
b) a amostra analisada possui moléculas unidas por ligação covalente apolar.
c) a fusão, um processo químico, absorve calor.
d) o gás presente no cilindro que alimenta o maçarico é o gás oxigênio.
e) o ponto de fusão apresentado pelo material é típico de compostos moleculares.

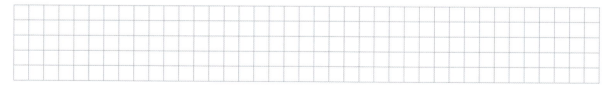

**2** Um profissional da área de saúde deu uma entrevista a um programa de televisão no qual mencionou que, para ajudar a combater a obesidade, as pessoas deveriam ingerir água gelada. Segundo o profissional, para aquecer a temperatura da água, nosso corpo gastaria muitas calorias, resultando em uma perda de massa corporal. Considerando que uma pessoa chegue a beber 2 L de água por dia, à temperatura de 10 °C, e que depois de consumida a água entre em equilíbrio térmico com o corpo (36,5 °C), qual a quantidade de calorias gastas pelo corpo nesse processo?

(Dado: $c_{água} = 1\ cal \cdot (g^{-1} \cdot °C^{-1})$

a) 93 kcal
b) 73 kcal
c) 53 kcal
d) 20 kcal
e) 10 kcal

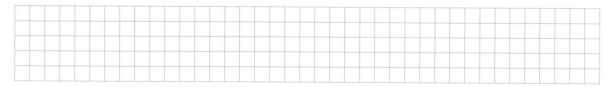

**3** O fibrocimento é um material de construção usado na fabricação de produtos como telhas, caixas-d'água e divisórias.

Ele é composto de cimento, sílica ativa, água, polpa celulósica e fibra sintética.

Na Escola de Engenharia de São Carlos (EESC), os resíduos da indústria sucroalcooleira – fibra do bagaço da cana-de-açúcar e as cinzas resultantes da queima do bagaço em caldeiras – estão sendo aproveitados na produção de fibrocimento.

O método consiste em substituir alguns dos componentes que formam o fibrocimento pela fibra do bagaço da cana e pelas cinzas. O material produzido a partir desse processo apresenta resistência similar à do elaborado pelas indústrias.

A respeito do fibrocimento podemos afirmar o que se segue, EXCETO:

a) É um material utilizado na construção civil.
b) Possui em sua composição compostos orgânicos e inorgânicos.
c) A cinza produzida na queima do bagaço da cana-de-açúcar em caldeiras é altamente energética.
d) O bagaço e a cinza da cana substituem alguns componentes do fibrocimento no processo de produção proposto pela EESC.
e) O material obtido apresenta resistência similar à do produzido pelas indústrias.

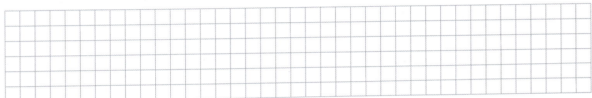

**4** Algumas bolsas térmicas apresentam no seu interior dois compartimentos separados, cada um deles contendo uma substância diferente. No momento do uso, essas substâncias entram em contato, esquentando ou resfriando a bolsa.

Um tipo de bolsa recomendado para se evitar a formação de hematomas contém no seu interior $NH_4NO_3$ (s) e $H_2O$ ($\ell$) em compartimentos separados. Ao entrarem em contato, o processo que ocorre é representado no seguinte gráfico.

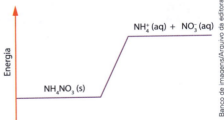

De acordo com o gráfico e seus conhecimentos termoquímicos, pode-se afirmar que:

a) a bolsa esquenta, pois o fenômeno químico que ocorre em seu interior é endotérmico.
b) a bolsa esquenta, pois o fenômeno físico que ocorre em seu interior é exotérmico.
c) a bolsa esfria, pois o fenômeno químico que ocorre em seu interior é endotérmico.
d) a bolsa esfria, pois o fenômeno físico que ocorre em seu interior é exotérmico.
e) a bolsa esfria, pois o fenômeno físico que ocorre em seu interior é endotérmico.

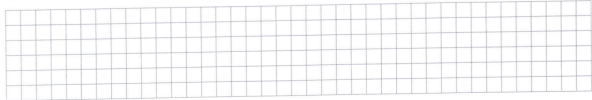

**5** Cientistas de Cingapura compararam a produção de dois polímeros: o polietileno – produzido a partir do petróleo – e o poli-hidroxialcanoato (PHA) – bioplástico produzido a partir de amido de milho. Os resultados obtidos foram os seguintes: 1,22 kg de petróleo bruto + 0,4 kg de gás natural + 48 MJ = 1 kg de polietileno
4,86 kg de milho + 81 MJ = 1 kg de PHA
(Observação: MJ = megajoule = $10^6$ J.)
Considerando as afirmações do texto, assinale a alternativa correta:

a) Os processos indicados no texto são exotérmicos.

b) O PHA é um polímero obtido a partir de um combustível fóssil.

c) Para a produção da mesma massa de produto, a produção do PHA libera cerca de 60% da energia do processo do polietileno.

d) A produção de polietileno consome menos energia se comparada com a do PHA (a relação entre uma e a outra é de cerca de 0,6, considerando a mesma massa de produto obtido).

e) A produção de ambos os polímeros é equivalente em relação ao consumo energético.

**6** O poder calorífico é umas das principais características de um gás combustível. Ele define a quantidade de energia térmica liberada na queima completa de determinada quantidade de gás, sob certas condições de temperatura e pressão. Para embasar os cálculos, podemos adotar as seguintes composições e poderes caloríficos:

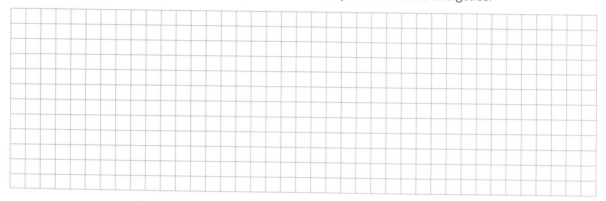

| Componente | GNV | GLP |
|---|---|---|
| Metano | 90% | – |
| Etano | 10% | – |
| Propano | – | 50% |
| Butano | – | 50% |

Tabela I – Composição média do GNV e do GLP.

| Componente | Poder calorífico médio (kcal/kg) |
|---|---|
| Metano | 13 200 |
| Etano | 12 400 |
| Propano | 12 000 |
| Butano | 11 800 |

Tabela II – Poder calorífico médio de alguns gases combustíveis.

Pergunta-se: quanto maior é o poder calorífico do GNV, em relação ao GLP, aproximadamente?

a) 2%   b) 4%   c) 6%   d) 8%   e) 10%

**7** Reações exotérmicas são aquelas que liberam calor ao acontecerem. Um exemplo desse tipo de reação é a oxidação da glicose que ocorre no processo de respiração dos vertebrados.

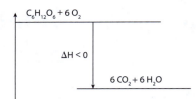

A reação geral pode ser representada por:

$C_6H_{12}O_6 + 6\ O_2 \rightarrow 6\ CO_2 + 6\ H_2O$ + energia

A energia liberada contribui para a manutenção da temperatura corporal em torno de 36,5 °C. Por esse motivo, nosso organismo se adaptou a funcionar nessa faixa de temperatura. Por exemplo, as enzimas que existem no nosso organismo têm uma temperatura ótima ao redor de 37 °C. Portanto, pode-se afirmar que:

a) as enzimas do nosso organismo se adaptaram a trabalhar a 37 °C.

b) as enzimas foram sendo selecionadas e, por fim, aquelas que trabalhavam a 37 °C permaneceram no nosso organismo.

c) todas as enzimas sempre possuem a mesma temperatura ótima, que é de 37 °C.

d) para as enzimas, a temperatura do meio não interfere na sua ação catalítica.

e) nosso organismo adaptou sua temperatura à temperatura ótima de suas enzimas.

**8** Energia reticular, $\Delta E_{ret}$, é aquela associada ao processo de formação de 1 mol de um composto iônico sólido a partir da combinação de seus íons em fase gasosa. Nessa definição, o valor de energia reticular é sempre negativo.

Infelizmente a energia reticular não pode ser obtida experimentalmente. Ela pode apenas ser estimada por meio do ciclo de Born-Haber.

Em 1917, os cientistas alemães Max Born e Fritz Haber propuseram um ciclo termodinâmico para o cálculo da energia reticular ($\Delta E_{ret}$) de substâncias iônicas, geralmente formadas por cátions das famílias 1 e 2. Esse ciclo parte de valores mensuráveis de energia para se chegar ao valor não mensurável de $\Delta E_{ret}$. As energias obtidas experimentalmente são: entalpia de dissociação, energia de ionização (potencial de ionização) e a eletroafinidade (entalpia da adição de elétrons transformando o átomo em ânion).

O ciclo de Born-Haber transcrito é o do composto iônico cloreto de potássio, com valores de energia dados em kJ/mol. Com o auxílio dele, calcule o valor de $\Delta E_{ret}$ para esse sal.

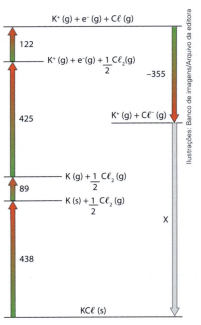

a) $-438$ kJ/mol   c) $-719$ kJ/mol   e) $-1429$ kJ/mol
b) $-527$ kJ/mol   d) $-1074$ kJ/mol

UNIDADE

# 9 Cinética química e equilíbrio químico

## Nestas atividades você vai:

- representar as maneiras de expressar a rapidez de uma reação;
- analisar a taxa de consumo e de formação de componentes das reações;
- identificar os fatores que alteram a velocidade das reações;
- empregar a lei da velocidade (rapidez) das reações;
- compreender o que é um processo reversível;
- avaliar as possíveis condições para a reversibilidade.

**Habilidade da BNCC relacionada:**

EM13CNT302

**1** *Curvas cinéticas* são representações gráficas da evolução de uma reação química ao longo do tempo. Nela, a quantidade de cada substância que participa do processo é representada por uma linha que pode crescer ou decrescer em função do tempo, se a substância for um produto ou um reagente. As curvas cinéticas ao lado representam uma reação genérica.

Ilustrações: Banco de imagens/Arquivo da editora

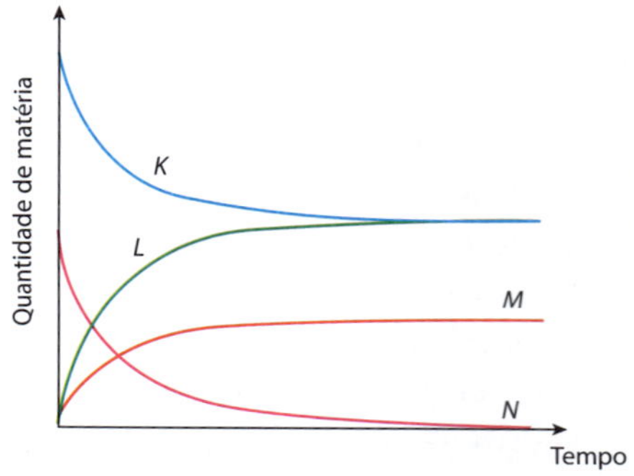

Qual é a equação química que melhor descreve o processo (considere o balanceamento)?

a) K + N → L + M

b) K + 2 N → 2 L + M

c) 4 K + 3 N → 3 L + 2 M

d) 3 K + N → 3 L + 2 M

e) 2 K + 2 N → 2 L + M

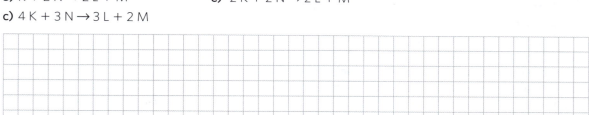

**2** Um produtor de óxido de cálcio de alto grau de pureza adquiriu carregamentos distintos de calcita ($CaCO_3$) e dolomita ($CaMg(CO_3)_2$) para obter seu produto por decomposição térmica. Devido a um erro na entrega, os carregamentos chegaram sem identificação, mas, sabendo que a dolomita reage mais lentamente com ácido clorídrico do que a calcita, o produtor fez o teste de reação desse ácido com amostras dos carregamentos adquiridos. A partir do monitoramento da produção de gás carbônico nas mesmas condições de temperatura e pressão, obteve o gráfico ao lado.

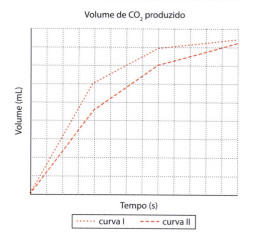

A análise do gráfico

a) permite concluir que a curva I pertence a CaMg(CO$_3$)$_2$.
b) permite concluir que a curva II pertence à calcita.
c) mostra que a velocidade de formação de CO$_2$ é maior na curva II.
d) mostra que a velocidade de formação de CO$_2$ é maior na curva I.
e) não permite a distinção entre a dolomita e a calcita.

**3** O controle da velocidade com que ocorre uma transformação constitui uma ferramenta bastante útil no cotidiano. No caso de reações indesejáveis, pode-se retardar sua ocorrência, assim como em reações de interesse pode-se acelerá-la. Fatores como superfície de contato, catalisadores, concentração e temperatura interferem na velocidade de um processo. Com base nesses fatores, assinale a opção correta.

a) O cigarro aceso é consumido mais rapidamente no momento da tragada, pois diminui a concentração de oxigênio, que é um dos reagentes na combustão do cigarro.
b) Na remoção de um determinado tipo de mancha, usa-se vinagre. Caso a remoção esteja demorada, usa-se um vinagre mais forte, ou seja, mais concentrado.
c) Ao acender um fogão a lenha, é preferível usar inicialmente as toras e depois as lascas de lenha.
d) Uma panela de ferro enferruja mais rapidamente do que uma esponja de aço por causa de sua superfície de contato maior.
e) No processo de reciclagem de alumínio, latinhas feitas desse material são fundidas. Para que isso ocorra, é preferível colocar as latinhas diretamente no fogo em vez de amassá-las e compactá-las, pois dessa forma há um aumento na superfície de contato e o alumínio derrete, não sofrendo combustão.

**4** A rapidez de uma transformação química pode ser ampliada com o aumento da concentração de reagentes, fornecimento de energia na forma de calor, luz, etc., que em geral são alternativas caras em uma indústria química. Porém, há substâncias que são utilizadas em pequenas quantidades, aceleram uma reação e podem tornar o processo mais viável. Essas substâncias são:

a) inibidores, que são consumidos durante o processo.
b) catalisadores, substâncias que aumentam a rapidez de um processo sem serem consumidas durante o mesmo.
c) venenos ou anticatalisadores, substâncias que anulam o efeito de um catalisador.
d) catalisadores, que são consumidos na reação suprindo o sistema com o mínimo de energia necessário para que a reação possa ocorrer sem alterar seu rendimento.
e) ativadores e promotores que diminuem o efeito do catalisador.

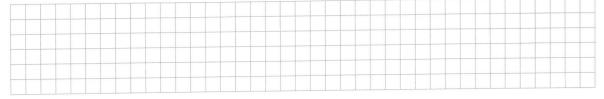

**5** Os catalisadores têm ampla aplicação industrial, sendo muito utilizados na síntese de substâncias empregadas por indústrias alimentícias, farmacêuticas, de plásticos, na conversão de substâncias, etc. O gráfico ao lado mostra o decurso de uma reação e as energias alcançadas na ausência e na presença de um catalisador.

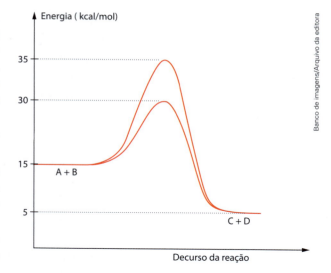

Assinale a alternativa que contém somente informações corretas sobre a leitura do gráfico.

a) O uso da platina como catalisadora da reação A + B → C + D faz que a energia de ativação necessária para se atingir o complexo ativado diminua em 15 kcal.

b) Para que seja possível atingir-se o complexo ativado na reação direta, são necessárias 20 kcal de energia para cada mol de reagente consumido.

c) A reação inversa, C + D → A + B, é exotérmica e tem, quando não catalisada, energia de ativação igual a 40 kcal.

d) Tanto a reação direta quanto a inversa, quando catalisadas, têm maior velocidade de reação, isto é, necessitam de maior energia de ativação.

e) Não há diferença no valor absoluto do ΔH das reações direta e indireta, porém a variação da energia de ativação das reações catalisadas é de 10 kcal.

**6** Quando se escreve em uma folha de papel em branco com uma solução de cloreto de cobalto ($CoC\ell_2$), a escrita adquire uma coloração levemente rósea. Se a folha for suavemente aquecida, as letras aparecem em tom azul. Esse efeito ocorre porque o cloreto de cobalto é um sal indicador de umidade, sendo por isso utilizado em higrômetros caseiros.

Sabendo que o equilíbrio dessa solução salina é dado por:

$$CoC\ell_2 \cdot n\,H_2O \rightleftharpoons CoC\ell_2 + n\,H_2O$$

escolha a alternativa correta sobre esse equilíbrio:

a) Quando aquecido, o cloreto de cobalto torna-se anidro e forma um composto rosa.

b) A reação de desidratação do sal é exotérmica.

c) O cloreto de cobalto hidratado tem coloração azul.

d) O cloreto de cobalto hexahidratado pode liberar até 6 mol de água quando aquecido.

e) O ambiente úmido favorece a escrita azul.

**7** Na imagem ao lado observa-se parte do ciclo biogeoquímico do carbono. O equilíbrio desse ciclo é de grande importância para a manutenção da vida no planeta, pois o carbono compõe desde a formação da celulose em plantas, sob a forma de β-glicose, as estruturas celulares dos mamíferos até as barreiras de corais, na forma de $CaCO_3$, que formam importantes berçários marítimos.

A partir dessa situação pode-se inferir que

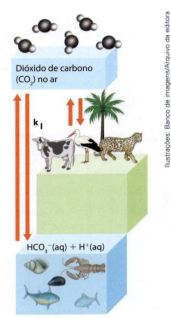

a) $K_I = \dfrac{[HCO_3^-][H^+]}{[CO_2][H_2O]}$

b) o valor de $K_I$ seria maior quanto maior fosse a temperatura da água do mar.

c) a extinção das plantas, em um primeiro momento, considerando a temperatura constante, ocasionaria o aumento do pH da água do mar.

d) o aumento da concentração de $CO_2$ (aq) aumentaria a concentração de $CaCO_3$ (s) na água do mar.

e) o aumento da concentração de $CO_2$ (g) ocasionaria a diminuição de sua pressão parcial na atmosfera.

**8** A forma como uma equação química é escrita revela o valor numérico de $K_c$ (constante de equilíbrio) e permite concluir se há mais reagentes ou produtos.

Considere os equilíbrios a seguir, obtidos a uma mesma temperatura:

I. $H_2(g) + C\ell_2(g) \rightleftharpoons 2\,HC\ell(g)$

$K_c(I) = \dfrac{[KC\ell]^2}{[H_2] \cdot [C\ell_2]} = 4{,}0 \cdot 10^{31}$

II. $2\,H_2(g) + 2\,C\ell_2(g) \rightleftharpoons 4\,HC\ell(g)$

III. $2\,HC\ell(g) \rightleftharpoons H_2(g) + C\ell_2(g)$

Pode-se afirmar que:

a) O valor de $K_c$ (II) é $16{,}0 \cdot 10^{62}$, e há o predomínio dos reagentes.

b) O valor de $K_c$ (III) é $4{,}0 \cdot 10^{31}$, e há o predomínio dos produtos.

c) O valor de $K_c$ (II) é $16{,}0 \cdot 10^{62}$, e há o predomínio dos produtos.

d) O valor de $K_c$ (III) é $0{,}25 \cdot 10^{-31}$, e há o predomínio dos produtos.

e) O valor de $K_c$ (II) é aproximadamente $2{,}0 \cdot 10^{-15}$, e há o predomínio de reagentes.

**9** Ao respirarmos, absorvemos oxigênio ($O_2$), que está presente no ar, e eliminamos gás carbônico ($CO_2$) por meio de uma reação química. Quando prendemos a respiração ao fazer um mergulho em uma piscina, por exemplo, deixamos de liberar $CO_2$, que se acumula no sangue. Com o passar do tempo, esse gás combina-se com $H_2O$, presente em nosso organismo, formando $H_2CO_3$, aumentando a acidez do sangue e oferecendo riscos ao organismo.

O pH é uma medida que indica a acidez de um determinado meio. O pH normal do sangue é aproximadamente 7,4. Sabendo-se que pH abaixo de 7 é considerado convencionalmente ácido e, acima de 7, básico, relacione corretamente o pH com a quantidade de $CO_2$ no sangue, no caso de uma pessoa que está prendendo a respiração para mergulhar em uma piscina.

a) pH = 4,3; falta de $CO_2$ no sangue.
b) pH = 8,7; excesso de $CO_2$ no sangue.
c) pH = 10,9; excesso de $CO_2$ no sangue.
d) pH = 6,5; excesso de $CO_2$ no sangue.
e) pH = 1,4; falta de $CO_2$ no sangue.

**10** O esmalte que cobre os dentes contém o mineral hidroxiapatita [$Ca_{10}(PO_4)_6(OH)_2$]. Esse mineral é responsável por "promover" uma barreira contra a ação das bactérias causadoras da cárie dentária. A hidroxiapatita é insolúvel em água, mas reage com ácidos porque tanto o $PO_4^{-3}$ quanto o $OH^-$ reagem com $H^+$:

$$Ca_{10}(PO_4)_6(OH)_2 + 14\ H^+ \rightarrow 10\ Ca^{2+} + 6\ H_2PO_4^- + 2\ H_2$$

Para termos uma boa saúde bucal, devemos:

a) evitar a ingestão excessiva de bebidas ácidas, como refrigerante do tipo cola, pois podem desmineralizar o esmalte do dente, tornando-o vulnerável ao ataque de bactérias.

b) adotar uma dieta rica em carboidratos, pois essas substâncias não são ácidas.

c) escovar os dentes imediatamente após o consumo de bebidas ou alimentos ácidos, pois a abrasão da escovação ajuda a remover essas substâncias dos dentes.

d) fazer bochechos com água durante as refeições para diluir os ácidos presentes na dieta.

e) preferir a ingestão de sucos naturais como o de limão, laranja e abacaxi, pois eles não agridem o esmalte dos dentes.

**11** Em 2002, uma imagem em uma vidraça despertou a curiosidade de milhares de pessoas em Ferraz de Vasconcelos, no estado de São Paulo. A imagem parecia ser da Virgem Maria, a mãe de Jesus. Com o tempo, a ciência explicou que se tratava de um fenômeno químico, de corrosão do vidro: quando o vidro entra em contato com uma solução aquosa, ocorrem alterações em sua superfície, com o aumento da concentração de íons $OH^-$ na solução, levando a danos em sua estrutura.

Baseando-se nas informações acima, indique a alternativa certa.

a) Se a água ficar em contato com o vidro por um determinado tempo, sua acidez será maior.
b) Se a água não ficar em contato com o vidro por um determinado tempo, sua basicidade será maior.
c) Se a água ficar em contato com o vidro por um determinado tempo, sua acidez será menor.
d) Se a água ficar em contato com o vidro por um determinado tempo, o meio estará neutro.
e) Se a água ficar em contato com o vidro por um determinado tempo, sua basicidade será mantida.

**12** Atualmente, há fortes indícios de que a maioria dos sintomas das doenças respiratórias está relacionada direta ou indiretamente à poluição atmosférica. A reincidência dessas doenças pode dificultar a hematose e gerar falta de ar severa (asma) ou infecções.

Constantemente o gás $CO_2$ é produzido nas células do nosso corpo, sendo que parte desse gás é simplesmente expirada e parte se dissolve no sangue, estabelecendo o equilíbrio:

$$CO_2 (g) + H_2O (\ell) \rightleftharpoons H_2CO_3 (aq) \rightleftharpoons HCO_3^- (aq) + H^+ (aq)$$

Com base nessas informações, é correto afirmar que:

a) a falta de ar obriga o indivíduo a inspirar profundamente, diminuindo a quantidade de $CO_2$ no sangue e aumentando o pH.

b) a diminuição da hematose aumenta a taxa de $CO_2$ sanguíneo e, consequentemente, diminui o pH, causando a acidose.

c) a reincidência das doenças respiratórias como a asma aumenta a quantidade de $H_2O$ na corrente sanguínea.

d) um indivíduo que respira muito rapidamente desloca o equilíbrio para a direita, o que pode causar uma acidose sanguínea.

e) uma respiração continuamente ofegante desloca o equilíbrio para a direita, o que pode causar uma alcalose sanguínea.

**13** O Inmetro, Instituto Nacional de Metrologia, Qualidade e Tecnologia, é uma entidade administrativa que atua independentemente do poder central, fiscalizando e normalizando medições e produtos, para promover a harmonização das relações de consumo do país.

Para tanto, essa entidade credencia diversos laboratórios que analisam os produtos determinados por ela. Certo laboratório, credenciado pelo Inmetro, analisou diferentes amostras de aditivos de radiador e de álcool etílico hidratado, combustível comercializado em todo o território nacional. Um dos parâmetros analisados foi o pH das substâncias que seguem, respectivamente, as normas NBR 7353/87 (6,5 < pH < 7,5) e ABNT-MB 3053/90 (pH = 7).

Considerando-se os valores obtidos a seguir apresentados, pede-se:

| Composto | Aditivo para radiador (NBR 7353/87 6,5 < pH < 7,5) | Álcool etílico hidratado combustível (ABNT-MB 3053/90 pH = 7) |
|---|---|---|
| $[H^+]$ (mol · L$^{-1}$) | A | D |
| $[H^-]$ (mol · L$^{-1}$) | B | $0,1 \cdot 10^{-6}$ |
| pH | C | E |
| pOH | 8,0 | F |

Qual alternativa contém os valores corretos de *A, B, C, D, E, e F*, respectivamente, e o composto que está de acordo com a normatização do Inmetro?

a) $10^{-6}$, $10^{-8}$, 6, $10^{-7}$, 7 e 7; álcool etílico.
b) $10^{-6}$, $10^{-8}$, 8, $10^{-7}$, 7 e 6; álcool etílico.
c) $10^{-6}$, $10^{-8}$, 6, $10^{-7}$, 7 e 7; aditivo para radiador.
d) $10^{-6}$, $10^{-8}$, 8, $10^{-7}$, 7 e 6; aditivo para radiador.
e) $10^{-8}$, $10^{-6}$, 8, $10^{-7}$, 8 e 6; álcool etílico.

**14** A quantidade de gás carbônico no sangue, representada pela sua pressão parcial ($pCO_2$), pode afetar tanto o pH sanguíneo como a ventilação alveolar. Esse efeito é resultado da reação do gás carbônico com a água, formando ácido carbônico, que se ioniza produzindo íons $H^+$ e bicarbonato. Os íons hidrogênio estimulam o centro de controle respiratório.

O gráfico ao lado mostra o efeito da $pCO_2$ sobre o pH e a ventilação alveolar.

Qual das alternativas possui a melhor interpretação para os resultados apresentados no gráfico?

a) O crescimento da $pCO_2$ provoca um aumento da concentração de íons $H^+$, elevando o pH sanguíneo, o que estimula o centro respiratório a aumentar a ventilação alveolar.

b) O crescimento da $pCO_2$ provoca uma diminuição da concentração de íons $H^+$, elevando o pH sanguíneo, o que estimula o centro respiratório a aumentar a ventilação alveolar.

c) O crescimento da $pCO_2$ provoca uma elevação da concentração de íons $H^+$, diminuindo o pH sanguíneo, o que estimula o centro respiratório a aumentar a ventilação alveolar.

d) O crescimento da $pCO_2$ provoca uma diminuição da concentração de íons $H^+$, elevando o pH sanguíneo, o que inibe o centro respiratório, fazendo-o aumentar a ventilação alveolar.

e) O crescimento da $pCO_2$ provoca uma elevação da concentração de íons $H^+$, diminuindo o pH sanguíneo, o que inibe o centro respiratório, fazendo-o aumentar a ventilação alveolar.

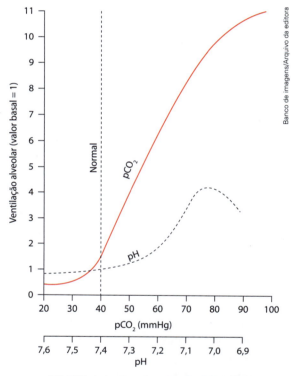

GUYTON, Arthur C.; HALL, John E. *Fisiologia humana e mecanismos das doenças.* 6. ed. Rio de Janeiro: Guanabara Koogan, 1998.

**15** O pH do solo depende de sua composição.

| Terreno | pH | Composição |
|---|---|---|
| Pantanoso | por volta de 3,5 | húmus |
| Sedimentar | por volta de 6,0 | sílica ($SiO_2$) |
| De origem vulcânica | superior a 7,0 | silicatos de cálcio e magnésio |
| Solo calcário | por volta de 9,0 | carbonatos de cálcio, magnésio, etc. |

Sabe-se que cada tipo de planta cresce melhor em solos que possuem uma determinada faixa de pH. Considere a tabela a seguir, que apresenta a faixa de pH ótimo para algumas plantas:

| Planta | Faixa de pH ótimo |
|---|---|
| Morangueiro | 5,0 - 6,5 |
| Macieira | 5,0 - 6,5 |
| Feijoeiro | 6,0 - 7,5 |
| Tomateiro | 5,5 - 7,5 |
| Ervilha | 6,0 - 7,5 |
| Roseira | 6,0 - 8,0 |

É correto afirmar que:

a) ervilhas devem ser cultivadas em terrenos pantanosos.

b) tomates podem ser cultivados em terrenos sedimentares e em regiões de solo calcário.

c) morangos e maçãs devem ser cultivados em solos sedimentares, formados por sílica.

d) rosas podem ser cultivadas somente em regiões de terreno de origem vulcânica, rico em silicatos de cálcio e magnésio.

e) feijões e ervilhas se desenvolvem bem em regiões de solo calcário.

# UNIDADE 10

# Eletroquímica

## Nestas atividades você vai:

- determinar o número de oxidação de espécies químicas;
- identificar e representar reações de oxirredução;
- identificar agentes oxidantes e agentes redutores;
- investigar e analisar o funcionamento de pilhas;
- compreender o potencial padrão de redução;
- analisar e representar eletrólises.

### Habilidades da BNCC relacionadas:

EM13CNT105   EM13CNT106   EM13CNT107   EM13CNT306   EM13CNT307   EM13CNT308   EM13CNT309

---

**1** Variações de cor e aspecto podem ser consideradas evidências de transformação química. Considere o experimento em que três fatias de maçãs que apresentavam uma grande superfície da polpa foram submetidas às condições indicadas na tabela. Os resultados obtidos ao longo de um dia encontram-se a seguir:

| Amostra | Início | 4 horas | 8 horas | 12 horas | 24 horas |
|---|---|---|---|---|---|
| Maçã pura exposta ao ar | Superfície amarelo-claro | Levemente mais escura | Escura | Escura | Escura |
| Maçã com limão exposta ao ar | Superfície amarelo-claro | Sem alteração | Sem alteração | Sem alteração | Sem alteração |
| Maçã com açúcar exposta ao ar | Superfície amarelo-claro coberta com açúcar refinado | O açúcar derreteu completamente, formando uma película incolor sobre a maçã, cuja superfície permaneceu inalterada | Sem alteração | Sem alteração | Sem alteração |

A análise da tabela permite concluir que:

a) o açúcar colocado sobre a polpa preveniu a oxidação de algumas substâncias presentes na maçã, pois aumentou sua superfície de exposição.

b) as substâncias presentes no limão recebem elétrons provenientes das substâncias da maçã.

c) a maçã pura exposta ao ar escureceu, pois o oxigênio existente no ar atua como redutor.

d) há substâncias no limão que atuam como redutores e que, em contato com o oxigênio do ar, se oxidam no lugar das substâncias da polpa.

e) não há mais transformação química nas amostras de maçã com limão ou açúcar, uma vez que nos sistemas não há mudança de cor.

**2** O Brasil é o país que mais recicla alumínio no mundo. O uso mais expressivo desse metal é sob a forma de latas para bebidas, conforme indica o gráfico apresentado a seguir.

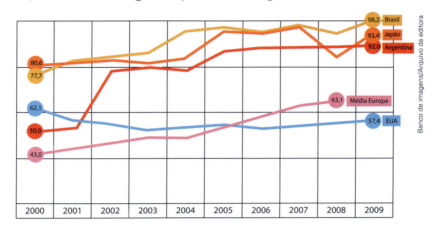

Fonte: http://www.abal.org.br/noticias/lista_noticia.asp?id=688.

Uma das razões que tornam possível esse alto índice de reaproveitamento do alumínio utilizado em latas de bebidas é o fato de ele:

a) ser um metal resistente à oxidação e, por isso, não sofrer corrosão com facilidade.

b) ser um metal raro de ser obtido e, por isso, ter um alto valor no mercado.

c) ser um metal magnético e, por isso, ser de fácil separação nas estações de reciclagem.

d) ser um metal de baixa densidade e, por isso, ser de fácil separação nas estações de reciclagem.

e) todas as alternativas anteriores estão corretas.

**3** Com o intuito de descobrir formas de aperfeiçoar as baterias de lítio que equipam aparelhos eletrônicos, cientistas norte-americanos criaram a menor bateria recarregável do mundo. Seu ânodo é constituído por um único nanofio de óxido de estanho (medindo 100 nm de diâmetro e 10 $\mu$m de comprimento). Comparativamente, o diâmetro do nanofio corresponde a sete milésimos da espessura de um fio de cabelo humano.

Já o cátodo é constituído por um bloco de óxido de lítio-cobalto com 3 mm de comprimento. O eletrólito é um líquido iônico.

A respeito do texto é possível concluir que:

a) o nanofio de óxido de estanho é o agente oxidante da pilha desenvolvida pelos cientistas norte-americanos.

b) o bloco de óxido de lítio-cobalto constitui o agente redutor da pilha citada no texto.

c) o fluxo de elétrons se dá do nanofio de óxido de estanho para o bloco de lítio-cobalto.

d) o líquido iônico citado no texto pode ser uma solução aquosa de açúcar.

e) nenhum dos elementos citados no texto sofre alteração do número de oxidação durante o funcionamento da pilha.

**4** O ácido nítrico é um ácido forte e um importante agente oxidante, sendo empregado na produção de explosivos, fertilizantes e síntese orgânica. A indústria química mundial produz mais de 30 milhões de toneladas por ano dessa substância utilizando um processo desenvolvido por Wilhelm Ostwald, representado pelo esquema seguinte:

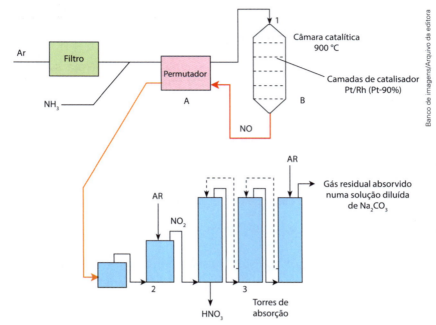

Considere as seguintes afirmações sobre o processo de produção do ácido nítrico:
  I. Na câmara catalítica, a amônia é oxidada pelo oxigênio do ar.
  II. Nesse processo são utilizados 10 kg de catalisador, sendo 9 kg de Rh e 1 kg de Pt.
  III. O gás produzido na câmara catalítica é um importante poluente atmosférico.
  IV. Na torre 2 ocorre a oxidação do $NO_2$.
  V. O ácido nítrico é obtido quando o $NO_2$ entra em contato com a água.
Qual alternativa contém as afirmações corretas?

a) I, II e III.  
b) I, III e IV.  
c) I, III e V.  
d) I, III, IV e V.  
e) II, III, IV e V.

**5** Na década de 1920, Evans realizou um experimento que originalmente comprovou a natureza eletroquímica da corrosão do aço em meio aquoso. Nesse procedimento, uma gota de solução salina de cloreto de sódio 0,6 mol · L⁻¹ foi vertida sobre uma placa de aço finamente lixada. A solução continha os indicadores ferricianeto de potássio (que se torna azul em presença de íons $Fe^{2+}$ (aq)) e fenolftaleína.

Inicialmente, Evans observou na gota pequenas regiões de coloração azul e outras cor-de-rosa dispostas de forma aleatória.

Dados:

$O_2$ (aq) + 2 $H_2O$ ($\ell$) + 4 e⁻ → 4 OH⁻ (aq)  E° = +1,23 V

$Fe^{2+}$ (aq) + 2 e⁻ → Fe (s)  E° = −0,41 V

Devido a esse experimento, hoje pode-se compreender que:

a) a reação de oxirredução que ocorre na placa é não espontânea, pois o valor de ΔE é menor do que zero; por isso, não é possível evitar esse fenômeno.

b) o elemento ferro é o agente redutor; com isso, descobriu-se como diminuir o processo de oxidação do aço e aumentar a sua durabilidade.

c) a cor rosa surgiu na solução devido à reação de redução da água na presença da fenolftaleína, que é uma inibidora do processo de corrosão.

d) a cor azul surgiu devido à reação de redução do ferro na presença de ferricianeto de potássio, que é um acelerador da corrosão.

e) a corrosão ocorreu pelo fato de o potencial de oxidação do oxigênio ser maior do que o potencial de oxidação do ferro.

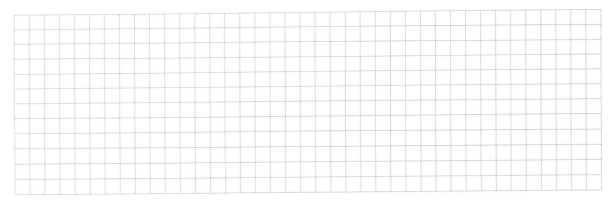

**6** A Coreia do Sul é um dos maiores produtores mundiais de computadores portáteis e celulares. Para diminuir a importação de lítio, usado na fabricação de baterias para componentes eletrônicos, o país anunciou a construção de uma usina que vai retirar lítio da água do mar.

Sabendo-se que o lítio presente em baterias recarregáveis é utilizado na forma de óxido de lítio-cobalto ($LiCoO_2$) e que na água do mar ele se encontra na forma de sais, a Coreia do Sul poderia obtê-lo:

a) por meio de uma única reação de redução dos íons lítio.

b) por meio de uma única reação de oxidação dos íons lítio.

c) por meio de reações químicas que não mantenham o lítio, no composto final utilizado nas baterias recarregáveis, com a mesma carga que ele possui nos sais da água do mar.

d) por meio de uma única reação de precipitação com íons $CoO_2^{2+}$.

e) por meio de reações químicas que mantenham o lítio, no composto final utilizado nas baterias recarregáveis, com a mesma carga que ele possui nos sais da água do mar.

**7** Uma pilha eletrolítica pode ser assim esquematizada:

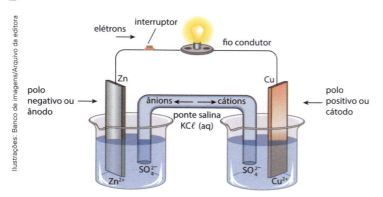

Sendo um processo espontâneo e estando o circuito fechado, essa pilha é capaz de gerar eletricidade suficiente para acender a lâmpada, bastando colocar os eletrodos em contato com a solução eletrolítica. Analisando o esquema apresentado e baseando-se em seus conhecimentos, escolha a alternativa que contém o enunciado mais apropriado para descrever esse fenômeno.

a) As peças de plástico conectadas à lâmpada são conhecidas como eletrodos.
b) A solução eletrolítica é aquela que contém íons.
c) Os líquidos que se decompõem quando uma corrente elétrica os atravessa são conhecidos como solução aquosa.
d) A corrente passa de uma solução a outra pela ponte salina.
e) O cátodo é o eletrodo que perde elétrons, enquanto o ânodo recebe esses elétrons.

**8** As baterias mais utilizadas nos dias de hoje são constituídas de metais tóxicos, gerando um problema ambiental no momento do descarte. Dessa forma, o desenvolvimento de baterias "ecológicas" tem se mostrado de grande importância. Pesquisadores do Instituto de Química da USP de São Carlos (SP) estão desenvolvendo uma bateria de níquel-hidreto metálico (Ni-MH) que pode substituir a tradicional bateria de níquel-cádmio, com a vantagem de não conter o cádmio, metal tóxico, na sua composição.

A figura a seguir mostra um esquema da pilha de Ni-MH.

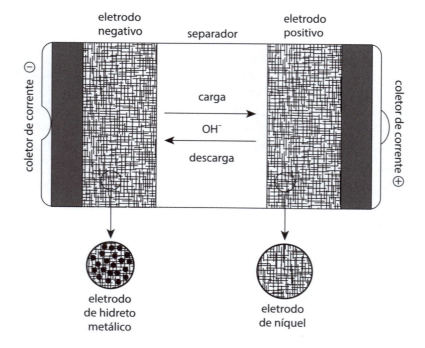

Dadas as semiequações:

NiOOH + H$_2$O + e$^-$ → Ni(OH)$_2$ + OH$^-$

M + H$_2$O + e$^-$ → MH + OH$^-$

Qual das alternativas a seguir apresenta a equação global da pilha?

a) NiOOH + M + 2 H$_2$O ⇌ Ni(OH)$_2$ + MH + 2 OH$^-$
b) Ni(OH)$_2$ + MH + 2 OH$^-$ ⇌ NiOOH + M + 2 H$_2$O
c) Ni(OH)$_2$ + M ⇌ NiOOH + MH
d) NiOOH + MH ⇌ Ni(OH)$_2$ + M
e) NiOOH + M ⇌ Ni(OH)$_2$ + MH

9 A indústria soda-cloro possui uma das maiores tecnologias eletroquímicas do mundo, sendo seus produtos utilizados pelos mais diversos setores da economia, como papel e celulose, química e petroquímica, tratamento de água, entre outros. O fluxograma a seguir apresenta de maneira simplificada todo o processo produtivo e os produtos obtidos.

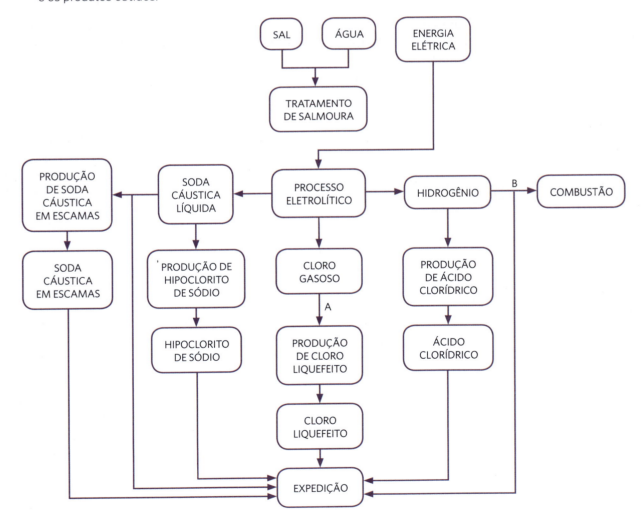

Considere as seguintes afirmações:
 I. O processo eletrolítico não ocorre espontaneamente.
 II. No processo indicado pela letra A ocorre um fenômeno físico.
 III. O hipoclorito de sódio é formado pela reação entre a soda cáustica e o ácido clorídrico.
 IV. No processo indicado pela letra B ocorre a formação de uma substância tóxica.
 V. O cloro gasoso é formado no ânodo da eletrólise.
Quais afirmações acima estão corretas?
a) I, II e III.  b) I, III e IV.  c) I, II e V.  d) II, III e V.  e) II, IV e V.

**10** O alumínio é o metal mais abundante da crosta terrestre. Sua principal fonte comercial é a bauxita, minério impuro que contém óxido de alumínio ($A\ell_2O_3$). A obtenção do alumínio metálico a partir do seu óxido é feita por eletrólise ígnea, em que o alumínio é reduzido no cátodo pela seguinte equação:

$$A\ell^{3+} + 3\,e^- \rightarrow A\ell$$

Utilizando uma corrente elétrica de 11,58 A, qual o tempo necessário, em segundos, para converter todo íon alumínio proveniente de 255 toneladas de bauxita com 80% de pureza? Considere o processo 100% eficiente.
(Dados: Massas molares (g/mol): $A\ell = 27$; $O = 16$; 1 Faraday = 96 500 C.)
a) $10^{10}$ s  b) $10^{11}$ s  c) $10^{12}$ s  d) $10^{13}$ s  e) $10^{14}$ s

# UNIDADE 11

## Os compostos orgânicos

### Nestas atividades você vai:
- compreender hipóteses sobre a origem da vida;
- analisar características e propriedades do elemento carbono;
- identificar modelos de estruturas carbônicas, compostos orgânicos e suas nomenclaturas.

### Habilidades da BNCC relacionadas:

EM13CNT101    EM13CNT105    EM13CNT201    EM13CNT202    EM13CNT206    EM13CNT302    EM13CNT307

---

**1** Existem compostos orgânicos que apresentam arranjos estruturais interessantes. Veja os dois exemplos a seguir:

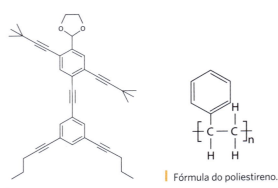

*Nanokid* (a fórmula estrutural da molécula lembra um garoto).

Fórmula do poliestireno.

A respeito das estruturas ilustradas, indique a soma das proposições INCORRETAS:

01) Ambas as moléculas apresentam insaturações.

02) Ambas as moléculas apresentam heteroátomos.

04) Tanto no *nanokid* como no poliestireno é observada a presença da função éter.

08) Ambas as estruturas apresentam anel aromático.

16) Ambas as moléculas apresentam ligação tripla entre os átomos de carbono.

**2** A Química orgânica é definida como a área da Química que estuda os compostos de carbono. Contudo, o monóxido de carbono (CO) e o dióxido de carbono ($CO_2$) não são considerados compostos orgânicos. Por quê?

a) Porque ambos são considerados óxidos, ou seja, desempenham funções inorgânicas.

b) Porque foram descobertos antes da divisão da Química e do surgimento da Química orgânica.

c) Porque ambos são eletronicamente instáveis e, portanto, sofrem modificações na estrutura molecular.

d) Porque não participam de nenhuma reação química realizada por seres vivos.

e) A afirmação está incorreta, pois todo composto de carbono é orgânico.

**3** Os professores da Universidade de Manchester, Andre Geim e Konstantin Novoselov, foram os ganhadores do prêmio Nobel de Física no ano de 2010. Esses professores extraíram um material da grafite, o grafeno, que é mais resistente do que o diamante e altamente condutor.

O grafeno é formado por uma camada única de átomos de carbonos ligados em uma grade com a forma de colmeia. Nessa grade, os átomos mantêm entre si uma distância específica e formam o primeiro material cristalino totalmente bidimensional.

Esse material possui um grande potencial para o uso em computadores e em aparelhos eletrônicos por causa de sua baixa resistência elétrica e alta resistência mecânica.

A seguir, é possível observar a estrutura do grafeno e parte de uma tabela periódica.

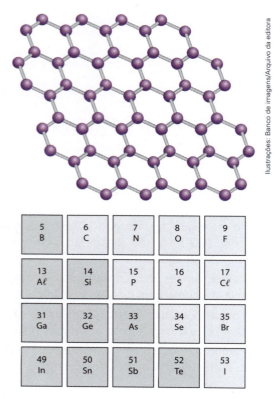

Com base nos dados do enunciado, pode-se concluir que:

a) o grafeno é formado por átomos de carbono que se ligam entre si por meio de ligações iônicas.

b) o grafeno é um composto instável, pois cada átomo de carbono faz apenas três ligações, e esse fato justifica sua alta resistência.

c) o grafeno é formado por átomos mais eletronegativos do que os do oxigênio.

d) é possível formar uma cadeia como a do grafeno, com as mesmas propriedades, substituindo os átomos de carbono por átomos de bromo.

e) ao contrário dos condutores, que são formados em sua maioria por átomos metálicos, o grafeno é formado por átomos não metálicos.

**4** Radical livre é um átomo ou grupo de átomos que apresenta um ou mais elétrons desemparelhados. O termo "livre" significa que o radical não está anexado a nenhum outro átomo ou molécula.

São exemplos de radicais livres o radical metila ($CH_3$•) e o radical hidroxila (OH•). Por sua vez, espécies reativas de oxigênio (EROs) são espécies derivadas do $O_2$ que não precisam ser necessariamente radicalares. O exemplo mais comum é o peróxido de hidrogênio ($H_2O_2$).

Das alternativas seguintes, a que apresenta uma reação química formadora de radicais livres é:

a) $HCl\ (aq) + NaOH\ (aq) \rightarrow NaCl\ (aq) + H_2O\ (\ell)$

b) $2\ H_2\ (g) + O_2\ (g) \rightarrow H_2O\ (v)$

c) $O_2\ (g) \rightarrow O•(g) + O•(g)$

d) $KCl\ (s) + H_2O\ (\ell) \rightarrow K^+\ (aq) + Cl^-\ (aq)$

e) $2\ H_2O_2\ (\ell) \rightarrow 2\ H_2O\ (\ell) + O_2\ (g)$

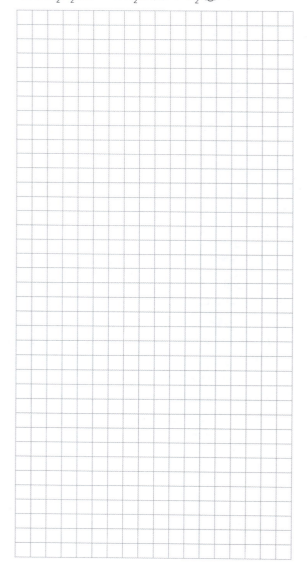

# UNIDADE 12
# Hidrocarbonetos

## Nestas atividades você vai:
- identificar as classes de hidrocarbonetos;
- analisar as propriedades físicas e químicas dos hidrocarbonetos;
- compreender a formação do petróleo e reações de combustão;
- interpretar as reações envolvendo hidrocarbonetos.

### Habilidades da BNCC relacionadas:
EM13CNT101   EM13CNT105   EM13CNT106   EM13CNT201   EM13CNT203   EM13CNT206   EM13CNT307   EM13CNT309

---

**1** Há cerca de 10 anos, medições realizadas em uma hidrelétrica brasileira indicavam que as emissões de gás carbônico e metano (chamados de gases do clima pelos cientistas) dos organismos em decomposição no fundo dos reservatórios poderiam ser responsáveis por até um quarto de todas as emissões de gases do clima de origem humana no planeta.

Estudos atuais demonstraram que certos organismos presentes nos reservatórios (algas e fitoplânctons, por exemplo) capturam mais gás carbônico da atmosfera do que aquele liberado pelos organismos em decomposição.

Com relação ao texto e às características dos gases citados, pode-se afirmar que:

a) as pesquisas iniciais não levaram em conta a presença de organismos que consumiam $CO_2$.

b) ambos os gases citados no texto são moléculas com geometria linear.

c) as pesquisas iniciais indicavam que certos organismos presentes nos reservatórios (algas e fitoplânctons, por exemplo) consomem menos gás carbônico do que aquele liberado pelos organismos em decomposição.

d) os gases citados no texto são inflamáveis.

e) as pesquisas iniciais indicavam que os reservatórios seriam responsáveis por até 25% das emissões de gases do clima de origem humana.

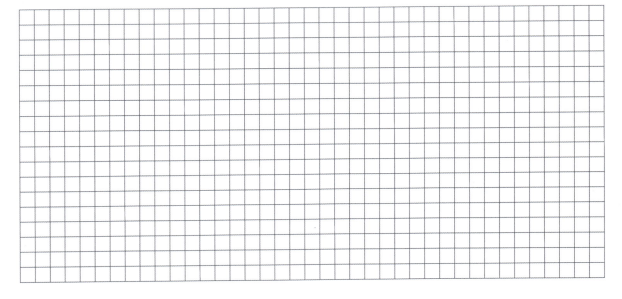

**2** **Hidrocarbonetos** são compostos orgânicos formados exclusivamente por carbono e hidrogênio, e alcanos são hidrocarbonetos onde há apenas ligações simples entre os átomos de carbono.

O gráfico a seguir contém os dados dos pontos de ebulição de **alcanos não ramificados**, desde o metano até o decano. A partir do hexano, a curva apresenta comportamento linear. Portanto, é possível construir a equação da reta que descreve matematicamente a relação entre temperatura de ebulição (T) e número de átomos de carbono (n). Assinale a alternativa que contém a equação que melhor descreve essa relação.

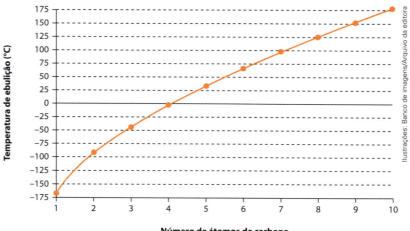

a) T = 27,8n − 103
b) T = 25n − 75
c) T = 25n + 75
d) T = 75n + 175
e) T = 75n − 175

**3** O butano é um gás combustível, derivado do petróleo, que é incolor, inodoro e altamente inflamável. Seu principal uso é como gás de cozinha, mas também é empregado como propelente em sistemas de refrigeração, na síntese de outras substâncias e na fabricação de gasolina.

A absorção do butano ocorre por inalação. Ele é metabolizado pelo sistema microssomal hepático e transformado em seu álcool correspondente, o butanol.

Considerando o entendimento do texto e os conhecimentos relativos ao butano, assinale a alternativa incorreta:

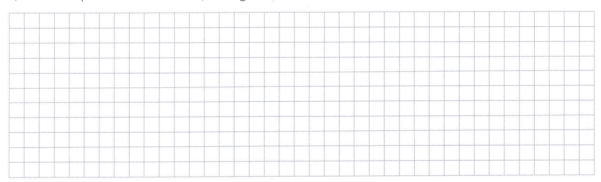

Representação da molécula do gás butano.

a) As interações intermoleculares presentes no hidrocarboneto citado são do tipo dipolo induzido.
b) O butano produz um gás responsável pelo aquecimento global, quando submetido a uma combustão completa.
c) O butano é o principal componente da gasolina.
d) A metabolização do butano pode gerar dois isômeros planos de posição.
e) A cadeia apresentada é saturada, homogênea, aberta e reta.

**4** O benzeno é o composto aromático mais simples. Reagindo com um composto genérico X — Z, há a quebra de uma das ligações duplas do anel, com a formação de um composto intermediário chamado de carbocátion (já que nele um dos átomos de carbono possui carga positiva). Esse composto é muito instável e se desfaz rapidamente.

Há duas possibilidades de transformação do carbocátion: pela retirada de um hidrogênio do anel pelo $Z^-$, com a restituição da dupla ligação que foi originalmente rompida (formação de produto de substituição), ou com a ligação posterior da espécie $Z^-$ ao carbocátion (formação de produto de adição).

O diagrama a seguir mostra o caminho energético dessas duas possibilidades.

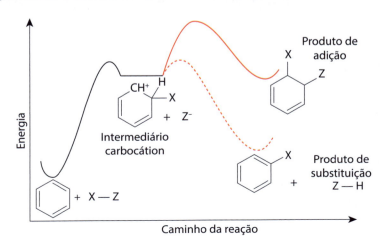

Qual dessas duas possibilidades (adição ou substituição) deve ocorrer preferencialmente com o benzeno? Escolha o item que apresenta a justificativa mais adequada.

a) Reação de adição, pois a formação do carbocátion é um processo endotérmico.

b) Reação de adição, pois o produto de adição possui energia mais alta em comparação com o da substituição, favorecendo, portanto, sua formação.

c) Reação de substituição, pois a formação do carbocátion é um processo endotérmico.

d) Reação de substituição, pois o produto de substituição possui energia mais baixa em comparação com o da adição, favorecendo, portanto, sua formação.

e) Ambas as possibilidades ocorrem, pois somente a primeira etapa (formação do carbocátion) é decisiva nesse mecanismo, já que possui a energia de ativação mais baixa, sendo, portanto, a etapa cineticamente mais favorável.

**5** Observe a representação, com esferas e bastões, das moléculas de pentano, isopentano e neopentano. Compare seus respectivos números de carbonos, massa molar e temperatura de ebulição na tabela a seguir.

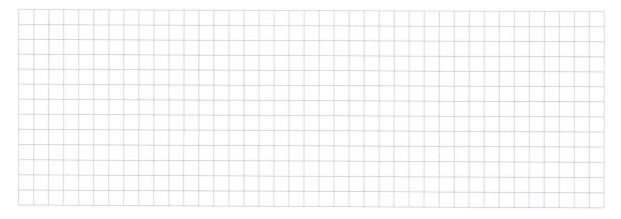

Pentano　　　Isopentano　　　Neopentano

| Molécula | Nº de carbonos | Massa molar | Temperatura de ebulição |
|---|---|---|---|
| Pentano | 5 | 72 g/mol | 36 °C |
| Isopentano | 5 | 72 g/mol | 28 °C |
| Neopentano | 5 | 72 g/mol | 10 °C |

Se as três moléculas possuem o mesmo número de carbonos e a mesma massa molar, como podemos explicar suas diferentes temperaturas de ebulição?

a) Por ser aberta e normal, a molécula de pentano apresenta maior número de interações do tipo forças de Van der Walls, elevando sua temperatura de ebulição.

b) Por ser aberta e normal, a molécula de neopentano apresenta menor número de interações do tipo forças de Van der Walls, diminuindo sua temperatura de ebulição.

c) A molécula de neopentano apresenta menos ramificações que a molécula de isopentano, por isso realiza mais interações do tipo forças de Van der Walls, o que faz que tenha uma temperatura de ebulição maior que a da molécula de isopentano.

**d)** A molécula de isopentano apresenta três ramificações do tipo metil, que dificultam interações do tipo forças de Van der Walls, e, portanto, apresenta temperatura de ebulição inferior à do pentano.

**e)** A molécula de pentano é polar, portanto realiza interações do tipo ligação de hidrogênio, o que explica sua alta temperatura de ebulição.

**6** No caso do petróleo, a destilação fracionada acontece na torre de destilação. Uma vez aquecido, o petróleo começa a liberar seus componentes, que, ao passarem pela torre de destilação, atravessam pratos de destilação capazes de coletar os condensados e separá-los de acordo com sua temperatura de ebulição. Todo esse processo ocorre de maneira contínua, facilitando a operação.

Durante o processo de destilação do petróleo, quais são as primeiras substâncias a serem separadas?

**a)** As que possuem menor temperatura de ebulição, como o GLP e a gasolina.

**b)** As que possuem maior temperatura de ebulição, como o óleo lubrificante pesado e o asfalto.

**c)** As que são retiradas na parte inferior da torre de destilação, como os óleos combustíveis.

**d)** As que são retiradas no centro da torre de destilação, como o querosene e o óleo *diesel*.

**e)** Todas são extraídas ao mesmo tempo, pois a separação do petróleo acontece em uma só etapa.

**7** A viscosidade define a capacidade de escoamento de um fluido. Observe o gráfico ao lado, que representa a relação entre viscosidade e temperatura.

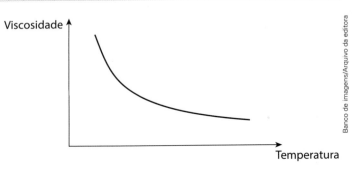

No caso de óleos lubrificantes, os leves possuem viscosidade menor que os médios, que por sua vez possuem viscosidade menor que os pesados. A que fator essa diferença de viscosidade nos óleos lubrificantes pode estar relacionada?

**a)** Ao volume das moléculas que constituem o óleo, pois quanto maior o volume, menor é a fluidez.

**b)** Ao volume das moléculas que constituem o óleo, pois quanto maior o volume, maior é a fluidez.

**c)** À temperatura de ebulição do óleo, pois óleos com baixa temperatura de ebulição evaporam antes de se tornarem mais fluidos.

**d)** À temperatura de fusão do óleo, pois óleos com baixas temperaturas de fusão se tornam sólidos e deixam de fluir.

**e)** Ao número de carbonos presentes em cada molécula, pois quanto mais carbonos, menor é a viscosidade.

# UNIDADE 13

# Funções oxigenadas

## Nestas atividades você vai:
- empregar as regras de nomenclatura de compostos orgânicos;
- compreender as principais propriedades das funções orgânicas oxigenadas;
- representar algumas reações envolvendo compostos oxigenados.

### Habilidades da BNCC relacionadas:

EM13CNT104    EM13CNT207    EM13CNT302    EM13CNT306

---

**1** O Centro de Processos Biológicos e Industriais para Biocombustíveis (Ceprobio) envolve mais de 40 universidades e instituições de pesquisa, além de empresas colaboradoras, distribuídas em várias regiões de 12 estados e Distrito Federal.

Pesquisas do Ceprobio propõem um modelo industrial de produção de etanol celulósico que é passível de integração aos modos de produção já estabelecidos em regiões desenvolvidas do Brasil ou que possa ser implementado em áreas cuja infraestrutura agroindustrial esteja em fase de consolidação.

Além de inovador, o modelo proposto reduz drasticamente a necessidade de insumos fósseis por meio do reaproveitamento de resíduos e emissões provenientes da geração de energia e produção de produtos químicos.

A respeito do texto e dos seus conhecimentos sobre o assunto, é possível afirmar o que se segue, exceto que:

a) o Ceprobio propõe um modelo que se integra aos modos de produção já consagrados de produção de etanol celulósico.

b) os insumos fósseis citados no texto constituem fontes renováveis de energia.

c) o etanol celulósico é obtido a partir da substância cuja fórmula molecular é $(C_6H_{10}O_5)_n$.

d) o Ceprobio propõe o reaproveitamento de resíduos e emissões provenientes da geração de energia e produção de compostos químicos.

e) o modelo proposto pelo Ceprobio diminui a dependência de insumos fósseis.

---

**2** Nas investigações de *doping* nos esportes, a testosterona, que melhora o desempenho dos atletas, pode ser identificada no corpo humano porque o peso atômico do carbono na testosterona humana natural é maior do que na testosterona farmacêutica.

A respeito das informações apresentadas e da fórmula estrutural da testosterona, é possível concluir que:

a) um atleta que não fez uso da testosterona sintética, caso seja submetido ao teste de *doping*, apresentará essa substância no organismo com isótopos de carbono de menor peso atômico.

Fórmula estrutural da testosterona.

b) a única função orgânica presente na estrutura da testosterona é a função cetona.

c) o composto apresentado não sofre hidrogenação, mesmo em condições adequadas.

d) a testosterona apresenta átomos de carbono assimétrico.

e) o grupo carboxila está presente na estrutura da testosterona.

**3** As duas equações seguintes apresentam um dos modos de preparar um tipo de detergente a partir de um álcool de cadeia longa.

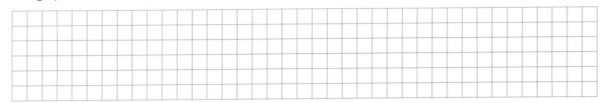

$$R-CH_2-OH + H_2SO_4 \rightarrow R-CH_2-OSO_3H + H_2O$$
$$R-CH_2-OSO_3H + NaOH \rightarrow R-CH_2-OSO_3Na + H_2O$$

Apenas considerando as informações que podem ser extraídas das duas equações anteriores, podemos afirmar que uma indústria que prepare o referido detergente através dessa rota química deve:

a) ser muito poluente, pois esse processo industrial gera subprodutos perigosos, como ácido sulfúrico e soda cáustica.

b) ser muito poluente, pois o processo industrial gera gases perigosos, como o trióxido de enxofre, tóxico e um dos responsáveis pela chuva ácida.

c) ser muito poluente, pois necessita de matérias-primas que contaminam o meio ambiente, como o ácido sulfúrico e a soda cáustica.

d) poluir pouco, pois não gera subprodutos tóxicos ou perigosos para o meio ambiente.

e) poluir pouco, pois necessita de matérias-primas inócuas e que não oferecem perigo para o meio ambiente.

**4** No interior de São Paulo, na cidade de Piracicaba, químicos da USP pesquisam a viabilidade de se produzir etanol a partir de cascas de eucaliptos descartadas pelas fábricas de celulose e papel. Os cientistas concluíram que o rendimento do processo de produção do etanol dos resíduos de eucaliptos é semelhante ao do álcool de cana-de-açúcar.

O processo de produção do etanol a partir da casca do eucalipto baseia-se em uma lavagem com água a 80 °C, em que se obtém uma infusão (rica em açúcares) que é colocada em contato com leveduras para proporcionar a obtenção do combustível.

Esse conhecimento é um passo importante para consolidar o conceito de floresta energética.

Considerando o texto e seus conhecimentos a respeito do etanol, avalie os itens e assinale a alternativa correta.

I. O rendimento do processo de produção do etanol a partir dos resíduos de eucalipto é maior do que o do álcool de cana-de-açúcar.

II. Glicose, frutose e sacarose são açúcares que podem estar presentes na infusão citada no texto.

III. O etanol é um combustível fóssil.

a) Todas corretas.
b) Apenas II incorreta.
c) I e III incorretas.
d) Apenas III correta.
e) Todas incorretas.

**5** Os triglicerídeos são substâncias orgânicas presentes na composição de óleos e gorduras vegetais. Essas moléculas orgânicas são compostas de cadeias carbônicas derivadas de ácidos graxos, que podem ser saturados, com uma insaturação (monoinsaturado) ou com mais de uma insaturação (poli-insaturado). O gráfico a seguir fornece algumas informações a respeito de alguns óleos de origem vegetal.

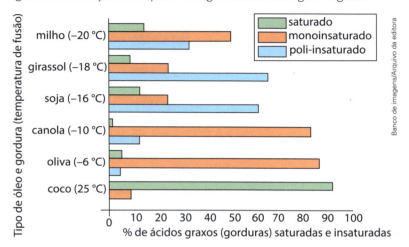

Rancificação é o fenômeno de oxidação dos triglicerídeos, que confere a eles um sabor e odor desagradáveis (óleo rançoso). Quanto maior o número de ligações duplas entre os carbonos, mais o triglicerídeo é suscetível à rancificação. Qual dos tipos de óleo ou gordura é mais resistente ao processo de rancificação?

a) Milho.    b) Girassol.    c) Soja.    d) Oliva.    e) Coco.

**6** Transesterificação é um termo geral usado para descrever uma importante classe de reações orgânicas em que um éster é transformado em outro por meio da troca de parte da cadeia, conforme esquematizado a seguir. A presença de um catalisador (ácido ou base) acelera consideravelmente essa conversão.

$$R-C(=O)-OR_1 + R_2-OH \rightleftharpoons R-C(=O)-OR_2 + R_1-OH$$

éster 1    álcool 1    éster 2    álcool 2

| Equação geral para uma reação de transesterificação.

O processo reacional ocorre preferencialmente com álcool de baixa massa molecular, sendo o metanol e o etanol os mais empregados.

O gráfico mostra a variação dos valores da constante de equilíbrio ($K_c$) com a mudança de temperatura, para a transesterificação com catálise básica do oleato de glicerila com cada um dos álcoois, metanol ou etanol.

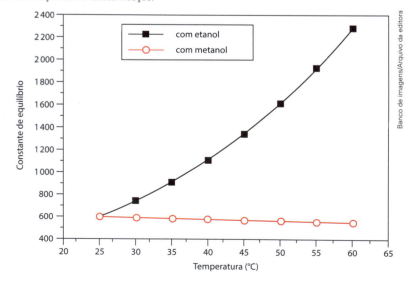

A análise desse gráfico permite concluir que:

a) o rendimento da reação de transesterificação com etanol diminui com o aumento da temperatura.
b) a reação direta da reação de transesterificação com metanol deve ser exotérmica.
c) a constante de equilíbrio e a temperatura são grandezas diretamente proporcionais.
d) a transesterificação feita com metanol apresenta maiores rendimentos do que aquela realizada com etanol.
e) a reação direta da transesterificação é sempre exotérmica, independentemente do tipo de álcool utilizado.

**7** O diagrama seguinte apresenta o processo de produção de sabão.

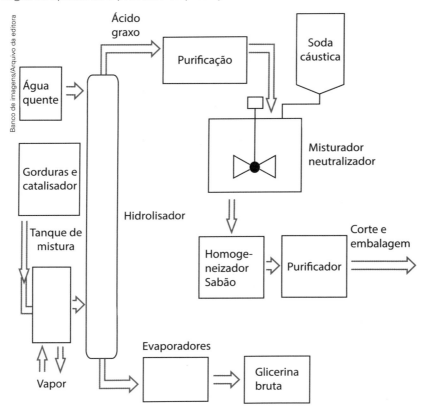

Diagrama de processo de produção de sabão.

Nesse processo ocorrem duas reações químicas:

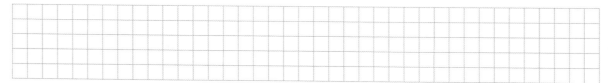

Assinale a alternativa correta.

a) A reação 1 ocorre no *hidrolisador*, e a reação 2 realiza-se no *misturador/neutralizador*.
b) A reação 1 ocorre no *misturador/neutralizador*, e a reação 2 realiza-se no *hidrolisador*.
c) A reação 1 ocorre no *tanque de mistura*, e a reação 2 realiza-se no *misturador/neutralizador*.
d) A reação 1 ocorre nos *evaporadores*, e a reação 2 realiza-se no tanque de *homogeneização do sabão*.
e) A reação 1 ocorre no *hidrolisador*, e a reação 2 realiza-se no tanque de *homogeneização do sabão*.

**8** O composto orgânico 2,3,4-pentanotriol não apresenta atividade óptica, já que a molécula é simétrica. Sendo um álcool, esse composto pode sofrer reações de oxidação, nas quais, usando-se reagentes convenientes como permanganato de potássio em condições adequadas, o grupo hidroxila pode ser convertido em um grupo carbonila. A equação genérica ao lado mostra o processo de oxidação de um álcool.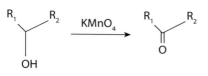

Sob condições controladas, fez-se a reação de oxidação do triálcool mencionado, de modo a somente oxidar dois dos grupos hidroxila. O produto orgânico obtido, depois de purificado, apresentava atividade óptica.

Assinale o item que mostra a fórmula estrutural do composto orgânico formado.

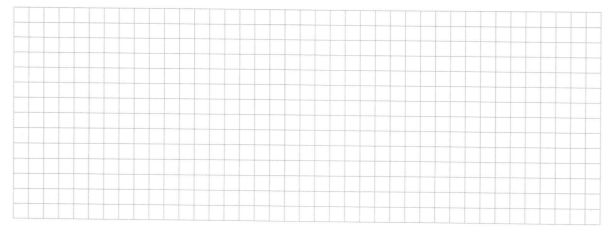

**9** Ácidos graxos são ácidos monocarboxílicos de cadeia longa (mais de 12 carbonos), aberta e normal, podendo ser saturados ou insaturados. Os ácidos insaturados podem apresentar uma ou mais duplas-ligações. Esses compostos, quando ligados ao glicerol, formam os óleos e as gorduras. A tabela abaixo apresenta alguns ácidos graxos encontrados na natureza.

| Ácido graxo | Fórmula molecular |
|---|---|
| Palmítico | $C_{16}H_{32}O_2$ |
| Oleico | $C_{18}H_{34}O_2$ |
| Linoleico | $C_{18}H_{32}O_2$ |
| Linolênico | $C_{18}H_{30}O_2$ |

Uma forma qualitativa e simplificada de comparar o grau de insaturação de diferentes ácidos graxos é adicionando uma solução de bromo ($Br_2$), de coloração castanha. Nesse caso, o $Br_2$ é adicionado à dupla-ligação conforme o seguinte modelo:

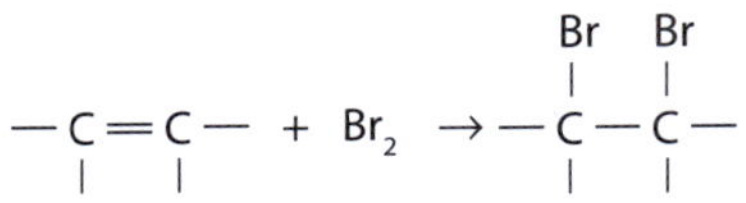

$$-C=C- \;+\; Br_2 \;\rightarrow\; -\underset{|}{\overset{Br}{C}}-\underset{|}{\overset{Br}{C}}-$$

À medida que o $Br_2$ é adicionado à dupla-ligação, a coloração da solução começa a desaparecer. Comparando as diferentes tonalidades das soluções testadas, podemos comparar o grau de insaturação dos ácidos.

Em cinco amostras de ácidos graxos, cujas composições estão a seguir, foi adicionada uma solução com 1,5 mol/L de bromo.

| Amostra | Composição |
|---|---|
| A | 0,2 mol/L de palmítico, 0,2 mol/L de oleico e 0,2 mol/L de linolênico |
| B | 0,4 mol/L de palmítico e 0,2 mol/L de linolênico |
| C | 0,1 mol/L de oleico, 0,3 mol/L de linoleico e 0,2 mol/L de linolênico |
| D | 0,2 mol/L de oleico, 0,2 mol/L de linoleico e 0,2 mol/L de linolênico |
| E | 0,3 mol/L de linoleico e 0,3 mol/L de linolênico |

Considerando que todas as amostras e a solução de bromo tenham o mesmo volume, a alternativa que apresenta a amostra com a cor mais intensa é a:

a) A  b) B  c) C  d) D  e) E

**10** A cromatografia é uma técnica usada na análise de misturas, tendo aplicações nas mais diversas áreas, como na indústria química, alimentícia e biotecnológica, entre outras. Nessa técnica, a separação dos componentes da mistura se dá pela distribuição deles entre duas fases, uma fixada em um suporte (fase estacionária) e outra fase móvel. Inicialmente a mistura é adicionada à fase estacionária, em que é adsorvida. Em seguida, a fase móvel começa a passar pela mistura, arrastando seus componentes.

A distância que cada componente percorrerá depende da sua afinidade com as fases estacionária e móvel. Componentes com maior afinidade pela fase estacionária ficam mais presos a ela, percorrendo distâncias menores. Componentes com maior afinidade pela fase móvel tendem a percorrer distâncias maiores.

Um estudante tinha à disposição uma mistura contendo três ácidos carboxílicos: ácido propanoico (3 carbonos), ácido heptanoico (7 carbonos) e ácido dodecanoico (12 carbonos). Para separá-los, fez uma cromatografia em que a fase estacionária era celulose e a fase móvel, hexano. O procedimento adotado pelo estudante foi:

I. Colocou a mistura na fase estacionária.

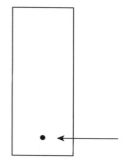

II. Colocou a fase estacionária em um frasco contendo a fase móvel.

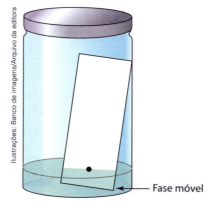

Ao subir por capilaridade pela fase estacionária, a fase móvel arrastou os componentes. No final do experimento, o resultado obtido pelo estudante foi o mostrado abaixo.

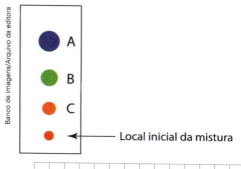

De acordo com o texto e seus conhecimentos sobre polaridade, quais os ácidos encontrados, respectivamente, nos pontos A, B e C?

a) Propanoico, dodecanoico e heptanoico.
b) Dodecanoico, propanoico e heptanoico.
c) Heptanoico, dodecanoico e propanoico.
d) Propanoico, heptanoico e dodecanoico.
e) Dodecanoico, heptanoico e propanoico.

**11** Para a obtenção de etanol, um laboratório utiliza duas sínteses diferentes, de acordo com este esquema:

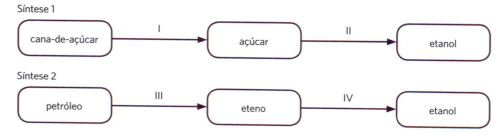

No esquema mostrado:
a) I pode representar um processo de destilação e IV uma reação de hidratação.
b) II pode representar uma reação de fermentação e III é um processo de oxidação.
c) II pode representar uma reação de fermentação e IV uma reação de hidratação.
d) I pode representar um processo de extração e III uma reação de substituição.
e) III pode representar um processo de craqueamento e IV uma reação de fermentação.

**12** Após a constatação de que a cana-de-açúcar havia se adaptado bem ao solo e ao clima do Nordeste, iniciou-se o plantio em larga escala para a produção do açúcar, pois esse produto era de grande aceitação e tinha um bom valor comercial no mercado europeu do século XVI.

A cana era colhida e moída. O suco extraído era fervido até se obter o melaço, que posteriormente era cristalizado, deixado para secar e, por fim, ensacado para a venda.

O processo atual ainda é parecido com o do século XVI, com diferença nas diversas etapas de purificação pelas quais o açúcar atualmente passa.

No Brasil, o álcool, combustível alternativo à gasolina proveniente de uma fonte renovável, é obtido a partir da cana-de-açúcar, que também é matéria-prima para a fabricação da cachaça e do álcool doméstico.

Sobre a cana-de-açúcar está correto afirmar que:
a) produz-se o etanol a partir da fermentação de seus açúcares e que esse álcool, em relação à gasolina, possui como uma das vantagens o fato de ser um combustível renovável.
b) produz-se o etanol a partir da fermentação de seus amidos e que esse álcool é considerado um solvente universal, pois, assim como a água, ele forma pontes de hidrogênio.
c) dela é produzido o açúcar, que serve como uma reserva de energia para qualquer ser vivo.
d) seu bagaço pode ser reaproveitado nas usinas produtoras de álcool como matéria-prima para a fabricação do açúcar.
e) seu cultivo em nada favorece a diminuição da concentração de gás carbônico na atmosfera, pois sua colheita é precedida pela combustão de substâncias orgânicas na palha, que libera $CO_2$ e $H_2O$.

**13** Algumas leveduras do gênero *Sacaromices* são capazes de fermentar a glicose em etanol, como mostra a reação geral:

$$\underbrace{C_6H_{12}O_6}_{\text{glicose}} \rightarrow 2\underbrace{C_2H_6O}_{\text{etanol}} + 2\underbrace{CO_2}_{\text{gás carbônico}}$$

Em situações específicas, o organismo humano também é capaz de fermentar a glicose, entretanto, o produto da reação geral é o ácido lático:

$$\underbrace{C_6H_{12}O_6}_{\text{glicose}} \rightarrow 2\underbrace{C_3H_6O_3}_{\text{ácido lático}}$$

Em uma conversa na fila da barraca de caldo de cana de uma feira livre, ouve-se alguém dizer: "Não vou beber muito caldo de cana, porque o açúcar fermenta no estômago e eu posso ficar alcoolizado".

Considerando que o caldo de cana é uma solução de sacarose (dímero de glicose) e que leveduras do gênero *Sacaromices* não são encontradas no organismo humano, que afirmação pode ser feita a respeito do comentário na fila da barraca de caldo de cana?

a) A afirmação é verdadeira, pois segundo o enunciado o organismo humano é capaz de fermentar açúcar a etanol.
b) A afirmação é verdadeira, pois o caldo de cana sempre é fermentado em etanol.
c) A afirmação é falsa, pois somente leveduras do gênero *Sacaromices* são capazes de fermentar a glicose em etanol.
d) A afirmação é falsa, pois o caldo de cana não contém glicose – reagente da reação de fermentação.
e) A afirmação é falsa, pois as leveduras do gênero *Sacaromices* se alimentam do caldo de cana, não deixando sobrar reagente (glicose) para a fermentação.

**14** Diversos alimentos e bebidas possuem essências artificiais de frutas. Essas essências são formadas por ésteres a partir de uma reação entre álcool e ácido carboxílico. Como exemplos, temos o butanoato de etila (essência de abacaxi), o acetato de octila (essência de laranja) e o acetato de butila (essência de banana). Observe a estrutura de alguns ácidos carboxílicos e álcoois:

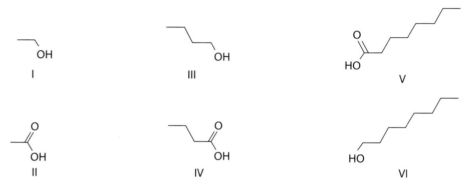

Para se obter a essência de:
a) abacaxi, deve-se reagir IV com I, em condições apropriadas.
b) laranja, deve-se reagir V com I, em condições apropriadas.
c) banana, deve-se reagir II com IV, em condições apropriadas.
d) abacaxi, deve-se reagir II com IV, em condições apropriadas.
e) laranja, deve-se reagir VI com III, em condições apropriadas.

**15** Normalmente, as gorduras têm caráter ácido por causa dos grupos carboxílicos presentes em sua estrutura química. Por isso, detergentes com propriedades alcalinas são eficientes na limpeza pesada.

Estrutura química de uma gordura

cadeia carbônica — grupo carboxílico

Supondo que você precise limpar o chão de uma oficina mecânica que está impregnado com graxa e óleo de motor, qual dessas substâncias é mais apropriada para a limpeza?
a) Ácido muriático (HCℓ).
b) Soda cáustica (NaOH).
c) Água (H$_2$O).
d) Vinagre (solução de H$_3$CCOOH).
e) Água oxigenada (H$_2$O$_2$).

# UNIDADE 14
# Funções nitrogenadas e haletos orgânicos

## Nestas atividades você vai:
- identificar as aminas e suas propriedades físico-químicas;
- conhecer a estrutura geral de um aminoácido;
- analisar a formação da ligação peptídica;
- identificar as amidas e suas propriedades físico-químicas;
- conhecer os haletos orgânicos.

**Habilidades da BNCC relacionadas:**

EM13CNT104   EM13CNT105   EM13CNT203   EM13CNT209

---

**1** As substâncias químicas se acumulam em tecidos adiposos se forem mais solúveis em gordura do que em água, sendo nesse caso chamadas de bioacumuláveis. As gorduras são quimicamente complexas e variam até certo ponto em sua composição, para diferentes tecidos de organismos distintos. Entretanto, constatou-se que as solubilidades no solvente 1-octanol estão próximas das solubilidades em gorduras.

A solubilidade relativa em gordura × água é convenientemente aproximada pelo coeficiente de partição, $K_{OA} = S_O/S_A$, em que $S_O$ e $S_A$ são as concentrações em 1-octanol e água, respectivamente, quando um composto orgânico está em equilíbrio entre os dois líquidos. A tabela abaixo lista alguns valores de log $K_{OA}$ para alguns pesticidas.

| Pesticida | Solubilidade em água (mg/L) | Coeficiente de partição octanol/água (log $K_{OA}$) |
|---|---|---|
| **Inseticidas organoclorados** | | |
| DDT | 0,0028 | 6,0 |
| Aldrin | 0,08 | 5,8 |
| Clordano | 0,20 | 5,1 |
| Quepone | 3,71 | 4,9 |
| Mirex | 0,05 | 6,4 |
| **Inseticidas organofosfóricos** | | |
| Paration | 19 | 3,7 |
| Malation | 144 | 2,7 |

Fonte: extraída de valores médios relatados em D. Mackay *et al. Physical-chemical properties and environmental fate handbook*. Boca Raton, Flórida: Chapman & Hall/CRCnetBASE, 2000.

Considerando os inseticidas presentes na tabela e as informações do enunciado, assinale a alternativa correta.

a) O malation é o inseticida com maior poder de bioacumulação.
b) A solubilidade do DDT em 1-octanol é de aproximadamente $2,8 \cdot 10^3$ mg/L.
c) A solubilidade do clordano em 1-octanol é aproximadamente cinco vezes maior do que em água.

d) Inseticidas com maior solubilidade em água possuem maiores valores de constante de partição.
e) A solubilidade do inseticida paration em gorduras é de aproximadamente 70,3 mg/L.

**2** O diclorodifeniltricloroetano (DDT) é o mais conhecido dentre os inseticidas do grupo dos organoclorados. Por degradação biológica ou ambiental, o DDT transforma-se no metabólito 2,2-bis-p-clorofenil-1,1-dicloroetileno, conhecido como DDE.

A tabela seguinte resume os resultados obtidos de um estudo comparativo de toxicidade desses dois compostos em camundongos.

|  | DDT | DDE |
|---|---|---|
| Número inicial de animais vivos | 52 | 40 |
| Número final de animais vivos | 41 | 30 |
| Tempo de duração do experimento | 1 | mês |
| Idade dos animais no início do experimento | recém-nascidos | recém-nascidos |
| Dose aplicada ($10^{-2}$ mol · animal$^{-1}$ · dia$^{-1}$) | 20 | 20 |
| Forma de administração | Solução oleosa | Solução oleosa |

Assinale o item correto.

a) O DDE é mais tóxico para os camundongos que o DDT e a conversão do DDT em DDE ocorre com a perda de uma molécula de C$\ell_2$.

b) O DDE é mais tóxico para os camundongos que o DDT e a conversão do DDT em DDE ocorre com a perda de uma molécula de HC$\ell$.

c) O DDE é menos tóxico para os camundongos que o DDT e a conversão do DDT em DDE ocorre com a perda de uma molécula de C$\ell_2$.

**d)** O DDE é menos tóxico para os camundongos que o DDT e a conversão do DDT em DDE ocorre com a perda de uma molécula de HCℓ.

**e)** O DDE e o DDT apresentam mesma toxicidade e a conversão do DDT em DDE ocorre com a perda de uma molécula de Cℓ$_2$.

**3** A cafeína é um estimulante do sistema nervoso central e pode ser encontrada no café, no chá-mate e no chocolate, entre outros alimentos. Seu consumo em excesso pode causar dor no estômago, irritabilidade, insônia e dor de cabeça. Porém, essa substância também possui efeitos benéficos, como diminuição da fadiga e aumento da concentração. Todos os efeitos dessa substância estão associados aos grupos funcionais presentes na molécula. A cafeína possui LD$_{50}$* de 10 g (cerca de 150 mg a 170 mg por kg de massa corporal).

*LD$_{50}$: dose letal para 50% da população em teste.

| Fórmula estrutural da cafeína.

Com base nas informações dadas, conclui-se que:

**a)** a cafeína possui caráter ácido, por causa da presença do grupo amino. Por isso ela pode causar dor no estômago.

**b)** as funções éter, amina e amida são as responsáveis pelos efeitos benéficos e maléficos da cafeína.

**c)** a ingestão de 10 g de cafeína não implica a morte da pessoa.

**d)** o fato de ser um estimulante do sistema nervoso central torna a cafeína uma substância somente benéfica.

**e)** a fórmula molecular da cafeína é C$_{10}$H$_{11}$O$_2$N$_4$.

**4** O gás _____ constitui 78% da atmosfera do planeta Terra. Essa substância somente é assimilada por bactérias do gênero *Rhizobium*, presentes nas raízes de plantas leguminosas. Essas bactérias conseguem converter esse gás em _____ - moléculas que possuem em sua estrutura o grupo _____ -, que no organismo humano pode ser convertido em _____, antes de ser eliminado na forma de ureia.

Assinale a alternativa que preenche corretamente as lacunas do enunciado:

**a)** NH$_4^+$, aminoácidos, — NH$_2$, N$_2$.

**b)** N$_2$, aminoácidos, — NH$_2$, NH$_4^+$.

**c)** O$_2$, aminoácidos, — COOH, NH$_4^+$.

**d)** CO$_2$, aminoácidos, NH$_4^+$, — COOH.

**e)** N$_2$, NH$_4^+$, CO$_2$, — COOH.

# UNIDADE 15

# Polímeros

> **Nestas atividades você vai:**
> - compreender o que são polímeros;
> - representar e interpretar os processos de polimerização por adição e por condensação;
> - identificar e comparar polímeros sintéticos e polímeros naturais.
>
> **Habilidades da BNCC relacionadas:**
>
> EM13CNT204   EM13CNT207   EM13CNT302   EM13CNT307   EM13CNT310

**1** O amido é um polissacarídeo formado pela união de grande quantidade de glicoses. Abaixo temos a representação de um pequeno trecho de uma molécula de amido na qual as reticências indicam que o anel é repetido para os dois lados, gerando uma grande "fita" de carbonos.

Para simplificar, essa imensa estrutura pode ser abreviada como mostrado a seguir, onde o índice $n$ significa um número alto e indeterminado. Cada anel da subunidade de glicose contém 6 átomos de carbono.

Sabendo-se que a massa molar do carbono é 12 g/mol, a do oxigênio é 16 g/mol, e a do hidrogênio é 1 g/mol, qual item apresenta o cálculo aproximado da massa molar do amido, dada em função de $n$?

a) 12n      b) 72n      c) 162n      d) 810n      e) 12n + 16n + 1n

**2** A palavra *proteína* passou a fazer parte do vocabulário das pessoas nas duas últimas décadas. Presente em cosméticos, produtos para praticantes de esportes e em alguns alimentos, as proteínas mostram seu importante papel como formadoras de colágeno, queratina, fibras musculares, etc.

Pensando nessa importância, um laboratório fez uma pesquisa com a população para descobrir o que as pessoas entrevistadas sabiam sobre proteínas. As respostas foram listadas abaixo.

Pergunta: O que são proteínas?

| Respostas (em %) | Tipo de resposta |
|---|---|
| 72 | É um tipo de alimento. |
| 24 | É uma química. |
| 3 | É uma substância simples. |
| 1 | É uma substância formada por aminoácidos. |

Pode-se concluir que:

a) a maior parte das pessoas entrevistadas entende o que é proteína, mas não identifica sua origem.

b) aproximadamente 24% dos entrevistados sabem quais são as principais funções orgânicas presentes na proteína.

c) 1% dos entrevistados sabe o que são proteínas.

d) 3% dos entrevistados não sabem o que são proteínas.

e) 99% dos entrevistados relacionam proteínas com compostos orgânicos, mas não sabem exatamente o que são.

**3** O surgimento da Química medicinal, chamada de Iatroquímica, durante a Idade Média, popularizou o uso de compostos inorgânicos, utilizados no início apenas como placebo para o tratamento de doenças. Esses compostos mostraram sua eficiência ao longo dos anos e hoje um exemplo de uso dessas substâncias é a aplicação de lítio na homeopatia e de platina no tratamento alopático contra o câncer.

O composto *cis*-diaminodicloroplatinato II (cisplatina), $Pt(NH_3)_2Cl_2$, é utilizado de forma intravenosa e atua sobre o DNA das células doentes, impedindo sua replicação.

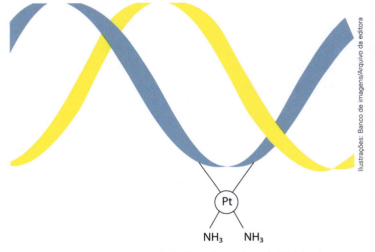

Esse fenômeno ocorre porque os átomos de cloro da cisplatina são substituídos por ligações na mesma fita da dupla-hélice da cadeia de DNA, alterando a estrutura terciária e impossibilitando sua cópia.

Considerando o texto, pode-se afirmar corretamente que:

a) antes da Iatroquímica, utilizavam-se apenas compostos orgânicos no tratamento de doenças.

b) o elemento lítio pode ser substituído pelo frâncio no tratamento homeopático.

c) o isômero geométrico da cisplatina não impede a replicação da cadeia de DNA.

d) a cisplatina é um exemplo de que o tratamento homeopático é ineficiente.

e) compostos orgânicos não podem ser ministrados de forma intravenosa.

**4** De maneira simplificada, o ciclo do $CO_2$ na produção e utilização de alguns combustíveis pode ser apresentado conforme a figura a seguir.

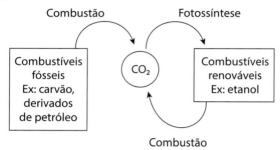

Esquema simplificado do ciclo de $CO_2$.

A queima de combustíveis fósseis produz $CO_2$, aumentando sua concentração na atmosfera. Já o uso de combustíveis renováveis (como o etanol), ainda que produza $CO_2$, interfere menos na concentração do gás na atmosfera por causa de seu consumo na fotossíntese, realizada, por exemplo, pela cana-de-açúcar, que é a principal fonte de etanol no Brasil.

A reação de fotossíntese é dada por $6\ H_2O + 6\ CO_2 \rightarrow 6\ O_2 + X$ e ocorre na presença de luz.

Nessa reação, o nome e a massa molar da substância que substitui o X corretamente são:

**a)** glicose ou frutose ($C_6H_{12}O_6$), de massa molar igual a 180 g/mol.
**b)** glicose ou frutose ($C_6H_{12}O_6$), de massa molar igual a 120 g/mol.
**c)** glicose ou sacarose ($C_6H_{12}O_6$), de massa molar igual a 180 g/mol.
**d)** sacarose ou lactose ($C_{12}H_{22}O_{11}$), de massa molar igual a 180 g/mol.
**e)** sacarose ou lactose ($C_{12}H_{22}O_{11}$), de massa molar igual a 120 g/mol.

**5** Polímeros são macromoléculas compostas de unidades que se repetem, chamadas monômeros. Um exemplo de polímero é o náilon – substância sintetizada pela primeira vez na década de 1940 e que apresenta características semelhantes às da seda.

O náilon é chamado polímero de adição, pois é formado por reações de adição, que podem ser representadas genericamente por:

$$...A + A + A + A + A... \longrightarrow ...-[A - A - A - A - A]_n-...$$
monômeros → polímero

Sabendo que o monômero do náilon é:

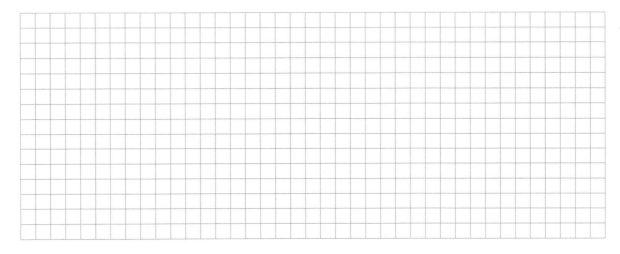

pode-se prever que o produto da reação de adição será:

# Respostas

## Unidade 1
**1** b.  **2** e.  **3** e.  **4** c.

## Unidade 2
**1** b.  **2** a.  **3** b.  **4** b.

**5 a)** $Mg^{2+} \begin{cases} p = 12 \\ n = 14 \\ e = 10 \end{cases}$  $Fe^{3+} \begin{cases} p = 26 \\ n = 30 \\ e = 23 \end{cases}$  $Cl^- \begin{cases} p = 17 \\ n = 18 \\ e = 18 \end{cases}$

**b)** Z = 30; A = 65.

**6 a)** Os elétrons, após serem excitados para níveis mais energéticos, retornam para os níveis menos energéticos, liberando energia na forma de luz.

**b)** A partir da análise da segunda tabela, a principal radiação (cor) emitida pela estrela seria azul. Analisando a primeira tabela, poderíamos classificá-la como uma estrela grande.

**7** d.  **8** b.  **9** c.  **10** a.
**11** c.  **12** c.  **13** d.

## Unidade 3
**1** e.

**2 a)** Os átomos dos diferentes metais irão emitir luz em cores diferentes ao serem submetidos ao teste de chamas (modelo de Böhr).

**b)** Zn < Cd < Hg

O zinco apresenta somente 4 camadas eletrônicas (4º período), sendo, portanto, menor que o cádmio, que apresenta 5 camadas eletrônicas (5º período), que por sua vez é menor do que o mercúrio, que apresenta 6 camadas eletrônicas (6º período).

**c)** O zinco apresenta maior energia de ionização, uma vez que possui um raio menor do que o manganês.

## Unidade 4
**1** b.  **2** d.  **3** a.  **4** a.
**5** d.  **6** b.  **7** d.  **8** e.

## Unidade 5
**1** d.  **2** a.  **3** a.  **4** c.  **5** e.
**6** d.  **7** c.  **8** b.  **9** d.  **10** d.

## Unidade 6
**1** c.  **2** e.  **3** c.  **4** b.  **5** a.  **6** d.  **7** c.

## Unidade 7
**1** b.  **2** a.  **3** a.  **4** b.  **5** b.
**6** c.  **7** c.  **8** c.  **9** b.  **10** a.

## Unidade 8
**1** a.  **2** c.  **3** c.  **4** e.
**5** d.  **6** e.  **7** b.  **8** c.

## Unidade 9
**1** e.  **2** d.  **3** b.  **4** b.  **5** b.
**6** d.  **7** a.  **8** c.  **9** d.  **10** a.
**11** c.  **12** b.  **13** a.  **14** c.  **15** c.

## Unidade 10
**1** d.  **2** a.  **3** c.  **4** c.  **5** b.
**6** e.  **7** b.  **8** d.  **9** c.  **10** b.

## Unidade 11
**1** e.  **2** a.  **3** e.  **4** c.

## Unidade 12
**1** e.  **2** b.  **3** c.  **4** d.  **5** a.  **6** a.  **7** a.

## Unidade 13
**1** a.  **2** d.  **3** d.  **4** c.  **5** e.
**6** b.  **7** a.  **8** c.  **9** b.  **10** e.
**11** c.  **12** a.  **13** c.  **14** a.  **15** b.

## Unidade 14
**1** b.  **2** b.  **3** c.  **4** b.

## Unidade 15
**1** c.  **2** c.  **3** c.  **4** a.  **5** a.

**21 a)** Eliminação intramolecular.
**b)** Reagente químico: ácido sulfúrico ($H_2SO_4$). Condições: ácido concentrado e calor.
**c)** Água ($H_2O$).

**22 a)**

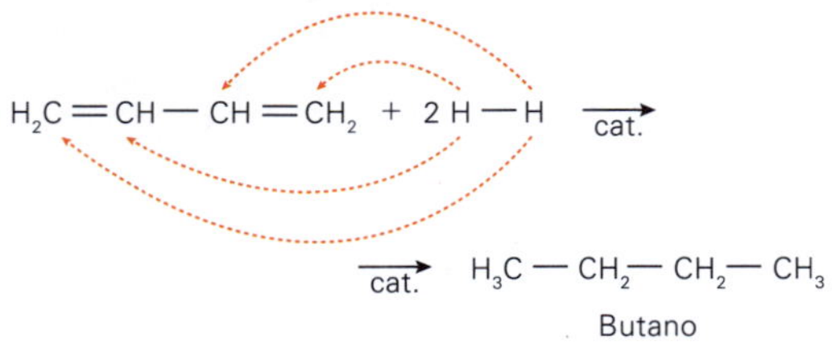

$$H_2C=CH-CH=CH_2 + 2\,H-H \xrightarrow{cat.} H_3C-CH_2-CH_2-CH_3$$
Butano

**b)** A interação entre o poliálcool sorbitol ($C_6H_{14}O_6$) com moléculas de água ($H_2O$) ocorre entre as hidroxilas (grupos OH) presentes nas duas substâncias por ligações de hidrogênio ou pontes de hidrogênio.

**23 a)** Adição (ou hidrogenação).
**b)** *Cis-trans*.
**c)** (Ácido oleico) — Cis

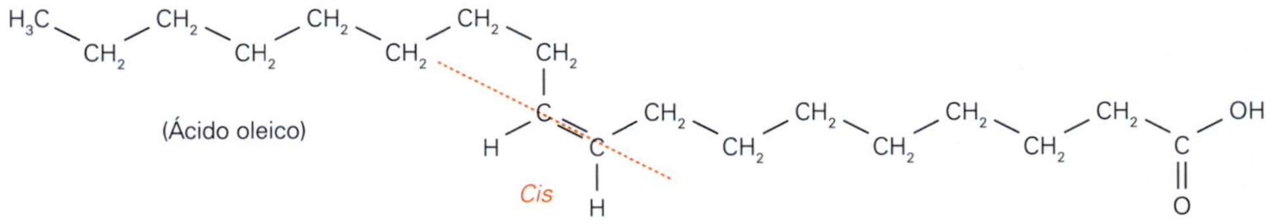

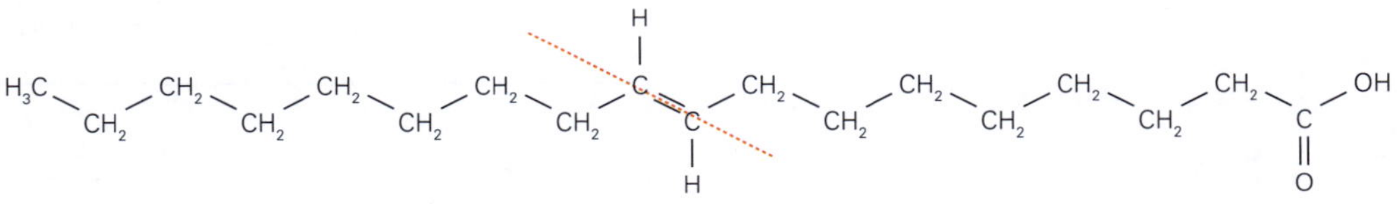

(Ácido elaídico) — Trans

| 24 d | 25 a | 26 a |
| 27 d | 28 d | 29 e |
| 30 c | 31 d | 32 c |

**33 a)** A descarboxilação ocorre na transformação do triptofano em serotonina.
**b)** $1,08 \cdot 10^{-13}$ mol; $6,48 \cdot 10^{10}$ moléculas.

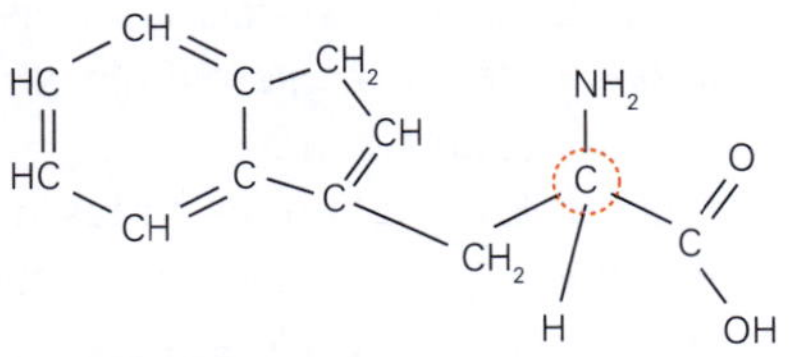

| 34 a | 35 b | 36 c |
| 37 b | 38 a | 39 a |

**40** Adição; éster; 200 unidades.

| 41 d | 42 a | 43 a |
| 44 a | 45 a | 46 e |

**76** b

**77 a)** 1,33

b)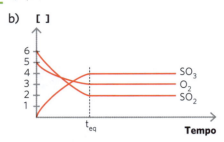

**78** b

**79** a

## Química orgânica

**1** c  **2** b  **3** d

**4** e  **5** b

**6** Isomeria de posição; Nox = +3.

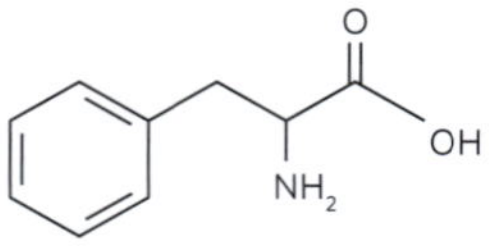

**7** a  **8** d  **9** e

**10** b  **11** e

**12 a)** Oxidação.

b) 

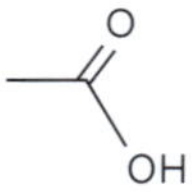

c) Etanol ou etanal.

**13** a

**14** d

**15** 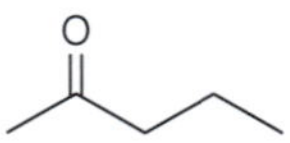 
(pentan-2-ona)

Produto orgânico: 3-metil-hexan-3-ol; produto inorgânico: MgOHBr.

**16** a

**17 a)** Álcool.

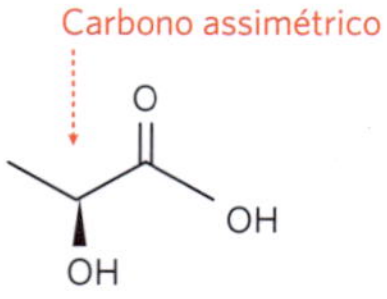

Carbono assimétrico

b) 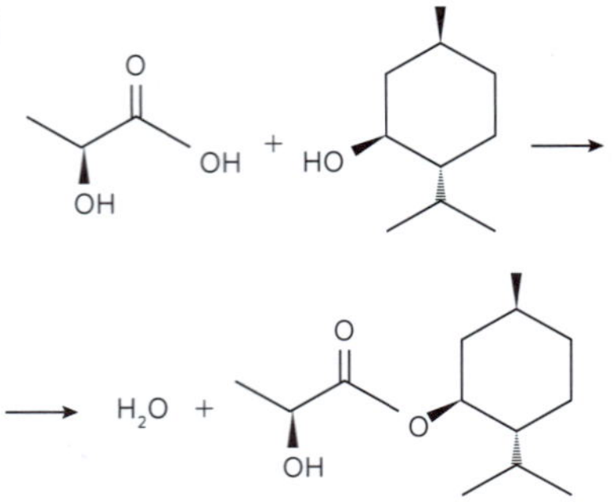 Na estrutura do éster ocorre predominância da cadeia carbônica apolar (formada por C e H), o que diminui sua solubilidade em água (que é polar).

**18 a)** Ocorrerá a formação de bolhas de gás carbônico ($CO_2$), ou seja, será observada uma efervescência

b) Composto A.

**19 a)** 

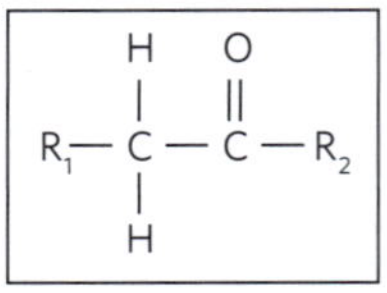

b) Número da espécie: a espécie (II) possui isomeria geométrica (*cis-trans*).

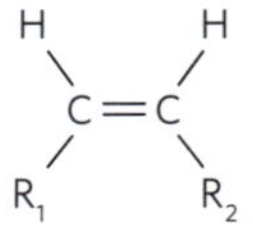

isômero *cis* | isômero *trans*

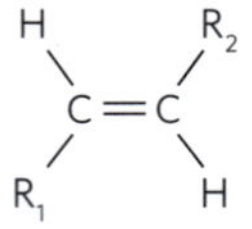

c) Os compostos representados por (I) e (II) serão pouco solúveis ou insolúveis em água independentemente do tamanho das cadeias, pois apresentam apenas carbono e hidrogênio em suas estruturas, ou seja, são apolares.

Se $R_1$ e $R_2$ forem cadeias carbônicas curtas, os compostos representados por (III) serão bastante solúveis em água (H — OH), devido às ligações de hidrogênio feitas pela hidroxila presente no composto e à predominância da "região" polar das moléculas.

Se $R_1$ e/ou $R_2$ forem cadeias carbônicas longas, os compostos representados por (III) serão pouco solúveis ou insolúveis em água, ou seja, predominantemente apolares.

**20 a)** São ácidos monocarboxílicos alifáticos que possuem de 4 a 28 átomos de carbono (geralmente números pares e não ramificados) podendo ser saturados ou insaturados.

b) O azeite de dendê é formado por ácidos graxos saturados e insaturados do tipo *cis*. Os ácidos insaturados do tipo *cis* são facilmente metabolizados pelo organismo humano em vários casos.

**47 a)** Oxigênio.

**b)** Ligação covalente

**c)** H₃PO₄(aq) + 3 NaOH(aq) →
   Ácido fosfórico  Hidróxido de sódio
   → Na₃PO₄(aq) + 3 H₂O(ℓ)
      fosfato de sódio

**48** a  **49** c

**50** b  **51** b

**52** Freon 12.

**53** b

**54 a)** 30 atm

**b)** Não, pois a pressão seria menor.

**55 a)** 9 mol.

**b)** 90 mol.

**c)** 10.

**d)** Na₂CO₂ · 10 H₂O.

**56 a)** 50 mol.

**b)** Atingiu a meta, pois emitiu 220 kg.

**57 a)** Ca(OH)₂: base; CaCO₃: sal.

**b)** CaCO₃(s) → CaO(s) + CO₂(g)
Para 5 g de CaCO₃, forma-se 2,2 g de CO₂.

## Físico-química

**1** c  **2** b  **3** b

**4** a  **5** e  **6** d

**7** d  **8** a  **9** a

**10** a  **11** c

**12 a)** Fórmula representacional:
NaCℓO.
Fórmula de Lewis:
[Na⁺]  [:Cℓ:O:]⁻

**b)** Hipoclorito de sódio; 74,5 g/mol.

**c)** 0,4 mol/L.

**13** d  **14** d  **15** d

**16** e  **17** b  **18** c

**19** c

**20** 50 mL.

**21** e

**22** c

**23** 89,4 kg de hipoclorito de sódio; 120 L de peróxido de hidrogênio.

**24**
- ao redor de 5 atm, ele passa para o estado líquido;
- ao redor de 8 atm, ele passa para o estado sólido.

Portanto, a 250 °C e 10 atm ele está no estado sólido.

**25 a)** Cidade A.

**b)** Menores temperaturas para as mudanças de estado.

**26** d

**27 a)** 20 minutos.

**b)** 60 minutos.

**c)** 1300 m.

**28** e  **29** b  **30** e

**31** d  **32** c  **33** a

**34** e  **35** b  **36** a

**37** c  **38** e  **39** e

**40** e  **41** d  **42** a

**43** b  **44** d  **45** b

**46** c  **47** e  **48** c

**49** d  **50** b

**51** Piramidal; aumento da pressão e diminuição da temperatura.

**52** 8,4 · 10⁻² g de NaHCO₃;
HCO₃⁻(aq) + H₂O(ℓ) ⇌
⇌ OH⁻(aq) + CO₂(aq) + H₂O(ℓ).

**53 a)** 78 nêutrons e 54 elétrons.

**b)** NaI(s) ⇌ Na⁺(aq) + I⁻(aq).
Os íons ¹³¹I⁻ radioativos presentes na fase sólida migraram para a fase líquida e os íons I⁻ não radioativos presentes na solução migraram para a fase sólida.

**54 a)** Aℓ(SO₄)₃: sal inorgânico;
Ca(OH)₂: base de Arrhenius

**b)** Caráter básico.

**55** e  **56** a

**57** c  **58** c

**59 a)** v = k · [NO]² · [H₂]¹;
v = 0,5625 mol/L · s.

**b)** A velocidade da reação aumenta.

**60** d  **61** d

**62** e  **63** a

**64** c  **65** c

**66 a)** O íon chumbo (II) apresenta maior potencial de redução do que o íon zinco.
Pb²⁺ + Zn —Global→ Pb + Zn²⁺

**b)** 965 s.

**67 a)**
Mg(s) —oxidação→ Mg²⁺(aq) + 2 e⁻
2 H⁺(aq) + 2 e⁻ —redução→ H₂(g)

**b)** Deve-se evitar o contato direto com o ácido clorídrico utilizando-se máscaras apropriadas, luvas e avental (proteção), pois esse ácido é altamente tóxico e volátil (seus vapores podem corroer o esmalte dos dentes). Em contato com a pele ou os olhos, o ácido clorídrico pode causar queimaduras e, se inalado ou ingerido, pode causar vômito e diarreia, além de quedas de pressão, entre outras possibilidades.
O gás hidrogênio pode entrar em combustão ou causar explosão, por isso deve-se cuidar para que seu recolhimento seja adequadamente feito, evitando-se fontes de ignição.

**68** c  **69** e

**70** b  **71** c

**72** b  **73** c

**74 a)** −429,4 kJ/mol

**b)** Não, pois ΔH < 0.

**75** 3 C(grafite) + 4 H₂(g) →
→ 1 C₃H₈(g)  ΔH = −106 kJ

# Respostas

## Enem

### Atomística

1 d  2 a  3 d
4 c  5 c  6 a

### Química geral

1 d  2 a  3 a
4 c  5 b  6 c
7 e  8 e  9 d
10 c  11 c  12 b

### Físico-química

1 c  2 a  3 d
4 d  5 b  6 c
7 b  8 a  9 a
10 c  11 b  12 b
13 e  14 e  15 a
16 d  17 a  18 c

### Química orgânica

1 b  2 d  3 c
4 c  5 d  6 a
7 c  8 b  9 e
10 c  11 d  12 b
13 c  14 e  15 e
16 b  17 c  18 d
19 a

## Vestibulares

### Atomística

1 c  2 d
3 01 e 04.
4 a) 180 anos.
 b) $^{137}_{55}Cs \longrightarrow\ ^{0}_{-1}\beta\ +\ ^{137}_{56}Ba$
5 b  6 b  7 b

8 b  9 a
10 $_{97}Bk$; nº de nêutrons do Ti = 26; Rf.
11 e  12 c  13 c
14 e  15 a  16 a
17 b
18 Ligação metálica; maior temperatura de fusão: Fe; maior massa atômica: Co; subnível de maior energia: $3d^8$.
19 c  20 c  21 e
22 a) Composto molecular.
 b) Dipolo permanente ou dipolo-dipolo.
 c) Força de Van der Waals (ou dipolo induzido-dipolo induzido).
23 d  24 a  25 b
26 a  27 a
28 a) A alta refletividade e brilho são típicos de metais em razão dos elétrons livres característicos da ligação metálica.
 b) O tipo de ligação entre os átomos é covalente, de modo que os elétrons estão "presos" na região internuclear.
29 d  30 c

### Química geral

1 a  2 d  3 c
4 d  5 d  6 e
7 e  8 a  9 e
10 01, 02 e 04.
11 b
12 $CaO(s) + H_2O(\ell) \rightarrow Ca(OH)_2(aq)$; exotérmica.
 hidróxido de cálcio
13 d  14 a  15 d
16 b  17 b  18 a

19 a) 0,09 kg.
 b) Destilação simples.
20 b
21 $CO_2(g) + Ca(OH)_2(aq) \longrightarrow H_2O(\ell) + \underbrace{CaCO_3(s)}_{\text{Sal insolúvel}}$;
 V = 805 mL
22 d  23 c  24 c
25 a) Separação magnética.
 b) $^{232}_{90}Th \rightarrow\ ^{4}_{2}\alpha\ +\ ^{228}_{88}Ra$;
 nº de nêutrons = 140.
26 a) Substância simples: $O_2$; forma solução aquosa: $CO_2$ ($CO_2 + H_2O \rightarrow H_2CO_3$)
 b) 1 : 1 : 1 : 1; 21 : 50.
27 a) Boas condutoras de eletricidade: Mg(s) e Aℓ(s); apresentam ligações covalentes: $NaHCO_3(s)$ e $MgCO_3(s)$.
 b) No tubo ao qual foi adicionado Aℓ(s).
28 d  29 c  30 c
31 e  32 c  33 a
34 e  35 c  36 a
37 c  38 c  39 a
40 d  41 a  42 a
43 b  44 a
45 02 e 08.
46 a) $H_2SO_4(aq) + Mg(OH)_2(aq) \rightarrow MgSO_4(aq) + 2H_2O(\ell)$
 sulfato de magnésio
 b) $HNO_3(aq) + KOH(aq) \rightarrow KNO_3(aq) + H_2O(\ell)$
 nitrato de potássio
 c) $H_2SO_4(aq) + Ba(OH)_2(aq) \rightarrow BaSO_4(aq) + 2H_2O(\ell)$
 sulfato de bário
 d) $H_2SO_4(aq) + Fe(OH)_2(aq) \rightarrow FeSO_4(aq) + 2H_2O(\ell)$
 sulfato de ferro II

**46** (UFPI) Na forma de melaço ou rapadura, o açúcar da cana, sacarose, é uma das principais fontes energéticas para o povo nordestino. Quimicamente, a sacarose é um dímero de glicose, uma aldo-hexose, e frutose, uma ceto-hexose. Dada a estrutura da sacarose, a seguir, escolha a alternativa que apresenta os dois monômeros que constituem a sacarose.

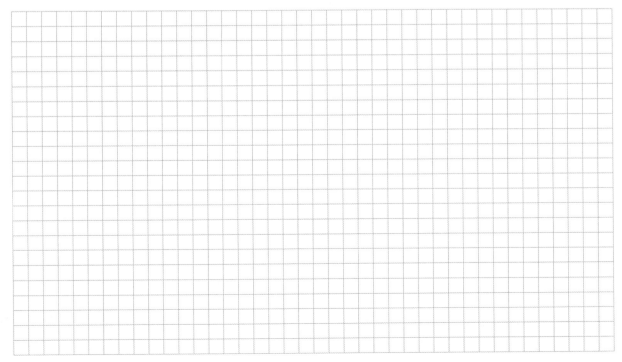

**44** (Uerj) Observe abaixo as fórmulas estruturais espaciais dos principais compostos do óleo de citronela, produto empregado como repelente de mosquitos.

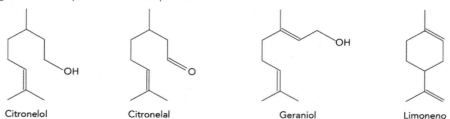

Considerando essas fórmulas estruturais, a quantidade de compostos que apresentam isômeros espaciais geométricos é igual a:

a) 1          b) 2          c) 3          d) 4

**45** (UFPI) Encefalinas são componentes das endorfinas, polipeptídeos presentes no cérebro que atuam como analgésico próprio do corpo. Entre elas identificamos a leucinaencefalina, representada estruturalmente abaixo, que é caracterizada por:

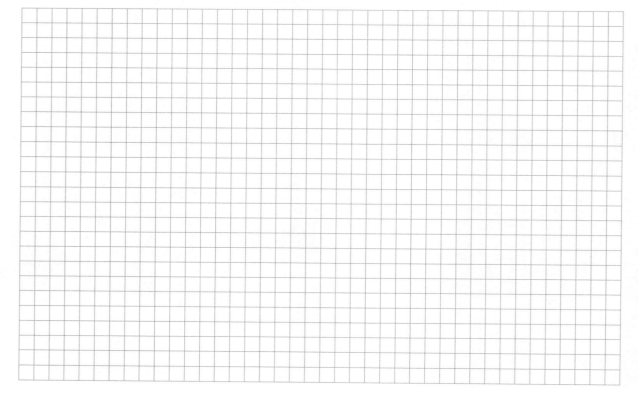

a) ser um pentâmero e apresentar quatro ligações peptídicas.
b) ser um tetrâmero e apresentar quatro ligações peptídicas.
c) ser um pentâmero e apresentar cinco ligações peptídicas.
d) ser um tetrâmero e apresentar cinco ligações peptídicas.
e) ser um pentâmero e apresentar oito ligações peptídicas.

**41** (Unijuí-RS) Dadas as características de três compostos orgânicos:
   I. é hidrocarboneto saturado;
   II. é álcool primário;
   III. é ácido monocarboxílico alifático.

Eles podem ser, respectivamente:

a) but-2-eno, butan-1-ol, ácido benzoico.
b) butano, propano-2-ol, ácido etanodioico.
c) but-2-eno, propano-1-ol, ácido benzoico.
d) butano, propano-1-ol, ácido etanoico.
e) but-1-ino, propano-2-ol, ácido etanoico.

**42** (Fuvest-SP) Em um laboratório, três frascos com líquidos incolores estão sem os devidos rótulos. Ao lado deles, estão os três rótulos com as seguintes identificações: ácido etanoico, pentano e 1-butanol.

Para poder rotular corretamente os frascos, determinam-se, para esses líquidos, o ponto de ebulição (PE) sob 1 atm e a solubilidade em água (S) a 25 °C.

| Líquido | PE (°C) | S (g/100 mL) |
|---|---|---|
| X | 36 | 0,035 |
| Y | 117 | 7,3 |
| Z | 118 | infinita |

Com base nessas propriedades, conclui-se que os líquidos X, Y e Z são, respectivamente:

a) pentano, 1-butanol e ácido etanoico.
b) pentano, ácido etanoico e 1-butanol.
c) ácido etanoico, pentano e 1-butanol.
d) 1-butanol, ácido etanoico e pentano.
e) 1-butanol, pentano e ácido etanoico.

**43** (UPF-RS) Muitas das propriedades físicas das substâncias moleculares, como temperatura de fusão, temperatura de ebulição e solubilidade, podem ser interpretadas com base na polaridade das moléculas. Essa polaridade se relaciona com a geometria molecular e com o tipo de interações intermoleculares.

O quadro a seguir apresenta algumas substâncias e suas respectivas temperaturas de ebulição a 1 atm.

| Substâncias | | TE (°C) |
|---|---|---|
| A | CH$_4$ | −161,5 |
| B | HCℓ | −85 |
| C | H$_2$O | 99,97 |

Com base nas informações apresentadas, analise as seguintes afirmativas:

I. Quanto mais intensas forem as forças intermoleculares, maior a temperatura de ebulição de uma substância molecular.
II. As interações intermoleculares nas moléculas são A: dipolo induzido-dipolo induzido; B: dipolo-dipolo; C: ligação de hidrogênio.
III. A geometria molecular e a polaridade das substâncias são: A: tetraédrica e apolar; B: linear e polar; C: linear e polar.

Está incorreto apenas o que se afirma em:

a) III.
b) I e III.
c) I e II.
d) II e III.
e) I.

**40** (Uerj) A bioplastia é um procedimento estético que, se feito de forma segura, permite preencher pequenas regiões do corpo. Para isso, injetam-se no paciente quantidades reduzidas do polímero polimetilacrilato de metila (PMMA), produzido a partir do metilacrilato de metila, conforme a seguinte reação química de polimerização:

Classifique a reação química de polimerização e nomeie a função orgânica oxigenada presente no polímero.

Em seguida, calcule o número de unidades de monômero presente em uma molécula do polímero com massa molar igual a 20000 g/mol.

Dados: C = 12; H = 1; O = 16.

**39** (UFPR) Os grandes protagonistas na Copa do Mundo de Futebol na Rússia em 2018 foram os polímeros, e não os jogadores. Os polímeros estavam presentes nos uniformes dos jogadores e na bola. O polímero que merece destaque é o poliuretano, utilizado para a impressão térmica dos nomes, números e logos nos uniformes, além de ser utilizado como couro sintético das bolas utilizadas na competição. O poliuretano é obtido a partir da reação entre um isocianato e um poliol, conforme o esquema a seguir:

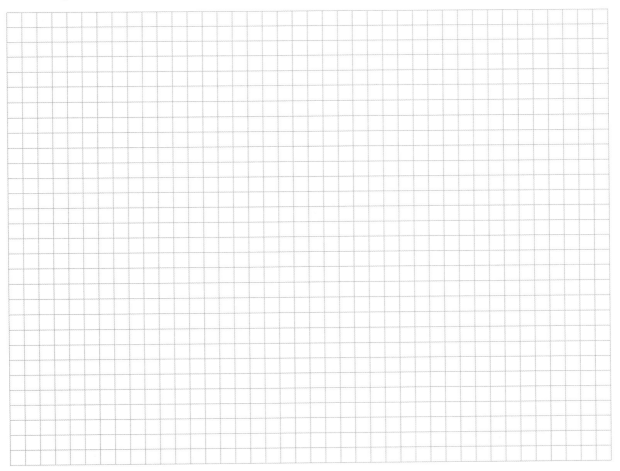

A estrutura química da unidade de repetição desse polímero é:

**37** (IFBA) A cor amarela do xixi se deve a uma substância chamada urobilina, formada em nosso organismo a partir da degradação da hemoglobina. A hemoglobina liberada pelas hemácias, por exemplo, é quebrada ainda no sangue, formando compostos menores que são absorvidos pelo fígado, passam pelo intestino e retornam ao fígado, onde são finalmente transformados em urobilina. Em seguida, a substância de cor amarelada vai para os rins e se transforma em urina, junto com uma parte da água que bebemos e outros ingredientes. Xixi amarelo demais pode indicar que você não está bebendo água o suficiente. O ideal é que a urina seja bem clarinha.

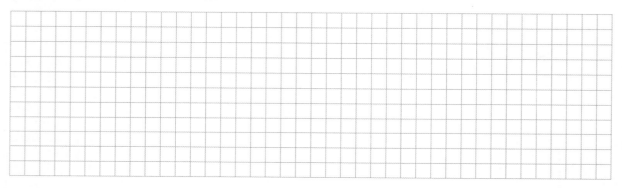

Quais são as funções orgânicas representadas na estrutura da urobilina?
a) Aldeído, Ácido Carboxílico e Cetona
b) Amida, Amina, Ácido Carboxílico
c) Cetona, Amina e Hidrocarboneto
d) Ácido Carboxílico, Amida e Fenol
e) Fenol, Amina e Amida

**38** (UPF-RS) O polímero poliacetato de vinila (PVA) é utilizado na fabricação de adesivos, tintas, gomas de mascar, entre outras aplicações. Seu monômero é o acetato de vinila. Marque a opção que indica corretamente a representação da fórmula estrutural desse monômero.

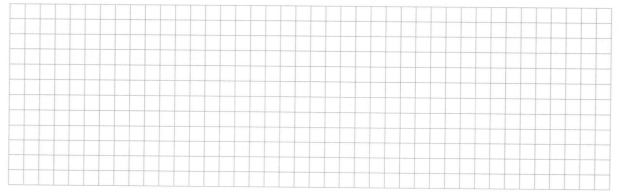

**36** (UEMG) Medicamento é um produto farmacêutico, tecnicamente obtido ou elaborado, com finalidade profilática, curativa, paliativa ou para fins de diagnóstico. A química orgânica é fundamental para o desenvolvimento de novos fármacos e o crescimento da indústria farmacêutica.

Dois dos princípios ativos de medicamentos mais utilizados pelos brasileiros são ilustrados a seguir:

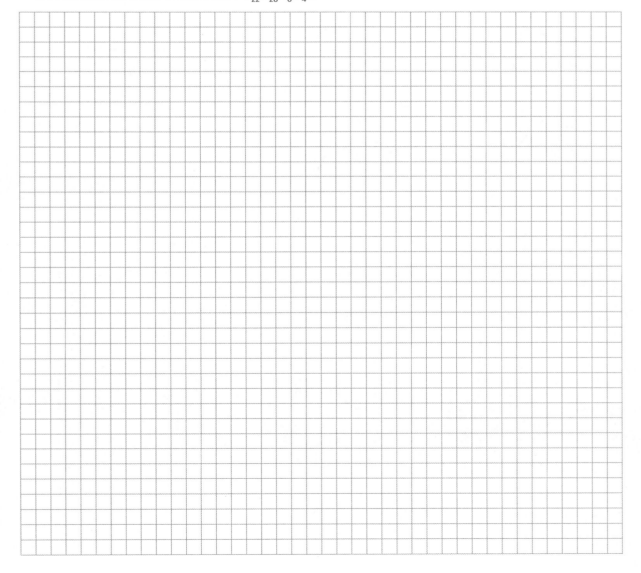

Em relação aos compostos apresentados, assinale a alternativa CORRETA:
a) A fluoxetina não possui atividade óptica.
b) As funções orgânicas presentes no sildenafil são amina, amida, éter e tiol.
c) A fórmula molecular da fluoxetina é $C_{17}H_{18}F_3NO$.
d) A fórmula molecular do sildenafil é $C_{22}H_{28}N_6O_4S$.

**35** (Fuvest-SP) A reação de cetonas com hidrazinas, representada pela equação química

pode ser explorada para a quantificação de compostos cetônicos gerados, por exemplo, pela respiração humana. Para tanto, uma hidrazina específica, a 2,4-dinitrofenilhidrazina, é utilizada como reagente, gerando um produto que possui cor intensa.

Considere que a 2,4-dinitrofenilhidrazina seja utilizada para quantificar o seguinte composto:

Nesse caso, a estrutura do composto colorido formado será:

**34** (Fuvest-SP) Quando o nosso corpo é lesionado por uma pancada, logo se cria um hematoma que, ao longo do tempo, muda de cor. Inicialmente, o hematoma torna-se avermelhado pelo acúmulo de hemoglobina. Em seguida, surge uma coloração azulada, decorrente da perda do $O_2$ ligado ao Fe do grupo heme. Essa coloração torna-se, então, esverdeada (biliverdina) e, após isso, surge um tom amarelado na pele (bilirrubina). Essa sequência de cores ocorre pela transformação do grupo heme da hemoglobina, como representado a seguir:

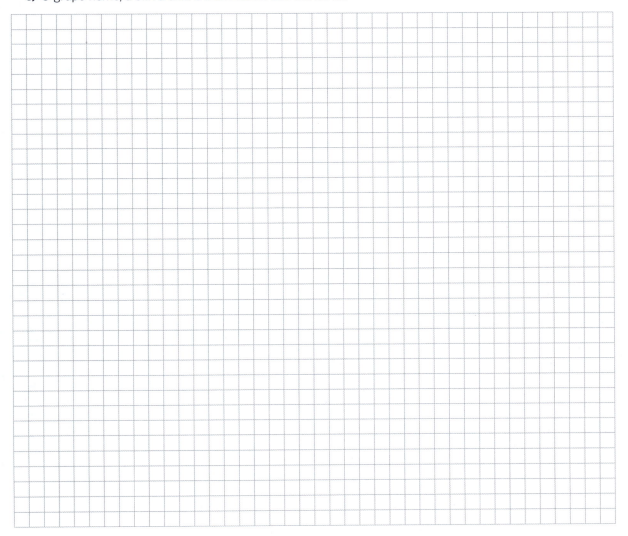

Com base nas informações e nas representações, é correto afirmar:

a) A conversão da biliverdina em bilirrubina ocorre por meio de uma redução.

b) A biliverdina, assim como a hemoglobina, é capaz de transportar $O_2$ para as células do corpo, pois há oxigênio ligado na molécula.

c) As três estruturas apresentadas contêm o grupo funcional amida.

d) A degradação do grupo heme para a formação da biliverdina produz duas cetonas.

e) O grupo heme, a biliverdina e a bilirrubina são isômeros.

**b)** Considerando o gráfico e sabendo que 1 pg = 10⁻¹² g, calcule a quantidade em mol e o número de moléculas de melatonina presentes em cada mL de plasma humano às 8 horas da manhã.

**32** (Unesp-SP) O Brasil já é o segundo país que mais realiza a cirurgia bariátrica, que reduz o tamanho do estômago.

O paciente consegue emagrecer porque perde a fome radicalmente — a quantidade de comida consumida cai a um quarto, em média, por falta de espaço. Apesar dos avanços técnicos e das facilidades, a cirurgia está longe de ser uma intervenção simples.

(Natalia Cuminale. "Emagrecer na faca". *Veja*, 13.03.2019. Adaptado.)

Além de aumentar a sensação de saciedade, mesmo com pequena ingestão de alimentos, a redução do estômago também reduz a quantidade de suco gástrico secretado pela parede estomacal, comprometendo a digestão do alimento nessa porção do aparelho digestório.

A principal enzima digestória do suco gástrico e a estrutura química dos monômeros das moléculas sobre as quais atua são

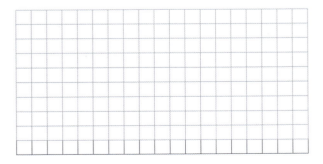

**33** (Unesp-SP) A melatonina (massa molar = 232 g/mol) é um hormônio produzido pela glândula pineal, conhecido como "hormônio da escuridão" ou "hormônio do sono". A biossíntese desse hormônio se dá a partir do triptofano, que se transforma em serotonina, e esta em melatonina. Essas transformações ocorrem por ação de enzimas.

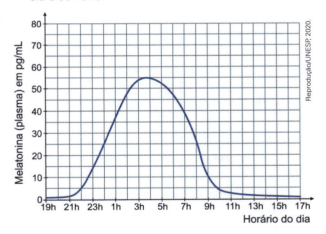

A produção diária de melatonina no organismo humano tem um ritmo sincronizado com o ciclo de iluminação ambiental característico do dia e da noite, de modo que o pico de produção ocorre durante a noite. O gráfico ilustra a concentração de melatonina no plasma, em diferentes horários do dia e da noite.

(Josephine Arendt. "Melatonin". *Journal of Biological Rhythms*, agosto de 2005. Adaptado.)

a) Identifique na fórmula do triptofano, reproduzida a seguir, o átomo de carbono quiral e a função amina primária. Considerando a sequência da biossíntese da melatonina, identifique em qual transformação ocorre descarboxilação.

a) A conversão de **A** em **B** é uma reação de hidratação.
b) A estrutura **B** apresenta um carbono quiral.
c) A conversão de **A** em **B** é uma reação de eliminação (desidratação).
d) A estrutura **A** apresenta uma função nitrogenada, composta por uma amina secundária.
e) A estrutura **A** apresenta um carbono quiral.

**31** (Uerj) A hemoglobina glicada é um parâmetro de análise sanguínea que expressa a quantidade de glicose ligada às moléculas de hemoglobina. Essa ligação ocorre por meio da reação representada a seguir:

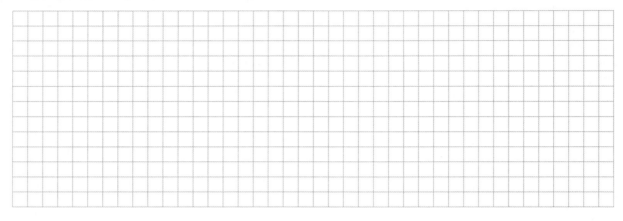

O grupamento funcional da molécula de glicose que reage com a hemoglobina corresponde à função orgânica denominada:

a) amina.      b) álcool.      c) cetona.      d) aldeído.

**29** (UFRGS-RS) O donepezil, representado abaixo, é um fármaco utilizado contra a doença de Alzheimer cujo sintoma inicial mais comum é a perda de memória de curto prazo, ou seja, a dificuldade de recordar eventos recentes.

Essa molécula apresenta as funções orgânicas

a) amina e éster.
b) cetona e álcool.
c) éter e éster.
d) amina e álcool.
e) cetona e éter.

**30** (Unioeste-PR) O Tamoxifeno é o medicamento oral mais utilizado no tratamento do câncer de mama. Sua função é impedir que a célula cancerígena perceba os hormônios femininos, assim, bloqueia seu crescimento e causa a morte dessas células. O Tamoxifeno é obtido por via sintética e abaixo está representada a última etapa de reação para sua obtenção. A respeito do esquema reacional mostrado, são feitas algumas afirmações. Assinale a alternativa que apresenta a afirmativa CORRETA.

**26** (Uema)

**PINGA MALUCA!**

O Centro Antiveneno de um hospital da cidade de Santo Amaro da Purificação encontrou metanol na urina de um paciente de 62 anos, um dos envenenados pela cachaça assassina da cidade de Tabuleiro. E a polícia encontrou 6 tambores de pinga na casa de um cidadão apontado como distribuidor da pinga maluca.

Notícias Populares, 23 de julho de 1990 (Adaptado).

O veneno em questão pertence à mesma função orgânica do principal constituinte da cachaça. Esses dois compostos são classificados como

a) álcoois.
b) aldeídos.
c) cetonas.
d) éteres.
e) ácidos carboxílicos.

**27** (UEA-AM) Ao se reagir 2-bromopropano com solução aquosa de hidróxido de potássio (KOH), obtém-se a equação:

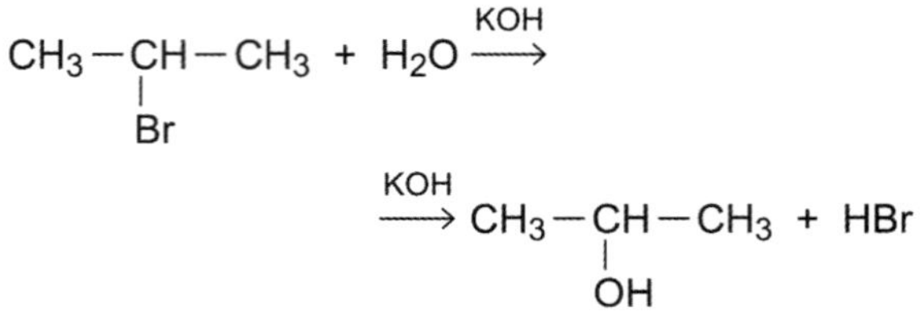

$$CH_3-CH(Br)-CH_3 + H_2O \xrightarrow{KOH} CH_3-CH(OH)-CH_3 + HBr$$

Essa equação representa uma reação orgânica de

a) eliminação.
b) ionização.
c) adição.
d) substituição.
e) neutralização.

**28** (UEA-AM) As essências artificiais de frutas e flores geralmente indicam a presença de ésteres voláteis, que são obtidos ao se fazer reagir um ácido carboxílico e um álcool, conforme a reação:

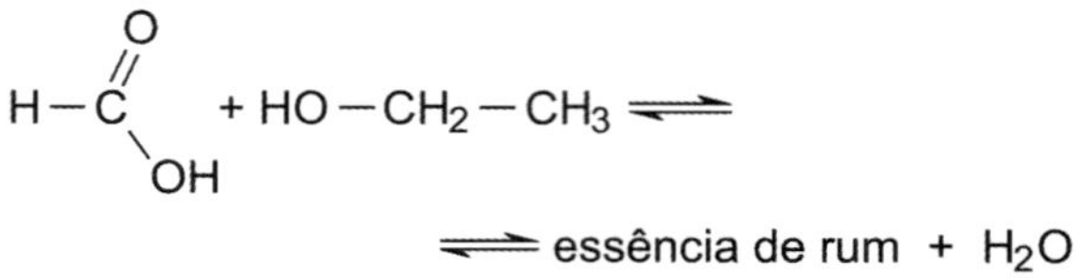

$$H-C(=O)(OH) + HO-CH_2-CH_3 \rightleftharpoons \text{essência de rum} + H_2O$$

A nomenclatura IUPAC do éster formado que possui essência de rum é

a) etanoato de metila.
b) etanoato de etila.
c) metanoato de metila.
d) metanoato de etila.
e) propanoato de metila.

**24** (Uece) Os fenóis encontram diversas aplicações práticas, tais como: em desinfetantes, na preparação de resinas e polímeros, do ácido pícrico, de explosivos e na síntese da aspirina e de outros medicamentos. Possuem o grupo hidroxila (OH) em sua composição química, mas não são álcoois. Atente para o que se diz a seguir sobre fenóis e assinale a afirmação verdadeira.

a) Quando a hidroxila estiver ligada diretamente ao ciclohexano, é um fenol.

b) Quando a hidroxila estiver ligada diretamente ao carbono sp do anel aromático, é um fenol.

c) No fenol, o grupo hidroxila está ligado diretamente ao carbono saturado do anel aromático.

d) No fenol, o grupo hidroxila está ligado diretamente ao carbono sp$^2$ do anel aromático.

**25** (Uece) Os óleos e as gorduras (ésteres) podem ser hidrolisados: éster + água → ácido + álcool, ou alcalinizados por base: éster + base → sal orgânico + álcool. De acordo com essas reações químicas, é correto afirmar que o álcool e o sal orgânico formados são, respectivamente,

a) glicerina (ou glicerol) e sabão.

b) glicerina (ou glicerol) e acetato.

c) pentanotriol e oxalato.

d) pentanotriol e sabão.

**23** (UFJF-MG) Os lipídios são compostos com importante valor nutricional por apresentarem considerável valor energético, transportarem ácidos graxos essenciais e vitaminas lipossolúveis, além de serem parcialmente responsáveis pela estrutura de membranas celulares. Observe abaixo a estrutura molecular de três lipídios:

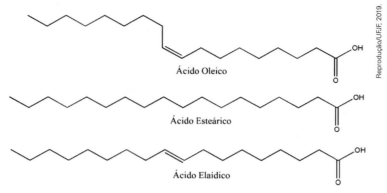

Com relação a estes compostos, responda:

a) Qual é o nome da reação química que ocorre com o ácido oleico na presença de um catalisador, que origina o ácido esteárico?

b) Que tipo de isomeria ocorre entre o ácido oleico e o ácido elaídico?

c) Indique cada um dos isômeros.

**22** (UFU-MG) O sarampo é uma doença infectocontagiosa provocada pelo vírus *Morbili* e transmitida por secreções das vias respiratórias. A vacina é aplicada por meio de uma injeção no braço e oferece imunidade por quase toda a vida.

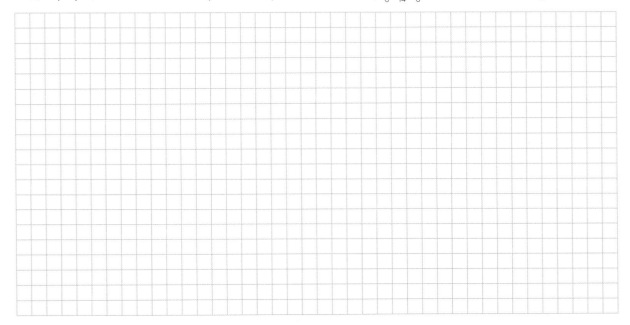

(Disponível em: https://revistagalileu.globo.com/Revista/noticia/2015/04/do-que-e-composta-vacina-do-sarampo.html. Adaptado.)

O sarampo é transmitido quando um indivíduo não imunizado entra em contato com secreções respiratórias de pessoas que possuem o vírus – seja pela ingestão, seja pela inalação. O melhor modo de proteger as pessoas é pela vacinação, que, por sua vez, mobiliza a indústria química para a produção dos materiais necessários à imunização, conforme indicado na figura acima.

Sobre os materiais químicos presentes no processo de imunização das pessoas para prevenção do sarampo, faça o que se pede.

**a)** Equacione a reação de hidrogenação catalítica total do butadieno ($C_4H_6$), que ocorre semelhantemente à do alceno, indicando o nome químico (segundo IUPAC) do produto formado.

**b)** Explique como ocorre a interação entre o poliálcool sorbitol ($C_6H_{14}O_6$) com moléculas de água.

**21** (UFJF-MG) Infecções virais de todos os tipos representam grandes desafios para a saúde pública e constantemente exigem novas estratégias terapêuticas. A viperina, uma proteína inibitória de vírus, inibe a replicação de uma variedade notável de vírus, sendo agora estudada para atuar contra o vírus Zica. A viperina converte o trifosfato de citidina (CTP), uma enzima produzida em organismos vivos, em uma nova molécula, o trifosfato 3'-deoxi-3',4'-didesidro-CTP (ddhCTP), capaz de inibir a replicação viral. A conversão do CTP em ddhCTP está mostrada na reação química abaixo:

Em relação a esta reação química, responda:
a) Qual é o nome da reação que ocorre na transformação do CTP em ddhCTP?
b) Em reações desse tipo, que ocorrem sem a presença de catalisador, qual é o reagente químico e quais são as condições comumente utilizadas?
c) Qual é o segundo produto formado?

**20** (UFU-MG) O trabalho "Tem dendê, tem axé, tem química", publicado em 2017 na Revista Química Nova na Escola, apresentou algumas contribuições da cultura africana para o desenvolvimento do Brasil. Esse estudo mostrou que os frutos do Dendezeiro, árvore originária da costa ocidental da África (Golfo da Guiné), produzem um óleo vegetal: o azeite de dendê que, consumido moderadamente, pode auxiliar no aumento do colesterol bom do sangue. Esse azeite contém ácidos graxos, indicados na tabela.

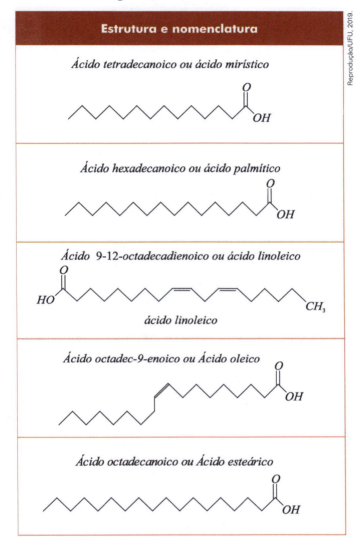

Sobre os ácidos graxos encontrados no azeite de dendê, presentes na tabela, faça o que se pede.

a) Conceitue, quimicamente, ácidos graxos.

b) Apresente uma vantagem para a saúde humana pelo consumo moderado do azeite de dendê quando comparado ao consumo de gorduras animais.

**19** (Fuvest-SP) O médico Hans Krebs e o químico Feodor Lynen foram laureados com o Prêmio Nobel de Fisiologia e Medicina em 1953 e 1964, respectivamente, por suas contribuições ao esclarecimento do mecanismo do catabolismo de açúcares e lipídios, que foi essencial à compreensão da obesidade. Ambos lançaram mão de reações clássicas da Química Orgânica, representadas de forma simplificada pelo esquema que mostra a conversão de uma cadeia saturada em uma cetona, em que cada etapa é catalisada por uma enzima (E) específica:

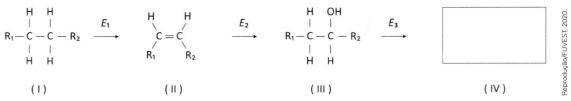

a) Complete, no espaço determinado, a fórmula estrutural do produto (IV) formado pela oxidação do álcool representado na estrutura (III).

b) Identifique pelo número qual das espécies (I, II ou III) possui isomeria geométrica (*cis-trans*) e desenhe os isômeros.

| Número da espécie: ||
|---|---|
| Isômero *cis* | Isômero *trans* |

c) Se $R_1$ e $R_2$ forem cadeias carbônicas curtas, os compostos representados por (III) serão bastante solúveis em água, enquanto que, se $R_1$ e/ou $R_2$ forem cadeias carbônicas longas, os compostos representados por (III) serão pouco solúveis ou insolúveis em água. Por outro lado, os compostos representados por (I) e (II) serão pouco solúveis ou insolúveis em água independentemente do tamanho das cadeias. Explique a diferença do comportamento observado entre as espécies (I) e (II) e a espécie (III).

Note e adote:

Considere $R_1$ e $R_2$ como cadeias carbônicas saturadas diferentes, contendo apenas átomos de carbono e hidrogênio.

**18** (Unicamp-SP) A bula de um analgésico e anti-inflamatório informa que na composição de cada comprimido há, além de hidrogenocarbonato de sódio (bicarbonato de sódio), três substâncias orgânicas, cujas estruturas químicas são apresentadas a seguir.

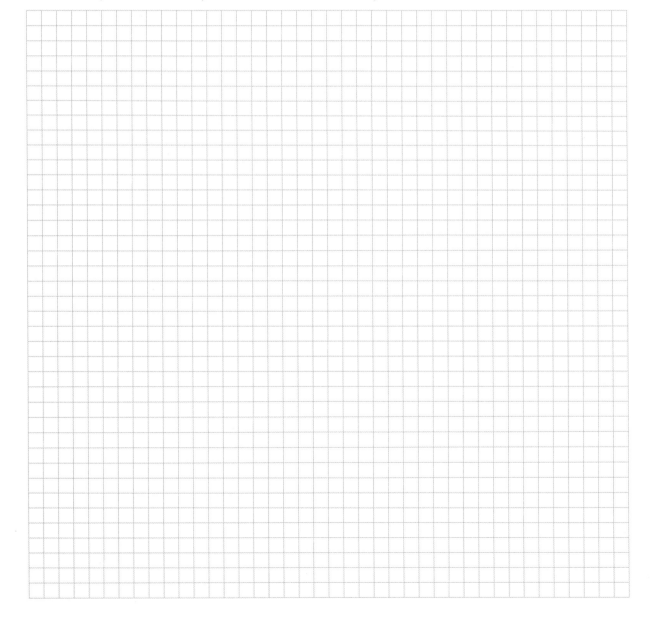

a) Considerando a composição do comprimido, o que deve acontecer quando ele for colocado em água? Descreva o que será observado visualmente e apresente uma equação química que justifique o que você descreveu.

b) Levando em conta a estrutura desses princípios ativos (compostos A, B e C), a solubilidade de qual deles sofrerá maior influência na presença do hidrogenocarbonato de sódio? Justifique sua resposta tendo em vista as possíveis modificações nas moléculas e nas interações intermoleculares soluto-solvente.

**17** (Unifesp) O lactato de mentila é um éster utilizado em cremes cosméticos para a pele, com a finalidade de dar sensação de refrescância após a aplicação. Esse éster é obtido pela reação entre mentol e ácido láctico, cujas fórmulas estruturais estão representadas a seguir.

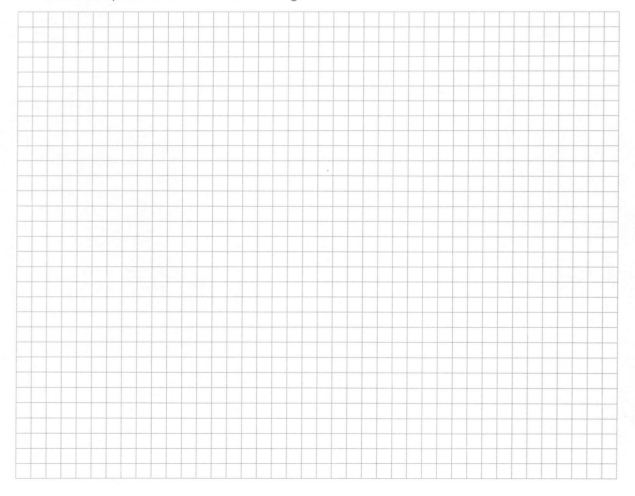

**a)** Cite o nome da função orgânica comum ao mentol e ao ácido láctico. Indique, na estrutura do ácido láctico reproduzida abaixo, o átomo de carbono assimétrico.

**b)** Utilizando fórmulas estruturais, escreva a equação química que representa a formação do lactato de mentila a partir do mentol e do ácido láctico. Analisando a estrutura do lactato de mentila, justifique por que esse éster apresenta baixa solubilidade em água.

**16** (Unesp-SP) Analise as estruturas das clorofilas a e b.

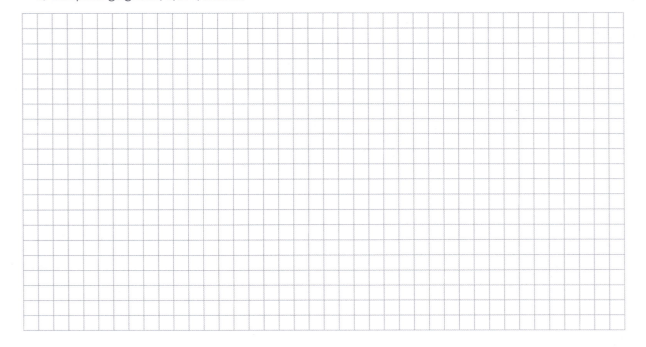

As clorofilas a e b estão presentes na estrutura celular denominada _____, sendo que a clorofila _____ é a principal responsável pelo processo de fotossíntese. Nas duas clorofilas, o elemento magnésio encontra-se sob a forma de íons com número de carga _____. A diferença entre as duas estruturas é a presença, na clorofila b, de um grupo da função orgânica _____, em vez de um dos grupos metil da clorofila a.

As lacunas do texto são preenchidas, respectivamente, por:

Dado: Mg (metal alcalino terroso).

a) cloroplasto; a; 2+; aldeído.
b) cloroplasto; b; 2+; cetona.
c) complexo golgiense; a; 1+; aldeído.
d) cloroplasto; a; 1+; aldeído.
e) complexo golgiense; b; 2+; cetona.

**14** (Uerj) O acúmulo do ácido 3-metilbutanoico no organismo humano pode gerar transtornos à saúde. A fórmula estrutural desse ácido é representada por:

a) 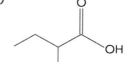   b) 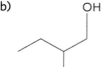   c)   d)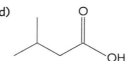

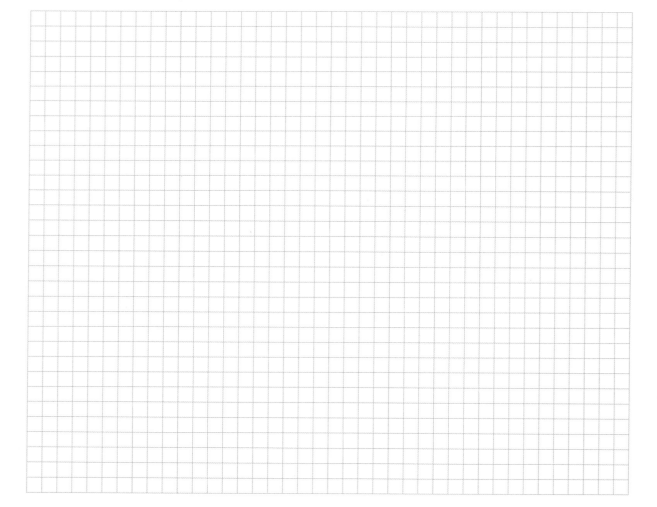

**15** (Uerj) A reação química de adição entre haletos orgânicos e magnésio produz compostos de Grignard. Um exemplo desses compostos é o brometo de etilmagnésio.

Em um experimento, a pentan-2-ona reagiu com o brometo de etilmagnésio. Posteriormente, o produto dessa reação foi submetido à hidrólise.

Apresente a fórmula estrutural do reagente oxigenado, empregando a notação em linha de ligação.

Considerando os dois produtos formados ao final da hidrólise, nomeie o produto orgânico e indique a fórmula química do produto inorgânico.

a) A que tipo de reação química pertence a transformação mostrada?

b) Forneça a estrutura química do ácido acético em grafia bastão.

c) Qual é a substância orgânica empregada como reagente dessa reação?

13 (UEL-PR) O bisfenol A é uma substância empregada na síntese de policarbonato e resinas epóxi, com aplicações que vão desde computadores e eletrodomésticos até revestimentos para latas de alimentos e bebidas. Estudos apontam que a substância, por possuir similaridade com um hormônio feminino da tireoide, atua como um interferente endócrino. No Brasil, desde 2012 é proibida a venda de mamadeiras ou outros utensílios que contenham bisfenol A. O 2,2-difenilpropano, de estrutura similar ao bisfenol A, é um hidrocarboneto com grau de toxicidade ainda maior que o bisfenol A. As fórmulas estruturais dessas substâncias são apresentadas a seguir.

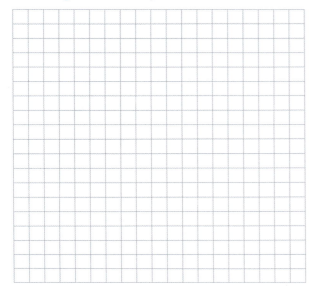

Bisfenol A

2,2-difenilpropano

Com base nas propriedades físico-químicas dessas substâncias, considere as afirmativas a seguir.

I. A solubilidade do bisfenol A em solução alcalina é maior que em água pura.

II. Ligações de hidrogênio e interações $\pi - \pi$ são forças intermoleculares que atuam entre moléculas de bisfenol A.

III. A solubilidade do 2,2-difenilpropano em água é maior do que em hexano.

IV. O ponto de fusão do 2,2-difenilpropano é maior que do bisfenol A.

Assinale a alternativa correta.

a) Somente as afirmativas I e II são corretas.

b) Somente as afirmativas I e IV são corretas.

c) Somente as afirmativas III e IV são corretas.

d) Somente as afirmativas I, II e III são corretas.

e) Somente as afirmativas II, III e IV são corretas.

**8** (Uepa) No composto

H₃C — CH = CH — CH₂ — C ≡ CH,

o número de ligações σ e π existentes são, respectivamente,

a) 3 e 5.
b) 5 e 3.
c) 12 e 4.
d) 13 e 3.

**9** (UEA-AM) Analise a cadeia carbônica do seguinte composto:

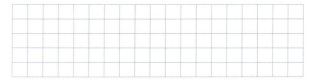

Essa cadeia carbônica é classificada como:

a) alicíclica, normal, homogênea e insaturada.
b) alicíclica, normal, homogênea e saturada.
c) alicíclica, ramificada, heterogênea e saturada.
d) acíclica, ramificada, homogênea e saturada.
e) acíclica, ramificada, heterogênea e insaturada.

**10** (UFRGS-RS) A produção industrial de cloreto de vinila, matéria-prima para a obtenção do poli(cloreto de vinila), polímero conhecido como PVC, envolve as reações mostradas no esquema abaixo

$$CH_2 = CH_2 + C\ell_2 \xrightarrow{I} C\ell CH_2 — CH_2C\ell \xrightarrow{II}$$
$$\xrightarrow{II} CH_2 = CHC\ell + HC\ell$$

As reações **I** e **II** podem ser classificadas como

a) cloração e adição.
b) halogenação e desidroalogenação.
c) adição e substituição.
d) desidroalogenação e eliminação.
e) eliminação e cloração.

**11** (UFPR) A nomenclatura de substâncias orgânicas segue um rigoroso conjunto de regras que levam em consideração a função orgânica, a cadeia principal e a posição dos substituintes. Dar o nome oficial a uma substância orgânica muitas vezes não é algo trivial, e o uso desse nome no dia a dia pode ser desencorajador. Por conta disso, muitas substâncias são conhecidas pelos seus nomes populares. Por exemplo, a estrutura orgânica mostrada abaixo lembra a figura de um pinguim, sendo por isso popularmente conhecida como *pinguinona*.

Pinguinona

(Fonte da Imagem: <http://falen.info/usapimage-pinguim.acp>. Acessado em 09/08/2018.)

O nome oficial dessa substância é:

a) metilcicloexanona.
b) tetrametilcicloexanodienona.
c) 3,4,4,5-tetrametilcicloexanona.
d) 3,4,4,5-metilcicloexanodienona.
e) 3,4,4,5-tetrametilcicloexano-2,5-dienona.

**12** (UFPR) O ácido etanoico, também conhecido como ácido acético, é responsável pelo cheiro e gosto ácido do vinagre. É usado na alimentação e na produção de plásticos, ésteres, acetatos de celulose e acetatos inorgânicos. O ácido acético é conhecido desde a Antiguidade, quando era obtido dos vinhos que azedavam. A reação química envolvida nesse processo está esquematizada a seguir:

Reagente + O₂ ⟶ Ácido acético

Em seguida, determine o número de oxidação do carbono insaturado presente nos três aminoácidos e represente a fórmula estrutural da fenilalanina, empregando a notação em linha de ligação, sabendo que Ar é o radical benzil.

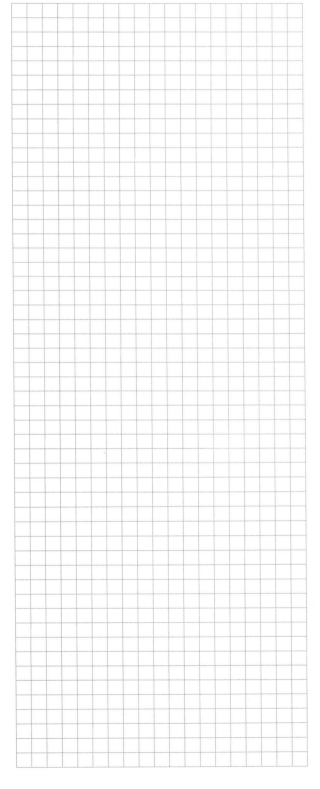

**7** (EsPCEx/Aman-RJ) Um aluno, durante uma aula de química orgânica, apresentou um relatório em que indicava e associava alguns compostos orgânicos com o tipo de isomeria plana correspondente que eles apresentam. Ele fez as seguintes afirmativas acerca desses compostos e da isomeria correspondente:

   I. os compostos butan-1-ol e butan-2-ol apresentam entre si isomeria de posição.
   II. os compostos pent-2-eno e 2 metilbut-2-eno apresentam entre si isomeria de cadeia.
   III. os compostos propanal e propanona apresentam entre si isomeria de compensação (metameria).
   IV. os compostos etanoato de metila e metanoato de etila apresentam entre si isomeria de função.

Das afirmativas feitas pelo aluno, as que apresentam a correta relação química dos compostos orgânicos citados e o tipo de isomeria plana correspondente são apenas

a) I e II.
b) I, II e III.
c) II e IV.
d) I, II e IV.
e) III e IV.

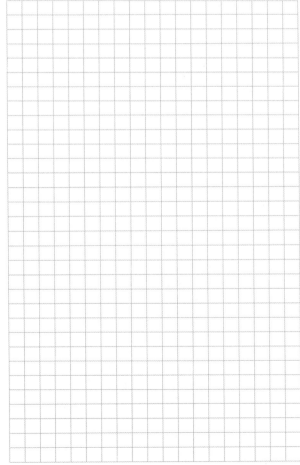

**3** (Unioeste-PR) O eugenol e isoeugenol são isômeros que apresentam fórmula molecular $C_{10}H_{12}O_2$. O eugenol é um óleo essencial extraído do cravo-da-índia, apresenta propriedades anestésicas e pode ser convertido em seu isômero isoeugenol a partir da reação apresentada abaixo.

Considerando as estruturas do eugenol e isoeugenol, é CORRETO afirmar.

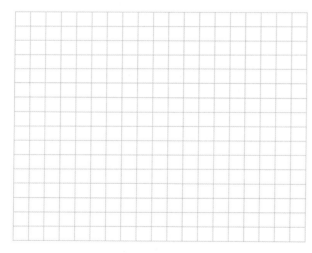

a) São isômeros funcionais.
b) São isômeros de cadeia.
c) São isômeros ópticos.
d) São isômeros de posição.
e) São formas tautoméricas.

**4** (PUC-RJ) Monoterpenos são hidrocarbonetos presentes nos óleos essenciais de diversas plantas. Na Figura abaixo, são mostradas as estruturas moleculares de dois monoterpenos: limoneno e mirceno.

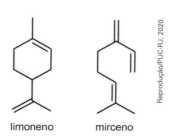

Sobre essas estruturas, é CORRETO afirmar que

a) tanto o limoneno quanto o mirceno apresentam isomeria óptica.
b) a fórmula molecular do limoneno é $C_{10}H_{16}$, e do mirceno é $C_{10}H_{14}$.
c) o limoneno e o mirceno apresentam o mesmo número de carbonos com hibridização $sp^2$.
d) tanto o limoneno quanto o mirceno são hidrocarbonetos cíclicos e saturados.
e) o mirceno não apresenta isomeria geométrica.

**5** (Uerj) Em uma unidade industrial, emprega-se uma mistura líquida formada por solventes orgânicos que apresentam a fórmula molecular $C_2H_6O$.
Entre os componentes da mistura, ocorre isomeria plana do seguinte tipo:

a) cadeia
b) função
c) posição
d) compensação

**6** (Uerj) Os ovos de galinha possuem em sua composição aminoácidos importantes para a síntese de proteínas. Observe as fórmulas estruturais de três desses aminoácidos:

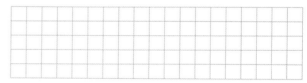

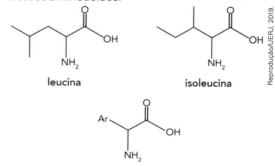

Indique o tipo de isomeria plana que ocorre entre a leucina e a isoleucina e identifique o aminoácido que possui quatro isômeros opticamente ativos.

**2** (UEL-PR) Em 2017, a ANVISA aprovou a administração de um medicamento antirretroviral composto pela combinação das substâncias entricitabina (FTC) e fumarato (molécula contendo ácido carboxílico como função orgânica) de tenofovir desoproxila (TDF) para pessoas com alto risco de infecção pelo vírus HIV. O medicamento apresenta Profilaxia Pré-Exposição (PrEP), ou seja, evita que uma pessoa que não tem HIV adquira a infecção quando se expõe ao vírus.

As estruturas químicas da FTC e do TDF são apresentadas a seguir:

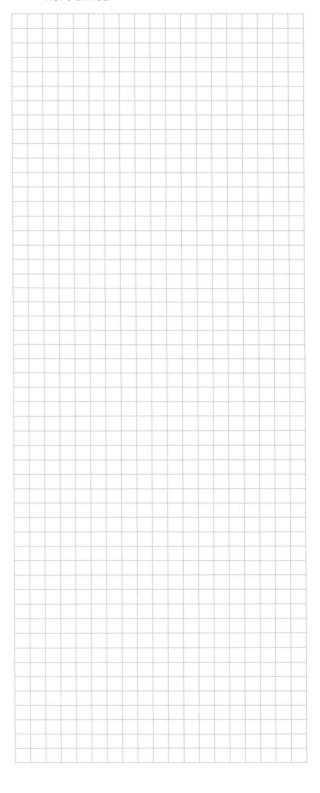

Dados:
Massa molar da FTC = 247,24 g · mol$^{-1}$
Massa molar do TDF = 635,52 g · mol$^{-1}$
Sabe-se que a solubilidade em água a 25 °C da FTC é 13,4 mg · L$^{-1}$ e do TDF é 112,0 mg · mL$^{-1}$ e que a constante de ionização da FTC é de 5,12 · 10$^{-15}$, cujo hidrogênio ácido é aquele pertencente à hidroxila.

Com base nas estruturas químicas e nas informações apresentadas sobre as moléculas, assinale a alternativa correta.

a) A espécie de FTC que estaria em maior concentração no intestino (pH igual a 8) é a espécie carregada negativamente.

b) Supondo que o TDF seja mais solúvel em solvente apolar do que em meio aquoso, pode-se afirmar que sua solubilidade será maior na forma neutra.

c) Na estrutura do TDF, o fumarato possui isomeria óptica e carbono quaternário e a função fosfato possui isomeria plana.

d) Analisando a solubilidade das substâncias, em 1 litro de água a quantidade de matéria (mols) de FTC será maior que de moléculas de TDF.

e) A estrutura do TDF possui funções amida e aldeído; já a estrutura da FTC possui funções fenol e amida.

# Química orgânica

**1** (UFRGS-RS) A produção industrial de antibióticos do tipo β-lactama está sofrendo uma enorme transformação pela substituição de processos químicos estequiométricos convencionais por processos catalíticos que usam enzimas muito mais eficientes. Muitas dessas enzimas são obtidas pelo princípio da evolução dirigida, técnica que recebeu o reconhecimento pelo Prêmio Nobel de Química de 2018. As estruturas da Ampicilina e da Cefalexina, antibióticos que podem ser sintetizados com o uso de enzimas do tipo Penicilina Acilase, são mostradas abaixo.

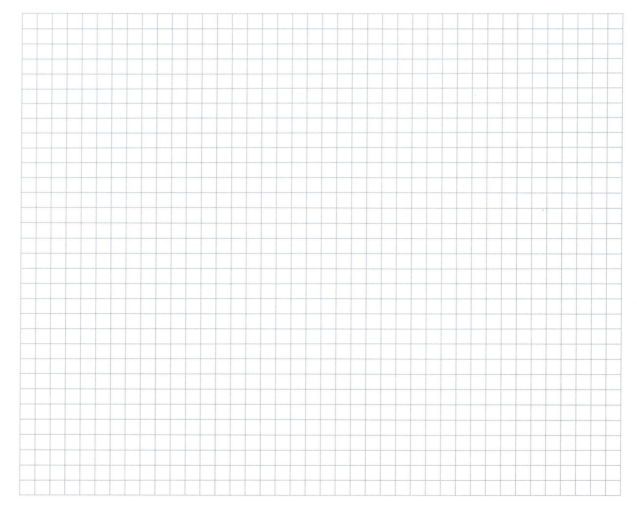

Considere as afirmações abaixo, em relação à Ampicilina e à Cefalexina.
I. Ambas apresentam o mesmo número de átomos de oxigênio, nitrogênio, enxofre e carbono.
II. Ambas contêm 1 anel de 4 membros.
III. Ambas apresentam o mesmo número de carbonos assimétricos.

Quais estão corretas?

a) Apenas I.  b) Apenas III.  c) Apenas I e II.  d) Apenas II e III.  e) I, II e III.

**79** (Unifor-CE) A pilha de Daniell é construída usando-se um eletrodo de zinco metálico, que é embebido numa solução de sulfato de zinco, e um eletrodo de cobre metálico, que é então embebido numa solução de sulfato cúprico. As duas soluções são postas em contato através de uma superfície porosa, de modo que não se misturem, mas íons possam atravessá-la. Alternativamente, uma ponte salina, que pode ser um tubo contendo em seu interior uma solução salina, tipo NaCℓ, fechado por material poroso, interligando as soluções de sulfato cúprico e de zinco.

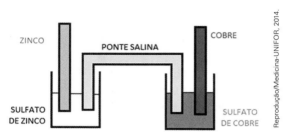

http://www.eecis.udel.edu/~portnoi/academic/academic-files/daniellcell.html

Na pilha de Daniell, há um processo de transferência espontânea de elétrons. No processo:

**a)** O Zn(s) sofre oxidação, perdendo elétrons sendo o agente redutor do processo enquanto o $Cu^{2+}$(aq) sofre redução, ganhando os elétrons cedidos pelo zinco metálico e agindo como oxidante no processo.

**b)** O Cu(s) sofre oxidação, perdendo elétrons sendo o agente redutor do processo enquanto o $Zn^{2+}$(aq) sofre redução, ganhando os elétrons cedidos pelo zinco metálico e agindo como oxidante no processo.

**c)** O Zn(s) sofre redução, perdendo elétrons sendo o agente redutor do processo enquanto o $Cu^{2+}$(aq) sofre oxidação, ganhando os elétrons cedidos pelo zinco metálico e agindo como oxidante no processo.

**d)** O Cu(s) sofre oxidação, perdendo elétrons sendo o agente redutor do processo enquanto o $Zn^{2+}$(aq) sofre redução, ganhando os elétrons cedidos pelo zinco metálico e agindo como oxidante no processo.

**e)** Ambos os metais em solução sofrem redução e os sólidos metálicos sofrem oxidação.

**77** (Vunesp-SP) Na precipitação de chuva ácida, um dos ácidos responsáveis pela acidez é o sulfúrico.

Um equilíbrio envolvido na formação desse ácido na água da chuva está representado pela equação:

$$2\ SO_2\ (g) + O_2\ (g) \rightleftharpoons 2\ SO_3\ (g)$$

a) Calcule o valor da constante de equilíbrio nas condições em que, reagindo-se 6 mol/L de $SO_2$ com 5 mol/L de $O_2$, obtém-se 4 mol/L de $SO_3$ quando o sistema atinge o equilíbrio.

b) Construa um gráfico para este equilíbrio representando as concentrações em mol/L na ordenada e o tempo na abscissa e indique o ponto onde foi estabelecido o equilíbrio.

**78** (PUC-RJ) O gráfico abaixo mostra o caminho da reação de conversão de um reagente (R) em um produto (P), tendo r e p como coeficientes estequiométricos. A cinética da reação é de primeira ordem.

$$1\ R \rightleftharpoons 1\ P$$

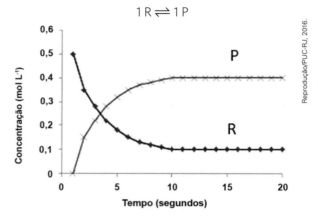

A partir das informações do gráfico é certo que

a) a reação é completa.
b) o valor da constante de equilíbrio é 4.
c) o equilíbrio reacional é alcançado somente a partir de 15 s.
d) a velocidade da reação é maior em 10 s do que em 5 s.
e) a reação tem os coeficientes r e p iguais a 2 e 1, respectivamente.

**75** (UFG-GO) A variação de entalpia (ΔH) é uma grandeza relacionada à variação de energia que depende apenas dos estados inicial e final de uma reação.

Analise as seguintes equações químicas:

I. $C_3H_8(g) + 5\,O_2(g) \rightarrow 3\,CO_2(g) + 4\,H_2O(\ell)$    $\Delta H^0 = -2\,220$ kJ
II. $C(\text{grafite}) + O_2(g) \rightarrow CO_2(g)$    $\Delta H^0 = -394$ kJ
III. $H_2(g) + \frac{1}{2}O_2(g) \rightarrow H_2O(\ell)$    $\Delta H^0 = -286$ kJ

Ante o exposto, determine a equação global de formação do gás propano e calcule o valor da variação de entalpia do processo.

**76** (UCS-RS) Considere as equações químicas abaixo.

$6\,C(s) + 6\,H_2(g) + 3\,O_2(g) \rightarrow C_6H_{12}O_6(aq)$    $\Delta H = -1263$ kJ · mol⁻¹
$C(s) + O_2(g) \rightarrow CO_2(g)$    $\Delta H = -413$ kJ · mol⁻¹
$H_2(g) + \frac{1}{2}O_2(g) \rightarrow H_2O(\ell)$    $\Delta H = -286$ kJ · mol⁻¹

As células usam glicose, um dos principais produtos da fotossíntese, como fonte de energia e como intermediário metabólico. Com base nas equações acima, qual é a energia envolvida (kJ · mol⁻¹) na queima metabólica de 1 mol de glicose?

Considere a equação química dessa queima como

$$C_6H_{12}O_6(aq) + 6\,O_2(g) \rightarrow 6\,CO_2(g) + 6\,H_2O(\ell).$$

a) −3 931.
b) −2 931.
c) −1 931.
d) +1 931.
e) +2 931.

a) 8,0 g.      d) 21 g.
b) 11 g.       e) 52 g.
c) 14 g.

**73** (EsPCEx/Aman-RJ) Reações conhecidas pelo nome de termita são comumente utilizadas em granadas incendiárias para destruição de artefatos, como peças de morteiro, por atingir temperaturas altíssimas devido à intensa quantidade de calor liberada e por produzir ferro metálico na alma das peças, inutilizando-as. Uma reação de térmita muito comum envolve a mistura entre alumínio metálico e óxido de ferro III, na proporção adequada, e gera como produtos o ferro metálico e o óxido de alumínio, além de calor, conforme mostra a equação da reação:

2 Aℓ (s) + Fe$_2$O$_3$(s) → 2 Fe(s) 1 Aℓ$_2$O$_3$(s) + calor
Reação de termita

Dados:

Massas atômicas: Aℓ = 27 u; Fe = 56 u; O = 16 u.

Entalpia Padrão de Formação:

$\Delta H^0_f$ Aℓ$_2$O$_3$ = −1675,7 kJ · mol$^{-1}$; $\Delta H^0_f$ Fe$_2$O$_3$ = −824,2 kJ · mol$^{-1}$; $\Delta H^0_f$ Aℓ$^0$ = 0 kJ · mol$^{-1}$; $\Delta H^0_f$ Fe$^0$ = 0 kJ · mol$^{-1}$.

Considerando a equação de reação de térmita apresentada e os valores de entalpia (calor) padrão das substâncias componentes da mistura, a variação de entalpia da reação de termita é:

a) $\Delta H^0_f$ = +2 111,2 kJ
b) $\Delta H^0_f$ = −1 030,7 kJ
c) $\Delta H^0_f$ = −851,5 kJ
d) $\Delta H^0_f$ = −332,2 kJ
e) $\Delta H^0_f$ = −1 421,6 kJ

**74** (UFPR) Policlorobifenila, conhecido como PCB, é uma classe de compostos sintéticos aromáticos que foi extensivamente utilizada em fluidos refrigerantes para transformadores, capacitores e motores elétricos, devido à excelente propriedade dielétrica e estabilidade química. O descarte inapropriado de PCB no meio ambiente causa diversos problemas, em função da alta toxicidade e longevidade no ambiente. Os PCBs são agentes carcinogênicos para humanos e animais. A remediação de solos contaminados com PCB é bastante difícil, devido à alta estabilidade desses compostos. A incineração desses solos em temperaturas inferiores a 700 °C produz compostos voláteis perigosos, como as dioxinas. Dioxinas são ainda mais tóxicas e são agentes carcinogênicos e teratogênicos. A equação a seguir corresponde à reação de oxidação de 1,1'-bifenila-2,2',3,3'-tetracloro ($\Delta H^0_f$ = 73,2 kJ · mol$^{-1}$) em 2,3,7,8-tetraclorodibenzo-p-dioxina ($\Delta H^0_f$ = −114,4 kJ · mol$^{-1}$). A entalpia de formação da água nas condições de reação é ($\Delta H^0_f$ = −241,8 kJ · mol$^{-1}$).

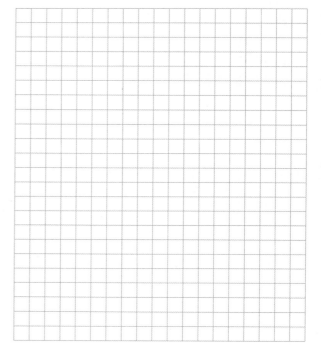

a) Calcule a entalpia da reação ilustrada. Mostre como chegou ao valor.
b) Essa reação é endotérmica? Explique como se chega a tal conclusão.

**70** (IFPE) A perda do brilho característico de objetos feitos do metal prata decorre de um processo de oxirredução com a deposição de uma película de $Ag_2S(s)$ sobre a superfície. Considerando que as equações abaixo representam as semirreações de oxidação, redução e a equação geral do processo de enegrecimento da prata, analise as proposições a seguir e assinale a alternativa CORRETA.

$2\ Ag(s) + S^{2-}(aq) \rightleftharpoons Ag_2S(s) + 2\ e^-$   $E^0_{oxidação} = 0{,}69\ V$

$O_2(g) + 4\ H^+(aq) + 4\ e^- \rightleftharpoons 2\ H_2O(\ell)$   $E^0_{redução} = 1{,}23\ V$

$4\ Ag(s) + O_2(g) + 4\ H^+(aq) + 2\ S^{2-}(aq) \rightleftharpoons 2\ Ag_2S(s) + 2\ H_2O(\ell)$

*Química Nova na Escola*. Disponível em: <http://qnesc.sbq.org.br/online/qnesc30/11-EEQ-4407.pdf/>. Acesso em: 30 out. 2018.

I. A prata metálica, Ag(s), é o agente oxidante.
II. O sulfeto de prata é a substância que se deposita escurecendo o objeto.
III. A prata metálica sofre oxidação, tendo seu Nox variando de 0 (zero) para +1.
IV. O potencial padrão da reação global equivale 0,54 V e corresponde à $E_{redução} - E_{oxidação}$.
V. O número de oxidação do oxigênio reduz de 0 (zero) para $-2$, sendo $O_2(g)$ o agente oxidante da reação.

Estão CORRETAS, apenas, as proposições

a) I, II e III.
b) II, III e V.
c) III, IV e V.
d) I, II e IV.
e) I, IV e V.

**71** (Uema) Um professor, preocupado em estimular a curiosidade de seus alunos, para a observação dos fenômenos de transferência de elétrons, utiliza um experimento de construção de uma pilha galvânica. Analise a figura que o ilustra.

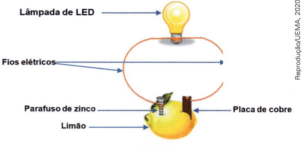

**EXPERIMENTO**

O material utilizado é de fácil obtenção, o que possibilita a apresentação do experimento numa feira de ciências na escola.

https://educador.brasilescola.uol.com.br/estrategias-ensino/pilhas-caseiras.htm.

Uma pilha ou célula galvânica pode ser caracterizada como um processo espontâneo no qual a energia química é transformada em energia elétrica. Dessa forma, a pilha fornece energia para um determinado sistema (uma lâmpada, por exemplo) até que a reação química se esgote.

O experimento proposto pelo professor funciona do mesmo modo que uma pilha comercial pelo fato de que

a) o limão atua como um excelente catalisador da reação entre os metais.
b) o limão transmite a sua energia calórica armazenada para a lâmpada.
c) os dois metais, cravados no limão, apresentam uma diferença de potencial entre si.
d) a placa e o parafuso são oxidados pela acidez do limão, liberando energia.
e) a lâmpada e o limão, ânodo e cátodo, respectivamente, são os dois polos da pilha.

**72** (UEA-AM) Admita uma solução aquosa de sulfato de ferro (II) que passou por um processo de eletrólise durante duas horas, empregando-se uma corrente elétrica com intensidade (i) de 5 A, e a semirreação a seguir:

$Fe^{2+}(aq) + 2\ e^- \rightarrow Fe(s)$

Considerando a Constante de Faraday = = 96 500 C/mol, 1 hora = 3 600 s e a massa molar do ferro (Fe) = 56 g/mol, a massa aproximada de ferro metálico que pode ser depositada no cátodo, nessas condições, é

**67** (UFU-MG)

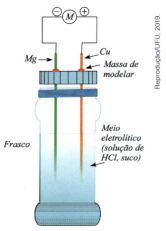

(HIOKA, N. et al. "Pilhas de Cu/Mg construídas com materiais de fácil obtenção". Revista *Química Nova na Escola*. n. 11. Maio 2000.)

O esquema ilustra uma pilha construída com materiais de fácil obtenção e cuja correta montagem permite o funcionamento de um pequeno aparelho, representado pela letra M. Quando ativada, a pilha produz gás hidrogênio a partir da água e íons magnésio, resultantes da reação do magnésio.

Sobre essa pilha, responda ao que se pede.

a) Escreva as semirreações que ocorrem no sistema.

b) Discorra sobre os cuidados que devem ser tomados com o uso do ácido clorídrico e com a produção do gás hidrogênio pelo dispositivo.

**68** (Uece) Uma pilha de alumínio e prata foi montada e, após algum tempo, constatou-se que o eletrodo de alumínio perdeu 135 mg desse metal. O número de elétrons transferidos de um eletrodo para outro durante esse tempo foi de

Dados: $Aℓ = 27$; $N_A = 6{,}02 \cdot 10^{23}$ $mol^{-1}$.

a) $6{,}02 \cdot 10^{23}$.          c) $9{,}03 \cdot 10^{21}$.
b) $6{,}02 \cdot 10^{21}$.          d) $9{,}03 \cdot 10^{23}$.

**69** (UEG-GO) Uma pilha de Daniel é um dispositivo capaz de transformar energia química em energia elétrica, e como exemplo tem-se uma formada por eletrodos de ferro

($Fe^{3+} + 3\,e^- \rightleftharpoons Fe(s)$   $E^0_{redução} = -0{,}036$ V)

e estanho

($Sn^{2+} + 2\,e^- \rightleftharpoons Sn(s)$   $E^0_{redução} = -0{,}136$ V).

Nesse caso, constata-se que

a) no recipiente contendo o eletrodo de estanho diminuirá a concentração de íons em solução.

b) a direção do fluxo de elétrons ocorrerá do eletrodo de ferro para o de estanho.

c) no eletrodo de ferro haverá uma diminuição da sua massa.

d) o eletrodo de estanho sofrerá um processo de redução.

e) haverá uma corrosão do eletrodo de estanho.

**65** (Unesp-SP) Considere um cubo de aço inoxidável cujas arestas medem 1 cm.

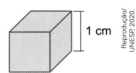

Deseja-se recobrir as faces desse cubo com uma camada uniforme de cobre de $1 \cdot 10^{-2}$ cm de espessura. Para isso, o cubo pode ser utilizado como cátodo de uma cuba eletrolítica contendo íons $Cu^{2+}$(aq). Admita que a eletrólise se realize sob corrente elétrica de 200 mA, que a constante de Faraday seja igual a $1 \cdot 10^{-5}$ C/mol e que a densidade do cobre seja 9 g/cm³. Assim, estima-se que o tempo de eletrólise necessário para que se deposite no cubo a camada de cobre desejada será próximo de

Dado: Cu = 63,5.

a) 17 000 s.
b) 2 200 s.
c) 8 500 s.
d) 4 300 s.
e) 3 600 s.

**66** (Famema-SP) Para verificar a presença de íons chumbo (II) em uma solução, pode-se mergulhar um fio de aço galvanizado (revestido com zinco) na solução em questão. O metal do revestimento reage com os íons chumbo (II), evidenciando, assim, sua presença. A tabela apresenta os potenciais de redução dos íons chumbo (II) e zinco.

| Semirreação | Potencial-padrão de redução (V) |
|---|---|
| $Pb^{2+} + 2\,e^- \rightarrow Pb$ | $-0,13$ |
| $Zn^{2+} + 2\,e^- \rightarrow Zn$ | $-0,76$ |

Considere que, para a realização do teste, utilizou-se uma solução contendo $5 \cdot 10^{-3}$ mol/L de íons chumbo (II) e que, para a remoção dos íons chumbo (II) dissolvidos, foi realizada uma eletrólise aquosa com eletrodos inertes.

a) Explique, com base nos potenciais de redução apresentados, por que ocorre a reação entre o íon chumbo (II) e o zinco. Escreva a equação que representa a reação que ocorreu durante o teste.

b) Considerando a constante de Faraday igual a 96500 C/mol e que tenha sido utilizada uma fonte de corrente contínua que forneceu uma corrente elétrica de intensidade 0,2 A, calcule o tempo necessário para a remoção de todo o chumbo dissolvido em 200 mL da solução utilizada para o teste.

**Dado:** Pb = 207.

**62** (IFBA) Para remover uma mancha de um prato de porcelana, fez-se o seguinte: cobriu-se a mancha com meio copo de água a temperatura ambiente, adicionaram-se algumas gotas de vinagre e deixou-se por uma noite. No dia seguinte, a mancha havia clareado levemente. Usando apenas água e vinagre, qual a alternativa abaixo que apresenta a(s) condição(ões) para que a remoção da mancha possa ocorrer em menor tempo?

a) Adicionar meio copo de água fria.
b) Deixar a mancha em contato com um copo cheio de água e algumas gotas de vinagre.
c) Deixar o sistema em repouso por mais tempo.
d) Colocar a mistura água e vinagre em contato com o prato, mas lavá-lo rapidamente com excesso de água.
e) Adicionar mais vinagre à mistura e aquecer o sistema.

**63** (IFPE) Existem fatores que alteram a velocidade de uma reação química tornando-as mais rápidas ou lentas. Com o objetivo de estudar esses fatores, um grupo de estudantes preparou os experimentos ilustrados nas figuras a seguir. Em todos os experimentos, uma amostra de ferro foi pendurada sobre um béquer contendo solução de ácido clorídrico. A reação Fe(s) + 2 HCℓ(aq) → FeCℓ$_2$(aq) + H$_2$(g) ocorrerá no momento da imersão da amostra de ferro na solução.

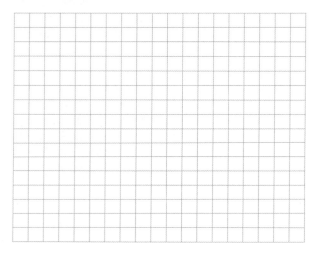

Experiência I
Filamentos de ferro
Solução 0,1 M HCℓ

Experiência II
Esfera de ferro sólida
Solução 0,8 M HCℓ

Experiência III
Esfera de ferro sólida
Solução 1,0 M HCℓ

Experiência IV
Filamentos de ferro
Solução 1,0 M HCℓ

Experiência V
Esfera de ferro sólida
Solução 0,1 M HCℓ

Considerando que os experimentos apresentam massas iguais de ferro e volumes iguais de soluções, analise as figuras e assinale a alternativa que indica a experiência de maior velocidade.

a) IV
b) I
c) II
d) III
e) V

**64** (PUC-RJ) O ácido sulfúrico concentrado é preparado em diversas etapas, que se iniciam com a oxidação do enxofre como indicado, simplificadamente, na sequência de equações a seguir.

Oxidação do enxofre: S(s) + O$_2$(g) → SO$_2$(g)

Oxidação para trióxido de enxofre na presença de catalisador: 2 SO$_2$(g) + O$_2$(g) → 2 SO$_3$(g)

Absorção do SO$_3$ em ácido sulfúrico para formar o ácido sulfúrico fumegante: H$_2$SO$_4$(ℓ) + SO$_3$(g) → → H$_2$S$_2$O$_7$(ℓ)

Diluição do H$_2$S$_2$O$_7$ em água para formar o ácido sulfúrico concentrado: H$_2$S$_2$O$_7$(ℓ) + H$_2$O(ℓ) → → 2 H$_2$SO$_4$(ℓ)

Os números de oxidação do enxofre elementar (S) e do enxofre no SO$_2$, no SO$_3$ e no H$_2$SO$_4$ são, respectivamente

a) 0, +2, +4, +6.
b) 0, +4, +4, +6.
c) 0, +4, +6, +6.
d) +2, +4, +4, +6.
e) +2, +4, +6, +6.

c) Sob a **Condição A**, a energia de ativação da reação direta é +70 kJ/mol, e a **Condição B** inclui o uso de catalisador, fazendo com que a energia de ativação da reação direta passe a ser +60 kJ/mol.

d) Sob a **Condição A**, a energia de ativação da reação direta é +13 kJ/mol, e a **Condição B** inclui o uso de catalisador, fazendo com que a energia de ativação da reação direta passe a ser +3 kJ/mol.

e) Sob a **Condição A**, a energia de ativação direta é +13 kJ/mol, e a **Condição B** inclui o uso de altas temperaturas, fazendo com que a energia de ativação da reação direta passe a ser +3 kJ/mol.

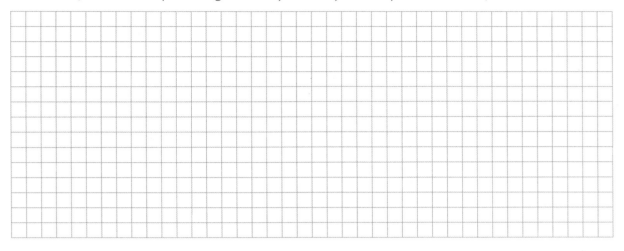

**61** (UEMG) Uma fábrica de sucos realizou análises em um laboratório de controle de qualidade do suco de limão com manjericão e do suco de tomate e obteve os seguintes resultados:

- Suco de limão com manjericão: pH = 2,3.
- Suco de tomate: pH = 4,3.

**Dados**: log 5 = 0,7.

Com base nos resultados, é **CORRETO** afirmar que:

a) O suco de limão com manjericão é 2 vezes mais ácido que o suco de tomate.

b) A concentração de $OH^-$ nos dois sucos é igual a zero.

c) No suco de tomate a $[H^+]/[OH^-] = -1$.

d) A concentração de $H^+$ no suco de limão com manjericão é igual a $5 \cdot 10^{-3}$ mol/L.

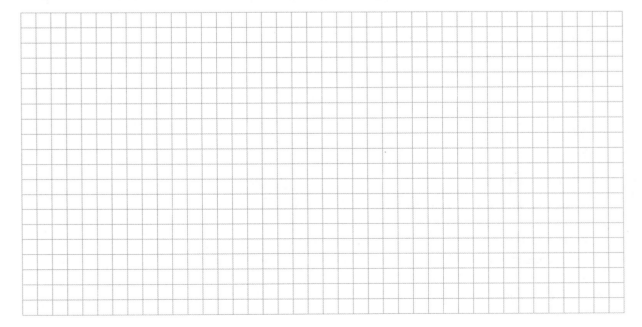

Considerando a lei de velocidade das reações químicas, pede-se:

a) Escreva a equação da velocidade desta reação e calcule a velocidade quando a concentração de NO for de 0,30 mol/L e a concentração de $H_2$ for igual a 0,10 mol/L.

b) Explique por que ocorre o aumento da velocidade de reação quando aumentamos a concentração dos reagentes.

**60** (UFJF-MG) O fosgênio, $COC\ell_2$, é um composto organoclorado tóxico e corrosivo também, porém, importante na indústria de polímeros, corantes e produtos farmacêuticos. O estudo da reação reversível de produção do fosgênio determinou a entalpia de formação (reação direta) como sendo −57 kJ/mol. Considere a decomposição do $COC\ell_2$ (reação inversa) ocorrendo sob duas condições: no primeiro caso (**Condição A**) a energia de ativação da reação de decomposição do $COC\ell_2$ foi de +70 kJ/mol, enquanto no segundo caso (**Condição B**) a energia de ativação desta reação passa a ser +60 kJ/mol. Ambas as condições estão descritas graficamente nas figuras abaixo:

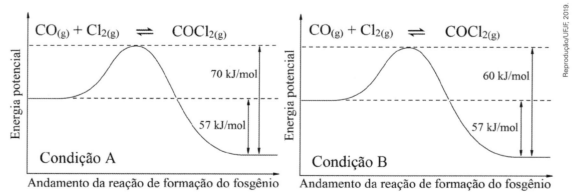

A respeito destes processos, assinale a alternativa correta:

a) Sob a **Condição A**, a entalpia da reação inversa é +13 kJ/mol, e a **Condição B** inclui o uso de catalisador, fazendo com que a entalpia da reação inversa passe a ser +3 kJ/mol.

b) Sob a **Condição A**, a entalpia da reação inversa é +57 kJ/mol, e a **Condição B** inclui o uso de altas temperaturas, fazendo com que a energia de ativação da reação direta passe a ser −10 kJ/mol.

**58** (Unesp-SP) As antocianinas existem em plantas superiores e são responsáveis pelas tonalidades vermelhas e azuis das flores e frutos. Esses corantes naturais apresentam estruturas diferentes conforme o pH do meio, o que resulta em cores diferentes.

O cátion flavílio, por exemplo, é uma antocianina que apresenta cor vermelha e é estável em pH ≅ 1. Se juntarmos uma solução dessa antocianina a uma base, de modo a ter pH por volta de 5, veremos, durante a mistura, uma bonita cor azul, que não é estável e logo desaparece. Verificou-se que a adição de base a uma solução do cátion flavílio com pH ≅ 1 dá origem a uma cinética com 3 etapas de tempos muito diferentes. A primeira etapa consiste na observação da cor azul, que ocorre durante o tempo de mistura da base. A seguir, na escala de minutos, ocorre outra reação, correspondendo ao desaparecimento da cor azul e, finalmente, uma terceira que, em horas, dá origem a pequenas variações no espectro de absorção, principalmente na zona do ultravioleta.

(Paulo J. F. Cameira dos Santos et al. "Sobre a cor dos vinhos: o estudo das antocianinas e compostos análogos não parou nos anos 80 do século passado". www.iniav.pt, 2018. Adaptado.)

A variação de pH de ≅ 1 para ≅ 5 significa que a concentração de íons H⁺(aq) na solução _____, aproximadamente, _____ vezes. Entre as etapas cinéticas citadas no texto, a que deve ter maior energia de ativação e, portanto, ser a etapa determinante da rapidez do processo como um todo é a _____.

As lacunas do texto são preenchidas, respectivamente, por:

a) aumentou; 10 000; primeira.
b) aumentou; 10 000; terceira.
c) diminuiu; 10 000; terceira.
d) aumentou; 5; terceira.
e) diminuiu; 5; primeira.

**59** (UFJF-MG) Os conversores catalíticos são a opção mais comum para o controle das emissões de gases poluentes pelos motores de combustão interna dos automóveis, acelerando a conversão dos óxidos de nitrogênio em gases nitrogênio e oxigênio. Uma reação química que pode ser usada para a conversão do óxido nítrico em gases não poluentes é a reação deste gás com hidrogênio, resultando nos gases nitrogênio e água, como mostra a equação química abaixo:

$$2\,NO(g) + 2\,H_2(g) \rightarrow N_2(g) + 2\,H_2O(g)$$

A cinética desta reação na temperatura de 1250 °C encontra-se representada na tabela abaixo, a qual indica a influência da concentração dos reagentes na velocidade da reação, obtida através de três experimentos executados sob as mesmas condições:

| Experimento | [NO] (mol/L) | [H₂] (mol/L) | Velocidade inicial (mol/L · s) |
|---|---|---|---|
| 1 | 0,10 | 0,04 | 0,025 |
| 2 | 0,20 | 0,04 | 0,10 |
| 3 | 0,20 | 0,08 | 0,20 |

**57** (Fuvest-SP) Os movimentos das moléculas antes e depois de uma reação química obedecem aos princípios físicos de colisões. Para tanto, cada átomo é representado como um corpo pontual com uma certa massa, ocupando uma posição no espaço e com uma determinada velocidade (representada na forma vetorial). Costumeiramente, os corpos pontuais são representados como esferas com diâmetros proporcionais à massa atômica. As colisões ocorrem conservando a quantidade de movimento.

Considerando um referencial no qual as moléculas neutras encontram-se paradas antes e após a colisão, a alternativa que melhor representa o arranjo de íons e moléculas instantes antes e instantes depois de uma colisão que leva à reação

$F^- + H_3CC\ell \rightarrow CH_3F + C\ell^-$

é

Note e adote:

Massas atômicas: H = 1 u.m.a.; C = 12 u.m.a.; F = 19 u.m.a. e Cℓ = 35 u.m.a.

Considere que apenas o isótopo de cloro Cℓ = 35 u.m.a. participa da reação.

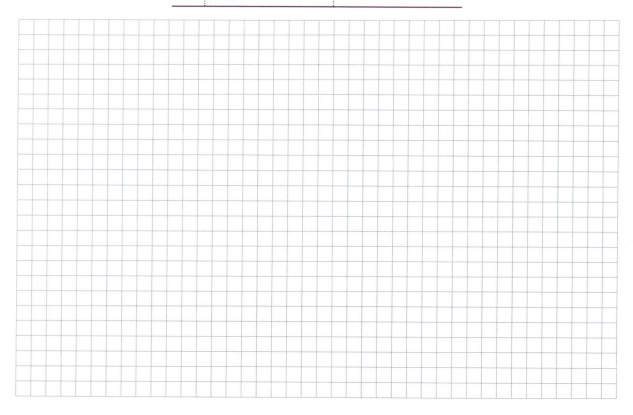

**55** (Fuvest-SP) Numa determinada condição experimental e com o catalisador adequado, ocorre uma reação, conforme representada no gráfico, que relaciona porcentagem do composto pelo tempo de reação.

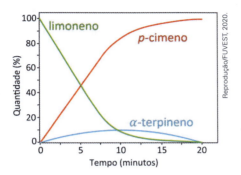

Uma representação adequada para esse processo é:

a) limoneno $\rightleftarrows$ p–cimeno $\rightarrow$ α–terpineno

b) limoneno $\xrightarrow[\text{(catalisador)}]{\text{p–cimeno}}$ α–terpineno

c) limoneno + p–cimeno $\rightleftarrows$ α–terpineno

d) limoneno $\xrightarrow[\text{(catalisador)}]{\text{α–terpineno}}$ p–cimeno

e) limoneno $\rightarrow$ α–terpineno $\rightarrow$ p–cimeno

**56** (Unicamp-SP) Um dos pilares da nanotecnologia é o fato de as propriedades dos materiais dependerem do seu tamanho e da sua morfologia. Exemplo: a maior parte do $H_2$ produzido industrialmente advém da reação de reforma de hidrocarbonetos:

$$CH_4(g) + H_2O(g) \rightarrow 3\,H_2(g) + CO(g).$$

Uma forma de promover a descontaminação do hidrogênio é reagir o CO com largo excesso de água:

$$CO(g) + H_2O(g) \rightarrow CO_2(g) + H_2(g);$$
$$\Delta H = -41,6 \text{ kJ} \cdot \text{mol}^{-1}$$

A figura abaixo mostra resultados da velocidade (em unidade arbitrária, ua) dessa conversão em função da temperatura, empregando-se um nanocatalisador com duas diferentes morfologias.

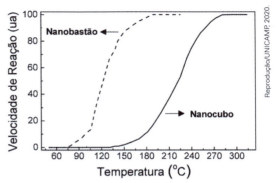

Considerando essas informações, é correto afirmar que, com essa tecnologia, a descontaminação do hidrogênio por CO é mais eficiente na presença do catalisador em forma de

a) nanobastão, pois a transformação do CO ocorreria em temperaturas mais baixas, o que também favoreceria o equilíbrio da reação no sentido dos produtos, uma vez que a reação é exotérmica.

b) nanobastão, pois a transformação do CO ocorreria em temperaturas mais baixas, o que também favoreceria o equilíbrio da reação no sentido dos produtos, uma vez que a reação é endotérmica.

c) nanocubo, pois a transformação do CO ocorreria em temperaturas mais elevadas, o que também favoreceria o equilíbrio da reação no sentido dos produtos, uma vez que a reação é exotérmica.

d) nanocubo, pois a transformação do CO ocorreria em temperaturas mais elevadas, o que também favoreceria o equilíbrio da reação no sentido dos produtos, uma vez que a reação é endotérmica.

a) Calcule o número de nêutrons e de elétrons do ânion $^{131}I^-$.

b) Escreva a equação química que representa o equilíbrio de solubilidade do iodeto de sódio em água. Baseando-se no conceito de equilíbrio químico e no comportamento das espécies químicas em nível microscópico, justifique por que a radioatividade do sólido diminuiu e a solução saturada tornou-se radioativa.

**54** (Famema-SP) A figura representa uma estação de tratamento de água para abastecimento da população, onde ocorrem os processos de coagulação, floculação, filtração e desinfecção.

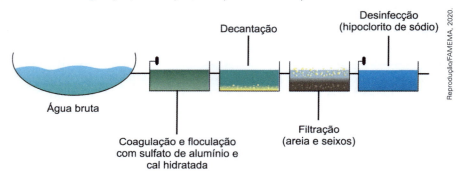

(www.ufrgs.br. Adaptado.)

Para a realização da coagulação, são adicionadas à água a ser tratada as substâncias sulfato de alumínio ($Aℓ_2(SO_4)_3$) e cal hidratada ($Ca(OH)_2$), que produzem flocos de densidade mais elevada que sedimentam na etapa de decantação. Os flocos que não sedimentam são retidos na etapa de filtração e, ao final, adiciona-se à água hipoclorito de sódio ($NaCℓO$) para desinfecção.

a) A que funções inorgânicas pertencem as substâncias utilizadas na coagulação?

b) Uma solução de $NaCℓO$ apresenta caráter ácido, básico ou neutro? Justifique sua resposta com base no conceito de hidrólise salina.

**51** (Uerj) Na Copa do Mundo de 2018, os jogadores russos, durante as partidas, inalavam amônia, substância cujo uso não é proibido pela Agência Mundial Antidoping. Segundo o técnico da seleção, essa prática melhorava o fluxo sanguíneo e respiratório dos atletas.

Industrialmente, a amônia é obtida a partir dos gases nitrogênio e hidrogênio, conforme o equilíbrio químico representado pela seguinte equação:

$N_2(g) + 3\ H_2(g) \rightleftharpoons 2\ NH_3(g)$  $\Delta H = -22$ kcal/mol

Nomeie a geometria da molécula de amônia e aponte, de acordo com a teoria de Lewis, a característica responsável pelo caráter básico dessa substância.

Indique, também, as alterações na pressão e na temperatura do sistema necessárias para aumentar a produção de amônia.

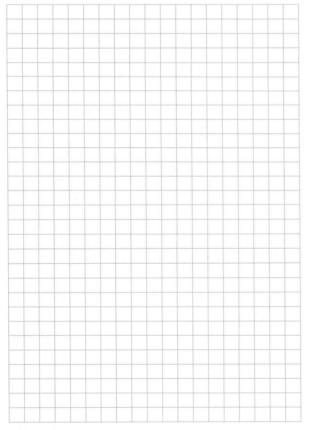

**52** (Uerj) O bicarbonato de sódio ($NaHCO_3$) é um sal que, ao ser hidrolisado, forma uma solução alcalina. Por conta dessa característica, costuma ser utilizado para aliviar incômodos decorrentes de acidez estomacal. Em sua ação, esse composto neutraliza o ácido clorídrico do suco gástrico, conforme representado pela equação química:

$$NaHCO_3 + HC\ell \rightarrow NaC\ell + H_2O + CO_2$$

Admita que 252 mg de $NaHCO_3$ foram adicionados a 200 mL de uma solução de $HC\ell$ com pH igual a 2, acarretando o consumo completo de um desses reagentes.

Calcule a massa de reagente, em gramas, que não foi consumida na reação de neutralização.

Apresente, ainda, a equação química de hidrólise do íon bicarbonato.

Dados: Na = 23; H = 1; C = 12; O = 16.

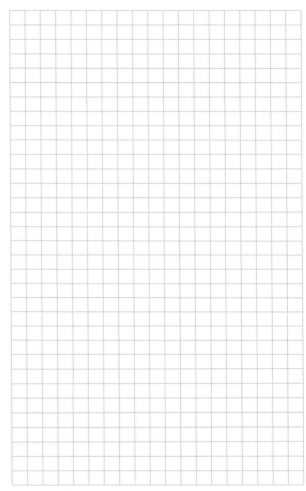

**53** (Unifesp) Considere o experimento:

Uma porção de iodeto de sódio sólido, radioativo, cujo ânion $^{131}I^-$ é radioativo, foi adicionada a uma solução aquosa saturada, sem corpo de fundo, de iodeto de sódio (NaI) não radioativo, formando uma solução saturada com corpo de fundo. Após algum tempo, a mistura foi filtrada e a intensidade da radiação foi verificada no sólido retido no filtro e na solução saturada. Foi constatado que a solução saturada, inicialmente não radioativa, tornou-se radioativa, e que o sólido apresentou menor intensidade de radiação do que apresentava antes de ser adicionado à solução.

Constantes de equilíbrio de ácidos fracos a 25 °C.

| Fórmula e equação de ionização | $K_a$ |
|---|---|
| $H_2CO_3 \rightleftharpoons H^+ + HCO_3^-$ | $4,2 \cdot 10^{-7}$ |
| $HCO_3^- \rightleftharpoons H^+ + CO_3^{2-}$ | $4,8 \cdot 10^{-11}$ |
| $H_2PO_4^- \rightleftharpoons H^+ + HPO_4^{2-}$ | $6,2 \cdot 10^{-8}$ |
| $HPO_4^{2-} \rightleftharpoons H^+ + PO_4^{3-}$ | $3,6 \cdot 10^{-13}$ |
| $HSO_4^- \rightleftharpoons H^+ + SO_4^{2-}$ | $1,2 \cdot 10^{-2}$ |

Com base nas informações fornecidas, qual dos sais indicados a seguir é o mais eficiente como solução neutralizante?

a) Sulfato de sódio.
b) Carbonato de sódio.
c) Fosfato de sódio.
d) Hidrogenocarbonato de sódio.
e) Monohidrogenofosfato de sódio.

**49** (PUC-RJ) Na tabela abaixo, são mostrados os dados de uma reação química entre um brometo de alquila ($C_4H_9Br$) e iodeto ($I^-$), a 25° C, onde foram utilizadas diferentes concentrações iniciais dos reagentes.

$$C_4H_9Br + I^- \rightarrow C_4H_9I + Br^-$$

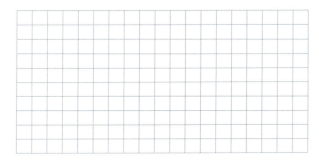

| Condição | $[C_4H_9Br]_{inicial}$ (mol · L$^{-1}$) | $[I^-]_{inicial}$ (mol · L$^{-1}$) | Velocidade inicial (mol · L$^{-1}$ · s$^{-1}$) |
|---|---|---|---|
| 1 | 0,002 | 2,0 | $5,0 \cdot 10^{-7}$ |
| 2 | 0,004 | 2,0 | $1,0 \cdot 10^{-6}$ |
| 3 | 0,002 | 4,0 | $5,0 \cdot 10^{-7}$ |
| 4 | 0,004 | 4,0 | $1,0 \cdot 10^{-6}$ |

Sobre a cinética dessa reação, assinale a alternativa CORRETA.

a) A velocidade da reação depende da concentração de $I^-$, mas não depende da concentração de $C_4H_9Br$.

b) A lei de velocidade dessa reação é: Velocidade = k · $[C_4H_zBr]^2$.

c) A lei da velocidade dessa reação é: Velocidade = k · $[C_4H_9Br] \cdot [I^-]$.

d) A lei da velocidade dessa reação é: Velocidade = k · $[C_4H_9Br]$.

e) A reação é de primeira ordem em relação à concentração de $I^-$.

**50** (Uerj) Considere as quatro reações químicas em equilíbrio apresentadas abaixo.

I. $H_2(g) + I_2(g) \rightleftharpoons 2 HI(g)$
II. $2 SO_2(g) + O_2(g) \rightleftharpoons 2 SO_3(g)$
III. $CO(g) + NO_2(g) \rightleftharpoons CO_2(g) + NO(g)$
IV. $2 H_2O(g) \rightleftharpoons 2 H_2(g) + O_2(g)$

Após submetê-las a um aumento de pressão, o deslocamento do equilíbrio gerou aumento também na concentração dos produtos na seguinte reação:

a) I    b) II    c) III    d) IV

**46** (Udesc) Considere a equação da reação abaixo e as informações que constam na Tabela acerca do processamento da mesma para assinalar a alternativa incorreta.

$$2\,N_2O_5\,(g) \rightarrow 4\,NO_2\,(g) + O_2\,(g)$$

| Tempo (s) | $N_2O_5$ (mol/L) | $NO_2$ (mol/L) | $O_2$ (mol/L) |
|---|---|---|---|
| 0 | 0,0100 | 0 | 0 |
| 50 | 0,0084 | 0,0032 | 0,0008 |
| 100 | 0,0071 | 0,0058 | 0,0014 |
| 150 | 0,0060 | 0,0080 | 0,0020 |
| 200 | 0,0050 | 0,0089 | 0,0025 |

a) A velocidade (ou rapidez) de consumo de $N_2O_5$ na reação química no intervalo de 0 a 1 minuto e 40 segundos é igual a $2,9 \cdot 10^{-5}$ mol $\cdot$ L$^{-1}$ $\cdot$ s$^{-1}$.

b) A velocidade (ou rapidez) de consumo de $N_2O_5$ é sempre a metade da rapidez de formação do $NO_2$.

c) A velocidade (ou rapidez) de consumo do $N_2O_5$ na reação no intervalo de 0 a 3 minutos e 20 segundos é de $1,5 \cdot 10^{-4}$ mol $\cdot$ L$^{-1}$ $\cdot$ s$^{-1}$.

d) Todas as substâncias representadas na reação estão no estado gasoso.

e) A velocidade de formação de $O_2$ será metade da velocidade de consumo de $N_2O$.

**47** (UEL-PR) A contaminação de ecossistemas em função do crescimento populacional e da industrialização tem sido cada vez maior ao longo dos anos, mesmo com o advento de tecnologias voltadas à descontaminação ambiental. Um dos efeitos deletérios ao ambiente é a elevada acidez da chuva e de solos. A figura a seguir mostra o efeito que a acidez do solo causa na velocidade de lixiviação de íons $Cd^{2+}$.

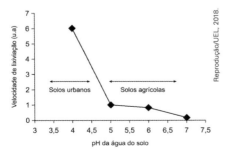

Dados: $K_{ps}$ para $Cd(OH)_2(s) = 2,5 \cdot 10^{-14}$

Quanto maior a velocidade de lixiviação, maior o transporte de $Cd^{2+}$ para os lagos por meio da corrente superficial ou subsuperficial, transferido para os aquíferos ou absorvido pela vegetação, com efeitos tóxicos.

Com base na figura e nos conhecimentos sobre solubilidade de metais e equilíbrio químico, é correto afirmar que a lixiviação de cádmio

a) em solos agrícolas é menor porque a concentração de íons H$^+$ na água do solo é maior se comparada à água do solo urbano.

b) em solos urbanos é maior porque o solo retém mais cádmio na forma de $Cd^{2+}$ e porque a concentração de H$^+$ na água do solo é baixa se comparada ao solo agrícola.

c) em solos urbanos é maior porque a concentração de cádmio na forma $Cd(OH)_2(s)$ é elevada se comparada ao solo agrícola.

d) em solos agrícolas é menor porque usualmente esses solos são tratados com ureia (fertilizante com caráter básico), o que pode reduzir o pH da água do solo e, por consequência, tornar os íons $Cd^{2+}$ mais móveis na água do solo.

e) em solos agrícolas é menor porque usualmente esses solos são tratados com $CaCO_3$, o que pode elevar o pH da água do solo e, por consequência, precipitar os íons $Cd^{2+}$ na forma de $Cd(OH)_2(s)$ tornando-os menos móveis.

**48** (UFPR) Erupções vulcânicas e queima de combustíveis fósseis são fontes de emissão de dióxido de enxofre para a atmosfera, sendo este gás responsável pela chuva ácida. Em laboratório, pode-se produzir o $SO_2(g)$ em pequena escala a partir da reação entre cobre metálico e ácido sulfúrico concentrado. Para evitar o escape desse gás para a atmosfera e que seja inalado, é possível montar uma aparelhagem em que o $SO_2(g)$ seja canalizado e borbulhado numa solução salina neutralizante.

b) o aumento das colisões dos reagentes pode afetar a velocidade da reação.
c) a adição de um catalisador afeta a entalpia da reação.
d) a pressão afeta a cinética de reação, independente do estado de agregação dos reagentes.
e) quanto menor a superfície de contato entre os reagentes, mais rápida é a reação.

**44** (UFRGS-RS) De acordo com a teoria das colisões, para ocorrer uma reação química em fase gasosa deve haver colisões entre as moléculas reagentes, com energia suficiente e com orientação adequada.

Considere as seguintes afirmações a respeito da teoria das colisões.
I. O aumento da temperatura aumenta a frequência de colisões e a fração de moléculas com energia suficiente, mas não altera a orientação das moléculas.
II. O aumento da concentração aumenta a frequência das colisões.
III. Uma energia de ativação elevada representa uma grande fração de moléculas com energia suficiente para a reação ocorrer.

Quais estão corretas?
a) Apenas I.
b) Apenas II.
c) Apenas III.
d) Apenas I e II.
e) I, II e III.

**45** (UFRGS-RS) O leite "talhado" é o resultado da precipitação das proteínas do leite (caseína), quando o seu pH for igual ou menor que 4,7.

Qual das soluções abaixo levaria o leite a talhar?
a) NaOH (0,01 mol · L$^{-1}$)
b) HCℓ (0,001 mol · L$^{-1}$)
c) CH$_3$COOH (0,01 mmol · L$^{-1}$)
d) NaCℓ (0,1 mmol · L$^{-1}$)
e) NaHCO$_3$ (0,1 mol · L$^{-1}$)

$$2\,C\text{(grafite)} + 2\,H_2(g) + 3\,O_2(g) \rightarrow$$
$$\rightarrow C_2H_4(g) + 3\,O_2(g)$$

e assinale a alternativa que apresenta o valor CORRETO para o $\Delta H^0$ da reação.

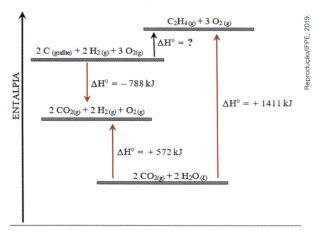

a) $-1627$ kJ
b) $-51$ kJ
c) $+1195$ kJ
d) $-1195$ kJ
e) $+51$ kJ

**41** (Uece) A partir da reação de carbono com oxigênio, foram produzidos 8,96 L de dióxido de carbono e envolvidas 37,6 kcal. Baseado nessas informações, assinale a afirmação verdadeira.

a) A reação é endotérmica.
b) São exigidas 23,5 kcal para formar 11 g de $CO_2(g)$.
c) A soma das entalpias dos produtos é maior que a soma das entalpias dos reagentes.
d) São exigidas 94 kcal para decompor $CO_2$ em seus elementos.

**42** (UEA-AM) Compressas de emergência quentes são usadas como primeiro socorro em contusões sofridas em práticas esportivas. Essa compressa constitui-se de um saco plástico contendo uma ampola de água e um produto seco, por exemplo, cloreto de cálcio ($CaC\ell_2$). Com uma leve pancada, a ampola se quebra e o cloreto de cálcio se dissolve, conforme a reação representada pela equação:

$CaC\ell_2\,(s) + H_2O\,(\ell) \rightarrow CaC\ell_2\,(aq)$

$\Delta H = -82,7$ kJ/mol

Nesse processo,

a) ocorre a liberação de 82,7 kJ, pois a reação é exotérmica.
b) ocorre a evaporação da água, pois a reação é endotérmica.
c) ocorre a absorção de 82,7 kJ, pois a reação é exotérmica.
d) ocorre a condensação da água, pois a reação é exotérmica.
e) ocorre a absorção de 82,7 kJ, pois a reação é endotérmica.

**43** (UPF-RS) A mídia veicula, no dia a dia, inúmeras propagandas sobre produtos que evitam o envelhecimento humano. O processo de envelhecimento humano durante os anos de vida está relacionado à rapidez das reações de oxidação químicas e/ou biológicas.

Com relação aos fatores que podem afetar a velocidade das reações químicas, é correto afirmar que

a) em uma reação química, o aumento da temperatura aumenta a energia de ativação.

**38** (Unesp-SP) Para obter energia térmica, com a finalidade de fundir determinada massa de gelo, produziu-se a combustão de um mol de gás butano ($C_4H_{10}$), a 1 atm e a 25 °C. A reação de combustão desse gás é:

$$C_4H_{10}(g) + \frac{13}{2} O_2(g) \to 4\ CO_2(g) + 5\ H_2O(\ell)$$

As entalpias-padrão de formação (ΔH) das substâncias citadas estão indicadas na tabela:

| Substância | ΔH (kJ/mol) |
|---|---|
| $C_4H_{10}(g)$ | −126 |
| $CO_2(g)$ | −393 |
| $H_2O(\ell)$ | −286 |
| $O_2(g)$ | zero |

Considerando que a energia térmica proveniente dessa reação foi integralmente absorvida por um grande bloco de gelo a 0 °C e adotando 320 J/g para o calor latente de fusão do gelo, a massa de água líquida obtida a 0 °C, nesse processo, pelo derretimento do gelo foi de, aproximadamente,

a) 7 kg.
b) 5 kg.
c) 3 kg.
d) 10 kg.
e) 9 kg.

**39** (UFJF-MG) O nitrato de potássio é um composto químico sólido, bastante solúvel em água, muito utilizado em explosivos, estando presente na composição da pólvora, por exemplo. Uma equação termoquímica balanceada para a queima da pólvora é representada abaixo:

$$KNO_3(s) + 3\ C(grafite) + S(s) \to N_2(g) +$$
$$+ 3\ CO_2(g) + K_2S(s)$$
$$\Delta H = -278{,}8\ kJ/mol\ (100\ °C,\ 25\ atm)$$

Assinale a alternativa que representa a interpretação correta da equação termoquímica para a queima da pólvora:

a) Durante a queima da pólvora ocorre a absorção de 278,8 kJ/mol de energia, o que acarreta um aumento da temperatura em 100 °C e o aumento da pressão em 25 atmosferas.

b) Durante a queima da pólvora ocorre a liberação de 278,8 kJ/mol de energia, o que acarreta um aumento da temperatura em 100 °C e o aumento da pressão em 25 atmosferas.

c) Durante a queima da pólvora ocorre a liberação de 278,8 kJ/mol de energia, levando ao aumento da temperatura para 100 °C e ao aumento da pressão para 25 atmosferas.

d) Durante a queima da pólvora ocorre a absorção de 278,8 kJ/mol de energia, se a reação for feita em 100 °C e 25 atmosferas.

e) Durante a queima da pólvora ocorre a liberação de 278,8 kJ/mol de energia, se a reação for feita em 100 °C e 25 atmosferas.

**40** (IFPE) O etileno ou eteno ($C_2H_4$), gás produzido naturalmente em plantas e responsável pelo amadurecimento de frutos, pode ser obtido por "caminhos" diferentes, conforme explicitado no diagrama da Lei de Hess a seguir. A Lei de Hess, uma lei experimental, calcula a variação de entalpia (quantidade de calor absorvido ou liberado) considerando, apenas, os estados inicial e final de uma reação química. Analise o diagrama, calcule a entalpia (ΔH°) envolvida na reação

**36** (Uerj) A lactose é hidrolisada no leite "sem lactose", formando dois carboidratos, conforme a equação química:

lactose + água → glicose + galactase

Se apenas os carboidratos forem considerados, o valor calórico de 1 litro tanto do leite integral quanto do leite "sem lactose" é igual a −90 kcal, que corresponde à entalpia-padrão de combustão de 1 mol de lactose. Assumindo que as entalpias-padrão de combustão da glicose e da galactose são iguais, a entalpia de combustão da glicose, em kcal/mol, é igual a:

a) −45.
b) −60.
c) −120.
d) −180.

**37** (EsPCEx/Aman-RJ) Devido ao intenso calor liberado, reações de termita são bastante utilizadas em aplicações militares como granadas incendiárias ou em atividades civis como solda de trilhos de trem. A reação de termita mais comum é a aluminotérmica, que utiliza como reagentes o alumínio metálico e o óxido de ferro III.

A reação de termita aluminotérmica pode ser representada pela equação química não balanceada:

$A\ell(s) + Fe_2O_3(s) \rightarrow Fe(s) + A\ell_2O_3(s) + calor$

Dados: valores arredondados de entalpias padrão de formação das espécies $\Delta H_f^0 A\ell_2O_3 = -1676$ kJ/mol, $\Delta H_f^0 Fe_2O_3 = -826$ kJ/mol.

Acerca desse processo, são feitas as seguintes afirmativas:

I. Após correto balanceamento, o coeficiente do reagente alumínio na equação química é 2.
II. Essa é uma reação de oxidorredução e o agente oxidante é o óxido de ferro III.
III. Na condição padrão, o $\Delta H$ da reação é −503 kJ para cada mol de óxido de alumínio produzido.
IV. Na condição padrão, para a obtenção de 56 g de ferro metálico, o calor liberado na reação é de 355 kJ.

Assinale a alternativa que apresenta todas as afirmativas corretas, dentre as listadas acima.

Dado: Fe = 56.

a) I, II e IV.
b) II, III e IV.
c) I e II.
d) I e III.
e) III e IV.

Sabendo que a Massa Molar (MM) da glicose é igual a 180 g · mol⁻¹, determine a quantidade aproximada de energia liberada, em kJ · mol⁻¹, no estado padrão, $\Delta H_r^0$, na combustão da glicose, consumida em 350 mL de refrigerante do tipo Cola, o qual possui, em sua composição, 35 g de glicose.

a) −315   b) −113   c) −471   d) −257   e) −548

**35** (PUC-RJ) Na figura abaixo, é mostrada a reação de adição do bromo ($Br_2$) ao estireno

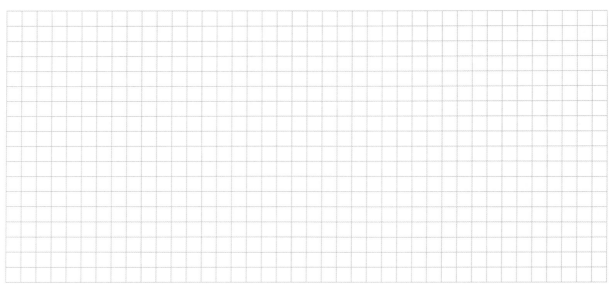

| Entalpias de ligação (kJ mol⁻¹) | |
|---|---|
| C–C | 348 |
| C=C | 612 |
| Br–Br | 193 |
| C–Br | 276 |

Considerando os valores de entalpia de ligação da tabela, o valor da entalpia de reação, em kJ · mol⁻¹, será:

a) −181.   b) −95.   c) 0.   d) +95.   e) +253.

**32** (Udesc) As reações químicas classificadas como de combustão são aquelas em que uma substância, que é denominada combustível, reage com o gás oxigênio (comburente). Já a entalpia de combustão corresponde à energia liberada, na forma de calor, em uma reação de combustão de 1 mol de substância.

A seguir é apresentada a reação de combustão do etanol:

$1\ C_2H_6O(\ell) + 3\ O_2(g) \rightarrow 2\ CO_2(g) + 3\ H_2O(\ell)$
$\Delta H = -1368\ KJ/mol$

Com base nas informações acima e nas obtidas pela reação química, é correto afirmar que:

**a)** a combustão completa de 2,0 mol de etanol absorve 2 736 KJ de energia.

**b)** a combustão completa de 4,5 mol de etanol produz 9,0 mol de água.

**c)** a combustão completa de 92 g de etanol libera 2 736 KJ de energia.

**d)** para se obter 5 472 KJ de energia é necessária a combustão completa de 207 g de etanol.

**e)** a reação de combustão do etanol é exotérmica, pois absorve 1368 KJ por mol de álcool.

**33** (Unioeste-PR) Os organoclorados são poluentes considerados perigosos, mas, infelizmente, têm sido encontradas quantidades significativas destas substâncias em rios e lagos. Uma reação de cloração comumente estudada é a do etano com o gás cloro, como mostrada abaixo:

$C_2H_6(g) + C\ell_2(g) \rightarrow CH_3CH_2C\ell(g) + HC\ell(g)$

Sabendo os valores de $\Delta H$ de cada ligação (tabela abaixo), determine o valor de $\Delta H$ da reação pelo método das energias de ligação.

| Ligação | Energia (kJ/mol) |
|---|---|
| C — H | 415 |
| C — C | 350 |
| C$\ell$ — C$\ell$ | 243 |
| C — C$\ell$ | 328 |
| H — C$\ell$ | 432 |

**a)** $-102$ kJ/mol
**b)** $+102$ kJ/mol
**c)** $+367$ kJ/mol
**d)** $-367$ kJ/mol
**e)** $+17$ kJ/mol

**34** (UEL-PR) A hipoglicemia é caracterizada por uma concentração de glicose abaixo de 0,70 g · L⁻¹ no sangue. O quadro de hipoglicemia em situações extremas pode levar a crises convulsivas, perda de consciência e morte do indivíduo, se não for revertido a tempo. Entretanto, na maioria das vezes, o indivíduo, percebendo os sinais de hipoglicemia, consegue reverter este déficit, consumindo de 15 a 20 gramas de carboidratos, preferencialmente simples, como a glicose.

A metabolização da glicose, $C_6H_{12}O_6$, durante a respiração, pode ser representada pela equação química de combustão:

$C_6H_{12}O_6(s) + 6\ O_2(g) \rightarrow 6\ CO_2(g) + 6\ H_2O(\ell)$

No quadro a seguir, são informadas reações químicas e seus respectivos calores de formação a 25 °C e 1 atm:

| Reações químicas | $\Delta H_f^0$ (kJ · mol⁻¹) |
|---|---|
| $C(s) + O_2(g) \rightarrow CO_2(g)$ | $-394$ |
| $H_2(g) + \frac{1}{2} O_2(g) \rightarrow H_2O(\ell)$ | $-286$ |
| $6\ C(s) + 6\ H_2(g) + 3\ O_2(g) \rightarrow C_6H_{12}O_6(s)$ | $-1260$ |

Qual será o valor da entalpia da reação de hidrogenação do ciclopenteno, em kJ/mol?

a) −265
b) −126
c) +126
d) +265
e) +335

**30** (UPF-RS) Soluções aquosas de hidróxido de magnésio são utilizadas para aliviar indigestões e azia, ou seja, elas se comportam como um antiácido. A obtenção de hidróxido de magnésio pode ser realizada a partir da reação de magnésio metálico com a água. A equação dessa reação química e o valor da entalpia são assim representados:

$$Mg(s) + 2H_2O(\ell) \rightarrow Mg(OH)_2(s) + H_2(g)$$
$$\Delta H = -353 \text{ kJ} \cdot \text{mol}^{-1}$$

Essa reação é _____ e ao reagir 350 g de Mg(s), nas mesmas condições, a energia _____, em kJ, será de _____.

Dados: Mg = 24,3.

Assinale a alternativa cujas informações preenchem corretamente as lacunas do enunciado.

a) endotérmica, liberada, 123 550.
b) exotérmica, absorvida, 128 634.
c) endotérmica, absorvida, 5 084.
d) exotérmica, liberada, 128 634.
e) exotérmica, liberada, 5 084.

**31** (UFRGS-RS) Duas reações químicas envolvendo o gás metano, juntamente com o seu efeito térmico, são equacionadas abaixo.

$$C_{(graf)} + 2H_2(g) \rightarrow CH_4(g) \quad \Delta H_I$$
$$CH_4(g) + 2O_2(g) \rightarrow CO_2(g) + 2H_2O(\ell) \quad \Delta H_{II}$$

Considere as seguintes afirmações a respeito das reações químicas.

I. $\Delta H_I$ é um exemplo de entalpia de ligação.
II. $\Delta H_{II}$ é um exemplo de entalpia de combustão.
III. $\Delta H_{II}$ é negativo.

Quais estão corretas?

a) Apenas I.
b) Apenas II.
c) Apenas III.
d) Apenas II e III.
e) I, II e III.

**27** (Unicamp-SP) No Rio de Janeiro (ao nível do mar), uma certa quantidade de feijão demora 40 minutos em água fervente para ficar pronta. A tabela abaixo fornece o valor da temperatura de fervura da água em função da pressão atmosférica, enquanto o gráfico fornece o tempo de cozimento dessa quantidade de feijão em função da temperatura. A pressão atmosférica ao nível do mar vale 760 mmHg e ela diminui 10 mmHg para cada 100 m de altitude.

| Temperatura de fervura da água em função da pressão ||
|---|---|
| P (mmHg) | T (°C) |
| 600 | 94 |
| 640 | 95 |
| 680 | 97 |
| 720 | 98 |
| 760 | 100 |
| 800 | 102 |
| 840 | 103 |
| 880 | 105 |
| 920 | 106 |
| 960 | 108 |
| 1000 | 109 |
| 1040 | 110 |

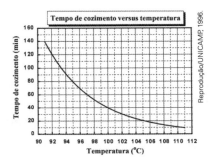

a) Se o feijão fosse colocado em uma panela de pressão a 880 mmHg, em quanto tempo ele ficaria pronto?
b) Em uma panela aberta, em quanto tempo o feijão ficara pronto na cidade de Gramado (RS) na altitude de 800 m?
c) Em que altitude o tempo de cozimento do feijão (em uma panela aberta) será o dobro do tempo de cozimento ao nível do mar?

**28** (Unesp-SP) A concentração de cloreto de sódio no soro fisiológico é 0,15 mol/L. Esse soro apresenta a mesma pressão osmótica que uma solução aquosa 0,15 mol/L de
a) sacarose, $C_{12}H_{22}O_{11}$
b) sulfato de sódio, $Na_2SO_4$
c) sulfato de alumínio, $Aℓ_2(SO_4)_3$
d) glicose, $C_6H_{12}O_6$
e) cloreto de potássio, $KCℓ$

**29** (UFRGS-RS) Considere a reação de hidrogenação do ciclopenteno, em fase gasosa, formando ciclopentano, e a tabela de entalpias de ligação, mostradas abaixo.

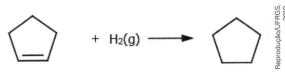

| Entalpias de ligação (kJ · mol⁻¹) ||
|---|---|
| H — H | 437 |
| C — H | 414 |
| C — C | 335 |
| C = C | 600 |

**24** (Unicamp-SP) Observe o diagrama de fases do dióxido de carbono. Considere uma amostra de dióxido de carbono a 1 atm de pressão e temperatura de −50 °C e descreva o que se observa quando, mantendo-se a temperatura constante, a pressão é aumentada lentamente até 10 atm.

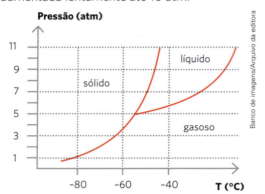

**25** (UFG-GO) O diagrama de fases da água é representado abaixo.

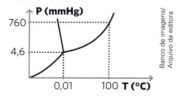

As diferentes condições ambientais de temperatura e pressão de duas cidades, A e B, influenciam nas propriedades físicas da água. Essas cidades estão situadas ao nível do mar e a 2 400 m de altitude, respectivamente. Sabe-se, também, que a cada aumento de 12 m na altitude há uma mudança média de 1 mmHg na pressão atmosférica. Sendo a temperatura em A de −5 °C e em B de −35 °C, responda:

a) Em qual das duas cidades é mais fácil liquefazer a água por compressão? Justifique.

b) Quais são as mudanças esperadas nos pontos de fusão e ebulição da água na cidade B com relação a A?

**26** (Fuvest-SP) O diagrama esboçado a seguir mostra os estados físicos do $CO_2$ em diferentes pressões e temperaturas. As curvas são formadas por pontos em que coexistem dois ou mais estados físicos.

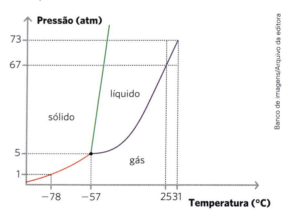

Um método de produção de gelo-seco ($CO_2$ sólido) envolve:

I. compressão isotérmica do $CO_2$ (g), inicialmente a 25 °C e 1 atm, até passar para o estado líquido;

II. rápida descompressão até 1 atm, processo no qual ocorre forte abaixamento de temperatura e aparecimento de $CO_2$ sólido.

Em I a pressão mínima à qual o $CO_2$ (g) deve ser submetido para começar a liquefação, a 25 °C, é y, e em II a temperatura deve atingir x.

Os valores de y e x são, respectivamente:

a) 67 atm e 0 °C.
b) 73 atm e −78 °C.
c) 5 atm e −57 °C.
d) 67 atm e −78 °C.
e) 73 atm e −57 °C.

**20** (UnB-DF) A partir de uma solução de hidróxido de sódio na concentração de 25 g/L, deseja-se obter 125 mL dessa solução na concentração de 10 g/L.

Calcule, em mililitros, o volume da solução inicial necessário para esse processo.

Despreze a parte fracionária de seu resultado, caso exista.

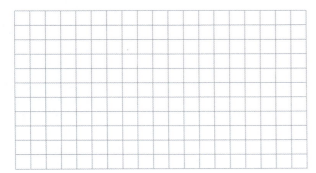

**21** (Udesc) Assinale a alternativa que corresponde ao volume de solução aquosa de sulfato de sódio, a 0,35 mol/L, que deve ser diluída por adição de água, para se obter um volume de 650 mL de solução a 0,21 mol/L.

a) 500 mL
b) 136 mL
c) 227 mL
d) 600 mL
e) 390 mL

**22** (UFPE) Os médicos recomendam que o umbigo de recém-nascidos seja limpo, usando-se álcool a 70%. Contudo, no comércio, o álcool hidratado é geralmente encontrado na concentração de 96% de volume de álcool para 4% de volume de água. Logo, é preciso realizar uma diluição. Qual o volume de água pura que deve ser adicionado a 1 litro (1 L) de álcool hidratado 80% v/v, para obter-se uma solução final de concentração 50% v/v?

a) 200 mL
b) 400 mL
c) 600 mL
d) 800 mL
e) 1600 mL

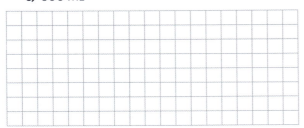

**23** (Uerj) O fenômeno da "água verde" em piscinas pode ser ocasionado pela adição de peróxido de hidrogênio em água contendo íons hipoclorito. Esse composto converte em cloreto os íons hipoclorito, eliminando a ação oxidante e provocando o crescimento exagerado de microrganismos. A equação química abaixo representa essa conversão:

$H_2O_2(aq) + NaC\ell O(aq) \rightarrow NaC\ell(aq) + O_2(g) + H_2O(\ell)$

Para o funcionamento ideal de uma piscina com volume de água igual a $4 \cdot 10^7$ L, deve-se manter uma concentração de hipoclorito de sódio de $3 \cdot 10^{-5}$ mol $\cdot$ L$^{-1}$.

Calcule a massa de hipoclorito de sódio, em quilogramas, que deve ser adicionada à água dessa piscina para se alcançar a condição de funcionamento ideal.

Admita que foi adicionado, indevidamente, nessa piscina, uma solução de peróxido de hidrogênio na concentração de 10 mol $\cdot$ L$^{-1}$. Calcule, nesse caso, o volume da solução de peróxido de hidrogênio responsável pelo consumo completo do hipoclorito de sódio.

Dados: Na = 23; C$\ell$ = 35,5; O = 16; H = 1.

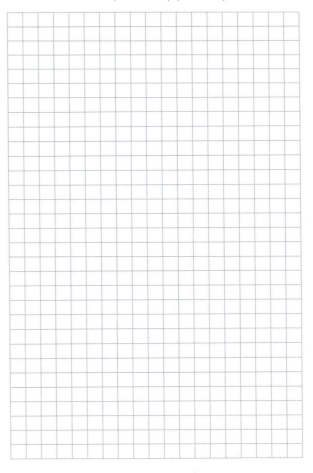

**17** (Unicamp-SP) Dois estudantes, de massa corporal em torno de 75 kg da Universidade de Northumbria, no Reino Unido, quase morreram ao participar de um experimento científico no qual seriam submetidos a determinada dose de cafeína e a um teste físico posterior. Por um erro técnico, ambos receberam uma dose de cafeína 100 vezes maior que a dose planejada. A dose planejada era de 0,3 g de cafeína, equivalente a três xícaras de café. Sabe-se que a União Europeia, onde o teste ocorreu, classifica a toxicidade de uma dada substância conforme tabela a seguir.

| Categoria | $DL_{50}$ (ppm=mg/kg de massa corporal) |
|---|---|
| Muito tóxica | Menor que 25 |
| Tóxica | De 25 a 200 |
| Nociva | De 200 a 2000 |

Considerando que a $DL_{50}$ – dose necessária de uma dada substância para matar 50% de uma população – da cafeína é de 192 mg/kg, no teste realizado a dose aplicada foi cerca de

a) 100 vezes maior que a $DL_{50}$ da cafeína, substância que deve ser classificada como nociva.
b) duas vezes maior que a $DL_{50}$ da cafeína, substância que deve ser classificada como tóxica.
c) 100 vezes maior que a $DL_{50}$ da cafeína, substância que deve ser classificada como tóxica.
d) duas vezes maior que a $DL_{50}$ da cafeína, substância que deve ser classificada como nociva.

**18** (IFPE) O ácido bórico ($H_3BO_3$) ou seus sais, como borato de sódio e borato de cálcio, são bastante usados como antissépticos, inseticidas e como retardantes de chamas. Na medicina oftalmológica, é usado como água boricada, que consiste em uma solução de ácido bórico em água destilada.

Sabendo-se que a concentração em quantidade de matéria (mol/L) do ácido bórico, nessa solução, é 0,5 mol/L assinale a alternativa correta para massa de ácido bórico, em gramas, que deve ser pesada para preparar 200 litros desse medicamento.

Dados: Massas molares, em g/mol: H = 1; B = 11; O = 16.

a) 9 500
b) 1 200
c) 6 200
d) 4 500

**19** (Unioeste-PR) A espectrofotometria na região do ultravioleta-visível (UV-vis) é uma técnica muito útil na determinação quantitativa, pois existe uma relação linear, dada pela Lei de Beer, entre a concentração de um analito (C) e a absorbância do mesmo (A). Esta relação é dada pela expressão matemática $A = \epsilon \cdot b \cdot c$ onde $\epsilon$ é uma constante denominada absortividade molar, $b$ é o caminho óptico, em cm e $c$ a concentração em $mol \cdot L^{-1}$.

De uma amostra, retirou-se uma alíquota de 1 mL, que foi diluída a 100 mL. Desta solução, retirou-se uma alíquota cuja absorbância lida no equipamento foi de 0,4. Determine a concentração da amostra inicial, em $mol \cdot L^{-1}$, considerando-se que o caminho óptico foi de 1 cm e $\epsilon = 4 \cdot 10^4 \, L \cdot cm^{-1} \cdot mol^{-1}$.

a) $1 \cdot 10^{-1}$
b) $1 \cdot 10^{-2}$
c) $1 \cdot 10^{-3}$
d) $1 \cdot 10^{-4}$
e) $1 \cdot 10^{-5}$

**13** (Uepa) A concentração em quantidade de matéria/volume (mol · L⁻¹) de uma solução que contém 2,61 g de nitrato de bário (Ba(NO₃)₂), em 40 mL de solução é

Dados: Massas molares (g · mol⁻¹): N = 14; O = 16; Ba = 137.

a) 1,00.
b) 0,75.
c) 0,50.
d) 0,25.

**14** (UEA-AM) Em um laboratório foi preparada uma solução de carbonato de sódio (Na₂CO₃), que foi condicionada num frasco apropriado, com as seguintes informações:

Considerando a massa molar desse composto igual a 106 g/mol, a concentração aproximada, em g/L e em mol/L, de Na₂CO₃ nessa solução é, respectivamente,

a) 254 e 4,17.
b) 2,54 e 2,39.
c) 25,4 e 2,39.
d) 254 e 2,39.
e) 25,4 e 4,17.

**15** (UEA-AM) Na diluição de 100 mL de uma solução de hidróxido de sódio (NaOH), de concentração 20 g/L, adicionou-se água até completar o volume de 250 mL. O valor de concentração da solução após a diluição equivale a

a) 13,3 g/L.
b) 30,0 g/L.
c) 6,6 g/L.
d) 8,0 g/L.
e) 50,0 g/L.

**16** (CPS-SP) Leia o texto para responder à(s) questão(ões).

Há mais de um tipo de bafômetro, mas todos são baseados em reações químicas envolvendo o álcool etílico presente a baforada e um reagente – por isso, o nome técnico desses aparelhos é etilômetro. Nos dois mais comuns são utilizados dicromato de potássio (que muda de cor na presença do álcool) e célula de combustível (que gera uma corrente elétrica). Este último é o mais usado entre os policiais no Brasil. Com a nova legislação, o motorista que for flagrado com nível alcoólico acima do permitido (0,1 mg/L de sangue) terá que pagar uma multa de R$ 955,00, além de ter o carro apreendido e perder a habilitação. Se estiver embriagado (níveis acima de 0,3 mg/L de sangue), ainda corre o risco de ficar preso por 6 meses a 1 ano.

<https://tinyurl.com/yctm9zrz> Acesso em: 10.11.2017. Adaptado.

Um adulto de 75 kg possui, em média, 5 litros de sangue. Esse adulto foi flagrado, no teste do bafômetro, com nível alcoólico exatamente igual ao limite máximo permitido.

A massa de álcool contida no sangue desse adulto, em mg, é igual a

a) 0,1.   b) 0,2.   c) 0,3.   d) 0,4.   e) 0,5.

**11** (Unicamp-SP) "O sal faz a água ferver mais rápido?" Essa é uma pergunta frequente na internet, mas não tente responder com os argumentos lá apresentados. Seria muito difícil responder à pergunta tal como está formulada, pois isso exigiria o conhecimento de vários parâmetros termodinâmicos e cinéticos no aquecimento desses líquidos. Do ponto de vista termodinâmico, entre tais parâmetros, caberia analisar os valores de calor específico e de temperatura de ebulição da solução em comparação com a água pura. Considerando massas iguais (água pura e solução), se apenas esses parâmetros fossem levados em consideração, a solução ferveria mais rapidamente se o seu calor específico fosse

a) menor que o da água pura, observando-se ainda que a temperatura de ebulição da solução é menor.

b) maior que o da água pura, observando-se ainda que a temperatura de ebulição da solução é menor.

c) menor que o da água pura, observando-se, no entanto, que a temperatura de ebulição da solução é maior.

d) maior que o da água pura, observando-se, no entanto, que a temperatura de ebulição da solução é maior.

**12** (UFU-MG)

(Disponível em: <http://www.images1 minhavida.com.br/imagensconteudo/ /20634/anti%20aedes%20ilustra%20400x400.jpg.> Acesso em: 2 fev. 2019.)

A figura, reproduzida acima, sinaliza a importância de não deixarmos o mosquito que transmite a dengue, a chikungunya e a zika vírus se proliferar. Para tanto, uma das medidas recomendadas é o uso da água sanitária em águas paradas. Dados de massa atômica: O = 16 u; Cℓ = 35,5 u; Na = 23 u.

Sobre a água sanitária, responda ao que se pede.

a) Demonstre a fórmula representacional e a fórmula de Lewis do componente ativo da água sanitária.

b) Apresente o nome químico e a massa molar do componente ativo da água sanitária.

c) Calcule a concentração, em mol/L, do componente ativo numa solução, considerando-se que uma amostra de 5,00 mL de água sanitária contém 150 mg desse componente.

Ao rever essa tabela, o estudante notou que dois dos valores de concentração foram digitados em linhas trocadas. Esses valores são os correspondentes às amostras

a) 2 e 4.
b) 1 e 3.
c) 1 e 2.
d) 3 e 4.
e) 2 e 3.

**10** (Fuvest-SP) Os chamados "remédios homeopáticos" são produzidos seguindo a farmacotécnica homeopática, que se baseia em diluições sequenciais de determinados compostos naturais. A dosagem utilizada desses produtos é da ordem de poucos mL. Uma das técnicas de diluição homeopática é chamada de diluição centesimal (CH), ou seja, uma parte da solução é diluída em 99 partes de solvente e a solução resultante é homogeneizada (ver esquema).

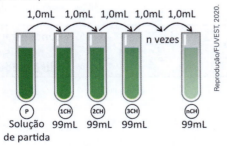

Alguns desses produtos homeopáticos são produzidos com até 200 diluições centesimais sequenciais (200CH).

Considerando uma solução de partida de 100 mL com concentração 1 mol/L de princípio ativo, a partir de qual diluição centesimal a solução passa a não ter, em média, nem mesmo uma molécula do princípio ativo?

Note e adote:

Número de Avogadro = $6 \cdot 10^{23}$.

a) 12ª diluição (12CH).
b) 24ª diluição (24CH).
c) 51ª diluição (51CH).
d) 99ª diluição (99CH).
e) 200ª diluição (200CH).

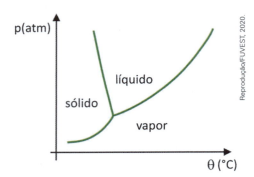

Apesar de ser um processo que requer, industrialmente, uso de certa tecnologia, existem evidências de que os povos pré-colombianos que viviam nas regiões mais altas dos Andes conseguiam liofilizar alimentos, possibilitando estocá-los por mais tempo.

Assinale a alternativa que explica como ocorria o processo de liofilização natural:

a) A sublimação da água ocorria devido às baixas temperaturas e à alta pressão atmosférica nas montanhas.

b) Os alimentos, após congelados naturalmente nos períodos frios, eram levados para a parte mais baixa das montanhas, onde a pressão atmosférica era menor, o que possibilitava a sublimação.

c) Os alimentos eram expostos ao sol para aumentar a temperatura, e a baixa pressão atmosférica local favorecia a solidificação.

d) As temperaturas eram baixas o suficiente nos períodos frios para congelar os alimentos, e a baixa pressão atmosférica nas altas montanhas possibilitava a sublimação.

e) Os alimentos, após congelados naturalmente, eram prensados para aumentar a pressão, de forma que a sublimação ocorresse.

**8** (Unicamp-SP) Um medicamento se apresenta na forma de comprimidos de 750 mg ou como suspensão oral na concentração de 100 mg/mL. A bula do remédio informa que o comprimido não pode ser partido, aberto ou mastigado e que, para crianças abaixo de 12 anos, a dosagem máxima é de 15 mg/kg/dose. Considerando apenas essas informações, conclui-se que uma criança de 11 anos, pesando 40 kg, poderia ingerir com segurança, no máximo,

a) 6,0 mL da suspensão oral em uma única dose.

b) 7,5 mL da suspensão oral, ou um comprimido em uma única dose.

c) um comprimido em uma única dose.

d) 4,0 mL da suspensão oral em uma única dose.

**9** (Unesp-SP) Um estudante coletou informações sobre a concentração total de sais dissolvidos, expressa em diferentes unidades de medida, de quatro amostras de águas naturais de diferentes regiões. Com os dados obtidos, preparou a seguinte tabela:

| Amostra de água | Origem | Concentração de sais dissolvidos |
|---|---|---|
| 1 | Oceano Atlântico (litoral nordestino brasileiro) | 3,6% (m/V) |
| 2 | Mar Morto (Israel/Jordânia) | 1,2 g/L |
| 3 | Água mineral de Campos do Jordão (interior do estado de São Paulo) | 120 mg/L |
| 4 | Lago Titicaca (Bolívia/Peru) | 30% (m/V) |

IV. Existem três pontos triplos no diagrama de fases correspondentes ao equilíbrio entre líquido, rômbico e monoclínico; rômbico, vapor e líquido; e líquido, vapor e monoclínico.
V. Não é possível, na faixa de pressões e temperaturas dadas no diagrama, sublimar enxofre monoclínico.

Assinale a alternativa correta.

a) Somente as afirmativas I e III são verdadeiras.
b) Somente as afirmativas III e V são verdadeiras.
c) Somente as afirmativas II e IV são verdadeiras.
d) Somente as afirmativas I, II e III são verdadeiras.
e) Somente as afirmativas I, II e V são verdadeiras.

**5** (Unioeste-PR) Segundo a resolução número 430 do CONSELHO NACIONAL DO MEIO AMBIENTE (CONAMA), a quantidade permitida para lançamento de chumbo em efluente é de 0,5 mg · L⁻¹. Sabendo que a concentração encontrada desse metal em uma fábrica que o utiliza foi de 0,005 mmol · L⁻¹. Quantas vezes esta quantidade de chumbo está, aproximadamente, acima ou abaixo do permitido pelo CONAMA?

Dado: Pb = 207.

a) 100
b) 10
c) 6
d) 4
e) 2

**6** (Uerj) A produção e a transmissão do impulso nervoso nos neurônios têm origem no mecanismo da bomba de sódio-potássio. Esse mecanismo é responsável pelo transporte de íons Na⁺ para o meio extracelular e K⁺ para o interior da célula, gerando o sinal elétrico. A ilustração a seguir representa esse processo.

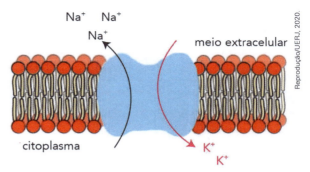

Para um estudo sobre transmissão de impulsos nervosos pela bomba de sódio-potássio, preparou-se uma mistura contendo os cátions Na⁺ e K⁺, formada pelas soluções aquosas A e B com solutos diferentes. Considere a tabela a seguir:

| Solução | Volume (mL) | Soluto | Concentração (mol/L) |
|---|---|---|---|
| A | 400 | KCℓ | 0,1 |
| B | 600 | NaCℓ | 0,2 |

Admitindo a completa dissociação dos solutos, a concentração de íons cloreto na mistura, em mol/L, corresponde a:

a) 0,04
b) 0,08
c) 0,12
d) 0,16

**7** (Fuvest-SP) Em supermercados, é comum encontrar alimentos chamados de liofilizados, como frutas, legumes e carnes. Alimentos liofilizados continuam próprios para consumo após muito tempo, mesmo sem refrigeração. O termo "liofilizado", nesses alimentos, refere-se ao processo de congelamento e posterior desidratação por sublimação da água. Para que a sublimação da água ocorra, é necessária uma combinação de condições, como mostra o gráfico de pressão por temperatura, em que as linhas representam transições de fases.

## Físico-química

**1** (UFRGS-RS) Um copo de 200 mL de leite semidesnatado possui a composição nutricional abaixo.

| Carboidratos | 10 g |
|---|---|
| Gorduras Totais | 2,0 g |
| Proteínas | 6,0 g |
| Cálcio | 240 mg |
| Sódio | 100 mg |

A concentração, em g · L$^{-1}$, de cátions de metal alcalino, contido em 1 L de leite, é

a) 0,10.
b) 0,24.
c) 0,50.
d) 1,20.
e) 1,70.

**2** (Udesc) Um químico precisa preparar 500 mL de uma solução de 1000 ppm de ferro utilizando o sal cloreto férrico. A massa de sal pesada, para preparar a solução, é de:

a) 14,5 g
b) 1,45 g
c) 8,11 g
d) 81,15 g
e) 2,90 g

**3** (Udesc) É sabido que um náufrago, mesmo em pleno oceano, pode morrer de sede. A ingestão da água do mar pode ser prejudicial ao organismo humano e até levar à morte, devido à desidratação dos órgãos. Considerando que a concentração salina no sangue é de 0,9% e na água do mar cerca de 4%, é correto afirmar que:

a) a desidratação dos órgãos ocorrerá devido ao processo de osmose reversa, pois a água do mar é considerada um fluido hipertônico em relação ao sangue.

b) ao ingerir água do mar, ocorrerá um processo natural de osmose, onde as células do sangue perderão água, pois a pressão osmótica da água do mar é superior à do sangue.

c) a pressão osmótica do sangue é muito elevada em relação à água do mar, favorecendo, assim, a saída de água das células vermelhas.

d) o náufrago poderá morrer desidratado, somente se a ingestão da água do mar ocorrer em elevadas temperaturas.

e) as concentrações salinas da água do mar e do sangue, a ingestão de cerca de 4 litros de água do mar é considerada segura, não prejudicando o organismo do náufrago.

**4** (Udesc) Considere o diagrama de pressão *versus* temperatura para o enxofre e analise as proposições abaixo.

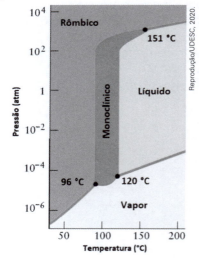

Fonte: Atkins & Jones, *Princípios de Química*, 5ª edição.

I. A temperaturas abaixo de 50 °C e pressão de 1 atm, a forma mais estável é o enxofre rômbico.
II. As formas rômbica e monoclínica são formas isobáricas de enxofre, ambas estão presentes no estado sólido.
III. Na faixa de pressão de 10$^{-3}$ a 10 atm e acima de 120 °C até pelo menos 200 °C predomina o enxofre em estado líquido.

d) Forneça a fórmula mínima do sal hidratado incluindo o valor de x.

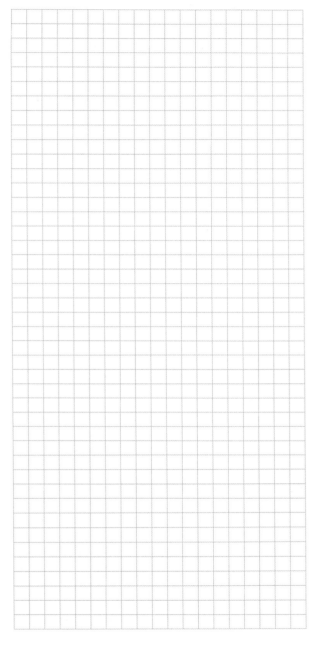

**56** (UFRJ) A Conferência de Kyoto sobre mudanças climáticas, realizada em 1997, estabeleceu metas globais para a redução da emissão atmosférica de $CO_2$. A partir daí, várias técnicas para o sequestro do $CO_2$ presente em emissões gasosas vêm sendo intensamente estudadas.

a) Uma indústria implantou um processo de sequestro de $CO_2$ através da reação com $Mg_2SiO_4$, conforme a equação representada a seguir:

$$Mg_2SiO_4 + 2\ CO_2 \rightarrow 2\ MgCO_3 + SiO_2$$

Determine, apresentando seus cálculos, o número de mol do óxido formado quando 4400 g de $CO_2$ são sequestrados.

b) Essa indústria reduziu sua emissão para 112 000 L de $CO_2$ por dia nas CNTP. A meta é emitir menos de 500 kg de $CO_2$ por dia. Indique se a indústria atingiu a meta. Justifique sua resposta.

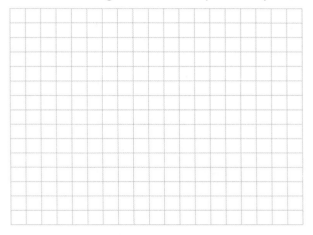

**57** (Unifesp-SP) Analise a tabela, que fornece informações sobre a cal hidratada e o carbonato de cálcio.

| Composto | Cal hidratada | Carbonato de cálcio |
|---|---|---|
| Fórmula | $Ca(OH)_2$ | $CaCO_3$ |
| Massa molar (g/mol) | 74 | 100 |
| Cor | branca | branca |
| Comportamento sob aquecimento a 1000 °C | produz CaO(s) e $H_2O$(g) | produz CaO(s) e $CO_2$(g) |

a) Classifique esses dois compostos de cálcio de acordo com as funções inorgânicas às quais pertencem.

b) Um estudante recebeu uma amostra de 5,0 g de um desses dois compostos para ser aquecida. Após aquecimento prolongado a 1000 °C ele notou que a massa da amostra sofreu uma redução de 2,2 g em relação à inicial. Justifique por que a amostra recebida pelo estudante foi de $CaCO_3$.

Dados: C = 12; O = 16.

Massas molares (g · mol⁻¹): H = 1; C = 12; F = 19; Cℓ = 35,5.

**53** (Uerj) Quatro balões esféricos são preenchidos isotermicamente com igual número de mols de um gás ideal. A temperatura do gás é a mesma nos balões, que apresentam as seguintes medidas de raio:

| Balão | Raio |
|---|---|
| I | R |
| II | R/2 |
| III | 2R |
| IV | 2R/3 |

A pressão do gás é maior no balão de número:
a) I.   b) II.   c) III.   d) IV.

Note e adote:
- Constante universal dos gases:
  R = 0,082 L · atm/(K · mol);
- K = °C + 273;
- Massas molares (g/mol): H = 1; O = 16.

**54** (Fuvest-SP) Em navios porta-aviões, é comum o uso de catapultas para lançar os aviões das curtas pistas de decolagem. Um dos possíveis mecanismos de funcionamento dessas catapultas utiliza vapor de água aquecido a 500 K para pressurizar um pistão cilíndrico de 60 cm de diâmetro e 3 m de comprimento, cujo êmbolo é ligado à aeronave.

Após a pressão do pistão atingir o valor necessário, o êmbolo é solto de sua posição inicial e o gás expande rapidamente até sua pressão se igualar à pressão atmosférica (1 atm). Nesse processo, o êmbolo é empurrado, e o comprimento do cilindro é expandido para 90 m, impulsionando a aeronave a ele acoplada.

Esse processo dura menos de 2 segundos, permitindo que a temperatura seja considerada constante durante a expansão.

a) Calcule qual é a pressão inicial do vapor de água utilizado nesse lançamento.
b) Caso o vapor de água fosse substituído por igual massa de nitrogênio, nas mesmas condições, o lançamento seria bem sucedido? Justifique.

Note e adote:

Constante universal dos gases: R = 8 · 10⁻⁵ atm · · m³ · mol⁻¹ · K⁻¹; π = 3;

Massas molares:
H₂O: 18 g/mol
N₂: 28 g/mol

**55** (UFPR) O carbonato de sódio é um composto largamente usado para corrigir o pH em diversos sistemas, por exemplo, água de piscina. Na forma comercial, ele é hidratado, o que significa que uma quantidade de água está incluída na estrutura do sólido. Sua fórmula mínima é escrita como Na₂CO₃ · xH₂O em que x indica a razão de mols de água por mol de Na₂CO₃. O valor de x pode ser determinado através de uma análise gravimétrica. Uma amostra de 2,574 kg do sal hidratado foi aquecida a 125 °C, de modo a remover toda a água de hidratação. Ao término, a massa residual de sólido seco foi de 0,954 kg.

Dados: M (g · mol⁻¹): Na₂CO₃ = 106, H₂O = 18.

a) Calcule a quantidade de matéria presente no sal seco. Mostre claramente seus cálculos.
b) Calcule a quantidade de matéria de água que foi removida pelo aquecimento. Mostre claramente seus cálculos.
c) Calcule a razão entre os resultados dos itens b) e a).

**50** (Vunesp-SP) A ductilidade é a propriedade de um material deformar-se, comprimir-se ou estirar-se sem se romper.

A prata é um metal que apresenta excelente ductilidade e a maior condutividade elétrica dentre todos os elementos químicos. Um fio de prata possui 10 m de comprimento ($\ell$) e área de secção transversal (A) de $2,0 \cdot 10^{-7}$ m².

Considerando a densidade da prata igual a 10,5 g/cm³, a massa molar igual a 108 g/mol e a constante de Avogadro igual a $6,0 \cdot 10^{23}$ mol⁻¹, o número aproximado de átomos de prata nesse fio será:

a) $1,2 \cdot 10^{22}$.  c) $1,2 \cdot 10^{20}$.  e) $6,0 \cdot 10^{23}$.
b) $1,2 \cdot 10^{23}$.  d) $1,2 \cdot 10^{17}$.

**51** (IFCE) A nossa atmosfera é composta por diferentes gases, dentre eles $O_2$, $CO_2$ e $N_2$, estes denominados gases reais. Para estudar o comportamento dos gases, primeiramente estudamos os denominados gases ideais, modelos em que as moléculas se movem ao acaso e são tratadas como moléculas de tamanho desprezível, nas quais a força de interação elétrica entre as partículas é nula. De acordo com o modelo dos gases ideais, quando o número de mols de um gás permanece constante, a Lei dos Gases Ideais é expressa pela equação $P \cdot V = n \cdot R \cdot T$, onde:

P = pressão;

V = volume;

n = número de mols;

R = constante dos gases ideais;

T = temperatura em Kelvin.

De acordo com esta equação é verdadeiro afirmar-se que:

a) a pressão de um gás é inversamente proporcional à temperatura absoluta se o volume se mantiver constante.

b) a pressão é inversamente proporcional ao volume. Ou seja, ao diminuirmos a pressão de um gás nas condições ideais e com o número de mols constante e temperatura constante, o volume aumenta.

c) pressão e volume do gás ideal independem da temperatura do mesmo.

d) o número de mols de um gás varia de acordo com a pressão e o volume que este gás apresenta.

e) a temperatura de um gás é sempre constante.

**52** (Vunesp-SP) Nos frascos de spray, usavam-se como propelentes compostos orgânicos conhecidos como clorofluorcarbonos. As substâncias mais empregadas eram $CC\ell F_3$ (Freon 12) e $C_2C\ell_3F_3$ (Freon 113). Num depósito abandonado, foi encontrado um cilindro supostamente contendo um destes gases.

Identifique qual é o gás, sabendo-se que o cilindro tinha um volume de 10,0 L, a massa do gás era de 85 g e a pressão era de 2,00 atm a 27 °C.

Dados: R = 0,082 atm · L · mol⁻¹ · K⁻¹.

**45** (UEPG-PR) Analisando as equações apresentadas abaixo, assinale o que for correto.

$H_2SO_4 + 2\ KOH \rightarrow X + 2\ H_2O$

$H_2CO_3 + 2\ Y \rightarrow (NH_4)_2CO_3 + 2\ H_2O$

$H_2S + 2\ NaOH \rightarrow Z + 2\ H_2O$

01) O nome correto da substância X é sulfeto de potássio.

02) A fórmula correta da substância X é $K_2SO_4$.

04) O nome correto da substância Z é sulfato de sódio.

08) A fórmula correta da substância Y é $NH_4OH$.

**46** (UFRRJ) A tabela a seguir mostra alguns sais e suas principais aplicações:

| Sal | Função |
|---|---|
| $MgSO_4$ | Laxante salino |
| $KNO_3$ | Componente de explosivos |
| $BaSO_4$ | Contraste radiológico |
| $FeSO_4$ | Tratamento de anemia |

Para cada um dos sais acima, faça uma reação de um ácido com uma base, a fim de obter:

a) Sulfato de magnésio.

b) Nitrato de potássio.

c) Sulfato de bário.

d) Sulfato de ferro II.

**47** (PUC-RJ) A Química possui uma linguagem própria e seus códigos. A narrativa de uma reação química, por exemplo, pode ser substituída por sua "equação química". Considere a reação do ácido fosfórico com hidróxido de sódio, ambos em meio aquoso, representada a seguir de maneira incompleta no que se refere ao balanço de massa:

$H_3PO_4\ (aq) + NaOH\ (aq) \rightarrow$
$\rightarrow Na_3PO_4\ (aq) + H_2O\ (\ell)$

A esse respeito, escreva:

a) o nome do elemento químico que está presente em todos os compostos representados na equação química;

b) o nome da ligação química que ocorre entre os átomos de hidrogênio e de oxigênio no ácido fosfórico;

c) o balanço de massa (equilíbrio da equação) com os menores números inteiros.

**48** (IFSP) A decomposição térmica do calcário, $CaCO_3$, produz $CO_2$ e $CaO$, ou seja, nessa transformação, um:

a) sal produz um óxido ácido e um óxido básico.

b) sal produz dois óxidos ácidos.

c) sal produz dois óxidos básicos.

d) ácido produz dois óxidos ácidos.

e) ácido produz um óxido ácido e um óxido básico.

**49** (Ufal) Quando nitrogênio e oxigênio reagem no cilindro de um motor de automóvel, é formado óxido nítrico, NO. Depois que ele escapa para a atmosfera com os outros gases do escapamento, o óxido nítrico reage com o oxigênio para produzir dióxido de nitrogênio, um dos precursores da chuva ácida.

Assinale a equação balanceada que representa a reação de produção de dióxido de nitrogênio a partir de nitrogênio e oxigênio.

a) $N\ (g) + O_2\ (g) \rightarrow NO_2\ (g)$

b) $N_2\ (g) + 2\ O_2\ (g) \rightarrow 2\ N_2O_2\ (g)$

c) $N_2\ (g) + 2\ O_2\ (g) \rightarrow 2\ NO_2\ (g)$

d) $N\ (g) + 2\ O\ (g) \rightarrow NO_2\ (g)$

e) $2\ N_2\ (g) + 3\ O_2\ (g) \rightarrow 2\ N_2O_3\ (g)$

A adição de 1,67 g de bromato de potássio anidro produziria uma quantidade, em mol, de gás oxigênio igual a

Dado: $M(KBrO_3) = 167$ g · mol$^{-1}$

a) $5,0 \cdot 10^{-3}$ mol
b) $7,5 \cdot 10^{-3}$ mol
c) $1,0 \cdot 10^{-2}$ mol
d) $1,5 \cdot 10^{-2}$ mol
e) $2,0 \cdot 10^{-2}$ mol

**41** (Unitins-TO) Ácidos são substâncias químicas que se fazem presentes no nosso dia a dia. Como exemplo, tem-se o ácido sulfúrico que pode ser utilizado na fabricação de fertilizantes; para limpeza de pisos, o ácido clorídrico (muriático) é usado; para bebidas gaseificadas, emprega-se o ácido carbônico, formado pela reação da água com gás carbônico. Esses ácidos podem ser representados pelas seguintes fórmulas moleculares, respectivamente:

a) $H_2SO_4$; $HC\ell$; $H_2CO_3$.
b) $H_2S$; $HF$; $H_2CO$.
c) $H_2SO_3$; $HI$; $H_2CO_2$.
d) $H_2SO_2$; $HC\ell O_2$; $H_2CO_2$.

**42** (UEPB) Sabe-se que toda bebida gaseificada contém ácido carbônico (1) que, a partir do momento em que a garrafa que o contém é aberta, passa a se decompor em água e gás carbônico, manifestado pelas bolhas observadas na massa líquida; ácido muriático é o nome comercial do ácido clorídrico (2) impuro; baterias de automóvel contêm ácido sulfúrico (3); refrigerantes do tipo "cola" apresentam ácido fosfórico (4) além do ácido carbônico, na sua composição.

Os ácidos 1, 2, 3 e 4, citados acima, possuem, respectivamente, fórmulas:

a) $H_2CO_3$, $HC\ell$, $H_2SO_4$, $H_3PO_4$.
b) $CO_2$, $HC\ell O$, $H_2S$, $H_2PO_4$.
c) $CO_2$, $HC\ell$, $H_2SO_4$, $H_3PO_4$.
d) $CO$, $HC\ell O$, $H_2S$, $H_2PO_3$.
e) $CO_2$, $NaHC\ell O$, $H_2SO_3$, $HPO_2$.

**43** (Unisinos-RS) Ao participar de uma festa, você pode comer e beber em demasia, apresentando sinais de má digestão ou azia. Para combater a acidez, ocasionada pelo excesso de ácido clorídrico no estômago, seria bom ingerir uma colher de leite de magnésia, que irá reagir com esse ácido.

A equação que representa a reação é:

a) $Mg(OH)_2 + 2\,HC\ell O \rightarrow Mg(C\ell O)_2 + 2\,H_2O$
b) $Mg(OH)_2 + 2\,HC\ell \rightarrow Mg(C\ell)_2 + 2\,H_2O$
c) $Mg(OH)_2 + 2\,HC\ell O_3 \rightarrow Mg(C\ell O_3)_2 + 2\,H_2O$
d) $Mn(OH)_2 + 2\,HC\ell O_2 \rightarrow Mn(C\ell O_2)_2 + 2\,H_2O$
e) $Mn(OH)_2 + 2\,HC\ell \rightarrow MnC\ell_2 + 2\,H_2O$

**44** (Udesc) A equação química balanceada que representa a reação ácido-base para a formação de cloreto de cálcio é:

a) $Ca(OH)_2 + 2\,HC\ell \rightarrow CaC\ell_2 + 2\,H_2O$
b) $Ca(OH)_2 + 2\,HC\ell O \rightarrow Ca(C\ell O)_2 + 2\,H_2O$
c) $CaOH + HC\ell \rightarrow CaC\ell + H_2O$
d) $CaOH + HC\ell O \rightarrow CaC\ell O + H_2O$
e) $CaO + 2\,HC\ell O_2 \rightarrow Ca(C\ell O2)_2 + H_2$

Sendo assim, é correto dizer que a massa de carbonato de sódio produzida a partir de 23,4 g de cloreto de sódio é

a) 17,34 g.
b) 23,43 g.
c) 21,20 g.
d) 18,20 g.

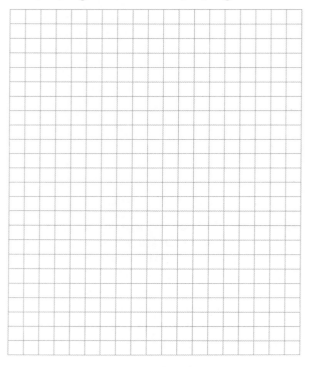

**38** (Uece) Uma mistura de gases contém 80% de metano, 10% de eteno e 10% de etano. A massa média dessa mistura é

a) 19,6 g.
b) 17,8 g.
c) 18,6 g.
d) 16,8 g.

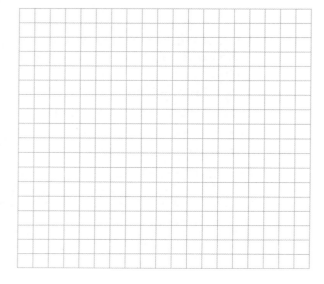

**39** (Uece) Na emergência da falta de oxigênio nos aviões, usam-se máscaras que utilizam um composto de potássio que reage com o gás carbônico liberado pelo passageiro e produz o oxigênio necessário para seu organismo. A reação desse processo é a seguinte:

$$KO_2(s) + CO_2(g) \rightarrow K_2CO_3(s) + O_2(g)$$

Ajustando-se à equação química, é correto afirmar que a quantidade de gás oxigênio produzido quando se usa 852 g de superóxido de potássio é

a) 288 g.
b) 580 g.
c) 328 g.
d) 423 g.

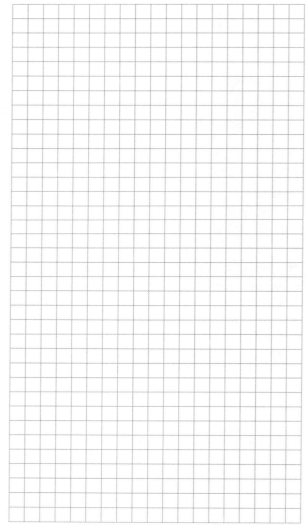

**40** (PUC-RJ) O bromato de potássio foi, por muito tempo, utilizado na panificação de tal forma a produzir o $O_2$ que expandia a massa durante o cozimento. A reação (não balanceada) de decomposição do $KBrO_3$ é mostrada abaixo.

$$2\ KBrO_3\ (s) \rightarrow 2\ KBr\ (s) + 3\ O_2\ (g)$$

**34** (IFPE) O Brasil é o maior produtor mundial de nióbio, respondendo por mais de 90% da reserva desse metal. O nióbio, de símbolo Nb, é empregado na produção de aços especiais e é um dos metais mais resistentes à corrosão e a temperaturas extremas. O composto $Nb_2O_5$ é o precursor de quase todas as ligas e compostos de nióbio.

Assinale a alternativa com a massa necessária de $Nb_2O_5$ para a obtenção de 465 gramas de nióbio. Dado: Nb = 93 g/mol e O = 16 g/mol.

a) 275 g
b) 330 g
c) 930 g
d) 465 g
e) 665 g

**35** (UPE-SSA) Diversos povos africanos apresentavam uma relação especial com os metais, sobretudo o ferro, e, assim, muito do conhecimento que chegou ao Brasil sobre obtenção e forja tinha origem nesse continente. Entre os negros do período colonial, os ferreiros, com seus martelos e bigornas, desempenhavam importante papel político e financeiro. Supondo que mestre ferreiro Taú trabalhava com hematita ($Fe_2O_3$), quantos quilogramas de ferro aproximadamente seriam produzidos a partir de 500 kg do minério, admitindo uma pureza de 85% do mineral?

$Fe_2O_3(s) + 3\ CO(g) \rightarrow 2\ Fe(\ell) + 3\ CO_2(g)$

Dados:
C = 12 g/mol; O = 16 g/mol; Fe = 56 g/mol.

a) 175 kg
b) 350 kg
c) 297 kg
d) 590 kg
e) 147 kg

**36** (Uece) No seu romance *A Ilha Misteriosa*, Júlio Verne (1828-1905), através de seus personagens, trata da produção de hidrogênio combustível a partir da água. Atualmente as pesquisas visam desenvolver métodos de produção e armazenamento seguro de hidrogênio, e geradores portáteis do gás já estão disponíveis para a comercialização. Um gerador portátil obtém hidrogênio a partir da reação de hidreto de cálcio com água produzindo também hidróxido de cálcio. O volume, em litros, de hidrogênio produzido a partir de 10,4 g de hidreto de cálcio é

a) 11,09.
b) 10,29.
c) 8,48.
d) 12,38.

**37** (Uece) Em seu livro *Moléculas em Exposição*, John Emsley refere-se ao cloreto de sódio afirmando que cada célula do corpo humano necessita de um pouco de sódio, e o sangue e os músculos precisam de grandes quantidades. Além dessa presença no organismo humano, o sal de cozinha também serve para preparar inúmeras substâncias, dentre as quais se encontram o cloro gasoso, o sódio, o hidróxido de sódio e o carbonato de sódio. O carbonato de sódio, utilizado na fabricação de vidros, na síntese de compostos inorgânicos e em detergentes, pode ser obtido pelas seguintes reações:

$NaC\ell(aq) + NH_3(g) + CO_2(g) + H_2O(\ell) \rightarrow$
$\rightarrow NaHCO_3(s) + NH_4C\ell(aq)$ e
$2\ NaHCO_3(s) \rightarrow Na_2CO_3(s) + CO_2(g) + H_2O(\ell)$

Dados: R = 0,082 atm · L · mol⁻¹ · K⁻¹;
T (Kelvin) = T (Celsius) + 273;
Li = 7; O = 16; H = 1.

a) 54 g.   d) 346 g.
b) 85 g.   e) 480 g.
c) 121 g.

**32** (UEG-GO) O composto conhecido como glicol possui uma composição centesimal de 39% de carbono, 51% de oxigênio e 10% de hidrogênio. Dentre as opções a seguir, identifique aquela que pode ser considerada a fórmula mínima do glicol.

Dados: MM(H) = 1 g · mol⁻¹, MM(C) = 12 g · mol⁻¹ e MM(O) = 16 g · mol⁻¹.

a) $CH_4O$   d) $C_2H_4O_3$
b) $CH_6O_2$   e) $C_3H_5O_2$
c) $CH_3O$

**33** (UEG-GO) O acetaminofeno, mais conhecido como paracetamol, é um analgésico antipirético que apresenta a fórmula estrutural a seguir.

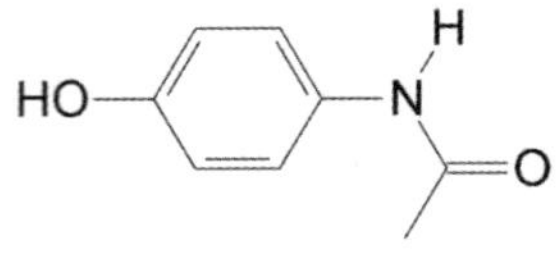

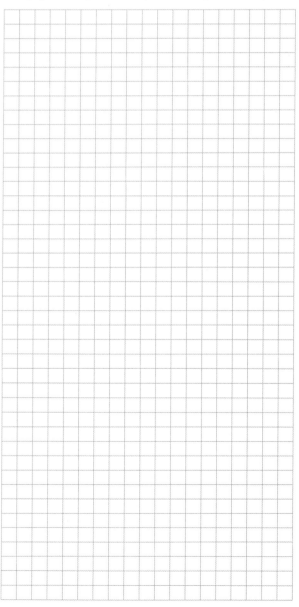

**Paracetamol**

Na combustão completa de 750 mg de paracetamol, a massa de $CO_2$ formada, em gramas, será de aproximadamente

Dado:
MM(Paracetamol) = 151 g · mol⁻¹
MM($CO_2$) = 44 g · mol⁻¹

a) 1,7   b) 15   c) 18   d) 151   e) 44

**29** (UFJF-MG) O mergulho em cavernas é uma atividade de alto risco. No gerenciamento do gás em mergulho em cavernas, utiliza-se a regra do $\frac{1}{3}$: divide-se a quantidade de gás contido no cilindro de mergulho por 3, dos quais $\frac{1}{3}$ do gás será consumido no caminho de ida, $\frac{1}{3}$ é usado no caminho de volta (para sair da caverna) e o $\frac{1}{3}$ restante fica como segurança, para ser usado em cenários de emergência. Considere um mergulhador que entre em uma caverna possuindo 240 atmosferas de gás em um cilindro de capacidade igual a 0,006 m³. Após consumir um terço do gás, inicia imediatamente o regresso. Suponha que o consumo de gás pelo mergulhador seja constante durante todo o trajeto e que a temperatura no interior da caverna seja de 20 °C. O número de mols de gás que restará no cilindro ao sair da caverna será:

(Dado R = 0,082 atm · L/mol · K)

a) 0,02 mol
b) 0,30 mol
c) 20 mol
d) 30 mol
e) 292 mol

**30** (UEFS-BA) O primeiro número presente no código dos fertilizantes NPK corresponde à porcentagem em massa do elemento nitrogênio presente no fertilizante. Considere uma amostra de 1 kg de um fertilizante NPK 4-14-8. A massa de nitrogênio presente nessa amostra é aproximadamente

a) 10 g.
b) 20 g.
c) 40 g.
d) 60 g.
e) 80 g.

**31** (EsPCEx/Aman-RJ) "*Houston, temos um problema*" – Esta frase retrata um fato marcante na história das viagens espaciais, o acidente com o veículo espacial Apollo 13. Uma explosão em um dos tanques de oxigênio da nave causou a destruição parcial do veículo, obrigando os astronautas a abandonarem o módulo de comando e ocuparem o módulo lunar, demovendo-os do sonho de pisar na lua nessa missão espacial.

Não foram poucos os problemas enfrentados pelos astronautas nessa missão. Um específico referiu-se ao acúmulo de gás carbônico (dióxido de carbono – $CO_2$) exalado pelos astronautas no interior do módulo lunar. No fato, os astronautas tiveram que improvisar um filtro com formato diferente do usado comumente no módulo. Veículos espaciais são dotados de filtros que possuem hidróxidos que reagem e neutralizam o gás carbônico exalado pelos tripulantes. Para neutralização do gás carbônico, o hidróxido mais utilizado em veículos espaciais é o hidróxido de lítio. Em sua reação com o dióxido de carbono, o hidróxido de lítio forma carbonato de lítio sólido e água líquida.

Considerando o volume de 246 L de gás carbônico produzido pelos astronautas (a 27 °C e 1 atm), a massa de hidróxido de lítio necessária para reagir totalmente com esse gás é de

**27** (Unesp-SP) Em quatro tubos de ensaio contendo iguais volumes de soluções aquosas ácidas de HCℓ com mesma concentração em mol/L, foram acrescentadas iguais quantidades, em mol, de quatro substâncias diferentes, sob forma de pó, como ilustra a imagem.

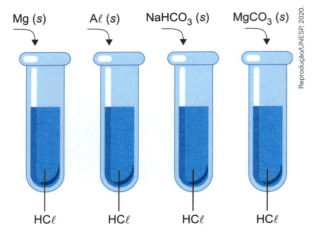

Em cada tubo houve reação química, evidenciada pela produção de gás e pelo desaparecimento total do sólido.

a) Classifique as substâncias sólidas acrescentadas aos tubos de ensaio de acordo com os seguintes critérios:
- aquelas que são boas condutoras de eletricidade.
- aquelas que apresentam ligações covalentes.

b) Em qual dos tubos houve produção de maior volume de gás? Justifique sua resposta.

**28** (Cefet-MG) Um experimento consistiu em reagir $3 \cdot 10^{-3}$ g de alumínio com solução aquosa de ácido clorídrico, conforme esquema a seguir:

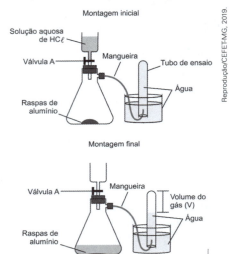

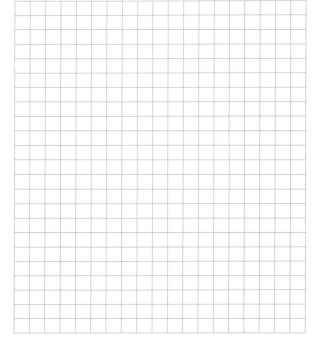

Depois de cessada a reação, observou-se que ainda existia alumínio no fundo do frasco e que foram coletados no tubo $3,36 \cdot 10^{-3}$ L de gás.

Considerando que não ocorreram perdas durante o experimento e que o volume molar na condição do ensaio tenha sido 22,4 L, pode-se afirmar corretamente que o

a) alumínio é o agente limitante da reação.
b) gás coletado no tubo de ensaio é o cloro.
c) experimento não ilustra a lei de Lavoisier.
d) ácido clorídrico foi consumido na quantidade de $3 \cdot 10^{-4}$ mol.

**b)** O principal responsável pela radioatividade da areia monazítica é o tório-232, um emissor de partículas alfa. Escreva a equação que representa essa emissão e calcule o número de nêutrons do nuclídeo formado. Dados: Th (Z = 90); Ra (Z = 88).

**26** (Unifesp-SP) Os gases medicinais são utilizados em hospitais, clínicas de saúde ou outros locais de interesse à saúde, bem como em tratamentos domiciliares de pacientes. Considere a composição de quatro gases medicinais, acondicionados separadamente em quatro cilindros, I, II, III e IV, nas condições indicadas na tabela.

| Cilindro | Gás medicinal | Composição | Pressão (kPa) | Volume (L) | Temperatura (°C) |
|---|---|---|---|---|---|
| I | oxigênio | $O_2$ | 280 | 100 | 20 |
| II | ar sintético | $N_2$ = 79% $O_2$ = 21% (porcentagens em volume) | 280 | 100 | 20 |
| III | óxido nitroso | $N_2O$ | 280 | 100 | 20 |
| IV | dióxido de carbono | $CO_2$ | 280 | 100 | 20 |

**a)** Identifique, entre os gases medicinais citados, aquele que é constituído por uma substância química simples e aquele que gera uma solução aquosa ácida ao ser borbulhado em água destilada.

**b)** Baseando-se no princípio de Avogadro, determine as seguintes proporções:
- número de moléculas no cilindro I: número de moléculas no cilindro II: número de moléculas no cilindro III: número de moléculas no cilindro IV.
- número de átomos de oxigênio no cilindro II: número de átomos de oxigênio no cilindro III.

Utilize as informações abaixo para responder às questões 23 e 24 a seguir.

Canudinhos de plástico estão com os dias contados no Rio de Janeiro

A Câmara de Vereadores aprovou projeto de lei que obriga os estabelecimentos da cidade a usarem canudinhos de papel biodegradável ou de material reutilizável, como metais e vidro borossilicato.

Adaptado de g1.globo.com, 08/06/2018.

**23** (Uerj) A tabela abaixo apresenta a composição química de uma amostra de 500 g de vidro borossilicato.

| Componente | Porcentagem em massa (%) |
|---|---|
| $SiO_2$ | 81 |
| $B_2O_3$ | 13 |
| $Na_2O$ | 4 |
| $Aℓ_2O_3$ | 2 |

A massa, em gramas, do óxido básico presente nessa amostra é igual a:

a) 85     b) 65     c) 20     d) 10

**24** (Uerj) Um canudo de plástico e outro de vidro borossilicato possuem mesmo volume e densidades de 0,90 g/cm³ e 2,25 g/cm³, respectivamente.

A razão entre as massas do canudo de plástico e do canudo de vidro corresponde a:

a) 1,2     b) 0,8     c) 0,4     d) 0,2

**25** (Unesp-SP) Parte das areias das praias do litoral sul do Espírito Santo é conhecida pelos depósitos minerais contendo radioisótopos na estrutura cristalina. A inspeção visual, por meio de lupa, de amostras dessas areias revela serem constituídas basicamente de misturas de duas frações: uma, em maior quantidade, com grãos irregulares variando de amarelo escuro a translúcido, que podem ser atribuídos à ocorrência de quartzo, silicatos agregados e monazitas; e outra, com grãos bem mais escuros, facilmente atraídos por um ímã, contendo óxidos de ferro magnéticos associados a minerais não magnéticos.

As fórmulas químicas das monazitas presentes nessas areias foram estimadas a partir dos teores elementares de terras raras e tório e são compatíveis com a fórmula $Ce^{3+}_{0,494} La^{3+}_{0,24} Nd^{3+}_{0,20} Th^{4+}_{0,05} (PO_4^{3-})$.

(Flávia dos Santos Coelho et al. "Óxidos de ferro e monazita de areias de praias do Espírito Santo". Química Nova, vol. 28, nº 2, março/abril de 2005. Adaptado.)

a) Qual o nome do processo de separação de misturas utilizado para separar as partes escuras das claras da areia monazítica? Com base na fórmula química apresentada, demonstre que a monazita é eletricamente neutra.

Esse processo está ilustrado no esquema a seguir.

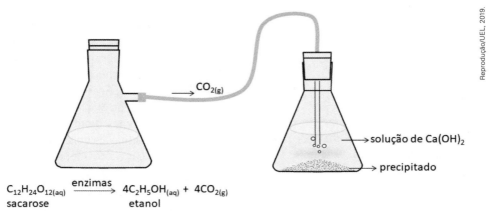

$C_{12}H_{24}O_{12(aq)}$ $\xrightarrow{\text{enzimas}}$ $4C_2H_5OH_{(aq)} + 4CO_{2(g)}$
sacarose                                  etanol

Considerando essas informações, escreva a equação química balanceada da reação de formação do sal insolúvel e calcule o volume de etanol produzido se a massa de precipitado formado for de 1,4 kg. Justifique sua resposta apresentando os cálculos realizados na resolução da questão.

Dados: Massas atômicas: Ca = 40 u; C = 12 u; O = 16 u; H = 1 u.

Densidade do etanol: 0,8 g/mL.

**22** (Uerj) Considere as informações a seguir sobre a perfluorodecalina, substância utilizada no preparo de sangue artificial.

Fórmula mínima: $C_5F_9$.

Massa molar: 462 g/mol.

C = 12; F = 19.

Sua fórmula molecular é representada por:

a) $C_{25}F_{45}$    b) $C_{20}F_{36}$    c) $C_{15}F_{27}$    d) $C_{10}F_{18}$

mação do ouro. Utilizando altas temperaturas e pressão, é possível obter amálgamas com ouro de composição Au₁₁Hg.

Dados:

Massas molares: Au = 197 g · mol⁻¹;
Hg = 200 g · mol⁻¹.

Temperatura de ebulição: Au = 2 836 °C;
Hg = 357 °C.

a) Calcule a massa necessária, em kg de mercúrio, descrita na tecnologia mais eficiente de amalgamação, para produzir 1 kg de ouro. Mostre o cálculo. Forneça o resultado com uma casa decimal (um algarismo significativo).

b) No processo rudimentar, a separação do ouro da amálgama é feita por vaporização. De modo a recuperar o mercúrio e evitar seu lançamento para a atmosfera, qual é a técnica de separação adequada para essa separação? Faça um esquema desse sistema de separação com os principais componentes e aponte claramente o local onde o mercúrio seria recuperado.

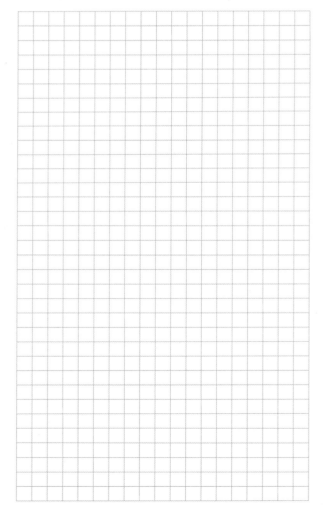

**20** (UEL-PR) Os cosméticos, como batons e rímeis, buscam realçar o encanto da beleza. Porém, o uso desses produtos pode, também, causar desencantamento em função dos constituintes químicos tóxicos que possuem. Em batons, pode haver presença de cádmio, chumbo, arsênio e alumínio. A FDA (Food and Drug Administration) e a ANVISA (Agência Nacional de Vigilância Sanitária) preconizam limites máximos de metais apenas para corantes orgânicos artificiais utilizados como matéria-prima na fabricação de cosméticos.

Considerando que um determinado batom possua concentração de chumbo igual a 1,0 mg · kg⁻¹ e que a estimativa máxima de utilização deste cosmético ao longo do dia seja de 100 mg, assinale a alternativa que representa, correta e aproximadamente, o número de átomos de chumbo em contato com os lábios ao longo de um dia.

Dados:

Massa molar de chumbo = 207 g · mol⁻¹

Constante de Avogadro = 6,0 · 10²³ mol⁻¹

a) $1,2 \cdot 10^8$
b) $2,9 \cdot 10^{14}$
c) $4,5 \cdot 10^{30}$
d) $5,1 \cdot 10^{25}$
e) $6,8 \cdot 10^4$

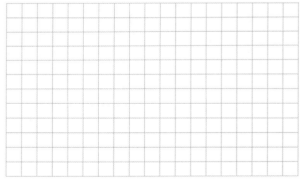

**21** (UEL-PR) O etanol, combustível produzido em grande escala no Brasil, pode ser obtido pela fermentação da sacarose encontrada na cana-de-açúcar. Esse processo consiste na degradação por enzimas de micro-organismos da sacarose em etanol e CO₂. Sem que se aplique qualquer processo de separação de etanol do meio de fermentação, o volume do etanol formado pode ser determinado se todo CO₂ produzido for borbulhado em uma solução aquosa de Ca(OH)₂, conhecendo-se a massa do precipitado que se forma. O CO₂ reage com a água para formar H₂CO₃. A reação desse ácido com Ca(OH)₂ forma um sal insolúvel que precipita no meio.

**15** (UEG-GO) Volumes de soluções aquosas de cloreto de bário e de sulfato de sódio de concentrações apropriadas são misturados observando-se a formação de um precipitado. Os produtos formados na reação são:
a) BaO e NaCℓ.
b) NaCℓ e BaCℓ$_2$.
c) BaCℓ$_2$ e Na$_2$O.
d) BaSO$_4$ e NaCℓ.
e) Na$_2$SO$_4$ e BaCℓ$_2$.

**16** (UPE-SSA) Analise a notícia a seguir:

Chuva ácida faz com que rios da costa leste dos EUA fiquem alcalinos

"Dois terços dos rios na costa leste dos Estados Unidos registram níveis crescentes de alcalinidade, com o que suas águas se tornam cada vez mais perigosas para a rega de plantios e a vida aquática, informaram cientistas esta segunda-feira".

Fonte: Portal G1 Notícias, em 26/08/2013

O aumento da alcalinidade ocorre, porque
a) a chuva ácida, ao cair nos rios, deixa o meio mais alcalino.
b) a chuva ácida pode corroer rochas ricas em óxidos básicos e sais de hidrólise básica e deixar o meio mais alcalino.
c) a chuva ácida pode corroer rochas ricas em óxidos ácidos e sais de hidrólise ácida e deixar o meio mais alcalino.
d) a chuva ácida pode corroer a vegetação, arrastar matéria orgânica e deixar o meio mais alcalino.
e) o aumento da alcalinidade não se deve à ação da chuva ácida, sendo um processo natural de modificação do meio.

**17** (Uepa) Os coeficientes estequiométricos 3, 2, 1, 6 ajustam, respectivamente, a reação
a) H$_2$SO$_4$ + NaOH → Na$_2$SO$_4$ + H$_2$O.
b) H$_2$SO$_4$ + Aℓ(OH)$_3$ → Aℓ$_2$(SO$_4$)$_3$ + H$_2$O.
c) SnCℓ$_2$ + FeCℓ$_3$ → SnCℓ$_4$ + FeCℓ$_2$.
d) Fe$_2$(SO$_4$)$_3$ + BaCℓ$_2$ → BaSO$_4$ + FeCℓ$_3$.

**18** (Udesc) De acordo com o Sistema Nacional de Informações sobre Saneamento Básico (SNIS), aproximadamente 35 milhões de brasileiros não têm acesso à água tratada. A obtenção da água potável é feita a partir de algumas etapas de tratamento em que substâncias químicas são adicionadas à água captada de um reservatório. Na etapa de floculação ocorre a adição do hidróxido de cálcio e do sulfato de alumínio, sobre esse tema, analise as proposições.

I. Na presença de excesso de sulfato de alumínio, a adição de 15 gramas de hidróxido de cálcio produz aproximadamente 0,1 mol de hidróxido de alumínio.
II. A somatória dos coeficientes estequiométricos (reagentes + produtos) da reação química entre o hidróxido de cálcio e o sulfato de alumínio é igual a 5.
III. Como um dos produtos da reação química entre o hidróxido de cálcio e o sulfato de alumínio tem-se um sal de sulfato muito solúvel na solução aquosa.

Assinale a alternativa correta.
a) Somente a afirmativa I é verdadeira.
b) Somente a afirmativa II é verdadeira.
c) Somente a afirmativa III é verdadeira.
d) Somente as afirmativas I e II são verdadeiras.
e) Somente as afirmativas I e III são verdadeiras.

**19** (UFPR) A atividade mineradora ilegal na região da bacia amazônica tem sido apontada como causadora da contaminação de peixes por mercúrio. Em consequência, a ocorrência de doenças causadas por metais pesados tem aumentado significativamente, mesmo em pessoas que vivem a quilômetros de distância da região ribeirinha.

Na mineração do ouro, mercúrio metálico é empregado para gerar amálgama e assim extrair o metal nobre da natureza. Em seguida, o mercúrio vaporizado com uso de um maçarico é lançado para a atmosfera, deixando o ouro metálico. Estima-se que 30 toneladas de mercúrio são despejadas por ano na Amazônia por garimpeiros ilegais, segundo o *Carnegie Amazon Mercury Project-EUA*.

Empregando-se tecnologias mais eficientes, é possível o uso mais racional do mercúrio na amalga-

**11** (Uerj) No tratamento dos sintomas da acidez estomacal, emprega-se o hidróxido de alumínio, que neutraliza o excesso do ácido clorídrico produzido no estômago.

Na neutralização total, a quantidade de mols de ácido clorídrico que reage com um mol de hidróxido de alumínio para formação do sal neutro corresponde a:

a) 2    b) 3    c) 4    d) 6

**12** (Uerj)

Café quentinho a qualquer hora: chegou ao Brasil o café *hot when you want*, que, em português, significa "quente quando você quiser". Basta apertar um botão no fundo da lata, esperar três minutos e pronto! Café quentinho por 20 minutos!

Adaptado de www1.folha.uol.com.br, 15/02/2002.

Para garantir o aquecimento, as latas desse produto possuem um compartimento com óxido de cálcio e outro com água. Ao pressionar o botão, essas duas substâncias se misturam, gerando energia e esquentando o café rapidamente.

Escreva a equação química que representa a reação entre o óxido de cálcio e a água, nomeando o produto formado.

Classifique, ainda, a reação química ocorrida quanto ao calor envolvido.

**13** (Uerj) Novas tecnologias de embalagens visam a aumentar o prazo de validade dos alimentos, reduzindo sua deterioração e mantendo a qualidade do produto comercializado. Essas embalagens podem ser classificadas em Embalagens de Atmosfera Modificada Tradicionais (MAP) e Embalagens de Atmosfera Modificada em Equilíbrio (EMAP). As MAP são embalagens fechadas que podem utilizar em seu interior tanto gases como He, Ne, Ar e Kr, quanto composições de $CO_2$ e $O_2$ em proporções adequadas. As EMAP também podem utilizar uma atmosfera modificada formada por $CO_2$ e $O_2$ e apresentam microperfurações na sua superfície, conforme ilustrado abaixo.

Adaptado de exclusive.multibriefs.com.

Dentre os gases citados no texto, aquele que corresponde a uma substância composta é simbolizado por:

a) Kr    b) $O_2$    c) He    d) $CO_2$

**14** (UFJF-MG) Uma das consequências da chuva ácida é a acidificação de solos. Porém, alguns tipos de solos conseguem neutralizar parcialmente os efeitos da chuva por conterem naturalmente carbonato de cálcio (calcário) e óxido de cálcio (cal). Os solos que não têm a presença do calcário são mais suscetíveis à acidificação e necessitam que se faça a adição de cal. No solo, a cal reage com a água, formando uma base que auxiliará na neutralização dos íons $H^+$.

Assinale a alternativa que mostra a equação química balanceada que representa a reação entre a cal e a água:

a) $CaO(s) + H_2O(\ell) \rightarrow Ca(OH)_2(aq)$
b) $CaO(s) + H_2O(\ell) \rightarrow H_2CaO_2(aq)$
c) $Ca_2O(s) + H_2O(\ell) \rightarrow 2\ CaOH(aq)$
d) $K_2O(s) + H_2O(\ell) \rightarrow 2\ KOH(aq)$
e) $KO(s) + H_2O(\ell) \rightarrow K(OH)_2(aq)$

**7** (UFRGS-RS) Na coluna da direita abaixo, estão listados compostos inorgânicos; na da esquerda, sua classificação.

Associe adequadamente a coluna da esquerda à da direita.

( ) Oxiácido forte    1. Óxido de zinco
( ) Hidrácido fraco    2. Hidróxido de alumínio
( ) Base forte    3. Ácido cianídrico
( ) Base fraca    4. Hidróxido de potássio
                 5. Ácido sulfúrico

A sequência correta de preenchimento dos parênteses, de cima para baixo, é

a) 1 - 2 - 3 - 4.
b) 1 - 3 - 5 - 2.
c) 3 - 4 - 2 - 5.
d) 5 - 2 - 4 - 1.
e) 5 - 3 - 4 - 2.

**8** (Udesc) A importância do sal é relatada na história desde, aproximadamente, 800 a.C. Os egípcios usavam sal na mumificação, no peixe e na carne. Os judeus levavam sal para o novo lar, na França medieval colocava-se sal na língua do recém-nascido. O sal era tão indispensável, que foi fonte de renda para muitos governos.

<small>John C. Kotz, Paul M. Treichel, Gabriela C. Weaver. *Química Geral e reações químicas*. vol. 1. São Paulo: Cengage Learning, 2012.</small>

Assinale a alternativa em que a reação química entre as duas substâncias não apresenta como produto um sal.

a) óxido ácido + água
b) óxido ácido + óxido básico
c) ácido + hidróxido
d) óxido básico + ácido
e) óxido ácido + hidróxido

**9** (Udesc) Sabe-se que o cloreto de sódio (NaCℓ), a sacarose ($C_{12}H_{22}O_{11}$), e o cobre metálico (Cu) apresentam ligação iônica, ligação covalente e ligação metálica, respectivamente.

| Material | Sólido | Líquido | Dissolvido em água |
|---|---|---|---|
| Cloreto de sódio | Não conduz | (Situação 1) | Conduz |
| Sacarose | Não conduz | Não conduz | (Situação 2) |
| Cobre metálico | (Situação 3) | Conduz | Insolúvel |

Assinale a alternativa que representa o comportamento esperado para a situação 1, a 2 e a 3, caso seja utilizado um dispositivo para testar a condução de corrente elétrica destas substâncias.

a) Não conduz–Conduz–Não conduz
b) Conduz–Conduz–Não conduz
c) Conduz–Conduz–Conduz
d) Conduz–Não conduz–Não conduz
e) Conduz–Não conduz–Conduz

**10** (UEPG-PR) Sobre os compostos puros cloreto de potássio e cloreto de hidrogênio, assinale o que for correto.

01) A fórmula química do cloreto de potássio é KCℓ e do cloreto de hidrogênio é HCℓ.

02) O cloreto de potássio é um sal, enquanto o cloreto de hidrogênio é um ácido.

04) Tanto o cloreto de potássio como o cloreto de hidrogênio formam íons em solução aquosa.

08) Ambos os compostos apresentam ligação iônica entre seus átomos.

**6** (UFJF-MG) Considere uma mistura heterogênea constituída de acetona, água, sal de cozinha, areia, limalha de ferro e óleo. Essa mistura foi submetida ao seguinte esquema de separação:

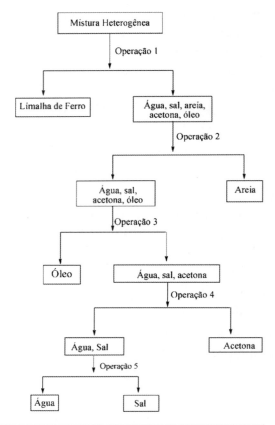

Com relação às técnicas usadas nas operações **1** a **5**, assinale a alternativa que contém a sequência correta utilizada na separação dos diferentes componentes da mistura:

a) Separação magnética, filtração, decantação, destilação simples e destilação fracionada.

b) Levigação, decantação, destilação simples, filtração e destilação fracionada.

c) Separação magnética, filtração, destilação fracionada, decantação e destilação simples.

d) Levigação, filtração, dissolução, destilação simples e decantação.

e) Separação magnética, filtração, decantação, destilação fracionada e destilação simples.

**5** (Fuvest-SP)

Em Xangai, uma loja especializada em café oferece uma opção diferente para adoçar a bebida. A chamada *sweet little rain* consiste em uma xícara de café sobre a qual é pendurado um algodão-doce, material rico em sacarose, o que passa a impressão de existir uma nuvem pairando sobre o café, conforme ilustrado na imagem.

Disponível em https://www.boredpanda.com/.

O café quente é então adicionado na xícara e, passado um tempo, gotículas começam a pingar sobre a bebida, simulando uma chuva doce e reconfortante. A adição de café quente inicia o processo descrito, pois

Note e adote:
Temperatura de fusão da sacarose à pressão ambiente = 186 °C;
Solubilidade da sacarose a 20 °C = 1,97 kg/L de água.

a) a temperatura do café é suficiente para liquefazer a sacarose do algodão-doce, fazendo com que este goteje na forma de sacarose líquida.

b) o vapor de água que sai do café quente irá condensar na superfície do algodão-doce, gotejando na forma de água pura.

c) a sacarose que evapora do café quente condensa na superfície do algodão-doce e goteja na forma de uma solução de sacarose em água.

d) o vapor de água encontra o algodão-doce e solubiliza a sacarose, que goteja na forma de uma solução de sacarose em água.

e) o vapor de água encontra o algodão-doce e vaporiza a sacarose, que goteja na forma de uma solução de sacarose em água.

**3** (EsPCEx/Aman-RJ) O critério utilizado pelos químicos para classificar as substâncias é baseado no tipo de átomo que as constitui. Assim, uma substância formada por um único tipo de átomo é dita simples e a formada por mais de um tipo de átomo é dita composta. Baseado neste critério, a alternativa que contém apenas representações de substâncias simples é:

a) $HC\ell$, CaO e MgS.
b) $C\ell_2$, $CO_2$ e $O_2$.
c) $O_2$, $H_2$ e $I_2$.
d) $CH_4$, $C_6H_6$ e $H_2O$.
e) $NH_3$, $NaC\ell$ e $P_4$.

**4** (Unicamp-SP) Em 15 de abril de 2019, a Catedral de Notre-Dame de Paris ardeu em chamas, atingindo temperaturas de 800 °C. Estima-se que, na construção da catedral, foram empregadas pelo menos 300 toneladas de chumbo. Material usual à época, o chumbo é um metal pesado com elevado potencial de contaminação em altas temperaturas. Sabendo que o ponto de fusão do chumbo é de 327,5 °C e seu ponto de ebulição é de 1750 °C, identifique a curva que pode representar o histórico da temperatura de uma porção de chumbo presente na catedral ao longo do incêndio, bem como o fenômeno corretamente relacionado ao potencial de contaminação.

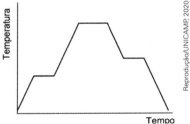
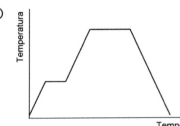
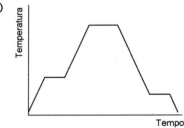
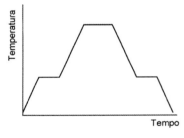

## Química geral

**1** (UFRGS-RS) O chimarrão, ou mate, é uma bebida característica da cultura gaúcha e compreende uma cuia, uma bomba, erva-mate moída e água a aproximadamente 70 °C. A obtenção da bebida, ao colocar água quente na erva-mate, consiste em um processo de

a) extração.
b) decantação.
c) filtração.
d) purificação.
e) absorção.

**2** (UFRGS-RS) Na tabela abaixo, são apresentadas as densidades de alguns sólidos normalmente encontrados no lixo doméstico. Considerando que a densidade da água do mar é, aproximadamente, 1,0 g · cm$^{-3}$, assinale a alternativa que corresponde a um material orgânico que afundaria quando jogado indevidamente no oceano.

| | Material | Densidade (g · cm$^{-3}$) |
|---|---|---|
| a) | Rolha de cortiça | 0,3 |
| b) | Garrafa de vidro aberta | 3,0 |
| c) | Lata de alumínio aberta | 2,7 |
| d) | Garrafa PET – poli(tereftalato de etileno) aberta | 1,4 |
| e) | Sacola plástica de polietileno | 0,9 |

**28** (FASM-SP) As figuras apresentam o hidrogênio sólido em três estágios sucessivos de compressão (A, B e C) até a obtenção do hidrogênio metálico. Em uma pressão de aproximadamente 205 GPa, a amostra de hidrogênio molecular sólido é transparente. Quando a pressão se aproxima de 415 GPa, a amostra começa a ficar preta. Porém, quando se atinge a pressão de 495 GPa, a amostra deixa de ser preta e passa a ter alta refletividade.

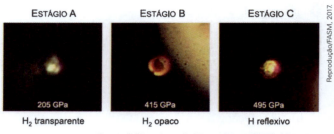

(Ranga P. Dias e Isaac F. Silvera. *Science*, 2017. Adaptado.)

Em termos de ligação química, explique:

**a)** por que a alta refletividade da amostra no estágio C indica a obtenção de hidrogênio metálico.

**b)** por que o hidrogênio molecular sólido nos estágios A e B não apresenta refletividade.

**29** (Fatec-SP) Após identificar a presença de álcool etílico, $H_3C-CH_2-OH$, em amostras de leite cru refrigerado usado por uma empresa na produção de leite longa vida e de requeijão, fiscais da superintendência do Ministério da Agricultura, Pecuária e Abastecimento recomendaram que os lotes irregulares dos produtos fossem recolhidos das prateleiras dos supermercados, conforme prevê o Código de Defesa do Consumidor. Segundo o Ministério, a presença de álcool etílico no leite cru refrigerado pode mascarar a adição irregular de água no produto.

(http://tinyurl.com/m8hxq6b. Acesso em: 21.08.2014. Adaptado)

Essa fraude não é facilmente percebida em virtude da grande solubilidade desse composto em água, pois ocorrem interações do tipo:

a) dipolo-dipolo.
b) íon-dipolo.
c) dispersão de London.
d) ligações de hidrogênio.
e) dipolo instantâneo-dipolo induzido.

**30** (Uern) "Têm sido descobertas grandes propriedades para o betacaroteno nas pesquisas das quais é alvo. Sabe-se hoje que ele é um antioxidante, beneficia a visão noturna, aumenta a imunidade, dá elasticidade à pele e fortalecimento às unhas, além de atuar no metabolismo de gordura". Ao colocarmos um pedaço de cenoura imerso no óleo de cozinha, este adquire coloração alaranjada. O mesmo não acontece quando colocado em água.

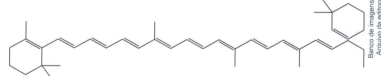

Acerca da estrutura do betacaroteno, este fato ocorre porque:

a) o betacaroneto é um hidrocarboneto e é polar. O óleo também é polar, sendo um bom solvente de betacaroteno.

b) o betacaroteno é um hidrocarboneto e é apolar. O óleo é polar, sendo um bom solvente de betacaroteno.

c) o betacaroteno é um hidrocarboneto e é apolar. O óleo também é apolar, sendo um bom solvente de betacaroteno.

d) o betacaroteno é um hidrocarboneto e é polar. O óleo é apolar, sendo um bom solvente de betacaroteno.

**26** (UEA-AM) De acordo com a posição dos elementos Mg e Br na Classificação Periódica e as distribuições eletrônicas de seus átomos, a ligação química entre esses elementos é _____ e a fórmula do composto formado é _____.

Assinale a alternativa que preenche, correta e respectivamente, as lacunas do texto.

a) iônica – $MgBr_2$
b) iônica – MgBr
c) covalente – $Mg_2Br_3$
d) covalente – $MgBr_2$
e) covalente - MgBr

**27** (Fuvest-SP) Na estratosfera, há um ciclo constante de criação e destruição do ozônio. A equação que representa a destruição do ozônio pela ação da luz ultravioleta solar (UV) é:

O gráfico representa a energia potencial de ligação entre um dos átomos de oxigênio que constitui a molécula de $O_3$ e os outros dois, como função da distância de separação r.

A frequência dos fótons da luz ultravioleta que corresponde à energia de quebra de uma ligação da molécula de ozônio para formar uma molécula de $O_2$ e um átomo de oxigênio é, aproximadamente,

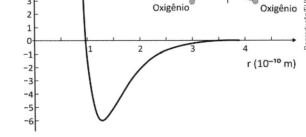

a) $1 \cdot 10^{15}$ Hz.
b) $2 \cdot 10^{15}$ Hz.
c) $3 \cdot 10^{15}$ Hz.
d) $4 \cdot 10^{15}$ Hz.
e) $5 \cdot 10^{15}$ Hz.

Nota do autor:

E = hf

E é a energia do fóton.

f é a frequência da luz.

Constante de Planck, $h = 6 \cdot 10^{-34}$ J · s

**22** (UFJF-MG) Em breve, telas de telefones celulares serão produzidas com um material capaz de se autorregenerar quando riscado ou mesmo quebrado. Considere um composto sólido hipotético, constituído por moléculas altamente polares e que contenha apenas átomos de carbono, nitrogênio e oxigênio. Quando telas produzidas com esse material forem quebradas, as forças intermoleculares serão fortes o suficiente para unir as duas partes: as moléculas do material irão se juntar e colar as duas partes, restaurando seu estado original.

Agora responda aos itens abaixo:
a) Classifique o composto sólido hipotético como iônico ou molecular.
b) Indique qual força intermolecular seria a responsável pela autorregeneração da tela do telefone celular.
c) Uma opção para se proteger a tela de vidro comum é o uso de películas adesivas. Os adesivos são compostos por substâncias apolares e podem aderir a praticamente qualquer superfície. Qual força intermolecular mantém a película colada ao vidro?

**23** (UEFS-BA) Um exemplo de composto iônico no qual o cátion apresenta átomos unidos por ligação covalente é o representado pela fórmula
a) PBr$_3$
b) KI
c) NaHCO$_3$
d) NH$_4$Cℓ
e) CO(NH$_2$)$_2$

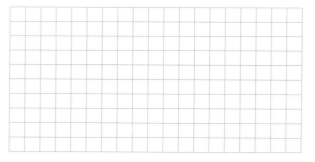

**24** (Uece) A nível de ilustração, os núcleos dos átomos são considerados ilhas mergulhadas em um mar de elétrons. Essa comparação nos leva a concluir que se trata de uma ligação química
a) metálica.
b) iônica.
c) covalente polar.
d) covalente apolar.

**25** (EsPCEx/Aman-RJ) Compostos iônicos são aqueles que apresentam ligação iônica. A ligação iônica é a ligação entre íons positivos e negativos, unidos por forças de atração eletrostática.

(Texto adaptado de: Usberco, João e Salvador, Edgard, *Química*: química geral, vol. 1, pág. 225, Saraiva, 2009).

Sobre as propriedades e características de compostos iônicos são feitas as seguintes afirmativas:
I. apresentam brilho metálico.
II. apresentam elevadas temperaturas de fusão e ebulição.
III. apresentam boa condutibilidade elétrica quando em solução aquosa.
IV. são sólidos nas condições ambiente (25 °C e 1 atm).
V. são pouco solúveis em solventes polares como a água.

Das afirmativas apresentadas estão corretas apenas
a) II, IV e V.
b) II, III e IV.
c) I, III e V.
d) I, IV e V.
e) I, II e III.

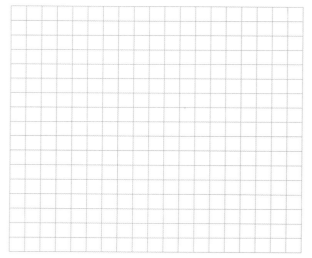

II. O átomo de sódio, em sua forma metálica, ao entrar em contato com a água, reage violentamente formando uma solução ácida.

III. O grafite, o carvão e o diamante representam três formas distintas do carbono e exemplificam o fenômeno da alotropia.

Está(ão) correta(s) apenas a(s) afirmativa(s)

a) I.    b) II.    c) III.    d) I e II.

**21** (Fuvest-SP)

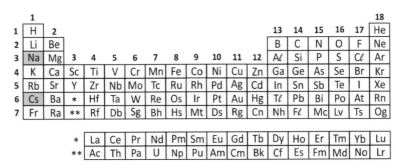

Pesquisadores (...) conseguiram controlar reações químicas de [1]um modo inovador. Usaram feixes de laser para promover um [2]esbarrão entre dois átomos e uni-los, criando uma molécula. Utilizando pinças ópticas (feixes de laser altamente focados capazes de aprisionar objetos microscópicos), os pesquisadores empurraram um átomo do elemento químico césio (Cs) contra um átomo de sódio (Na) até que colidissem. [3]Um terceiro laser foi lançado sobre ambos, fornecendo energia extra para criar a molécula NaCs. Na natureza, as [4]moléculas formam-se a partir da interação de átomos por acaso. [5]Por suas características químicas, césio e sódio jamais originariam uma molécula espontaneamente. (...)

Molécula criada em laboratório. Disponível em http://revistapesquisa.fapesp.br/. Adaptado.

Com base nas informações do texto e em seus conhecimentos, é correto afirmar que

a) o Cs é um elemento químico radioativo e, devido a essa característica química, a molécula de NaCs não se formaria sem esse modo inovador (ref. 1), que estabiliza o decaimento.

b) o raio atômico do Na é maior que o do Cs, portanto, a sua energia de ionização também é maior. O esbarrão (ref. 2) entre os átomos retira um elétron do Na, permitindo a ligação.

c) o terceiro *laser* (ref. 3) usado no experimento serviu para retirar um nêutron do Cs, tornando-o um cátion e possibilitando a reação com o Na.

d) na natureza, com esses elementos se esbarrando por acaso (ref. 4), a tendência seria formar CsNa, e não NaCs, justificando o caráter inovador do experimento.

e) o Cs e o Na não formariam uma molécula espontaneamente (ref. 5), uma vez que ambos têm grande tendência a formarem cátions e ligações iônicas.

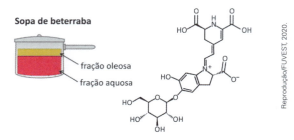

Considerando as informações apresentadas no texto e no quadro, a principal razão para a diferença de coloração descrita é que a fração oleosa
Note e adote:
Massas molares (g/mol):
Licopeno = 537; betanina = 551.

a) fica mais quente do que a aquosa, degradando a betanina; o mesmo não é observado com o licopeno, devido à sua cadeia carbônica longa.
b) está mais exposta ao ar, que oxida a betanina; o mesmo não é observado com o licopeno, devido à grande quantidade de duplas ligações.
c) é apolar e a betanina, polar, havendo pouca interação; o mesmo não é observado com o licopeno, que é apolar e irá interagir com o azeite.
d) é apolar e a aquosa, polar, mantendo-se separadas; o licopeno age como um surfactante misturando as fases, colorindo a oleosa, enquanto a betanina não.
e) tem alta viscosidade, facilitando a difusão do licopeno, composto de menor massa molar; o mesmo não é observado para a betanina, com maior massa.

**20** (Cefet-MG) No ano de 2019, completam-se 150 anos desde a criação da Tabela Periódica por Dmitri Mendeleev. Atualmente podemos encontrar a referida tabela com várias ilustrações, que evidenciam os diversos usos de seus elementos, de forma a facilitar a compreensão dos estudantes. Uma maneira interessante de relacionar os elementos químicos e sua utilidade foi realizada pela artista norte-americana *Kaycie Dunlop* que desenhou um personagem para 108 dos 118 elementos da tabela periódica. As ilustrações seguintes apresentam o que essa artista fez para o carbono e o sódio.

Disponível em: <https://sala7design.com.br/2015/08/ilustradora-transforma-elementos-da-tabela-periodica-em-personagens.html> acesso em set. de 2019.

Com base nessas ilustrações e nas propriedades desses átomos, um estudante formulou as seguintes afirmativas:

I. Os números que acompanham os nomes indicam a massa atômica de cada um dos elementos.

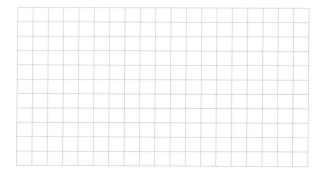

**16** (PUC-RJ) O açúcar refinado é constituído majoritariamente por sacarose, um poliálcool com fórmula molecular $C_{12}H_{22}O_{11}$.

A alta solubilidade da sacarose em água pode ser explicada por:

a) interações intermoleculares do tipo ligações de hidrogênio entre a sacarose e a água.

b) fortes interações do tipo íon-dipolo entre a sacarose e a água.

c) ligações covalentes formadas entre sacarose e água.

d) ligações iônicas formadas entre a sacarose e a água.

e) caráter iônico da sacarose.

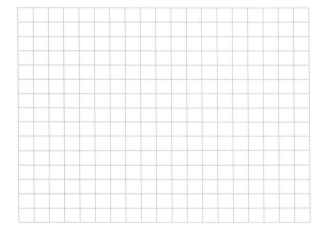

**17** (Uerj) Há um tipo de ligação interatômica em que os elétrons das camadas mais externas transitam entre os cátions da rede cristalina. Por essa característica, tal ligação é comparada a um "mar de elétrons".

"Mar de elétrons" é uma metáfora que se refere ao seguinte tipo de ligação:

a) iônica

b) metálica

c) covalente

d) de hidrogênio

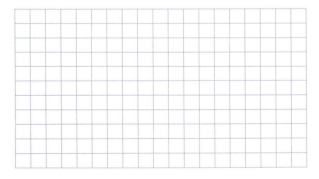

**18** (Uerj) O meteorito do Bendegó foi um dos poucos itens do acervo do Museu Nacional que não sofreu danos após o incêndio ocorrido em 2018. A resistência do meteorito às altas temperaturas deve-se a seus principais componentes químicos, cujas temperaturas de fusão são apresentadas na tabela abaixo.

| Componente | Temperatura de fusão (°C) |
|---|---|
| Fe | 1538 |
| Co | 1495 |
| Ni | 1455 |

Nomeie a ligação interatômica presente entre esses componentes do meteorito e nomeie, também, aquele com maior temperatura de fusão.

Em seguida, indique o símbolo do componente de maior massa atômica e o subnível de maior energia do átomo do níquel no estado fundamental.

Dados: $_{26}Fe = 56$; $_{27}Co = 59$; $_{28}Ni = 58,5$.

Ordem crescente de energia dos subníveis:
1s 2s 2p 3s 3p 4s 3d 4p 5s 4d 5p 6s 4f 5d 6p 7s 5f 6d 7p

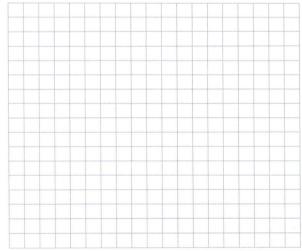

**19** (Fuvest-SP) Ao se preparar molho de tomate (considere apenas a fervura de tomate batido com água e azeite), é possível observar que a fração aquosa (fase inferior) fica vermelha logo no início e a fração oleosa (fase superior), inicialmente com a cor característica do azeite, começa a ficar avermelhada conforme o preparo do molho. Por outro lado, ao se preparar uma sopa de beterraba (considere apenas a fervura de beterraba batida com água e azeite), a fração aquosa (fase inferior) fica com a cor rosada e a fração oleosa (fase superior) permanece com sua coloração típica durante todo o processo, não tendo sua cor alterada.

**13** (UPF-RS) Sobre os átomos dos elementos químicos Ca (grupo 2) e F (grupo 17), são feitas as seguintes afirmações:

I. São conhecidos como alcalinoterrosos e calcogênios, respectivamente.
II. Formam uma substância química representada por $CaF_2$, chamada fluoreto de cálcio.
III. A ligação química entre esses dois átomos é iônica.
IV. Ca possui maior energia de ionização do que F.

Dados: Ca (Z = 20); F (Z = 9).

Está **correto** apenas o que se afirma em

a) I, II e III.
b) I, III e IV.
c) II e III.
d) II e IV.
e) III.

**14** (UFRGS-RS) Na coluna da direita abaixo, estão relacionadas algumas substâncias químicas; na da esquerda, características dessas substâncias.

Associe adequadamente a coluna da esquerda à da direita.

( ) Sólido com alta maleabilidade e brilho metálico    1. Cloreto de sódio
( ) Gás com coloração esverdeada    2. Ouro
( ) Gás pouco denso e altamente inflamável    3. Cloro
( ) Substância condutora de eletricidade quando fundida    4. Bromo

5. Hidrogênio

A sequência correta de preenchimento dos parênteses, de cima para baixo, é

a) 1 - 2 - 3 - 4.
b) 1 - 3 - 5 - 2.
c) 2 - 3 - 4 - 5.
d) 3 - 2 - 4 - 1.
e) 2 - 3 - 5 - 1.

**15** (UPF-RS) As aminas I: propilamina, II: etilmetilamina e III: trimetilamina apresentam a mesma massa molar 59 g · mol⁻¹. Entretanto, suas temperaturas de ebulição não são iguais, pois a intensidade das interações intermoleculares varia entre elas.

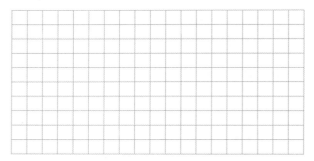

Marque a opção que indica corretamente a correspondência da amina com a sua temperatura de ebulição.

a) I: 48 °C II: 37 °C III: 3 °C
b) I: 37 °C II: 48 °C III: 3 °C
c) I: 3 °C II: 37 °C III: 48 °C
d) I: 3 °C II: 48 °C III: 37 °C
e) I: 37 °C II: 3 °C III: 48 °C

**10** (Uerj) Pesquisas recentes visando à obtenção do elemento químico ununênio (UUn), de número atômico 119, baseiam-se no princípio da formação de um átomo a partir da fusão entre átomos menores.

Considere um experimento de fusão completa, em um acelerador de partículas, entre átomos do titânio-48 e de outro elemento químico, resultando no UUn como único produto.

Indique o número atômico e o símbolo do outro elemento utilizado no experimento de fusão completa com o titânio.

Em seguida, determine a quantidade de nêutrons do titânio-48 e escreva o símbolo do elemento de maior raio atômico pertencente ao mesmo grupo do titânio na tabela de classificação periódica.

Dados:

$^{48}_{22}Ti$; $^{247}_{97}Bk$.

Grupo 4 ou família IVB da tabela periódica:

| Ti | (quarto período) |
| Zr | (quinto período) |
| Hf | (sexto período) |
| Rf | (sétimo período) |

**11** (EsPCEx/Aman-RJ) Considerando a distribuição eletrônica do átomo de bismuto ($_{83}Bi$) no seu estado fundamental, conforme o diagrama de Linus Pauling, pode-se afirmar que seu subnível mais energético e o período em que se encontra na tabela periódica são, respectivamente:

a) $5d^5$ e 5º período.
b) $5d^9$ e 6º período.
c) $6s^2$ e 6º período.
d) $6p^5$ e 5º período.
e) $6p^3$ e 6º período.

**12** (Uece) Segundo a revista Superinteressante de novembro de 2019, o cigarro é uma arma química que mata 8 milhões de pessoas, no mundo, por ano. Quando um cigarro é aceso, ocorrem reações que produzem mais de 250 substâncias tóxicas tais como monóxido de carbono, nicotina, amônia, cetonas, formaldeído, acetaldeído e acroleína e mais de 40 substâncias comprovadamente cancerígenas, dentre as quais se encontram arsênio, níquel, cádmio, polônio, fósforo, acetona, naftaleno etc.

Considerando as substâncias mencionadas acima, é correto afirmar que

a) níquel e cádmio são metais de transição e fazem parte da mesma família na tabela periódica.

b) arsênio e fósforo estão localizados no mesmo período da tabela periódica.

c) a acroleína, a nicotina e as cetonas são compostos orgânicos de diferentes funções.

d) o polônio é um metal de transição pertencente à família do oxigênio.

**7** (UEFS-BA) O isótopo mais abundante do elemento boro na natureza é o de número de massa 11. O número de nêutrons presente no núcleo desse isótopo é

Dados: B (Z = 5).

a) 5.   b) 6.   c) 7.   d) 9.   e) 11.

**8** (Uece) Sob o título *A matéria é feita de partículas*, no livro Química, da Publifolha, encontra-se a seguinte afirmação: "Os antigos filósofos gregos acreditavam que a matéria era infinitamente divisível – que não tinha partículas fundamentais. Pensadores posteriores mantiveram essa crença por mais de 2 mil anos". Analisando o exposto e considerando os registros históricos, é correto dizer que essa afirmação é

a) verdadeira, porque a ideia da existência do átomo surgiu com Dalton no século XIX.

b) falsa, porque Demócrito e Leucipo, no século IV a.C., e Epicuro, no século II a.C., já preconizaram a existência do átomo.

c) falsa, porque Tales de Mileto, que era um filósofo pré-socrático do século VI a.C., já acreditava na existência do átomo.

d) verdadeira, porque foi Boyle, no século XVII, quem, pela primeira vez, se preocupou com a existência de partículas elementares.

**9** (Uerj) Recentemente, cientistas conseguiram produzir hidrogênio metálico, comprimindo hidrogênio molecular sob elevada pressão. As propriedades metálicas desse elemento são as mesmas dos demais elementos do grupo 1 da tabela de classificação periódica.

Essa semelhança está relacionada com o subnível mais energético desses elementos, que corresponde a:

a) $ns^1$   b) $np^2$   c) $nd^3$   d) $nf^4$

**5** (Unicamp-SP) A catástrofe de Tchernóbil (1986) foi o mais grave desastre tecnológico do século XX. As explosões lançaram na atmosfera diversos elementos radioativos. Hoje, uma em cada cinco pessoas nas fronteiras da Bielorrússia vive em território contaminado. Em consequência da ação constante de pequenas doses de radiação, a cada ano, cresce no país o número de doentes de câncer, de deficientes mentais, de pessoas com disfunções neuropsicológicas e com mutações genéticas.

(Adaptado de Svetlana Aleksiévitch, *Vozes de Tchernóbil*. São Paulo: Companhia das Letras, 1997, p. 10.)

A partir do documento acima e de seus conhecimentos, assinale a alternativa correta.

a) A construção da Central Elétrica Atômica de Tchernóbil ocorreu em um momento de embate da URSS com o mundo ocidental capitalista. Tendo em vista que os elementos lançados ao ambiente têm tempos de meia-vida curtos, novas tecnologias químicas conseguiram sanar os danos ambientais e humanos gerados pelo acidente.

b) O acidente de Tchernóbil é um marco do desmantelamento da URSS. O acidente gerou danos ambientais e humanos que não foram solucionados até hoje, uma vez que os elementos lançados ao ambiente têm tempos de meia-vida longos.

c) O acidente de Tchernóbil é um marco do fortalecimento da URSS. Ele gerou danos ambientais e humanos que não foram solucionados até hoje, uma vez que os elementos lançados ao ambiente têm tempos de meia-vida longos.

d) A construção da Central Elétrica Atômica de Tchernóbil ocorreu em um contexto de expansão das relações da URSS com a Coreia do Norte e a China. Tendo em vista que os elementos lançados ao ambiente têm tempos de meia-vida curtos, novas tecnologias químicas conseguiram sanar os danos ambientais e humanos gerados pelo acidente.

**6** (Fuvest-SP) O gás hélio disponível comercialmente pode ser gerado pelo decaimento radioativo, sobretudo do urânio, conforme esquematizado pela série de decaimento. Desde a formação da Terra, há 4,5 bilhões de anos, apenas metade do $^{238}$U decaiu para a formação de He.

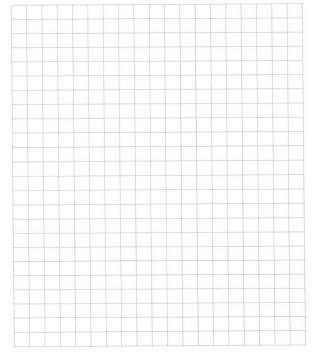

Com base nessas informações e em seus conhecimentos, é correto afirmar:

a) O decaimento de um átomo de $^{238}$U produz, ao final da série de decaimento, apenas um átomo de He.

b) O decaimento do $^{238}$U para $^{234}$U gera a mesma quantidade de He que o decaimento do $^{234}$U para $^{230}$Th.

c) Daqui a 4,5 bilhões de anos, a quantidade de He no planeta Terra será o dobro da atual.

d) O decaimento do $^{238}$U para $^{234}$U gera a mesma quantidade de He que o decaimento do $^{214}$Pb para $^{214}$Po.

e) A produção de He ocorre pela sequência de decaimento a partir do $^{206}$Pb.

**3** (UEPG-PR) O elemento químico X (Z = 17) é isóbaro do elemento químico D (Z = 19 e 17 nêutrons). De acordo com essas afirmações, assinale o que for correto.

01) O número de massa do elemento X é 36.

02) O elemento X tem 17 nêutrons.

04) A energia de ionização para átomos de X é maior do que para átomos de D.

08) Átomos do elemento X possuem maior raio atômico do que átomos do elemento D.

**4** (UEL-PR) Em setembro de 2017, completaram-se 30 anos do acidente com o Césio-137 em Goiânia. Uma cápsula metálica que fazia parte de um equipamento de radioterapia abandonado foi encontrada por dois trabalhadores. Após violarem a cápsula, eles distribuíram o sólido do seu interior entre amigos e parentes, encantados pela luminosidade que emitia no escuro. Isso resultou no maior acidente radioativo mundial fora de uma usina nuclear.

À época do acidente, o lixo radioativo removido do local, onde o Cs-137 se espalhou, foi estocado em contentores revestidos por paredes de concreto e chumbo com espessuras de 1 m. Essa medida foi necessária para prevenir os danos causados pela exposição às partículas β resultantes do decaimento radioativo do Cs-137. O gráfico a seguir ilustra tal decaimento ao longo do tempo.

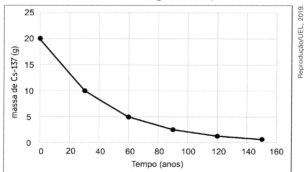

Com base nessas informações, responda aos itens a seguir.

**a)** A partir da análise do gráfico, identifique a quantidade em massa do isótopo radioativo existente em setembro de 2017, considerando que a quantidade de Cs-137 envolvida no acidente foi de 40 g. Determine quanto tempo, a partir da data do acidente, levará para que a massa de Cs-137 seja inferior a 0,7 g.

**b)** A emissão de partículas beta ($_{-1}^{0}\beta$) ocorre quando um nêutron instável se desintegra convertendo-se em um próton, formando outro elemento. Escreva a equação da reação de decaimento radioativo do Cs-137 ($_{55}^{137}Cs$), representando o elemento formado pela notação que inclui o seu número de massa e o seu número atômico. Dado: Ba: (Z = 56).

# Vestibulares

## Atomística

**1** (UPF-RS) Uma forma de determinar a extensão de uma fratura em um osso do corpo é por meio do uso do equipamento de Raios X. Para que essa tecnologia e outros avanços tecnológicos pudessem ser utilizados, um grande passo teve de ser dado pelos cientistas: a concepção científica do modelo atômico.

Sobre o modelo atômico proposto, associe as afirmações da coluna 1, com seus respectivos responsáveis, na coluna 2.

| Coluna 1 | Coluna 2 |
|---|---|
| 1. Toda a matéria é formada por átomos, partículas esféricas, maciças, indivisíveis e indestrutíveis. | ( ) Rutherford-Bohr |
| 2. Elaborou um modelo de átomo constituído por uma esfera maciça, de carga elétrica positiva, que continha "corpúsculos" de carga negativa (elétrons) nela dispersos. | ( ) Rutherford |
| 3. O átomo seria constituído por duas regiões: uma central, chamada núcleo, e uma periférica, chamada de eletrosfera. | ( ) Dalton |
| 4. Os elétrons ocupam determinados níveis de energia ou camadas eletrônicas. | ( ) Thomson |

A sequência correta de preenchimento dos parênteses da coluna 2, de cima para baixo, é:

a) 2 – 3 – 1 – 4.
b) 3 – 2 – 1 – 4.
c) 4 – 3 – 1 – 2.
d) 3 – 4 – 1 – 2.
e) 4 – 2 – 1 – 3.

**2** (UFRGS-RS) Assinale com **V** (verdadeiro) ou **F** (falso) as afirmações abaixo, referentes a algumas propriedades dos átomos.

( ) Isótonos têm propriedades físicas iguais.
( ) Isóbaros têm propriedades químicas iguais.
( ) Isótopos têm propriedades químicas iguais.
( ) Isóbaros de elementos diferentes têm necessariamente um número diferente de nêutrons.

A sequência correta de preenchimento dos parênteses, de cima para baixo, é

a) V – V – V – V.
b) V – V – V – F.
c) V – V – F – V.
d) F – F – V – V.
e) F – F – V – F.

**18** (Enem) A cromatografia em papel é um método de separação que se baseia na migração diferencial dos componentes de uma mistura entre duas fases imiscíveis. Os componentes da amostra são separados entre a fase estacionária e a fase móvel em movimento no papel. A fase estacionária consiste de celulose praticamente pura, que pode absorver até 22% de água. É a água absorvida que funciona como fase estacionária líquida e que interage com a fase móvel, também líquida (partição líquido-líquido). Os componentes capazes de formar interações intermoleculares mais fortes com a fase estacionária migram mais lentamente.

Uma mistura de hexano com 5% (v/v) de acetona foi utilizada como fase móvel na separação dos componentes de um extrato vegetal obtido a partir de pimentões. Considere que esse extrato contém as substâncias representadas.

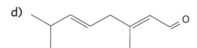

RIBEIRO, N. M.; NUNES, C. R. Análise de pigmentos de pimentões por cromatografia em papel. *Química Nova na Escola*, n. 29, ago. 2008 (adaptado).

A substância presente na mistura que migra mais lentamente é o(a)

a) licopeno.  b) a-caroteno.  c) g-caroteno.  d) capsorubina.  e) a-criptoxantina.

**19** (Enem) O citral, substância de odor fortemente cítrico, é obtido a partir de algumas plantas como o capim-limão, cujo óleo essencial possui aproximadamente 80%, em massa, da substância. Uma de suas aplicações é na fabricação de produtos que atraem abelhas, especialmente do gênero Apis, pois seu cheiro é semelhante a um dos feromônios liberados por elas. Sua fórmula molecular é $C_{10}H_{16}O$, com uma cadeia alifática de oito carbonos, duas insaturações, nos carbonos 2 e 6; e dois grupos substituintes metila, nos carbonos 3 e 7.

O citral possui dois isômeros geométricos, sendo o *trans* o que mais contribui para o forte odor. Para que se consiga atrair um maior número de abelhas para uma determinada região, a molécula que deve estar presente em alta concentração no produto a ser utilizado é:

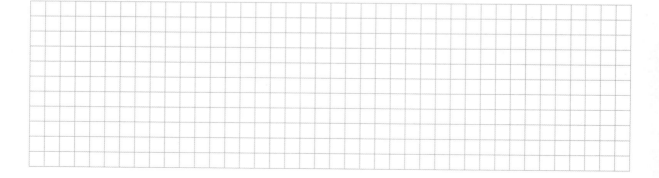

**16** (Enem) Uma das técnicas de reciclagem química do polímero PET [poli(tereftalato de etileno)] gera o tereftalato de metila e o etanodiol, conforme o esquema de reação, e ocorre por meio de uma reação de transesterificação.

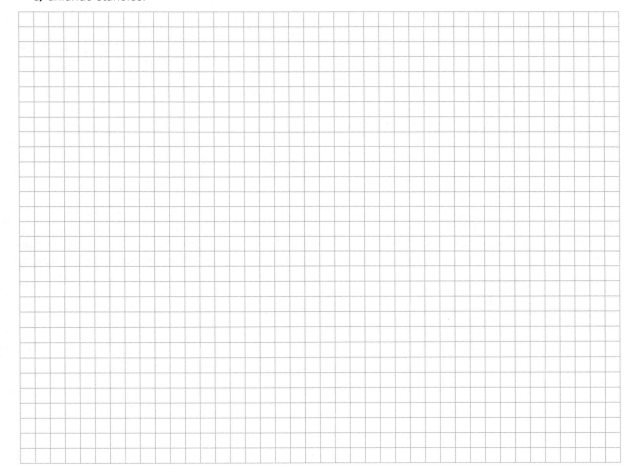

O composto A, representado no esquema de reação, é o

a) metano.
b) metanol.
c) éter metílico.
d) ácido etanoico.
e) anidrido etanoico.

**17** (Enem) Em derramamentos de óleo no mar, os produtos conhecidos como "dispersantes" são usados para reduzir a tensão superficial do petróleo derramado, permitindo que o vento e as ondas "quebrem" a mancha em gotículas microscópicas. Estas são dispersadas pela água do mar antes que a mancha de petróleo atinja a costa. Na tentativa de fazer uma reprodução do efeito desse produto em casa, um estudante prepara um recipiente contendo água e gotas de óleo de soja. Há disponível apenas azeite, vinagre, detergente, água sanitária e sal de cozinha.

Qual dos materiais disponíveis provoca uma ação semelhante à situação descrita?

a) Azeite.
b) Vinagre.
c) Detergente.
d) Água sanitária.
e) Sal de cozinha.

Apesar de não ser perceptível visualmente, por casa das condições de diluição, essa análise apresentará resultado positivo para o(a)

a) cafeína.
b) atrazina.
c) triclosan.
d) benzo[a]pireno.
e) dipirona sódica.

**14** (Enem PPL) A radiação na região do infravermelho interage com a oscilação do campo elétrico gerada pelo movimento vibracional de átomo de uma ligação química. Quanto mais fortes forem as ligações e mais leves os átomos envolvidos, maior será a energia e, portanto, maior a frequência da radiação no infravermelho associada à vibração da ligação química. A estrutura da molécula 2-amino-6-cianopiridina é mostrada.

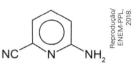

A ligação química dessa molécula, envolvendo átomos diferentes do hidrogênio, que absorve a radiação no infravermelho com maior frequência é:

a) C—C
b) C—N
c) C=C
d) C=N
e) C≡N

**15** (Enem Libras) Plantas apresentam substâncias utilizadas para diversos fins. A morfina, por exemplo, extraída da flor da papoula, é utilizada como medicamento para aliviar dores intensas. Já a coniina é um dos componentes da cicuta, considerada uma planta venenosa. Suas estruturas moleculares são apresentadas na figura.

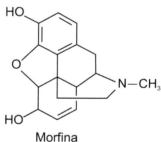
Morfina

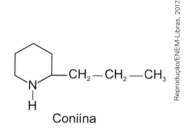
Coniina

O grupo funcional comum a esses fitoquímicos é o(a)

a) éter.
b) éster.
c) fenol.
d) álcool.
e) amina.

Qual a fórmula estrutural do tensoativo persistente no ambiente mencionado no texto?

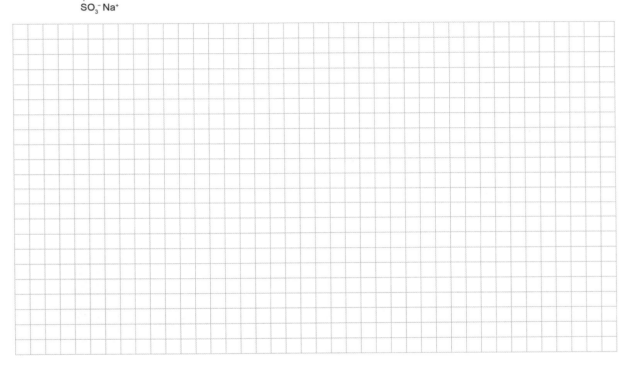

**13** (Enem PPL) Pesquisadores avaliaram a qualidade da água potável distribuída em cidades brasileiras. Entre as várias substâncias encontradas, destacam-se as apresentadas no esquema. A presença dessas substâncias pode ser verificada por análises químicas, como uma reação ácido-base, mediante a adição de hidróxido de sódio.

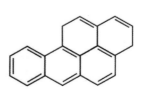

Disponível em: www.unicamp.br. Acesso em: 16 nov. 2014 (adaptado).

**10** (Enem PPL) O ácido acetilsalicílico é um analgésico que pode ser obtido pela reação de esterificação do ácido salicílico. Quando armazenado em condições de elevadas temperaturas e umidade, ocorrem mudanças físicas e químicas em sua estrutura, gerando um odor característico. A figura representa a fórmula estrutural do ácido acetilsalicílico.

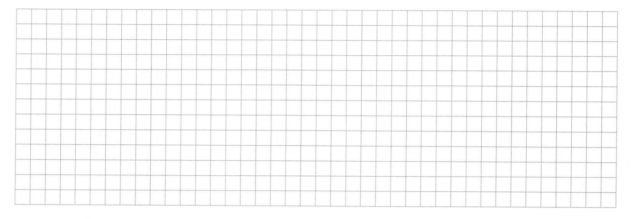

**Ácido acetilsalicílico**

Esse odor é provocado pela liberação de

a) etanol.
b) etanal.
c) ácido etanoico.
d) etanoato de etila.
e) benzoato de etila.

**11** (Enem PPL) A figura apresenta um processo alternativo para obtenção de etanol combustível, utilizando o bagaço e as folhas de cana-de-açúcar. Suas principais etapas são identificadas com números.

Em qual etapa ocorre a síntese desse combustível?

a) 1     b) 2     c) 3     d) 4     e) 5

**12** (Enem) Tensoativos são compostos orgânicos que possuem comportamento anfifílico, isto é, possuem duas regiões, uma hidrofóbica e outra hidrofílica. O principal tensoativo aniônico sintético surgiu na década de 1940 e teve grande aceitação no mercado de detergentes em razão do melhor desempenho comparado ao do sabão. No entanto, o uso desse produto provocou grandes problemas ambientais, dentre eles a resistência à degradação biológica, por causa dos diversos carbonos terciários na cadeia que compõe a porção hidrofóbica desse tensoativo aniônico. As ramificações na cadeia dificultam sua degradação, levando à persistência no meio ambiente por longos períodos. Isso levou a sua substituição na maioria dos países por tensoativos biodegradáveis, ou seja, com cadeias alquílicas lineares.

PENTEADO, J. C. P.; EL SEOUD, O. A.; CARVALHO, L. R. F. [...]: uma abordagem ambiental e analítica. *Química Nova*, n. 5, 2006 (adaptado).

Qual das bicamadas lipídicas apresentadas possui maior fluidez?

a) I  b) II  c) III  d) IV  e) V

**9** (Enem PPL) O 2-BHA é um fenol usado como antioxidante para retardar a rancificação em alimentos e cosméticos que contêm ácidos graxos insaturados. Esse composto caracteriza-se por apresentar uma cadeia carbônica aromática mononuclear, apresentando o grupo substituinte *terc*-butil na posição *orto* e o grupo metóxi na posição *para*.

A fórmula estrutural do fenol descrito é

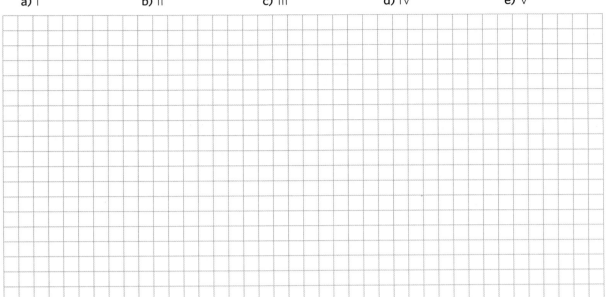

**7** (Enem Libras) O trinitrotolueno (TNT) é um poderoso explosivo obtido a partir da reação de nitração do tolueno, como esquematizado.

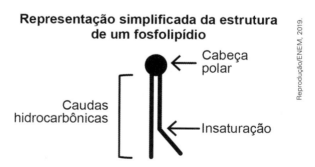

A síntese do TNT é um exemplo de reação de

a) neutralização.
b) desidratação.
c) substituição.
d) eliminação.
e) oxidação.

**8** (Enem) A fluidez da membrana celular é caracterizada pela capacidade de movimento das moléculas componentes dessa estrutura. Os seres vivos mantêm essa propriedade de duas formas: controlando a temperatura e/ou alterando a composição lipídica da membrana. Neste último aspecto, o tamanho e o grau de insaturação das caudas hidrocarbônicas dos fosfolipídios, conforme representados na figura, influenciam significativamente a fluidez. Isso porque quanto maior for a magnitude das interações entre os fosfolipídios, menor será a fluidez da membrana.

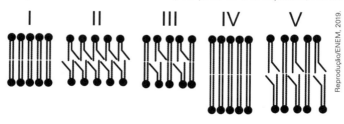

Assim, existem bicamadas lipídicas com diferentes composições de fosfolipídios, como as mostradas de I a V.

**5** (Enem) Os hidrocarbonetos são moléculas orgânicas com uma série de aplicações industriais. Por exemplo, eles estão presentes em grande quantidade nas diversas frações do petróleo e normalmente são separados por destilação fracionada, com base em suas temperaturas de ebulição.

O quadro apresenta as principais frações obtidas na destilação do petróleo em diferentes faixas de temperaturas.

| Fração | Faixa de temperatura (°C) | Exemplos de produtos | Número de átomos de carbono (hidrocarboneto de fórmula geral $C_nH_{2n+2}$) |
|---|---|---|---|
| 1 | Até 20 | Gás natural e gás de cozinha (GLP) | $C_1$ a $C_4$ |
| 2 | 30 a 180 | Gasolina | $C_6$ a $C_{12}$ |
| 3 | 170 a 290 | Querosene | $C_{11}$ a $C_{16}$ |
| 4 | 260 a 350 | Óleo diesel | $C_{14}$ a $C_{18}$ |

SANTA MARIA, L. C. *et al.* Petróleo: um tema para o ensino de química. *Química Nova na Escola*, n. 15, maio 2002 (adaptado).

Na fração 4, a separação dos compostos ocorre em temperaturas mais elevadas porque

a) suas densidades são maiores.
b) o número de ramificações é maior.
c) sua solubilidade no petróleo é maior.
d) as forças intermoleculares são mais intensas.
e) a cadeia carbônica é mais difícil de ser quebrada.

**6** (Enem Libras) A maioria dos alimentos contém substâncias orgânicas, que possuem grupos funcionais e/ou ligações duplas, que podem ser alteradas pelo contato com o ar atmosférico, resultando na mudança do sabor, aroma e aspecto do alimento, podendo também produzir substâncias tóxicas ao organismo. Essas alterações são conhecidas como rancificação do alimento.

Essas modificações são resultantes de ocorrência de reações de

a) oxidação.
b) hidratação.
c) neutralização.
d) hidrogenação.
e) tautomerização.

**2** (Enem Libras) A figura representa a estrutura química do principal antiviral usado na pandemia de gripe H1N1, que se iniciou em 2009.

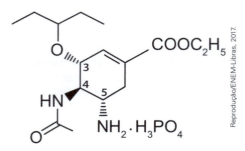

Qual é o número de enantiômeros possíveis para esse antiviral?

a) 1
b) 2
c) 6
d) 8
e) 16

**3** (Enem PPL) O hidrocarboneto representado pela estrutura química a seguir pode ser isolado a partir das folhas ou das flores de determinadas plantas. Além disso, sua função é relacionada, entre outros fatores, a seu perfil de insaturações.

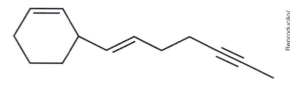

Considerando esse perfil específico, quantas ligações pi a molécula contém?

a) 1
b) 2
c) 4
d) 6
e) 7

**4** (Enem Libras) A energia elétrica nas instalações rurais pode ser obtida pela rede pública de distribuição ou por dispositivos alternativos que geram energia elétrica, como os geradores indicados no quadro.

| Tipo | Geradores | Funcionamento |
|---|---|---|
| I | A gasolina | Convertem energia térmica da queima da gasolina em energia elétrica |
| II | Fotovoltaicos | Convertem energia solar em energia elétrica e armazenam-na em baterias |
| III | Hidráulicos | Uma roda-d'água é acoplada a um dínamo, que gera energia elétrica |
| IV | A carvão | Com a queima do carvão, a energia térmica transforma-se em energia elétrica |

Disponível em: www.ruralnews.com.br. Acesso em: 20 ago. 2014.

Os geradores que produzem resíduos poluidores durante o seu funcionamento são

a) I e II.
b) I e III.
c) I e IV.
d) II e III.
e) III e IV.

# Química orgânica

**1** (Enem) Pesquisas demonstram que nanodispositivos baseados em movimentos de dimensões atômicas, induzidos por luz, poderão ter aplicações em tecnologias futuras, substituindo micromotores, sem a necessidade de componentes mecânicos. Exemplo de movimento molecular induzido pela luz pode ser observado pela flexão de uma lâmina delgada de silício, ligado a um polímero de azobenzeno e a um material suporte, em dois comprimentos de onda, conforme ilustrado na figura. Com a aplicação de luz ocorrem reações reversíveis da cadeia do polímero, que promovem o movimento observado.

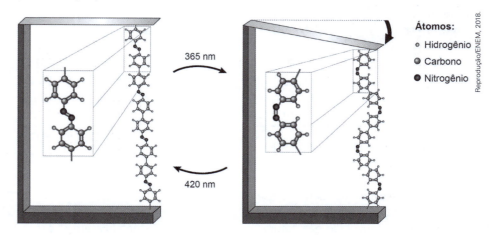

TOMA, H. E. A nanotecnologia das moléculas. *Química Nova na Escola*, n. 21, maio 2005 (adaptado).

O fenômeno de movimento molecular, promovido pela incidência de luz, decorre do(a)

a) movimento vibracional dos átomos, que leva ao encurtamento e à relaxação das ligações.
b) isomerização das ligações N═N, sendo a forma *cis* do polímero mais compacta que a *trans*.
c) tautomerização das unidades monoméricas do polímero, que leva a um composto mais compacto.
d) ressonância entre os elétrons π do grupo azo e os do anel aromático que encurta as ligações duplas.
e) variação conformacional das ligações N═N, que resulta em estruturas com diferentes áreas de superfície.

**17** (Enem) Nas últimas décadas, o efeito estufa tem-se intensificado de maneira preocupante, sendo esse efeito muitas vezes atribuído à intensa liberação de $CO_2$ durante a queima de combustíveis fósseis para geração de energia. O quadro traz as entalpias-padrão de combustão a 25 °C ($\Delta H^0_{25}$) do metano, do butano e do octano.

| composto | fórmula molecular | massa molar (g/mol) | $\Delta H^0_{25}$ (kJ/mol) |
|---|---|---|---|
| metano | $CH_4$ | 16 | −890 |
| butano | $C_4H_{10}$ | 58 | −2878 |
| octano | $C_8H_{18}$ | 114 | −5471 |

À medida que aumenta a consciência sobre os impactos ambientais relacionados ao uso da energia, cresce a importância de se criar políticas de incentivo ao uso de combustíveis mais eficientes. Nesse sentido, considerando-se que o metano, o butano e o octano sejam representativos do gás natural, do gás liquefeito de petróleo (GLP) e da gasolina, respectivamente, então, a partir dos dados fornecidos, é possível concluir que, do ponto de vista da quantidade de calor obtido por mol de $CO_2$ gerado, a ordem crescente desses três combustíveis é:

a) gasolina, GLP e gás natural.
b) gás natural, gasolina e GLP.
c) gasolina, gás natural e GLP.
d) gás natural, GLP e gasolina.
e) GLP, gás natural e gasolina.

**18** (Enem) O aproveitamento de resíduos florestais vem se tornando cada dia mais atrativo, pois eles são uma fonte renovável de energia. A figura representa a queima de um bio-óleo extraído do resíduo de madeira, sendo $\Delta H_1$ a variação de entalpia devido à queima de 1 g desse bio-óleo, resultando em gás carbônico e água líquida, e $\Delta H_2$ a variação de entalpia envolvida na conversão de 1 g de água no estado gasoso para o estado líquido.

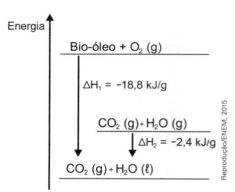

A variação de entalpia, em kJ, para a queima de 5 g desse bio-óleo resultando em $CO_2$ (gasoso) e $H_2O$ (gasoso) é:

a) −106.
b) −94.
c) −82.
d) −21,2.
e) −16,4.

**15** (Enem) Para realizar o desentupimento de tubulações de esgotos residenciais, é utilizada uma mistura sólida comercial que contém hidróxido de sódio (NaOH) e outra espécie química pulverizada. Quando é adicionada água a essa mistura, ocorre uma reação que libera gás hidrogênio e energia na forma de calor, aumentando a eficiência do processo de desentupimento. Considere os potenciais padrão de redução ($E^0$) da água e de outras espécies em meio básico, expressos no quadro.

| Semirreação de redução | $E^0$ (V) |
|---|---|
| $2 H_2O + 2 e^- \rightarrow H_2 + 2 OH^-$ | −0,83 |
| $Co(OH)_2 + 2 e^- \rightarrow Co + 2 OH^-$ | −0,73 |
| $Cu(OH)_2 + 2 e^- \rightarrow Cu + 2 OH^-$ | −0,22 |
| $PbO + H_2O + 2 e^- \rightarrow Pb + 2 OH^-$ | −0,58 |
| $Al(OH)_4^- + 3 e^- \rightarrow Al + 4 OH^-$ | −2,33 |
| $Fe(OH)_2 + 2 e^- \rightarrow Fe + 2 OH^-$ | −0,88 |

Qual é a outra espécie que está presente na composição da mistura sólida comercial para aumentar sua eficiência?

a) Al
b) Co
c) $Cu(OH)_2$
d) $Fe(OH)_2$
e) Pb

**16** (Enem) Em 1938 o arqueólogo alemão Wilhelm Knig, diretor do Museu Nacional do Iraque, encontrou um objeto estranho na coleção da instituição, que poderia ter sido usado como uma pilha, similar às utilizadas em nossos dias. A suposta pilha, datada de cerca de 200 a.C., é constituída de um pequeno vaso de barro (argila) no qual foram instalados um tubo de cobre, uma barra de ferro (aparentemente corroída por ácido) e uma tampa de betume (asfalto), conforme ilustrado. Considere os potenciais-padrão de redução:

$E^0_{red}$ ($Fe^{2+}|Fe$) = −0,44 V;
$E^0_{red}$ ($H^+|H_2$) = 0,00 V;
$E^0_{red}$ ($Cu^{2+}|Cu$) = +0,34 V.

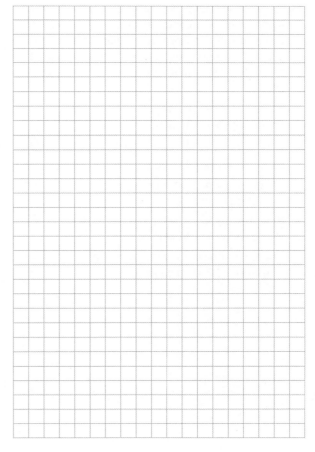

As pilhas de Bagdá e a acupuntura. Disponível em: http://jornalggn.com.br. Acesso em: 14 dez. 2014 (adaptado).

Nessa suposta pilha, qual dos componentes atuaria como cátodo?

a) A tampa de betume.
b) O vestígio de ácido.
c) A barra de ferro.
d) O tubo de cobre.
e) O vaso de barro.

Sabendo-se que as massas molares, em g/mol, dos elementos H, O e S são, respectivamente, iguais a 1, 16 e 32, qual é o pH da solução diluída de ácido sulfúrico preparada conforme descrito?

a) 2,6   b) 3,0   c) 3,2   d) 3,3   e) 3,6

**13** (Enem Libras) Quando se abre uma garrafa de vinho, recomenda-se que seu consumo não demande muito tempo. À medida que os dias ou semanas se passam, o vinho pode se tornar azedo, pois o etanol presente sofre oxidação e se transforma em ácido acético.

Para conservar as propriedades originais do vinho, depois de aberto, é recomendável

a) colocar a garrafa ao abrigo de luz e umidade.

b) aquecer a garrafa e guardá-la aberta na geladeira.

c) verter o vinho para uma garrafa maior e esterilizada.

d) fechar a garrafa, envolvê-la em papel-alumínio e guardá-la na geladeira.

e) transferir o vinho para uma garrafa menor, tampá-la e guardá-la na geladeira.

**14** (Enem) Grupos de pesquisa em todo o mundo vêm buscando soluções inovadoras, visando à produção de dispositivos para a geração de energia elétrica. Dentre eles, pode-se destacar as baterias de zinco-ar, que combinam o oxigênio atmosférico e o metal zinco em um eletrólito aquoso de caráter alcalino. O esquema de funcionamento da bateria zinco-ar está apresentado na figura.

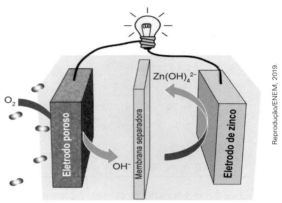

LI, Y.; DAI, H. Recent Advances in Zinc–Air Batteries. **Chemical Society Reviews**, v. 43, n. 15, 2014 (adaptado).

No funcionamento da bateria, a espécie química formada no ânodo é

a) $H_2(g)$

b) $O_2(g)$

c) $H_2O(\ell)$

d) $OH^-(aq)$

e) $Zn(OH)_4^{2-}(aq)$

**10** (Enem PPL) O processo de calagem consiste na diminuição da acidez do solo usando compostos inorgânicos, sendo o mais usado o calcário dolomítico, que é constituído de carbonato de cálcio ($CaCO_3$) e carbonato de magnésio ($MgCO_3$). Além de aumentarem o pH do solo, esses compostos são fontes de cálcio e magnésio, nutrientes importantes para os vegetais.

Os compostos contidos no calcário dolomítico elevam o pH do solo, pois

a) são óxidos inorgânicos.

b) são fontes de oxigênio.

c) o ânion reage com a água.

d) são substâncias anfóteras.

e) os cátions reagem com a água.

**11** (Enem PPL) O sulfato de bário ($BaSO_4$) é mundialmente utilizado na forma de suspensão como contraste em radiografias de esôfago, estômago e intestino. Por se tratar de um sal pouco solúvel, quando em meio aquoso estabelece o seguinte equilíbrio:

$$BaSO_4(s) \rightleftharpoons Ba^{2+}(aq) + SO_4^{2-}(aq)$$

Por causa da toxicidade do bário ($Ba^{2+}$), é desejado que o contraste não seja absorvido, sendo totalmente eliminado nas fezes. A eventual absorção de íons $Ba^{2+}$, porém, pode levar a reações adversas ainda nas primeiras horas após sua administração, como vômito, cólicas, diarreia, tremores, crises convulsivas e até mesmo a morte.

PEREIRA, L. F. *Entenda o caso da intoxicação por Celobar®*. Disponível em: www.unifesp.br. Acesso em: 20 nov. 2013 (adaptado).

Para garantir a segurança do paciente que fizer uso do contraste, deve-se preparar essa suspensão em

a) água destilada.

b) soro fisiológico.

c) solução de cloreto de bário, $BaC\ell_2$.

d) solução de sulfato de bário, $BaSO_4$.

e) solução de sulfato de potássio, $K_2SO_4$.

**12** (Enem PPL) O aproveitamento integral e racional das matérias-primas lignocelulósicas poderá revolucionar uma série de segmentos industriais, tais como o de combustíveis, mediante a produção de bioetanol de segunda geração. Este processo requer um tratamento prévio da biomassa, destacando-se o uso de ácidos minerais diluídos. No pré-tratamento de material lignocelulósico por via ácida, empregou-se uma solução de ácido sulfúrico, que foi preparada diluindo-se 2000 vezes uma solução de ácido sulfúrico, de concentração igual a 98 g/L, ocorrendo dissociação total do ácido na solução diluída. O quadro apresenta os valores aproximados de logaritmos decimais.

| Número | 2 | 3 | 4 | 5 | 6 | 7 | 8 | 9 | 10 |
|---|---|---|---|---|---|---|---|---|---|
| log | 0,3 | 0,5 | 0,6 | 0,7 | 0,8 | 0,85 | 0,9 | 0,95 | 1 |

Disponível em: www.cgee.org.br. Acesso em: 3 ago. 2012 (adaptado).

**8** (Enem) Glicólise é um processo que ocorre nas células, convertendo glicose em piruvato. Durante a prática de exercícios físicos que demandam grande quantidade de esforço, a glicose é completamente oxidada na presença de $O_2$. Entretanto, em alguns casos, as células musculares podem sofrer um déficit de $O_2$ e a glicose ser convertida em duas moléculas de ácido lático. As equações termoquímicas para a combustão da glicose e do ácido lático são, respectivamente, mostradas a seguir:

$C_6H_{12}O_6(s) + 6\ O_2(g) \to 6\ CO_2(g) + 6\ H_2O(\ell)$ $\quad\quad \Delta_cH = -2\,800$ kJ

$CH_3CH(OH)COOH(s) + 3\ O_2(g) \to 3\ CO_2(g) + 3\ H_2O(\ell)$ $\quad \Delta_cH = -1344$ kJ

O processo anaeróbico é menos vantajoso energeticamente porque

a) libera 112 kJ por mol de glicose.
b) libera 467 kJ por mol de glicose.
c) libera 2 688 kJ por mol de glicose.
d) absorve 1 344 kJ por mol de glicose.
e) absorve 2 800 kJ por mol de glicose.

**9** (Enem) Por meio de reações químicas que envolvem carboidratos, lipídeos e proteínas, nossas células obtêm energia e produzem gás carbônico e água. A oxidação da glicose no organismo humano libera energia, conforme ilustra a equação química, sendo que aproximadamente 40% dela é disponibilizada para atividade muscular.

$C_6H_{12}O_6(s) + 6\ O_2(g) \to 6\ CO_2(g) + 6\ H_2O(\ell) \quad \Delta_cH = -2\,800$ kJ

Considere as massas molares (em g · mol$^{-1}$): H = 1; C = 12; O = 16.

LIMA, L. M.; FRAGA, C. A. M.; BARREIRO, E. J. *Química na saúde*. São Paulo: Sociedade Brasileira de Química, 2010 (adaptado).

Na oxidação de 1,0 grama de glicose, a energia obtida para atividade muscular, em quilojoule, é mais próxima de

a) 6,2.    b) 15,6.    c) 70,0.    d) 622,2.    e) 1120,0.

**6** (Enem) Um líquido, num frasco aberto, entra em ebulição a partir do momento em que a sua pressão de vapor se iguala à pressão atmosférica. Identifique a opção correta, considerando a tabela, o gráfico e os dados apresentados sobre as seguintes cidades:
- Natal (RN): nível do mar.
- Campos do Jordão: 1628 m.
- Pico da Neblina (RR): 3014 m.

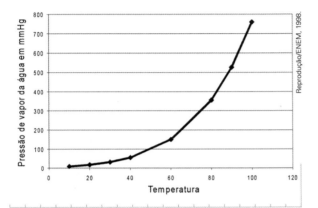

| Altitude (km) | Pressão atmosférica (mmHg) |
|---|---|
| 0 | 760 |
| 1 | 600 |
| 2 | 480 |
| 4 | 300 |
| 6 | 170 |
| 8 | 120 |
| 10 | 100 |

A temperatura de ebulição será:
a) maior em Campos do Jordão.
b) menor em Natal.
c) menor no Pico da Neblina.
d) igual em Campos do Jordão e Natal.
e) não dependerá da altitude.

**7** (Enem PPL) O etanol é um combustível renovável obtido da cana-de-açúcar e é menos poluente do que os combustíveis fósseis, como a gasolina e o diesel. O etanol tem densidade 0,8 g/cm³, massa molar 46 g/mol e calor de combustão aproximado de −1300 kJ/mol. Com o grande aumento da frota de veículos, tem sido incentivada a produção de carros bicombustíveis econômicos, que são capazes de render até 20 km/L em rodovias, para diminuir a emissão de poluentes atmosféricos.

O valor correspondente à energia consumida para que o motorista de um carro econômico, movido a álcool, percorra 400 km na condição de máximo rendimento é mais próximo de

a) 565 MJ.
b) 452 MJ.
c) 520 kJ.
d) 390 kJ.
e) 348 kJ.

**3** (Enem PPL) Nos municípios onde foi detectada a resistência do *Aedes aegypti*, o larvicida tradicional será substituído por outro com concentração de 10% (v/v) de um novo princípio ativo. A vantagem desse segundo larvicida é que uma pequena quantidade da emulsão apresenta alta capacidade de atuação, o que permitiria a condução de baixo volume de larvicida pelo agente de combate às endemias. Para evitar erros de manipulação, esse novo larvicida será fornecido em frascos plásticos e, para uso em campo, todo o seu conteúdo deve ser diluído em água até o volume final de um litro. O objetivo é obter uma concentração final de 2% em volume do princípio ativo.

Que volume de larvicida deve conter o frasco plástico?

a) 10 mL
b) 50 mL
c) 100 mL
d) 200 mL
e) 500 mL

**4** (Enem) Nos anos 1990, verificou-se que o rio Potomac, situado no estado norte-americano de Maryland, tinha, em parte de seu curso, águas extremamente ácidas por receber um efluente de uma mina de carvão desativada, o qual continha ácido sulfúrico ($H_2SO_4$). Essa água, embora límpida, era desprovida de vida. Alguns quilômetros adiante, instalou-se uma fábrica de papel e celulose que emprega hidróxido de sódio (NaOH) e carbonato de sódio ($Na_2CO_3$) em seus processos. Em pouco tempo, observou-se que, a partir do ponto em que a fábrica lança seus rejeitos no rio, a vida aquática voltou a florescer.

HARRIS, D. C. *Análise química quantitativa*. Rio de Janeiro: Livros Técnicos e Científicos, 2012 (adaptado).

A explicação para o retorno da vida aquática nesse rio é a

a) diluição das águas do rio pelo novo efluente lançado nele.
b) precipitação do íon sulfato na presença do efluente da nova fábrica.
c) biodegradação do ácido sulfúrico em contato com o novo efluente descartado.
d) diminuição da acidez das águas do rio pelo efluente da fábrica de papel e celulose.
e) volatilização do ácido sulfúrico após contato com o novo efluente introduzido no rio.

**5** (Enem) A cafeína é um alcaloide, identificado como 1,3,7-trimetilxantina (massa molar igual a 194 g/mol) cuja estrutura química contém uma unidade de purina conforme representado. Esse alcaloide é encontrado em grande quantidade nas sementes de café e nas folhas de chá-verde. Uma xícara de café contém, em média, 80 mg de cafeína.

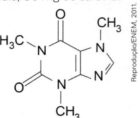

MARIA, C. A. B.; MOREIRA, R. F. A. Cafeína: revisão sobre métodos de análise. **Química Nova**, n. 1, 2007 (adaptado).

Considerando que a xícara descrita contém um volume de 200 mL de café, a concentração, em mol/L, de cafeína nessa xícara é mais próxima de:

a) 0,0004.  b) 0,002.  c) 0,4.  d) 2.  e) 4.

# Físico-química

**1** (Enem PPL) Laboratórios de química geram como subprodutos substâncias ou misturas que, quando não têm mais utilidade nesses locais, são considerados resíduos químicos. Para o descarte na rede de esgoto, o resíduo deve ser neutro, livre de solventes inflamáveis e elementos tóxicos como Pb, Cr e Hg. Uma possibilidade é fazer uma mistura de dois resíduos para obter um material que apresente as características necessárias para o descarte. Considere que um laboratório disponha de frascos de volumes iguais cheios dos resíduos, listados no quadro.

| Tipos de resíduos |
|---|
| I. Solução de $H_2CrO_4$ 0,1 mol/L |
| II. Solução de NaOH 0,2 mol/L |
| III. Solução de HCℓ 0,1 mol/L |
| IV. Solução de $H_2SO_4$ 0,1 mol/L |
| V. Solução de $CH_3COOH$ 0,2 mol/L |
| VI. Solução de $NaHCO_3$ 0,1 mol/L |

Qual combinação de resíduos poderá ser descartada na rede de esgotos?

a) I e II    b) II e III    c) II e IV    d) V e VI    e) IV e VI

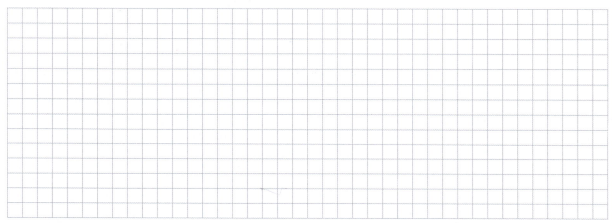

**2** (Enem PPL) O vinagre é um produto alimentício resultante da fermentação do vinho que, de acordo com a legislação nacional, deve apresentar um teor mínimo de ácido acético ($CH_3COOH$) de 4% (v/v). Uma empresa está desenvolvendo um kit para que a inspeção sanitária seja capaz de determinar se alíquotas de 1 mL de amostras de vinagre estão de acordo com a legislação. Esse kit é composto por uma ampola que contém uma solução aquosa de $Ca(OH)_2$ 0,1 mol/L e um indicador que faz com que a solução fique cor-de-rosa, se estiver básica, e incolor, se estiver neutra ou ácida. Considere a densidade do ácido acético igual a 1,10 g/cm³, a massa molar do ácido acético igual a 60 g/mol e a massa molar do hidróxido de cálcio igual a 74 g/mol.

Qual é o valor mais próximo para o volume de solução de $Ca(OH)_2$, em mL, que deve estar contido em cada ampola do kit para garantir a determinação da regularidade da amostra testada?

a) 3,7    b) 6,6    c) 7,3    d) 25    e) 36

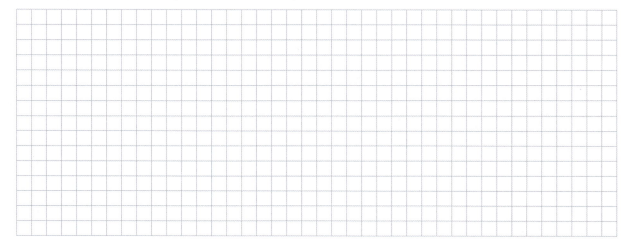

**11** (Enem PPL)
Pesquisadores desenvolveram uma nova e mais eficiente rota sintética para produzir a substância atorvastatina, empregada para reduzir os níveis de colesterol. Segundo os autores, com base nessa descoberta, a síntese da atorvastatina cálcica ($CaC_{66}H_{68}F_2N_4O_{10}$, massa molar igual a 1154 g/mol) é realizada a partir do éster 4-metil-3-oxopentanoato de metila ($C_7H_{12}O_3$, massa molar igual a 144 g/mol).

Unicamp descobre nova rota para produzir medicamento mais vendido no mundo. Disponível em: www.Unicamp.com.br. Acesso em: 26 out. 2015 (adaptado).

Considere o rendimento global de 20% na síntese de atorvastatina cíclica a partir desse éster, na proporção de 1:1. Simplificadamente, o processo é ilustrado na figura.

VIEIRA, A. S. **Síntese total da atorvastatina cálcica**. Disponível em: http://ipd-farma.org.br. Acesso em: 26 out. 2015 (adaptado).

Considerando o processo descrito, a massa, em grama, de atorvastatina cálcica obtida a partir de 100 g do éster é mais próxima de

a) 20.   b) 29.   c) 160.   d) 202.   e) 231.

**12** (Enem PPL) As indústrias de cerâmica utilizam argila para produzir artefatos como tijolos e telhas. Uma amostra de argila contém 45% em massa de sílica ($SiO_2$) e 10% em massa de água ($H_2O$). Durante a secagem por aquecimento em uma estufa, somente a umidade é removida. Após o processo de secagem, o teor de sílica na argila seca será de

a) 45%.   b) 50%.   c) 55%.   d) 90%.   e) 100%.

**7** (Enem PPL) O mármore, rocha metamórfica composta principalmente de carbonato de cálcio ($CaCO_3$), é muito utilizada como material de construção e também na produção de esculturas. Entretanto, se peças de mármore são expostas a ambientes externos, particularmente em grandes cidades e zonas industriais, elas sofrem ao longo do tempo um processo de desgaste, caracterizado pela perda de massa da peça.

Esse processo de deterioração ocorre em função da

a) oxidação do mármore superficial pelo oxigênio.
b) decomposição do mármore pela radiação solar.
c) onda de choque provocada por ruídos externos.
d) abrasão por material particulado presente no ar.
e) acidez da chuva que cai sobre a superfície da peça.

**8** (Enem PPL) Antigamente, em lugares com invernos rigorosos, as pessoas acendiam fogueiras dentro de uma sala fechada para se aquecerem do frio. O risco no uso desse recurso ocorria quando as pessoas adormeciam antes de apagarem totalmente a fogueira, o que poderia levá-las a óbito, mesmo sem a ocorrência de incêndio.

A causa principal desse risco era o(a)

a) produção de fuligem pela fogueira.
b) liberação de calor intenso pela fogueira.
c) consumo de todo o oxigênio pelas pessoas.
d) geração de queimaduras pela emissão de faíscas da lenha.
e) geração de monóxido de carbono pela combustão incompleta da lenha.

**9** (Enem PPL) As soluções de hipoclorito de sódio têm ampla aplicação como desinfetantes e alvejantes. Em uma empresa de limpeza, o responsável pela área de compras deve decidir entre dois fornecedores que têm produtos similares, mas com diferentes teores de cloro.

Um dos fornecedores vende baldes de 10 kg de produto granulado, contendo 65% de cloro ativo, a um custo de R$ 65,00. Outro fornecedor oferece, a um custo de R$ 20,00, bombonas de 50 kg de produto líquido contendo 10% de cloro ativo.

Considerando apenas o quesito preço por kg de cloro ativo e desprezando outras variáveis, para cada bombona de 50 kg haverá uma economia de

a) R$ 4,00.
b) R$ 6,00.
c) R$ 10,00.
d) R$ 30,00.
e) R$ 45,00.

**10** (Enem PPL) Na busca por ouro, os garimpeiros se confundem facilmente entre o ouro verdadeiro e o chamado ouro de tolo, que tem em sua composição 90% de um minério chamado pirita ($FeS_2$). Apesar do engano, a pirita não é descartada, pois é utilizada na produção do ácido sulfúrico, que ocorre com rendimento global de 90%, conforme as equações químicas apresentadas.

Considere as massas molares:

$FeS_2$ (120 g/mol), $O_2$ (32 g/mol), $Fe_2O_3$ (160 g/mol), $SO_2$ (64 g/mol), $SO_3$ (80 g/mol), $H_2O$ (18 g/mol), $H_2SO_4$ (98 g/mol).

$$4\,FeS_2 + 11\,O_2 \rightarrow 2\,Fe_2O_3 + 8\,SO_2$$
$$2\,SO_2 + O_2 \rightarrow 2\,SO_3$$
$$SO_3 + H_2O \rightarrow H_2SO_4$$

Qual é o valor mais próximo da massa de ácido sulfúrico, em quilograma, que será produzida a partir de 2,0 kg de ouro de tolo?

a) 0,33  b) 0,41  c) 2,6  d) 2,9  e) 3,3

**3** (Enem) As centrífugas são equipamentos utilizados em laboratórios, clínicas e indústrias. Seu funcionamento faz uso da aceleração centrífuga obtida pela rotação de um recipiente e que serve para a separação de sólidos em suspensão em líquidos ou de líquidos misturados entre si.

RODITI, I. *Dicionário Houaiss de física*. Rio de Janeiro: Objetiva, 2005 (adaptado).

Nesse aparelho, a separação das substâncias ocorre em função

a) das diferentes densidades.
b) dos diferentes raios de rotação.
c) das diferentes velocidades angulares.
d) das diferentes quantidades de cada substância.
e) da diferente coesão molecular de cada substância.

**4** (Enem Libras) Alguns fenômenos observados no cotidiano estão relacionados com as mudanças ocorridas no estado físico da matéria. Por exemplo, no sistema constituído por água em um recipiente de barro, a água mantém-se fresca mesmo em dias quentes.

A explicação para o fenômeno descrito é que, nas proximidades da superfície do recipiente, a

a) condensação do líquido libera energia para o meio.
b) solidificação do líquido libera energia para o meio.
c) evaporação do líquido retira energia do sistema.
d) sublimação do sólido retira energia do sistema.
e) fusão do sólido retira energia do sistema.

**5** (Enem Libras) A escassez de água doce é um problema ambiental. A dessalinização da água do mar, feita por meio de destilação, é uma alternativa para minimizar esse problema.

Considerando os componentes da mistura, o princípio desse método é a diferença entre

a) suas velocidades de sedimentação.
b) seus pontos de ebulição.
c) seus pontos de fusão.
d) suas solubilidades.
e) suas densidades.

**6** (Enem Libras) A figura representa a sequência de etapas em uma estação de tratamento de água.

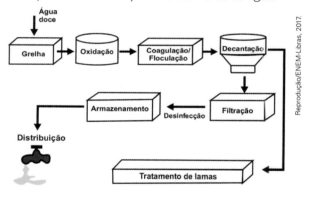

Disponível em: www.ecoguia.cm-mirandela.pt. Acesso em: 30 jul. 2012.

Qual etapa desse processo tem a densidade das partículas como fator determinante?

a) Oxidação.
b) Floculação.
c) Decantação.
d) Filtração.
e) Armazenamento.

**5** (Enem PPL) Em um laboratório de química foram encontrados cinco frascos não rotulados, contendo: propanona, água, tolueno, tetracloreto de carbono e etanol. Para identificar os líquidos presentes nos frascos, foram feitos testes de solubilidade e inflamabilidade. Foram obtidos os seguintes resultados:
- Frascos 1, 3 e 5 contêm líquidos miscíveis entre si;
- Frascos 2 e 4 contêm líquidos miscíveis entre si;
- Frascos 3 e 4 contêm líquidos não inflamáveis.

Com base nesses resultados, pode-se concluir que a água está contida no frasco

a) 1.   b) 2.   c) 3.   d) 4.   e) 5.

**6** (Enem) Pesticidas são substâncias apolares utilizadas para promover o controle de pragas. No entanto, após sua aplicação em ambientes abertos, alguns pesticidas organoclorados são arrastados pela água até lagos e rios e, ao passar pelas guelras dos peixes, podem difundir-se para seus tecidos lipídicos e lá se acumularem.

A característica desses compostos, responsável pelo processo descrito no texto, é o(a)

a) baixa polaridade.
b) baixa massa molecular.
c) ocorrência de halogênios.
d) tamanho pequeno das moléculas.
e) presença de hidroxilas nas cadeias.

# Química geral

**1** (Enem) Um experimento simples, que pode ser realizado com materiais encontrados em casa, é realizado da seguinte forma: adiciona-se um volume de etanol em um copo de vidro e, em seguida, uma folha de papel. Com o passar do tempo, observa-se um comportamento peculiar: o etanol se desloca sobre a superfície do papel, superando a gravidade que o atrai no sentido oposto, como mostra a imagem. Para parte dos estudantes, isso ocorre por causa da absorção do líquido pelo papel.

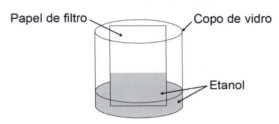

Do ponto de vista científico, o que explica o movimento do líquido é a

a) evaporação do líquido.
b) diferença de densidades.
c) reação química com o papel.
d) capilaridade nos poros do papel.
e) resistência ao escoamento do líquido.

**2** (Enem PPL) Na perfuração de uma jazida petrolífera, a pressão dos gases faz com que o petróleo jorre. Ao se reduzir a pressão, o petróleo bruto para de jorrar e tem de ser bombeado. No entanto, junto com o petróleo também se encontram componentes mais densos, tais como água salgada, areia e argila, que devem ser removidos na primeira etapa do beneficiamento do petróleo.

A primeira etapa desse beneficiamento é a

a) decantação.   d) floculação.
b) evaporação.   e) filtração.
c) destilação.

# Enem

## Atomística

**1** (Enem) Um teste de laboratório permite identificar alguns cátions metálicos ao introduzir uma pequena quantidade do material de interesse em uma chama de bico de Bunsen para, em seguida, observar a cor da luz emitida.

A cor observada é proveniente da emissão de radiação eletromagnética ao ocorrer a

a) mudança da fase sólida para a fase líquida do elemento metálico.

b) combustão dos cátions metálicos provocada pelas moléculas de oxigênio da atmosfera.

c) diminuição da energia cinética dos elétrons em uma mesma órbita na eletrosfera atômica.

d) transição eletrônica de um nível mais externo para outro mais interno na eletrosfera atômica.

e) promoção dos elétrons que se encontram no estado fundamental de energia para níveis mais energéticos.

**2** (Enem PPL) O elemento radioativo tório (Th) pode substituir os combustíveis fósseis e baterias. Pequenas quantidades desse elemento seriam suficientes para gerar grande quantidade de energia. A partícula liberada em seu decaimento poderia ser bloqueada utilizando-se uma caixa de aço inoxidável. A equação nuclear para o decaimento do $^{230}_{90}$Th é:

$$^{230}_{90}Th \rightarrow \,^{226}_{88}Ra + \text{partícula} + \text{energia}$$

Considerando a equação de decaimento nuclear, a partícula que fica bloqueada na caixa de aço inoxidável é o(a)

a) alfa.
b) beta.
c) próton.
d) nêutron.
e) pósitron.

**3** (Enem PPL) O terremoto e o tsunami ocorridos no Japão em 11 de março de 2011 romperam as paredes de isolamento de alguns reatores da usina nuclear de Fukushima, o que ocasionou a liberação de substâncias radioativas. Entre elas está o iodo-131, cuja presença na natureza está limitada por sua meia-vida de oito dias.

O tempo estimado para que esse material se desintegre até atingir $\frac{1}{16}$ da sua massa inicial é de

a) 8 dias.
b) 16 dias.
c) 24 dias.
d) 32 dias.
e) 128 dias.

**4** (Enem) Por terem camada de valência completa, alta energia de ionização e afinidade eletrônica praticamente nula, considerou-se por muito tempo que os gases nobres não formariam compostos químicos. Porém, em 1962, foi realizada com sucesso a reação entre o xenônio (camada de valência $5s^25p^6$) e o hexafluoreto de platina e, desde então, mais compostos novos de gases nobres vêm sendo sintetizados. Tais compostos demonstram que não se pode aceitar acriticamente a regra do octeto, na qual se considera que, numa ligação química, os átomos tendem a adquirir estabilidade assumindo a configuração eletrônica de gás nobre. Dentre os compostos conhecidos, um dos mais estáveis é o difluoreto de xenônio, no qual dois átomos do halogênio flúor (camada de valência $2s^22p^5$) se ligam covalentemente ao átomo de gás nobre para ficarem com oito elétrons de valência.

Ao se escrever a fórmula de Lewis do composto de xenônio citado, quantos elétrons na camada de valência haverá no átomo do gás nobre?

a) 6   b) 8   c) 10   d) 12   e) 14

# Sumário

## Enem

**Atomística** .................................................. 5

**Química geral** ............................................ 6

**Físico-química** ......................................... 10

**Química orgânica** ..................................... 18

## Vestibulares

**Atomística** ................................................ 28

**Química geral** .......................................... 40

**Físico-química** ......................................... 61

**Química orgânica** ..................................... 95

**Respostas** ............................................... 125

# Conheça seu Caderno de Atividades

Este Caderno de Atividades foi elaborado especialmente para você, estudante do Ensino Médio, que deseja praticar o que aprendeu durante as aulas e se qualificar para as provas do Enem e dos vestibulares.

O material foi estruturado para que você consiga utilizá-lo autonomamente, em seus estudos individuais além do horário escolar, ou sob orientação do professor, que poderá lhe sugerir atividades complementares às do livro.

### Flip!
Gire o seu livro e tenha acesso a uma seleção de questões complementares.

Atividades separadas em dois blocos: Enem e Vestibulares, organizadas pelas quatro grandes áreas da Química.

### Respostas
Consulte as respostas das atividades no final do material.

### plurall
No Plurall, você encontrará as resoluções em vídeo das questões propostas.

### Atividades
Os principais conceitos trabalhados no livro são retomados em atividades que permitem a aplicação dos conhecimentos aprendidos durante o Ensino Médio.

**Presidência:** Mario Ghio Júnior
**Direção de soluções educacionais:** Camila Montero Vaz Cardoso
**Direção editorial:** Lidiane Vivaldini Olo
**Gerência editorial:** Viviane Carpegiani
**Gestão de área:** Julio Cesar Augustus de Paula Santos
**Edição:** Erich Gonçalves da Silva e Mariana Amélia do Nascimento
**Planejamento e controle de produção:** Flávio Matuguma (ger.), Felipe Nogueira, Juliana Batista, Juliana Gonçalves e Anny Lima
**Revisão:** Kátia Scaff Marques (coord.), Brenda T. M. Morais, Claudia Virgilio, Daniela Lima, Malvina Tomáz e Ricardo Miyake
**Arte:** André Gomes Vitale (ger.), Catherine Saori Ishihara (coord.) e Lisandro Paim Cardoso (edição de arte)
**Diagramação:** WYM Design
**Iconografia e tratamento de imagem:** André Gomes Vitale (ger.), Claudia Bertolazzi e Denise Kremer (coord.), Evelyn Torrecilla (pesquisa iconográfica) e Fernanda Crevin (tratamento de imagens)
**Licenciamento de conteúdos de terceiros:** Roberta Bento (ger.), Jenis Oh (coord.), Liliane Rodrigues, Flávia Zambon e Raísa Maris Reina (analistas de licenciamento)
**Cartografia:** Eric Fuzii (coord.) e Robson Rosendo da Rocha
**Design:** Erik Taketa (coord.) e Adilson Casarotti (proj. gráfico e capa)
**Foto de capa:** Westend61/Getty Images / welcomia/Shutterstock / fotohunter/Shutterstock

Todos os direitos reservados por Somos Sistemas de Ensino S.A.
Avenida Paulista, 901, 6º andar – Bela Vista
São Paulo – SP – CEP 01310-200
http://www.somoseducacao.com.br

**2024**
Código da obra CL 801852
CAE 721909 (AL) / 721910 (PR)
OP: 258042 (AL)
1ª edição
10ª impressão
De acordo com a BNCC.

Impressão e acabamento: EGB Editora Gráfica Bernardi Ltda.

## JOÃO USBERCO

Bacharel em Ciências Farmacêuticas pela Faculdade de Ciências Farmacêuticas da Universidade de São Paulo (FCF-USP).
Professor de Química de escolas de Ensino Médio.

## PHILIPPE SPITALERI KAUFMANN (PH)

Bacharel em Química pelo Instituto de Química da Universidade de São Paulo (IQ-USP).
Professor de Química de escolas de Ensino Médio.

# Química

## Caderno de Atividades
ENEM E VESTIBULARES

CIÊNCIAS DA NATUREZA E SUAS TECNOLOGIAS

VOLUME ÚNICO

### JOÃO USBERCO
Bacharel em Ciências Farmacêuticas pela Faculdade de Ciências Farmacêuticas da Universidade de São Paulo (FCF-USP).
Professor de Química de escolas de Ensino Médio.

### PHILIPPE SPITALERI KAUFMANN (PH)
Bacharel em Química pelo Instituto de Química da Universidade de São Paulo (IQ-USP).
Professor de Química de escolas de Ensino Médio.

## PARTE II
## Química

# Sumário – Parte II

## Unidade 7
### Estudo das soluções

**Capítulo 22 – Soluções** ........................... 188
- Tipos de solução ............................. 188
- Solubilidade ................................. 189
- Em contexto ................................. 195
- Aspectos quantitativos das soluções ......... 196
- Diluição de soluções ........................ 206
- Mistura de soluções ......................... 208

**Capítulo 23 – Propriedades coligativas** ....... 214
- Diagrama de fases ........................... 214
- Pressão máxima de vapor de um líquido ....... 216
- Efeitos coligativos ......................... 220
- Ebulioscopia e crioscopia ................... 224
- Osmose ...................................... 227
- Perspectivas ................................ 232

## Unidade 8
### Termoquímica

**Capítulo 24 – Princípios de Termodinâmica** ... 234
- Sistemas térmicos ........................... 235
- Quantidade de energia ....................... 235

**Capítulo 25 – Reações termoquímicas** ......... 241
- Processos endotérmicos e exotérmicos ........ 242
- Entalpia padrão e equações termoquímicas .... 247
- Lei de Hess ................................. 252
- Energia de ligação .......................... 255

## Unidade 9
### Cinética química e equilíbrio químico

**Capítulo 26 – Rapidez das reações químicas** ... 259
- Fatores necessários para a ocorrência das reações ....... 263
- Fatores que influem na rapidez das reações .. 267
- Lei da velocidade e as concentrações ........ 271

**Capítulo 27 – Reações reversíveis** ............ 276
- Constante de equilíbrio ..................... 276
- Quociente de equilíbrio ($Q_c$) ............. 283
- Deslocamento de equilíbrio .................. 287
- Equilíbrios em meio aquoso .................. 294
- Autoionização da água e pH .................. 297
- Hidrólise salina ............................ 302
- Constante do produto de solubilidade ($K_{ps}$ ou $K_s$) ........ 306

## Unidade 10
### Eletroquímica

**Capítulo 28 – Oxirredução** .................... 311
- Número de oxidação .......................... 312
- Reações de oxirredução ...................... 317

**Capítulo 29 – Reações eletroquímicas** ........ 320
- Pilhas e geração de energia elétrica ........ 320
- Potencial padrão de uma pilha ............... 325
- Em contexto ................................. 329
- Corrosão e proteção dos metais .............. 333
- Eletrólise .................................. 338
- Aspectos quantitativos da eletrólise ........ 343
- Projeto ..................................... 346

**Gabarito** ..................................... 348

**CIÊNCIAS DA NATUREZA E SUAS TECNOLOGIAS**

UNIDADE

# Estudo das soluções

O avanço tecnológico e científico é fundamental para a resolução dos grandes problemas globais causados pela sociedade, como a demanda por fontes energéticas, a produção excessiva de lixo ou as mudanças climáticas. Com maiores investimentos em pesquisas, antigos e recentes problemas que assolam a população mundial podem ser solucionados.

Assim, para exemplificar um dos principais problemas socioambientais que enfrentamos, a placa da imagem de abertura desta unidade é um reflexo disso: a poluição das águas. A todo momento, no mundo inteiro, diversos rejeitos são lançados nos recursos hídricos, poluindo-os com resíduos sólidos e substâncias que se dissolvem na água, como hormônios, íons de metais pesados e materiais tóxicos ao ser humano e demais seres vivos.

Você já parou para pensar com quantas substâncias você entra em contato somente por se banhar nas águas do mar de sua praia preferida? Qual a concentração dessas substâncias e se elas podem oferecer riscos à sua saúde?

Palê Zuppani/Pulsar Imagens

Placa de sinalização de água imprópria para banho em razão da poluição das águas. Florianópolis (SC).

## Nesta unidade vamos:

- compreender o conceito de solução;
- analisar os diferentes tipos de solução;
- interpretar curvas de solubilidade;
- analisar e discutir diferentes formas de expressar a concentração das soluções;
- analisar os processos de diluição e mistura de soluções;
- discutir as propriedades coligativas da matéria.

# CAPÍTULO 22

# Soluções

Este capítulo favorece o desenvolvimento das habilidades

EM13CNT307
EM13CNT309
EM13CNT310

Um dos grandes problemas atuais se refere à poluição das águas de rios, lagos e oceanos. Esse fenômeno vem se amplificando tanto que já preocupa os governos dos países e até mesmo os líderes de grandes empresas mundiais. Na imagem há uma espécie de "tijolo" de formato hexagonal que foi desenvolvido por uma empresa em colaboração com o Instituto de Ciência Marinha da cidade de Sydney, na Austrália. Essas peças abrigam microrganismos que removem poluentes presentes nas águas da cidade.

Peças formam uma parede que serve para abrigar microrganismos capazes de absorver e filtrar poluentes da água.

No Brasil, recentemente tem-se explorado a possibilidade de se utilizar nanopartículas magnéticas com alto poder de adsorção (interação superficial) para remover diferentes tipos de substâncias das águas, como pesticidas, hormônios, metais pesados, cádmio, cromo e mercúrio.

Uma possibilidade imediata de aplicação dessa tecnologia seria ajudar na despoluição do rio Doce e seus afluentes, contaminados pela lama como resultado do rompimento da barragem de Mariana (MG), ocorrido em 2015.

Todos esses estudos e projetos envolvem conceitos relacionados à determinação das espécies químicas presentes nas águas dos rios e lagos, assim como da concentração delas nessas águas.

Neste capítulo vamos estudar as diversas formas de expressar a concentração das soluções e de como relacioná-las, para poder compreender, entre outros aspectos, como as iniciativas descritas podem contribuir para a despoluição de nossos recursos hídricos.

## Tipos de solução

As soluções correspondem a todo e qualquer tipo de mistura homogênea.

**Soluções**: misturas homogêneas de duas ou mais substâncias.

De maneira geral, podemos classificar uma solução em **sólida**, **líquida** ou **gasosa**. Essa classificação é feita em função dos diferentes estados físicos que os componentes de uma solução podem apresentar. Observe o quadro a seguir com diversos exemplos de tipos diferentes de solução.

Região de Mariana (MG) tomada pela lama das barragens.

| Dissolução | Tipo | Exemplo | Soluto principal | Solvente |
|---|---|---|---|---|
| GASOSA | GÁS + GÁS | AR ATMOSFÉRICO | OXIGÊNIO (GÁS) | NITROGÊNIO (GÁS) |
| LÍQUIDA | LÍQUIDO + GÁS | ÁGUA GASEIFICADA | DIÓXIDO DE CARBONO (GÁS) | ÁGUA (LÍQUIDO) |
| LÍQUIDA | LÍQUIDO + LÍQUIDO | VINAGRE | ÁCIDO ACÉTICO (LÍQUIDO) | ÁGUA (LÍQUIDO) |
| LÍQUIDA | LÍQUIDO + SÓLIDO | ÁGUA DO MAR | CLORETO DE SÓDIO (SÓLIDO) | ÁGUA (LÍQUIDO) |
| LÍQUIDA | LÍQUIDO + SÓLIDO | TINTURA DE IODO | IODO (SÓLIDO) | ETANOL (LÍQUIDO) |
| SÓLIDA | SÓLIDO + SÓLIDO | LATÃO | ZINCO (SÓLIDO) | COBRE (SÓLIDO) |
| SÓLIDA | SÓLIDO + SÓLIDO | AÇO | CARBONO (SÓLIDO) | FERRO (SÓLIDO) |

Em nosso dia a dia, é mais comum encontrarmos soluções de sólidos dissolvidos em líquidos, como o soro fisiológico, que consiste basicamente em uma solução salina de cloreto de sódio (NaCℓ) dissolvido em água.

Essas soluções que utilizam a água como solvente são denominadas **soluções aquosas**.

Soro fisiológico.

## ● Solubilidade

Você já deve ter percebido que, ao adicionarmos um sólido, como o sal de cozinha, à água, ele inicialmente se dissolve; no entanto, se adicionarmos cada vez mais, começa a se formar um depósito de sal sólido no fundo do recipiente.

Esse fenômeno ocorre em razão da **solubilidade** do sal de cozinha em água. O termo solubilidade se refere à **máxima** quantidade de **soluto** que se dissolve em determinada quantidade de **solvente** a dada **temperatura**.

Para uma temperatura específica, a solubilidade geralmente é expressa pela quantidade de soluto, em gramas, que se dissolve em 100 g de solvente.

Observe a tabela a seguir, que indica a solubilidade em água ($H_2O$) de alguns sais em diferentes temperaturas.

| | Solubilidade (g de sal por 100 g de $H_2O$) | | |
|---|---|---|---|
| Temperatura (°C) | $KNO_3$ | $K_2SO_4$ | NaCℓ |
| 0 | 13,9 | 7,4 | 35,7 |
| 10 | 21,2 | 9,3 | 35,8 |
| 20 | 31,6 | 11,1 | 36,0 |
| 30 | 45,3 | 13,0 | 36,2 |
| 40 | 61,4 | 14,8 | 36,5 |
| 50 | 83,5 | 16,5 | 36,8 |
| 60 | 106,0 | 18,2 | 37,3 |

Fonte: LIDE, D. R. *CRC Handbook of Chemistry and Physics*, 89. ed. Boca Raton: CRC Press, 2009.

As soluções podem ser classificadas comparando a quantidade de soluto dissolvida com a respectiva solubilidade. Vamos tomar como exemplo o sulfato de potássio ($K_2SO_4$), a 30 °C: nessas condições, temos que a solubilidade do $K_2SO_4$ corresponde a 13 g do sal para cada 100 g de $H_2O$. Podemos escrever essa informação por meio do **coeficiente de solubilidade do sal**.

Coeficiente de solubilidade = 13 g de $K_2SO_4$/100 g de água a 30 °C

Observe os exemplos abaixo:

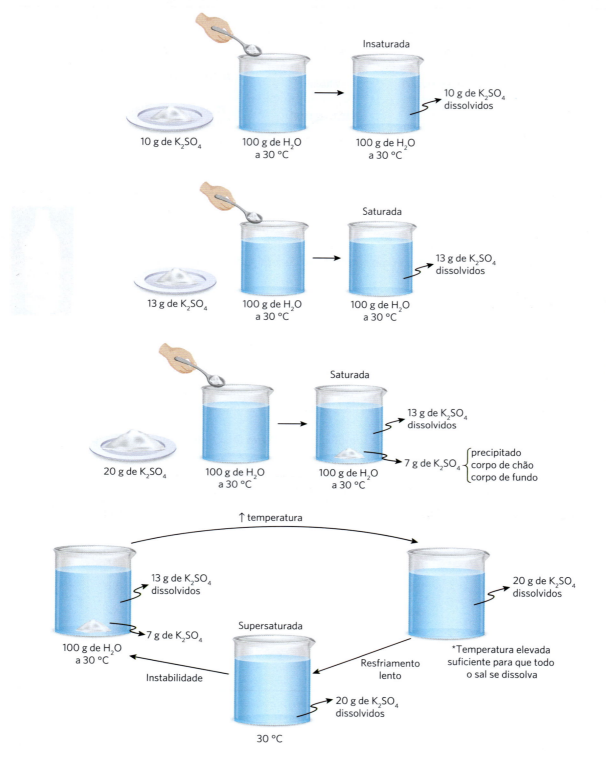

Observe que, para preparar uma solução supersaturada, devemos aquecer o sistema até que todo o soluto se dissolva e, então, resfriá-la lentamente até a temperatura inicial. Caso todo o soluto permaneça dissolvido, teremos uma solução supersaturada, que consiste em um sistema altamente instável, uma vez que a quantidade de soluto dissolvida é superior à solubilidade para a temperatura. Qualquer perturbação ou instabilidade pode ocasionar a precipitação de parte do soluto.

## Curvas de solubilidade

Como vimos anteriormente, a solubilidade dos compostos depende da temperatura em que se realiza o processo de dissolução.

A curva de solubilidade corresponde a uma forma gráfica de relacionar a solubilidade dos compostos com a variação de temperatura.

Caso a solubilidade do composto aumente com o incremento de temperatura, esse processo será classificado como dissolução endotérmica, ou seja, a dissolução que é favorecida pelo aumento de temperatura. Exemplos: $NaNO_3$, $KNO_3$, $KCl$.

A maior parte dos solutos sólidos apresenta dissolução endotérmica.

Em contrapartida, caso a solubilidade do composto diminua com o incremento de temperatura, esse processo será classificado como dissolução exotérmica, ou seja, corresponde à dissolução que é favorecida pela diminuição de temperatura. Exemplo: $Ce_2(SO_4)_3$.

Um exemplo importante de dissolução exotérmica é dado pela solubilidade de gases. Em geral, o aumento da temperatura diminui consideravelmente a solubilidade dos gases em água.

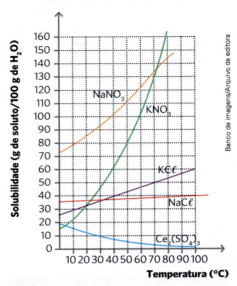

**Curvas de solubilidade de diferentes sais**

## Solubilidade dos gases

A solubilidade dos gases em líquidos depende basicamente da temperatura do sistema e da pressão parcial do gás. É inversamente proporcional à temperatura e diretamente proporcional à pressão parcial do gás.

O efeito da pressão na solubilidade de gases, conhecido como lei de Henry, foi estudado pelo químico britânico William Henry (1775-1836).

> **Lei de Henry**: a solubilidade de um gás em um líquido é diretamente proporcional à pressão do gás sobre o líquido.

A lei de Henry pode ser representada pela expressão:

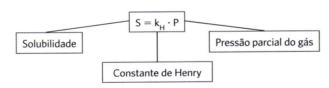

$$S = k_H \cdot P$$

A constante de Henry depende do gás, da temperatura e do solvente.

O estudo da solubilidade dos gases é muito importante na Química Ambiental, principalmente em relação ao teor de gás oxigênio ($O_2$) dissolvido nos ambientes aquáticos.

Observe a tabela a seguir, que mostra a solubilidade do gás oxigênio em água em função da temperatura e da pressão atmosférica. Vale ressaltar que o aumento da pressão atmosférica resulta, consequentemente, no aumento da pressão parcial do oxigênio.

| Temperatura (°C) | Solubilidade do oxigênio na água (mg/L) ||||| 
|---|---|---|---|---|---|
| | Pressão atmosférica (mmHg) |||||
| | 680 | 700 | 720 | 740 | 760 |
| 10 | 9,8 | 10,0 | 10,5 | 10,5 | 11,0 |
| 12 | 9,4 | 9,6 | 9,9 | 10,0 | 10,5 |
| 14 | 8,9 | 9,2 | 9,5 | 9,7 | 10,0 |
| 16 | 8,6 | 8,8 | 9,1 | 9,3 | 9,6 |
| 18 | 8,2 | 8,5 | 8,7 | 8,9 | 9,2 |
| 20 | 7,9 | 8,1 | 8,4 | 8,8 | 8,8 |

TABATA, Y. A. *Para se criar truta*. Disponível em: http://www.aquicultura.br/trutas/info/wd/folder.doc. Acesso em: 31 mar. 2020. (Adaptado.)

A análise da tabela permite verificar que, para uma mesma temperatura, o aumento da pressão atmosférica e, consequentemente, da pressão parcial de oxigênio, acarreta um aumento da solubilidade do gás em água. No entanto, caso fixemos o valor da pressão atmosférica, é possível notar que o aumento da temperatura resulta na diminuição da solubilidade do gás oxigênio no meio aquático.

Na natureza, a quantidade adequada de $O_2$ é providenciada pelo próprio ambiente. Contudo, o descaso e o não tratamento das águas utilizadas, tanto nas indústrias como nas residências, são responsáveis pela introdução de grandes quantidades de resíduos em rios e lagos. Esses resíduos podem reagir com o gás oxigênio ou favorecer o desenvolvimento de bactérias aeróbias, que provocam a diminuição da quantidade de oxigênio na água, o que, por sua vez, pode causar a mortandade de peixes.

Uma das maneiras de abrandar a ação desses poluentes consiste em manter a água desses rios e lagos sob constante e intensa agitação. Dessa maneira, obtém-se maior contato da água com o ar e, consequentemente, maior oxigenação dessa água, possibilitando a respiração de peixes e outros seres vivos.

Esse método de aeração da água pode ser igualmente utilizado para amenizar os estragos causados pelo despejo de líquidos aquecidos em rios e lagos, pois o aumento da temperatura da água também provoca a diminuição do oxigênio nela dissolvido.

## Explore seus conhecimentos

Sempre que necessário, use a tabela periódica.

**1** (Unicamp-SP) "Os peixes estão morrendo porque a água do rio está sem oxigênio, mas nos trechos de maior corredeira a quantidade de oxigênio aumenta." Ao ouvir essa informação de um técnico do meio ambiente, um estudante que passava pela margem do rio ficou confuso e fez a seguinte reflexão: "Estou vendo a água no rio e sei que a água contém, em suas moléculas, oxigênio; então como pode ter acabado o oxigênio do rio?".

a) Escreva a fórmula das substâncias mencionadas pelo técnico.

b) Qual é a confusão cometida pelo estudante em sua reflexão?

**2** O processo de dissolução do oxigênio do ar na água é fundamental para a existência de seres vivos que habitam os oceanos, rios e lagos. Esse processo pode ser representado pela equação:

$$O_{2(g)} + aq^* \rightleftharpoons O_{2(aq)}$$

aq* = quantidade muito grande de água

Algumas espécies de peixe necessitam, para sobrevivência, de taxas relativamente altas de oxigênio dissolvido na água. Peixes com essas exigências teriam maiores chances de sobrevivência:

I. em um lago de águas a 10 °C do que em um lago a 25 °C, ambos à mesma altitude.

II. em um lago no alto da Cordilheira dos Andes do que em um lago situado na base da cordilheira, desde que a temperatura da água fosse a mesma.

III. em lagos cujas águas tivessem qualquer temperatura, desde que a altitude fosse elevada.

Qual(is) afirmação(ões) é(são) correta(s)?

**3** (UCS-RS) Os refrigerantes possuem dióxido de carbono dissolvido em água, de acordo com a equação química e a curva de solubilidade representadas abaixo.

$$CO_{2(g)} + H_2O_{(\ell)} \rightleftharpoons H^+_{(aq)} + HCO_{3-(aq)}$$

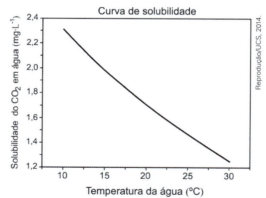

No processo de fabricação dos refrigerantes,

a) o aumento da temperatura da água facilita a dissolução do $CO_2$ (g) na bebida.

b) a diminuição da temperatura da água facilita a dissolução do $CO_2$ (g) na bebida.

c) a diminuição da concentração de $CO_2$ (g) facilita sua dissolução na bebida.

d) a dissolução do $CO_2$ (g) na bebida não é afetada pela temperatura da água.

e) o ideal seria utilizar a temperatura da água em 25 °C pois a solubilidade do $CO_2$ (g) é máxima.

**4** (UFRGS-RS) Um estudante analisou três soluções aquosas de cloreto de sódio, adicionando 0,5 g deste mesmo sal em cada uma delas. Após deixar as soluções em repouso em recipientes fechados, ele observou a eventual presença de precipitado e filtrou as soluções, obtendo as massas de precipitado mostradas no quadro abaixo.

| Solução | Precipitado |
|---|---|
| 1 | Nenhum |
| 2 | 0,5 g |
| 3 | 0,8 g |

O estudante concluiu que as soluções originais 1, 2 e 3 eram, respectivamente,

a) não saturada, não saturada e saturada.
b) não saturada, saturada e supersaturada.
c) saturada, não saturada e saturada.
d) saturada, saturada e supersaturada.
e) supersaturada, supersaturada e saturada.

**5** (PUC-MG) Considere o gráfico de solubilidade de vários sais em água, em função da temperatura.

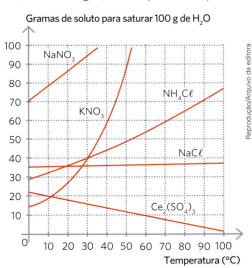

Baseando-se no gráfico e nos conhecimentos sobre soluções, é *incorreto* afirmar que:

a) a solubilidade do $Ce_2(SO_4)_3$ diminui com o aumento da temperatura.
b) o sal nitrato de sódio é o mais solúvel a 20 °C.
c) a massa de 80 g de nitrato de potássio satura 200 g de água a 30 °C.
d) dissolvendo-se 60 g de $NH_4C\ell$ em 100 g de água, a 60 °C, obtém-se uma solução insaturada.

**6** (PUC-RJ) Observe o gráfico.

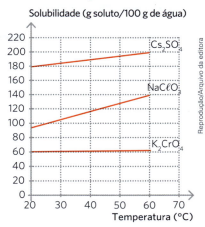

A quantidade de clorato de sódio capaz de atingir a saturação em 500 g de água na temperatura de 60 °C, em gramas, é aproximadamente igual a:

a) 70.
b) 140.
c) 210.
d) 480.
e) 700.

**7** O gráfico a seguir representa as curvas de solubilidade de várias substâncias.

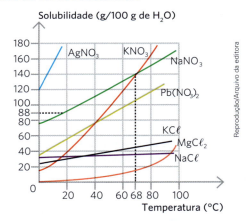

Com base nele, responda aos itens:

I. Considerando apenas as substâncias $NaNO_3$ e $Pb(NO_3)_2$, qual delas é a mais solúvel em água, a qualquer temperatura?
II. Aproximadamente em qual temperatura a solubilidade do $KC\ell$, e a do $NaC\ell$, são iguais?
III. Qual das substâncias apresenta maior aumento de solubilidade com o aumento da temperatura?
IV. Compare as solubilidades das substâncias $KNO_3$ e $NaNO_3$ a 68 °C, abaixo e acima dessa temperatura.
V. Qual a massa de uma solução saturada de $NaNO_3$ a 20 °C obtida a partir de 500 g de $H_2O$?

## Relacione seus conhecimentos

Sempre que necessário, use a tabela periódica.

**1** (Fuvest-SP) Descargas industriais de água pura aquecida podem provocar a morte de peixes em rios e lagos porque causam:
a) o aumento do nitrogênio dissolvido.
b) o aumento do gás carbônico dissolvido.
c) a diminuição do hidrogênio dissolvido.
d) a diminuição do oxigênio dissolvido.
e) a alteração do pH do meio aquático.
Obs.: o pH nos indica a acidez ou a basicidade de um meio aquoso.

**2** (Unicid-SP) O gráfico apresenta as solubilidades dos sais A, B, C, D, E e F em função da temperatura.

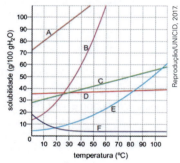

(www.preuniversitycourses.com. Adaptado.)

a) Indique o sal cuja solubilidade em água é menos afetada pelo aumento de temperatura.
b) Considere uma solução preparada com 33 g do sal B em 50 g de água, a 40 °C. A mistura resultante apresenta corpo de fundo? Justifique sua resposta.

**3** (UFMS) Considere as massas atômicas fornecidas e o gráfico solubilidade × temperatura a seguir.

| Elemento | Massa atômica |
|---|---|
| O | 16 |
| Na | 23 |
| S | 32 |
| Cℓ | 35 |
| Ce | 140 |

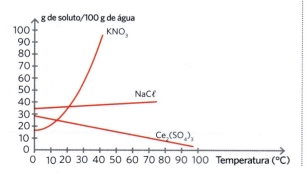

Com base nas informações, é correto afirmar:
01) O aumento da temperatura faz com que a solubilidade de todos os sais aumente.
02) A 20 °C, uma solução preparada com 10 g de $KNO_3$ em 100 g de $H_2O$ é insaturada.
04) A 10 °C, o NaCℓ é mais solúvel que o $KNO_3$.
08) A 90 °C, é possível dissolver 1 mol de NaCℓ em 100 g de água.
16) A 70 °C, uma mistura de 30 g de $Ce_2(SO_4)_3$ e 100 g de $H_2O$ é heterogênea.

**4** (Unifesp) A lactose, principal açúcar do leite da maioria dos mamíferos, pode ser obtida a partir do leite de vaca por uma sequência de processos. A fase final envolve a purificação por recristalização em água. Suponha que, para essa purificação, 100 kg de lactose foram tratados com 100 L de água, a 80 °C, agitados e filtrados a essa temperatura. O filtrado foi resfriado a 10 °C.
Solubilidade da lactose, em kg/100 L de $H_2O$:

| a 80 °C | ——— | 95 |
| a 10 °C | ——— | 15 |

A massa máxima de lactose, em kg, que deve cristalizar com esse procedimento é, aproximadamente:
a) 5.   c) 80.   e) 95.
b) 15.  d) 85.

**5** (Uerj) Um laboratorista precisa preparar 1,1 kg de solução aquosa saturada de um sal de dissolução exotérmica, utilizando como soluto um dos três sais disponíveis em seu laboratório: X, Y e Z. A temperatura final da solução deverá ser igual a 20 °C.
Observe as curvas de solubilidade dos sais, em gramas de soluto por 100 g de água:

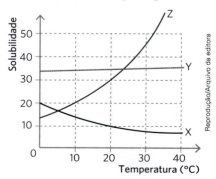

A massa de soluto necessária, em gramas, para o preparo da solução equivale a:
a) 100.   b) 110.   c) 300.   d) 330.

> **Em contexto**

## Poluição da água

A qualidade da água está relacionada com o destino que se dá a ela. A água usada para gerar energia elétrica não precisa ter a mesma qualidade da água usada para o consumo humano, por exemplo.

A água para consumo não pode conter microrganismos causadores de doenças nem substâncias tóxicas (poluentes), enquanto a água para a geração de energia elétrica não precisa estar tratada.

Para considerar se determinada água está poluída ou contaminada, é necessário saber se a quantidade de poluentes e microrganismos está acima de um certo nível estabelecido, conhecido como **padrão de qualidade**.

Caso essa água contenha substâncias ou microrganismos patogênicos (que causam doenças) em quantidade abaixo do padrão de qualidade, ela é apenas considerada **contaminada**. Se os poluentes e microrganismos superarem esse padrão de qualidade, então a água estará **poluída**.

Atualmente, os principais fatores relacionados à poluição da água incluem o lançamento de esgotos domésticos e industriais, o uso descontrolado de fertilizantes e de pesticidas e o vazamento de petróleo nos oceanos.

Vamos nos ater ao uso de fertilizantes e pesticidas.

### Fertilizantes e pesticidas

O uso descontrolado de fertilizantes e de pesticidas na agricultura moderna é causa tanto da poluição dos solos como da poluição dos recursos hídricos superficiais e subterrâneos.

A chuva e a água usada na irrigação arrastam para os rios e lagos o excesso de fertilizantes e de pesticidas utilizados na agricultura, provocando grave perturbação ambiental, como a morte de seres vivos e de outras plantas. Esses produtos também podem se infiltrar no solo e contaminar águas subterrâneas.

Ao atingir as águas de um lago ou de um rio, por exemplo, os fertilizantes favorecem a proliferação de algas que geralmente vivem na superfície da água. Dependendo do tipo de alga do lago, sua superfície adquire uma coloração azul-esverdeada, vermelha ou acastanhada.

A presença de algas na superfície da água impede que a luz do sol chegue ao fundo do lago. Sem luz, não ocorre fotossíntese e, consequentemente, há redução da quantidade de gás oxigênio dissolvido na água, resultando na morte das plantas.

Lago em processo de eutrofização.

Com a morte das plantas do lago, há aumento do número de microrganismos decompositores, que consomem cada vez mais o gás oxigênio, provocando a morte de peixes e de outros animais. Pode haver liberação de gases tóxicos ou de cheiro desagradável. Esse fenômeno descrito é conhecido por **eutrofização**.

A eutrofização pode ser provocada pela utilização de alguns fertilizantes e detergentes que chegam aos rios e lagos por meio do esgoto doméstico ou industrial.

**Causas e consequências da eutrofização**

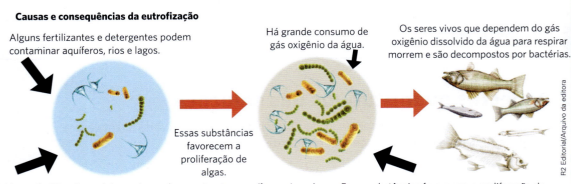

| Alguns fertilizantes e detergentes podem contaminar aquíferos, rios e lagos. Essas substâncias favorecem a proliferação de algas. Há grande consumo de gás oxigênio da água. Os seres vivos dependentes do gás oxigênio dissolvido da água para respirar morrem e são decompostos por bactérias.

## Questões

A

| Poluição por esgoto industrial.

C

| Poluição por vazamento de petróleo.

B

| Poluição por esgoto doméstico.

D

| Poluição por uso de fertilizantes e pesticidas.

**1** Observe a ilustração A e responda.
 a) É correto o procedimento da indústria representado na ilustração? Por quê?
 b) A legislação ambiental brasileira permite que essa indústria lance seu esgoto diretamente no rio? Qual seria o procedimento adequado?
 c) Cite dois metais pesados que podem estar presentes nesse esgoto.

**2** Observe a ilustração B e responda.
 a) Cite quatro componentes que podem estar presentes nesse esgoto.
 b) Na região representada existe coleta de lixo e de esgoto? Justifique.
 c) O que pode acontecer com os peixes se esse esgoto estiver sendo lançado em uma represa? Justifique.

**3** Observe a ilustração C e responda.
 a) A maior parte do material que vaza do navio se dissolve na água do mar?
 b) A mancha negra favorece ou dificulta a dissolução de gás oxigênio presente na água do mar?
 c) A frase "O vazamento de petróleo causa poluição somente nos mares e oceanos" é falsa ou verdadeira? Justifique.

**4** Observe a ilustração D e responda.
 a) Essa aplicação está sendo feita em uma plantação grande ou pequena? Justifique.
 b) Como esse fertilizante ou pesticida pode atingir um lago ou um rio?
 c) Qual é o nome do processo que pode ocorrer se esse fertilizante contaminar as águas de um lago, favorecendo o desenvolvimento descontrolado de algas? Quais as consequências desse processo para as demais espécies que vivem nesse lago?

## Aspectos quantitativos das soluções

A relação entre a quantidade de soluto que se apresenta dissolvido em certa quantidade de solução é denominada **concentração da solução** e pode ser expressa de maneira geral por:

$$\text{concentração da solução} = \frac{\text{quantidade do soluto}}{\text{quantidade de solução}}$$

Essas relações numéricas podem ser expressas de diferentes maneiras, como veremos a seguir.

## Relações massa/volume

### Concentração comum

A concentração comum corresponde à relação entre a massa do soluto e o volume da solução.

$$C = \frac{\text{massa do soluto}}{\text{volume da solução}}$$

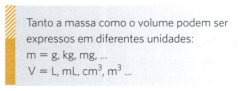

Tanto a massa como o volume podem ser expressos em diferentes unidades:
m = g, kg, mg, ...
V = L, mL, cm³, m³ ...

Considere o rótulo abaixo.

Com base nas informações apresentadas, podemos calcular a concentração comum de carboidratos ($C_{carboidrato}$) e sódio ($C_{sódio}$) presente em 200 mL da solução:

$$C_{carboidrato} = \frac{9\,g}{200\,mL} = 0{,}045\,g/mL$$

Caso desejássemos obter a concentração em g/L, bastaria converter o volume de 200 mL para 0,2 L. Assim:

$$C_{carboidrato} = \frac{9\,g}{0{,}2\,L} = 45\,g/L$$

Analogamente, para o sódio, temos:

$$C_{sódio} = \frac{128\,mg}{200\,mL} = 0{,}64\,mg/mL$$

$$C_{sódio} = \frac{128\,mg}{0{,}2\,L} = 640\,mg/L$$

Uma relação massa/volume muito utilizada em Química relaciona a massa do soluto, em gramas, para cada 100 mL de solução. Considerando a concentração de carboidrato calculada anteriormente:

9 g de carboidratos ———— 200 mL de solução
x g de carboidratos ———— 100 mL de solução
x = 4,5 g de carboidrato

Ou seja, há 4,5 g de carboidrato para cada 100 mL de solução.

Outra maneira de expressar essa mesma informação é por meio da notação percentual, ou seja, 4,5% m/V.

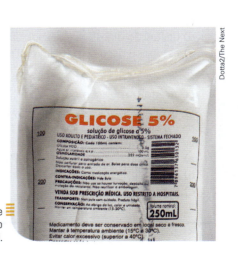

O soro glicosado, que é administrado por via endovenosa, contém 5 g de glicose em cada 100 mL de soro (5%). Ou seja, a porcentagem que aparece no rótulo corresponde a 5% m/V (massa/volume).

## Explore seus conhecimentos

Sempre que necessário, use a tabela periódica.

**1** (Enem) Os acidentes de trânsito, no Brasil, em sua maior parte são causados por erro do motorista. Em boa parte deles, o motivo é o fato de dirigir após o consumo de bebida alcoólica. A ingestão de uma lata de cerveja provoca uma concentração de aproximadamente 0,3 g/L de álcool no sangue. A tabela abaixo mostra os efeitos sobre o corpo humano provocados por bebidas alcoólicas em função de níveis de concentração de álcool no sangue.

| Concentração de álcool no sangue (g/L) | Efeitos |
|---|---|
| 0,1 – 0,5 | Sem influência aparente, ainda que com alterações clínicas |
| 0,3 – 1,2 | Euforia suave, sociabilidade acentuada e queda da atenção |
| 0,9 – 2,5 | Excitação, perda de julgamento crítico, queda da sensibilidade e das reações motoras |
| 1,8 – 3,0 | Confusão mental e perda da coordenação motora |
| 2,7 – 4,0 | Estupor, apatia, vômitos e desequilíbrio ao andar |
| 3,5 – 5,0 | Coma e morte possível |

(*Revista Pesquisa FAPESP*, nº 57, setembro 2000)

Uma pessoa que tenha tomado três latas de cerveja provavelmente apresenta:
a) queda de atenção, de sensibilidade e das reações motoras.
b) aparente normalidade, mas com alterações clínicas.
c) confusão mental e falta de coordenação motora.
d) disfunção digestiva e desequilíbrio ao andar.
e) estupor e risco de parada respiratória.

**2** (Imed-RS) Em um laboratório de química foi encontrado um frasco de 250 mL com a seguinte informação: contém 1,5 g de Sulfato Ferroso. Assinale a alternativa que apresenta a concentração em g/L de Sulfato Ferroso nesse frasco.
a) 0,3 g/L
b) 0,6 g/L
c) 3 g/L
d) 4,75 g/L
e) 6 g/L

**3** Uma solução A contendo 12 g de NaCℓ dissolvidos em 200 mL de solução aquosa foi submetida a uma evaporação de 160 mL de água, originando uma solução B.

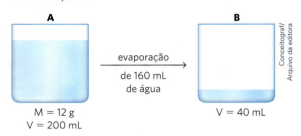

Determine a concentração em g/mL da solução A e a concentração em g/L da solução B.

**4** Têm-se três recipientes (A, B e C) contendo soluções aquosas de nitrato de potássio com as características vistas a seguir.

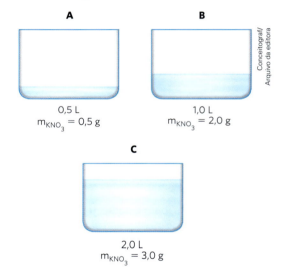

Com base nessas informações, responda aos itens abaixo.
a) Em qual dos frascos a massa de soluto dissolvido é maior?
b) Calcule a concentração em g/L da solução mais diluída.
c) Calcule a concentração em g/L da solução mais concentrada.
d) Considere que as três soluções sejam misturadas em um único frasco. Qual a massa total de soluto presente nessa nova solução?
e) Calcule a concentração em g/L da solução obtida no item *d*.

## Densidade da solução (d)

A densidade de uma solução é a relação entre a massa da solução (m) e o seu volume (V).

$$d = \frac{\text{massa da solução}}{\text{volume da solução}} \quad (g/mL;\ kg/L;\ kg/m^3)$$

###  Explore seus conhecimentos

Observe a fotografia que mostra um frasco contendo uma solução aquosa de ácido acético, de densidade 1,05 g/mL, e responda às questões de **1** a **5**.

**1** Qual é o soluto?

**2** Qual é o solvente?

**3** Indique a massa de solução presente em 1,0 mL de solução.

**4** Calcule a massa de solução contida em 1 000 mL (1,0 L) de solução.

**5** Considere que o volume da solução de ácido acético no frasco seja igual a 400 mL e determine a massa dessa solução.

| Solução aquosa de $C_2H_4O_2$.

## Relações massa/massa

### Título (τ), porcentagem em massa

A relação que se estabelece entre a massa do soluto e a massa da solução é denominada **título**, representado pela letra grega **τ** (lê-se **tau**).

A expressão que permite calcular o título é:

$$\tau = \frac{\text{massa do soluto}}{\text{massa da solução}} = \frac{m_1}{m}$$

Considere uma solução formada por 2 g de NaOH e 8 g de $H_2O$, totalizando 10 g.

Calculando a porcentagem em massa do soluto, ou seja, o título, teremos:

$$\tau = \frac{2\,g}{10\,g} = 0{,}2$$

O título (τ) multiplicado por 100% indica a porcentagem em massa do soluto presente na solução. Em nosso exemplo:

$$\tau = 0{,}2 \cdot 100\% = 20\%\ \text{em massa de NaOH}$$

Interpretação:

| 20 g de NaOH | ——— | 100 g de solução |
| 10 g de NaOH | ——— | 50 g de solução |
| 5 g de NaOH  | ——— | 25 g de solução |

### Partes por milhão (ppm) e partes por bilhão (ppb)

Em soluções muito diluídas, nas quais a porcentagem em massa do soluto é consideravelmente pequena, costumamos usar as unidades partes por milhão, representada por ppm, ou, ainda, a unidade partes por bilhão, representada por ppb.

**ppm**: indica a quantidade, em gramas, do soluto presente em um milhão ($10^6$) de gramas da solução.

**ppb**: indica a quantidade, em gramas, do soluto presente em um bilhão ($10^9$) de gramas da solução.

Exemplos:

Uma concentração de 5 ppm significa que a solução contém 5 g de soluto em $10^6$ g de solução.

Uma concentração de 3 ppb significa que a solução contém 3 g de soluto em $10^9$ g de solução.

Essas unidades apresentam larga aplicação nos estudos ambientais, em relação à análise de poluentes nos corpos de água, no solo e na atmosfera.

Um exemplo prático da aplicação dessas unidades é dado pela análise da concentração de $SO_2$ presente na atmosfera associado ao material particulado (por exemplo, fuligem) disperso.

O $SO_2$, além de ser um dos gases formadores da chuva ácida, pode causar danos à saúde dos seres vivos. O ar que contém dióxido de enxofre e material particulado é mais danoso à saúde do que se houvesse somente um desses componentes. Esse fenômeno é chamado de **efeito sinérgico**.

Observe o esquema abaixo, em que se apresentam exemplos desse fenômeno e as respectivas concentrações de $SO_2$ (ppm) e de material particulado ($\mu g/m^3$).

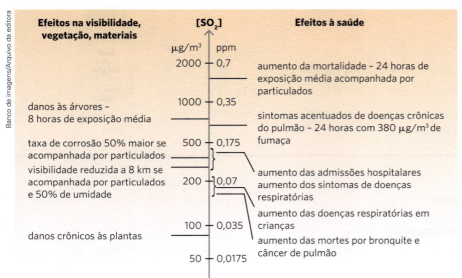

Fonte: CARDOSO, A. A.; FRANCO, A. Algumas reações do enxofre de importância ambiental. *Química Nova na Escola*, São Paulo, n. 15, 2002. Disponível em: http://qnesc.sbq.org.br/online/qnesc15/v15a08.pdf. Acesso em: 31 mar. 2020.

Os valores em ppm apresentados para o $SO_2$ correspondem à massa dessa substância para cada $10^6$ g de ar. A unidade ppm equivale a mg/L.

Outro exemplo prático é fornecido por um relatório publicado em fevereiro de 2019 pela ONG SOS Mata Atlântica para analisar a qualidade da água na bacia do rio Paraopeba após o rompimento da barragem Córrego do Feijão em Minas Gerais.

Entre outros fatores, foram analisadas as concentrações de metais presentes nas águas do rio, como o manganês, em diversos pontos de coleta. O metal apresentou concentrações em mg/L (ppm) muito acima do limite permitido.

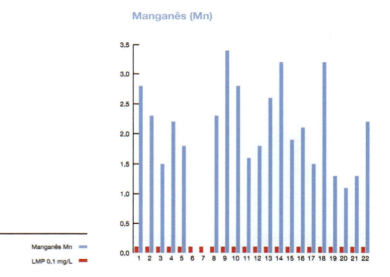

Fonte: *Observando os rios* – O retrato da qualidade da água na bacia do rio Paraopeba após o rompimento da barragem Córrego do Feijão. Disponível em: https://www.sosma.org.br/wp-content/uploads/2019/03/Expedicao-Paraopeba_Relatorio.pdf. Acesso em: 31 mar. 2020.

Como podemos observar no gráfico, o limite permitido de manganês corresponde a 0,1 mg/L (ppm).

## Relação volume/volume

Em soluções nas quais tanto o soluto como o solvente são líquidos, podemos calcular o título em volume ($\tau_V$) para a solução:

$$\tau_V = \frac{\text{volume do soluto}}{\text{volume da solução}}$$

Considere como exemplo uma solução aquosa de álcool etílico, usada como antisséptico e desinfetante, preparada pela adição de 80 mL de álcool puro à água suficiente para completar um volume de 100 mL de solução. Assim, temos:

$$\tau_V = \frac{80 \text{ mL}}{100 \text{ mL}} = 0{,}8$$

Analogamente ao título em massa, a porcentagem do soluto na solução pode ser obtida multiplicando-se o resultado do cálculo anterior por 100%.

$$\tau_V \cdot 100\% = \text{porcentagem em volume}$$
$$0{,}8 \cdot 100\% = 80\% \text{ em volume}$$

1. No Brasil, para indicar a quantidade de etanol nas soluções alcoólicas comercializadas, também se costuma usar a unidade % P (porcentagem de álcool em massa ou grau alcoólico INPM).
2. A gasolina brasileira deve conter 27% em volume de álcool anidro em sua versão comum e 25% em sua versão premium, ou seja, amostras de 100 mL das misturas de gasolina comum e *premium* devem registrar 27 mL e 25 mL, respectivamente, de álcool anidro (resolução de 16 mar. 2015).

Pode-se relacionar a porcentagem em volume com ppm e ppb. Por exemplo:
Uma solução que apresenta 0,2% em volume apresentará uma concentração em ppm igual a

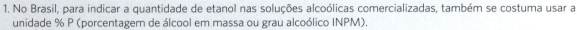

$$x = 2\,000 \text{ ppm}$$

### Explore seus conhecimentos

Sempre que necessário, use a tabela periódica.

**1** Com base no rótulo do frasco de solução aquosa ao lado, responda:
   a) Qual é a massa de ácido nítrico ($HNO_3$) existente em 100 g dessa solução?
   b) Qual é a massa de água existente em 100 g dessa solução?
   c) Determine as massas de água e ácido nítrico presentes em 500 g dessa solução.
   d) Qual é o título dessa solução?

63% em massa de ácido nítrico ($HNO_3$)

**2** Calcule a massa, em gramas, do solvente contido em uma bisnaga de lidocaína a 2% e massa total 250 g.

**3** O chumbo é um metal tóxico que pode afetar o sistema nervoso central. Uma amostra de água considerada contaminada por chumbo continha 0,0011% em massa do metal. Determine o volume, em mL, dessa solução, sabendo que havia 115 mg de $Pb^{2+}$. Considere que a densidade da solução é de 1,0 g/mL.

**4** (UEA-AM) Em uma aula experimental para determinação do teor de etanol na gasolina, foi utilizada uma proveta de 100 mL com tampa. Inicialmente, foram transferidos para a proveta 50 mL de gasolina e, na sequência, o volume da proveta foi completado até 100 mL com água destilada contendo NaCℓ dissolvido. Após a agitação dos líquidos, a proveta foi deixada em repouso, conforme indicação na figura.

(www.mundoeducacao.com.br. Adaptado.)

O teor percentual de álcool na gasolina testada é:
a) 61%.   c) 28%.   e) 11%.
b) 39%.   d) 22%.

**5** (Unicamp-SP) É muito comum o uso de expressões no diminutivo para tentar "diminuir" a quantidade de algo prejudicial à saúde. Se uma pessoa diz que ingeriu 10 latinhas de cerveja (330 mL cada) e se compara a outra que ingeriu 6 doses de cachacinha (50 mL cada), pode-se afirmar corretamente que, apesar de em ambas as situações haver danos à saúde, a pessoa que apresenta maior quantidade de álcool no organismo foi a que ingeriu:

Dados:

teor alcoólico na cerveja = 5% v/v

teor alcoólico na cachaça = 45% v/v

a) as latinhas de cerveja, porque o volume ingerido é maior neste caso.
b) as cachacinhas, porque a relação entre o teor alcoólico e o volume ingerido é maior neste caso.
c) as latinhas de cerveja, porque o produto entre o teor alcoólico e o volume ingerido é maior neste caso.
d) as cachacinhas, porque o teor alcoólico é maior neste caso.

**6** (Uerj) Certos medicamentos são preparados por meio de uma série de diluições. Assim, utilizando-se uma quantidade de água muito grande, os medicamentos obtidos apresentam concentrações muito pequenas. A unidade mais adequada para medir tais concentrações é denominada ppm: 1 ppm corresponde a 1 parte de soluto em 1 milhão de partes de solução. Considere um medicamento preparado com a mistura de 1 g de um extrato vegetal e 100 kg de água pura. A concentração aproximada desse extrato vegetal no medicamento, em ppm, está indicada na seguinte alternativa:
a) 0,01.   b) 0,10.   c) 1,00.   d) 10,00.

**7** (PUCC-SP) A dispersão dos gases $SO_2$, $NO_2$, $O_3$, CO e outros poluentes do ar fica prejudicada quando ocorre a inversão térmica. Considere que numa dessas ocasiões a concentração do CO seja de 10 volumes em $1 \cdot 10^6$ volumes de ar (10 ppm = 10 partes por milhão). Quantos $m^3$ de CO há em $1 \cdot 10^3 \, m^3$ do ar?
a) 100      c) 1,00      e) 0,010
b) 10,0     d) 0,10

**8** (FGV-SP) Dizer que uma solução desinfetante "apresenta 1,5% de cloro ativo" é equivalente a dizer que a concentração de cloro ativo nessa solução é:
a) $1,5 \cdot 10^6$ ppm.      d) 1,5 ppm.
b) $1,5 \cdot 10^{-2}$ ppm.   e) 15 000 ppm.
c) 150 ppm.

## Relação mol/volume

Consiste na relação entre o número de mol do soluto e o volume da solução em litros:

$$m = \frac{\text{n}^{\circ} \text{ de mol do soluto}}{\text{volume da solução (L)}} \Rightarrow \boxed{m = \frac{n_1}{V(L)}} \text{ ou } \boxed{m = \frac{m_1}{M_1 V(L)}}$$

Considere uma solução de volume 0,5 L contendo 196 g de $H_2SO_4$. Sabendo que a massa molar do ácido sulfúrico corresponde a 98 g/mol, a concentração em mol/L dessa solução pode ser determinada por:

$$m\left(\frac{mol}{L}\right) = \frac{196}{98 \cdot 0,5} = 4 \, mol/L$$

Interpretação:

2 mol de $H_2SO_4$ ——— 0,5 L de solução
4 mol de $H_2SO_4$ ——— 1 L de solução
8 mol de $H_2SO_4$ ——— 2 L de solução

Nas soluções iônicas a concentração em mol/L dos íons é proporcional aos seus coeficientes estequiométricos nas equações de ionização ou dissociação:
Exemplos:

$1 \, HC\ell \, (aq) \longrightarrow 1 \, H^+ \, (aq) + 1 \, C\ell^- \, (aq)$
proporção    1 mol             1 mol           1 mol
solução      0,01 mol/L        0,01 mol/L      0,01 mol/L

$A\ell_2(SO_4)_3 \, (aq) \longrightarrow 2 \, A\ell^{3+} \, (aq) + 3 \, SO_4^{2-} \, (aq)$
proporção    1 mol             2 mol           3 mol
solução      0,2 mol/L         0,4 mol/L       0,6 mol/L

## Explore seus conhecimentos

**1** O **banho de permanganato de potássio** é uma prática muito antiga e indicada como germicida no tratamento de feridas cutâneas infeccionadas, por exemplo, nas coceiras causadas pela catapora e também para problemas vaginais, como corrimentos. Essas soluções eram comercializadas em frascos contendo 0,316 g do sal dissolvidos em 500 mL de solução.
A respeito dessa solução aquosa, responda aos itens.
a) Qual é sua concentração em g/mL?
b) Qual é sua concentração em g/L?
c) Qual é sua concentração em mol/L?
Dado: massa molar do $KMnO_4$ = 158 g/mol

**2** (UPF-RS) Mediu-se a massa de 0,5 g de um ácido orgânico de massa molar 100 g · $mol^{-1}$, colocou-se em um balão volumétrico de capacidade 500 mL e completou-se com água. Qual a concentração em mol · $L^{-1}$ dessa solução?
a) 0,0001 mol · $L^{-1}$
b) 0,025 mol · $L^{-1}$
c) 0,001 mol · $L^{-1}$
d) 0,01 mol · $L^{-1}$
e) 0,5 mol · $L^{-1}$

**3** (UFRGS-RS) O trióxido de arsênio, $As_2O_3$, é utilizado como quimioterápico no tratamento de alguns tipos de leucemia mieloide aguda. O protocolo de um determinado paciente indica que ele deva receber uma infusão intravenosa com 4,95 mg de trióxido de arsênio, diluídos em soro fisiológico até o volume final de 250 mL.
A concentração, em mol/L, de trióxido de arsênio na solução utilizada nessa infusão é:
Dado: Massa Molar $As_2O_3$ = 198 g/mol
a) $1,0 \cdot 10^{-1}$.
b) $2,5 \cdot 10^{-2}$.
c) $1,0 \cdot 10^{-4}$.
d) $2,5 \cdot 10^{-5}$.
e) $1,0 \cdot 10^{-6}$.

**4** (Uerj) Para evitar a proliferação do mosquito causador da dengue, recomenda-se colocar, nos pratos das plantas, uma pequena quantidade de água sanitária de uso doméstico. Esse produto consiste em uma solução aquosa diluída de hipoclorito de sódio, cuja concentração adequada, para essa finalidade, é igual a 0,1 mol/L.
Para o preparo de 500 mL da solução a ser colocada nos pratos, a massa de hipoclorito de sódio necessária é, em gramas, aproximadamente igual a: (NaCℓO = 74,5 g/mol)
a) 3,7.
b) 4,5.
c) 5,3.
d) 6,1.

## Relacione seus conhecimentos

### Concentração comum

**1** (UFRGS-RS) Um copo de 200 mL de leite semidesnatado possui a composição nutricional abaixo.

| Carboidratos | 10 g |
|---|---|
| Gorduras Totais | 2,0 g |
| Proteínas | 6,0 g |
| Cálcio | 240 mg |
| Sódio | 100 mg |

A concentração em g · $L^{-1}$ de cátions de metal alcalino, contido em 1 L de leite, é
a) 0,10.
b) 0,24.
c) 0,50.
d) 1,20.
e) 1,70.

**2** (UEG-GO) Dipirona sódica é um conhecido analgésico antipirético cuja solução oral pode ser encontrada na concentração de 500 mg/mL. Analisando as orientações da bula, conclui-se que a quantidade máxima diária recomendada para crianças de certa faixa etária é de 100 mg por quilograma de massa corporal. Sabendo-se que 1 mL corresponde a 20 gotas, a quantidade máxima de gotas que deve ser administrada a uma criança de massa corporal de 7 kg será
a) 60
b) 28
c) 40
d) 10
e) 20

**3** (Enem)

Para cada litro de etanol produzido em uma indústria de cana-de-açúcar são gerados cerca de 18 L de vinhaça que é utilizada na irrigação das plantações de cana-de-açúcar, já que contém teores médios de nutrientes N, P e K iguais a 357 mg/L, 60 mg/L e 2034 mg/L, respectivamente.

SILVA. M. A. S.; GRIEBELER. N. P.; BORGES, L. C. Uso de vinhaça e impactos nas propriedades do solo e lençol freático. *Revista Brasileira de Engenharia Agrícola e Ambiental*. n. 1, 2007 (adaptado).

Na produção de 27 000 L de etanol, a quantidade total de fósforo, em kg, disponível na vinhaça será mais próxima de:
a) 1.
b) 29.
c) 60.
d) 170.
e) 1000.

## Densidade

**4** 420 mL de uma solução aquosa foram preparados pela adição de certa massa de NaOH a 400 mL de água. Determine a massa de soluto presente nessa solução. (Densidade da solução = 1,19 g/mL; densidade da água = 1,0 g/mL.)

**5** Uma solução cuja densidade é 1150 g/L foi preparada dissolvendo-se 160 g de NaOH em 760 cm³ de água. Determine a massa da solução obtida e seu volume. (Densidade da água = 1,0 g/cm³)

## Título-ppm

**6** (Unesp-SP) De acordo com o Relatório Anual de 2016 da Qualidade da Água, publicado pela Sabesp, a concentração de cloro na água potável da rede de distribuição deve estar entre 0,2 mg/L, limite mínimo, e 5,0 mg/L, limite máximo.
Considerando que a densidade da água potável seja igual à da água pura, calcula-se que o valor médio desses limites, expresso em partes por milhão, seja
a) 5,2 ppm
b) 18 ppm
c) 2,6 ppm
d) 26 ppm
e) 1,8 ppm

**7** (UFF-RJ) Dissolveram-se 4,6 g de NaCℓ em 500 g de água "pura", fervida e isenta de bactérias. A solução resultante foi usada como soro fisiológico na assepsia de lentes de contato. Indique a opção que apresenta o valor aproximado da percentagem, em peso, de NaCℓ existente nessa solução.
a) 0,16 %    c) 0,46 %    e) 2,30 %
b) 0,32 %    d) 0,91 %

## Concentração em mol/L

**8** (IFBA) Problemas e suspeitas vêm abalando o mercado do leite longa vida há alguns anos. Adulterações com formol, álcool etílico, água oxigenada e até soda cáustica no passado não saem da cabeça do consumidor precavido. Supondo que a concentração do contaminante formol ($CH_2O$) no leite "longa vida integral" é cerca de 3,0 g por 100 mL do leite. Qual será a concentração em mol de formol por litro de leite?
a) 100,0 mol/L
b) 10,0 mol/L
c) 5,0 mol/L
d) 3,0 mol/L
e) 1,0 mol/L

**9** (Unimontes-MG) A água é classificada como dura quando contém íons cálcio e/ou magnésio (massas atômicas: Mg = 24; Ca = 40), que formam sais insolúveis com os ânions dos sabões, impedindo a formação de espumas. Em termos químicos, o índice de dureza em mol/L é definido como a soma das concentrações desses íons. Uma amostra de 500 mL de água contendo 0,0040 g de íon cálcio e 0,0012 g de íon magnésio apresenta um índice de dureza igual a:
a) 0,0002.    c) 0,0003.
b) 0,0001.    d) 0,0004.

# Relações entre concentração comum, título, densidade e concentração em mol/L

As várias maneiras, já vistas, de expressar as concentrações podem ser determinadas pelas seguintes fórmulas:

$$C = \frac{m_1}{V} \quad \tau = \frac{m_1}{m} \quad d = \frac{m}{V} \quad \mathcal{M} = \frac{n_1}{V}$$

Concentração comum | Título | Densidade da solução | Concentração em mol/L

Essas fórmulas apresentam algumas grandezas em comum, o que permite relacioná-las entre si.

$$C = d \cdot \tau = \mathcal{M} \cdot M_1$$

Unidades: $g/L = g/L = \dfrac{mol}{L} \cdot \dfrac{g}{mol}$

## Explore seus conhecimentos

Sempre que necessário, use a tabela periódica.

**1** (Fuvest-SP) Uma dada solução aquosa de hidróxido de sódio contém 24% em massa de NaOH. Sendo a densidade da solução 1,25 g/mL, sua concentração, em g/L, será aproximadamente igual a:
a) 300.
b) 240.
c) 125.
d) 80.
e) 19.

**2** (UFRGS-RS) O formol é uma solução aquosa de metanal (HCHO) a 40%, em massa, e possui densidade de 0,92 g/mL.
Essa solução apresenta:
a) 920 g de metanal em 1 L de água.
b) 40 g de metanal em 100 mL de água.
c) 4 g de metanal em 920 g de solução.
d) 4 g de metanal em 10 g de solução.
e) 9,2 g de metanal em 100 mL de água.

**3** (Enem) O soro fisiológico é uma solução aquosa de cloreto de sódio (NaCℓ) comumente utilizada para higienização ocular, nasal, de ferimentos e de lentes de contato. Sua concentração é 0,90% em massa e densidade igual a 1,0 g/mL. Qual massa de NaCℓ, em grama, deverá ser adicionada à água para preparar 500 mL desse soro?
a) 0,45
b) 0,90
c) 4,50
d) 9,00
e) 45,00

**4** (FASM-SP)
A Anvisa não registra alisantes capilares conhecidos como "escova progressiva" que tenham como base o formol (metanal) em sua fórmula. A substância só tem uso permitido em cosméticos nas funções de conservante com limite máximo de 0,2 % em massa, solução cuja densidade é 0,92 g/L.

(www.anvisa.gov.br. Adaptado.)

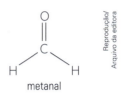
metanal

a) Escreva a fórmula molecular do formol. Sabendo-se que a constante de Avogadro é $6 \cdot 10^{23}$ mol$^{-1}$, calcule o número de moléculas contidas em 1 g dessa substância, cuja massa molar é igual a 30 g/mol.

b) Calcule a concentração, em g/L, da solução de formol citada no texto. Apresente os cálculos.

**5** (Uerj) Em condições ambientes, o cloreto de hidrogênio é uma substância molecular gasosa de fórmula HCℓ. Quando dissolvida em água, ioniza-se e passa a apresentar caráter ácido.
Admita uma solução aquosa saturada de HCℓ com concentração percentual mássica de 36,5% e densidade igual a 1,2 kg · L$^{-1}$.

Calcule a concentração dessa solução, em mol·L$^{-1}$, e nomeie a força intermolecular existente entre o HCℓ e a água.

## Relacione seus conhecimentos

Sempre que necessário, use a tabela periódica.

**1** (IFBA) A solução de hipoclorito de sódio (NaOCℓ) em água é chamada comercialmente de água sanitária. O rótulo de determinada água sanitária apresentou as seguintes informações:

| Solução 20% m/m |
|---|
| Densidade = 1,10 g/mL |

Com base nessas informações, a concentração da solução comercial desse NaOCℓ será:
a) 1,10 mol/L
b) 2,00 mol/L
c) 3,00 mol/L
d) 2,95 mol/L
e) 3,50 mol/L

**2** (UFRGS-RS) O soro fisiológico é uma solução aquosa 0,9% em massa de NaCℓ. Um laboratorista preparou uma solução contendo 3,6 g de NaCℓ em 20 mL de água.
Qual volume aproximado de água será necessário adicionar para que a concentração corresponda à do soro fisiológico?
a) 20 mL
b) 180 mL
c) 380 mL
d) 400 mL
e) 1000 mL

**3** (Uerj) Para a remoção de um esmalte, um laboratório precisa preparar 200 mL de uma solução aquosa de propanona na concentração de 0,2 mol/L. Admita que a densidade da propanona pura é igual a 0,8 kg/L. Nesse caso, o volume de propanona pura, em mililitros, necessário ao preparo da solução corresponde a:

Dados: C = 12; H = 1; O = 16.

a) 2,9
b) 3,6
c) 5,8
d) 6,7

**4** (Uece) Estudantes de química da Uece prepararam uma solução 0,2 mol/L de uma substância de fórmula genérica $M(OH)_x$ dissolvendo 2,24 g do composto em 200 mL de solução. A fórmula do soluto é
Dados: Na = 23; O = 16; H = 1; K = 39; Ca = 40; Mg = 24.

a) NaOH.
b) KOH.
c) $Ca(OH)_2$.
d) $Mg(OH)_2$.

**5** (Unioeste-PR) O tratamento de água usual não elimina alguns poluentes potencialmente tóxicos, como os metais pesados. Por isso, é importante que indústrias instaladas ao longo dos rios, os quais são fontes de água para a população, tenham seus rejeitos controlados. Considere que uma indústria lançou, em um curso d'água, 20 000 litros de um rejeito contendo 1 g/L de $CdC\ell_2$.
Se metade deste rejeito encontrar seu destino em um tanque de uma estação de tratamento, de modo que o volume final seja de $50 \cdot 10^6$ litros, a concentração de $CdC\ell_2$ (em $mol \cdot L^{-1}$) aí esperada será de aproximadamente:

Dados: Cd = 112; $C\ell$ = 35,5.

a) $1 \cdot 10^{-6}$
b) $1 \cdot 10^{-5}$
c) $5 \cdot 10^{-4}$
d) $1 \cdot 10^{-4}$
e) $5 \cdot 10^{-3}$

## ◉ Diluição de soluções

A diluição consiste no processo de adição de solvente (geralmente água) em uma solução. Na diluição, a quantidade de soluto dissolvida não é alterada; no entanto, em razão da adição de solvente, há aumento do volume da solução e, consequentemente, diminuição de sua concentração. Observe a sequência de imagens a seguir.

Sucos concentrados precisam ser diluídos para o consumo, geralmente na proporção 1 parte de suco para 3 partes de água. Por exemplo, meia garrafa de suco concentrado de goiaba produzirá o equivalente a 2 garrafas de suco de goiaba diluído.

Considerando as diversas formas de expressar a concentração de uma solução que estudamos, temos as seguintes relações possíveis no processo de diluição.

|  | Inicial | Final | Relação |
|---|---|---|---|
| Concentração comum | $C = \dfrac{m_1}{V}$ | $C' = \dfrac{m_1}{V'}$ | $CV = C'V'$ |
| Concentração em mol/L Concentração molar (molaridade) | $\mathcal{m} = \dfrac{n_1}{V}$ | $\mathcal{m}' = \dfrac{n_1}{V'}$ | $\mathcal{m}V = \mathcal{m}'V'$ |
| Título | $\tau = \dfrac{m_1}{m}$ | $\tau' = \dfrac{m_1}{m'}$ | $\tau V = \tau'V'$ |

## Explore seus conhecimentos

Sempre que necessário, use a tabela periódica.

**1** O rótulo do frasco de 5,0 L de uma solução contendo fertilizante concentrado indica a presença de 8,0 g de fosfato por 100 mL de solução.
Calcule a concentração de fosfato, em gramas por litro, após adicionarmos água aos 5,0 L do fertilizante concentrado, até completarmos um volume de 100 L.

**2** Em 200 mL de solução aquosa de iodeto de potássio de concentração 10 g/L, adicionou-se água suficiente para completar 5,0 L de solução. Determine a concentração em g/L da nova solução.

**3** (Uerj) Diluição é operação muito empregada no nosso dia a dia, quando, por exemplo, preparamos um refresco a partir de um suco concentrado. Considere 100 mL de determinado suco em que a concentração do soluto seja de 0,4 mol/L. O volume de água, em mL, que deverá ser acrescentado para que a concentração do soluto caia para 0,04 mol/L, será de:
**a)** 1000. **b)** 900. **c)** 500. **d)** 400.

**4** (Enem) A hidroponia pode ser definida como uma técnica de produção de vegetais sem necessariamente a presença de solo. Uma das formas de implementação é manter as plantas com suas raízes suspensas em meio líquido, de onde retiram os nutrientes essenciais. Suponha que um produtor de rúcula hidropônica precise ajustar a concentração de íon nitrato ($NO_3^-$) para 0,009 mol/L em um tanque de 5 000 litros e, para tanto, tem em mãos uma solução comercial nutritiva de nitrato de cálcio 90 g/L. As massas molares dos elementos N, O e Ca são iguais a 14 g/mol, 16 g/mol e 40 g/mol respectivamente.
Qual o valor mais próximo do volume da solução nutritiva, em litros, que o produtor deve adicionar ao tanque?
**a)** 26 **d)** 51
**b)** 41 **e)** 82
**c)** 45

## Relacione seus conhecimentos

Sempre que necessário, use a tabela periódica.

**1** (UEMG) Um desodorante vendido comercialmente nas farmácias traz a seguinte descrição do produto:

> Lysoform Primo Plus – desodorante corporal que previne e reduz os maus odores, deixando uma agradável sensação de limpeza e frescor. Insubstituível na higiene diária, garante o bem-estar e a tranquilidade para o convívio social.
> 
> **Finalidade**: Desodorizar e higienizar o corpo.
> **Modo de usar**: Usar uma solução contendo 8 tampas (32 mL) de Lysoform Primo Plus e água suficiente para cada 1 litro.

Seguindo as orientações do fabricante, uma pessoa que preparar uma solução do produto com 250 mL terá que adicionar quantas tampas da solução de Lysoform?
**a)** 1 **b)** 2 **c)** 3 **d)** 4

**2** (Enem-PPL) O álcool comercial (solução de etanol) é vendido na concentração de 96% em volume. Entretanto, para que possa ser utilizado como desinfetante, deve-se usar uma solução alcoólica na concentração de 70% em volume. Suponha que um hospital recebeu como doação um lote de 1 000 litros de álcool comercial a 96% em volume, e pretende trocá-lo por um lote de álcool desinfetante.

Para que a quantidade total de etanol seja a mesma nos dois lotes, o volume de álcool a 70% fornecido na troca deve ser mais próximo de:
**a)** 1042 L. **d)** 1632 L.
**b)** 1371 L. **e)** 1700 L.
**c)** 1428 L.

**3** (Uerj) Um medicamento, para ser administrado a um paciente, deve ser preparado com uma solução aquosa de concentração igual a 5%, em massa, de soluto. Dispondo-se do mesmo medicamento em uma solução a 10%, esta deve ser diluída com água, até atingir o percentual desejado.
As massas de água na solução mais concentrada, e naquela obtida após a diluição, apresentam a seguinte razão:
**a)** $\dfrac{5}{7}$. **b)** $\dfrac{5}{9}$. **c)** $\dfrac{9}{19}$. **d)** $\dfrac{7}{15}$.

**4** (FGV-SP) O Brasil é um grande produtor e exportador de suco concentrado de laranja. O suco *in natura* é obtido a partir de processo de prensagem da fruta que, após a separação de cascas e bagaços, possui 12% em massa de sólidos totais, solúveis e insolúveis. A preparação do suco concentrado é feita por evaporação de água até que se atinja o teor de sólidos totais de 48% em massa.

Quando uma tonelada de suco de laranja *in natura* é colocada em um evaporador, a massa de água evaporada para obtenção do suco concentrado é, em quilograma, igual a:
a) 125.
b) 250.
c) 380.
d) 520.
e) 750.

**5** (Enem) A varfarina é um fármaco que diminui a agregação plaquetária e, por isso, é utilizada como anticoagulante, desde que esteja presente no plasma, com uma concentração superior a 1,0 mg/L. Entretanto, concentrações plasmáticas superiores a 4,0 mg/L podem desencadear hemorragias. As moléculas desse fármaco ficam retidas no espaço intravascular e dissolvidas exclusivamente no plasma, que representa aproximadamente 60% do sangue em volume. Em um medicamento, a varfarina é administrada por via intravenosa na forma de solução aquosa, com concentração de 3,0 mg/mL. Um indivíduo adulto, com volume sanguíneo total de 5,0 L, será submetido a um tratamento com solução injetável desse medicamento.

Qual é o máximo volume da solução do medicamento que pode ser administrado a esse indivíduo, pela via intravenosa, de maneira que não ocorram hemorragias causadas pelo anticoagulante?
a) 1,0 mL
b) 1,7 mL
c) 2,7 mL
d) 4,0 mL
e) 6,7 mL

## ⋑ Mistura de soluções

As misturas de soluções são procedimentos comuns em indústrias e atividades laboratoriais. Podem envolver ou não a ocorrência de reações químicas, como vamos analisar a seguir.

### Mistura de soluções sem reação química

As misturas de soluções sem a ocorrência de reações químicas podem ser divididas em dois casos.
- Mistura de soluções de mesmo solvente e de mesmo soluto.
- Mistura de soluções de mesmo solvente e de solutos diferentes.

### Mistura de soluções de mesmo solvente e de mesmo soluto

Considere a mistura de duas soluções de um mesmo soluto resultando em uma terceira solução:

Ao misturarmos as soluções, podemos considerar válido que a quantidade de soluto existente na solução final será a soma das quantidades de solutos presentes em cada uma das soluções iniciais. Assim, temos:

$$\text{Quantidade de soluto}_1 + \text{Quantidade de soluto}_2 = \text{Quantidade de soluto}_{final}$$

As quantidades de solutos podem ser expressas em massa ou em mol:

$$m_1 + m_2 = m_{final} \qquad n_1 + n_2 = n_{final}$$

Com as expressões utilizadas para calcular a concentração comum e a concentração em quantidade de matéria, temos:

$$C = \frac{m_{soluto}}{V_{solução}} \Rightarrow m_{soluto} = C \cdot V_{solução} \qquad m = \frac{n_{soluto}}{V_{solução}} \Rightarrow n_{soluto} = m \cdot V_{solução}$$

Substituindo:

$$C_1 \cdot V_1 + C_2 \cdot V_2 = C_{final} \cdot V_{final} \qquad m_1 \cdot V_1 + m_2 \cdot V_2 = m_{final} \cdot V_{final}$$

Exemplos:

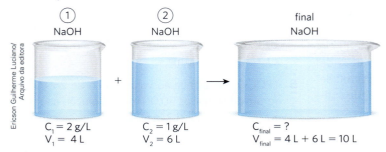

$C_1 \cdot V_1 + C_2 \cdot V_2 = C_{final} \cdot V_{final}$

$2 \cdot 4 + 1 \cdot 6 = C_{final} \cdot 10$

$C_{final} = \dfrac{8 + 6}{10} = \dfrac{14}{10} = 1,4 \text{ g/L}$

Portanto, a concentração de NaOH na solução final será de 1,4 g/L.

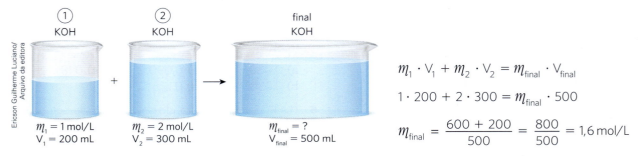

$m_1 \cdot V_1 + m_2 \cdot V_2 = m_{final} \cdot V_{final}$

$1 \cdot 200 + 2 \cdot 300 = m_{final} \cdot 500$

$m_{final} = \dfrac{600 + 200}{500} = \dfrac{800}{500} = 1,6 \text{ mol/L}$

Assim, a concentração de KOH na solução final será de 1,6 mol/L.

## Mistura de soluções de mesmo solvente e de diferentes solutos

Ao misturarmos soluções de mesmo solvente, mas de diferentes solutos, o processo atua como uma diluição para cada um dos solutos. Considere o exemplo a seguir.

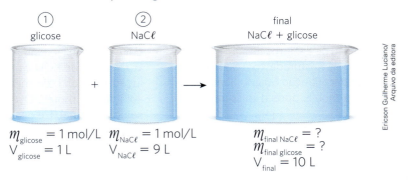

| A concentração final de glicose pode ser calculada por: | Analogamente, para o NaCℓ temos: |
|---|---|
| $m_{glicose} \cdot V_{glicose} = m_{final\ glicose} \cdot V_{final}$ <br> $1 \cdot 1 = m_{final\ glicose} \cdot 10$ <br> $m_{final\ glicose} = 0,1 \text{ mol/L}$ | $m_{NaCℓ} \cdot V_{NaCℓ} = m_{final\ NaCℓ} \cdot V_{final}$ <br> $1 \cdot 9 = m_{final\ NaCℓ} \cdot 10$ <br> $m_{final\ NaCℓ} = 0,9 \text{ mol/L}$ |

Como é possível observar, cada um dos solutos apresentará uma concentração diferente na solução resultante da mistura das soluções iniciais.

## Explore seus conhecimentos

**1** Calcule o volume em litros de uma solução aquosa 1,50 mol/L de KOH que deve ser misturado a 0,60 L de uma solução aquosa 1,0 mol/L da mesma base, para preparar uma solução aquosa 1,20 mol/L de KOH.

**2** (PUC-RJ) A concentração de HCℓ, em quantidade de matéria, na solução resultante da mistura de 20 mL de uma solução 2,0 mol/L com 80 mL de uma solução 4,0 mol/L desse soluto e água suficiente para completar 1,0 L é:
a) 0,045 mol/L.
b) 0,090 mol/L.
c) 0,18 mol/L.
d) 0,36 mol/L.
e) 0,72 mol/L.

**3** (Ufes) Misturando 60 mL de solução de HCℓ de concentração 2 mol/L com 40 mL de solução de HCℓ de concentração 4,5 mol/L obtém-se uma solução de HCℓ de concentração, em gramas por litro (g/L), igual a:
Dado: Massa molar do HCℓ = 36,5 g/mol.
a) 3.
b) 10,5.
c) 36,5.
d) 109,5.
e) 365.

**4** (Uneb-BA) O "soro caseiro" consiste em uma solução aquosa de cloreto de sódio (3,5 g/L) e de sacarose (11 g/L); respectivamente, a massa de cloreto de sódio e a de sacarose necessárias para preparar 500 mL de soro caseiro são:
Dados: Massas molares: Cloreto de sódio = = 58,5 g/mol e Sacarose = 342 g/mol.
a) 17,5 g e 55 g.
b) 175 g e 550 g.
c) 1750 mg e 5500 mg.
d) 17,5 mg e 55 mg.
e) 175 mg e 550 mg.

**5** (PUC-RJ) A um balão volumétrico de 250,00 mL foram adicionados 50,00 mL de solução aquosa de $KMnO_4$ 0,10 mol · $L^{-1}$ e 50,00 mL de solução aquosa de $NaMnO_4$ 0,20 mol · $L^{-1}$. A seguir avolumou-se com água destilada até a marca de referência 250,00 mL seguido de homogeneização da mistura. Levando em conta a dissociação iônica total dos sais no balão, a concentração da espécie iônica permanganato, em quantidade de matéria (mol · · $L^{-1}$), é igual a:
a) 0,060.
b) 0,030.
c) 0,090.
d) 0,12.
e) 0,18.

**6** (UFRGS-RS) Misturando-se 250 mL de solução 0,600 mol/L de KCℓ com 750 mL de solução 0,200 mol/L de $BaCℓ_2$, obtém-se uma solução cuja concentração de íon cloreto, em mol/L, é igual a:
a) 0,300.
b) 0,400.
c) 0,450.
d) 0,600.
e) 0,800.

## Relacione seus conhecimentos

**1** (UA-AM) Uma solução de 2,0 litros de NaOH, com concentração 40 g/L, é misturada com 3 litros de solução de KOH de concentração 60 g/L. Suas concentrações finais de mol/L, após a mistura, são, respectivamente:
(Dados: Na = 23 g/mol, O = 16 g/mol, H = 1 g/mol, K = 39 g/mol.)
a) 1,0 e 1,32.
b) 0,4 e 0,66.
c) 0,4 e 0,4.
d) 0,55 e 0,66.
e) 0,4 e 1,32.

**2** (UEG-GO) Em um laboratório, encontram-se duas soluções aquosas A e B de mesmo soluto, com concentrações de 1,2 e 1,8 mol/L, respectivamente. De posse dessas informações, determine:
a) o número de mols do soluto presente em 200 mL da solução A;
b) a concentração final de uma solução obtida pela mistura de 100 mL de solução A com 300 mL da solução B.

**3** (UPM-SP) Adicionando-se 600 mL de uma solução 0,25 mol/L de KOH a um certo volume (V) de solução 1,5 mol/L de mesma base, obtém-se uma solução 1,2 mol/L. O volume (V) adicionado de solução 1,5 mol/L é de:
a) 1900 mL.
b) 2700 mL.
c) 100 mL.
d) 1500 mL.
e) 3000 mL.

**4** (UFC-CE) No recipiente A, temos 50 mL de uma solução 1 mol/L de NaCℓ. No recipiente B, há 300 mL de uma solução que possui 30 g de NaCℓ por litro de solução. Juntou-se o conteúdo dos recipientes A e B, e o volume foi completado com água até formar 1 litro de solução. Determine a concentração final da solução obtida em g/L.
(Massa molar, em g/mol, do NaCℓ = 58,5)

## Mistura de soluções com reação química (titulação)

A titulação é uma técnica quantitativa de análise química na qual é possível determinar a concentração de uma solução desconhecida por meio da reação com uma solução que apresenta o soluto em concentração conhecida.

Essa técnica é utilizada em reações do tipo ácido-base, com a ajuda de indicadores, e é realizada por meio da aparelhagem apresentada ao lado.

Essa técnica pode ser utilizada, por exemplo, para determinar a concentração desconhecida de uma solução aquosa de HCℓ, com o auxílio de uma solução aquosa, de concentração conhecida, de NaOH e do indicador fenolftaleína.

Nesse processo, lentamente, gota a gota, adiciona-se a base armazenada na bureta à solução ácida de concentração desconhecida, contida no erlenmeyer, misturada previamente com o indicador fenolftaleína, sob constante agitação.

À medida que se aproxima o ponto final da titulação, forma-se uma coloração rosa-claro, quando a base é adicionada ao ácido. Ela desaparece com a agitação. Essa situação indica que a titulação está próxima de seu final. Mantém-se o gotejamento e agita-se constantemente o erlenmeyer.

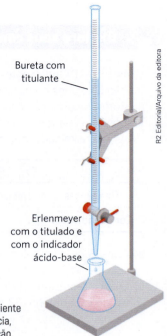

**Bureta:** vidraria na qual é colocada a solução de concentração conhecida (titulante). **Erlenmeyer:** recipiente no qual é colocada a solução de concentração desconhecida (titulado). **Indicador ácido-base:** substância, adicionada à solução de concentração desconhecida, que indica, por alteração de cor, o final da titulação.

No ponto final ou ponto de equivalência da titulação, isto é, quando o número de mol da base se iguala ao número de mol do ácido (reagentes em proporção estequiométrica), a cor rósea se estende e permanece mesmo sob agitação. Quantitativamente, para o exemplo descrito, temos:

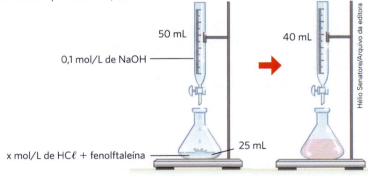

Para o NaOH 
$$\begin{cases} V_{\text{gasto na titulação}} = 10 \text{ mL} = 10^{-2} \text{ L} \\ m = 0{,}1 \text{ mol/L} \\ n_{\text{NaOH}} = M \cdot V = 0{,}1 \cdot 10^{-2} = 10^{-3} \text{ mol de NaOH} \end{cases}$$

A reação que ocorre pode ser representada por:

$$\text{NaOH} + \text{HCℓ} \longrightarrow \text{NaCℓ} + \text{H}_2\text{O}$$

proporção:    1 mol    1 mol    1 mol

nº de mol dos solutos:    $10^{-3}$ mol    $10^{-3}$ mol    $10^{-3}$ mol

Para neutralizar $10^{-3}$ mol de NaOH, devemos ter $10^{-3}$ mol de HCℓ na solução de ácido.

Para o HCℓ 
$$\begin{cases} n = 10^{-3} \text{ mol} \\ V = 25 \text{ mL} = 25 \cdot 10^{-3} \text{ L} \\ m_{\text{HCℓ}} = \dfrac{n_1}{V(L)} = \dfrac{10^{-3} \text{ mol}}{25 \cdot 10^{-3} \text{ L}} = 0{,}04 \text{ mol/L} \end{cases}$$

Assim, a concentração em mol/L da solução de HCℓ é 0,04 mol/L.

## Explore seus conhecimentos

**1** (Unicamp-SP) Indicadores são substâncias que apresentam a propriedade de mudar de cor em função da acidez ou basicidade do meio em que se encontram. Em três experimentos diferentes, misturou-se uma solução aquosa de HCℓ, com uma solução aquosa de NaOH. As soluções de ambos os reagentes apresentavam a mesma concentração (mol/L). Após a mistura acrescentou-se um determinado indicador, obtendo-se os seguintes resultados:

|  | Experimento 1 | Experimento 2 | Experimento 3 |
|---|---|---|---|
| **Reagentes** | 2 mL de HCℓ + 1 mL de NaOH | 2 mL de HCℓ + 2 mL de NaOH | 2 mL de HCℓ + 3 mL de NaOH |
| **Cor do indicador** | amarelo | verde | azul |

a) Considerando esses três experimentos, que cor esse indicador apresentará em contato com o suco de limão, que possui uma apreciável concentração de substâncias ácidas? Justifique.
b) Que cor apresentará o indicador se misturarmos os reagentes do experimento 1 com os reagentes do experimento 3? Justifique.

**2** (UEM-PR) Qual será o volume, em mililitros (mL), de uma solução aquosa de hidróxido de sódio 0,10 mol/L necessário para neutralizar 25 mL de uma solução aquosa de ácido clorídrico 0,30 mol/L? (Na = 23; O = 16; H = 1; Cℓ = 35,5)

$$HCℓ + NaOH \longrightarrow NaCℓ + H_2O$$

**3** (Unifimes-GO) Considere que 400 mL de uma solução de $HNO_3$ 0,10 mol/L sejam misturados com 200 mL de $Ca(OH)_2$ 0,175 mol/L, a 25 °C, ocasionando a seguinte reação:

$$2\ HNO_3(aq) + Ca(OH)_2(aq) \longrightarrow$$
$$\longrightarrow Ca(NO_3)_2(aq) + 2\ H_2O(\ell)$$

Calcule a concentração de $Ca(NO_3)_2$, em mol/L, na solução final.

**4** (PUC-RJ) O volume de solução aquosa de ácido sulfúrico 1,0 mol/L necessário para neutralizar completamente 0,2 L de uma solução aquosa de hidróxido de potássio de concentração 1,0 mol/L (ver reação a seguir) será:

$$H_2SO_4(aq) + 2\ KOH(aq) \longrightarrow$$
$$\longrightarrow K_2SO_4(aq) + 2\ H_2O(\ell)$$

a) 0,2 L.
b) 0,4 L.
c) 100 mL.
d) 200 dm³.
e) nenhuma das alternativas anteriores.

**5** (UPM-SP) Na neutralização de 30 mL de uma solução de soda cáustica (hidróxido de sódio comercial), foram gastos 20 mL de uma solução 0,5 mol/L de ácido sulfúrico, até a mudança de coloração de um indicador ácido-base adequado para a faixa de pH do ponto de viragem desse processo. Desse modo, é correto afirmar que as concentrações molares da amostra de soda cáustica e do sal formado nessa reação de neutralização são, respectivamente:
a) 0,01 mol/L e 0,20 mol/L.
b) 0,01 mol/L e 0,02 mol/L.
c) 0,02 mol/L e 0,02 mol/L.
d) 0,66 mol/L e 0,20 mol/L.
e) 0,66 mol/L e 0,02 mol/L.

**6** (Fuvest-SP) Para se determinar o conteúdo de ácido acetilsalicílico ($C_9H_8O_4$) num comprimido analgésico, isento de outras substâncias ácidas, 1,0 g do comprimido foi dissolvido numa mistura de etanol e água. Essa solução consumiu 20 mL de solução aquosa de NaOH, de concentração 0,10 mol/L, para reação completa. Ocorreu a seguinte transformação química:

$$C_9H_8O_4(aq) + NaOH(aq) \longrightarrow$$
$$\longrightarrow NaC_9H_7O_4(aq) + H_2O(\ell)$$

Logo, a porcentagem em massa de ácido acetilsalicílico no comprimido é de, aproximadamente:
Massa molar do $C_9H_8O_4$ = 180 g/mol
a) 0,20%.
b) 2,0%.
c) 18%.
d) 36%.
e) 55%.

## Relacione seus conhecimentos

**1** (UPM-SP) 200 mL de uma solução aquosa de ácido sulfúrico de concentração igual a 1 mol · L$^{-1}$ foram misturados a 300 mL de uma solução aquosa de hidróxido de sódio de concentração igual a 2 mol · L$^{-1}$. Após o final do processo químico ocorrido, é correto afirmar que:

$$H_2SO_4 + 2\,NaOH \longrightarrow 2\,H_2O + Na_2SO_4$$

a) a concentração do ácido excedente, na solução final, é de 0,4 mol · L$^{-1}$.
b) a concentração da base excedente, na solução final, é de 0,4 mol · L$^{-1}$.
c) a concentração do sal formado, na solução final, é de 0,2 mol · L$^{-1}$.
d) a concentração do sal formado, na solução final, é de 0,1 mol · L$^{-1}$.
e) todo ácido e toda base foram consumidos.

**2** (UFRJ) Soluções aquosas de hidróxido de sódio (NaOH) podem ser utilizadas como titulantes na determinação da concentração de soluções ácidas. Qual seria o volume de solução de NaOH 0,1 mol/L gasto na neutralização de 25 mL de uma solução aquosa de um ácido monoprótico fraco (HA) com concentração 0,08 mol/L?

**3** (UFPE) Considere que uma solução aquosa com 60 g de NaOH é misturada com uma solução aquosa com 54 g de HCℓ. Admitindo-se que essa reação ocorre de forma completa, qual seria a concentração molar do sal formado, se o volume final dessa solução for 100 mL?
Considere as massas molares (g/mol): H = 1; O = 16; Na = 23 e Cℓ = 35.

**4** (Vunesp-SP) A soda cáustica (hidróxido de sódio) é um dos produtos utilizados na formulação dos limpa-fornos e desentupidores de pias domésticas, tratando-se de uma base forte. O ácido muriático (ácido clorídrico com concentração de 12 mol/L) é muito utilizado na limpeza de pisos e é um ácido forte. Ambos devem ser manuseados com cautela, pois podem causar queimaduras graves se entrarem em contato com a pele.
a) Escreva a equação química para a neutralização do hidróxido de sódio com ácido clorídrico, ambos em solução aquosa.
b) Dadas as massas molares, em g/mol: H = 1; O = 16 e Na = 23, calcule o volume de ácido muriático necessário para a neutralização de 2 L de solução de hidróxido de sódio com concentração de 120 g/L. Apresente seus cálculos.

**5** (UFJF-MG) O controle de qualidade para amostras de vinagre, que contém ácido acético (H$_3$CCOOH), é feito a partir da reação deste com hidróxido de sódio. Sabendo-se que, de um modo geral, os vinagres comercializados possuem 3 g de ácido acético a cada 100,0 mL de vinagre, qual seria o volume, em litros, de NaOH 0,5 mol/L gasto para neutralizar 100,0 mL desse vinagre?
a) 1,0
b) 0,5
c) 0,1
d) 0,2
e) 0,25

**6** (PUC-RJ) Uma solução aquosa de nitrato de prata (0,050 mol · L$^{-1}$) é usada para se determinar, por titulação, a concentração de cloreto em uma amostra aquosa. Exatos 10,00 mL da solução titulante foram requeridos para reagir com os íons Cℓ$^-$ presentes em 50,00 mL de amostra. Assinale a concentração, em mol · L$^{-1}$, de cloreto, considerando que nenhum outro íon na solução da amostra reagiria com o titulante.
Dado: Ag$^+$(aq) + Cℓ$^-$(aq) → AgCℓ(s)
a) 0,005
b) 0,010
c) 0,025
d) 0,050
e) 0,100

**7** (Fepar-PR) Com nome derivado do francês *vin aigre* (vinho ácido), o vinagre é resultado de atividade bacterial, que converte líquidos alcoólicos, como vinho, cerveja, cidra, em uma fraca solução de ácido acético. De baixo valor calórico, o vinagre tem substâncias antioxidantes em sua composição, além de ser um coadjuvante contra a hipertensão.
Uma amostra de 20,0 mL de vinagre (densidade igual a 1,02 g/mL) necessitou de 60,0 mL de solução aquosa de NaOH 0,20 mol · L$^{-1}$ para completa neutralização.
Dados: C = 12 g · mol$^{-1}$; H = 1 g · mol$^{-1}$; O = 16 g · mol$^{-1}$.
Com base nas informações, faça o que se pede. Apresente a resolução.
a) Determine a porcentagem em massa de ácido acético no vinagre.
b) Determine o volume de KOH 0,10 mol · L$^{-1}$ que contém quantidade de íons OH$^-$ equivalente à encontrada nos 60 mL de solução aquosa de NaOH 0,20 mol · L$^{-1}$.

CAPÍTULO

# 23 Propriedades coligativas

Este capítulo favorece o desenvolvimento das habilidades

EM13CNT101
EM13CNT202

Neste capítulo estudaremos os efeitos provocados pela adição de um soluto não volátil a um solvente. Apesar de parecer um assunto distante de nosso cotidiano, existem diversos exemplos da atuação desses efeitos em nosso dia a dia e no de pessoas de outras regiões do planeta, que vivem em condições climáticas diferentes das nossas.

Vamos compreender as propriedades que estão relacionadas com a pressão de vapor e, portanto, com a volatilidade (facilidade de passar para o estado gasoso) das substâncias.

Veremos também por que é comum misturar aditivo, como o etilenoglicol, na água presente no sistema de refrigeração de veículos automotores, já que essa água pode ferver em países de clima muito quente ou congelar em países de climas frios.

Por fim, analisaremos em detalhe o fenômeno da osmose e o modo como esse processo pode estar relacionado à conservação de alimentos, dentre outros.

## ● Diagrama de fases

O diagrama de fases de uma substância relaciona os estados físicos que a substância pode apresentar em função da pressão e da temperatura sob as quais está submetida.

Para efeito de exemplo, vamos analisar o diagrama de fases para a água, na parte inferior da página.

Cada uma das áreas designadas pelo nome de um dos estados físicos (sólido, líquido, vapor) corresponde às pressões e temperaturas ao qual a substância está na forma mais estável.

Cada substância apresenta um diagrama de fases característico. No entanto, os diagramas de diferentes substâncias assemelham-se ao formato mostrado acima.

As linhas que separam cada área demarcada correspondem aos processos de mudança de fase, nas quais coexistem dois ou mais estados físicos.

A linha que demarca a separação entre os estados sólido e líquido representa as diferentes pressões e temperaturas nas quais pode ocorrer a fusão ou solidificação da água, representando a coexistência dos estados sólido e líquido. O ponto B mostra que, na pressão de 1 atm, a fusão da água ocorre à temperatura de 0 °C.

A linha que separa as áreas correspondentes entre os estados líquido e gasoso representa as diferentes pressões e temperaturas nas quais pode ocorrer a ebulição ou liquefação da água, ou seja, as condições nas quais esses estados coexistem. O ponto A mostra que na pressão de 1 atm a ebulição da água ocorre a 100 °C.

Finalmente, a linha de demarcação entre os estados sólido e gasoso mostra as pressões e temperaturas nas quais ocorre a sublimação ou ressublimação da água, ou seja, a coexistência dos estados sólido e gasoso.

O ponto T marcado no gráfico é o **ponto triplo** para a água, ou seja, a condição de pressão e temperatura na qual há a coexistência dos três estados físicos (sólido, líquido e gasoso).

Outro dado importante nos diagramas de fases é o **ponto crítico** (ponto C). De acordo com esse diagrama de fases da água, o ponto crítico está situado à temperatura de 374,15 °C (temperatura crítica) e à pressão de 218 atm (pressão crítica). Para valores de pressão e temperatura superiores aos do ponto crítico, não há mais os estados líquido e vapor, e sim uma única fase que preenche todo o recipiente: a do gás. A forma gasosa da matéria não pode ser liquefeita somente pelo aumento de pressão ou pela diminuição de temperatura.

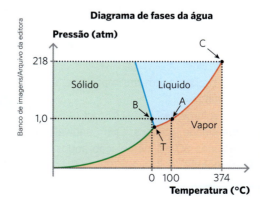

## Explore seus conhecimentos

Considere o diagrama de fases do dióxido de carbono ($CO_2$) a seguir e responda às questões de **1** a **5**.

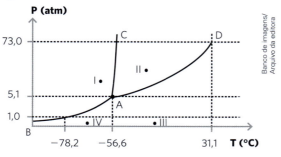

**1** Em que estado físico se encontra o dióxido de carbono nos pontos I, II, III e IV?

**2** Quais os estados físicos presentes nas curvas B—A, C—A e D—A?

**3** Indique a temperatura (°C) e a pressão (atm) em que o $CO_2$ existe simultaneamente nos três estados físicos e dê o nome do ponto indicado pela letra A.

**4** O $CO_2$, no estado sólido, é comercializado com o nome de gelo-seco. Mas, nas condições ambientes, é um gás. Explique por quê.

**5** Por que não é possível conservar o $CO_2$ sólido em geladeiras ou *freezers* comuns?

**6** (Fuvest-SP) Acredita-se que os cometas sejam "bolas de gelo" que, ao se aproximarem do Sol, volatilizam-se parcialmente à baixa pressão do espaço. Qual das flechas do diagrama abaixo corresponde à transformação citada?

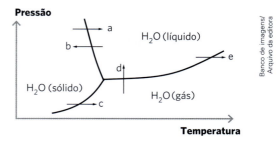

## Relacione seus conhecimentos

**1** (Ufes) Sobre o diagrama de fases do $CO_2$, apresentado ao lado, pode-se afirmar:
  a) À pressão de 8 atm e −40 °C de temperatura, o $CO_2$ é um gás.
  b) No ponto A, há um equilíbrio sólido-líquido.
  c) À pressão de 1 atm e 25 °C de temperatura, o $CO_2$ sólido se sublima.
  d) O ponto B pode ser chamado ponto de ebulição.
  e) O ponto C representa um sistema monofásico.

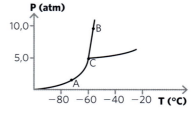

**2** (UFSC) Considere o diagrama de fases do dióxido de carbono, representado ao lado. Assinale qual(is) a(s) proposição(ões) correta(s):
  01) À pressão de 73 atm, o dióxido de carbono é líquido na temperatura de 25 °C e é sólido na temperatura de −60 °C, mantendo a mesma pressão.
  02) Os valores de pressão e temperatura correspondentes à linha A-C-E representam o equilíbrio entre os estados sólido e vapor.
  04) Esse composto é um gás nas condições ambientes.
  08) A −56,6 °C e 5,1 atm, tem-se o ponto triplo, no qual o dióxido de carbono se encontra em equilíbrio nos três estados físicos.
  16) No ponto C do diagrama, estão em equilíbrio as fases sólida e vapor.
  32) O gelo-seco sublima quando mantido a 1 atm; portanto, não é possível conservá-lo em *freezers* comuns, a −18 °C.
  Dê como resposta a soma dos números associados às proposições corretas.

# Pressão máxima de vapor de um líquido

A pressão máxima de vapor de um líquido corresponde à pressão exercida pelo vapor de uma substância, quando este se encontra em equilíbrio com a fase líquida, a uma dada temperatura.

Para compreender melhor esse conceito, considere a vaporização da água a 20 °C:

A 20 °C, a pressão máxima de vapor da água é de 17,5 mmHg. Isso significa que, ao atingir essa pressão, a taxa de evaporação é igual à taxa de condensação da substância, de modo que a fase de vapor se encontra em equilíbrio com a fase líquida.

A pressão de vapor de uma substância é dependente da temperatura: quanto maior for a temperatura do sistema, maior será a quantidade de vapor formado e, consequentemente, maior será a pressão máxima de vapor da substância.

Podemos interpretar a pressão de vapor de uma substância como uma medida de sua volatilidade, ou seja, da facilidade com que uma substância vaporiza.

Compare as pressões máximas de vapor de água e éter em uma mesma temperatura:

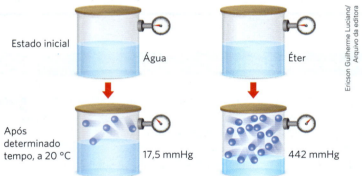

A 20 °C, a pressão de vapor do éter é maior do que a pressão de vapor da água, um indicativo de que o éter é um líquido mais volátil do que a água, isto é, passa do estado líquido para o estado de vapor com maior facilidade. Esse fenômeno pode ser interpretado por meio das diferentes interações intermoleculares que cada substância apresenta.

A água apresenta interações intermoleculares do tipo de ligação de hidrogênio. Assim, por serem mais fortes do que as interações do tipo dipolo permanente, realizadas pelo éter, a água terá menor facilidade para passar para o estado de vapor, o que resulta em menor pressão máxima de vapor. Graficamente, temos:

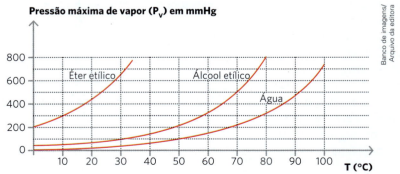

É importante ressaltar que, para uma mesma temperatura, a pressão de vapor de uma substância não depende do volume da fase líquida nem do formato do recipiente no qual estão inseridos.

## Pressão máxima de vapor e temperatura de ebulição

Como vimos anteriormente, o aquecimento de um líquido intensifica a formação de vapor, aumentando a pressão de vapor de determinada substância. Mas quando ocorrerá a ebulição do líquido? Para melhor compreender esse processo, vamos utilizar como exemplo a água.

A evaporação da água, assim como dos demais líquidos, é um processo espontâneo e que ocorre a qualquer temperatura em que exista água no estado líquido. No entanto, se aquecermos ao nível do mar (P = 1 atm) certa quantidade de água em um recipiente aberto até a temperatura atingir 100 °C, observaremos sua ebulição, ou seja, a passagem do estado líquido para o estado gasoso de forma tumultuada e com a formação de bolhas.

Essas bolhas são formadas pelo próprio vapor de água revestido por uma fina película da água ainda no estado líquido. Para que as bolhas se formem, é necessário que a pressão de vapor no interior da bolha seja, no mínimo, igual à pressão atmosférica.

Generalizando, temos:

> Um líquido ferve (entra em ebulição) à temperatura na qual a pressão máxima de vapor se iguala à pressão atmosférica.

Assim, líquidos diferentes apresentam temperaturas de ebulição distintas. Porém, quando submetidos à mesma pressão, todos entrarão em ebulição quando as respectivas pressões máximas de vapor se igualarem à pressão atmosférica.

O fato de o ponto de ebulição ser alterado pela variação da pressão exercida sobre o líquido pode ser observado em regiões de diferentes altitudes. Nas montanhas, onde a pressão atmosférica é menor do que ao nível do mar, a temperatura de ebulição da água em recipiente aberto é menor do que 100 °C. No monte Everest (Ásia), por exemplo, cujo pico está 8 882 m acima do nível do mar e a pressão atmosférica é de 244 mmHg, a água entra em ebulição a 71 °C.

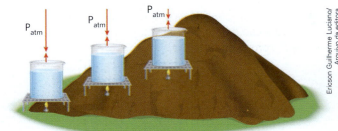

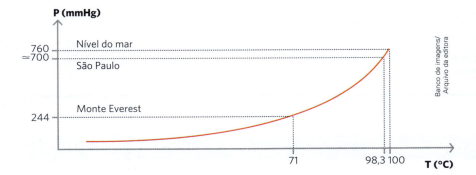

**! Dica**

*A vida no limite: a ciência da sobrevivência*, de Frances Ashcroft. Editora Jorge Zahar.

Relato da ciência da sobrevivência e dos desafios que enfrentamos em ambientes altamente hostis: em grandes altitudes, sob intensa pressão, no calor e no frio extremos, na velocidade, no espaço.

### Explore seus conhecimentos

**1** (Unimontes-MG) A altitude de alguns locais e as respectivas pressões atmosféricas são dadas na tabela.

| Local | Altitude (m) | Pressão (mmHg) |
|---|---|---|
| Cidade do México | 2 240 | 585 |
| Cidade de La Paz | 3 632 | 484 |
| Monte Aconcágua | 6 960 | 413 |
| Monte Everest | 8 880 | 235 |

A partir desses dados, pode-se dizer que:

a) os alimentos são cozidos mais demoradamente no monte Everest.

b) a temperatura de ebulição da água pura é maior que 100 °C na Cidade do México.

c) a água pura entra em ebulição à mesma temperatura nesses locais.

d) as interações nas moléculas de água se tornam mais fracas em baixas pressões.

**2** (ITA-SP) Explique por que água pura exposta à atmosfera e sob pressão de 1,0 atm entra em ebulição em uma temperatura de 100 °C, enquanto água pura exposta à pressão atmosférica de 0,7 atm entra em ebulição em uma temperatura de 90 °C.

**3** (Fuvest-SP) As curvas de pressão de vapor de éter dietílico (A) e etanol (B) são dadas a seguir.

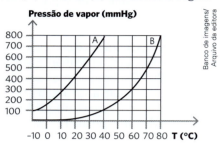

a) Quais os pontos de ebulição destas substâncias na cidade de São Paulo? (Pressão atmosférica = = 700 mmHg)
b) A 500 mmHg e 50 °C, qual é o estado físico de cada uma dessas substâncias? Justifique sua resposta.

**4** (Ufop-MG) Considere o gráfico a seguir, que mostra a variação da pressão de vapor de dois líquidos, A e B, com a temperatura.

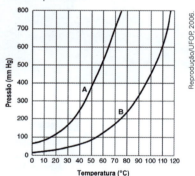

I. Qual a pressão de vapor do líquido A a 70 °C?
II. A que temperatura o líquido B tem a mesma pressão de vapor do líquido A a 70 °C?
III. Explique, com base nas forças intermoleculares, qual dos dois líquidos é o mais volátil.

**5** (UEG-GO) As propriedades físicas dos líquidos podem ser comparadas a partir de um gráfico de pressão de vapor em função da temperatura, como mostrado no gráfico hipotético a seguir para as substâncias A, B, C e D.

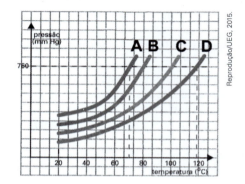

Segundo o gráfico, o líquido mais volátil será a substância:
a) A.
b) B.
c) C.
d) D.

---

## Relacione seus conhecimentos

**1** (Unicamp-SP) Muito se ouve sobre ações em que se utilizam bombas improvisadas. Nos casos que envolvem caixas eletrônicos, geralmente as bombas são feitas com dinamite (TNT-trinitrotolueno), mas nos atentados terroristas geralmente são utilizados explosivos plásticos, que não liberam odores. Cães farejadores detectam TNT em razão da presença de resíduos de DNT (dinitrotolueno), uma impureza do TNT que tem origem na nitração incompleta do tolueno. Se os cães conseguem farejar com mais facilidade o DNT, isso significa que, numa mesma temperatura, esse composto deve ser:
a) menos volátil que o TNT, e portanto tem uma menor pressão de vapor.
b) mais volátil que o TNT, e portanto tem uma menor pressão de vapor.
c) menos volátil que o TNT, e portanto tem uma maior pressão de vapor.
d) mais volátil que o TNT, e portanto tem uma maior pressão de vapor.

**2** (UPM-SP) Quando um líquido puro, contido em um recipiente aberto, entra em ebulição:
a) a pressão externa é maior que a pressão máxima de vapor desse líquido.
b) a temperatura vai aumentando à medida que o líquido vaporiza.
c) a pressão máxima de seus vapores é igual ou maior que a pressão atmosférica.
d) a temperatura de ebulição tem sempre o mesmo valor, independentemente da altitude do lugar onde se realiza o aquecimento.
e) a energia cinética de suas moléculas diminui.

**3** (UFU-MG) O arroz branco, um cereal refinado, cozinha a 372,15 K em Santos, próximo à praia. Que procedimento deve ser tomado para cozinhar o mesmo arroz em La Paz, na Bolívia, que possui 3 657 m de altitude?
Dado: em La Paz, a pressão atmosférica é de aproximadamente 62 kPa (1 atm = 101,325 kPa).

**4** (UEL-PR) Um estudante do Ensino Médio fez a seguinte pergunta ao professor: "É possível fazer a água entrar em ebulição em temperatura inferior à sua temperatura de ebulição normal (100 °C)?" Para responder ao aluno, o professor colocou água até a metade em um balão de fundo redondo e o aqueceu até a água entrar em ebulição. Em seguida, retirou o balão do aquecimento e o tampou com uma rolha, observando, após poucos segundos, o término da ebulição da água. Em seguida, virou o balão de cabeça para baixo e passou gelo na superfície do balão, conforme a figura acima.

Após alguns segundos, a água entrou em ebulição com o auxílio do gelo. O aluno, perplexo, observou, experimentalmente, que sua pergunta tinha sido respondida.

a) A partir do texto e da figura, explique o que provocou a ebulição da água com o auxílio do gelo.
b) O professor, mediante o interesse do aluno, utilizou o mesmo balão para fazer outro experimento. Esperou o balão resfriar até a temperatura de 25 °C e acrescentou uma quantidade de um sal ao balão até saturar a solução, sem corpo de fundo. A massa da solução aquosa salina foi de 200 g e, com a evaporação total da solução, obteve-se um resíduo salino no fundo do balão de 50 g.
A partir do texto, determine a solubilidade do sal em g/100 g de H$_2$O, na mesma temperatura analisada.

**5** (FASM-SP) Analise a tabela que apresenta a pressão de vapor a 100 °C para três diferentes substâncias.

| Substância | Pressão de vapor (mmHg) |
|---|---|
| butan-2-ol | 790 |
| hexan-2-ol | 495 |
| água | 760 |

a) Esboce, no gráfico abaixo, as curvas de pressão de vapor relativas aos álcoois apresentados na tabela. Qual dos dois álcoois é o mais volátil?

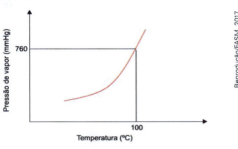

b) Explique, de acordo com a relação entre as forças intermoleculares e os pontos de ebulição, por que o butan-2-ol apresenta maior pressão de vapor que o hexan-3-ol à mesma temperatura.

**6** (UFSC) A química é uma ciência capaz de explicar diversos fenômenos do cotidiano. Sendo assim, o conhecimento dos princípios químicos é uma ferramenta essencial para entender o mundo e os fenômenos que nos cercam.
Sobre o assunto, é correto afirmar que:
01) a conversão de carboidratos em lipídios para armazenamento de energia, que é comum no organismo humano, caracteriza um fenômeno químico.
02) a formação de gotículas de água na superfície externa de uma garrafa plástica contendo refrigerante alguns minutos após ter sido removida da geladeira é proveniente da lenta passagem da água pelos poros do material polimérico que a constitui.
04) o odor exalado pela mistura de cebola e alho aquecidos em frigideira é decorrente do aumento da pressão de vapor de substâncias que compõem esses vegetais, resultando na transferência de moléculas para a fase gasosa, as quais então chegam aos sensores olfativos.
08) o som produzido pelo bater das asas de um besouro ao passar próximo ao ouvido humano caracteriza um fenômeno químico.
16) o cozimento acelerado de vegetais em uma panela de pressão colocada sobre uma chama ocorre devido à substituição das interações dipolo-dipolo nas moléculas de carboidratos por ligações de hidrogênio em função do rompimento de ligações covalentes nas moléculas constituintes desses alimentos.
32) a liquefação da manteiga ao ser inserida em uma frigideira quente é explicada pela diminuição na pressão de vapor dos lipídios que a constituem, resultando no rompimento das ligações de hidrogênio que unem as moléculas lipídicas em fase condensada.

## ⁍ Efeitos coligativos

Os efeitos coligativos (ou propriedades coligativas) são resultantes da adição de um soluto não volátil a um líquido puro. Vamos ver que essas propriedades dependem somente da concentração de um soluto em uma solução, e não da natureza deles.

A adição de um soluto não volátil a um solvente originalmente puro dá origem a quatro efeitos coligativos. São eles:

> - diminuição da pressão máxima de vapor **(tonoscopia)**;
> - elevação da temperatura de ebulição **(ebulioscopia)**;
> - diminuição da temperatura de solidificação **(crioscopia)**;
> - aumento da pressão osmótica **(osmometria)**.

Embora esses efeitos coligativos tenham sido notados inicialmente de maneira experimental, podemos realizar uma interpretação submiscroscópica deles.

A presença das partículas do soluto (moléculas ou íons) dificulta as mudanças de fase do líquido, atuando como uma espécie de "obstáculo" para o afastamento ou a aproximação das moléculas do solvente (líquido). Assim, quanto maior for a quantidade relativa, ou seja, a concentração das partículas do soluto, maior será o efeito coligativo provocado por ele, de maneira diretamente proporcional à sua concentração.

Matematicamente, temos:

> Efeito coligativo = k · (concentração do soluto),
> sendo k uma constante de proporcionalidade.

É importante ressaltar que, para conhecermos efetivamente a concentração de partículas na solução, devemos diferenciar os solutos iônicos dos moleculares.

A quantidade relativa do soluto, ou seja, sua concentração, depende da possibilidade de ele sofrer dissociação ou ionização.

Solutos como glicose ($C_6H_{12}O_6$), sacarose ($C_{12}H_{22}O_{11}$), ureia ($CO(NH_2)_2$), etc., quando dissolvidos em água, não originam íons.

$$1 \text{ mol de } C_6H_{12}O_6 \text{ (s)} \xrightarrow{\text{água}} 1 \text{ mol de } C_6H_{12}O_6 \text{ (aq)}$$

$$1 \text{ mol de } C_{12}H_{22}O_{11} \text{ (s)} \xrightarrow{\text{água}} 1 \text{ mol de } C_{12}H_{22}O_{11} \text{ (aq)}$$

$$1 \text{ mol de } \left(CO(NH_2)_2\right) \text{(s)} \xrightarrow{\text{água}} 1 \text{ mol de } \left(CO(NH_2)_2\right) \text{ (aq)}$$

Solutos como NaCℓ, CaCℓ$_2$, Aℓ$_2$(SO$_4$)$_3$, etc., quando dissolvidos em água, se dissociam, originando íons.

$$1 \text{ mol de NaC}\ell\text{(s)} \xrightarrow{\text{água}} \underbrace{1 \text{ mol de Na}^+\text{(aq)} + 1 \text{ mol de C}\ell^-\text{(aq)}}_{2 \text{ mol de íons}}$$

$$1 \text{ mol de CaC}\ell_2\text{(s)} \xrightarrow{\text{água}} \underbrace{1 \text{ mol de Ca}^{2+}\text{(aq)} + 2 \text{ mol de C}\ell^-\text{(aq)}}_{3 \text{ mol de íons}}$$

$$1 \text{ mol de A}\ell_2(SO_4)_3\text{(s)} \xrightarrow{\text{água}} \underbrace{2 \text{ mol de A}\ell^{3+}\text{(aq)} + 3 \text{ mol de SO}_4^{2-}\text{(aq)}}_{5 \text{ mol de íons}}$$

Vamos analisar mais detalhadamente cada um dos efeitos coligativos.

## Tonoscopia

A adição de um soluto não volátil diminui a pressão máxima de vapor de um solvente a dada temperatura. Essa propriedade é denominada **tonoscopia** ou, ainda, efeito tonoscópico. Observe o exemplo ao lado.

Como se pode observar, partículas do soluto compartilham a superfície do solvente com moléculas do solvente. Como a evaporação é um fenômeno de superfície, esse compartilhamento provoca a diminuição da taxa de evaporação do solvente e, consequentemente, o abaixamento da pressão de vapor.

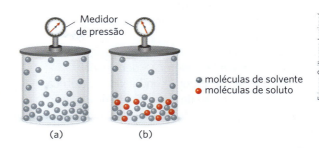

Pressão de vapor sobre uma solução formada por um solvente volátil e um soluto não volátil (b) é menor que a do solvente sozinho (a). A extensão da diminuição na pressão de vapor com a adição do soluto depende da concentração desse soluto.

Desse modo, para determinada temperatura, quanto maior for a concentração de soluto na solução, menor será a pressão máxima de vapor da solução.

Graficamente, temos:

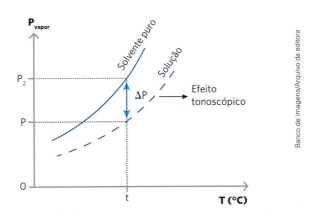

### Explore seus conhecimentos

**1** (Vunesp-SP) A variação das pressões de vapor do $CHCl_3$ e $C_2H_5Cl$ com a temperatura é mostrada no gráfico. Considerando a pressão de 1 atmosfera:

a) A que temperatura cada substância entrará em ebulição?

b) Qual é o efeito da adição de um soluto não volátil sobre a pressão de vapor das substâncias?

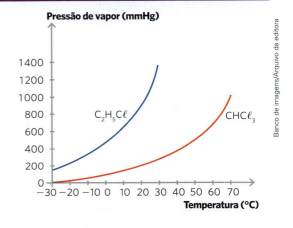

**2** (PUC-RS) Quando se compara a água do mar com a água destilada, pode-se afirmar que a primeira, em relação à segunda, tem menor _____, mas maior _____.
a) densidade – ponto de ebulição
b) condutividade elétrica – densidade
c) pressão de vapor – condutividade elétrica
d) concentração de íons – ponto de ebulição
e) ponto de congelação – facilidade de vaporização do solvente

**3** (UFRGS-RS) Assinale a alternativa que completa corretamente as lacunas do enunciado abaixo, na ordem em que aparecem.
Uma sopa muito salgada é aquecida numa panela aberta. Nessas condições, a sopa deve entrar em ebulição numa temperatura _____ 100 °C. Assim, à medida que a água da sopa evapora, a temperatura da sopa _____.

**Nota dos autores:** Para realizar essa atividade, considerar panela aberta ao nível do mar.

a) acima de – aumenta
b) acima de – diminui
c) abaixo de – aumenta
d) igual a – permanece constante
e) igual a – aumenta

**4** Considere os seguintes sistemas:
  I. água pura;
  II. solução aquosa 0,1 mol/L de glicose;
  III. solução aquosa 0,2 mol/L de sacarose.
Resolva:

a) Associe cada um dos sistemas a uma das curvas $P_v$ do gráfico a seguir:

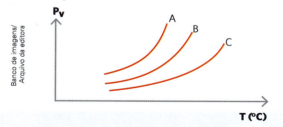

b) Em uma mesma temperatura, qual dos sistemas apresenta a menor pressão de vapor?
c) Para um mesmo valor de $P_v$, qual dos sistemas se encontra em uma temperatura maior?
d) A adição de um soluto não volátil aumenta ou diminui a pressão máxima de vapor de um solvente? Justifique sua resposta.

**5** (UFPE) O gráfico a seguir representa a pressão de vapor (eixo das ordenadas), em atm, em função da temperatura (eixo das abscissas), em °C, de três amostras, I, II e III. Se uma dessas amostras for de água pura e as outras duas de água salgada, podemos afirmar que:

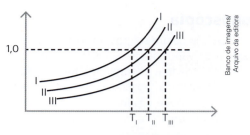

a) a amostra I é a amostra de água salgada.
b) a amostra I é a mais volátil.
c) a amostra II é mais concentrada que a amostra III.
d) a amostra I é a menos volátil.
e) na temperatura $T_{III}$, a 1 atm, a amostra II ainda não entrou em ebulição.

**6** (UFRN) Gabriel deveria efetuar experimentos e analisar as variações que ocorrem nas propriedades de um líquido, quando solutos não voláteis são adicionados. Para isso, selecionou as amostras a seguir indicadas.
• Amostra I: água ($H_2O$) pura.
• Amostra II: solução aquosa 0,5 mol/L de glicose ($C_6H_{12}O_6$).
• Amostra III: solução aquosa 1,0 mol/L de glicose ($C_6H_{12}O_6$).
• Amostra IV: solução aquosa 1,0 mol/L de cloreto de cálcio ($CaC\ell_2$).

A amostra que possui maior pressão de vapor é:
a) I.   b) II.   c) III.   d) IV.

**7** (Udesc) A pressão de vapor de um solvente líquido diminui devido à presença de um soluto não volátil (efeito tonoscópico), afetando a temperatura de fusão (efeito crioscópico) e a temperatura de vaporização do solvente (efeito ebulioscópico). Faz-se uso destes fenômenos, por exemplo, nos anticongelantes utilizados nos radiadores de automóveis e nos sais empregados para fundir gelo em regiões onde há ocorrência de neve. Os líquidos A, B, C e D, listados abaixo, estão a 1 atm e a 25 °C e apresentam, respectivamente, pressões de vapor $P_A$, $P_B$, $P_C$ e $P_D$.

Líquido A: 100 mL de solução 0,01 mol/L de $NaC\ell$ em água.

Líquido B: 100 mL de água.

Líquido C: 100 mL de solução 0,01 mol/L de glicose em água.

Líquido D: 50 mL de água.

Assinale a alternativa **correta** com relação à pressão de vapor dos líquidos A, B, C e D.

a) $P_D = P_B > P_C > P_A$   e) $P_D > P_A = P_C > P_B$
b) $P_A > P_C > P_B > P_D$
c) $P_A = P_C > P_D > P_B$
d) $P_D > P_B > P_A = P_C$

## Relacione seus conhecimentos

**1** (Ufscar-SP) Um líquido puro e a solução de um soluto não volátil neste líquido têm suas pressões de vapor em função da temperatura representadas pelas curvas contidas no gráfico.

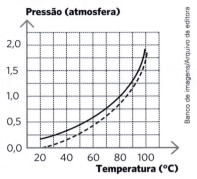

a) Associe as curvas do gráfico (linhas contínua ou tracejada) com o líquido puro e a solução. Justifique.
b) Determine o ponto de ebulição aproximado (±1 °C) do líquido puro ao nível do mar. Justifique.

**2** (UFRJ) O gráfico a seguir representa, de forma esquemática, curvas de pressão de vapor em função da temperatura de três líquidos puros – água, etanol, éter dietílico – e de uma solução aquosa de ureia. Identifique as curvas 1, 2 e 3 representadas no gráfico. Justifique a sua resposta.

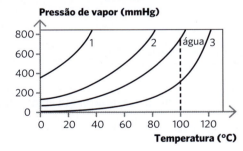

**3** (UFRGS-RS) Considere o gráfico a seguir, que representa as variações das pressões máximas de vapor da água pura (A.P.) e duas amostras líquidas A e B, em função da temperatura.

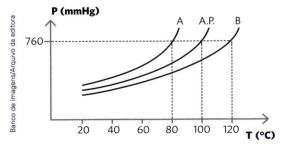

Pode-se concluir que, em temperaturas iguais:
a) a amostra A constitui-se de um líquido menos volátil que a água pura.
b) a amostra B pode ser constituída de uma solução aquosa de cloreto de sódio.
c) a amostra B constitui-se de um líquido que evapora mais rapidamente que a água pura.
d) a amostra A pode ser constituída de solução aquosa de sacarose.
e) as amostras A e B constituem-se de soluções aquosas preparadas com solutos diferentes.

**4** (UnB-DF) Um aluno, interessado em estudar as propriedades de soluções, colocou em uma caixa dois copos contendo volumes iguais de soluções aquosas de um mesmo soluto não volátil, fechando-a hermeticamente, conforme ilustra a figura a seguir:

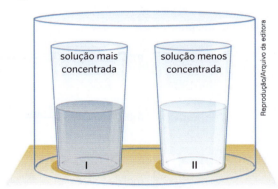

A solução contida no copo I era mais concentrada que a contida no copo II. A temperatura externa à caixa permaneceu constante durante o experimento. Acerca das observações que poderiam ser feitas a respeito desse experimento, julgue verdadeiro (V) ou falso (F) cada um dos itens seguintes:

a) Após alguns dias, o volume da solução contida no copo I diminuirá.
b) As concentrações das soluções nos dois copos não se alterarão com o tempo porque o soluto não é volátil.
c) O ar dentro da caixa ficará saturado de vapor d'água.
d) Após alguns dias, as duas soluções ficarão com a mesma pressão de vapor.

## Ebulioscopia e crioscopia

Quando um soluto é adicionado a um solvente, a pressão de vapor do solvente diminui. Para a solução entrar em ebulição, a temperatura deve ser maior que a TE do solvente para alcançar a pressão de vapor necessária para ferver; esse fenômeno é denominado **ebulioscopia**, ou efeito ebulioscópico.

Analogamente, ao adicionarmos um soluto a um solvente, as moléculas do solvente são impedidas de formar um sólido. Para a solução congelar, a temperatura deve ser menor que a TF do solvente; esse fenômeno é denominado **crioscopia**, ou efeito crioscópico.

Observe a tabela abaixo, em que se apresentam os efeitos provocados pela adição de diferentes solutos em 1000 g (1 L) de água.

| Substância | Tipo de soluto | Mols de partículas de soluto | TF | TE |
|---|---|---|---|---|
| Água pura | – | 0 | 0 °C | 100 °C |
| 1 mol de etilenoglicol | Não eletrólito | 1 | –1,86 °C | 100,52 °C |
| 1 mol de NaCℓ | Eletrólito forte | 2 | –3,72 °C | 101,04 °C |
| 1 mol de CaCℓ$_2$ | Eletrólito forte | 3 | –5,58 °C | 101,56 °C |

Fonte: TIMBERLAKE, Karen C. *Química General, organica y biológica*. Estructuras de la vida Educación media superior. 4. ed. México: Pearson Educación, 2013. Traduzido pelos autores.

Lembrando que:

$$1 \text{ mol de } C_2H_6O_2(\ell) \xrightarrow{\text{água}} 1 \text{ mol de } C_2H_6O_2(aq)$$
(etilenoglicol → etilenoglicol)

$$1 \text{ mol de NaCℓ(s)} \xrightarrow{\text{água}} \underbrace{1 \text{ mol de Na}^+(aq) + 1 \text{ mol de Cℓ}^-(aq)}_{2 \text{ mol de íons}}$$

$$1 \text{ mol de CaCℓ}_2(s) \xrightarrow{\text{água}} \underbrace{1 \text{ mol de Ca}^{2+}(aq) + 2 \text{ mol de Cℓ}^-(aq)}_{3 \text{ mol de íons}}$$

A tabela permite a seguinte interpretação, considerando sempre a quantidade fixa de solvente apresentada:

1 mol de $C_2H_6O_2$ ——————— ↓1,86 °C na TF —— ↑0,52 °C na TE

1 mol de NaCℓ —— 2 mol de íons —— ↓3,72 °C na TF —— ↑1,04 °C na TE
(2 · 1,86 °C) (2 · 0,52 °C)

1 mol de CaCℓ$_2$ —— 3 mol de íons —— ↓5,58 °C na TF —— ↑1,56 °C na TE
(3 · 1,86 °C) (3 · 0,52 °C)

Como mencionado anteriormente, o efeito coligativo é diretamente proporcional à concentração de partículas do soluto (íons ou moléculas) na solução.

Para que ocorra a elevação na temperatura de ebulição de uma solução, é necessário que o soluto seja não volátil. Essa restrição não se aplica ao abaixamento do ponto de congelamento: solutos voláteis podem provocar diminuição da temperatura de congelamento. Como exemplo, podemos citar a adição de metanol, um líquido volátil (TE = 65 °C a 1 atm), à gasolina em países nos quais a temperatura é muito baixa no inverno.

## Explore seus conhecimentos

**1** (Enem-PPL) Bebidas podem ser refrigeradas de modo mais rápido utilizando-se caixas de isopor contendo gelo e um pouco de sal grosso comercial. Nesse processo ocorre o derretimento do gelo com consequente formação de líquido e resfriamento das bebidas. Uma interpretação equivocada, baseada no senso comum, relaciona esse efeito à grande capacidade do sal grosso de remover calor do gelo. Do ponto de vista científico, o resfriamento rápido ocorre em razão da

a) variação da solubilidade do sal.
b) alteração da polaridade da água.
c) elevação da densidade do líquido.
d) modificação da viscosidade do líquido.
e) diminuição da temperatura de fusão do líquido.

**2** (Cefet-MG) As figuras a seguir representam dois sistemas A e B em aquecimento. Após iniciar a ebulição, um termômetro foi introduzido em cada recipiente e, depois de medidas, as temperaturas foram registradas como $T_A$ e $T_B$. Continuando o aquecimento, as temperaturas foram medidas novamente como $T_A'$ e $T_B'$.

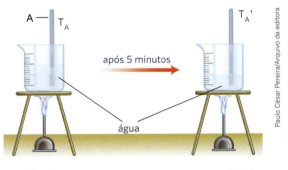

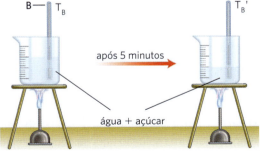

Em relação aos sistemas observados, é *correto* afirmar que:

a) $T_A = T_A'$ e $T_B < T_B'$.  c) $T_A > T_A'$ e $T_B = T_B'$.
b) $T_A = T_A'$ e $T_B = T_B'$.  d) $T_A < T_A'$ e $T_B > T_B'$.

**3** (UFRN) Considere três recipientes abertos, contendo líquido em ebulição contínua. Em (1), tem-se água pura; em (2), uma solução aquosa de glicose $10^{-3}$ mol/L; em (3), uma outra solução aquosa de glicose $10^{-1}$ mol/L, conforme ilustrado a seguir. Indique a opção cujo gráfico representa a variação das temperaturas dos líquidos anteriores em função do tempo.

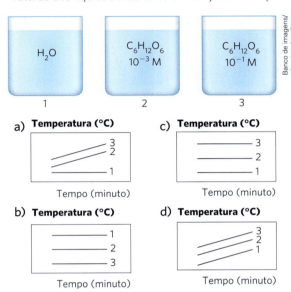

**4** (Fuvest-SP) A adição de um soluto à água altera a temperatura de ebulição desse solvente. Para quantificar essa variação em função da concentração e da natureza do soluto, foram feitos experimentos, cujos resultados são apresentados abaixo. Analisando a tabela, observa-se que a variação de temperatura de ebulição é função da concentração de moléculas ou íons de soluto dispersos na solução.

| Volume de água (L) | Soluto | Quantidade de matéria de soluto (mol) | Temperatura de ebulição (°C) |
|---|---|---|---|
| 1 | – | – | 100,00 |
| 1 | NaCℓ | 0,5 | 100,50 |
| 1 | NaCℓ | 1,0 | 101,00 |
| 1 | sacarose | 0,5 | 100,25 |
| 1 | CaCℓ₂ | 0,5 | 100,75 |

Dois novos experimentos foram realizados, adicionando-se 1,0 mol de $Na_2SO_4$ a 1 L de água (experimento A) e 1,0 mol de glicose a 0,5 L de água (experimento B). Considere que os resultados desses novos experimentos tenham sido consistentes com os experimentos descritos na tabela. Assim sendo, as temperaturas de ebulição da água, em °C, nas soluções dos experimentos A e B, foram, respectivamente, de:

a) 100,25 e 100,25.     d) 101,50 e 101,00.
b) 100,75 e 100,25.     e) 101,50 e 100,50.
c) 100,75 e 100,50.

## Relacione seus conhecimentos

**1** (UFRGS-RS) Observe o gráfico abaixo, referente à pressão de vapor de dois líquidos, A e B, em função da temperatura.

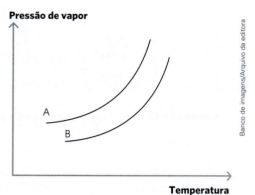

Considere as afirmações abaixo, sobre o gráfico.
I. O líquido B é mais volátil que o líquido A.
II. A temperatura de ebulição de B, a uma dada pressão, será maior que a de A.
III. Um recipiente contendo somente o líquido A em equilíbrio com o seu vapor terá mais moléculas na fase vapor que o mesmo recipiente contendo somente o líquido B em equilíbrio com seu vapor, na mesma temperatura.

Quais estão corretas?
a) Apenas I.
b) Apenas II.
c) Apenas III.
d) Apenas II e III.
e) I, II e III.

**2** (Uerj) O mar Morto apresenta uma concentração salina de 280 g/L, enquanto nos demais mares e oceanos essa concentração é de 35 g/L.
Considere as três amostras a seguir, admitindo que as soluções salinas apresentadas contenham os mesmos constituintes:

• amostra A: água pura;
• amostra B: solução salina de concentração idêntica à do mar Morto;
• amostra C: solução salina de concentração idêntica à dos demais mares e oceanos.

Indique a amostra que apresenta a maior temperatura de ebulição, justificando sua resposta. Em seguida, calcule o volume da amostra B a ser adicionado a 7 L da amostra A para formar uma nova solução salina que apresente a mesma concentração da amostra C.

**3** (Unicamp-SP) O etilenoglicol é uma substância muito solúvel em água, largamente utilizado como aditivo em radiadores de motores de automóveis, tanto em países frios como em países quentes. Considerando a função principal de um radiador, pode-se inferir corretamente que:

a) a solidificação de uma solução aquosa de etilenoglicol deve começar a uma temperatura mais elevada que a da água pura e sua ebulição, a uma temperatura mais baixa que a da água pura.
b) a solidificação de uma solução aquosa de etilenoglicol deve começar a uma temperatura mais baixa que a da água pura e sua ebulição, a uma temperatura mais elevada que a da água pura.
c) tanto a solidificação de uma solução aquosa de etilenoglicol quanto a sua ebulição devem começar em temperaturas mais baixas que as da água pura.
d) tanto a solidificação de uma solução aquosa de etilenoglicol quanto a sua ebulição devem começar em temperaturas mais altas que as da água pura.

**4** (UEMG) Ebulioscopia é a propriedade coligativa, relacionada ao aumento da temperatura de ebulição de um líquido, quando se acrescenta a ele um soluto não volátil.
Considere as três soluções aquosas a seguir:
Solução A = NaCℓ 0,1 mol/L
Solução B = sacarose 0,1 mol/L
Solução C = CaCℓ$_2$ 0,1 mol/L
As soluções foram colocadas em ordem crescente de temperatura de ebulição em:

a) C, A, B.
b) B, A, C.
c) A, B, C.
d) C, B, A.

**5** (Uerj) Um processo industrial é realizado com o emprego de uma solução aquosa. Quanto maior a temperatura de ebulição da solução empregada, maior a eficiência do processo.
Admita que uma empresa disponha de duas soluções aquosas, uma de fluoreto de potássio e outra de metanal (CH$_2$O), ambas na concentração de 0,1 mol · L$^{-1}$.

Identifique a solução disponível mais eficiente, a ser utilizada, justificando sua resposta. Em seguida, apresente a fórmula estrutural plana do metanal e nomeie sua geometria molecular.

**6** (UFG-GO) Observe o gráfico a seguir.

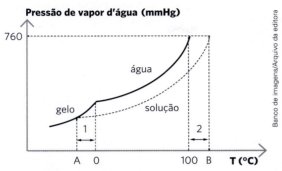

(1) abaixamento do ponto de congelamento
(2) elevação do ponto de ebulição

Com relação às propriedades químicas indicadas nesta figura, identifique os itens corretos:

I. O abaixamento da pressão de vapor bem como a elevação do ponto de ebulição são propriedades coligativas.
II. Um soluto não volátil aumenta o ponto de congelamento de um solvente.
III. Soluções aquosas congelam abaixo de 0 °C e fervem acima de 100 °C.
IV. O abaixamento da pressão de vapor, em soluções diluídas, é diretamente proporcional à concentração do soluto.
V. A elevação do ponto de ebulição é uma consequência direta do abaixamento da pressão de vapor do solvente pelo soluto.
VI. Soluções aquosas concentradas evaporam mais lentamente do que a água pura.

## Osmose

A osmose é um fenômeno que consiste na passagem de solvente de um meio menos concentrado (**hipotônico**) para um meio mais concentrado (**hipertônico**), através de uma membrana semipermeável. Idealmente, o fenômeno ocorre até que ambos os meios apresentem a mesma concentração (**isotônicos**).

A membrana semipermeável impede a passagem de soluto; no entanto, permite o fluxo de solvente em ambas as direções. O fluxo resultante de solvente ocorre do meio menos concentrado para o mais concentrado, até que se igualem as concentrações. Observe o esquema abaixo.

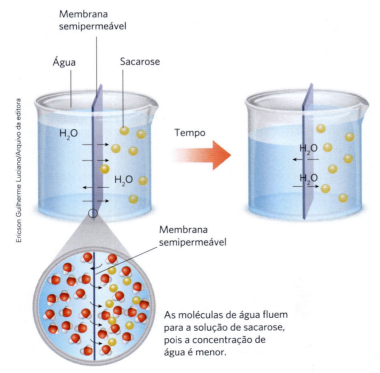

As moléculas de água fluem para a solução de sacarose, pois a concentração de água é menor.

> **Osmose** é a passagem do solvente para uma solução ou a passagem do solvente de uma solução diluída para outra mais concentrada, através de uma membrana **semipermeável**.

A água flui para a solução com maior concentração de soluto até que o fluxo de água se iguale nas duas direções.

O fenômeno da osmose está relacionado a vários processos biológicos importantes. Podemos considerar as membranas celulares como semipermeáveis, assim, todos os componentes dissolvidos no sangue e em demais fluidos corporais, como a linfa, presente nos tecidos linfáticos, exercem pressão osmótica.

Ao sermos medicados, as soluções injetadas em nosso corpo devem apresentar a mesma concentração, ou seja, devem ser isotônicas em relação aos nossos fluidos corporais, como é o caso do sangue. Observe a seguir o comportamento das hemácias em meios de diferentes concentrações quando comparadas ao meio intracelular.

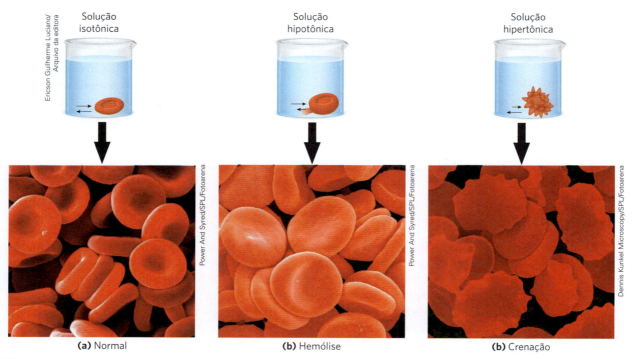

(a) Normal    (b) Hemólise    (b) Crenação

(a) Em uma solução isotônica, o glóbulo vermelho mantém seu volume normal. (b) Em uma solução hipotônica, a água flui para dentro do glóbulo vermelho, fazendo com que ele inche e estoure (hemólise). (c) Em uma solução hipertônica, a água flui para fora do glóbulo vermelho, fazendo com que ele encolha (crenação).

## Pressão osmótica

Para impedir o fenômeno da osmose, pode-se aplicar uma pressão externa sobre a superfície da solução mais concentrada, impedindo, assim, o fluxo de solvente através da membrana semipermeável e sua consequente diluição.

**Pressão osmótica ($\pi$)**: pressão externa que deve ser aplicada a uma solução concentrada para evitar a osmose.

Genericamente, temos:

Membrana semipermeável

**Meio hipotônico**
- solução diluída
- menor pressão osmótica

**Meio hipertônico**
- solução concentrada
- maior pressão osmótica

Passagem de solvente

## Explore seus conhecimentos

1. (Enem) Uma das estratégias para a conservação de alimentos é o salgamento, adição de cloreto de sódio (NaCℓ), historicamente utilizado por tropeiros, vaqueiros e sertanejos para conservar carnes de boi, porco e peixe.
O que ocorre com as células presentes nos alimentos preservados com essa técnica?
   a) O sal adicionado diminui a concentração de solutos em seu interior.
   b) O sal adicionado desorganiza e destrói suas membranas plasmáticas.
   c) A adição de sal altera as propriedades de suas membranas plasmáticas.
   d) Os íons $Na^+$ e $Cℓ^-$ provenientes da dissociação do sal entram livremente nelas.
   e) A grande concentração de sal no meio extracelular provoca a saída de água de dentro delas.

2. (UFRGS-RS) A água é fundamental para a vida conhecida na Terra, de modo que a busca de planetas habitáveis ou com vida normalmente envolve, entre outros aspectos, a procura pela existência de água. Considere as afirmações abaixo, a respeito da água na biosfera.
   I. A água é decomposta em oxigênio e hidrogênio, através da respiração dos peixes.
   II. A água do mar é inadequada ao consumo humano devido à sua alta pressão osmótica.
   III. Águas quentes possuem maior quantidade dissolvida de gás carbônico.
Quais estão corretas?
   a) Apenas I.
   b) Apenas II.
   c) Apenas III.
   d) Apenas II e III.
   e) I, II e III.

3. (Udesc) A pressão osmótica no sangue humano é de aproximadamente 7,7 atm e os glóbulos vermelhos (hemácias) possuem aproximadamente a mesma pressão; logo, pode-se afirmar que estas são isotônicas em relação ao sangue. Sendo assim, o soro fisiológico, que é uma solução aquosa de cloreto de sódio utilizada para repor o líquido perdido por uma pessoa em caso de desidratação, também deve possuir a mesma pressão osmótica para evitar danos às hemácias.
Em relação à informação, assinale a alternativa correta.
   a) A pressão osmótica do soro não é afetada quando a concentração de cloreto de sódio é modificada.
   b) A injeção de água destilada no sangue provoca a desidratação e, consequentemente, a morte das hemácias.
   c) O uso de uma solução aquosa saturada de cloreto de sódio não afeta a pressão osmótica do sangue.
   d) A injeção de água destilada no sangue provoca uma absorção excessiva de água pelas hemácias, provocando um inchaço e, consequentemente, a morte das hemácias.
   e) A injeção de uma solução aquosa saturada de cloreto de sódio provoca uma absorção excessiva de água pelas hemácias, causando um inchaço e, consequentemente, a morte das hemácias.

4. (PUC-SP) Os medicamentos designados por A, B, C e D são indicados para o tratamento de um paciente. Adicionando-se água a cada um desses medicamentos, obtiveram-se soluções que apresentaram as seguintes propriedades.

|  | Soluções de |
|---|---|
| Solúveis no sangue | A, B, C |
| Iônicas | A, B |
| Moleculares | C, D |
| Pressão osmótica igual à do sangue | A, C |
| Pressão osmótica maior que a do sangue | B, D |

Assinale a alternativa que só contém os medicamentos que poderiam ser injetados na corrente sanguínea sem causar danos.
   a) A, B, C e D
   b) A, B e D
   c) B, C e D
   d) B e D
   e) A e C

5. (PUC-PR) Volumes iguais de duas soluções, sendo uma de glicose (solução X) e outra de sacarose (solução Y), são postos em contato através de uma membrana semipermeável (permeável à água e não permeável à glicose e sacarose).

Com o passar do tempo, houve alteração no nível de líquido dos compartimentos conforme mostrado nos esquemas da página anterior. Com base nessas informações podemos afirmar que:

a) a solução Y é hipotônica em relação a X.
b) a solução Y é mais diluída que X.
c) a solução Y tem maior pressão osmótica que X.
d) a solução X é hipertônica em relação a Y.
e) a solução X tem maior pressão osmótica que Y.

**6** (Enem) Osmose é um processo espontâneo que ocorre em todos os organismos vivos e é essencial à manutenção da vida. Uma solução 0,15 mol/L de NaCℓ (cloreto de sódio) possui a mesma pressão osmótica das soluções presentes nas células humanas.
A imersão de uma célula humana em uma solução 0,20 mol/L de NaCℓ tem, como consequência, a:

a) absorção de íons $Na^+$ sobre a superfície da célula.
b) difusão rápida de íons $Na^+$ para o interior da célula.
c) diminuição da concentração das soluções presentes na célula.
d) transferência de íons $Na^+$ da célula para a solução.
e) transferência de moléculas de água do interior da célula para a solução.

## Relacione seus conhecimentos

**1** (UFRGS-RS) Assinale a alternativa que preenche corretamente as lacunas do enunciado abaixo, na ordem em que aparecem.
Uma solução injetável foi preparada de modo inadequado, pois, ao entrar na corrente sanguínea, promoveu o inchamento e a ruptura dos glóbulos vermelhos. A solução é portanto _____ em relação ao soro sanguíneo, e a concentração de soluto é _____ àquela que deveria ter sido preparada.

a) hipotônica – superior
b) hipotônica – inferior
c) isotônica – superior
d) hipertônica – superior
e) hipertônica – inferior

**2** (UPE/SSA)

A sardinha vem sendo utilizada na pesca industrial de atum. Quando jogados ao mar, os cardumes de sardinha atraem os cardumes de atuns, que se encontram em águas profundas. Porém, estudos têm mostrado que o lambari, conhecido no Nordeste como piaba, é mais eficiente para essa atividade. O lambari se movimenta mais na superfície da água, atraindo os atuns com maior eficiência. Apesar de ser um peixe de água doce, o lambari não causa nenhum prejuízo ao ecossistema. Ao ser colocado no oceano, ele sobrevive por cerca de 30 minutos, no máximo.

Adaptado de: http://revistagloborural.globo.com/

No uso dessa tecnologia pesqueira, os lambaris morrem porque:

a) são tipicamente hiposmóticos e não sobrevivem em concentrações isosmóticas.
b) desidratam, pois estavam em um ambiente isotônico onde a salinidade variava muito.
c) passam para um ambiente aquático hipertônico, apresentando uma contínua perda de água por osmose.
d) absorvem muita água e não têm como eliminá-la dos seus organismos, por isso incham até explodir.
e) passam para um ambiente aquático hipotônico, apresentando uma contínua absorção de água por osmose.

**3** (Udesc) As características físico-químicas, que dependem somente da quantidade de partículas presentes em solução e não da natureza destas partículas, são conhecidas como propriedades coligativas. Sobre as propriedades coligativas, analise as proposições.

I. A alface, quando colocada em uma vasilha contendo uma solução salina, murcha. Esse fenômeno pode ser explicado pela propriedade coligativa, chamada pressão osmótica, pois ocorre a migração de solvente da solução mais concentrada para a mais diluída.
II. Em países com temperaturas muito baixas ou muito elevadas, costuma-se adicionar etilenoglicol à água dos radiadores dos carros para evitar o congelamento e o superaquecimento da água. As propriedades coligativas envolvidas, nestes dois processos, são a crioscopia e a ebulioscopia, respectivamente.
III. Soluções fisiológicas devem possuir a mesma pressão osmótica que o sangue e as hemácias. Ao se utilizar água destilada no lugar de uma solução fisiológica ocorre um inchaço das hemácias e a morte delas. A morte das hemácias por desidratação também ocorre ao se empregar uma solução saturada de cloreto de só-

dio. Nas duas situações ocorre a migração do solvente (água) do meio menos concentrado para o meio mais concentrado.

Assinale a alternativa **correta**.

a) Somente as afirmativas I e II são verdadeiras.
b) Somente as afirmativas II e III são verdadeiras.
c) Somente a afirmativa III é verdadeira.
d) Somente a afirmativa II é verdadeira.
e) Somente as afirmativas I e III são verdadeiras.

**4** (PUC-RS) Tanto distúrbios intestinais graves quanto a disputa em uma maratona podem levar a perdas importantes de água e eletrólitos pelo organismo. Considerando que essas situações exigem a reposição cuidadosa de substâncias, um dos modos de fazê-lo é por meio da ingestão de soluções isotônicas. Essas soluções:

a) contêm concentração molar de cloreto de sódio igual àquela encontrada no sangue.
b) contêm massa de cloreto de sódio igual à massa de sacarose em dado volume.
c) têm solvente com capacidade igual à do sangue para passar por uma membrana semipermeável.
d) apresentam pressão osmótica igual à pressão atmosférica.
e) apresentam pressão osmótica igual à da água.

**5** Os medicamentos de ação prolongada, conhecidos por *time-release*, liberam o princípio ativo no organismo a uma velocidade constante. Assim, a qualquer instante a concentração do princípio ativo liberado não é tão elevada a ponto de causar danos nem tão baixa a ponto de ser ineficiente. O esquema abaixo representa uma pílula desse tipo de medicamento.

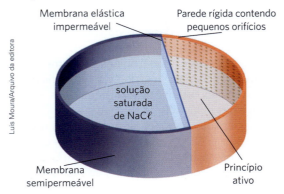

Considerando que, após a ingestão, essa pílula estava em meio aquoso, explique o funcionamento desse tipo de medicamento.

**6** (Enem) Alguns tipos de dessalinizadores usam o processo de osmose reversa para obtenção de água potável a partir da água salgada. Nesse método, utiliza-se um recipiente contendo dois compartimentos separados por uma membrana semipermeável: em um deles coloca-se água salgada e no outro recolhe-se a água potável. A aplicação de pressão mecânica no sistema faz a água fluir de um compartimento para o outro. O movimento das moléculas de água através da membrana é controlado pela pressão osmótica e pela pressão mecânica aplicada. Para que ocorra esse processo é necessário que as resultantes das pressões osmótica e mecânica apresentem:

a) mesmo sentido e mesma intensidade.
b) sentidos opostos e mesma intensidade.
c) sentidos opostos e maior intensidade da pressão osmótica.
d) mesmo sentido e maior intensidade da pressão osmótica.
e) sentidos opostos e maior intensidade da pressão mecânica.

**7** (Uerj) Para evitar alterações nas células sanguíneas, como a hemólise, as soluções utilizadas em alimentação endovenosa devem apresentar concentrações compatíveis com a pressão osmótica do sangue. Foram administradas a um paciente, por via endovenosa, em diferentes períodos, duas soluções aquosas, uma de glicose e outra de cloreto de sódio, ambas com concentração igual a 0,31 mol/L a 27 °C. Considere que:

• a pressão osmótica do sangue, a 27 °C, é igual a 7,62 atm;
• a solução de glicose apresenta comportamento ideal;
• o cloreto de sódio encontra-se 100 % dissociado.

a) Calcule a pressão osmótica da solução de glicose e indique a classificação dessa solução em relação à pressão osmótica do sangue.
b) As curvas de pressão de vapor ($P_v$) em função da temperatura (T) para as soluções de glicose e de cloreto de sódio são apresentadas no gráfico a seguir. Aponte a curva correspondente à solução de glicose e justifique sua resposta.

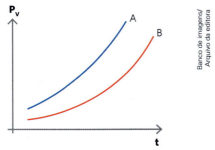

## Perspectivas

**Os 8 maiores desafios para o profissional de saúde do século XXI**

[...] A saúde no Brasil enfrenta um contexto desafiador, com grande aumento das necessidades populacionais para prestação de serviços, redução dos recursos e grande mudança de valores sociais. Tudo isso alimenta um imenso debate sobre valores como a solidariedade, a responsabilidade de cada um como indivíduo, e os limites para o acesso gratuito e de maneira universal à saúde.

Por esse motivo, os profissionais de saúde precisam prezar pela melhor experiência possível para os pacientes e avaliar sistematicamente a qualidade dos serviços prestados, tornando os cuidados em saúde com o foco centrado no cidadão.

A seguir, listamos 8 grandes desafios para os profissionais da área da saúde no século XXI:

1. Uso de novas tecnologias;
2. Aumento da longevidade da população;
3. Transformação dos hospitais em centros especializados;
4. Capacidade para gerenciamento das unidades públicas de saúde;
5. Aumento da concorrência e dos níveis de especialização profissional;
6. Crescimento dos custos de saúde;
7. Demanda para atender pacientes com necessidades especiais;
8. Demandas crescentes da iniciativa privada. [...]

8 desafios para o profissional de saúde no Brasil no século XXI. Disponível em: https://www.faculdadeide.edu.br/blog/5-desafios-para-o-profissional-de-saude-no-brasil-no-seculo-xxi/. Acesso em: 5 abr. 2020.

### Discuta com seu grupo

Se você tem afinidades com a área de saúde e pretende trabalhar nela, além do tradicional curso de medicina, selecionamos três cursos interessantes no contexto de profissões do futuro: enfermagem, farmácia e biomedicina.

O **enfermeiro** tem responsabilidades que incluem a assistência direta aos pacientes, o registro de dados médicos, a supervisão da higiene e da alimentação dos pacientes, a administração de medicamentos, a coleta de sangue e o monitoramento de equipamentos médicos, podendo atuar em hospitais, consultórios, clínicas de repouso, postos de saúde, escolas, empresas, clubes e serviços domiciliares de saúde.

O **farmacêutico** tem conhecimentos relacionados à composição e à produção de medicamentos, alimentos industrializados, cosméticos, itens de higiene pessoal e à identificação das reações das substâncias no organismo humano. Pode atuar em laboratórios de pesquisa, no desenvolvimento de novos produtos, em farmácias e drogarias, como responsável técnico, ou na fiscalização sanitária.

O **biomédico** é o profissional que atua na pesquisa de doenças e suas causas e no desenvolvimento de métodos para tratá-las. Identifica, classifica e estuda os microrganismos causadores de enfermidades, além de pesquisar vacinas e medicamentos. Pode trabalhar em laboratórios de análises clínicas, em bancos de sangue, em hospitais, em órgãos públicos de saúde e nas indústrias de alimentos.

Agora que você conhece algumas profissões do futuro relacionadas à saúde, pesquise mais a respeito e discuta com o seu grupo a importância delas no campo social, ético e da saúde, considerando a realidade da população brasileira. Caso você não tenha interesse nessa área, colabore com os integrantes do seu grupo a fim de ajudá-los na investigação da profissão mais adequada ao perfil de cada um.

### E você?

Agora que você já se decidiu por atuar na área da saúde e escolheu a sua profissão, esboce um plano de carreira que possibilite atingir seus objetivos, considerando suas aspirações pessoais.

CIÊNCIAS DA NATUREZA E SUAS TECNOLOGIAS

UNIDADE

# Termoquímica

A locomotiva a vapor é um símbolo da aceleração do desenvolvimento fabril e industrial ocorrido na Inglaterra durante os séculos XIII e XIX. Geralmente, as revoluções tecnológicas são acompanhadas de grandes mudanças sociais, alterando o modo como as pessoas se relacionam entre si e com o meio no qual estão inseridas.

As melhorias nos meios de transporte, o "encurtamento" das distâncias e os novos meios de produção desenvolvidos nessa virada de século ocorreram em decorrência da aplicação de conhecimentos científicos na resolução de problemas sociais ou tecnológicos.

Você sabe quais são os conceitos físico-químicos envolvidos no funcionamento de uma locomotiva a vapor? Esses conhecimentos ainda são aplicados em nosso cotidiano ou já foram totalmente superados?

Locomotiva a vapor, também conhecida como maria-fumaça.

## Nesta unidade vamos:

- analisar e representar processos endotérmicos e exotérmicos por meio de uma equação termoquímica;
- realizar previsões com base na variação de entalpia ($\Delta H$) de um processo;
- analisar a energia das ligações químicas;
- discutir o uso de combustíveis com base em seu poder calorífico;
- analisar e utilizar a lei de Hess.

## CAPÍTULO 24
# Princípios de Termodinâmica

Este capítulo favorece o desenvolvimento das habilidades

EM13CNT101
EM13CNT102
EM13CNT106
EM13CNT205
EM13CNT310

A máquina a vapor foi um dos primeiros sistemas mecanizados a conseguir utilizar de maneira eficiente a energia liberada na queima de diversos combustíveis, principalmente o carvão.

As primeiras máquinas a vapor foram projetadas pelos mecânicos e inventores ingleses Thomas Newcomen (1662-1729) e Thomas Savery (1650-1715), e a invenção foi bastante aperfeiçoada por James Watt (1736-1819), que conseguiu projetar máquinas que apresentavam maior eficiência. Basicamente, uma máquina a vapor é formada por uma caldeira, um cilindro com pistão móvel ligado a uma roda (engrenagem) e um condensador.

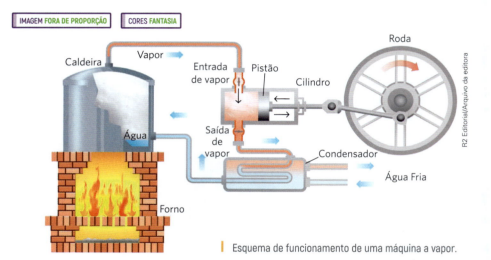

Esquema de funcionamento de uma máquina a vapor.

O calor produzido pela queima do combustível aquece a água presente na caldeira, provocando a formação de vapor de água em alta pressão. Ao ser transferido ao cilindro, o vapor causa o movimento do pistão que, com seu deslocamento, moverá a roda. Depois o vapor será resfriado pelo condensador, transformando-se em água líquida, que retornará à caldeira para ser novamente aquecida e vaporizada.

Apesar de parecer relativamente simples, a transformação da água para formar vapor em altas pressões é utilizada até hoje em diversos tipos de usina como termoelétricas e nucleares, divergindo somente no tipo de combustível que é usado. Do mesmo modo, o intrincado sistema de cilindros e pistões para gerar movimento ainda é a base do sistema de funcionamento dos motores de combustão interna, empregados nos mais diversos veículos automotivos, ainda que, nesses casos, sejam movimentados pela detonação do combustível, e não por vapor de água. Assim, o conceito de máquina a vapor se tornou mais amplo e, por isso, falamos agora em máquinas térmicas.

Como estudamos no capítulo 2, alterações em um sistema estão relacionadas a transferências de energia, em que as alterações macroscópicas são definidas como trabalho e as alterações submicroscópicas, como calor. Nas máquinas térmicas, podemos observar a ocorrência dos dois tipos de transformação: a energia térmica na forma de calor associada à queima de combustíveis e o trabalho realizado pelos componentes mecânicos.

Assim como podemos quantificar a matéria baseados em estudos sobre relações de massa e estequiométricas, podemos quantificar a energia envolvida nos processos descritos para as máquinas térmicas a partir de conceitos da **Termodinâmica**. Neste capítulo, vamos estudar alguns deles.

## Sistemas térmicos

Como estudamos anteriormente, um **sistema** consiste em um **objeto de estudo**, ou seja, uma porção de matéria e de energia no qual estamos interessados. Assim, o motor de um carro, uma fibra de algodão e até mesmo uma gota de água podem ser definidos como um sistema.

Uma vez que o sistema está delimitado, o seu entorno, ou seja, aquilo que não faz parte do sistema, é denominado **vizinhança**. O conjunto **sistema + vizinhança**, por sua vez, é chamado **universo**.

Podemos classificar um sistema em **aberto**, **fechado** ou **isolado**. Um sistema aberto pode apresentar trocas de matéria e de energia com a vizinhança, como ocorre com um copo aberto com água aquecida: nele, ocorrerão evaporação e resfriamento da água, havendo transferência de matéria e energia térmica do sistema para os seus arredores, ou seja, para a vizinhança.

Um sistema fechado, por sua vez, apresenta a possibilidade de trocar somente energia com a vizinhança, e a quantidade de matéria nele presente permanece constante. Um gás encerrado dentro de um recipiente selado, de modo que somente é possível aquecê-lo ou resfriá-lo, é exemplo de sistema fechado, pois não ocorre variação de quantidade de matéria em seu interior.

Já um sistema isolado não apresenta nenhum tipo de troca, seja de matéria, seja de energia, com a vizinhança. Podemos citar o armazenamento de líquidos quentes, como chás e cafés, dentro de garrafas térmicas como um exemplo que se aproxima de sistemas isolados não perfeitos.

Os sistemas cujos processos envolvendo fluxo de energia térmica na forma de calor estamos interessados em avaliar são classificados como **sistemas térmicos**.

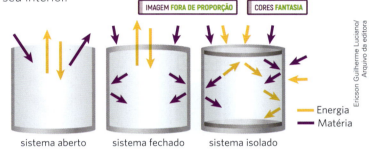

Representação esquemática dos diferentes tipos de sistemas térmicos.

Como estudamos anteriormente, o calor é definido como energia térmica em trânsito. Essa energia é transferida de um corpo a outro em função de uma diferença de temperatura, fluindo sempre da região de maior temperatura para a de menor temperatura, até que se estabeleça o equilíbrio térmico, ou seja, até que as temperaturas se igualem.

É importante ressaltar que calor é diferente de **energia térmica**. Enquanto o calor está relacionado à energia térmica que flui entre regiões de diferentes temperaturas, a energia térmica propriamente dita está associada ao movimento desordenado das partículas que formam um sistema. Dessa maneira, podemos afirmar que a temperatura corresponde a uma medida indireta da energia térmica de um sistema.

Mas como é possível quantificar a energia que transita entre diferentes corpos ou regiões de um sistema?

## Quantidade de energia

Como estudamos no capítulo 2, o trabalho consiste na variação de energia de um sistema e, geralmente, está relacionado a interações macroscópicas, como o deslocamento de objetos ou a movimentação de membros do corpo. A realização de trabalho está associada às possibilidades de variação da **energia cinética** e da **energia potencial** dos componentes de um sistema. Resumidamente, temos:

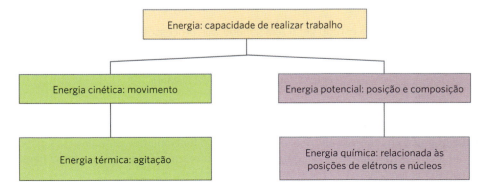

No Sistema Internacional de Unidades (SI), a unidade utilizada para quantificar energia é o **joule** (**J**). Essa unidade pode ser definida pela análise dimensional da energia cinética de um corpo.

$$E_{cinética} = \frac{1}{2}mv^2$$

$$E_{cinética} = kg \cdot (m/s)^2 \Rightarrow kg \cdot m^2/s^2$$

$$1\,J = 1\,kg \cdot m^2/s^2$$

Como os processos químicos geralmente envolvem consideráveis quantidades de energia, é comum ser utilizado como referência o **kilojoule** (**kJ**) ou a unidade **quilocalorias** (**kcal**):

$$1\,kJ = 1000\,J = 0{,}2390\,kcal = 239\,cal$$

Observe o diagrama ilustrativo a seguir, que representa alguns processos físico-químicos associados e as quantidades de energia relacionadas.

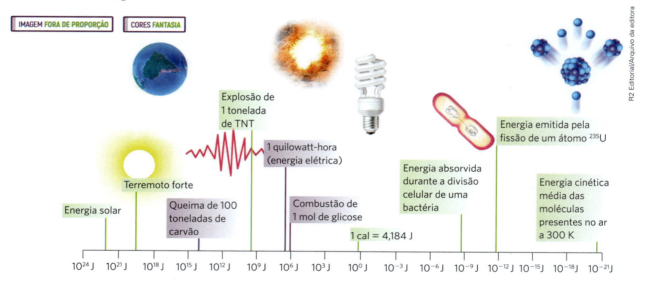

Elaborado com base em: SILBERBERG, Martin; AMATEIS, Patricia. *Chemistry:* The Molecular Nature of Matter and Change, Ed. 8. Estados Unidos da América. McGraw-Hill Education, 2018.

Como a energia térmica está relacionada ao grau de agitação (quantidade de movimento) das unidades submicroscópicas que compõem um corpo, a quantidade de calor também pode ser expressa em joules.

## Conservação de energia

Podemos analisar os processos de transferência de energia com base na realização de trabalho ou do fluxo de calor entre um sistema e suas vizinhanças. Esses conceitos estão relacionados aos aspectos termodinâmicos de um sistema.

A **Termodinâmica** consiste no estudo geral relacionado aos processos de conversão entre as diversas modalidades de energia. A **primeira lei da Termodinâmica**, conhecida como **lei da conservação da energia**, afirma:

A energia total do universo é constante.

Isso significa que, nos fenômenos que envolvem transferência de energia, esta pode ser somente transformada, mas nunca criada ou destruída. Por exemplo, o funcionamento de uma pilha converte espontaneamente **energia potencial química** em **energia elétrica**, o que permite o funcionamento de diversos dispositivos eletrônicos os quais, por sua vez, transformarão a energia elétrica em outras modalidades, como energia luminosa ou sonora em aparelhos celulares.

Um exemplo interessante em relação aos processos de conservação e conversão entre diversas modalidades de energia é dado pela nutrição humana.

Ao nos alimentarmos, a energia presente nos alimentos é convertida e utilizada de diversas formas, desde na manutenção de nossa temperatura corpórea até na movimentação de músculos. Mas qual é a quantidade de energia que cada tipo de alimento nos fornece? Em outras palavras, é possível determinar com precisão o **conteúdo energético** de um alimento?

## Quantidade de calor

A determinação da quantidade de calor envolvida em um processo físico ou químico pode ser realizada pelo uso de um **calorímetro**. O calorímetro mais comum, conhecido como calorímetro de água, permite a medição, embora indireta, da quantidade de calor absorvido por certa quantidade de água após a combustão de uma amostra dentro de uma câmara com oxigênio.

A variação da temperatura da massa de água indicada pelo calorímetro permite determinar a quantidade de calor envolvida na queima da amostra. A unidade geralmente utilizada nesse tipo de cálculo é a **caloria** (**cal**).

> **1 caloria** (**1 cal**): quantidade de calor necessária para elevar a temperatura de 1,0 g de água de 14,5 °C a 15,5 °C (considerando o aumento de 1 °C na temperatura de 1 g de água).

Para entender o funcionamento desse dispositivo, vamos considerar a combustão de 1 g de gordura no interior de um calorímetro que possui 1000 g de água a 25 °C. Após a reação, foi verificado que a temperatura da água passou a 34 °C. Assumindo que todo o calor liberado na combustão tenha sido absorvido pela água, temos:

1 caloria ——————— 1 °C ——————— 1 g de $H_2O$
9 calorias ——————— 9 °C ——————— 1 g de $H_2O$

Como temos 1000 g de água no calorímetro, é válido que:

9 calorias ——————— 9 °C —————— 1 g de $H_2O$
9 000 calorias ——————— 9 °C —————— 1000 g de $H_2O$

Com base nas relações estabelecidas, podemos definir que o **valor energético** da gordura, ou seja, a quantidade de energia liberada na sua digestão, corresponde a 9 000 cal/g ou ainda 9 kcal/g, o que significa que cada 1 g de gordura que ingerimos nos fornece 9 kcal de energia para serem metabolizados.

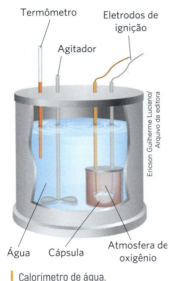

Calorímetro de água.

Os cálculos apresentados também poderiam ser realizados utilizando a seguinte expressão matemática:

$$Q = m \cdot c \cdot \Delta T$$

Nessa expressão, temos:
- Q = quantidade de calor envolvido no processo;
- m = massa de água (em gramas);
- c = calor específico da água = $1 \text{ cal} \cdot g^{-1} \cdot °C^{-1}$
- $\Delta T$ = variação da temperatura ($T_{final} - T_{inicial}$).

No exemplo, temos:
- $m_{água} = 1000$ g
- $c = 1 \text{ cal} \cdot g^{-1} \cdot °C^{-1}$
- $\Delta T = (34 - 25) °C = 9 °C$
  Q = 1000 g · 1 cal · $g^{-1} \cdot °C^{-1}$ · 9 °C
  Q = 9 000 cal ou 9,0 kcal
  Caso fôssemos representar esse valor no SI, teríamos:
  1 cal ——————— 4,18 J
  9 000 cal ——————— x
  x = 37 620 J ou 37,62 kJ.

Ou seja, o valor energético da gordura corresponde a 37,62 kJ/g do alimento.

> **Dica**
>
> **Guia alimentar para a população brasileira:** promovendo a alimentação saudável. Ministério da Saúde, 2008. Um extenso material de consulta sobre alimentação saudável, aspectos sanitários etc. Disponível em: http://bvsms.saude.gov.br/bvs/publicacoes/guia_alimentar_populacao_brasileira_2008.pdf.
>
> **Guia alimentar:** como ter uma alimentação saudável. Ministério da Saúde, 2013. Disponível em: http://bvsms.saude.gov.br/bvs/publicacoes/guia_alimentar_alimentacao_saudavel_1edicao.pdf.
>
> Acesso em: 10 jan. 2020.

## Explore seus conhecimentos

**1** (Vunesp-SP) O esquema representa um calorímetro utilizado para a determinação do valor energético dos alimentos.

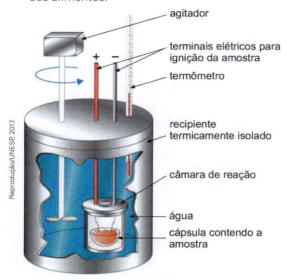

(https://quimica2bac.wordpress.com. Adaptado.)

A tabela nutricional de determinado tipo de azeite de oliva traz a seguinte informação: "Uma porção de 13 mL (1 colher de sopa) equivale a 108 kcal."

Considere que o calor específico da água seja 1 kcal · kg$^{-1}$ · °C$^{-1}$ e que todo o calor liberado na combustão do azeite seja transferido para a água. Ao serem queimados 2,6 mL desse azeite, em um calorímetro contendo 500 g de água inicialmente a 20,0 °C e à pressão constante, a temperatura da água lida no termômetro deverá atingir a marca de:

a) 21,6 °C.
b) 33,2 °C.
c) 45,2 °C.
d) 63,2 °C.
e) 52,0 °C.

**2** (Ufla-MG) Um adulto gasta, em média, 8 000 kJ de energia por dia, executando atividades normais. Sabendo-se que cada 100 g de carboidratos fornece 1700 kJ de energia útil, qual a porcentagem da necessidade diária de energia é fornecida pela ingestão de 320 g de carboidratos?

a) 68%
b) 50%
c) 47%
d) 85%
e) 25%

**3** (UEG-GO) Uma pessoa consome, diariamente, 5 copos de 200 mL de água a uma temperatura de 16 °C por 30 dias e, por vias metabólicas, o organismo deve manter a temperatura corporal a aproximadamente 36 °C. Nesse período, supondo um caso ideal, para elevar a temperatura da água até a temperatura corporal, o total de energia consumida pelo organismo, em kcal, será de aproximadamente:
Dados para a água: calor específico = 1 cal/g °C; densidade = 1 g/mL.

a) 20.
b) 80.
c) 120.
d) 350.
e) 600.

**4** (Enem) Arroz e feijão formam um "par perfeito", pois fornecem energia, aminoácidos e diversos nutrientes. O que falta em um deles pode ser encontrado no outro. Por exemplo, o arroz é pobre no aminoácido lisina, que é encontrado em abundância no feijão, e o aminoácido metionina é abundante no arroz e pouco encontrado no feijão. A tabela a seguir apresenta informações nutricionais desses dois alimentos.

|  | Arroz (1 colher de sopa) | Feijão (1 colher de sopa) |
|---|---|---|
| Calorias | 41 kcal | 58 kcal |
| Carboidratos | 8,07 g | 10,6 g |
| Proteínas | 0,58 g | 3,53 g |
| Lipídios | 0,73 g | 0,18 g |
| Colesterol | 0 g | 0 g |

SILVA, R. S. Arroz e feijão, um par perfeito. Disponível em: http://www.correpar.com.br. Acesso em: 1º fev. 2009.

A partir das informações contidas no texto e na tabela, conclui-se que:

a) os carboidratos contidos no arroz são mais nutritivos que os do feijão.
b) o arroz é mais calórico que o feijão por conter maior quantidade de lipídios.
c) as proteínas do arroz têm a mesma composição de aminoácidos que as do feijão.
d) a combinação de arroz com feijão contém energia e nutrientes e é pobre em colesterol.

e) duas colheres de arroz e três de feijão são menos calóricas que três colheres de arroz e duas de feijão.

**5** (UFJF/PISM-MG) Os alimentos, ao serem consumidos, são digeridos e metabolizados liberando energia química. Uma barra de cereal *light* de avelã com chocolate, que contém 77% de carboidratos, 4% de proteínas e 7% de lipídios, é um dos alimentos utilizados para adquirir energia, uma vez que a energia de combustão das proteínas e dos carboidratos é de 4 kcal · g$^{-1}$ e, dos lipídios, é de 9 kcal · g$^{-1}$.
Com base nisso, calcule a quantidade de energia fornecida a um indivíduo que consome uma unidade de 22 gramas dessa barra de cereal.

a) 3,87 kcal
b) 7,37 kcal
c) 162,1 kcal
d) 85,1 kcal
e) 387,0 kcal

**6** (UFPE) O rótulo de um produto alimentício contém as seguintes informações nutricionais:

| PORÇÃO 150 g ||
|---|---|
| Quantidade por porção | % VD (*) |
| Carboidratos — 6 g | 2 |
| Proteínas — 1 g | 2 |
| Gorduras totais — 1 g | 3 |
| Sódio — 50 mg | 2 |

(*) Valor diário (para satisfazer as necessidades de uma pessoa). Percentual com base em uma dieta de 2 000 cal diárias.

Com base nessa tabela, avalie as afirmativas abaixo.

(0-0) O percentual, em massa, de carboidratos neste alimento é de 6/150 · 100.

(1-1) Na dieta de 2 000 cal, são necessários 50 g de proteínas diariamente.

(2-2) A tabela contém somente 10% dos ingredientes que compõem este alimento.

(3-3) Para satisfazer as necessidades diárias de sódio, somente com este produto, uma pessoa deveria ingerir 7,5 kg desse produto.

(4-4) Este produto contém um percentual em massa de proteína igual ao de carboidratos.

## Relacione seus conhecimentos

**1** (UFPR) Chamamos de energéticos ou calóricos os alimentos que, quando metabolizados, liberam energia química aproveitável pelo organismo. Essa energia é quantificada através da unidade física denominada caloria, que é a quantidade de energia necessária para elevar, em um grau, um grama de água. A quantidade de energia liberada por um alimento pode ser quantificada quando se usa a energia liberada na sua combustão para aquecer uma massa conhecida de água contida num recipiente isolado termicamente (calorímetro de água). Em um experimento, para se determinar a quantidade de calorias presente em castanhas e nozes, obtiveram-se os resultados apresentados na tabela a seguir.

| Amostra | Massa da amostra | Massa de água (g) | Temperatura inicial da água (°C) | Temperatura final da água (°C) |
|---|---|---|---|---|
| noz | 2,50 | 100 | 15,0 | 75,0 |
| castanha | 4,00 | 120 | 15,0 | 90,0 |

Com base no exposto no texto e na tabela e sabendo que o calor específico da água é igual a 1,0 cal/g · °C, é correto afirmar:

a) Esses resultados indicam que se uma pessoa ingerir 1,0 grama de nozes terá disponível 2 400 calorias, enquanto se ingerir a mesma quantidade de castanha terá disponível 2 250 calorias.
b) A castanha é duas vezes mais calórica do que a noz.
c) A quantidade de energia liberada na queima da noz é de 9 000 calorias, e na queima da castanha é de 6 000 calorias.
d) Um indivíduo que gasta cerca de 240 calorias em uma caminhada deve ingerir 10 g de castanha ou 225 gramas de nozes para repor as calorias consumidas.
e) A razão entre a quantidade de calorias liberadas na queima da castanha em relação à da queima da noz corresponde a 2,5.

**2** (UFRJ) De acordo com a Coordenadoria Municipal de Agricultura, o consumo médio carioca de coco verde é de 8 milhões de frutos por ano, mas a produção do Rio de Janeiro é de apenas 2 milhões de frutos.

Dentre as várias qualidades nutricionais da água de coco, destaca-se ser ela um isotônico natural.

A tabela a seguir apresenta resultados médios de informações nutricionais por 100 mL de uma bebida isotônica comercial e da água de coco.

|  | Valor energético* | Potássio | Sódio |
|---|---|---|---|
| isotônico comercial | 102 kcal | 10 mg | 45 mg |
| água de coco | 68 kcal | 200 mg | 60 mg |

* Calor de combustão dos carboidratos

Uma função importante das bebidas isotônicas é a reposição de potássio após atividades físicas de longa duração; a quantidade de água de um coco verde (300 mL) repõe o potássio perdido em duas horas de corrida.

Calcule o volume, em litros, de isotônico comercial necessário para repor o potássio perdido em 2 h de corrida.

**3** (Unicamp-SP) Os alimentos, além de nos fornecerem as substâncias constituintes do organismo, são também fontes de energia necessária para nossas atividades. Podemos comparar o balanço energético de um indivíduo após um dia de atividades da mesma forma que comparamos os estados final e inicial de qualquer processo químico.

O gasto total de energia (em kJ) por um indivíduo pode ser considerado como a soma de três usos corporais de energia:

1- gasto metabólico de repouso (4,2 kJ/kg por hora).
2- gasto energético para digestão e absorção dos alimentos, correspondente a 10% da energia dos alimentos ingeridos.
3- atividade física, que para uma atividade moderada representa 40% do gasto metabólico de repouso.

Qual seria o gasto energético total de um indivíduo com massa corporal de 60 kg, com atividade moderada e que ingere o equivalente a 7600 kJ por dia?

**4** (UFSC)

Em 2001 a Agência Nacional de Vigilância Sanitária (Anvisa) regulamentou a rotulagem nutricional obrigatória de alimentos e bebidas. No entanto, o que se observa, ainda hoje, são rótulos com diferentes padrões unitários (kcal, cal, Cal, kJ), muitas vezes com informações contraditórias. A tabela a seguir apresenta as informações nutricionais impressas na embalagem de um refrigerante, com valores arredondados.

Indique a(s) proposição(ões) **correta(s)**.

| INFORMAÇÃO NUTRICIONAL – PORÇÃO DE 200 mL (1 COPO) ||
|---|---|
| Quantidade por porção | % VD(*) |
| valor calórico (kcal) 100 | 4 |
| carboidratos (sacarose) 25 g | 6 |
| sódio 46 mg | 2 |

(*) Valores diários de referência com base em uma dieta de 2 500 calorias.
Massas molares: C = 12 g/mol; H = 1,0 g/mol; O = 16 g/mol.

01) Caloria é a unidade de energia do Sistema Internacional de Unidades (SI).
02) Se a informação na tabela acima sobre o valor calórico diário de referência estivesse correta, 1 copo de 200 mL do refrigerante seria suficiente para fornecer energia ao organismo por 40 dias.
04) A concentração do íon Na$^+$ numa porção desse refrigerante é $2 \cdot 10^{-2} \cdot$ mol $\cdot$ dm$^{-3}$.
08) A massa molar do único carboidrato presente, a sacarose (açúcar comum, $C_{12}H_{22}O_{11}$), é 342 g $\cdot$ mol$^{-1}$.
16) Pelo rótulo podemos concluir que a bebida é um meio eletrolítico.

**5** (Olimpíada Brasileira de Química) Nas condições ambiente, ao inspirar, puxamos para nossos pulmões aproximadamente 0,5 L de ar, então aquecido na temperatura ambiente de 25 °C até a temperatura do corpo de 36 °C. Fazemos isso cerca de $16 \cdot 10^3$ vezes em 24 horas. Se, nesse tempo, recebermos $1,0 \cdot 10^7$ J de energia por meio da alimentação, a porcentagem aproximada dessa energia que será gasta para aquecer o ar inspirado será de:
(Ar atmosférico nas condições ambiente: densidade = 1,2 g/L, calor específico = 1,0 J $\cdot$ g$^{-1}$ $\cdot$ °C$^{-1}$.)

a) 3,0%.
b) 2,0%.
c) 1,0%.
d) 10,0%.
e) 15,0%.

CAPÍTULO 25

# Reações termoquímicas

Este capítulo favorece o desenvolvimento das habilidades

EM13CNT101

EM13CNT102

A imagem a seguir representa a sequência de funcionamento de um motor de combustão interna em quatro tempos, muito utilizado em diversos veículos automotores:

Válvula 1
Válvula 2
Câmara de combustão
Vapor de combustível + ar

**1º tempo**
Enquanto o pistão sobe, ocorre a injeção de uma mistura de gasolina (vapor) e ar atmosférico através da válvula 1.

**2º tempo**
Após o preenchimento da câmara de combustão, o pistão sobe, comprimindo a mistura (combustível + comburente).

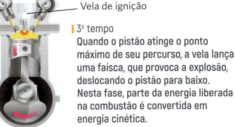

Vela de ignição

**3º tempo**
Quando o pistão atinge o ponto máximo de seu percurso, a vela lança uma faísca, que provoca a explosão, deslocando o pistão para baixo. Nesta fase, parte da energia liberada na combustão é convertida em energia cinética.

Saída de gases

**4º tempo**
O pistão sobe novamente, expulsando os gases formados na combustão através da válvula 2, que está aberta. Quando essa válvula se fecha, a válvula 1 se abre e o processo recomeça.

Representação esquemática dos quatro tempos de um motor de combustão interna de veículos automotores.

Nesses motores, combustíveis como o etanol e a gasolina sofrem uma combustão muito rápida e violenta, provocando uma explosão. Por esse motivo, também são conhecidos como motores a explosão.

Nas reações ocorridas nos motores a explosão, assim como em todas as combustões, há liberação de energia. Uma pergunta interessante sobre essas reações seria: de onde veio essa energia?

A energia foi liberada como resultado da transformação dos reagentes (combustível + gás oxigênio) em produtos (gás carbônico + água). Isso ocorre porque cada substância apresenta uma quantidade de energia denominada **energia interna** (U), que pode ser interpretada como a soma das energias cinética e potencial dos átomos que a compõem. Desse modo, ao ocorrer a combustão, a reorganização dos átomos participantes causa grande liberação de energia térmica.

Quando há uma reação química com trocas de energia térmica (calor), utilizamos a **entalpia** (H) para determinar a quantidade de energia envolvida. A entalpia é uma grandeza definida para sistemas a pressão constante; associada à energia interna desse sistema (reagentes + produtos), caracteriza uma propriedade extensiva da matéria, isto é, depende da quantidade de cada substância do sistema.

Como a maioria das reações químicas ocorre em um recipiente aberto, ou seja, com pressão constante de, aproximadamente, 1 atm, podemos utilizar a entalpia para determinar a quantidade de calor envolvida em qualquer reação nessa situação.

Quando utilizamos um calorímetro, com pressão constante e considerando-se que não há perdas de energia, o que conseguimos medir é a **variação da entalpia** ($\Delta H$) de um processo, pois ainda não é possível medir a entalpia de uma única substância. O cálculo da variação da entalpia é dado pela expressão genérica:

$$\Delta H = H_{final} - H_{inicial} \quad \text{ou} \quad \Delta H = H_{produtos} - H_{reagentes}$$

# Processos endotérmicos e exotérmicos

As transformações da matéria, sejam físicas ou químicas, envolvem processos de transferência de energia térmica na forma de calor. Os fenômenos que ocorrem com absorção de energia são denominados **endotérmicos**, enquanto aqueles que ocorrem com liberação de energia são denominados **exotérmicos**.

Considerando que os processos ocorrem em um sistema térmico não isolado, temos:

> **Processo endotérmico**: ocorre com a absorção de energia térmica, com fluxo de calor no sentido da vizinhança para o sistema.
> **Processo exotérmico**: ocorre com a liberação de energia térmica, com fluxo de calor do sistema para a vizinhança.

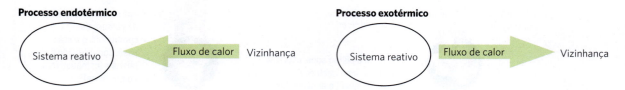

I Ao estudarmos processos endotérmicos e exotérmicos, podemos considerar o sistema térmico como um sistema reativo.

Antes de estudarmos os processos de transferência de energia térmica em reações químicas, vamos analisá-los em fenômenos físicos.

O ciclo da água representa a dinâmica de movimento das massas de água pelo planeta, tendo a energia solar como fonte de energia primária para esse processo.

Em determinados locais do planeta, é possível notar a existência da água nos três principais estados físicos da matéria (sólido, líquido e gasoso). Portanto, podemos concluir que, nesses locais, todas as mudanças de estado físico ocorrem de forma constante.

Em termos quantitativos, cada 18 g de água (1 mol) precisa absorver cerca de 44 kJ da energia proveniente do ambiente para vaporizar, ou seja, para passar para a forma de vapor, o que pode ser representado da seguinte maneira:

$$H_2O\ (\ell) + 44\ kJ \rightarrow H_2O\ (v)$$

Generalizando, os processos endotérmicos podem ser representados por:

> substâncias no estado inicial + energia térmica na forma de calor → substâncias no estado final

Caso partíssemos da mesma quantidade de água no estado líquido (18 g ou 1 mol) e a resfriássemos, seriam liberados cerca de 7,3 kJ de energia para que ocorresse a solidificação, ou seja, para passar para o estado sólido.

$$H_2O\ (\ell) \rightarrow H_2O\ (s) + 7,3\ kJ$$

Generalizando, os processos exotérmicos podem ser representados da seguinte maneira:

> substâncias no estado inicial → substâncias no estado final + energia térmica na forma de calor

Assim, podemos representar as mudanças de estado físico da água da seguinte forma:

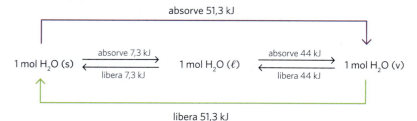

Agora, vamos estudar os fenômenos de transferência de energia térmica nas reações químicas.

## Reações endotérmicas e ΔH

A fotossíntese, reação realizada por alguns seres vivos (seres fotossintetizantes) para a síntese de matéria orgânica necessária à sua sobrevivência, é um exemplo de reação endotérmica e pode ser assim representada:

$$6\ CO_2 + 6\ H_2O \rightarrow C_6H_{12}O_6 + 6\ O_2 \qquad \Delta H = +\ 2\,540\ kJ$$

A partir da equação apresentada temos que, para a formação de um mol de glicose ($C_6H_{12}O_6$), ocorre absorção de 2 540 kJ.

1 mol de $C_6H_{12}O_6$ —————————— 2 540 kJ absorvidos

Com base nessa relação, podemos calcular a energia absorvida para qualquer quantidade de monossacarídeo formada. Por exemplo, caso fossem formados 18 g do carboidrato, teríamos:

$C_6H_{12}O_6 = 180$ g/mol

1 mol de $C_6H_{12}O_6$ —————————— 2 540 kJ absorvidos
180 g de $C_6H_{12}O_6$ —————————— 2 540 kJ
18 g de $C_6H_{12}O_6$ —————————— Q
Q = 254 kJ

Desse modo, para cada 18 g formados, seriam absorvidos 254 kJ.

Agora, vamos analisar a entalpia da reação. Partindo do princípio de que em toda reação termoquímica há conservação de energia, sabemos que a quantidade de energia dos reagentes deve ser igual à dos produtos. Apesar de não ser possível quantificar a entalpia de substâncias, para fins analíticos, podemos considerar a quantidade de energia de reagentes e produtos com entalpia de reagentes ($H_R$) e entalpia de produtos ($H_P$).

Assim, para uma reação endotérmica temos:

reagente + energia → produto
$H_R$ + $H_{absorvida}$ = $H_P$

Portanto, podemos concluir que $H_P > H_R$. Ou seja:

> Nas reações endotérmicas, como ocorre absorção de energia na forma de calor, a entalpia dos produtos ($H_P$) é maior do que a entalpia dos reagentes ($H_R$).

Analisando a variação de entalpia da reação, temos que, para reações endotérmicas, **ΔH > 0**. Observe:

$\Delta H = H_P - H_R$

**ΔH > 0** (positivo)

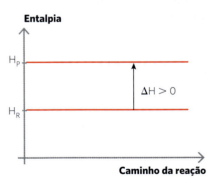

Retomando o exemplo da fotossíntese, podemos representar o diagrama energético da reação como se vê ao lado.

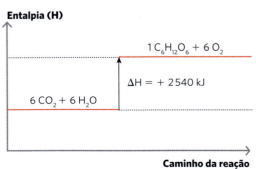

## Reações exotérmicas e ΔH

As reações de combustão, que consistem em reações de queima, são exemplos de reações exotérmicas, as quais liberam grande quantidade de energias térmica e luminosa. A combustão do metano pode ser representada por:

$$CH_4 + 2\,O_2 \rightarrow CO_2 + 2\,H_2O \qquad \Delta H = -889{,}5 \text{ kJ}$$

A partir dessa equação, temos que, para cada 1 mol de $CH_4$ (16 g) queimado, ocorre a liberação de 889,5 kJ de energia.

1 mol de $CH_4$ ——————— 889,5 kJ de energia liberados

Analogamente ao demonstrado para a fotossíntese, por meio dessa relação podemos calcular a quantidade de energia liberada para a queima de qualquer quantidade de metano. Por exemplo, é possível calcular a energia liberada na queima de 160 g de metano:

$CH_4$ = 16 g/mol

1 mol de $CH_4$ ——————— 889,5 kJ liberados
16 g de $CH_4$ ——————— 889,5 kJ
160 g de $CH_4$ ——————— Q

Q = 8 895 kJ

Desse modo, a queima de 160 g de metano libera 8 895 kJ.

Analisando novamente a entalpia da reação a partir do princípio de conservação de energia, para uma reação exotérmica, temos:

reagente → produto + energia
$H_R$ = $H_P$ + $H_{liberada}$

Portanto, podemos concluir que $H_P < H_R$. Ou seja:

> Nas reações exotérmicas, em razão da liberação de energia na forma de calor, a entalpia dos produtos ($H_P$) é menor do que a entalpia dos reagentes ($H_R$).

Analisando a variação de entalpia da reação, temos que, para reações exotérmicas, **ΔH < 0**. Observe ao lado.

$\Delta H = H_P - H_R$
**ΔH < 0** (negativo)

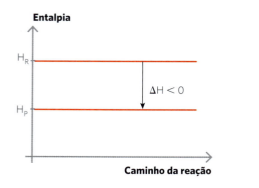

Retomando o exemplo da combustão do metano, podemos representar o diagrama energético da reação como se vê ao lado.

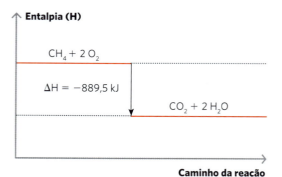

## Explore seus conhecimentos

**1** (Enem)

O ciclo da água é fundamental para a preservação da vida no planeta. As condições climáticas da Terra permitem que a água sofra mudanças de fase e a compreensão dessas transformações é fundamental para se entender o ciclo hidrológico. Numa dessas mudanças, a água ou a umidade da terra absorve o calor do sol e dos arredores. Quando já foi absorvido calor suficiente, algumas das moléculas do líquido podem ter energia necessária para começar a subir para a atmosfera.

Disponível em: http://www.keroagua.blogspot.com.
Acesso em: 30 mar. 2009 (adaptado).

A transformação mencionada no texto é a:
a) fusão.
b) liquefação.
c) evaporação.
d) solidificação.
e) condensação

**2** (Ifsul-RS) Que alternativa contém apenas fenômenos endotérmicos ou apenas fenômenos exotérmicos?
a) Queima de carvão – combustão em motores de automóveis – evaporação de líquidos.
b) Secagem de roupas – ebulição da água – derretimento de gelo.
c) Combustão em motores de automóveis – formação de geada – evaporação dos lagos.
d) Evaporação de líquidos – secagem de roupas – explosão de fogos de artifício.

Dadas as equações químicas abaixo, responda à questão **3**.

I. Metano + Ar $\xrightarrow{E}$ produtos
$\Delta H^0 = -802$ kJ/mol

II. HCℓ + KOH $\longrightarrow$ produtos
$\Delta H^0 = -55$ kJ/mol

III. CaCO$_3$ $\xrightarrow{\Delta}$ produtos
$\Delta H^0 = +178,2$ kJ/mol

**3** (UEPB) Julgue os itens a seguir relativos às reações químicas dadas.
I. As reações I e II são exotérmicas.
II. Todas as reações liberam energia na forma de calor.
III. A reação II é endotérmica.
IV. Para promover a reação III, a reação I é mais eficiente que a II, pois libera mais calor.

Estão corretas:
a) Apenas II e III.
b) Apenas I e II.
c) Apenas I e IV.
d) Apenas III e IV.
e) Todas.

**4** (Cefet-SC) As bolsas térmicas consistem, geralmente, de dois invólucros selados e separados, onde são armazenadas diferentes substâncias químicas. Quando a camada que separa os dois invólucros é rompida, as substâncias neles contidas misturam-se e ocorre o aquecimento ou o resfriamento. A seguir, estão representadas algumas reações químicas que ocorrem após o rompimento da camada que separa os invólucros com seus respectivos $\Delta H^0$. Analise as reações e os valores correspondentes de $\Delta H^0$ e indique a alternativa que correlaciona, corretamente, as reações com as bolsas térmicas quentes ou frias:

I. CaO(s) + SiO$_2$(s) → CaSiO$_3$(s)
$\Delta H^0 = -89,52$ kJ/mol

II. NH$_4$NO$_3$(s) + H$_2$O($\ell$) → (NH$_4$)$^+$ (aq) + (NO$_3$)$^-$ (aq)
$\Delta H^0 = +25,69$ kJ/mol

III. CaCℓ$_2$(s) + H$_2$O($\ell$) → Ca$^{2+}$(aq) + 2 Cℓ$^-$(aq)
$\Delta H^0 = -82,80$ kJ/mol

a) (I) é fria; (II) é quente; (III) é fria.
b) (I) é quente; (II) é fria; (III) é quente.
c) (I) é fria; (II) é fria; (III) é fria.
d) (I) é quente; (II) é quente; (III) é fria.
e) (I) é quente; (II) é quente; (III) é quente.

**5** (UFRGS-RS) Considere as seguintes afirmações sobre termoquímica.
I. A vaporização do etanol é um processo exotérmico.
II. Os produtos de uma reação de combustão têm entalpia inferior aos reagentes.
III. A reação química da cal viva (óxido de cálcio) com a água é um processo em que ocorre absorção de calor.
CaO + H$_2$O → Ca(OH)$_2$ + 65 kJ

Quais estão corretas?
a) Apenas I.
b) Apenas II.
c) Apenas III.
d) Apenas I e II.
e) I, II e III.

## Relacione seus conhecimentos

A tabela periódica deve ser consultada, caso necessário.

**1** (UFRGS-RS) Em nosso cotidiano ocorrem processos que podem ser endotérmicos (absorvem energia) ou exotérmicos (liberam energia). Indique a alternativa que contém apenas fenômenos exotérmicos ou apenas fenômenos endotérmicos.
a) explosão de fogos de artifício – combustão em motores de automóveis – formação de geada.
b) secagem de roupas – formação de nuvens – queima de carvão.
c) combustão em motores de automóveis – formação de geada – evaporação dos lagos.
d) evaporação de água dos lagos – secagem de roupas – explosão de fogos de artifício.
e) queima de carvão – formação de geada – derretimento de gelo.

**2** (Unicamp-SP) *Hot pack* e *cold pack* são dispositivos que permitem, respectivamente, aquecer ou resfriar objetos rapidamente e nas mais diversas situações. Esses dispositivos geralmente contêm substâncias que sofrem algum processo quando eles são acionados. Dois processos bastante utilizados nesses dispositivos e suas respectivas energias estão esquematizados nas equações 1 e 2 apresentadas a seguir.
1. $NH_4NO_3(s) + H_2O(\ell) \rightarrow (NH_4)^+(aq) + (NO_3)^-(aq)$   $\Delta H = 26$ kJ · mol$^{-1}$
2. $CaC_2(s) + H_2O(\ell) \rightarrow Ca^{2+}(aq) + 2\,C\ell^-(aq)$   $\Delta H = -82$ kJ · mol$^{-1}$

De acordo com a notação química, pode-se afirmar que as equações 1 e 2 representam processos de:
a) dissolução, sendo a equação 1 para um *hot pack* e a equação 2 para um *cold pack*.
b) dissolução, sendo a equação 1 para um *cold pack* e a equação 2 para um *hot pack*.
c) diluição, sendo a equação 1 para um *cold pack* e a equação 2 para um *hot pack*.
d) diluição, sendo a equação 1 para um *hot pack* e a equação 2 para um *cold pack*.

**3** (Unicid-SP) Analise o diagrama de uma reação química:

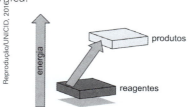

a) O processo representado pelo diagrama é endotérmico ou exotérmico? Justifique sua resposta.

b) Considere as equações:
$C(s) + 2\,S(s) \rightarrow CS_2(\ell)$   $\Delta H = +92$ kJ
$C(s) + O_2(g) \rightarrow CO_2(g)$   $\Delta H = -393$ kJ
$N_2(g) + O_2(g) \rightarrow 2\,NO(g)$   $\Delta H = +180$ kJ
$H_2(g) + \frac{1}{2} O_2(g) \rightarrow H_2O(\ell)$   $\Delta H = -286$ kJ

Selecione as reações químicas que podem ser usadas como exemplos para o diagrama. Justifique sua resposta.

**4** (Vunesp-SP) Considerando a utilização do etanol como combustível para veículos automotores, escreva a equação química balanceada da sua combustão no estado gasoso com $O_2(g)$, produzindo $CO_2(g)$ e $H_2O(g)$. Dadas para o etanol $CH_3CH_2OH(g)$ a massa molar (g/mol) igual a 46 e a densidade igual a 0,80 g/cm³, calcule a massa, em gramas, de etanol consumida por um veículo com eficiência de consumo de 10 km/L, após percorrer 115 km, e o calor liberado em kJ, sabendo-se que o calor de combustão do etanol $CH_3CH_2OH(g)$ é igual a $-1277$ kJ/mol.
$CH_3CH_2OH(g) + 3\,O_2(g) \rightarrow 2\,CO_2(g) + 3\,H_2O\,(v)$
$\Delta H = -1\,277$ kJ/mol

**5** (PUC-RJ) A combustão completa do etino (mais conhecido como acetileno) é representada na equação abaixo.
$C_2H_2(g) + 2{,}5\,O_2(g) \rightarrow 2\,CO_2(g) + H_2O(\ell)$
$\Delta H = -1\,255$ kJ

Assinale a alternativa que indica a quantidade de energia, na forma de calor, que é liberada na combustão de 130 g de acetileno, considerando o rendimento dessa reação igual a 89%.
a) $-12\,550$ kJ.   c) $-5\,020$ kJ.
b) $-6\,275$ kJ.   d) $-2\,410$ kJ.

**6** (USCS-SP) Quando usada para tratar um corte na pele, a água oxigenada, a 25 °C e pressão de 1 atm sofre decomposição, formando água e liberando oxigênio gasoso, de acordo com a equação:
$2\,H_2O_2(\ell) \rightarrow 2\,H_2O(\ell) + O_2(g) + 200$ kJ
Dados: H = 1; O = 16.

a) Calcule a quantidade de energia liberada para a decomposição de 34 g de água oxigenada a 25 °C e pressão de 1 atm.
b) Nessas condições e considerando a constante universal dos gases como sendo igual a 0,082 atm · L · mol$^{-1}$ · K$^{-1}$, calcule o volume de oxigênio formado na decomposição de 34 g de água oxigenada.

## Entalpia padrão e equações termoquímicas

Vimos anteriormente que não é possível determinar diretamente o conteúdo energético de cada substância, ou seja, sua entalpia. Por esse motivo, analisamos as variações de entalpia (ΔH) associadas aos processos térmicos. A variação de entalpia de um processo físico ou químico depende de uma série de fatores, como temperatura, pressão, quantidade de matéria e variedade alotrópica das substâncias participantes.

A fim de padronizar os cálculos associados às variações de entalpia, criou-se um referencial de condições, denominado **condição padrão**. Com base nesse referencial, podemos realizar o cálculo da **variação de entalpia nas condições padrão** de determinado processo. Para tanto, é definido que:

- o **estado padrão de uma substância** corresponde à sua forma pura, a 1,0 bar e 298,15 K;
- o estado padrão de um soluto em solução líquida corresponde à concentração de 1,0 mol/L;
- a **entalpia padrão** de uma substância é indicada por $H^0$;
- as reações nas quais tanto os produtos como os reagentes estão no estado padrão têm sua variação de entalpia indicada por $\Delta H^0$;
- por convenção, foi estabelecido que toda **substância simples**, no estado padrão e na sua forma alotrópica mais estável (mais comum), tem entalpia padrão ($H^0$) igual a zero.

A seguir, é apresentada uma tabela que relaciona as principais formas alotrópicas com sua estabilidade.

| Forma alotrópica mais estável ($H^0 = 0$) | Outra forma alotrópica menos estável ($H^0 \neq 0$) |
|---|---|
| $O_2$ (gás oxigênio) | $O_3$ (gás ozônio) |
| $C_{grafite}$ | $C_{diamante}$ |
| $S_{8 \text{ (enxofre rômbico)}}$ | $S_{8 \text{ (enxofre monoclínico)}}$ |
| $P_{4 \text{ (branco)}}$ | $P_{n \text{ (vermelho)}}$ |

| Substâncias simples em sua forma alotrópica mais estável |||
|---|---|---|
| Sólidas | Líquidas | Gasosas |
| Fe, Ag, Pb, Ca, I | $Br_2$, Hg | $C\ell_2, H_2, N_2$ |

As condições padrão permitem a definição de que uma **equação termoquímica** representativa de uma transformação deve apresentar as seguintes informações:

- variação de entalpia (ΔH);
- estados físicos de todos os participantes e variedades alotrópicas, caso existam;
- temperatura e pressão nas quais a transformação ocorre;
- coeficientes estequiométricos das substâncias participantes.

Caso a equação apresente o valor de variação de entalpia no estado padrão, não é necessário indicar a temperatura e a pressão de ocorrência da reação.

Observe os exemplos a seguir:

$$2\,A\ell(s) + \frac{3}{2}\,O_2(g) \rightarrow 1\,A\ell_2O_3(s) \qquad \Delta H^0 = -1676\,kJ/mol$$

A interpretação dessa equação termoquímica é: 2 mol de alumínio (sólido) reagem com $\frac{3}{2}$ mol de gás oxigênio ($O_2$), produzindo 1 mol de óxido de alumínio ($A\ell_2O_3$) no estado sólido e liberando 1 676 kJ, a 25 °C e 1 bar.

$$C_{grafite}(s) + 2\,H_2(g) \rightarrow 1\,CH_4(g) \qquad \Delta H^0 = -74{,}9\,kJ/mol$$

A interpretação dessa equação termoquímica é: 1 mol de carbono grafita ($C_{grafite}$) reage com 2 mol de gás hidrogênio ($H_2$), produzindo 1 mol de gás metano ($CH_4$) e liberando 74,94 kJ, a 25 °C e 1 bar.

Por intermédio da definição do conceito de entalpia no estado padrão, podemos calcular a variação de entalpia associada a diversos processos químicos. A seguir, vamos estudar alguns métodos utilizados para estimar essas variações.

## Entalpia de formação

Como a entalpia padrão das substâncias simples em sua forma alotrópica mais estável é nula, podemos afirmar que a variação de entalpia associada à formação de uma substância a partir de substâncias simples é equivalente à **entalpia de formação** da respectiva substância.

> **Entalpia de formação**: calor envolvido na formação de 1 mol de uma substância a partir de substâncias simples no estado padrão ($H^0 = 0$).

Observe alguns exemplos de equações termoquímicas de formação:
- Formação do $C_2H_2$ (g) nas condições padrão:

$$2\ C_{grafite}(s) + 1\ H_2(g) \rightarrow 1\ C_2H_2(g) \qquad \Delta H^0 = +223{,}7\ kJ/mol$$

Nessa reação, $+226{,}7\ kJ$ correspondem à entalpia de formação do $C_2H_2(g)$.

- Formação de $HBr(g)$ nas condições padrão:

$$\frac{1}{2}H_2(g) + \frac{1}{2}Br_2(\ell) \rightarrow 1\ HBr(g) \qquad \Delta H^0 = -36{,}23\ kJ/mol$$

Nessa reação, $-36{,}23\ kJ$ correspondem à entalpia de formação do $HBr(g)$. O resultado negativo não significa que o $HBr(g)$ tem "energia negativa", mas sim que seu conteúdo energético (entalpia) é menor do que as entalpias do $H_2(g)$ e do $Br_2(g)$, as quais, por convenção, são iguais a zero.

Graficamente, temos:

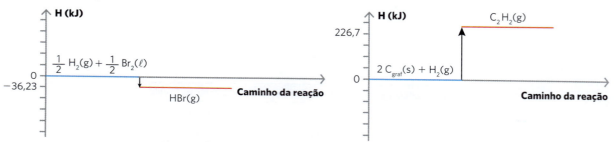

Os valores das entalpias padrão de formação normalmente são apresentados em tabelas. Utilizando-as podemos calcular a entalpia de muitas outras substâncias, assim como o $\Delta H$ de inúmeras reações. Para efetuar corretamente esses cálculos, devemos lembrar que:

> $\Delta H$ de formação = H da substância
> $\Delta H = H_P - H_R$

Considere a seguinte reação:
$$6\ CO_2(g) + 6\ H_2O(\ell) \rightarrow 1\ C_6H_{12}O_6(s) + 6\ O_2(g)$$

A partir das entalpias de formação, é possível calcular sua variação de entalpia nas condições padrão.

$$\underbrace{6\ CO_2(g) + 6\ H_2O(\ell)}\ \rightarrow\ \underbrace{1\ C_6H_{12}O_6(s) + 6\ O_2(g)}$$

$H_R = 6 \cdot H^0_{CO_2(g)} + 6 \cdot H^0_{H_2O(\ell)}$

$H_R = 6 \cdot (-393{,}5) + 6 \cdot (-285{,}3)$

$H_R = -4\,075{,}8\ kJ$

$H_P = 1 \cdot H^0_{C_6H_{12}O_6(s)} + 6 \cdot H^0_{O_2(g)}$

$H_P = -1273 + 0$

$H_P = -1273\ kJ$

$\Delta H = H_P - H_R$
$\Delta H = -1273 - (-4075{,}8)$
$\Delta H = -1273 + 4075{,}8$
$\Delta H = +2\,808{,}2\ kJ$

## Entalpia de combustão e poder calorífico

As reações de combustão são reações de queima que envolvem a liberação de considerável quantidade de energia térmica na forma de calor. São classificadas como **exotérmicas**.

> Considere a combustão de 1 mol de metano (combustível) em reação com o gás oxigênio (comburente).

Vamos considerar a queima de 1 mol de metano.

$$1\,CH_4(g) \begin{cases} +2\,O_2(g) \to 1\,CO_2(g) + 2\,H_2O(\ell) & \Delta H = -891\,kJ \\ +\dfrac{3}{2}\,O_2(g) \to 1\,CO(g) + 2\,H_2O(\ell) & \Delta H = -607\,kJ \\ +1\,O_2(g) \to 1\,C(s) + 2\,H_2O(\ell) & \Delta H = -497\,kJ \end{cases}$$

A representação gráfica dessas combustões é dada por:

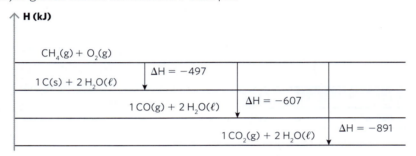

No exemplo, temos a representação de três possibilidades de combustão para o metano. A reação que produz $CO_2(g)$ é denominada **combustão completa**. Ela é a mais exotérmica, ou seja, que libera maior quantidade de energia na forma de calor. As reações que formam $CO(g)$ e $C(s)$ (fuligem) são denominadas **combustões incompletas** e liberam menos energia quando comparadas à queima completa.

A variação de entalpia na combustão completa pode ser denominada **entalpia de combustão**, $\Delta H$ de combustão, calor de combustão ou entalpia padrão de combustão.

> **Entalpia de combustão**: energia liberada na combustão completa de 1 mol de uma substância no estado padrão.

Para comparar a eficiência de diferentes combustíveis, costuma-se determinar a quantidade de calor envolvido na combustão completa por mol ou grama do combustível, a qual é denominada **poder calorífico**. Geralmente é adotada como referência a quantidade de 1 g ou ainda 1 kg do combustível. Observe a tabela ao lado, que apresenta a energia liberada na queima de vários combustíveis.

Com os dados da tabela, podemos comparar a energia liberada na queima de 1 kg de gás hidrogênio e de gasolina. Assim, temos:

- gás hidrogênio
  
  142 kJ liberados —— 1 g de gás hidrogênio
  
  Q —— 1000 g de gás hidrogênio (1 kg)
  
  Q = 142 000 kJ liberados

| Combustível | Energia liberada (kJ/g) |
|---|---|
| Hidrogênio | 142 |
| Gasolina | 48 |
| Petróleo cru | 43 |
| Carvão | 29 |
| Papel | 20 |
| Biomassa seca | 16 |
| Madeira seca ao ar | 15 |

Kotz – Tradução da 5ª edição americana – tabela adaptada.

- gasolina
  
  48 kJ liberados —— 1 g de gasolina
  
  Q —— 1000 g de gasolina (1 kg)
  
  Q = 48 000 kJ liberados

Assim, para uma mesma quantidade em massa, o gás hidrogênio libera cerca de três vezes mais calor do que a gasolina.

$$\dfrac{142\,000}{48\,000} = 2{,}96 \cong 3$$

## Explore seus conhecimentos

**1** Considere as entalpias de formação em kJ/mol no estado padrão.
MgO(s) = −600    Aℓ₂O₃(s) = −1670
Calcule a variação da entalpia (ΔH) da reação representada pela equação:
$$3MgO(s) + 2Aℓ(s) \rightarrow 3Mg(s) + Aℓ_2O_3(s)$$

**2** (Udesc - adaptado) A indústria siderúrgica utiliza-se da redução de minério de ferro para obter o ferro fundido, que é empregado na obtenção de aço. A reação de obtenção do ferro fundido é representada pela reação:
$$Fe_2O_{3(s)} + 3CO_{(g)} \rightarrow 2Fe_{(s)} + 3CO_{2(g)}$$
A entalpia de reação $(\Delta H_R^0)$ a 25 °C é:

Dados: Entalpia de formação $(\Delta H_f^0)$ a 25°C, kJ/mol.

| $\Delta H_f^0$ (kJ/mol) | Fe₂O₃ | Fe | CO | CO₂ |
|---|---|---|---|---|
| | −824,2 | 0 | −110,5 | −393,5 |

a) 24,8 kJ/mol.   d) −541,2 kJ/mol.
b) −24,8 kJ/mol.  e) 1328,2 kJ/mol.
c) 541,2 kJ/mol.

**3** (UFSM-RS) O álcool etílico é considerado um desinfetante e antisséptico, com finalidade de higienização das mãos, para prevenir a gripe H1N1. Esse álcool pode ser obtido pela fermentação de açúcares, como a glicose:
$$C_6H_{12}O_6(s) \rightarrow 2C_2H_5OH(\ell) + 2CO_2(g)$$
ΔH = −68 kJ · mol⁻¹

| Entalpia-padrão de formação de um mol da substância na temperatura de 25 °C e 1 atm ||
|---|---|
| Substância | $\Delta H_f^0$ (kJ · mol⁻¹) |
| C₆H₁₂O₆ (s) | −1 275 |
| CO₂ (g) | −394 |

A entalpia-padrão de formação de um mol de álcool etílico, em kJ · mol⁻¹, é, aproximadamente:
a) −950.    c) −278.    e) −34.
b) −556.    d) −68.

**4** (Unifesp) Sob a forma gasosa, o formol (CH₂O) tem excelente propriedade bactericida e germicida. O gráfico representa a variação de entalpia na queima de 1 mol de moléculas de formol durante a reação química.

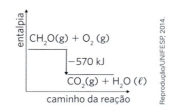

a) Escreva a fórmula estrutural do formol.
b) Dadas as entalpias-padrão de formação do H₂O (ℓ) = −286 kJ/mol e CO₂ (g) = −394 kJ/mol, calcule a entalpia-padrão de formação do formol.

## Relacione seus conhecimentos

**1** (FSM-PB) No processo de produção de ferro metálico (Fe), ocorre a redução do óxido ferroso (FeO) com monóxido de carbono (CO) de acordo com a equação representativa da reação:
$$FeO(s) + CO(g) \rightarrow Fe(s) + CO_2(g)$$
Considere os seguintes dados:

| Substância | $\Delta H_f^0$ (kJ/mol) |
|---|---|
| FeO (s) | −272,0 |
| CO (g) | −110,5 |
| CO₂ (g) | −394,0 |

a) Indique o tipo de ligação química envolvida em cada substância química reagente deste processo.

b) Calcule o valor, em kJ/mol, do calor envolvido na produção do ferro metálico a partir do óxido ferroso.

**2** (Uece) Durante a Segunda Guerra Mundial, o monóxido de carbono foi usado como combustível alternativo nos veículos para suprir a falta de gasolina. O monóxido de carbono era obtido em equipamentos conhecidos como gasogênios, pela combustão parcial da madeira. Nos motores dos automóveis, o monóxido de carbono era convertido em gás carbônico ao reagir com o oxigênio, e liberava 57,0 kcal/mol. Sabendo-se que a entalpia do produto dióxido de carbono é −94,0 kcal, pode-se afirmar corretamente que a entalpia de formação do monóxido de carbono é:

$$1\,CO + \frac{1}{2}O_2 \to CO_2$$

a) −37,0 kcal/mol.
b) −151,0 kcal/mol.
c) +37,0 kcal/mol.
d) +151,0 kcal/mol.

**3** (UFPR) Fullerenos são compostos de carbono que podem possuir forma esférica, elipsoide ou cilíndrica. Fullerenos esféricos são também chamados *buckyballs*, pois lembram a bola de futebol. A síntese de fullerenos pode ser realizada a partir da combustão incompleta de hidrocarbonetos em condições controladas.

a) Escreva a equação química balanceada da reação de combustão de benzeno a $C_{60}$.
b) Fornecidos os valores de entalpia de formação na tabela a seguir, calcule a entalpia da reação padrão do item a.

| Espécie | $\Delta H_f^0$ (kJ · mol$^{-1}$) |
|---|---|
| $H_2O$ ($\ell$) | −286 |
| $C_6H_6$ ($\ell$) | 49 |
| $C_{60}$ (s) | 2 327 |

**4** (Fatec-SP) O aumento da demanda de energia é uma das principais preocupações da sociedade contemporânea.
A seguir, temos equações termoquímicas de dois combustíveis muito utilizados para a produção de energia.

I. $H_3C - CH_2 - OH(\ell) + 3\,O_2(g) \to$
   $\to 2\,CO_2(g) + 3\,H_2O(\ell)$
   $\Delta H = -1366{,}8$ kJ

II. $H_3C - \underset{\underset{CH_3}{|}}{\overset{\overset{CH_3}{|}}{C}} - CH_2 - \underset{\underset{CH_3}{|}}{CH} - CH_3(\ell) + \frac{25}{2}O_2(g) \to$
   $\to 8\,CO_2(g) + 9\,H_2O(\ell)$
   $\Delta H = -5461{,}0$ kJ

Dadas as entalpias de formação dos compostos:
$CO_2$ (g) $\Delta H_f = -393$ kJ/mol
$H_2O$ ($\ell$) $\Delta H_f = -286$ kJ/mol

conclui-se, corretamente, que a entalpia de formação do combustível presente em **I** é, em kJ/mol:

a) −107,5.
b) +107,5.
c) −277,2.
d) +277,2.
e) +687,7.

**5** (Enem) Vários combustíveis alternativos estão sendo procurados para reduzir a demanda por combustíveis fósseis, cuja queima prejudica o meio ambiente devido à produção de dióxido de carbono (massa molar igual a 44 g · mol$^{-1}$). Três dos mais promissores combustíveis alternativos são o hidrogênio, o etanol e o metano. A queima de 1 mol de cada um desses combustíveis libera uma determinada quantidade de calor, que estão apresentadas na tabela a seguir.

| Combustível | Massa molar (g · mol$^{-1}$) | Calor liberado na queima (kJ · mol$^{-1}$) |
|---|---|---|
| $H_2$ | 2 | 270 |
| $CH_4$ | 16 | 900 |
| $C_2H_5OH$ | 46 | 1350 |

Considere que foram queimadas massas, independentemente, desses três combustíveis, de forma tal que em cada queima foram liberados 5 400 kJ. O combustível mais econômico, ou seja, o que teve a menor massa consumida, e o combustível mais poluente, que é aquele que produziu a maior massa de dióxido de carbono (massa molar igual a 44 g · mol$^{-1}$), foram, respectivamente:

a) o etanol, que teve apenas 46 g de massa consumida, e o metano, que produziu 900 g de $CO_2$.
b) o hidrogênio, que teve apenas 40 g de massa consumida, e o etanol, que produziu 352 g de $CO_2$.
c) o hidrogênio, que teve apenas 20 g de massa consumida, e o metano, que produziu 264 g de $CO_2$.
d) o etanol, que teve apenas 96 g de massa consumida, e o metano, que produziu 176 g de $CO_2$.
e) o hidrogênio, que teve apenas 2 g de massa consumida, e o etanol, que produziu 1350 g de $CO_2$.

## Lei de Hess

Germain Henri Hess (1802-1850), cientista suíço, formulou a seguinte lei de conservação da energia em termos das grandezas da Termoquímica:

> **Lei de Hess:** em uma reação química, a variação da entalpia é sempre a mesma, quer ocorra em uma única etapa, quer ocorra em várias. A variação da entalpia depende somente dos estados inicial e final.

A lei de Hess estabelece que a variação de entalpia da reação que ocorre em uma única etapa é igual à soma das variações de entalpia das etapas nas quais ela pode ocorrer. Ou seja:

$$\Delta H = \Delta H_1 + \Delta H_2$$

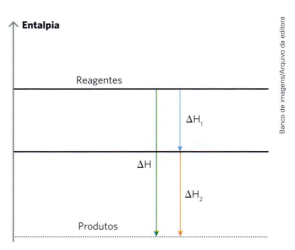

Nem sempre é possível calcular diretamente o $\Delta H$ de uma reação, por vários motivos:
- muitos compostos não podem ser sintetizados a partir de suas substâncias elementares;
- algumas reações são extremamente lentas;
- algumas reações são explosivas;
- em várias reações são formados produtos indesejáveis.

Nesses casos, o $\Delta H$ pode ser determinado de maneira indireta com base na lei de Hess.

Considere a síntese do propano [$C_3H_8(g)$], um dos combustíveis presentes no GLP (gás liquefeito do petróleo).

$$3\ C_{grafite} + 4\ H_2(g) \rightarrow C_3H_8(g)$$

Podemos calcular o valor da variação de entalpia $\Delta H^0$ para a reação apresentada partindo dos seguintes dados experimentais:

I. $C_3H_8 + 5\ O_2(g) \rightarrow 3\ CO_2(g) + 4\ H_2O(\ell)$ $\Delta H^0 = -2220$ kJ

II. $C_{grafite} + O_2(g) \rightarrow CO_2(g)$ $\Delta H^0 = -394$ kJ

III. $H_2(g) + \frac{1}{2}\ O_2(g) \rightarrow H_2O(\ell)$ $\Delta H^0 = -286$ kJ

Para esse cálculo, pode-se seguir esta sequência de passos:

1º) Inverter a equação (I), trocando o sinal do $\Delta H^0$:

$$4\ H_2O(\ell) + 3\ CO_2(g) \rightarrow C_3H_8(g) + 5\ O_2(g) \quad \Delta H^0 = +2220\ kJ$$

2º) Multiplicar a equação (II) por 3, multiplicando seu $\Delta H^0$ pelo mesmo fator:

$$3\ C_{grafite} + 3\ O_2(g) \rightarrow 3\ CO_2(g) \quad \Delta H^0 = 3 \cdot (-394)\ kJ$$

3º) Multiplicar a equação (III) por 4, multiplicando seu $\Delta H^0$ pelo mesmo fator:

$$4\ H_2(g) + 2\ O_2(g) \rightarrow 4\ H_2O(\ell) \quad \Delta H^0 = 4 \cdot (-286\ kJ)$$

Somando-se as equações, pela lei de Hess, é válido que:

$$\begin{aligned}
\cancel{4\ H_2O(\ell)} + \cancel{3\ CO_2(g)} \rightarrow C_3H_8(g) + \cancel{5\ O_2(g)} &\quad \Delta H^0 = +2220\ kJ \\
3\ C_{grafite} + \cancel{3\ O_2(g)} \rightarrow \cancel{3\ CO_2(g)} &\quad \Delta H^0 = 3 \cdot (-394\ kJ) \\
4\ H_2(g) + \cancel{2\ O_2(g)} \rightarrow \cancel{4\ H_2O(\ell)} &\quad \Delta H^0 = 4 \cdot (-286\ kJ) \\
\hline
3\ C_{grafite} + 4\ H_2(g) \rightarrow C_3H_8(g) &
\end{aligned}$$

$$\Delta H^0 = +2220\ kJ + 3 \cdot (-394\ kJ) + 4 \cdot (-286\ kJ) = -106\ kJ$$

Assim, a variação de entalpia para a síntese do propano é $\Delta H^0 = -106$ kJ.

## Explore seus conhecimentos

**1** Observe o diagrama que representa as mudanças de estado para a água.

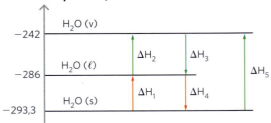

Com base nele, responda aos itens a seguir:

I. Calcule o valor do $\Delta H$ para a mudança de estado: $H_2O\,(s) \rightarrow H_2O\,(\ell)$
II. Calcule o valor do $\Delta H$ para a mudança de estado: $H_2O\,(\ell) \rightarrow H_2O\,(v)$
III. Calcule o valor do $\Delta H$ para a mudança de estado: $H_2O\,(s) \rightarrow H_2O\,(v)$
IV. Considere as mudanças de estado:
$H_2O\,(s) \rightarrow H_2O\,(v) \quad \Delta H_1$
$H_2O\,(\ell) \rightarrow H_2O\,(v) \quad \Delta H_2$
Calcule o valor do $\Delta H$ para a mudança.
$H_2O\,(v) \rightarrow H_2O\,(s)$

**2** A queima do carbono grafita pode originar o monóxido de carbono e o dióxido de carbono.

$C_{graf} + \frac{1}{2}O_2(g) \rightarrow CO(g) \quad \Delta H = -110\,kJ$
$C_{graf} + O_2(g) \rightarrow CO_2(g) \quad \Delta H = -394\,kJ$

Com base nas informações, calcule a entalpia da transformação de CO (g) em $CO_2$ (g) representada pela equação a seguir.

$CO(g) + \frac{1}{2}O_2(g) \rightarrow CO_2(g)$

**3** A reação do metal ferro (Fe) com o gás oxigênio pode originar dois óxidos diferentes. Essas reações, com seus respectivos valores de $\Delta H^0$, podem ser representadas pelas equações a seguir.

$Fe(s) + \frac{1}{2}O_2(g) \rightarrow FeO(s) \quad \Delta H^0 = -267,5\,kJ/mol$
$2\,Fe(s) + \frac{3}{2}O_2(g) \rightarrow Fe_2O_3(s) \quad \Delta H^0 = -819,3\,kJ/mol$

Determine, nas condições padrão (25 °C e 1 bar), a quantidade de calor envolvida na transformação abaixo e indique se essa reação é exotérmica ou endotérmica.

$2\,FeO(s) + \frac{1}{2}O_2(g) \rightarrow Fe_2O_3(s)$

**4** As reações a seguir representam a oxidação do gás hidrogênio.

$H_2(g) + 2\,O_2(g) \rightarrow H_2O(v) \quad \Delta H^0 = -242\,kJ$
$H_2(g) + \frac{1}{2}O_2(g) \rightarrow H_2O(\ell) \quad \Delta H^0 = -286\,kJ$

Com base nessas informações, calcule o calor envolvido na vaporização de 1,8 kg de água líquida.

$H_2O\,(\ell) \rightarrow H_2O\,(v)$

Dado: massa molar de $H_2O = 18\,g \cdot mol^{-1}$.

**5** (Enem) O benzeno, um importante solvente para a indústria química, é obtido industrialmente pela destilação do petróleo. Contudo, também pode ser sintetizado pela trimerização do acetileno catalisada por ferro metálico sob altas temperaturas, conforme a equação química:

$3\,C_2H_2\,(g) \rightarrow C_6H_6\,(\ell)$

A energia envolvida nesse processo pode ser calculada indiretamente pela variação de entalpia das reações de combustão das substâncias participantes, nas mesmas condições experimentais:

I. $C_2H_2(g) + \frac{5}{2}O_2(g) \rightarrow 2\,CO_2(g) + H_2O\,(\ell)$
$\Delta H_C^0 = -310\,kcal/mol$

II. $C_6H_6(\ell) + \frac{15}{2}O_2(g) \rightarrow 6\,CO_2(g) + 3\,H_2O\,(\ell)$
$\Delta H_C^0 = -780\,kcal/mol$

A variação de entalpia do processo de trimerização, em kcal, para a formação de um mol de benzeno é mais próxima de:

a) −1090.
b) −150.
c) −50.
d) +157.
e) +470.

**6** (Uepa) O hidróxido de magnésio, base do medicamento vendido comercialmente como Leite de Magnésia, pode ser usado como antiácido e laxante. Dadas as reações abaixo:

I. $2\,Mg(s) + O_{2(g)} \rightarrow 2\,MgO\,(s) \quad \Delta H = -1203,6\,kJ$
II. $Mg(OH)_2\,(s) \rightarrow MgO\,(s) + H_2O(\ell) \quad \Delta H = +37,1\,kJ$
III. $2\,H_2\,(g) + O_{2(g)} \rightarrow 2\,H_2O\,(\ell) \quad \Delta H = -571,7\,kJ$

Então, o valor da entalpia de formação do hidróxido de magnésio, de acordo com a reação $Mg\,(s) + H_2\,(g) + O_2\,(g) \rightarrow Mg(OH)_2\,(s)$, é:

a) −1 849,5 kJ.
b) +1 849,5 kJ.
c) −1 738,2 kJ.
d) −924,75 kJ.
e) +924,75 kJ.

## Relacione seus conhecimentos

**1** (Fuvest-SP) O monóxido de nitrogênio (NO) pode ser produzido diretamente a partir de dois gases que são os principais constituintes do ar atmosférico, por meio da reação representada por

$N_2(g) + O_2(g) \rightarrow 2\,NO(g) \quad \Delta H = +180\,kJ$

O NO pode ser oxidado, formando o dióxido de nitrogênio ($NO_2$), um poluente atmosférico produzido nos motores a explosão:

$2\,NO(g) + O_2(g) \rightarrow 2\,NO_2(g) \quad \Delta H = -114\,kJ$

Tal poluente pode ser decomposto nos gases $N_2$ e $O_2$:

$2\,NO_2(g) \rightarrow N_2(g) + 2\,O_2(g)$

Essa última transformação:
a) libera quantidade de energia maior do que 114 kJ.
b) libera quantidade de energia menor do que 114 kJ.
c) absorve quantidade de energia maior do que 114 kJ.
d) absorve quantidade de energia menor do que 114 kJ.
e) ocorre sem que haja liberação ou absorção de energia.

**2** (Uespi) O $N_2O$ é conhecido como gás hilariante, pois age sobre o sistema nervoso central, provocando riso de forma histérica. Esse gás pode ser produzido pela decomposição térmica do nitrato de amônio, de acordo com a equação:

$NH_4NO_3(s) \rightarrow N_2O(g) + 2\,H_2O(g)$

Utilizando os dados termoquímicos a seguir, calcule a quantidade de calor liberada nesse processo de obtenção do gás hilariante.

$H_2(g) + \frac{1}{2}O_2(g) \rightarrow H_2O(g)$

$\Delta H = -241,8\,kJ$

$N_2(g) + \frac{1}{2}O_2(g) \rightarrow N_2O(g)$

$\Delta H = 81,6\,kJ$

$N_2(g) + 2\,H_2(g) + \frac{3}{2}O_2(g) \rightarrow NH_4NO_3(s)$

$\Delta H = -365,3\,kJ$

a) 205,1 kJ
b) 36,7 kJ
c) 146,3 kJ
d) 95,4 kJ
e) 46,7 kJ

**3** (UFTM-MG) O cloreto de cálcio é um composto que tem grande afinidade com água, por isso é utilizado como agente secante nos laboratórios químicos e como antimofo nas residências. Este sal pode ser produzido na reação de neutralização do hidróxido de cálcio com ácido clorídrico. A entalpia dessa reação pode ser calculada utilizando as seguintes equações termoquímicas:

$CaO(s) + 2\,HC\ell(aq) \rightarrow CaC\ell_2(aq) + H_2O(\ell)$
$\Delta H^0 = -186\,kJ$
$CaO(s) + H_2O(\ell) \rightarrow Ca(OH)_2(s)$
$\Delta H^0 = -65\,kJ$
$Ca(OH)_2(s) \rightarrow Ca(OH)_2(aq)$
$\Delta H^0 = -13\,kJ$

a) Calcule a entalpia da reação de neutralização da solução de hidróxido de cálcio com solução de ácido clorídrico.
b) Calcule a energia envolvida na neutralização de 280 g de óxido de cálcio sólido com solução de ácido clorídrico. Essa reação é endotérmica ou exotérmica?

**4** (Enem) O ferro é encontrado na natureza na forma de seus minérios, tais como a hematita ($a - Fe_2O_3$), a magnetita ($Fe_3O_4$) e a wustita (FeO). Na siderurgia, o ferro-gusa é obtido pela fusão de minérios de ferro em altos-fornos em condições adequadas. Uma das etapas nesse processo é a formação de monóxido de carbono. O CO (gasoso) é utilizado para reduzir o FeO (sólido), conforme a equação química:

$FeO(s) + CO(g) \rightarrow Fe(s) + CO_2(g)$

Considere as seguintes equações termoquímicas:

$Fe_2O_3(s) + 3\,CO(g) \rightarrow 2\,Fe(s) + 3\,CO_2(g)$
$\Delta H_r^0 = -25\,kJ/mol$ de $Fe_2O_3$
$3\,FeO(s) + CO_2(g) \rightarrow Fe_3O_4(s) + CO(g)$
$\Delta H_r^0 = -36\,kJ/mol$ de $CO_2$
$2\,Fe_3O_4(s) + CO_2(g) \rightarrow 3\,Fe_2O_3(s) + CO(g)$
$\Delta H_r^0 = +47\,kJ/mol$ de $CO_2$

O valor mais próximo de $\Delta H_r^0$ em kJ/mol de FeO, para a reação indicada do FeO (sólido) com o CO (gasoso), é:

a) −14.
b) −17.
c) −50.
d) −64.
e) −100.

**5** (Unicamp-SP) Um artigo científico recente relata um processo de produção de gás hidrogênio e dióxido de carbono a partir de metanol e água. Uma vantagem dessa descoberta é que o hidrogênio poderia assim ser gerado em um carro e ali consumido na queima com oxigênio. Dois possíveis processos de uso do metanol como combustível num carro – combustão direta ou geração e queima do hidrogênio – podem ser equacionados conforme o esquema abaixo:

| | |
|---|---|
| $CH_3OH(g) + \frac{3}{2} O_2(g) \rightarrow CO_2(g) + 2 H_2O(g)$ | combustão direta |
| $CH_3OH(g) + H_2O(g) \rightarrow CO_2(g) + 3 H_2(g)$ $H_2(g) + \frac{1}{2} O_2(g) \rightarrow H_2O(g)$ | geração e queima de hidrogênio |

De acordo com essas equações, o processo de geração e queima de hidrogênio apresentaria uma variação de energia

a) diferente do que ocorre na combustão direta do metanol, já que as equações globais desses dois processos são diferentes.
b) igual à da combustão direta do metanol, apesar de as equações químicas globais desses dois processos serem diferentes.
c) diferente do que ocorre na combustão direta do metanol, mesmo considerando que as equações químicas globais desses dois processos sejam iguais.
d) igual à da combustão direta do metanol, já que as equações químicas globais desses dois processos são iguais.

## Energia de ligação

Para que uma reação química ocorra, primeiramente é necessário que ligações químicas de reagentes sejam quebradas, o que se dá por meio da absorção de energia (processo **endotérmico**). Em seguida, novas ligações químicas devem ser estabelecidas para que os produtos sejam formados, o que resulta em liberação de energia (processo **exotérmico**).

Considerando uma mesma substância, podemos afirmar que a energia necessária para quebrar uma ligação será numericamente a mesma liberada na sua formação. Como a quebra de ligações é um processo endotérmico, a energia de quebra será sempre positiva. Analogamente, como a formação de ligações é um processo exotérmico, a energia de formação será sempre negativa.

Desse modo, a **energia de ligação**, ou **entalpia de ligação**, é definida da seguinte forma:

> **Energia de ligação**: energia absorvida na quebra de 1 mol de ligações no estado gasoso ($\Delta H > 0$).

Como a força de uma ligação química depende dos tipos de interação atômica existentes em sua vizinhança, utilizamos apenas entalpias de ligação médias.

Conhecendo os valores da entalpia de ligação média dos reagentes e dos produtos de uma reação, podemos calcular sua variação de entalpia. Para efetuar esse cálculo, é necessário determinar a energia requerida para quebrar todas as ligações dos reagentes e a energia para formar todas as ligações dos produtos, sendo que todas as substâncias devem estar no estado gasoso.

Observe os exemplos a seguir envolvendo o cálculo da variação de entalpia de uma reação a partir dos valores de entalpia de ligação média:

1º) $H_2(g) + Br_2(g) \rightarrow 2\ HBr(g)$

$H—H(g) + Br—Br(g) \rightarrow 2\ H—Br(g)$

$H_R = (H—H) + (Br—Br)$
$H_R = 436 + 193$
$H_R = 629\ kJ$

$H_P = 2 \cdot (H—Br)$
$H_P = 2 \cdot 366$
$H_P = 732\ kJ$

**H — H**   **Br — Br**   **H — Br**

Como a energia liberada é maior do que a absorvida, a reação será **exotérmica**, com um saldo de 732 − 629 = 103 kJ de energia liberados.

Assim: $H_2(g) + Br_2(g) \rightarrow 2\,HBr(g)$   $\Delta H = -103$ kJ

2°) $N_2(g) + O_2(g) \rightarrow 2\,NO(g)$

$$\underbrace{N\equiv N(g) + O=O(g)}_{\substack{H_R=(N\equiv N)+(O=O) \\ H_R=941+495 \\ H_R=1436\,kJ}} \rightarrow \underbrace{2\,N=O(g)}_{\substack{H_P=2\cdot(N=O) \\ H_P=2\cdot607 \\ H_P=1214\,kJ}}$$

$N\equiv N$   $O=O$   $N=O$

Como a energia absorvida é maior do que a liberada, a reação será **endotérmica**. O saldo será, portanto, de 1 436 − 1 214 = 222 kJ de energia absorvidos.

Desse modo: $N_2(g) + O_2(g) \rightarrow 2\,NO(g)$   $\Delta H = +222$ kJ.

## Explore seus conhecimentos

**1** (UEL-PR) A transformação representada por $N_2(g) \rightarrow 2\,N(g)$ é:

a) endotérmica, pois envolve ruptura de ligações intramoleculares.
b) endotérmica, pois envolve ruptura de ligações intermoleculares.
c) endotérmica, pois envolve formação de ligações intramoleculares.
d) exotérmica, pois envolve ruptura de ligações intramoleculares.
e) exotérmica, pois envolve formação de ligações intermoleculares.

**2** (UFRGS-RS) Com base no seguinte quadro de entalpias de ligação, assinale a alternativa que apresenta o valor da entalpia de formação da água gasosa.

| Ligação | Entalpia (kJ · mol⁻¹) |
|---|---|
| H — O | 464 |
| H — H | 436 |
| O = O | 498 |
| O — O | 134 |

a) −243 kJ · mol⁻¹
b) −134 kJ · mol⁻¹
c) +243 kJ · mol⁻¹
d) +258 kJ · mol⁻¹
e) +1532 kJ · mol⁻¹

**3** (Unirio-RJ) O gás cloro ($C\ell_2$), amarelo-esverdeado, é altamente tóxico. Ao ser inalado, reage com a água existente nos pulmões, formando ácido clorídrico (HCℓ) – um ácido forte, capaz de causar graves lesões internas, conforme a seguinte reação:

$C\ell - C\ell + H - O - H \rightarrow H - C\ell + H - O - C\ell$
$C\ell_2(g) + H_2O(g) \rightarrow HC\ell(g) + HC\ell O(g)$

| Ligação | Energia de ligação (kJ/mol; 25 °C e 1 atm) |
|---|---|
| Cℓ — Cℓ | 243 |
| H — O | 464 |
| H — Cℓ | 431 |
| Cℓ — O | 205 |

Utilizando os dados constantes na tabela anterior, marque a opção que contém o valor correto da variação de entalpia verificada, em kJ/mol.

a) +104
b) +71
c) +52
d) −71
e) −104

**4** (UPE) A energia de ligação (H — N) em kJ/mol é igual a:

| Reação | $3\,H_2(g) + N_2(g) \rightarrow 2\,NH_3(g)$ | ΔH |
|---|---|---|
|  |  | −78 kJ/mol |
| Energia de ligação | H — H | 432 kJ/mol |
|  | N ≡ N | 942 kJ/mol |

a) 772.
b) 360.
c) 386.
d) 1080.
e) 260,5.

## Relacione seus conhecimentos

**1** (Unicamp-SP) No funcionamento de um motor, a energia envolvida na combustão do n-octano promove a expansão dos gases e também o aquecimento do motor. Assim, conclui-se que a soma das energias envolvidas na formação de todas as ligações químicas é:
a) maior que a soma das energias envolvidas no rompimento de todas as ligações químicas, o que faz o processo ser endotérmico.
b) menor que a soma das energias envolvidas no rompimento de todas as ligações químicas, o que faz o processo ser exotérmico.
c) maior que a soma das energias envolvidas no rompimento de todas as ligações químicas, o que faz o processo ser exotérmico.
d) menor que a soma das energias envolvidas no rompimento de todas as ligações químicas, o que faz o processo ser endotérmico.

**2** (UFG-GO) A tabela a seguir apresenta os valores de energia de ligação para determinadas ligações químicas.

| Ligação | Energia (kcal/mol) |
|---|---|
| C — C | 83 |
| C — H | 100 |
| C — O | 85 |
| O — H | 110 |

```
      H   H
      |   |
  H — C — C — O — H
      |   |
      H   H
        etanol
```

```
      H   H   H   H
      |   |   |   |
  H — C — C — C — C — O — H
      |   |   |   |
      H   H   H   H
           butanol
```

Para as moléculas de etanol e butanol, os valores totais da energia de ligação (em kcal/mol) destas moléculas são respectivamente iguais a:
a) 861 e 1454.
b) 668 e 1344.
c) 668 e 1134.
d) 778 e 1344.
e) 778 e 1134.

**3** (EsPCEx/Aman-RJ) Considerando os dados termoquímicos empíricos de energia de ligação das espécies, a entalpia da reação de síntese do fosgênio é:
Dados:

| Energia de ligação | |
|---|---|
| C = O | 745 kJ/mol |
| C ≡ O | 1 080 kJ/mol |
| C — Cℓ | 328 kJ/mol |
| Cℓ — Cℓ | 243 kJ/mol |

$$C \equiv O + C\ell - C\ell \rightarrow \begin{matrix} C\ell \\ \phantom{x} \searrow \\ \phantom{xx} C = O \\ \phantom{x} \nearrow \\ C\ell \end{matrix}$$

a) +522 kJ.
b) −78 kJ.
c) −300 kJ.
d) +100 kJ.
e) −141 kJ.

**4** (PUC-RJ) Considere o processo industrial de obtenção do propan-2-ol (isopropanol) a partir da hidrogenação da acetona, representada pela equação a seguir.

```
       O                              H
       ||                             |
                                      O
                                      |
  H₃C — C — CH₃(g) + H — H(g) → H₃C — C — CH₃(g)
                                      |
                                      H
```

acetona                    isopropanol

| Ligação | Energia (kJ/mol) |
|---|---|
| C = O | 745 |
| H — H | 436 |
| C — H | 413 |
| C — O | 358 |
| O — H | 463 |

Fazendo uso das informações contidas na tabela anterior, é correto afirmar que a variação de entalpia para essa reação, em kJ/mol, é igual a:
a) −53.
b) +104.
c) −410.
d) +800.
e) −836.

**CIÊNCIAS DA NATUREZA E SUAS TECNOLOGIAS**

UNIDADE

# Cinética química e equilíbrio químico

No século XV, diversos alquimistas tentaram replicar o elixir da vida, pois acreditavam que essa substância poderia curar doenças, prolongar a vida e até mesmo permitir alcançar a imortalidade, porém não foram bem-sucedidos.

Atualmente, sabemos que o processo de envelhecimento ocorre em todos os seres vivos: seres humanos, animais, plantas. Alguns agentes podem ser responsáveis pela aceleração desse processo, embora haja outros que podem retardá-lo.

Pensando nesses aspectos, você saberia identificar quais fatores podem retardar e quais podem acelerar um processo? E quais fatores são responsáveis pelas transformações que ocorrem durante esses processos?

Monkey Business Images/Shutterstock

O processo de envelhecimento dos seres vivos é natural. Nos seres humanos, é um processo biológico, cronológico e social.

## Nesta unidade vamos:

- representar as maneiras de expressar a rapidez de uma reação;
- analisar a taxa de consumo e de formação de componentes das reações;
- identificar os fatores que alteram a velocidade das reações;
- empregar a lei da velocidade (rapidez) das reações;
- compreender o que é um processo reversível;
- avaliar as possíveis condições para a reversibilidade.

# CAPÍTULO 26
# Rapidez das reações químicas

Este capítulo favorece o desenvolvimento da habilidade
**EM13CNT302**

Você saberia dizer quanto tempo depois de consumirmos um medicamento ele começa a agir no nosso organismo? Seria possível alterar esse tempo? Com relação às frutas, por exemplo, será que existem substâncias que façam com que não estraguem tão rapidamente?

O escurecimento da prata se deve à formação de uma camada de sulfeto de prata, cuja cor é escura.

Para apresentar o conceito de rapidez de uma reação, vamos analisar a decomposição de dióxido de nitrogênio, um gás presente na poluição do ar. Esse gás se decompõe em monóxido de nitrogênio e gás oxigênio da seguinte maneira:

$$2\ NO_2\ (g) \rightarrow 2\ NO\ (g) + O_2\ (g)$$

Para isso, vamos considerar que temos um frasco somente de dióxido de nitrogênio e, no decorrer da reação (decomposição), vamos medir as concentrações de dióxido de nitrogênio, monóxido de nitrogênio e gás oxigênio. Observe esses dados abaixo.

Algumas reações podem ocorrer com maior rapidez, como no processo de explosão de dinamite, porém existem reações que ocorrem lentamente: é o caso do escurecimento da prata.

|  | 2 NO₂ (g) | → | 2 NO (g) | + | O₂ (g) |
|---|---|---|---|---|---|
| t = 0 s | 0,01 mol/L |  | 0 mol/L |  | 0 mol/L |
|  | consumidos 0,0021 mol/L |  | formados 0,0021 mol/L |  | formados 0,0011 mol/L |
| t = 50 s | 0,0079 mol/L |  | 0,0021 mol/L |  | 0,0011 mol/L |
|  | consumidos 0,0014 mol/L |  | formados 0,0014 mol/L |  | formados 0,0007 mol/L |
| t = 100 s | 0,0065 mol/L |  | 0,0035 mol/L |  | 0,0018 mol/L |
|  | consumidos 0,0017 mol/L |  | formados 0,0017 mol/L |  | formados 0,00085 mol/L |
| t = 200 s | 0,0048 mol/L |  | 0,0052 mol/L |  | 0,0026 mol/L |
|  | consumidos 0,0017 mol/L |  | formados 0,0017 mol/L |  | formados 0,00085 mol/L |
| t = 400 s | 0,0031 mol/L |  | 0,0069 mol/L |  | 0,0035 mol/L |

É possível representar graficamente as variações das concentrações em mol/L em função do tempo.

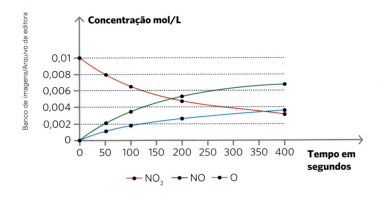

Conhecer a rapidez de uma reação significa conhecer a taxa de consumo de um reagente ou taxa de formação de um produto em dado intervalo de tempo.

As quantidades de reagentes e produtos podem ser expressas de diferentes maneiras: em massa, volume (para gases), número de mol ou concentração em mol/L, enquanto o tempo pode ser expresso em hora, minuto ou segundo. Como a rapidez pode variar ao longo da ocorrência da reação, habitualmente trabalhamos com a rapidez (velocidade) média.

Por muito tempo, o termo velocidade foi utilizado para definir a rapidez com que uma reação química ocorre, no entanto esse termo não é adequado, uma vez que, em Física, ele é definido como a razão entre a distância percorrida e o intervalo de tempo. Atualmente, alguns exames de seleção ainda fazem uso do termo velocidade, razão pela qual utilizaremos os dois termos.

## Velocidade (rapidez) média

É o quociente entre a variação das quantidades dos reagentes ou dos produtos e o intervalo de tempo no qual essa variação ocorreu:

$$v = \frac{\Delta_{quantidade}}{\Delta_{tempo}} = \frac{\text{quantidade final} - \text{quantidade inicial}}{\text{tempo final} - \text{tempo inicial}}$$

A maneira mais comum é expressar a quantidade inicial e final utilizando a concentração, em mol/L. Na expressão matemática da velocidade média de reação, a concentração é normalmente representada por dois colchetes [ ], e a expressão da velocidade média é assim representada:

$$v_{média} = \frac{\Delta_{[\ ]}}{\Delta_{tempo}} = \frac{[final] - [inicial]}{\text{tempo final} - \text{tempo inicial}}$$

Ao calcularmos o $\Delta$ [reagentes], notamos que ele apresenta um valor menor do que zero, ou seja, valor negativo, pois a concentração final é menor do que a inicial. Para não trabalhar com valores negativos, usamos $-\Delta$ [reagentes] na expressão da rapidez (velocidade) média dos reagentes.

Assim, a velocidade média é expressa por:

$$v_{média} = \frac{-\Delta_{[reagentes]}}{\Delta_{tempo}} \quad \text{ou} \quad v_{média} = \frac{\Delta_{[produtos]}}{\Delta_{tempo}}$$

A seguir, usando dados obtidos no nosso exemplo, vamos calcular a rapidez (velocidade) média, analisando a decomposição do dióxido de nitrogênio.

$$2\ NO_2\ (g) \rightarrow 2\ NO\ (g) + O_2$$

A velocidade média de decomposição do dióxido de nitrogênio pode ser calculada utilizando-se a expressão:

$$V_{mNO_2} = \frac{-([NO_2]_{final} - [NO_2]_{inicial})}{t_{final} - t_{inicial}} \Rightarrow V_m = \frac{-\Delta\ [NO_2]}{\Delta t}$$

Analisando os dados da tabela do exemplo anterior, vamos determinar a velocidade média para dois intervalos de tempo:

| t = 0 segundo | t = 50 segundos | $\Delta t = 50 - 0 = 50$ segundos |
|---|---|---|
| 0,01 mol/L | 0,0079 mol/L | $\Delta t_{(NO_2)} = 0,0079 - 0,01 = -0,0021$ mol/L |

Aplicando a expressão:

$$V_m = \frac{-\Delta_{[NO_2]}}{\Delta t} \Rightarrow \frac{-\Delta\ [-0,0021\ mol/L]}{50\ s} = 0,000042\ mol/L \cdot s$$

Conhecendo a velocidade média de um dos participantes da reação, podemos determinar as velocidades médias dos demais participantes, uma vez que elas obedecem à proporção estequiométrica, no caso: 2:2:1.

Assim, para o mesmo intervalo de tempo, teremos:

| Proporção | 2 | 2 | 1 |
|---|---|---|---|
| | $V_{mNO_2} = 0,000042$ mol/L·s | $V_{mNO} = 0,000042$ mol/L·s | $V_{mO_2} = 0,000021$ mol/L·s |

Se dividirmos os valores das velocidades médias dos componentes da reação pelos respectivos coeficientes estequiométricos, encontraremos o valor da velocidade média da reação.

$$V_m = \frac{V_{mNO_2}}{2} = \frac{V_{mNO}}{2} = \frac{V_{mO_2}}{1} = 0,000021 \text{ mol/L} \cdot \text{s}$$

Genericamente, para a reação dada:

$$aA + bB \rightarrow cC$$

temos:

$$V_{reação} = \frac{V_{mA}}{a} = \frac{V_{mB}}{b} = \frac{V_{mC}}{c}$$

Essa definição foi convencionada pela IUPAC e permite calcular a velocidade média de uma reação sem especificar as substâncias participantes.

## Explore seus conhecimentos

**1** O gráfico abaixo mostra a variação das quantidades de três substâncias ao longo do tempo durante uma reação química:

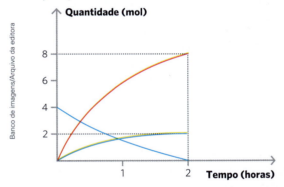

Indique qual é a equação química coerente com o gráfico acima.

I. $2 O_3 \rightarrow 3 O_2$
II. $N_2 + 3 H_2 \rightarrow 2 NH_3$
III. $2 N_2O_5 \rightarrow 4 NO_2 + O_2$

**2** O gás metano, também chamado de biogás ou gás do lixo, uma fonte de energia menos poluente que a gasolina e o óleo *diesel*, vem sendo utilizado em várias cidades como combustível em veículos de transporte público. No interior do motor, o metano sofre combustão de acordo com a seguinte equação química:

$$CH_4(g) + 2 O_2(g) \rightarrow 2 CO_2(g) + 2 H_2O(\ell)$$

Sabendo que no motor foram consumidos 2 mol desse combustível em 10 minutos, calcule:

a) A velocidade média de consumo do metano, em mol/minuto.
b) A velocidade média de consumo do oxigênio, em mol/minuto.

**3** (Uepa) Um dos grandes problemas ambientais na atualidade relaciona-se com o desaparecimento da camada de ozônio na atmosfera. É importante notar que, quando desaparece o gás ozônio, aparece imediatamente o gás oxigênio de acordo com a equação abaixo:

$$2 O_3(g) \rightarrow 3 O_2(g)$$

Considerando a velocidade de aparecimento de $O_2$ igual a 12 mol/L · s, a velocidade de desaparecimento do ozônio na atmosfera em mol/L · s é:

a) 12.   b) 8.   c) 6.   d) 4.   e) 2.

**4** (ITA-SP) A reação entre os íons brometo e bromato, em meio aquoso e ácido, pode ser representada pela seguinte equação química balanceada:

$$5 Br^-(aq) + (BrO_3)^-(aq) + 6 H^+(aq) \rightarrow$$
$$\rightarrow 3 Br_2(g) + 3 H_2O(\ell)$$

Sabendo que a velocidade de desaparecimento do íon bromato é igual a $5,63 \cdot 10^{-6}$ mol · $L^{-1}$ · $s^{-1}$, assinale a alternativa que apresenta o valor correto para a velocidade de aparecimento do bromo, $Br_2$, expressa em mol · $L^{-1}$ · $s^{-1}$.

a) $1,69 \cdot 10^{-5}$     d) $1,13 \cdot 10^{-6}$
b) $5,63 \cdot 10^{-6}$    e) $1,80 \cdot 10^{-6}$
c) $1,90 \cdot 10^{-6}$

**5** (UFRGS-RS) Sob determinadas condições, verificou-se que a taxa de produção de oxigênio na reação abaixo é de $8,5 \cdot 10^{-5}$ mol · $L^{-1}$ · $s^{-1}$.

$$N_2O_5(g) \rightarrow N_2O_4(g) + \frac{1}{2} O_2(g)$$

Se a velocidade permanecer constante, ao longo de 5 minutos, a diminuição da concentração de $N_2O_5$ será de

a) 8,5 mmol · $L^{-1}$.     d) 17 mol · $L^{-1}$.
b) 51 mmol · $L^{-1}$.     e) 51 mol · $L^{-1}$.
c) 85 mmol · $L^{-1}$.

## Relacione seus conhecimentos

**1** (PUC-MG) Considere o gráfico abaixo, no qual estão representados o tempo e a evolução das concentrações das espécies B, C, D e E, que participam de uma reação química.

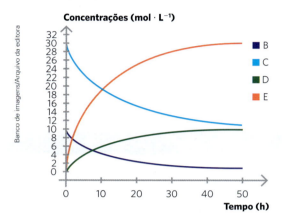

A forma **correta** de representar essa reação é:
a) B + 3 C → D + 2 E
b) D + 2 E → B + 3 C
c) B + 2 C → D + 3 E
d) D + 3 E → B + 2 C

**2** (PUC-RJ) Considere a reação de decomposição da substância A na substância B e as espécies a cada momento, segundo o tempo indicado na figura.

Sobre a velocidade dessa reação, é correto afirmar que a velocidade de:
a) decomposição da substância A, no intervalo de tempo de 0 a 20 s, é 0,46 mol/s.
b) decomposição da substância A, no intervalo de tempo de 20 a 40 s, é 0,012 mol/s.
c) decomposição da substância A, no intervalo de tempo de 0 a 40 s, é 0,035 mol/s.
d) formação da substância B, no intervalo de tempo de 0 a 20 s, é 0,46 mol/s.
e) formação da substância B, no intervalo de tempo de 0 a 40 s, é 0,70 mol/s.

**3** Alguns antibióticos se degradam com o passar do tempo conforme o diagrama a seguir.

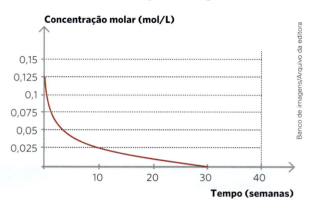

Com base nas informações do diagrama, calcule a velocidade de degradação do antibiótico entre as semanas 10 e 30 em mol/L · semana.

**4** (UFRGS-RS) O ácido hidrazoico $HN_3$ é um ácido volátil e tóxico que reage de modo extremamente explosivo e forma hidrogênio e nitrogênio, de acordo com a reação abaixo.

$$2\ HN_3 \rightarrow H_2 + 3\ N_2$$

Sob determinadas condições, a velocidade de decomposição do $HN_3$ é de $6,0 \cdot 10^{-2}$ mol · $L^{-1}$ · $min^{-1}$. Nas mesmas condições, as velocidades de formação de $H_2$ e de $N_2$, em mol · $L^{-1}$ · $min^{-1}$, são, respectivamente,

a) 0,01 e 0,03.
b) 0,03 e 0,06.
c) 0,03 e 0,09.
d) 0,06 e 0,06.
e) 0,06 e 0,18.

**5** (Uerj) *Airbags* são dispositivos de segurança de automóveis que protegem o motorista em caso de colisão. Consistem em uma espécie de balão contendo 130 g de azida de sódio em seu interior. A azida, submetida a aquecimento, decompõe-se imediata e completamente, inflando o balão em apenas 30 milissegundos.
A equação abaixo representa a decomposição da azida:

$$2\ NaN_3\ (s) \xrightarrow{\Delta} 3\ N_2\ (g) + 2\ Na\ (s)$$

Considerando o volume molar igual a 24 L/mol, calcule a velocidade da reação, em L/s, de nitrogênio gasoso produzido.

## Fatores necessários para a ocorrência das reações

Alguns fatores são necessários para que uma reação química ocorra, pois, quando duas substâncias entram em contato, nem sempre elas reagem. Vamos analisar a seguir esses fatores.

### Teoria das colisões

Quando reagentes são colocados em contato para o início de uma reação química, as partículas que os compõem devem colidir, ou seja, chocar-se umas com as outras, e parte dessas colisões, dependendo da orientação e da energia, pode originar produtos.

Porém, nem todos os choques entre as partículas que compõem os reagentes dão origem a produtos: são os chamados **choques não eficazes**. Os choques que resultam em quebra e na formação de novas ligações são denominados **eficazes** ou **efetivos**.

Observe a seguir a reação de moléculas de nitrogênio e oxigênio para formar o produto monóxido de nitrogênio.

- **Colisão não privilegiada**
  - $N_2 + O_2 \rightarrow$ sem formação de complexo ativado $\rightarrow N_2 + O_2$

- **Colisão sem energia suficiente para originar o produto**
  - $N_2 + O_2 \rightarrow$ sem formação de complexo ativado $\rightarrow N_2 + O_2$

- **Colisão com energia suficiente e na posição privilegiada para originar o produto**
  - $N_2 + O_2 \rightarrow$ complexo ativado $\rightarrow NO + NO$

### Complexo ativado

No momento da colisão das partículas em uma posição privilegiada, há a formação de uma estrutura intermediária e instável entre os reagentes e os produtos. Essa estrutura possui ligações enfraquecidas (presente nos reagentes), com a formação de novas ligações (presentes nos produtos). Observe abaixo.

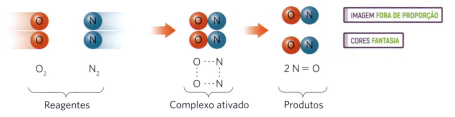

### Energia de ativação

Para a formação do complexo ativado, é necessário, além da posição favorável, que haja energia suficiente para quebrar as ligações entre os átomos dos reagentes. A quantidade de energia mínima necessária para romper as ligações entre esses átomos é chamada **energia de ativação**.

Observe a seguir a representação gráfica do início da reação química até a formação dos produtos.

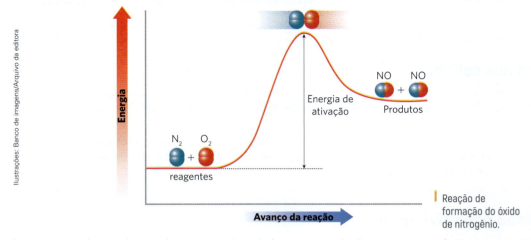

Reação de formação do óxido de nitrogênio.

Esse fenômeno pode ser observado nas reações exotérmicas e endotérmicas, e seus diagramas, que indicam a entalpia e o caminho da reação, podem ser representados por:

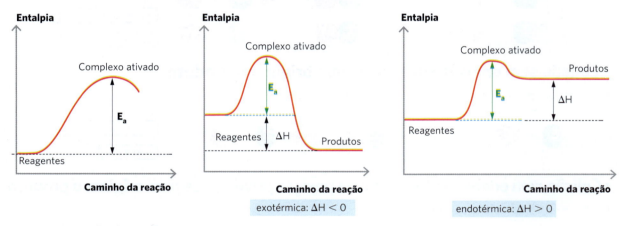

Analisando dados experimentais, é possível observar que a energia de ativação é diferente para cada tipo de reação. Além disso, as reações que apresentam **menor energia de ativação** ocorrem com **maior rapidez**.

Para reações que ocorrem no sentido direto e indireto, temos:

$$CO + NO_2 \underset{\text{inversa}}{\overset{\text{direta}}{\rightleftarrows}} CO_2 + NO$$

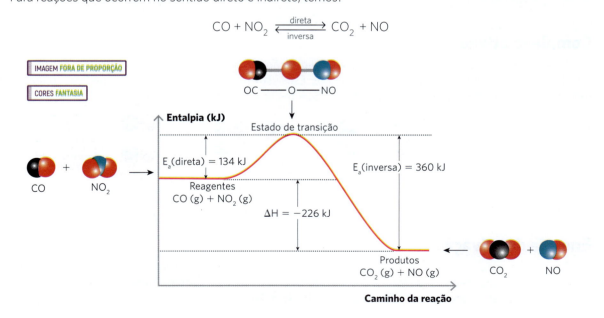

## Explore seus conhecimentos

**1** (Unifor-CE) Para que a reação representada por

possa ocorrer:

- as moléculas AB devem colidir com as moléculas CD;
- as moléculas que colidem devem possuir um mínimo de energia necessária à reação;
- as colisões moleculares efetivas devem ocorrer com moléculas convenientemente orientadas. Dentre as orientações a seguir, no momento da colisão, a que deve favorecer a reação em questão é:

a)    d)

b)    e)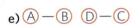

c)

**2** (UFMG) Um palito de fósforo não se acende, espontaneamente, enquanto está guardado. Porém, basta um ligeiro atrito com uma superfície áspera para que ele, imediatamente, entre em combustão, com emissão de luz e calor.
Considerando-se essas observações, é correto afirmar que a reação:

a) é endotérmica e tem energia de ativação maior que a energia fornecida pelo atrito.
b) é endotérmica e tem energia de ativação menor que a energia fornecida pelo atrito.
c) é exotérmica e tem energia de ativação maior que a energia fornecida pelo atrito.
d) é exotérmica e tem energia de ativação menor que a energia fornecida pelo atrito.

**3** (EsPCEx/Aman-RJ)

A gasolina é um combustível constituído por uma mistura de diversos compostos químicos, principalmente hidrocarbonetos. Estes compostos apresentam volatilidade elevada e geram facilmente vapores inflamáveis.

Em um motor automotivo, a mistura de ar e vapores inflamáveis de gasolina é comprimida por um pistão dentro de um cilindro e posteriormente sofre ignição por uma centelha elétrica (faísca) produzida pela vela do motor.

Adaptado de: BROWN, Theodore; L. LEMAY, H. Eugene;
BURSTEN, Bruce E. Química a Ciência Central, 9ª edição,
Editora Prentice-Hall, 2005, pág. 926.

Pode-se afirmar que a centelha elétrica produzida pela vela do veículo neste evento tem a função química de

a) catalisar a reação por meio da mudança na estrutura química dos produtos, saindo, contudo, recuperada intacta ao final do processo.
b) propiciar o contato entre os reagentes gasolina e oxigênio do ar ($O_2$), baixando a temperatura do sistema para ocorrência de reação química.
c) fornecer a energia de ativação necessária para ocorrência da reação química de combustão.
d) manter estável a estrutura dos hidrocarbonetos presentes na gasolina.
e) permitir a abertura da válvula de admissão do pistão para entrada de ar no interior do motor.

**4** (UEG-GO) No gráfico a seguir, é apresentada a variação da energia durante uma reação química hipotética.

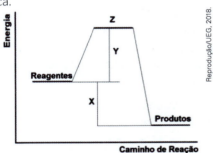

Com base no gráfico, pode-se correlacionar X, Y e Z, respectivamente, como

a) intermediário da reação, energia de ativação e variação da entalpia.
b) variação da entalpia, intermediário da reação e complexo ativado.
c) complexo ativado, energia de ativação e variação da entalpia.
d) variação da entalpia, energia de ativação e complexo ativado.
e) energia de ativação, complexo ativado e variação da entalpia.

## Relacione seus conhecimentos

**1** (UFRGS-RS) As figuras abaixo representam as colisões entre as moléculas reagentes de uma mesma reação em três situações.

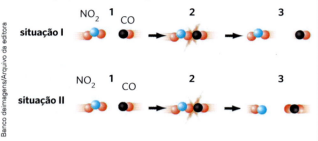

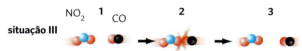

Pode-se afirmar que:

a) na situação I, as moléculas reagentes apresentam energia maior que a energia de ativação, mas a geometria da colisão não favorece a formação dos produtos.
b) na situação II, ocorreu uma colisão com geometria favorável e energia suficiente para formar os produtos.
c) na situação III, as moléculas reagentes foram completamente transformadas em produtos.
d) nas situações I e III, ocorreram reações químicas, pois as colisões foram eficazes.
e) nas situações I, II e III, ocorreu a formação do complexo ativado, produzindo novas substâncias.

**2** (UFBA) Considere o diagrama a seguir para a seguinte reação:

$$Br + H_2 \rightarrow HBr + H$$

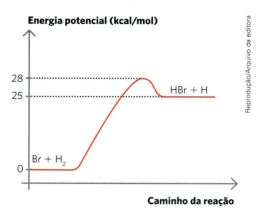

A entalpia da reação e a energia de ativação representadas são, respectivamente:

a) 3 kcal/mol e 28 kcal/mol.
b) 28 kcal/mol e 25 kcal/mol.
c) 28 kcal/mol e 3 kcal/mol.
d) 25 kcal/mol e 28 kcal/mol.
e) 25 kcal/mol e 3 kcal/mol.

**3** (UFRGS-RS) Para a obtenção de um determinado produto, realiza-se uma reação em 2 etapas. O caminho dessa reação é representado no diagrama abaixo.

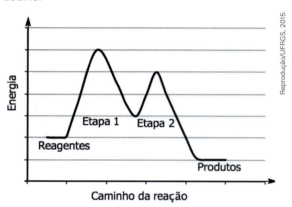

Considere as afirmações a seguir, sobre essa reação.

I. A etapa determinante da velocidade da reação é a etapa 2.
II. A reação é exotérmica.
III. A energia de ativação da etapa 1 é maior que a energia de ativação da etapa 2.

Quais estão corretas?

a) Apenas I.
b) Apenas II.
c) Apenas III.
d) Apenas II e III.
e) I, II e III.

**4** (PUC-MG) Considere a reação

$$\frac{1}{2} H_2 (g) + \frac{1}{2} I_2 (g) \rightarrow HI (g),$$

que possui uma energia de ativação de 170 kJ e uma variação de entalpia ΔH = 130 kJ.

A energia de ativação de decomposição do iodeto de hidrogênio é:

a) 30 kJ.
b) 110 kJ.
c) 140 kJ.
d) 170 kJ.

## Fatores que influem na rapidez das reações

Há alguns fatores que podem influenciar nas reações químicas, ou seja, promover maior ou menor rapidez no tempo em que elas ocorrem. Os quatro fatores que influem na rapidez são: superfície de contato; temperatura; catalisador e concentração dos reagentes. A seguir, vamos estudar cada um deles.

### Superfície de contato

Para compreendermos como a superfície de contato pode influir na rapidez de uma reação, vamos analisar o experimento descrito a seguir.

Em dois copos (A e B), que possuem a mesma quantidade de água e apresentam a mesma temperatura, adicionou-se ao copo A um comprimido efervescente de 1,0 g e, ao copo B, um comprimido também de 1,0 g, porém triturado.

A efervescência evidencia a ocorrência da reação e está relacionada à liberação de gás carbônico. Note que a efervescência no copo B é mais acentuada, o que permite concluir que a rapidez da reação desse copo é maior.

Nesse caso, isso ocorre porque, quanto mais fragmentado for o reagente, maior será o contato entre ele e a água, acarretando maior quantidade de número de colisões e, consequentemente, maior rapidez da reação.

Generalizando, temos:

Comprimido triturado (pó)  Comprimido inteiro

> Quanto maior a superfície de contato dos reagentes, maior a rapidez da reação.

É importante ressaltar que o aumento da superfície aumenta a rapidez da reação, mas **não a quantidade do produto formado**. Então, o volume de $CO_2$ produzido na reação de efervescência será o mesmo ao final das duas reações.

### Temperatura

A rapidez de uma reação aumenta à medida que a temperatura também aumenta, visto que, com o aumento da temperatura, o número de colisões é maior e elas ocorrem com maior frequência. Simplificadamente, podemos considerar que:

> Maior temperatura ⇒ maior frequência de colisões ⇒ maior taxa de conversão (maior velocidade)

Vejamos dois utensílios de cozinha nos quais esse efeito é empregado.

A geladeira retarda os processos químicos que estragam a comida.

O forno acelera o cozimento dos alimentos.

### Catalisadores

O catalisador é uma substância que acelera uma reação química sem ser consumido. Como será que um catalisador funciona?

Para responder a essa pergunta, devemos recordar que, para cada reação, há uma barreira de energia que deve ser superada. A solução é fornecer um novo caminho para a reação, um com menor energia de ativação. Isto é, o catalisador permite que a reação ocorra com energia de ativação mais baixa; com isso, a reação é acelerada.

Observe o gráfico ao lado.

Analisando o gráfico, observamos que, embora o catalisador diminua a energia de ativação ($E_a$), o ΔH da reação não é alterado.

Outra característica dos catalisadores é que eles aceleram as reações, porém não aumentam seu rendimento, ou seja, é produzida a mesma quantidade de produto nas duas reações, mas com intervalo de tempo menor.

- Tipos de catálise

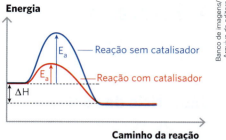

Existem três tipos de catálise: a catálise homogênea é aquela em que os reagentes e o catalisador formam um sistema homogêneo; na catálise heterogênea, os reagentes e o catalisador formam um sistema heterogêneo; na autocatálise, um dos produtos da reação atua como catalisador.

## Concentração dos reagentes

As reações químicas ocorrem mais rapidamente quando a concentração de pelo menos um dos reagentes aumenta. Por exemplo, se colocarmos dois anéis de alumínio, que possuam mesma massa e tamanho, em dois tubos de ensaio identificados (A e B), cada um com 10 mL de solução aquosa de HCℓ, com as respectivas concentrações de 2,0 mol/L e 1,0 mol/L, ocorrerá a seguinte reação:

$$2\,Aℓ\,(s) + 6\,HCℓ\,(aq) \rightarrow 2\,AℓCℓ_3\,(aq) + 3\,H_2\,(g)$$

Observe as imagens ao lado.

Após determinado tempo do início da reação, a efervescência é mais acentuada no tubo A, pois a concentração do ácido é maior. Dessa forma, é possível concluir que, com o aumento da concentração de pelo menos um dos reagentes, há aumento significativo na frequência de colisões, gerando, assim, aumento da rapidez da reação.

Analisando esse fato, concluímos que a rapidez de uma reação depende da concentração dos reagentes, uma vez que ela está diretamente relacionada ao número de colisões entre os componentes presentes na reação.

Observe a seguir um esquema simplificado do que vimos até o momento.

Reação do anel de alumínio em tubos de ensaio com concentrações de ácido diferentes.

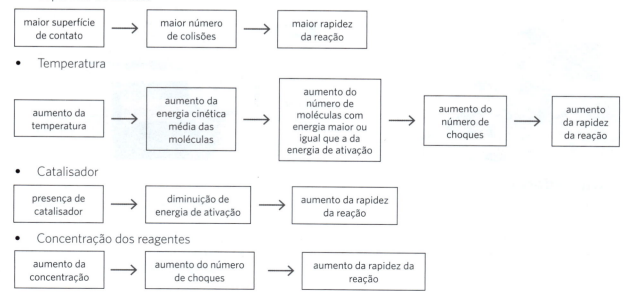

## Explore seus conhecimentos

**1** (Uerj) A sabedoria popular indica que, para acender uma lareira, devemos utilizar inicialmente lascas de lenha e só depois colocarmos as toras. Em condições reacionais idênticas e utilizando massas iguais de madeira em lascas e em toras, verifica-se que madeira em lascas queima com mais velocidade. O fator determinante, para essa maior velocidade de reação, é o aumento da:
a) pressão.
b) temperatura.
c) concentração.
d) superfície de contato.

**2** (UFMG) Em dois experimentos, massas iguais de ferro reagiram com volumes iguais de uma mesma solução aquosa de ácido clorídrico, à mesma temperatura. Num dos experimentos, usou-se uma placa de ferro; no outro, a mesma massa de ferro, na forma de limalha.
Nos dois casos, o volume total de gás hidrogênio produzido foi medido, periodicamente, até que toda a massa de ferro fosse consumida. Indique a alternativa cujo gráfico melhor representa as curvas do volume total do gás hidrogênio produzido em função do tempo.

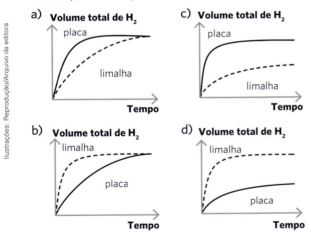

**3** (IFCE) Um aluno, ao organizar os materiais de sua pesquisa em um laboratório químico, não observou e deixou em um mesmo armário placas de zinco (Zn) junto com solução aquosa de ácido clorídrico (HCℓ). Tal fato pode levar à ocorrência da seguinte reação:

$$Zn\ (s) + HC\ell\ (aq) \rightarrow ZnC\ell_2\ (aq) + H_2\ (aq)$$

A reação entre esses produtos poderia ser minimizada se
a) houvesse a presença de um catalisador.
b) a temperatura do laboratório estivesse alta.
c) o zinco estivesse na forma de pó.
d) a temperatura do laboratório estivesse baixa.
e) as quantidades dos reagentes fossem aumentadas.

**4** (Unioeste-PR) Atualmente, a indústria química se utiliza de uma vasta gama de catalisadores, que possuem a vantagem de tornarem as reações mais rápidas com menores custos. O gráfico abaixo representa a variação de energia de uma reação qualquer na presença e na ausência de catalisador.

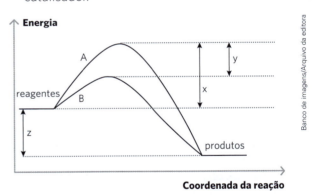

Pela análise do gráfico, pode-se afirmar que
a) a reação A é exotérmica e a B é endotérmica.
b) a curva B representa a reação sem catalisador.
c) o valor de $y$ representa a Energia de ativação ($E_a$) da reação não catalisada.
d) o valor de ($x - y$) representa a Energia de ativação ($E_a$) da reação catalisada.
e) o valor de $z$ representa a energia inicial dos reagentes.

## Relacione seus conhecimentos

**1** (PUC-RS - adaptado) Responder à questão com base no esquema a seguir, que representa situações em que comprimidos antiácidos efervescentes de mesma constituição reagem em presença de água. Pelo exame do esquema, pode-se afirmar que as reações que ocorrem em menor tempo do que a do frasco I são as dos frascos

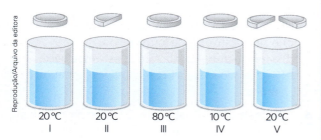

a) II, III e V.
b) II e IV.
c) II e V.
d) III e IV.
e) III e V.

**2** Para investigar a cinética da reação representada pela equação
$NaHCO_3$ (s) + $H^+X^-$ (s) $\xrightarrow{H_2O}$
$\xrightarrow{H_2O}$ $Na^+$ (aq) + $X^-$ (aq) + $CO_2$ (g) + $H_2O$ ($\ell$)

$H^+X^-$ = ácido orgânico sólido

foram realizados três experimentos, empregando comprimidos de antiácido efervescente, que contêm os dois reagentes no estado sólido. As reações foram iniciadas pela adição de iguais quantidades de água aos comprimidos, e suas velocidades foram estimadas observando-se o desprendimento de gás em cada experimento. O quadro a seguir resume as condições em que cada experimento foi realizado.

| Experimento | Forma de adição de cada comprimido (2 g) | Temperatura de água (°C) |
|---|---|---|
| I | Inteiro | 40 |
| II | Inteiro | 20 |
| III | Inteiro | 40 |

Assinale a alternativa que apresenta os experimentos em ordem crescente de velocidade de reação.

a) I, II, III.
b) II, I, III.
c) III, I, II.
d) II, III, I.
e) III, I, II.

**3** (UPM-SP) Analise o mecanismo de reação abaixo:
$H_2O_2$ (aq) + $I^-$ (aq) $\rightarrow$ $H_2O$ ($\ell$) + $IO^-$ (aq)
$H_2O_2$ (aq) + $IO^-$ (aq) $\rightarrow$ $H_2O$ ($\ell$) + $O_2$ (g) + + $I^-$ (aq)

A respeito desse processo, são feitas as seguintes afirmações:
I. O íon iodeto é um catalisador do processo, participando do mecanismo da reação, sendo, entretanto, recuperado no final do processo.
II. Ocorre uma catálise homogênea, pois o catalisador e os reagentes do processo encontram-se na mesma fase.
III. A equação global do processo pode ser representada por 2 $H_2O_2$ (aq) $\rightarrow$ 2 $H_2O$ ($\ell$) + $O_2$ (g).
Assim, é correto que

a) todas as afirmações são corretas.
b) apenas as afirmações I e II são corretas.
c) apenas as afirmações I e III são corretas.
d) apenas as afirmações II e III são corretas.
e) nenhuma afirmação é correta.

**4** (UPF-RS) Os catalisadores são espécies químicas que têm a propriedade de acelerar as reações químicas. A seguir, são fornecidos exemplos de reações catalisadas.
I. Oxidação do dióxido de enxofre a trióxido de enxofre catalisada por dióxido de nitrogênio:
2 $SO_2$ (g) + $O_2$ (g) $\xrightarrow{NO_2 \text{ (g)}}$ 2 $SO_3$ (g).
II. Formação da amônia catalisada por ferro metálico:
$N_2$ (g) + 3 $H_2$ (g) $\xrightarrow{Fe \text{ (s)}}$ 2 $NH_3$ (g).
III. Oxidação do cobre metálico com ácido nítrico catalisada devido à presença do monóxido de nitrogênio formado:
3 Cu (s) + 8 $HNO_3$ (aq) $\rightarrow$ 3 Cu($NO_3$)$_2$ (aq) + + 2 NO (g) + 4 $H_2O$ ($\ell$).
IV. Síntese do 2-feniletanol (apresenta aroma de rosas) a partir do aminoácido (L)-fenilalanina catalisada por enzimas (transaminase, descarboxilase e desidrogenase):

Sobre catálise, é correto afirmar que
a) a reação representada na equação I é um exemplo do tipo de catálise denominada heterogênea.
b) um exemplo de autocatálise pode ser identificado na equação da reação II.
c) enzimas são catalisadores biológicos pertencentes à classe dos lipídeos.
d) os catalisadores devem estar no mesmo estado de agregação que os demais reagentes.
e) os catalisadores atuam diminuindo a energia de ativação para a etapa lenta da reação.

## Lei da velocidade e as concentrações

Um dos fatores que podem alterar a rapidez de uma reação é a concentração dos reagentes. Para comprovar essa influência, vamos utilizar como exemplo a reação de decomposição do dióxido de nitrogênio.

$$2\,NO_2\,(g) \rightarrow 2\,NO\,(g) + O_2\,(g)$$

Na tabela abaixo, pode-se analisar a velocidade de decomposição do $NO_2$, relacionando-a com sua concentração, a uma temperatura constante.

| Experimento | $[NO_2]$ (mol · L$^{-1}$) | Velocidade (mol · L$^{-1}$ · min$^{-1}$) |
|---|---|---|
| I | 0,20 | $2,0 \cdot 10^{-4}$ |
| II | 0,40 | $4,0 \cdot 10^{-4}$ |
| III | 0,60 | $6,0 \cdot 10^{-4}$ |
| IV | 0,80 | $8,0 \cdot 10^{-4}$ |

Relacionando os experimentos I e II, temos:

|   | $[NO_2]$ | Velocidade |
|---|---|---|
| I | 0,20 | $2,0 \cdot 10^{-4}$ |
| II | 0,40 | $4,0 \cdot 10^{-4}$ |

(2× e 2×)

Analisando os dados da tabela, é possível identificar que a concentração de $[NO_2]$ e a velocidade dobraram do experimento I para o experimento II.

O mesmo vai ocorrer se compararmos os experimentos II e IV. Podemos concluir então que a concentração $[NO_2]$ e a velocidade são proporcionais. Assim, podemos propor:

$$v = k \cdot [NO_2]$$

Essa expressão é denominada **lei da velocidade** para a reação. Em que:
- **k** é uma constante de proporcionalidade, que varia com a temperatura.
- **$[NO_2]$** é a concentração em mol/L do $NO_2$ (g) elevada ao expoente 1.

Caso seja necessário determinar o valor da constante (k), pode-se utilizar qualquer um dos experimentos. Observe a seguir:

| $[NO_2]$ (mol · L$^{-1}$) | Velocidade (mol · L$^{-1}$ · min$^{-1}$) |
|---|---|
| 0,20 | $2,0 \cdot 10^{-4}$ |

$$v = k \cdot [NO_2]$$

$$k = \frac{v}{[NO_2]} = \frac{2,0 \cdot 10^{-4}\,\text{mol} \cdot L^{-1}\,\text{min}^{-1}}{0,20\,\text{mol} \cdot L^{-1}} = 1,0 \cdot 10^{-5}\,\text{min}^{-1}$$

A determinação da lei da velocidade é uma medida experimental, porém podemos expressá-la para uma reação genérica:

$$v = k \cdot [A]^a \cdot [B]^b$$

Em que:
- **a** é a potência apropriada à qual se deve elevar a concentração de A;
- **b** é a potência à qual se deve elevar a concentração de B; e assim sucessivamente.

### Determinação da ordem da reação

Primeiramente vamos compreender quais são as ordens de reação e, em seguida, como determiná-las. Consideremos, a princípio, o caso mais simples, uma reação que apresente apenas um reagente, A:

$$A \rightarrow \text{produtos}$$

### • Reação de 1ª ordem ou ordem 1

Caso a velocidade dobre quando a concentração de [A] dobra, a velocidade dependerá da concentração de [A] elevada à primeira potência, [A]¹ (o expoente 1 é geralmente omitido). Assim, a reação de 1ª ordem em relação a [A] pode ser expressa por:

$$v = k \cdot [A]^1 \text{ ou, simplesmente, } v = k \cdot [A]$$

### • Reação de 2ª ordem ou ordem 2

Quando a velocidade quadruplica, em virtude de a concentração de [A] dobrar, a velocidade depende da concentração de [A] elevada ao quadrado. Nesse caso, a reação de 2ª ordem, em relação a [A], pode ser expressa por:

$$v = k \cdot [A]^2$$

### • Reação de ordem zero

Se a velocidade não se alterar quando a concentração de [A] variar, a velocidade não dependerá da concentração de [A], mas, como nos outros casos expressamos esse fato matematicamente, dizemos que a velocidade depende da concentração de [A] elevada à potência zero, [A]⁰. A expressão que pode ser utilizada é:

$$v = k \cdot [A]^0$$

Vamos aprender como determinar a ordem de uma reação analisando alguns dados.

O metanol ($H_3COH$) é o tipo de álcool mais simples, comumente utilizado como combustível, porém é extremamente tóxico. Ele pode ser obtido do gás de síntese (mistura dos gases $H_2$ e CO) a dada temperatura. Observe a reação.

$$H_2 (g) + CO (g) \rightarrow H_3COH (\ell)$$

| Experimento | Concentração inicial (mol · L⁻¹) | | Velocidade inicial (mol · L⁻¹ · s⁻¹) |
|---|---|---|---|
| | $H_2$ | CO | |
| I | 0,1 | 0,1 | 12 |
| II | 0,1 | 0,2 | 24 |
| III | 0,1 | 0,3 | 36 |
| IV | 0,2 | 0,3 | 144 |

Analisando os experimentos I e II, temos:

| | $H_2$ | CO | Velocidade |
|---|---|---|---|
| I | 0,1 (constante) | 0,1 (×2) | 12 (×2) |
| II | 0,1 | 0,2 | 24 |

Observe que a concentração do $H_2$ permaneceu constante nos dois experimentos; portanto, não foi ela a responsável pela variação da velocidade.

Já a concentração do CO dobrou e o mesmo aconteceu com a velocidade; assim, é possível concluir que o expoente do CO na equação da velocidade será 1:

$$v = k \cdot [CO]^1$$

Logo, a reação é de 1ª ordem em relação ao CO.

Vamos analisar agora os experimentos III e IV.

| | $H_2$ | CO | Velocidade |
|---|---|---|---|
| III | 0,1 (×2) | 0,3 (constante) | 36 (×4) |
| IV | 0,2 | 0,3 | 144 |

Observe que a concentração de CO permaneceu constante nos dois experimentos; portanto ela não foi responsável pela variação da velocidade. No entanto, ao se dobrar a concentração de $H_2$, a velocidade quadruplicou; logo, o expoente para o $H_2$ na equação da velocidade será 2:

$$v = k \cdot [H_2]^2$$

Dessa forma, a reação é de 2ª ordem em relação ao $H_2$.
Assim, a equação da velocidade pode ser expressa por:

$$v = k \cdot [H_2]^2 \cdot [CO]$$

Por fim, a ordem global da reação é 3 ou de 3ª ordem.

Note que, nesse exemplo, os coeficientes da equação da reação coincidiram com os expoentes presentes na equação da velocidade. Observe a seguir:

$$2\,H_2(g) + 1\,CO(g) \rightarrow H_3COH(\ell)$$
$$v = k \cdot [H_2]^2 \cdot [CO]^1$$

Quando isso ocorre, as reações são denominadas **reações elementares** e sempre ocorrem em uma única etapa diferentemente, contudo, da maioria das reações. Observe o exemplo entre o dióxido de nitrogênio e o monóxido de carbono.

$$NO_2(g) + CO(g) \rightarrow NO(g) + CO_2(g)$$

A lei da velocidade pode ser expressa por $v = k \cdot [NO_2]^2$. Logo, é possível observar que a reação não ocorrerá em uma só etapa. Podemos determinar um possível mecanismo para essa reação envolvendo duas etapas:

$$NO_2(g) + NO_2(g) \rightarrow NO_3(g) + NO(g) \text{ \bf etapa lenta}$$
$$NO_3(g) + CO(g) \rightarrow NO_2(g) + CO_2(g) \text{ \bf etapa rápida}$$

Observe o diagrama a seguir, que demonstra esse mecanismo.

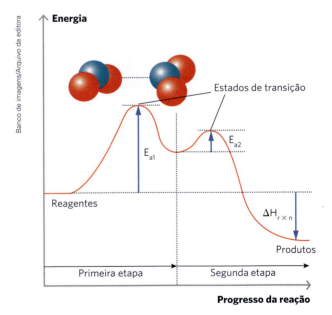

No gráfico, é possível observar que a primeira etapa apresenta uma energia de ativação maior do que a segunda etapa, portanto uma rapidez menor. A etapa mais lenta determina a lei da velocidade global da reação:

$$v = k \cdot [NO_2]^2.$$

Assim, podemos generalizar que, em toda reação não elementar, a etapa que caracteriza a lei da velocidade é a etapa lenta.

## Explore seus conhecimentos

**1** Observe as equações das reações:
a) $2\ HI\ (g) \rightarrow H_2\ (g) + I_2\ (g)$
b) $CH_4\ (g) + 2\ O_2\ (g) \rightarrow CO_2\ (g) + 2\ H_2O\ (\ell)$
c) $NO_2\ (g) + O_2\ (g) \rightarrow NO\ (g) + O_3\ (g)$
Considerando que todas são elementares, escreva as suas equações da velocidade (rapidez).

**2** Um dos gases eliminados pelos canos de escapamento de veículos automotores é o NO (g). Em contato com o gás oxigênio, presente no ar, espontaneamente, se transforma em $NO_2$ (g). A equação dessa reação elementar pode ser representada por:
$$2\ NO\ (g) + O_2\ (g) \rightarrow 2\ NO_2\ (g)$$
Com base nas informações e no seu conhecimento responda aos itens.
I. Escreva a expressão da equação de velocidade dessa reação.
II. Indique a ordem dessa reação em relação ao NO e ao $O_2$ e a ordem global da reação.
III. O que vai acontecer com a velocidade se a concentração do NO for dobrada e a concentração do $O_2$ permanecer constante?
IV. O que vai acontecer com a velocidade se a concentração do $O_2$ for triplicada e a concentração do NO permanecer constante?
V. O que vai acontecer com a velocidade se ambas as concentrações, a do NO e a do $O_2$, forem dobradas?

**3** Observe a reação de adição que ocorre entre o $HC\ell$ e o eteno ($H_2C=CH_2$).
$HC\ell + H_2C=CH_2 \rightarrow H_3C-CH_2C\ell$
O seguinte mecanismo, acompanhado do diagrama de energia, foi sugerido para a reação.
Etapa 1: $HC\ell + H_2C=CH_2 \rightarrow H_3C=(CH_2)^+ + C\ell^-$
Etapa 2: $H_3C=(CH_2)^+ + C\ell^- \rightarrow H_3C-CH_2C\ell$

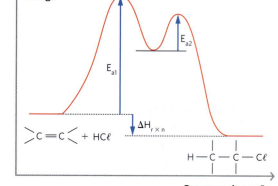

a) Com base no diagrama, identifique a etapa que vai caracterizar a velocidade da reação. Justifique sua resposta.
b) Equacione a expressão da velocidade para a reação.
c) Indique a ordem da reação para o $HC\ell$ e o $H_2C=CH_2$.

**4** (PUC-RJ) A reação química entre dois reagentes ocorre de tal forma que, ao se triplicar a concentração do reagente A, mantendo-se fixa a concentração do reagente B, observa-se o aumento de nove vezes na velocidade inicial de reação. Por outro lado, a variação da concentração do reagente B não acarreta mudança da velocidade inicial da reação. Assim, é correto afirmar que a equação geral da lei de velocidade da reação, onde v é a velocidade inicial e k é a constante de velocidade, é:
a) $v = k$.
b) $v = k[reagente\ A]$.
c) $v = k[reagente\ A]^2$.
d) $v = k[reagente\ A]^3$.
e) $v = k[reagente\ A][reagente\ B]$.

**5** (UEL-PR) Os dados do gráfico estão relacionados às concentrações iniciais dos reagentes CO e $O_2$, presentes na combustão do CO à temperatura constante.

| Experimento | CO (mol/L) | $O_2$ (mol/L) | v (mol/L · s) |
|---|---|---|---|
| 1 | 1,0 | 2,0 | $4 \cdot 10^{-6}$ |
| 2 | 2,0 | 2,0 | $8 \cdot 10^{-6}$ |
| 3 | 1,0 | 1,0 | $1 \cdot 10^{-6}$ |

A equação de velocidade para essa reação pode ser escrita como $v = k \cdot [CO]^a[O_2]^b$, onde a e b são, respectivamente, as ordens de reação em relação aos componentes CO e $O_2$.
De acordo com os dados experimentais, é correto afirmar que, respectivamente, os valores de a e b são:
a) 1 e 2.
b) 2 e 1.
c) 3 e 2.
d) 0 e 1.
e) 1 e 1.

## Relacione seus conhecimentos

**1** (Cefet-MG - adaptado) Um estudante monta um experimento de química no qual, em um béquer de vidro, adiciona uma solução aquosa de hidróxido de cálcio e o indicador fenolftaleína. Em seguida, com o auxílio de um canudo de plástico, sopra e borbulha continuamente a mistura até que a cor rosa do indicador desapareça e surja um sólido insolúvel. Considerando a reação ocorrida nesse experimento, a equação de velocidade de formação dos produtos é:

$Ca(OH)_2 (aq) + CO_2 (g) \rightarrow CaCO_3 (s) + H_2O (\ell)$

a) $v_p = K \cdot [CaCO_3]/[CO_2]$.
b) $v_p = K \cdot [Ca(OH)_2] \cdot [CO_2]$.
c) $v_p = K \cdot [Ca(OH)_2]/[CO_2]^2$.
d) $v_p = K \cdot [Ca(OH)_2]^2 \cdot [H_2O]$.
e) $v_p = K \cdot [CaCO_3] \cdot [H_2O]/[Ca(OH)_2] \cdot [CO_2]$.

**2** (UEPG-PR) Dada a equação genérica:

$a A + b B \rightarrow c C + d D$

e aplicando-se a lei da ação das massas, tem-se a expressão abaixo para o cálculo da velocidade dessa reação. Sobre o assunto, assinale o que for correto.

$v = k[A]^a \cdot [B]^b$

01) [A] e [B] representam a concentração molar dos reagentes.
02) Quanto maior o valor de k, maior será a velocidade da reação.
04) Quanto maior a ordem da reação, menor será a influência da concentração dos reagentes sobre a velocidade.
08) A soma dos expoentes (a + b) indica a ordem da reação.

**3** (UFRGS-RS) Observe a reação abaixo:

$N_2O_4 (g) \rightarrow 2 NO_2 (g)$

Nessa reação ocorre um processo que segue uma cinética de primeira ordem, e sua constante de velocidade, a 25 °C, é de $1,0 \cdot 10^{-3} \cdot s^{-1}$.
Partindo-se de uma concentração inicial de $2,00 \; mol \cdot L^{-1}$ de $N_2O_4$, a taxa inicial de formação de $NO_2$ será:

a) $1,0 \cdot 10^{-3} \; mol \cdot L^{-1} \cdot s^{-1}$.
b) $2,0 \cdot 10^{-3} \; mol \cdot L^{-1} \cdot s^{-1}$.
c) $4,0 \cdot 10^{-3} \; mol \cdot L^{-1} \cdot s^{-1}$.
d) $8,0 \cdot 10^{-3} \; mol \cdot L^{-1} \cdot s^{-1}$.
e) $16,0 \cdot 10^{-3} \; mol \cdot L^{-1} \cdot s^{-1}$.

**4** (UEMG) Uma reação química hipotética é representada pela seguinte equação:

$A(g) + B(g) \rightarrow C(g) + D(g)$

e ocorre em duas etapas:

$A(g) \rightarrow E(g) + D(g)$ (Etapa lenta)
$E(g) + B(g) \rightarrow C(g)$ (Etapa rápida)

A lei da velocidade da reação pode ser dada por:

a) $v = k \cdot [A]$.
b) $v = k \cdot [A][B]$.
c) $v = k \cdot [C][D]$.
d) $v = k \cdot [E][B]$.

**5** (UFPA) Os resultados de três experimentos, feitos para encontrar a lei de velocidade para a reação $2 NO (g) + 2 H_2 (g) \rightarrow N_2 (g) + 2 H_2O (g)$, encontram-se na tabela abaixo.

| Velocidade inicial de consumo de NO (g) ||||
|---|---|---|---|
| Experimento | [NO] inicial (mol · L⁻¹) | [H₂] inicial (mol · L⁻¹) | Velocidade de consumo inicial de NO (mol · L⁻¹ · s⁻¹) |
| 1 | $4,0 \cdot 10^{-3}$ | $2,0 \cdot 10^{-3}$ | $1,2 \cdot 10^{-5}$ |
| 2 | $8,0 \cdot 10^{-3}$ | $2,0 \cdot 10^{-3}$ | $4,8 \cdot 10^{-5}$ |
| 3 | $4,0 \cdot 10^{-3}$ | $4,0 \cdot 10^{-3}$ | $2,4 \cdot 10^{-5}$ |

De acordo com esses resultados, é correto concluir que a equação de velocidade é:

a) $v = k[NO][H_2]^2$.
b) $v = k[NO]^2[H_2]^2$.
c) $v = k[NO]^2[H_2]$.
d) $v = k[NO]^4[H_2]^2$.
e) $v = k[NO]^{\frac{1}{2}}[H]$.

**6** (EsPCEx-Aman-RJ) O estudo da velocidade das reações é muito importante para as indústrias químicas, pois conhecê-la permite a proposição de mecanismos para uma maior produção. A tabela abaixo apresenta os resultados experimentais obtidos para um estudo cinético de uma reação química genérica elementar.

$\alpha A + \beta B + \gamma C \rightarrow D + E$

| Experimento | [A] | [B] | [C] | Velocidade (mol · L⁻¹ · s⁻¹) |
|---|---|---|---|---|
| 1 | 0,10 | 0,10 | 0,10 | $4 \cdot 10^{-4}$ |
| 2 | 0,20 | 0,10 | 0,10 | $8 \cdot 10^{-4}$ |
| 3 | 0,10 | 0,20 | 0,10 | $8 \cdot 10^{-4}$ |
| 4 | 0,10 | 0,10 | 0,20 | $1,6 \cdot 10^{-3}$ |

A partir dos resultados experimentais apresentados na tabela, pode-se afirmar que a expressão da equação da lei da velocidade (v) para essa reação química é

a) $V = k[A]^1[B]^1[C]^2$.
b) $V = k[A]^2[B]^1[C]^2$.
c) $V = k[A]^2[B]^2[C]^1$.
d) $V = k[A]^1[B]^1[C]^1$.
e) $V = k[A]^0[B]^1[C]^1$.

CAPÍTULO

# 27 Reações reversíveis

Este capítulo favorece o desenvolvimento da habilidade
EM13CNT302

Até o momento estudamos as reações diretas, em que todos os reagentes foram convertidos em produtos. No entanto, há ocasiões em que isso não acontece, isto é, os reagentes não são completamente convertidos em produtos, pois ocorre uma reação inversa, em que os produtos se combinam e regeneram os reagentes.

Quando um processo é formado por uma reação direta e uma reação inversa, dizemos que existe **reversibilidade**. Essa reversibilidade pode ocorrer em processos físicos e químicos.

Um exemplo de processo físico reversível está relacionado a mudanças de estado. Observe a ilustração ao lado.

No frasco fechado, encontramos éter no estado líquido e no estado de vapor; além disso, existe equilíbrio entre as duas fases. À medida que parte do éter passa para o estado de vapor, parte do vapor passa para o estado líquido.

Quando não há mais alteração no nível de éter líquido, dizemos que foi estabelecido um equilíbrio. Nessa situação, a velocidade de evaporação e a de condensação são iguais.

Vamos utilizar como exemplo uma garrafa de água mineral gaseificada fechada, na qual é possível identificar alguns processos químicos reversíveis, isto é, alguns equilíbrios.

$$CO_2\ (g) + H_2O\ (\ell) \underset{\text{Inversa}}{\overset{\text{Direta}}{\rightleftarrows}} H_2CO_3\ (aq) \underset{\text{Inversa}}{\overset{\text{Direta}}{\rightleftarrows}} H^+\ (aq) + (HCO_3)^-\ (aq)$$

No início do processo de qualquer equilíbrio químico, há apenas a reação direta que originará os produtos. À medida que os reagentes são consumidos, a velocidade da reação direta diminui.

No início da reação não há reação inversa porque a quantidade de produtos é nula. Conforme eles são formados, suas concentrações aumentam e começam a reagir, regenerando os reagentes.

O equilíbrio é estabelecido quando as velocidades das reações direta e inversa se tornam iguais. Observe a representação gráfica ao lado.

Vale ressaltar que, em um equilíbrio, as velocidades dos participantes serão iguais e as concentrações serão constantes, mas não obrigatoriamente iguais.

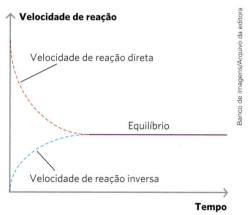

## Constante de equilíbrio

Constante de equilíbrio é a relação entre a concentração dos reagentes e dos produtos de uma reação quando o equilíbrio é atingido. Assim, com base nessa constante é possível quantificar as concentrações de cada participante (reagente e produto) no equilíbrio.

Considerando o seguinte equilíbrio genérico, observe como a constante de equilíbrio é determinada:

$$a\ A\ (g) \rightleftarrows b\ B\ (g) + c\ C\ (g)$$

A velocidade da reação direta ($v_d$) pode ser expressa por:

$$v_d = k_1 \cdot [A]^a$$

e a velocidade da inversa por:

$$v_i = k_2 [B]^b \cdot [C]^c$$

Sabendo que, estabelecido o equilíbrio, as velocidades direta e inversa são iguais ($v_d = v_i$), temos:

$$k_1 \cdot [A]^a = k_2 \cdot [B]^b \cdot [C]^c$$

Relacionando as constantes e as concentrações, temos:

$$\frac{k_1}{k_2} = \frac{[B]^b \cdot [C]^c}{[A]^a}$$

A razão $\frac{k_1}{k_2}$ é constante de equilíbrio, representada por $k_e$ ou $k_c$. É assim expressa:

$$k_c = \frac{k_1}{k_2} \Rightarrow k_c = \frac{[B]^b \cdot [C]^c}{[A]^a}$$

Observe alguns exemplos da expressão da $k_c$ para equilíbrios homogêneos:

$$2\,SO_2\,(g) + O_2\,(g) \rightleftharpoons 2\,SO_3\,(g) \qquad k_c = \frac{[SO_3]^2}{[SO_2]^2 \cdot [O_2]}$$

$$1\,Au^{3+}\,(aq) + 2\,Fe^{2+}\,(aq) \rightleftharpoons 2\,Fe^{3+}\,(aq) + 1\,Au^{1+}\,(aq) \qquad k_c = \frac{[Fe^{3+}] \cdot [Au^{1+}]}{[Fe^{2+}]^2 \cdot [Au^{3+}]}$$

Em equilíbrios heterogêneos, envolvendo reagentes ou produtos (sólidos ou líquidos puros), as concentrações não se alteram quando utilizamos quantidades diferentes, pois a relação quantidade/volume permanece constante.

Considerando o equilíbrio:

$$CO_2\,(g) + H_2O\,(\ell) \rightleftharpoons H^+\,(aq) + (HCO_3)^-\,(aq)$$

a expressão da constante de equilíbrio será:

$$k_c = \frac{[H^+] \cdot [(HCO_3)^-]}{[CO_2]}$$

Observe a representação esquemática de um sólido participante de um equilíbrio.

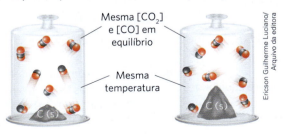

Mesma $[CO_2]$ e $[CO]$ em equilíbrio

Mesma temperatura

$$2\,CO\,(g) \rightleftharpoons CO_2\,(g) + C\,(s)$$

Analisando a representação, é possível observar que, mesmo alterando a quantidade de sólido (C), a quantidade de moléculas de cada participante no estado gasoso não se alterou.

Dessa forma, a expressão da constante de equilíbrio será:

$$k_c = \frac{[CO_2]}{[CO]^2}$$

## Constante de equilíbrio em termos de pressões parciais ($k_p$)

Quando estudamos as misturas gasosas, verificamos que as pressões parciais são proporcionais ao número de mol. Assim, para um mesmo volume e mesma temperatura, é possível expressar a constante de equilíbrio em termos de pressões parciais.

Na expressão do $k_p$, só devem ser representados participantes gasosos. Observe alguns exemplos:

$2\,CO_2\,(g) \rightleftharpoons 2\,CO\,(g) + O_2\,(g)$    $k_c = \dfrac{[CO]^2 \cdot [O_2]}{[CO_2]^2}$    $k_p = \dfrac{(P_{CO})^2 \cdot (P_{O_2})}{(P_{CO_2})^2}$

$CaO\,(s) + CO_2\,(g) \rightleftharpoons CaCO_3\,(s)$    $k_c = \dfrac{1}{[CO_2]}$    $k_p = \dfrac{1}{(P_{CO_2})}$

- Na expressão de $k_c$ **não** devem ser representados os componentes **sólidos** e a água no estado líquido, quando a reação ocorrer em meio aquoso, ou seja, quando a água for o solvente.
- Na expressão de $k_p$ **só** devem ser representados os componentes **gasosos**.
- Tanto $k_c$ como $k_p$ de uma dada reação, **só variam com a temperatura**.

### Explore seus conhecimentos

**1** (UFPA) O gráfico abaixo se refere ao comportamento da reação

$$A_2 + B_2 \rightleftharpoons 2\,AB$$

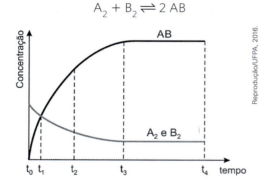

Pode-se afirmar que o equilíbrio dessa reação será alcançado quando o tempo for igual a:
a) $t_0$.
b) $t_1$.
c) $t_2$.
d) $t_3$.
e) $t_4$.

**2** (UFRGS-RS) Uma reação química atinge o equilíbrio químico quando:
a) ocorre simultaneamente nos sentidos direto e inverso.
b) as velocidades das reações direta e inversa são iguais.
c) os reagentes são totalmente consumidos.
d) a temperatura do sistema é igual à do ambiente.
e) a razão entre as concentrações de reagentes e produtos é unitária.

**3** (UFMA) Indique a expressão correta, com base na Lei da ação das massas, para a reação a seguir:

$$CS_2\,(g) + 4\,H_2\,(g) \rightleftharpoons CH_4\,(g) + 2\,H_2S\,(g)$$

a) $\dfrac{[CH_4] \cdot [H_2S]^2}{[CS_2] \cdot [H_2]^4}$

b) $\dfrac{[CS_2] + 4[H_2]}{[CH_4] + 2[H_2S]}$

c) $\dfrac{[CH_4] \cdot 2[H_2S]}{[CS_2] \cdot 4[H_2]}$

d) $\dfrac{[CS_2] \cdot 4[H_2]}{[CH_4] \cdot 2[H_2S]}$

e) $\dfrac{[CH_4] + 2[H_2S]}{[CS_2] + 4[H_2]}$

**4** Escreva a expressão das constantes de equilíbrio para $K_c$ para as seguintes reações
I. $2\,CO\,(g) + O_2\,(g) \rightleftharpoons 2\,CO_2\,(g)$
II. $4\,HC\ell\,(g) + O_2\,(g) \rightleftharpoons 2\,H_2O\,(g) + 2\,C\ell_2\,(g)$
III. $PC\ell_3\,(g) + C\ell_2\,(g) \rightleftharpoons PC\ell_5\,(g)$
IV. $C\,(s) + H_2O\,(g) \rightleftharpoons CO\,(g) + H_2\,(g)$
V. $Fe\,(s) + 2\,H^+\,(aq) \rightleftharpoons Fe^{2+}\,(aq) + H_2\,(g)$

**5** (UPM-SP) Considerando-se o equilíbrio químico equacionado por $A(g) + 2\,B(g) \rightleftharpoons AB_2(g)$, sob temperatura de 300 K, a alternativa que mostra a expressão correta da constante de equilíbrio em termos de concentração em mols por litro é

a) $\dfrac{[AB_2]}{[A]\cdot[B]^2}$

b) $\dfrac{[A]\cdot[B]^2}{[AB_2]}$

c) $\dfrac{[AB_2]}{[A]+[B]^2}$

d) $\dfrac{[A]+[B]^2}{[AB_2]}$

e) $\dfrac{[AB_2]^2}{[A]\cdot[B]^2}$

**6** (Puccamp-SP) Para o sistema em equilíbrio
$CaCO_3(s) \rightarrow CaO(s) + CO_2(g)$
o valor da constante de equilíbrio ($K_p$) é calculado pela expressão:

a) $K_p = \dfrac{P_{CaO}}{P_{CaCO_3}}$.

b) $K_p = P_{CO_2}$.

c) $K_p = P_{CaO} \cdot P_{CO_2}$.

d) $K_p = P_{CaCO_3}$.

e) $K_p = P_{CaO}$.

**7** (Vunesp-SP) Estudou-se a cinética da reação
$S(s) + O_2(g) \rightleftharpoons SO_2(g)$
realizada a partir de enxofre e oxigênio em um sistema fechado. Assim as curvas I, II e III do gráfico abaixo representam as variações das concentrações dos componentes com o tempo desde o momento da mistura até o sistema atingir o equilíbrio.

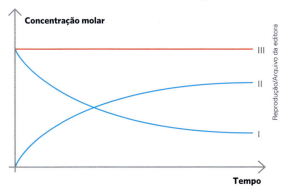

As variações das concentrações de S, de $O_2$ e de $SO_2$ são representadas, respectivamente, pelas curvas:

a) I, II e III.
b) II, III e I.
c) III, I e II.
d) I, III e II.
e) III, II e I.

---

### Relacione seus conhecimentos

**1** (Fuvest-SP) Em condições industrialmente apropriadas para se obter amônia, juntaram-se quantidades estequiométricas dos gases $N_2$ e $H_2$:
$N_2(g) + 3\,H_2(g) \rightleftharpoons 2\,NH_3(g)$
Depois de alcançado o equilíbrio químico, uma amostra da fase gasosa poderia ser representada corretamente por:

a)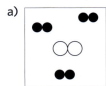

b)

c)

d)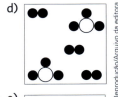

e)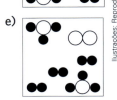

Legenda:
N ...
H ... ●

**2** (UFRGS-RS) O gráfico a seguir representa a evolução de um sistema onde uma reação reversível ocorre até atingir o equilíbrio.

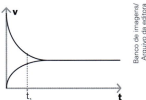

Sobre o ponto $t_1$, nesse gráfico, pode-se afirmar que indica:
a) uma situação anterior ao equilíbrio, pois as velocidades das reações direta e inversa são iguais.
b) um instante no qual o sistema já alcançou equilíbrio.
c) uma situação na qual as concentrações de reagentes e produtos são necessariamente iguais.
d) uma situação anterior ao equilíbrio, pois a velocidade da reação direta está diminuindo e a velocidade da reação inversa está aumentando.
e) um instante no qual o produto das concentrações dos reagentes é igual ao produto das concentrações dos produtos.

**3** (UFG-GO) Os seguintes gráficos representam variáveis de uma reação química.

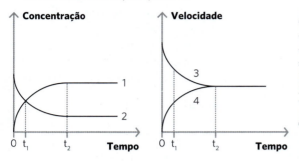

Os gráficos indicam que:
a) no instante $t_1$, a velocidade da reação direta é igual à da inversa.
b) após $t_2$, não ocorre reação.
c) no instante $t_1$, a reação atingiu o equilíbrio.
d) a curva 4 corresponde à velocidade da reação inversa.
e) no ponto de intersecção das curvas 3 e 4, a concentração de produtos é igual à de reagentes.

**4** A alternativa que apresenta a expressão para a constante de equilíbrio para a equação a seguir é:

$$2\,CO\,(g) + O_2\,(g) \rightleftharpoons 2\,CO_2\,(g)$$

a) $K_c = \dfrac{[CO_2]}{[CO]^2[O_2]}$

b) $K_c = \dfrac{[CO_2]^2}{[CO]^2[O_2]}$

c) $K_c = \dfrac{[CO_2]^2}{[CO][O_2]}$

d) $K_c = \dfrac{[CO]^2[O_2]}{[CO_2]^2}$

e) $K_c = \dfrac{[CO_2]^2}{[CO]^2}$

**5** (UFPA) A expressão da Lei do equilíbrio $K = \dfrac{1}{[O_2]^3}$ pertence à seguinte reação:
a) $3\,N_2\,(g) + 3\,O_2\,(g) \rightleftharpoons 6\,NO\,(g)$
b) $2\,A\ell_2O_3\,(g) \rightleftharpoons 4\,A\ell\,(s) + 3\,O_2\,(g)$
c) $C_3H_6O_3\,(\ell) + 3\,O_2\,(g) \rightleftharpoons 3\,CO_2\,(g) + 3\,H_2O\,(\ell)$
d) $2\,NO\,(g) + O_2\,(g) \rightleftharpoons 2\,NO_2\,(g)$
e) $4\,A\ell\,(s) + 3\,O_2\,(g) \rightleftharpoons 2\,A\ell_2O_3\,(s)$

# Interpretação do valor de $K_c$

Nós já aprendemos a calcular a constante de equilíbrio. Agora vamos interpretar o valor que essa constante expressa.

$$H_2\,(g) + Br_2\,(g) \rightleftharpoons 2\,HBr\,(g) \quad K_c = \dfrac{[HBr]^2}{[H_2]\cdot[Br_2]} = 1{,}9 \cdot 10^{19} \text{ (temperatura de 25 °C)}$$

Analisando o resultado, é possível observar que a constante de equilíbrio é maior do que 1, o que permite concluir que a concentração de HBr (produto) é superior às concentrações de $H_2$ e $Br_2$ (reagentes).

É importante ressaltar que a constante de equilíbrio não interfere na rapidez com que uma reação alcança seu equilíbrio.

$$N_2\,(g) + O_2\,(g) \rightleftharpoons 2\,NO\,(g) \quad K_c = \dfrac{[NO]^2}{[N_2]\cdot[O_2]} = 4{,}1 \cdot 10^{-31} \text{ (temperatura de 25 °C)}$$

No segundo exemplo, a constante de equilíbrio é menor do que 1, o que permite concluir que a concentração de NO (produto) é inferior às concentrações de $N_2$ e $O_2$ (reagentes).

Generalizando, temos:

> $K_c < 1$: no equilíbrio, a concentração dos reagentes é maior que a concentração dos produtos.
>
> $K_c = 1$: no equilíbrio, a concentração dos reagentes é igual à concentração dos produtos.
>
> $K_c > 1$: no equilíbrio, a concentração dos reagentes é menor que a concentração dos produtos.

## Relações entre a constante de equilíbrio e a equação química

Quando ocorre uma alteração da equação de uma reação química, a constante de equilíbrio também se altera. As alterações mais comuns são apresentadas a seguir.

- Se a equação do equilíbrio se inverte, a constante também será invertida.

$$A + 2B \rightleftharpoons 3C$$

A expressão da constante de equilíbrio é:

$$K_{c_1} = \frac{[C]^3}{[A] \cdot [B]^2}$$

Se invertermos a equação:

$$3C \rightleftharpoons A + 2B$$

a expressão da constante também se inverte.

$$K_{c_2} = \frac{[A] \cdot [B]^2}{[C]^3}$$

As duas constantes são diferentes, e a relação entre elas é:

$$K_{c_1} = \frac{1}{K_{c_2}}$$

- Se os coeficientes da equação forem multiplicados por um fator, a constante deverá ser elevada ao mesmo fator.

$$A + 2B \rightleftharpoons 3C$$

$$K_{c_1} = \frac{[C]^3}{[A] \cdot [B]^2}$$

Multiplicando os coeficientes da equação por $n$, temos:

$$nA + 2nB \rightleftharpoons 3nC$$

A expressão da constante para esse novo equilíbrio será:

$$K_{c_3} = \frac{[C]^{3n}}{[A]^n \cdot [B]^{2n}} = \left(\frac{[C]^3}{[A] \cdot [B]^2}\right)^n = (K_{c_1})^n$$

- Se tivermos duas ou mais equações em equilíbrio e desejarmos obter a expressão da constante global envolvendo os equilíbrios anteriores, devemos multiplicar as constantes de cada equilíbrio para obter a constante global.

Considerando dois equilíbrios e suas respectivas constantes:

$$A \rightleftharpoons 2B \quad K_1 = \frac{[B]^2}{[A]}$$

$$2B \rightleftharpoons 3C \quad K_2 = \frac{[C]^3}{[B]^2}$$

Relacionando as duas equações, temos:

$$A \rightleftharpoons \cancel{2B}$$
$$\underline{\cancel{2B} \rightleftharpoons 3C}$$
$$A \rightleftharpoons 3C$$

Para esse equilíbrio global, há uma nova expressão da constante.

$$K_{global} = \frac{[C]^3}{[A]}$$

Essa mesma expressão poderia ser obtida multiplicando as constantes $K_1$ e $K_2$:

$$k_{global} = k_1 \cdot k_2$$
$$k_{global} = \frac{[B]^2}{[A]} \cdot \frac{[C]^3}{[B]^2}$$
$$k_{global} = \frac{[C]^3}{[A]}$$

## Determinação do valor do $K_c$

Já sabemos que, para determinar o valor da constante de equilíbrio, é necessário conhecer as concentrações de todos os participantes no equilíbrio. Além disso, em uma mesma temperatura a constante é mantida; contudo, quando alteramos a temperatura de qualquer reação, a constante será alterada.

Considerando que o equilíbrio ocorreu dentro de um frasco de 1 litro a 450 °C:

$$2\,NH_3\,(g) \rightleftharpoons N_2\,(g) + 3\,H_2\,(g)$$

Analisando o gráfico, as curvas de concentração ficam paralelas em determinado instante, portanto, as velocidades das reações direta e inversa são iguais e o equilíbrio está estabelecido.

Assim, no equilíbrio, temos:
$[H_2] = 6$ mol/L
$[N_2] = 2$ mol/L
$[NH_3] = 4$ mol/L

Substituindo na expressão da constante:

$$K_c = \frac{[N_2] \cdot [H_2]^3}{[NH_3]^2}$$

$$K_c = \frac{[N_2] \cdot [H_2]^3}{[NH_3]^2} = \frac{(2) \cdot (6)^3}{(4)^2}$$

$$K_c = 27$$

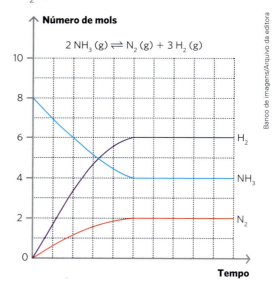

Porém, para calcular o valor da constante de equilíbrio, com base nas quantidades iniciais, é preciso primeiramente determinar as concentrações dos participantes no equilíbrio. Observe:

$$A\,(g) \rightleftharpoons 2\,B\,(g)$$

Sabendo-se que em um frasco de 1 litro há 2,0 mol de A e que, após o equilíbrio, a quantidade de B obtida foi de 0,80 mol, sem variação de temperatura, devemos calcular a concentração de A no equilíbrio:

| | \multicolumn{2}{c}{$A\,(g) \rightleftharpoons 2\,B\,(g)$} ||
|---|---|---|
| Início | 2,0 mol/L | 0 |
| Proporção | Consumidos | Formados |
| Equilíbrio | | 0,80 mol/L |

Como a concentração de B é de 0,80 mol/L, podemos concluir que foram formados 0,20 mol/L de B.

Como a proporção estequiométrica é de 1 A para 2 B, teremos:

1 de A formado —— 2 de B formados
x —— 0,80 mol/L
x = 0,40 mol/L de A consumidos

|  | A (g) ⇌ 2 B (g) ||
|---|---|---|
| Início | 2,0 mol/L | 0 |
| Proporção | Consumidos 0,40 | Formados 0,80 |
| Equilíbrio | 1,60 mol/L | 0,80 mol/L |

Se substituirmos os valores encontrados no equilíbrio na expressão da constante, teremos:

$$K_c = \frac{[B]^2}{[A]} = \frac{(0,80 \text{ mol/L})^2}{(1,60 \text{ mol/L})} = 0,4 \text{ mol/L}$$

$K_c = 0,4$ mol/L ou simplesmente $K_c = 4$

## ◉ Quociente de equilíbrio ($Q_c$)

O quociente da reação é necessário para determinar o sentido em que a reação deve seguir para alcançar o equilíbrio. Ele pode ser obtido por meio da relação das concentrações molares dos participantes da reação e é expresso da mesma forma que a constante de equilíbrio.

Considere a reação reversível:

$$a A (g) + b B (g) \rightleftharpoons c C (g)$$

A expressão do $Q_c$ é idêntica à do $K_c$, e pode ser calculada em qualquer instante da reação, enquanto o $K_c$ só deve ser determinado quando o sistema estiver em equilíbrio. A expressão do $Q_c$ para a reação é:

$$Q_c = \frac{[C]^c}{[A]^a \cdot [B]^b}$$

Para sabermos se o sistema está em equilíbrio ou em que direção a reação deve seguir até atingir o equilíbrio, comparamos os valores de $Q_c$ e $K_c$.

- **$Q_c < K_c$**: as concentrações dos produtos são menores do que as concentrações dos reagentes. O sistema atingirá o equilíbrio formando mais produtos; favorecendo a reação direta. Haverá deslocamento da esquerda para a direita.

- **$Q_c = K_c$**: o sistema se encontra em equilíbrio, logo as concentrações permanecem inalteradas.

- **$Q_c < K_c$**: as concentrações dos reagentes são menores do que as concentrações dos produtos. O sistema atingirá o equilíbrio formando mais reagentes; favorecendo a reação inversa. Haverá deslocamento da direita para a esquerda.

Dessa forma, é possível prever a direção de uma reação ao compararmos $Q_c$ e $K_c$, em dada temperatura. Generalizando:

### Exercício resolvido

(Fuvest-SP) A produção industrial de metanol envolve o equilíbrio representado por:

$$CO\ (g) + 2\ H_2\ (g) \rightleftharpoons CH_3OH\ (g)$$

Numa experiência de laboratório, colocaram-se 2 mol de CO e 2 mol de $CH_3OH$ num recipiente vazio de 1 L. Em condições semelhantes às do processo industrial foi alcançado o equilíbrio.

Quando a concentração de equilíbrio de $H_2$ for $x$ mol/L, quais serão as concentrações de equilíbrio do CO e do $CH_3OH$?

**Solução**

Para determinar as concentrações em mol/L no equilíbrio, devemos construir uma tabela:

|  | CO (g) + | 2 $H_2$ (g) $\rightleftharpoons$ | $CH_3OH$ (g) |
|---|---|---|---|
| Início | 2 mol | 0 | 2 mol |
| Proporção |  |  |  |
| Equilíbrio |  | $x$ mol |  |

Note que no início não ocorrerá a reação direta, pois não existe $H_2$ (zero mol). Logo, devemos considerar que o $CH_3OH$ (g) é que deve ser consumido para formar o CO (g) e o $H_2$ (g).

Assim, a tabela será:

|  | CO (g) + | 2 $H_2$ (g) $\rightleftharpoons$ | $CH_3OH$ (g) |
|---|---|---|---|
| Início | 2 mol | 0 | 2 mol |
| Proporção | forma $\frac{x}{2}$ mol | forma $x$ mol | consumidos $\frac{x}{2}$ mol |
| Equilíbrio | $\left(2 + \frac{x}{2}\right)$ mol | $x$ mol | $\left(2 - \frac{x}{2}\right)$ mol |

E as concentrações em mol/L serão:

$$[CO] = \frac{2 + \frac{x}{2}\ mol}{1\ L} = 2 + \frac{x}{2}\ mol \cdot L^{-1}$$

$$[CH_3OH] = \frac{2 - \frac{x}{2}\ mol}{1\ L} = 2 - \frac{x}{2}\ mol \cdot L^{-1}$$

---

### Explore seus conhecimentos

**1** (PUC-MG) Na tabela abaixo, assinale a reação que favorece mais o produto.

|  | Reação | $K_{eq}$ |
|---|---|---|
| a) | $2\ NO_2\ (g) \rightleftharpoons N_2O_4\ (g)$ | $1{,}0 \cdot 10^2$ |
| b) | $2\ NO\ (g) + O_2\ (g) \rightleftharpoons 2\ NO_2\ (g)$ | $6{,}4 \cdot 10^5$ |
| c) | $2\ NOBr\ (g) \rightleftharpoons 2\ NO\ (g) + Br_2\ (g)$ | $6{,}4 \cdot 10^{-2}$ |
| d) | $CH_4\ (g) + H_2O\ (g) \rightleftharpoons CO\ (g) + 3\ H_2\ (g)$ | 5,7 |

**2** (PUC-RJ) Reações químicas dependem de energia e colisões eficazes que ocorrem entre as moléculas dos reagentes. Em sistema fechado, é de se esperar que o mesmo ocorra entre as moléculas dos produtos em menor ou maior grau até que se atinja o chamado "equilíbrio químico".

O valor da constante de equilíbrio em função das concentrações das espécies no equilíbrio, em quantidade de matéria, é um dado importante para se avaliar a extensão (rendimento) da reação quando as concentrações não se alteram mais.

Considere a tabela com as quantidades de reagentes e produtos no início e no equilíbrio, na temperatura de 100 °C, para a seguinte reação:

$$N_2O_4\ (g) \rightleftharpoons 2\ NO_2\ (g)$$

| Reagentes/produtos | No início | No equilíbrio |
|---|---|---|
| $[N_2O_4]$ | $0{,}050\ mol \cdot L^{-1}$ | $0{,}030\ mol \cdot L^{-1}$ |
| $[NO_2]$ | $0{,}050\ mol \cdot L^{-1}$ | $0{,}090\ mol \cdot L^{-1}$ |

A constante de equilíbrio tem o seguinte valor:
a) 0,13.
b) 0,27.
c) 0,50.
d) 1,8.
e) 3,0.

**3** (PUC-RS) O ácido sulfúrico é um dos responsáveis pela formação da chuva ácida. O equilíbrio envolvido na formação desse ácido na água da chuva é representado pela equação:

$$2\ SO_2\ (g) + O_2\ (g) \rightleftharpoons 2\ SO_3\ (g)$$

O equilíbrio foi estabelecido em determinadas condições e está representado no gráfico, no qual as concentrações estão no eixo das ordenadas, em mol/L, e o tempo está na abscissa, em segundos.

**Evolução da reação**

Pela análise do gráfico, é correto afirmar que a constante de equilíbrio para esse sistema é:

a) 0,66.
b) 0,75.
c) 1,33.
d) 1,50.
e) 3,00.

**4** (UFC-CE) Considerando um reservatório mantido à temperatura constante, tem-se estabelecido o equilíbrio químico $PC\ell_5$ (g) $\rightleftharpoons$ $PC\ell_3$ (g) + $C\ell_2$ (g), sendo que as pressões parciais no equilíbrio são $p(PC\ell_5)$ = 0,15 atm, $p(PC\ell_3)$ = 0,30 atm e $p(C\ell_2)$ = 0,10 atm. Indique a alternativa correta para o valor de $K_p$ (em atm) da reação.

a) 0,05
b) 0,10
c) 0,15
d) 0,20
e) 0,25

**5** Um sistema a 1700 °C contém inicialmente uma concentração de $[CH_4]$ = 0,115 mol/L. Estabelecido o equilíbrio, foi detectada a presença de 0,035 mol/L de $[C_2H_2]$. Com base nas informações e conhecendo a expressão da equação do equilíbrio, complete a tabela e determine o valor de $K_c$:

$$2\ CH_4\ (g) \rightleftharpoons C_2H_2\ (g) + 3\ H_2\ (g)$$

|  | $2\ CH_4\ (g) \rightleftharpoons C_2H_2\ (g) + 3\ H_2\ (g)$ ||| 
|---|---|---|---|
| Início | 0,115 | 0 | 0 |
| Proporção | Consumidos | Formados | Formados |
| Equilíbrio |  | 0,035 |  |

**6** (UFRGS-RS) Quando se monitoram as concentrações na reação de dimerização do $NO_2$, $2\ NO_2 \rightleftharpoons N_2O_4$, obtém-se a seguinte tabela (concentrações em mol · L⁻¹):

|  | $NO_2$ | $N_2O_4$ |
|---|---|---|
| Inicial | 2 | 0 |
| Tempo muito longo | x | 0,8 |

Qual o valor de x em mol · L⁻¹ e qual o valor da constante de equilíbrio em termos das concentrações?

a) x = 0,4; $K_c$ = 5.
b) x = 0,4; $K_c$ = 1.
c) x = 0,8; $K_c$ = 2.
d) x = 1,6; $K_c$ = 5.
e) x = 2,0; $K_c$ = 4.

**7** Considere o equilíbrio
$$A\ (g) \rightleftharpoons 2\ B\ (g)$$
O valor do seu $K_c$ = 0,01.
Com base nessas informações, calcule o valor da constante de equilíbrio ($K_c$) do equilíbrio:
$$B\ (g) \rightleftharpoons \frac{1}{2}\ A\ (g)$$

---

### Relacione seus conhecimentos

**1** (Unicid-SP - adaptado) Considere os equilíbrios:
1) $2\ SO_2$ (g) + $O_2$ (g) $\rightleftharpoons$ $2\ SO_3$ (g)
$K_c = 9,9 \cdot 10^{25}$ a 25 °C
2) $O_2$ (g) + $N_2$ (g) $\rightleftharpoons$ $2\ NO$ (g)
$K_c = 4,4 \cdot 10^{-30}$ a 25 °C

a) Com base nos valores de $K_c$ informe o sentido preferencial de cada um desses sistemas.
b) A que fenômeno ambiental a equação 1 pode ser corretamente relacionada? Explique como ela participa da formação desse fenômeno.

**2** (Uece) O tetróxido de dinitrogênio gasoso, utilizado como propelente de foguetes, dissocia-se em dióxido de nitrogênio, um gás irritante para os pulmões, que diminui a resistência às infecções respiratórias.

$$N_2O_4\ (g) \rightleftharpoons 2\ NO_2\ (g)$$

Considerando que no equilíbrio a 60 °C a pressão parcial do tetróxido de dinitrogênio é 1,4 atm e a pressão parcial do dióxido de nitrogênio é 1,8 atm a constante de equilíbrio $K_p$ será, em termos aproximados:

a) 1,09 atm.
b) 1,67 atm.
c) 2,09 atm.
d) 2,31 atm.

**3** (UFRGS-RS) A constante de equilíbrio da reação
$$CO\ (g) + 2\ H_2\ (g) \rightleftharpoons CH_3OH\ (g)$$
tem o valor de 14,5 a 500 K. As concentrações de metanol e de monóxido de carbono foram medidas nesta temperatura em condições de equilíbrio, encontrando-se, respectivamente, 0,145 mol · L⁻¹ e 1 mol · L⁻¹.

Com base nesses dados, é correto afirmar que a concentração de hidrogênio, em mol · L⁻¹, deverá ser:

a) 0,01
b) 0,1
c) 1
d) 1,45
e) 14,5

**4** (Uespi) Um exemplo de impacto humano sobre o meio ambiente é o efeito da chuva ácida sobre a biodiversidade dos seres vivos. Os principais poluentes são ácidos fortes que provêm das atividades humanas. O nitrogênio e o oxigênio da atmosfera podem reagir para formar o NO, mas a reação, mostrada abaixo, endotérmica, é espontânea somente a altas temperaturas, como nos motores de combustão interna dos automóveis e centrais elétricas:

$$N_2\,(g) + O_2\,(g) \rightleftharpoons 2\,NO\,(g)$$

Sabendo que as concentrações de $N_2$ e $O_2$ no equilíbrio acima, a 800 °C, são iguais à 0,10 mol · L⁻¹ para ambos, calcule a concentração molar de NO no equilíbrio se $K = 4 \cdot 10^{-20}$ a 800 °C.

a) $6,0 \cdot 10^{-7}$
b) $5,0 \cdot 10^{-8}$
c) $4,0 \cdot 10^{-9}$
d) $3,0 \cdot 10^{-10}$
e) $2,0 \cdot 10^{-11}$

**5** (PUC-MG) Considere o equilíbrio químico: A + 2 B ⇌ C + 2 D e as seguintes concentrações iniciais:

| [A] (mol · L⁻¹) | [B] (mol · L⁻¹) | [C] (mol · L⁻¹) | [D] (mol · L⁻¹) |
|---|---|---|---|
| 1 | 1 | 0 | 0 |

A 25 °C, para 1 litro de reagente, o equilíbrio foi atingido quando 0,5 mol do reagente B foi consumido. Assinale o valor da constante de equilíbrio da reação.

a) 3
b) 4
c) $\dfrac{1}{4}$
d) $\dfrac{1}{3}$

**6** (PUC-RJ) Para a síntese do metanol, foram utilizadas as seguintes concentrações das espécies em quantidade de matéria: [CO] = 1,75 mol · L⁻¹, [H₂] = 0,80 mol · L⁻¹ e [CH₃OH] = 0,65 mol · L⁻¹.
Ao se atingir o equilíbrio químico, numa dada temperatura, constatou-se que a concentração da espécie CO, em quantidade de matéria, estabilizou em 1,60 mol · L⁻¹.

$$CO\,(g) + 2\,H_2\,(g) \rightleftharpoons CH_3OH\,(g)$$

Pede-se:
a) a expressão da constante de equilíbrio em função das concentrações das espécies em quantidade de matéria;

b) o valor numérico da constante de equilíbrio mostrando o encaminhamento por meio dos cálculos necessários.

**7** (Unicamp-SP) Uma equação química é uma equação matemática no sentido de representar uma igualdade: todos os átomos e suas quantidades que aparecem nos reagentes também devem constar nos produtos.
Considerando uma equação química e sua correspondente constante de equilíbrio, pode-se afirmar corretamente que, multiplicando-se todos os seus coeficientes por 2, a constante de equilíbrio associada a esta nova equação será:

a) o dobro da constante da primeira equação química, o que está de acordo com um produtório.
b) o quadrado da constante da primeira equação, o que está de acordo com um produtório.
c) igual à da primeira equação, pois ela é uma constante, o que está de acordo com um somatório.
d) a constante da primeira equação multiplicada por ln 2, o que está de acordo com um somatório.

**8** (Uece) A 1 200 °C, $K_c$ é igual a 8 para a reação:

$$NO_2\,(g) \rightleftharpoons NO\,(g) + \frac{1}{2}\,O_2\,(g)$$

Calcule $K_c$ para:

$$2\,NO_2\,(g) \rightleftharpoons 2\,NO\,(g) + O_2\,(g)$$

a) 16
b) 4
c) 32
d) 64

**9** (UFJF-MG) Considere os seguintes equilíbrios que envolvem $CO_2(g)$ e suas constantes de equilíbrio correspondentes:

$$CO_2\,(g) + \rightleftharpoons CO\,(g) + \frac{1}{2}\,O_2\,(g) \quad K_1$$
$$2\,CO\,(g) + O_2\,(g) \rightleftharpoons 2\,CO_2\,(g) \quad K_2$$

Marque a alternativa que correlaciona as duas constantes de equilíbrio das duas reações anteriores.

a) $K_2 = \dfrac{1}{(K_1)^2}$
b) $K_2 = (K_1)^2$
c) $K_2 = K_1$
d) $K_2 = \dfrac{1}{K_1}$
e) $K_2 = (K_1)^{\frac{1}{2}}$

# Deslocamento de equilíbrio

Quando um sistema se encontra em equilíbrio, a velocidade da reação direta e a da inversa são iguais. Além disso, as concentrações em mol/L dos participantes permanecem constantes. Se houver alguma perturbação externa, o equilíbrio deixa de existir, voltando a ter diferença na velocidade das reações direta e inversa até que um novo estado de equilíbrio seja alcançado. Vamos estudar agora como o equilíbrio se comporta com essas perturbações.

## Princípio de Le Chatelier

Se um sistema em equilíbrio for perturbado por causa da variação na temperatura, na pressão ou na concentração de um dos participantes, o equilíbrio se deslocará no sentido da reação em que o efeito da perturbação seja minimizado.

Vamos analisar alguns efeitos que podem provocar o deslocamento de um equilíbrio.

## Efeito da concentração

Uma analogia interessante para relacionar o comportamento de um equilíbrio pode ser representada pela ilustração a seguir. Considerando dois tanques conectados que contêm determinada quantidade de água, de modo que o conector esteja parcialmente preenchido, ao se adicionar água ao tanque A até preenchê-lo, será observado intenso fluxo de água no sentido do tanque B, até que ambos os tanques apresentem o mesmo volume de água. Neste momento, dizemos que o **equilíbrio foi atingido**. A partir desse instante, o volume dos tanques permanecerá o mesmo, e a água continuará se movimentando constantemente entre os tanques.

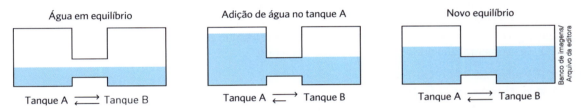

Ao drenar a água do tanque A, haverá um intenso fluxo de água no sentido do tanque A, até que, novamente, ambos os tanques apresentem o mesmo volume de água, atingindo assim um novo estado de equilíbrio.

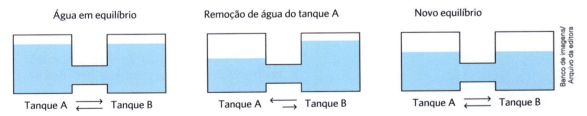

Observe a seguir o efeito da concentração em uma reação química:

$$N_2O_4 \text{ (g)} \rightleftharpoons 2\, NO_2 \text{ (g)}$$

Ao adicionarmos $NO_2$ ao sistema que está em equilíbrio, provocamos uma perturbação. De acordo com o princípio de Le Chatelier, o equilíbrio se desloca para minimizar a perturbação. Assim, ele deverá se deslocar para a esquerda, consumindo parte do $NO_2$ adicionado.

$$N_2O_4 \text{ (g)} \rightleftharpoons 2\, NO_2 \text{ (g)}$$
adição de $NO_2$ — desloca para a esquerda

O equilíbrio se desloca para a esquerda porque o valor de Q muda como descrito a seguir.
- Antes da adição de $NO_2$: $Q_c = K_c$ (equilíbrio).
- Imediatamente após a adição de $NO_2$: $Q_c > K_c$ (sistema não se encontra em equilíbrio).
- O equilíbrio se desloca para a esquerda para restabelecer-se.

Graficamente, temos:

$$N_2O_4(g) \rightleftharpoons 2NO_2(g)$$

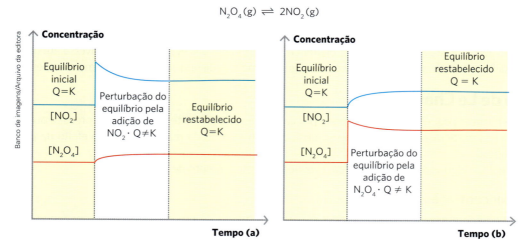

Analisando os gráficos, podemos inferir que:

- Em (a): adição de $NO_2$
Ao adicionarmos $NO_2$ (g) ao sistema em equilíbrio, ocorre aumento na sua concentração, o que resulta no aumento do número de colisões e, consequentemente, no aumento da velocidade da reação inversa, o que favorece a formação de $N_2O_4$ (g), ou seja, o equilíbrio se desloca para o lado esquerdo.
Com o decorrer da reação, a concentração de $NO_2$ (g) diminui, até o momento em que a concentração de $N_2O_4$ (g) aumenta, atingindo nova situação de equilíbrio.

- Em (b): adição de $N_2O_4$ (g)
Quando adicionamos $N_2O_4$ (g) ao sistema em equilíbrio, ocorre aumento na sua concentração e, em seguida, parte do que foi adicionado é consumido para formar $NO_2$ (g). Nesse caso, o equilíbrio se desloca para a direita.

Até o momento, analisamos o comportamento do sistema em equilíbrio pela adição de um de seus componentes. No caso de remoção de parte da concentração de um dos participantes, o equilíbrio se desloca no sentido do qual foi retirado o componente.

Veja um equilíbrio iônico em solução aquosa.

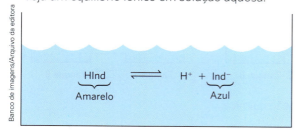

A coloração da solução está relacionada às concentrações em mol/L das espécies HInd e Ind$^-$. Assim, teremos:

[HInd] > [Ind$^-$] - solução amarela;
[HInd] < [Ind$^-$] - solução azul;
[HInd] = [Ind$^-$] - solução verde.

Como já estudamos, em funções inorgânicas indicadores alteram a cor em contato com soluções ácidas ou básicas. Se adicionarmos, por exemplo, vinagre (solução ácida), aumentaremos a concentração de H$^+$, deslocando o equilíbrio para a esquerda, resultando em uma solução de coloração amarela.

Se adicionarmos uma base, há produção dos íons OH$^-$, que reagem com o íon H$^+$ do equilíbrio (produzindo água); com isso, o equilíbrio se desloca para a direita e a solução adquire coloração azul.

# Efeito da pressão

Com o intuito de verificar os efeitos da variação de pressão em um equilíbrio, vamos considerar o equilíbrio a uma temperatura constante:

$$N_2\;(g) + 3\;H_2\;(g) \rightleftharpoons 2\;NH_3$$

$\underbrace{1\,mol \quad\quad 3\,mol}$ \quad\quad 2 mol

\quad\quad 4 mol \quad\quad\quad\quad 2 mol

Um aumento de pressão deslocará o equilíbrio para a direita, favorecendo a formação do NH$_3$ (g), porque nesse sentido há diminuição do número de mol de gás e, consequentemente, diminuição da pressão.

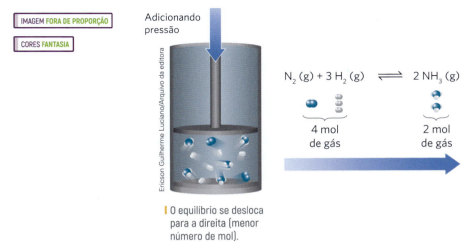

O equilíbrio se desloca para a direita (menor número de mol).

Caso haja diminuição da pressão, o equilíbrio se deslocará para a esquerda, favorecendo a formação de N$_2$ (g) e 3 H$_2$ (g), pois nesse sentido há aumento do número de mol e, consequentemente, da pressão.

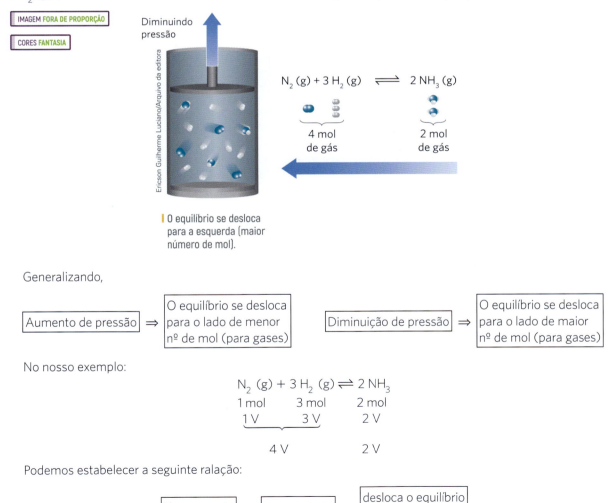

O equilíbrio se desloca para a esquerda (maior número de mol).

Generalizando,

| Aumento de pressão | ⇒ | O equilíbrio se desloca para o lado de menor nº de mol (para gases) |

| Diminuição de pressão | ⇒ | O equilíbrio se desloca para o lado de maior nº de mol (para gases) |

No nosso exemplo:

$$N_2\ (g) + 3\ H_2\ (g) \rightleftharpoons 2\ NH_3$$

1 mol    3 mol    2 mol
1 V      3 V     2 V

4 V      2 V

Podemos estabelecer a seguinte ralação:

| Um aumento de pressão | ⇒ | provoca uma contração e | ⇒ | desloca o equilíbrio para o lado de menor volume. |

## Efeito da temperatura

Embora as mudanças que acabamos de estudar possam alterar a posição do equilíbrio da reação, elas não alteram a constante de equilíbrio, porém, quando há alteração da temperatura, a constante de equilíbrio também se altera.

Observe o equilíbrio a seguir.

$$PC\ell_3 \text{ (g)} + C\ell_2 \text{ (g)} \rightleftharpoons PC\ell_5 \text{ (g)} \quad \Delta H = -111 \text{ kJ}$$

$$K_c = \frac{[PC\ell_5]}{[PC\ell_3] \cdot [C\ell_2]}$$

Analisando o valor do $\Delta H$, podemos observar que ele é negativo, portanto, a reação direta é exotérmica e a inversa é endotérmica.

$$PC\ell_3 \text{ (g)} + C\ell_2 \text{ (g)} \underset{\text{endotérmica}}{\overset{\text{exotérmica}}{\rightleftharpoons}} PC\ell_5 \quad \Delta H = -111 \text{ kJ}$$

Se aumentarmos a temperatura, favoreceremos a reação endotérmica, fazendo com que o equilíbrio se desloque para a esquerda. Com isso, teremos aumentos nas concentrações de $PC\ell_3$ e $C\ell_2$ e diminuição na concentração de $PC\ell_5$.

Dessa forma, em uma temperatura maior, a nova constante de equilíbrio terá valor menor.

Observe agora este exemplo:

$$N_2 \text{ (g)} + O_2 \text{ (g)} \underset{\text{exotérmica}}{\overset{\text{endotérmica}}{\rightleftharpoons}} 2 \text{ NO (g)} \quad \Delta H > 0$$

$$K_c = \frac{[NO]^2}{[N_2] \cdot [O_2]}$$

Se aumentarmos a temperatura, favoreceremos a reação endotérmica, fazendo com que o equilíbrio se desloque para a direita. Dessa forma, teremos aumento nas concentrações de NO e diminuições nas concentrações de $N_2$ e $O_2$.

Assim, em uma temperatura maior, a nova constante de equilíbrio terá valor maior.

Generalizando,

- Um aumento de temperatura aumentará $K_c$ para um sistema em equilíbrio com $\Delta H > 0$.
- Um aumento de temperatura diminuirá $K_c$ para um sistema em equilíbrio com $\Delta H < 0$.

## Efeito dos catalisadores

Os catalisadores aceleram igualmente as velocidades das reações direta e inversa, fazendo com que a reação alcance o seu equilíbrio mais rapidamente. Vale ressaltar que eles não favorecem nenhum dos sentidos da reação e não são consumidos.

Observe os diagramas:

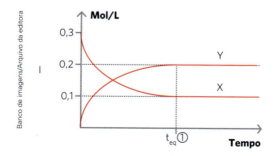
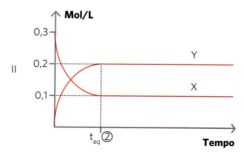

Note que, no diagrama II, o equilíbrio foi estabelecido em menor tempo, o que caracteriza a ação de um catalisador.

## Explore seus conhecimentos

**1** (Unimontes-MG) Quatro substâncias gasosas, $HC\ell$, $I_2$, $HI$, $C\ell_2$, são misturadas em um balão fechado, deixadas em repouso, resultando no equilíbrio da reação à temperatura constante:

$$2\,HC\ell\,(g) + I_2\,(g) \rightleftharpoons 2\,HI\,(g) + C\ell_2\,(g)$$

Alterações realizadas nessa mistura podem ter efeitos que resultam em mudanças nesse equilíbrio. Ação e efeito estão corretamente relacionados em:

| | Ação | Efeito |
|---|---|---|
| a) | Adição de $HC\ell$ | Aumento da quantidade de $HI$ |
| b) | Adição de $I_2$ | Redução da quantidade de $C\ell_2$ |
| c) | Remoção de $C\ell_2$ | Não altera o equilíbrio |
| d) | Remoção de $HI$ | Aumenta o valor da $K_c$ |

Analise o diagrama a seguir e responda às questões **2** a **4**.

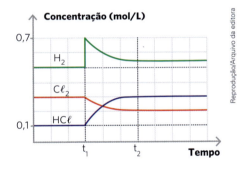

O diagrama se refere ao equilíbrio abaixo, ao qual se aplica o Princípio de Le Chatelier.

$$H_2\,(g) + C\ell_2\,(g) \rightleftharpoons 2\,HC\ell\,(g)$$

**2** Qual substância foi retirada ou adicionada no instante $t_1$? Como se comportou o sistema em equilíbrio?

**3** O que aconteceu no instante $t_2$? Justifique.

**4** O valor da constante do equilíbrio é maior, menor ou igual a 1? Justifique.

**5** (Uece) Um estudante de química retirou água do seguinte sistema em equilíbrio:

$$2\,NO_2\,(g) + CH_4\,(g) \rightleftharpoons CO_2\,(g) + 2\,H_2O\,(\ell) + N_2\,(g)$$

Em seguida, esse aluno constatou acertadamente que:

a) a concentração de metano diminuiu.
b) o equilíbrio se desloca para a esquerda.
c) a concentração do dióxido de carbono diminuiu.
d) a concentração do nitrogênio gasoso diminuiu.

**6** (UFPR) O íon cromato $(CrO_4)^{2-}$ de cor amarela e o íon dicromato $(Cr_2O_7)^{2-}$ de cor laranja podem ser utilizados em processos de eletrodeposição para produzir peças cromadas. A fórmula a seguir apresenta o equilíbrio químico dessas espécies em meio aquoso:

$$2\,(CrO_4)^{2-}\,(aq) + 2\,H^+\,(aq) \rightleftharpoons$$
$$\rightleftharpoons (Cr_2O_7)^{2-}\,(aq) + H_2O\,(\ell)$$

Com base no equilíbrio químico acima, considere as seguintes afirmativas:

1. O aumento na concentração de íons $H^+$ do meio promove a intensificação da cor laranja na solução.
2. A adição de um ácido forte ao meio intensifica a coloração amarela da solução.
3. A adição de íons hidroxila $(OH^-)$ ao meio provoca uma reação com os íons $H^+$, formando água e intensificando a cor amarela da solução.
4. A cor exibida pela solução não apresenta dependência da concentração de íons $H^+$ do meio.

Indique a alternativa correta.

a) Somente a afirmativa 1 é verdadeira.
b) Somente as afirmativas 1 e 3 são verdadeiras.
c) Somente as afirmativas 2 e 4 são verdadeiras.
d) Somente as afirmativas 2 e 3 são verdadeiras.
e) Somente as afirmativas 2, 3 e 4 são verdadeiras.

**7** (Udesc) O Princípio de Le Chatelier diz "Quando uma perturbação exterior for aplicada a um sistema em equilíbrio dinâmico, o equilíbrio tende a se ajustar, para minimizar o efeito da perturbação". Observe a reação química abaixo.

$$2\,HC\ell\,(g) + I_2\,(g) \rightleftharpoons 2\,HI\,(g) + C\ell_2\,(g)$$

Em relação a essa reação química, é correto afirmar:

a) Com o aumento da pressão, o equilíbrio se desloca para o sentido de formação do produto.
b) O equilíbrio se desloca no sentido de formação do produto, com o aumento da concentração $HI\,(g)$.
c) Com o aumento da pressão, o equilíbrio se desloca para o sentido de formação dos reagentes.
d) Com o aumento da pressão, não ocorre deslocamento do equilíbrio da reação.
e) Quando o gás $I_2$ for consumido, o equilíbrio não se altera.

**8** (Unicid-SP)

O metanol, $CH_3OH$, é utilizado como solvente, anticongelante, material de partida para outros produtos químicos e na produção de biodiesel. Considere a seguinte reação:

$$CO\ (g) + 2\ H_2\ (g) \rightleftharpoons CH_3OH\ (g) + energia$$

(http://qnint.sbq.org.br. Adaptado.)

a) Escreva a expressão que representa a constante de equilíbrio ($K_c$) dessa reação e calcule o seu valor para um sistema em que, nas condições de equilíbrio, as concentrações de metanol, monóxido de carbono e hidrogênio sejam 0,145 mol · $L^{-1}$, 1 mol · $L^{-1}$ e 0,1 mol · $L^{-1}$, respectivamente.

b) Considerando o Princípio de Le Chatelier, o que acontece no sistema em equilíbrio quando a pressão é aumentada? Justifique sua resposta.

**9** (UEL-PR) A obtenção industrial da amônia, utilizada na produção de fertilizantes, segue o processo idealizado pelo alemão Fritz Haber. O hidrogênio necessário é obtido pela reação do metano com vapor de água:
(Reação 1)

$$CH_4\ (g) + H_2O\ (g) \rightleftharpoons CO\ (g) + 3\ H_2\ (g)$$
$$\Delta H^0 = +323,5\ kJ/mol\ de\ CH_4$$

que faz reagir o nitrogênio proveniente do ar com o hidrogênio da reação anterior:
(Reação 2)

$$N_2\ (g) + 3\ H_2\ (g) \rightleftharpoons 2\ NH_3\ (g)$$
$$\Delta H^0 = -92,6\ kJ$$

Observando as reações, quais serão, respectivamente, as melhores condições das reações 1 e 2 a serem utilizadas para a produção industrial da amônia?

a) Baixa temperatura e baixa pressão.
b) Alta temperatura e baixa pressão.
c) Baixa temperatura e alta pressão.
d) Alta temperatura e alta pressão.
e) Temperatura e pressão médias.

## Relacione seus conhecimentos

**1** (Unifenas-MG) Em geral, as reações químicas que ocorrem, simultaneamente, em dois sentidos, são denominadas reações reversíveis. Equilíbrio químico é uma reação reversível, na qual a velocidade da reação direta é igual à velocidade da reação inversa. Consequentemente, as concentrações de todas as substâncias participantes permanecem constantes. O gráfico a seguir refere-se à reação:

$$A + B \rightleftharpoons C$$

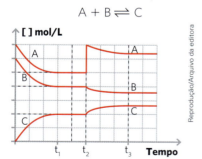

Analisando-se o gráfico conclui-se que:
a) No início da reação química: [A] < [B].
b) O equilíbrio foi alterado em $t_1$.
c) Em $t_3$ a velocidade da reação direta é maior do que a inversa.
d) Em $t_2$ houve um acréscimo na concentração de A, sendo que a concentração de B diminui e a de C aumenta até atingir um novo equilíbrio.
e) Entre $t_2$ e $t_3$ (intervalo de tempo) as velocidades das reações direta e inversa são iguais.

**2** (UPM-SP) Em uma aula prática, alguns alunos investigaram o equilíbrio existente entre as espécies químicas em solução aquosa. A equação química que representa o fenômeno estudado é descrita por

$$FeC\ell_3\ (aq) + 3\ NH_4SCN\ (aq) \rightleftharpoons$$
$$\rightleftharpoons 3\ NH_4C\ell\ (aq) + Fe(SCN)_3\ (aq)$$

Nessa investigação, os alunos misturaram quantidades iguais de solução de cloreto de ferro III e de tiocianato de amônio e a mistura produzida foi dividida em três frascos, **A**, **B** e **C**. A partir de então, realizaram os seguintes procedimentos:

I. no frasco **A**, adicionaram uma ponta de espátula de cloreto de amônio sólido e agitaram até a completa dissolução desse sólido.
II. no frasco **B**, adicionaram algumas gotas de solução saturada de cloreto de ferro III.
III. no frasco **C**, adicionaram algumas gotas de solução saturada de tiocianato de amônio.

Considerando-se que em todas as adições tenha havido deslocamento do equilíbrio, é correto afirmar que esse deslocamento ocorreu no sentido da reação direta:

a) apenas no procedimento I.
b) apenas no procedimento II.
c) apenas nos procedimentos I e II.
d) apenas nos procedimentos II e III.
e) em todos os procedimentos.

**3** (Unimontes-MG) Em um tubo de ensaio contendo solução aquosa saturada de cloreto de sódio foi adicionada uma solução concentrada de ácido clorídrico, ocorrendo o que pode ser observado na figura.

Adição de HC$\ell$: observam-se alguns cristais de NaC$\ell$ que precipitam da solução.

Dada a equação que representa o equilíbrio de solubilidade do cloreto de sódio,

$$NaC\ell \text{ (s)} \rightleftharpoons Na^+ \text{ (aq)} + C\ell^- \text{ (aq)},$$

assinale a alternativa correta.

a) A adição do íon comum cloreto favorece o equilíbrio para a esquerda.
b) O ácido clorídrico reage com cloreto de sódio formando um precipitado.
c) A solubilidade do cloreto de sódio é aumentada pela adição de HC$\ell$.
d) A adição do íon comum aumenta a solubilidade do cloreto de sódio.

**4** (FSM-CE) Compostos contendo íons dicromato $(Cr_2O_7)^{2-}$ ou cromato $(CrO_4)^{2-}$ são tóxicos e carcinogênicos. O equilíbrio químico estabelecido entre esses íons em fase aquosa está representado na equação:

$$(Cr_2O_7)^{2-} \text{ (aq)} + H_2O \text{ (}\ell\text{)} \rightleftharpoons$$
$$\text{laranja}$$
$$\rightleftharpoons 2 (CrO_4)^{2-} \text{ (aq)} + 2 H^+ \text{ (aq)}$$
$$\text{amarelo}$$

Soluções que contêm íons dicromato necessitam de tratamento prévio para serem descartadas diretamente no meio ambiente. Uma das etapas deste tratamento é a redução do íon dicromato para cromo (III).

a) Considere que em uma solução aquosa, com íons dicromato e cromato em equilíbrio, seja adicionado ácido clorídrico.
Qual será a cor predominante dessa solução? Justifique sua resposta.
b) Qual a variação do número de oxidação do cromo no processo de redução descrito no texto? Apresente os cálculos efetuados.

**5** (Enem) A formação de estalactites depende da reversibilidade de uma reação química. O carbonato de cálcio ($CaCO_3$) é encontrado em depósitos subterrâneos na forma de pedra calcária. Quando um volume de água rica em $CO_2$ dissolvido infiltra-se no calcário, o minério dissolve-se formando íons $Ca^{2+}$ e $(HCO_3)^-$. Numa segunda etapa, a solução aquosa desses íons chega a uma caverna e ocorre a reação inversa, promovendo a liberação de $CO_2$ e a deposição de $CaCO_3$, de acordo com a equação apresentada.

$$Ca^{2+} \text{ (aq)} + 2 (HCO_3)^- \text{ (aq)} \rightleftharpoons CaCO_3 \text{ (s)} +$$
$$+ CO_2 \text{ (g)} + H_2O \text{ (}\ell\text{)} \quad \Delta H = +40,94 \text{ kJ/mol}$$

Considerando o equilíbrio que ocorre na segunda etapa, a formação de carbonato será favorecida pelo(a):

a) diminuição da concentração de íons $OH^-$ no meio.
b) aumento da pressão do ar no interior da caverna.
c) diminuição da concentração de $(HCO_3)^-$ no meio.
d) aumento da temperatura no interior da caverna.
e) aumento da concentração de $CO_2$ dissolvido.

**6** (Unifesp) Na indústria, a produção do ácido nítrico ($HNO_3$) a partir da amônia ($NH_3$) se dá em três etapas:

etapa 1: $4 NH_3 \text{ (g)} + 5 O_2 \text{ (g)} \rightleftharpoons 4 NO \text{ (g)} +$
$+ 6 H_2O \text{ (g)} \quad \Delta H < 0$

etapa 2: $2 NO \text{ (g)} + O_2 \text{ (g)} \rightleftharpoons 2 NO_2 \text{ (g)}$
$\Delta H < 0$

etapa 3: $3 NO_2 \text{ (g)} + H_2O \text{ (}\ell\text{)} \rightleftharpoons 2 HNO_3 \text{ (aq)} +$
$+ NO \text{ (g)} \quad \Delta H < 0$

A fim de verificar as condições que propiciam maior rendimento na produção de NO na etapa 1, um engenheiro realizou testes com modificações nos parâmetros operacionais desta etapa, indicadas na tabela.

| Teste | Modificações da etapa 1 |
|---|---|
| 1 | aquecimento e aumento de pressão |
| 2 | aquecimento e diminuição de pressão |
| 3 | resfriamento e aumento de pressão |
| 4 | resfriamento e diminuição de pressão |

a) Com base nas três etapas, escreva a equação balanceada para a reação global de obtenção do ácido nítrico cujos coeficientes estequiométricos são números inteiros. Essa reação tem como reagentes $NH_3$ e $O_2$, e como produtos $HNO_3$, $H_2O$ e NO, sendo que o coeficiente estequiométrico para o $HNO_3$ é 8.
b) Qual teste propiciou maior rendimento na produção de NO na etapa 1? Justifique sua resposta.

## Equilíbrios em meio aquoso

Até o momento estudamos os equilíbrios que envolvem substâncias moleculares. Agora vamos compreender os equilíbrios químicos que ocorrem em meio aquoso, envolvendo a participação de íons, que serão chamados **equilíbrios iônicos**.

### Grau de ionização ($\alpha$)

Substâncias que sofrem ionização ou dissociação em meio aquoso podem gerar certa quantidade de íons. Para conhecer o grau de ionização das substâncias em solução, podemos utilizar a seguinte relação matemática:

$$\Delta = \frac{n^{\circ} \text{ de mol ionizado ou dissociado}}{n^{\circ} \text{ de mol dissolvidos}}$$

Quanto maior o valor do $\alpha$, mais ionizada estará a substância em solução. O grau de ionização será útil para o cálculo da constante de ionização de ácidos e dissociação de bases.

### Constante de ionização de ácidos ($K_a$)

A força de um ácido pode ser assim definida:

> Quanto maior o valor da constante de ionização, mais ionizado estará o ácido ($\alpha$ maior) e maior será a força do ácido.

Considere um ácido genérico (HA) e sua ionização:

$$HA\ (aq) + H_2O\ (\ell) \rightleftharpoons H_3O^+\ (aq) + A^-\ (aq)$$

Para os ácidos, a expressão da constante de equilíbrio ($K_c$) será chamada de constante de ionização do ácido ($K_a$).

Para equacionar os dados da reação, é necessário multiplicar as concentrações dos íons do produto e dividi-los pela concentração do ácido. Vale ressaltar que a água não participa da expressão.
Observe:

$$K_a = \frac{[H_3O^+][A^-]}{[HA]} \text{ ou, simplificadamente, } K_a = \frac{[H^+][A^-]}{[HA]}$$

Quanto maior a constante de ionização de um ácido, maior será a quantidade de íons presentes na solução. No caso do exemplo, em razão do valor elevado do $K_a$, o ácido será caracterizado como um ácido forte.

Agora observe o exemplo a seguir:

$$HB\ (aq) \rightleftharpoons H^+\ (aq) + B^-\ (aq)$$

Como a concentração do ácido não ionizado é elevada, o valor do $K_a$ será pequeno, caracterizando um ácido fraco.

Observe os valores de $K_a$ a 25 °C, relacionados, em geral, à força de ácidos.

| Valores de $K_a$ | | $10^{-7}$ | | $10^{-2}$ | | $10^3$ | |
|---|---|---|---|---|---|---|---|
| Classificação | muito fraco | | fraco | | forte | | muito forte |

No caso de um ácido que apresente mais de um hidrogênio ionizável, como o ácido sulfídrico ($H_2S$), a ionização ocorrerá em duas etapas:

- 1ª etapa: $H_2S \rightleftharpoons H^+ + HS^-$
- 2ª etapa: $HS^- \rightleftharpoons H^+ + S^{2-}$

Dessa forma, teremos duas constantes de ionização:

- 1ª ionização: $K_1 = \dfrac{[H^+] \cdot [HS^-]}{[H_2S]}$
- 2ª ionização: $K_2 = \dfrac{[H^+] \cdot [S^{2-}]}{[HS^-]}$

Experimentalmente, podemos determinar também os valores dessas constantes:

$$K_1 = 1{,}1 \cdot 10^{-7} \qquad K_2 = 1{,}0 \cdot 10^{-19}$$

O valor de $K_1$ é maior que o valor de $K_2$. Esse dado permite compreender que, para todos os ácidos que apresentam mais de um hidrogênio ionizável, a primeira ionização ocorre mais facilmente em relação à segunda. Dessa forma, a concentração de $H^+$ presente em solução aquosa de um poliácido é proveniente da primeira ionização.

### Cálculo da constante de ácidos com base no grau de ionização ($\alpha$)

Uma substância com $\alpha$ de 1% terá 1% das moléculas ou 1% do número de mol ionizado ou dissociado.

Veja o exemplo. Em um recipiente de 1,0 L, uma solução aquosa de ácido HA 01 mol/L, ocorre uma ionização de 1%. Determine o valor de sua constante de ionização, na mesma temperatura.

Inicialmente calcula-se a quantidade da substância que se ionizou:

$$\alpha = 1\%$$
$$0{,}1 \text{ mol} \longrightarrow 100\%$$
$$x \longrightarrow 1\%$$
$$x = 0{,}001 \text{ mol}$$

Com esse dado, podemos calcular a concentração das espécies no equilíbrio:

|  | HA (aq) | ⇌ | H⁺ (aq) | + | A⁻ (aq) |
|---|---|---|---|---|---|
| Início | 0,1 mol/L |  | 0 |  | 0 |
| Proporção | 0,001 |  | 0,001 |  | 0,001 |
| Equilíbrio | 0,099 ≅ 0,1 |  | 0,001 |  | 0,001 |

Utilizando a expressão matemática da constante de ionização, temos:

$$K_a = \frac{[H^+][A^-]}{[HA]}$$

Substituindo os valores:

$$K_a = \frac{[0{,}001] \cdot [0{,}001]}{[0{,}1]}$$

$$K_a = 10^{-5}$$

Analisando o resultado, é possível afirmar que a substância é um ácido fraco.

### $pK_a$ e $K_a$

Como os valores obtidos de $K_a$ podem ser pequenos, convencionou-se expressá-los em uma escala logarítmica, também conhecida como $pK_a$, dada pela expressão:

$$pK_a = -\log K_a$$

Considerando os dois ácidos a seguir:
- $HC\ell O_3$ (ácido clórico): $K_a = 10^{-1}$.
- HF (ácido fluorídrico): $K_a = 10^{-3}$.

Analisando as constantes na mesma temperatura, é possível concluir que:
- $HC\ell O_3$ é o mais forte ⇒ maior $K_a$.
- HF é o mais fraco ⇒ menor $K_a$.

Se analisarmos os valores de $pK_a$, teremos:
- $HC\ell O_3$ $\quad K_a = 10^{-1} \quad pK_a = 1$
- HF $\quad K_a = 10^{-3} \quad pK_a = 3$

Dessa forma, é possível concluir que, quanto maior o valor de p$K_a$, mais fraco é o ácido. Generalizando, temos que:

> $K_a$ maior ⇒ p$K_a$ menor ⇒ ácido mais forte

## Lei de diluição de Ostwald

Outra maneira de calcular a constante de ionização para ácidos ($K_a$) ou para bases ($K_b$) é utilizando a expressão da Lei de diluição de Ostwald, que relaciona a concentração em mol/L ($\eta$) com o grau de ionização ($\alpha$) do ácido.

$$K_i = \frac{\alpha^2}{1 - \alpha} \cdot \eta$$

Quando há monoácidos ou monobases fracas, com $\alpha \leq 5\%$, o resultado obtido é pequeno em relação a 1. Assim, o valor $(1 - \alpha)$ é considerado aproximadamente igual a 1.

Desse modo, a Lei de Ostwald pode ser expressa por:

$$K_i = \alpha^2 \cdot \eta$$

em que:
- O símbolo de $K_i$ é usado para indicar $K_a$ e $K_b$.
- $K_a$ e $K_b$ apenas se alteram com a variação da temperatura.
- Ao provocarmos uma diluição, diminuiremos a concentração em mol/L da solução. Logo, o ácido ou a base sofrerão maior ionização, ou seja, seus graus de ionização ($\alpha$) aumentarão.

## Efeito do íon comum

Observe o que acontece quando adicionamos o sal acetato de sódio (Na$H_3$CCOO) a uma solução aquosa de ácido acético ($H_3$CCOOH).

Na$^+$($H_3$CCOO$^-$)

$H_3$CCOOH ⇌ H$^+$ + $H_3$CCOO$^-$

Na solução há a adição de um íon comum ao equilíbrio, neste caso, o íon acetato ($H_3$CCOO$^-$). Pelo princípio de Le Chatelier, com o aumento da concentração do acetato, o equilíbrio se deslocará para a esquerda, o que provoca a diminuição do grau de ionização do ácido ($\alpha$).

Mas lembre-se: a constante de ionização não varia, pois a temperatura é a mesma.

### Explore seus conhecimentos

**1** (UAM-SP) A constante de ionização ($K_a$), também chamada de constante ácida, pode ser determinada quantitativamente. A tabela mostra os valores das constantes de ionização de cinco ácidos monopróticos.

| Ácidos | $K_a$ (25 °C) |
|---|---|
| 1 | $1,7 \cdot 10^{-2}$ |
| 2 | $1,8 \cdot 10^{-5}$ |
| 3 | $3,2 \cdot 10^{-8}$ |
| 4 | $4,0 \cdot 10^{-10}$ |
| 5 | $5,0 \cdot 10^{-4}$ |

O exame da tabela permite afirmar que o ácido que possui maior força é o ácido

a) 2.   c) 3.   e) 4.
b) 1.   d) 5.

**2** (Udesc - adaptado) O grau de ionização ($\alpha$) indica a porcentagem das moléculas dissolvidas na água que sofreram ionização, sendo que a constante de ionização $K_a$ indica se um ácido é forte, moderado ou fraco. Partindo desses pressupostos, escolha a alternativa a seguir que apresenta a ordem decrescente de ionização dos ácidos HCN ($K_a = 6,1 \cdot 10^{-10}$),

HF ($K_a = 6,3 \cdot 10^{-4}$), CH$_3$COOH ($K_a = 1,8 \cdot 10^{-5}$) e HC$\ell$O$_4$ ($K_a = 39,8$):
a) HCN > CH$_3$COOH > HF > HC$\ell$O$_4$
b) HC$\ell$O$_4$ > CH$_3$COOH > HF > HCN
c) HF > CH$_3$COOH > HC$\ell$O$_4$ > HCN
d) HCN > HC$\ell$O$_4$ > HF > CH$_3$COOH
e) HC$\ell$O$_4$ > HF > CH$_3$COOH > HCN

**3** (Uerj) O cianeto de hidrogênio (HCN) é um gás extremamente tóxico, que sofre ionização ao ser dissolvido em água, conforme a reação abaixo.

$$HCN\,(aq) \rightleftharpoons H^+\,(aq) + CN^-\,(aq)$$

Em um experimento, preparou-se uma solução aquosa de HCN na concentração de 0,1 mol · L$^{-1}$ e grau de ionização igual a 0,5%. A concentração de íons cianeto nessa solução, em mol · L$^{-1}$, é igual a:
a) $2,5 \cdot 10^{-4}$    c) $2,5 \cdot 10^{-2}$
b) $5,0 \cdot 10^{-4}$    d) $5,0 \cdot 10^{-2}$

**4** Com base nos dados da questão anterior, pode-se afirmar que a constante de ionização do ácido cianídrico na temperatura do experimento é igual a:
a) $2,5 \cdot 10^{-1}$.    d) $2,5 \cdot 10^{-6}$.
b) $2,5 \cdot 10^{-2}$.    e) $2,5 \cdot 10^{-10}$.
c) $2,5 \cdot 10^{-5}$.

**5** A uma solução aquosa de amônia foi adicionado acetato de amônia:

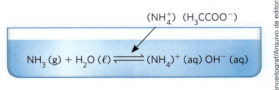

Responda aos itens.
I. Essa adição desloca o equilíbrio? Justifique.
II. O que acontece com o grau de ionização e com a constante de ionização ($K_b$)?

## Autoionização da água e pH

Para compreender a autoionização da água, observe a reação a seguir:

$$H_2O\,(\ell) + H_2O\,(\ell) \rightleftharpoons H_3O^+\,(aq) + OH^-\,(aq)$$

Com base nos reagentes e produtos, podemos expressar a constante de equilíbrio da água, que será denominada **constante do produto iônico da água** ($K_w$):

$$K_w = \left[H_3O^+\right]\left[OH^-\right] = \left[H^+\right]\left[OH^-\right]$$

É determinado, experimentalmente, que, a 25 °C para a água pura, temos:

$$\left[H^+\right] = \left[OH^-\right] = 1,0 \cdot 10^{-7}\,mol/L$$

Em qualquer solução aquosa a 25 °C, o produto $\left[H^+\right] \cdot \left[OH^-\right]$ deve ser igual $1,0 \cdot 10^{-14}$:

$$K_w = \left[H^+\right]\left[OH^-\right] = 1,0 \cdot 10^{-14}$$

Os valores de $K_w$ sofrerão variação somente se houver alteração da temperatura.

### Determinação das concentrações de [H$^+$] e [OH$^-$]

- Soluções ácidas: são aquelas que possuem maior concentração de íons H$^+$.

Para determinarmos a concentração de íons H$^+$ em uma solução, vamos utilizar o exemplo ao lado.

Valendo-nos das concentrações das espécies participantes da reação, temos:

HBr (aq) ⟶ H$^+$ (aq) + Br$^-$ (aq)
↓                    ↓              ↓
0,01 mol/L  $\xrightarrow{\text{ionização total}}$  0,01 mol/L   0,01 mol/L

Logo: [H$^+$] = 0,01 mol/L.

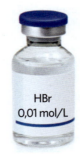

Solução de HBr
0,01 mol/L
25 °C
$K_w = 10^{-14}$
HC$\ell$ ⇒ ácido forte ⇒ α = 100%

Como: $K_w = [H^+][OH^-]$

$$10^{-14} = 0{,}01 \cdot [OH^-] \Rightarrow [OH^-] = \frac{10^{-14}}{0{,}01} \Rightarrow [OH^-] = 10^{-12}\ mol \cdot L^{-1}$$

Nessa solução, $[H^+] > [OH^-]$, o que evidencia seu caráter **ácido**.

- Soluções básicas: são aquelas que possuem maior concentração de íons $OH^-$.

Para determinarmos a concentração de íons $OH^-$ em uma solução, vamos utilizar o exemplo ao lado.

Valendo-nos das concentrações das espécies participantes da reação, temos:

$$\begin{array}{ccccc} KOH\,(aq) & \longrightarrow & K^+\,(aq) & + & OH^-\,(aq) \\ \downarrow & & \downarrow & & \downarrow \\ 0{,}1\ mol/L & \xrightarrow[\text{total}]{\text{dissociação}} & 0{,}1\ mol/L & & 0{,}1\ mol/L \end{array}$$

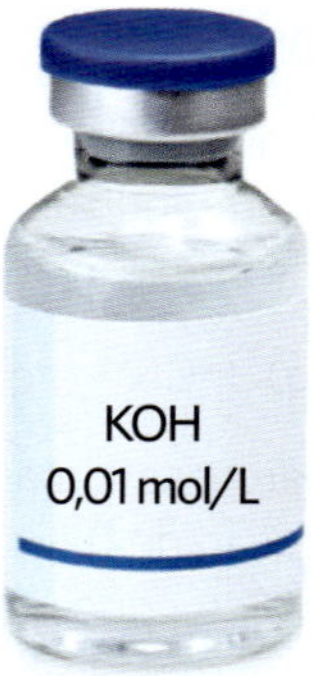

Solução de KOH
0,01 mol/L
25 °C
$K_W = 10^{-14}$
NaOH $\Rightarrow$ ácido forte $\Rightarrow \alpha = 100\%$

Sherry Yates Young/Shutterstock

Logo: $[OH^-] = 0{,}1\ mol \cdot L^{-1}$

Como: $K_w = [H^+][OH^-]$

$$10^{-14} = [H^+] \cdot 0{,}1 \Rightarrow [H^+] = \frac{10^{-14}}{0{,}1} \Rightarrow [H^+] = 10^{-13}\ mol \cdot L^{-1}$$

Nessa solução, $[H^+] < [OH^-]$, o que evidencia seu caráter **básico**.

Dependendo das concentrações em mol/L de $[H^+]$ e $[OH^-]$, temos:

| | |
|---|---|
| **Solução neutra** | $[H^+] = [OH^-]$ |
| **Solução ácida** | $[H^+] > [OH^-]$ |
| **Solução básica** | $[H^+] < [OH^-]$ |

## pH e pOH

Em 1909, o bioquímico dinamarquês Soren Sorensen (1868-1939) propôs a primeira **escala de pH** (potencial hidrogeniônico). Nessa escala, as concentrações de $[H^+]$ são expressas em cologaritmos na base 10. Assim:

$$pH = colog_{10}[H^+] \text{ ou } pH = -\log[H^+]$$

Semelhantemente, é possível determinar o **pOH** (potencial hidroxiliônico):

$$pOH = colog_{10}[OH^-] \text{ ou } pOH = -\log[OH^-]$$

Observe como calcular o pH e o pOH de algumas soluções.

Considere que uma solução apresenta $[H^+] = 10^{-5}$ mol/L.

$[H^+] = 10^{-5}\ mol \cdot L^{-1}$

$$pH = -\log[H^+] \Rightarrow pH = -\log 10^{-5} \Rightarrow pH = -(-5)\underbrace{\log 10}_{1} \Rightarrow pH = 5$$

Observe agora como determinar o pOH de uma solução.

$[OH^-] = 10^{-5}\ mol \cdot L^{-1}$

$$pOH = -\log[OH^-] \Rightarrow pOH = -\log 10^{-5} \Rightarrow pOH = -(-5)\underbrace{\log 10}_{1} \Rightarrow pOH = 5$$

## Escala de pH

A escala de pH apresenta normalmente valores que variam de 0 a 14, a 25 °C. O esquema a seguir apresenta valores de pH e pOH e suas respectivas concentrações em mol/L de H⁺ e OH⁻.

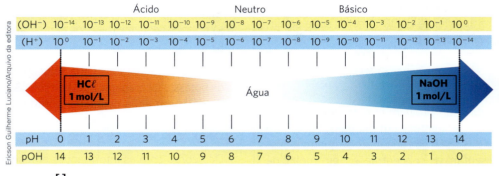

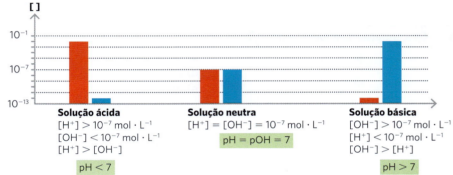

### Explore seus conhecimentos

**1** (UPM-SP) Assinale, das misturas citadas, aquela que apresenta maior caráter básico.
a) Leite de magnésia, pH = 10
b) Suco de laranja, pH = 3,0
c) Água do mar, pH = 8,0
d) Leite de vaca, pH = 6,3
e) Cafezinho, pH = 5,0

**2** (UFJF-MG) No cultivo de plantas um dos aspectos mais importantes é o pH do solo, o qual pode afetar o comportamento delas. As hortênsias, por exemplo, quando cultivadas em solos de características ácidas apresentam flores azuis e em solos de características básicas flores rosas. Sabe-se que o pH do solo varia de acordo com a sua origem/composição como descrito na tabela abaixo. Em que tipos de solos as hortênsias produzirão flores azuis?

| Origem | pH |
|---|---|
| Solos humíferos | 3,5 |
| Solos arenosos | 6,0 |
| Solos vulcânicos | 7,0 |
| Solos calcários | 9,0 |

a) Apenas nos solos calcários.
b) Nos solos humíferos e arenosos.
c) Apenas nos solos vulcânicos.
d) Apenas nos solos humíferos.
e) Nos solos vulcânicos e calcários.

**3** (Covest-PE) O pH de várias soluções foi medido em um laboratório de hospital, e o resultado encontra-se na tabela a seguir:

| Amostra | pH |
|---|---|
| leite de magnésia | 10,5 |
| sangue | 7,4 |
| urina | 5,0 |
| suco de limão | 2,3 |

De acordo com essa tabela, a concentração de íons $H_3O^+$, em mol/L, na amostra de urina é:
a) 5,0.
b) $1,0 \cdot 10^5$.
c) $1,1 \cdot 10^{-3}$.
d) $1,0 \cdot 10^{-5}$.
e) $1,0 \cdot 10^{-11}$.

**4** (PUC-RJ) No tratamento da água, a coagulação envolve a adição do sulfato de alumínio, visando à preci-

pitação do $Al(OH)_3$ e ao consequente arraste das pequenas partículas em suspensão. No entanto, uma elevada concentração de alumínio na água pode ser nociva à saúde humana. Assim, eleva-se o pH da água tratada para assegurar a precipitação do $Al(OH)_3$. Se a $[OH^-]$ na água for de $1,0 \cdot 10^{-6}$ mol/L, pode-se afirmar que o pH da água é:
a) 4,0.
b) 5,0.
c) 6,0.
d) 7,0.
e) 8,0.

**5** As leis ambientais proíbem que as indústrias lancem, nos rios, efluentes com pH menor que 5 ou superior a 8, a 25 °C. Os efluentes de quatro indústrias apresentam as concentrações, em mol/L de $H^+$ ou $OH^-$, indicadas no quadro abaixo.

| Indústria | Concentração do efluente em mol/L |
|---|---|
| A | $[H^+] = 10^{-2}$ |
| B | $[OH^-] = 10^{-3}$ |
| C | $[OH^-] = 10^{-8}$ |
| D | $[H^+] = 10^{-6,5}$ |

Considerando apenas o pH, indique quais indústrias podem lançar seus efluentes nos rios sem tratamento prévio. Justifique.

**6** (Unicamp-SP) A tira tematiza a contribuição da atividade humana para a deterioração do meio ambiente. Do diálogo apresentado, pode-se depreender que os ursos já sabiam

(Fonte: http://www.caglecartoons.com/viewimage.asp?ID={15E52E8D3CE2-4DF6-B331-D109F2DD2BBC}.)

a) do aumento do pH dos mares e acabam de constatar o abaixamento do nível dos mares.
b) da diminuição do pH dos mares e acabam de constatar o aumento do nível dos mares.
c) do aumento do nível dos mares e acabam de constatar o abaixamento do pH dos mares.
d) da diminuição do nível dos mares e acabam de constatar o aumento do pH dos mares.

**7** (UEFS-BA) A concentração de íons $OH^-$ (aq) em determinada solução de hidróxido de amônio, a 25 °C, é igual a $1 \cdot 10^{-3}$ mol/L. O pOH dessa solução é:
a) 0
b) 1
c) 3
d) 11
e) 13

**8** (UEG-GO - adaptado) Uma solução de hidróxido de potássio foi preparada pela dissolução de 0,056g de KOH em água destilada, obtendo-se 100 mL dessa mistura homogênea.
Dado: M(KOH) = 56 g · mol$^{-1}$

De acordo com as informações apresentadas, verifica-se que essa solução apresenta

a) pH = 2
b) pH < 7
c) pH = 10
d) pH = 12
e) pH > 13

**9** (Fuvest-SP) Em ambientes naturais e na presença de água e gás oxigênio, a pirita, um mineral composto principalmente por dissulfeto de ferro ($FeS_2$), sofre processos de intemperismo, o que envolve transformações químicas que acontecem ao longo do tempo.
Um desses processos pode ser descrito pelas transformações sucessivas, representadas pelas seguintes equações químicas:

$2\ FeS_2\ (s) + 7\ O_2\ (g) + 2\ H_2O\ (\ell) \rightarrow 2\ Fe^{2+}\ (aq) + 4\ (SO_4)^{2-}\ (aq) + 4\ H^+\ (aq)$

$2\ Fe^{2+}\ (aq) + \frac{1}{2}\ O_2\ (g) + 2\ H^+\ (aq) \rightarrow$
$\rightarrow 2\ Fe^{3+}\ (aq) + H_2O\ (\ell)$

$2\ Fe^{3+}\ (aq) + 6\ H_2O\ (\ell) \rightarrow 2\ Fe(OH)\ (s) + 6\ H^+\ (aq)$

Considerando a equação química que representa a transformação global desse processo, as lacunas da frase "No intemperismo sofrido pela pirita, a razão entre as quantidades de matéria do $FeS_2(s)$ e do $O_2(g)$ é _____, e, durante o processo, o pH do solo _____" podem ser corretamente preenchidas por

a) $\frac{1}{4}$ ; diminui.
b) $\frac{1}{4}$ ; não se altera.
c) $\frac{2}{15}$ ; aumenta.
d) $\frac{4}{15}$ ; diminui.
e) $\frac{4}{15}$ ; não se altera.

## Relacione seus conhecimentos

**1** (PUC-RJ) Uma solução aquosa contendo hidróxido de potássio como soluto possui pH = 12. Sendo o produto iônico da água igual a 1,0 · 10⁻¹⁴, a 25 °C, a concentração de OH⁻ em quantidade de matéria (mol/L) nessa solução é:
a) $10^{-1}$
b) $10^{-2}$
c) $10^{-6}$
d) $10^{-8}$
e) $10^{-12}$

**2** (UFRGS-RS) Uma solução diluída de HCℓ, utilizada para limpeza, apresenta pH igual a 3,0. Quais são as concentrações de OH⁻ e Cℓ⁻, em mol · L⁻¹, respectivamente, nessa solução?
a) $11,0 \cdot 10^{-7}$ e $3,0 \cdot 10^{-7}$
b) $1,0 \cdot 10^{-7}$ e $1,0 \cdot 10^{-3}$
c) $1,0 \cdot 10^{-11}$ e $1,0 \cdot 10^{-3}$
d) $11,0 \cdot 10^{-12}$ e $1,0 \cdot 10^{-3}$
e) $1,0 \cdot 10^{-7}$ e $3,0 \cdot 10^{-1}$

**3** (Vunesp-SP) A tabela apresenta valores de pH, medidos a 25 °C, encontrados em amostras de algumas soluções e fluidos corporais.

| Amostra | pH |
|---|---|
| Detergente amoniacal | 12,0 |
| Leite de magnésia | 9,0 |
| Lágrima | 7,0 |
| Urina | 6,0 |
| Suor | 4,0 |
| Vinagre comum | 3,1 |
| Suco gástrico | 1,7 |

Com base nas informações da tabela, é correto concluir que
a) a amostra de suor apresenta concentração de íons H⁺ igual a $10^{-10}$ mol/L.
b) a amostra que possui a menor concentração, em mol/L, de íons H⁺ é a de suco gástrico.
c) a amostra de leite de magnésia pode neutralizar a de vinagre.
d) as amostras de detergente amoniacal e de lágrima são básicas.
e) a amostra de urina apresenta concentração de íons OH⁻ igual a $10^{-6}$ mol/L.

**4** (Fuvest-SP) Dependendo do pH do solo, os nutrientes nele existentes podem sofrer transformações químicas que dificultam sua absorção pelas plantas. O quadro mostra algumas dessas transformações, em função do pH do solo.

| Elementos presentes nos nutrientes | pH do solo |
|---|---|
| | 4 – 5 – 6 – 7 – 8 – 9 – 10 – 11 |
| Fósforo | Formação de fosfatos de ferro e de alumínio, pouco solúveis em água (4–6); Formação de fosfatos de cálcio, pouco solúveis em água (8–11) |
| Magnésio | Formação de carbonatos pouco solúveis em água (9–11) |
| Nitrogênio | Redução dos íons nitrato a íons amônio (4–6) |
| Zinco | Formação de hidróxidos pouco solúveis em água (8–11) |

Para que o solo possa fornecer todos os elementos citados na tabela, o seu pH deverá estar entre:
a) 4 e 6.
b) 4 e 8.
c) 6 e 7.
d) 6 e 11.
e) 8,5 e 11.

**5** (Unicamp-SP) O refluxo gastroesofágico é o retorno do conteúdo do estômago para o esôfago, em direção à boca, podendo causar dor e inflamação. A pHmetria esofágica de longa duração é um dos exames que permitem avaliar essa doença, baseando-se em um resultado como o que é mostrado a seguir.

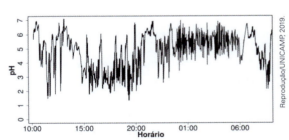

Dados: O pH normal no esôfago mantém-se em torno de 4 e o pH da saliva entre 6,8–7,2.

Assim, episódios de refluxo gastroesofágico acontecem quando o valor de pH medido é
a) menor que 4; no exemplo dado eles ocorreram com maior frequência durante o dia.
b) maior que 4; no exemplo dado eles ocorreram com maior frequência à noite.
c) menor que 4; no exemplo eles não ocorreram nem durante o dia nem à noite.
d) maior que 4; no exemplo eles ocorreram durante o período do exame.

## Hidrólise salina

Algumas soluções aquosas ácidas e básicas podem ser obtidas por meio de uma dissolução de sais, que, ao se dissociarem, originam íons, os quais reagem com a água, caracterizando essas soluções. Esse processo é denominado **hidrólise salina**.

Observe as reações genéricas entre cátions ($C^+$), ânions ($A^-$) e a água.

- Hidrólise do cátion ($C^+$)

$$C^+ (aq) + HOH (\ell) \rightleftharpoons COH (aq) + H^+ (aq)$$

**Analisando a reação, é possível observar que um dos produtos da hidrólise é o íon $H^+$, o que caracteriza as soluções ácidas.**

- Hidrólise de ânions ($A^-$)

$$A^- (aq) + HOH (\ell) \rightleftharpoons HA (aq) + OH^- (aq)$$

**Com base na reação, é possível observar que um dos produtos da hidrólise é o íon $OH^-$, o que caracteriza as soluções básicas.**

### Hidrólise de um sal de ácido forte e base fraca

Observe a dissolução do $NH_4C\ell$ (cloreto de amônio) em água:

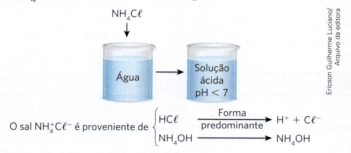

Analisando o que ocorreu na preparação da solução:

$$NH_4C\ell \,(aq) + HOH\,(\ell) \rightleftharpoons \underbrace{NH_4OH\,(aq)}_{\text{base fraca}} + \underbrace{HC\ell\,(aq)}_{\text{ácido forte}}$$

Assim, a maneira mais correta de representar a reação é:

$(NH_4)^+ (aq) + C\ell^- (aq) + HOH (\ell) \rightleftharpoons NH_4OH (aq) + H^+ (aq) + C\ell^- (aq)$

$(NH_4)^+ (aq) + \cancel{C\ell^- (aq)} + HOH (\ell) \rightleftharpoons NH_4OH (aq) + H^+ (aq) + \cancel{C\ell^- (aq)}$

$(NH_4)^+ (aq) + HOH (\ell) \rightleftharpoons NH_4OH (aq) + \mathbf{H^+\ (aq)}$

A presença do íon $H^+$ (aq) caracteriza a acidez da solução (pH < 7). A hidrólise que ocorreu na reação foi do cátion, ou seja, do íon proveniente da base fraca.

### Hidrólise de um sal de ácido fraco e base forte

Observe a dissolução do $H_3CCOONa$ (acetato de sódio) em água:

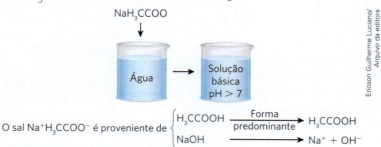

Analisando o que ocorreu na preparação da solução:

$$H_3CCOONa\ (aq) + HOH\ (\ell) \rightarrow \underbrace{H_3CCOOH\ (aq)}_{\text{ácido fraco}} + \underbrace{NaOH\ (aq)}_{\text{base forte}}$$

Assim, a maneira mais correta de representar a reação é:

$$\cancel{Na^+\ (aq)} + H_3CCOO^-\ (aq) + HOH\ (\ell) \rightarrow H_3CCOOH\ (aq) + \cancel{Na^+\ (aq)} + OH^-\ (aq)$$
$$H_3CCOO^-\ (aq) + HOH\ (\ell) \rightarrow H_3CCOOH\ (aq) + \mathbf{OH^-\ (aq)}$$

A presença do íon $OH^-$ (aq) caracteriza a basicidade da solução (pH > 7). A hidrólise que ocorreu na reação foi do **ânion**, ou seja, do íon proveniente do **ácido fraco**.

## Hidrólise de um sal de ácido fraco e base fraca

Observe a dissolução do KCN (cianeto de potássio) em água:

Analisando o que ocorreu na preparação dessa solução:

$$NH_4CN\ (aq) + HOH\ (\ell) \rightleftharpoons \underbrace{NH_4OH\ (aq)}_{\text{Base fraca}} + \underbrace{HCN\ (aq)}_{\text{Ácido fraco}}$$

- $NH_4OH$
- $HCN$

} são ambos fracos e encontram-se praticamente não ionizados (pouco ionizados).

Assim, a reação pode ser representada por:

$$(NH_4)^+\ (aq) + CN^-\ (aq) + H_2O\ (\ell) \rightleftharpoons NH_4OH\ (aq) + HCN\ (aq)$$

Comparando as constantes de ionização do ácido ($K_a$) e da base ($K_b$), temos:

HCN: $K_a = 4,9 \cdot 10^{-10}$    $NH_4OH$: $K_b = 1,8 \cdot 10^{-5}$

Em razão de o $K_b$ ser maior que o $K_a$, é possível concluir que a base está mais ionizada do que o ácido; assim, a concentração de íons $OH^-$ é maior, o que atribui característica básica a essa solução.

Generalizando, as soluções aquosas desse tipo de sal originam soluções ligeiramente ácidas ou básicas, dependendo do $K_a$ e do $K_b$:

$K_a > K_b \Rightarrow$ solução ligeiramente ácida (pH < 7);
$K_a < K_b \Rightarrow$ solução ligeiramente básica (pH > 7).

Vale ressaltar que os dois íons sofrem hidrólise, pois são provenientes de um ácido fraco e de uma base fraca.

## Solução de sal de ácido forte e base forte

Observe a dissolução do $NaC\ell$ (cloreto de sódio) em água:

Analisando o que ocorreu na preparação dessa solução:

$$NaC\ell\ (s) + H_2O\ (\ell) \rightleftharpoons Na^+\ (aq) + C\ell^-\ (aq)$$

Nesse caso, nem os íons $Na^+$ nem os íons $C\ell^-$ sofrerão hidrólise, pois tanto o cátion como o ânion são provenientes de base e ácido fortes. Como as concentrações de $H^+$ e $OH^-$ são iguais na reação, a solução é neutra (pH = 7).

## Explore seus conhecimentos

**1** (UFMS) Certos sais podem produzir soluções básicas, quando dissolvidos em água. Escolha, dentre os sais abaixo, aquele que se enquadra na proposição acima.
a) NaCℓ
b) Na₂CO₃
c) NaNO₃
d) Na₂SO₄
e) NH₄Cℓ

**2** (ITA-SP - adaptado) Indique a opção que apresenta um sal que, quando dissolvido em água, produz uma solução aquosa ácida.
a) Na₂CO₃
b) CH₃COONa
c) NH₄Cℓ
d) KCℓ
e) NaF

**3** Faça as associações corretas.
Dadas as soluções aquosas:
I. KCN
II. AgNO₃
III. NH₄Cℓ
IV. Na₂CO₃
V. KCℓ
VI. NH₄CN
a) Quais soluções apresentam caráter ácido?
b) Quais soluções apresentam caráter alcalino?
c) Em qual solução não ocorre hidrólise?
d) Em quais soluções somente o cátion se hidrolisa?
e) Em quais soluções somente o ânion se hidrolisa?
f) Em qual solução ocorre hidrólise do cátion e do ânion?

## Relacione seus conhecimentos

**1** (Cefet-MG) Um professor de Química propôs a manipulação de um indicador ácido-base que se comportasse da seguinte maneira:

| pH | Cor da solução |
|---|---|
| < 7 | amarela |
| = 7 | alaranjada |
| > 7 | vermelha |

As cores das soluções aquosas de NaCN, NaCℓ e NH₄Cℓ, na presença desse indicador, são, respectivamente:
a) amarela, alaranjada e vermelha.
b) amarela, vermelha e alaranjada.
c) vermelha, alaranjada e amarela.
d) alaranjada, amarela e vermelha.
e) alaranjada, amarela e alaranjada.

**2** (UPE) Em um aquário onde a água apresentava pH igual a 6,0, foram colocados peixes ornamentais procedentes de um rio cuja água tinha pH um pouco acima de 7,0. Em razão disso, foi necessário realizar uma correção do pH dessa água. Entre as substâncias a seguir, qual é a mais indicada para tornar o pH da água desse aquário mais próximo do existente em seu ambiente natural?

a) KBr
b) NaCℓ
c) NH₄Cℓ
d) Na₂CO₃
e) Aℓ₂(SO₄)₃

**3** (UFSM-RS) No lugar de Mg(OH)₂, outros compostos da tabela a seguir poderiam ser usados para ter o mesmo efeito antiácido. São eles:

|   | Composto |
|---|---|
| A | NaHCO₃ |
| B | NaCℓ |
| C | CaCO₃ |
| D | NH₄Cℓ |

a) A e B.
b) A e C.
c) B e C.
d) B e D.
e) C e D.

**4** (Vunesp-SP) Em um estudo sobre extração de enzimas vegetais para uma indústria de alimentos, o professor solicitou que um estudante escolhesse, entre cinco soluções salinas disponíveis no laboratório, aquela que apresentasse o mais baixo valor de pH. Sabendo que todas as soluções disponíveis no laboratório são aquosas e equimolares, o estudante deve escolher a solução de:

a) $(NH_4)_2C_2O_4$
b) $K_3PO_4$
c) $Na_2CO_3$
d) $KNO_3$
e) $(NH_4)_2SO_4$

**5** (UFC-CE) Considere três soluções aquosas, A, B e C, todas a 25 °C. Medidas de pH destas soluções mostraram os seguintes resultados:

| Solução | pH |
|---|---|
| A | > 7,0 |
| B | 7,0 |
| C | < 7,0 |

Considerando as espécies $NaC\ell$, $NH_4C\ell$, $NaF$, $CH_3COONa$, $NaCN$, $NaNO_3$ e $LiSO_4$, é correto afirmar que as soluções A, B e C são respectivamente:

a) $NaC\ell$, $NaNO_3$ e $NaCN$
b) $NaCN$, $NaNO_3$ e $NH_4C\ell$
c) $NaNO_3$, $CH_3COONa$ e $NaC\ell$
d) $LiSO_4$, $NH_4C\ell$ e $NaNO_3$
e) $NaF$, $NaCN$ e $CH_3COONa$

**6** (Enem)

O manejo adequado do solo possibilita a manutenção de sua fertilidade à medida que as trocas de nutrientes entre matéria orgânica, água, solo e o ar são mantidas para garantir a produção. Algumas espécies iônicas de alumínio são tóxicas, não só para a planta, mas para muitos organismos como as bactérias responsáveis pelas transformações no ciclo do nitrogênio. O alumínio danifica as membranas das células das raízes e restringe a expansão de suas paredes, com isso, a planta não cresce adequadamente. Para promover benefícios para a produção agrícola, é recomendada a remediação do solo utilizando calcário ($CaCO_3$).

BRADY, N. C.; WEIL, R. R. *Elementos da natureza e propriedades dos solos.* Porto Alegre: Bookman, 2013 (adaptado).

Essa remediação promove no solo o(a)

a) diminuição do pH, deixando-o fértil.
b) solubilização do alumínio, ocorrendo sua lixiviação pela chuva.
c) interação do íon cálcio com o íon alumínio, produzindo uma liga metálica.
d) reação do carbonato de cálcio com os íons alumínio, formando alumínio metálico.
e) aumento da sua alcalinidade, tornando os íons alumínio menos disponíveis.

**7** (Unicamp-SP)

A calda bordalesa é uma das formulações mais antigas e mais eficazes que se conhece. Ela foi descoberta na França no final do século XIX, quase por acaso, por um agricultor que aplicava água de cal nos cachos de uva para evitar que fossem roubados; a cal promovia uma mudança na aparência e no sabor das uvas. O agricultor logo percebeu que as plantas assim tratadas estavam livres de antracnose. Estudando-se o caso, descobriu-se que o efeito estava associado ao fato de a água de cal ter sido preparada em tachos de cobre. Atualmente, para preparar a calda bordalesa, coloca-se o sulfato de cobre em um pano de algodão que é mergulhado em um vasilhame plástico com água morna. Paralelamente, coloca-se cal em um balde e adiciona-se água aos poucos. Após quatro horas, adiciona-se aos poucos, e mexendo sempre, a solução de sulfato de cobre à água de cal.

(Adaptado de Gervásio Paulus, André Muller e Luiz Barcellos, *Agroecologia aplicada:* práticas e métodos para uma agricultura de base ecológica. Porto Alegre: EMATER-RS, 2000, p. 86.)

Na formulação da calda bordalesa fornecida pela EMATER, recomenda-se um teste para verificar se a calda ficou ácida: coloca-se uma faca de aço-carbono na solução por três minutos. Se a lâmina da faca adquirir uma coloração marrom ao ser retirada da calda, deve-se adicionar mais cal à mistura. Se não ficar marrom, a calda está pronta para o uso.

De acordo com esse teste, conclui-se que a cal deve promover

a) uma diminuição do pH, e o sulfato de cobre(II), por sua vez, um aumento do pH da água devido à reação $(SO_4)^{2-} + H_2O \rightarrow (HSO_4)^- + OH^-$.
b) um aumento do pH, e o sulfato de cobre(II), por sua vez, uma diminuição do pH da água devido à reação $Cu^{2+} + H_2O \rightarrow [Cu(OH)]^+ + H^+$.
c) uma diminuição do pH, e o sulfato de cobre(II), por sua vez, um aumento do pH da água devido à reação $Cu^{2+} + H_2O \rightarrow [Cu(OH)]^+ + H^+$.
d) um aumento do pH, e o sulfato de cobre(II), por sua vez, uma diminuição do pH da água devido à reação $(SO_4)^{2-} + H_2O \rightarrow (HSO_4)^+ + OH^-$.

# Constante do produto de solubilidade ($K_{ps}$ ou $K_s$)

Para compreender a definição de constante de equilíbrio relacionada com a solubilidade de substâncias, observe a seguir a dissolução do fluoreto de cálcio em água:

Quando o equilíbrio é estabelecido, as velocidades de dissolução e precipitação se igualam, e a quantidade de corpo de fundo não se altera.

$$CaF_2 \text{ (s)} \underset{\text{Precipitação}}{\overset{\text{Dissolução}}{\rightleftharpoons}} Ca^{2+} \text{ (aq)} + 2\, F^- \text{ (aq)}$$

A expressão da constante de equilíbrio relacionando solubilidades é denominada **constante de solubilidade** ou **constante do produto de solubilidade** ($K_s$ ou $K_{ps}$), e pode ser assim representada:

$$K_s = [Ca^{2+}][F^-]^2$$

O valor numérico de $K_s$ deve ser obtido experimentalmente e, uma vez determinado, pode ser tabelado para utilização. A tabela a seguir indica os valores de $K_s$ de algumas substâncias, a 25 °C.

| Constantes do produto de solubilidade a 25 °C ||||| 
|---|---|---|---|---|
| Brometos | AgBr | $3,3 \cdot 10^{-13}$ | $PbBr_2$ | $6,3 \cdot 10^{-6}$ |
| Carbonatos | $BaCO_3$ $CaCO_3$ | $8,1 \cdot 10^{-9}$ $3,8 \cdot 10^{-9}$ | $MgCO_3$ $SrCO_3$ | $4 \cdot 10^{-5}$ $9,4 \cdot 10^{-10}$ |
| Cloretos | $AgC\ell$ | $1,8 \cdot 10^{-10}$ | $PbC\ell_2$ | $1,7 \cdot 10^{-5}$ |
| Hidróxidos | $A\ell(OH)_3$ $Fe(OH)_2$ | $1,9 \cdot 10^{-33}$ $7,9 \cdot 10^{-15}$ | $Fe(OH)_3$ $Mg(OH)_2$ | $6,3 \cdot 10^{-38}$ $1,5 \cdot 10^{-11}$ |
| Iodetos | AgI | $1,5 \cdot 10^{-16}$ | $PbI_2$ | $8,7 \cdot 10^{-9}$ |
| Fosfatos | $Ag_3PO_4$ $Ca_3(PO_4)_2$ | $1,3 \cdot 10^{-20}$ $1 \cdot 10^{-28}$ | $Mg_3(PO_4)_2$ | $1 \cdot 10^{-24}$ |
| Sulfatos | $BaSO_4$ $CaSO_4$ | $1,1 \cdot 10^{-10}$ $2,4 \cdot 10^{-5}$ | $PbSO_4$ | $1,8 \cdot 10^{-8}$ |
| Sulfetos | $Ag_2S$ CuS | $1 \cdot 10^{-49}$ $8,7 \cdot 10^{-36}$ | HgS PbS | $3 \cdot 10^{-53}$ $8,4 \cdot 10^{-28}$ |

Fonte: TRO, Nivaldo. J. *Chemistry, a molecular approach*. 3ª edição, Pearson, 2014.

## Cálculo de $K_s$ e da solubilidade

Para compreender o cálculo da constante do produto de solubilidade, observe os exemplos a seguir.

Para determinar o $K_s$ a partir da solubilidade do brometo de cobre (I) (CuBr), que é igual a $2 \cdot 10^{-4}$ mol/L, vamos inicialmente equacionar a dissociação do sal:

$$CuBr \text{ (s)} \rightleftharpoons Cu^+ \text{ (aq)} + Br^- \text{ (aq)}$$

Por meio da proporção estequiométrica, podemos determinar as concentrações em mol/L dos íons presentes na solução.

$$CuBr \text{ (s)} \rightleftharpoons Cu^+ \text{ (aq)} + Br^- \text{ (aq)}$$
$$1 \text{ mol} \qquad 1 \text{ mol} \qquad 1 \text{ mol}$$
$$2 \cdot 10^{-4} \text{ mol/L} \qquad 2 \cdot 10^{-4} \text{ mol/L} \qquad 2 \cdot 10^{-4} \text{ mol/L}$$

Na sequência, é possível determinar a expressão do $K_s$:

$K_s = [Cu^+][Br^-]$

Substituindo:

$K_s = (2 \cdot 10^{-4})(2 \cdot 10^{-4})$

$K_s = 4 \cdot 10^{-8}$

Agora, sabendo que o $K_s$ do sulfeto de cádmio (CdS) é igual $3,6 \cdot 10^{-35}$ a 25 °C, deve-se determinar a solubilidade desse composto, em mol/L, na mesma temperatura. Inicialmente, deve-se equacionar a dissociação do sal:

$$CdS\ (s) \rightleftharpoons Cd^{2+}\ (aq) + S^{2-}\ (aq)$$

A proporção estequiométrica permite relacionar as concentrações em mol/L dos íons presentes na solução. Assim:

$$CdS\ (s) \rightleftharpoons Cd^{2+}\ (aq) + S^{2-}\ (aq)$$
|  | 1 mol | 1 mol | 1 mol |
| Dissolve-se: | x mol | x mol | x mol |

A expressão do $K_s$ desse sal é:

$K_s = [Cd^{2+}][S^{2-}]$

Substituindo, tem-se:

$3,6 \cdot 0^{-35} = (x) \cdot (x)$

$36 \cdot 10^{-36} = (x^2)$

$x = \sqrt{36 \cdot 10^{-36}}$

$x = 6 \cdot 10^{-6}$ mol/L

A quantidade de $6 \cdot 10^{-6}$ mol de CdS satura 1,0 L de água, ou seja, sua solubilidade é de $6 \cdot 10^{-6}$ mol/L.

## O íon comum e a solubilidade

Adicionando-se uma solução aquosa de ácido clorídrico (HCℓ) a uma solução aquosa saturada de cloreto de sódio (NaCℓ) com corpo de fundo, há a formação de mais precipitado de cloreto de sódio. Isso ocorre porque a solução saturada já apresentava a máxima quantidade de NaCℓ que podia ser dissolvida nesse volume de água, à temperatura ambiente. Portanto, as concentrações em mol/L de $Na^+$ e $Cℓ^-$ eram as maiores possíveis.

Observe o equilíbrio:

$$NaCℓ\ (s) \rightleftharpoons Na^+\ (aq) + Cℓ^-\ (aq)$$

A adição de HCℓ (aq) aumentará a concentração de $Cℓ^-$(aq), que é o íon comum ao equilíbrio, provocando o deslocamento do equilíbrio para a esquerda. Favorece-se, dessa maneira, a formação do precipitado de NaCℓ (s).

É importante ressaltar que a constante do produto de solubilidade ($K_s$) **não se altera**:

$$K_s = \downarrow[Na^+] \cdot [Cℓ^-]\uparrow$$

Isso decorre do fato de que o aumento da concentração de $Cℓ^-$ provoca a diminuição da concentração de $Na^+$, que precipita na forma de NaCℓ(s). Além disso, como $K_s$ é uma constante de equilíbrio, ela só se altera com a temperatura.

## Explore seus conhecimentos

**1** Considere os seguintes equilíbrios:
  I. $CaSO_4 (s) \rightleftharpoons Ca^{2+} (aq) + (SO_4)^{2-} (aq)$
  II. $A\ell(OH)_3 (s) \rightleftharpoons A\ell^{3+} (aq) + 3\ OH^- (aq)$
  III. $Ca_3(PO_4)_2 (s) \rightleftharpoons 3\ Ca^{2+} (aq) + 2\ (PO_4)^{3-} (aq)$

Escreva a expressão da constante do produto de solubilidade de cada um deles.

**2** (Fatec-SP) Para obtermos 100 mL de uma solução aquosa saturada de hidróxido de cálcio, $Ca(OH)_2$, para um experimento, devemos levar em consideração a solubilidade desse composto. Sabendo que o produto de solubilidade do hidróxido de cálcio é $5,5 \cdot 10^{-6}$, a 25 °C, a solubilidade dessa base em mol/L é, aproximadamente,

Dados: $K_{ps} = [Ca^{2+}] \cdot [OH^-]^2$

a) $1 \cdot 10^{-2}$   c) $2 \cdot 10^{-6}$   e) $5 \cdot 10^{-6}$
b) $1 \cdot 10^{-6}$   d) $5 \cdot 10^{-4}$

**3** (PUC-RJ) Carbonato de cobalto é um sal muito pouco solúvel em água e, quando saturado na presença de corpo de fundo, a fase sólida se encontra em equilíbrio com os seus íons no meio aquoso.

$$CoCO_3 (s) \rightleftharpoons Co^{2+} (aq) + (CO_3)^{2-} (aq)$$

Sendo o produto de solubilidade do carbonato de cobalto, a 25 °C, igual a $1,0 \cdot 10^{-10}$, a solubilidade do sal, em $mol \cdot L^{-1}$, nessa temperatura é:

a) $1,0 \cdot 10^{-10}$   c) $2,0 \cdot 10^{-8}$   e) $1,0 \cdot 10^{-5}$
b) $1,0 \cdot 10^{-9}$   d) $1,0 \cdot 10^{-8}$

**4** (Acafe-SC) Cálculo renal, também conhecido como pedra nos rins, são formações sólidas contendo várias espécies químicas, entre elas o fosfato de cálcio, que se acumula nos rins, causando enfermidades. Assinale a alternativa que contém a concentração dos íons $Ca^{2+}$ em uma solução aquosa saturada de fosfato de cálcio ($Ca_3(PO_4)_2$).
Dado: Considere que a temperatura seja constante e o produto de solubilidade ($K_{ps}$) do fosfato de cálcio em água seja $1,08 \cdot 10^{-33}$.

a) $3 \cdot 10^{-7}$ mol/L   c) $2 \cdot 10^{-7}$ mol/L
b) $1 \cdot 10^{-7}$ mol/L   d) $27 \cdot 10^{-7}$ mol/L

**5** (Uece) O sulfeto de cádmio é um sólido amarelo e semicondutor, cuja condutividade aumenta quando se incide luz sobre o material. É utilizado como pigmento para a fabricação de tintas e a construção de fotorresistores (em detectores de luz). Considerando o $K_{ps}$ do sulfeto de cádmio a 18 °C igual a $4 \cdot 10^{-30}$, a solubilidade do sulfeto de cádmio àquela temperatura será:
Dado: Massa molar do sulfeto de cádmio = 144,5 g/mol

a) $2,89 \cdot 10^{-13}$ g/L   c) $1,83 \cdot 10^{-13}$ g/L
b) $3,75 \cdot 10^{-13}$ g/L   d) $3,89 \cdot 10^{-13}$ g/L

**6** (UFRN) Uma das formas de se analisar e tratar uma amostra de água contaminada com metais tóxicos como Cd (II) e Hg (II) é acrescentar à amostra sulfeto de sódio em solução aquosa ($Na_2S(aq)$), uma vez que os sulfetos desses metais podem se precipitar e serem facilmente removidos por filtração. Considerando os dados a seguir:

| Sal | Constantes do produto de Solubilidade $K_{ps}$ $(mol/L)^2$ 30°C |
|---|---|
| CdS | $1,0 \cdot 10^{-28}$ |
| HgS | $1,8 \cdot 10^{-54}$ |

$$CdS(s) \rightleftharpoons Cd^{2+}(aq) + S^{2-}(aq) \quad K_{ps} = [Cd^{2+}] \cdot [S^{2-}]$$

a) Explique, baseado nos valores de $K_{ps}$, qual sal se precipitará primeiro ao se adicionar o sulfeto de sódio à amostra de água contaminada.
b) Suponha que a concentração de $Cd^{2+}$ na amostra é de $4,4 \cdot 10^{-8}$ mol/L. Calcule o valor da concentração de $S^{2-}$ a partir da qual se inicia a precipitação de CdS (s).

**7** (Unifesp) Um composto iônico, a partir da concentração de sua solução aquosa saturada, a 25 °C, pode ser classificado de acordo com a figura quanto à solubilidade em água.

Um litro de solução aquosa saturada de $PbSO_4$ (massa molar = 303 g/mol), a 25 °C, contém 45,5 mg de soluto. O produto de solubilidade do $CaCrO_4$ a 25 °C é $6,25 \cdot 10^{-4}$. Quanto à solubilidade em água a 25 °C, os compostos $PbSO_4$ e $CaCrO_4$ podem ser classificados, respectivamente, como:

a) Insolúvel e ligeiramente solúvel.
b) Insolúvel e solúvel.
c) Insolúvel e insolúvel.
d) Ligeiramente solúvel e insolúvel.
e) Ligeiramente solúvel e solúvel.

## Relacione seus conhecimentos

**1** (UFRJ) A busca para se obter um maior tempo de vida exige diversos cuidados. Entre eles está o de realizar visitas periódicas a médicos, com o objetivo de diagnosticar doenças precocemente. Entretanto, diversas pessoas morreram intoxicadas, quando uma indústria fabricante de produtos farmacêuticos vendeu sulfato de bário (BaSO$_4$) contaminado com carbonato de bário (BaCO$_3$), para uso como contraste radiográfico.

  **a)** Uma das formas de sintetizar o sulfato de bário é através da reação entre carbonato de bário e sulfato de cálcio (CaSO$_4$) em meio aquoso. Escreva essa equação balanceada.

  **b)** Sabendo que a solubilidade molar do carbonato de bário, em determinada temperatura, vale $5,0 \cdot 10^{-5}$ mol/L, determine a constante do produto de solubilidade (K$_{ps}$) desse composto nessa temperatura.

$$BaCO_3(s) \rightleftharpoons Ba^{2+} + (CO_3)^{2-}$$

**2** (UFC-CE) Considere as seguintes semirreações a 25 °C:

Zn$^{2+}$ (aq) + 2 e$^-$ → Zn (s)   E$^0$ = −0,76 V
Ag$^+$ (aq) + e$^-$ → Ag (s)   E$^0$ = +0,80 V

Uma diferença de potencial de 0,97 V se estabelece entre o eletrodo de zinco imerso em uma solução contendo Zn$^{2+}$ nas condições padrão e o eletrodo de prata imerso em uma solução de cromato de prata (Ag$_2$CrO$_4$) parcialmente solubilizado.

$$Ag_2CrO_4(s) \rightleftharpoons 2\,Ag^+(aq) + (CrO_4)^{2-}(aq)$$

Considerando a concentração de cromato igual a 0,01 mol/L, o produto de solubilidade do Ag$_2$CrO$_4$ é:

a) $10^{-14}$     d) $10^{-8}$
b) $10^{-12}$     e) $10^{-6}$
c) $10^{-10}$

**3** (UFRGS-RS) Se o produto de solubilidade do cloreto de césio (CsCl) é K$_s$, a solubilidade desse sal será igual a:

a) $\dfrac{(K_s)}{2}$     b) $\sqrt{K_s}$     d) $2\,K_s$
                          c) $(K_s)_2$        e) $K_s$

**4** (Uerj) Um inconveniente no processo de extração de petróleo é a precipitação de sulfato de bário (BaSO$_4$) nas tubulações. Essa precipitação se deve à baixa solubilidade desse sal, cuja constante do produto de solubilidade é $10^{-10}$ mol$^2 \cdot$ L$^{-2}$, a 25 °C.

Admita um experimento no qual foi obtido sulfato de bário a partir da reação entre cloreto de bário e ácido sulfúrico.

Apresente a equação química completa e balanceada da obtenção do sulfato de bário no experimento e calcule a solubilidade desse sal, em mol $\cdot$ L$^{-1}$, em uma solução saturada, a 25 °C.

**5** (UFPR)

Pesquisadores de Harvard desenvolveram uma técnica para preparar nanoestruturas auto-organizadas na forma que lembram flores. Para criar as estruturas de flores, o pesquisador dissolveu cloreto de bário e silicato de sódio num béquer. O dióxido de carbono do ar se dissolve naturalmente na água, desencadeando uma reação que precipita cristais de carbonato de bário. Como subproduto, ela também reduz o pH da solução que rodeia imediatamente os cristais, que então desencadeia uma reação com o silicato de sódio dissolvido. Esta segunda reação adiciona uma camada de sílica porosa que permite a formação de cristais de carbonato de bário para continuar o crescimento da estrutura.

("Beautiful 'flowers' self-assemble in a beaker". Disponível em https://www.seas.harvard.edu/news/2013/05/beautifulflowers-self-assemble-beaker. Acesso em: 10 ago. 2013)

Na tabela a seguir são mostrados valores de produto de solubilidade de alguns carbonatos.

| Sal | K$_{ps}$ (25 °C) |
|---|---|
| BaCO$_3$ | $8,1 \cdot 10^{-9}$ |
| CaCO$_3$ | $3,8 \cdot 10^{-9}$ |
| SrCO$_3$ | $9,4 \cdot 10^{-10}$ |

**a)** Suponha que num béquer foram dissolvidos cloretos de bário, cálcio e estrôncio de modo que as concentrações de cada sal são iguais a 1 μmol/L. Com a dissolução natural do gás carbônico do ar, qual carbonato irá primeiramente cristalizar?

**b)** Num béquer há uma solução 1 μmol/L de cloreto de bário. Calcule qual a concentração de íons carbonato necessárias para que o cristal de carbonato de bário comece a se formar.

Dado 1 μmol = $10^{-6}$ mol

CIÊNCIAS DA NATUREZA E SUAS TECNOLOGIAS

UNIDADE

# Eletroquímica

A Físico-química é uma área de conhecimento da Química que estuda as propriedades físicas e químicas da matéria por meio da combinação dessas duas ciências. A eletroquímica, por sua vez, é uma subárea desse campo de conhecimento e está mais presente em nosso dia a dia do que podemos imaginar.

Por exemplo, é comum que objetos de metal sofram corrosão ao longo do tempo. Isso ocorre, principalmente, quando estruturas metálicas, como as usadas em viadutos, pontes e portões, ficam expostas às variações climáticas sem a devida proteção.

Que tipo de reação química ocorre durante um processo de corrosão? Você imagina como a corrosão está relacionada à produção de energia elétrica por pilhas e baterias?

Frans van Terwisga Photography/iStockphoto/Getty Images

Estrutura metálica oxidada.

## Nesta unidade vamos:

- determinar o número de oxidação de espécies químicas;
- identificar e representar reações de oxirredução;
- identificar agentes oxidantes e agentes redutores;
- realizar o balanceamento de equações de oxirredução;
- investigar e analisar o funcionamento de pilhas;
- compreender o potencial padrão de redução;
- analisar e representar eletrólises.

CAPÍTULO

# Oxirredução

Este capítulo favorece o desenvolvimento das habilidades

EM13CNT105
EM13CNT106
EM13CNT107
EM13CNT307
EM13CNT308
EM13CNT309

Com o crescente estímulo à produção e à utilização de carros híbridos ou totalmente elétricos, a sociedade moderna poderá se tornar ainda mais dependente da energia elétrica nas próximas décadas.

Os carros híbridos podem se movimentar por meio da energia elétrica fornecida por uma bateria ou pela queima de combustível em um motor tradicional.

Carros elétricos sendo abastecidos com energia elétrica.

Um dos principais limitantes para a produção em larga escala de veículos híbridos ou elétricos cada vez mais eficientes, ou seja, que apresentem maior autonomia e consigam rodar muitos quilômetros antes de haver a necessidade de recarga, é o desenvolvimento de tecnologias atreladas ao sistema elétrico, ou seja, à bateria do carro.

As baterias devem ser pequenas e constituídas de materiais de baixa densidade, para não aumentar em excesso a massa dos veículos e não ocupar muito espaço; também devem ser capazes de fornecer considerável quantidade de energia.

Você já se perguntou como ocorre o fornecimento de energia elétrica por baterias? O funcionamento de baterias envolve a conversão de energia química em energia elétrica e depende diretamente dos materiais envolvidos. Ou seja, a energia elétrica fornecida por baterias é produzida em decorrência de reações químicas denominadas **reações eletroquímicas**, as quais ocorrem como resultado da transferência de elétrons entre espécies químicas.

Para compreender como acontecem essas reações, devemos primeiro estudar o fenômeno de transferência de elétrons, chamado **oxirredução**. Podemos observar a ocorrência de uma oxirredução analisando as reações em uma pilha de lítio-iodo:

$$\frac{\begin{array}{l} 2\,Li \rightarrow 2\,Li^+ + 2\,e^- \\ I_2 + 2\,e^- \rightarrow 2\,I^- \end{array}}{2\,Li + I_2 \rightarrow 2\,LiI}$$

lítio perde elétrons
iodo ganha elétrons
equação global

Quando uma espécie química perde elétrons, como ocorreu com o lítio, dizemos que houve uma reação de **oxidação**; já, quando uma espécie química ganha elétrons, como ocorreu com o iodo, dizemos que houve **redução**. Como as duas reações são simultâneas, dizemos que houve uma **oxirredução**, a qual pode ser representada pela equação global.

Analisando as reações de oxidação e de redução, é possível verificar alterações nas cargas elétricas do lítio e do iodo, em razão da transferência de elétrons.

$Li^0$ (carga zero) $\rightarrow Li^+$ (carga +1)
$I_2^0$ (carga zero) $\rightarrow 2\,I^-$ (carga −1)

As cargas elétricas das espécies químicas envolvidas na oxirredução são denominadas **número de oxidação** (**Nox**). Todo processo de oxirredução envolve a variação do número de oxidação de uma ou mais espécies químicas.

## ● Número de oxidação

Quando estudamos o número de oxidação de espécies químicas, estamos avaliando como os elétrons estão distribuídos em uma ligação química. Assim, podemos utilizar a seguinte definição:

> **Número de oxidação (Nox)**: corresponde à carga real ou virtual que um átomo assume quando participa de uma ligação química.

Podemos dividir o estudo do número de oxidação em dois casos:

- **Compostos iônicos**

No caso particular em que dois átomos neutros e isolados no estado gasoso entram em contato, a ligação iônica é definida como um processo de transferência de elétrons do átomo menos eletronegativo (metal) para o átomo mais eletronegativo (ametal). Portanto, nesses compostos, o número de oxidação é a carga real da espécie química, ou seja, corresponde à própria carga do íon.

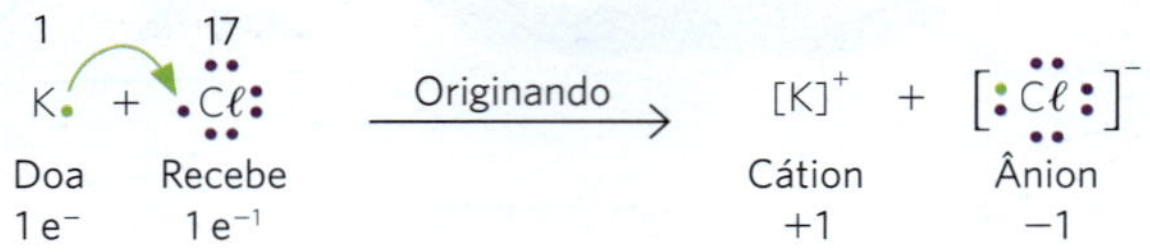

No exemplo apresentado, o cátion potássio ($K^+$) apresenta carga 1+; dizemos, então, que o seu Nox é igual a +1, enquanto o ânion cloreto ($Cl^-$), de carga 1−, apresenta Nox igual a −1.

> Nos compostos iônicos, o Nox de cada átomo corresponde à carga do respectivo íon (número de elétrons perdidos ou recebidos na sua formação).

| Composto iônico | $K^+Cl^-$ | | $Mg^{2+}S^{2-}$ | | $Al^{3+}(F^-)_3$ | | $(Fe^{3+})_2(O^{2-})_3$ | |
|---|---|---|---|---|---|---|---|---|
| Nox | +1 | −1 | +2 | −2 | +3 | −1 | +3 | −2 |

- **Compostos moleculares**

A ligação covalente, presente nos compostos moleculares, é caracterizada pelo compartilhamento de elétrons entre os átomos participantes da ligação. Nesse caso, para determinar o número de oxidação consideramos que os elétrons participantes da ligação estão acentuadamente deslocados do átomo menos eletronegativo para o mais eletronegativo. Observe o exemplo a seguir:

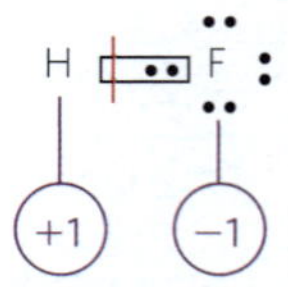

Como o átomo de flúor é mais eletronegativo que o átomo de hidrogênio, o par eletrônico compartilhado está acentuadamente deslocado no sentido do átomo de flúor. Por esse motivo, atribuímos uma carga virtual de 1− ao flúor e seu Nox será igual a −1. Analogamente, o átomo de hidrogênio apresentará uma carga virtual positiva de 1+ e seu Nox será igual a +1.

> Nos compostos moleculares, o Nox de cada átomo corresponde a uma carga elétrica virtual, ou hipotética, em função da diferença de eletronegatividade entre os átomos participantes de uma ligação covalente.

Veja mais dois exemplos a seguir:

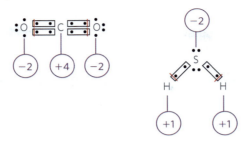

## Regras para a determinação do Nox

Existe um conjunto de regras utilizado para facilitar a determinação do número de oxidação dos átomos nos diferentes compostos.

1. O Nox deve ser determinado para cada espécie, isoladamente.
2. A soma dos Nox de todos os átomos de um composto neutro sempre será igual a zero. Para agrupamentos iônicos, a soma deve ser igual a sua carga total.
3. Em substâncias simples, o Nox de cada átomo é nulo.

$$H_2, O_2, O_3, P_4, S_8, C_{graf}, C_{diam}, Fe, He, A\ell$$

4. No caso de íons monoatômicos, o Nox corresponde à própria carga do íon.

$$\begin{array}{cccc} Na^+ & Mg^{2+} & F^- & P^{3-} \\ +1 & +2 & -1 & -3 \end{array}$$

5. Átomos de alguns elementos apresentam Nox fixo, independentemente do tipo de composto formado.

|  | Nox |
| --- | --- |
| Metais alcalinos (Li, Na, K, Rb, Cs, Fr) | +1 |
| Metais alcalinoterrosos (Be, Mg, Ca, Sr, Ba, Ra) | +2 |
| Zinco (Zn) | +2 |
| Prata (Ag) | +1 |
| Alumínio (A$\ell$) | +3 |

6. Átomos do elemento hidrogênio apresentam Nox igual a +1 na maioria das substâncias compostas.

$$\begin{array}{ccccc} HC\ell & CH_4 & H_2SO_4 & NaHCO_3 & NH_3 \\ \downarrow & \downarrow & \downarrow & \downarrow & \downarrow \\ +1 & +1 & +1 & +1 & +1 \end{array}$$

A única exceção ocorre quando o hidrogênio estiver ligado a um metal, formando hidretos metálicos. Nesse caso, seu Nox será −1.

$$\begin{array}{cc} KH & BaH_2 \\ \downarrow & \downarrow \\ -1 & -1 \end{array}$$

7. Átomos do elemento oxigênio apresentam Nox igual a −2 nas substâncias compostas.

$$\begin{array}{cccc} CO & CO_2 & H_2O & K_2CrO_4 \\ \downarrow & \downarrow & \downarrow & \downarrow \\ -2 & -2 & -2 & -2 \end{array}$$

Uma exceção importante é o caso dos peróxidos, $(O_2)^{2-}$, nos quais o Nox do oxigênio é $-1$.

$$H_2O_2 \downarrow -1$$

Já no composto fluoreto de oxigênio ($OF_2$), como o flúor é o átomo mais eletronegativo, o Nox do oxigênio é positivo e adquire valor $+2$:

$$OF_2 \downarrow +2$$

8. No caso de compostos formados por átomos de dois elementos químicos (binários), sendo um deles halogênio, os átomos halogênios terão Nox igual a $-1$, por apresentarem maior eletronegatividade.

$$\begin{array}{cccc} HBr & SC\ell_2 & PbI_4 & BrC\ell \\ \downarrow & \downarrow & \downarrow & \downarrow \\ -1 & -1 & -1 & -1 \end{array}$$

Podemos aplicar as regras apresentadas para determinar o Nox dos átomos em substâncias iônicas e moleculares.

- **Compostos moleculares**
  Determinação do Nox do enxofre (S) no $H_2SO_4$:

| Elemento | Atomicidade | Nox do átomo | Total |
|----------|-------------|--------------|-------|
| H | 2 | +1 | 2 + 1 = +2 |
| S | 1 | x | 1x = x |
| O | 4 | −2 | 4 − 2 = −8 |

Logo, temos válido que:
$(+2) + x + (-8) \Rightarrow x = +6$

Assim, o número de oxidação do átomo de enxofre no ácido sulfúrico é $+6$.

- **Compostos iônicos**
  Determinação do Nox do fósforo (P) no $Na_4P_2O_7$:

| Elemento | Atomicidade | Nox do átomo | Total |
|----------|-------------|--------------|-------|
| Na | 4 | +1 | 4 + 1 = +4 |
| P | 2 | x | 2x = 2x |
| O | 7 | −2 | 7 · −2 = −14 |

Logo, temos válido que:
$(+4) + (2x) + (-14) = 0 \Rightarrow x = +5$

Assim, o Nox de cada átomo de fósforo no composto apresentado vale $+5$.

- **Agrupamentos iônicos**
  Determinação do Nox do crômio (Cr) no $(Cr_2O_7)^{2-}$:

| Elemento | Atomicidade | Nox do átomo | Total |
|----------|-------------|--------------|-------|
| Cr | 2 | x | 2 · x = 2x |
| O | 7 | −2 | 7 · −2 = −14 |

Logo, temos:
$(2x) + (-14) = -2 \Rightarrow x = +6$

Assim, o Nox de cada átomo de crômio no composto corresponde a $+6$.

## Explore seus conhecimentos

**1** Determine o número de oxidação do enxofre nos compostos:

$S_8$; $H_2S$; $H_2SO_3$; $H_2SO_4$; $Na_2S_2O_3$ e $A\ell_2(SO_4)_3$.

**2** Determine o Nox do crômio nos compostos $Cr_2O_3$; $Na_2Cr_2O_7$; $CaCrO_4$ e $Cr^{3+}$.

**3** (Vunesp-SP)

O ciclo do enxofre é fundamental para os solos dos manguezais. Na fase anaeróbica, bactérias reduzem o sulfato para produzir o gás sulfeto de hidrogênio. Os processos que ocorrem são os seguintes:

$(SO_4)^{2-}$ (aq) $\xrightarrow{\text{ação bacteriana}}$ $S^{2-}$ (aq)

$S^{2-}$ (aq) $\xrightarrow{\text{meio ácido}}$ $H_2S$ (g)

(Gilda Schmidt. *Manguezal de Cananeia*, 1989. Adaptado.)

Na produção de sulfeto de hidrogênio por esses processos nos manguezais, o número de oxidação do elemento enxofre:

a) diminui 8 unidades.
b) mantém-se o mesmo.
c) aumenta 4 unidades.
d) aumenta 8 unidades.
e) diminui 4 unidades.

**4** (Uerj) Em estações de tratamento de água, é feita a adição de compostos de flúor para prevenir a formação de cáries. Dentre os compostos mais utilizados, destaca-se o ácido fluossilícico, cuja fórmula molecular corresponde a $H_2SiF_6$.
O número de oxidação do silício nessa molécula é igual a:

a) +1.    b) +2.    c) +4.    d) +6.

**5** (UFRGS-RS) A reação de Belousov-Zhabotinskii, que forma padrões oscilantes espaciais e temporais como ondas, é uma reação extremamente interessante com mecanismo complexo e é um dos exemplos mais conhecidos de formação de estruturas ordenadas em sistemas fora do equilíbrio. Uma das suas etapas é

$Br^- + (BrO_3)^- + 2H^+ \rightarrow HBrO_2 + HOBr$

Os números de oxidação do bromo, nessas espécies, na ordem em que aparecem, são respectivamente:

a) −1, −5, +3, −1.
b) −1, −1, +3, +1.
c) −1, +5, +3, +1.
d) +1, −1, −3, −1.
e) +1, +5, −3, +1.

**6** (UFMS) Considerando os íons: nitrato, $(NO_3)^-$, periodato, $(IO_4)^-$, dicromato, $(Cr_2O_7)^{2-}$ e pirofosfato, $(P_2O_7)^{4-}$, é correto afirmar que os números de oxidação dos respectivos elementos ligados ao oxigênio são:

a) +5; +7; +6; +5.
b) +7; +5; +6; +5.
c) +6; +7; +5; +5.
d) +7; +7; +5; +5.
e) +5; +5; +7; +6.

**7** (Vunesp-SP) O nitrogênio pode existir na natureza em vários estados de oxidação. Em sistemas aquáticos, os compostos que predominam e que são importantes para a qualidade da água apresentam o nitrogênio com números de oxidação −3, 0, +3 ou +5. Assinale a alternativa que apresenta as espécies contendo nitrogênio com os respectivos números de oxidação, na ordem descrita no texto.

a) $NH_3$, $N_2$, $(NO_2)^-$, $(NO_3)^-$
b) $(NO_2)^-$, $(NO_3)^-$, $NH_3$, $N_2$
c) $(NO_3)^-$, $NH_3$, $N_2$, $(NO_2)^-$
d) $(NO_2)^-$, $NH_3$, $N_2$, $(NO_3)^-$
e) $NH_3$, $N_2$, $(NO_3)^-$, $(NO_2)^-$

**8** (Fuvest-SP) Considere estas três reações químicas realizadas por seres vivos:

I. Fotossíntese
$6H_2O + 6CO_2 \xrightarrow{\text{luz}} 6O_2 + C_6H_{12}O_6$

II. Quimiossíntese metanogênica
$CO_2 + 4H_2 \longrightarrow CH_4 + 2H_2O$

III. Respiração celular
$6O_2 + C_2H_{12}O_6 \longrightarrow 6O_2 + 6CO_2$

A mudança no estado de oxidação do elemento carbono em cada reação e o tipo de organismo em que a reação ocorre são:

| | I | II | III |
|---|---|---|---|
| a) | redução; autotrófico. | redução; autotrófico. | oxidação; heterotrófico e autotrófico. |
| b) | oxidação; autotrófico. | oxidação; heterotrófico. | oxidação; autotrófico. |
| c) | redução; autotrófico. | redução; heterotrófico e autotrófico. | redução; heterotrófico e autotrófico. |
| d) | oxidação; autotrófico e heterotrófico. | redução; autotrófico | oxidação; autotrófico. |
| e) | oxidação; heterotrófico. | oxidação; autotrófico. | redução; heterotrófico. |

## Relacione seus conhecimentos

**1** (UFSM) Para realizar suas atividades, os escoteiros utilizam vários utensílios de ferro, como grelhas, facas e cunhas. A desvantagem do uso desses materiais de ferro é a corrosão, resultado da oxidação do ferro que forma vários compostos, entre eles óxido de ferro. Com relação ao óxido de ferro, é correto afirmar:

I. Pode existir na forma de óxido ferroso, FeO.
II. Pode existir na forma de óxido férrico, $Fe_2O_3$.
III. O íon ferro possui estado de oxidação +2 e +3 no óxido ferroso e no óxido férrico, respectivamente.

Está(ão) correta(s):

a) apenas I.
b) apenas II.
c) apenas III.
d) apenas I e II.
e) I, II e III.

**2** (Ifsul-RS) O gráfico abaixo mostra a curva de solubilidade de alguns sais.

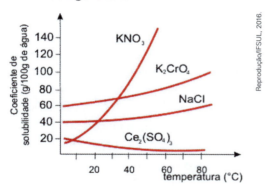

Fonte: *Site* http://educacao.uol.com.br/disciplinas/quimica.

Sobre os sais representados no gráfico e seus constituintes é **INCORRETO** afirmar que

a) o enxofre é um halogênio com Nox −5.
b) os sais à temperatura ambiente são sólidos.
c) o Nox do oxigênio, nestes sais, é sempre −2.
d) o cloro é um halogênio e apresenta Nox −1.

**3** (UFPR) O dióxido de carbono é produto da respiração, da queima de combustíveis e é responsável pelo efeito estufa. Em condições ambiente, apresenta-se como gás, mas pode ser solidificado por resfriamento, sendo conhecido nesse caso como gelo-seco. Acerca da estrutura de Lewis do dióxido de carbono, considere as afirmativas a seguir (se houver mais de uma estrutura de Lewis possível, considere a que apresenta mais baixa carga formal dos átomos, isto é, a mais estável segundo o modelo de Lewis):

1. Entre o átomo de carbono e os dois oxigênios há duplas-ligações.
2. O Nox de cada átomo de oxigênio é igual a −2.
3. O Nox do carbono é igual a zero.
4. O átomo de carbono não possui elétrons desemparelhados.

Assinale a alternativa correta.

a) Somente as afirmativas 1 e 2 são verdadeiras.
b) Somente as afirmativas 2 e 3 são verdadeiras.
c) Somente as afirmativas 1, 2 e 4 são verdadeiras.
d) Somente as afirmativas 1, 3 e 4 são verdadeiras.
e) Somente as afirmativas 1 e 4 são verdadeiras.

**4** (Uema) Leia a notícia que trata do transporte e da expansão do manganês.

A VLI, empresa especializada em operações logísticas, além de incentivar por meio do projeto "Trilhos Culturais – Jovens multiplicadores" a difusão de diversos conhecimentos em comunidades que ficam às margens das linhas férreas brasileiras, a promoção e a participação social em ações educativas, incluiu em suas atividades o transporte de manganês, pelo corredor Centro Norte. Este metal apresenta vários estados de oxidação em diferentes espécies, como por exemplo, $MnCO_3$, $MnF_3$, $K_3MnO_4$ e $(MnO_4)^{2-}$.

O manganês é transportado da cidade paraense, Marabá, até o porto do Itaqui, passando pela estrada de ferro Carajás, e segue em navios para outras cidades do litoral brasileiro, como também, para a Europa, Ásia e Estados Unidos.

*Jornal o Estado do Maranhão.*

Os números de oxidação do manganês nas espécies relacionadas, no texto, respectivamente, são:

a) +2, +3, +5 e +6.
b) +2, +5, +3 e +6.
c) +2, +6, +3 e +5.
d) +2, +3, +6 e +5.
e) +2, +5, +6 e +3.

**5** (UFRGS-RS) Nos compostos $H_2SO_4$, KH, $H_2$, $H_2O_2$ e $NaHCO_3$, o número de oxidação do elemento hidrogênio é, respectivamente:

a) +1, −1, 0, +1, +1.
b) +1, +1, +1, 0, +1.
c) +1, −1, 0, +2, +1.
d) +1, −1, +1, +1, +1.
e) −1, +1, 0, +1, +2.

## Reações de oxirredução

As reações de oxirredução são fenômenos químicos nos quais há transferência de elétrons entre as espécies participantes da reação. Nessas reações ocorrem, simultaneamente, os seguintes processos:

> **Oxidação**: perda de elétrons por uma espécie química.
> **Redução**: ganho ou recebimento de elétrons por uma espécie química.

Os processos de oxidação e redução causam a variação do número de oxidação de uma ou mais espécies químicas participantes da reação.

Observe o exemplo a seguir:

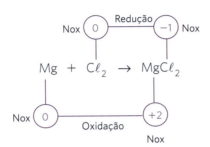

> **Dica**
>
> Pinturas a óleo, como a famosa *Mona Lisa* (ou *La Gioconda*), de Leonardo da Vinci, são vulneráveis à ação oxidante do gás oxigênio e dos raios UV. Por isso, recebem acabamento com uma camada de verniz. Para conhecer melhor a obra de Da Vinci, incluindo suas máquinas, visite o *site* www.mostredileonardo.com (em italiano e em inglês). Se tiver dúvidas, consulte um bom dicionário impresso ou *on-line*. Acesso em: 10 jan. 2020.

Na reação apresentada, o Nox do magnésio varia de 0 para +2. Isso indica que o magnésio está sofrendo oxidação com a perda de 2 elétrons. Podemos escrever esse processo por meio de uma **semirreação**, indicando entre os produtos a quantidade de elétrons perdida:

$$Mg \rightarrow Mg^{2+} + 2\,e^-$$

Simultaneamente à transformação sofrida pelo magnésio, podemos notar que o número de oxidação do cloro variou de 0 para −1. Assim, cada átomo de cloro está sofrendo redução com o recebimento de um elétron. Esse processo pode ser representado por meio da seguinte semirreação, indicando entre os reagentes a quantidade total de elétrons recebidos:

$$C\ell_2 + 2\,e^- \rightarrow 2\,C\ell^-$$

Em toda reação de oxirredução, o número total de elétrons perdidos por uma espécie química é igual ao número total de elétrons recebidos pela outra. Por esse motivo, não é necessário representar os elétrons envolvidos no processo na equação global. Observe:

$$\frac{Mg \rightarrow Mg^{2+} + \cancel{2\,e^-}}{C\ell_2 + \cancel{2\,e^-} \rightarrow 2\,C\ell^-}$$
$$Mg + C\ell_2 \rightarrow \underbrace{Mg^{2+} + 2\,C\ell^-}_{MgC\ell_2}$$

Além de ocorrerem simultaneamente, as reações de oxidação e redução são interdependentes: podemos afirmar que a oxidação de uma substância causa a redução de outra, do mesmo modo que a redução de uma substância causa a oxidação de outra.

Por essa razão, é comum que as substâncias envolvidas nas reações de oxirredução sejam classificadas como **redutoras** (por provocarem redução) ou **oxidantes** (por provocarem oxidação). Assim, podemos definir:

> **Agente redutor** ou **redutor**: substância que provoca redução e contém o elemento que sofre oxidação.
> **Agente oxidante** ou **oxidante**: substância que provoca oxidação e contém o elemento que sofre redução.

Retomando o exemplo anterior, podemos concluir que:

Mg
- sofre oxidação (Nox aumenta)
- perde elétrons
- é o agente redutor

$C\ell_2$
- sofre redução (Nox diminui)
- ganha elétrons
- é o agente oxidante

## Explore seus conhecimentos

**1** (UFV-MG) A seguir são apresentadas as equações de quatro reações:

I. $H_2 + Cl_2 \rightarrow 2\,HCl$
II. $SO_2 + H_2O \rightarrow H_2SO_3$
III. $2\,SO_2 + O_2 \rightarrow 2\,SO_3$
IV. $2\,Al(OH)_3 \rightarrow Al_2O_3 + 3\,H_2O$

São reações de oxirredução:

a) I e II.
b) I e III.
c) II e IV.
d) I, II e III.
e) II, III e IV.

**2** (UFRGS-RS) Indique a alternativa que apresenta uma reação que pode ser caracterizada como processo de oxidação-redução.

a) $Ba^{2+} + (SO_4)^{2-} \rightarrow BaSO_4$
b) $H^+ + OH^- \rightarrow H_2O$
c) $AgNO_3 + KCl \rightarrow AgCl + KNO_3$
d) $PCl_5 \rightarrow PCl_3 + Cl_2$
e) $2\,NO_2 \rightarrow N_2O_4$

**3** (PUC-RJ) Sobre a reação:

$Zn(s) + 2\,HCl(aq) \rightarrow ZnCl_2(aq) + H_2(g)$,

indique a alternativa correta.

a) O zinco sofre redução.
b) O cátion $H^+$ (aq) sofre oxidação.
c) O zinco doa elétrons para o cátion $H^+$ (aq).
d) O zinco recebe elétrons formando o cátion $Zn^{2+}$ (aq).
e) O íon cloreto se reduz formando $ZnCl_2$ (aq).

**4** (UPF-PR) No ano de 2015, ocorreu o rompimento das barragens de Fundão e Santarém e o despejo de toneladas de rejeitos de minério de ferro no meio ambiente. Dentre esses rejeitos, encontra-se a hematita, um minério de ferro que apresenta fórmula molecular $Fe_2O_3$.

A equação geral que representa o processo de obtenção do ferro metálico a partir da hematita é:

$3\,Fe_2O_3(s) + 9\,CO(g) \rightarrow 6\,Fe(s) + 9\,CO_2(g)$

Acerca desse processo, complete as lacunas:

Na hematita, $Fe_2O_3$ (s) o íon ferro apresenta-se na forma de _____, com número de oxidação _____. Dessa maneira, uma das formas de obtenção de ferro metálico, a partir da hematita, consiste resumidamente em o íon ferro _____ elétrons, em um processo denominado _____.

A alternativa que completa **corretamente**, na sequência, as lacunas da frase é:

a) cátion, 2+, doar, oxidação.
b) ânion, 3+, receber, redução.
c) íon, 2+, receber, oxidação.
d) ânion, 2+, receber, redução.
e) cátion, 3+, receber, redução.

**5** (Fatec-SP) A reação que ocorre entre a fosfina e o oxigênio é representada pela equação química

$2\,PH_3(g) + 4\,O_2(g) \rightarrow P_2O_5(g) + 3\,H_2O(g)$.

As substâncias que atuam como agente oxidante e agente redutor desse processo são, respectivamente:

a) $O_2$ e $PH_3$.
b) $O_2$ e $H_2O$.
c) $O_2$ e $P_2O_5$.
d) $PH_3$ e $H_2O$.
e) $PH_3$ e $P_2O_5$.

**6** (UEFS-BA) Quando um prego de ferro é mergulhado em uma solução aquosa de sulfato de cobre (II), observa-se a formação de cobre metálico sobre a superfície do prego em decorrência da reação representada por

$Fe(s) + CuSO_4(aq) \rightarrow Cu(s) + FeSO_4(aq)$.

Essa é uma reação de oxirredução na qual:

a) o ferro metálico perde elétrons e, portanto, é o agente oxidante.
b) o ferro metálico perde elétrons e, portanto, é o agente redutor.
c) o ferro metálico ganha elétrons e, portanto, é o agente oxidante.
d) o íon de cobre (II) ganha elétrons e, portanto, é o agente redutor.
e) o íon de cobre (II) perde elétrons e, portanto, é o agente oxidante.

**7** (Uece) Pilhas de Ni-Cd são muito utilizadas em eletrodomésticos caseiros, como em rádios portáteis, controles remotos, telefones sem fio e aparelhos de barbear. A reação de oxirredução desse tipo de pilha é $Cd(s) + NiO_2(s) + 2\,H_2O(\ell) \rightarrow Cd(OH)_2(s) + Ni(OH)_2(s)$.

Considere as seguintes afirmações a respeito dessa reação:

I. O cádmio se oxida.
II. O dióxido de níquel é o agente redutor.
III. O cádmio é o agente oxidante.
IV. O número de oxidação do níquel varia de +4 para +2.

Está correto o que se afirma em:

a) I, II e III apenas.
b) III e IV apenas.
c) I, II, III e IV.
d) I e IV apenas.

## Relacione seus conhecimentos

**1** (PUC-RJ) A ocorrência da reação eletrolítica
Pb²⁺(aq) + 2 H₂O(ℓ) → PbO₂(s) + H₂(g) +
+ 2 H⁺(aq) tem como consequência:
a) a redução do Pb²⁺.
b) a oxidação da água.
c) o grande aumento do pH da solução.
d) a manutenção do número de oxidação do Pb.
e) a redução da concentração de Pb²⁺ na solução.

**2** (UFPR) Recentemente, foram realizados retratos genéticos e de *habitat* do mais antigo ancestral universal, conhecido como LUCA. Acredita-se que esse organismo unicelular teria surgido há 3,8 bilhões de anos e seria capaz de fixar CO₂ convertendo esse composto inorgânico de carbono em compostos orgânicos.
Para converter o composto inorgânico de carbono mencionado em metano (CH₄), a variação do NOX no carbono é de:

a) 1 unidade.    d) 6 unidades.
b) 2 unidades.   e) 8 unidades.
c) 4 unidades.

**3** (Enem) A aplicação excessiva de fertilizantes nitrogenados na agricultura pode acarretar alterações no solo e na água pelo acúmulo de compostos nitrogenados, principalmente a forma mais oxidada, favorecendo a proliferação de algas e plantas aquáticas e alterando o ciclo do nitrogênio, representado no esquema. A espécie nitrogenada mais oxidada tem sua quantidade controlada por ação de microrganismos que promovem a reação de redução dessa espécie, no processo denominado desnitrificação.

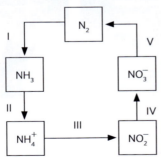

O processo citado está representado na etapa:
a) I.    c) III.    e) V.
b) II.   d) IV.

**4** (Unioeste-PR) Com base na reação a seguir, determine: a espécie oxidada e reduzida e o agente oxidante e redutor, respectivamente.

2 Mn²⁺(aq) + 5 NaBiO₃(s) + 14 H⁺(aq) →
→ 2 (MnO₄)⁻(aq) + 5 Bi³⁺(aq) + 5 Na⁺(aq) +
+ 7 H₂O(ℓ)

a) Na, Mn, NaBiO₃, Mn²⁺
b) Mn, Bi, NaBiO₃, Mn²⁺
c) H, Bi, NaBiO₃, H⁺
d) Bi, Mn, NaBiO₃, Mn²⁺
e) Mn, Na, Mn²⁺, NaBiO₃

**5** (Enem)
Os bafômetros (etilômetros) indicam a quantidade de álcool, C₂H₆O (etanol), presente no organismo de uma pessoa através do ar expirado por ela. Esses dispositivos utilizam células a combustível que funcionam de acordo com as reações químicas representadas:

I. C₂H₆O(g) → C₂H₄O(g) + 2 H⁺(aq) + 2 e⁻

II. $\frac{1}{2}$ O₂(g) + 2 H⁺(aq) + 2 e⁻ → H₂O(ℓ)

BRAATHEN, P. C. Hálito culpado: o princípio químico do bafômetro. *Química Nova na Escola*, n. 5, maio 1997 (adaptado).

Na reação global de funcionamento do bafômetro, os reagentes e os produtos desse tipo de célula são:
a) o álcool expirado como reagente; água, elétrons e H⁺ como produtos.
b) o oxigênio do ar e H⁺ como reagentes; água e elétrons como produtos.
c) apenas o oxigênio do ar como reagente; apenas os elétrons como produto.
d) apenas o álcool expirado como reagente; água, C₂H₄O e H⁺ como produtos.
e) o oxigênio do ar e o álcool expirado como reagentes; água e C₂H₄O como produtos.

**6** (Uerj) A mistura denominada massa de Laming, composta por Fe₂O₃, serragem de madeira e água, é utilizada para a remoção do H₂S presente na composição do gás de hulha, um combustível gasoso. Observe a equação química que representa o processo de remoção:

Fe₂O₃ + 3 H₂S → 2 FeS + S + 3 H₂O

Calcule, em quilogramas, a massa de FeS formada no consumo de 408 kg de H₂S, considerando 100% de rendimento.

Em seguida, indique o símbolo correspondente ao elemento químico que sofre oxidação e o nome do agente oxidante.

Dados: H = 1; S = 32; Fe = 56.

CAPÍTULO

# 29 Reações eletroquímicas

Este capítulo favorece o desenvolvimento das habilidades

EM13CNT107
EM13CNT306
EM13CNT308

Como estudamos no capítulo 28, toda reação de oxirredução resulta da transferência de elétrons entre espécies químicas, e algumas dessas reações, como as realizadas em pilhas e baterias, podem ser utilizadas na produção de energia elétrica.

Até o momento, estudamos reações de oxirredução que ocorrem de maneira espontânea. Essas reações, quando conduzidas em condições adequadas, podem ser usadas para converter energia química em energia elétrica.

Além delas, existem reações de oxirredução que ocorrem de forma não espontânea, desde que um dispositivo externo forneça energia elétrica ao sistema reativo, promovendo a conversão de energia elétrica em energia química.

Desse modo, podemos considerar **reação eletroquímica** toda reação que envolva transformações de energia química em energia elétrica.

Como essas conversões são promovidas? Quais são os critérios para que uma reação de oxirredução seja espontânea? Neste capítulo, vamos compreender o que é necessário para a ocorrência de reações eletroquímicas.

## ● Pilhas e geração de energia elétrica

As pilhas e os geradores são dispositivos que transformam energia química em energia elétrica por meio de processos eletroquímicos espontâneos, ou seja, por meio de reações que envolvem transferência de elétrons e geram uma corrente elétrica.

Um exemplo de reação espontânea é a transformação que se dá quando mergulhamos uma lâmina de zinco em uma solução de sulfato de cobre II ($CuSO_4$). Ao acompanharmos a reação, é possível notar uma diminuição da intensidade da coloração azul da solução de sulfato de cobre II, ao mesmo tempo que se forma um depósito sólido avermelhado sobre a placa de zinco.

IMAGEM FORA DE PROPORÇÃO

CORES FANTASIA

Reação de oxirredução entre zinco metálico e solução de cobre II. Em detalhes, representação esquemática da interação submicroscópica das espécies químicas envolvidas na transformação.

$Zn (s) + Cu^{2+} (aq) \longrightarrow Zn^{2+} (aq) + Cu (s)$

Elaborado com base em: BROWN, T. L. *et al. Química – A Ciência central.* 13. ed. São Paulo: Pearson, 2017.

Nesse processo, há oxidação da placa de zinco e redução dos íons $Cu^{2+}$ presentes na solução, como representado pelas equações químicas a seguir:

$$Zn\,(s) \rightarrow Zn^{2+}(aq) + 2\,e^-  \quad \text{semirreação de oxidação}$$

$$Cu^{2+}(aq) + 2\,e^- \rightarrow Cu\,(s) \quad \text{semirreação de redução}$$

Apesar de haver transferência de elétrons, como a placa de zinco e os íons $Cu^{2+}$ estão em contato direto, não é possível observar a geração de corrente elétrica que caracteriza uma reação eletroquímica.

Um modo de produzir corrente elétrica a partir da reação de oxirredução apresentada seria conduzi-la em uma **célula voltaica**, ou **célula galvânica**. Nesse tipo de dispositivo, o fluxo de elétrons da reação percorre um caminho externo àquele no qual os reagentes estão em contato. Veja o exemplo a seguir.

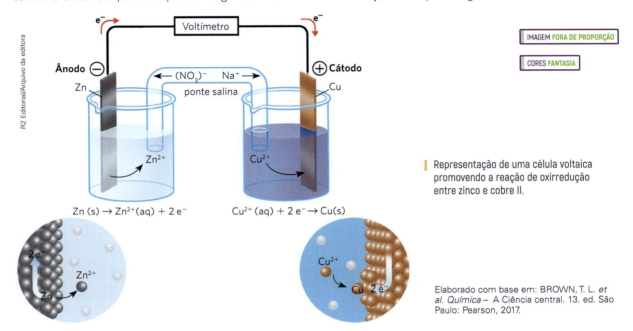

Representação de uma célula voltaica promovendo a reação de oxirredução entre zinco e cobre II.

Elaborado com base em: BROWN, T. L. et al. Química – A Ciência central. 13. ed. São Paulo: Pearson, 2017.

Na célula voltaica construída, as barras dos metais participantes da reação (Zn e Cu) são submersas em soluções aquosas contendo os respectivos íons ($Zn^{2+}$ e $Cu^{2+}$) e dispostas em recipientes distintos. As barras metálicas, também chamadas **eletrodos**, devem ser ligadas por um material condutor, ao qual pode ser acoplado um voltímetro para medição da corrente elétrica.

Por convenção, o eletrodo formado pelo metal que perde elétrons é considerado o polo negativo da pilha formada, enquanto o eletrodo formado pelo metal que recebe elétrons é considerado o polo positivo. O eletrodo referente ao polo negativo é denominado **ânodo** e o referente ao polo positivo é o **cátodo**.

> **Ânodo (polo negativo)**: em uma célula voltaica, é o eletrodo em que ocorre a perda de elétrons (oxidação).
> **Cátodo (polo positivo)**: em uma célula voltaica, é o eletrodo em que ocorre o recebimento de elétrons (redução).

No exemplo apresentado, o ânodo é a barra de zinco mergulhada na solução de cátions $Zn^{2+}$. Nesse compartimento, também denominado **semicela**, ocorre a oxidação dos átomos de zinco da barra, que se transformam em $Zn^{2+}$. Conforme a reação se processa, é possível observar a corrosão da barra de zinco, fato representado pela seguinte semirreação:

$$\text{Ânodo (semirreação de oxidação):}\ Zn\,(s) \rightarrow Zn^{2+}\,(aq) + 2\,e^-$$

Já o cátodo corresponde à barra de cobre. Nessa semicela, tem-se a redução dos íons $Cu^{2+}$ presentes na solução, com a consequente formação de cobre metálico. Acompanhando o funcionamento da pilha, é possível notar um espessamento da barra de cobre, o que é representado pela seguinte semirreação:

$$\text{Cátodo (semirreação de redução):}\ Cu^{2+}\,(aq) + 2\,e^- \rightarrow Cu\,(s)$$

Analisando as duas semirreações apresentadas, podemos concluir que os elétrons percorrem o circuito externo (fio) do eletrodo de zinco para o eletrodo de cobre. Ou seja, eles migram do ânodo, que apresenta carga negativa, no sentido do cátodo, cuja carga é positiva.

> **Fluxo de elétrons**: em uma célula voltaica, os elétrons fluem do ânodo (polo negativo) para o cátodo (polo positivo).

A equação global para os processos descritos pode ser obtida pela soma das duas semirreações:

$$\text{Ânodo: } Zn\,(s) \longrightarrow Zn^{2+}\,(aq) + 2e^-$$
$$\text{Cátodo: } Cu^{2+}\,(aq) + 2e^- \longrightarrow Cu\,(s)$$
$$\text{Reação global: } Zn\,(s) + Cu^{2+}\,(aq) \longrightarrow Zn^{2+}\,(aq) + Cu\,(s)$$

A representação esquemática recomendada pela IUPAC para essa pilha é:

$$Zn\,(s) \mid Zn^{2+}\,(aq)\,(1\,mol/L) \parallel Cu^{2+}\,(aq)\,(1\,mol/L) \mid Cu\,(s)\ (a\ 25\ °C)$$

Genericamente, representam-se pilhas semelhantes a essa da seguinte maneira:

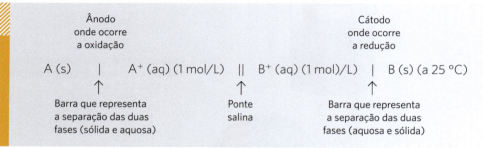

As condições 25 °C e solução 1 mol/L são consideradas estado-padrão, porém podem ser construídas pilhas utilizando outras concentrações e em outras temperaturas.

Para que as duas semicelas permaneçam eletricamente neutras durante a reação, é necessário utilizar uma **ponte salina**: trata-se de um tubo em forma de U que contém **solução eletrolítica**, ou seja, uma solução aquosa de um composto iônico. Essa solução é usada para que haja a neutralização elétrica das soluções participantes da reação.

A escolha do eletrólito é feita de modo que seus íons não reajam com os demais íons presentes na célula voltaica nem com os metais constituintes dos eletrodos. No caso da célula voltaica de zinco e cobre, utilizamos uma solução de nitrato de potássio ($NaNO_3$).

Na semicela de zinco, por causa da oxidação do Zn, a solução passa a apresentar excesso de cargas positivas, $Zn^{2+}$ (aq), o que é neutralizado pela migração dos íons negativos ($NO_3^-$) (aq), presentes na ponte salina.

Na semicela de cobre, em virtude da diminuição de íons $Cu^{2+}$ (aq), a solução apresenta excesso de cargas negativas ($SO_4^{2-}$) (aq); a neutralização resulta da migração de íons positivos $Na^+$ (aq), presentes na ponte salina.

Outra opção para a neutralização elétrica das semicelas é a utilização de uma membrana que permita a passagem de íons, como representado ao lado.

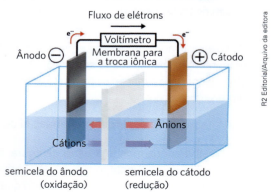

Representação de uma célula voltaica com membrana porosa para a troca iônica.

Elaborado com base em: BROWN, T. L. *et al. Química – A Ciência central*. 13. ed. São Paulo: Pearson, 2017.

## Explore seus conhecimentos

**1** (UFRGS-RS) Considere as seguintes afirmações a respeito de pilhas eletroquímicas, nas quais uma reação química produz um fluxo espontâneo de elétrons.
  I. Os elétrons fluem, no circuito externo, do ânodo para o cátodo.
  II. Os cátions fluem, numa ponte salina, do cátodo para o ânodo.
  III. A reação de oxidação ocorre no cátodo.
Quais estão corretas?
a) Apenas I.
b) Apenas II.
c) Apenas III.
d) Apenas I e II.
e) I, II e III.

**2** (Ifsul-RS) Observe o esquema a seguir, que representa uma pilha, em que ocorre a seguinte reação:

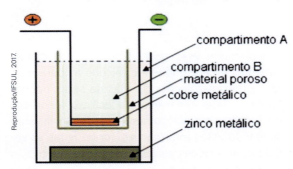

$$Zn (s) + Cu^{2+} (aq) \rightarrow Zn^{2+} (aq) + Cu (s)$$

Que substância, dissolvida em água, você escolheria para colocar no compartimento B a fim de que a pilha pudesse produzir eletricidade?
a) $CuSO_4$
b) $Na_2SO_4$
c) $H_2S$
d) $ZnC\ell_2$

**3** (UFPR) As pilhas são importantes produtos na sociedade de hoje. Sobre as pilhas eletroquímicas, indique a alternativa correta.
a) No eletrodo conhecido como cátodo ocorre a semirreação de oxidação.
b) O polo positivo da pilha é cátodo.
c) Para que ocorra reação química nas pilhas é necessário fornecer energia elétrica ao circuito.
d) O fluxo de elétrons pela parte do circuito externo da pilha ocorre do polo positivo para o negativo.
e) Nas pilhas ocorre a eletrólise.

**4** (UPF-PR) Na pilha de Daniell, ocorre uma reação de oxirredução espontânea, conforme representado esquematicamente na figura abaixo.

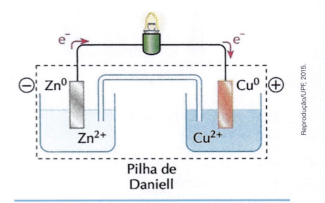

Pilha de Daniell

Considerando a informação apresentada, analise as afirmações a seguir.
  I. Na reação de oxirredução espontânea, representada na pilha de Daniell, a espécie que se oxida, no caso o Zn (s), transfere elétrons para a espécie que sofre redução, os íons $Cu^{2+}$(aq).
  II. O Zn (s) sofre redução, transferindo elétrons para os íons $Cu^{2+}$ (aq), que sofrem oxidação.
  III. Para que ocorra a reação de oxirredução espontânea, a tendência em receber elétrons do eletrodo de cobre deve ser maior do que a do eletrodo de zinco.
  IV. A placa de Zn (s) sofre corrosão, tendo sua massa diminuída, e sobre a placa de cobre ocorre depósito de cobre metálico.
  V. A concentração de íons $Cu^{2+}$ (aq) aumenta, e a concentração de íons $Zn^{2+}$ (aq) diminui em cada um dos seus respectivos compartimentos.
Está **correto** apenas o que se afirma em:
a) I, III e IV.
b) II e V.
c) I, II e V.
d) III, IV e V.
e) II e III.

## Relacione seus conhecimentos

**1** Considere a seguinte pilha: Cu⁰ | Cu⁺² || Ag⁺ | Ag⁰.
Sabendo que o cobre cede elétrons espontaneamente aos íons Ag⁺, é correto afirmar que:

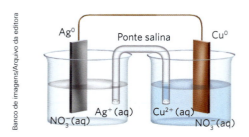

a) a concentração de íons Ag⁺ na solução diminui.
b) a prata é o agente redutor.
c) o íon Cu²⁺ sofre oxidação.
d) o eletrodo negativo ou ânodo terá a sua massa aumentada.
e) o fluxo de elétrons é: Ag⁺ → Ag⁰.

**2** (Uema)

Somente quem tem restaurações dentárias sabe o infortúnio que é a sensação de tomarmos um choque ao tocar no dente obturado com um objeto metálico. Simplesmente porque forma-se uma pilha, dois metais diferentes em meio ácido. O alumínio transforma-se no polo negativo, e seus elétrons caminham através da saliva (que é levemente ácida) para a obturação, que recebe os elétrons.

Fonte: *SUPERINTERESSANTE*. N. 7, ano 13, jul. 1999. São Paulo: Abril.

Com base nesse texto, responda:
a) por que o alumínio constitui o polo negativo da pilha?
b) qual a denominação dada ao polo negativo?
c) qual o papel assumido pela saliva nessa pilha?
d) qual a denominação dada à saliva?

**3** (Fuvest-SP) Na década de 1780, o médico italiano Luigi Galvani realizou algumas observações, utilizando rãs recentemente dissecadas. Em um dos experimentos, Galvani tocou dois pontos da musculatura de uma rã com dois arcos de metais diferentes, que estavam em contato entre si, observando uma contração dos músculos, conforme mostra a figura a seguir.

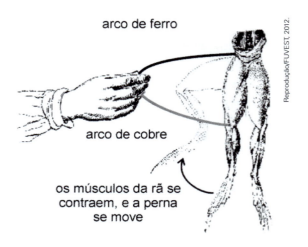

Interpretando essa observação com os conhecimentos atuais, pode-se dizer que as pernas da rã continham soluções diluídas de sais. Pode-se, também, fazer uma analogia entre o fenômeno observado e o funcionamento de uma pilha. Considerando essas informações, foram feitas as seguintes afirmações:

I. Devido à diferença de potencial entre os dois metais, que estão em contato entre si e em contato com a solução salina da perna da rã, surge uma corrente elétrica.
II. Nos metais, a corrente elétrica consiste em um fluxo de elétrons.
III. Nos músculos da rã, há um fluxo de íons associado ao movimento de contração.

Está correto o que se afirma em:
a) I, apenas.
b) III, apenas.
c) I e II, apenas.
d) II e III, apenas.
e) I, II e III.

## Potencial padrão de uma pilha

Na pilha de zinco e cobre mostrada anteriormente, vimos que os elétrons fluem espontaneamente, através do circuito externo, do eletrodo de zinco (que sofre oxidação) para o eletrodo de cobre (no qual ocorre a redução).

Mas como podemos explicar o sentido do fluxo de elétrons? Em outras palavras, como explicar que, ao colocar os metais zinco e cobre em contato, direto ou indireto, o zinco apresenta tendência de sofrer oxidação e o cobre, de sofrer redução?

O fluxo de elétrons em uma pilha ou célula voltaica pode ser comparado, por meio de uma analogia mecânica, ao fluxo de água de uma cachoeira: a água flui espontaneamente em razão de uma diferença de energia potencial gravitacional entre o topo e a base da cachoeira; de maneira análoga, os elétrons fluem por conta da diferença de **energia potencial elétrica** existente entre os metais que compõem a célula voltaica.

O fluxo de água em uma cachoeira ocorre da região de maior energia potencial gravitacional para a de menor energia potencial gravitacional. Analogamente, o fluxo de elétrons em uma bateria ocorre da região de maior energia potencial elétrica (ânodo) para a de menor energia potencial elétrica (cátodo).

Elaborado com base em: BROWN, T. L. et al. Química – A Ciência central. 13. ed. São Paulo: Pearson, 2017.

O potencial elétrico, associado à energia potencial elétrica, é medido na unidade **volt (V)**. Um volt (1 V) corresponde à diferença de potencial necessária para fornecer 1 joule (1 J) de energia para uma carga de 1 coulomb (1 C). Assim, temos que:

$$1\ V = 1\ J/C$$

Em uma célula voltaica, à medida que a reação prossegue, o potencial elétrico de cada semicela é afetado por mudanças nas concentrações das soluções e também pela energia dissipada pelo aquecimento da célula voltaica e do circuito externo.

Desse modo, pode-se concluir que a **diferença de potencial** (**ddp** ou **ΔE**) de uma pilha depende das espécies químicas envolvidas, das suas concentrações e da temperatura do sistema. Por esse motivo, a ΔE é medida na chamada **condição padrão**, que considera a concentração das espécies como 1 mol/L, a pressão dos possíveis gases envolvidos como 1 bar e a temperatura do sistema como 25 °C. Na condição padrão, a diferença de potencial da pilha será padrão e representada por **ΔE⁰**.

Por convenção, a ΔE⁰ de uma pilha corresponde à diferença entre os **potenciais de redução** das espécies envolvidas, e seu cálculo pode ser feito utilizando-se a equação a seguir:

$$\Delta E^0 = E^0_{red}\ (\text{cátodo}) - E^0_{red}\ (\text{ânodo})$$

A tabela a seguir apresenta os potenciais padrão de redução para algumas semicelas:

| Potenciais de redução ($E°_{red}$) com solução aquosa 1 mol/L a 25 °C e 1 bar (em V) | | | |
|---|:---:|---|---:|
| Li$^+$ (aq) + e$^-$ | ⇌ | Li (s) | −3,05 |
| K$^+$ (aq) + e$^-$ | ⇌ | K (s) | −2,95 |
| Ba$^{2+}$ (aq) + 2 e$^-$ | ⇌ | Ba (s) | −2,91 |
| Ca$^{2+}$ (aq) + 2 e$^-$ | ⇌ | Ca (s) | −2,87 |
| Na$^+$ (aq) + e$^-$ | ⇌ | Na (s) | −2,71 |
| Mg$^{2+}$ (aq) + 2 e$^-$ | ⇌ | Mg (s) | −2,37 |
| Aℓ$^{3+}$ (aq) + 3 e$^-$ | ⇌ | Aℓ (s) | −1,66 |
| Ti$^{2+}$ + 2 e$^-$ | ⇌ | Ti (s) | −1,63 |
| Mn$^{2+}$ (aq) + 2 e$^-$ | ⇌ | Mn (s) | −1,18 |
| Zn$^{2+}$ (aq) + 2 e$^-$ | ⇌ | Zn (s) | −0,76 |
| Cr$^{3+}$ (aq) + 3 e$^-$ | ⇌ | Cr (s) | −0,74 |
| Fe$^{2+}$ (aq) + 2 e$^-$ | ⇌ | Fe (s) | −0,45 |
| Cr$^{2+}$ (aq) + e$^-$ | ⇌ | Cr$^+$ (aq) | −0,41 |
| Cd$^{2+}$ (aq) + 2 e$^-$ | ⇌ | Cd (s) | −0,40 |
| PbSO$_4$ (s) + 2 e$^-$ | ⇌ | Pb (s) + SO$_4^{2-}$ (aq) | −0,36 |
| Co$^{2+}$ (aq) + 2 e$^-$ | ⇌ | Co (s) | −0,28 |
| Ni$^{2+}$ (aq) + 2 e$^-$ | ⇌ | Ni (s) | −0,26 |
| Sn$^{2+}$ (aq) + 2 e$^-$ | ⇌ | Sn (s) | −0,14 |
| Pb$^{2+}$ (aq) + 2 e$^-$ | ⇌ | Pb (s) | −0,13 |
| 2 H$^+$ (aq) + 2 e$^-$ | ⇌ | H$_2$ (g) | 0,000 |
| Sn$^{4+}$ (aq) + 2 e$^-$ | ⇌ | Sn$^{2+}$ (aq) | +0,15 |
| SO$_4^{2-}$ (aq) + 4 H$^+$ (aq) + 2 e$^-$ | ⇌ | SO$_2$ (g) + 2 H$_2$O | +0,15 |
| Cu$^{2+}$ (aq) + e$^-$ | ⇌ | Cu$^+$ (aq) | +0,15 |
| Cu$^{2+}$ (aq) + 2 e$^-$ | ⇌ | Cu (s) | +0,34 |
| Cu$^+$ (aq) + e$^-$ | ⇌ | Cu (s) | +0,52 |
| I$_2$ (s) + 2 e$^-$ | ⇌ | 2 I$^-$ (aq) | +0,53 |
| Fe$^{3+}$ (aq) + e$^-$ | ⇌ | Fe$^{2+}$ (aq) | +0,77 |
| Ag$^+$ (aq) + e$^-$ | ⇌ | Ag (s) | +0,80 |
| 2 Hg$^{2+}$ (aq) + 2 e$^-$ | ⇌ | Hg$_2^{2+}$ (aq) | +0,80 |
| Br$_2$ (ℓ) + 2 e$^-$ | ⇌ | 2 Br$^-$ (aq) | +1,07 |
| O$_2$ (g) + 4 H$^+$ (aq) + 4 e$^-$ | ⇌ | 2 H$_2$O | +1,23 |
| MnO$_2$ (s) + 4 H$^+$ (aq) + 2 e$^-$ | ⇌ | Mn$^{2+}$ (aq) + 2 H$_2$O | +1,23 |
| Cr$_2$O$_7^{2-}$ (aq) + 14 H$^+$ (aq) + 6 e$^-$ | ⇌ | 2 Cr$^{3+}$ (aq) + 7 H$_2$O | +1,33 |
| Cℓ$_2$ (g) + 2 e$^-$ | ⇌ | 2 Cℓ$^-$ (aq) | +1,36 |
| Au$^{3+}$ (aq) + 3 e$^-$ | ⇌ | Au (s) | +1,40 |
| MnO$_4^-$ (aq) + 8 H$^+$ (aq) + 5 e$^-$ | ⇌ | Mn$^{2+}$ (aq) + 4 H$_2$O | +1,51 |
| PbO$_2$ (s) + SO$_4^{2-}$ (aq) + 4 H$^+$ (aq) + 2 e$^-$ | ⇌ | PbSO$_4$ (s) + 2 H$_2$O | +1,45 |
| Co$^{3+}$ (aq) + e$^-$ | ⇌ | Co$^{2+}$ (aq) | +1,92 |
| F$_2$ (g) + 2 e$^-$ | ⇌ | 2 F$^-$ (aq) | +2,87 |

(seta à esquerda: aumento da força oxidante; seta à direita: aumento da força redutora)

Fonte: GILBERT, Thomas R. *et al. Chemistry*: The science in context. 2. ed. Nova York: W. W. Norton & Company, 2009. p. A 26-27.

Note que, na tabela de potenciais padrão, foram utilizadas setas representativas de equilíbrio químico. Isso ocorre porque as reações eletroquímicas podem ser consideradas reações reversíveis, uma vez que a aplicação de uma corrente elétrica pode promover a reação inversa, mesmo que isso ocorra de maneira não espontânea.

Como a oxidação é a reação inversa à reação, o $E°_{oxi}$ será numericamente igual ao $E°_{red}$, mas com o sinal inverso.

Considerando a pilha de zinco e cobre mostrada anteriormente, o cálculo da $\Delta E^0$ seria:
$E_{red}(Cu^{2+} | Cu) = +0,34\ V$
$E_{red}(Zn^{2+} | Zn) = -0,76\ V$

$\boxed{\Delta E^0 = E_{cátodo} \qquad\qquad - E_{ânodo}}$

$\Delta E^0 = E_{espécie\ que\ se\ reduz} \quad - E_{espécie\ que\ se\ oxida}$

$\Delta E^0 = E_{espécie\ de\ maior\ potencial\ de\ redução} - E_{espécie\ de\ menor\ potencial\ de\ redução}$

$\Delta E^0 = (+0,34\ V) \qquad - (-0,76\ V)$

$\Delta E^0 = +1,10\ V$

Podemos utilizar um multímetro para mensurar a diferença de potencial da pilha, como na montagem experimental da imagem ao lado.

Apoiando-nos no cálculo da diferença de potencial padrão de uma pilha, observamos que os valores encontrados são sempre positivos. Essa observação permite constatar que:

> a $\Delta E^0 > 0$ caracteriza o funcionamento espontâneo de uma pilha.

Pilha de Zn e Cu.

As reações envolvidas nessa pilha podem ser representadas pelas seguintes equações:

Semirreação de redução: $Cu^{2+}(aq) + 2e^- \longrightarrow Cu(s)$ $\qquad E^0_{red} = +0,34\ V$

Semirreação de oxidação: $\qquad Zn(aq) \longrightarrow Zn^{2+}(aq) + 2e^- \quad E^0_{red} = -0,76\ V$

Equação global: $Zn(s) + Cu^{2+}(aq) \longrightarrow Cu(s) + Zn^{2+}(aq) \quad \Delta E^0 = +1,10\ V$

A variação energética da reação completa pode ser representada graficamente da seguinte forma:

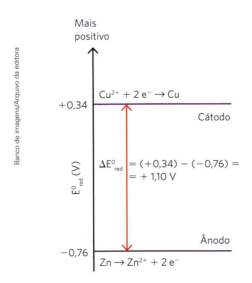

Elaborado com base em: BROWN, T. L. *et al.* *Química – A Ciência central.* 13. ed. São Paulo: Pearson, 2017.

## Como é determinado o potencial de uma semicela?

Não há como medir diretamente o potencial de redução de uma semicela. No entanto, é possível adotar um padrão de referência e então calcular o potencial das demais semicelas ou semirreações em relação a esse padrão.

O padrão de referência escolhido arbitrariamente foi o eletrodo de hidrogênio, ao qual foi associado um $E°_{red}$ = zero.

O eletrodo de hidrogênio é formado por um fio de platina (Pt) ligado a uma placa de platina em contato com o gás hidrogênio ($H_2$) adsorvido sobre a platina (a um 1 bar de pressão e a 25 °C), imerso em uma solução ácida com [$H^+$] = 1 mol/L.

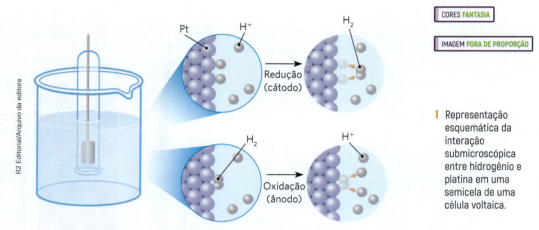

Representação esquemática da interação submicroscópica entre hidrogênio e platina em uma semicela de uma célula voltaica.

Elaborado com base em: BROWN, T. L. et al. Química – A Ciência central. 13. ed. São Paulo: Pearson, 2017.

O eletrodo padrão de hidrogênio é usado como referência para a determinação dos potenciais de outras espécies. Quando o fio de platina recebe elétrons provenientes de um circuito externo, ele se comporta como um cátodo e, na sua superfície, os íons $H^+$ se transformam em $H_2$ (g).

$$2H^+ (aq) + 2e^- \rightarrow H_2 (g)$$

Quando o eletrodo padrão de hidrogênio funciona como ânodo, o gás hidrogênio é oxidado, formando íons $H^+$ (aq), de acordo com a equação:

$$H_2 (g) \rightarrow 2H^+ (aq) + 2e^-$$

Veja um exemplo da determinação do potencial:

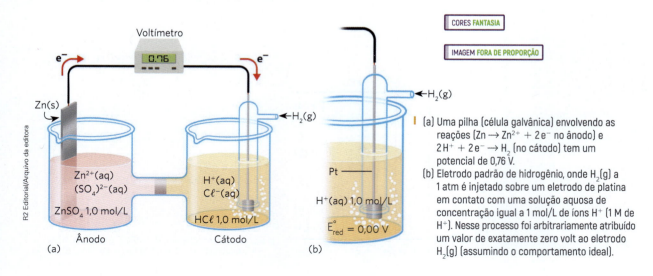

(a) Uma pilha (célula galvânica) envolvendo as reações ($Zn \rightarrow Zn^{2+} + 2e^-$ no ânodo) e $2H^+ + 2e^- \rightarrow H_2$ (no cátodo) tem um potencial de 0,76 V.
(b) Eletrodo padrão de hidrogênio, onde $H_2$(g) a 1 atm é injetado sobre um eletrodo de platina em contato com uma solução aquosa de concentração igual a 1 mol/L de íons $H^+$ (1 M de $H^+$). Nesse processo foi arbitrariamente atribuído um valor de exatamente zero volt ao eletrodo $H_2$(g) (assumindo o comportamento ideal).

## Em contexto

### Como fazer o descarte correto de pilhas e baterias usadas?

A desatenção no descarte de pilhas e baterias pode resultar em diversas complicações, desde contaminação do solo e da água até doenças que podem afetar quem entrar em contato com um local onde esses materiais foram descartados incorretamente.

A participação do comércio na questão é fundamental, oferecendo postos de coleta para as pilhas e baterias usadas. Vale lembrar que a legislação brasileira, por meio da resolução nº 257 do Conama (Conselho Nacional do Meio Ambiente), determina que os fabricantes devem inserir, na rotulagem dos produtos, informações sobre o perigo do descarte incorreto das pilhas e baterias automotivas e de celular no lixo comum.

### Conscientização

O perigo no descarte das pilhas e baterias está no fato de que, se descartadas incorretamente, elas podem ser amassadas, ou estourarem, deixando vazar o líquido tóxico de seus interiores. Essa substância se acumula na natureza e, por não ser biodegradável – o que significa que ele não se decompõe –, pode contaminar o solo.

Algumas práticas podem ajudar a aumentar a vida útil das pilhas. Uma delas é nunca guardá-las em locais expostos ao calor e à umidade. Isso evita o vazamento de seu conteúdo. Além disso, é preferível a utilização de pilhas e baterias recarregáveis, pois têm maior durabilidade. É importante também retirar as pilhas do equipamento se ele for permanecer muito tempo sem uso.

### Como descartar?

A responsabilidade por recolher e encaminhar adequadamente as pilhas após o uso é do fabricante. Portanto, os materiais usados devem ser entregues aos estabelecimentos que comercializam ou às assistências técnicas autorizadas, para que eles repassem os resíduos aos fabricantes ou importadoras. As pilhas e baterias podem ser recicladas, reutilizadas, ou podem passar por algum tipo de tratamento que possibilite um descarte não nocivo ao meio ambiente.

Outro cuidado que deve ser tomado é com relação às pilhas "piratas". De procedência duvidosa, elas podem conter materiais muito mais tóxicos do que as regularizadas. É importante também observar a rotulagem do produto. Veja se na embalagem consta que a pilha pode ser descartada no lixo comum. As pilhas do tipo alcalinas não contêm metais pesados em sua composição. Já as pilhas comuns, como as recarregáveis, possuem mercúrio, cádmio e chumbo, e devem ser devolvidas ao fabricante.

Idec – Instituto Brasileiro de Defesa do Consumidor. Como fazer o descarte correto de pilhas e baterias usadas? Disponível em: https://idec.org.br/consultas/dicas-e-direitos/entenda-por-que-pilhas-e-baterias-nao-podem-ser-descartadas-nos-lixos-comuns. Acesso em: 27 ago. 2019.

**1** O texto afirma que pilhas e baterias comumente contêm substâncias tóxicas em seu interior. A toxicidade dessas substâncias se deve à presença de metais pesados em sua composição. Pesquise em livros, revistas, jornais ou *sites* quais são os metais pesados mais utilizados em pilhas e baterias e responda:
   a) Mesmo apresentando considerável toxicidade, os metais pesados ainda são utilizados em pilhas e baterias. Por quê? Avalie esse fato valendo-se das propriedades químicas dos metais e do que foi estudado sobre reações eletroquímicas.
   b) Como o descarte incorreto de pilhas e baterias está relacionado aos processos de bioacumulação e biomagnificação? Caso desconheça o significado desses termos, realize pesquisas ou consulte o professor de Biologia.

**2** Com base nos seus conhecimentos sobre o funcionamento de pilhas convencionais, como você imagina que as pilhas recarregáveis funcionam? Descreva esse processo utilizando como ponto de partida a análise dos processos de transformação e condução de energia envolvidos.

## Explore seus conhecimentos

**1** (PUC-MG) Uma pilha foi elaborada a partir das associações:

$$Fe^{2+} (aq) + 2\,e^- \rightarrow Fe\,(s) \quad E^0_{red} = -0,45\,V$$
$$A\ell^{3+} (aq) + 3\,e^- \rightarrow A\ell\,(s) \quad E^0_{red} = -1,66\,V$$

Qual das montagens a seguir representa corretamente a pilha funcionando?

a)     c)

b)     d)

**2** (PUC-MG) Uma pilha é realizada, nas condições padrões, a partir dos pares redox $Cu^{2+}/Cu$ ($E^0 = 0,34\,V$) e $Cu^+/Cu$ ($E^0 = 0,52\,V$). Sua força eletromotriz (fem) é:
a) 0,16 V.
b) 0,18 V.
c) 0,70 V.
d) 0,86 V.

**3** (UEG-GO) Uma solução de 1 mol L⁻¹ de $Cu(NO_3)_2$ é colocada em uma proveta com uma lâmina de cobre metálico. Outra solução de 1 mol · L⁻¹ de $SnSO_4$ é colocada em uma segunda proveta com uma lâmina de estanho metálico. Os dois eletrodos metálicos são conectados por fios a um voltímetro, enquanto as duas provetas são conectadas por uma ponte salina.
Considerando os potenciais padrão de redução listados a seguir, responda ao que se pede.

$$Cu^{2+} (aq) + 2\,e^- \rightarrow Cu\,(s) \quad E^0 = +0,337\,V$$
$$Sn^{2+} (aq) + 2\,e^- \rightarrow Sn\,(s) \quad E^0 = -0,140\,V$$

a) Dê o potencial registrado no voltímetro, justificando sua resposta.
b) Escreva em seu caderno a equação que representa o processo que ocorre nesse sistema e, em seguida, aponte o eletrodo que ganhará e aquele que perderá massa no decorrer da reação.

**4** (Ifsul-RS) Pilhas são dispositivos que transformam energia química em energia elétrica por meio de um sistema montado para aproveitar o fluxo de elétrons provenientes de uma reação química de oxirredução, conforme mostra o seguinte exemplo.

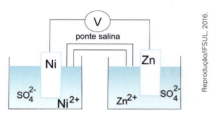

Fonte: *Site* educação.globo.com – adaptado.

Considerando que os Potenciais de redução do Níquel e do Zinco são, respectivamente, $-0,25\,V$ e $-0,76\,V$, é correto afirmar que

a) o níquel é oxidado e o zinco é reduzido.
b) o zinco é o ânodo e o níquel é o cátodo.
c) o níquel é o agente redutor e o zinco é o agente oxidante.
d) o níquel e o zinco geram uma força eletromotriz de $-1,10\,V$ nesta pilha.

**5** (UFPR) Considere a seguinte célula galvânica.

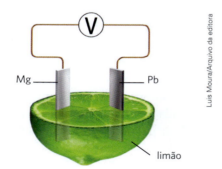

Dados:

$$Mg^{2+} (aq) + 2\,e^- \longrightarrow Mg\,(s) \quad E^0 = -2,37\,V$$
$$Pb^{2+} (aq) + 2\,e^- \longrightarrow Pb\,(s) \quad E^0 = -0,13\,V$$
$$2\,H^+ (aq) + 2\,e^- \longrightarrow H_2\,(s) \quad E^0 = 0,00\,V$$

Sobre essa célula, indique a alternativa **incorreta**.

a) A placa de magnésio é o polo positivo.
b) O suco de limão é a solução eletrolítica.
c) Os elétrons fluem da placa de magnésio para a placa de chumbo através do circuito externo.
d) A barra de chumbo é o cátodo.
e) No ânodo ocorre uma semirreação de oxidação.

## Relacione seus conhecimentos

**1** (UFPB) É possível estudar Química de forma interessante e atraente. Por exemplo, se num copo contendo uma solução aquosa diluída de nitrato de prata, AgNO₃ (aq), for colocada uma árvore de fios de cobre descobertos, será observado que a solução antes incolor, aos poucos, vai ficando azul, conforme figuras a seguir.

Analisando-se o que está acontecendo na solução e sabendo-se que $E^0\ Ag^+/Ag = 0,80\ V$ e $E^0\ Cu^{2+}/Cu = 0,34\ V$.
É possível afirmar que este fenômeno ocorre porque:
I. os íons $Ag^+$, por serem oxidantes, provocam a oxidação do cobre para $Cu^{2+}$.
II. o cobre, por ser agente redutor, reduz os íons $Ag^+$ presentes em solução.
III. os íons $Ag^+$, por serem redutores, levam à redução do cobre para $Cu^{2+}$.
IV. o cobre, por ser oxidante, se oxida, e os íons $Ag^+$, por serem redutores, se reduzem.

Das afirmativas, está(ão) correta(s) apenas:
a) I.
b) III.
c) I e II.
d) IV.
e) III e IV.

**2** (Ulbra-RS - adaptado) No capítulo Linhas de Força, Sacks relembra suas experiências com eletroquímica, em especial sua predileção pela pilha de Daniell, conforme o trecho "Mas minha favorita continuou sendo a pilha de Daniell, e quando nos modernizamos e instalamos uma nova pilha seca para a campainha, eu me apropriei da de Daniell." (SACKS, O. *Tio Tungstênio*: Memórias de uma infância química. São Paulo: Cia. das Letras, 2002). A pilha de Daniell, citada no texto, está representada abaixo:

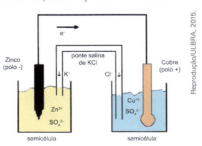

As reações (ou semirreações) de oxidação e redução são:
$Zn \rightarrow Zn^{2+} + 2\ e^-$ Semirreação de oxidação no ânodo (polo $-$) $E^0 = +0,76\ V$
$Cu^{2+} + 2\ e^- \rightarrow Cu$ Semirreação de redução no cátodo (polo $+$) $E^0 = +0,34\ V$
O potencial padrão da pilha de Daniell, a partir das informações anteriores, é:
a) $+1,10\ V$.
b) $-1,10\ V$.
c) $+0,42\ V$.
d) $-0,42\ V$.
e) $+0,26\ V$.

**3** (EsPCEx/Aman-RJ) Uma pilha de zinco e prata pode ser montada com eletrodos de zinco e prata e representada, segundo a *União Internacional de Química Pura e Aplicada (IUPAC)*, pela notação:
$Zn(s)/Zn^{2+}(aq)1mol \cdot L^{-1}//Ag^+(aq)1mol \cdot L^{-1}/Ag(s)$

As equações que representam as semirreações de cada espécie e os respectivos potenciais padrão de redução (25 °C e 1 atm) são apresentadas a seguir.
$Zn^{2+}(aq) + 2\ e^- \rightarrow Zn(s)$   $E^0 = -0,76\ V$
$Ag^+(aq) + 1\ e^- \rightarrow Ag(s)$   $E^0 = +0,80\ V$

Com base nas informações apresentadas são feitas as afirmativas abaixo.
I. No eletrodo de zinco ocorre o processo químico de oxidação.
II. O cátodo da pilha será o eletrodo de prata.
III. Ocorre o desgaste da placa de zinco devido ao processo químico de redução do zinco.
IV. O sentido espontâneo do processo será $Zn^{2+} + 2\ Ag^0 \rightarrow Zn^0 + 2\ Ag^+$.
V. Entre os eletrodos de zinco e prata existe uma diferença de potencial padrão de 1,56 V.

Estão corretas apenas as afirmativas:
a) I e III.
b) II, III e IV.
c) I, II e V.
d) III, IV e V.
e) IV e V.

**4** (UPF-RS) A figura abaixo apresenta a representação de uma célula eletroquímica (pilha) e potenciais de redução das semirreações.

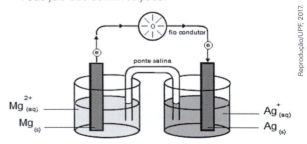

$Mg^{2+}$ (aq) + 2 e⁻ → Mg (s)    E⁰ = −2,37 V
$Ag^+$ (aq) + e⁻ → Ag (s)    E⁰ = +0,80 V

Considerando-se a informação dada, analise as seguintes afirmações:

I. O eletrodo de prata é o polo positivo, no qual ocorre a redução.
II. O magnésio é o agente oxidante da pilha.
III. A diferença de potencial (ddp) da pilha representada na figura é de +3,17 V.
IV. O sentido do fluxo dos elétrons se dá do cátodo para o ânodo.

É **incorreto** apenas o que se afirma em:

a) I e II.
b) I e III.
c) II e III.
d) II e IV.
e) III e IV.

**5** (Uerj) Os preços dos metais para reciclagem variam em função da resistência de cada um à corrosão: quanto menor a tendência do metal à oxidação, maior será o preço.

Na tabela, estão apresentadas duas características eletroquímicas e o preço médio de compra de dois metais no mercado de reciclagem.

| Metal | Semirreação de redução | Potencial padrão de redução (V) | Preço (R$/kg) |
|---|---|---|---|
| cobre | $Cu^{2+}$ (aq) + 2 e⁻ → Cu⁰ (s) | +0,34 | 13,00 |
| ferro | $Fe^{2+}$ (aq) + 2 e⁻ → Fe⁰ (s) | −0,44 | 0,25 |

Com o objetivo de construir uma pilha que consuma o metal de menor custo, um laboratório dispõe desses metais e de soluções aquosas de seus respectivos sulfatos, além dos demais materiais necessários.

Apresente a reação global da pilha eletroquímica formada e determine sua diferença de potencial, em volts, nas condições padrão.

**6** (UFC-CE) Visando à montagem de uma célula eletroquímica, cuja voltagem produzida seja suficiente para acender uma lâmpada de 1,0 V, um estudante dispõe no laboratório, além de um frasco contendo solução aquosa saturada de KCℓ, dos seguintes materiais:

| Eletrodo | Solução aquosa de | Potencial padrão de redução, E⁰ (em V) |
|---|---|---|
| Te | $TeSO_4$ | −0,84 |
| Cd | $CdSO_4$ | −0,40 |
| Cu | $CuSO_4$ | +0,34 |

Baseado nas informações contidas na tabela, escreva em seu caderno as equações das semirreações de oxidação e de redução relativas à configuração de uma célula eletroquímica cuja voltagem produzida seja maior ou igual a 1,0 V. Justifique numericamente.

**7** (PUC-RJ) Considere as seguintes semicélulas e os respectivos potenciais padrão de redução, numeradas de I a VI.

| | | |
|---|---|---|
| I. | $Mn^{2+}$ (aq)/Mn (s) | E⁰ = −1,18 V |
| II. | $Aℓ^{3+}$ (aq)/Aℓ (s) | E⁰ = −1,66 V |
| III. | $Ni^{2+}$ (aq)/Ni (s) | E⁰ = −0,25 V |
| IV. | $Pb^{2+}$ (aq)/Pb (s) | E⁰ = −0,13 V |
| V. | $Ag^+$ (aq)/Ag (s) | E⁰ = +0,80 V |
| VI. | $Cu^{2+}$ (aq)/Cu (s) | E⁰ = +0,34 V |

As duas semicélulas que formariam uma pilha com maior diferença de potencial são:

a) I e III.
b) II e V.
c) II e IV.
d) IV e VI.
e) V e VI.

**8** (UFPR) A pilha de Daniell é muito utilizada como recurso didático para explicar a eletroquímica, uma vez que os eletrodos e as semirreações ocorrem em compartimentos (semicélulas) separados. É possível construir pilhas combinando diferentes semicélulas. Considere o conjunto de semicélulas disponíveis mostradas no quadro a seguir.

| Semi-célula | (Eletrodo / Solução) | Semirreação | E⁰/V |
|---|---|---|---|
| I | Cobre / Sulfato de cobre | $Cu^{2+}$ + 2 e⁻ → Cu | 0,34 |
| II | Grafite / Dicromato de potássio | $Cr_2O_7^{2-}$ + 14 H⁺ + 6 e⁻ → → 2 $Cr^{3+}$ + 7 $H_2O$ | 1,33 |
| III | Magnésio / Sulfato de magnésio | $Mg^{2+}$ + 2 e⁻ → Mg | −2,37 |
| IV | Grafite / Permanganato de potássio | $MnO_4^-$ + 8 H⁺ + 5 e⁻ → → $Mg^{2+}$ + 4 $H_2O$ | 1,51 |
| V | Zinco / Sulfato de zinco | $Zn^{2+}$ + 2 e⁻ → Zn | −0,76 |

a) Qual combinação de semicélulas presentes no quadro fornecerá o maior valor de potencial padrão de pilha? Qual é esse valor?
b) Escreva a reação que ocorre no ânodo da pilha selecionada no item "a".
c) Escreva a reação que ocorre no cátodo da pilha selecionada no item "a".
d) Escreva a equação global da pilha selecionada no item "a". Mostre como você chegou à equação global.

## Corrosão e proteção dos metais

Os processos que envolvem a oxidação e a corrosão de metais ocorrem quando estes são expostos a agentes oxidantes, como é o caso do gás oxigênio presente na atmosfera.

Esse gás apresenta potenciais de redução diferentes, quando em meio neutro ou ácido. Observe as reações de redução a seguir:

**Meio neutro**
$O_2(g) + 2 H_2O (\ell) + 4 e^- \rightarrow 4 OH^- (aq)$   $E^0 = +0,40$ V

**Meio ácido**
$O_2(g) + 4 H^+ (aq) + 4 e^- \rightarrow 2 H_2O (\ell)$   $E^0 = +1,23$ V

A formação da ferrugem se inicia com a oxidação do ferro na presença do gás oxigênio e de umidade.

**Oxidação do ferro**
$Fe (s) \rightarrow Fe^{2+} (aq) + 2 e^-$   $E^0 = -0,45$ V

Considerando a ocorrência do fenômeno em meio ácido, teremos a redução do oxigênio envolvendo a formação de água, como descrito anteriormente. Assim, o processo global pode ser representado por:

$2 Fe (s) + O_2(g) + 4 H^+ (aq) + 4 e^- \rightarrow 2 H_2O (\ell) + 2 Fe^{2+} (aq)$   $E^0_{cél} = +1,68$ V

A formação da ferrugem ocorre com a formação de $Fe_2O_3$ hidratado, por meio da oxidação dos íons $Fe^{2+}$ a $Fe^{3+}$ na presença de umidade e de gás oxigênio.

$4 Fe^{2+} (aq) + O_2(g) + (4+2n) H_2O (\ell) \rightarrow 2 Fe_2O_3 \cdot n H_2O (s) + 8 H^+ (aq)$

Observe a imagem a seguir, que ilustra esquematicamente o processo de enferrujamento do ferro.

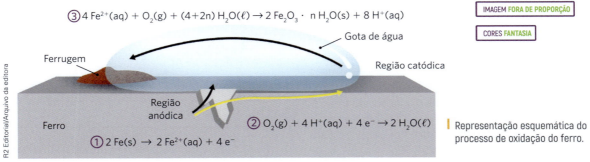

Representação esquemática do processo de oxidação do ferro.

Elaborado com base em: TRO, Nivaldo J. *Chemistry:* a molecular approach. 3. ed. USA: Pearson, 2014. p. 899.

Existem diferentes métodos para prevenir a corrosão e o enferrujamento do ferro, principalmente quando não é possível mantê-lo **afastado** da umidade, o que impediria a sua corrosão.

Uma possibilidade é a utilização do denominado **eletrodo de sacrifício**. Esse tipo de eletrodo deve ser composto de um metal que oxida mais facilmente que o ferro, ou seja, que apresente menor potencial de redução, o que impede a oxidação desse material. Geralmente, os metais utilizados com essa finalidade são o zinco ou o magnésio.

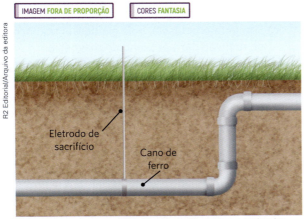

Representação esquemática da utilização de um metal de sacrifício.

Elaborado com base em: TRO, Nivaldo J. *Chemistry:* a molecular approach. 3. ed. USA: Pearson, 2014. p. 899.

É importante ressaltar que, embora os metais alcalinos, como lítio, sódio e potássio, apresentem maior tendência de oxidar do que o ferro, eles não são utilizados como metal de sacrifício por conta da possibilidade de reagir com a água (umidade), produzindo gás hidrogênio, que é altamente inflamável e explosivo.

$Li (s) + H_2O (\ell) \rightarrow LiOH (aq) + \frac{1}{2} H_2(g)$

$Na (s) + H_2O (\ell) \rightarrow NaOH (aq) + \frac{1}{2} H_2(g)$

$K (s) + H_2O (\ell) \rightarrow KOH (aq) + \frac{1}{2} H_2(g)$

## Explore seus conhecimentos

**1** (UPE) Analise a seguinte imagem:

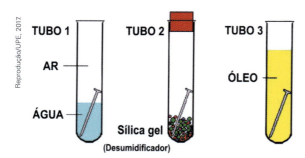

(Disponível em: http://www.seara.ufc.br/sugestoes/quimica/quimica003.htm) Adaptado.

O prego vai enferrujar, apenas:
a) no tubo 1.
b) no tubo 2.
c) no tubo 3.
d) nos tubos 1 e 2.
e) nos tubos 2 e 3.

**2** (UFMG) Certos metais que se oxidam mais facilmente que o ferro podem ser usados na fabricação de eletrodos de sacrifício, que previnem a corrosão de objetos de ferro, como canos de água ou de esgoto. A proteção se baseia na oxidação preferencial desses metais no lugar do ferro. O quadro a seguir apresenta os potenciais padrão de redução para algumas semirreações (T = 25 °C):

|  |  |
|---|---|
| $Mg^{2+} + 2\,e^- \longrightarrow Mg$ | $E^0 = -2,37$ V |
| $Zn^{2+} + 2\,e^- \longrightarrow Zn$ | $E^0 = -0,76$ V |
| $Fe^{2+} + 2\,e^- \longrightarrow Fe$ | $E^0 = -0,44$ V |
| $Ni^{2+} + 2\,e^- \longrightarrow Ni$ | $E^0 = -0,25$ V |
| $Sn^{2+} + 2\,e^- \longrightarrow Sn$ | $E^0 = -0,14$ V |
| $Fe^{3+} + e^- \longrightarrow Fe^{2+}$ | $E^0 = +0,77$ V |
| $Ag^+ + e^- \longrightarrow Ag$ | $E^0 = +0,80$ V |

a) Considerando-se que, numa primeira etapa da corrosão do ferro, ocorra a semirreação $Fe \rightarrow Fe^{2+} + 2\,e^-$, cite todos os metais do quadro apropriados para prevenir essa corrosão como eletrodo de sacrifício. Justifique a resposta.
b) Calcule o $\Delta E^0$ mais alto que se pode obter a partir da reação que envolve a redução do ferro (II) por um dos metais do quadro.
c) Escreva a equação química balanceada do processo.

**3** (Enem) O boato de que os lacres das latas de alumínio teriam um alto valor comercial levou muitas pessoas a juntarem esse material na expectativa de ganhar dinheiro com sua venda. As empresas fabricantes de alumínio esclarecem que isso não passa de uma "lenda urbana", pois, ao retirar o anel da lata, dificulta-se a reciclagem do alumínio. Como a liga da qual é feito o anel contém alto teor de magnésio, se ele não estiver junto com a lata, fica mais fácil ocorrer a oxidação do alumínio no forno. A tabela apresenta as semirreações e os valores de potencial padrão de redução de alguns metais:

| Semirreação | Potencial padrão de redução (V) |
|---|---|
| $Li^+ + e^- \rightarrow Li$ | $-3,05$ |
| $K^+ + e^- \rightarrow K$ | $-2,93$ |
| $Mg^{2+} + 2\,e^- \rightarrow Mg$ | $-2,36$ |
| $A\ell^{3+} + 3\,e^- \rightarrow A\ell$ | $-1,66$ |
| $Zn^{2+} + 2\,e^- \rightarrow Zn$ | $-0,76$ |
| $Cu^{2+} + 2\,e^- \rightarrow Cu$ | $+0,34$ |

Disponível em: www.sucatas.com. Acesso em: 28 fev. 2012 (adaptado).

Com base no texto e na tabela, quais metais poderiam entrar na composição do anel das latas com a mesma função do magnésio, ou seja, proteger o alumínio da oxidação nos fornos e não deixar diminuir o rendimento da sua reciclagem?

a) Somente o lítio, pois ele possui o menor potencial de redução.
b) Somente o cobre, pois ele possui o maior potencial de redução.
c) Somente o potássio, pois ele possui potencial de redução mais próximo do magnésio.
d) Somente o cobre e o zinco, pois eles sofrem oxidação mais facilmente que o alumínio.
e) Somente o lítio e o potássio, pois seus potenciais de redução são menores do que o do alumínio.

**4** (UFRJ) Em 1866, George Leclanché inventou a pilha seca (pilha comum) que é atualmente utilizada em brinquedos, relógios, lanternas etc. As pilhas alcalinas são mais utilizadas, hoje em dia, devido ao seu rendimento ser de cinco a oito vezes maior que a pilha comum.

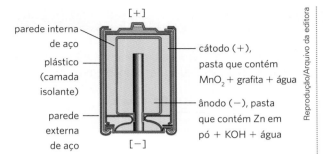

Na pilha alcalina de níquel-cádmio, ocorrem as seguintes reações:

Cd (s) + 2 OH⁻ (aq) → Cd(OH)$_2$ (aq) + 2 e⁻

NiO$_2$ (aq) + 2 H$_2$O (ℓ) + 2 e⁻ (aq) →

→ Ni(OH)$_2$ (aq) + 2 OH⁻

A partir das equações da pilha de níquel-cádmio, escreva a equação global e identifique a reação anódica.

**5** (UFRJ) Na busca por combustíveis mais "limpos", o hidrogênio tem-se mostrado uma alternativa muito promissora, pois sua utilização não gera emissões poluentes. O esquema abaixo mostra a utilização do hidrogênio em uma pilha eletroquímica, fornecendo energia elétrica a um motor. Com base no esquema:

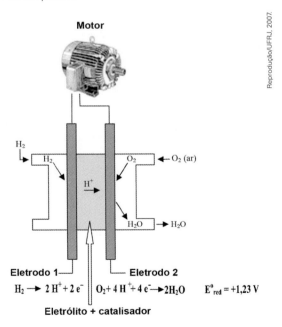

a) Identifique o eletrodo positivo da pilha. Justifique sua resposta.
b) Usando as semirreações, apresente a equação da pilha e calcule sua força eletromotriz.

**6** (UFRGS-RS) Célula a combustível é uma alternativa para a produção de energia limpa. As semirreações da célula são

H$_2$ → 2 H⁺ + 2 e⁻

$\frac{1}{2}$ O$_2$ + 2 H⁺ + 2 e⁻ → H$_2$O

Sobre essa célula, pode-se afirmar que:

a) H$_2$ é o gás combustível e oxida-se no cátodo.
b) eletrólise da água ocorre durante o funcionamento da célula.
c) H$_2$O e CO$_2$ são produzidos durante a descarga da célula.
d) célula a combustível é um exemplo de célula galvânica (pilha).
e) O$_2$ é o gás comburente e reduz-se no ânodo.

**7** (Fatec-SP) Os motores de combustão são frequentemente responsabilizados por problemas ambientais, como a potencialização do efeito estufa e da chuva ácida, o que tem levado pesquisadores a buscar outras tecnologias. Uma dessas possibilidades são as células de combustíveis de hidrogênio que, além de maior rendimento, não poluem. Observe o esquema:

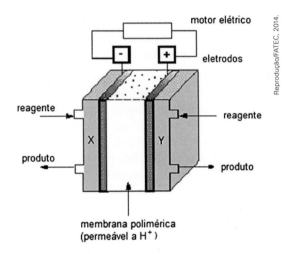

Semirreações do processo:
- ânodo: H$_2$ → 2 H⁺ + 2 e⁻
- cátodo: O$_2$ + 2 H⁺ + 2 e⁻ → H$_2$O

Sobre a célula de hidrogênio esquematizada, é correto afirmar que

a) ocorre eletrólise durante o processo.
b) ocorre consumo de energia no processo.
c) o ânodo é o polo positivo da célula combustível.
d) a proporção entre os gases reagentes é 2 H$_2$ : 1 O$_2$.
e) o reagente que deve ser adicionado em X é o oxigênio.

## Relacione seus conhecimentos

**1** (Uece) Um estudante de química introduziu um chumaço de palha de aço no fundo de uma proveta e inverteu-a em uma cuba de vidro contendo água, conforme a figura abaixo.

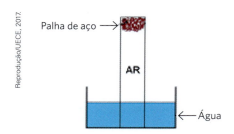

Um dia depois, ao verificar o sistema, o estudante percebeu que o nível da água no interior da proveta havia subido e a palha de aço estava enferrujada. Assim, ele concluiu acertadamente que:

a) a elevação do nível da água da proveta é ocasionada pela pressão osmótica.
b) o metal da palha de aço ganhou elétrons, sofrendo redução.
c) não houve interferência da pressão externa no experimento.
d) o experimento permite calcular o percentual de oxigênio no ar atmosférico.

**2** (Fuvest-SP) Um método largamente aplicado para evitar a corrosão em estruturas de aço enterradas no solo, como tanques e dutos, é a proteção catódica com um metal de sacrifício. Esse método consiste em conectar a estrutura a ser protegida, por meio de um fio condutor, a uma barra de um metal diferente e mais facilmente oxidável, que, com o passar do tempo, vai sendo corroído até que seja necessária sua substituição.

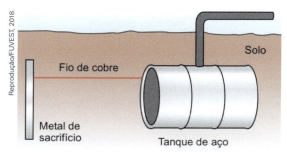

Um experimento para identificar quais metais podem ser utilizados como metal de sacrifício consiste na adição de um pedaço de metal a diferentes soluções contendo sais de outros metais, conforme ilustrado, e cujos resultados são mostrados na tabela. O símbolo (+) indica que foi observada uma reação química e o (−) indica que não se observou qualquer reação química.

| Soluções | Metal X |||| 
|---|---|---|---|---|
| | Estanho | Alumínio | Ferro | Zinco |
| SnCℓ$_2$ | | + | + | + |
| AℓCℓ$_3$ | − | | − | − |
| FeCℓ$_3$ | − | + | | + |
| ZnCℓ$_2$ | − | + | − | |

Da análise desses resultados, conclui-se que pode(m) ser utilizado(s) como metal(is) de sacrifício para tanques de aço:

**Note e adote:**

O aço é uma liga metálica majoritariamente formada pelo elemento ferro.

a) Aℓ e Zn.
b) somente Sn.
c) Aℓ e Sn.
d) somente Aℓ.
e) Sn e Zn.

**3** Uma pilha desenvolvida recentemente utiliza zinco e oxigênio do ar. Na confecção dessa pilha, são utilizadas partículas de zinco metálico misturadas a uma solução de KOH. Essas partículas reagem com O$_2$.
As reações dessa pilha podem ser representadas pelas equações e seus potenciais de redução:

Zn (s) + 2 OH$^-$ (aq) → Zn(OH)$_2$ (s) + 2 e$^-$

E$^0$ = −1,25 V

O$_2$ (g) + 2 H$_2$O (ℓ) + 4 e$^-$ → 4 OH$^-$ (aq)

E$^0$ = +0,40 V

Com base nas afirmações, classifique os itens em verdadeiros ou falsos.

I. A fem é o ânodo (polo 2).
II. A reação global pode ser representada por:

2 Zn (s) + O$_2$ (g) + 2 H$_2$O (ℓ) → Zn(OH)$_2$ (s).

III. O Zn (s) é o ânodo (polo 2).
IV. O O$_2$ é o agente oxidante.
V. Os elétrons migram do eletrodo de O$_2$ (g) para o eletrodo de Zn (s).

**4** (Unifesp-SP) A bateria primária de lítio-iodo surgiu em 1967, nos Estados Unidos, revolucionando a história do marca-passo cardíaco.

Ela pesa menos que 20 g e apresenta longa duração, cerca de cinco a oito anos, evitando que o paciente tenha que se submeter a frequentes cirurgias para trocar o marca-passo. O esquema dessa bateria é representado na figura a seguir.

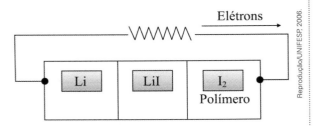

Para essa pilha, são dadas as semirreações de redução:

$Li^+ + e^- \rightarrow Li$ $\quad E^0 = -3,05$ V

$I_2 + 2e^- \rightarrow 2I^-$ $\quad E^0 = +0,54$ V

São feitas as seguintes afirmações sobre essa pilha:

I. No ânodo ocorre a redução do íon $Li^+$.
II. A ddp da pilha é $+2,51$ V.
III. O cátodo é o polímero/iodo.
IV. O agente oxidante é o $I_2$.

São corretas as afirmações contidas apenas em:

a) I, II e III.
b) I, II e IV.
c) I e III.
d) II e III.
e) III e IV.

**5** (UFPR) No passado, as cargas das baterias dos celulares chegavam a durar até uma semana, no entanto, atualmente, o tempo entre uma recarga e outra dificilmente ultrapassa 24 horas. Isso não se deve à má qualidade das baterias, mas ao avanço tecnológico na área de baterias, que não acompanha o aumento das funcionalidades dos *smartphones*. Atualmente, as baterias recarregáveis são do tipo íon-lítio, cujo esquema de funcionamento está ilustrado na figura abaixo.

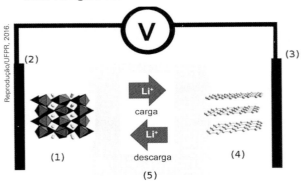

Quando a bateria está em uso (atuando como uma pilha), o anodo corresponde ao componente:

a) (1).
b) (2).
c) (3).
d) (4).
e) (5).

**6** (Enem) Células solares à base de $TiO_2$ sensibilizadas por corantes (S) são promissoras e poderão vir a substituir as células de silício. Nessas células, o corante adsorvido sobre o $TiO_2$ é responsável por absorver a energia luminosa (hυ) e o corante excitado (S*) é capaz de transferir elétrons para o $TiO_2$. Um esquema dessa célula e os processos envolvidos estão ilustrados na figura. A conversão de energia solar em elétrica ocorre por meio da sequência de reações apresentadas.

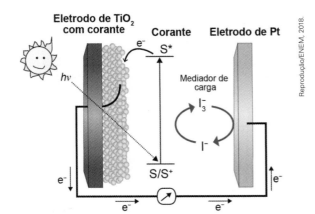

$TiO_2 | S + hυ \rightarrow TiO_2 | S^*$ $\quad$ (1)

$TiO_2 | S^* \rightarrow TiO_2 | S^+ + e^-$ $\quad$ (2)

$TiO_2 | S^+ + \frac{3}{2} I^- \rightarrow TiO_2 | S + \frac{1}{2} I_3^-$ $\quad$ (3)

$\frac{1}{2} I_3^- + e^- \rightarrow \frac{3}{2} I^-$ $\quad$ (4)

LONGO. C.; DE PAOLI, M. A. Dye-Sensitized Solar Cells: A Successful Combination of Materials. *Journal of the Brazilian Chemical Society*. n. 6, 2003 (adaptado).

A reação 3 é fundamental para o contínuo funcionamento da célula solar, pois:

a) reduz íons $I^-$ a $(I_3)^-$.
b) regenera o corante.
c) garante que a reação 4 ocorra.
d) promove a oxidação do corante.
e) transfere elétrons para o eletrodo de $TiO_2$.

## ⊙ Eletrólise

Como estudamos anteriormente, as pilhas são dispositivos eletroquímicos que transformam, espontaneamente, energia química em energia elétrica. Agora estudaremos outro processo, a **eletrólise**.

Na eletrólise, processo estudado pela primeira vez por Michael Faraday (1791-1867) em meados do século XIX, a energia de uma fonte externa (bateria ou gerador) promove a ocorrência de uma reação de oxirredução não espontânea. Ou seja, enquanto na pilha temos a conversão de energia química em energia elétrica, na eletrólise ocorre a transformação de energia elétrica em energia química.

As eletrólises são realizadas em uma **célula eletrolítica** e os eletrodos, geralmente, são feitos de materiais inertes, como platina ou grafita (carvão). Observe os modelos a seguir de comparação entre uma célula voltaica (pilha) e uma célula eletrolítica (eletrólise) para um sistema constituído por eletrodos de estanho (Sn) e cobre (Cu).

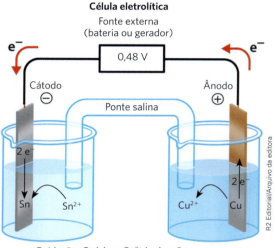

Comparação entre uma célula voltaica (reação espontânea) e uma célula eletrolítica (reação não espontânea). A figura da direita não corresponde a representação de um processo eletrolítico real, mas sim um modelo representativo e comparativo ao modelo da pilha da esquerda, a fim de se comparar a polaridade dos eletrodos, o fluxo de elétrons e as reações nos eletrodos caso estes não sejam inertes.

Elaborado com base em: SILBERBERG, Martin; AMATEIS, Patricia. *Chemistry*: the molecular nature of matter and change. 7. ed. USA: BookHolders, 2014.

No processo de eletrólise, os elétrons saem da pilha (gerador) pelo ânodo (polo negativo, ⊖) e entram na célula eletrolítica pelo polo negativo, no qual ocorrerá a reação de redução, que, por esse motivo, será definido como o cátodo da célula eletrolítica.

Na célula eletrolítica, os elétrons emergem pelo ânodo (polo positivo, ⊕) no qual ocorre oxidação, e chegam à pilha pelo seu cátodo (polo positivo).

Assim, podemos definir:

> **Ânodo (polo positivo)**: em uma célula eletrolítica, é o eletrodo em que ocorre a perda de elétrons (oxidação).
> **Cátodo (polo negativo)**: em uma célula eletrolítica, é o eletrodo em que ocorre o recebimento de elétrons (redução).

Além da migração de elétrons, durante a eletrólise ocorrem processos de migração de íons. De modo geral, em um processo eletrolítico há a ocorrência dos seguintes fenômenos:
- cátions (íons positivos) migram para o cátodo (polo ⊖), no qual recebem elétrons, sofrendo redução;
- ânions (íons negativos) migram para o ânodo (polo ⊕), no qual perdem elétrons, sofrendo oxidação.

As eletrólises podem ser realizadas em meios que contenham substâncias puras liquefeitas (fundidas) ou ainda dissolvidas em água (meio aquoso). A seguir, estudaremos ambos os casos característicos do processo eletrolítico.

## Eletrólise ígnea

A eletrólise ígnea ocorre em um meio no qual existem uma ou mais substâncias fundidas, ou seja, no estado líquido. Vale destacar que não deve haver a existência de água no sistema.

Observe a seguir o exemplo da eletrólise ígnea do cloreto de sódio (NaCℓ) utilizando eletrodos inertes de platina. Inicialmente, temos a dissociação do cloreto de sódio fundido:

$$NaCℓ \rightarrow Na^+ + Cℓ^-$$

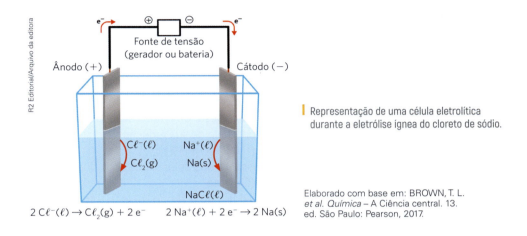

Representação de uma célula eletrolítica durante a eletrólise ígnea do cloreto de sódio.

Elaborado com base em: BROWN, T. L. et al. Química – A Ciência central. 13. ed. São Paulo: Pearson, 2017.

As semirreações que ocorrem nos eletrodos são:

Cátodo (redução): $Na^+ + e^- \rightarrow Na$

Ânodo (oxidação): $2\,Cℓ^- \rightarrow Cℓ_2 + 2\,e^-$

A equação global da eletrólise pode ser obtida pela soma das duas semirreações apresentadas, estabelecendo-se a igualdade entre o número de elétrons transferidos:

$$\begin{aligned}
\text{Cátodo:} & \quad 2\,Na^+ + 2\,e^- \longrightarrow 2\,Na \\
\text{Ânodo:} & \quad 2\,Cℓ^- \longrightarrow Cℓ_2 + 2\,e^- \\
\hline
\text{Equação global:} & \quad 2\,Na^+ + 2\,Cℓ^- \longrightarrow 2\,Na + Cℓ_2
\end{aligned}$$

Assim, observando a equação global, podemos concluir que a eletrólise ígnea do cloreto de sódio produz sódio metálico (Na) e gás cloro (Cℓ$_2$).

## Eletrólise aquosa

As substâncias envolvidas na eletrólise aquosa encontram-se em meio aquoso, ou seja, estão dissolvidas em água. Esse processo diferencia-se da eletrólise ígnea porque, além dos íons provenientes do soluto, estarão presentes no meio reacional os íons originados no processo de autoionização da água, como representado de maneira simplificada a seguir:

$$H_2O\,(ℓ) \rightarrow H^+\,(aq) + OH^-\,(aq)$$

Assim, na solução a ser eletrolisada teremos:

- Cátions
  - provenientes da água = $H^+$
  - provenientes do soluto

- Ânions
  - provenientes da água = $OH^-$
  - provenientes do soluto

Analogamente à eletrólise ígnea, na eletrólise aquosa também trabalhamos com eletrodos inertes, de modo que os processos de descarga dos cátions e ânions ocorrem em sua superfície.

Experimentalmente, é possível ordenar uma fila de prioridade de descarga para eventuais cátions e ânions presentes na cela eletrolítica. Essa fila é representada simplificadamente a seguir:

metais alcalinos > metais alcalinoterrosos > $A\ell^{3+}$ > $H^+$ > demais metais

**facilidade de descarga crescente** →

ânions oxigenados > $F^-$ > $OH^-$ > ânions não oxigenados > $(HSO_4)^-$

Veja a seguir alguns exemplos de eletrólises em meio aquoso.

## Eletrólise aquosa do cloreto de sódio, NaCℓ(aq)

Em uma solução aquosa de cloreto de sódio, estão presentes tanto os íons provenientes da dissociação do sal como aqueles provenientes da ionização da água. Assim, é válido que:

$$NaC\ell(aq) \rightarrow Na^+(aq) + C\ell^-(aq)$$
$$H_2O(\ell) \rightarrow H^+(aq) + OH^-(aq)$$

Analisando a fila de descarga, é possível notar que o cátion $H^+(aq)$ apresenta prioridade de descarga maior do que o $Na^+(aq)$, que é um metal alcalino. Desse modo, apesar de ambos os íons serem atraídos para o cátodo (polo ⊖), somente o cátion $H^+(aq)$ sofrerá descarga por meio de sua redução:

$$2\ H^+(aq) + 2\ e^- \rightarrow H_2(g)$$

Analogamente, comparando as facilidades de descarga dos ânions, notamos que o $C\ell^-(aq)$, um ânion não oxigenado, tem prioridade de descarga em relação ao $OH^-(aq)$.

Desse modo, apesar de ambos os íons serem atraídos para o ânodo (polo ⊕), somente o $C\ell^-(aq)$ sofrerá a descarga por meio de sua oxidação:

$$2\ C\ell^-(aq) \rightarrow C\ell_2(aq) + 2\ e^-$$

Somando as quatro equações apresentadas, teremos a equação que representa o processo global:

$$2\ NaC\ell \longrightarrow 2\ Na^+ + \cancel{2C\ell^-}$$
$$2\ H_2O \longrightarrow \cancel{2H^+} + 2\ OH^-$$

Cátodo: $\cancel{2H^+} + \cancel{2e^-} \longrightarrow H_2$

Ânodo: $\cancel{2C\ell^-} \longrightarrow C\ell_2 + \cancel{2e^-}$

―――――――――――――――――――――――

$2\ NaC\ell(aq) + 2\ H_2O(\ell) \longrightarrow \underbrace{2\ Na^+(aq) + 2\ OH^-(aq)}_{\text{solução}} + \underbrace{H_2(g)}_{\text{cátodo}} + \underbrace{C\ell_2(g)}_{\text{ânodo}}$

Por meio da eletrólise do $NaC\ell(aq)$, é possível produzir soda cáustica (NaOH), gás hidrogênio ($H_2$) e gás cloro ($C\ell_2$). Note que a presença de $OH^-$ na solução final da eletrólise caracteriza soluções básicas.

Em vez de escrever a descarga do $H^+$ proveniente da água, podemos escrever a descarga da própria água, cuja reação é dada por:

Cátodo (redução) 
$\begin{cases} 2\ H_2O(\ell) \longrightarrow \cancel{2H^+(aq)} + 2\ OH^-(aq) \\ \underline{\cancel{2H^+(aq)} + 2\ e^- \longrightarrow H_2(g)} \\ 2\ H_2O(\ell) + 2\ e^- \longrightarrow H_2(g) + 2\ OH^-(aq) \end{cases}$

## Eletrólise aquosa do sulfato de níquel, NiSO₄ (aq)

Em uma solução aquosa de sulfato de níquel, os seguintes íons estarão presentes:

$$NiSO_4 \rightarrow Ni^{2+}(aq) + (SO_4)^{2-}(aq)$$
$$H_2O(\ell) \rightarrow H^+(aq) + OH^-(aq)$$

Por intermédio da fila de descarga, o $Ni^{2+}(aq)$, um metal alcalinoterroso, apresenta prioridade em relação ao $H^+(aq)$, enquanto o $OH^-(aq)$ é prioritário em relação ao $(SO_4)^{2-}(aq)$, um ânion oxigenado. Assim, têm-se as seguintes reações de descarga no cátodo e no ânodo:

cátodo (polo negativo): $Ni^{2+}(aq) + 2e^- \longrightarrow Ni(s)$

ânodo (polo positivo): $2\ OH^-(aq) \longrightarrow H_2O(\ell) + \frac{1}{2}\ O_2(g) + 2\ e^-$

Somando as quatro reações apresentadas, teremos a equação global para o processo:

$$NiSO_4 \longrightarrow \cancel{Ni^{2+}} + (SO_4)^{2-}\uparrow$$
$$\cancel{2}\,H_2O \longrightarrow 2\,H^+ + \cancel{2\,OH^-}$$

Cátodo: $\cancel{Ni^{2+}} + \cancel{2e^-} \longrightarrow Ni$

Ânodo: $\cancel{2\,OH^-} \longrightarrow \cancel{H_2O} + \frac{1}{2}O_2 + \cancel{2e^-}$

---

Equação global: $NiSO_4(aq) + H_2O(\ell) \longrightarrow \underbrace{2\,H^+(aq) + (SO_4)^{2-}(aq)}_{\text{solução}} + \underbrace{Ni(s)}_{\text{cátodo}} + \underbrace{\frac{1}{2}O_2(g)}_{\text{ânodo}}$

Note que, pela eletrólise do $NiSO_4$, obtivemos níquel metálico (Ni) e gás oxigênio ($O_2$). Além disso, a solução final apresenta caráter ácido em razão dos íons $H^+$ (aq).

Em vez de escrever a descarga do $OH^-$ proveniente da água, podemos escrever a descarga da própria água, cuja reação é dada por:

Ânodo (oxidação) 
$$\begin{cases} \cancel{2}\,H_2O \longrightarrow 2\,H^+ + \cancel{2\,OH^-} \\ \cancel{2\,OH^-} \longrightarrow \cancel{H_2O} + \frac{1}{2}O_2 + 2\,e^- \\ \hline H_2O \longrightarrow 2\,H^+ + \frac{1}{2}O_2 + 2\,e^- \end{cases}$$

## Explore seus conhecimentos

**1** (FCC-BA) Na eletrólise ígnea do $CaC\ell_2$, obtiveram-se cloro no ânodo e cálcio no cátodo. Para representar apenas o processo de oxidação que ocorreu nessa eletrólise, escreve-se:
a) $Ca^{2+} + 2\,e^- \rightarrow Ca$
b) $Ca^{2+} \rightarrow Ca + 2\,e^-$
c) $C\ell^- + e^- \rightarrow \frac{1}{2}C\ell$
d) $C\ell^- \rightarrow \frac{1}{2}C\ell_2 + e^-$
e) $C\ell^- + e^- \rightarrow C\ell_2$

**2** (Fatec-SP) Obtém-se magnésio metálico por eletrólise do $MgC\ell_2$ fundido. Nesse processo, a semirreação que ocorre no cátodo é:
a) $Mg^{+2} + Mg^- \rightarrow Mg$
b) $Mg^{+2} - 2\,e^- \rightarrow Mg$
c) $2\,C\ell^- - 2\,e^- \rightarrow C\ell_2$
d) $Mg^{+2} + 2\,e^- \rightarrow Mg$
e) $2\,C\ell^- + 2\,e^- \rightarrow C\ell_2$

**3** Equacione as reações que ocorrem na eletrólise ígnea das substâncias seguintes:
a) KI;
b) $NiC\ell_2$.

**4** (Enem) A obtenção do alumínio dá-se a partir da bauxita ($A\ell_2O_3 \cdot 3\,H_2O$), que é purificada e eletrolisada numa temperatura de 1 000 °C. Na célula eletrolítica, o ânodo é formado por barras de grafita ou carvão, que são consumidas no processo de eletrólise, com formação de gás carbônico, e o cátodo é uma caixa de aço coberta de grafita.

A etapa de obtenção do alumínio ocorre no:
a) ânodo, com formação de gás carbônico.
b) cátodo, com redução do carvão na caixa de aço.
c) cátodo, com oxidação do alumínio na caixa de aço.
d) ânodo, com depósito de alumínio nas barras de grafita.
e) cátodo, com fluxo de elétrons das barras de grafita para a caixa de aço.

**5** Equacione as reações que ocorrem na eletrólise aquosa das substâncias a seguir, indicando os produtos formados nos eletrodos e na solução:
a) $CuBr_2$;
b) $AgNO_3$;
c) $CaC\ell_2$;
d) $Na_2SO_4$.

## Relacione seus conhecimentos

**1** (Unimontes-MG) A tabela abaixo apresenta informações sobre três células de NaCℓ, em estados diferentes.

| Estado | Produto Ânodo | Produto Cátodo |
|---|---|---|
| fundido | A | Na |
| solução aquosa concentrada | Cℓ$_2$ | B |
| solução aquosa diluída | C | H$_2$ |

Dada a ordem decrescente de facilidade de descarga de alguns cátions, Ag$^+$ > Cu$^{2+}$ > Mn$^{2+}$ > > H$_3$O$^+$ > Mg$^{2+}$ > Na$^+$ > Li$^+$, e de ânions, ânions não oxigenados > OH$^-$ > ânions oxigenados, e o F$^-$, quais os produtos formados A, B e C? Justifique sua resposta para cada produto.

**2** (Vunesp-SP) Nas salinas, o cloreto de sódio é obtido pela evaporação da água do mar em uma série de tanques. No primeiro tanque, ocorre o aumento da concentração de sais na água, cristalizando-se sais de cálcio. Em outro tanque ocorre a cristalização de 90% do cloreto de sódio presente na água. O líquido sobrenadante desse tanque, conhecido como salmoura amarga, é drenado para outro tanque. É nessa salmoura que se encontra a maior concentração de íons Mg$^{2+}$ (aq), razão pela qual ela é utilizada como ponto de partida para a produção de magnésio metálico.
A obtenção de magnésio metálico a partir da salmoura amarga envolve uma série de etapas: os íons Mg$^{2+}$ presentes nessa salmoura são precipitados sob a forma de hidróxido de magnésio por adição de íons OH$^-$. Por aquecimento, esse hidróxido transforma-se em óxido de magnésio, que, por sua vez, reage com ácido clorídrico, formando cloreto de magnésio, que, após cristalizado e fundido, é submetido à eletrólise ígnea, produzindo magnésio metálico no cátodo e cloro gasoso no ânodo.

Dê o nome do processo de separação de misturas empregado para obter o cloreto de sódio nas salinas e informe qual é a propriedade específica dos materiais na qual se baseia esse processo. Escreva a equação da reação que ocorre na primeira etapa da obtenção de magnésio metálico a partir da salmoura amarga e a equação que representa a reação global que ocorre na última etapa, ou seja, na eletrólise ígnea do cloreto de magnésio.

**3** (Ufscar-SP) A figura apresenta a eletrólise de uma solução aquosa de cloreto de níquel (II), NiCℓ$_2$.

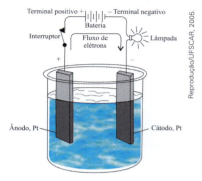

São dadas as semirreações de redução e seus respectivos potenciais:

Cℓ$_2$ (g) + 2 e$^-$ → 2 Cℓ$_2$ (aq)   E$^0$ = +1,36 V
Ni$^{2+}$ (aq) + 2 e$^-$ → Ni (s)   E$^0$ = −0,24 V

a) Indique as substâncias formadas no ânodo e no cátodo. Justifique.
b) Qual deve ser o mínimo potencial aplicado pela bateria para que ocorra a eletrólise? Justifique.

**4** (Unicamp-SP) A produção mundial de gás cloro é de 60 milhões de toneladas por ano. Um processo eletroquímico moderno e menos agressivo ao meio ambiente, em que se utiliza uma membrana semipermeável, evita que toneladas de mercúrio, utilizado no processo eletroquímico convencional, sejam dispensadas anualmente na natureza. Esse processo moderno está parcialmente esquematizado na figura abaixo.

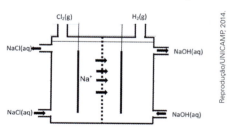

a) Se a produção anual de gás cloro fosse obtida apenas pelo processo esquematizado na figura acima, qual seria a produção de gás hidrogênio em milhões de toneladas?
b) Na figura, falta representar uma fonte de corrente elétrica e a formação de íons OH$^-$. Complete o desenho com essas informações, não se esquecendo de anotar os sinais da fonte e de indicar se ela é uma fonte de corrente alternada ou de corrente contínua.

## Aspectos quantitativos da eletrólise

Com o estabelecimento de relações estequiométricas e de quantidade de carga, é possível calcular a quantidade dos reagentes consumidos e dos produtos formados em um processo eletrolítico. Essa relação foi estabelecida experimentalmente em 1834 por Faraday e ficou conhecida como **lei da eletrólise de Faraday**.

> **Lei da eletrólise de Faraday**: a quantidade de substância produzida em cada eletrodo é diretamente proporcional à quantidade de carga que flui através da célula eletrolítica.

No estudo dos modelos atômicos, vimos que a carga do elétron em módulo corresponde a $1,6 \cdot 10^{-19}$. Com base nesse valor podemos determinar a quantidade de carga transportada por 1 mol de elétrons, ou seja, $6,02 \cdot 10^{-23}$ $e^-$:

$$1 \text{ elétron} \longrightarrow 1,6 \cdot 10^{-19} \text{ C}$$
$$6,02 \cdot 10^{-23} \text{ elétrons} \longrightarrow Q$$

$$Q = 96\,500 \text{ C} = 9,65 \cdot 10^4 \text{ C (valores aproximados)}$$

Desse modo, $9,65 \cdot 10^4$ C é a quantidade de carga transportada por 1 mol de elétrons. Essa quantidade é denominada **constante de Faraday**:

$$1 \text{ mol de elétrons } (6,02 \cdot 10^{23} \text{ e}^-) \xrightarrow{\text{transporta}} 9,65 \cdot 10^4 \text{ C} = 1 \text{ faraday} = 1 \text{ F}$$

A quantidade de carga (Q), expressa em coulomb (C), que circula em um circuito elétrico, está relacionada com a intensidade da corrente elétrica (i), expressa em ampère (A), e ao tempo, expresso em segundos (s).

A expressão matemática que mostra essa relação é:

$$Q = i \cdot t$$
$$\text{carga} = \text{corrente} \cdot \text{tempo}$$
$$C = (A) \cdot (s)$$

### Exercícios resolvidos

**1** Uma aliança foi recoberta por uma fina película de prata metálica (Ag) através de um processo eletrolítico envolvendo um sal de prata com cátions $Ag^+$. Considerando que no processo descrito circularam pelo sistema 0,01 faraday de carga, qual é a massa da película de prata depositada sobre a aliança? (Massa molar: Ag = 108 g · mol$^{-1}$.)

**Solução**

$Ag^+ + 1e^- \rightarrow Ag$

Ao receber 1 mol de e$^-$, 1 mol de Ag$^+$ produz 1 mol de Ag.

$1 Ag^+ (aq) + 1 e^- \longrightarrow 1 Ag (s)$
  1 mol         1 mol              1 mol

1 mol e$^-$ $\xrightarrow{\text{transporta}}$ 96 500 C = 1 F
1 mol e$^-$ ———— 1 mol Ag
1 faraday ———— 108 g
0,01 faraday ———— x

$$x = \frac{0,1 \text{ faraday} \cdot 108 \text{ g}}{1 \text{ faraday}}$$

x = 1,08 g de Ag

**2** Qual seria a massa de cobre depositada em um processo eletrolítico a partir do sal sulfato de cobre II, no qual foram utilizados 9 650 C de carga? (Massa molar: Cu = 64 g · mol$^{-1}$.)

**Solução**

$CuSO_4 \longrightarrow Cu^{2+} + (SO_4)^{2-}$
$Cu^{2+} + 2 e^- \longrightarrow Cu$

2 mol de e$^-$
$2 \cdot (96\,500 \text{ C})$ ———— 64 g
9 650 C ———— x

$$x = \frac{9\,650 \text{ C} \cdot 64 \text{ g}}{2 \cdot 96\,500 \text{ C}} \Rightarrow x = 3,2 \text{ g de Cu}$$

## Explore seus conhecimentos

**1** (Uepa) Um artesão de joias utiliza resíduos de peças de ouro para fazer novos modelos. O procedimento empregado pelo artesão é um processo eletrolítico para recuperação desse tipo de metal.
Supondo que este artesão, trabalhando com resíduos de peças de ouro, solubilizados em solventes adequados, formando uma solução contendo íons $Au^{3+}$, utilizou uma cuba eletrolítica na qual aplicou uma corrente elétrica de 10 A por 482,5 minutos, obtendo como resultado ouro purificado.

Dados: Au = 197 g/mol; constante de Faraday = = 96 500 C/mol.

O resultado obtido foi:

a) 0,197 grama de Au.
b) 1,97 grama de Au.
c) 3,28 gramas de Au.
d) 197 gramas de Au.
e) 591 gramas de Au.

**2** (Uern) Para cromar uma chave, foi necessário montar uma célula eletrolítica contendo uma solução aquosa de íon de cromo ($Cr^{2+}$) e passar pela célula uma corrente elétrica de 15,2 A. Para que seja depositada na chave uma camada de cromo de massa igual a 0,52 grama, o tempo, em minutos, gasto foi de, aproximadamente:
(Considere a massa atômica do Cr = 52 g/mol; 1F = 96 500 C).

a) 1.   b) 2.   c) 63.   d) 127.

**3** (UFRN) Já quase na hora da procissão, Padre Inácio pediu a Zé das Joias que dourasse a coroa da imagem da padroeira com meio grama de ouro. Pouco depois, ainda chegou Dona Nenzinha, também apressada, querendo cromar uma medalha da santa, para usá-la no mesmo evento religioso. Diante de tanta urgência, o ourives resolveu fazer, ao mesmo tempo, ambos os serviços encomendados. Então, ligou, em série, duas celas eletroquímicas que continham a coroa e a medalha, mergulhadas nas respectivas soluções de tetracloreto de ouro ($AuCl_4$) e cloreto crômico ($CrCl_3$), como se vê na figura abaixo.

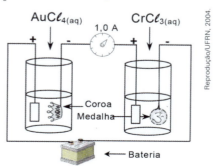

Sabendo que durante a operação de galvanoplastia circulou no equipamento uma corrente de 1,0 A, responda às solicitações abaixo:

I. Escreva as semirreações de redução dos cátions, as quais ocorreram durante os processos de douração e cromação.
II. Calcule quantos minutos serão gastos para dourar a coroa com meio grama de ouro.

**4** (UFPE) Dário Belo, um torcedor fanático, no ano em que seu time foi campeão, ouviu seguidas vezes a narração do gol da vitória, narrado pelo saudoso e inigualável "Gandulão de Ouro". Admita que o desgaste sofrido pela cápsula de zinco da pilha, apenas para Dário Belo ouvir as várias repetições da narração do gol, foi de 0,327 g.
Sabendo-se que a corrente elétrica fornecida pela pilha é constante e igual a 0,2 ampère, e que a narração do gol levou exatos 25 s, qual o número de vezes que o fanático Dário Belo ouviu a narração do gol? (Dado: Zn = 65,4 u.)

a) 100
b) 193
c) 1000
d) 10 000
e) 300

**5** (UFRJ) Em uma aula demonstrativa, um professor fez passar, durante 60 minutos, uma corrente de 1,34 A por uma cuba eletrolítica que continha uma solução aquosa de cloreto de sódio; como resultado, obteve um gás em cada eletrodo.
Sabendo que a carga elétrica total que passa pela cuba durante a experiência é suficiente para produzir 0,05 g de gás no cátodo, calcule o volume em litros ocupado por este gás nas CNTP. (Massas molares em g/mol: H = 1; O = = 16; $Cl$ = 35,5.)

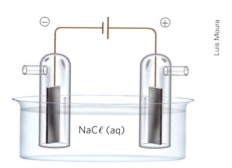

## Relacione seus conhecimentos

**1** (EsPCEx/Aman-RJ) No ano de 2014, os alunos da EsPCEx realizaram um experimento de eletrólise durante uma aula prática no Laboratório de Química. Nesse experimento, foi montado um banho eletrolítico, cujo objetivo era o depósito de cobre metálico sobre um clipe de papel, usando no banho eletrolítico uma solução aquosa 1 mol · L⁻¹ de sulfato de cobre II. Nesse sistema de eletrólise, por meio de uma fonte externa, foi aplicada uma corrente constante de 100 mA durante 5 minutos. Após esse tempo, a massa aproximada de cobre depositada sobre a superfície do clipe foi de:

Dados: massa molar Cu = 64 g/mol; 1 Faraday = 96 500 C.

a) 2,401 g.  d) 0,095 g.
b) 1,245 g.  e) 0,010 g.
c) 0,987 g.

**2** (EsPCEx/Aman-RJ) Algumas peças de motocicletas, bicicletas e automóveis são cromadas. Uma peça automotiva recebeu um "banho de cromo", cujo processo denominado cromagem consiste na deposição de uma camada de cromo metálico sobre a superfície da peça. Sabe-se que a cuba eletrolítica empregada nesse processo (conforme a figura abaixo) é composta de peça automotiva ligada ao cátodo (polo negativo), um eletrodo inerte ligado ao ânodo e uma solução aquosa de 1 mol · L⁻¹ de CrCℓ₃.

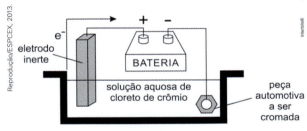

desenho ilustrativo - fora de escala

Supondo que a solução esteja completamente dissociada e que o processo eletrolítico durou 96,5 min sob uma corrente de 2 A, a massa de cromo depositada nessa peça foi de:

$$Cr^{3+} (aq) + 3 e^- \rightarrow Cr^0$$

Dados: massas atômicas Cr = 52 u e Cℓ = 35,5 u
1 faraday = 96 500 C/mol de e⁻

a) 0,19 g.  d) 2,08 g.
b) 0,45 g.  e) 5,40 g.
c) 1,00 g.

**3** (PUC-RJ) Considerando 1 F = 96 500 C (quantidade de eletricidade relativa a 1 mol de elétrons), na eletrólise ígnea do cloreto de alumínio, AℓCℓ₃, a quantidade de eletricidade, em Coulomb, necessária para produzir 21,6 g de alumínio metálico é igual a:

a) 61 760 C.  d) 308 800 C.
b) 154 400 C.  e) 386 000 C.
c) 231 600 C.

**4** (UPM-SP) Pode-se niquelar (revestir com uma fina camada de níquel) uma peça de um determinado metal. Para esse fim, devemos submeter um sal de níquel (II), normalmente o cloreto, a um processo denominado eletrólise em meio aquoso. Com o passar do tempo, ocorre a deposição de níquel sobre a peça metálica a ser revestida, gastando-se certa quantidade de energia. Para que seja possível o depósito de 5,87 g de níquel sobre determinada peça metálica, o valor da corrente elétrica utilizada, para um processo de duração de 1000 s, é de:

Dados: Constante de Faraday = 96 500 C; massas molares em (g/mol) Ni = 58,7

a) 9,65 A.  d) 19,30 A.
b) 10,36 A.  e) 28,95 A.
c) 15,32 A.

**5** (UFRP) As baterias são indispensáveis para o funcionamento de vários dispositivos do dia a dia. A primeira bateria foi construída por Alessandro Volta em 1800, cujo dispositivo consistia numa pilha de discos de zinco e prata dispostos alternadamente, contendo espaçadores de papelão embebidos em solução salina. Daí vem o nome "pilha" comumente utilizado.
Dados:

$$\begin{array}{ll} & E^0 \text{ (V)} \\ Ag^+ + e^- \rightarrow Ag & 0,80 \\ Zn^{2+} + 2 e^- \rightarrow Zn & -0,76 \end{array}$$

1 A = C · s⁻¹; 1 F = 96 500 C · mol⁻¹; massa molar (g · mol⁻¹): Ag = 108; Zn = 65.

a) De posse dos valores de potencial padrão de redução (E⁰), calcule o potencial padrão da pilha de Zn/Ag.

b) Considere que, com uma pilha dessas, deseja-se manter uma lâmpada acesa durante uma noite (12h). Admita que não haverá queda de tensão e de corrente durante o período. Para mantê-la acesa, a corrente que passa pela lâmpada é de 10 mA. Calcule a massa de zinco que será consumida durante esse período.

# Projeto: Prevenção e combate a incêndios

## Pensando no problema

Você já parou para pensar que prevenir-se contra um incêndio é muito melhor do que combatê-lo?

Com o objetivo de desenvolver um comportamento coletivo de segurança, nosso projeto tratará do tema incêndio, que exige conhecimento científico, de legislação e de ações, a fim de orientar e conscientizar a comunidade escolar sobre os riscos existentes, destacando a importância da adoção de medidas de educação para a prevenção e ação em caso de ocorrência de incêndio no ambiente escolar.

## Como se organizar

- Organizem 7 grupos para desenvolver as atividades que envolvem o conhecimento sobre fogo e incêndio, sobre a legislação vigente no seu município e condutas de segurança ou evasão do local, a fim de promover o esclarecimento da comunidade escolar.
- Em cada grupo destaquem um líder, que vai organizar as tarefas de cada etapa, e um secretário, que vai produzir um diário de bordo, anotando o trabalho executado em cada encontro do grupo.
- Definam a duração de cada tarefa relativa à elaboração da pesquisa e do produto final. O líder e o secretário devem organizar uma tabela com as atividades de cada membro do grupo e o tempo necessário para realizá-la, considerando o número de aulas disponíveis para cada etapa.
- No diário de bordo devem ser registrados os materiais de pesquisa, o progresso alcançado, assim como o planejamento da execução do produto final.

## Em ação!

### ETAPA 1 — A escolha do tema

Cada grupo deverá escolher um tema, dentre os apresentados no quadro abaixo, refletindo sobre a questão **Como evitar incêndios?**.

Registrem, no diário de bordo, o tema selecionado, justificando a escolha.

| Grupo | Área | Temas |
|---|---|---|
| 1 | Ciência | Fogo e incêndio (tetraedro do fogo, reações físico-químicas, tipos de propagação, ponto de fulgor, ponto de combustão, temperatura de ignição). |
| 2 | Ciência | Combustíveis presentes no ambiente escolar e poder calorífico. |
| 3 | Ciência | Classe de incêndios, métodos de extinção e tipos de extintores. |
| 4 | Legislação | Normas de segurança, legislação municipal, Cipa, brigada de incêndio, etc. |
| 5 | Ação | Mapeamento da escola com localização de extintores, rotas de fuga, sinalizações. |
| 6 | Ação | Pesquisa com os participantes da comunidade escolar sobre o conhecimento de riscos e de prevenção a incêndios, com a construção de gráficos para a melhor compreensão dos dados obtidos. |
| 7 | Ação | Como evitar incêndios e como agir se algum vier a ocorrer? |

Reflitam sobre as seguintes questões:

1. Vocês sabem a diferença entre fogo e incêndio? Conhecem os elementos necessários para o início, a propagação e a extinção de incêndios? E quanto aos métodos de extinção de incêndios e tipos de extintores?

2. Vocês conhecem as normas de segurança do município da escola onde estudam? Sabem se existe uma equipe preparada para combater incêndio, na eventualidade de isso acontecer? Sabem o significado de NR, Cipa, e outras siglas utilizadas pelos especialistas?

3. Vocês sabem como agir, com segurança e serenidade, caso um incêndio se inicie na escola?

**4** Vocês estão cientes dos riscos envolvidos nos diferentes ambientes escolares, como sala de aula, pátio, biblioteca, almoxarifado, etc.? E no que se refere às atitudes necessárias na prevenção de incêndios?

## ETAPA 2  Pesquisa

Com a descoberta e o domínio do fogo, a humanidade conquistou uma das mais importantes ferramentas para o desenvolvimento da civilização. Quando utilizado sob controle, o fogo pode ser empregado no aquecimento, na iluminação e no cozimento de alimentos. No entanto, se incontido, fora de controle, transforma-se em incêndio, com consequências drásticas para as pessoas e para a preservação dos edifícios e da cultura.

No Brasil, a segurança contra incêndios vem sendo estudada e colocada em prática desde 1976, após a ocorrência de dois grandes incêndios em São Paulo (SP): o do edifício Andraus, em 1972, e o do edifício Joelma, em 1974, causando centenas de vítimas fatais e milhares de feridos.

Por essa razão, a prevenção de incêndios começou a mobilizar não só as autoridades, como também a população de maneira geral, visando à prevenção, ou seja, ao conhecimento de medidas que devem ser adotadas para evitar um princípio de incêndio ou limitar sua propagação, além de ações/treinamentos, caso venham a ocorrer.

Bombeiros tentam conter o incêndio do Edifício Joelma em São Paulo em 1974.

Com base nesse breve histórico e na seleção do tema, aprofundem o estudo, lembrando-se de traduzir as informações para uma linguagem acessível, mas com conteúdo, de modo a difundir informações que ajudarão a comunidade escolar a prevenir incêndios e a ter conhecimento das ações necessárias para a preservação da vida.

A pesquisa pode ser realizada em jornais, revistas, *sites* confiáveis, livros didáticos de Química, de Física, de Matemática, etc. Pode incluir conversas ou entrevistas com um integrante do Corpo de Bombeiros ou algum integrante da Brigada de Incêndio ou da Cipa. Registrem no diário de bordo todas as pesquisas feitas, indicando a data e as fontes.

## ETAPA 3  Montagem do material

A reunião dos temas estudados por vocês vai gerar o produto final, que será uma cartilha, com informações para a comunidade escolar sobre os conceitos envolvidos no início e na propagação de incêndios, as medidas de prevenção e combate, assim como as rotas de fuga e os avisos sobre a conduta a ser seguida nessa eventualidade.

Cada grupo ficará responsável por escrever um capítulo da cartilha e todos deverão participar da composição da capa, incluindo as ilustrações. No material produzido, devem constar as fontes de pesquisa, o que garante a confiabilidade das informações. Avaliem como imprimir pelo menos um exemplar da cartilha para ser entregue à biblioteca da escola.

Vejam a seguir algumas sugestões de questões que podem orientar a confecção da cartilha, para que esse material possa ser consultado por todos os integrantes da comunidade escolar.
- Há equipamentos de proteção e combate a incêndios e sinalização básica de emergência?
- Quais equipamentos de combate a incêndios estão instalados na sua escola?
- Alunos, professores e funcionários recebem treinamento sobre como agir em casos de emergência? Sabem utilizar os equipamentos de segurança?
- Há conhecimento sobre as rotas de fuga para que, em caso de incêndio, a saída seja rápida, segura e com bom escoamento de pessoas?

## ETAPA 4  Comunicação à comunidade

A divulgação do material produzido para a comunidade escolar poderá ser feita em meio digital e com pelo menos um exemplar impresso, a ser entregue à biblioteca. Essa divulgação poderá envolver a comunidade escolar e também os familiares, em um fim de período, com a divulgação oral dos conteúdos da cartilha preparada pelos estudantes.

Com todo o conhecimento adquirido, não deixem de praticar os ensinamentos da cartilha e de cobrar atitudes adequadas dos integrantes da comunidade escolar.

# Gabarito

## Unidade 7
### Estudo das soluções

#### Capítulo 22 – Soluções

**Explore seus conhecimentos** (p. 192)
1. a) Água: $H_2O$; gás oxigênio: $O_2$.
   b) O técnico refere-se ao gás oxigênio ($O_2$). O estudante pensa nos átomos do elemento oxigênio (O), presentes na molécula de água.
2. Afirmação I.
3. b.
4. b.
5. d.
6. e.
7. I. $NaNO_3$.
   II. 40 °C.
   III. $AgNO_3$.
   IV. A 68 °C as solubilidades são iguais. Abaixo de 68 °C o $NaNO_3$ é mais solúvel. Acima de 68 °C, o $KNO_3$ é mais solúvel.
   V. 440 g.

**Relacione seus conhecimentos** (p. 194)
1. d.
2. a) Sal D.
   b) 3 g de corpo de fundo.
3. 02, 04 e 16.
4. c.
5. a.

**Explore seus conhecimentos** (p. 198)
1. a.
2. e.
3. Solução A: 0,07 g/mL; Solução B: 350 g/L.
4. a) Frasco C.
   b) Solução A: 1 g/L.
   c) Solução C: 1,5 g/L.
   d) 5,5 g de soluto.
   e) 1,5 g/L.

**Explore seus conhecimentos** (p. 199)
1. O ácido acético ($C_2H_4O_2$).
2. Água (a solução é aquosa).
3. 1,05 g
4. 1050 g
5. 420 g

**Explore seus conhecimentos** (p. 201)
1. a) 63 g
   b) 37 g
   c) 315 g de $HNO_3$; 185 g de $H_2O$.
   d) 63%
2. 245 g
3. 10 454,5 mL
4. d.
5. c.
6. d.
7. e.
8. e.

**Explore seus conhecimentos** (p. 203)
1. a) $6{,}32 \cdot 10^{-4}$ g/mL
   b) 0,632 g/L
   c) $4 \cdot 10^{-3}$ mol/L
2. d.
3. c.
4. a.

**Relacione seus conhecimentos** (p. 203)
1. c.
2. b.
3. b.
4. 99,8 g
5. m = 920 g; V = 800 mL
6. c.
7. d.
8. e.
9. c.

**Explore seus conhecimentos** (p. 205)
1. a.
2. d.
3. c.
4. a) $CH_2O$; $2 \cdot 10^{22}$ moléculas.
   b) 1,84 g/L
5. 12 mol/L; dipolo-dipolo.

**Relacione seus conhecimentos** (p. 205)
1. d.
2. c.
3. a.
4. b.
5. a.

**Explore seus conhecimentos** (p. 207)
1. 4 g/L.
2. 0,4 g/L.
3. b
4. b.

**Relacione seus conhecimentos** (p. 207)
1. b.
2. b.
3. c.
4. e.
5. d.

**Explore seus conhecimentos** (p. 210)
1. 0,4 L
2. d.
3. d.
4. c.
5. a.
6. c.

**Relacione seus conhecimentos** (p. 210)
1. b.
2. a) 0,24 mol.
   b) 1,65 mol/L.
3. a.
4. 11,925 g/L.

**Explore seus conhecimentos** (p. 212)
1. a) Amarelo.
   b) Verde.
2. 75 mL.
3. 0,33 mol/L.
4. c.
5. d.
6. d.

**Relacione seus conhecimentos** (p. 213)
1. b.
2. 20 mL.
3. 15 mol/L.
4. a) $NaOH + HC\ell \rightarrow NaC\ell + H_2O$
   b) 0,5 L.
5. c.
6. b.
7. a) 3,5%.
   b) 120 mL.

#### Capítulo 23 – Propriedades coligativas

**Explore seus conhecimentos** (p. 215)
1. I. sólido; II. líquido; III. gasoso; IV. gasoso.
2. B-A: sólido-gás; C-A: sólido-líquido; D-A: líquido-gás.
3. Ponto triplo = 5,1 atm e 256,6 °C.
4. Porque seu ponto triplo está acima de 1 atm.
5. A temperatura dos *freezers* não é suficientemente baixa.
6. Flecha c.

**Relacione seus conhecimentos** (p. 215)
1. c.
2. 01, 04, 08 e 32.

**Explore seus conhecimentos** (p. 217)
1. a.
2. Quanto menor a pressão, mais facilmente a substância entra em ebulição.
3. a) Éter = 35 °C (aproximadamente); etanol = 78 °C (aproximadamente).
   b) Éter: gasoso; etanol: líquido.
4. I. 700 mmHg.
   II. 115 °C.
   III. A é mais volátil, pois apresenta interações intermoleculares mais fracas.
5. a.

**Relacione seus conhecimentos** (p. 218)
1. d.
2. c.
3. A altitude em La Paz é maior; portanto, a pressão atmosférica é menor. A fim de fornecer mais calor para o arroz, é necessário fazer seu cozimento em uma panela de pressão, porque dessa forma a água ferverá a uma temperatura maior.
4. a) Ao retirar o balão do aquecimento e fechá-lo com a rolha, houve a interrupção da ebulição, pois a pressão interna do balão impede que as moléculas de água entrem em ebulição. Quando o fundo do balão entra em contato com o gelo, ocorre

redução da pressão interna, devido à condensação das moléculas de água. Isso permite que as moléculas, que estão no estado líquido, passem para o estado de vapor, mesmo que a temperatura seja menor que 100 °C.

b) 33 g/100 g de H$_2$O.

5. a)

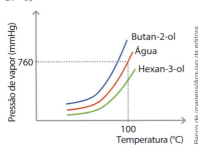

b) Ambos os álcoois fazem ligações de hidrogênio (pontes de hidrogênio), porém o butan-2-ol tem uma cadeia carbônica menor (quatro átomos de carbono) do que o hexan-3-ol (seis átomos de carbono), o que gera uma atração intermolecular menor e, consequentemente, uma pressão de vapor maior.

6. 01 e 04.

**Explore seus conhecimentos** (p. 221)
1. a) C$_2$H$_5$Cℓ = 15 °C; CHCℓ$_3$ = 60 °C.
   b) Diminui a pressão de vapor.
2. c.
3. a.
4. a) I. A; II. B; III. C.
   b) III.
   c) III.
   d) Diminui a pressão de vapor.
5. b.
6. a.
7. a.

**Relacione seus conhecimentos** (p. 223)
1. a) Linha contínua: solvente (líquido puro); linha pontilhada: solução.
   b) A temperatura de ebulição do líquido puro é aproximadamente (80 ± 1) °C.
2. 1. Éter (mais volátil). 2. Etanol. 3. Solução de ureia (menos volátil).
3. b.
4. Verdadeiras: c, d (desde que os volumes não mais se alterem); falsas: a, b.

**Explore seus conhecimentos** (p. 225)
1. e.
2. a.
3. a.
4. d.

**Relacione seus conhecimentos** (p. 226)
1. d
2. Amostra B; 1 L de solução B.
3. b.
4. b.
5. KF.

Geometria trigonal plana ou triangular

6. I, III, IV e V.

**Explore seus conhecimentos** (p. 229)
1. e.
2. b.
3. d.
4. e.
5. c.
6. e.

**Relacione seus conhecimentos** (p. 230)
1. b.
2. c.
3. b.
4. c.
5. A água do meio externo atravessa, por osmose, a membrana semipermeável. Com o aumento do volume no espaço da solução saturada de NaCℓ, a membrana elástica se estica e empurra as moléculas do princípio ativo pelos orifícios da parede rígida.
6. e.
7. a) 7,626 atm; são isotônicas.
   b) Curva A.

## Unidade 8
## Termoquímica

### Capítulo 24 – Princípios de Termodinâmica

**Explore seus conhecimentos** (p. 238)
1. d.
2. a.
3. e.
4. d.
5. d.
6. V – V – F – V – F.

**Relacione seus conhecimentos** (p. 239)
1. a.
2. 6 L.
3. 9227,2 kJ.
4. 02, 08 e 16.
5. c.

### Capítulo 25 – Reações termoquímicas

**Explore seus conhecimentos** (p. 245)
1. c.
2. b.
3. c.
4. b.
5. b.

**Relacione seus conhecimentos** (p. 246)
1. a.
2. b.
3. a) Processo endotérmico, pois ocorre absorção de energia.
   b) Todas as reações cujo ΔH > 0, ou seja, a primeira e a terceira reações.
4. 9200 g; 255 400 kJ.
5. c.
6. a) 100 kJ.
   b) 12,2 L.

**Explore seus conhecimentos** (p. 250)
1. +130 kJ.
2. b.
3. c.
4. a) 

   H—C(=O)(H)

   b) −110 kJ/mol.

**Relacione seus conhecimentos** (p. 250)
1. a) FeO(s): ligação iônica.
      CO(g): ligação covalente ou molecular.
   b) ΔH = −11,5 kJ/mol.
2. a.
3. a) 10 C$_6$H$_6$(ℓ) + 15 O$_2$(g) →
      → 30 H$_2$O(ℓ) + C$_{60}$(s)
   b) −674,3 kJ/mol
4. c.
5. b.

**Explore seus conhecimentos** (p. 253)
1. I. 7,3 kJ.
   II. 44 kJ.
   III. 51,3 kJ.
   IV. −36,7 kJ.
2. −284 kJ.
3. −284,3 kJ; exotérmica.
4. 44 · 10$^3$ kJ.
5. b.
6. d.

**Relacione seus conhecimentos** (p. 254)
1. b.
2. b.
3. a) −108 kJ.
   b) 930 kJ; exotérmica.
4. b.
5. d.

**Explore seus conhecimentos** (p. 256)
1. a.
2. a.
3. b.
4. c.

**Relacione seus conhecimentos** (p. 257)
1. c.
2. d.
3. b.
4. a.

# Unidade 9
## Cinética química e equilíbrio químico

### Capítulo 26 – Rapidez das reações químicas

**Explore seus conhecimentos** (p. 261)
1. III.
2. a) 0,2 mol/min.
   b) 0,4 mol/min.
3. b.
4. a.
5. b.

**Relacione seus conhecimentos** (p. 262)
1. c.
2. b.
3. $1{,}25 \cdot 10^{-3}$ mol/L · semana
4. c.
5. 2 400 L/s.

**Explore seus conhecimentos** (p. 265)
1. a.  3. c.
2. d.  4. d.

**Relacione seus conhecimentos** (p. 266)
1. b.  3. d.
2. d.  4. c.

**Explore seus conhecimentos** (p. 269)
1. d.  3. d.
2. b.  4. b.

**Relacione seus conhecimentos** (p. 270)
1. a.  3. a.
2. b.  4. e.

**Explore seus conhecimentos** (p. 274)
1. a) $v = k \cdot [HI]^2$
   b) $v = k \cdot [CH_4][O_2]^2$
   c) $v = k \cdot [NO_2][O_2]$
2. I. $v = k \cdot [NO]^2[O_2]$
   II. 2ª ordem em relação ao NO, 1ª ordem em relação ao $O_2$ e 3ª ordem global.
   III. Aumentará 4 vezes.
   IV. Aumentará 3 vezes.
   V. Aumentará 8 vezes.
3. a) Etapa 1 (etapa lenta), pois $Ea_1 > Ea_2$.
   b) $v = k \cdot [HC\ell] \cdot [H_2C = CH_2]$
   c) 1ª ordem para ambos.
4. c.
5. a.

**Relacione seus conhecimentos** (p. 275)
1. b.  4. a.
2. 01, 02 e 08.  5. c.
3. c.  6. a.

### Capítulo 27 – Reações reversíveis

**Explore seus conhecimentos** (p. 278)
1. d.
2. b.
3. a.

4. I. $K = \dfrac{p_{CO_2} \cdot p_{H_2}}{p_{CO} \cdot p_{H_2O}}$

   II. $K = \dfrac{(p_{HC\ell})^2}{p_{H_2} \cdot p_{C\ell_2}}$

   III. $K = \dfrac{[H^+]^2 \cdot [SO_4^{2-}]}{[H_2SO_4]}$

   IV. $K = \dfrac{(p_{CO})^2}{p_{CO_2}}$

   V. $K = \dfrac{[Zn^{2+}] \cdot [H_2]}{[H^+]^2}$

5. a.
6. b.
7. c.

**Relacione seus conhecimentos** (p. 279)
1. e.  4. b.
2. d.  5. e.
3. d.

**Explore seus conhecimentos** (p. 284)
1. b.  3. c.
2. b.  4. d.
5. $K_c = 2{,}0 \cdot 10^{-2}$

|  | $2\,CH_4(g) \rightleftharpoons C_2H_2(g) + 3\,H_2(g)$ | | |
|---|---|---|---|
| Início | 0,115 | 0 | 0 |
| Proporção | 0,115 − 2x | x | 3x |
| Equilíbrio | 0,045 | 0,035 | 0,105 |

6. a.
7. $K_c = 10$

**Relacione seus conhecimentos** (p. 285)
1. a) 1) No sentido dos produtos, uma vez que K > 1.
   2) No sentido dos reagentes, uma vez que K < 1.
   b) Esse fenômeno pode ser relacionado com a chuva ácida: o $SO_2$ é um gás poluente liberado pelas indústrias que reage com o $O_2$ do ar formando $SO_3$, que, por sua vez, irá reagir com a água da chuva formando ácido sulfúrico e ocasionando a chuva ácida.
2. d.  4. e.
3. b.  5. d.
6. a) $K_c = \dfrac{[CH_3OH]}{[CO][H_2]^2}$
   b) $K_c = 2$
7. b.
8. d.
9. a.

**Explore seus conhecimentos** (p. 291)
1. a.
2. No instante $t_1$ a concentração dos produtos aumentou, a do $C\ell_2$ (reagente) diminuiu, indicando consumo. A concentração de $H_2$ sofreu um aumento brusco seguido de uma diminuição; assim, pode-se concluir que $H_2$ foi adicionado ao sistema.
3. O sistema entrou em equilíbrio.
4. K = 0,8.
5. a.
6. b.
7. d.
8. a) $K_c = 14{,}5$.
   b) Aumentando a pressão, o equilíbrio é deslocado no sentido de formação dos produtos, pois o número de mol de gases nos reagentes é maior do que nos produtos.
9. d.

**Relacione seus conhecimentos** (p. 292)
1. d.
2. d.
3. a.
4. a) A cor predominante será laranja.
   b) 3 unidades.
5. d.
6. a) $12\,NH_3(g) + 21\,O_2(g) \rightleftharpoons 8\,HNO_3(aq) + 4\,NO(g) + 14\,H_2O(v)$
   b) Teste 4.

**Explore seus conhecimentos** (p. 296)
1. b.  3. b.
2. e.  4. d.
5. I. Sim, para a esquerda.
   II. O grau de ionização e o $K_b$ diminuem.

**Explore seus conhecimentos** (p. 299)
1. a.
2. b.
3. d.
4. e.
5. Indústrias C e D.
6. c.  8. d.
7. c.  9. d.

**Relacione seus conhecimentos** (p. 301)
1. b.  4. c.
2. c.  5. a.
3. c.

**Explore seus conhecimentos** (p. 304)
1. b.
2. c.
3. a) II e III;
   b) I, IV e VI;
   c) V;
   d) II e III;
   e) I, IV e VI;
   f) V.

**Relacione seus conhecimentos** (p. 304)
1. c.
2. d.
3. b.
4. e.
5. b.
6. e.
7. b

**Explore seus conhecimentos** (p. 308)
1. I. $K_s = [Ca^{2+}] \cdot [(SO_4)^{2-}]$;
   II. $K_s = [A\ell^{3+}] \cdot [OH^-]^3$;
   III. $K_s = [Ca^{2+}]^3 \cdot [(PO_4)^{3-}]^2$.
2. a.
3. e.
4. a.
5. a.
6. a) HgS, pois apresenta o menor valor de $K_{ps}$.
   b) $CdS(s) \rightleftharpoons Cd^{2+}(aq) + S^{2-}(aq)$
   $K_{ps} = 2,3 \cdot 10^{-21}$ mol/L
7. a.

**Relacione seus conhecimentos** (p. 309)
1. a) $CaSO_4(aq) + BaCO_3(aq) \rightarrow$
   $\rightarrow BaSO_4(aq) + CaCO_3(aq)$
   b) $K_{ps} = 2,5 \cdot 10^{-9}$.
2. e.
3. b.
4. $H_2SO_4(aq) + BaC\ell_2(aq) \rightarrow$
   $\rightarrow 2 HC\ell(aq) + BaSO_4(aq)$
   Solubilidade = $10^{-5}$ mol/L.
5. a) $SrCO_3$
   b) $8,1 \cdot 10^{-3}$ mol/L

## Unidade 10
# Eletroquímica

### Capítulo 28 – Oxirredução
Explore seus conhecimentos (p. 315)
1. $\underset{0}{S_8}$  $\underset{-2}{H_2 S}$  $\underset{+4}{H_2 S O_3}$  $\underset{+6}{H_2 S O_4}$
   $\underset{+2}{Na_2 S_2 O_3}$  $A\ell_2(\underset{+6}{S O_4})_3$
2. $\underset{+3}{Cr_2 O_3}$  $Na_2 \underset{+6}{Cr_2 O_7}$  $Ca\underset{+6}{Cr} O_4$  $\underset{+3}{Cr}^{3+}$
3. a.
4. c.
5. c.
6. a.
7. a.
8. a.

**Relacione seus conhecimentos** (p. 316)
1. e.
2. a.
3. c.
4. a.
5. a.

**Explore seus conhecimentos** (p. 318)
1. b.
2. d.
3. c.
4. e.
5. a.
6. b.
7. d.

**Relacione seus conhecimentos** (p. 319)
1. e.
2. e.
3. e.

4. b.
5. e.
6. 704 kg de FeS; Fe; óxido de ferro III.

### Capítulo 29 – Reações eletroquímicas
**Explore seus conhecimentos** (p. 323)
1. a.
2. a.
3. b.
4. a.

**Relacione seus conhecimentos** (p. 324)
1. a.
2. a) Pois o alumínio sofre oxidação.
   $A\ell(s) \rightarrow A\ell^{3+}(aq) + 3 e^-$
   b) O polo negativo é o ânodo.
   c) A saliva é o meio de transferência de íons formados no processo de oxidação.
   d) Sendo levemente ácida (possui cátions $H^+$), a saliva equivale à solução condutora.
   Observação teórica: os elétrons não "caminham" através da saliva, mas, sim, os íons.
3. e.

**Explore seus conhecimentos** (p. 330)
1. a.
2. b.
3. a) $+0,477$ V.
   b) $Cu^{2+} + Sn \rightarrow Cu + Sn^{2+}$
   Eletrodo de cobre: aumento de massa.
   Eletrodo de estanho: diminuição de massa.
4. b.
5. a.

**Relacione seus conhecimentos** (p. 331)
1. c.
2. a.
3. c.
4. d.
5. $Cu^{2+}(aq) + Fe^0(s) \rightarrow Cu^0(s) + Fe^{2+}(aq)$
   $\Delta E = +0,78$ V.
6. I. Para obter o maior $\Delta E^0$, devemos utilizar os potenciais de redução maior e menor.
   Maior potencial de redução = $+0,34$
   Menor potencial de redução = $-0,84$
   $\Delta E^0 = E^0_{maior} - E^0_{menor}$
   $\Delta E^0 = (+0,34) - (-0,84)$
   $\Delta E^0 = +1,18$ V
   $Te \rightarrow Te^{2+} + 2 e^-$
   $Cu^{2+} + 2 e^- \rightarrow Cu$
   II. Metal a = Te.
   Metal b = Cu.
   Solução (a) = $TeSO_4$.
   Solução (b) = $CuSO_4$.
   Solução (c) = $KC\ell$.
7. b.
8. a) III ($-2,37$ V) e IV ($+1,51$ V).
   Valor do potencial padrão: $+3,88$ V.
   b) $5Mg \xrightarrow{\text{Ânodo}} 5Mg^{2+} + 10 e$
   c) $2 (MnO_4)^- + 16 H^+ + 10 e^- \xrightarrow{\text{Cátodo}}$
   $\xrightarrow{\text{Cátodo}} 2 Mn^{2+} + 8 H_2O$
   d) $5 Mg + 2 (MnO_4)^- + 16 H^+ \xrightarrow{\text{Global}}$
   $\xrightarrow{\text{Global}} 5 Mg^{2+} + 2 Mn^{2+} + 8 H_2O$

**Explore seus conhecimentos** (p. 334)
1. a.
2. a) Mg e Zn se oxidaram mais facilmente.
   b) $\Delta E = +1,93$ V
   c) $Mg + Fe^{2+} \rightarrow Fe + Mg^{2+}$
3. e.
4. Reação global:
   $Cd\ (s) + NiO_2\ (aq) + 2\ H_2O\ (\ell) \rightarrow$
   $\rightarrow Cd\ (OH)_2\ (aq) + Ni(OH)_2\ (aq)$
   Reação anódica:
   $Cd\ (s) + 2O\ H\ (aq) \rightarrow Cd\ (OH)_2\ (aq) + 2\ e^-$
5. a) O eletrodo 2 é o positivo, pois é onde ocorre a semirreação de redução.
   b) $2\ H_2 + O_2 \rightarrow 2\ H_2O$  f.e.m = 1,23 V
6. d.    7. d.

**Relacione seus conhecimentos** (p. 336)
1. d.    4. e.
2. a.    5. d.
3. F-V-V-V-F    6. b

**Explore seus conhecimentos** (p. 341)
1. d.
2. d.
3. a) $KI(s) \xrightarrow{\Delta} K^+ + I^-$
   Polo $\oplus$ ânodo $\{2\ I^- \rightarrow I_2 + 2\ e^-$
   Polo $\ominus$ cátodo $\{K^+ + e^- \rightarrow K^0$
   b) $NiC\ell_2\ (s) \xrightarrow{\Delta} Ni^{2+} + 2\ C\ell^-$
   Polo $\oplus$ ânodo $\{2\ C\ell^- \rightarrow C\ell_2 + 2\ e^-$
   Polo $\ominus$ cátodo $\{Ni^{2+} + 2\ e^- \rightarrow Ni\ (s)$
4. e.
5. a) $CuBr_2 \xrightarrow{H_2O} Cu^{2+} + 2\ Br^-$
   $HOH \rightarrow H^+ + OH^-$
   ânodo $\oplus \begin{cases} 2\ Br^- \rightarrow Br_2 + 2\ e^- \end{cases}$
   cátodo $\ominus \begin{cases} Cu^{2+} + 2\ e^- \rightarrow Cu^0 \\ \text{cobre metálico} \end{cases}$
   b) $AgNO_3 \xrightarrow{H_2O} Ag^+ + NO_3^-$
   $HOH \rightarrow H^+ + OH^-$
   $\oplus \begin{cases} 2\ OH^- \rightarrow \frac{1}{2}\ O_2 + H_2O + 2\ e^- \end{cases}$
   $\ominus \begin{cases} Ag^+ + e^- \rightarrow Ag^0 \end{cases}$
   c) $CaC\ell_2\ (s) \xrightarrow{H_2O} Ca^{2+} + 2\ C\ell^-$
   $HOH \rightarrow H^+ + OH^-$
   $\oplus \begin{cases} 2\ C\ell^- \rightarrow C\ell_2 + 2\ e^- \end{cases}$
   $\ominus \begin{cases} 2\ H^+ + 2\ e^- \rightarrow H_2 \end{cases}$
   d) $Na_2SO_4\ (s) \xrightarrow{H_2O} 2\ Na^+ + SO_4^{2-}$
   $HOH \rightarrow H^+ + OH^-$
   $\oplus \begin{cases} 2\ OH^- \rightarrow \frac{1}{2}\ O_2 + H_2O + 2\ e^- \end{cases}$
   $\ominus \begin{cases} 2\ H^+ + 2\ e^- \rightarrow H_2 \end{cases}$

**Relacione seus conhecimentos** (p. 342)
1. O produto A será o $C\ell_2$, pois, como o $NaC\ell$ está fundido, o único ânion que pode sofrer oxidação é o $C\ell^-$. O produto B vem de uma redução, pois é formado no cátodo, entre os cátions que podem sofrer redução no sistema ($Na^+$ e $H^+$) o $H^+$ tem prioridade de descarga, assim B é o $H_2$. C é formado no ânodo, então é produto de uma oxidação, entre os ânions que podem sofrer oxidação ($OH^-$ e $C\ell^-$), o $C\ell^-$ tem prioridade de descarga, logo C é o $C\ell_2$.
2. O processo é a cristalização, e a propriedade específica dos materiais é a solubilidade.
   $MgC\ell_2 \rightarrow Mg(\ell) + C\ell_2(g)$
3. $\begin{cases} \text{polo} \ominus \text{(cátodo) redução} - Ni(s) \\ \text{polo} \ominus \text{(ânodo) oxidação} - C\ell_2(g) \end{cases}$
   b) O $\Delta E$ mínimo deve ser $+1,60$ V.
   A reação $2\ C\ell^- + Ni^{2+} \rightarrow Ni + C\ell_2$ não é espontânea e, portanto, deve ser forçada. Para que isso seja possível, o gerador deve fornecer no mínimo 1,60 V.
   $Ni + C\ell_2 \underset{\text{não espont.}}{\overset{\text{espont.}}{\rightleftarrows}} Ni^{2+} + 2\ C\ell^-$   $\Delta E = +1,60$ V
4. a) 1,69 milhão de toneladas.
   b) Teremos:

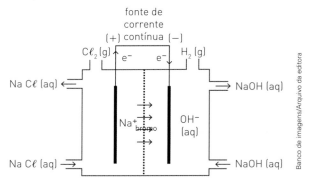

**Explore seus conhecimentos** (p. 344)
1. d.
2. b.
3. I. Semirreação de redução da douração:
   $Au^{+4} + 4\ e^- \rightarrow Au^0$
   Semirreação de redução da cromação:
   $Cr^{+3} + 3\ e^- \rightarrow Cr^0$
   II. 16,3 minutos.
4. b.
5. 0,56 L.

**Relacione seus conhecimentos** (p. 345)
1. e.
2. d.
3. c.
4. d.
5. a) +1,56 V.
   b) 0,145 g.

CIÊNCIAS DA NATUREZA
E SUAS TECNOLOGIAS

Conecte
LIVE
VOLUME ÚNICO

### JOÃO USBERCO
Bacharel em Ciências Farmacêuticas pela Faculdade de Ciências Farmacêuticas da Universidade de São Paulo (FCF-USP).
Professor de Química de escolas de Ensino Médio.

### PHILIPPE SPITALERI KAUFMANN (PH)
Bacharel em Química pelo Instituto de Química da Universidade de São Paulo (IQ-USP).
Professor de Química de escolas de Ensino Médio.

PARTE III
# Química

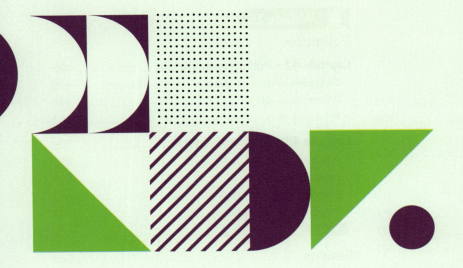

Editora Saraiva

# Sumário – Parte III

## Unidade 11
### Os compostos orgânicos

**Capítulo 30** – O que é a Química orgânica? ............... 356
   O início dos estudos da Química orgânica ...................... 357
   **Conexões** - Origem da vida .................................. 358

**Capítulo 31** – As cadeias carbônicas ........................ 360
   As características do carbono ................................. 360
   Classificação das cadeias carbônicas .......................... 363
   Nomenclatura de compostos orgânicos ........................... 369

**Capítulo 32** – Funções orgânicas e suas interações moleculares ........................... 377
   Propriedades físico-químicas dos compostos orgânicos ................................ 380

**Capítulo 33** – Isomeria ..................................... 383
   Isomeria plana ................................................ 383
   Isomeria espacial (estereoisomeria) ........................... 387

**Capítulo 34** – Tipos de reações orgânicas ................... 398
   Substituição .................................................. 398
   Adição ........................................................ 398
   Eliminação .................................................... 399
   Descarboxilação ............................................... 399
   Descarbonilação ............................................... 399
   Hidrólise ..................................................... 399
   Oxidação ...................................................... 400
   Redução ....................................................... 400
   Em contexto ................................................... 403

## Unidade 12
### Hidrocarbonetos

**Capítulo 35** – Petróleo e reações de combustão ............................................. 406
   O ciclo do carbono ............................................ 406
   A formação do petróleo ........................................ 406
   Outras fontes de combustíveis fósseis ......................... 409
   Reações de combustão .......................................... 414

**Capítulo 36** – Reações envolvendo hidrocarbonetos ................................................ 417
   Reações de substituição ....................................... 417
   Reações de adição ............................................. 421
   **Perspectivas** .............................................. 433

## Unidade 13
### Funções oxigenadas

**Capítulo 37** – Álcoois ...................................... 435
   Nomenclatura e classificação .................................. 435
   Principais álcoois ............................................ 436
   Em contexto ................................................... 438
   Propriedades físicas .......................................... 441
   Algumas reações ............................................... 442

**Capítulo 38** – Fenóis, éteres, aldeídos e cetonas ... 449
   Fenóis ........................................................ 450
   Éteres ........................................................ 452
   Aldeídos e cetonas ............................................ 455

**Capítulo 39** – Ácidos carboxílicos e ésteres ............ 459
   Ácidos carboxílicos ........................................... 459
   Ésteres – óleos e gorduras .................................... 467
   Em contexto ................................................... 470

## Unidade 14
### Funções nitrogenadas e haletos orgânicos

**Capítulo 40** – Aminas e amidas .............................. 482
   Aminas ........................................................ 482
   Amidas ........................................................ 486

**Capítulo 41** – Haletos orgânicos ............................ 491
   Nomenclatura .................................................. 491
   Alguns haletos ................................................ 492

## Unidade 15
### Polímeros

**Capítulo 42** – Polímeros artificiais ........................ 495
   **Conexões** - Plásticos: vantagens e desvantagens ........ 496
   Polímeros de adição ........................................... 498
   Polímeros de condensação ...................................... 503

**Capítulo 43** – Polímeros naturais ........................... 508
   A borracha natural ............................................ 508
   Polissacarídeos ............................................... 509
   Em contexto ................................................... 510
   Proteínas ou polipeptídeos .................................... 512
   **Projeto** ................................................... 518

**Gabarito** ................................................... 520

**Habilidades da BNCC do Ensino Médio: Ciências da Natureza e suas Tecnologias** ............... 527

**Bibliografia** ................................................ 528

CIÊNCIAS DA NATUREZA
E SUAS TECNOLOGIAS

# Os compostos orgânicos

UNIDADE

As florestas tropicais, com suas árvores de grande porte e vegetação exuberante, abrigam dois terços de toda a biodiversidade do mundo. Em cada célula de cada planta, animal ou outro ser vivo, podemos encontrar átomos de carbono. Sem a existência do carbono, a vida em uma floresta, ou em qualquer lugar de nosso planeta, não seria possível.

Ao longo desta unidade, você vai conhecer diversas substâncias que possuem o carbono em sua composição; além disso, compreenderá algumas de suas propriedades.

Fabio Colombini/Acervo do fotógrafo

Trecho da Mata Atlântica localizado em Tapiraí (SP), 2015.

## Nesta unidade vamos:

- compreender hipóteses sobre a origem da vida;
- analisar características e propriedades do elemento carbono;
- identificar modelos de estruturas carbônicas, compostos orgânicos e suas nomenclaturas.

# CAPÍTULO 30
# O que é a Química orgânica?

Este capítulo favorece o desenvolvimento das habilidades
EM13CNT201
EM13CNT202

Em alguns lugares, é possível encontrar recipientes que são utilizados para coleta seletiva de plásticos, vidros, papel, papelão, metais e lixo orgânico. Porém, você saberia explicar qual o significado do termo orgânico?

Em nosso cotidiano, é comum descartarmos no recipiente destinado ao lixo orgânico somente sobras de alimentos, ou seja, restos de origem animal e vegetal. No entanto, do ponto de vista químico, o termo orgânico é muito mais amplo, de modo que determinados objetos que não possuem essa origem também poderiam ser descartados nesse recipiente.

StockSmartStart/Shutterstock

A Química orgânica não se restringe ao estudo dos compostos derivados de organismos vivos, mas está relacionada a uma diversidade de substâncias formadas pelo elemento carbono, que vão desde as fibras da casca de uma maçã até o tecido de revestimento de paraquedas.

> **! Dica**
> Existem várias entidades envolvidas com a reciclagem. Todas elas mantêm *sites* informativos. Abaixo, indicamos alguns deles:
> - www.cempre.org.br
> - www.centraldareciclagem.org
> - https://www.reciclasampa.com.br/
> - http://www.culturaambientalnasescolas.com.br/index.html
> - https://www.ecycle.com.br/
> 
> Acesso em: 10 jan. 2020.

## O início dos estudos da Química orgânica

No início do século XIX, o químico sueco Jöns Jakob Berzelius (1779-1848) propôs que apenas os seres vivos produziam certos tipos de compostos, denominados **orgânicos**, que deveriam ter uma classificação diferente da usada para os compostos encontrados no meio não vivo, ou seja, inorgânico.

Essa proposição ficou conhecida como teoria da força vital, ou vitalismo. Por meio dessa teoria, cientistas e pensadores acreditavam que os compostos orgânicos eram submetidos a leis físico-químicas diferentes dos demais compostos.

No entanto, essas teorias perderam força à medida que os compostos encontrados somente nos organismos vivos puderam ser produzidos e sintetizados em laboratórios.

Em 1828, o cientista alemão Friedrich Wöhler (1800-1882) produziu em laboratório, por meio de um composto inorgânico, a ureia, que pode ser encontrada na urina de alguns organismos vivos e, portanto, é considerada orgânica.

$$Pb(CNO)_2 + 2\,NH_3 + 2\,H_2O \rightarrow 2\,O=C{<}^{NH_2}_{NH_2} + Pb(OH)_2$$

Cianato de chumbo II — Amônia — Água — Ureia — Hidróxido de chumbo II
Compostos inorgânicos — Orgânico

Os compostos orgânicos, geralmente, apresentam em sua composição carbono, hidrogênio e átomos de outros elementos, como: o oxigênio (O), o nitrogênio (N), o enxofre (S) e o fósforo (P).

As moléculas orgânicas possuem diversos tamanhos, e podem ser formadas por estruturas muito simples (apenas 1 átomo de carbono) ou estruturas complexas (muitos átomos de carbono).

Essas substâncias podem ser encontradas em diversos tipos de produtos do nosso cotidiano, como roupas, alimentos, cosméticos, remédios e até mesmo no papel e na tinta que compõem esse livro que você está lendo.

### Algumas propriedades características dos compostos orgânicos e inorgânicos

| Propriedade | Orgânico | Exemplo: $C_3H_8$ | Inorgânico | Exemplo: $NaCl$ |
|---|---|---|---|---|
| Elementos | C e H, ocasionalmente O, S, N, P ou Cl (F, Br, I) | C e H | Maioria de metais e não metais | Na e Cl |
| Ligação | Principalmente covalente | Covalente (cada carbono possui 4 ligações) | Muitos são iônicos e alguns são covalentes | Iônica |
| Polaridade da ligação | Na ausência de um átomo muito eletronegativo é apolar | Apolar | A maioria é iônico ou covalente polar, poucos são covalentes não polares | Iônica |
| Ponto de fusão | Geralmente baixo | −188 °C | Geralmente alto | 801 °C |
| Ponto de ebulição | Geralmente baixo | −42 °C | Geralmente alto | 1413 °C |
| Inflamabilidade | Alta | Queima em contato com $O_2$ | Baixa | Não queima |
| Solubilidade na água | Não solúvel na ausência de um grupo polar | Não | A maioria é solúvel, exceto os não polares | Sim |

Fonte: TIMBERLAKE, K. *Química general, orgánica y biológica*. Estructuras de la vida. 4. ed. Naucalpan de Juarez: Pearson, 2013. Tradução dos autores.

As características apresentadas na tabela são genéricas e não são válidas necessariamente para todos os compostos orgânicos e inorgânicos. Consiste somente em um instrumento de comparação.

## Conexões

# Origem da vida

A origem da vida sempre intrigou o ser humano. Diversas teorias já foram elaboradas para explicar cientificamente o surgimento dos seres vivos e diferenciá-los da matéria inanimada. Veja algumas das principais teorias científicas propostas para explicar a formação dos primeiros compostos orgânicos e da vida.

**TERRA PRIMITIVA**
- grande atividade vulcânica
- meteoros
- descargas elétricas
- atmosfera composta de gases como: $H_2O$, $CO_2$, $H_2$, $CH_4$, $NH_3$, $N_2$

### Panspermia
De acordo com a teoria da panspermia cósmica, vida teria sido trazida para a Terra de outros planetas por meio de cometas e meteoros. A panspermia fraca acredita que alguns compostos orgânicos precursores da vida teriam vindo do espaço.

### Abiogênese
Até a metade do século XIX a abiogênese, também conhecida como geração espontânea, era uma das teorias mais aceitas para explicar a vida. Segundo essa teoria, a vida pode se originar de elementos sem vida.

### Biogênese
Segundo a teoria da biogênese, as células se originam apenas de outras células. Assim, a vida só poderia se originar de outro elemento vivo. Ao longo da história da Ciência, alguns experimentos, como o de Francesco Redi (1626-1697) foram desconstruindo a ideia da abiogênese e reforçando a ideia da biogênese. No entanto, essa teoria só se consolidou no século XIX, após os experimentos de Louis Pasteur (1822-1895).

**EXPERIMENTO DE FRANCESCO REDI (1668)**
Redi demonstrou que os "vermes" eram larvas, que se originavam dos ovos das moscas.

**EXPERIMENTO DE LOUIS PASTEUR (1860)**
O experimento de Pasteur demonstrou, por sua vez, que mesmo os microrganismos não surgiam por abiogênese, eles eram carregados pelo ar.

1. Caldo de carne fervido em recipiente com curvatura no gargalo.

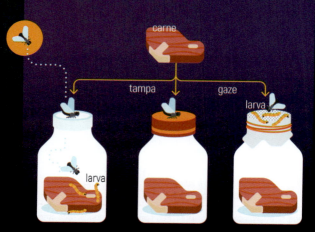

1. Recipiente aberto: moscas sobre a carne e, após alguns dias, larvas de mosca aparecem sobre a carne.

2. Recipiente fechado com gaze: ausência de larvas sobre a carne, mesmo após alguns dias.

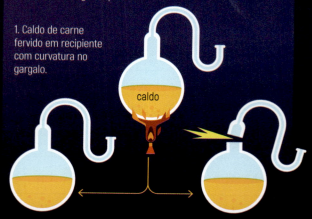

2. Poeira e microrganismos ficam retidos na curvatura do gargalo.

3. Ao quebrar o gargalo, o caldo fica contaminado com microrganismos.

**EXPERIMENTO DE MILLER-UREY (1953)**

Experimento que tentou reproduzir as condições da Terra primitiva por meio de uma mistura de gases e aplicação de descargas elétricas.

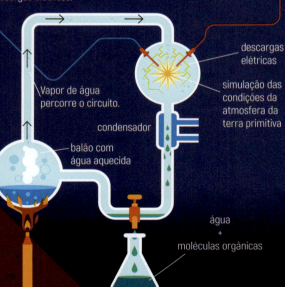

### Analisando o infográfico

**1** Escolha uma das teorias ou hipóteses citadas nesta e na página anterior. Em seguida, discuta com os colegas quem a propôs e qual era o contexto histórico-cultural em que estava inserida. Quais são as principais críticas da comunidade científica em relação à teoria ou hipótese escolhida?

**2** Analise as diferentes propostas para explicar a origem da vida. Sinalize em cada uma delas condições ou elementos que seriam favoráveis ou desfavoráveis ao surgimento da vida dentro do cenário proposto. Justifique suas escolhas.

## Teoria da evolução química (séc. XX)

Segundo a teoria da evolução química, os compostos inorgânicos se combinam originando moléculas orgânicas. Aqui se enquadra a hipótese de Aleksandr Oparin (1894-1980) e Jonh B. S. Haldane (1892-1964). De acordo com essa hipótese, moléculas mais simples poderiam formar moléculas orgânicas em uma atmosfera redutora.

## Teoria autotrófica

Segundo essa teoria, o primeiro ser vivo foi autotrófico, isto é, capaz de sintetizar seu próprio alimento.

## Teoria heterotrófica

Segundo essa teoria, o primeiro ser vivo teria sido heterotrófico, isto é, se alimentava de matéria orgânica, retirada do ambiente.

## Mundo de RNA

Hipótese que propõe o RNA como molécula polivalente, isto é, tanto com função de guardar a informação quanto com função metabólica. O RNA pode se organizar em simples fita e essas fitas poderiam ser catalisadores de proteínas e atuar na própria reprodução da molécula, levando a um sistema celular simples.

1. Nucleotídeos se combinam e formam uma molécula de RNA primordial.

2. Replicação da molécula de RNA primordial.

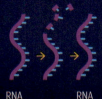

3. Moléculas de RNA catalisam a síntese de proteínas e codificam a síntese de DNA.

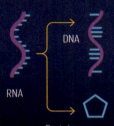

4. Proteínas catalisam outras atividades do metabolismo celular.

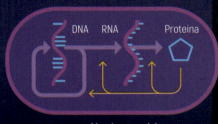

Elaborado com base em: GARCIA, Rafael. A receita da vida. **Revista Galileu**. Disponível em: http://revistagalileu.globo.com/Galileu/0,6993,ECT530051-1948-3,00.html; DAMINELI, A., DAMIELI, D. S. C. *Origens da vida*. Universidade de São Paulo. Disponível em:

# CAPÍTULO 31
# As cadeias carbônicas

Este capítulo favorece o desenvolvimento da habilidade
EM13CNT302

**! Dica**

*Alquimistas e químicos: o passado, o presente e o futuro*, de José Atílio Vanin. Coleção Polêmica. Editora Moderna.

O autor discute as potencialidades, limitações e fronteiras da ciência Química. Fala das atividades químicas e apresenta as ferramentas que o ser humano possui para investigar a matéria.

No início do século XIX, os cientistas tentavam descobrir como os átomos se uniam para formar as moléculas. Nessa época, já se sabia que diferentes substâncias, apesar de constituídas de moléculas formadas pelo mesmo conjunto de átomos, apresentavam características distintas.

Tal fato levou à conclusão de que a diferença entre as características das substâncias era o arranjo espacial dos átomos nas moléculas. Neste capítulo vamos estudar a estrutura das cadeias carbônicas, ou seja, o arranjo dos átomos de carbono na constituição das moléculas orgânicas.

## As características do carbono

- **O carbono é tetravalente**: pelo fato de apresentar quatro elétrons livres em sua camada de valência, o carbono pode realizar 4 ligações covalentes com outros átomos.

O quadro abaixo apresenta as possibilidades de ligações do carbono e de outros átomos comuns nos compostos orgânicos, assim como algumas representações dos átomos.

| \multicolumn{5}{c}{Ligações covalentes para os elementos dos compostos orgânicos} |
|---|---|---|---|---|
| Elemento | Grupo | Ligações covalentes | Estrutura dos átomos | Representação dos átomos |
| H | 1A (1) | 1 | —H | átomo de H |
| C | 4A (14) | 4 | —C— | átomo de C |
| N, P | 5A (15) | 3 | —N̈—  —P̈— | átomo de N / átomo de P |
| O, S | 6A (16) | 2 | —Ö—  —S̈— |  átomo de O  / átomo de S |
| F, Cℓ, Br, I | 7A (17) | 1 | —Ẍ:  (X = F, Cℓ, Br, I) |  átomo de F 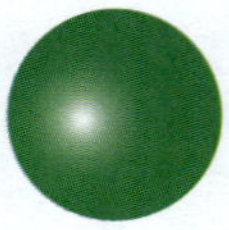 / átomo de Cℓ |

Fonte: TIMBERLAKE, K. *Química general, orgánica y biológica. Estructuras de la vida.* 4. ed. Naucalpan de Juarez: Pearson, 2013. Tradução dos autores.

- **Capacidade de formar cadeias**: é a propriedade que o carbono possui de unir-se entre si e com átomos de outros elementos, formando estruturas complexas (cadeias longas), denominadas **cadeias carbônicas**.

Abaixo, temos alguns exemplos de encadeamento entre os átomos de carbono:

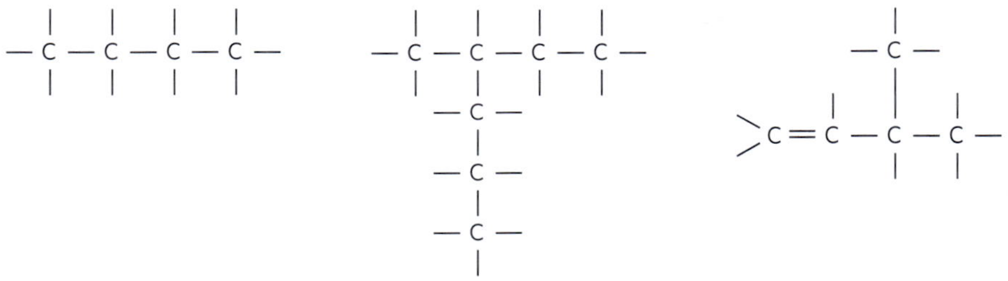

## Representação dos compostos orgânicos

Há diversas formas de representar os compostos orgânicos. Uma delas é denominada **fórmula molecular**, que indica o número de átomos de cada elemento presente na estrutura.

$$C_6H_{14} \Rightarrow \text{Fórmula molecular}$$

A partir da fórmula molecular, podemos representar a **fórmula estrutural** do composto, que indica visualmente todas as ligações entre os átomos constituintes do composto.

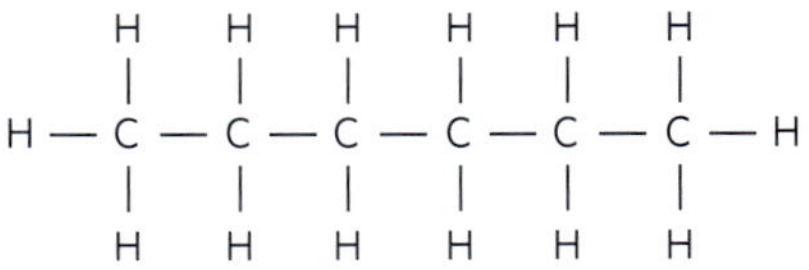

A fórmula estrutural, além de sua representação comum, pode ser representada em seu modo condensado, originando a **fórmula estrutural condensada.**

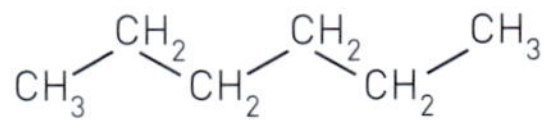

$$CH_3 - CH_2 - CH_2 - CH_2 - CH_2 - CH_3$$

Existe um modo de representação mais simplificado, que consiste em apresentar as ligações entre os átomos de carbono usando traços, de modo que as extremidades e os pontos de inflexão indicam átomos de carbono. Essa representação é chamada de **fórmula de linha**.

Observe alguns exemplos dos tipos de fórmulas:

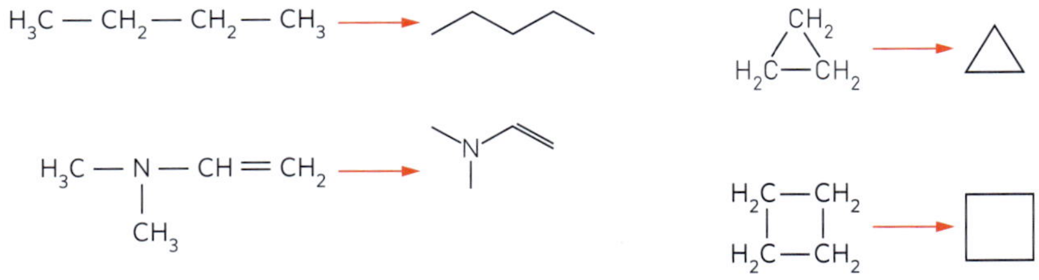

Observe a seguir algumas maneiras de representação das cadeias carbônicas:

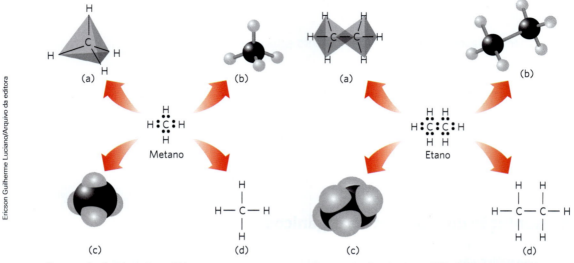

Representações do metano, CH₄:
(a) tetraedro, (b) modelo de barras e esferas,
(c) modelo espacial, (d) fórmula estrutural expandida.

Representações do etano, C₂H₆: (a) forma tetraédrica de cada carbono, (b) modelo de barras e esferas, (c) modelo espacial, (d) fórmula estrutural expandida.

Fonte: TIMBERLAKE, K. *Química general, orgánica y biológica*. Estructuras de la vida. 4. ed. Naucalpan de Juarez: Pearson, 2013. Tradução dos autores.

Para representar espacialmente as moléculas, é possível utilizar as representações indicadas a seguir:

- Ligação no plano da folha
- Ligação "entrando" no plano da folha
- Ligação "saindo" do plano da folha

## Classificações do carbono

É possível classificar os átomos de carbono em uma cadeia de duas maneiras: em função da quantidade de carbono ligado àquele átomo e em função do tipo de ligação covalente que o átomo a ser classificado apresenta. Vamos analisar esses aspectos a seguir.

### Quanto ao número de carbonos ligados a determinado carbono

Esta classificação é feita da seguinte maneira:

| Carbono | Definição |
|---|---|
| Primário | Ligado diretamente, no máximo, a 1 outro carbono |
| Secundário | Ligado diretamente a 2 outros carbonos |
| Terciário | Ligado diretamente a 3 outros carbonos |
| Quaternário | Ligado diretamente a 4 outros carbonos |

C = carbono primário
C = carbono secundário
C = carbono terciário
C = carbono quaternário

## Quanto ao tipo de ligação

O carbono pode ser classificado em função do tipo de ligação que apresenta.

- **Saturado**: apresenta somente ligações simples, denominadas ligações sigma ($\sigma$):

$$C \overset{\sigma}{-} C.$$

- **Insaturado**: apresenta pelo menos uma ligação dupla ou uma tripla.

  Na ligação dupla, uma das ligações é classificada como sigma e a outra como pi ($\pi$):

$$-\overset{|}{C}\overset{\sigma}{\underset{\pi}{=}} \qquad \overset{\sigma}{\underset{\pi}{=}}C\overset{\sigma}{\underset{\pi}{=}}$$

Já na ligação tripla, uma das ligações é classificada como sigma e as outras duas como pi:

$$-C\overset{\sigma}{\underset{\pi}{\equiv}}\pi$$

# ● Classificação das cadeias carbônicas

As cadeias carbônicas podem ser classificadas por meio do arranjo dos átomos de carbono, tipos de ligações entre os átomos de carbono e o tipo dos átomos que constituem a cadeia. Vamos analisar essas classificações a seguir.

## Arranjo dos átomos de carbono

- **Cadeia aberta, acíclica ou alifática**: esse tipo de cadeia possui pelo menos duas extremidades livres e não possui ciclo ou anel.

- **Cadeia fechada ou cíclica**: esse tipo de cadeia apresenta os átomos de carbono conectados entre si formando uma estrutura fechada.

As cadeias fechadas ou cíclicas podem ser classificadas como cadeias aromáticas ou como cadeias cíclicas não aromáticas (cicloalifáticas).

- **Cadeias aromáticas**: são aquelas que apresentam pelo menos um anel aromático (benzênico) em sua estrutura.

Benzeno    Naftaleno    Tolueno

O anel aromático ou benzênico consiste em um ciclo formado por seis átomos de carbono no qual os seis elétrons pertencentes às três ligações π são compartilhados simultaneamente por todos os átomos de carbono da estrutura. Essa deslocalização dos elétrons das ligações π recebe a denominação de ressonância.

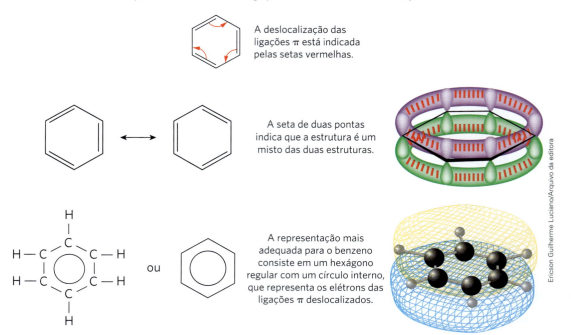

- **Cadeias cíclicas não aromáticas, alicíclicas ou cicloalifáticas**: são cadeias fechadas (cíclicas) que não apresentam anel aromático.

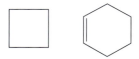

- **Cadeia normal, reta ou linear**: nesse tipo de cadeia os átomos de carbono estão conectados em uma sequência única, originando duas extremidades livres.

- **Cadeia ramificada**: nesse tipo de cadeia há no mínimo três extremidades livres, e os átomos de carbono não estão dispostos em uma única sequência.

- **Cadeia mista**: nesse tipo de cadeia há pelo menos um ciclo e uma extremidade aberta.

## Tipo de ligação entre os átomos de carbono

As cadeias podem ser classificadas por meio do tipo de ligação existente entre os átomos de carbono.

- **Cadeia saturada**: apresenta somente ligações simples entre átomos de carbono.

- **Cadeia insaturada**: apresenta pelo menos uma ligação dupla ou tripla entre átomos de carbono.

## Tipo dos átomos que constituem a cadeia

As cadeias podem ser classificadas por meio dos átomos que formam a cadeia.

- **Cadeia homogênea**: não apresenta átomos diferentes do carbono (heteroátomo) entre a sequência de átomos de carbono.

- **Cadeia heterogênea:** apresenta pelo menos um átomo diferente de carbono (heteroátomo) entre os átomos de carbono que formam a cadeia.

As cadeias carbônicas podem ser classificadas ainda em relação ao número de estruturas cíclicas ou anéis que apresentam.

- **Cadeias monocíclicas ou mononucleares**: há a presença de somente um anel ou ciclo, seja aromático ou não aromático.

- **Cadeias policíclicas ou polinucleares**: há a presença de mais de um ciclo ou anel, aromático ou não aromático, na estrutura.

  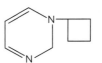

## Sinopse das cadeias carbônicas

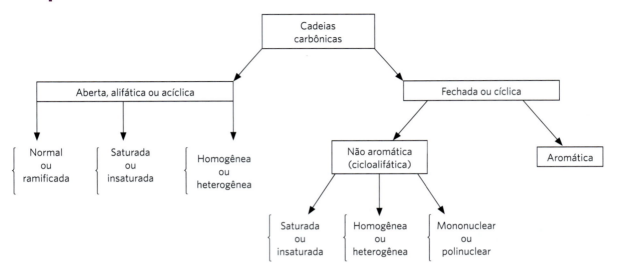

## Explore seus conhecimentos

**1** (Enem) As moléculas de *nanoputians* lembram figuras humanas e foram criadas para estimular o interesse de jovens na compreensão da linguagem expressa em fórmulas estruturais, muito usadas em química orgânica. Um exemplo é o NanoKid, representado na figura abaixo:

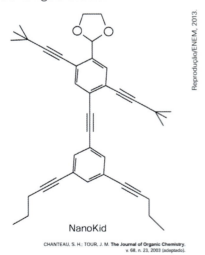

CHANTEAU, S. H.; TOUR, J. M. *The Journal of Organic Chemistry*, v. 68, n. 23, 2003 (adaptado).

Em que parte do corpo do NanoKid existe carbono quaternário?

a) Mãos.
b) Cabeça.
c) Tórax.
d) Abdômen.
e) Pés.

**2** (Unigranrio) O eugenol ou óleo de cravo, é um forte antisséptico. Seus efeitos medicinais auxiliam no tratamento de náuseas, indigestão e diarreia. Contém propriedades bactericidas, antivirais, e é também usado como anestésico e antisséptico para o alívio de dores de dente. A fórmula estrutural deste composto orgânico pode ser vista abaixo:

O número de átomos de carbono secundário neste composto é:

a) 2
b) 3
c) 7
d) 8
e) 10

TEXTO PARA A PRÓXIMA QUESTÃO:

O óleo da amêndoa da andiroba, árvore de grande porte encontrada na região da Floresta Amazônica, tem aplicações medicinais como antisséptico, cicatrizante e anti-inflamatório. Um dos principais constituintes desse óleo é a oleína, cuja estrutura química está representada a seguir.

oleína

**3** (UEA-AM) O número de átomos de carbono na estrutura da oleína é igual a
a) 16.
b) 18.
c) 19.
d) 20.
e) 17.

**4** (Feevale-RS) Marque a alternativa correta que apresenta classificação da cadeia carbônica da essência de abacaxi, cuja fórmula estrutural é:

$$H_3C-CH_2-CH_2-\overset{\overset{O}{\|}}{C}-O-CH_2-CH_3$$

a) aberta, ramificada, heterogênea e saturada.
b) aberta, normal, heterogênea e saturada.
c) aberta, normal, heterogênea e insaturada.
d) aberta, ramificada, homogênea e saturada.
e) aberta, ramificada, heterogênea e insaturada.

**5** (UFPA) O linalol, substância isolada do óleo de alfazema, apresenta a seguinte fórmula estrutural:

$$H_3C-\underset{\underset{CH_3}{|}}{C}=CH-CH_2-CH_2-\underset{\underset{CH_3}{|}}{\overset{\overset{OH}{|}}{C}}-CH=CH_2$$

Essa cadeia carbônica é classificada como:
a) acíclica, normal, insaturada e homogênea.
b) acíclica, ramificada, insaturada e homogênea.
c) alicíclica, ramificada, insaturada e homogênea
d) alicíclica, normal, saturada e heterogênea.
e) acíclica, ramificada, saturada e heterogênea.

**6** (UFSM-RS) O mirceno, responsável pelo "gosto azedo da cerveja", é representado pela estrutura ao lado. Considerando o composto indicado, assinale a alternativa correta quanto à classificação da cadeia.

a) acíclica, homogênea, saturada
b) acíclica, heterogênea, insaturada
c) cíclica, heterogênea, insaturada
d) aberta, homogênea, saturada
e) aberta, homogênea, insaturada

**7** (Unifesp-SP) Analise a fórmula que representa a estrutura molecular do ácido oleico.

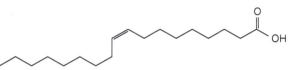

a) A cadeia carbônica do ácido oleico é homogênea ou heterogênea? Saturada ou insaturada?
b) Escreva as fórmulas molecular e mínima do ácido oleico.

**8** (PUC-RJ) O óleo de citronela é muito utilizado na produção de velas e repelentes. Na composição desse óleo, a substância representada a seguir está presente em grande quantidade, sendo, dentre outras, uma das responsáveis pela ação repelente do óleo.

A cadeia carbônica dessa substância é classificada como aberta,
a) saturada, homogênea e normal.
b) saturada, heterogênea e ramificada.
c) insaturada, ramificada e homogênea.
d) insaturada, aromática e homogênea.
e) insaturada, normal e heterogênea.

---

### Relacione seus conhecimentos

**1** (UFC-CE) Os "Nano kids" pertencem a um grupo de nanomoléculas chamadas "Nanoputians", construídas de forma que suas estruturas se assemelham aos seres humanos. Acerca da estrutura do "Nanokid" representada ao lado, desconsiderando rotação em torno de ligação simples, responda ao que se pede.
a) Dê três classificações para a estrutura.
b) Determine sua fórmula molecular.
c) Indique o número de ligações pi.
d) Indique o número de carbonos terciários.

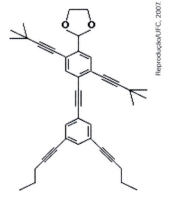

2 (Uece) Assinale a opção que completa correta e respectivamente o seguinte enunciado: "Muitas substâncias orgânicas têm em sua estrutura um ciclo formado por _____¹ átomos de carbono com três ligações duplas _____². Compostos que têm esse ciclo são chamados de _____³".

a) seis¹, alternadas², parafínicos³
b) cinco¹, contínuas², aromáticos³
c) cinco¹, contínuas², parafínicos³
d) seis¹, alternadas², aromáticos³

3 (UEL-PR) Um dos hidrocarbonetos de fórmula $C_5H_{12}$ pode ter cadeia carbônica:
a) cíclica saturada.
b) acíclica heterogênea.
c) cíclica ramificada.
d) aberta insaturada.
e) aberta ramificada.

4 (Uece) A substância responsável pelo sabor amargo da cerveja é o mirceno, $C_{10}H_{16}$. Assinale a opção que corresponde à fórmula estrutural dessa substância.

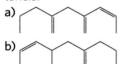
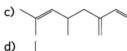

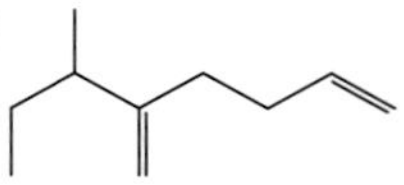

5 (UEPB) A fórmula molecular do corante índigo é:

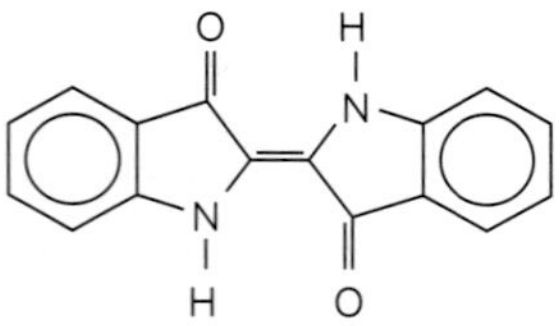

a) $C_{16}H_{16}N_2O_2$
b) $C_{14}H_{10}N_2O_2$
c) $C_{16}H_{10}N_2O_2$
d) $C_{16}H_{10}NO$
e) CHNO

6 A bioluminescência é o fenômeno responsável pela emissão de luz dos vaga-lumes. Tal luz é produzida em razão da oxidação de uma substância chamada luciferina.
A fórmula estrutural da luciferina é mostrada na figura a seguir:

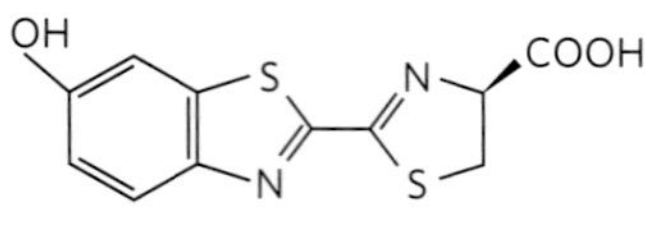

Luciferina

Sobre esta substância foram feitas as afirmações:
I. Possui fórmula molecular $C_{11}H_8N_2S_2O_3$.
II. Possui fórmula molecular $C_{12}H_8N_2S_2O_3$.
III. É um composto heterocíclico.
IV. A estrutura é composta de carbonos primários.
V. Carbonos secundários compõem a estrutura.
São corretas as afirmações:
a) somente I e II.
b) somente II e III.
c) somente I e III.
d) somente I.
e) I, III e V.

7 (UFF-RJ) A estrutura dos compostos orgânicos começou a ser desvendada nos meados do séc. XIX, com os estudos de Couper e Kekulé, referentes ao comportamento químico do carbono. Dentre as ideias propostas, três particularidades do átomo de carbono são fundamentais, sendo que uma delas refere-se à formação de cadeias. Escreva a fórmula estrutural (contendo o menor número de átomos de carbono possível) de hidrocarbonetos (H e C) apresentando cadeias carbônicas com as seguintes particularidades:
a) acíclica, normal, saturada, homogênea.
b) acíclica, ramificada, insaturada com uma dupla-ligação, homogênea.
c) aromática, mononuclear, ramificada.

8 O corante denominado "índigo" foi utilizado no Egito antes do ano 2000 a.C. Na época, era produzido por fermentação. Atualmente, o índigo é produzido sinteticamente e toma a forma de um pigmento azul insolúvel, que se adere facilmente às fibras de tecido, como o algodão, por exemplo. A fórmula estrutural plana do índigo pode ser representada por:

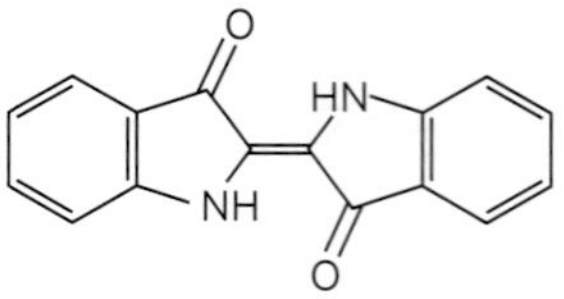

Marque V (verdadeira) ou F (falsa) para os itens relacionados à estrutura do índigo:
I. sua fórmula molecular é $C_{16}H_{12}O_2N_2$.
II. a estrutura do composto é heterocíclica.
III. sua fórmula molecular é $C_{16}H_{10}O_2N_2$.
IV. na molécula do índigo existem carbonos primários, secundários e terciários.
V. na molécula estão presentes carbonos secundários e terciários.

## Nomenclatura de compostos orgânicos

A IUPAC (União Internacional de Química Pura e Aplicada), visando à sistematização da nomenclatura dos compostos orgânicos, estabeleceu regras de uso comum em todos os países.

A nomenclatura dos compostos orgânicos segue uma estrutura geral que relaciona o número de átomos de carbono que formam a estrutura, o tipo de ligação existente entre os átomos de carbono e o grupo funcional ou função ao qual a molécula pertence.

| Formação do nome de um composto orgânico ||||
|---|---|---|---|
| Prefixo (nº de carbonos) | Partícula intermediária (saturação da cadeia) | Sufixo (função) | Grupo funcional |
| 1C - MET | | Hidrocarbonetos **O** | C, H |
| 2C - ET | | Álcool **OL** | 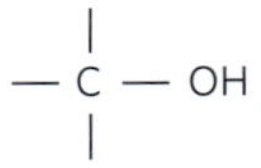 —C—OH |
| 3C - PROP | | Aldeído **AL** | 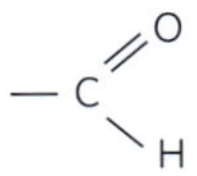 —C(=O)H |
| 4C - BUT | Saturadas ⇒ AN<br>Insaturadas<br>1 dupla ⇒ EN<br>2 duplas ⇒ DIEN<br>3 duplas ⇒ TRIEN<br>1 tripla ⇒ IN<br>2 triplas ⇒ DIIN<br>3 triplas ⇒ TRIIN<br>1 dupla e 1 tripla ⇒ ENIN | Cetona **ONA** | 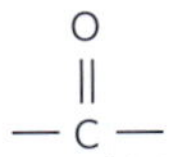 —C(=O)— secundário |
| 5C - PENT | | | |
| 6C - HEX | | | |
| 7C - HEPT | | | |
| 8C - OCT | | Ácido carboxílico **OICO** | 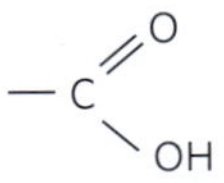 —C(=O)OH |
| 9C - NON | | | |
| 10C - DEC | | | |
| 11C - UNDEC | | | |

Observe alguns compostos orgânicos e seus respectivos nomes:

CH₃OH
Metanol

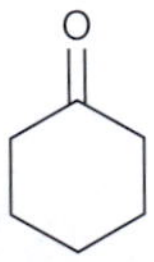

Ciclo-hexanona

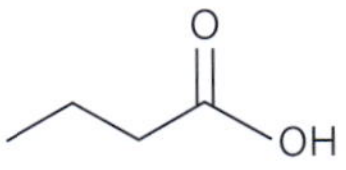

Ácido butanoico

HC≡CH
Etino

Propeno

O termo "ciclo" antecede o prefixo que indica o número de carbonos, sendo escrito com um hífen quando esse prefixo começa pela letra H.

Veja o quadro a seguir que mostra a existência dos grupos funcionais orgânicos em compostos de nosso dia a dia. Nesse quadro aparecem funções que ainda serão estudadas nos capítulos posteriores.

## Grupos funcionais em compostos de uso comum

Os sabores e os cheiros de alimentos e alguns produtos domésticos podem ser atribuídos aos grupos funcionais de compostos orgânicos. Observe a seguir.

- O álcool etílico é encontrado em bebidas alcoólicas, já o álcool isopropílico é comumente utilizado para desinfetar a pele antes de administrar medicações injetáveis e tratar cortes.

$$CH_3-CH_2-OH$$
Álcool etílico

$$CH_3-\underset{\underset{OH}{|}}{CH}-CH_3$$
Álcool isopropílico

- A acetona ou dimetilacetona é usada como solvente orgânico, pois dissolve diversas substâncias orgânicas. Você pode estar familiarizado com a acetona para remover o esmalte de unhas.

$$CH_3-\overset{\overset{O}{\|}}{C}-CH_3$$
Acetona

- Cetonas e aldeídos são encontrados em aromas como baunilha, canela e hortelã-pimenta. Quando você compra uma pequena garrafa contendo esses flavorizantes no estado líquido, o aldeído ou cetona encontram-se solubilizados em álcool porque esses compostos não apresentam solubilidade muito acentuada em água.
- O formaldeído, HCHO, o aldeído mais simples, é um gás incolor com um cheiro pungente. Na indústria, é um reagente de síntese de polímeros, utilizado para fazer tecidos, materiais isolantes, entre outros. Uma solução aquosa denominada formalina, que contém 40% de formaldeído, serve como germicida e para preservar amostras biológicas. O aldeído butiraldeído adiciona sabor de manteiga a alimentos e margarinas.

$$CH_3-CH_2-CH_2-\overset{\overset{O}{\|}}{C}-H$$
Butanal (aromatizante de manteiga)

- O sabor azedo do vinagre e dos sucos de frutas e a dor causada por uma picada de formiga são devidos aos ácidos carboxílicos. O ácido acético é o ácido carboxílico que compõe o vinagre, e o ácido fórmico é o ácido carboxílico presente no veneno das formigas. A aspirina também contém um grupo ácido carboxílico. Os ésteres encontrados nas frutas produzem os aromas e sabores agradáveis das bananas, laranjas, peras e abacaxis. Ésteres são usados como solventes em muitos limpadores domésticos, polidores e colas.
- Uma das características do peixe é o seu cheiro, que é devido a aminas, como a metilamina. As aminas produzidas quando as proteínas decaem têm um cheiro particularmente pungente e repulsivo; daí os nomes descritivos de putrescina e cadaverina.

$$H_2N-CH_2-CH_2-CH_2-CH_2-NH_2$$
Putrescina

$$H_2N-CH_2-CH_2-CH_2-CH_2-CH_2-NH_2$$
Cadaverina

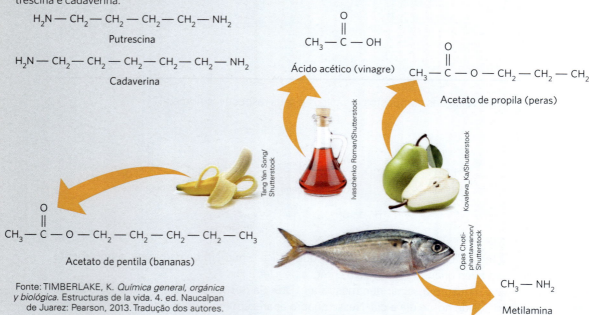

Fonte: TIMBERLAKE, K. *Química general, orgánica y biológica*. Estructuras de la vida. 4. ed. Naucalpan de Juarez: Pearson, 2013. Tradução dos autores.

Para a nomenclatura de algumas cadeias carbônicas, é necessário indicar a posição do grupo funcional, de insaturações ou de grupos substituintes, como veremos a seguir.

É importante destacar, como veremos nos exemplos a seguir, que existe uma ordem de prioridade para a numeração da cadeia carbônica.

> Grupo funcional > insaturação > grupos substituintes (incluindo os halogênios)

## Localização do grupo funcional

Para nomearmos a cadeia carbônica que possui um grupo funcional, precisamos primeiramente numerar a cadeia de modo a atribuir o menor número para o grupo funcional. Observe alguns exemplos de nomes dados a compostos que apresentam cadeia não ramificada.

Considere o álcool a seguir:

$$H_3C-CH_2-\underset{\underset{OH}{|}}{CH}-CH_3$$

A partir das regras de nomenclatura mencionadas anteriormente, numeramos a cadeia carbônica para que o menor número fique para o grupo funcional (—OH). Dessa forma, teremos a seguinte numeração:

$$\overset{4}{H_3C}-\overset{3}{CH_2}-\underset{\underset{OH}{|}}{\overset{2}{CH}}-\overset{1}{CH_3}$$

O composto apresenta quatro átomos de carbono. Assim, seguindo as regras de nomenclatura, temos:

| Prefixo (nº C) | Intermediário (tipo de ligação entre carbonos) | Posição do grupo funcional (—OH) | Sufixo (identificação da função) | Nome completo |
|---|---|---|---|---|
| but | an | 2 | ol | butan-2-ol |

Nos aldeídos e nos ácidos carboxílicos, o grupo funcional estará sempre localizado em uma das extremidades da cadeia carbônica; dessa forma, não é necessário indicar a sua posição na cadeia. Observe:

$$CH_3-CH_2-CH_2-CH_2-\underset{\underset{O}{\parallel}}{C}-H$$

Pentanal, cujo nome usual é aldeído valérico, nome não oficial.

$$H_3C-\underset{H_2}{C}-\underset{H_2}{C}-\underset{H_2}{C}-\underset{H_2}{C}-C\underset{\searrow OH}{\nearrow^O}$$

Ácido hexanoico, cujo nome usual é ácido caproico, nome não oficial.

## Localização da insaturação

De acordo com as regras de nomenclatura, caso não haja a presença de um grupo funcional, devemos numerar a cadeia carbônica a partir da extremidade mais próxima da dupla ligação, ou seja, numerar a cadeia de modo a atribuir o menor número para a insaturação.

$$\overset{1}{H_2C}=\overset{2}{CH}-\overset{3}{CH_2}-\overset{4}{CH_3}$$

Analisando a estrutura, observamos que a dupla ligação localiza-se entre os carbonos 1 e 2, sendo 1 o menor número possível.

| Prefixo (nº C) | Posição da insaturação | Identificação da insaturação | Sufixo (identificação da função) | Nome completo |
|---|---|---|---|---|
| but | 1 | en | o | but-1-eno |

Existe a possibilidade de a insaturação estar em uma posição igualmente distante das duas extremidades da cadeia carbônica.

$$H_3C-CH=CH-CH_3$$

Nesse caso, pelo fato de a dupla-ligação estar no centro da cadeia, a numeração pode ser iniciada por qualquer extremidade:

$$\overset{1}{H-C}\underset{H}{\overset{H}{|}}-\overset{2}{C}=\overset{3}{C}-\overset{4}{C}-H \qquad H_3\overset{4}{C}-\overset{3}{CH}=\overset{2}{CH}-\overset{1}{CH_3} \qquad C_4H_8$$

| Prefixo (nº de C) | Posição da insaturação | Identificação da insaturação | Sufixo (identificação da função) | Nome completo |
|---|---|---|---|---|
| but | 2 | en | o | but-2-eno |

As cadeias carbônicas podem possuir além da insaturação diversos grupos funcionais. Observe a cadeia a seguir:

$$H_2C=CH-CH_2-\underset{\underset{OH}{|}}{CH_2}$$

Trata-se de um álcool insaturado. Para determinar o seu nome, deve-se indicar a posição do grupo funcional e da insaturação. Pela regra, a numeração deve ser iniciada pela extremidade mais próxima do grupo funcional. Numerando os carbonos, teremos:

$$H_2\overset{4}{C}=\overset{3}{CH}-\overset{2}{CH_2}-\underset{\underset{OH}{|}}{\overset{1}{CH_2}}$$

Assim, o nome desse composto é but-3-en-1-ol.

O número 3, precedido da partícula intermediária en, indica que a insaturação se localiza no carbono 3. O número, 1 precedido do sufixo -ol, indica que se trata de um álcool, cujo grupo funcional está localizado no carbono 1. O prefixo but- indica que a cadeia carbônica tem 4 carbonos.

Outras regras e exemplos de nomenclatura serão apresentados no decorrer do estudo das próximas unidades.

## Localização dos grupos substituintes

Os compostos orgânicos podem sofrer cisão homolítica (quebra das ligações). Nesse tipo de cisão não há ganho nem perda de elétrons, os produtos obtidos são eletricamente neutros e apresentam um elétron livre (não compartilhado), ou seja, uma valência livre.

Quando esse fenômeno ocorre, são formadas estruturas denominadas grupos substituintes ou ainda radicais (quando isolados). Essas estruturas podem ser representadas genericamente por R—.

Metano

Radicais

Essas espécies podem se apresentar isoladas; quando isso ocorre elas são denominadas radicais; quando elas substituem um ou mais átomos de hidrogênio de uma estrutura orgânica, elas são denominadas grupos substituintes ou ramificações.

A nomenclatura de um grupo substituinte é feita pelos sufixos -il ou -ila precedidos do prefixo que indica a quantidade de carbonos. Observe a seguir o quadro com alguns grupos substituintes.

| Número de carbonos | Grupo substituinte |
|---|---|
| 1 | metil  H₃C— |
| 2 | etil  H₃C—CH₂— |
| 3 | propil  H₃C—CH₂—CH₂— |
|  | isopropil  H₃C—CH—CH₃ (com CH₃ na valência livre, ligado ao CH central) |
| 4 | butil  H₃C—CH₂—CH₂—CH₂— |
|  | sec-butil  H₃C—CH₂—CH—CH₃ |
|  | isobutil  H₃C—CH—CH₂—  \|  CH₃ |
|  | terc-butil  H₃C—C(CH₃)(CH₃)— |

- O prefixo iso- é utilizado para identificar radicais que apresentam a seguinte estrutura geral:

$$H_3C-CH-(CH_2)_n-$$
$$\phantom{H_3C-}|$$
$$\phantom{H_3C-}CH_3$$

em que *n* pode assumir os valores 0, 1, 2, 3, etc.
- O prefixo sec- é utilizado para indicar que a valência livre está situada no carbono secundário.
- O prefixo terc- é utilizado para indicar que a valência livre está localizada no carbono terciário.
Além dos grupos substituintes que estudamos, há outros comumente utilizados.

H₂C=CH—
Vinil

C₆H₅—
Fenil

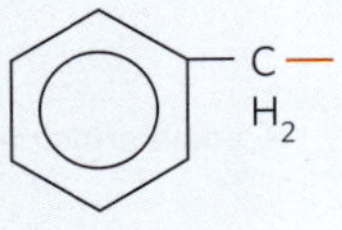

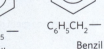
C₆H₅CH₂—
Benzil

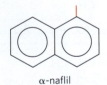
α-naftil

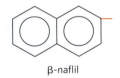
β-naftil

## Nomenclatura de cadeias ramificadas

Até agora estudamos as nomenclaturas em compostos de cadeia reta, porém, como já vimos anteriormente, também existem as cadeias carbônicas ramificadas. Observe a seguir:

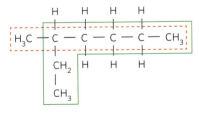

Para o composto apresentado, devemos inicialmente determinar a cadeia principal, que deve conter o maior número de átomos de carbono, o grupo funcional e o maior número de insaturações.

Observando a estrutura, notamos que o composto é um hidrocarboneto saturado e que a cadeia principal é constituída por sete átomos de carbono. Após a determinação da cadeia principal, é possível determinar seu nome.

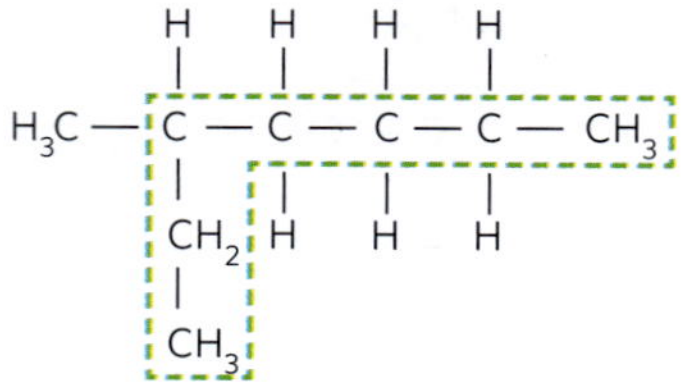

$$H_3C - C - C - C - C - CH_3$$
$$\quad\quad |$$
$$\quad\quad CH_2$$
$$\quad\quad |$$
$$\quad\quad CH_3$$

Heptano

Após definir o nome da cadeia principal, deve-se reconhecer e nomear as ramificações (grupos substituintes).

metil (H₃C) — C — C — C — C — CH₃
                |
                CH₂
                |
                CH₃

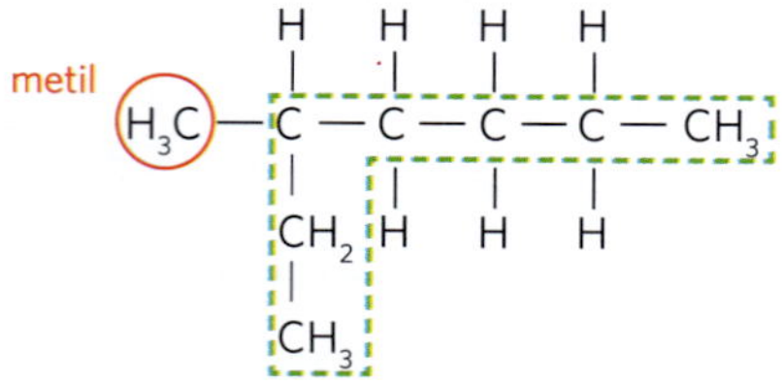

Heptano

O próximo passo é numerar a cadeia principal de modo a obter os menores números possíveis para indicar a posição dos grupos, iniciando por uma das extremidades.

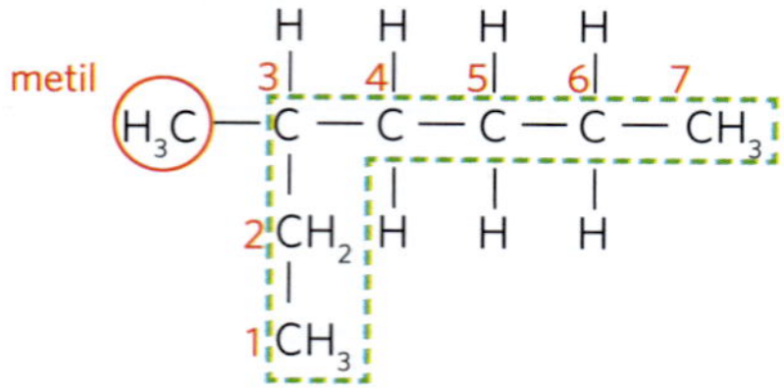

metil (H₃C) — 3C — 4C — 5C — 6C — 7CH₃
                |
                2CH₂
                |
                1CH₃

Heptano

O grupo metil está localizado no carbono 3. Logo, o nome do composto é: 3-metil-heptano. Quando um composto apresenta dois ou mais grupos substituintes iguais, sua quantidade deve ser indicada por prefixos:

2 - di    3 - tri    4 - tetra    5 - penta...

e os números devem ser separados por vírgulas. Observe o exemplo a seguir.

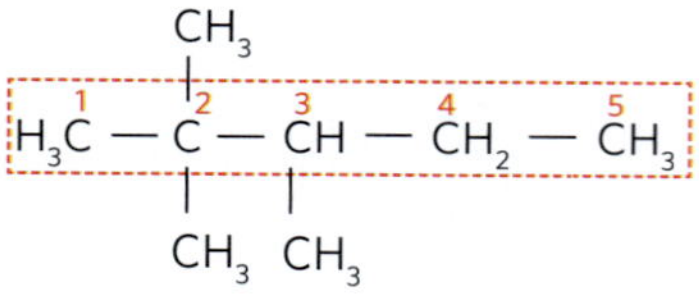

$$\begin{array}{c} \quad\quad\quad CH_3 \\ \quad\quad\quad | \\ H_3C - C - CH - CH_2 - CH_3 \\ \quad\quad | \quad | \\ \quad\quad CH_3 \; CH_3 \end{array}$$

Cadeia principal = pentano

—CH₃: três grupos metil nas posições 2, 2 e 3

2,2,3-trimetilpentano

Quando, em uma estrutura, duas ou mais cadeias carbônicas apresentarem o mesmo número máximo de carbonos, será considerada como cadeia principal aquela que apresentar o maior número de ramificações.

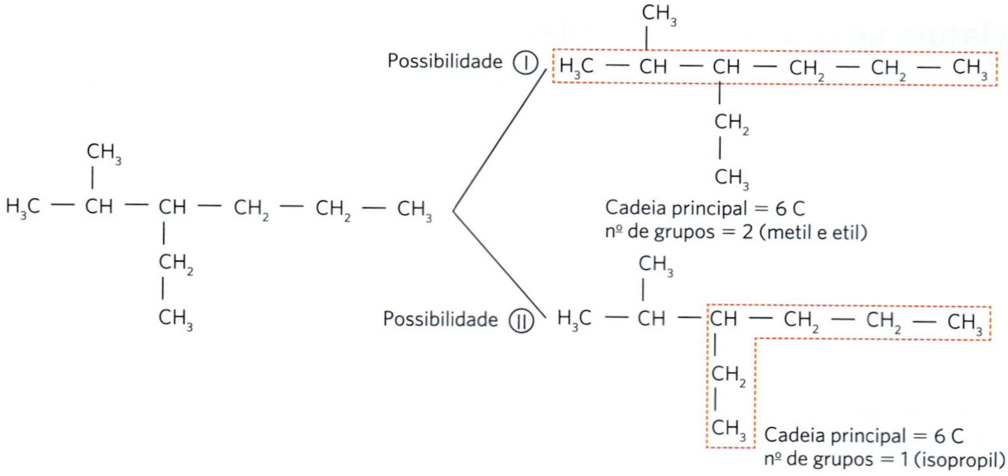

Possibilidade Ⓘ

$$H_3C - CH - CH - CH_2 - CH_2 - CH_3$$
com CH₃ em cima e CH₂—CH₃ embaixo

Cadeia principal = 6 C
nº de grupos = 2 (metil e etil)

Possibilidade Ⓘ Ⓘ

$$H_3C - CH - CH - CH_2 - CH_2 - CH_3$$
com CH₃ em cima e CH₂—CH₃ embaixo

Cadeia principal = 6 C
nº de grupos = 1 (isopropil)

**Capítulo 31 – As cadeias carbônicas** **375**

Em ambas as possibilidades (I e II) tem-se o mesmo número de carbonos na cadeia principal, porém, como na primeira possibilidade existe um maior número de ramificações, esta deve ser considerada a cadeia principal. Dessa forma, o nome correto do composto é: 3-etil-2-metil-hexano.

Observe a seguir a forma de estabelecer a nomenclatura de hidrocarbonetos alifáticos insaturados.

- Primeiramente deve-se numerar a cadeia principal a partir da extremidade mais próxima da insaturação e determinar seu nome indicando a posição da insaturação.

$$H_3\overset{6}{C} - \overset{5}{C}H_2 - \overset{4}{C}H - \overset{3}{C}H - \overset{2}{C} \equiv \overset{1}{C}H$$

com ramificações $CH_3$ em C4 e $CH_2-CH_3$ em C3.

Hex-1-ino

- Em seguida, deve-se considerar cada ramificação como um grupo substituinte, nomeá-los e determinar suas posições.

($CH_3$) Metil; ($CH_2-CH_3$) Etil

A formulação do nome deve seguir a seguinte ordem: número da posição do substituinte seguido do nome do substituinte e, por fim, o nome da cadeia principal. Se houver dois ou mais substituintes, eles devem ser escritos em ordem alfabética, com hifens entre os números e o nome. Sendo assim, o nome do composto é: 3-etil-4-metil-hex-1-ino.

Para compostos como os álcoois, aldeídos, cetonas, ácidos carboxílicos, entre outros, as regras praticamente são as mesmas, lembrando que a cadeia carbônica deve ser numerada a partir da extremidade mais próxima do grupo funcional. Veja alguns exemplos:

$$H_3\overset{5}{C} - \overset{4}{H}C - \overset{3}{H}C - \overset{2}{C}H_2 - \overset{1}{C}\begin{smallmatrix}O\\\\OH\end{smallmatrix}$$

com $CH_3$ em C4 e $CH_3$ em C3.

Nomenclatura do ácido carboxílico: ácido 3,4-dimetilpentanoico

$$H_3\overset{1}{C} - \overset{2}{C}(=O) - \overset{3}{H}C - \overset{4}{C}H_2 - \overset{5}{C}H_3$$

com $CH_3$ em C3.

Nome da acetona: 3-metil-pentan-2-ona

Nas unidades a seguir estudaremos mais detalhadamente as regras de nomenclatura associadas a cada função orgânica.

### Explore seus conhecimentos

**1** Escreva as fórmulas estruturais dos compostos.
  a) Pentano
  b) Hex-2-eno
  c) Ciclobutano
  d) Buta-1,3-dieno
  e) Heptan-2-ol
  f) Butanal
  g) Pentan-3-ona
  h) Ácido propanoico

**2** Escreva as fórmulas estruturais dos compostos.
  a) 2-metil-hexano
  b) 3-metilbut-1-ino
  c) 1-etil-2-metilciclopentano
  d) 4-metilpentanal
  e) 2-metil-heptan-4-ona
  f) Ácido 3-etil-2-metilpentanoico

**3** (Efoa-MG) De acordo com a IUPAC, o nome do composto da fórmula a seguir é:

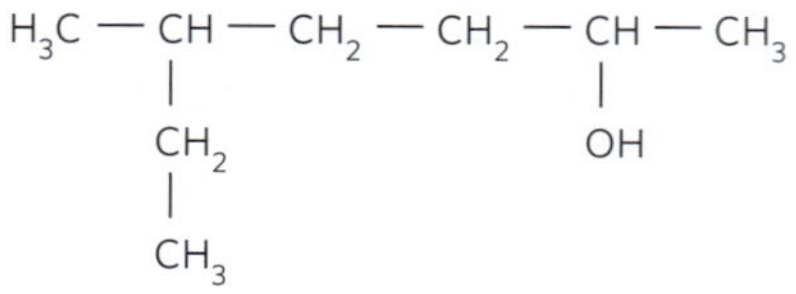

H₃C — CH — CH₂ — CH₂ — CH — CH₃
         |                        |
         CH₂                    OH
         |
         CH₃

a) 5-etil-hexan-2-ol
b) 3-metil-heptan-6-ol
c) 2-metil-heptan-5-ol
d) 5-metil-heptan-2-ol
e) 2-etil-hexan-2-ol

**4** (Unicentro-PR) O nome do composto abaixo é:

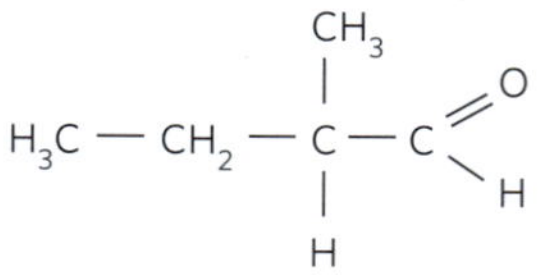

       CH₃
        |
H₃C — CH₂ — C — C=O
        |        \
        H         H

a) Ácido 2-metilbutanodioico
b) Pentanal
c) Ácido pentanodioico
d) 2-metilbutanal

**5** (UFRRJ) O corpo humano excreta moléculas de odor peculiar. Algumas são produzidas por glândulas localizadas nas axilas. A substância em questão é o ácido 3-metil-hex-2-enoico.

A cadeia carbônica dessa substância é classificada como:

a) acíclica, normal, saturada, homogênea.
b) acíclica, ramificada, insaturada, homogênea.
c) acíclica, ramificada, saturada, heterogênea.
d) alifática, normal, saturada, heterogênea.
e) alicíclica, ramificada, saturada, homogênea.

## Relacione seus conhecimentos

**1** (Fatec-SP) No modelo da imagem a seguir, os átomos de carbono estão representados por esferas pretas e os de hidrogênio, por esferas brancas. As hastes apresentam ligações químicas covalentes, sendo que cada haste corresponde a um compartilhamento de elétrons.

O modelo em questão está, portanto, representando a molécula de:

a) etino
b) eteno
c) etano
d) but-2-ino
e) butano

**2** (UFRGS-RS) Octanagem ou índice de octano serve como uma medida da qualidade da gasolina. O índice faz relação de equivalência à resistência de detonação de uma mistura percentual de isoctano e n-heptano. O nome IUPAC do composto isoctano é 2,2,4-trimetilpentano e o número de carbono(s) secundário(s) que apresenta é

a) 0.
b) 1.
c) 2.
d) 3.
e) 5.

**3** (UFRGS-RS) A levedura *Saccharomyces cerevisiae* é responsável por transformar o caldo de cana em etanol. Modificações genéticas permitem que esse micro-organismo secrete uma substância chamada farneseno, em vez de etanol. O processo produz, então, um combustível derivado da cana-de-açúcar, com todas as propriedades essenciais do diesel de petróleo, com as vantagens de ser renovável e não conter enxofre.

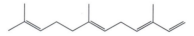

farneseno

Considere as seguintes afirmações a respeito do farneseno.

I. A fórmula molecular do farneseno é $C_{16}H_{24}$.
II. O farneseno é um hidrocarboneto acíclico insaturado.
III. O farneseno apresenta apenas um carbono secundário.

Quais estão corretas?

a) Apenas I.
b) Apenas II.
c) Apenas III.
d) Apenas I e II.
e) I, II e III.

**4** (UFPA) O caproaldeído é uma substância de odor desagradável e irritante que é eliminada pelas cabras durante o seu processo de transpiração.

Sabendo-se que esse aldeído é um hexanal, podemos afirmar que, em uma molécula desse composto, o número de hidrogênios é igual a:

a) 4
b) 5
c) 6
d) 10
e) 12

**5** (UFPR) Sobre os compostos de carbono e suas classificações, assinale a alternativa incorreta.

a) O benzeno possui cadeia aromática.
b) O ciclobutano possui cadeia alicíclica.
c) A propanona possui cadeia heterogênea.
d) O butano possui cadeia aberta.
e) O metilpentano possui cadeia ramificada.

# CAPÍTULO 32
# Funções orgânicas e suas interações moleculares

Este capítulo favorece o desenvolvimento da habilidade
EM13CNT202

Vimos até o momento como classificar os diferentes tipos de carbonos, os tipos de cadeias carbônicas e como reconhecer e nomear alguns compostos orgânicos.

Porém, na Química orgânica existem diversas séries de grupos funcionais. Esses grupos fornecem aos compostos orgânicos propriedades físicas e químicas características.

O esquema a seguir apresenta os principais grupos funcionais presentes nos compostos orgânicos.

Observação:

- OH ligado a carbono aromático

  Fenol

- OH ligado a carbono insaturado por dupla-ligação

  Enol

## Explore seus conhecimentos

**1** (UFRGS-RS) A melatonina, composto representado abaixo, é um hormônio produzido naturalmente pelo corpo humano e é importante na regulação do ciclo circadiano.

Nessa molécula, estão presentes as funções orgânicas

a) amina e éster.
b) amina e ácido carboxílico.
c) hidrocarboneto aromático e éster.
d) amida e ácido carboxílico.
e) amida e éter.

**2** (Ifsul-RS) Especiarias, como anis-estrelado, canela e cravo-da-índia, são deliciosas, sendo comumente utilizadas na gastronomia, devido aos seus deliciosos aromas. Também são utilizadas na fabricação de doces, como chicletes, balas e bolachas, na perfumaria e na aromatização de ambientes. Abaixo, temos as fórmulas estruturais de três compostos orgânicos, presentes no aroma dessas especiarias.

Esses compostos apresentam em suas fórmulas estruturais os grupos funcionais:

a) álcool, cetona e fenol.
b) aldeído, álcool, éter e fenol.
c) aldeído, álcool, cetona e éter.
d) álcool, ácido carboxílico, éster e fenol.

**3** (FMP-RJ) Considere o texto abaixo para responder à questão a seguir.

"Anderson Silva ainda não deu sua versão sobre ter sido flagrado no exame antidoping, conforme divulgado na noite de terça-feira. O fato é que a drostatolona, substância encontrada em seu organismo, serve para aumentar a potência muscular – e traz uma série de problemas a curto e longo prazos."

Disponível em: http://sportv.globo.com/site/combate/noticia/2015/02/medica-explica-substancia-em-exame-de-anderson-silva-drostanolona.html. Acesso em: 16 abr. 2015.

O propionato de drostanolona é um esteroide, também conhecido pelo nome comercial masteron, preferido entre os fisiculturistas, por apresentar uma série de vantagens sobre outras drogas sintéticas. Sua fórmula estrutural é

E apresenta as seguintes funções orgânicas:

a) aldeído e ácido carboxílico
b) aldeído e éter
c) éter e cetona
d) éster e fenol
e) éster e cetona

**4** (Enem) A produção mundial de alimentos poderia se reduzir a 40% da atual sem aplicação de controle sobre as pragas agrícolas. Por outro lado, o uso frequente dos agrotóxicos pode causar contaminação em solos, águas superficiais e subterrâneas, atmosfera e alimentos. Os biopesticidas, tais como a piretrina e coronopilina, têm sido uma alternativa na diminuição dos prejuízos econômicos, sociais e ambientais gerados pelos agrotóxicos. Identifique as funções orgânicas presentes simultaneamente nas estruturas dos dois biopesticidas apresentados:

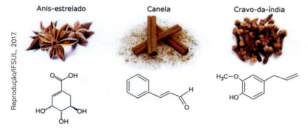

Piretrina
Coronopilina

a) Éter e éster.
b) Cetona e éster.
c) Álcool e cetona.
d) Aldeído e cetona.
e) Éter e ácido carboxílico.

## Relacione seus conhecimentos

**1** (Enem) O biodiesel é um biocombustível obtido a partir de fontes renováveis, que surgiu como alternativa ao uso do *diesel* de petróleo para motores de combustão interna. Ele pode ser obtido pela reação entre triglicerídeos, presentes em óleos vegetais e gorduras animais, entre outros, e álcoois de baixa massa molar, como o metanol ou etanol, na presença de um catalisador, de acordo com a equação química:

$$\begin{array}{c} CH_2-O-\overset{O}{\underset{\|}{C}}-R_1 \\ | \\ CH\ -O-\overset{O}{\underset{\|}{C}}-R_2 \ +\ 3\ CH_3OH \xrightarrow{catalisador} \\ | \\ CH_2-O-\overset{O}{\underset{\|}{C}}-R_3 \end{array}$$

$$\xrightarrow{catalisador} \begin{array}{c} CH_3-O-\overset{O}{\underset{\|}{C}}-R_1 \\ CH_3-O-\overset{O}{\underset{\|}{C}}-R_2 \\ CH_3-O-\overset{O}{\underset{\|}{C}}-R_3 \end{array} + \begin{array}{c} CH_2-OH \\ | \\ CH\ -OH \\ | \\ CH_2-OH \end{array}$$

A função química presente no produto que representa o biodiesel é:

a) éter.
b) éster.
c) álcool.
d) cetona.
e) ácido carboxílico.

**2** (Enem)

A curcumina, substância encontrada no pó-amarelo-alaranjado extraído da raiz da cúrcuma ou açafrão-da-índia (*Curcuma longa*), aparentemente, pode ajudar a combater vários tipos de câncer, o mal de Alzheimer e até mesmo retardar o envelhecimento. Usada há quatro milênios por algumas culturas orientais, apenas nos últimos anos passou a ser investigada pela ciência ocidental.

ANTUNES, M. G. L. Neurotoxicidade induzida pelo quimioterápico cisplatina: possíveis efeitos citoprotetores dos antioxidantes da dieta curcumina e coenzima Q10. Pesquisa FAPESP. São Paulo, n. 168, fev. 2010 (adaptado).

Na estrutura da curcumina, identificam-se grupos característicos das funções:

a) éter e álcool.
b) éter e fenol.
c) éster e fenol.
d) aldeído e enol.
e) aldeído e éster.

**3** (Enem)

Uma forma de organização de um sistema biológico é a presença de sinais diversos utilizados pelos indivíduos para se comunicarem. No caso das abelhas da espécie *Apis mellifera*, os sinais utilizados podem ser feromônios. Para saírem e voltarem de suas colmeias, usam um feromônio que indica a trilha percorrida por elas (Composto A). Quando pressentem o perigo, expelem um feromônio de alarme (Composto B), que serve de sinal para um combate coletivo. O que diferencia cada um desses sinais utilizados pelas abelhas são as estruturas e funções orgânicas dos feromônios.

Composto A

CH₃COO(CH₂)CH⟨CH₃/CH₃⟩
Composto B

QUADROS, A. L. Os feromônios e o ensino de química. Química Nova na Escola, n. 7, maio 1998 (adaptado).

As funções orgânicas que caracterizam os feromônios de trilha e de alarme são, respectivamente:

a) álcool e éster.
b) aldeído e cetona.
c) éter e hidrocarboneto.
d) enol e ácido carboxílico.
e) ácido carboxílico e amida.

## Propriedades físico-químicas dos compostos orgânicos

Como estudamos anteriormente, as propriedades físicas e químicas das substâncias estão diretamente relacionadas a sua estrutura. Os diferentes grupos funcionais dos compostos orgânicos possibilitam a ocorrência de diversos tipos de interações entre as moléculas, resultando em diferentes características, como temperatura de ebulição, solubilidade e reatividade. A seguir estudaremos os principais efeitos dos grupos funcionais em relação às propriedades físicas dos compostos orgânicos.

### Temperatura de ebulição

Há dois fatores que podem influenciar na temperatura de ebulição dos compostos orgânicos: os tipos de interações intermoleculares e o tamanho das moléculas.

- Interações intermoleculares

Como estudamos na unidade 4, as interações intermoleculares podem ser classificadas como dipolo induzido-dipolo induzido, dipolo-dipolo e ligações de hidrogênio. Para moléculas de tamanho próximo, quanto maior a intensidade das interações, maior será a temperatura de ebulição do composto.

A ordem crescente de intensidade das interações intermoleculares pode ser representada por:

dipolo induzido-dipolo induzido < dipolo-dipolo < ligações de hidrogênio

ordem crescente de intensidade →

O quadro a seguir relaciona algumas funções orgânicas com as interações intermoleculares:

| Dipolo induzido-dipolo induzido | Dipolo-dipolo | Ligações de hidrogênio |
|---|---|---|
| Hidrocarboneto R—H | Aldeído R—C(=O)H <br> Cetona R—C(=O)—R | Álcool R—OH <br> Ácido carboxílico R—C(=O)OH <br> Amina R—NH$_2$ |

- Tamanho das moléculas

Em caso de mesmo tipo de interação intermolecular, quanto maior a molécula orgânica, ou seja, quanto maior o número de átomos de carbono na cadeia, maior será a temperatura de ebulição do composto. Esse fenômeno ocorre, pois, quanto maior a superfície, maior será a interação com as moléculas vizinhas, aumentando a TE.

### Solubilidade

A solubilidade dos compostos orgânicos dependerá das interações intermoleculares. Dessa forma, as substâncias que apresentam o mesmo tipo de força intermolecular tendem a se dissolver entre si. Sendo assim, temos que:

- Substâncias líquidas apolares: tendem a se dissolver em solventes apolares.
- Substâncias líquidas polares: tendem a se dissolver em solventes polares.

## Explore seus conhecimentos

**1** (FGV-SP)

O segmento empresarial de lavanderias no Brasil tem tido um grande crescimento nas últimas décadas. Dentre os solventes mais empregados nas lavanderias industriais, destacam-se as isoparafinas, I, e o tetracloroetileno, II, conhecido comercialmente como percloro. Um produto amplamente empregado no setor de lavanderia hospitalar é representado na estrutura III.

(http://www.freedom.inf.br/revista/hc18/household.asp http://www.ccih.med.br/Caderno%20E.pdf. Adaptado)

I. (estrutura de isoparafina ramificada)

II. $Cl_2C=CCl_2$

III. $H_3C-C(=O)-O-OH$ (ácido peroxiacético)

Considerando cada uma das substâncias separadamente, as principais forças intermoleculares que ocorrem em I, II e III são, correta e respectivamente:

a) dipolo – dipolo; dipolo induzido – dipolo induzido; dipolo – dipolo.
b) dipolo – dipolo; dipolo – dipolo; ligação de hidrogênio.
c) dipolo induzido – dipolo induzido; dipolo induzido – dipolo induzido; ligação de hidrogênio.
d) ligação de hidrogênio; dipolo induzido – dipolo induzido; dipolo induzido – dipolo induzido.
e) ligação de hidrogênio; dipolo – dipolo; ligação de hidrogênio.

**2** (Enem) Os polímeros são materiais amplamente utilizados na sociedade moderna, alguns deles na fabricação de embalagens e filmes plásticos, por exemplo. Na figura estão relacionadas as estruturas de alguns monômeros usados na produção de polímeros de adição comuns.

Acrilamida

Cloreto de vinila (cloropropeno)

Estireno

Etileno (eteno)

Propileno (propeno)

Dentre os homopolímeros formados a partir dos monômeros da figura, aquele que apresenta solubilidade em água é

a) polietileno.
b) poliestireno.
c) polipropileno.
d) poliacrilamida.
e) policloreto de vinila.

## Relacione seus conhecimentos

**1** (Unesp-SP) A proteína transmembrana de um macrófago apresenta aminoácidos constituídos pelos radicais polares R1 e R2, presentes em dois dos aminoácidos indicados pelas fórmulas estruturais presentes na figura.

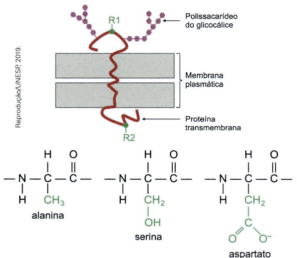

Um antígeno fora do macrófago liga-se a um dos radicais por interação dipolo permanente-dipolo permanente. Uma enzima produzida no citosol do macrófago interage com o outro radical por ligação de hidrogênio.

Os radicais R1 e R2 constituem, respectivamente, os aminoácidos

a) serina e alanina.
b) aspartato e serina.
c) alanina e serina.
d) aspartato e alanina.
e) serina e aspartato.

**2** (Enem)

Em sua formulação, o *spray* de pimenta contém porcentagens variadas de oleorresina de *Capsicum*, cujo princípio ativo é a capsaicina, e um solvente (um álcool como etanol ou isopropanol). Em contato com os olhos, pele ou vias respiratórias, a capsaicina causa um efeito inflamatório que gera uma sensação de dor e ardor, levando à cegueira temporária. O processo é desencadeado pela liberação de neuropeptídios das terminações nervosas.

Como funciona o gás de pimenta. Disponível em: http://pessoas.hsw.uol.com.br. Acesso em: 1 mar. 2012 (adaptado).

Quando uma pessoa é atingida com o *spray* de pimenta nos olhos ou na pele, a lavagem da região atingida com água é ineficaz porque a:

a) reação entre etanol e água libera calor, intensificando o ardor.
b) solubilidade do princípio ativo em água é muito baixa, dificultando a sua remoção.
c) permeabilidade da água na pele é muito alta, não permitindo a remoção do princípio ativo.
d) solubilização do óleo em água causa um maior espalhamento além das áreas atingidas.
e) ardência faz evaporar rapidamente a água, não permitindo que haja contato entre o óleo e o solvente.

**3** (UFPR) A estrutura molecular que compõe as fibras dos tecidos define o comportamento deles, como maciez, absorção de umidade do corpo e tendência ao encolhimento. As fibras de algodão contêm, em maior proporção, celulose, um polímero carboidrato natural. Já os tecidos sintéticos de poliéster têm propriedades diferentes do algodão. O poliéster é uma classe de homopolímeros e copolímeros que contém o grupo funcional éster na sua estrutura, como o politereftalato de etileno.

a) Tecidos de algodão absorvem muito bem a umidade, diferentemente do poliéster. Com base nas estruturas químicas mostradas, escreva um texto explicando a razão pela qual a fibra do algodão apresenta essa propriedade.
b) Roupas de tecidos de algodão tendem a encolher após as primeiras lavagens, principalmente se secas em secadoras, diferentemente dos tecidos de poliéster. Isso ocorre porque as fibras de algodão são esticadas a altas tensões no processo de tecelagem. Porém esse estado tensionado não é o mais estável da fibra. Com o movimento proporcionado pela lavagem e o aquecimento na secadora, as fibras tendem a relaxar para conformação mais estável, causando o encolhimento. Escreva um texto explicando qual é o tipo de interação responsável por atrair as fibras e resultar no encolhimento do tecido.

CAPÍTULO

# 33 Isomeria

Este capítulo favorece o desenvolvimento da habilidade
EM13CNT101

Quando duas ou mais espécies têm a mesma fórmula molecular, mas propriedades diferentes, elas são denominadas **isômeros**. Embora os isômeros contenham exatamente os mesmos tipos e números de átomos, os arranjos dos átomos diferem, e isso leva a propriedades diferentes. O estudo dos isômeros é denominado **isomeria**.

> **Isomeria**: fenômeno caracterizado pela ocorrência de duas ou mais substâncias diferentes que apresentam a mesma fórmula molecular, mas diferentes fórmulas estruturais.

Vamos estudar os dois principais tipos de isomeria: isomeria estrutural plana e isomeria espacial (estereoisomeria).

```
Fórmula molecular igual
Fórmula estrutural diferente
         /              \
  Isômeros           Isômeros
   planos            espaciais
      |              /      \
  Função     Geométricos    Ópticos
  Cadeia     (cis-trans)
  Posição
  Metameria
  Tautomeria
```

## ◉ Isomeria plana ou constitucional

Nesse tipo de isomeria, os isômeros diferem nas fórmulas estruturais planas. Veja os diferentes tipos de isômeros planos.

### Isomeria de função

Os isômeros funcionais diferem em relação às funções.

| Fórmula molecular | Isômeros | |
|---|---|---|
| | Função e fórmula estrutural | Função e fórmula estrutural |
| $C_2H_6O$ | álcool | éter |
| $C_3H_6O$ | aldeído | cetona |

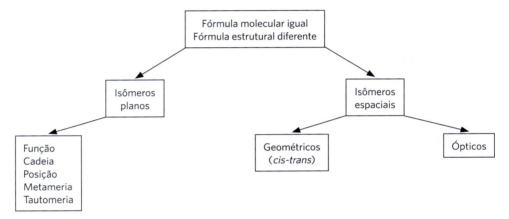

Ilustrações Banco de imagens/Arquivo da editora

## Isomeria de cadeia (de núcleo)

Os isômeros pertencem à mesma função, mas apresentam diferentes tipos de cadeia.

| Fórmula molecular | Isômeros | |
|---|---|---|
| | Função e fórmula estrutural | Função e fórmula estrutural |
| $C_3H_6$ | Hidrocarboneto 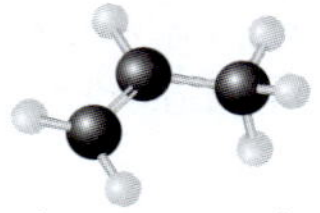<br>(cadeia aberta) | Hidrocarboneto 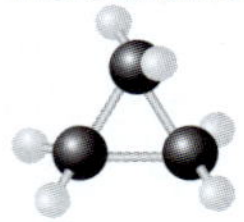<br>(cadeia fechada) |
| $C_4H_8O_2$ | Ácido carboxílico<br>$CH_3-CH-C{\overset{O}{\underset{OH}{}}}$<br>$\quad\quad\;\; |$<br>$\quad\quad\; CH_3$<br>cadeia aberta ramificada | Ácido carboxílico<br>$H_3C-CH_2-CH_2-C{\overset{O}{\underset{OH}{}}}$<br>cadeia aberta reta |

## Isomeria de posição

Os isômeros pertencem à mesma função e têm o mesmo tipo de cadeia, porém há diferença na posição de um grupo funcional, de uma ramificação ou de uma insaturação.

| Fórmula molecular | Isômeros | |
|---|---|---|
| | Função e fórmula estrutural | Função e fórmula estrutural |
| $C_5H_{10}O$ | Pentan-2-ona 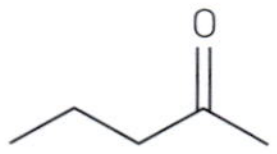<br>Mudança da posição do grupo funcional | Pentan-3-ona 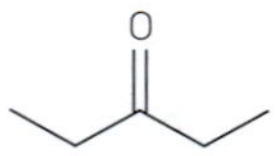<br>Mudança da posição do grupo funcional |
| $C_4H_8$ | But-1-eno 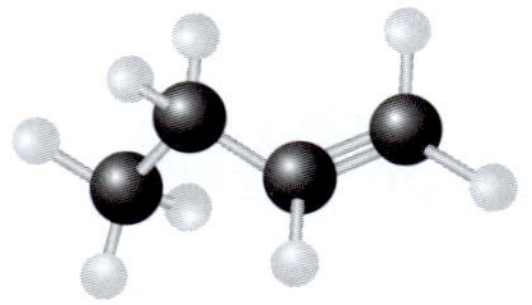<br>Mudança da posição da insaturação | But-2-eno 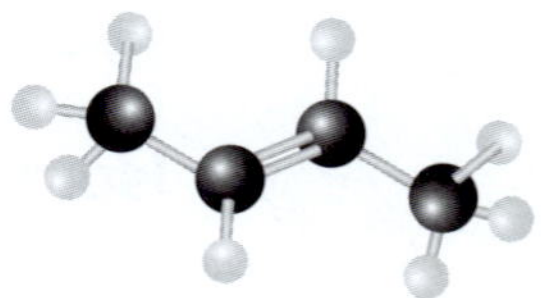<br>Mudança da posição da insaturação |

## Isomeria de compensação (metameria)

Os isômeros pertencem à mesma função e têm o mesmo tipo de cadeia, contudo apresentam diferença na posição de um heteroátomo pertencente à cadeia carbônica.

| Fórmula molecular | Isômeros | |
|---|---|---|
| | Função e fórmula estrutural | Função e fórmula estrutural |
| $C_5H_{10}O$ | Éter metílico e propílico<br>$H_3C-O-\underset{H_2}{C}-\underset{H_2}{C}-CH_3$<br>Mudança da posição do heteroátomo | Éter dietílico<br>$CH_3-CH_2-O-CH_2-CH_3$<br>Mudança da posição do heteroátomo |
| $C_4H_6$ | Metilpropilamina<br>$H_3C-NH-CH_2-CH_2-CH_3$<br>Mudança da posição do heteroátomo | Dietilamina<br>$H_3C-CH_2-NH-CH_2-CH_3$<br>Mudança da posição do heteroátomo |

## Isomeria dinâmica (tautomeria)

Esse é um caso particular de isomeria de função, no qual os isômeros coexistem em equilíbrio dinâmico em solução. Os principais casos de tautomeria (do grego *tautos*, que significa "dois de si mesmo") envolvem compostos carbonílicos. Observe os exemplos.

$$H_3C-CHO \rightleftharpoons H_2C=CH-OH$$
Aldeído  ⇌  Enol

$$H_3C-CO-CH_3 \rightleftharpoons H_2C=C(OH)-CH_3$$
Cetona  ⇌  Enol

### Explore seus conhecimentos

**1** (Unesp-SP) A fórmula representa a estrutura da butanona, também conhecida como metiletilcetona (MEK), importante solvente industrial usado em tintas e resinas.
Um isômero da butanona é o

a) propan-2-ol.
b) butanal.
c) metoxipropano.
d) butan-2-ol.
e) ácido butanoico.

**2** (Uece) As cetonas, amplamente usadas na indústria alimentícia para a extração de óleos e gorduras de sementes de plantas, e os aldeídos, utilizados como produtos intermediários na obtenção de resinas sintéticas, solventes, corantes, perfumes e curtimento de peles, podem ser isômeros. Assinale a opção que apresenta a estrutura do isômero do hexanal.

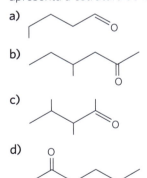

**3** (Uerj) Em uma das etapas do ciclo de Krebs, a enzima aconitase catalisa a isomerização de citrato em isocitrato, de acordo com a seguinte equação química:

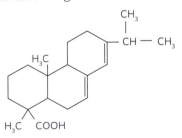

citrato ⇌ isocitrato

A isomeria plana que ocorre entre o citrato e o isocitrato é denominada de:

a) cadeia.
b) função.
c) posição.
d) compensação.

**4** (PUC-RS) Considerando os compostos orgânicos numerados de I a IV não é correto afirmar que _____ são isômeros de _____.

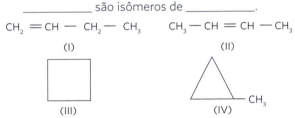

a) I e II; posição
b) I e III; cadeia
c) II e III; função
d) II e IV; cadeia
e) I, III e IV; cadeia

**5** (FMP-RJ) Quando um talho é feito na casca de uma árvore, algumas plantas produzem uma secreção chamada resina, que é de muita importância para a cicatrização das feridas da planta, para matar insetos e fungos, permitindo a eliminação de acetatos desnecessários. Um dos exemplos mais importantes de resina é o ácido abiético, cuja fórmula estrutural é apresentada a seguir.

Um isômero de função mais provável desse composto pertence à função denominada

a) amina.
b) éster.
c) aldeído.
d) éter.
e) cetona.

## Relacione seus conhecimentos

**1** (Uece) O éter dietílico (etoxietano) é uma substância líquida volátil e altamente inflamável. Utilizado inicialmente como anestésico, seu uso foi descontinuado pelo risco de explosão. Atualmente serve como ótimo solvente para experiências químicas em laboratórios. Este composto orgânico é isômero de um álcool primário de cadeia não ramificada, cujo nome é
a) butan-2-ol.
b) metilpropan-2-ol.
c) butan-1-ol.
d) pentan-1-ol.

**2** (Enem)

As abelhas utilizam a sinalização química para distinguir a abelha-rainha de uma operária, sendo capazes de reconhecer diferenças entre moléculas. A rainha produz o sinalizador químico conhecido como ácido 9-hidroxidec-2-enoico, enquanto as abelhas-operárias produzem ácido 10-hidroxidec-2-enoico. Nós podemos distinguir as abelhas-operárias e rainhas por sua aparência, mas, entre si, elas usam essa sinalização química para perceber a diferença. Pode-se dizer que veem por meio da química.

LE COUTEUR, P.; BURRESON, J. *Os botões de Napoleão*: as 17 moléculas que mudaram a história. Rio de Janeiro: Jorge Zahar, 2006 (adaptado).

As moléculas dos sinalizadores químicos produzidas pelas abelhas rainha e operária possuem diferença na
a) fórmula estrutural.
b) fórmula molecular.
c) identificação dos tipos de ligação.
d) contagem do número de carbonos.
e) identificação dos grupos funcionais.

**3** (UPM-SP) O butanoato de metila é um flavorizante de frutas utilizado na indústria alimentícia. A sua fórmula estrutural está representada abaixo. Analise a fórmula do butanoato de metila e assinale a alternativa que traz, respectivamente, um isômero de compensação e um de função desse flavorizante.

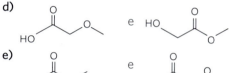

**4** (UFSM-RS) Analise a molécula do ácido láctico (2-hidroxipropanoico) e assinale a alternativa que mostra, respectivamente, os isômeros cetona e éster.

**5** (FASM-SP)

Quando há falta de insulina e o corpo não consegue usar a glicose como fonte de energia, as células utilizam outras vias para manter seu funcionamento. Uma das alternativas encontradas é utilizar os estoques de gordura para obter a energia que lhes falta. Entretanto, o resultado desse processo leva ao acúmulo dos chamados corpos cetônicos.

(www.drauziovarella.com.br. Adaptado.)

estrutura de um corpo cetônico

a) Dê a nomenclatura IUPAC e a nomenclatura comercial do corpo cetônico representado.
b) Escreva a fórmula estrutural do isômero de função desse corpo cetônico com a sua respectiva nomenclatura IUPAC.

**6** (UFRJ) Existem cinco compostos aromáticos diferentes, aqui representados pelas letras A, B, C, D e E, com a fórmula molecular $C_7H_8O$.
a) A, B e C são isômeros de posição. Identifique a função química desses compostos.
b) Escreva a fórmula estrutural do composto D, sabendo que seu ponto de ebulição é maior que o de E.

## Isomeria espacial (estereoisomeria)

A isomeria espacial, também chamada **estereoisomeria**, é outro tipo de isomeria que pode ocorrer em compostos orgânicos. Nela, os isômeros apresentam a mesma fórmula molecular, no entanto as ligações entre os átomos que os compõem estão dispostas (orientadas) de maneira diferente no espaço.

Existem duas classes de isomeria espacial:

- isomeria geométrica;
- isomeria óptica.

### Isomeria geométrica ou *cis-trans*

Uma diferença importante entre uma ligação simples e uma ligação dupla é a rotação que ocorre entre os carbonos. Considere a diferença entre 1,2-dicloroetano e 1,2-dicloroeteno.

1,2-dicloroetano       1,2-dicloroeteno

A ligação simples entre os átomos de carbono permite uma rotação livre entre eles, o que não acontece quando existem ligações duplas ou triplas entre os carbonos.

Assim, no caso do 1,2-dicloroeteno, com a existência de dupla-ligação entre carbonos, o que impede a rotação da estrutura, temos dois arranjos possíveis, ou seja, dois isômeros.

Isômero *cis*-1,2-dicloroeteno       Isômero *trans*-1,2-dicloroeteno

A nomenclatura *cis* e *trans* está relacionada ao posicionamento dos átomos de hidrogênio ligados aos carbonos da dupla-ligação:

- Quando cada carbono da dupla apresenta um átomo de hidrogênio e estes estão do mesmo lado do plano imaginário que passa pela dupla, o isômero é denominado *cis*; assim, seu nome é *cis*-1,2-dicloroeteno.
- Quando cada carbono da dupla apresenta um átomo de hidrogênio em lados opostos do plano imaginário que passa pela dupla, o isômero é denominado *trans*; assim, seu nome é *trans*-1,2-dicloroeteno.

Essa diferença na estrutura espacial é responsável pelas diferentes propriedades físicas desses isômeros. Veja no quadro a seguir algumas diferenças existentes nas propriedades desses dois isômeros geométricos.

| Fórmula estrutural | | |
|---|---|---|
| Nome | *Cis*-1,2-dicloroeteno | *Trans*-1,2-dicloroeteno |
| TF | −80,5 °C | −49,4 °C |
| TE | 60,1 °C | 47,5 °C |
| Densidade (a 20 °C) | 1,284 g · mL⁻¹ | 1,257 g · mL⁻¹ |

TRO, N. J. *Introductory Chemistry*. 4th edition. New York: Prentice Hall, 2009.

A diferença nas temperaturas de ebulição pode ser explicada pela diferença de polaridades das moléculas.

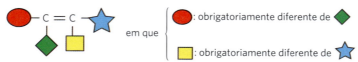

Para que esse tipo de isomeria possa ocorrer, são necessárias algumas condições relacionadas aos tipos de compostos, sejam eles de cadeia aberta ou fechada.

## Compostos de cadeia aberta

Os compostos de cadeia aberta devem apresentar pelo menos uma dupla-ligação entre carbonos; além disso, cada um dos carbonos da dupla deve ter grupos ligantes diferentes.

em que
● : obrigatoriamente diferente de ◆
■ : obrigatoriamente diferente de ★

Veja alguns exemplos:
- But-2-eno: $H_3C-CH=CH-CH_3$

Cis-but-2-eno    Trans-but-2-eno

Quando ambos os carbonos da dupla apresentam um átomo de hidrogênio, usamos os prefixos *cis* e *trans*.
- 1-bromo-1-cloro-2-flúor-2-iodoeteno.

Neste caso, como não existem dois átomos de hidrogênio do mesmo lado do plano imaginário, **não podemos** utilizar os prefixos *cis* e *trans*. A IUPAC recomenda a utilização dos prefixos *E* e *Z* (do alemão *entgegen*, que significa "opostos", e *zusammen*, que significa "juntos").

O composto que apresentar, do mesmo lado do plano imaginário, os ligantes dos carbonos da dupla com os maiores números atômicos (Z) será denominado **Z**. O outro composto será denominado **E**. Assim, temos o esquema representado ao lado.

(E)-1-bromo-1-cloro-2-flúor--2-iodoeteno

(Z)-1-bromo-1-cloro-2-flúor--2-iodoeteno

## Compostos de cadeia fechada

Nos compostos de cadeia fechada, não existe a possibilidade de um movimento de rotação dos átomos de carbono que compõem o ciclo. Assim, a condição para a ocorrência de isomeria nesses compostos é:

> Compostos cíclicos devem apresentar grupos ligantes diferentes em pelo menos dois carbonos do ciclo para haver isomeria.

Veja um exemplo:

| Fórmula estrutural plana | Representações estruturais espaciais ||
|---|---|---|
| 1,2-dibromociclopropano | *Cis*-1,2-dibromociclopropano<br>Z-1,2-dibromociclopropano | *Trans*-1,2-dibromociclopropano<br>E-1,2-dibromociclopropano |

## Compostos com isomeria *cis-trans* entre outros elementos químicos

A isomeria *cis-trans* pode ocorrer com outros elementos químicos, como o nitrogênio, desde que eles apresentem ligações duplas (X = X). Veja o exemplo ao lado:

Os grupos **R** não são necessariamente iguais.

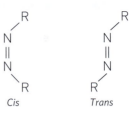

Cis     Trans

## Compostos inorgânicos e a isomeria *cis-trans*

Existem vários íons inorgânicos complexos que apresentam isomeria *cis-trans*. A diferença entre esses isômeros está relacionada à disposição espacial dos seus átomos. Veja dois exemplos.

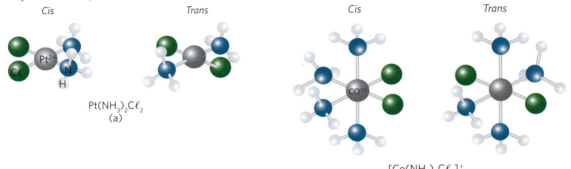

$Pt(NH_3)_2Cℓ_2$
(a)

$[Co(NH_3)_4Cℓ_2]^+$
(b)

## Investigue seu mundo

### Modelando isômeros com balas de goma e palitos

Como é difícil visualizar a isomeria geométrica, seguem algumas sugestões para ajudar a entender a diferença de rotação em torno de uma ligação simples em relação a uma dupla-ligação, e como ela afeta átomos ou grupos que estão ligados aos átomos de carbono da ligação dupla. Lembre-se de que, de acordo com o modelo tetraédrico [...], a ligação dupla está contida em um plano, e a ligação simples, em uma reta.

Pegue doze palitos e algumas balas de goma de cor amarela, verde e roxa. As balas de goma roxas representam os átomos de C, as amarelas, os átomos de H, e as verdes, os átomos de Cℓ. Coloque um palito entre duas balas de goma roxas. Use mais três palitos para prender duas balas de goma amarelas e uma bala de goma verde para cada átomo de carbono representado pela bala de goma roxa. Gire um dos átomos de carbono da bala de goma para mostrar a conformação dos átomos de H e Cℓ anexas.

Remova um palito e uma bala de goma amarela de cada bala de goma de cor roxa. Coloque um segundo palito entre os átomos de carbono, formando uma dupla-ligação entre eles. Tente torcer a dupla-ligação. Você consegue? Quando você observa a localização das balas de goma verdes, o modelo que você fez representar é um isômero *cis* ou *trans*? Por quê? Se o seu modelo é um isômero *cis*, como você pode transformá-lo em um isômero *trans*? Se seu modelo é um isômero *trans*, como você pode transformá-lo em um isômero *cis*?

Quando existe uma tripla ligação entre carbonos, a rotação é livre entre os carbonos da tripla ligação?

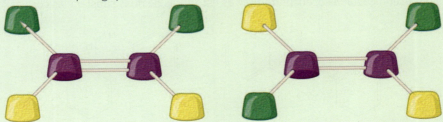

TIMBERLAKE, K. C. *Chemistry*: An introduction to General, Organic and Biological Chemistry. 12. ed. Upper Saddle River: Prentice Hall, 2015. Tradução dos autores.

## Explore seus conhecimentos

**1** Quais dos seguintes compostos apresentam isomeria geométrica?

a) $H_2C = CH - CH_3$

b) $CH_3 - CH_2 - CH = CH - CH_3$

c) 
$$\begin{array}{c} CH_3 \\ CH_3 \end{array} C = C \begin{array}{c} CH_2 - CH_3 \\ CH_2 - CH_3 \end{array}$$

d)
$$\begin{array}{c} H \\ CH_3 - CH_2 \end{array} C = C \begin{array}{c} H \\ CH_2 - CH_3 \end{array}$$

e) $CH_3 - CH_2 - CH_2 - CH = CH_2$

f) $H_2C = CH - CH_2 - \underset{\underset{CH_3}{|}}{CH} - CH_3$

**2** Escreva os nomes dos compostos utilizando os prefixos *cis* e *trans*.

a)
$$\begin{array}{c} CH_3 \\ H \end{array} C = C \begin{array}{c} CH_3 \\ H \end{array}$$

b)
$$\begin{array}{c} CH_3 - CH_2 \\ H \end{array} C = C \begin{array}{c} H \\ CH_2 - CH_2 - CH_2 - CH_3 \end{array}$$

c)
$$\begin{array}{c} CH_3 - CH_2 - CH_2 \\ H \end{array} C = C \begin{array}{c} CH_2 - CH_3 \\ H \end{array}$$

**3** (Uerj) Em uma das etapas do ciclo de Krebs, ocorre uma reação química na qual o íon succinato é consumido. Observe abaixo a fórmula estrutural desse íon.

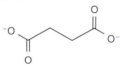

Na reação de consumo, o succinato perde dois átomos de hidrogênio, formando o íon fumarato. Sabendo que o íon fumarato é um isômero geométrico *trans*, sua fórmula estrutural corresponde a:

**4** (Vunesp-SP) As abelhas-rainhas produzem um feromônio cuja fórmula é apresentada a seguir:

$$CH_3 - \underset{\underset{O}{\|}}{C} - (CH_2)_5 - CH = CH - COOH$$

a) Forneça o nome de duas funções orgânicas presentes na molécula deste feromônio.
b) Sabe-se que um dos compostos responsáveis pelo poder regulador que a abelha-rainha exerce sobre as demais abelhas é o isômero *trans* deste feromônio. Forneça as fórmulas estruturais dos isômeros *cis* e *trans* e identifique-os.

**5** (PUC-RJ) Na representação abaixo, encontram-se as estruturas de duas substâncias com as mesmas fórmulas moleculares.

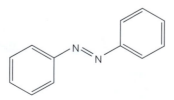
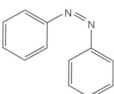

Essas substâncias guardam uma relação de isomeria:

a) de cadeia.    b) de posição.    c) de função.    d) geométrica.    e) óptica.

## Relacione seus conhecimentos

**1** (UFFRJ) Na tabela 1, são apresentados pares de substâncias orgânicas; na tabela 2, possíveis correlações entre esses pares:

| Tabela 1 – Pares | Tabela 2 – Correlações |
|---|---|
| 1. $CH_3(CH_2)_5CH_3$ e $CH_3CH_2CHCH_2CH_3$ com ramificação $CH_2CH_3$ | • Isômeros geométricos |
| 2. 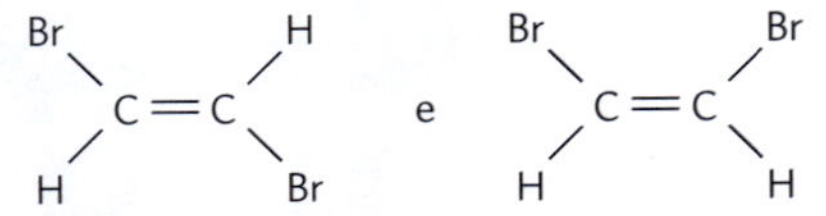 (Br)(H)C=C(H)(Br) e (Br)(Br)C=C(H)(H) | • Isômeros estruturais (de cadeia) |
| 3. $CH_3(CH_2)_2CH_3$ e $CH_3CH=CHCH_3$ | • Não são isômeros |
| 4. $CH_3CH_2OCH_2CH_3$ e $CH_3(CH_2)_2CH_2OH$ | • Isômeros funcionais |

Após enumerar a tabela 2 em relação aos pares da tabela 1, assinale a opção que apresenta a numeração correta de cima para baixo.

a) 1, 2, 4, 3   b) 2, 1, 3, 4   c) 2, 4, 3, 1   d) 3, 2, 1, 4   e) 3, 4, 2, 1

**2** (Unifesp-SP) A diferença nas estruturas químicas dos ácidos fumárico e maleico está no arranjo espacial. Essas substâncias apresentam propriedades químicas e biológicas distintas.

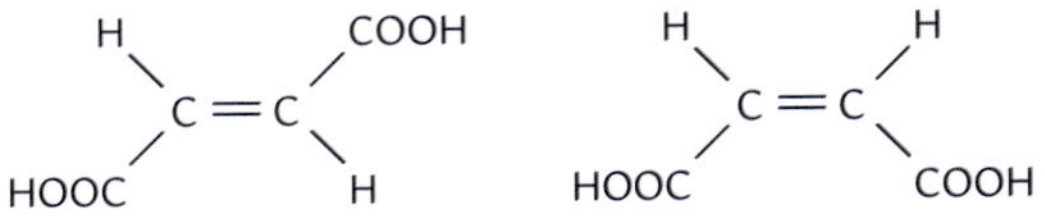

ácido fumárico: (H)(HOOC)C=C(COOH)(H)   $\Delta H_f^o = -5\,545$ kJ/mol

ácido maleico: (H)(HOOC)C=C(H)(COOH)   $\Delta H_f^o = -5\,525$ kJ/mol

Analise as seguintes afirmações:

I. Os ácidos fumárico e maleico são isômeros geométricos.
II. O ácido maleico apresenta maior solubilidade em água.
III. A conversão do ácido maleico em ácido fumárico é uma reação exotérmica.

As afirmativas corretas são:

a) I, II e III.   b) I e II, apenas.   c) I e III, apenas.   d) II e III, apenas.   e) III, apenas.

**3** (Feevale-RS) O Retinal, molécula apresentada abaixo, associado à enzima rodopsina, é o responsável pela química da visão. Quando o Retinal absorve luz (fótons), ocorre uma mudança na sua geometria, e essa alteração inicia uma série de reações químicas, provocando um impulso nervoso que é enviado ao cérebro, onde é percebido como visão.

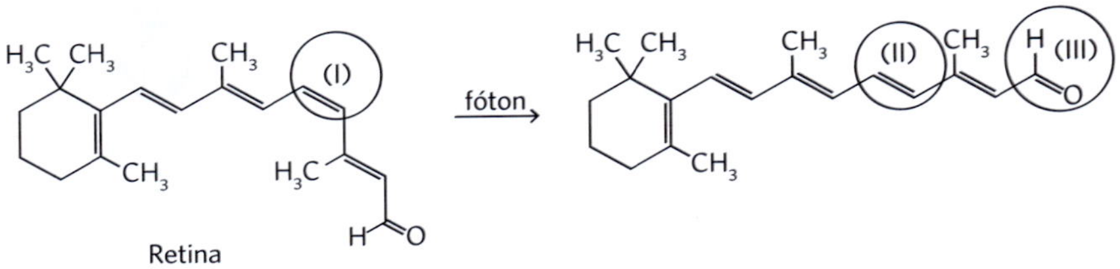

Entre as alternativas a seguir, assinale aquela em que a sequência I, II e III apresenta corretamente as geometrias das duplas-ligações circuladas em I e II e a função química circulada em III.

a) I - Cis II - Trans III – Aldeído
b) I - Trans II - Cis III – Álcool
c) I - Trans II - Trans III – Aldeído
d) I - Trans II - Cis III – Aldeído
e) I - Cis II - Trans III – Ácido carboxílico

## Isomeria óptica

Isômeros ópticos são duas moléculas que são imagens espelhadas não sobreponíveis. Considere a molécula mostrada a seguir e sua imagem especular.

Os isômeros ópticos são semelhantes às suas mãos direita e esquerda. As duas são imagens uma da outra, mas você não pode sobrepô-las. Por essa razão, uma luva da mão direita não cabe na mão esquerda e vice-versa.

A molécula não pode ser sobreposta à sua imagem no espelho.

As moléculas representadas são imagens espelhadas não sobreponíveis e são consideradas isômeros ópticos. Esses isômeros são chamados **enantiômeros** ou **antípodas ópticos**.

antípodas (pés contrários – direito e esquerdo)

Algumas das propriedades físicas e químicas dos enantiômeros são idênticas. Por exemplo, ambos os isômeros ópticos de 3-metil-hexano apresentam mesmas temperaturas de fusão e ebulição e, ainda, a mesma densidade. No entanto, as propriedades dos enantiômeros diferem de duas maneiras importantes: (1) no desvio do plano da luz polarizada e (2) em seu comportamento fisiológico.

### Rotação do plano da luz polarizada

A luz polarizada (um só plano de vibração) é obtida quando a luz natural, não polarizada (infinitos planos de vibração), atravessa um polarizador.

Quando uma luz polarizada incide sobre uma amostra contendo apenas um dos dois isômeros ópticos, o plano da luz polarizada sofre um desvio. Observe a ilustração a seguir.

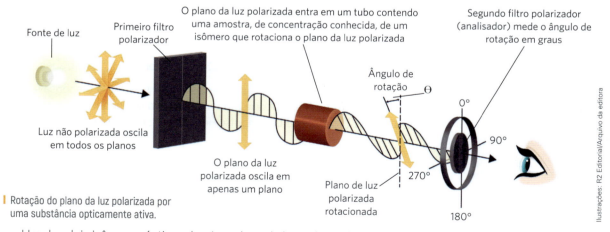

Rotação do plano da luz polarizada por uma substância opticamente ativa.

Um dos dois isômeros ópticos desvia o plano da luz polarizada no sentido horário (para a direita) e é chamado **isômero dextrogiro** (ou isômero d). O outro desvia o plano da luz polarizada no sentido anti-horário (para a esquerda) e é chamado **isômero levogiro** (ou isômero $\ell$). Uma mistura equimolar de ambos os isômeros ópticos origina uma mistura opticamente inativa (não desvia o plano da luz polarizada) e é denominada **mistura racêmica**.

Resumindo:
- desvio para o lado direito = **isômero dextrogiro** (d);
- desvio para o lado esquerdo = **isômero levogiro** ($\ell$);
- mistura equimolar dos antípodas ópticos (50% d + 50% $\ell$) = **mistura racêmica** (d$\ell$) (opticamente inativa).

## Comportamento fisiológico

O comportamento fisiológico dos isômeros ópticos desempenha um papel fundamental nas células vivas.

Quase todos os carboidratos e aminoácidos são opticamente ativos, porém apenas um dos isômeros é biologicamente utilizável. Por exemplo, a d-glicose é metabolizada para energia, mas a $\ell$-glicose é excretada sem uso.

Um organismo utiliza apenas um dos antípodas ópticos de suas enzimas. Enzimas são proteínas que aceleram todas as reações em uma célula viva, ligando-se aos reagentes e influenciando a quebra e a formação das ligações. Uma enzima distingue um isômero óptico. Veja a ilustração a seguir.

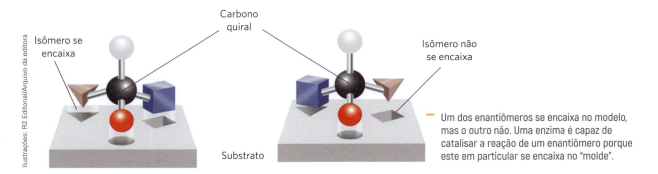

Um dos enantiômeros se encaixa no modelo, mas o outro não. Uma enzima é capaz de catalisar a reação de um enantiômero porque este em particular se encaixa no "molde".

## Condições para a ocorrência de isomeria óptica

A condição necessária para a ocorrência de isomeria óptica é que a substância seja formada por **moléculas assimétricas**.

O caso mais importante de assimetria molecular é aquele em que, na estrutura da molécula, há pelo menos um carbono **assimétrico** ou **quiral** (do grego *cheir*, que significa "mão"). Para ser assimétrico, um átomo de carbono deve apresentar quatro grupos ligantes diferentes entre si. Na fórmula estrutural, o carbono quiral é indicado por um asterisco (C*).

A presença de um carbono assimétrico (quiral) em uma molécula garante a existência de duas estruturas não sobreponíveis, que correspondem a duas substâncias denominadas **isômeros ópticos**.

O ácido láctico, por exemplo, encontrado tanto no leite azedo como nos músculos, apresenta a seguinte fórmula estrutural plana:

Ácido láctico
ou
ácido 2-hidroxipropanoico

Por ter em sua estrutura um carbono assimétrico, ele apresenta dois isômeros opticamente ativos.

Isômeros opticamente ativos do ácido láctico.

Assim, para o ácido láctico temos:

Ácido láctico

1 C* 
- d { isômeros opticamente ativos
- $\ell$ { (IOA) (enantiomorfos)
- (d$\ell$) = r { mistura opticamente inativa
- (IOI)

Observação: Algumas misturas racêmicas originam uma mistura eutética (TF = constante), comportando-se como um único isômero.

Um dos isômeros será o dextrogiro e o outro, o levogiro; no entanto, só é possível determinar qual estrutura corresponde a um ou a outro utilizando um polarímetro.

## Quantidade de carbonos assimétricos e número de isômeros ópticos

### Moléculas com dois ou mais carbonos assimétricos diferentes

A maneira mais prática de determinar a quantidade de isômeros opticamente ativos e inativos de uma substância é utilizar as expressões matemáticas propostas por Van't Hoff e Le Bel:

- quantidade de isômeros opticamente ativos (IOA):  $IOA = 2^n$

- quantidade de isômeros opticamente inativos (IOI) (misturas racêmicas):  $IOI = \dfrac{2^n}{2}$

em que n = número de carbonos assimétricos diferentes.

Veja o exemplo:

$$IOA = 2^n = 2^2 = 4 \begin{cases} d_1 \text{ e } \ell_1 = \text{antípodas ópticos} \\ d_2 \text{ e } \ell_2 = \text{antípodas ópticos} \end{cases}$$

$$IOI = \dfrac{2^n}{2} = \dfrac{2^2}{2} = 2 \begin{cases} \underbrace{d_1 + \ell_1}_{r_1} \text{ e } \underbrace{d_2 + \ell_2}_{r_2} \end{cases}$$

n = 2

Quaisquer outros pares ($d_1$ e $d_2$; $d_1$ e $\ell_2$; $d_2$ e $\ell_1$; $\ell_1$ e $\ell_2$) são denominados **diastereoisômeros**.

Em algumas moléculas, como a do ácido tartárico (2,3-di-hidroxibutanodioico), temos dois carbonos assimétricos iguais (mesmos ligantes). Nesse caso, não podemos utilizar as expressões $2^n$ e $\dfrac{2^n}{2}$. Os carbonos **a** e **b** apresentam o mesmo ângulo de desvio (experimentalmente 6°).

Isômeros:
- 2 carbonos desviando a luz para a direita: $d_1$
- 2 carbonos desviando a luz para a esquerda: $\ell_1$
- 50% $d_1$ + 50% $\ell_1$ = $r_1$ (mistura racêmica)
- 1 carbono desviando a luz para a direita + 1 carbono desviando a luz para a esquerda: opticamente inativo

O isômero meso é opticamente inativo por uma compensação de desvios no interior da molécula.

### Moléculas cíclicas

A isomeria óptica também ocorre em compostos cíclicos em função da assimetria molecular. Nessas moléculas não há carbonos assimétricos (C*), contudo, para determinar o número de isômeros, devemos imaginar que eles existem.

Para isso, devemos levar em conta os ligantes fora do anel e considerar como ligantes as sequências nos sentidos horário e anti-horário no anel. Veja o exemplo ao lado.

O carbono 3 não pode ser considerado um carbono assimétrico, pois apresenta ligantes iguais. Logo, essa molécula apresenta 2 C* diferentes.

|    | Ligantes fora do anel |       | Sentido do percurso no anel | |
|----|-----|-----|-----|-----|
|    |     |     | horário | anti-horário |
| C1 | —H  | —Br | —CH—CH₂—<br>\|<br>Cℓ | —CH₂—CH—<br>\|<br>Cℓ |
| C2 | —H  | —Cℓ | —CH₂—CH—<br>\|<br>Br | —CH—CH₂—<br>\|<br>Br |

Em compostos cíclicos, após determinar o número de carbonos que funcionam como C*, pode-se determinar o número de isômeros ópticos como nos compostos de cadeia aberta, isto é, usando-se expressões matemáticas. No exemplo ao lado, temos:

$IOA = 2^n = 2^2 = 4$

$IOI = \dfrac{2^n}{2} = \dfrac{2^2}{2} = 2$

## Explore seus conhecimentos

**1** (Uerj) Um mesmo composto orgânico possui diferentes isômeros ópticos, em função de seus átomos de carbono assimétrico. Considere as fórmulas estruturais planas de quatro compostos orgânicos, indicadas na tabela.

| Composto | Fórmula estrutural plana |
|---|---|
| I | (estrutura com NH₂) |
| II | (estrutura com Br) |
| III | (estrutura com F, F) |
| IV | (estrutura com O) |

O composto que apresenta átomo de carbono assimétrico é:

a) I  b) II  c) III  d) IV

**2** (Enem) Várias características e propriedades de moléculas orgânicas podem ser inferidas analisando sua fórmula estrutural. Na natureza, alguns compostos apresentam a mesma fórmula molecular e diferentes fórmulas estruturais. São os chamados isômeros, como ilustrado nas estruturas.

Entre as moléculas apresentadas, observa-se a ocorrência de isomeria

a) ótica.
b) de função.
c) de cadeia.
d) geométrica.
e) de compensação.

**3** (PUC-RJ) Abaixo estão representadas as estruturas da tirosina e da tiramina.

Tirosina    Tiramina

Considerando essas substâncias, pode-se afirmar que:
a) são tautômeros.
b) são opticamente ativas.
c) são isômeros funcionais.
d) a tirosina possui um carbono assimétrico.
e) a tiramina possui um carbono assimétrico.

**4** (PUC-SP) A melanina é o pigmento responsável pela pigmentação da pele e do cabelo. Em nosso organismo, a melanina é produzida a partir da polimerização da tirosina, cuja estrutura está representada a seguir.

Sobre a tirosina foram feitas algumas afirmações:
I. A sua fórmula molecular é $C_9H_{11}NO_3$.
II. A tirosina contém apenas um carbono quiral (assimétrico) em sua estrutura.
III. A tirosina apresenta as funções cetona, álcool e amina.

Está(ão) correta(s) apenas a(s) afirmação(ões)

a) I e II.   b) I e III.   c) II e III.   d) I.   e) III.

**5** (UPM-SP) O fenômeno da isomeria óptica ocorre em moléculas assimétricas, que possuem no mínimo um átomo de carbono quiral. Os enantiômeros possuem as mesmas propriedades físico-químicas, exceto a capacidade de desviar o plano de uma luz polarizada; por isso, esses isômeros são denominados isômeros ópticos. De acordo com essas informações, o composto orgânico abaixo que apresenta isomeria óptica está representado em

a)
b)
c)
d)
e)

## Relacione seus conhecimentos

1 (Uerj) A dopamina e a adrenalina são neurotransmissores que, apesar da semelhança em sua composição química, geram sensações diferentes nos seres humanos. Observe as informações da tabela:

| Neurotransmissor | Fórmula estrutural | Sensação produzida |
|---|---|---|
| Dopamina | (estrutura com dois OH no anel aromático e cadeia -CH₂-CH₂-NH₂) | Felicidade |
| Adrenalina | (estrutura com dois OH no anel aromático e cadeia -CH(OH)-CH₂-NH-CH₃) | Medo |

Indique a função química que difere a dopamina da adrenalina e nomeie a sensação gerada pelo neurotransmissor que apresenta menor massa molecular.

Identifique, ainda, o neurotransmissor com isomeria óptica e escreva sua fórmula molecular.

Dados: C = 12; H = 1; O = 16.

2 (Unesp-SP) Considere os quatro compostos representados por suas fórmulas estruturais a seguir.

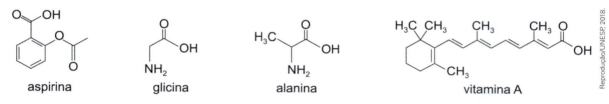

aspirina — glicina — alanina — vitamina A

a) Dê o nome da função orgânica comum a todas as substâncias representadas e indique qual dessas substâncias é classificada como aromática.
b) Indique a substância que apresenta carbono quiral e a que apresenta menor solubilidade em água.

3 (UFPR) As principais substâncias utilizadas no *doping* no esporte são classificadas como estimulantes, esteroides e diuréticos. São exemplos dessas classes, respectivamente, metanfetamina, testosterona e hidroclorotiazida, cujas estruturas são mostradas a seguir.

metanfetamina — testosterona — hidroclorotiazida

A partir das estruturas das três substâncias, analise as afirmativas a seguir:
1. A testosterona possui seis carbonos quirais.
2. A metanfetamina possui dois isômeros ópticos.
3. A hidroclorotiazida possui isômeros geométricos.
4. As três substâncias utilizadas em *doping* apresentam algum tipo de isomeria.

Assinale a alternativa correta.

a) Somente as afirmativas 2 e 3 são verdadeiras.
b) Somente as afirmativas 1 e 2 são verdadeiras.
c) Somente as afirmativas 1, 2 e 4 são verdadeiras.
d) Somente as afirmativas 1, 3 e 4 são verdadeiras.
e) Somente as afirmativas 3 e 4 são verdadeiras.

**4** (Ifsul-RS) A adrenalina, hormônio natural elaborado pelas glândulas suprarrenais e potente estimulante cardíaco e hipertensor, é um composto orgânico que apresenta a seguinte fórmula estrutural, representada abaixo:

Quantos isômeros opticamente ativos apresentam esse hormônio?
a) 2
b) 4
c) 6
d) 8

**5** (UFPA) O anti-hipertensivo *labetalol*, fórmula estrutural plana dada a seguir, é exemplo de um fármaco que apresenta vantagens ao ser administrado como racemato.

Como no processo de síntese todos os estereoisômeros são produzidos, o número de estereoisômeros na mistura será
a) 1.
b) 2.
c) 3.
d) 4.
e) 5.

**6** (UEL-PR) Leia a charge a seguir.

(Disponível em: portaldoprofessor.mec.gov.br. Acesso em: 15 jun. 2016.)

A charge evidencia uma situação cotidiana relacionada à compra de medicamentos, na qual ocorrem dúvidas por parte da consumidora, tendo em vista os diferentes medicamentos comercializados: os de marca, os similares e os genéricos. Essa dúvida, no entanto, não deveria existir, pois os diferentes tipos de medicamentos devem apresentar o mesmo efeito terapêutico. O que não se sabe, por parte da população em geral, é que muitos medicamentos são vendidos na forma de dois isômeros ópticos em quantidades iguais, mas apenas um deles possui atividade terapêutica. Por exemplo, o ibuprofeno é um anti-inflamatório que é comercializado na sua forma (S) + (ativa) e (R) − (inativa), conforme mostram as figuras a seguir.

Com base nessas informações, considere as afirmativas a seguir.

I. O ibuprofeno é comercializado na forma de racemato.
II. Os dois isômeros são diasteroisômeros.
III. Os dois isômeros apresentam isomeria de posição.
IV. Os dois isômeros possuem pontos de fusão iguais.

Assinale a alternativa correta.
a) Somente as afirmativas I e II são corretas.
b) Somente as afirmativas I e IV são corretas.
c) Somente as afirmativas III e IV são corretas.
d) Somente as afirmativas I, II e III são corretas.
e) Somente as afirmativas II, III e IV são corretas.

CAPÍTULO

# 34 Tipos de reações orgânicas

Este capítulo favorece o desenvolvimento das habilidades

EM13CNT105
EM13CNT206
EM13CNT307

Em nosso cotidiano, utilizamos produtos que contêm substâncias químicas provenientes de diversas fontes, tanto naturais quanto sintéticas.

Até o final do século XIX – antes do florescimento da indústria química, que se deu no início do século XX –, quase a totalidade dos produtos utilizados, desde no tratamento de doenças até na fabricação de perfumes e pigmentos para o tingimento de tecidos, era obtida de fontes naturais. Como exemplo, podemos citar o corante púrpura-imperial, extraído de um molusco e usado para tingir vestimentas desde o Império Romano.

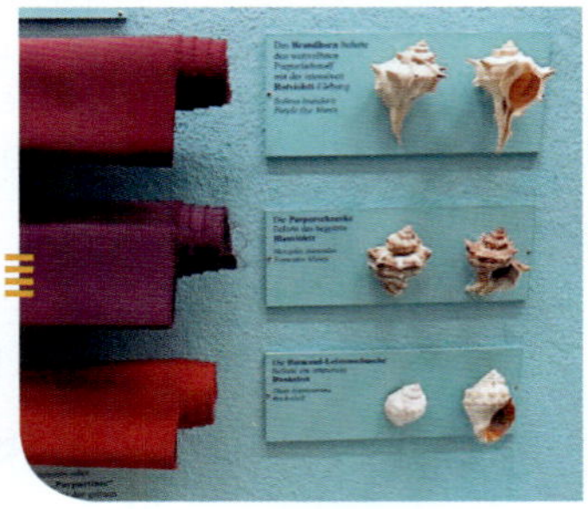

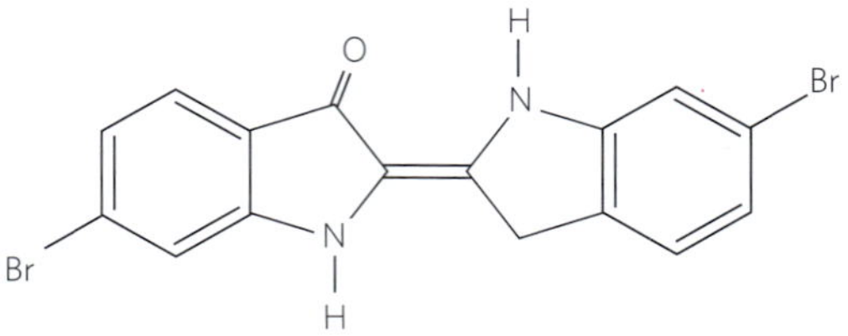

A estrutura do principal componente do corante púrpura-imperial pode ser obtida em laboratório e é idêntica à extraída de fontes naturais.

Esses produtos naturais eram amplamente utilizados, embora sem que sua estrutura química tivesse sido elucidada, o que somente foi possível com o avanço dos estudos vinculados à Química orgânica.

Conhecer a estrutura das substâncias permite estabelecer rotas sintéticas para a produção em laboratório, substituindo muitas vezes a necessidade de extração das fontes naturais e, consequentemente, barateando a sua produção.

Neste capítulo estudaremos algumas reações orgânicas cujos produtos fazem parte da nossa vida, desde os mais simples até os mais complexos.

As reações orgânicas podem ser classificadas de várias maneiras, no entanto as mais comuns são as de substituição, de adição e de eliminação.

## • Substituição

Nesse tipo de reação, um átomo ou grupo de átomos de um dos reagentes é substituído por um grupo de átomos ou um átomo do outro reagente. Veja alguns exemplos:

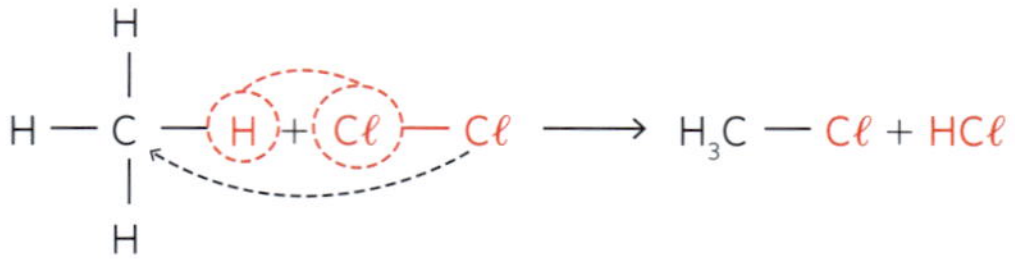

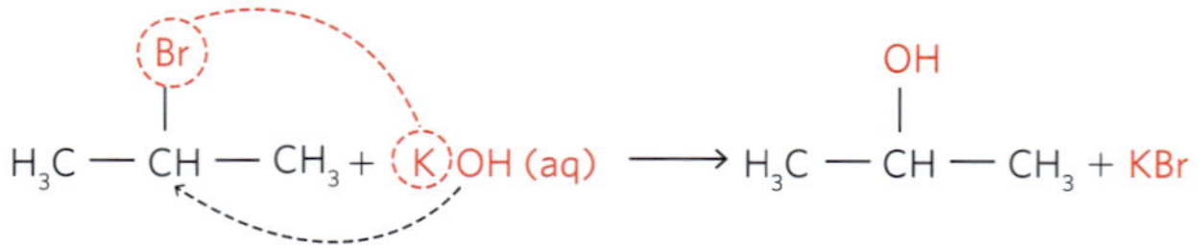

$$H_3C-H + C\ell-C\ell \longrightarrow H_3C-C\ell + HC\ell$$

$$H_3C-CHBr-CH_3 + KOH_{(aq)} \longrightarrow H_3C-CHOH-CH_3 + KBr$$

## • Adição

As reações de adição são características de compostos que possuem ligações duplas ou triplas. Nesse tipo de reação ocorrem a união de duas ou mais moléculas e a formação de um único produto. Veja alguns exemplos:

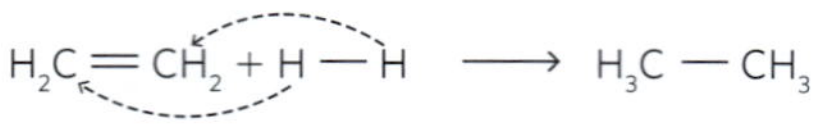

$$H_2C=CH_2 + H-H \longrightarrow H_3C-CH_3$$

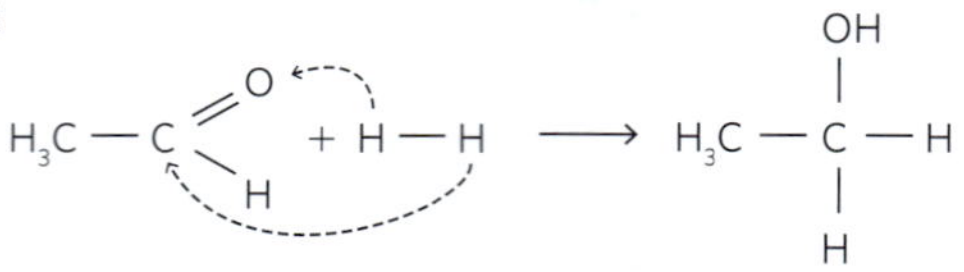

$$H_3C-CHO + H-H \longrightarrow H_3C-CHOH-H$$

## Eliminação

Nesse tipo de reação, ocorre diminuição na quantidade de átomos na molécula do reagente orgânico, formando dois produtos: um orgânico e um inorgânico. Veja alguns exemplos:

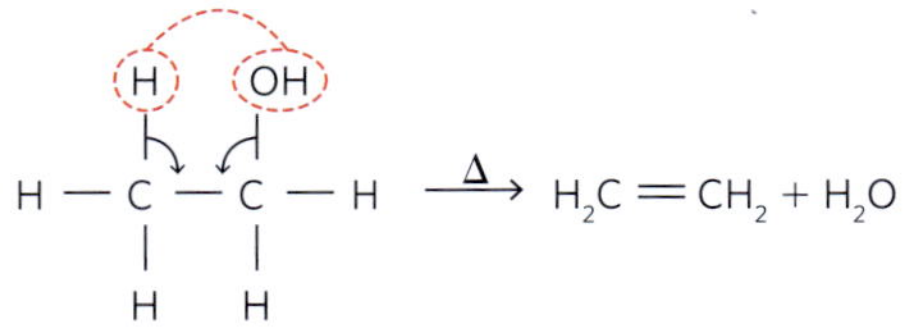

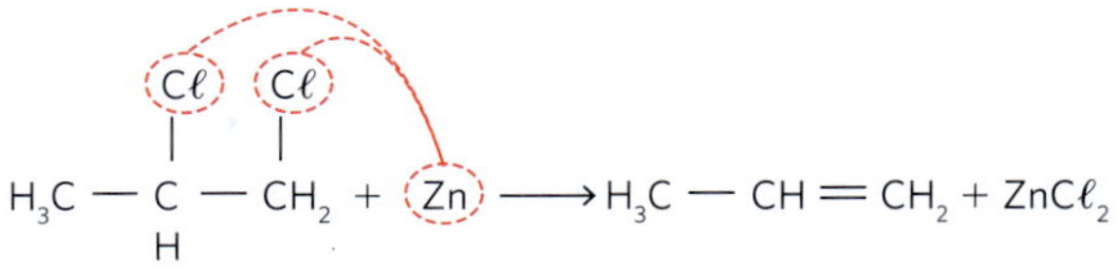

$$H_3C-CH_2-H \xrightarrow{\Delta} H_2C=CH_2 + H_2O$$

$$H_3C-CHCl-CH_2Cl + Zn \longrightarrow H_3C-CH=CH_2 + ZnCl_2$$

## Descarboxilação

Nesse tipo de reação, ocorre a saída de uma carboxila (—COOH) do composto na forma de dióxido de carbono ($CO_2$). Veja o exemplo:

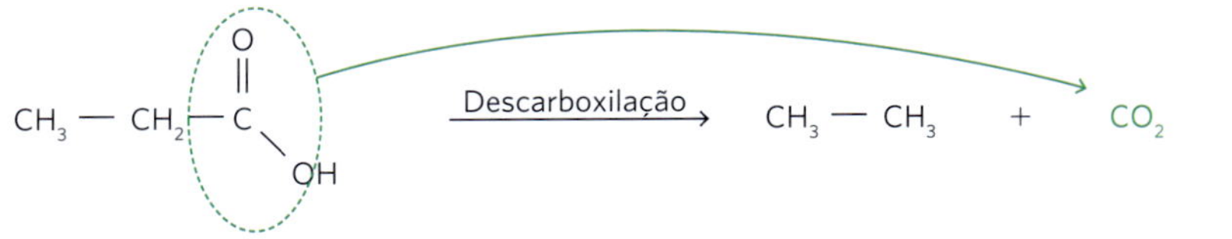

$$CH_3-CH_2-COOH \xrightarrow{Descarboxilação} CH_3-CH_3 + CO_2$$

Ácido propanoico → Etano + Gás carbônico

## Descarbonilação

Nesse tipo de reação, ocorre a saída de uma carbonila ($>C=O$) do composto na forma de monóxido de carbono (CO). Veja os exemplos:

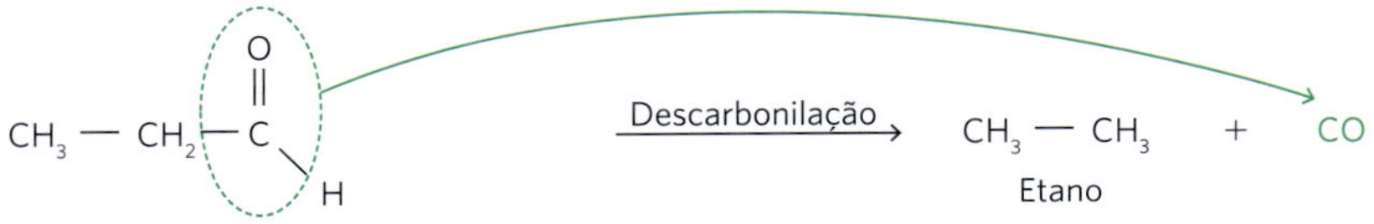

$$CH_3-CH_2-CHO \xrightarrow{Descarbonilação} CH_3-CH_3 + CO$$

Propanal → Etano

$$CH_3-CH_2-CH_2-COOH \xrightarrow{Descarbonilação} \overset{3}{CH_3}-\overset{2}{CH_2}-\overset{1}{CH_2}-OH + CO$$

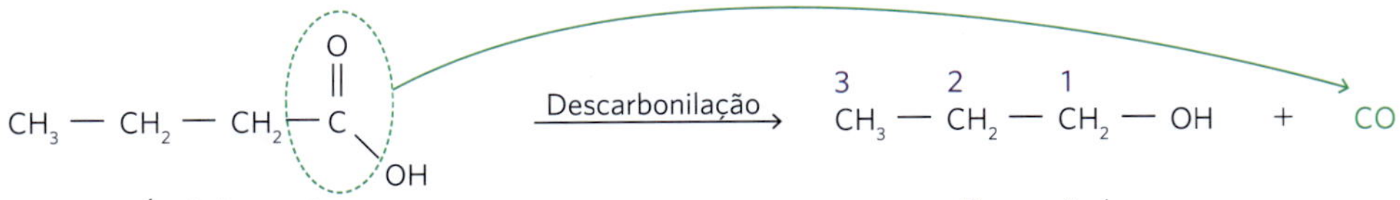

Ácido butanoico → Propan-1-ol

## Hidrólise

Nesse tipo de reação, ocorre a quebra de moléculas pela reação com água ($H_2O$). Veja os exemplos:

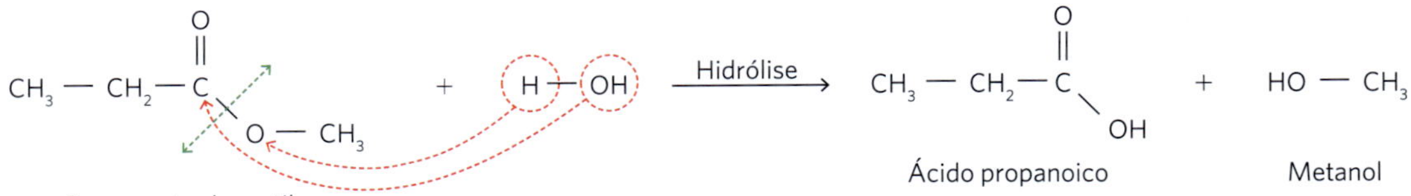

$$CH_3-CH_2-COO-CH_3 + H-OH \xrightarrow{Hidrólise} CH_3-CH_2-COOH + HO-CH_3$$

Propanoato de metila → Ácido propanoico + Metanol

$$CH_3-CO-NH-CH_3 + H-OH \xrightarrow{Hidrólise} CH_3-COOH + NH_2-CH_3$$

N-metiletanoamida → Ácido etanoico + Metilamina

## Oxidação

Nesse tipo de reação, de modo geral, ocorre aumento do número de átomos de oxigênio no composto ou, ainda, aumento do número de ligações estabelecidas com átomos de oxigênio. Veja o exemplo a seguir.

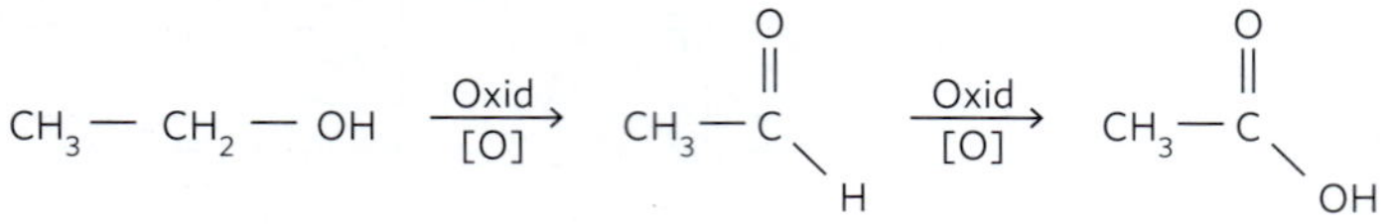

$$CH_3-CH_2-OH \xrightarrow[{[O]}]{Oxid} CH_3-\underset{H}{\overset{O}{\underset{\|}{C}}} \xrightarrow[{[O]}]{Oxid} CH_3-\underset{OH}{\overset{O}{\underset{\|}{C}}}$$

Etanol — Etanal — Ácido etanoico

Note que, no etanol, existe apenas uma ligação entre o C e o O. Já no etanal, são estabelecidas duas ligações (ligação dupla) entre o C e o O. Ao término da reação de oxidação, tem-se como produto o ácido etanoico, com dois átomos de oxigênio.

Veja a seguir mais alguns exemplos de reação de oxidação.

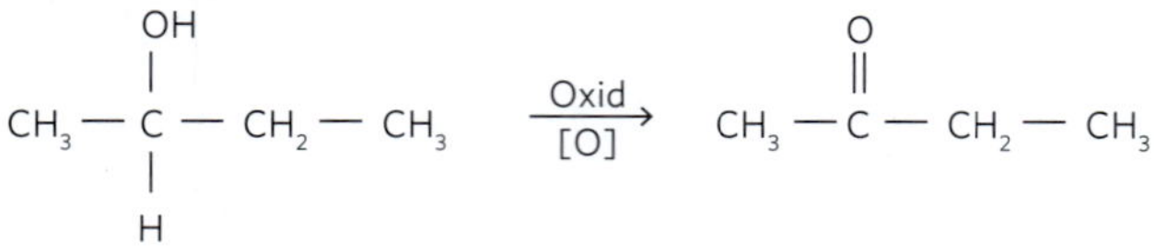

Butan-2-ol → Butanona

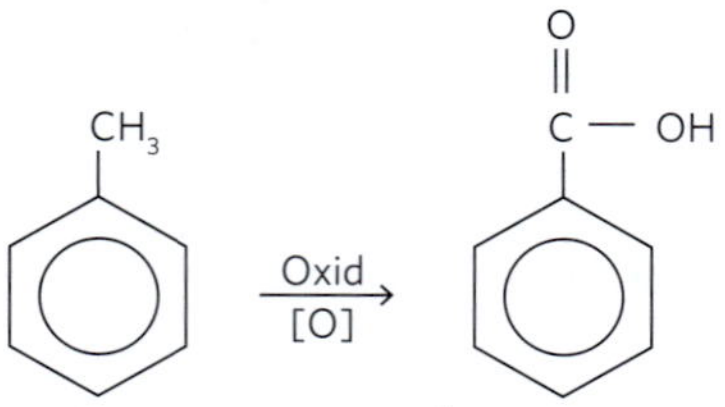

Tolueno → Ácido benzoico

O permanganato de potássio ($KMnO_4$) e o dicromato de potássio ($K_2Cr_2O_7$) são exemplos de agentes oxidantes fortes que atuam como fontes de átomos de oxigênio [O] (chamados de oxigênio nascente) na reação.

## Redução

Nas reações de redução, de modo geral, verifica-se o aumento do número de átomos de hidrogênio no composto ou, ainda, a diminuição do número de ligações com átomos de oxigênio.

Alguns agentes redutores fortes são o hidreto de alumínio e lítio ($LiA\ell H_4$) e o boroidreto de sódio ($NaBH_4$), que atuam como fontes de átomos de hidrogênio [H] (hidrogênio nascente) na reação. Veja alguns exemplos:

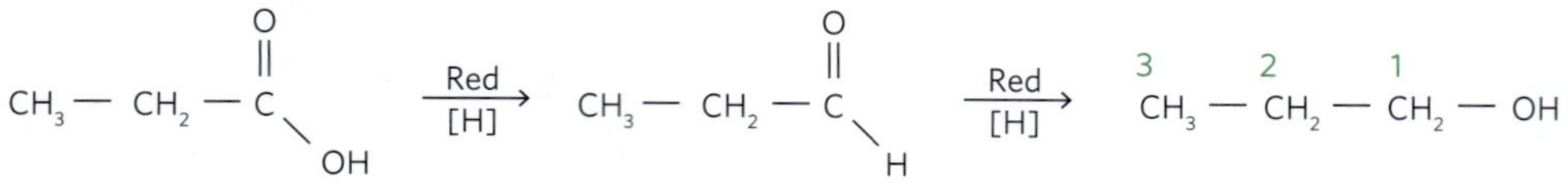

Ácido propanoico → Propanal → Propan-1-ol

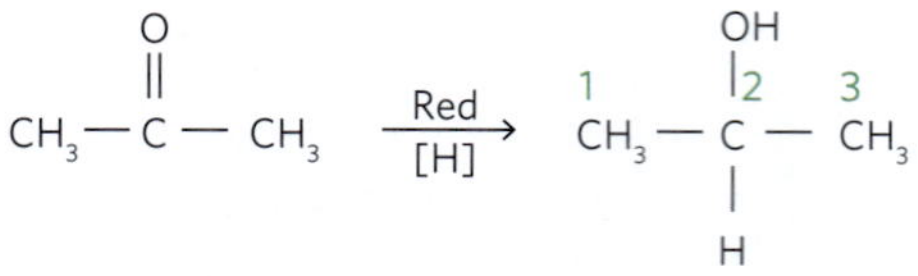

Propanona → Propan-2-ol

A redução de um composto também pode resultar da reação com gás hidrogênio ($H_2$). Observe o exemplo:

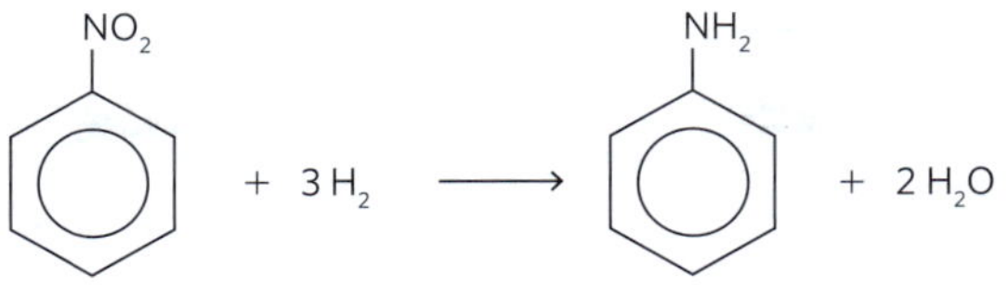

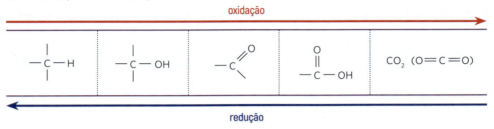

De modo geral, para os átomos de carbono, podemos utilizar o seguinte diagrama para auxiliar na verificação da ocorrência de oxidação ou de redução:

oxidação →

| —C—H | —C—OH | —C(=O) | —C(=O)—OH | $CO_2$ (O=C=O) |

← redução

## Explore seus conhecimentos

A finalidade destes exercícios é realizar a interpretação de uma reação química com base em um modelo. Faça-os sem a preocupação de memorizar as reações e/ou os mecanismos envolvidos.

**Substituição**

**1** Observe a reação entre o clorometano e o KOH (aq).

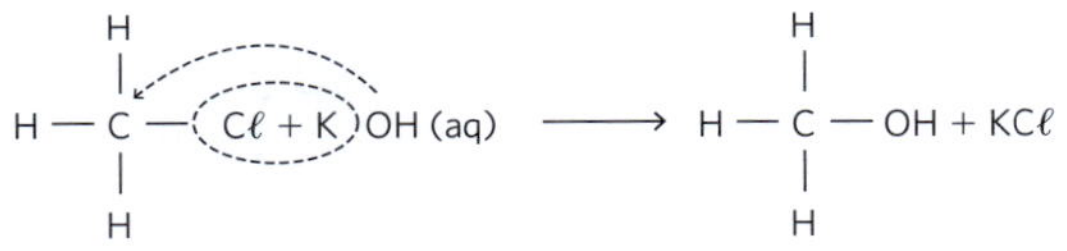

H—C(Cℓ + K)OH (aq) ⟶ H—C—OH + KCℓ

Clorometano → Metanol

Com base no modelo dado, complete a reação a seguir, indicando o nome do produto orgânico obtido (W).

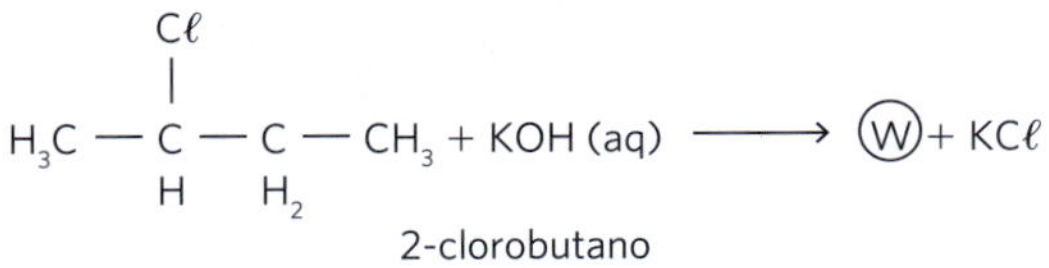

$H_3C$—CHCℓ—$CH_2$—$CH_3$ + KOH (aq) ⟶ Ⓦ + KCℓ

2-clorobutano

**2** Observe o modelo de reação de substituição abaixo.

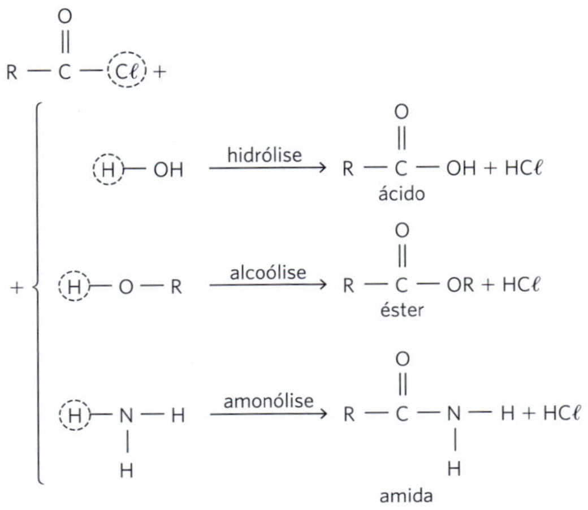

R—C(=O)—(Cℓ) +

- (H)—OH →(hidrólise) R—C(=O)—OH + HCℓ (ácido)
- (H)—O—R →(alcoólise) R—C(=O)—OR + HCℓ (éster)
- (H)—NH—H →(amonólise) R—C(=O)—NH—H + HCℓ (amida)

Com base no modelo, complete as reações abaixo.

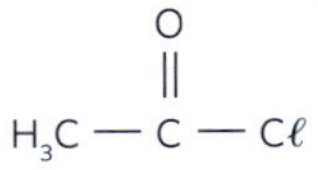

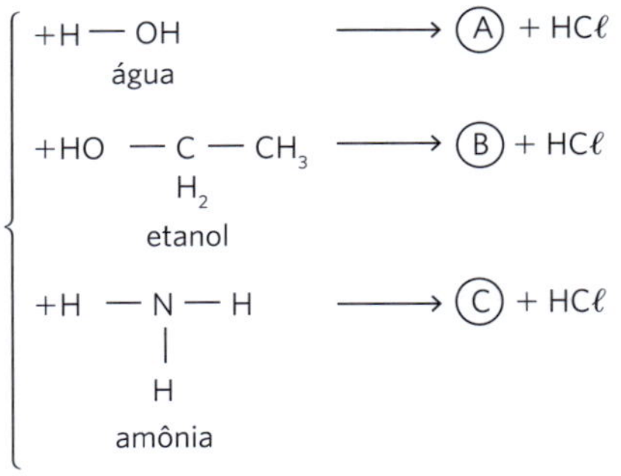

$H_3C$—C(=O)—Cℓ
cloreto de acetila

- +H—OH (água) ⟶ Ⓐ + HCℓ
- +HO—CH₂—$CH_3$ (etanol) ⟶ Ⓑ + HCℓ
- +H—NH—H (amônia) ⟶ Ⓒ + HCℓ

**Adição**

**3** Com base no modelo de reação de adição:

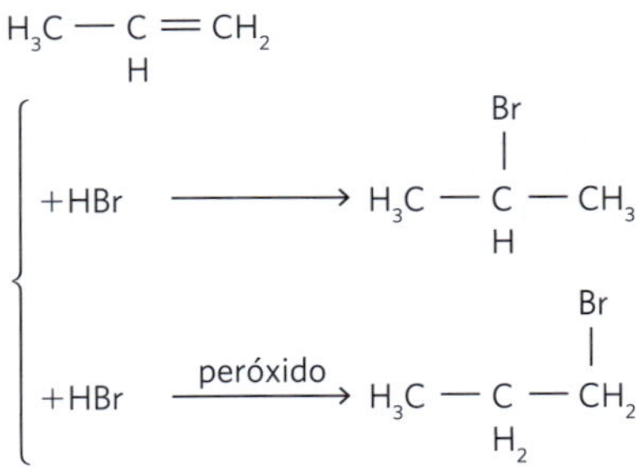

$H_3C$—CH=$CH_2$

- +HBr ⟶ $H_3C$—CHBr—$CH_3$
- +HBr →(peróxido) $H_3C$—CH₂—$CH_2$Br

copie as reações a seguir, completando-as.

a) 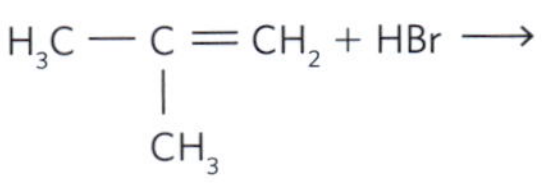 $H_3C$—C($CH_3$)=$CH_2$ + HBr ⟶

b) 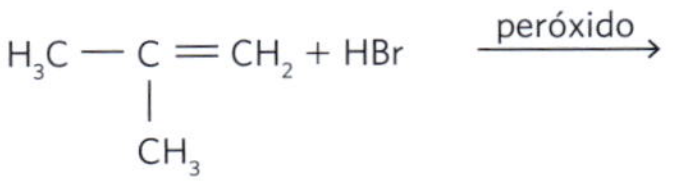 $H_3C$—C($CH_3$)=$CH_2$ + HBr →(peróxido)

## Eliminação

**4** Dado o modelo de reação de eliminação:

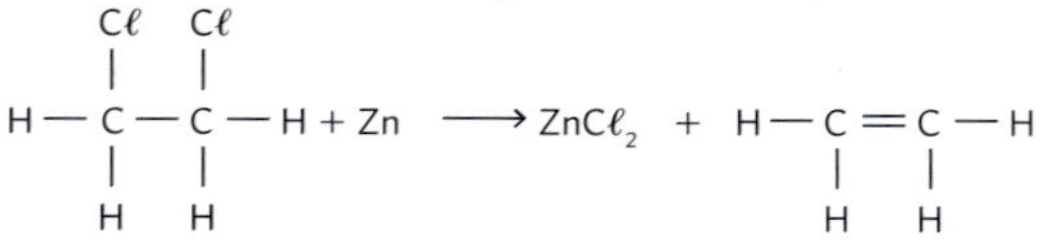

$$H-\underset{\underset{H}{|}}{\overset{\overset{C\ell}{|}}{C}}-\underset{\underset{H}{|}}{\overset{\overset{C\ell}{|}}{C}}-H + Zn \longrightarrow ZnC\ell_2 + H-\underset{\underset{H}{|}}{C}=\underset{\underset{H}{|}}{C}-H$$

copie as reações ao lado, completando-as e indicando o nome dos respectivos produtos orgânicos.

a) 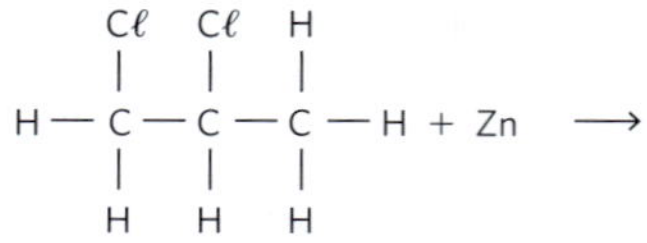
$$H-\underset{\underset{H}{|}}{\overset{\overset{C\ell}{|}}{C}}-\underset{\underset{H}{|}}{\overset{\overset{C\ell}{|}}{C}}-\underset{\underset{H}{|}}{\overset{\overset{H}{|}}{C}}-H + Zn \longrightarrow$$

b) 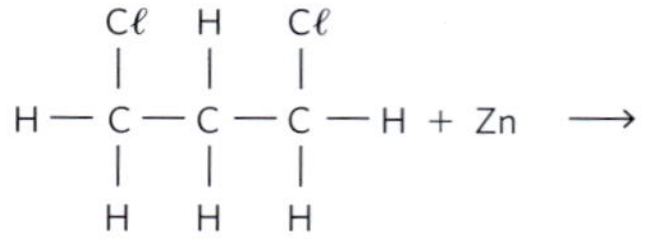
$$H-\underset{\underset{H}{|}}{\overset{\overset{C\ell}{|}}{C}}-\underset{\underset{H}{|}}{\overset{\overset{H}{|}}{C}}-\underset{\underset{H}{|}}{\overset{\overset{C\ell}{|}}{C}}-H + Zn \longrightarrow$$

## Relacione seus conhecimentos

**1** (Imed-RS) Analise a reação orgânica abaixo:

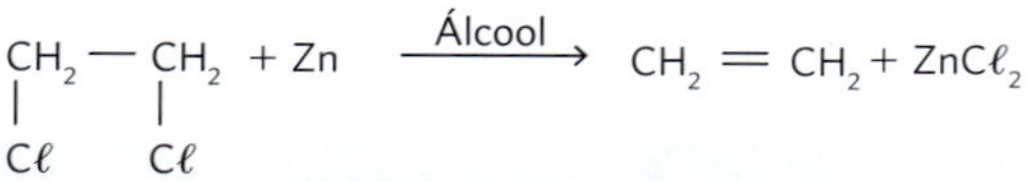

$$\underset{\underset{C\ell}{|}}{CH_2}-\underset{\underset{C\ell}{|}}{CH_2} + Zn \xrightarrow{\text{Álcool}} CH_2=CH_2 + ZnC\ell_2$$

Essa reação é uma reação de:
a) adição.
b) ozonólise.
c) eliminação.
d) substituição.
e) desidratação.

**2** (Fuvest-SP) A dopamina é um neurotransmissor importante em processos cerebrais. Uma das etapas de sua produção no organismo humano é a descarboxilação enzimática da L-Dopa, como esquematizado:

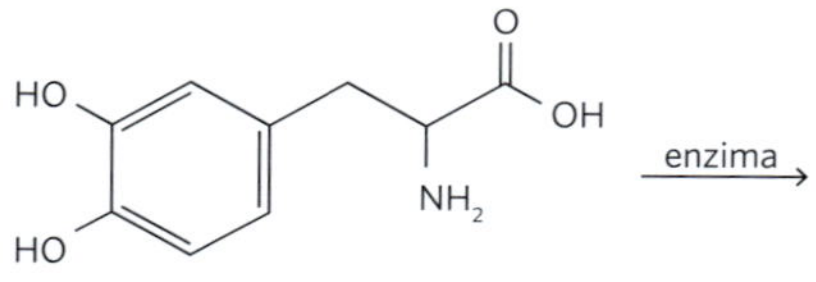

L-Dopa $\xrightarrow{\text{enzima}}$ dopamina + dióxido de carbono

Sendo assim, a fórmula estrutural da dopamina é:

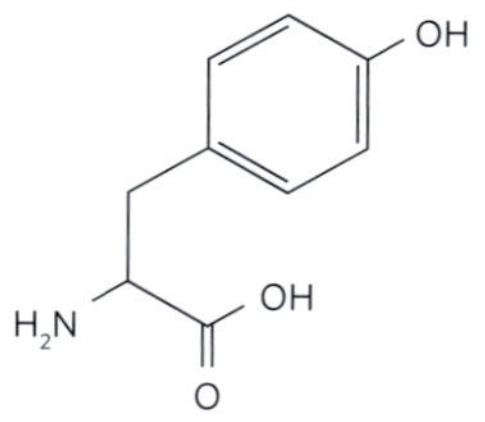

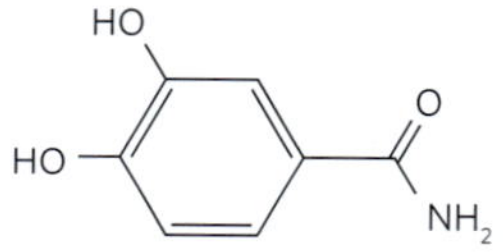

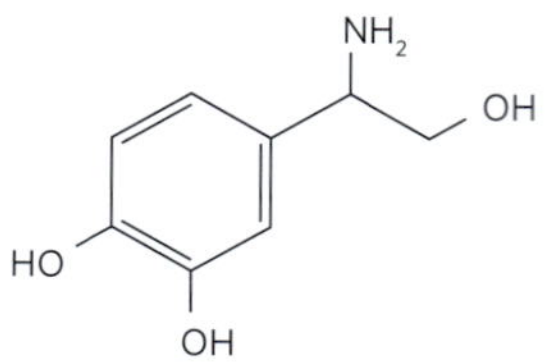

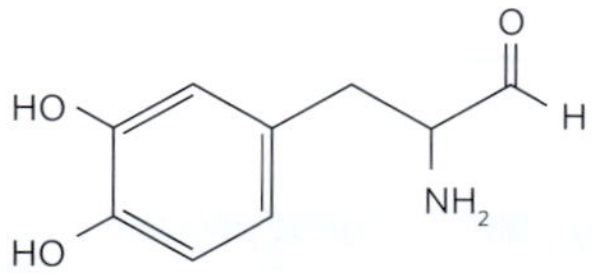

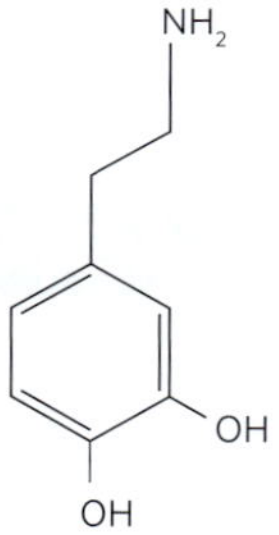

**3** (Fuvest-SP) O 1,4-pentanodiol pode sofrer reação de oxidação em condições controladas, com formação de um aldeído A, mantendo o número de átomos de carbono da cadeia. O composto A formado pode, em certas condições, sofrer reação de descarbonilação, isto é, cada uma de suas moléculas perde CO, formando o composto B. O esquema a seguir representa essa sequência de reações:

1,4-pentanodiol $\xrightarrow{\text{oxidação}}$ A $\xrightarrow{\text{descarbonilação}}$ B

Os produtos A e B dessas reações são:

| | A | B |
|---|---|---|
| a) | 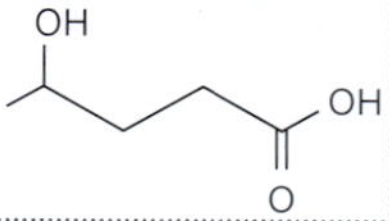 | 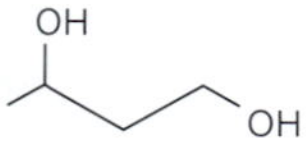 |
| b) | 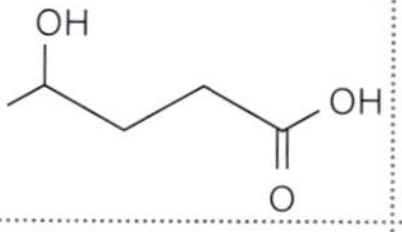 | 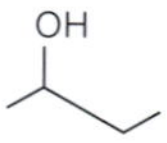 |
| c) | 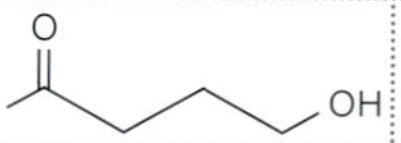 |  |
| d) | 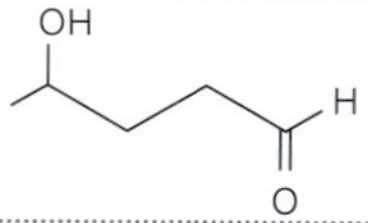 | 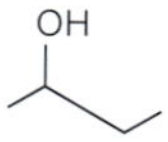 |
| e) | 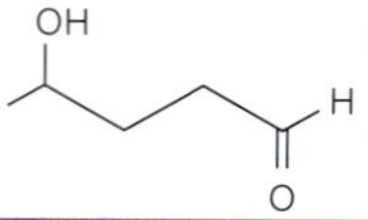 | 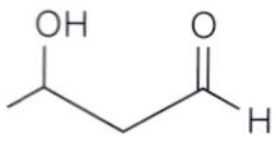 |

## Em contexto

### Química Verde

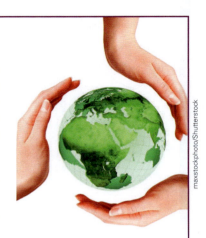

No início da década de 1990, uma nova maneira de lidar com a questão dos resíduos químicos começou a ser desenvolvida. Essa nova abordagem considera fundamental evitar ou minimizar a produção de resíduos em relação ao seu simples tratamento no final do processo, além de promover o uso sustentável de matéria-prima e energia. Esse novo direcionamento na forma de encarar a atividade química é chamado de Química Verde.

A Química Verde pode ser definida como o desenvolvimento e a implementação de processos químicos com o intuito de reduzir ou eliminar a geração de substâncias nocivas à saúde humana e ao meio ambiente.

Para a implementação da Química Verde, alguns princípios devem ser perseguidos:

a) Evitar a produção de resíduos em relação ao seu tratamento após sua formação.
b) Utilizar e formar substâncias menos tóxicas ao ser humano e ao meio ambiente.
c) Desenvolver métodos que criem produtos de alta eficiência no que diz respeito a seu efeito desejável e que não sejam tóxicos ao ser humano.
d) Evitar o uso de substâncias auxiliares (solventes, agentes de separação ou substâncias secantes) no processo, mas, caso não seja possível, utilizar substâncias menos nocivas.
e) Buscar a eficiência energética. A energia empregada pelos processos químicos deve ser escolhida de forma a minimizar impactos ambientais e econômicos. Isso pode ser atingido dando preferência a processos que ocorram em condições de temperatura e pressão próximas à ambiente.
f) Utilizar fontes renováveis de matérias-primas.
g) Dar preferência a processos que utilizem catalisadores.
h) Produzir substâncias que, ao final de sua função, degradem-se em substâncias inócuas e não acumulativas no meio ambiente.
i) Desenvolver métodos analíticos que permitam o monitoramento e o controle em tempo real da formação de substâncias nocivas ao longo de todo o processo.
j) Escolher um método que minimize possíveis acidentes químicos, incluindo vazamentos e explosões.

MACHADO, A. A. S. C. Da gênese ao ensino da Química Verde. *Química Nova*, v. 34, nº 3, 535-543, 2011.
LENARDÃO, E. J. *et al.* "Green chemistry" – Os 12 princípios da Química Verde e sua inserção nas atividades de ensino e pesquisa. *Química Nova*, v. 26, nº 1, 123-129, 2003.
SILVA, F. M. da *et al.* Desenvolvimento sustentável e Química Verde. *Química Nova*, v. 28, nº 1, 103-110, 2005.

## Exercícios

**1** Observe a síntese abaixo e o quadro que apresenta três condições possíveis para esta reação.

|     | Solvente          | Temperatura (°C) |
| --- | ----------------- | ---------------- |
| I   | Álcool t-butílico | 25 °C            |
| II  | –                 | 25 °C            |
| III | –                 | 80 °C            |

Com base nos princípios apresentados, escolha a condição mais apropriada para a síntese dos compostos A e B. Justifique sua escolha.

**2** Observe as duas rotas de síntese do ácido adípico, substância utilizada na produção do náilon.

Rota tradicional

benzeno $\xrightarrow[\text{370-800 psi}]{\text{H}_2 \quad \text{Ni} - A\ell_2O_3}$ ciclo-hexano $\xrightarrow[\text{120-140 psi}]{\text{Co} - O_2}$ ciclo-hexanona + ciclo-hexanol $\xrightarrow[\text{370-800 psi}]{\text{Ni} - A\ell_2O_3}$ ácido adípico (HO$_2$C—(CH$_2$)$_4$—CO$_2$H)

Rota biossintética

glicose $\xrightarrow{E.\ coli}$ intermediário $\xrightarrow{E.\ coli}$ HO$_2$C—CH=CH—CH=CH—CO$_2$H $\xrightarrow[\text{50 psi}]{\text{Pt, H}_2}$ ácido adípico

LENARDÃO, E. J. *et al.* "Green chemistry" – Os 12 princípios da Química Verde e sua inserção nas atividades de ensino e pesquisa. *Química Nova*, v. 26, nº 1, 2013.

Na rota tradicional, utiliza-se o benzeno como reagente inicial, enquanto na rota sintética se faz uso da glicose. Entre as duas rotas, escolha aquela que está mais alinhada com os princípios da Química Verde. Justifique sua resposta.

**3** Um princípio inovador no paradigma da Química Verde é a *economia* atômica ou *eficiência* atômica, que consiste em desenvolver métodos que maximizem a incorporação de toda a massa dos reagentes no produto. O cálculo da economia atômica pode ser feito dividindo a massa molecular do produto desejável pela soma das massas dos reagentes envolvidos na sua formação levando-se em conta a estequiometria da reação. Observe os dois exemplos a seguir:

Reação de Diels-Alder

butadieno + eteno ⟶ ciclo-hexeno

Reação de Wittig

acetona + H$_2$C$^{\ominus}$—P$^{\oplus}$(Ph)$_3$ ⟶ isobuteno + Ph$_3$PO

SILVA, S. M. *et al.* Desenvolvimento sustentável e Química Verde. *Química Nova*, v. 8, nº 1, 2005. (Adaptado.)

Efetuando o cálculo da economia atômica em cada caso, aponte a síntese que está mais alinhada com esse princípio da Química Verde.

Dado: Ph = C$_6$H$_5$.

Massas atômicas (u): C = 12, H = 1, O = 16 e P = 31.

**4** Pesquise na internet as etapas de produção de alguns produtos utilizados em nosso cotidiano, como utensílios de plástico, produtos cosméticos, de higiene e gêneros alimentícios (alimentos processados, sucos e refrigerantes).

Identifique nesses processos de produção as etapas que estão menos alinhadas aos princípios da Química Verde e proponha possíveis modificações a fim de tornar as práticas mais sustentáveis.

Divulgue sua pesquisa e suas proposições na forma de vídeo e compare com as dos colegas.

**CIÊNCIAS DA NATUREZA E SUAS TECNOLOGIAS**

# Hidrocarbonetos

UNIDADE

   Durante muitos séculos, o homem procurou abrigo e instalação de suas atividades cotidianas em locais próximos de recursos naturais, particularmente os energéticos. Com a descoberta dos combustíveis fósseis e da eletricidade, isso deixou de ser uma preocupação, de modo que, atualmente, os grandes centros consumidores podem estar distantes das grandes reservas e dos potenciais energéticos. O caso do petróleo ilustra bem essa tendência do mundo moderno.

ANEEL. Disponível em: http://www2.aneel.gov.br/aplicacoes/atlas/pdf/07-Petroleo(2).pdf. Acesso em: 19 jun. 2020.

Plataforma petrolífera.

## Nesta unidade vamos:

- identificar as classes de hidrocarbonetos;
- analisar as propriedades físicas e químicas dos hidrocarbonetos;
- compreender a formação do petróleo e reações de combustão;
- interpretar as reações envolvendo hidrocarbonetos.

CAPÍTULO

# 35 Petróleo e reações de combustão

Este capítulo favorece o desenvolvimento das habilidades

EM13CNT105
EM13CNT106
EM13CNT203
EM13CNT206
EM13CNT307
EM13CNT309

**Dica**

*O azul do planeta:* um retrato da atmosfera terrestre, de Mario Tolentino, Romeu Cardozo Rocha-Filho e Roberto Ribeiro da Silva. Coleção Polêmica. Editora Moderna. O livro trata da Química relacionada à atmosfera e aos principais problemas de poluição. Discute as fontes de poluentes, bem como os fenômenos de aquecimento global, destruição da camada de ozônio e chuva ácida.

## O ciclo do carbono

O ciclo do carbono está intimamente conectado com o ciclo da matéria orgânica presente nos seres vivos. Por meio da captação da radiação solar que atinge a superfície da Terra, os vegetais realizam o processo de fotossíntese e absorvem gás carbônico ($CO_2$) da atmosfera, fixando os átomos de carbono na forma de matéria orgânica, principalmente carboidratos.

Os processos de combustão (queima), respiração e decomposição devolvem o gás carbônico para a atmosfera, permitindo, assim, a existência de um circuito fechado envolvendo os processos de absorção e liberação de compostos de carbono.

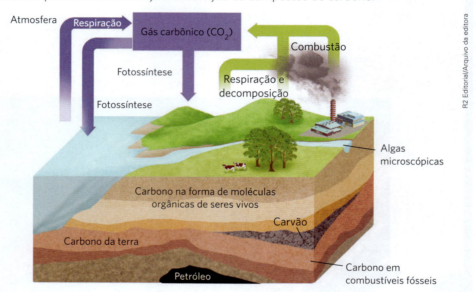

No entanto, com a ocorrência do ciclo, principalmente com a morte de animais e vegetais, uma pequena parte dos compostos orgânicos acaba penetrando nas camadas mais profundas do solo durante o processo de decomposição, formando depósitos que, quando submetidos às condições adequadas, como alta pressão e temperatura, podem dar origem aos denominados combustíveis fósseis, como o petróleo, o carvão e o gás natural.

## A formação do petróleo

O petróleo é um combustível fóssil que pode ser encontrado em áreas submersas ou em regiões que, no passado geológico do planeta, foram áreas submersas. Assim, pode-se afirmar que os poços de petróleo e de gás natural são fundamentalmente de origem marinha.

Organismos marinhos como o zooplâncton e as algas se acomodam no assoalho oceânico presente no fundo do mar, sendo recobertos por diversos sedimentos como argila e areia, formando depósitos constituídos por matéria orgânica mesclada com uma matriz porosa de argila e arenito.

As condições de soterramento e alagamento isolam parcialmente a matéria orgânica em decomposição do contato com o gás oxigênio presente na atmosfera, o que propicia condições para que a decomposição ocorra de maneira anaeróbica, ou seja, na ausência do contato com o oxigênio atmosférico.

Com o passar do tempo, à medida que as camadas de sedimento se acumulam, o aumento da pressão e da temperatura provocam a transformação do material orgânico em um material ceroso denominado **querogênio**.

Com a ação do calor e da pressão contínua sobre a matéria orgânica, além da ação das bactérias anaeróbicas, ocorrem diversas reações e transformações, resultando na formação de grande quantidade de hidrocarbonetos no estado líquido e gasoso, sendo este último constituído principalmente de metano.

Os hidrocarbonetos gasosos, menos densos, migram para as camadas superiores das rochas, até que se acumulam em bolsões circundados por rochas impermeáveis. O petróleo, por sua vez, será constituído pelas frações mais densas dos hidrocarbonetos formados, acumulando-se gradativamente nas rochas e ficando aprisionado em suas camadas mais porosas.

O petróleo, ou petróleo bruto, é uma mistura de hidrocarbonetos, principalmente alcanos, que apresentam diferentes tamanhos de cadeias carbônicas.

Observe na imagem ao lado um diagrama esquemático representando o acúmulo de petróleo e gás natural nas camadas do subsolo.

O petróleo pode ser extraído através da perfuração do reservatório no qual está localizado e posterior bombeamento. A denominada recuperação primária do petróleo ocorre quando a pressão interior do reservatório é elevada e acaba por empurrar o petróleo para a superfície. Caso a pressão no interior do reservatório seja reduzida, é possível extrair o petróleo com a utilização de bombas, ocorrendo assim a denominada recuperação secundária.

O petróleo cru, ou petróleo bruto, recém-extraído não apresenta aplicações diretas; para se tornar utilizável, deve passar pelos estágios de refino.

É importante ressaltar que o petróleo é um recurso finito e não se apresenta distribuído de maneira homogênea pelas diversas regiões do planeta.

O Brasil é a 15ª maior reserva de petróleo do planeta, com uma estimativa de cerca de 12,8 bilhões de barris de petróleo, diante de uma reserva mundial total de 1696,6 bilhões de barris. As maiores reservas mundiais de petróleo correspondem à Venezuela e Arábia Saudita, com 303,2 e 266,2 bilhões de barris respectivamente.

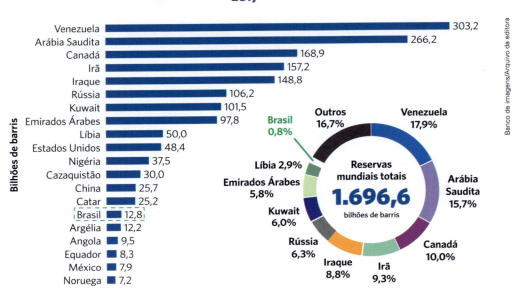

Fonte: https://www.ibp.org.br/. Acesso em: 3 jul. 2019.

## O refino do petróleo

O refino do petróleo apresenta basicamente três processos: destilação fracionada, craqueamento catalítico e reforma catalítica.

### Destilação fracionada

A destilação fracionada envolve a separação do petróleo em misturas menos complexas, valendo-se das diferentes temperaturas de ebulição apresentadas pelos diversos hidrocarbonetos presentes no petróleo. Observe um diagrama esquemático representativo da destilação fracionada, abaixo.

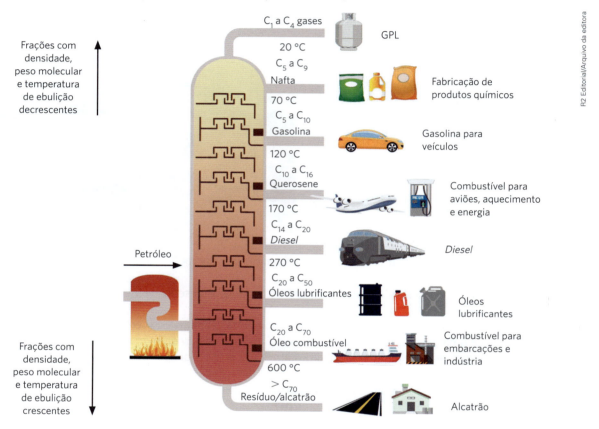

Observe que, mesmo após a realização da destilação fracionada, as frações obtidas do petróleo não constituem substâncias puras, mas sim misturas separadas por diferentes faixas de tamanho das cadeias carbônicas e consequente temperatura de ebulição.

### Craqueamento catalítico

As frações mais leves do petróleo, ou seja, as que apresentam menores cadeias carbônicas, têm maior valor comercial do que as frações mais pesadas, já que podem ser utilizadas como diversas fontes de combustíveis.

O craqueamento catalítico apresenta por finalidade aumentar o rendimento do petróleo em relação às frações mais leves por meio da quebra das cadeias carbônicas maiores, constituintes das frações mais pesadas, em cadeias menores. Observe o exemplo abaixo.

$$C_{20}H_{42} \xrightarrow[\Delta]{cat} \boxed{C_8H_{18}}_{\text{principal componente da gasolina}} + C_{12}H_{24}$$

De modo geral, no processo de craqueamento catalítico temos:

$$\boxed{\text{alcano cadeia maior}} \longrightarrow \boxed{\text{alcano cadeia menor}} + \boxed{\text{alqueno}}$$

## Reforma catalítica

A reforma catalítica consiste em um modo de rearranjo das cadeias carbônicas dos hidrocarbonetos derivados do petróleo, no intuito de obter compostos ramificados, anéis aromáticos e gás hidrogênio ($H_2$). A reforma catalítica é um processo indispensável para a obtenção desse gás em escala industrial. Observe a seguir alguns exemplos possíveis do processo envolvendo o hexano.

$$CH_3-CH_2-CH_2-CH_2-CH_2-CH_3 \xrightarrow{cat} CH_3-CH(CH_3)-CH_2-CH_2-CH_3$$

$$CH_3-CH_2-CH_2-CH_2-CH_2-CH_3 \xrightarrow{cat} \bigcirc + H_2$$

$$CH_3-CH_2-CH_2-CH_2-CH_2-CH_3 \xrightarrow{cat} \bigcirc + 3\,H_2$$

# Outras fontes de combustíveis fósseis

Além do petróleo, existem outras fontes de combustíveis fósseis ou não renováveis.

## Carvão mineral

O carvão mineral é um combustível fóssil que pode ser queimado de modo a obter energia térmica e, analogamente ao petróleo, é formado quando plantas e animais terrestres sofrem decomposição, formando restos orgânicos que se depositam e sofrem compactação durante milhares de anos sob várias camadas de rochas sedimentares.

Durante o processo de sedimentação e compactação, a matéria orgânica recebe diferentes nomes em função do teor de carbono e água que apresenta. Observe a imagem ao lado, que mostra os estágios de formação do carvão mineral, acompanhado dos respectivos nomes.

A turfa apresenta menos de 60% de carbono em sua composição, ao passo que o linhito apresenta de 60% a 80% de carbono; a hulha entre 80% e 90% e o antracito possui um teor de carbono superior a 90%.

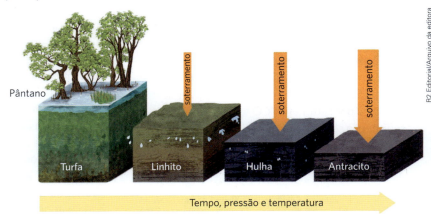

## Xisto betuminoso

O xisto betuminoso consiste em uma rocha sedimentar com elevada porosidade, apresentando elevados teores de matéria orgânica em decomposição, denominada querogênio.

Ao sofrer aquecimento, o xisto pode atuar como fonte de diversas misturas de hidrocarbonetos, por exemplo, óleo *diesel*, óleo combustível, gás liquefeito e gasolina.

Apesar de a possibilidade de utilização do gás de xisto já ser conhecida, foi apenas mais recentemente, com avanços tecnológicos no que se refere a sua exploração, que esse componente teve sua participação aumentada em relação à matriz energética brasileira, substituindo alguns derivados do petróleo, de modo que o seu preço torna-se cada vez mais competitivo.

O xisto é uma rocha sedimentar, facilmente reconhecido por sua estrutura em lâminas, formada de matéria orgânica.

Segundo estimativas da Agência Internacional de Energia (AIE), o Brasil está entre os 10 países com as maiores reservas nacionais de gás de xisto, com reservas recuperáveis de 6,9 trilhões de metros cúbicos de gás de xisto e de 5,3 bilhões de barris de óleo leve de xisto em pelo menos três bacias sedimentares. Já para a Agência Nacional de Petróleo (ANP), as reservas brasileiras podem ser o dobro das estimativas da AIE.

A obtenção do gás de xisto se dá por meio de uma técnica denominada fraturamento hidráulico, realizada em regiões de bacias sedimentares em que ocorre a reserva do gás. A extração e a utilização do gás de xisto apresentam prós e contras.

Como vimos anteriormente, o xisto é uma rocha capaz de produzir os mesmos subprodutos do petróleo. Suas reservas aproveitáveis no globo podem ser maiores que as do petróleo. O xisto pode ainda ser utilizado como fonte de matéria-prima para diversos tipos de indústrias, como as de cimento e cerâmica. Há a possibilidade de utilização ainda no asfaltamento de ruas, em razão da diminuição do custo, e na agricultura, sendo aplicado para a melhoria da fertilidade do solo.

As substâncias utilizadas na extração do gás não são divulgadas com precisão; no entanto, é certo que o processo provoca a contaminação do solo e da água. O fraturamento hidráulico aumenta a permeabilidade da rocha, o que permite a contaminação de reservas de água subterrâneas, de rios e solo, prejudicando a saúde humana e dos animais. Trata-se de uma fonte de energia não renovável, que contribui para o efeito estufa e de utilização ainda pouco rentável. No caso do Brasil, um agravante na utilização dessa fonte energética é que o país não possui uma rede que permita o uso direto do gás pelos consumidores, de modo que não contribuiria efetivamente para a nossa matriz energética.

## Explore seus conhecimentos

**1** (Enem) Para compreender o processo de exploração e o consumo dos recursos petrolíferos, é fundamental conhecer a gênese e o processo de formação do petróleo descritos no texto abaixo.

"O petróleo é um combustível fóssil, originado provavelmente de restos de vida aquática acumulados no fundo dos oceanos primitivos e cobertos por sedimentos. O tempo e a pressão do sedimento sobre o material depositado no fundo do mar transformaram esses restos em massas viscosas de coloração negra denominadas jazidas de petróleo."

Adaptado de: TUNDISI, H. da S. F. *Usos de energia*. São Paulo: Atual, 1991.

As informações do texto permitem afirmar que:

a) o petróleo é um recurso energético renovável a curto prazo, em razão de sua constante formação geológica.
b) a exploração de petróleo é realizada apenas em áreas marinhas.
c) a extração e o aproveitamento do petróleo são atividades não poluentes dada sua origem natural.
d) o petróleo é um recurso energético distribuído homogeneamente, em todas as regiões, independentemente da sua origem.
e) o petróleo é um recurso não renovável a curto prazo, explorado em áreas continentais de origem marinha ou em áreas submarinas.

**2** (Enem) A energia elétrica necessária para alimentar uma cidade é obtida, em última análise, a partir da energia mecânica. A energia mecânica, por sua vez, pode estar disponível em uma queda-d'água (usina hidrelétrica), nos ventos (usina eólica) ou em vapor de água a alta pressão que, quando liberado, aciona a turbina acoplada ao gerador de energia elétrica (usina termelétrica). No caso de uma termelétrica, é necessária a queima de algum combustível (fonte de energia) para que ocorra o aquecimento da água. As alternativas abaixo apresentam algumas fontes de energia que são usadas nesses processos. Assinale aquela que contém somente fontes renováveis de energia:

a) óleo *diesel* e bagaço de cana-de-açúcar.
b) carvão mineral e carvão vegetal.
c) óleo *diesel* e carvão mineral.
d) carvão vegetal e bagaço de cana-de-açúcar.
e) carvão mineral e cana-de-açúcar.

**3** (Enem) As previsões de que, em poucas décadas, a produção mundial de petróleo possa vir a cair têm gerado preocupação, dado seu caráter estratégico. Por essa razão, em especial no setor de transportes, intensificou-se a busca por alternativas para a substituição do petróleo por combustíveis renováveis. Nesse sentido, além da utilização de álcool, vem se propondo, no Brasil, ainda que de forma experimental:

a) a mistura de percentuais de gasolina cada vez maiores no álcool.
b) a extração de óleos de madeira para sua conversão em gás natural.
c) o desenvolvimento de tecnologias para a produção de biodiesel.
d) a utilização de veículos com motores movidos a gás do carvão mineral.
e) a substituição da gasolina e do *diesel* pelo gás natural.

**4** (Enem) O quadro apresenta a composição do petróleo.

| Fração | Faixa de tamanho das moléculas | Faixa de ponto de ebulição (°C) | Usos |
|---|---|---|---|
| Gás | $C_1$ a $C_5$ | −160 a 30 | combustíveis gasosos |
| Gasolina | $C_5$ a $C_{12}$ | 30 a 200 | combustível de motor |
| Querosene | $C_{12}$ a $C_{18}$ | 180 a 400 | *diesel* e combustível de alto-forno |
| Lubrificantes | maior que $C_{16}$ | maior que 350 | lubrificantes |
| Parafinas | maior que $C_{20}$ | sólidos de baixa fusão | velas e fósforos |
| Asfalto | maior que $C_{30}$ | resíduos pastosos | pavimentação |

BROWN, T. L. et al. *Química*: a ciência central. São Paulo: Pearson Prentice Hall, 2005.

Para a separação dos constituintes com o objetivo de produzir a gasolina, o método a ser utilizado é a:
a) filtração.
b) destilação.
c) decantação.
d) precipitação.
e) centrifugação.

**5** (UPM-SP) A destilação fracionada é um processo de separação no qual se utiliza uma coluna de fracionamento, separando-se diversos componentes de uma mistura homogênea, que apresentam diferentes pontos de ebulição. Nesse processo, a mistura é aquecida e os componentes com menor ponto de ebulição são separados primeiramente pelo topo da coluna. Tal procedimento é muito utilizado para a separação dos hidrocarbonetos presentes no petróleo bruto, como está representado na figura abaixo.

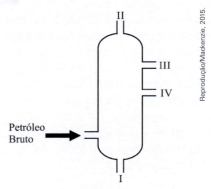

Assim, ao se realizar o fracionamento de uma amostra de petróleo bruto os produtos recolhidos em I, II, III e IV são, respectivamente:
a) gás de cozinha, asfalto, gasolina e óleo *diesel*.
b) gás de cozinha, gasolina, óleo *diesel* e asfalto.
c) asfalto, gás de cozinha, gasolina e óleo *diesel*.
d) asfalto, gasolina, gás de cozinha e óleo *diesel*.
e) gasolina, gás de cozinha, óleo *diesel* e asfalto.

**6** (Fuvest-SP) O craqueamento catalítico é um processo utilizado na indústria petroquímica para converter algumas frações do petróleo que são mais pesadas (isto é, constituídas por compostos de massa molar elevada) em frações mais leves, como a gasolina e o GLP, por exemplo. Nesse processo, algumas ligações químicas nas moléculas de grande massa molecular são rompidas, sendo geradas moléculas menores.

A respeito desse processo, foram feitas as seguintes afirmações:

I. O craqueamento é importante economicamente, pois converte frações mais pesadas de petróleo em compostos de grande demanda.

II. O craqueamento libera grande quantidade de energia, proveniente da ruptura de ligações químicas nas moléculas de grande massa molecular.

III. A presença de catalisador permite que as transformações químicas envolvidas no craqueamento ocorram mais rapidamente.

Está correto o que se afirma em:
a) I, apenas.
b) II, apenas.
c) I e III, apenas.
d) II e III, apenas.
e) I, II e III.

## Relacione seus conhecimentos

**1** (Enem) O petróleo é uma fonte de energia de baixo custo e de larga utilização como matéria-prima para uma grande variedade de produtos. É um óleo formado de várias substâncias de origem orgânica, em sua maioria hidrocarbonetos de diferentes massas molares. São utilizadas técnicas de separação para obtenção dos componentes comercializáveis do petróleo. Além disso, para aumentar a quantidade de frações comercializáveis, otimizando o produto de origem fóssil, utiliza-se o processo de craqueamento.

O que ocorre nesse processo?

a) Transformação das frações do petróleo em outras moléculas menores.
b) Reação de óxido-redução com transferência de elétrons entre as moléculas.
c) Solubilização das frações do petróleo com a utilização de diferentes solventes.
d) Decantação das moléculas com diferentes massas molares pelo uso de centrífugas.
e) Separação dos diferentes componentes do petróleo em função de suas temperaturas de ebulição.

**2** (UEM-PR) O grande dilema da utilização indiscriminada de petróleo hoje em dia como fonte de energia é que ele também é fonte primordial de matérias-primas industriais, ou seja, reagentes que, submetidos a diferentes reações químicas, geram milhares de novas substâncias importantíssimas para a sociedade. A esse respeito, assinale o que for correto.

01) O craqueamento do petróleo visa a transformar moléculas gasosas de pequena massa molar em compostos mais complexos a serem utilizados nas indústrias químicas.
02) A destilação fracionada do petróleo separa grupos de compostos em faixas de temperatura de ebulição diferentes.
04) A gasolina é o nome dado à substância n-octano, obtida na destilação fracionada do petróleo.
08) O resíduo do processo de destilação fracionada do petróleo apresenta-se como um material altamente viscoso usado como piche e asfalto.
16) Grande parte dos plásticos utilizados hoje em dia tem como matéria-prima o petróleo.

**3** (UEPG-PR) Com relação ao petróleo e seus derivados obtidos por meio de destilação, assinale o que for correto.

01) O composto $CH_4$, o principal componente do gás natural veicular (GNV), corresponde a uma fração da destilação do petróleo.
02) O craqueamento do petróleo consiste na decomposição sob altas temperaturas de moléculas de hidrocarbonetos de menor peso molecular.
04) A octanagem da gasolina se refere à porcentagem em sua composição de hidrocarbonetos com cadeias de oito átomos de carbono, saturadas e alicíclicas.
08) O gás de cozinha, também denominado gás liquefeito de petróleo (GLP), é formado principalmente por propano e butano.
16) Na destilação do petróleo, os compostos obtidos nas primeiras frações apresentam cadeias maiores e mais estáveis.

**4** (Unifesp) A figura mostra o esquema básico da primeira etapa do refino do petróleo, realizada à pressão atmosférica, processo pelo qual ele é separado em misturas com menor número de componentes (fracionamento do petróleo).

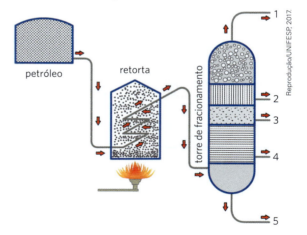

(Petrobras. *O petróleo e a Petrobras em perguntas*, 1986. Adaptado.)

a) Dê o nome do processo de separação de misturas pelo qual são obtidas as frações do petróleo e o nome da propriedade específica das substâncias na qual se baseia esse processo.
b) Considere as seguintes frações do refino do petróleo e as respectivas faixas de átomos de carbono: gás liquefeito de petróleo ($C_3$ a $C_4$) gasolina ($C_5$ a $C_{12}$) óleo combustível ($> C_{20}$) óleo *diesel* ($C_{12}$ a $C_{20}$) querosene ($C_{12}$ a $C_{16}$).

Identifique em qual posição (1, 2, 3, 4 ou 5) da torre de fracionamento é obtida cada uma dessas frações.

**5** (UEM-PR) Assinale o que for correto.
01) O gás liquefeito de petróleo (GLP) é uma das primeiras frações a ser obtida no processo de destilação fracionada, sendo composto por hidrocarbonetos de cadeia longa ($C_{18}$ — $C_{25}$).
02) Uma das teorias mais aceitas atualmente para a origem do petróleo admite que este veio a se formar a partir de matéria orgânica.
04) O petróleo é um óleo normalmente escuro, formado quase que exclusivamente por hidrocarbonetos. Além dos hidrocarbonetos, há pequenas quantidades de substâncias contendo nitrogênio, oxigênio e enxofre.
08) O craqueamento catalítico converte óleos de cadeia grande em moléculas menores, que podem ser usadas para compor, entre outros produtos, a gasolina.
16) A ramificação das cadeias carbônicas dos compostos que formam a gasolina não é algo desejável, uma vez que isso diminui a octanagem do combustível.

**6** (Unifesp) Foram feitas as seguintes afirmações com relação à reação representada por:

$$C_{11}H_{24} \rightarrow C_8H_{18} + C_3H_6$$

I. É uma reação que pode ser classificada como craqueamento.
II. Na reação, forma-se um dos principais constituintes da gasolina.
III. Um dos produtos da reação é um gás à temperatura ambiente.
Quais das afirmações são verdadeiras?
a) I apenas.
b) I e II apenas.
c) I e III apenas.
d) II e III apenas.
e) I, II e III.

**7** (FGV-SP) De acordo com dados da Agência Internacional de Energia (AIE), aproximadamente 87% de todo o combustível consumido no mundo são de origem fóssil. Essas substâncias são encontradas em diversas regiões do planeta, no estado sólido, líquido e gasoso e são processadas e empregadas de diversas formas. (www.brasilescola.com/geografia/combustiveis-fosseis.htm. Adaptado) Por meio de processo de destilação seca, o combustível I dá origem à matéria-prima para a indústria de produção de aço e alumínio. O combustível II é utilizado como combustível veicular, em usos domésticos, na geração de energia elétrica e também como matéria-prima em processos industriais. O combustível III é obtido por processo de destilação fracionada ou por reação química, e é usado como combustível veicular.

Os combustíveis de origem fóssil I, II e III são, correta e respectivamente:
a) carvão mineral, gasolina e gás natural.
b) carvão mineral, gás natural e gasolina.
c) gás natural, etanol e gasolina.
d) gás natural, gasolina e etanol.
e) gás natural, carvão mineral e etanol.

**8** (UFPR) Recentemente, anunciou-se que o Brasil atingiu a autossuficiência na produção do petróleo, uma importantíssima matéria-prima que é a base da moderna sociedade tecnológica. O petróleo é uma complexa mistura de compostos orgânicos, principalmente hidrocarbonetos. Para a sua utilização prática, essa mistura deve passar por um processo de separação denominado destilação fracionada, em que se discriminam frações com diferentes temperaturas de ebulição. O gráfico abaixo contém os dados dos pontos de ebulição de alcanos não ramificados, do metano até o decano.

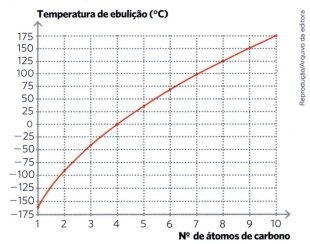

Com base no gráfico, considere as seguintes afirmativas:
1. $CH_4$, $C_2H_6$, $C_3H_8$ e $C_4H_{10}$ são gasosos à temperatura ambiente (cerca de 25 °C).
2. O aumento da temperatura de ebulição com o tamanho da molécula é o reflexo do aumento do momento dipolar da molécula.
3. Quando se efetua a separação dos referidos alcanos por destilação fracionada, destilam-se inicialmente os que têm moléculas maiores.
4. Com o aumento do tamanho da molécula, a magnitude das interações de Van der Waals aumenta, com o consequente aumento da temperatura de ebulição.

a) Somente as afirmativas 1 e 2 são verdadeiras.
b) Somente as afirmativas 1 e 3 são verdadeiras.
c) Somente as afirmativas 1 e 4 são verdadeiras.
d) Somente as afirmativas 2 e 3 são verdadeiras.

## Reações de combustão

Embora diversos derivados do petróleo sejam comercializados como insumos e matérias-primas para diversos tipos de indústrias, grande parte é utilizada como formas de combustível, sendo queimados nos motores dos mais diversos veículos automotivos.

As reações de combustão são processos de oxidação altamente exotérmicos, ou seja, com grande liberação de energia.

Para que uma reação de combustão possa ocorrer, três elementos são necessários: combustível, comburente e energia de ativação, formando assim o denominado triângulo do fogo ou ainda triângulo da combustão.

As reações de combustão podem ocorrer de maneira completa ou incompleta, o que depende da quantidade de gás oxigênio disponível. Observe as possibilidades de combustão para o gás metano.

- **Combustão completa**

$$1\,CH_4\,(g) + 2\,O_2\,(g) \rightarrow 1\,CO_2\,(g) + 2\,H_2O\,(\ell)$$

- **Combustão incompleta**

$$1\,CH_4\,(g) + \frac{3}{2}\,O_2\,(g) \rightarrow 1\,CO\,(g) + 2\,H_2O\,(\ell)$$

$$1\,CH_4\,(g) + 1\,O_2\,(g) \rightarrow 1\,\underset{\text{Fuligem}}{C\,(s)} + 2\,H_2O\,(\ell)$$

Observe a seguir as equações de combustão completa e incompleta para o composto que apresenta fórmula molecular $C_8H_{18}$, principal constituinte da gasolina.

- **Combustão completa**

$$1\,C_8H_{18}\,(g) + \frac{25}{2}\,O_2\,(g) \rightarrow 8\,CO_2\,(g) + 9\,H_2O\,(\ell)$$

- **Combustão incompleta**

$$1\,C_8H_{18}\,(g) + \frac{17}{2}\,O_2\,(g) \rightarrow 8\,CO\,(g) + 9\,H_2O\,(\ell)$$

$$1\,C_8H_{18}\,(g) + \frac{9}{2}\,O_2\,(g) \rightarrow 8\,C\,(s) + 9\,H_2O\,(\ell)$$

Em relação à quantidade de energia liberada, a queima completa é a mais exotérmica, liberando a maior quantidade de energia.

Como os combustíveis fósseis são derivados do petróleo, uma das principais impurezas que apresentam é o enxofre (S). Assim, a queima desses combustíveis, além de atuar na intensificação do efeito estufa, em razão da liberação de $CO_2$ (g), pode ainda agravar a ocorrência das chuvas ácidas, em função da formação de compostos derivados do enxofre:

$$\underset{\substack{\text{principal}\\\text{impureza}}}{S} + O_2 \rightarrow SO_2 \text{ (dióxido de enxofre)}$$

$$SO_2 + \frac{1}{2}\,O_2 \rightarrow SO_3 \text{ (trióxido de enxofre)}$$

$$\left.\begin{array}{l} SO_2 + H_2O \rightarrow H_2SO_3 \text{ (ácido sulfuroso)} \\ SO_3 + H_2O \rightarrow H_2SO_4 \text{ (ácido sulfúrico)} \end{array}\right\} \text{componentes da chuva ácida}$$

Embora sejam de fundamental importância para a sociedade atual, os combustíveis fósseis não constituem a única alternativa viável como fonte de energia, de modo que se faz cada vez mais necessário, tendo em vista a conservação do meio ambiente, o estímulo à substituição das fontes fósseis por fontes renováveis de energia.

## Explore seus conhecimentos

**1** (Vunesp) A Bolívia é um grande produtor de gás natural (metano) e celebrou com o Brasil um acordo para a utilização desse importante recurso energético. Para seu transporte até os centros consumidores, há um gasoduto ligando os dois países, já tendo chegado ao interior do Estado de São Paulo.

   **a)** Escreva a fórmula mínima e calcule a massa molar para o metano.
   Dadas as massas molares, em g · mol⁻¹: C = 12 e H = 1.

   **b)** Escreva a equação para a reação de combustão do metano e o nome dos produtos formados.

**2** (UFSE) A combustão completa de 1 mol de 2,2,3-trimetileptano produz uma quantidade em mol de $H_2O$ igual a
   a) 1.
   b) 7.
   c) 8.
   d) 11.
   e) 20.

**3** (UFSM-RS) O petróleo, uma mistura natural de compostos de carbono, é extraído e refinado, rotineiramente, no planeta. A maior parte desse produto, usado como combustível, é "queimada" em motores para geração de energia. Dentre os hidrocarbonetos a seguir, assinale aquele que libera maior quantidade de $CO_2$ em uma combustão completa.
   a) Heptano.
   b) Hexano.
   c) 2,3-dimetil-pentano.
   d) 2,2,3-trimetil-butano.
   e) 2,2,4-trimetil-pentano.

**4** (Fuvest-SP) Um dos inconvenientes da gasolina com alto teor de enxofre é que, durante sua combustão, forma-se um poluente atmosférico, cuja fórmula química é:
   a) $H_2S$.
   b) CO.
   c) $H_2SO_2$.
   d) $SO_2$.
   e) $CO_2$.

**5** (Vunesp) O metano ($CH_4$), também conhecido como gás do lixo, ao sofrer combustão, apresenta entalpia-padrão de combustão ($\Delta H^0_C$) igual a −890 kJ/mol.
   **a)** Escreva a reação de combustão do metano, indicando a entalpia-padrão de combustão ($\Delta H^0_C$) da reação.
   **b)** Sabendo que a massa molar do metano é 16 g/mol, calcule a massa desse gás que, ao sofrer combustão, apresenta $\Delta H_C = -222,6$ kJ.

**6** (Fuvest-SP) Determinou-se o calor de combustão de um alcano obtendo-se o valor de 3 886 kJ/mol de alcano.

| Alcano | Fórmula | Calor de combustão (kJ/mol de alcano) |
|---|---|---|
| etano | $C_2H_6$ | 1 428 |
| propano | $C_3H_8$ | 2 044 |
| butano | $C_4H_{10}$ | 2 658 |

Utilizando os dados da tabela acima, conclui-se que esse alcano deve ser um:
   a) pentano.
   b) hexano.
   c) heptano.
   d) octano.
   e) nonano.

## Relacione seus conhecimentos

**1** (Enem) Diretores de uma grande indústria siderúrgica, para evitar o desmatamento e adequar a empresa às normas de proteção ambiental, resolveram mudar o combustível dos fornos da indústria. O carvão vegetal foi então substituído pelo carvão mineral. Entretanto, foram observadas alterações ecológicas graves em um riacho das imediações, tais como a morte dos peixes e dos vegetais ribeirinhos. Tal fato pode ser justificado em decorrência:

   a) da diminuição de resíduos orgânicos na água do riacho, reduzindo a demanda de oxigênio na água.
   b) do aquecimento da água do riacho devido ao monóxido de carbono liberado na queima do carvão.
   c) da formação de ácido clorídrico no riacho a partir de produtos da combustão na água, diminuindo o pH.
   d) do acúmulo de elementos no riacho, tais como ferro, derivados do novo combustível utilizado.
   e) da formação de ácido sulfúrico no riacho a partir dos óxidos de enxofre liberados na combustão.

**2** (UFSC) Veículos com motores flexíveis são aqueles que funcionam com álcool, gasolina ou a mistura de ambos. Esse novo tipo de motor proporciona ao condutor do veículo a escolha do combustível ou da proporção de ambos, quando misturados, a utilizar em seu veículo. Essa opção também contribui para economizar dinheiro na hora de abastecer o carro, dependendo da relação dos preços do álcool e da gasolina. No Brasil, o etanol é produzido a partir da fermentação da cana-de-açúcar, ao passo que a gasolina é obtida do petróleo.

a) Escreva as equações, devidamente balanceadas, da reação de combustão completa do etanol, $C_2H_5OH$, e da reação de obtenção do etanol a partir da fermentação da glicose.

b) Qual é o nome dado ao processo de separação dos diversos produtos do petróleo? Escreva a fórmula estrutural do 2,2,4-trimetil-pentano, um constituinte da gasolina que aumenta o desempenho do motor de um automóvel.

**3** (Unicamp-SP) O hidrocarboneto n-octano é um exemplo de substância presente na gasolina. A reação de combustão completa do n-octano pode ser representada pela seguinte equação não balanceada:

$$C_8H_{18}(g) + O_2(g) \rightarrow CO_2(g) + H_2O(g)$$

Dados de massas molares em g · mol⁻¹:
$C_8H_{18} = 114$; $O_2 = 32$; $CO_2 = 44$; $H_2O = 18$.
Após balancear a equação, pode-se afirmar que a quantidade de

a) gás carbônico produzido, em massa, é maior que a de gasolina queimada.
b) produtos, em mol, é menor que a quantidade de reagentes.
c) produtos, em massa, é maior que a quantidade de reagentes.
d) água produzida, em massa, é maior que a de gás carbônico.

**4** (UFRGS-RS) A destilação de folhas de plantas ou cascas de algumas frutas com vapor de água produz misturas líquidas de fragrâncias chamadas de óleos essenciais. Muitos desses óleos são usados como matérias-primas para as indústrias cosmética, farmacêutica e alimentícia. A seguir, são mostradas as estruturas e fórmulas moleculares dos principais componentes de alguns óleos essenciais.

mirceno (óleo de louro)
$C_{10}H_{16}$

limoneno (óleo de casca de laranja ou limão)
$C_{10}H_{16}$

citronelal (óleo de citronela)
$C_{10}H_{18}O$

Considere as seguintes afirmações a respeito da combustão completa desses compostos.

I. A combustão de um mol de cada um desses compostos leva à formação da mesma quantidade de $CO_2$.
II. A combustão de um mol de mirceno e de um mol de limoneno leva à formação da mesma quantidade de água.
III. A combustão de um mol de limoneno e de um mol de citronelal leva à formação de diferentes quantidades de água.

Quais estão corretas?

a) Apenas I.
b) Apenas II.
c) Apenas I e II.
d) Apenas II e III.
e) I, II e III.

**5** Desde a Revolução Industrial, a concentração de $CO_2$ na atmosfera vem aumentando como resultado da queima de combustíveis fósseis, em grande escala, para produção de energia. A tabela abaixo apresenta alguns dos combustíveis utilizados em veículos. O poder calorífico indica a energia liberada pela combustão completa de uma determinada massa de combustível.

| Combustível | Fórmula molecular* (g/mol) | Massa molar (kJ/g) | Poder calorífico |
|---|---|---|---|
| Álcool combustível | $C_2H_5OH$ | 46 | 30 |
| Gasolina | $C_8H_{18}$ | 114 | 47 |
| Gás natural | $CH_4$ | 16 | 54 |

* Principal componente

Considerando a combustão completa desses combustíveis, é possível calcular a taxa de energia liberada por mol de $CO_2$ produzido. Os combustíveis que liberam mais energia, para uma mesma quantidade de $CO_2$ produzida, são, em ordem decrescente:

a) gasolina, gás natural e álcool combustível.
b) gás natural, gasolina e álcool combustível.
c) álcool combustível, gás natural e gasolina.
d) gasolina, álcool combustível e gás natural.
e) gás natural, álcool combustível e gasolina.

# Reações envolvendo hidrocarbonetos

Este capítulo favorece o desenvolvimento das habilidades
EM13CNT101
EM13CNT201

Como estudamos anteriormente, os hidrocarbonetos são compostos orgânicos formados exclusivamente por átomos de carbono e hidrogênio. Esses compostos podem ser utilizados como a base estrutural para a síntese de diversas substâncias com diferentes grupos funcionais. Estudaremos a seguir as principais reações orgânicas envolvendo a classe dos hidrocarbonetos.

## Reações de substituição

As reações de substituição ocorrem com a troca de átomos de hidrogênio da cadeia carbônica por um novo ligante. Esse processo geralmente a participação de alcanos, cicloalcanos que apresentem mais de quatro átomos de carbono na cadeia carbônica e, principalmente, compostos aromáticos, como o benzeno. Esse tipo de reação segue o seguinte modelo geral:

$$R-H + A-B \longrightarrow R-B + H-A$$

A seguir vamos estudar diversos tipos de reações de substituição que podem ocorrer com os hidrocarbonetos.

### Halogenação

As reações de halogenação envolvem a reação dos respectivos hidrocarbonetos com substâncias simples formadas pelos halogênios, como, por exemplo, $F_2$, $C\ell_2$, $Br_2$ e $I_2$.

Um exemplo consiste na reação do metano com gás cloro na presença de luz ou calor para formar derivados halogenados.

$$\underset{\text{Metano}}{CH_4\,(g)} + \underset{\text{Gás cloro}}{C\ell_2\,(g)} \xrightarrow{\text{calor ou luz}} \underset{\text{Clorometano}}{CH_3C\ell\,(g)} + HC\ell\,(g)$$

Apresentando a reação a partir da fórmula estrutural das substâncias, temos:

$$H-\underset{\underset{H}{|}}{\overset{\overset{H}{|}}{C}}-H + C\ell-C\ell \longrightarrow H-\underset{\underset{H}{|}}{\overset{\overset{C\ell}{|}}{C}}-H + HC\ell$$

Essa reação pode envolver a substituição de mais átomos de hidrogênio do metano, como mostrado a seguir:

$$\underset{\text{Clorometano}}{CH_3C\ell\,(g)} + \underset{\substack{\text{Gás}\\\text{cloro}}}{C\ell_2\,(g)} \xrightarrow{\text{calor ou luz}} \underset{\substack{\text{Diclorometano}\\\text{(cloreto de metileno)}}}{CH_2C\ell_2\,(g)} + HC\ell\,(g)$$

$$\underset{\text{Diclorometano}}{CH_2C\ell_2\,(g)} + \underset{\substack{\text{Gás}\\\text{cloro}}}{C\ell_2\,(g)} \xrightarrow{\text{calor ou luz}} \underset{\substack{\text{Triclorometano}\\\text{(clorofórmio)}}}{CHC\ell_3\,(g)} + HC\ell\,(g)$$

$$\underset{\substack{\text{Triclorometano}\\\text{(clorofórmio)}}}{CHC\ell_3\,(g)} + \underset{\substack{\text{Gás}\\\text{cloro}}}{C\ell_2\,(g)} \xrightarrow{\text{calor ou luz}} \underset{\substack{\text{Tetraclorometano}\\\text{(tetracloreto de carbono)}}}{CC\ell_4\,(g)} + HC\ell\,(g)$$

No caso de alcanos de cadeias maiores, em princípio, o átomo de halogênio pode substituir qualquer um dos átomos de hidrogênio, produzindo uma mistura de compostos que apresentam a mesma fórmula molecular, mas diferentes fórmulas estruturais. Observe o exemplo abaixo que mostra a monocloração do metilbutano:

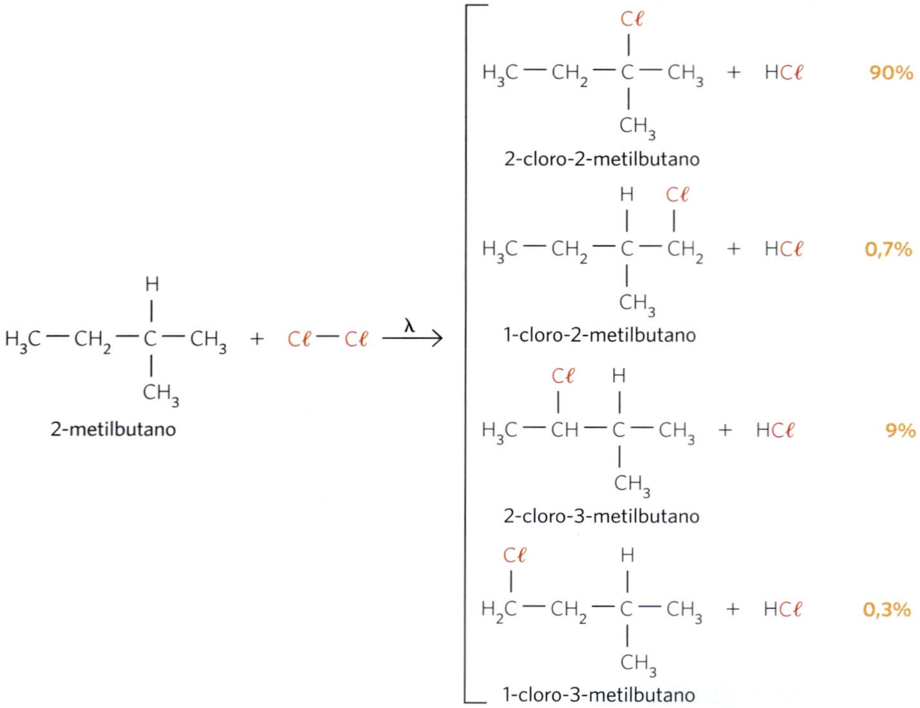

$$H_3C-CH_2-\underset{\underset{CH_3}{|}}{\overset{\overset{H}{|}}{C}}-CH_3 + C\ell-C\ell \xrightarrow{\lambda}$$

2-metilbutano

$$H_3C-CH_2-\underset{\underset{CH_3}{|}}{\overset{\overset{C\ell}{|}}{C}}-CH_3 + HC\ell \quad 90\%$$
2-cloro-2-metilbutano

$$H_3C-CH_2-\underset{\underset{CH_3}{|}}{\overset{\overset{H\;\;C\ell}{|\;\;|}}{C}}-CH_2 + HC\ell \quad 0,7\%$$
1-cloro-2-metilbutano

$$H_3C-\overset{\overset{C\ell}{|}}{CH}-\underset{\underset{CH_3}{|}}{\overset{\overset{H}{|}}{C}}-CH_3 + HC\ell \quad 9\%$$
2-cloro-3-metilbutano

$$H_2C-CH_2-\underset{\underset{CH_3}{|}}{\overset{\overset{C\ell\;\;\;\;\;H}{|}}{C}}-CH_3 + HC\ell \quad 0,3\%$$
1-cloro-3-metilbutano

As porcentagens apresentadas indicam as quantidades de cada produto obtidos experimentalmente. Vários fatores influem na porcentagem dos produtos obtidos nesse tipo de reação, mas se pode fazer, a partir dos fatos experimentais, uma previsão de qual produto será formado em maior quantidade por meio de uma regra de uso comum, que indica a ordem de facilidade com que um hidrogênio é substituído em um hidrocarboneto:

$$\boxed{C(terciário) > C(secundário) > C(primário)}$$
⟵ Aumento da facilidade de saída do −H

Veja mais um exemplo a seguir que mostra a bromação do propano:

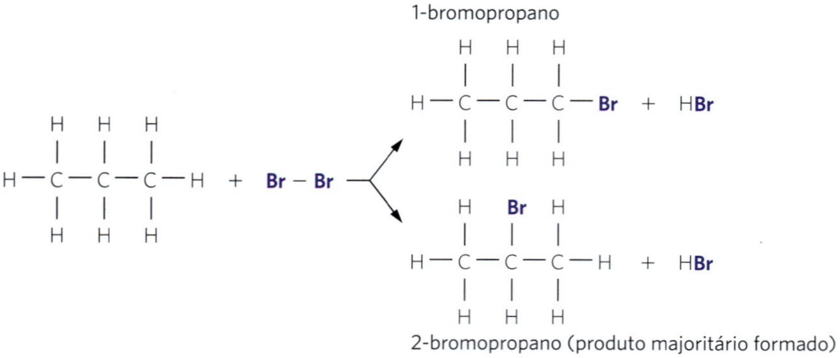

1-bromopropano

$$H-CH_2-CH_2-CH_2-Br + HBr$$

$$CH_3-CH_2-CH_3 + Br-Br \longrightarrow$$

$$CH_3-\overset{\overset{Br}{|}}{CH}-CH_3 + HBr$$
2-bromopropano (produto majoritário formado)

Na representação das reações orgânicas, é comum ocorrer somente a representação do produto principal, ou seja, aquele em que ocorre a saída do hidrogênio substituído mais facilmente. No caso acima, há a possibilidade de indicar como produto principal da reação somente o 2-bromopropano:

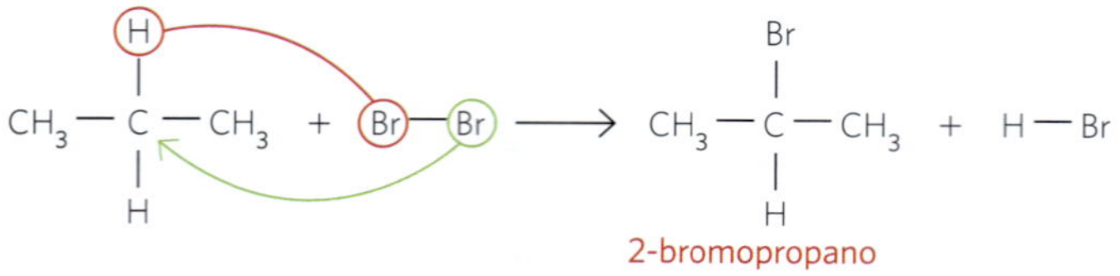

$$CH_3-\underset{\underset{H}{|}}{\overset{\overset{H}{|}}{C}}-CH_3 + Br-Br \longrightarrow CH_3-\underset{\underset{H}{|}}{\overset{\overset{Br}{|}}{C}}-CH_3 + H-Br$$

2-bromopropano

Os compostos aromáticos também tendem a realizar reações de substituição. Veja o exemplo abaixo representativo do processo de monocloração do benzeno:

$$C_6H_6 + Cl-Cl \longrightarrow C_6H_5Cl \text{ (Clorobenzeno)} + H-Cl$$

- **Observação**: Os cicloalcanos que apresentam mais de quatro átomos de carbono na cadeia tendem a realizar reações de substituição, como representado pelo exemplo a seguir:

$$\text{Ciclopentano} + Br-Br \longrightarrow \text{Bromociclopentano} + HBr$$

## Nitração

A nitração consiste em uma reação de substituição envolvendo o ácido nítrico ($HNO_3$) como reagente e o ácido sulfúrico ($H_2SO_4$) como catalisador. Observe o exemplo abaixo, representativo do processo de nitração do propano.

$$CH_3-CH(H)-CH_3 + HO-NO_2 \xrightarrow[\Delta]{H_2SO_4} CH_3-C(NO_2)(H)-CH_3 + H_2O$$

2-nitropropano

Observe que, na reação apresentada acima, optou-se por representar somente o produto principal da reação. Analogamente à halogenação, o processo de nitração também pode ocorrer com anéis aromáticos.

## Sulfonação

A sulfonação consiste em uma reação de substituição utilizando o ácido sulfúrico ($H_2SO_4$) como reagente e uma mistura fumegante de trióxido de enxofre ($SO_3$) como catalisador.

$$CH_3-CH_2-H + HO-SO_3H \xrightarrow[\Delta]{SO_3} CH_3-CH_2-SO_3H + H_2O$$

Etano → Ácido etanossulfônico

A monossulfonação do benzeno pode ser representada pelo exemplo a seguir:

$$C_6H_6 + HO-SO_3H \longrightarrow C_6H_5-SO_3H + H_2O$$

Ácido benzenossulfônico

Além das reações apresentadas, existem duas que são características de anéis aromáticos, a **alquilação** e a **acilação**.

## Alquilação

A alquilação consiste na substituição de um ou mais hidrogênios do anel aromático por grupos carbônicos saturados. Observe um exemplo:

$$C_6H_6 + CH_3-CH_2-Cl \xrightarrow{AlCl_3} C_6H_5-CH_2-CH_3 + HCl$$

Cloroetano (cloreto de etila) → Etilbenzeno

## Acilação

A acilação consiste na substituição de um ou mais hidrogênios do anel aromático por grupos acila $\left(R-C{\overset{O}{\underset{}{\diagup\!\!\!\diagdown}}}\right)$ derivados de ácidos carboxílicos. Observe um exemplo:

$$C_6H_6 + CH_3-COCl \xrightarrow{AlCl_3} C_6H_5-CO-CH_3 + H-Cl$$

Cloreto de etanoíla (cloreto de acetila) → Acetofenona (cetona fenílica e metílica)

## Explore seus conhecimentos

**1** Escreva o nome e a fórmula estrutural de cada composto que completa as reações apresentadas a seguir:

a) $1\,H_3C-CH_3 + 1\,C\ell-C\ell \xrightarrow{\lambda} 1\,A + 1\,HC\ell$

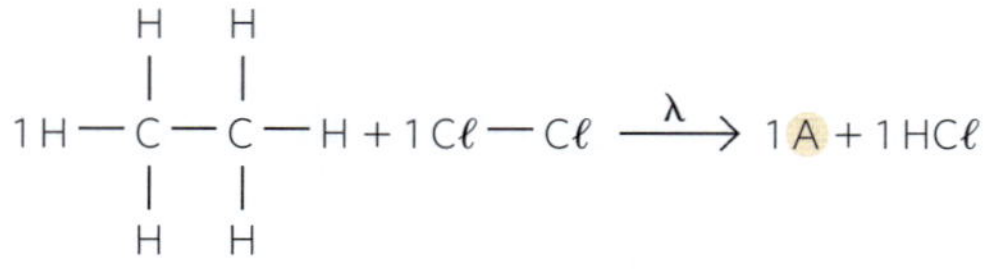

b) $1\,H_3C-CH_2-CH_3 + 1\,Br-Br \xrightarrow{\lambda} 1\,B + 1\,HBr$

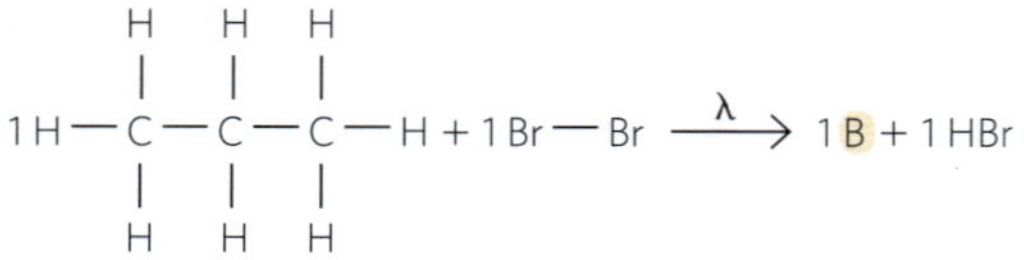

c) $1\,CH_4 + 1\,HO-NO_2 \xrightarrow{H_2SO_4} 1\,C + 1\,H_2O$

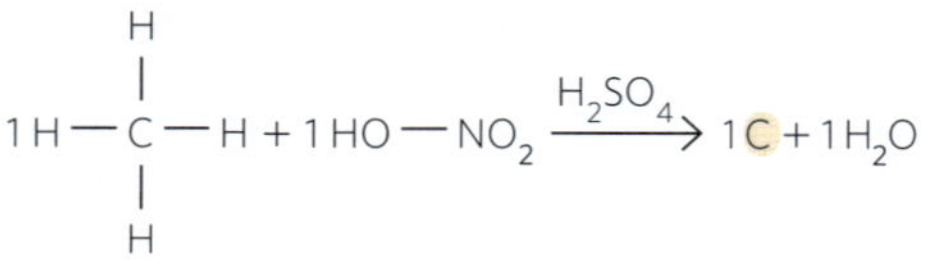

d) $1\,H_3C-CH_3 + 1\,HO-SO_3H \xrightarrow{SO_3} 1\,D + 1\,H_2O$

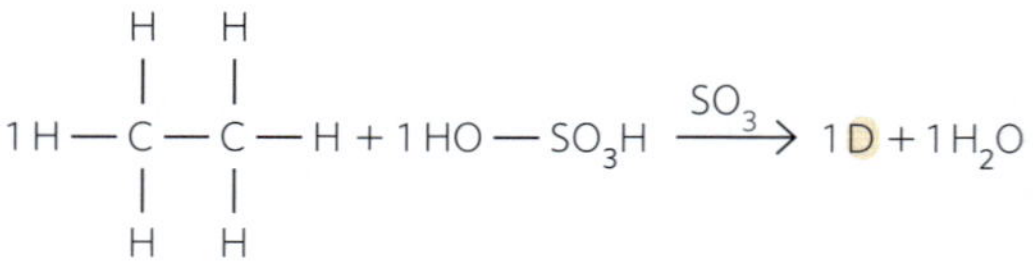

e) $1\,C_6H_6 + 1\,Br-Br \longrightarrow 1\,E + 1\,HBr$

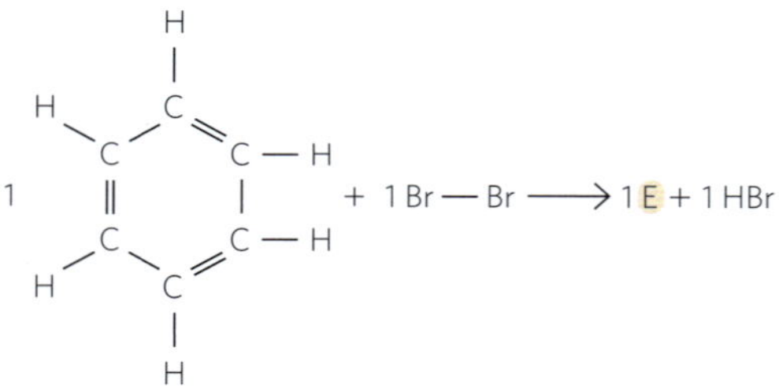

f) $1\,C_6H_6 + 1\,HO-NO_2 \xrightarrow{H_2SO_4} 1\,F + 1\,H_2O$

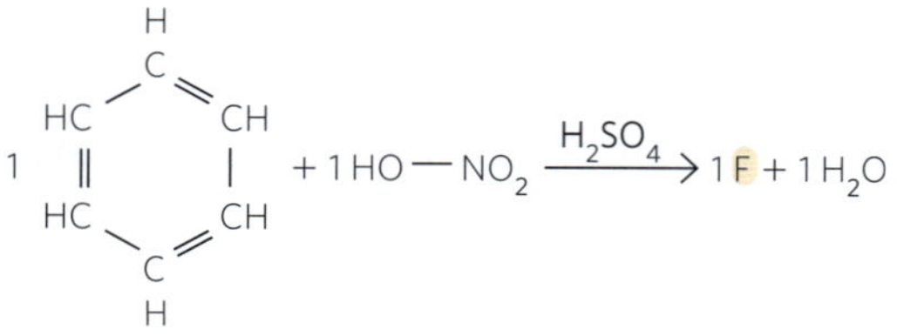

**2** (Unisantos-SP) Considere a reação de substituição do butano:

$$H_3C-CH_2-CH_2-CH_3 + C\ell_2 \xrightarrow[\Delta]{\lambda} \underset{\text{orgânico}}{X} + \underset{\text{inorgânico}}{Y}$$

O nome do composto X é:

a) cloreto de hidrogênio.
b) 1-clorobutano.
c) 2-clorobutano.
d) 1,1-diclorobutano.
e) 2,2-diclorobutano.

**3** (UFU-MG) Considere a reação do benzeno com cloreto de etanoíla.

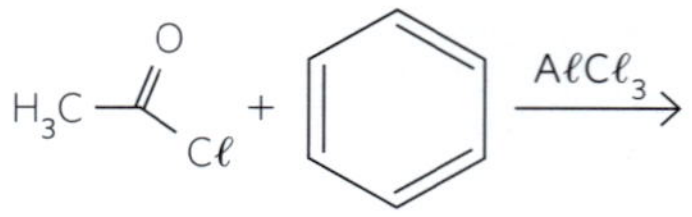

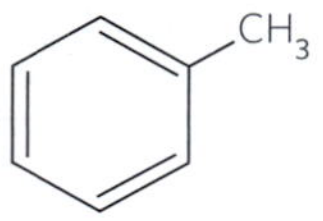

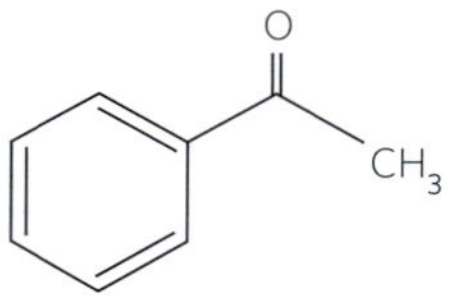

$$H_3C-\underset{C\ell}{\overset{O}{\|}}C + C_6H_6 \xrightarrow{A\ell C\ell_3}$$

Nessa reação, o produto principal é:

a) C₆H₅—CH₂—C(=O)—Cℓ
b) C₆H₅—CH₃
c) C₆H₅—C(=O)—CH₃
d) 2-Cℓ—C₆H₄—C(=O)—CH₃

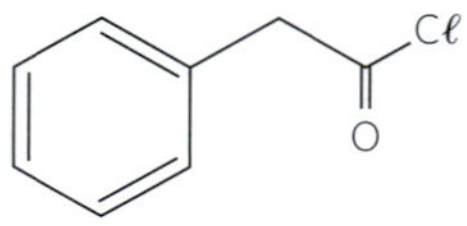

---

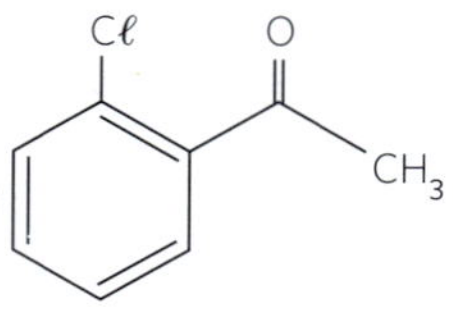

## Relacione seus conhecimentos

**1** (PUC-SP) Sob aquecimento e ação da luz, alcanos sofrem reação de substituição na presença de cloro gasoso, formando um cloroalcano:

$$CH_4 + C\ell_2 \xrightarrow[\text{calor}]{\text{luz}} CH_3C\ell + HC\ell$$

Considere que, em condições apropriadas, cloro e propano reagem formando, principalmente, produtos dissubstituídos. O número máximo de isômeros planos de fórmula $C_3H_6C\ell_2$ obtido é:

a) 5  b) 4  c) 3  d) 2  e) 1

**2** (UFG-GO) Hidrocarbonetos alifáticos saturados podem sofrer reações de halogenação. Considerando-se o hidrocarboneto de fórmula molecular $C_8H_{18}$, determine:

a) a fórmula molecular plana do isômero que fornece apenas um haleto quando sofre uma mono-halogenação.
b) a massa molar quando esse hidrocarboneto sofre halogenação total. Considere como halogênio o átomo de cloro.

**3** (Fuvest-SP) A reação do propano com cloro gasoso, em presença de luz, produz dois compostos monoclorados.

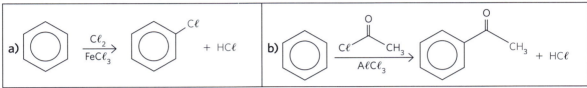

Na reação do cloro gasoso com 2,2-dimetilbutano, em presença de luz, o número de compostos monoclorados que podem ser formados e que não possuem, em sua molécula, carbono assimétrico é:
a) 1  b) 2  c) 3  d) 4  e) 5

**4** (UEPG-PR) Considere as reações abaixo e assinale o que for correto.

01) São reações de substituição.
02) O produto de B é uma cetona.
04) A reação B corresponde a uma acilação de Friedel-Crafts.
08) Na reação A, a utilização de $\frac{Br_2}{FeBr_3}$ no lugar de $\frac{Cl_2}{FeCl_3}$ produzirá o bromobenzeno.
16) Ambos os produtos são aromáticos.

## ◉ Reações de adição

As reações de adição ocorrem por meio da quebra das ligações pi (π) constituintes das insaturações. Os alquenos, alquinos e alcadienos são mais reativos do que os alcanos e as reações de adição são características dessas classes de hidrocarbonetos. Observe a seguir um modelo geral para as reações de adição:

Vamos ver a seguir alguns tipos de reações de adição.

### Hidrogenação catalítica

Essa reação ocorre entre alquenos, alquinos, alcadienos e o gás hidrogênio ($H_2$) na presença de catalisadores metálicos apropriados, como níquel (Ni), platina (Pt) ou paládio (Pd). Observe a seguir algumas dessas reações.

### Alquenos

Na hidrogenação de alquenos, ocorre o rompimento da ligação pi (π) da dupla-ligação, resultando como produto um alcano. Veja como exemplo a hidrogenação do eteno.

Eteno                Etano

Observe que, na reação apresentada, 1 mol de alqueno reage com 1 mol de gás hidrogênio, produzindo 1 mol de alcano.

## Alquinos

Quando um alquino sofre uma hidrogenação, duas situações podem ocorrer: a parcial, quando há o rompimento de apenas uma ligação pi ($\pi$) da tripla ligação, resultando em um alqueno; e a total, em que as duas ligações pi ($\pi$) da tripla ligação são rompidas, resultando em um alcano.

- **Hidrogenação parcial**

Na hidrogenação parcial do etino ocorre a ruptura de somente uma das ligações pi ($\pi$) presente na insaturação:

$$H-C\equiv C-H + H-H \xrightarrow[\Delta]{Ni} H-CH=CH-H$$
Etino ou acetileno → Eteno ou etileno

- **Hidrogenação total**

Na hidrogenação total ou completa do etino ocorre a quebra de ambas as ligações pi ($\pi$) constituintes da tripla ligação.

$$H-C\equiv C-H + 2H-H \xrightarrow[\Delta]{Ni} H-CH_2-CH_2-H$$
Etino → Etano

## Alcadienos

Como os alcadienos apresentam duas ligações duplas por molécula, sua hidrogenação parcial produz um alqueno, enquanto sua hidrogenação total produz um alcano.

- **Hidrogenação parcial**

Na hidrogenação parcial do propadieno ocorre a ruptura da ligação pi ($\pi$) de apenas uma das insaturações.

$$CH_2=C=CH_2 + H_2 \xrightarrow[\Delta]{Ni} CH_2=CH-CH_3$$
Propadieno → Propeno

- **Hidrogenação total**

Na hidrogenação total do propadieno ocorre a ruptura da ligação pi ($\pi$) das duas insaturações.

$$CH_2=C=CH_2 + 2H_2 \xrightarrow[\Delta]{Ni} CH_3-CH_3-CH_2$$
Propadieno → Propano

## Halogenação

As reações de halogenação envolvem a reação de hidrocarbonetos com substâncias simples formadas pelos halogênios, como $F_2$, $C\ell_2$, $Br_2$ e $I_2$. Esse tipo de reação é denominado **adição de $X_2$**, em que X é um halogênio.

No caso dos hidrocarbonetos insaturados, a halogenação também pode ocorrer pela reação com haletos de hidrogênio, como $HC\ell$ ou $HBr$, por exemplo. Esse tipo de reação é denominado **adição de HX**, em que X é um halogênio.

### Adição de $X_2$

#### Alquenos

Nos alquenos, a halogenação ocorre com a quebra de uma ligação pi ($\pi$) da dupla ligação em uma reação de adição. Veja o exemplo a seguir:

$$CH_2=CH-CH_3 + C\ell-C\ell \longrightarrow CH_2C\ell-CHC\ell-CH_3$$
Propeno → 1,2-dicloropropano

Na reação representada acima, temos a formação de um di-haleto vicinal, uma vez que temos os átomos de cloro ligados em carbonos vizinhos no produto.

## Alquinos

A halogenação nos alquinos pode ocorrer de duas maneiras: a parcial, em que há a quebra de apenas uma ligação pi ($\pi$) da tripla ligação; e a total, em que há a quebra das duas ligações pi ($\pi$).

- **Halogenação parcial**

$$HC \equiv C-CH_3 + C\ell_2 \longrightarrow HC=C(C\ell)-C(C\ell)H-CH_3$$

Propino → 1,2-dicloropropeno

- **Halogenação total**

$$HC \equiv C-CH_3 + 2\,C\ell_2 \longrightarrow HC(C\ell)_2-C(C\ell)_2-CH_3$$

Propino → 1,1,2,2-tetracloropropano

## Alcadienos

Assim como os alquinos, os alcadienos também podem sofrer dois tipos de halogenação: a parcial, em que há a quebra de apenas uma ligação pi ($\pi$) das insaturações; e a total, em que há a quebra das ligações pi ($\pi$) das duas insaturações.

- **Halogenação parcial**

$$H_2C=C=CH_2 + C\ell_2 \longrightarrow H_2C=C(C\ell)-C(C\ell)H_2$$

Propadieno → 1,2-dicloropropeno

- **Halogenação total**

$$H_2C=C=CH_2 + 2\,C\ell_2 \longrightarrow H_2C(C\ell)-C(C\ell)_2-C(C\ell)H_2$$

Propadieno → 1,2,2,3-tetracloropropano

Um teste realizado para verificar se uma cadeia carbônica alifática é insaturada consiste na reação com água de bromo [$Br_2$ (aq)] ou, ainda, com uma solução de bromo dissolvido em tetracloreto de carbono $\left(\frac{Br_2}{CC\ell_4}\right)$. Ambas as soluções mencionadas apresentam coloração castanha. Caso a cadeia carbônica seja insaturada, o positivo para o teste é verificado pelo descoramento dessas soluções em virtude do consumo de bromo ($Br_2$).

$$\underbrace{-C=C-}_{\text{Castanho}} + Br_2 \xrightarrow{CC\ell_4} \underbrace{-C(Br)-C(Br)-}_{\text{Incolor}}$$

A água de bromo contida na pipeta, de cor castanha, não reagiu com o alcano contido no frasco A. No entanto, ao ser adicionada ao alqueno contido no frasco B, reagiu, sofrendo uma descoloração.

Nessas condições, essa reação não ocorre com cadeias saturadas.

- **Observação**: Os cicloalcanos que apresentam três ou quatro átomos de carbono em sua cadeia tendem a realizar reação de adição. Observe os exemplos representativos a seguir:

Ciclobutano + $C\ell-C\ell$ → 1,4-diclorobutano

## Adição de HX

Essa reação ocorre entre os hidrocarbonetos insaturados e os hidretos dos halogênios (HCℓ, HBr, HI). Veja um exemplo a seguir:

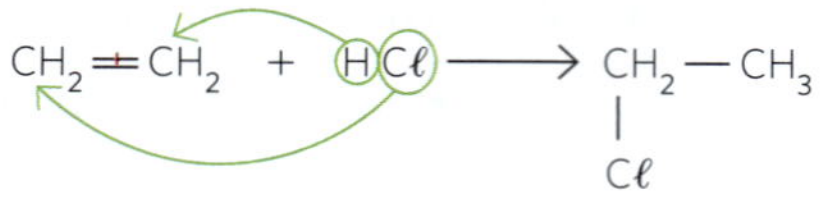

$$CH_2=CH_2 + HCℓ \longrightarrow CH_2-CH_3$$
$$\phantom{CH_2=CH_2 + HCℓ \longrightarrow CH_2-}|$$
$$\phantom{CH_2=CH_2 + HCℓ \longrightarrow CH_2-}Cℓ$$

Eteno → Cloroeteno (cloreto de etila)

Em hidrocarbonetos que apresentam cadeias maiores, existe mais de uma possibilidade de configuração para a adição, ou seja, o átomo de halogênio pode ser adicionado em carbonos diferentes. Observe o caso do metilpropeno.

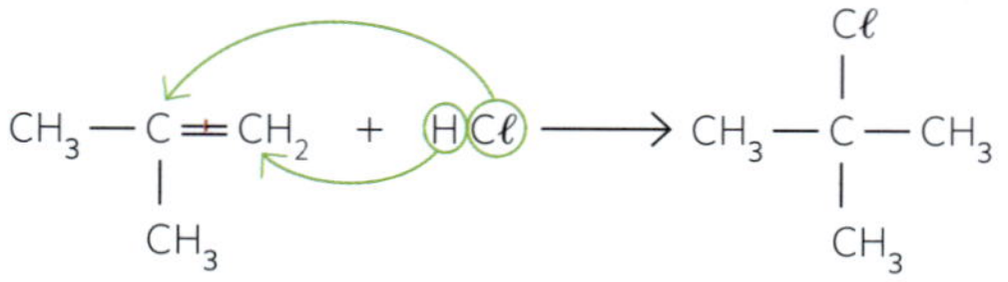

Metilpropeno + HCℓ → 2-cloro-2-metilpropano

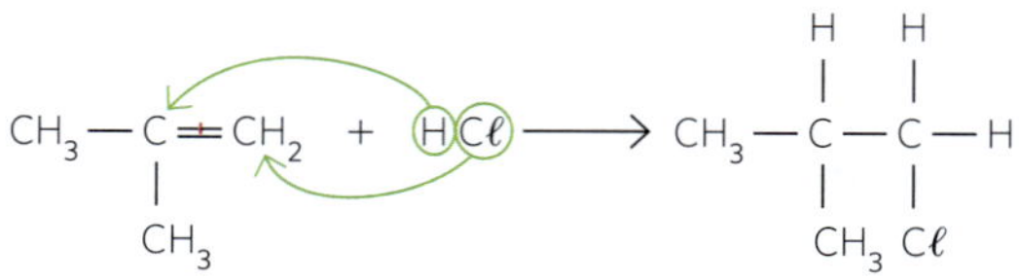

Metilpropeno + HCℓ → 1-cloro-2-metilpropano

Embora existam as duas possibilidades para a ocorrência da reação, observa-se experimentalmente que o composto 2-cloro-2-metilpropano é obtido preferencialmente e em maior quantidade.

Em 1868, um químico russo chamado Vladimir Markovnikov (1838-1904), realizando estudos experimentais, formulou uma regra que permite determinar o produto que é formado em maior quantidade. Essa regra ficou conhecida como **regra de Markovnikov**:

> Em uma reação de adição, o hidrogênio do HX adiciona-se ao carbono mais hidrogenado da dupla ou tripla ligação.

Observe mais alguns exemplos de aplicação dessa regra:

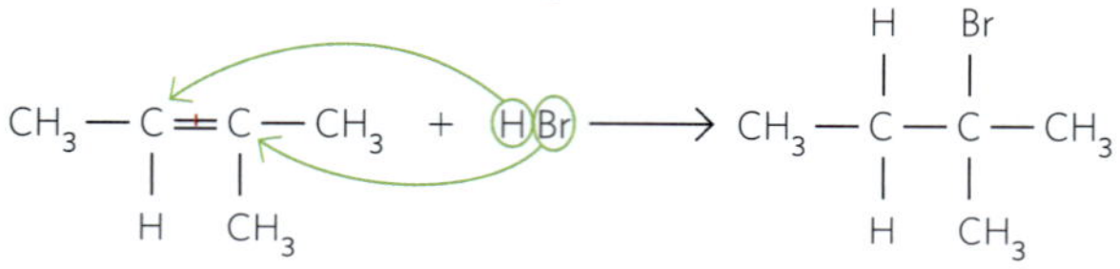

Metil but-2-eno + HBr → 2-bromo-2-metilbutano

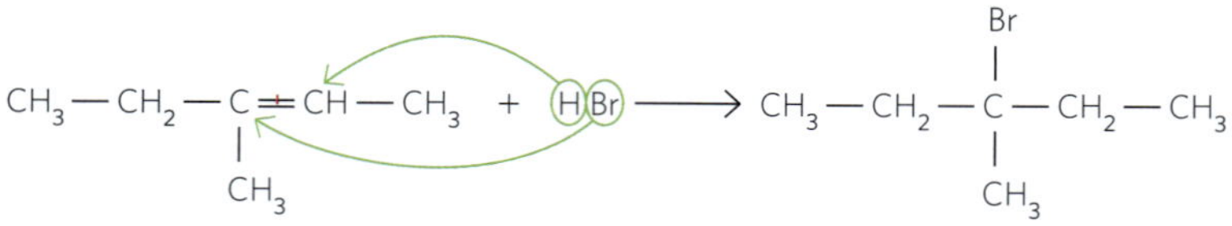

3-metil-pent-2-eno + HBr → 3-bromo-3-metilpentano

A reação também pode ocorrer com alquinos e alcadienos:

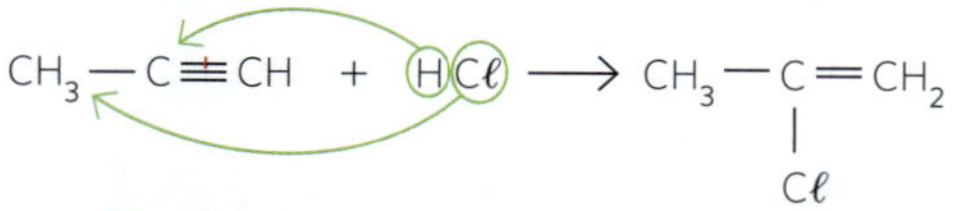

Propino + HCℓ → 2-cloropropeno

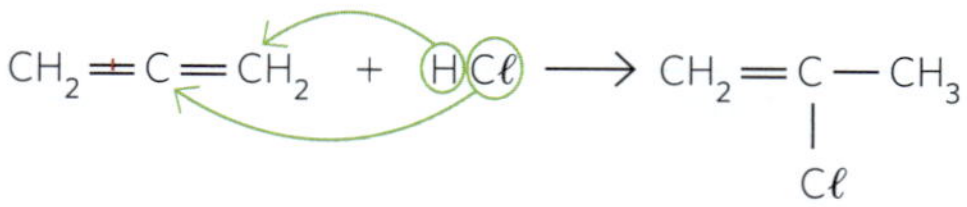

Propadieno + HCℓ → 2-cloropropeno

## Hidratação

A hidratação consiste em uma reação de adição, na qual a água ($H_2O$) é adicionada ao hidrocarboneto insaturado. A hidratação segue a regra de Markovnikov. Observe alguns exemplos para essa reação.

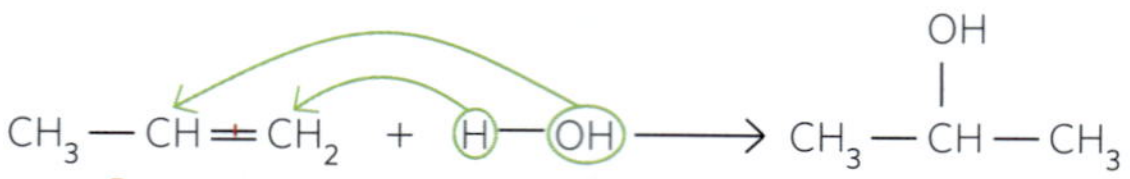

Propeno + H—OH ($H_2O$) → Propan-2-ol

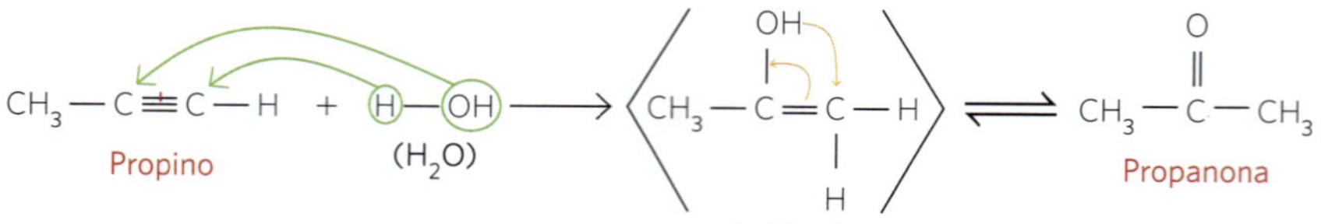

Propino + H—OH ($H_2O$) → (Instável) ⇌ Propanona

## Explore seus conhecimentos

**1** (Udesc) Com relação às equações químicas I e II,

I. $CH_2=CH-CH_3 + Br_2 \longrightarrow CH_2-CH-CH_3$
                                              $\phantom{CH_2}|\phantom{-}|$
                                              $\phantom{CH_2}Br\phantom{-}Br$

II. $CH_3-CH_3 + C\ell_2 \longrightarrow CH_3-CH_2 + HC\ell$
                                              $\phantom{CH_3-CH_3}|$
                                              $\phantom{CH_3-CH_3}C\ell$

pode-se afirmar que são, respectivamente, reações de:
a) oxidação e ácido-base.
b) substituição e adição.
c) oxidação e adição.
d) adição e substituição.
e) adição e ácido-base.

**2** Copie as reações a seguir em seu caderno, completando-as e indicando o nome do produto formado.

a) $H_3C-CH=CH_2 + 1H_2 \xrightarrow{Ni, \Delta} A$

b) $H_3C-C\equiv CH + 1H_2 \xrightarrow{Ni, \Delta} B$

c) $H_3C-C\equiv CH + 2H_2 \xrightarrow{Ni, \Delta} C$

d) $H_2C=CH-CH_2-CH=CH_2 + 1C\ell_2 \longrightarrow D$

e) $H_2C=CH-CH_2-CH_3 + 1HBr \longrightarrow E$

f) $H_3C-C\equiv C-CH_3 + 1HC\ell \longrightarrow F$

g) $H_3C-C\equiv C-CH_3 + 1HOH \xrightarrow{H^+} G$

**3** (UFG-GO) "Na adição de haleto de hidrogênio a um alceno, o hidrogênio do haleto liga-se ao átomo de carbono mais hidrogenado." V. V. Markovnikov, 1869.

Segundo essa afirmação, na adição de ácido bromídrico a 2-metil-2-octeno, o produto formado será:

a)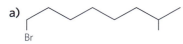

d)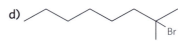

b)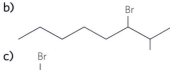

e)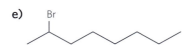

c)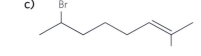

**4** (UFRJ) Os alcenos, devido à presença de insaturação, são muito mais reativos do que os alcanos. Eles reagem, por exemplo, com haletos de hidrogênio, tornando-se assim compostos saturados.
a) Classifique a reação entre um alceno e um haleto de hidrogênio.
b) Apresente a fórmula estrutural do produto principal obtido pela reação do HC$\ell$ com um alceno de fórmula molecular $C_6H_{12}$ que possui um carbono quaternário.

**5** (PUC-SP) As reações de adição na ausência de peróxidos ocorrem seguindo a Regra de Markovnikov, como mostra o exemplo.

$$H_3C-CH=CH_2 + HBr \longrightarrow H_3C-\underset{\underset{Br}{|}}{CH}-CH_3$$

Considere as seguintes reações:

$$H_3C-\underset{\underset{CH_3}{|}}{C}=CH-CH_3 + HC\ell \longrightarrow X$$

$$H_2C=CH-CH_3 + H_2O \xrightarrow{H^+} Y$$

Os produtos principais, X e Y, são, respectivamente,
a) 3-cloro-2-metilbutano e propano-1-ol.
b) 3-cloro-2-metilbutano e propano-2-ol.
c) 2-cloro-2-metilbutano e propano-1-ol.
d) 2-cloro-2-metilbutano e propan-2-ol.
e) 2-cloro-2-metilbutano e propanal.

## Relacione seus conhecimentos

**1** (UFPE) Os alcenos podem reagir com várias substâncias, como mostrado abaixo, originando produtos exemplificados como B, C e D.

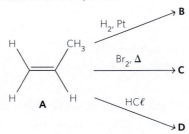

Sobre os alcenos e os produtos exemplificados, podemos afirmar que:

0-0) o alceno A descrito acima corresponde ao propano.

1-1) o produto B da reação do reagente A com $H_2$ é o propeno.

2-2) o produto C da reação do reagente A com $Br_2$ é o 1,2-dibromopropano.

3-3) o produto D da reação do reagente A com $HC\ell$ é o 2-cloropropano, pois segue a regra de Markovnikov.

4-4) todas as reações acima são classificadas como de adição.

**2** (Unicamp-SP) A reação do propino ($HC\equiv C-CH_3$) com o ($Br_2$) bromo pode produzir dois isômeros cis-trans que contêm uma dupla-ligação e dois átomos de bromo nas respectivas moléculas.
I. Escreva a equação dessa reação química entre propino e bromo.
II. Escreva a fórmula estrutural de cada um dos isômeros cis-trans.

**3** (PUC-RJ) Considere que, na reação representada a seguir, 1 mol do hidrocarboneto reage com 1 mol de ácido bromídrico, sob condições ideais na ausência de peróxido, formando um único produto com 100% de rendimento.

A respeito do reagente orgânico e do produto dessa reação, faça o que se pede.

a) Represente a estrutura do produto formado utilizando notação em bastão.
b) Dê o nome do hidrocarboneto usado como reagente, segundo as regras de nomenclatura da IUPAC.
c) Represente a estrutura de um isômero cíclico do hidrocarboneto (usado como reagente) constituído por um anel de seis átomos de carbono. Utilize notação em bastão.

**4** (Uerj) A sequência de reações abaixo é um exemplo de síntese orgânica, na qual os principais produtos formados são indicados por A e B.

I. but-2-eno + $HC\ell \longrightarrow A$

II. $A + NaOH \xrightarrow{H_2O} B + NaC\ell$

Apresente as fórmulas estruturais planas dos produtos A e B. Identifique, ainda, o mecanismo ocorrido na reação I em função das espécies reagentes.

**5** (UEPG-PR) O composto propino sofreu hidratação em meio ácido. O principal produto dessa reação é:
a) ácido acético.
b) 2,2-propanodiol.
c) propanaldeído.
d) 2-propanol.
e) propanona.

**6** (Fuvest-SP) Uma mesma olefina pode ser transformada em álcoois isoméricos por dois métodos alternativos:

Método A: hidratação catalisada por ácido:

Método B: hidroboração:

No caso de preparação dos álcoois:

e com base nas informações fornecidas (método A e método B), dê a fórmula estrutural da olefina a ser utilizada e o método que permite preparar
a) o álcool I.
b) o álcool II.
Para os itens a e b, caso haja mais de uma olefina ou mais de um método, cite-os todos.
c) Copie as fórmulas estruturais dos álcoois I e II e, quando for o caso, assinale com asteriscos os carbonos assimétricos.

## Oxidação de alcenos

A reação de oxidação ocorre quando alcenos reagem com agentes oxidantes, promovendo a oxidação dos átomos de carbono presentes na cadeia carbônica. Como veremos a seguir, esses processos de oxidação podem ocorrer em diversas condições distintas.

## Oxidação branda

A oxidação branda ocorre por meio da reação de um alqueno com uma solução de permanganato de potássio ($KMnO_4$) de baixa concentração (diluída), em meio neutro ou ligeiramente alcalino e a frio (reativo de Bayer).

Nessas condições, o $KMnO_4$ se decompõe dando origem a uma forma atômica e altamente reativa do oxigênio denominada oxigênio nascente [O], que irá atacar a cadeia carbônica do alceno promovendo a sua oxidação. Observe a seguir a equação representativa da reação de decomposição do permanganato de potássio nas condições apresentadas.

$$2\ KMnO_4 + H_2O \longrightarrow 2\ KOH + 2\ MnO_2 + 3\ [O]$$
Oxigênio nascente

A equação pode ainda ser representada em sua forma iônica:

$$2\ MnO_4^- + H_2O \longrightarrow 2\ OH^- + 2\ MnO_2 + 3\ [O]$$
Oxigênio nascente

Veja o exemplo a seguir que mostra a oxidação branda do eteno.

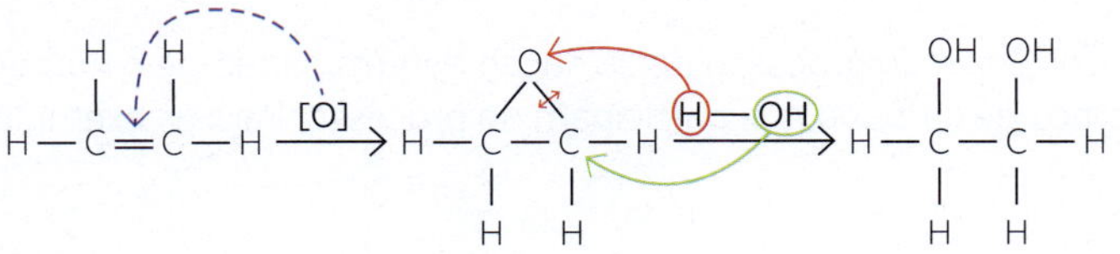

Etano-1,2-diol
(diálcool vicinal)

A reação pode ainda ser representada simplificadamente por:

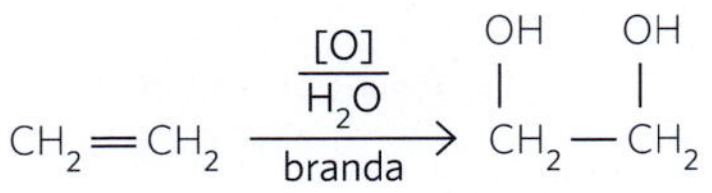

$$CH_2 = CH_2 \xrightarrow[\text{branda}]{[O]/H_2O} \underset{CH_2 - CH_2}{\overset{OH\ \ \ OH}{|\ \ \ \ \ |}}$$

A solução de permanganato de potássio apresenta coloração violeta, desse modo, a ocorrência da reação pode ser evidenciada por um descoramento dessa solução, que se torna incolor devido ao consumo do permanganato. A principal aplicação desse processo é a diferenciação de alquenos de cicloalcanos, uma vez que, como somente as ligações do tipo pi ($\pi$) são rompidas, os cicloalcanos não reagem nas condições da oxidação branda, havendo permanência da coloração violeta da solução.

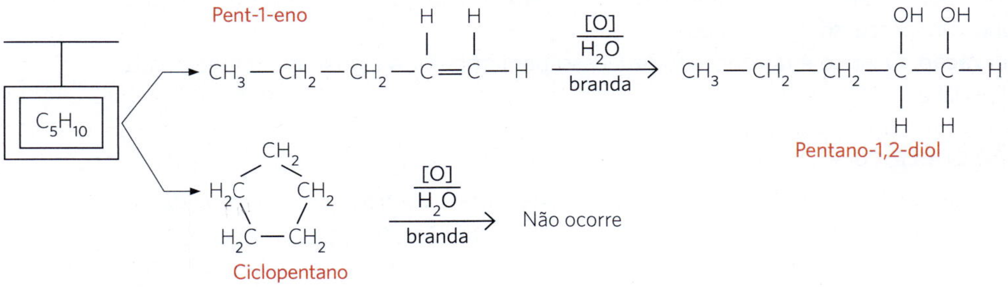

Pent-1-eno: $CH_3-CH_2-CH_2-CH=CH_2$ (com H e H indicados) $\xrightarrow[\text{branda}]{[O]/H_2O}$ $CH_3-CH_2-CH_2-\underset{H}{\overset{OH}{\underset{|}{\overset{|}{C}}}}-\underset{H}{\overset{OH}{\underset{|}{\overset{|}{C}}}}-H$

Pentano-1,2-diol

$C_5H_{10}$

Ciclopentano $\xrightarrow[\text{branda}]{[O]/H_2O}$ Não ocorre

## Ozonólise

A ozonólise é um processo de oxidação que utiliza ozônio ($O_3$) como agente oxidante, na presença de água e zinco. A reação ocorre por meio da ruptura da ligação pi ($\pi$) presente no alqueno, havendo a formação de um intermediário de reação de elevada instabilidade denominado ozoneto (ou ozonida). Esse processo consiste em um método de preparação de aldeídos e cetonas a partir de alquenos. Veja a seguir o modelo geral seguido de alguns exemplos.

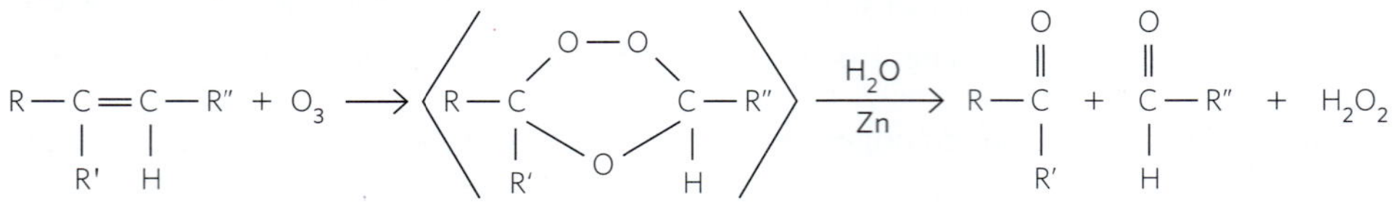

Ozoneto Cetona Aldeído

Veja os exemplos:

2-metilbut-2-eno Propanona Etanal

But-2-eno Etanal Etanal

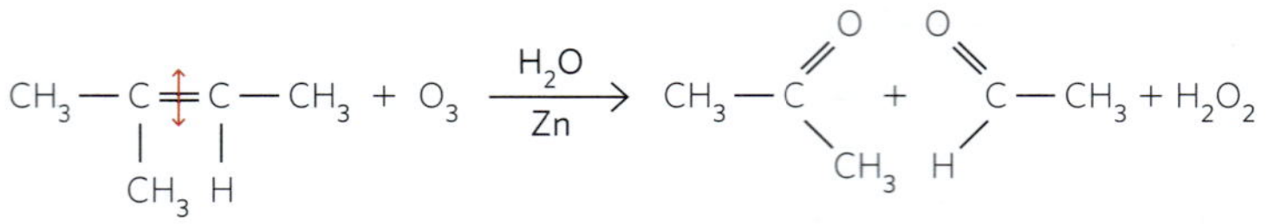

Pode-se evidenciar a ocorrência do processo de oxidação determinando-se o número de oxidação (Nox) dos átomos de carbono que participam do processo. Para os exemplos apresentados, temos:

2-metilbut-2-eno Propanona Etanal

But-2-eno Etanal Etanal

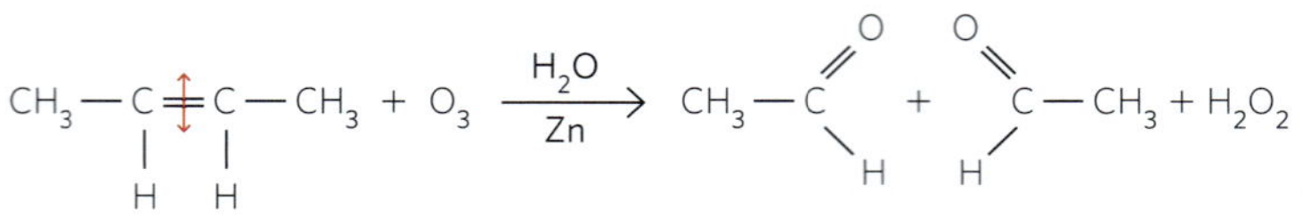

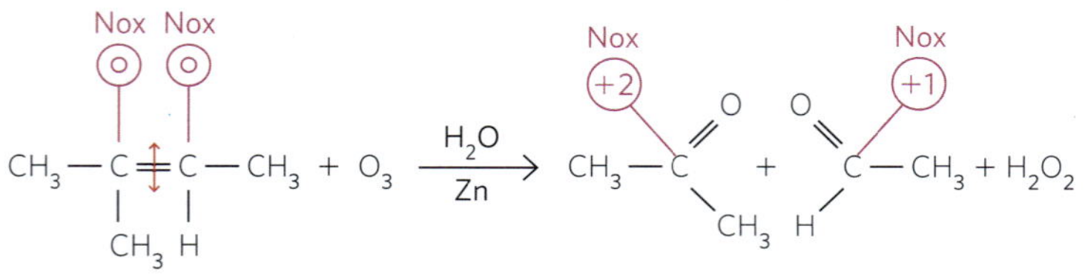

Como se pode observar, há um aumento do número de oxidação dos átomos de carbono, evidenciando um processo de oxidação.

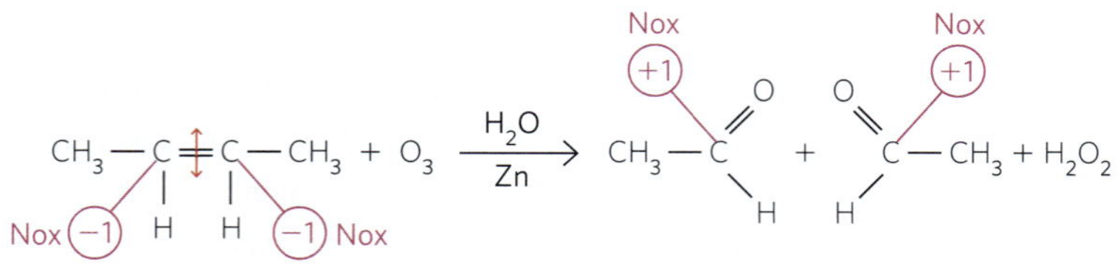

**Observação**: O zinco é utilizado no processo para impedir a oxidação do aldeído até ácido carboxílico.

## Oxidação enérgica

A oxidação enérgica é um processo de oxidação mais vigoroso do que a oxidação branda ou a ozonólise. Nesse tipo de reação, comumente são utilizados os agentes oxidantes permanganato de potássio ($KMnO_4$) ou, ainda, o dicromato de potássio ($K_2Cr_2O_7$), concentrados, em meio ácido e a quente. Essas condições possibilitam a formação de grande quantidade de oxigênio nascente [O]. Veja a seguir uma equação química representativa do processo.

$$2\ KMnO_4 + 3\ H_2SO_4 \longrightarrow K_2SO_4 + 2\ MnSO_4 + 3\ H_2O + 5\ [O]$$

Oxigênio nascente

O oxigênio nascente irá atacar a cadeia carbônica dos alcenos provocando a formação de ácidos carboxílicos e/ou cetonas. A formação de aldeídos é impossibilitada em razão das condições vigorosas da reação e da grande quantidade de oxigênio nascente formado, e mesmo que o aldeído seja produzido, ainda que por um curto intervalo de tempo, este acaba sendo oxidado, com consequente formação de ácido carboxílico. Veja o modelo geral para essa reação, seguido de alguns exemplos abaixo.

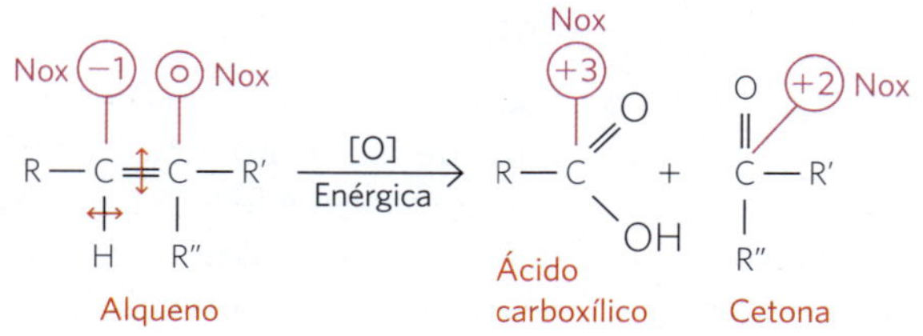

> **Dica**
>
> **Petrobras**. Disponível em: http://www.petrobras.com.br/pt/. Acesso em: 10 jan. 2020.
>
> Este *site* traz informações, não apenas sobre o petróleo e seus derivados, como também sobre outras fontes de energia, como biocombustíveis e gás natural. Existem ainda informações sobre o pré-sal.

Exemplos:

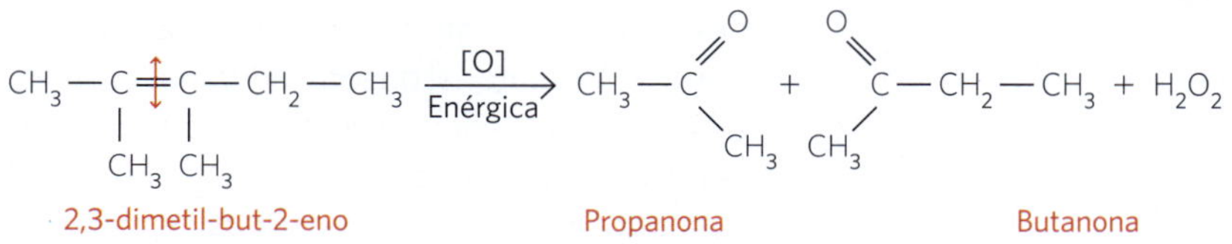

(2-metilbut-2-eno → Ácido etanoico + Propanona)

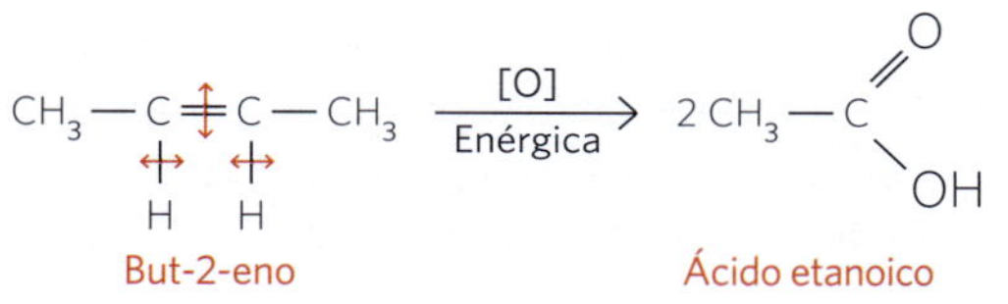

(But-2-eno → 2 CH₃—COOH Ácido etanoico)

(2,3-dimetil-but-2-eno → Propanona + Butanona + H₂O₂)

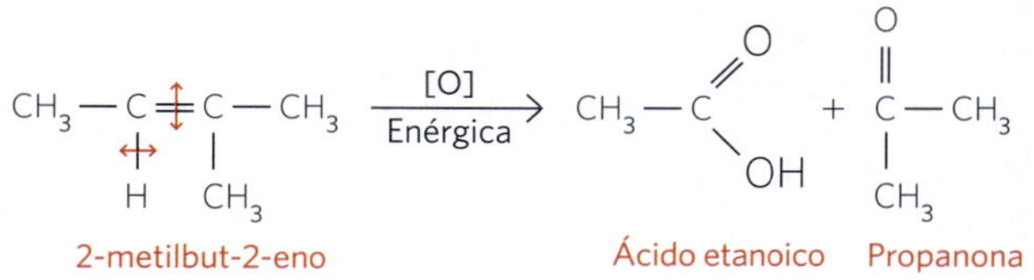

Note que os produtos da reação podem ser um ácido carboxílico e uma cetona, dois ácidos carboxílicos ou duas cetonas, a depender do tipo de alqueno que está sendo oxidado.

Um caso particular ocorre quando o alqueno apresenta a insaturação na extremidade da cadeia carbônica. Nesse caso, além do ácido carboxílico será formado também gás carbônico. Observe o exemplo abaixo:

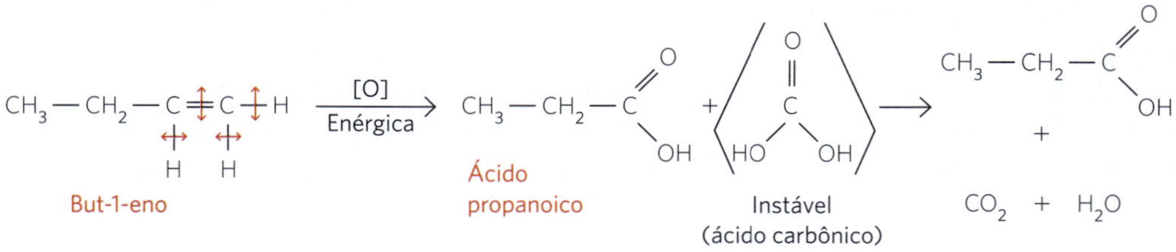

(But-1-eno → Ácido propanoico + Instável (ácido carbônico) → CH₃—CH₂—COOH + CO₂ + H₂O)

**Observação**: As reações de combustão são as reações mais enérgicas possíveis e serão estudadas detalhadamente nos capítulos posteriores.

# Explore seus conhecimentos

**1** (PUC-MG) A ozonólise do composto metilbut-2-eno, seguida de hidrólise, em presença de zinco metálico, produz:
a) propanal e etanal.
b) metanal e etanal.
c) etanal e propanona.
d) propanal e propanona.

**2** (UFMG) A ozonólise e posterior hidrólise em presença de zinco do 2-metil-3-etilpent-2-eno produz:
a) cetona e aldeído.
b) cetona, aldeído e álcool.
c) somente cetonas.
d) aldeído e álcool.
e) cetona, aldeído e ácido carboxílico.

**3** (Enem) A ozonólise, reação utilizada na indústria madeireira para a produção de papel, é também utilizada em escalas de laboratório na síntese de aldeídos e cetonas. As duplas-ligações dos alcenos são clivadas pela oxidação com o ozônio ($O_3$), em presença de água e zinco metálico, e a reação produz aldeídos e/ou cetonas, dependendo do grau de substituição da ligação dupla. Ligações duplas dissubstituídas geram cetonas, enquanto ligações duplas terminais ou monossubstituídas dão origem a aldeídos, como mostra o esquema.

Considere a ozonólise do composto 1-fenil-2-metilprop-1-eno:

1-fenil-2-metilprop-1-eno

MARTINO, A. *Química, a ciência global*. Goiânia: Editora W, 2014 (adaptado).

Quais são os produtos formados nessa reação?
a) Benzaldeído e propanona.
b) Propanal e benzaldeído.
c) 2-fenil-etanal e metanal.
d) Benzeno e propanona.
e) Benzaldeído e etanal.

**4** (UFSE) Hidrocarbonetos

$$R-\overset{H}{\underset{|}{C}}=\overset{H}{\underset{|}{C}}-R$$

ao serem submetidos à oxidação com ruptura de cadeia carbônica, produzem:
a) álcoois.
b) cetonas.
c) ácidos.
d) ésteres.
e) éteres.

**5** (Uerj) Um dos métodos de identificação de estruturas de hidrocarbonetos contendo ligações duplas ou triplas é feito a partir da análise dos produtos ou fragmentos, obtidos da reação de oxidação enérgica. Observe os produtos orgânicos da reação de oxidação enérgica de um hidrocarboneto insaturado:

hidrocarboneto insaturado + $K_2Cr_2O_7$ $\xrightarrow[\Delta]{H_2SO_4}$ $CH_3COCH_3$ + (W) + $CH_3COOH$ (T)

a) Em relação ao hidrocarboneto insaturado, indique as fórmulas mínima e estrutural plana.
b) Cite a nomenclatura oficial do composto W e determine a percentagem de carbono, em número de átomos, na substância T.

**6** (Enem) O permanganato de potássio ($KMnO_4$) é um agente oxidante forte muito empregado tanto em nível laboratorial quanto industrial. Na oxidação de alcenos de cadeia normal, como o 1-fenil-1-propeno, ilustrado na figura, o $KMnO_4$ é utilizado para a produção de ácidos carboxílicos.

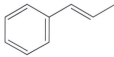

1-fenil-1-propeno

Os produtos obtidos na oxidação do alceno representado, em solução aquosa de $KMnO_4$, são:
a) Ácido benzoico e ácido etanoico.
b) Ácido benzoico e ácido propanoico.
c) Ácido etanoico e ácido 2-feniletanoico.
d) Ácido 2-feniletanoico e ácido metanoico.
e) Ácido 2-feniletanoico e ácido propanoico.

## Relacione seus conhecimentos

**1** (UEPG-PR) A partir do propeno é possível obter diferentes compostos orgânicos, como mostra o esquema abaixo. Diante disso, assinale o que for correto.

$$CH_3COOH + CO_2 \xleftarrow{IV} CH_3CH=CH_2 \xrightarrow{II} CH_3CHOHCH_3$$

com I levando a $CH_3CH_2CH_2Br$ e III levando a $CH_3CHOHCH_2OH$.

01) O produto da reação I segue uma adição de Markovnikov.

02) A reação II é uma hidratação.

04) Na reação III ocorre uma redução.

08) Na reação IV os produtos formados a partir da oxidação do propeno são ácido etanoico e gás carbônico.

**2** (PUC-PR) Dada a reação:

$$H_3C-CH_2-CH=C(CH_3)-CH_2-CH_3 + [O] \xrightarrow[\Delta]{KMnO_4/H^+}$$

obteremos como produtos:

I. propanal.
II. 2-butanona.
III. 4-metil-3-hexanol.
IV. ácido propanoico.

Estão corretas as afirmações:
a) I e III.
b) I e IV.
c) II e III.
d) I e II.
e) II e IV.

**3** (Acafe-SC) O *spray* de pimenta é um tipo de agente lacrimogêneo que possui a capsaicina como princípio ativo.

Fórmula estrutural da capsaicina

Baseado nas informações fornecidas e nos conceitos químicos é correto afirmar, exceto:

a) A capsaicina possui os grupos funcionais amida, fenol e éter.

b) A oxidação energética ($K_2Cr_2O_7$ ou $KMnO_4$ em meio ácido e quente) da capsaicina tem como produto majoritário um composto contendo o grupo funcional aldeído.

c) Sob condições apropriadas, a capsaicina pode sofrer ozonólise, formando compostos que apresentam a função química aldeído.

d) Sob condições apropriadas, a capsaicina pode reagir com $Br_2$ em uma reação de adição.

**4** (PUC-RJ) Considere a substância a seguir sofrendo oxidação na presença de uma solução diluída de permanganato de potássio (KMnO$_4$) em meio levemente alcalino.

Nestas condições, o produto orgânico da reação é:

a) [estrutura ramificada]

b) [estrutura com OH]

c) OH [estrutura]

d) OH OH [estrutura com dois OH]

e) [estrutura com C=O]

**5** (UFG-GO) Alcenos são hidrocarbonetos que apresentam ligação dupla entre átomos de carbono. São chamados de olefinas, palavra que significa "gerador de óleos", em razão do aspecto oleoso dos que têm mais de cinco carbonos.
Com base na fórmula química do alceno apresentada a seguir, considere as seguintes afirmativas:

[estrutura do alceno: H$_3$C–C(CH$_3$)=C(H)–CH$_2$CH$_3$]
alceno

I. De acordo com a nomenclatura IUPAC, o composto é o 2-metil-2-penteno.
II. Alcenos são mais reativos do que alcanos por causa da ligação dupla entre átomos de carbono.
III. Na adição iônica de HBr, o átomo de bromo se ligará ao carbono menos hidrogenado da dupla-ligação.
IV. Esse composto apresenta isomeria cis-trans.
V. Sob condições reacionais adequadas, na reação de ozonólise, podem ser obtidos como produtos a propanona e o propanal.

Marque a alternativa correta:
a) As afirmativas I, II e III são falsas.
b) As afirmativas II e IV são falsas.
c) As afirmativas III e IV são falsas.
d) As afirmativas III, IV e V são falsas.
e) Apenas a afirmativa IV é falsa.

**6** (Fafeod-MG) A oxidação exaustiva de um alqueno produziu butanona, gás carbônico e água. Qual a fórmula desse alqueno?

$$\text{alqueno} \xrightarrow[\text{exaustiva}]{[O]} \text{butanona} + CO_2 + H_2O$$

a) [ciclopenteno]

b) [ciclobuteno com CH$_3$]

c) $CH_2=CH-(CH_2)_2-CH_3$
d) $CH_3-CH=CH-CH_2-CH_3$
e) $CH_2=C-CH_2-CH_3$
         $|$
         $CH_3$

**7** (Unicamp-SP) A equação a seguir representa, de maneira simplificada e incompleta, a formação de aldeídos na oxidação que ocorre em gorduras insaturadas, fenômeno responsável pelo aparecimento de gosto ruim (ranço), por exemplo, na manteiga.

$$R-C=C-R + O_2 \longrightarrow R-C-H$$

a) Escreva a equação química completa.

Para evitar a deterioração dos alimentos, inclusive em função da reação anterior, muitas embalagens são hermeticamente fechadas sob nitrogênio ou sob uma quantidade de ar muito pequena. Além disso, nos rótulos de diversos produtos alimentícios embalados dessa forma encontram-se, frequentemente, informações como:

Validade: 6 meses da data de fabricação se não for aberto.

Após aberto, deve ser guardado, de preferência, em geladeira e consumido em até 5 dias.

Contém antioxidante.

Pode-se dizer que o antioxidante é uma substância, colocada no produto alimentício, que reage "rapidamente" com oxigênio.

Baseando-se nas informações anteriores, responda em termos químicos:

b) Por que esse prazo de validade diminui muito após a abertura da embalagem?

c) Por que a recomendação de guardar o alimento em geladeira depois de aberto?

## Perspectivas

### Relevância da indústria de óleo e gás para o Brasil

O setor de petróleo representa 49% de toda a energia consumida no país (2016) e tem grande relevância para a economia nacional. Além da importância do consumo de seus derivados e do papel desempenhado na segurança energética, contribui para a geração de divisas com sua exportação. Os investimentos das empresas petrolíferas representam hoje quase 60% de todo o investimento industrial do país, segundo o BNDES, e movimentam uma extensa cadeia produtiva, com cerca de 400 mil empregos com remuneração superior à média salarial nacional. [...]

Refinaria da Petrobrás em Paulínia (SP).

A produção de gás natural será cada vez maior com o avanço do pré-sal no Brasil. Com menor nível de emissões na geração de energia, no uso industrial e doméstico e na mobilidade urbana, o gás natural é considerado o combustível ideal na direção de uma economia de baixo carbono. Entre os combustíveis fósseis, o gás natural é o que emite menos poluentes. Ele tem também papel imprescindível na complementação às fontes intermitentes, como a hídrica, eólica e solar, contribuindo para que o país atinja suas metas de redução de emissões e garantindo o fornecimento de energia. [...]

Como a indústria de Petróleo, Gás e Biocombustíveis pode alavancar a economia brasileira no período 2019-2022.
Disponível em: https://www.ibp.org.br/personalizado/uploads/2019/05/agenda-da-industria-baixa.pdf.
Acesso em: 13 nov. 2019.

### Discuta com seu grupo

São muitos os profissionais que trabalham no segmento de óleo e gás. Selecionamos três, para que você possa refletir sobre a escolha de uma profissão: o químico, o engenheiro ambiental e o engenheiro de petróleo. Nessa área também atuam profissionais na área de direito ambiental, analista econômico, entre outros.

O **químico** pode atuar na área ambiental, monitorando e tratando resíduos e efluentes, aplicando as normas ambientais e mitigando os impactos ambientais ou, ainda, na área petroquímica, lidando com a análise e identificação da composição do petróleo e dos seus produtos derivados.

O **engenheiro ambiental** avalia as alterações ambientais considerando sua dimensão, duração e natureza, assim como as possibilidades para revertê-las.

O **engenheiro de petróleo** trabalha com o processo de produção de petróleo, gás natural e biocombustível, desde a exploração de poços e jazidas até a comercialização do produto.

Pesquise mais sobre essas profissões e, conversando com o seu grupo, tente entender a importância desses profissionais para o desenvolvimento sustentável do país, verificando se você tem aptidão para uma delas. Caso não tenha, ajude seu grupo a entender como se faz a escolha profissional ou, ainda, como você poderia se enquadrar nesse segmento.

### E você?

**Pensando em seu projeto de vida, as profissões apresentadas lhe parecem áreas de atuação interessantes?**

CIÊNCIAS DA NATUREZA
E SUAS TECNOLOGIAS

UNIDADE

# Funções oxigenadas

Você já se deparou com manchetes que anunciam os benefícios de uma dieta rica em frutas, como a jabuticaba, para combater o envelhecimento?

Algumas frutas apresentam em sua composição uma classe de compostos antioxidantes, denominada flavonoides, que confere aos alimentos colorações que variam entre vermelho e azul. Uma das características comuns às moléculas dessa classe é a presença de funções oxigenadas, como a função fenol.

Como será que as funções oxigenadas dos flavonoides auxiliam no combate ao envelhecimento?

As jabuticabas (do tupi "alimento do jabuti") são frutos das árvores *Plinia cauliflora*, típicas da Mata Atlântica. A coloração roxa da sua casca está relacionada à presença de antocianinas, um tipo de flavonoide.

## Nesta unidade vamos:

- empregar as regras de nomenclatura de compostos orgânicos;
- compreender as principais propriedades das funções orgânicas oxigenadas;
- representar algumas reações envolvendo compostos oxigenados.

# Álcoois

Capítulo 37 – Álcoois  **435**

Este capítulo favorece o desenvolvimento das habilidades
EM13CNT104
EM13CNT302

Os álcoois são compostos orgânicos oxigenados bastante comuns, e um dos mais presentes em nosso cotidiano é o etanol, também chamado de álcool etílico. Além do etanol, existem diversos outros álcoois importantes relacionados de alguma maneira com o nosso dia a dia; como exemplo, podem ser citados a glicerina ou glicerol e o etilenoglicol.

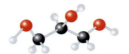
Glicerina

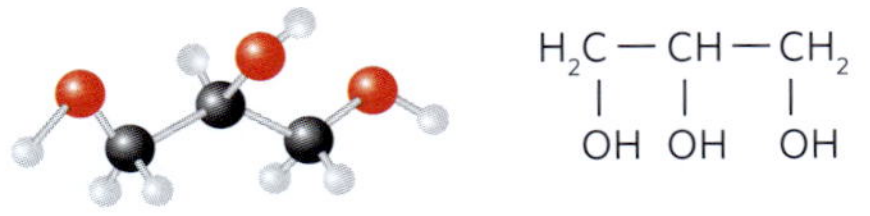

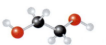
Etilenoglicol

Neste capítulo, vamos conhecer diversos tipos de álcool e estudar sua nomenclatura e propriedades físicas e químicas, além de alguns processos de obtenção. Desse modo, será possível compreender melhor as funções deles e as diversas aplicações que permeiam nossas atividades rotineiras.

## ⬤ Nomenclatura e classificação

Como já vimos, os álcoois são compostos que apresentam o grupo hidroxila ligado a carbonos saturados.

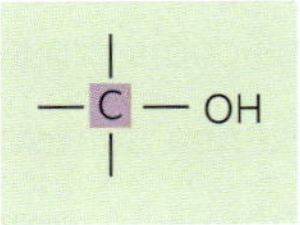

Os álcoois podem ser classificados de duas maneiras:

**1. De acordo com a quantidade de hidroxilas**

- Monoálcool (1 OH): H₃C — OH

- Diálcool (2 OH): 
  $$\begin{array}{cc} OH & OH \\ | & | \\ H_2C & — CH_2 \end{array}$$

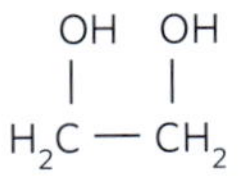

- Poliálcool (3 ou mais OH):
  $$\begin{array}{ccc} OH & OH & OH \\ | & | & | \\ H_2C & — CH & — CH_2 \end{array}$$

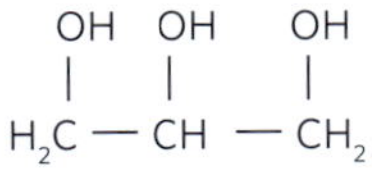

**2. De acordo com a localização da hidroxila e o tipo de carbono**

- Álcool primário (OH ligado a carbono primário):
  $$H_3C - \underset{H}{\overset{H}{C}} - OH$$

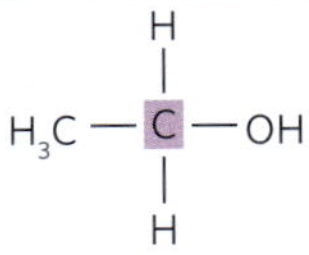

- Álcool secundário (OH ligado a carbono secundário):
  $$H_3C - \underset{OH}{\overset{H}{C}} - CH_3$$

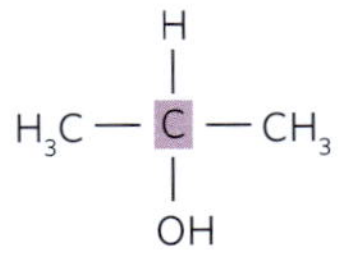

- Álcool terciário (OH ligado a carbono terciário):
  $$H_3C - \underset{OH}{\overset{CH_3}{C}} - CH_3$$

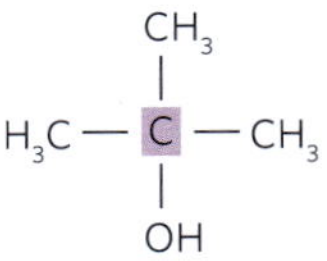

Vamos relembrar a nomenclatura oficial dos álcoois, estabelecida pela IUPAC.

| Prefixo | Intermediário | Sufixo |
|---|---|---|
| Número de carbonos | Tipo de ligação | ol |

Veja alguns exemplos.

H₃C—CH₂—OH
Etanol

H₃C—CH₂—CH—CH₃ (4 3 2 1)
       |
       OH
Butan-2-ol

H₂C—CH₂—CH—CH₃ (1 2 3 4)
|          |
OH        CH₃
3-metilbutan-1-ol

H₂C—CH₂
|    |
OH   OH
Etanodiol ou etano-1,2-diol

Existe uma nomenclatura usual para os álcoois. Nela, usa-se o prefixo que indica a quantidade de carbonos da cadeia ligada ao grupo —OH acrescido do sufixo **-ico**, de acordo com o esquema indicado a seguir:

álcool  prefixo (quantidade de carbonos) + ico

Metil
H₃C—OH
Álcool metílico

Etil
H₃C—CH₂—OH
Álcool etílico

## Investigue seu mundo

**Álcoois em produtos domésticos**

Leia os rótulos de produtos domésticos como desinfetantes, enxaguantes bucais, medicamentos para resfriado, *sprays* e pomadas para contusão, aromatizantes de ambiente, entre outros, procurando por nomes que indiquem a presença de álcoois em sua composição. Em seguida, responda:

**1** Como você reconheceu a presença de um álcool?

**2** Que composto orgânico geralmente é denominado apenas "álcool"?

**3** É possível identificar a porcentagem de álcool nos produtos analisados? Se sim, monte uma lista em ordem decrescente de teor alcoólico.

TIMBERLAKE, K. C. *Chemistry*: An Introduction to General, Organic and Biological Chemistry. 12. ed. Upper Saddle River: Prentice Hall, 2015. Traduzido pelos autores.

# Principais álcoois

## Metanol ou álcool metílico

| Fórmula | Características físicas |||
|---|---|---|---|
|  | TF | TE | Solubilidade em água |
| CH₃—OH | −97 °C | 64,7 °C | Infinita |

### Obtenção

Uma das maneiras de obter o metanol é mediante a destilação da madeira a seco e na ausência de ar, o que o tornou conhecido como álcool da madeira.

O modo mais comum, atualmente, de obter metanol em escala industrial é a partir de carvão e água:

$$C(s) + H_2O(v) \xrightarrow{1000\,°C} \underbrace{CO(g) + H_2(g)}_{\text{Gás de água; gás de síntese}}$$

$$\underbrace{CO(g) + H_2(g)}_{\text{Gás de água}} + H_2(g) \xrightarrow[300\,°C,\, 300\,atm]{Cr_2O_3,\, ZnO} H_3C-OH(g)$$

O metanol é usado como matéria-prima na produção do formol, como solvente em processos de obtenção de produtos de origem animal e vegetal, como solvente de tintas e vernizes, na produção de biodiesel e, principalmente, como combustível de motores a explosão, como aviões a jato e carros de corrida.

## Intoxicação com metanol

Metanol, álcool metílico ou "álcool de madeira", é um álcool altamente tóxico que, quando ingerido, é rapidamente absorvido pelo sistema digestivo. No fígado, é metabolizado em formaldeído e, então, em ácido fórmico, uma substância que causa náuseas, dor abdominal intensa e visão turva. Uma quantidade de apenas 4 mL de metanol pode ser capaz de levar à cegueira pela destruição da retina.

O ácido fórmico, que não é facilmente removido do corpo, reduz tanto o pH do sangue, que apenas 30 mL de metanol metabolizado podem levar ao coma e à morte.

O tratamento de intoxicação com metanol é feito com a administração de bicarbonato de sódio para neutralizar o ácido fórmico no sangue. Em alguns casos, etanol intravenoso é administrado no paciente, pois as enzimas do fígado absorvem as moléculas de etanol no lugar das moléculas de metanol. Esse processo permite que o metanol seja eliminado pelos pulmões.

## Etanol ou álcool etílico

| Fórmula | Características físicas |||
|---|---|---|---|
| | TF | TE | Solubilidade em água |
| $CH_3-CH_2-OH$ | −115 °C | 78,5 °C | Infinita |

O álcool etílico pode ser obtido como resultado da fermentação das soluções de açúcares de diversas plantas, como milho, cana-de-açúcar, batata e beterraba.

O milho é a matéria-prima com que se produz etanol nos Estados Unidos. No Brasil, ele é obtido da cana-de-açúcar, que apresenta rendimento maior que o do milho e ocupa menor área agrícola.

### Produção de etanol a partir da cana-de-açúcar

- **1ª fase – Moagem da cana**
  Obtém-se a garapa, ou caldo de cana, com alto teor de sacarose ($C_{12}H_{22}O_{11}$).

- **2ª fase – Produção do melaço**
  A garapa é aquecida e obtém-se o melaço, uma solução de aproximadamente 40% em massa de sacarose. Parte da sacarose se cristaliza, formando o açúcar mascavo.

- **3ª fase – Fermentação do melaço**
  Acrescentam-se ao melaço leveduras (fermentos biológicos), como o *Saccharomyces*, que transformam a sacarose em etanol, em decorrência da ação de enzimas produzidas por essas leveduras.

  1ª etapa:

  $$\underset{\text{Sacarose}}{C_{12}H_{22}O_{11}} \xrightarrow[\text{Invertase}]{H_2O} \underset{\text{Glicose}}{C_6H_{12}O_6} + \underset{\text{Frutose}}{C_6H_{12}O_6}$$

  2ª etapa:

  $$\underset{\text{Glicose ou frutose}}{C_6H_{12}O_6} \xrightarrow{\text{Zimase}} 2\,\underset{\text{Etanol}}{C_2H_5OH} + 2\,\underset{\text{Gás carbônico}}{CO_2}$$

  Após a fermentação, obtém-se o mosto fermentado, que contém até 12% em volume de etanol.

- **4ª fase — Destilação do mosto fermentado**
  O mosto fermentado é submetido ao processo de destilação fracionada, e obtém-se uma solução que contém até 96% de etanol e 4% de água em volume. Essa solução é denominada 96 °GL (Gay-Lussac).

### O etanol como combustível

No Brasil, na década de 1970, com a crise mundial de produção do petróleo, foi lançado o projeto Proálcool, que previa a produção de etanol a partir da cana-de-açúcar, para substituir a gasolina, um derivado do petróleo.

Com o tempo, por causa da queda do preço internacional do petróleo, o uso do álcool como combustível gradualmente diminuiu.

Em termos de poluição ambiental, isso representou um retrocesso, pois a principal vantagem da utilização do etanol no lugar da gasolina está no fato de ele não lançar, na sua queima, óxidos de enxofre ($SO_2$) na atmosfera; ou seja, a combustão do etanol é mais "limpa".

A partir de 2003, no entanto, como estratégia para o aumento do consumo do álcool combustível, foram lançados os primeiros automóveis com tecnologia flex, isto é, que funcionam com gasolina e com etanol, em qualquer proporção. Em 2011, a participação de veículos flex na frota nacional já era de 46%, em 2012, de 53% e, em 2018, de 67,1% (dados da Unica – União da Indústria de Cana-de-Açúcar).

O Brasil é, hoje, um dos maiores produtores e exportadores mundiais de etanol (produzido da cana-de-açúcar) ao lado de Estados Unidos (milho), do Canadá (trigo e milho), da China (mandioca), da Índia (cana e melaço) e da Colômbia (cana e óleo de palma).

Cultivo de cana-de-açúcar para produção de etanol em Ribeirão Preto (SP).

Depósito de bagaço de cana-de-açúcar em Mauá (SP).

Em relação ao controle de poluentes, substituir a gasolina pelo etanol é vantajoso, mas essa escolha apresenta também alguns aspectos negativos, como a possível redução de terras disponíveis para a produção agrícola voltada à alimentação; o alto consumo de água para irrigação das culturas; a contaminação de lençóis freáticos por substâncias provenientes dos fertilizantes; o possível avanço dessas culturas sobre áreas de preservação, com perda de biodiversidade.

O chamado etanol de segunda geração (2G) pode ser obtido da celulose, um polissacarídeo presente na matéria orgânica dos vegetais. Isso pode representar para as usinas de cana um aumento superior a 40% na produção de etanol, sem ampliar a área do canavial.

## Em contexto

### Bebidas alcoólicas

Todas as bebidas alcoólicas contêm certo teor de etanol. Elas podem ser classificadas em dois grupos: não destiladas e destiladas.

| Bebidas não destiladas | Teor alcoólico (em °GL) | Matéria-prima |
|---|---|---|
| Cerveja | 3 a 5 | Cevada, lúpulo, arroz, cereais maltados (germinados), água e fermento |
| Sidra | 4 a 8 | Maçã (semelhante ao champanhe) |
| Champanhe | 11 | Uvas (fermentação na garrafa) |
| Vinho | até 12 | Uvas (fermentação em tonéis) |

| Bebidas destiladas | Teor alcoólico (em °GL) | Matéria-prima |
|---|---|---|
| Pinga (aguardente de cana) | 38 a 54 | Cana-de-açúcar |
| Conhaque (*brandy*) | 40 a 45 | Destilado do vinho (uva) |
| Gim | 40 a 50 | Zimbro |
| Tequila | 40 a 50 | Agave |
| Vodca | 40 a 50 | Batata, cereais (trigo) |
| Uísque | 43 a 55 | Cereais envelhecidos (tipo escocês) e milho (tipo *bourbon*) |
| Rum | 45 | Melaço de cana |

A quantidade de álcool em 1 litro de aguardente é aproximadamente igual à existente em 10 litros de cerveja.

Ao contrário do que muitos imaginam, a ingestão de álcool em grande quantidade pode levar à depressão do sistema nervoso central, e não à sua estimulação. A falsa impressão de que o álcool é um estimulante deve-se à sua ação depressora nas áreas do cérebro responsáveis pelo julgamento, diminuindo as inibições naturais e as restrições de comportamento.

Pessoas sob a influência do álcool têm sua capacidade de julgamento e de avaliação de riscos diminuída. Podem tornar-se perigosas para si mesmas e para os outros, como, por exemplo, quando estão dirigindo um veículo.

Na maioria dos países, considera-se que uma concentração de 0,1% de álcool no sangue (0,1 g de álcool em 100 mL de sangue) é uma evidência legal de intoxicação alcoólica.

No Brasil, de acordo com a Lei nº 11.705 (19/06/2008), está proibido o consumo de qualquer quantidade de álcool para pessoas que dirigem veículos motorizados. Até o limite de 0,6 g de álcool por litro de sangue (o equivalente a uma única lata de cerveja ou uma taça de vinho), o motorista pagará uma multa e terá suspensão da Carteira Nacional de Habilitação por um ano. Acima de 0,6 g/L, ele pode ser preso.

A tabela a seguir mostra a relação entre o número de doses de 30 mL de uma bebida destilada (de 40 °GL a 50 °GL), a concentração de álcool no sangue e os efeitos no comportamento humano.

| Número de doses | % de álcool no sangue | Efeitos no comportamento humano |
|---|---|---|
| 2 | 0,05 | Falsa sensação de bem-estar, visão reduzida e euforia |
| 4 | 0,10 | Deficiência de coordenação e confusão mental |
| 6 | 0,15 | Grande dificuldade na coordenação e na resposta a fatos externos |
| 8 | 0,20 | Depressão física e mental |
| 12 | 0,30 | Fala indistinta |
| 14 | 0,35 | Estupor |
| 18 | 0,45 | Coma alcoólico |
| acima de 18 | acima de 0,45 | Morte |

Os efeitos descritos no quadro são mais intensos em pessoas que não têm o hábito de beber. O consumo de bebidas alcoólicas associado a práticas sociais tem se tornado um problema muito sério em todos os países. O uso abusivo do álcool causa dependência física e psíquica, levando o usuário a um estado doentio, denominado alcoolismo. Quando um alcoólatra é privado do álcool, ele passa a sofrer a síndrome de abstinência, caracterizada por delírios, alucinações e tremor intenso. Esse conjunto de sintomas é conhecido por *delirium tremens*.

A ingestão habitual de grandes quantidades de álcool causa danos irreversíveis ao cérebro, ao coração e ao fígado, além de provocar alterações no comportamento social. Segundo o Ministério da Saúde (http://www.saude.gov.br), 3 milhões de pessoas no mundo inteiro tiveram a morte associada à bebida alcoólica em 2019.

A absorção do etanol pelo organismo é feita principalmente por meio do estômago, e é muito mais rápida (por volta de uma hora) quando este se encontra vazio.

### O teste do bafômetro

Após sua ingestão, o álcool absorvido pelo organismo alcança rapidamente a corrente sanguínea, e parte do álcool não absorvido é eliminado através da respiração, compondo o ar alveolar.

Há uma relação constante entre a quantidade de álcool existente no sangue e no ar alveolar, sendo essa constante e é de 1/2 000. Assim, 1 cm$^3$ de sangue contém tanto álcool como 2 000 cm$^3$ de ar alveolar.

Quando um motorista está sob suspeita de dirigir embriagado, solicita-se que realize o teste do bafômetro, que consiste em recolher o ar expirado por ele em uma mistura de dicromato de potássio em meio ácido, cuja cor é alaranjada. O álcool sofre oxidação ao entrar em contato com essa mistura, e o produto da reação apresenta cor verde. Quanto maior for o teor de álcool eliminado pela respiração, mais intensa será a cor verde. Ao contrário do que muitas pessoas pensam, chupar uma bala de hortelã ou fazer um bochecho ou gargarejo não altera o valor indicado no bafômetro. Não existe maneira de burlar a medida do bafômetro, ou seja, indicar um valor menor de teor alcoólico do que o presente no sangue.

Agora, responda:

**1** O que são bebidas destiladas?

**2** Em relação ao teor alcoólico, qual é a principal diferença entre as bebidas destiladas e as fermentadas?

**3** Coloque em ordem crescente de teor alcoólico: álcool combustível, cerveja e aguardente de cana.

**4** Sabe-se que o corpo de um adulto encerra em média 5 litros de sangue. Quantos mols de moléculas de etanol são ingeridos por um indivíduo com 0,1% de álcool no sangue, considerando que todo o álcool ingerido tenha sido absorvido pelo organismo?

**5** Em conjunto com seus colegas, leia esta notícia:

De acordo com a Organização Mundial da Saúde (OMS), os padrões de consumo de álcool mais nocivos, como o "beber para se embriagar" e o beber pesado episódico (correspondente ao consumo de 4, 5 ou mais doses* em uma ocasião), estão fortemente associados aos comportamentos de risco, como dirigir alcoolizado, violência, sexo desprotegido, entre outros. Estes são padrões de consumo frequentes entre os jovens, o que merece atenção. Dados do I Levantamento Nacional sobre o Uso de Álcool, Tabaco e Outras Drogas entre Universitários das 27 Capitais Brasileiras revelam que 25% dos estudantes relataram o padrão de beber pesado episódico em pelo menos uma ocasião no mês anterior à entrevista, ou seja, um em cada quatro estudantes está frequentemente exposto a comportamentos de risco e outros prejuízos.

[...]

* A OMS estabelece que uma dose padrão contém aproximadamente de 10 g a 12 g de álcool puro, o equivalente a uma lata de cerveja (330 mL) ou uma dose de destilados (30 mL) ou uma taça de vinho (100 mL).

Disponível em: http://planin.com/cisa-alerta-para-o-consumo-excessivo-de-alcool-entre-universitarios-com-a-volta-as-aulas/. Acesso em: 19 jun. 2020.

Com base no texto apresentado, organizem um debate sobre o tema, com foco nos seguintes aspectos:

a) as decorrências do consumo inadequado de álcool;
b) o desafio de reconhecer e aceitar nossos próprios limites;
c) como resistir às pressões do grupo e aproveitar o momento com equilíbrio;
d) as determinações do Estatuto da Criança e do Adolescente sobre o assunto (Lei nº 8.069/1990, disponível em: http://www.planalto.gov.br/ccivil_03/leis/L8069.htm, acesso em: 5 nov. 2019);
e) levantamento de ações de apoio a dependentes de álcool e a suas famílias na sua comunidade.

**6** Entreviste pessoas do seu convívio e faça um levantamento das seguintes informações: idade, gênero, frequência e quantidade de consumo de bebidas alcoólicas, idade do primeiro consumo e motivação. Após as entrevistas, analise os dados e monte tabelas e gráfico que demonstrem o perfil de consumo de álcool entre os entrevistados. Apresente os resultados para a comunidade escolar e inicie um debate sobre a faixa etária em que é mais comum o primeiro contato com o álcool. Por fim, discuta sobre a vulnerabilidade das juventudes ao consumo de bebidas alcoólicas e os impactos que esse hábito causa na adolescência e na vida adulta, considerando os aspectos físico, psicoemocional e social e propondo ações de prevenção e de promoção da saúde e do bem-estar para evitar o consumo precoce de álcool.

## Propriedades físicas

Agora vamos estudar as propriedades físicas dos álcoois, ou seja, como ocorre a variação da temperatura de ebulição e da solubilidade em água para essas moléculas.

Como você verá, as propriedades físicas dos compostos estão intrinsecamente relacionadas ao tamanho das moléculas e ao modo como se dá a interação entre elas. No caso dos álcoois de cadeia carbônica pequena, a interação intermolecular predominante é a denominada (interações) ligação de hidrogênio.

> **Dica**
> *O que Einstein disse a seu cozinheiro: a ciência na cozinha*, de Robert L. Wolke. Editora Jorge Zahar.
> Por que os alimentos não grudam em uma frigideira antiaderente? Em mais de cem perguntas, este livro explica a ciência da cozinha discutindo mitos e ajudando a interpretar rótulos e propagandas. Também contém receitas criadas para demonstrar os princípios científicos apresentados.

O modelo representa duas moléculas de etanol em uma ligação de hidrogênio.

### Temperatura de ebulição

Existem álcoois nos estados sólido e líquido à temperatura ambiente, de modo que a temperatura de fusão e de ebulição deles aumenta em conformidade com o aumento do número de átomos de carbono presente na cadeia. A tabela seguinte apresenta alguns exemplos dos álcoois primários:

| Composto | Metanol $H_3C-OH$ | Etanol $H_3C-CH_2-OH$ | Propan-1-ol $H_3C-CH_2-CH_2-OH$ |
|---|---|---|---|
| TE (°C) à 1 atm | 64,0 | 78,5 | 97,0 |

Note que, à medida que a cadeia carbônica aumenta, a temperatura de ebulição também aumenta.

### Solubilidade

A solubilidade dos compostos orgânicos também depende das forças intermoleculares. Assim, solutos líquidos e solventes que apresentam o mesmo tipo de interação intermolecular tendem a se dissolver entre si.

De modo geral:
- substâncias líquidas **apolares** tendem a se dissolver em solventes **apolares**;
- substâncias líquidas **polares** tendem a se dissolver em solventes **polares**.

Veja, agora, uma tabela que mostra a solubilidade de alguns álcoois em água e no hexano.

| Álcool | Modelo | Solubilidade em água (mol de álcool/100 g de água) | Solubilidade em hexano (mol de álcool/100 g de hexano) |
|---|---|---|---|
| Metanol (CH₃OH) | | Infinita | 0,12 |
| Etanol (CH₃CH₂OH) | | Infinita | Infinita |
| Propan-1-ol (CH₃CH₂CH₂OH) | | Infinita | Infinita |
| Butan-1-ol (CH₃CH₂CH₂CH₂OH) | | 0,11 | Infinita |
| Pentan-1-ol (CH₃CH₂CH₂CH₂CH₂OH) | | 0,030 | Infinita |

> **Dica**
> *Barbies, bambolês e bolas de bilhar: 67 deliciosos comentários sobre a fascinante química do dia a dia*, de Joe Schwarcz. Editora Jorge Zahar.
> Misturando assuntos tão díspares como aventuras amorosas, KGB, CIA, *jeans*, xampus, assassinatos, zumbis, bruxas, mágicos, entre outros, o livro procura mostrar que os fenômenos químicos ocorrem em toda parte. Contudo, um dos seus principais objetivos é fazer do leitor um consumidor desconfiado, que não embarca em propagandas enganosas ou em pesquisas sem fundamento.

TRO, N. J. *Chemistry*: A Molecular Approach. 4. ed. Pearson Education, 2017. p. 577.

Pode-se notar, pela análise da tabela, que, conforme aumenta a cadeia carbônica (parte apolar) do álcool, diminui sua solubilidade em água e aumenta no hexano (solvente apolar). Isso se deve ao fato de os álcoois apresentarem em sua estrutura uma parte polar, hidrofílica (a hidroxila), e uma parte apolar, hidrofóbica (cadeia orgânica), como observado a seguir.

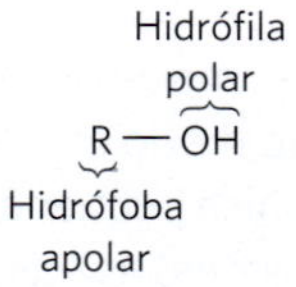

$$\underset{\text{Hidrófoba apolar}}{R} - \overset{\text{Hidrófila polar}}{OH}$$

## Algumas reações

Em razão de sua polaridade, os álcoois são mais reativos do que os hidrocarbonetos. Como as reações químicas que ocorrem com esses compostos envolvem o grupo hidroxila, podemos classificá-las como reações de desidratação, oxidação ou redução.

### Desidratação

Nas reações de desidratação, também chamadas de reações de eliminação, uma hidroxila de um álcool reage com um átomo de hidrogênio, formando uma molécula de água. O processo de desidratação pode ocorrer entre átomos de uma única molécula (**desidratação intramolecular**) ou entre duas moléculas de álcool (**desidratação intermolecular**).

### Desidratação intramolecular

Em uma reação de desidratação intramolecular, uma molécula de álcool elimina uma molécula de água quando a substância é aquecida a altas temperaturas (170 °C). Essa reação é catalisada pela presença de um agente desidratante, como o ácido sulfúrico concentrado.

Durante a desidratação de um álcool, — H e — OH ligados a átomos de carbono adjacentes reagem, produzindo uma molécula de água. Ao mesmo tempo, uma ligação dupla é formada entre os respectivos átomos de carbono, dando origem a um alqueno.

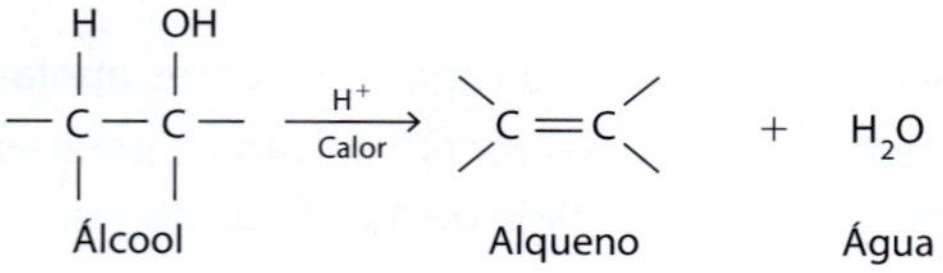

A desidratação de um álcool secundário pode resultar na formação de dois produtos.

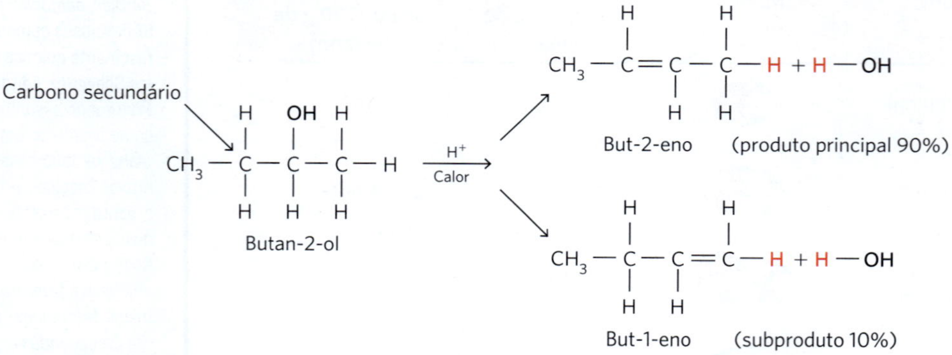

Assim como nas reações de substituição em alcanos, a facilidade de saída do átomo de hidrogênio depende do tipo de carbono ao qual está ligado, na seguinte ordem:

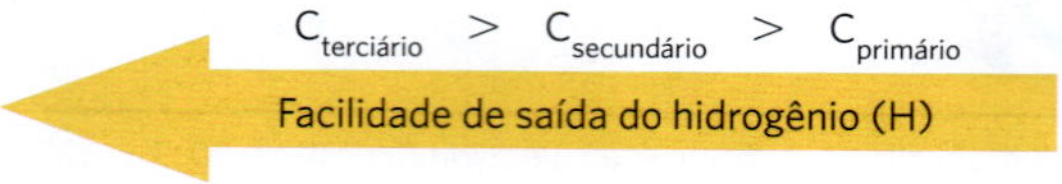

$$C_{terciário} > C_{secundário} > C_{primário}$$

**Facilidade de saída do hidrogênio (H)**

## Desidratação intermolecular

Na desidratação intermolecular, a eliminação de uma molécula de água ocorre pela interação dos grupos —OH de duas moléculas distintas devido à formação de ligações de hidrogênio:

$$\underbrace{\begin{array}{c}H_3C-CH_2-OH \\ H_3C-CH_2-OH\end{array}}_{\text{Etanol (álcool etílico)}} \xrightarrow{\underset{140\ °C}{H_2SO_4\ \text{conc.}}} \underbrace{H_3C-CH_2-O-CH_2-CH_3}_{\text{Éter dietílico (éter etílico)}} + H_2O$$

Nesse tipo de desidratação, ocorre a produção de uma molécula de éter e uma de água.

# Oxidação

Os álcoois podem sofrer oxidação pela ação do gás oxigênio presente no ar ou pela ação de agentes oxidantes, tais como $KMnO_4$ ou $K_2Cr_2O_7$.

A oxidação dos álcoois pode ocorrer por combustão ou pela ação do oxigênio nascente do meio reacional. No segundo caso, o produto formado dependerá do tipo de álcool envolvido na reação.

## Combustão

Assim como a combustão dos hidrocarbonetos, a combustão dos álcoois consiste em um processo de oxidação com liberação de grande quantidade de energia. Observe a equação que representa a combustão do etanol:

$$CH_3-CH_2-OH\ (g) + 3\ O_2\ (g) \xrightarrow{\Delta} 2\ CO_2\ (g) + 3\ H_2O\ (g) + \text{energia}$$

## Oxidação de um álcool primário

Nas oxidações na presença de oxigênio nascente, o produto formado dependerá dos demais ligantes desse carbono. Na oxidação parcial de álcoois primários são formados aldeídos, enquanto na oxidação total são formados ácidos carboxílicos. Veja o exemplo a seguir e observe as variações do Nox.

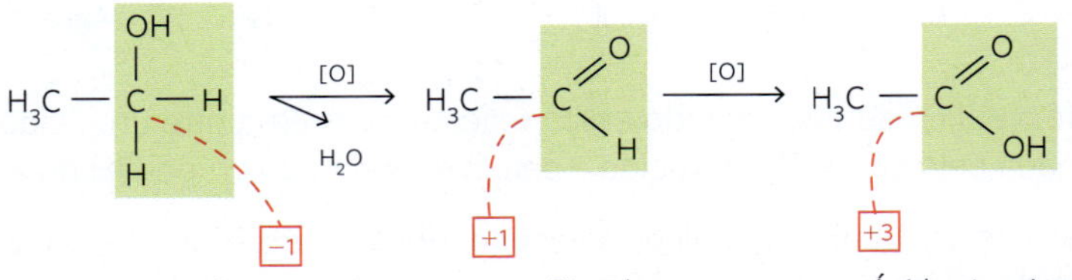

Etanol (álcool etílico) [−1] → Etanal (aldeído acético) [+1] → Ácido etanoico (ácido acético) [+3]

Genericamente, temos:

$$\text{álcool primário} \xrightarrow[\text{parcial}]{[O]} \text{aldeído} \xrightarrow[\text{total}]{[O]} \text{ácido carboxílico}$$

## Oxidação de álcool secundário

O produto da oxidação de um álcool secundário será uma cetona. Esse processo sempre resultará em oxidação total, pois, por não apresentar hidrogênio ligado ao carbono do grupo funcional, as cetonas não sofrem oxidação. Veja o exemplo a seguir:

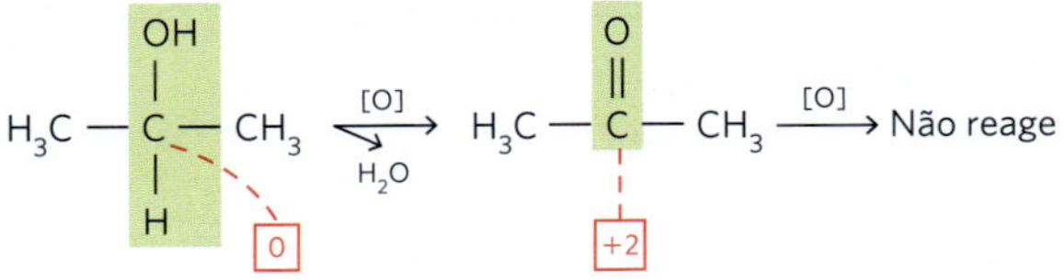

Propan-2-ol [0] → Propanona (acetona) [+2] → Não reage

Genericamente, temos:

$$\text{Álcool secundário} \xrightarrow{[O]} \text{Cetona}$$

## Oxidação de álcool terciário

Por não apresentar átomos de hidrogênio ligados ao carbono do grupo funcional, os álcoois terciários não sofrem oxidação. Observe o exemplo a seguir:

$$H_3C-\underset{\underset{CH_3}{|}}{\overset{\overset{OH}{|}}{C}}-CH_3 \xrightarrow{[O]} \text{Não reage}$$

Genericamente, temos:

$$\text{Álcool terceário} \xrightarrow{[O]} \text{Não reage}$$

# Esterificação

Esse tipo de reação ocorre quando um ácido reage com um álcool produzindo éster e água. A reação inversa é denominada reação de hidrólise.

$$\text{ácido + álcool} \underset{\text{hidrólise}}{\overset{\text{esterificação}}{\rightleftharpoons}} \text{éster + água}$$

Genericamente, essas reações podem ser representadas por:

$$R-\underset{OH}{\overset{O}{C}} + HO-R' \rightleftharpoons R-\underset{O-R'}{\overset{O}{C}} + HOH$$

Ácido carboxílico   Álcool   Éster   Água

Experimentalmente, verifica-se que, quando essas reações ocorrem entre um ácido carboxílico e um álcool primário, a água é formada pelo grupo OH do ácido e pelo hidrogênio do grupo OH do álcool.

Caso se utilizem ácidos inorgânicos ou álcoois secundários ou terciários, a água será formada pelo OH do álcool e pelo hidrogênio do grupo OH do ácido. Veja o exemplo:

$$C_6H_5-\underset{OH}{\overset{O}{C}} + CH_3CH_2-OH \xrightarrow{H^+} C_6H_5-\underset{O-CH_2CH_3}{\overset{O}{C}} + H_2O$$

Ácido benzoico   Etanol   Benzoato de etila   Água

- Reação direta – esterificação

$$H_3C-CH_2-\underset{OH}{\overset{O}{C}} + HO-CH_3 \xrightarrow{\text{Esterificação}} H_3C-CH_2-\underset{O-CH_3}{\overset{O}{C}} + H_2O$$

Ácido propanoico   Metanol   Propanoato de metila   Água

- Reação inversa – hidrólise de éster

$$H_3C-\underset{O-CH_2-CH_3}{\overset{O}{C}} + HOH \xrightarrow{\text{Hidrólise}} H_3C-\underset{OH}{\overset{O}{C}} + HO-CH_2-CH_3$$

Acetato de etila   Água   Ácido acético   Etanol

## Explore seus conhecimentos

**1** (FGV-SP) Quando o etanol é posto em contato com o ácido sulfúrico, a quente, ocorre uma reação de desidratação, e os produtos formados estão relacionados à temperatura de reação. A desidratação intramolecular ocorre a 170 °C e a desidratação intermolecular, a 140 °C. Os produtos da desidratação intramolecular e da intermolecular do etanol são, respectivamente:
a) etano e etoxieteno.
b) eteno e etoxietano.
c) etoxieteno e eteno.
d) etoxietano e eteno.
e) etoxieteno e etano.

**2** Existem quatro álcoois isômeros com fórmula $C_4H_{10}O$. Observe as estruturas:

I. $H_3C — CH_2 — CH_2 — CH_2 — OH$

II. $H_3C — CH_2 — CH(OH) — CH_3$

III. $H_3C — CH(CH_3) — CH_2 — OH$

IV. $H_3C — C(OH)(CH_3) — CH_3$

Com base nas informações, escreva as fórmulas estruturais dos principais produtos das desidratações intramoleculares de cada um desses álcoois.

**3** Observe as fórmulas estruturais dos álcoois isômeros de fórmula molecular $C_5H_{12}O$.

I. $H_3C — CH_2 — CH_2 — CH_2 — CH_2 — OH$

II. $H_3C — CH_2 — CH_2 — CH(OH) — CH_3$

III. $H_3C — CH_2 — CH(OH) — CH_2 — CH_3$

IV. $H_3C — CH(CH_3) — CH_2 — CH_2 — OH$

V. $H_3C — CH(CH_3) — CH(OH) — CH_3$

VI. $H_3C — C(OH)(CH_3) — CH_2 — CH_3$

VII. $H_2C(OH) — CH(CH_3) — CH_2 — CH_3$

VIII. $H_3C — C(CH_3)(CH_3) — CH_2 — OH$

Considere que todos fossem colocados, na presença do agente oxidante $KMnO_4$, em meio ácido.

Com base nas informações, responda:
a) Quais podem originar aldeídos?
b) Quais podem originar ácidos carboxílicos?
c) Quais podem originar cetonas?
d) Quais não se oxidam?

**4** (Ufla-MG) Os produtos finais das oxidações do etanol, metanol e propan-2-ol, com permanganato de potássio a quente em meio ácido, são, respectivamente:
a) ácido etanoico, dióxido de carbono, propanona.
b) ácido acético, metanal, propanona.
c) ácido etanoico, dióxido de carbono, ácido propanoico.
d) ácido metanoico, dióxido de carbono, ácido propanoico.

**5** (Uece) Ao reagir ácido carboxílico com álcool, obtém-se éster. As essências artificiais de flores e frutas são ésteres que apresentam valores baixos de massa molecular. Assinale a opção que representa a obtenção de butanoato de etila, essência artificial do morango.
a) $CH_3 — (CH_2)_3 — COOH + C_2H_5OH \rightarrow$
$\rightarrow CH_3 — (CH_2)_3 — COOCH_2 — CH_3 + H_2O$
b) $CH_3 — (CH_2)_2 — COH + C_2H_5OH \rightarrow$
$\rightarrow CH_3 — (CH_2)_2 — COCH_2 — CH_3 + H_2O$
c) $CH_3 — (CH_2)_2 — COOCH_2 + C_2H_5OH \rightarrow$
$\rightarrow CH_3 — (CH_2)_2 — COOCH_2 — CH_2 — CH_3 + H_2O$
d) $CH_3 — (CH_2)_2 — COOH + C_2H_5OH \rightarrow$
$\rightarrow CH_3 — (CH_2)_2 — COOCH_2 — CH_3 + H_2O$

**6** (Uerj) Um produto industrial consiste na substância orgânica formada no sentido direto do equilíbrio químico representado pela seguinte equação:

A função orgânica desse produto é:
a) éster.
b) cetona.
c) aldeído.
d) hidrocarboneto.

**7** (Enem) A própolis é um produto natural conhecido por suas propriedades anti-inflamatórias e cicatrizantes. Esse material contém mais de 200 compostos identificados até o momento. Dentre eles, alguns são de estrutura simples, como é o caso do $C_6H_5CO_2CH_2CH_3$, cuja estrutura está mostrada a seguir.

O ácido carboxílico e o álcool capazes de produzir o éster em apreço por meio da reação de esterificação são, respectivamente:
a) ácido benzoico e etanol.
b) ácido propanoico e hexanol.
c) ácido fenilacético e metanol.
d) ácido propiônico e cicloexanol.
e) ácido acético e álcool benzílico.

## Relacione seus conhecimentos

**1** (FICSAE-SP) Os álcoois sofrem desidratação em meio de ácido sulfúrico concentrado. A desidratação pode ser intermolecular ou intramolecular dependendo da temperatura. As reações de desidratação do etanol na presença de ácido sulfúrico concentrado podem ser representadas pelas seguintes equações:

Sobre a desidratação em ácido sulfúrico concentrado do propan-1-ol foram feitas algumas afirmações.

I. A desidratação intramolecular forma o propeno.
II. Em ambas as desidratações, o ácido sulfúrico concentrado age como desidratante.
III. A formação do éter é favorecida em temperaturas mais altas, já o alceno é formado, preferencialmente, em temperaturas mais baixas.

Estão corretas apenas as afirmações:
a) I e II.
b) I e III.
c) II e III.
d) I, II e III.

**2** (PUC-RJ) Em uma reação de desidratação intermolecular de álcool, considere que 2 mol do álcool reajam entre si, a quente e em meio ácido, para formar um único mol do produto orgânico e um mol de água:

a) dê a nomenclatura do reagente segundo as regras da IUPAC;

b) represente, na forma de bastão, a estrutura do produto formado;

c) represente, na forma de bastão, a estrutura de dois isômeros do reagente.

**3** (Uece) Os enólogos recomendam que as garrafas de vinho sejam guardadas em local climatizado e na posição horizontal. Assinale a opção que corretamente justifica essas recomendações.

a) O ambiente deve ser climatizado para diminuir a possibilidade de reação de redução.

b) A posição horizontal é para possibilitar a entrada do oxigênio e, consequentemente, evitar a redução do etanol, transformando-se em ácido etanoico (vinagre).

c) A posição horizontal evita a entrada do oxigênio e, consequentemente, a oxidação do etanol, transformando-se em ácido etanoico (vinagre).

d) O ambiente deve ser climatizado, porque o vinho em baixa temperatura favorece a reação de oxidação.

**4** (UFU-MG) Considere as informações a seguir:

(I) OH   OH (II)

(III) HO

Na reação de oxidação do triálcool acima com KMnO$_4$ em meio ácido ou com K$_2$Cr$_2$O$_7$ em meio ácido, é correto afirmar que:

a) a hidroxila III produzirá cetona.
b) a hidroxila II produzirá ácido carboxílico.
c) a hidroxila I produzirá cetona.
d) a hidroxila I produzirá éster.

**5** (UFRGS-RS) Um composto X, com fórmula molecular C$_4$H$_{10}$O, ao reagir com permanganato de potássio em meio ácido, levou à formação de um composto Y, com fórmula molecular C$_4$H$_8$O$_2$.

Os compostos X e Y são, respectivamente:

a)

b)

c)

d)

e)

**6** (UFPR) Nos últimos anos, o Brasil tem investido em fontes alternativas de energia, como é o caso do biodiesel, um combustível alternativo ao óleo *diesel*, que pode ser produzido a partir de óleos vegetais e gorduras de origem animal. Um dos métodos de obtenção do biodiesel envolve a reação de transesterificação dos triglicerídeos, com etanol ou metanol, em presença de base. Nessa reação, o glicerol é o subproduto mais importante, pois pode ser usado na obtenção de diversos produtos químicos. Uma das rotas possíveis na transformação química do glicerol é apresentada no esquema abaixo:

Glicerol → A → B → C → D

Em relação ao esquema de reações acima, responda às seguintes questões:

a) Escreva o nome oficial (IUPAC) do glicerol.
b) Que funções orgânicas estão presentes no composto A?
c) A transformação do glicerol no composto A é uma reação de oxidação. Como pode ser classificada a reação de transformação do composto B no composto C?

**7** (Fuvest-SP) Em um laboratório químico, foi encontrado um frasco de vidro contendo um líquido incolor e que apresentava o seguinte rótulo:

Composto Alfa
C$_7$H$_8$O

Para identificar a substância contida no frasco, foram feitos os seguintes testes:

I. Dissolveram-se alguns mililitros do líquido do frasco em água, resultando uma solução neutra. A essa solução, adicionaram-se uma gota de ácido e uma pequena quantidade de um forte oxidante. Verificou-se a formação de um composto branco insolúvel em água fria, mas solúvel em água quente. A solução desse composto em água quente apresentou pH = 5,4.

II. O sólido branco, obtido no teste anterior, foi dissolvido em etanol e a solução foi aquecida na presença de um catalisador. Essa reação produziu benzoato de etila, que é um éster aromático, de fórmula $C_9H_{10}O_2$.

Com base nos resultados desses testes, concluiu-se que o Composto Alfa é:

a) [ciclopentadienona com grupo etil]
b) [álcool benzílico]
c) [cadeia com ligações duplas e aldeído]
d) [p-cresol]
e) [metoxibenzeno (anisol)]

**8** (Unifesp) O medicamento utilizado para o tratamento da gripe A (gripe suína) durante a pandemia em 2009 foi o fármaco antiviral fosfato de oseltamivir, comercializado com o nome Tamiflu®. A figura representa a estrutura química do oseltamivir.

Uma das rotas da síntese do oseltamivir utiliza como reagente de partida o ácido siquímico. A primeira etapa dessa síntese é representada na equação:

[estrutura do ácido siquímico] + $CH_3CH_2OH$ → X + Y

a) Na estrutura do oseltamivir, identifique as funções orgânicas que contêm o grupo carbonila.

b) Apresente a estrutura do composto orgânico produzido na reação do ácido siquímico com o etanol.

**9** (Fuvest-SP) Pequenas mudanças na estrutura molecular das substâncias podem produzir grandes mudanças em seu odor. São apresentadas as fórmulas estruturais de dois compostos utilizados para preparar aromatizantes empregados na indústria de alimentos

**álcool isoamílico**

**ácido butírico**

Esses compostos podem sofrer as seguintes transformações:

I. O álcool isoamílico pode ser transformado em um éster que apresenta odor de banana. Esse éster pode ser hidrolisado com uma solução aquosa de ácido sulfúrico, liberando odor de vinagre.

II. O ácido butírico tem odor de manteiga rançosa. Porém, ao reagir com etanol, transforma-se em um composto que apresenta odor de abacaxi.

a) Escreva a fórmula estrutural do composto que tem odor de banana e a do composto com odor de abacaxi.

b) Escreva a equação química que representa a transformação em que houve liberação de odor de vinagre.

# CAPÍTULO 38
# Fenóis, éteres, aldeídos e cetonas

Este capítulo favorece o desenvolvimento da habilidade
**EM13CNT302**

Além dos álcoois, existem outras importantes funções orgânicas oxigenadas.

Vários derivados do fenol estão presentes em diversos tipos de especiarias, como a noz-moscada, o cravo-da-índia e o tomilho.

O principal composto representativo da função éter é o éter etílico, ou etoxietano. Essa substância apresenta propriedades anestésicas quando inalada, atuando como relaxante muscular e reduzindo a pressão arterial.

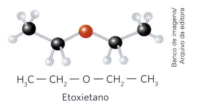

$H_3C - CH_2 - O - CH_2 - CH_3$
Etoxietano

Muitos aldeídos são responsáveis pelo aroma de vegetais. Como exemplo, citamos o aldeído cinâmico, uma das principais substâncias responsáveis pelo aroma da canela, que corresponde à casca da árvore *Cinnamomum zeylanicum*.

As cetonas, por sua vez, têm como principal representante a propanona, conhecida popularmente como acetona. Essa substância é líquida à temperatura ambiente, apresenta odor característico e é solúvel tanto em água como em solventes orgânicos; por isso, é muito utilizada como solvente de tintas, vernizes e esmaltes.

Neste capítulo, estudaremos em detalhes a nomenclatura e as propriedades físicas e químicas das diversas funções oxigenadas apresentadas.

## Fenóis

Os fenóis são compostos que apresentam o grupo hidroxila (— OH) ligado diretamente a um átomo de carbono de um anel aromático. O fenol mais simples é chamado hidroxibenzeno, fenol ou benzenol.

Caso ocorram ramificações no anel aromático, é necessário indicar suas posições. Para isso, a numeração dos carbonos do anel aromático é iniciada por aquele que apresenta o grupo hidroxila; na sequência, os grupos substituintes são indicados pelos menores algarismos possíveis.

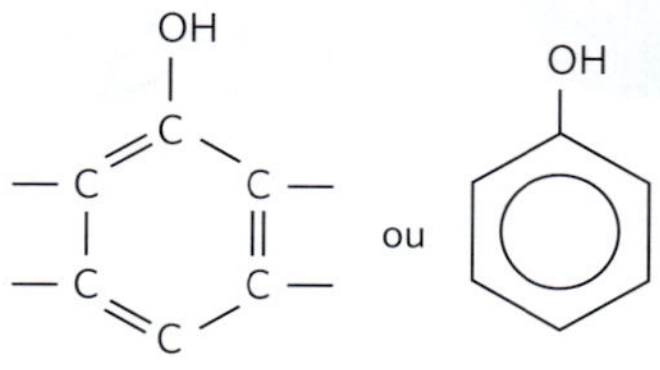

Diferentes representações do fenol.

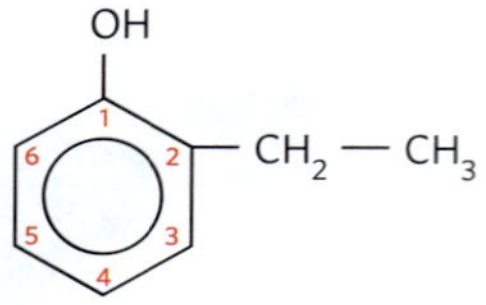

2-etilfenol
1-hidróxi-2-etilbenzeno

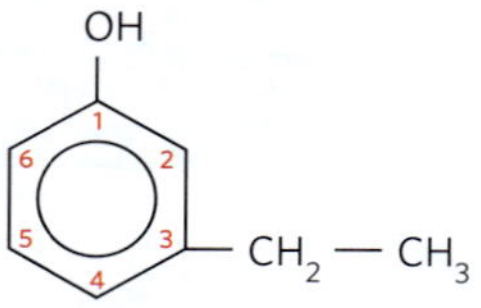

3-etilfenol
1-hidróxi-3-etilbenzeno

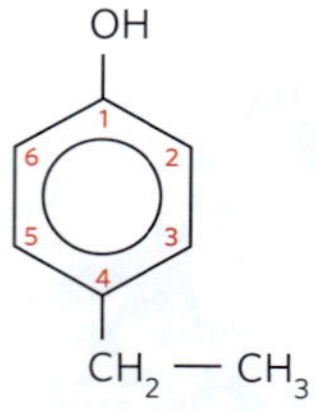

4-etilfenol
1-hidróxi-4-etilbenzeno

Podemos, ainda, indicar as posições dos grupos substituintes usando prefixos de acordo com a tabela a seguir.

| Prefixos | Posições dos grupos |
|---|---|
| orto | 1 e 2 |
| meta | 1 e 3 |
| para | 1 e 4 |

Retomando os exemplos anteriores, quando substituímos os algarismos pelos prefixos, temos:

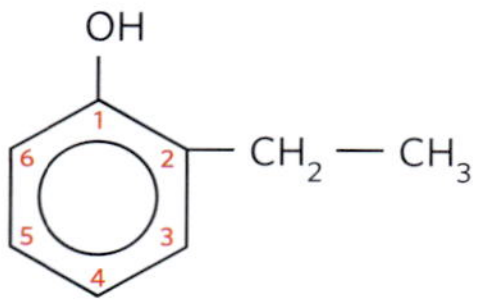

Ortoetilfenol
o-etilfenol

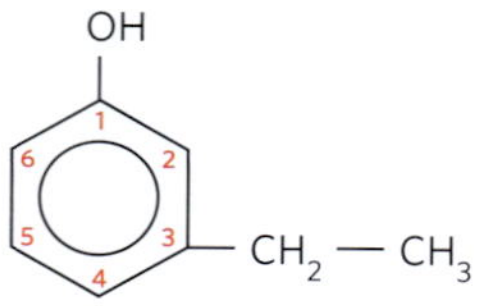

Metaetilfenol
m-etilfenol

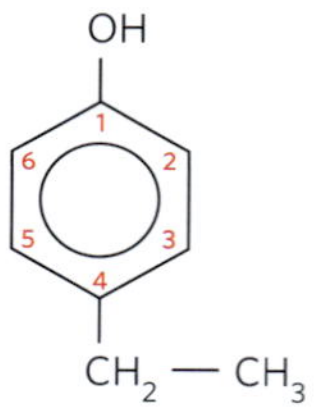

Paraetilfenol
p-etilfenol

## Propriedades físico-químicas

Como em qualquer composto orgânico, os tipos de substituintes presentes na cadeia principal alteram as propriedades físico-químicas das substâncias. No caso dos fenóis, o tipo de substituinte no anel aromático implica alterações nas temperaturas de fusão (TF) e de ebulição (TE) e também na solubilidade em água.

Para efeito de comparação, observe as propriedades do metilbenzeno e do fenol:

| Substância | Fórmula estrutural | Temperatura de fusão (°C) | Temperatura de ebulição (°C) | Solubilidade a 20 °C (g/100 g H$_2$O) |
|---|---|---|---|---|
| Metilbenzeno ou tolueno | 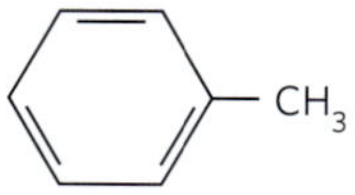 | −95,0 | 111 | 0,05 |
| Hidroxibenzeno ou fenol | 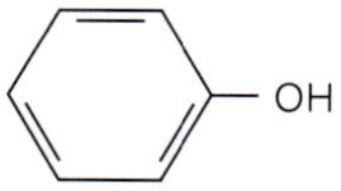 | 40 – 43 | 182 | 8,2 |

As maiores temperaturas de fusão e ebulição do fenol em relação ao tolueno devem-se à presença do grupo hidroxila (— OH), que possibilitam a ocorrência de interações do tipo ligação de hidrogênio entre as moléculas dessa substância. O tolueno, por ser apolar, apresenta interações do tipo dipolo-induzido, menos intensas, resultando, assim, em menores temperaturas de fusão e ebulição.

A maior solubilidade do fenol em água deve-se à ocorrência de ligações de hidrogênio entre o grupo hidroxila (— OH) e as moléculas de água.

Ao comparar as constantes de ionização do etanol, da água e do fenol, presentes na tabela a seguir, nota-se que o fenol apresenta maior constante de ionização, isto é, um caráter ácido mais acentuado que o etanol ou a água. Sua ionização pode ser representada de maneira simplificada pela equação:

| Composto | $C_2H_5$— OH | $H_2O$ | 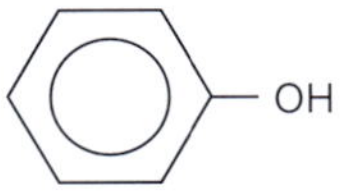 $C_6H_5$— OH |
|---|---|---|---|
| Constante de ionização $K_a$ (25 °C) | $1{,}0 \cdot 10^{-16}$ | $1{,}0 \cdot 10^{-14}$ | $1{,}2 \cdot 10^{-10}$ |
| $pK_a$ | 16 | 14 | 9,92 |

A ionização do fenol pode ser representada de maneira simplificada pela equação:

$$C_6H_5\text{—OH} \underset{}{\overset{\text{água}}{\rightleftharpoons}} C_6H_5\text{—O}^- + H^+$$

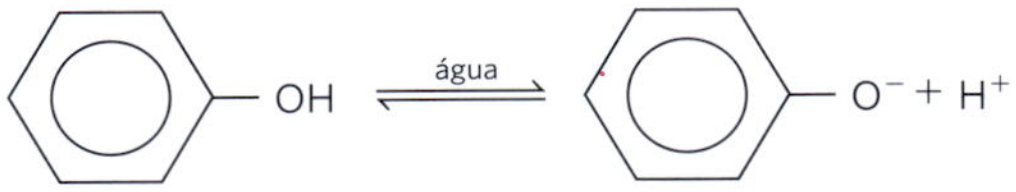

Fenol

Em razão dessa característica, o nome usual do fenol é ácido fênico. Observe a reação do fenol com uma base:

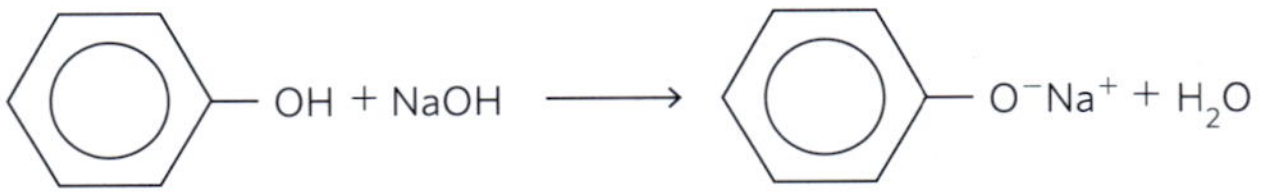

$$C_6H_5\text{—OH} + NaOH \longrightarrow C_6H_5\text{—O}^-Na^+ + H_2O$$

Fenol comum (ácido fênico) + Hidróxido de sódio → Fenóxido de sódio

## Explore seus conhecimentos

1. Os derivados do fenol são encontrados na noz-moscada, no tomilho, no cravo-da-índia e na baunilha. Observe as estruturas a seguir e indique as funções presentes em cada uma delas.

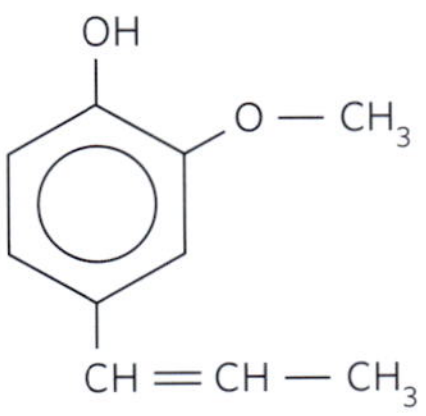

Isoeugenol (noz-moscada)
Timol (tomilho) 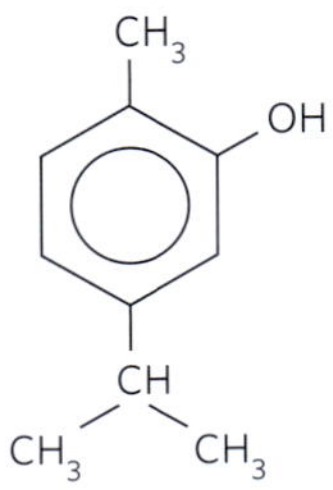
Eugenol (cravo-da-índia) 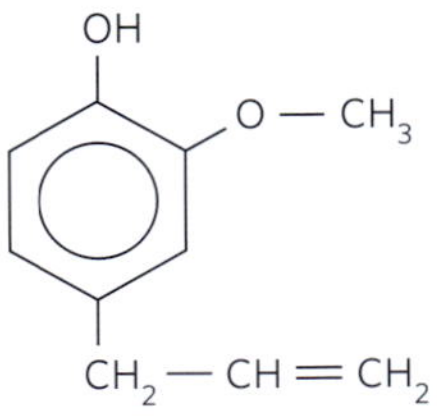
Vanilina (baunilha) 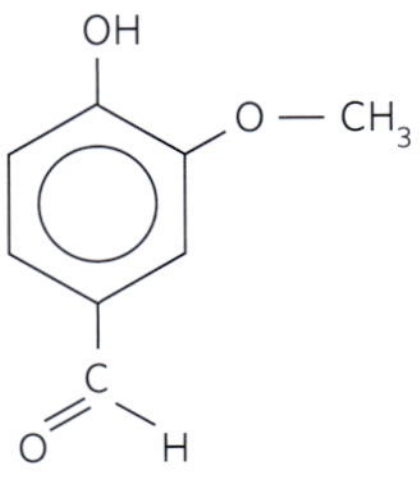

2. A creolina é usada como desinfetante industrial e veterinário. Sua composição é uma mistura de cresóis: orto-cresol (ortometilfenol); metacresol (metametilfenol) e paracresol (parametilfenol).
Escreva as fórmulas estruturais dos compostos mencionados.

3. Equacione a reação de neutralização do parametilfenol com o NaOH.

## Relacione seus conhecimentos

**1** (Unimontes-MG) A ação fungistática e fungicida de alguns fármacos impede a reprodução dos fungos que causam infecções na pele e mucosas do corpo. Alguns compostos fenólicos são usados como agentes antifúngicos. O Ciclopirox, embora apresente ação semelhante, não é um fenol.
O Ciclopirox encontra-se *corretamente* representado pelas estruturas:

a)

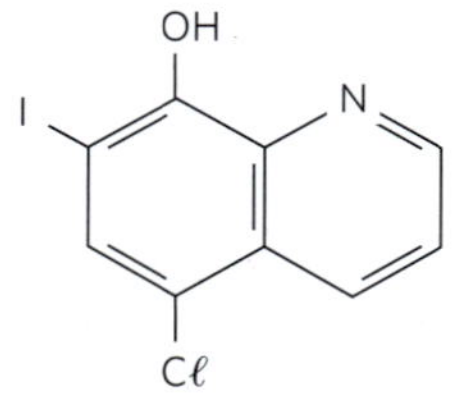

b)

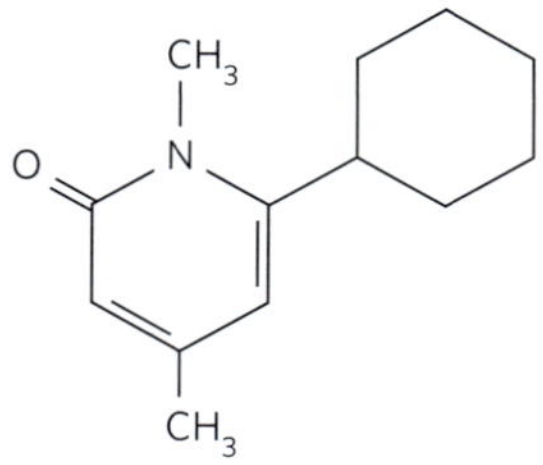

c)

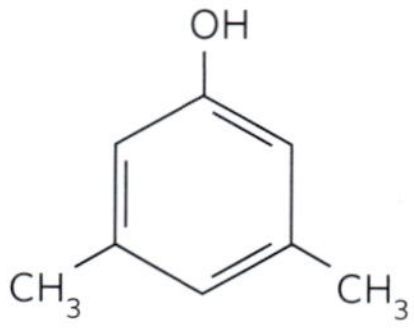

d)

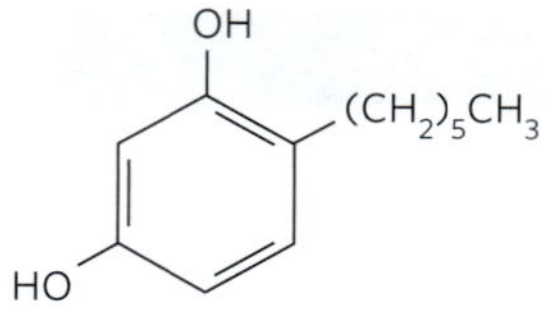

**2** (Ifsul-RS) Um dos produtos mais usados como desinfetante é a creolina formada por um grupo de compostos químicos fenólicos, os quais apresentam diferentes fórmulas estruturais, tais como:

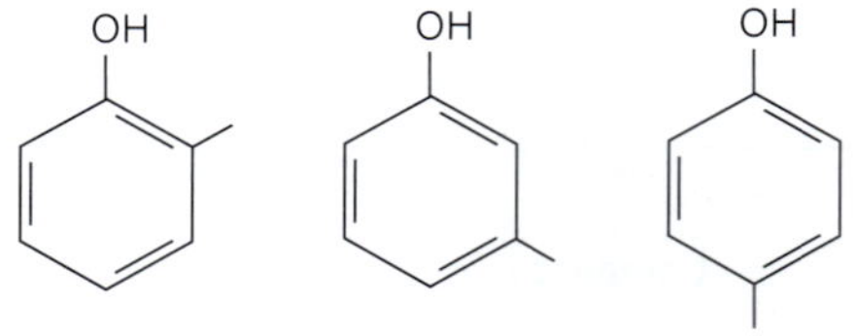

Os compostos apresentados no quadro acima são denominados, respectivamente, de:

a) o-cresol, p-cresol e m-cresol.
b) p-cresol, m-cresol e o-cresol.
c) o-cresol, m-cresol e p-cresol.
d) p-cresol, o-cresol e m-cresol.

**3** Os fenóis apresentam certo caráter ácido e, por isso, podem reagir com uma base. De acordo com essas informações, complete as equações:

I.

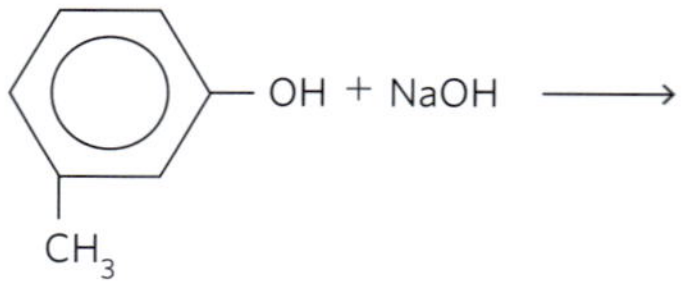

II.

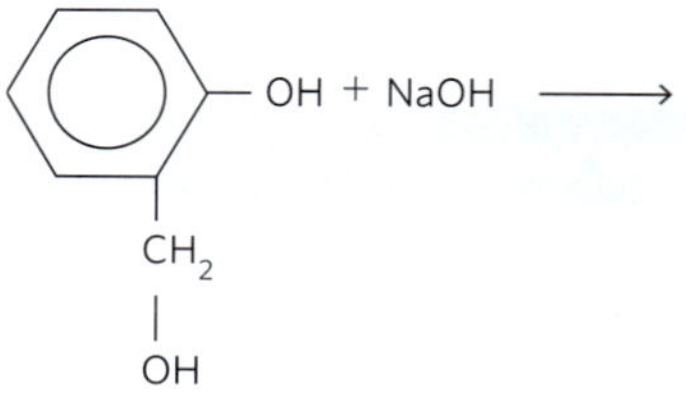

# Éteres

Os **éteres** são compostos caracterizados pela presença de um átomo de oxigênio ligado a dois grupos orgânicos. Seu grupo funcional, então, pode ser representado da seguinte maneira:

$$R - O - R'$$

onde R e R' podem ser iguais ou diferentes.

Há duas maneiras de nomear os éteres, segundo a IUPAC:

I. Observe a cadeia, localize o lado com o menor número de carbonos e utilize o prefixo correspondente acrescido de **-oxi**. O lado com o maior número de carbonos receberá o nome do hidrocarboneto correspondente, que será o sufixo da nomenclatura.

Veja os exemplos:

menor nº de carbonos = 1 C prefixo – met

$\boxed{CH_3}$ — O — $\boxed{CH_2 - CH_2 - CH_3}$

Met   oxi   propano

Nome: metoxipropano

menor nº de carbonos = 1 C prefixo – met

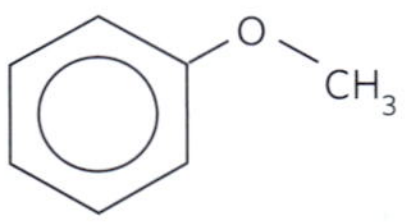

Met oxi benzeno

Nome: metoxibenzeno

II. O nome se inicia com a palavra **éter**, que é seguida pelo nome dos grupos substituintes, em ordem alfabética, acrescidos do sufixo **-ico**.
Veja os exemplos:

Grupo = metil    Grupo = propil

$\boxed{CH_3}$ — O — $\boxed{CH_2 - CH_2 - CH_3}$

Nome: éter metílico e propílico

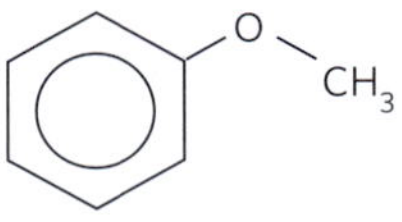

Grupo = fenil    Grupo = metil

Nome: éter fenílico e metílico

## Propriedades físico-químicas

Por serem polares, as moléculas de éteres interagem por interações dipolo-dipolo e com moléculas de água por meio de ligações de hidrogênio.

Ligações de hidrogênio

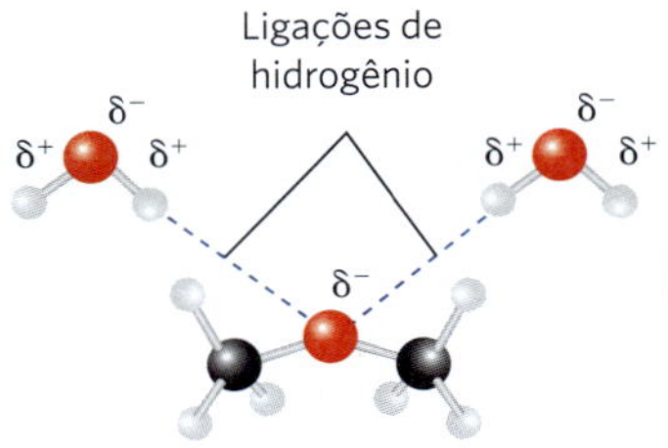

Representação esquemática da formação de ligações de hidrogênio entre moléculas de água e éter dimetílico.

A tabela a seguir relaciona fórmulas, temperatura de ebulição e solubilidade em água de alguns éteres.

| | Temperatura de ebulição e solubilidade em água | | | |
|---|---|---|---|---|
| Composto | Fórmula | Número de átomos de carbono | Temperatura de ebulição (°C) | Solubilidade em água |
| Éter dimetílico | $CH_3 - O - CH_3$ | 2 | –23 | Pouco solúvel |
| Éter etílico e metílico | $CH_3 - O - CH_2 - CH_3$ | 3 | 8 | Pouco solúvel |
| Éter dietílico | $CH_3 - CH_2 - O - CH_2 - CH_3$ | 4 | 35 | Pouco solúvel |
| Éter etílico e propílico | $CH_3 - CH_2 - O - CH_2 - CH_2 - CH_3$ | 5 | 64 | Insolúvel |

TIMBERLAKE, K. *Química general, orgánica y biológica. Estructuras de la vida*. 4. ed. Naucalpan de Juarez: Pearson, 2013. Tradução dos autores.

## Algumas reações

Como estudamos no capítulo anterior, os éteres podem ser obtidos a partir da desidratação intermolecular de álcoois.

$$H_3C - OH + HO - CH_3 \xrightarrow[calor]{H^+} H_3C - O - CH_3 + H_2O$$

Porém, o método mais comum para a obtenção de éteres é a denominada síntese de Williamson.
Veja um exemplo:

$$H_3C - CH_2 - CH_2 - ONa + I - CH_3 \rightarrow H_3C - CH_2 - CH_2 - O - CH_3 + NaI$$

## Explore seus conhecimentos

**1** (FEI-SP) Substituindo-se os hidrogênios da molécula da água por 1 grupo fenil e 1 grupo metil, obtém-se:
a) cetona.
b) aldeído.
c) éster.
d) éter.
e) ácido carboxílico.

**2** (Uepa) O composto

$$CH_3-CH_2-\underset{\underset{CH_3}{|}}{CH}-O-CH_2-CH_3$$

possui:
a) 3 carbonos primários, 2 secundários e 1 terciário.
b) 1 hidrogênio ligado ao carbono terciário.
c) cadeia acíclica, ramificada, saturada e homogênea.
d) cadeia alifática, ramificada, saturada e heterogênea.
e) o grupo funcional (—O—), que caracteriza um álcool.

**3** (PUC-RJ)

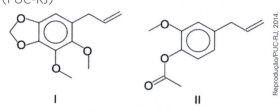

Nas estruturas de ambas as substâncias I e II, está presente a função orgânica:
a) álcool.
b) aldeído.
c) cetona.
d) éster.
e) éter.

**4** Considere a reação genérica a seguir, denominada síntese de Williamson:

$$R-ONa + X-R' \rightarrow R-O-R' + NaX$$

Com base nessa reação-modelo, indique o nome do produto orgânico da equação a seguir:

$H_3C-ONa + Br-CH_2-CH_3 \rightarrow$ produto orgânico + produto inorgânico

## Relacione seus conhecimentos

**1** (Unicamp-SP) Augusto dos Anjos (1884-1914) foi um poeta brasileiro que, em muitas oportunidades, procurava a sua inspiração em fontes de ordem científica. A seguir, transcrevemos a primeira estrofe do seu soneto intitulado "Perfis chaleiras". Nesses versos, Augusto dos Anjos faz uso de palavras da Química.

"O oxigênio eficaz do ar atmosférico,

O calor e o carbono e o amplo éter são

Valem três vezes menos que este Américo

Augusto dos Anzóis Sousa Falcão..."

a) Uma das palavras se refere a um gás cujas moléculas são diatômicas e que é essencial para o processo respiratório dos animais. Escreva a fórmula desse gás.
b) Escreva a fórmula estrutural do primeiro composto pertencente à função orgânica mencionada.

Obs.: No texto, a palavra que indica uma função orgânica foi utilizada indicando uma substância imaginária que ocuparia todo o espaço.

**2** Considere a reação genérica:

$$2\,R-C\ell + Ag_2O \xrightarrow{seco} R-O-R + 2\,AgC\ell$$

e complete as equações abaixo, indicando o nome do produto orgânico formado:

a) $2\,H_3C-C\ell + Ag_2O \xrightarrow{seco} A + 2\,AgC\ell$

b) $2\,H_3C-CH_2-C\ell + Ag_2O \xrightarrow{seco} B + 2\,AgC\ell$

## Aldeídos e cetonas

Os aldeídos apresentam um grupo carbonila (— CHO) em uma extremidade da cadeia carbônica (carbono primário).

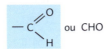

Representações da carbonila

> **Dica**
> *Os botões de Napoleão: as 17 moléculas que mudaram a História*, de Penny Le Couteur e Jay Burreson. Editora Jorge Zahar.
> Relato fascinante de como alguns materiais foram – ou ainda são – importantes para a humanidade.

De acordo com as regras da IUPAC, os nomes dos aldeídos recebem o sufixo **-al**. Veja alguns exemplos:

| Metanal | Etanal | Propanal | Butanal | Propenal |

Já as cetonas apresentam o grupo carbonila em carbono secundário. De acordo com a IUPAC, o sufixo utilizado para indicar a função é **-ona**.

Veja os exemplos:

Pentan-2-ona    Pentan-3-ona    Ciclopentanona    3-metilcicloexanona

Existe uma nomenclatura usual em que o grupo — CO — é denominado **cetona** e seus ligantes são considerados grupos orgânicos.

Cetona etílica e metílica    Cetona etílica e fenílica

## Propriedades físico-químicas

Aldeídos e cetonas são compostos polares em razão da presença do grupo carbonila; no entanto, a interação intermolecular apresentada por esses compostos é do tipo dipolo-dipolo, ou seja, não são interações tão fortes como nos álcoois, que fazem ligações de hidrogênio.

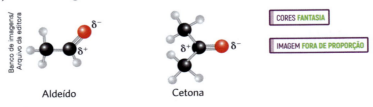

Modelos representacionais das moléculas de etanal (aldeído) e propanona (cetona).

Por esse motivo, quando comparamos aldeídos e cetonas com moléculas de massa molar próxima, podemos constatar que esses compostos apresentam temperatura de ebulição maior que a de alcanos, mas menor que a de álcoois. Observe a tabela a seguir.

|          | CH₃—CH₂—CH₂—CH₃ | CH₃—CH₂—C(=O)—H | CH₃—C(=O)—CH₃ | CH₃—CH₂—CH₂—OH |
|---|---|---|---|---|
| Nome | Butano | Propanal | Propanona | Proan-1-ol |
| Massa molar | 58 | 58 | 58 | 60 |
| TE | 0 °C | 49 °C | 56 °C | 97 °C |

→ Aumento da temperatura de ebulição

TIMBERLAKE, K. *Química general, orgánica y biológica. Estructuras de la vida.* 4. ed. Naucalpan de Juarez: Pearson, 2013. Tradução dos autores.

Os aldeídos e cetonas podem interagir com moléculas de água por meio de ligações de hidrogênio.

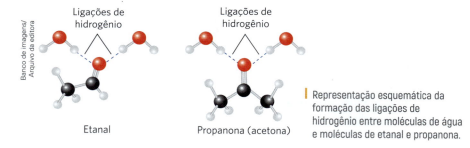

Representação esquemática da formação das ligações de hidrogênio entre moléculas de água e moléculas de etanal e propanona.

Apesar da ocorrência das ligações de hidrogênio, o aumento da cadeia carbônica dos aldeídos e cetonas diminui a sua solubilidade em água, de modo que a solubilidade desses compostos em água diminui bastante a partir de cinco átomos de carbono.

## Algumas reações

Assim como os álcoois, as principais reações envolvendo aldeídos e cetonas podem ser classificadas como oxidações e reduções. Além disso, pode haver reações com compostos de Grignard.

### Oxidação de aldeídos e cetonas

Quando estudamos a oxidação de álcoois primários, verificamos que aldeídos podem ser oxidados a ácidos carboxílicos, quando na presença de oxigênio nascente.

CH₃—CH₂—OH  —[O]→  CH₃—C(=O)—H  —[O]→  CH₃—C(=O)—OH
Etanol (1º)          Etanal              Ácido etanoico

No mesmo capítulo, ao estudarmos a oxidação de álcoois secundários, verificamos que cetonas não sofrem oxidação.

CH₃—CH(OH)—CH₃  —oxidação→  CH₃—C(=O)—CH₃

### Redução de aldeídos e cetonas

Aldeídos e cetonas são reduzidos por hidrogênio (H₂) ou hidreto de boro e sódio (NaBH₄), por uma reação de adição de hidrogênio.

Os aldeídos são reduzidos a álcoois primários e as cetonas, a álcoois secundários. Para a adição de hidrogênio, é necessário um catalisador, como níquel, platina ou paládio.

CH₃—CH₂—C(=O)—H + H₂  —Pt→  CH₃—CH₂—CH(OH)—H

CH₃—C(=O)—CH₃ + H₂  —Ni→  CH₃—CH(OH)—CH₃

## Reações com compostos de Grignard

Os aldeídos e as cetonas reagem com os compostos de Grignard (R—MgX), originando um composto intermediário que se hidrolisa e dá origem a diferentes álcoois.

$$\overset{|}{\underset{|}{C}}=O + R—MgX \longrightarrow \overset{|}{\underset{|}{C}}-R \;\; (OMgX) \xrightarrow{\text{hidrólise} \atop \text{HOH}} \overset{|}{\underset{|}{C}}-R \;\; (OH) + Mg[OH]X$$

Observe outro exemplo:

$$\underset{\text{Metanal}}{H-\overset{O}{\underset{H}{C}}} + \underset{\text{Cloreto de metilmagnésio}}{H_3C-MgC\ell} \longrightarrow H-\overset{OMgC\ell}{\underset{H}{C}}-CH_3 \xrightarrow{\text{hidrólise} \atop \text{HOH}} \underset{\text{Etanol}}{H-\overset{OH}{\underset{H}{C}}-CH_3} + Mg[OH]C\ell$$

Genericamente, temos:
- metanal + composto de Grignard $\xrightarrow{\text{hidrólise}}$ álcool primário;
- outros aldeídos + composto de Grignard $\xrightarrow{\text{hidrólise}}$ álcool secundário;
- cetona + composto de Grignard $\xrightarrow{\text{hidrólise}}$ álcool terciário.

### Explore seus conhecimentos

**1** (Cefet-PR)

Cientistas trabalhando para a NASA descobriram que algumas plantas trepadeiras são ótimas para remover o formaldeído do ar, um possível agente cancerígeno encontrado em muitas casas. Eles dizem que, em média, uma casa pode ser completamente livre do gás formaldeído pela instalação de 70 trepadeiras.

Os pesquisadores analisaram um número razoável de plantas, mas as trepadeiras apresentaram absorção cinco vezes maior do gás do que qualquer outra. Não se sabe muito bem como elas o fazem. Cientistas recomendam uma planta para cada 2,5 m² em casas e escritórios.

(*Chemistry in the Marketplace*, 4. ed., Ed. Harcout Brace, 1994.)

O formaldeído, quando sofre reação de oxidação, dá origem a um (*****) chamado (*****).

Indique a alternativa que preenche corretamente as lacunas.

a) álcool, metanol.
b) éster, metanoato.
c) ácido, ácido etanoico.
d) ácido, ácido metanoico.
e) álcool, etanol.

**2** (Uerj) O formol, ou formalina, é uma solução aquosa de metanal utilizada na conservação dos tecidos de animais e cadáveres humanos para estudos em Biologia e Medicina.

$$\underset{\text{Formol}}{H-\overset{O}{\underset{H}{C}}} \xrightarrow{[O]} \underset{\text{Ácido fórmico}}{H-\overset{O}{\underset{OH}{C}}}$$

Ele é oxidado a ácido fórmico, segundo a equação acima, para evitar que os tecidos animais sofram deterioração ou oxidação.

Nessa transformação, o número de oxidação do carbono sofreu uma variação de:

a) −4 para +4.
b) −3 para −2.
c) −2 para −1.
d) 0 para +2.

**3** Complete a reação

$$\underset{\text{Ciclopentanona}}{\bigcirc\!\!=\!\!O} + H_2 \xrightarrow{Ni}$$

## Relacione seus conhecimentos

**1** (Uerj) O óleo extraído da casca da canela é constituído principalmente pela molécula que possui a seguinte fórmula estrutural:

Nomeie a função à qual essa molécula pertence.

Apresente, também, a fórmula estrutural da substância orgânica formada na oxidação do grupo carbonila dessa molécula.

**2** (UFMG)

glicose

Escreva a fórmula estrutural do produto formado a partir da oxidação do grupo presente no carbono 1 da glicose.

**3** (PUC-SP) Um líquido incolor e de odor característico foi analisado. As observações estão resumidas a seguir:
 I. a substância é bastante solúvel em água;
 II. a combustão completa da substância produz quantidades equimolares de gás carbônico e de água;
 III. a redução da substância, utilizando-se gás hidrogênio e paládio como catalisador, resulta em um álcool de fórmula molecular $C_3H_8O$;
 IV. a substância não sofre oxidação na presença de dicromato de potássio em meio ácido, em condições brandas.

O líquido em questão é:
a) éter dimetílico.
b) metil-2-propanol.
c) propanal.
d) propanona.
e) butanona.

**4** (Unicamp-SP) No Brasil, cerca de 12 milhões de pessoas sofrem de diabetes *mellitus*, uma doença causada pela incapacidade do corpo em produzir insulina ou em utilizá-la adequadamente. No teste eletrônico para determinar a concentração da glicose sanguínea, a glicose é transformada em ácido glucônico e o hexacianoferrato(III) é transformado em hexacianoferrato(II), conforme mostra o esquema a seguir

Em relação ao teste eletrônico, é correto afirmar que:
a) A glicose sofre uma reação de redução e o hexacianoferrato(III) sofre uma reação de oxidação.
b) a glicose sofre uma reação de oxidação e o hexacianoferrato(III) sofre uma reação de redução.
c) ambos, glicose e hexacianoferrato(III), sofrem reações de oxidação.
d) ambos, glicose e hexacianoferrato(III), sofrem reações de redução.

**5** (Cefet-RJ) A produção de álcoois primários, secundários ou terciários a partir de aldeídos ou cetonas pode ser representada pela equação I, e a oxidação de álcoois por $KMnO_4$ ou $K_2Cr_2O_7$ em meio sulfúrico pode ser representada pela equação II.

I.

II. $A + KMnO_4 \xrightarrow{H_2SO_4} B$

As nomenclaturas (IUPAC) das substâncias A e B são respectivamente:
a) propan-1-ol e propanona.
b) propan-1-al e butanona.
c) propan-2 e propanona.
d) butan-1-ol e butanal.
e) butan-2-ol e butanona.

# CAPÍTULO 39
# Ácidos carboxílicos e ésteres

Este capítulo favorece o desenvolvimento das habilidades

EM13CNT207
EM13CNT302
EM13CNT306

Ácidos carboxílicos, seus sais e ésteres compõem uma grande classe de produtos, fármacos e alimentos com os quais lidamos rotineiramente.

## Ácidos carboxílicos

### O que o cachorro está fazendo?

Os ácidos fórmico e acético e os monocarboxílicos de 3 a 12 carbonos apresentam um odor característico. Esses ácidos estão presentes em alguns alimentos em baixas concentrações e apresentam um odor agradável, o que é verificado, por exemplo, no queijo tipo Roquefort, em que encontramos o ácido valérico (pentanoico) .
Pessoas diferentes, por apresentarem pequenas variações em seu metabolismo, secretam diferentes ácidos carboxílicos, de baixa massa molar, o que acarreta cheiros diferentes.
Os cães, de modo geral, apresentam o sentido do olfato muito desenvolvido e são capazes de reconhecer pessoas pelo cheiro, isto é, pela composição de ácidos carboxílicos que elas produzem.

Os ácidos carboxílicos são compostos caracterizados pela presença do grupo carboxila:

$$\underset{\text{Grupo carboxila}}{-\underset{\underset{\text{Grupo carbonila}}{\|}}{\overset{O}{C}}-\underset{\text{Grupo hidroxila}}{OH}}$$

Os nomes oficiais dos ácidos carboxílicos substituem a terminação (sufixo) do hidrocarboneto correspondente pelo sufixo **-oico**.

Se houver substituintes, numerar a cadeia a partir do carbono do grupo carboxila. Veja alguns exemplos:

$$CH_3-CH_2-\underset{\|}{\overset{O}{C}}-OH$$
Ácido propanoico

$$CH_3-\underset{\underset{CH_3}{|}}{CH}-\underset{\|}{\overset{O}{C}}-OH$$
Ácido 2-metilpropanoico

$$CH_3-\underset{\underset{OH}{|}}{CH}-CH_2-\underset{\|}{\overset{O}{C}}-OH$$
Ácido 3-hidroxibutanoico

## Propriedades físicas

### Temperatura de ebulição

Os ácidos carboxílicos são substâncias orgânicas de caráter polar acentuado em razão da intensa polaridade do grupo carboxila (—COOH):

$$CH_3-CH_2-\overset{\overset{O^{\delta-}}{\|}\delta+}{C}-\underset{\delta-}{O}-\overset{\delta+}{H}$$

Por esse motivo, os ácidos carboxílicos apresentam temperatura de ebulição maior do que álcoois, cetonas e aldeídos com massa molar semelhante.

|  | CH₃—CH₂—C(=O)—H | CH₃—CH₂—CH₂—OH | CH₃—C(=O)—OH |
|---|---|---|---|
| Nome | Propanal | Propan-1-ol | Ácido etanoico |
| Massa molar | 58 | 60 | 60 |
| Função | Aldeído | Álcool | Ácido carboxílico |
| TE | 49 °C | 97 °C | 118 °C |

Aumento da temperatura de ebulição →

TIMBERLAKE, K. *Química general, orgánica y biológica*. Estructuras de la vida. 4. ed. Naucalpan de Juarez: Pearson, 2013. Tradução dos autores.

Os ácidos carboxílicos apresentam elevada temperatura de ebulição quando puros, em razão da ocorrência de fortes interações intermoleculares do tipo ligação de hidrogênio, podendo originar dímeros.

Assim como ocorre com outros compostos, o aumento do tamanho da cadeia acarreta o aumento da temperatura de ebulição.

## Solubilidade

Em razão da polaridade do grupo carboxila, os ácidos carboxílicos podem interagir com a água por meio de ligações de hidrogênio, como representado pela ilustração ao lado.

No entanto, com o aumento da cadeia carbônica dos ácidos, observa-se um aumento do caráter apolar dessas substâncias, sendo reduzida assim a solubilidade delas em água.

Ligações de hidrogênio

CORES FANTASIA   IMAGEM FORA DE PROPORÇÃO

## Propriedades químicas

### Acidez

Os ácidos carboxílicos em solução aquosa se ionizam. Essa ionização pode ser representada simplificadamente por:

$$CH_3-C(=O)-OH \rightleftharpoons CH_3-C(=O)-O^- + H^+$$

Observe as equações a seguir em que podemos comparar o comportamento de um ácido carboxílico com o fenol e um álcool. A partir dessa observação podemos fazer uma relação entre outras moléculas dessas funções.

H₃C—C(=O)—OH $\xrightleftharpoons{\text{água}}$ H₃C—C(=O)—O⁻ + H⁺    $K_a = 1,8 \cdot 10^{-5}$
Ácido carboxílico

C₆H₅—OH $\xrightleftharpoons{\text{água}}$ C₆H₅—O⁻ + H⁺    $K_a = 1,2 \cdot 10^{-10}$
Fenol

H₃C—CH₂—OH $\xrightleftharpoons{\text{água}}$ H₃C—CH₂—O⁻ + H⁺    $K_a = 1,0 \cdot 10^{-16}$
Álcool

Os ácidos carboxílicos são considerados ácidos fracos quando comparados com os ácidos inorgânicos; porém, eles são os compostos orgânicos que têm mais facilidade de se ionizar em solução aquosa, isto é, entre os compostos orgânicos, são os de maior caráter ácido.

Os álcoois e os fenóis ionizam-se em água, liberando H⁺; porém, suas constantes de ionização são bem menores que as dos ácidos carboxílicos.

Comparando essas constantes de ionização com as da água ($K_w = 10^{-14}$, a 25 °C), verifica-se que o álcool possui caráter ácido mais fraco que o da água. Logo, temos:

| Ácido | $C_2H_5-OH$ | $H_2O$ | C₆H₅—OH (fenol) | $H_3C-COOH$ |
|---|---|---|---|---|
| Constante de ionização $K_a$ (25 °C) | $1,0 \cdot 10^{-16}$ | $1,0 \cdot 10^{-14}$ | $1,2 \cdot 10^{-10}$ | $1,8 \cdot 10^{-5}$ |
| $pK_a$ | 16 | 14 | 9,92 | 4,74 |

Lembrando que:

$$pK_a = -\log K_a$$
Quanto maior o $K_a$, menor o $pK_a$.

A análise das constantes de ionização permite estabelecer uma comparação entre o caráter ácido dessas funções e o da água:

Acidez crescente

Álcool < Água < Fenol < Ácido carboxílico

Embora todos os ácidos carboxílicos sofram ionização, esta não ocorre com a mesma intensidade em todos os compostos. Quanto maior for o grau de ionização de um composto, ou seja, sua facilidade em liberar H⁺, maior será sua constante de ionização ($K_a$) e, portanto, maior será sua força. Essa propriedade está relacionada à estrutura do ácido.

De maneira genérica, a força de um ácido depende do grupo ligado à carboxila. Esses grupos podem ser de dois tipos:

a) **elétron-atraente** – aumenta a acidez. Exemplos: halogênios (F, Cℓ, Br, I); $NO_2$; OH; etc.
b) **elétron-repelente** – diminui a acidez. Exemplos: —$CH_3$; —$C_2H_5$; etc.

Veja a tabela a seguir

| Ácido | Acético | Monocloroacético | Tricloroacético | Propanoico |
|---|---|---|---|---|
| Constante de ionização $K_a$ (25 °C) | $1,8 \cdot 10^{-5}$ | $1,4 \cdot 10^{-3}$ | $2,2 \cdot 10^{-1}$ | $1,3 \cdot 10^{-5}$ |
| $pK_a$ | 4,74 | 2,85 | 0,66 | 4,89 |

Note que a presença de átomos de cloro (grupo elétron-atraente) aumentou a acidez, enquanto o aumento da cadeia carbônica, no caso, —$CH_3$ (grupo elétron-repelente), diminuiu a acidez.

## Neutralização

Os ácidos carboxílicos podem ser neutralizados por bases. Os produtos são um sal de ácido carboxílico (sal carboxilato) e água. Para dar nome ao sal, substitui-se a terminação **-ico** do nome do ácido por **-ato**.

$$H-COOH + NaOH \longrightarrow H-COO^-Na^+ + H_2O$$

Ácido metanoico → Metanoato de sódio

$$C_6H_5-COOH + KOH \longrightarrow C_6H_5-COO^-K^+ + H_2O$$

Ácido benzoico → Benzoato de potássio

## Esterificação

Os ácidos carboxílicos, ao reagirem com álcoois, originam éster e água. A reação direta é denominada esterificação.

A nomenclatura oficial do éster é obtida com a substituição da terminação **-ico** do nome do ácido de origem por **-ato** e **com o acréscimo do nome do grupo que substitui o hidrogênio**.

Veja um exemplo:

Ácido + Álcool ⇌ Éster + Água

$$H_3C-CH_2-COOH + HO-CH_2-CH_3 \rightleftharpoons H_3C-CH_2-COO-CH_2-CH_3 + H_2O$$

Ácido propano**ico** → Propano**ato** de etila

Veja como, ao conhecer a estrutura de um éster, descobrir o ácido e o álcool que originaram esse éster.

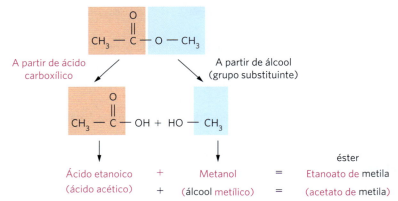

Ácido etanoico + Metanol = Etanoato de metila
(ácido acético) + (álcool metílico) = (acetato de metila)

## Descarboxilação

A **descarboxilação** é uma reação química na qual um grupo carboxila é eliminado de um composto na forma de dióxido de carbono ($CO_2$).

A descarboxilação, catalisada por enzimas do tipo **descarboxilase**, é algo muito presente e importante no metabolismo dos seres vivos. Veja um exemplo.

$$C_6H_5-COOH \xrightarrow{\Delta} C_6H_6 + CO_2$$

Ácido benzoico → Benzeno

## Ácidos graxos

Os ácidos graxos, considerados por alguns autores os mais simples dos lipídios, são encontrados como componentes de lipídios mais complexos. Um ácido graxo contém uma longa cadeia de carbonos e um grupo ácido carboxílico.

Embora a parte de ácido carboxílico seja hidrofílica, a cadeia de carbonos é longa (hidrofóbica), tornando os ácidos graxos praticamente insolúveis em água.

A maioria dos ácidos graxos que existem na natureza tem um número par de átomos carbono, geralmente entre 12 e 20. Os ácidos graxos mais comuns nas plantas e nos animais são os ácidos palmítico (C16), oleico (C18), linoleico (C18) e esteárico (C18).

Os ácidos graxos podem conter apenas ligações simples entre carbonos (carbono-carbono), sendo denominados ácidos graxos saturados; se apresentarem ao longo da cadeia uma ligação dupla entre carbonos, serão denominados ácidos graxos monoinsaturados; com duas ou mais ligações duplas entre carbonos, são chamados ácidos graxos poli-insaturados.

Veja a seguir algumas fontes de ácidos graxos.

- Óleo de coco (ácido láurico).
- Óleo de palma (ácido palmítico).
- Gordura animal (ácido esteárico).
- Óleo de oliva (ácido oleico).
- Óleo de girassol e de soja (ácido linoleico).
- Óleo de milho (ácido linolênico).

Considerando ácidos graxos com o mesmo número de carbonos, verifica-se que os insaturados sempre apresentam temperatura de fusão menor do que os saturados.

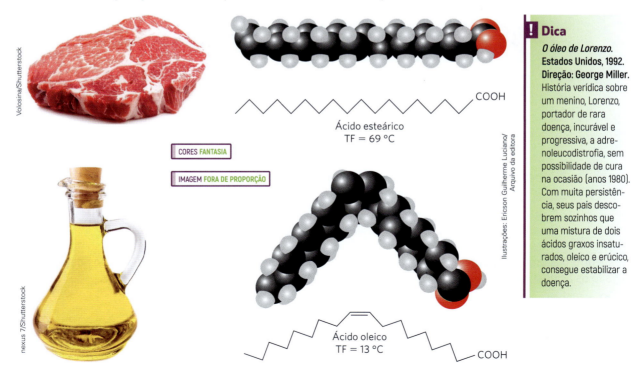

Ácido esteárico
TF = 69 °C

CORES FANTASIA
IMAGEM FORA DE PROPORÇÃO

Ácido oleico
TF = 13 °C

> **Dica**
>
> *O óleo de Lorenzo.* Estados Unidos, 1992. Direção: George Miller. História verídica sobre um menino, Lorenzo, portador de rara doença, incurável e progressiva, a adrenoleucodistrofia, sem possibilidade de cura na ocasião (anos 1980). Com muita persistência, seus pais descobrem sozinhos que uma mistura de dois ácidos graxos insaturados, oleico e erúcico, consegue estabilizar a doença.

## Explore seus conhecimentos

**1** (UEPG-PR)

$$CH_3—(CH_2)_7—CH=CH—(CH_2)_7—COO$$

A estrutura acima representa:

a) um aminoácido.
b) um hidrato de carbono.
c) um ácido graxo.
d) uma vitamina.
e) um alceno.

**2** (Uerj)

Um modo de prevenir doenças cardiovasculares, câncer e obesidade é não ingerir gordura do tipo errado. A gordura pode se transformar em uma fábrica de radicais livres no corpo, alterando o bom funcionamento das células.

As consideradas boas para a saúde são as insaturadas de origem vegetal, bem como a maioria dos óleos.

Quimicamente, os óleos e as gorduras são conhecidos como glicerídeos, que correspondem a ésteres da glicerina, com radicais graxos.

Adaptado de: *Jornal do Brasil*, 23 ago. 1998.

A alternativa que representa a fórmula molecular de um ácido graxo de cadeia carbônica insaturada é:

a) $C_{12}H_{24}O_2$
b) $C_{14}H_{30}O_2$
c) $C_{16}H_{32}O_2$
d) $C_{18}H_{34}O_2$

**3** (Enem) A qualidade de óleos de cozinha, compostos principalmente por moléculas de ácidos graxos, pode ser medida pelo índice de iodo. Quanto maior o grupo de insaturação da molécula, maior o índice de iodo determinado e melhor a qualidade do óleo. Na figura, são apresentados alguns compostos que podem estar presentes em diferentes óleos de cozinha:

Ácido palmítico

Ácido oleico

Ácido esteárico

Ácido linolênico

Ácido linoleico

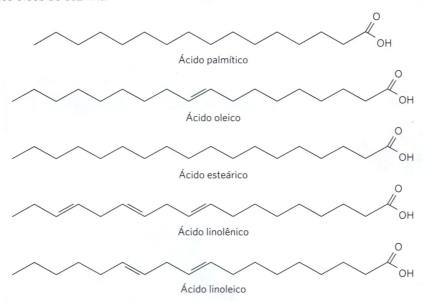

Dentre os compostos apresentados, os dois que proporcionam melhor qualidade para os óleos de cozinha são os ácidos:

a) esteárico e oleico.
b) linolênico e linoleico.
c) palmítico e esteárico.
d) palmítico e linolênico.
e) linolênico e esteárico.

**4** (Udesc) Antes de serem conhecidas suas estruturas, e determinada sua nomenclatura, por meio das regras definidas pela IUPAC, os ácidos carboxílicos eram conhecidos pelos seus nomes vulgares. A nomenclatura era definida em função da fonte de onde eram isolados esses ácidos carboxílicos. Muitos ácidos foram obtidos de fontes naturais, especialmente de gorduras; daí a denominação de "ácidos graxos". Os ácidos caproico, caprílico e cáprico, bons exemplos disso, são responsáveis pelo odor tão pouco social das cabras. As estruturas desses ácidos encontram-se desenhadas abaixo.

- ácido caproico: $CH_3CH_2CH_2CH_2CH_2COOH$
- ácido caprílico: $CH_3CH_2CH_2CH_2CH_2CH_2CH_2COOH$
- ácido cáprico: $CH_3CH_2CH_2CH_2CH_2CH_2CH_2CH_2CH_2COOH$

**a)** Qual a nomenclatura oficial do ácido caprílico?

**b)** Os ácidos carboxílicos reagem com álcoois, formando ésteres, por meio da seguinte reação:

$$R-C(=O)OH + HO-R^1 \rightleftharpoons R-C(=O)OR^1 + H_2O$$

Ácido  Álcool  Éster  Água

Desenhe a estrutura do éster formado quando o ácido cáprico e o metanol (álcool) reagem, conforme a reação acima descrita.

**c)** Os ácidos cáprico, caproico e caprílico são saturados ou insaturados?

**d)** Qual dos ácidos apresenta peso molecular de 116 g? (Em que C = 12, H = 1, O = 16.)

**5** (Uece) A quimioesfoliação (*peeling* químico) consiste na aplicação de substâncias químicas na pele, visando à renovação celular e eliminação de rugas. Apesar de envolver algum risco à saúde, algumas pessoas utilizam esse processo para manter uma imagem jovem. Para um *peeling* superficial ou médio, costuma-se usar uma solução da seguinte substância:

$$H-CH(OH)-C(=O)-OH$$

Atente ao que se diz a respeito dessa substância:

I. Essa substância é um éster.
II. Libera $H^+$ quando se encontra em solução aquosa.
III. Uma diminuição da concentração de $H^+$ leva também a uma diminuição do pH.
IV. Na reação de ionização total, essa substância se transforma na seguinte espécie:

$$H-CH(O^-)-C(=O)-OH$$

É correto o que se afirma somente em:
**a)** I e III.
**b)** II.
**c)** I e IV.
**d)** II, III e IV.

**6** (Fuvest-SP) O 1,4-pentanodiol pode sofrer reação de oxidação em condições controladas, com formação de um aldeído A, mantendo o número de átomos de carbono da cadeia. O composto A formado pode, em certas condições, sofrer reação de descarbonilação, isto é, cada uma de suas moléculas perde CO, formando o composto B. O esquema a seguir representa essa sequência de reações:

$$\text{(1,4-pentanodiol)} \xrightarrow{\text{oxidação}} A \xrightarrow{\text{descarbonilação}} B$$

Os produtos A e B dessas reações são:

| | A | B |
|---|---|---|
| a) | OH ...COOH | OH...OH |
| b) | OH ...COOH | OH (isopropanol) |
| c) | O=... COOH | ...OH |
| d) | OH ... CHO | OH (isopropanol) |
| e) | OH ... CHO | OH ... CHO |

## Relacione seus conhecimentos

**1** (PUC-MG) Os óleos vegetais são ésteres formados a partir de ácidos graxos insaturados. A margarina é um produto alimentar obtido pela hidrogenação desses óleos.

óleos vegetais + $H_2$ → margarina

É incorreto afirmar:

a) Ésteres são produtos de reação entre álcoois e ácidos e constituem o grupo funcional RCOOR'.
b) Ácidos graxos são ácidos carboxílicos, ou seja, compostos que apresentam um grupo carboxila —COOH.
c) A margarina apresenta um maior número de insaturações que o óleo vegetal usado como matéria-prima para sua fabricação.
d) A hidrogenação é uma reação de adição de $H_2$ nas duplas-ligações.

**2** (UFPR) Um dos parâmetros que caracteriza a qualidade de manteigas industriais é o teor de ácidos carboxílicos presentes, o qual pode ser determinado de maneira indireta, a partir da reação desses ácidos com etanol, levando aos ésteres correspondentes. Uma amostra de manteiga foi submetida a essa análise e a porcentagem dos ésteres produzidos foi quantificada, estando o resultado ilustrado no diagrama abaixo.

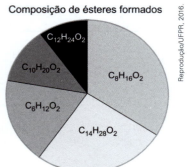

O ácido carboxílico presente em maior quantidade na amostra analisada é o:

a) butanoico.
b) octanoico.
c) decanoico.
d) dodecanoico.
e) hexanoico.

**3** (Uerj) Os ácidos orgânicos, comparados aos inorgânicos, são bem mais fracos. No entanto, a presença de um grupo substituinte, ligado ao átomo de carbono, provoca um efeito sobre a acidez da substância, devido a uma maior ou menor ionização. Considere uma substância representada pela estrutura a seguir.

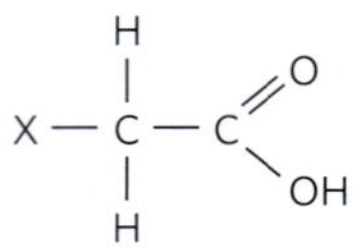

Essa substância estará mais ionizada em um solvente apropriado quando X representar o seguinte grupo substituinte:

a) H
b) I
c) F
d) $CH_3$

**4** (Fuvest-SP) A dopamina é um neurotransmissor importante em processos cerebrais. Uma das etapas de sua produção no organismo humano é a descarboxilação enzimática da L-Dopa, como esquematizado:

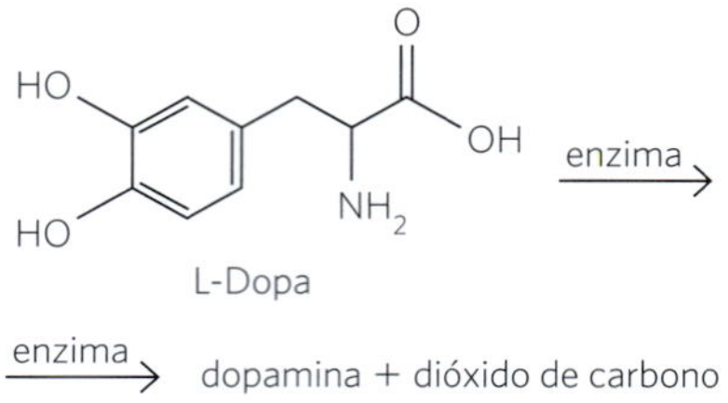

L-Dopa $\xrightarrow{\text{enzima}}$ dopamina + dióxido de carbono

Sendo assim, a fórmula estrutural da dopamina é:

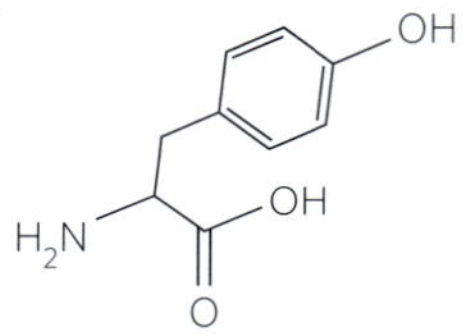

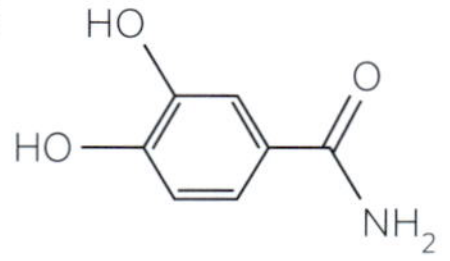

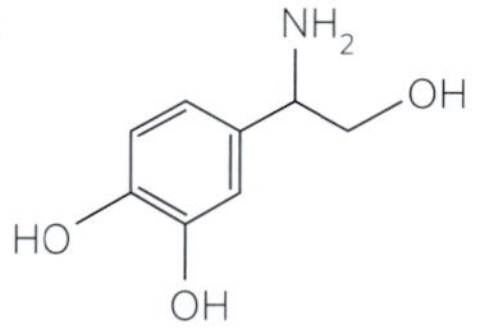

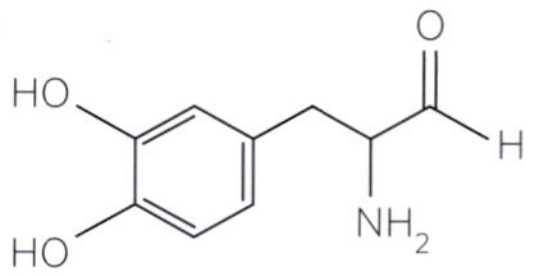

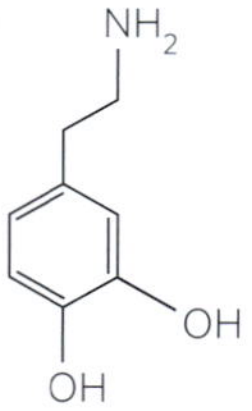

## Ésteres – óleos e gorduras

Os ésteres orgânicos são caracterizados pelo grupo funcional: —C(=O)—O—

Como já vimos, os ésteres podem ser obtidos entre as reações de ácidos e álcoois. Genericamente:

$$\text{ácido} + \text{álcool} \underset{\text{hidrólise}}{\overset{\text{esterificação}}{\rightleftharpoons}} \text{éster} + \text{água}$$

Veja o exemplo:

$$CH_3-COOH + H-O-CH_3 \underset{\text{calor}}{\overset{H^+}{\rightleftharpoons}} CH_3-COO-CH_3 + H-O-H$$

Ácido etanoico / Ácido acético   Metanol / Álcool metílico   Etanoato de metila / Acetato de metila   Água

Existem várias classes de ésteres, entre elas os ésteres de frutas e os lipídios.

A formação mais comum dos lipídios que fazem parte dos alimentos se estabelece pela união de **um glicerol** (álcool) e **três cadeias carbônicas longas de ácido graxo**.

Existe uma classificação mais ampla dos lipídios:

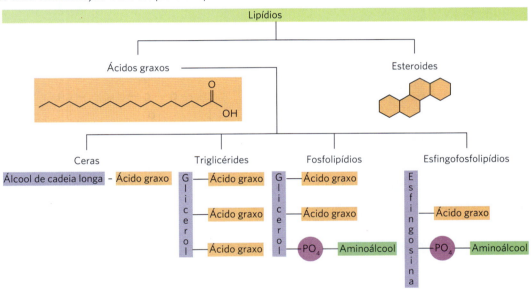

Vejamos com mais detalhes alguns deles.

## Ceras

A estrutura básica de uma cera pode ser representada por:

Ácido graxo —C(=O)—O— Álcool de cadeia longa (Éster)
Cera

As ceras são encontradas em muitas plantas e animais. Há ceras naturais na superfície dos frutos, em folhas e caules de plantas, onde ajudam a evitar a perda de água e os danos causados por pragas, e também em penas de aves, ajudando em sua impermeabilização. Veja um exemplo de cera.

$$CH_3-(CH_2)_{14}-\overset{O}{\overset{\|}{C}}-O-(CH_2)_{29}-CH_3$$

Cera de abelha

## Triglicérides ou triglicerídeos

A estrutura básica de um triglicéride pode ser representada por:

Veja um exemplo de um triglicéride, a triestearina, que pode ser representada das seguintes maneiras:

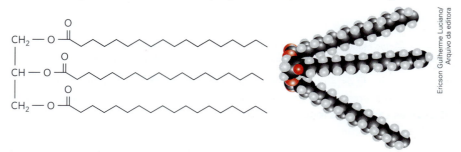

O ácido esteárico (um ácido graxo) se combina com 1 molécula de glicerol, originando o triestearato de glicerila (triestearina) e água. Veja a equação a seguir.

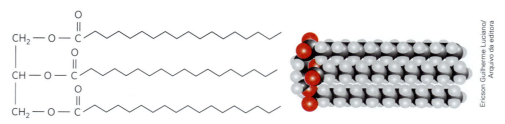

Os triglicérides podem ser classificados em óleos ou gorduras, dependendo dos grupos R provenientes dos ácidos graxos.

- Gordura: 2 ou mais grupos R saturados.

Capítulo 39 – Ácidos carboxílicos e ésteres   **469**

- Óleo: 2 ou mais grupos R insaturados.

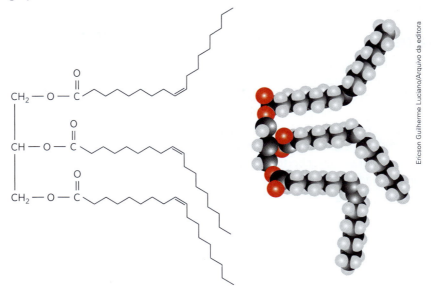

Os óleos vegetais são líquidos à temperatura ambiente, porque possuem maior porcentagem de ácidos graxos insaturados do que as gorduras animais. Veja na tabela a seguir a composição de algumas gorduras e óleos.

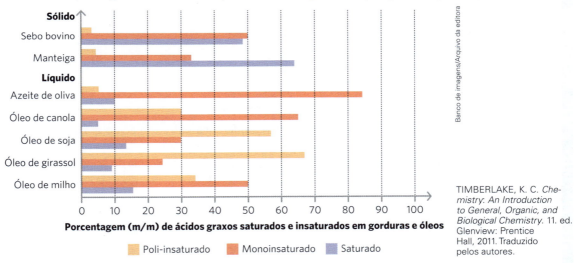

TIMBERLAKE, K. C. *Chemistry: An Introduction to General, Organic, and Biological Chemistry*. 11. ed. Glenview: Prentice Hall, 2011. Traduzido pelos autores.

Como nos óleos prevalecem cadeias insaturadas e nas gorduras as saturadas, uma maneira de transformar um óleo em gordura é fazer uma hidrogenação (reação com $H_2$).

$$\text{óleo} \xrightarrow{\text{hidrogenação}} \text{gordura}$$

A reação a seguir representa a hidrogenação total de um óleo, originando uma gordura:

Trilinoleína (óleo) + 9 $H_2$ $\xrightarrow{Ni, \Delta}$ Triesteranina (gordura)

# Em contexto

## Gordura *trans*

Instituições médicas, como a Sociedade Brasileira de Cardiologia, recomendam, na dieta, a substituição de compostos saturados por insaturados, pois os saturados podem provocar doenças cardíacas e certos tipos de câncer em pessoas com idade avançada – com o passar do tempo, o organismo tem mais dificuldade para realizar o metabolismo dos compostos saturados.

Atualmente, a manteiga, de origem animal (rica em gorduras saturadas), é substituída pelas margarinas, que são obtidas pela hidrogenação parcial de óleos vegetais.

Recentemente, foram descobertos compostos insaturados que se formam durante a hidrogenação parcial: as denominadas gorduras *trans*, que também são prejudiciais ao organismo.

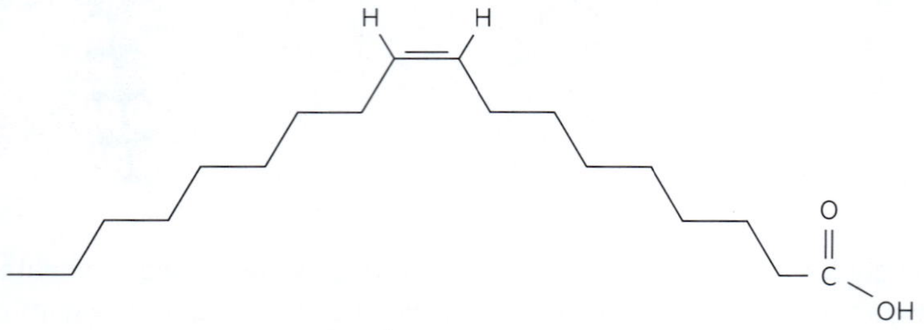

Ácido graxo *cis*

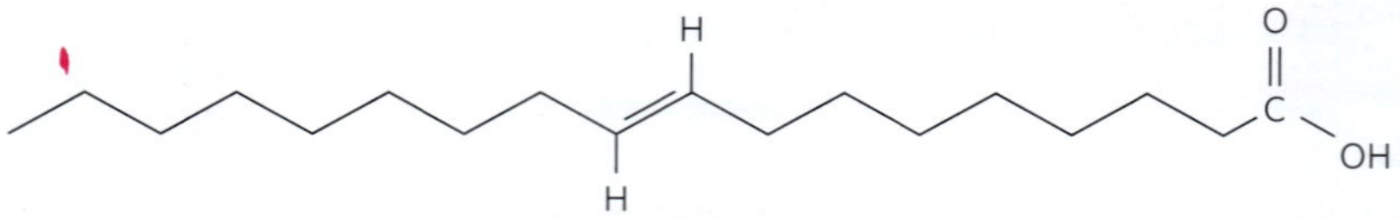

Ácido graxo *trans*

As fórmulas estruturais simplificadas mostram a diferença entre um ácido graxo *cis* e um ácido graxo *trans*.

A ilustração a seguir mostra essa transformação em um trecho da molécula do ácido graxo insaturado:

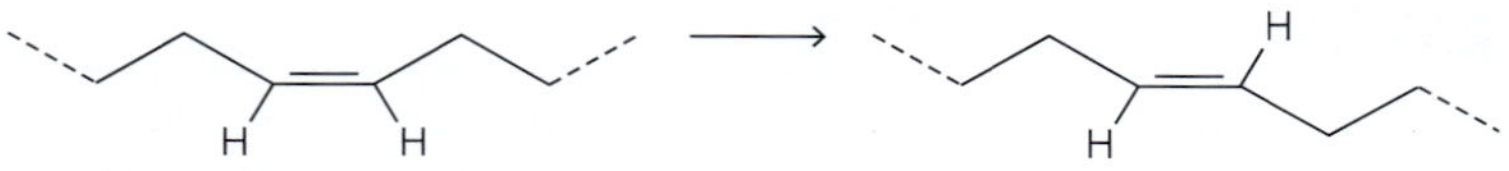

Isômero *cis* → Isômero *trans*

A hidrogenação acontece também na natureza e é denominada bio-hidrogenação. Ocorre quando os ácidos graxos ingeridos por animais ruminantes são parcialmente hidrogenados com o auxílio de enzimas.

A gordura *trans*, produzida industrialmente:
- apresenta maior temperatura de fusão, devido à orientação linear das moléculas *trans* e ao aumento da saturação;
- aumenta o tempo de validade dos produtos, pois resiste mais tempo à oxidação;
- melhora a consistência dos alimentos.

Tanto a gordura *trans* de origem industrial quanto a de origem animal, quando consumidas em excesso, podem causar problemas de saúde, uma vez que:
- agem no organismo como gordura saturada e elevam o nível das proteínas de baixa densidade (LDL), conhecidas como "colesterol ruim";
- diminuem a absorção das proteínas de alta densidade (HDL), conhecidas como "colesterol bom", responsáveis pela remoção do LDL do sangue;
- aumentam as chances de formação de placas de gordura em veias e artérias;
- favorecem a obesidade.

Por isso, é preciso controlar a ingestão de alimentos que contêm gordura *trans*. Isso pode ser feito por meio da leitura dos rótulos dos alimentos, que obrigatoriamente devem apresentar sua composição, por porções.

**1** Cite uma possível desvantagem da hidrogenação parcial de óleos vegetais.

**2** Explique como a orientação linear das moléculas pode aumentar sua temperatura de fusão.

**3** Quais as diferenças existentes na textura dos óleos e das gorduras? A que se pode atribuir tais diferenças?

**4** Sabendo que todo colesterol é fabricado pelo nosso organismo ou então obtido de alimentos de origem animal, o que seria mais saudável: comer um ovo frito no óleo de soja ou na manteiga? Justifique.

**INFORMAÇÃO NUTRICIONAL**
**Porção de 10 g (1 colher de sopa)**

| Quantidade por porção | | %VD (*) |
|---|---|---|
| Valor calórico | 74kcal = 311kJ | 4% |
| Carboidratos | 0 g | 0% |
| Proteínas | 0 g | 0% |
| Gorduras Totais | 8,3 g | 15% |
| Gorduras Saturadas | 4,8 g | 22% |
| Gordura *trans* | 0,2 g | ** |
| Fibra Alimentar | 0 g | 0% |
| Sódio | 90 mg | 4% |

(*)Valores Diários com base em uma dieta de 2.000 kcal ou 8.400 kJ Seus valores diários podem ser maiores ou menores dependendo de suas necessidades energéticas.
**VD não disponível

## Propriedades químicas

### Hidrólises

A mais importante propriedade química dos ésteres é a capacidade de sofrerem hidrólises, que podem ser de dois tipos: ácida e alcalina.

### Hidrólise ácida

Nesse tipo de hidrólise do éster, o meio ácido (H⁺) catalisa a reação, produzindo ácido e álcool. Simplificadamente, temos:

$$R-COO-R' + HOH \xrightleftharpoons{H^+} R-COOH + HO-R'$$

Éster    Água    Ácido    Álcool

### Hidrólise alcalina

Um éster, quando em solução aquosa de uma base inorgânica ou de um sal básico, vai originar um sal orgânico e um álcool. Simplificadamente, temos ao lado:

$$R-COO-R' + NaOH \xrightarrow{H_2O, \Delta} R-COO^-Na^+ + R'-OH$$

Éster    Base    Sal    Álcool

A hidrólise alcalina de um éster é denominada, genericamente, reação de **saponificação**, porque, em uma reação desse tipo, quando é utilizado um éster proveniente de um ácido graxo, o sal formado recebe o nome de **sabão**. Como a principal fonte natural de ácidos graxos são os óleos e as gorduras (triglicerídeos), suas hidrólises alcalinas constituem o principal processo para a produção de sabões.

A equação a seguir representa, de forma genérica, a hidrólise alcalina de um óleo ou de uma gordura:

$$\begin{array}{c} R-CO-O-CH_2 \\ R'-CO-O-CH \\ R''-CO-O-CH_2 \end{array} + 3\ NaOH \xrightarrow{H_2O, \Delta} \begin{array}{c} R-COO^-Na^+ \\ R'-COO^-Na^+ \\ R''-COO^-Na^+ \end{array} + \begin{array}{c} HO-CH_2 \\ HO-CH \\ HO-CH_2 \end{array}$$

Óleo ou gordura    Soda cáustica    Sabões    Glicerol

Esquematicamente:

$$\underline{\text{óleo}} \text{ ou gordura} + \text{base} \xrightarrow[\Delta]{H_2O} \text{sabão} + \text{glicerol}$$

Os sabões facilitam os processos de limpeza por causa de sua ação **detergente** (do latim *detergere* = limpar).

A água é denominada solvente universal, mas não iria remover uma mancha de gordura, pois praticamente não existe interação entre a água (solvente polar) e o óleo ou a gordura (substâncias apolares). Já um sabão a removeria com certa facilidade.

O sabão é um sal de um ácido graxo de cadeia longa (cauda) constituída de carbonos e hidrogênios, sendo uma parte dele hidrofóbica (apolar), não solúvel em água, embora seja solúvel em substâncias não polares, como óleo ou gordura. Possui uma extremidade (cabeça) contendo um carboxilato de sódio ou de potássio (polar), que é iônico (parte hidrofílica) e interage fortemente com moléculas de água por interações íon-dipolo. Observe a ilustração ao lado.

Quando o sabão é usado, as caudas das moléculas de sabão interagem com a gordura ou o óleo (apolares), recobrindo-os e, assim, formando aglomerados chamados micelas. As cabeças, onde está situada a parte polar, que tem afinidade com a água, ficam para fora da micela, interagindo com as moléculas de água.

Veja a ilustração ao lado, que mostra as interações entre o sabão, a gordura e a água.

Como resultado dessas interações, temos pequenos glóbulos de óleo e gordura revestidos com moléculas de sabão.

As micelas se repelem entre si, devido à superfície estar carregada, o que facilita a remoção da gordura na lavagem.

> **Água dura**
> É uma solução aquosa rica em sais de $Ca^{2+}$ e $Mg^{2+}$; nesse tipo de solução o sabão perde sua eficiência, pois a parte polar do sabão se combina com os íons $Ca^{2+}$ e $Mg^{2+}$, originando sais insolúveis. Esse fenômeno não acontece com os detergentes.

Os detergentes são compostos orgânicos sintéticos, cujas estruturas se assemelham às dos sabões e apresentam o mesmo tipo de ação sobre óleos e gorduras. Eles são sais de ácidos sulfônicos ou sais de amônio, ambos com cadeias longas.

$$\underbrace{H_3C-(CH_2)_{14}-\bigcirc}_{\text{Apolar}}-\underbrace{SO_3^-Na^+}_{\text{Polar}}$$

Os detergentes derivados de ácidos sulfônicos, que apresentam o grupo $SO_3^-$, ou qualquer outro com carga negativa, são classificados como **surfactantes aniônicos**. Surfactante é um nome genérico associado a substâncias que diminuem a tensão superficial de um líquido.

Os sabões e os detergentes são os tipos mais comuns de surfactantes aniônicos, mas atualmente utiliza-se um terceiro tipo, denominado catiônico, no qual a parte ativa da molécula é um cátion ($N^+$, $NH^+$, $NH_2^+$, $NH_3^+$). Veja um exemplo.

## Investigue seu mundo

### Solubilidade de óleos e gorduras

Coloque um pouco de água em um recipiente pequeno, adicione algumas gotas de óleo vegetal e anote suas observações.

Agora, no mesmo recipiente, adicione algumas gotas de detergente e misture. Registre o que você observou. Em um outro recipiente, coloque uma pequena porção de algum alimento rico em gordura, por exemplo, manteiga. Coloque água e anote suas observações. Adicione um pouco de sabão e misture. Registre novamente o que você observou.

**1** Por que a gordura não é removida somente com água?
**2** Como a adição de detergente afeta a camada de óleo?
**3** Por que o sabão auxilia na remoção de gordura do segundo recipiente?
**4** De modo geral, o que podemos afirmar sobre a solubilidade de lipídios em água?

TIMBERLAKE, K. C. *Chemistry*: An Introduction to General, Organic, and Biological Chemistry. 11. ed. Glenview: Prentice Hall, 2011. p. 519. Traduzido pelos autores.

## Sabão × detergente

Tanto o sabão quanto o detergente atuam em processos de limpeza de maneira semelhante, mas apresentam algumas diferenças:

| | CARACTERÍSTICAS | |
|---|---|---|
| | Sabão | Detergente |
| Matéria-prima básica | óleo e gordura | petróleo |
| Produção | artesanal ou industrial | industrial |
| Comportamento no ambiente | biodegradável | biodegradável ou não |
| Grupo funcional | —C(=O)O⁻Na⁺ | mais comuns: —$SO_3^-Na^+$ —$OSO_3^-Na^+$ |

Quando se utilizam sabões nos processos industriais ou domésticos de lavagem, eles vão para a rede de esgotos e acabam em lagos e rios. Porém, após certo tempo, os resíduos são degradados (decompostos) por microrganismos que existem na água. Diz-se, então, que os sabões são biodegradáveis e que não causam grandes alterações no meio ambiente.

Os detergentes não biodegradáveis, que têm cadeias ramificadas, ao contrário dos sabões e detergentes biodegradáveis, que têm cadeias normais, acumulam-se nos rios formando uma camada de espuma que impede a entrada de gás oxigênio na água, provocando a morte de peixes e de outros organismos aquáticos. Além disso, os detergentes não biodegradáveis, por permanecerem na água, podem remover a camada oleosa que reveste as penas de algumas aves, impedindo-as de flutuar.

Na água, existem microrganismos que produzem enzimas capazes de quebrar as moléculas de cadeias lineares. Essas enzimas, porém, não "reconhecem" as moléculas de cadeias ramificadas. Por isso, os detergentes não biodegradáveis permanecem na água sem sofrer degradação. Na fotografia, trecho poluído do rio Tietê em Salto (SP).

## Detergentes e poluição das águas

Nós podemos contribuir para a diminuição da poluição das águas quando escolhemos detergentes sintéticos que tenham estruturas biodegradáveis. Esses compostos não causam grandes alterações no ambiente. No entanto, é importante ressaltar que, mesmo utilizando detergentes biodegradáveis, o ambiente não estará totalmente protegido. Isso ocorre porque, se for despejada em rios e em lagos uma grande quantidade de detergentes, será necessário que os microrganismos consumam mais oxigênio da água para que possam realizar a degradação. Consequentemente, haverá morte em cadeia das espécies que habitam o ecossistema e que precisam do oxigênio da água para sobreviver. Assim, além de ser importante utilizar detergentes biodegradáveis, é necessário também outro fator: economia na quantidade utilizada.

Que medidas seus familiares poderiam tomar a fim de contribuir para a diminuição da poluição das águas?

## Alcoólise

A alcoólise, também conhecida por **transesterificação**, é uma reação entre um álcool e um éster, que produz um éster e um álcool diferentes.

O biodiesel é um combustível biodegradável obtido de fontes renováveis, por exemplo, óleos vegetais extraídos de plantas conhecidas como oleaginosas: dendê (a), girassol (b), soja, mamona, babaçu (c), amendoim, algodão, entre outras; ou de gorduras animais (sebo) e óleos residuais (óleo de cozinha usado).

Segundo a Lei nº 11.097, de 13 de janeiro de 2005, biodiesel é um "biocombustível derivado de biomassa renovável para uso em motores a combustão interna com ignição por compressão ou [...] para geração de outro tipo de energia, que possa substituir parcial ou totalmente combustíveis de origem fóssil".

O biodiesel só pode ser usado em motores a *diesel*; portanto, esse combustível é um substituto apenas do *diesel* de petróleo. Em julho de 2014, o percentual de biodiesel misturado ao *diesel* de petróleo era de 6% e, em novembro de 2014, subiu para 7%. Um novo horizonte de incrementos no uso do biodiesel estabeleceu-se em março de 2016, e, em março de 2017, o percentual de mistura de biodiesel no *diesel* de petróleo passou a ser de 8%, aumentando para 9% em março de 2018 e 10% em março de 2019.

É possível produzir biodiesel por meio dos seguintes processos: craqueamento, esterificação e transesterificação. A transesterificação é o processo mais utilizado atualmente.

A reação de transesterificação de óleos vegetais ou gorduras animais (triglicerídeos) com álcoois produz um éster, semelhante ao *diesel* de petróleo, e um novo álcool. A esse tipo de transesterificação foi atribuído o termo alcoólise. A reação de alcoólise se inicia pela mistura do óleo vegetal com um álcool (metanol ou etanol) na presença de um catalisador (KOH, por exemplo), podendo ser representada pela equação:

$$\begin{array}{c} RCOO-CH_2 \\ | \\ RCOO-CH \\ | \\ RCOO-CH_2 \end{array} + 3\ R'OH \rightleftharpoons 3\ RCOOR' + \begin{array}{c} CH_2OH \\ | \\ CHOH \\ | \\ CH_2OH \end{array}$$

Triglicerídeos — Álcool — Éster — Glicerina

Reação de transesterificação de triglicerídeos com álcool.

Além do biodiesel (éster) e da glicerina (triálcool) de alto valor agregado, empregada na indústria farmacêutica e de cosméticos, a cadeia produtiva do biodiesel gera uma série de outros coprodutos (torta, farelo, etc.) que podem agregar valor e constituir-se em outras fontes de renda importantes para os produtores.

## Fosfolipídios

Os fosfolipídios são moléculas que apresentam caráter polar e apolar, sendo denominadas anfipáticas (ou anfifílicas). Apresentam como importância biológica o fato de constituírem estruturalmente a membrana celular, as organelas celulares membranosas, assim como as lipoproteínas presentes no plasma sanguíneo. Estão presentes também na bile, auxiliando a solubilização de diversos compostos, entre eles o colesterol. Apresentam a função de surfactante (diminuição da tensão superficial) pulmonar, facilitando o processo de trocas gasosas (hematose) que ocorre nos alvéolos, entre outras funções mais específicas, como o auxílio na sinalização celular.

A ilustração a seguir representa modelos (fora de escala e em cores fantasia) para esses compostos.

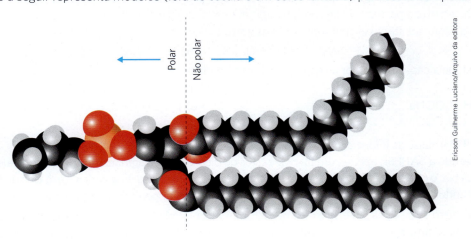

## Esteroides

Os esteroides formam um grande grupo de compostos lipossolúveis, com uma estrutura básica de 17 átomos de carbono dispostos em quatro anéis ligados entre si. Observe a cadeia-base:

| A presença de grupos funcionais ou grupos orgânicos – em geral, nas posições 3, 10, 13 ou 17 – é que faz a diferença entre os vários esteroides.

Veja alguns exemplos:

| Colesterol: um álcool, precursor metabólico de muitos compostos, encontrado nas membranas celulares de todos os tecidos do corpo humano. Não existe em células vegetais.

| Testosterona: molécula classificada como álcool ou cetona. É o hormônio sexual masculino.

## Explore seus conhecimentos

**1** (PUC-RJ) Aquecer uma gordura na presença de uma base consiste em um método tradicional de obtenção de sabão (sal de ácido graxo), chamado de saponificação.

Dentre as opções, a estrutura que representa um sabão é:

a) $KNO_3$

b) —$SO_3H$

c) $CH_3—(CH_2)_{16}—COO^-Na^+$
d) $CH_3—(CH_2)_{16}—COOH$
e) $CH_3—(CH_2)_{12}—NH_2$

**2** (Enem)

A capacidade de limpeza e a eficiência de um sabão dependem de sua propriedade de formar micelas estáveis, que arrastam com facilidade as moléculas impregnadas no material a ser limpo. Tais micelas têm em sua estrutura partes capazes de interagir com substâncias polares, como a água, e partes que podem interagir com substâncias apolares, como as gorduras e os óleos.

SANTOS, W. L. P.; MÓL, G. S. (Coords.). *Química e sociedade*. São Paulo: Nova Geração, 2005 (adaptado).

A substância capaz de formar as estruturas mencionadas é:

a) $C_{18}H_{36}$.
b) $C_{17}H_{33}COONa$.
c) $CH_3CH_2COONa$.
d) $CH_3CH_2CH_2COOH$.
e) $CH_3CH_2CH_2CH_2OCH_2CH_2CH_2CH_3$.

**3** (PUC-RS) Analise as informações a seguir.

Segundo a SABESP, apenas um litro de restos de óleo vegetal originado da fritura de alimentos, ao ser jogado na pia, é capaz de poluir cerca de 20 000 litros de água dos rios. Isso gera a formação de filme flutuante, dificultando a troca gasosa e a oxigenação e, por conseguinte, impedindo a respiração e a fotossíntese.

Por outro lado, a reação entre óleo de fritura e álcool pode gerar o biodiesel, que, adicionado ao diesel de petróleo, diminui o impacto ambiental desse combustível. Além disso, como subproduto, ocorre a formação de glicerina, que pode ser usada na produção de resinas alquídicas, aplicadas na fabricação de vernizes, tintas e colas.

Pela análise dessas informações, é correto afirmar que:

a) o *diesel* de petróleo consiste em um ácido graxo.
b) a reação entre um óleo comestível e um álcool origina ésteres.
c) o óleo vegetal é constituído de substâncias orgânicas polares.
d) a reação de formação do biodiesel tem por objetivo gerar ácidos graxos combustíveis.
e) o óleo comestível é um conjunto de ácidos graxos que, ao ser aquecido no processo de fritura de alimentos, produz o biodiesel.

**4** (UFPR) Por milhares de anos, o sabão foi preparado aquecendo-se a mistura de gordura animal com cinzas vegetais. As cinzas vegetais contêm carbonato de potássio, o que torna a solução básica. Os métodos comerciais modernos de fabricação de sabão envolvem aquecimento de gordura ou óleo em solução aquosa de hidróxido de sódio e adição de cloreto de sódio para precipitar o sabão, que depois de seco é prensado em barras. Esse processo é exemplificado abaixo:

$$\begin{array}{l}CH_2O(CO)R_1\\ |\\ CHO(CO)R_2\\ |\\ CH_2O(CO)R_3\end{array} + 3\,NaOH \longrightarrow \begin{array}{l}CH_2OH\\ |\\ CHOH\\ |\\ CH_2OH\end{array} + R_1-\overset{O}{\underset{\|}{C}}-O^-Na^+ + R_2-\overset{O}{\underset{\|}{C}}-O^-Na^+ + R_3-\overset{O}{\underset{\|}{C}}-O^-Na^+$$

Gordura ou óleo          Glicerol                    "Sabão"

Com base nessas informações e nos estudos químicos, responda às seguintes questões:

a) Qual o nome da reação de transformação de gordura ou óleo (triacilglicerídeos) em sabão?
b) A que função orgânica pertencem as moléculas representando o "sabão" na equação acima?

**5** (UPE) Analise a charge a seguir:

(Disponível em: http://www.quimica.com.br/revista/qd414)

A ideia vinculada à personagem e ao material da parte central da figura se associa ao desenvolvimento de um processo para a produção de uma mistura de:

a) alcanos isoméricos, derivados do petróleo, com altos índices de octanagens.
b) ésteres metílicos ou etílicos de ácidos graxos, a partir de fontes vegetais.
c) hidrocarbonetos aromáticos usados como munição para armas de fogo.
d) triglicerídeos de fontes vegetais para o tratamento de feridos de guerras.
e) proteínas explosivas de sementes de plantas oleaginosas, como o milho.

**6** (Uerj) O biodiesel, constituído basicamente por um éster, é obtido a partir da reação entre um triacilglicerol e um álcool.
Analise o esquema:

Industrialmente, para aumentar a produção de biodiesel, utiliza-se álcool em quantidade muito superior à proporção estequiométrica da reação. Com base no equilíbrio químico da reação, explique por que quantidades elevadas de álcool aumentam o rendimento do processo industrial. Indique, também, o nome oficial do éster que contém cinco átomos de carbono formado a partir do etanol.

---

## Relacione seus conhecimentos

**1** (UFF-RJ) Os compostos orgânicos denominados ésteres possuem fórmula geral R'COOR, onde R' pode ser um átomo de hidrogênio ou um grupo arila ou alquila e R pode ser um grupo alquila ou arila. Podem ser utilizados na produção de perfumes e, como agentes flavorizantes, principalmente na indústria de bebidas.

Vários ésteres possuem aromas e/ou sabores agradáveis, por isso são usados como flavorizantes na forma pura ou em misturas. Os produtos informam no rótulo a existência de flavorizantes na sua composição.

| Nome do éster | Fórmula | Aroma/sabor |
|---|---|---|
| butanoato de etila | $C_3H_7$ — COO — $C_2H_5$ | abacaxi |
| formiato de isobutila | H — COO — $C_4H_9$ | framboesa |
| acetato de benzila | $CH_3$ — COO — $CH_2$ — $C_6H_5$ | gardênia |
| acetato de isobutila | $CH_3$ — COO — $C_4H_9$ | morango |

A hidrólise ácida desses ésteres produzirá os seguintes ácidos carboxílicos:

a) ácido acético, ácido isobutírico e ácido benzoico.
b) ácido butírico, ácido fórmico e ácido acético.
c) ácido acético, ácido fórmico e ácido benzoico.
d) ácido butírico, ácido isobutírico e ácido acético.
e) ácido butírico, ácido acético e ácido benzoico.

**2** (Fuvest-SP) O ácido gama-hidroxibutírico é utilizado no tratamento do alcoolismo. Esse ácido pode ser obtido a partir da gamabutirolactona, conforme a representação a seguir:

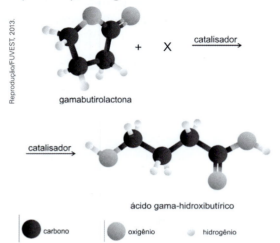

Assinale a alternativa que identifica corretamente X (de modo que a representação respeite a conservação da matéria) e o tipo de transformação que ocorre quando a gamabutirolactona é convertida no ácido gama-hidroxibutírico.

|   | X | Tipo de transformação |
|---|---|---|
| a) | $CH_3OH$ | esterificação |
| b) | $H_2$ | hidrogenação |
| c) | $H_2O$ | hidrólise |
| d) | luz | isomerização |
| e) | calor | decomposição |

**3** (UFPE) Saponificação é o nome dado para a reação de hidrólise de ésteres graxos (óleos e gordura) na presença de uma base forte:

$$\begin{array}{c}R-COO-CH_2\\R-COO-CH_2 + 3\,KOH \longrightarrow 3\,R-COO^-K^+ + HO-CH_2\\R-COO-CH_2\end{array}$$
$$HO-CH$$
$$HO-CH_2$$

A partir da equação química de saponificação, classifique as afirmações em verdadeiras ou falsas.

I. Um dos produtos da saponificação é o sal de um ácido carboxílico de cadeia carbonílica (R—) longa.
II. Os sais de ácidos carboxílicos de cadeia longa formam micelas em meio aquoso e, por isso, são utilizados como produto de limpeza.
III. Um segundo produto da reação de saponificação é a glicerina (triol).
IV. A glicerina pode ser utilizada como produto de partida para a preparação de explosivos (trinitroglicerina).
V. Os ácidos carboxílicos de cadeia longa também formam micelas e, por isso, são solúveis em meio aquoso, assim como os respectivos sais.

**4** (Fuvest-SP) Uma embalagem de sopa instantânea apresenta, entre outras, as seguintes informações: "Ingredientes: tomate, sal, amido, óleo vegetal, emulsificante, conservante, flavorizante, corante, antioxidante". Ao se misturar o conteúdo da embalagem com água quente, poderia ocorrer a separação dos componentes X e Y da mistura, formando duas fases, caso o ingrediente Z não estivesse presente. Assinale a alternativa em que X, Y e Z estão corretamente identificados.

|   | X | Y | Z |
|---|---|---|---|
| a) | água | amido | antioxidante |
| b) | sal | óleo vegetal | antioxidante |
| c) | água | óleo vegetal | antioxidante |
| d) | água | óleo vegetal | emulsificante |
| e) | sal | água | emulsificante |

**5** (Enem) Quando colocados em água, os fosfolipídios tendem a formar lipossomos, estruturas formadas por uma bicamada lipídica, conforme mostrado na figura. Quando rompida, essa estrutura tende a se reorganizar em um novo lipossomo.

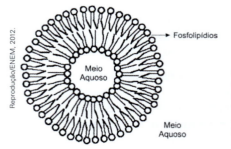

(Disponível em: http://course1.winona.edu. Acesso em: 1º mar. 2012 (adaptado).

Esse arranjo característico se deve ao fato de os fosfolipídios apresentarem uma natureza:

a) polar, ou seja, serem inteiramente solúveis em água.
b) apolar, ou seja, não serem solúveis em solução aquosa.
c) anfotérica, ou seja, podem comportar-se como ácidos e bases.
d) insaturada, ou seja, possuírem duplas-ligações em sua estrutura.
e) anfifílica, ou seja, possuírem uma parte hidrofílica e outra hidrofóbica.

**6** (UEL-PR) A limpeza dos pratos após as refeições é feita com substâncias denominadas surfatantes. Essas substâncias, que aumentam a solubilidade de uma substância em outra, apresentam, em suas moléculas, uma parte polar e outra parte apolar e interagem com moléculas polares ou apolares. Os sabões e os surfatantes possibilitam que substâncias não polares, como óleos e graxas, se solubilizem e sejam removidas pela água. A diferença entre o sabão e o surfatante comum é que o primeiro é um sal derivado de um ácido graxo e o segundo, do ácido sulfônico. Com base no texto e nos conhecimentos sobre o tema, considere as afirmativas a seguir.

I. A fórmula molecular de um sabão é $CH_3(CH_2)_{14}COONa$. No processo de limpeza, a parte do sabão que se liga à água é $(CH_3(CH_2)_{14})^-$.

II. O ânion

[R—⬡—SO₃]⁻

pode ser um constituinte do surfatante.

III. A tensão superficial da água é aumentada pela adição de um surfatante.

IV. O estearato de sódio, sal típico do sabão, é o produto da reação de hidrólise de um éster, em meio básico.

Estão corretas apenas as afirmativas:

a) I e II.
b) II e IV.
c) III e IV.
d) I, II e III.
e) I, III e IV.

**7** (Fatec-SP) As estruturas A, B e C representam moléculas orgânicas.

(A) estrutura ramificada com anel aromático ligado a $SO_3^-Na^+$

(B) estrutura linear com anel aromático ligado a $SO_3^-Na^+$

(C) $H_3C-(CH_2)_7-CH=CH(CH_2)_7-COO^-Na^+$

Com relação aos compostos representados, afirma-se:

I. As estruturas (A) e (B) representam isômeros.
II. (A) representa um detergente não degradável; (B) representa um outro biodegradável; (C) é a estrutura de um sabão.
III. Detergentes são tensoativos, aumentam a tensão superficial da água e também a sua capacidade umectante.

Dessas afirmações:

a) somente a I e a II estão corretas.
b) somente a I e a III estão corretas.
c) está correta apenas a III.
d) está correta apenas a I.
e) somente a II e a III estão corretas.

**8** (UFF-RJ) A produção de biocombustíveis, como, por exemplo, o biodiesel, é de grande importância para o Brasil. O governo faz ampla divulgação dessas substâncias, pois tem o domínio tecnológico de sua preparação, além de ser um combustível de fonte renovável. O biodiesel pode ser obtido a partir de triglicerídeos de origem vegetal e, atualmente, até de óleo de cozinha. Uma das reações de obtenção do biodiesel pode ser assim escrita:

Considere as alternativas e indique a correta.

I. O triglicerídeo da reação é um triéster.
II. Os números que tornam a equação balanceada são: 1 : 3 : 1 : 1.
III. Na estrutura apresentada para o biodiesel, considerando R uma cadeia saturada, identifica-se um átomo de carbono com hibridização $sp^2$.
IV. O glicerol é um poliálcool.
V. Na molécula do glicerol existe apenas um carbono assimétrico.

a) I, II e III, apenas.
b) I, III e IV, apenas.
c) I, IV e V, apenas.
d) II, IV e V, apenas.
e) III, IV e V, apenas.

**9** (Enem) Um dos métodos de produção de biodiesel envolve a transesterificação do óleo de soja utilizando metanol em meio básico (NaOH ou KOH), que precisa ser realizada na ausência de água. A figura mostra o esquema reacional da produção de biodiesel, em que R representa as diferentes cadeias hidrocarbônicas dos ésteres de ácidos graxos.

A ausência de água no meio reacional se faz necessária para:

a) manter o meio reacional no estado sólido.
b) manter a elevada concentração do meio reacional.
c) manter constante o volume de óleo no meio reacional.
d) evitar a diminuição da temperatura da mistura reacional.
e) evitar a hidrólise dos ésteres no meio reacional e a formação de sabão.

CIÊNCIAS DA NATUREZA
E SUAS TECNOLOGIAS

UNIDADE

# Funções nitrogenadas e haletos orgânicos

## 14

Você sabe o que é um aminoácido? Consegue identificar qual o tipo de ligação que deve existir entre os aminoácidos para que ocorra a síntese de uma proteína?

A estrutura apresentada a seguir começou a ser utilizada na Primeira Guerra Mundial e ainda hoje é usada para dispersar aglomerações em manifestações de rua.

Você sabia que o ácido clorídrico é produto da hidrólise de um dos tipos de gás lacrimogênio?

Ricardo Arduengo/Agência France-Presse

A palavra **lacrimogênio** vem do latim *lacrima*, que significa "lágrima". Além de lágrimas, o gás lacrimogênio pode causar tosse, irritação de pele e vômitos, e seus efeitos duram em torno de 20 a 45 minutos. Na fotografia, gás lançado durante manifestação política em San Juan, Porto Rico, em janeiro de 2020.

### Nesta unidade vamos:

- identificar as aminas e suas propriedades físico-químicas;
- conhecer a estrutura geral de um aminoácido;
- analisar a formação da ligação peptídica;
- identificar as amidas e suas propriedades físico-químicas;
- conhecer os haletos orgânicos.

# CAPÍTULO 40

# Aminas e amidas

Este capítulo favorece o desenvolvimento da habilidade
**EM13CNT209**

## ● Aminas

As aminas são compostos orgânicos derivados da amônia ($NH_3$), obtidas por meio da substituição de um ou mais átomos de hidrogênio por grupos carbônicos iguais ou diferentes. Observe o diagrama esquemático a seguir.

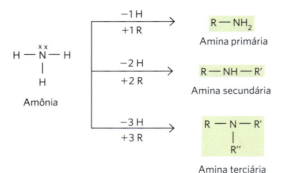

### Nomenclatura

A nomenclatura das aminas é realizada dispondo-se, em ordem alfabética, o nome dos grupos orgânicos ligados ao nitrogênio, seguidos da terminação **amina**. Caso haja grupos substituintes iguais, estes devem ser precedidos pelos prefixos de quantidade, **di** e **tri**. Veja alguns exemplos a seguir.

- **Aminas primárias**

$H_3C - NH_2$　　$H_3C - CH_2 - NH_2$　　$H_3C - CH_2 - CH_2 - NH_2$　　fenilamina

Metilamina　　Etilamina　　Propilamina　　Fenilamina (anilina)

- **Aminas secundárias**

$H_3C - NH - CH_2 - CH_3$　　$H_3C - CH_2 - NH - CH_2 - CH_3$

Etilmetilamina　　Dietilamina

- **Aminas terciárias**

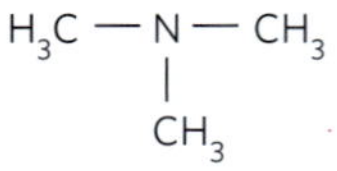

$H_3C - N(CH_3) - CH_3$　　$H_3C - N(CH_2CH_3) - CH_2 - CH_2 - CH_3$

Trimetilamina 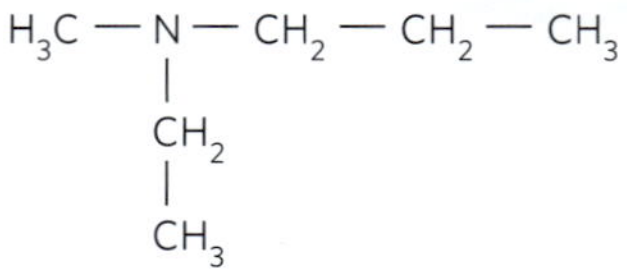　　Etilmetilpropilamina

Existe, ainda, a possibilidade de existir mais de um grupo amino ($-NH_2$) ligado à cadeia carbônica:

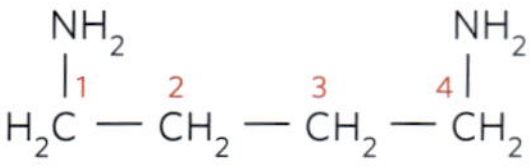

$H_2C(NH_2) - CH_2 - CH_2 - CH_2(NH_2)$　　$H_2C(NH_2) - CH_2 - CH_2 - CH_2 - CH_2(NH_2)$

1,4-diaminobutano 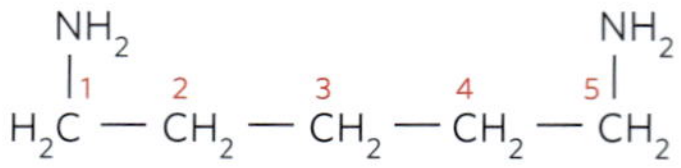　　1,5-diaminopentano

As duas substâncias apresentadas podem ser denominadas, respectivamente, putrescina e cadaverina e são formadas durante a decomposição das proteínas em um animal morto. Ambos os compostos apresentam odor intenso e muito desagradável.

## Propriedades físicas

### Temperatura de ebulição

Assim como nas demais funções orgânicas já estudadas, a temperatura de ebulição das aminas está diretamente relacionada com a estrutura que elas apresentam. As aminas primárias e secundárias apresentam interações intermoleculares do tipo ligação de hidrogênio e, portanto, tendem a apresentar maior temperatura de ebulição do que as aminas terciárias de mesma fórmula molecular, que realizam interações do tipo dipolo-dipolo. Observe a tabela a seguir.

| Substância | Estrutura | Tipo de interação | Temperatura de ebulição |
|---|---|---|---|
| Propilamina ($C_3H_9N$) | $H_3C-CH_2-CH_2-NH_2$ (com H) | Ligação de hidrogênio | 49 °C |
| Etilmetilamina ($C_3H_9N$) | $H_3C-CH_2-NH-CH_3$ | Ligação de hidrogênio | 36,7 °C |
| Trimetilamina ($C_3H_9N$) | $H_3C-N(CH_3)-CH_3$ | Dipolo-dipolo | 2,9 °C |

A propilamina, por apresentar dois átomos de hidrogênio ligados ao nitrogênio, realiza maior número de ligações de hidrogênio do que a etilmetilamina e, por isso, tem a maior temperatura de ebulição entre as três. A trimetilamina não apresenta átomo de hidrogênio ligado ao nitrogênio, razão pela qual não realiza ligações de hidrogênio, o que resulta em menor temperatura de ebulição.

### Solubilidade

As aminas são compostos polares que podem se dissolver em água por meio de interações do tipo ligação de hidrogênio. Em função do número de átomos de hidrogênio ligado diretamente ao nitrogênio, as aminas primárias tendem a apresentar maior solubilidade do que as aminas secundárias, uma vez que podem realizar um maior número de ligações de hidrogênio com as moléculas de água.

Por sua vez, as aminas terciárias tendem a apresentar a menor solubilidade em água, pois somente podem realizar ligações de hidrogênio com o solvente por meio do átomo de nitrogênio. Observe o esquema a seguir.

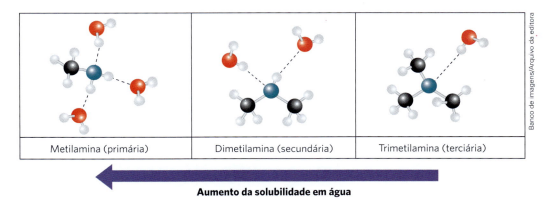

Metilamina (primária)  Dimetilamina (secundária)  Trimetilamina (terciária)

**Aumento da solubilidade em água**

É importante ressaltar que, a partir de seis átomos de carbono, o aumento da cadeia carbônica, cujo caráter é apolar, diminui consideravelmente a solubilidade desses compostos em água.

## Propriedades químicas

### Basicidade

As aminas, assim como a amônia, apresentam caráter básico e são consideradas bases orgânicas. O caráter básico desses compostos decorre da presença do par de elétrons desemparelhado no nitrogênio, denominado também par de elétrons quelantes. Eles atuam como uma "pinça", capturando íons H⁺ (caráter ácido) presentes no meio. Observe os exemplos a seguir.

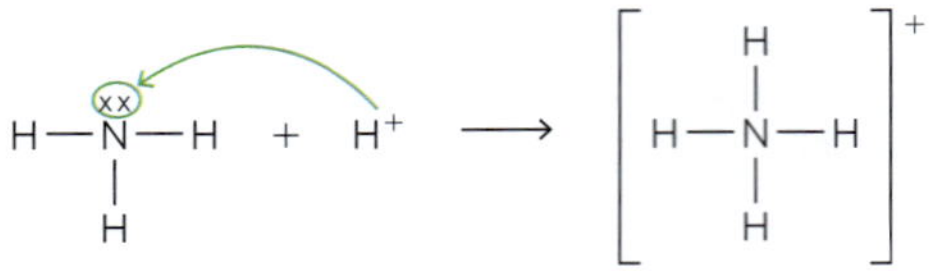

$$H-\overset{..}{\underset{H}{N}}-H + H^+ \longrightarrow \left[ H-\overset{H}{\underset{H}{N}}-H \right]^+$$

Amônia (base) → Amônio

$$CH_3-\overset{..}{N}H_2 + H^+ \longrightarrow CH_3-\overset{\oplus}{N}H_3 \text{ ou } [CH_3-NH_3]^{\oplus}$$

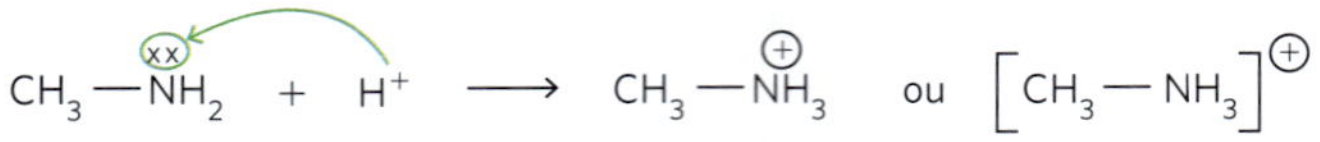

Metilamina → Metilamônio

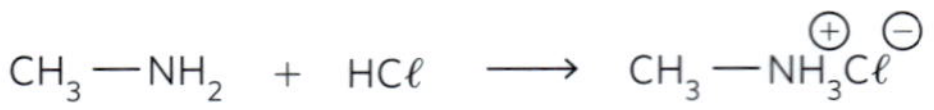

$$CH_3-NH_2 + HC\ell \longrightarrow CH_3-\overset{\oplus}{N}H_3\overset{\ominus}{C\ell}$$

Metilamina + Ácido clorídrico → Cloreto de metilamônio

## Aminoácidos

Aminoácidos são moléculas que atuam como unidades básicas formadoras de proteínas e em que estão presentes a função amina, ou grupamento amino (—NH₂), e a função ácido carboxílico. Os aminoácidos que participam da síntese de proteínas nos organismos animais e vegetais são denominados α-aminoácidos e podem ser representados genericamente pela estrutura a seguir.

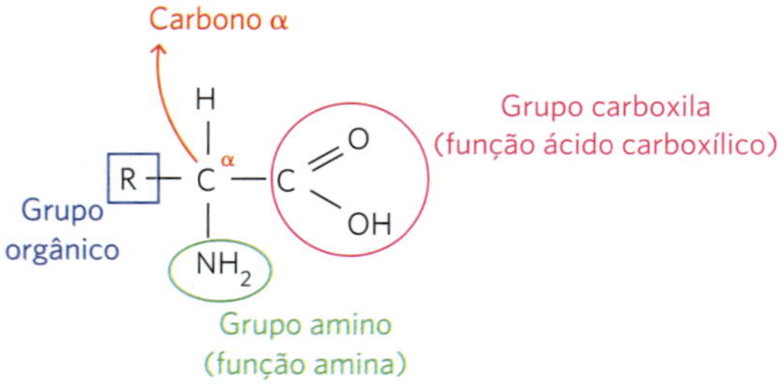

Carbono α
Grupo orgânico (R—)
Grupo carboxila (função ácido carboxílico)
Grupo amino (função amina)

Os α-aminoácidos diferem entre si pelo grupo orgânico (R—). Veja alguns exemplos:

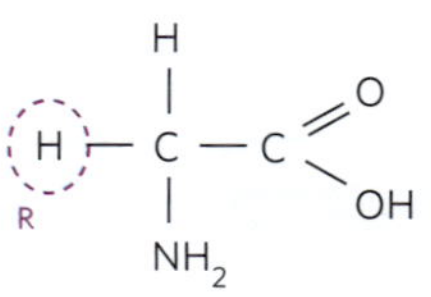

Glicina 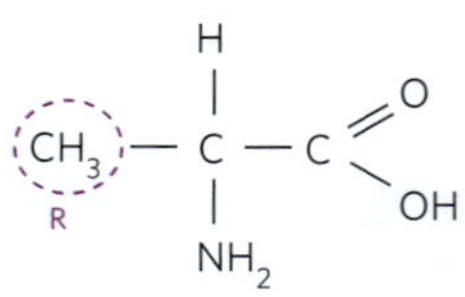    Alanina 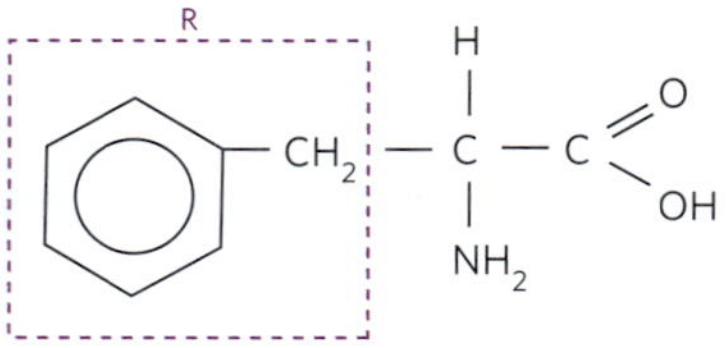    Fenilalanina

Em razão da presença do grupo amino (—NH$_2$), de caráter básico, e do grupo carboxila (—COOH), de caráter ácido, os aminoácidos apresentam caráter ácido-base, ou seja, são compostos anfóteros, com a possibilidade de reagirem com compostos ácidos e básicos. Observe os exemplos a seguir.

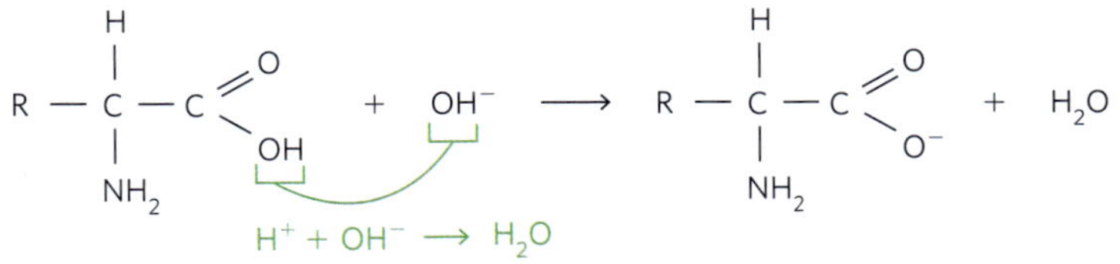

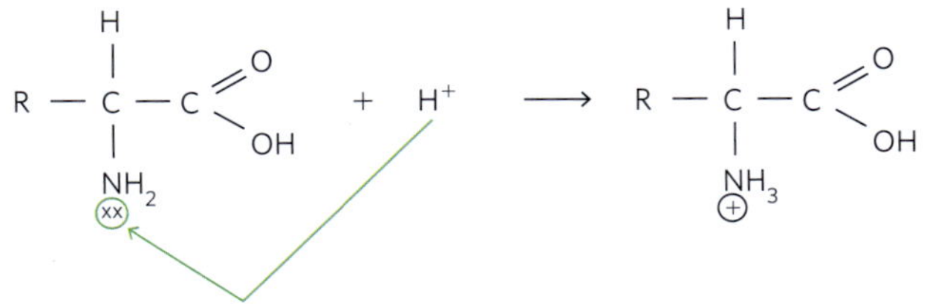

Os aminoácidos podem se apresentar, ainda, como um sal interno ou também denominado forma zwitteriônica (dipolar). Veja a seguir.

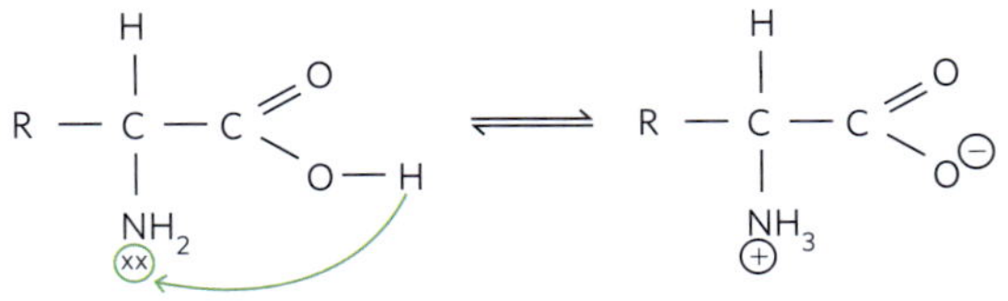

Forma zwitteriônica

Como estudaremos mais adiante, em polímeros, os aminoácidos podem reagir entre si por meio de reações de condensação (eliminação de pequenas moléculas, no caso, a água), com a consequente formação dos peptídeos. Veja a seguir um exemplo de formação de dipeptídeo (união de dois aminoácidos).

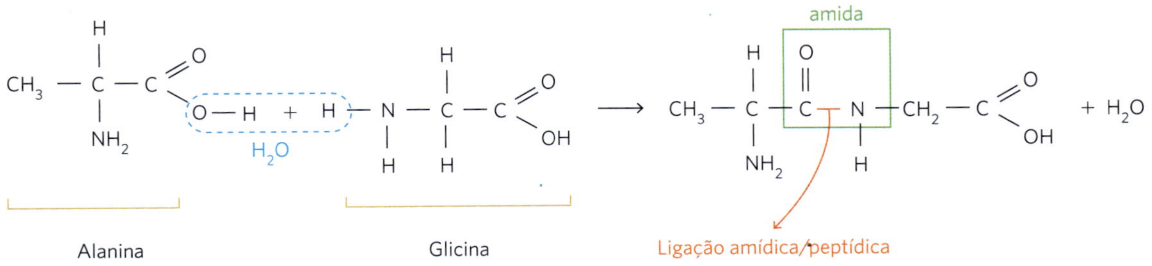

Alanina    Glicina    Ligação amídica/peptídica

A união entre os aminoácidos é decorrente da formação da denominada ligação peptídica ou ligação amídica, presente no grupo amida resultante da reação entre os compostos.

Caso o dipeptídeo reaja com água, nas condições adequadas, ocorrerá a sua hidrólise, resultando novamente na formação dos aminoácidos que o originaram:

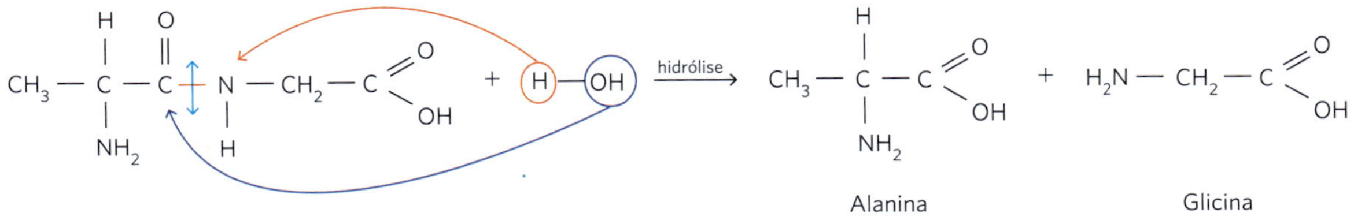

Alanina    Glicina

## Cometa tem aminoácido

Dos aminoácidos codificados pelo código genético, ou seja, que integram as proteínas dos seres vivos, a glicina ($C_2H_5NO_2$) é o menor e um dos mais abundantes. Agora, esse fundamento da vida acaba de ser descoberto em um cometa.

Cientistas da Nasa, a agência espacial dos Estados Unidos, encontraram a presença da molécula em amostras do cometa Wild 2 obtidas pela sonda Stardust.

"É a primeira vez que um aminoácido é encontrado em um cometa. Esta descoberta apoia a teoria de que alguns dos ingredientes básicos da vida se formaram no espaço e chegaram à Terra há muito tempo por meio de impactos de meteoritos ou de cometas", disse Jamie Elsila, do Centro de Voo Espacial Goddard, da Nasa.

[...]

"Encontrar glicina em um cometa apoia a ideia de que os blocos básicos da vida são prevalentes no espaço e reforça o argumento de que a vida no Universo pode ser mais comum do que rara", disse Carl Pilcher, diretor do Instituto de Astrobiologia da Nasa, que financiou o estudo.

Proteínas são as moléculas fundamentais da vida, usadas nas mais variadas estruturas, de enzimas a fios de cabelo. São os catalisadores que aceleram ou regulam reações químicas no organismo. De forma similar às letras do alfabeto, que podem ser arrumadas em combinações sem-fim para formar palavras, a vida usa 20 tipos de aminoácidos para construir milhões de proteínas diferentes.

[...]

A molécula encontrada é diferente da glicina terrestre e tende a ter mais átomos de carbono-13, que é mais pesado do que o mais comum carbono-12.

Fonte: http://agencia.fapesp.br/cometa_tem_aminoacido/10938/. Acesso em: 12 set. 2019. Mais informações podem ser obtidas em: http://stardustnext.jpl.nasa.gov e http://astrobiology.gsfc.nasa.gov/ (ambos em inglês). Acesso em: 12 set. 2019.

# Amidas

As amidas correspondem a funções nitrogenadas que apresentam um átomo de nitrogênio ligado a um carbono carbonílico:

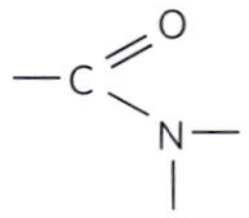

De modo análogo às aminas, as amidas também podem ser classificadas em primárias, secundárias e terciárias, dependendo do número de átomos de hidrogênio ligados ao átomo de nitrogênio substituídos:

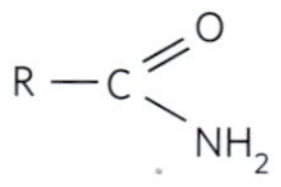

Amina primária 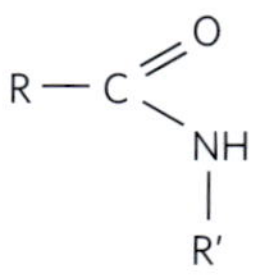    Amina secundária 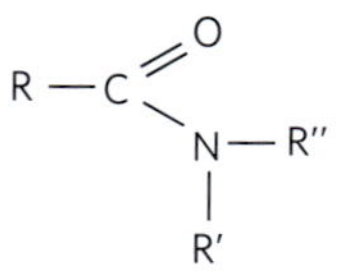    Amina terciária

## Nomenclatura

O nome das amidas é atribuído nomeando-se a cadeia carbônica como se fosse o hidrocarboneto de origem, seguido da terminação **amida**. Observe os exemplos a seguir.

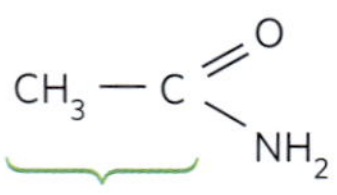

Etanoamida ou etanamida

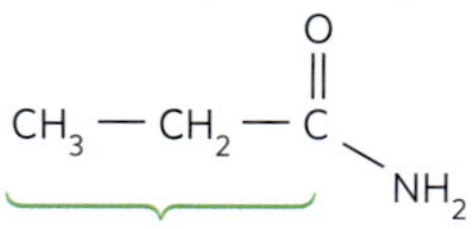

Propanoamida ou propanamida

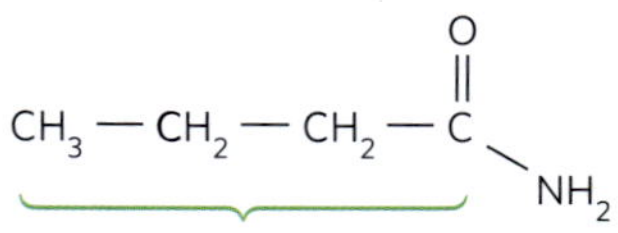

Butanoamida ou butanamida

Se a cadeia for ramificada, deve-se numerar a cadeia carbônica a partir do átomo de carbono da carbonila:

$$CH_3 - \overset{3}{CH} - \overset{2}{CH_2} - \overset{1}{C} \underset{NH_2}{\overset{O}{\diagup\!\!\!\diagdown}}$$
$$\qquad\quad |$$
$$\qquad\, CH_3$$

3-metilbutanoamida
ou
3-metilbutanamida

$$CH_3 - \overset{4}{CH} - \overset{3}{CH} - \overset{2}{CH_2} - \overset{1}{C} \underset{NH_2}{\overset{O}{\diagup\!\!\!\diagdown}}$$
$$\qquad |\qquad\;\; |$$
$$\qquad CH_3\;\; CH_3$$

3,4-dimetilpentanoamida
ou
3,4-dimetilpentanamida

No caso de amidas secundárias e terciárias, nas quais ocorre a substituição dos átomos de hidrogênio ligados ao átomo de nitrogênio por grupos carbônicos, utilizamos a indicação "N" na nomenclatura. Observe os exemplos a seguir.

| Amida secundária | Amida terciária |
|---|---|
| Propanamida: $H_3C - CH_2 - C(=O) - N(H) - [CH_3]$ Metil — **N-metil**propanamida | Propanamida: $H_3C - CH_2 - C(=O) - N([CH_3])([CH_3])$ Metil / Metil — **N,N-dimetil**propanamida |

## Propriedades físicas

### Temperatura de ebulição

As amidas primárias podem realizar maior número de ligações de hidrogênio do que as aminas secundárias e terciárias de tamanho comparável; desse modo, tendem a apresentar maior temperatura de fusão e ebulição. Com a substituição dos átomos de hidrogênio ligados ao átomo de nitrogênio por grupos carbônicos, ocorre diminuição da temperatura de fusão e de ebulição em razão do menor número de ligações de hidrogênio que podem ser formadas. Observe a tabela a seguir.

| Estrutura da amida | Massa molar (g/mol) | Temperatura de fusão (°C, a 1 atm) | Temperatura de ebulição (°C, a 1 atm) |
|---|---|---|---|
| $H_3C - CO - NH_2$ (primária) | 59 | 81 | 222 |
| $H_3C - CO - NH(CH_3)$ (secundária) | 73 | 28 | 206 |
| $H_3C - CO - N(CH_3)_2$ (terciária) | 87 | 6 | 166 |

### Solubilidade

Assim como as aminas, as amidas são compostos polares e sua solubilidade em água diminui à medida que diminui o o número de átomos de hidrogênio ligado diretamente ao átomo de nitrogênio. Assim, amidas de tamanho comparável têm a seguinte ordem de solubilidade:

> Amida primária > Amida secundária > Amida terciária

Amidas primárias de até cinco átomos de carbono são solúveis em água em razão das interações do tipo ligação de hidrogênio e de seu caráter polar mais acentuado. A partir de seis átomos de carbono o caráter apolar da cadeia carbônica predomina, diminuindo consideravelmente a solubilidade desses compostos.

## Propriedades químicas

A principal reação associada à função amida decorre da capacidade de realização de hidrólise do grupo funcional, que pode ocorrer em meio ácido ou básico.

- **Meio ácido**

$$R-C(=O)NH_2 + HC\ell \xrightarrow{HOH} R-C(=O)OH + NH_4C\ell$$

Amida — Ácido — Ácido carboxílico — Cloreto de amônio

- **Meio básico**

$$R-C(=O)NH_2 + NaOH \xrightarrow{HOH} R-C(=O)O^-Na^+ + NH_3 + H_2O$$

Amida — Base — Sal de sódio de ácido carboxílico — Amônia — Água

### Explore seus conhecimentos

**1** Escreva em seu caderno as fórmulas estruturais planas:
  I. etilpropilamina
  II. fenilamina

**2** Dê o nome das seguintes aminas:
  I. $H_3C-NH-CH_2-CH_3$
  II. $H_3C-CH_2-N(CH_3)-CH(CH_3)$ ligado a fenil

**3** (UFRGS-RS) Em 1851, um crime ocorrido na alta sociedade belga foi considerado o primeiro caso da Química Forense. O Conde e a Condessa de Bocarmé assassinaram o irmão da condessa, mas o casal dizia que o rapaz havia enfartado durante o jantar. Um químico provou haver grande quantidade de nicotina na garganta da vítima, constatando assim que havia ocorrido um envenenamento com extrato de folhas de tabaco.

Sobre a nicotina, são feitas as seguintes afirmações.

  I. Contém dois heterociclos.
  II. Apresenta uma amina terciária na sua estrutura.
  III. Possui a fórmula molecular $C_{10}H_{14}N_2$.

Quais estão corretas?

a) Apenas I.
b) Apenas II.
c) Apenas III.
d) Apenas I e II.
e) I, II e III.

**4** (UFSM-RS) A putrescina e a cadaverina foram isoladas a partir de alimentos em decomposição. A mistura das duas com outras aminas voláteis causa odores desagradáveis provenientes de alimentos em apodrecimento.

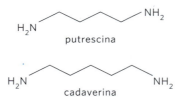

putrescina

cadaverina

Assinale a alternativa que apresenta, respectivamente, a nomenclatura oficial da putrescina e a fórmula molecular da cadaverina.

a) 1,4-butanodiamina; $C_5H_{14}N_2$.
b) 1,4-butanodiamina; $C_7H_{14}N_2$.
c) 4-aminobutanoamina; $C_5H_{10}N_2$.
d) 1,5-pentanodiamina; $C_4H_{12}N_2$.
e) 5-aminopentanoamina; $C_6H_{12}N_2$.

**5** As aminas são derivadas da amônia ($NH_3$) e apresentam caráter básico, isto é, podem ser protonadas. Veja as equações:

$$NH_3 + HC\ell \longrightarrow NH_4^+C\ell^-$$
amônia

$$R-NH_2 + HC\ell \longrightarrow R-NH_3^+C\ell^-$$
amina

Com base nas informações, equacione as reações:

  I. etilamina + $HC\ell$
  II. etilmetilamina + $HC\ell$

6. (Enem) Sais de amônio são sólidos iônicos com alto ponto de fusão, muito mais solúveis em água que as aminas originais e ligeiramente solúveis em solventes orgânicos apolares, sendo compostos convenientes para serem usados em xaropes e medicamentos injetáveis. Um exemplo é a efedrina, que funde a 79 °C, tem um odor desagradável e oxida na presença do ar atmosférico formando produtos indesejáveis. O cloridrato de efedrina funde a 217 °C, não se oxida e é inodoro, sendo o ideal para compor os medicamentos.

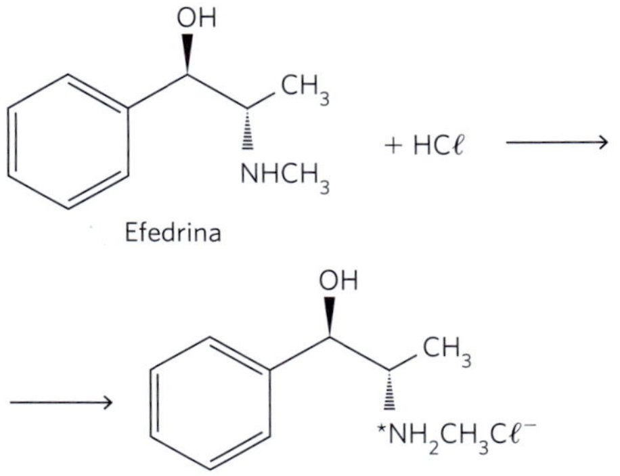

Efedrina + HCℓ ⟶ Cloridrato de efedrina

SOUTO, C. R.; DUARTE, H. C. *Química da vida*: aminas. Natal: EDUFRN, 2006.

De acordo com o texto, que propriedade química das aminas possibilita a formação de sais de amônio estáveis, facilitando a manipulação de princípios ativos?

a) Acidez.
b) Basicidade.
c) Solubilidade.
d) Volatilidade.
e) Aromaticidade.

7. A glicina (α-aminoetanoico) pode ser representada por:

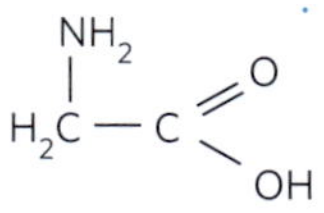

Observando a estrutura, responda aos itens:
I. Quais funções estão presentes na glicina?
II. Indique o caráter ácido-básico de cada função.
III. Copie e complete as reações em seu caderno:
• Meio básico

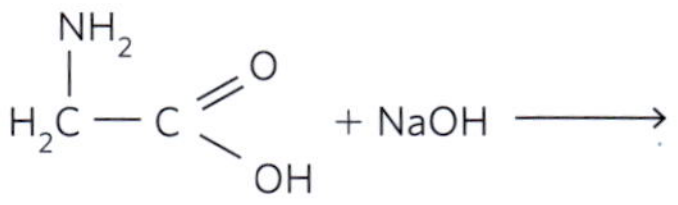

H₂C—C(NH₂)(=O)(OH) + NaOH ⟶

• Meio ácido

H₂C—C(NH₂)(=O)(OH) + HCℓ ⟶

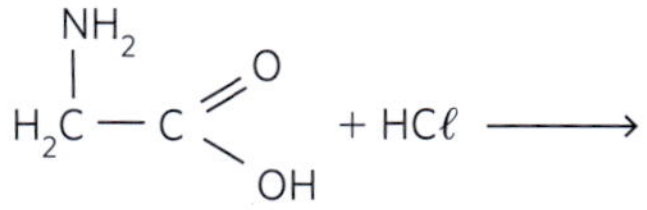

8. Escreva em seu caderno a fórmula estrutural das seguintes amidas:
a) butanamida;
b) propenamida;
c) 3-metilpentanamida.

9. Considere a seguinte reação genérica para produção de amida:

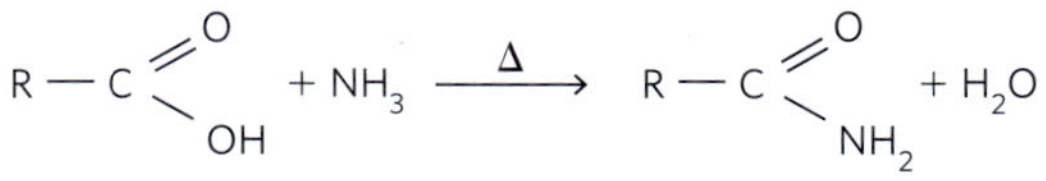

R—C(=O)(OH) + NH₃ —Δ→ R—C(=O)(NH₂) + H₂O

Ácido carboxílico     Amida

De acordo com esse esquema, equacione a reação entre o ácido acético e a amônia e dê o nome da amida obtida.

## Relacione seus conhecimentos

1. (UFSC) O filósofo grego Sócrates foi morto por dose letal de cicuta, veneno em que o componente principal é a coniina, cuja fórmula estrutural é:

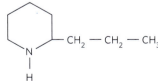

coniina ou cicutina

Com base nas informações dadas, é correto afirmar que a coniina é/tem:

01) um composto nitrogenado heterocíclico.
02) uma amina aromática.
04) uma amina terciária.
08) capaz de formar ligações por pontes de hidrogênio com a água.
16) massa molecular igual a 123 g/mol.
32) fórmula molecular $C_8H_{17}N$.

2. (Unicamp-SP) Com a crescente crise mundial de dengue, as pesquisas pela busca tanto de vacinas quanto de repelentes de insetos têm se intensificado. Nesse contexto, os compostos I e II representados a seguir têm propriedades muito distintas: enquanto um deles tem caráter ácido e atrai os insetos, o outro tem caráter básico e não os atrai.

Baseado nessas informações, pode-se afirmar corretamente que o composto:

a) I não atrai os insetos e tem caráter básico.
b) II atrai os insetos e tem caráter ácido.
c) II não atrai os insetos e tem caráter básico.
d) I não atrai os insetos e tem caráter ácido e básico.

**3** (FAE/MED-SP) A metilamina e a etilamina são duas substâncias gasosas à temperatura ambiente que apresentam forte odor, geralmente caracterizado como de peixe podre.
Uma empresa pretende evitar a dispersão desses gases e para isso adaptou um sistema de borbulhamento do gás residual do processamento de carne de peixe em uma solução aquosa.
Um soluto adequado para neutralizar o odor da metilamina e etilamina é:

a) amônia.
b) nitrato de potássio.
c) hidróxido de sódio.
d) ácido sulfúrico.

**4** (UFU-MG)
A iboga é uma misteriosa raiz africana à qual se atribuem fortes propriedades terapêuticas. Trata-se de uma raiz subterrânea que chega a atingir 1,50 m de altura, pertencente ao gênero *Tabernanthe*, composto por várias espécies. A que tem mais interessado a medicina ocidental é a *Tabernanthe iboga*, encontrada sobretudo na região dos Camarões, Gabão, República Central Africana, Congo, República Democrática do Congo, Angola e Guinea Equatorial.

Disponível em: http://www.jornalgrandebahia.com.br/2013/10/
tratamento-de-toxicodependencia-a-ibogaina.html.
Acesso em: 26 de janeiro de 2016.

A ibogaína é extraída dessa raiz e tem fórmula estrutural

A partir da análise de sua estrutura, verifica-se que a ibogaína possui fórmula molecular:

a) $C_{19}H_{24}N_2O$ e possui caráter básico.
b) $C_{19}H_{23}N_2O$ e possui caráter ácido.
c) $C_{20}H_{26}N_2O$ e possui caráter alcalino.
d) $C_{20}H_{24}N_2O$ e possui caráter adstringente.

**5** (Udesc) A biologia molecular vem sendo revolucionada a todo momento, porque os cientistas conseguiram não só decifrar, mas também reproduzir e alterar o código genético dos organismos. Os genes de organismos e outras sequências do DNA de um genoma podem ser copiados (clonados). A formação do DNA é realizada por sequências de aminoácidos unidos através de uma ligação peptídica (reação do grupo amino de um aminoácido com o grupo carboxila de outro aminoácido, formando uma amida com eliminação de água). Abaixo apresentam-se algumas estruturas de aminoácidos.

a) Quem apresenta maior eletronegatividade: o átomo de N, o átomo de O ou o átomo de C?
b) Desenhe em seu caderno a estrutura (produto final) resultante da ligação peptídica entre a valina e a alanina.
c) A qual aminoácido apresentado pertence a nomenclatura ácido-3-metil-2-aminopentanoico?

**6** (Uerj) O esquema a seguir representa a fórmula estrutural de uma molécula formada pela ligação peptídica entre dois aminoácidos essenciais, o ácido aspártico e a fenilalanina.

As fórmulas moleculares dos aminoácidos originados pela hidrólise dessa ligação peptídica são:

a) $C_4H_8N_2O_3$; $C_9H_{10}O_3$
b) $C_4H_8N_2O_4$; $C_9H_{10}O_2$
c) $C_4H_7NO_3$; $C_9H_{11}NO_3$
d) $C_4H_7NO_4$; $C_9H_{11}NO_2$

# Haletos orgânicos

Este capítulo favorece o desenvolvimento das habilidades
EM13CNT104
EM13CNT105
EM13CNT203

Os haletos orgânicos são compostos que apresentam pelo menos um átomo de halogênio (F, Cℓ, Br ou I) ligado a uma cadeia hidrocarbônica (oriunda de um hidrocarboneto). Esses compostos podem ser representados genericamente por:

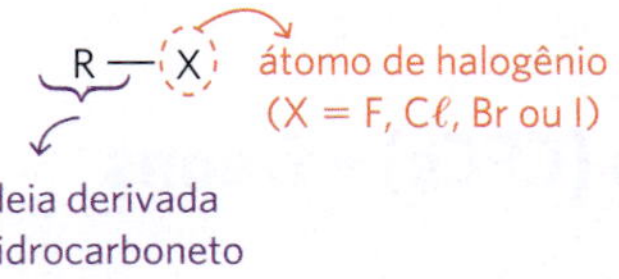

R — X  átomo de halogênio (X = F, Cℓ, Br ou I)

Cadeia derivada de hidrocarboneto

## ● Nomenclatura

A nomenclatura desses compostos pode ser feita de duas maneiras diferentes, como exemplificado nos casos a seguir.

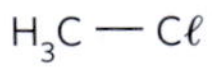

H₃C — Cℓ
Clorometano
ou
cloreto de metila

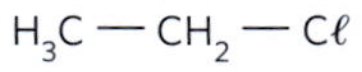

H₃C — CH₂ — Cℓ
Cloroetano
ou
cloreto de etila

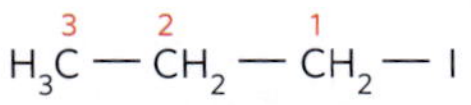

H₃C — CH₂ — CH₂ — I
(3  2  1)
1-iodopropano
ou
iodeto de propila

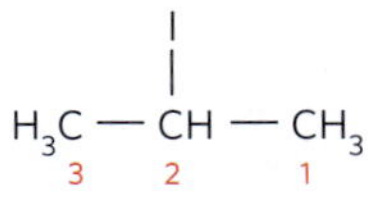

H₃C — CH — CH₃
     |
     I
(3  2  1)
2-iodopropano
ou
iodeto de isopropila

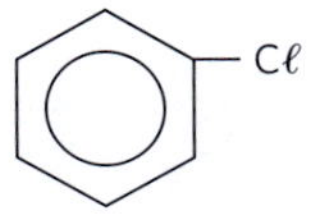

Clorobenzeno
ou
cloreto de fenila

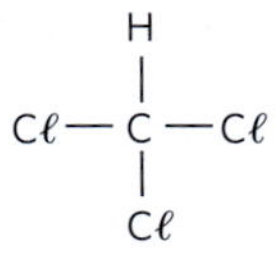

Cℓ — C — Cℓ
     |
     H
     |
     Cℓ
Triclorometano

Veja mais alguns exemplos, agora envolvendo haletos orgânicos que apresentam cadeia ramificada.

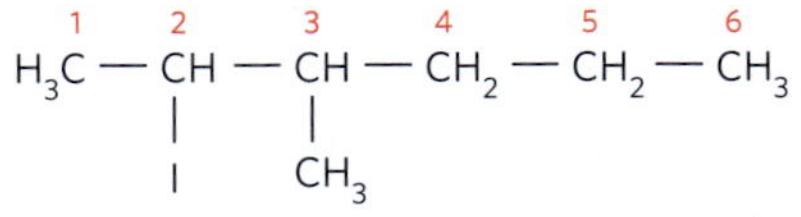

H₃C — CH — CH — CH₂ — CH₂ — CH₃
 1    2    3     4     5     6
      |    |
      I    CH₃

2-iodo-3-metil-hexano

H₃C — CH — CH₂ — CH — CH₃
 5    4    3     2    1
      |          |
      CH₃        Cℓ

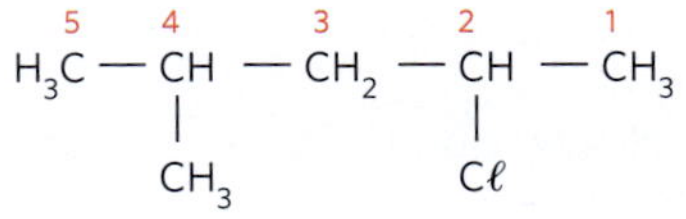

2-cloro-4-metilpentano

É importante ressaltar que, de acordo com as regras de nomenclatura IUPAC, os átomos de halogênio não são considerados grupos funcionais, apresentando prioridade análoga à dos grupos substituintes ou ramificações. Desse modo, caso a cadeia carbônica seja insaturada, sua numeração deve se iniciar da extremidade mais próxima da insaturação. Observe o exemplo a seguir.

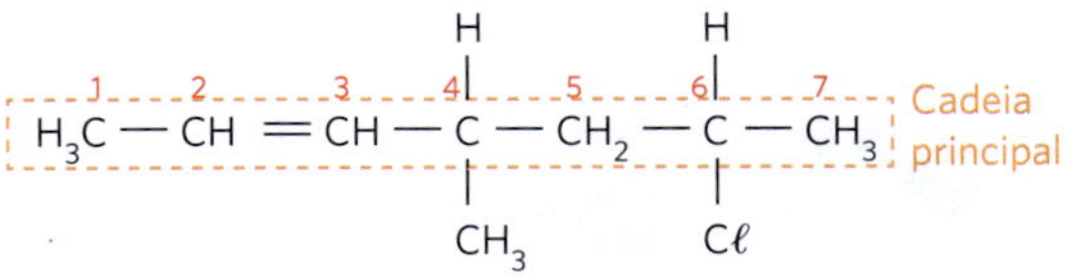

H₃C — CH = CH — C — CH₂ — C — CH₃
 1    2    3    4    5    6    7
                |         |
                CH₃       Cℓ
                         
Cadeia principal

6-cloro-4-metil-hepta-2-eno

Ordem alfabética

## Alguns haletos

### Clorofórmio – HCCℓ₃ (triclorometano)

O clorofórmio é um líquido incolor volátil (TE = 61,2 °C) que pode ser utilizado como anestésico externo, desde que tomadas as devidas precauções, uma vez que está provado que, quando inalado, pode causar parada respiratória e danos ao fígado. Em razão de sua volatilidade, quando em contato com a pele, evapora rapidamente, diminuindo a temperatura do local em que é aplicado, inativando as terminações nervosas e impedindo o envio da sensação de dor ao cérebro.

### Clorofluorcarbonos (CFCs) – freons

Os dois compostos mais comuns desse grupo de substâncias são:

Triclorofluormetano       Diclorodifluormetano

Genericamente, esses compostos são conhecidos como CFCs (clorofluorcarbonos) e são utilizados como propelentes em aerossóis e como líquidos refrigerantes em refrigeradores e aparelhos de ar-condicionado.

O uso dos aerossóis e eventuais vazamentos nos aparelhos de refrigeração liberam os freons para a atmosfera, e eles podem destruir a camada de ozônio que protege a Terra dos raios ultravioleta, ocasionando sério problema ambiental. Os CFCs reagem com o ozônio da seguinte maneira:

$$CF_2Cℓ_2 \xrightarrow[\text{ultravioleta}]{\text{radiação}} CF_2Cℓ\bullet + Cℓ\bullet$$

$$Cℓ\bullet + O_3 \longrightarrow CℓO\bullet + O_2$$

A seguir, o CℓO• reage com o oxigênio atômico presente na atmosfera.

$$CℓO\bullet + O \longrightarrow Cℓ\bullet + O_2$$

Atualmente, os CFCs vêm sendo substituídos por outras substâncias que não atacam a camada de ozônio, como o butano.

### Explore seus conhecimentos

A respeito da estrutura apresentada, responda às questões **1** a **4**.

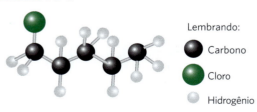

Lembrando:
● Carbono
● Cloro
○ Hidrogênio

**1** Escreva em seu caderno sua fórmula estrutural plana.

**2** Dê seu nome.

**3** Dê sua fórmula molecular.

**4** Construa a fórmula estrutural plana de outro composto de mesma fórmula molecular e dê seu nome.

**5** Escreva em seu caderno as fórmulas estruturais planas dos compostos:
  I. iodeto de isopropila;
  II. brometo de fenila;
  III. fluoreto de vinila.

## Relacione seus conhecimentos

**1** (PUCC-SP) "Clorofórmio (triclorometano), líquido empregado como solvente, tem fórmula X e pertence à função orgânica Y."

Para completar corretamente essa afirmação, deve-se substituir X e Y por:

|   | X | Y |
|---|---|---|
| a) | $CHC\ell_3$ | polialeto |
| b) | $C_2HC\ell_3$ | haleto de acila |
| c) | $CH_3COH$ | aldeído |
| d) | $C_6H_3C\ell_3$ | haleto de arila |
| e) | $CC\ell_3COOH$ | halogenoácido |

**2** (Unicamp-SP) No jornal *Correio Popular*, de Campinas, de 14 de outubro de 1990, na página 19, foi publicada uma notícia referente à existência de lixo químico no litoral sul do Estado de São Paulo: "[...] a Cetesb descobriu a existência de um depósito de resíduos químicos industriais dos produtos pentaclorofenol e hexaclorobenzeno, no sítio do Coca, no início de setembro, [...]".

Sabendo que o fenol é um derivado do benzeno onde um dos hidrogênios da molécula foi substituído por um grupo OH, escreva a fórmula estrutural do:

a) pentaclorofenol;
b) hexaclorobenzeno.

**3** (Vunesp) Durante a guerra do Vietnã (década de 60 do século passado), foi usado um composto chamado agente laranja (ou 2,4-D), que, atuando como desfolhante das árvores, impedia que os soldados vietnamitas (os vietcongues) se ocultassem nas florestas durante os ataques dos bombardeiros. Esse material continha uma impureza, resultante do processo de sua fabricação, altamente cancerígena, chamada dioxina. As fórmulas estruturais para esses compostos são apresentadas a seguir.

Esses compostos apresentam em comum as funções:

a) amina e ácido carboxílico.
b) ácido carboxílico e amida.
c) éter e haleto orgânico.
d) cetona e aldeído.
e) haleto orgânico e amida.

**4** (UFRJ) O polo gás-químico, a ser implantado no Estado do Rio de Janeiro, irá produzir alcenos de baixo peso molecular a partir do craqueamento térmico do gás natural da Bacia de Campos. Além de sua utilização como matéria-prima para polimerização, os alcenos são também intermediários importantes na produção de diversos compostos químicos, como, por exemplo:

$$H_3C — CH = CH — CH_3 + HC\ell \longrightarrow$$

$$\longrightarrow CH_3 — \underset{C\ell}{CH} — CH_2 — CH_3$$

a) Quais os nomes dos compostos I e II?
b) Qual a fórmula estrutural do produto principal obtido quando, na reação acima, o composto I é substituído pelo metilpropeno?

**5** Considere a reação genérica abaixo, que consiste em um método de obtenção de alcanos conhecido por método de Wurtz.

$$\begin{array}{c} R—C\ell \\ \\ R—C\ell \end{array} + 2\,Na \longrightarrow 2\,NaC\ell + R—R$$

Baseando-se no esquema, responda:

a) Qual é o nome do alcano obtido a partir do cloreto de metila? Esquematize a reação.
b) Qual é o nome do cloreto orgânico que pode ser utilizado para obter o hexano, partindo de um mesmo haleto orgânico?

**6** O cloreto de acetila pode ser obtido pela seguinte reação:

$$H_3C—C\underset{OH}{\overset{O}{\diagup}} + HC\ell \longrightarrow H_3C—C\underset{C\ell}{\overset{O}{\diagup}} + H_2O$$

Ácido acético        Cloreto de acetila

De modo semelhante, escreva em seu caderno as equações que permitem obter:

a) iodeto de butanoíla;
b) brometo de propanoíla;
c) cloreto de acetila;
d) brometo de benzoíla.

CIÊNCIAS DA NATUREZA E SUAS TECNOLOGIAS

# Polímeros

UNIDADE

Em 2019, diversos órgãos e instituições relacionados à saúde condenaram o manuseio de *slimes*, brinquedos gelatinosos de grande sucesso na internet, em virtude da presença de boro em sua composição. O contato prolongado com boro pode levar à intoxicação, causando irritação na pele e nas mucosas, além de queimaduras e lesões em órgãos como rins e fígado.

O boro presente em *slimes* é proveniente do bórax (borato de sódio), substância que, em meio ácido, modifica as moléculas de polímeros como o poliacetato de vinila (PVA), constituinte de colas convencionais, formando uma rede polimérica tridimensional. É essa rede que confere ao *slime* as características gelatinosas que tanto atraem crianças e adolescentes.

jarabee123/Shutterstock

O *slime* (do inglês, lodo) se tornou muito popular entre crianças e adolescentes nos últimos anos.

## Nesta unidade vamos:

- compreender o que são polímeros;
- representar e interpretar os processos de polimerização por adição e por condensação;
- identificar e comparar polímeros sintéticos e polímeros naturais.

# CAPÍTULO 42

# Polímeros artificiais

Este capítulo favorece o desenvolvimento das habilidades

EM13CNT204
EM13CNT307
EM13CNT310

Atualmente, não passamos um único dia sem entrar em contato com algum tipo de plástico. Esses versáteis materiais podem ser encontrados na película de proteção da tela de nossos celulares e também nas mais diversas embalagens de produtos que compramos no supermercado. O termo plástico (do grego *plastikós*, que significa "que pode ser moldado") está relacionado à grande variedade de formas que esses materiais podem assumir.

Objetos comuns ao cotidiano moderno que contêm plástico.

Os plásticos são compostos poliméricos (**polímeros**), ou seja, **macromoléculas** formadas pela união de unidades menores, denominadas **monômeros**. Fazendo uma analogia mecânica, podemos comparar cada monômero a um vagão de trem. Esses vagões são conectados e constituem uma estrutura maior, o trem, o qual pode ser comparado ao polímero.

De modo geral, temos:

$$n \text{ monômeros} \xrightarrow[\text{catalisador}]{P, T} 1 \text{ polímero}$$

Os polímeros podem ser classificados em polímeros de **adição** ou **condensação**, de acordo com o tipo de reação envolvida na ligação de seus monômeros constituintes.

Existem tanto polímeros naturais como polímeros sintéticos, ou artificiais. Os principais polímeros naturais são a borracha natural, extraída do látex da seringueira; os açúcares complexos, ou polissacarídeos; as proteínas, formadas pela união de diversos aminoácidos; e os ácidos nucleicos, material genético responsável pela organização do metabolismo celular e pela transmissão das características hereditárias.

Os polímeros sintéticos começaram a ser produzidos no século XIX e abrangem ampla gama de materiais que utilizamos na atualidade. Esses materiais vêm sendo aplicados recentemente na produção de diversas estruturas em impressoras 3D, equipamentos que funcionam por meio da deposição de polímeros em um padrão ordenado por *software* computacional.

Os polímeros utilizados na impressora 3D são classificados como **termoplásticos**, plásticos que sofrem fusão quando aquecidos, mas não decomposição térmica, o que permite sua remodelagem. Alguns exemplos de materiais utilizados são náilon, politereftalato de etileno (PET), polietileno de alta densidade (PEAD), poliestireno (PS), polipropileno (PP) e policarbonato (PC). Neste capítulo, vamos estudar como alguns desses compostos são formados.

A impressão 3D é realizada pela deposição de termoplásticos camada a camada, seguindo um projeto digital preestabelecido. Por esse motivo, a impressão de uma única peça pode demorar horas ou mesmo dias.

# Conexões

## Plásticos: vantagens e desvantagens

O plástico certamente é um dos materiais mais versáteis já criados pelo ser humano. No entanto, nos últimos anos ele se tornou sinônimo de conveniência descartável, o que o converteu também em um grande problema ambiental. O solo, a água dos rios e dos oceanos estão contaminados com macro, micro e nanoplásticos. A poluição por plástico pode matar os seres vivos, além de prejudicar os ecossistemas e contribuir para as mudanças climáticas.

### O que são os plásticos?

Os plásticos são compostos poliméricos, ou seja, macromoléculas formadas pela união de unidades menores, denominadas monômeros. Estes, dependendo de sua estrutura, podem se unir por meio de processos de adição ou condensação. Costumam ser materiais leves, resistentes, duráveis, de baixo custo de produção e com propriedades de isolamento elétrico, o que faz com que sejam largamente utilizados na confecção de inúmeros produtos.

### Onde os plásticos são empregados?

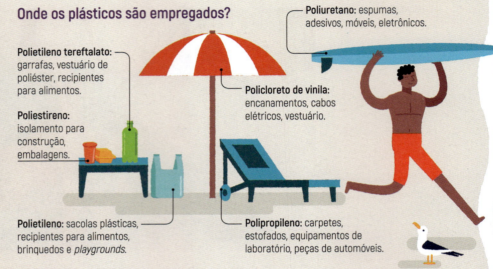

**Polietileno tereftalato:** garrafas, vestuário de poliéster, recipientes para alimentos.

**Poliestireno:** isolamento para construção, embalagens.

**Polietileno:** sacolas plásticas, recipientes para alimentos, brinquedos e *playgrounds*.

**Poliuretano:** espumas, adesivos, móveis, eletrônicos.

**Policloreto de vinila:** encanamentos, cabos elétricos, vestuário.

**Polipropileno:** carpetes, estofados, equipamentos de laboratório, peças de automóveis.

## 8 MILHÕES

de toneladas de lixo de plástico chegam aos oceanos a cada ano

### Produção de plásticos em 2016

Segmentada por indústria transformadora e tempo de vida útil médio do produto plástico transformado

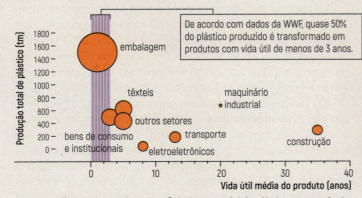

De acordo com dados da WWF, quase 50% do plástico produzido é transformado em produtos com vida útil de menos de 3 anos.

### Reciclagem

Apenas 63% de todo o resíduo plástico mundial está sendo tratado de forma eficiente, isto é, sendo reciclado ou seguindo para incineração industrial controlada ou para aterros sanitários regulamentados. Atualmente, apenas 20% dos resíduos plásticos mundiais são destinados à reciclagem.

Elaborado com base em: Solucionar a poluição plástica: transparência e responsabilização. **WWF**. Disponível em: http://promo.wwf.org.br/solucionar-a-poluicao-plastica-transparencia-e-responsabilizacao. Acesso em: 20 nov. 2019.

## Algumas consequências da poluição por plástico

**Embarcações**
Podem colidir com lixo plástico. Este também pode obstruir os motores de barcos e prejudicar o comércio marítimo, a pesca, o turismo; além de colocar vidas em risco.

**Animais marinhos**
Tartarugas marinhas e outros animais podem ficar presos em sacolas e objetos plásticos ou mesmo os confundir com alimento.

**Ecossistemas**
Resíduos plásticos são encontrados no solo e nas águas e prejudicam os ecossistemas.
Além disso, os resíduos plásticos estressam os corais, deixando-os mais vulneráveis e mais suscetíveis a doenças.

**Microplásticos**
A cada ano, seres humanos e outras espécies de animais ingerem cada vez mais nanoplástico por meio de alimentos e da água potável, contudo, os efeitos colaterais dessa ingestão ainda são desconhecidos.

Amostra de água com detritos de lixo plástico retirada da Grande Mancha de Lixo do Pacífico, que concentra mais de
**80 mil toneladas**
de plástico em 1,6 milhão de km².

### Analisando o infográfico

1. Considerando as características dos plásticos, proponha novos usos para esse material ou sugira diferentes materiais para substituir o plástico em determinados usos.

2. Dados da WWF colocam o Brasil como o 4º maior produtor de lixo plástico do mundo, atrás apenas dos Estados Unidos, da China e da Índia. Considerando os efeitos do descarte de resíduos plásticos no ambiente, de que forma governos, empresas, indústrias e a sociedade podem atuar a fim de garantir um crescimento sustentável sem prejuízos econômicos?

3. A má gestão dos resíduos plásticos é uma das causas do enorme problema de poluição ambiental associado a esse material. De acordo com a WWF, um terço de todo o plástico descartado é inserido na natureza como poluição terrestre ou aquática. Faça uma pesquisa sobre as soluções encontradas por países como a Alemanha, o Japão e a Suécia para a gestão dos resíduos sólidos e descreva suas principais características.

Elaborado com base em: LAMB, J. B. *et al*. Plastic waste associated with disease on coral reefs. **Science**, v. 359, p. 460-462. Disponível em: https://science.sciencemag.org/content/359/6374/460; Solucionar a poluição plástica: transparência e responsabilização. **WWF**. Disponível em: http://promo.wwf.org.br/solucionar-a-poluicao-plastica-transparencia-e-responsabilizacao. Acesso em: 20 nov. 2019.

## ● Polímeros de adição

Os polímeros de adição são formados como resultado da ocorrência de reações de adição, caracterizadas pela quebra de ligações do tipo pi (π) de monômeros insaturados. Observe o modelo geral ao lado.

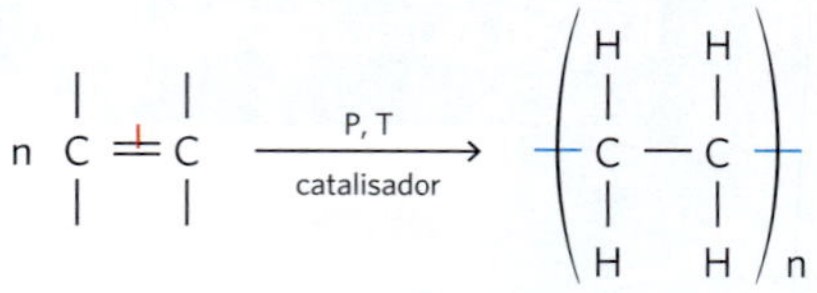

Existem diversos monômeros a partir dos quais podem ser formados diferentes polímeros. Observe alguns exemplos:

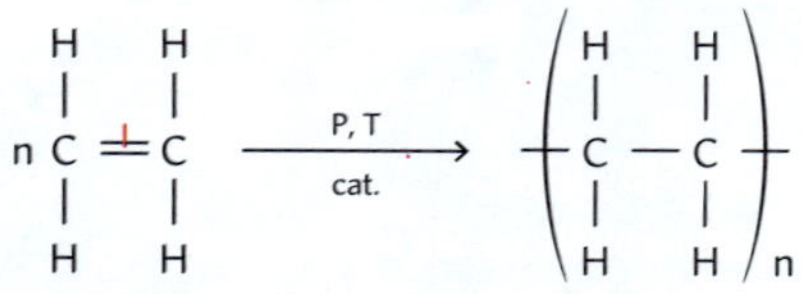

Eteno (etileno) → Polieteno (polietileno)

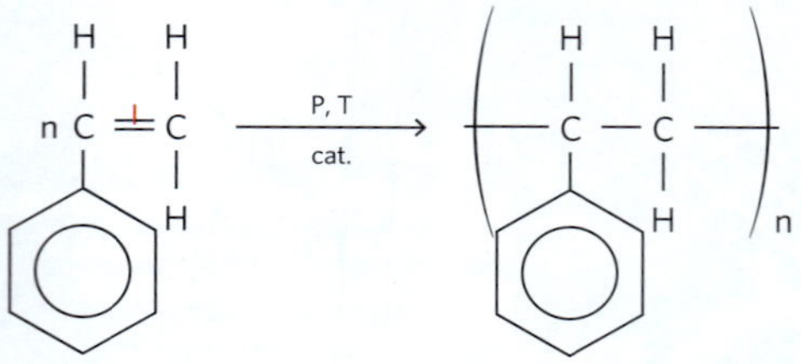

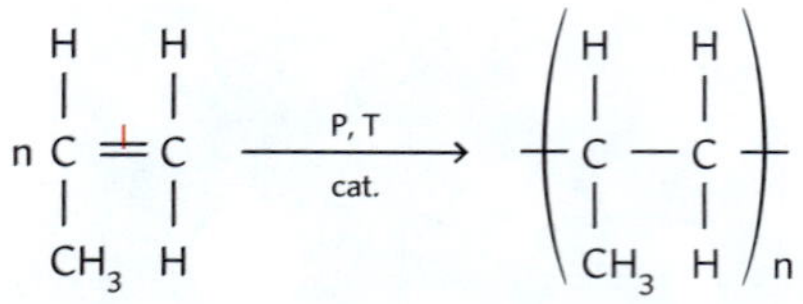

Propeno (propileno) → Polipropeno (polipropileno)

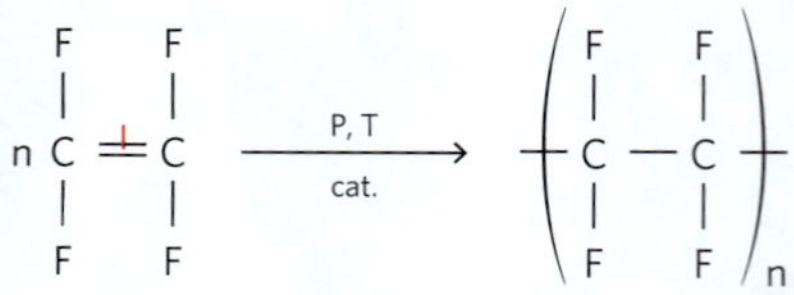

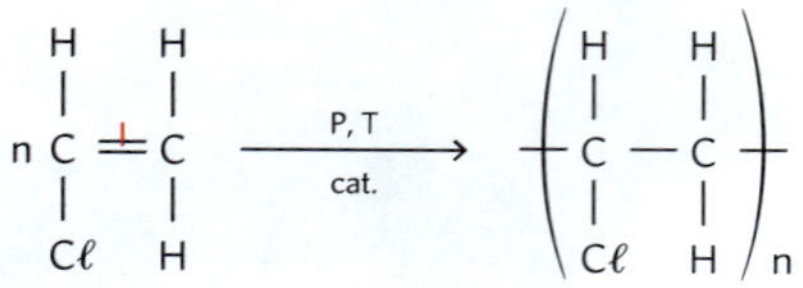

Cloreto de vinila → Policloreto de vinila (PVC)

Vinilbenzeno (estireno) → Polivinilbenzeno (poliestireno)

Tetrafluoretileno → Politetrafluoretileno (TEFLON)

## A borracha sintética

As borrachas sintéticas podem ser constituídas pela polimerização entre diversos monômeros. No entanto, os mais comuns são:

$H_2C = CH - CH = CH_2$
Buta-1,3-dieno (eritreno)

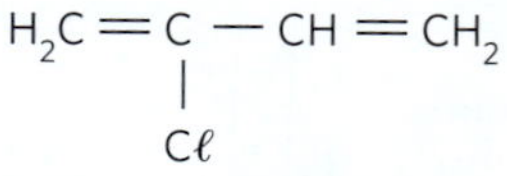

$H_2C = C - CH = CH_2$
         $|$
         $Cl$
2-clorobuta-1,3-dieno

Esses monômeros, assim como os dos demais polímeros sintéticos apresentados, sofrem polimerização por adição.

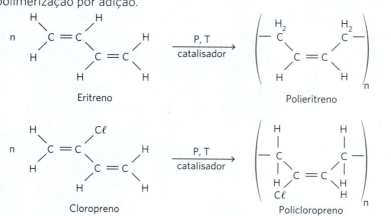

Eritreno → Polieritreno

Cloropreno → Policloropreno

**Dica**

*Plástico: bem supérfluo ou mal necessário?*, de Eduardo Leite do Canto. Coleção Polêmica. Editora Moderna.
O autor trata da produção e das propriedades dos tipos de plástico, além de discutir os problemas decorrentes de seu uso, como descarte e reciclagem.

Nessa polimerização por adição de dienos conjugados, o processo de ruptura de ligações π ocorre em ambas as insaturações presentes na cadeia. Como consequência, uma nova ligação π se forma entre os carbonos do centro da estrutura, como representado esquematicamente a seguir:

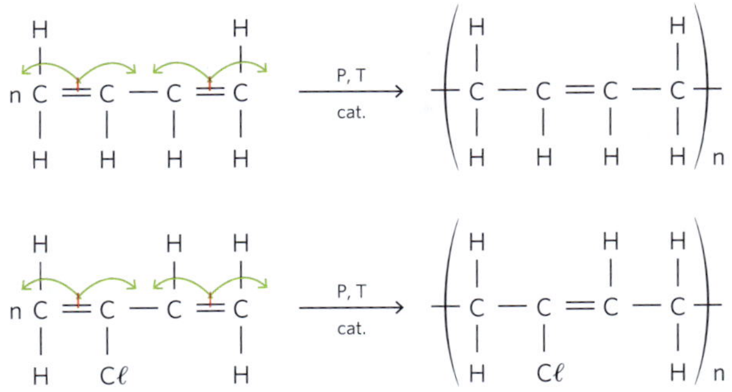

Como os polímeros obtidos nesse processo são formados a partir de um único tipo de monômero, eles são conhecidos como **homopolímeros**.

As borrachas podem ser utilizadas para a confecção de diversos produtos, como solas de botas e sapatos ou pneus. Com relação aos pneus, o principal tipo de polímero empregado é o GRS, sigla proveniente do termo em inglês *government rubber styrene*. Esse composto é classificado como **copolímero**, uma vez que é formado em decorrência da polimerização entre monômeros diferentes, no caso o eritreno e o estireno.

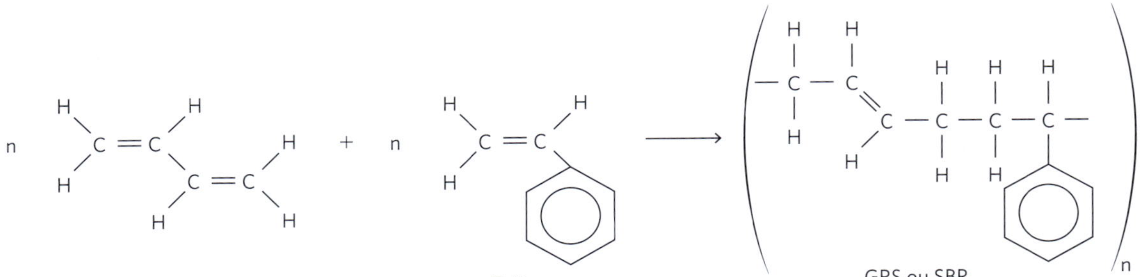

O processo de polimerização entre esses monômeros é análogo ao mostrado anteriormente, com a ocorrência de ruptura simultânea de ambas as ligações π presentes no eritreno.

O polímero mais comum em pneus é o GRS, que é um material reciclável. A queima de pneus produz grande quantidade de energia; entretanto, os gases produzidos são extremamente poluentes.

## Explore seus conhecimentos

**1** (UFSCar-SP) Um dos métodos de produção de polímeros orgânicos envolve a reação geral

$$n\ CH_2=CH-X \xrightarrow{catalisador} {\left[ CH_2-\underset{X}{\underset{|}{\overset{H}{\overset{|}{C}}}} \right]}_n$$

onde X pode ser H, grupos orgânicos alifáticos e aromáticos ou halogênios. Dos compostos orgânicos cujas fórmulas são fornecidas ao lado,

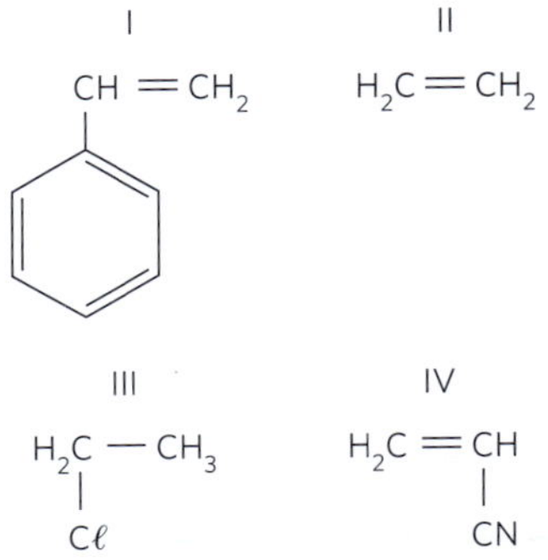

podem sofrer polimerização pelo processo descrito:
a) I, apenas.
b) III, apenas.
c) I e II, apenas.
d) I, II e IV, apenas.
e) II, III e IV, apenas.

**2** Os polímeros polietileno, policloreto de vinila (PVC) e teflon são obtidos, respectivamente, pela polimerização por adição dos seguintes monômeros: eteno (etileno), cloroeteno (cloreto de vinila) e tetrafluoreteno. Equacione as reações de polimerização desses monômeros.

**3** (Uefs-BA) Considere a fórmula a seguir.

$$H_2C=CHCl$$

O composto representado por essa fórmula é matéria-prima para a obtenção do polímero conhecido como:
a) polietileno.
b) teflon.
c) poliestireno.
d) náilon.
e) PVC.

**4** (Fatec-SP) Orlon, uma fibra sintética, é obtido por polimerização por adição de um dado monômero e tem a estrutura a seguir.

— CH$_2$ — CH — CH$_2$ — CH — CH$_2$ — CH —
　　　　|　　　　　　|　　　　　　|
　　　　CN　　　　　CN　　　　　CN

O monômero que se utiliza na síntese desse polímero é:
a) CH$_3$ — CH — CH$_3$
　　　　　|
　　　　　CN
b) CH$_3$ — CH$_2$ — CN
c) CH$_2$ = CH$_2$
d) CH$_3$ — CN
e) CH$_2$ = CH — CN

**5** (Unifesp) Novos compósitos, que podem trazer benefícios ambientais e sociais, estão sendo desenvolvidos por pesquisadores da indústria e de universidades. A mistura de polietileno reciclado com serragem de madeira resulta no compósito "plástico-madeira", com boas propriedades mecânicas para uso na fabricação de móveis. Com relação ao polímero utilizado no compósito "plástico-madeira", é correto afirmar que seu monômero tem fórmula molecular
a) C$_2$H$_4$ e trata-se de um copolímero de adição.
b) C$_2$H$_4$ e trata-se de um polímero de adição.
c) C$_2$H$_4$ e trata-se de um polímero de condensação.
d) C$_2$H$_2$ e trata-se de um polímero de adição.
e) C$_2$H$_2$ e trata-se de um copolímero de condensação.

**6** (UFMG) Considere estas fórmulas de dois polímeros:

I. $\left[\begin{array}{cc} H & H \\ | & | \\ -C-C- \\ | & | \\ H & CH_3 \end{array}\right]_n$

II. $\left[\begin{array}{cc} H & H \\ | & | \\ -C-C- \\ | & | \\ H & Cl \end{array}\right]_n$

Os monômeros correspondentes aos polímeros I e II são, respectivamente:
a) propano e cloroetano.
b) propano e cloroeteno.
c) propeno e cloroetano.
d) propeno e cloroeteno.

**7** (Enem)

O senso comum nos diz que os polímeros orgânicos (plásticos) em geral são isolantes elétricos. Entretanto, os polímeros condutores são materiais orgânicos que conduzem eletricidade. O que faz estes polímeros diferentes é a presença das ligações covalentes duplas conjugadas com ligações simples, ao longo de toda a cadeia principal, incluindo grupos aromáticos. Isso permite que um átomo de carbono desfaça a ligação dupla com um vizinho e refaça-a com outro. Assim, carga elétrica desloca-se dentro do material.

FRANCISCO, R. H. P. "Polímeros condutores". *Revista Eletrônica de Ciências*, n. 4, fev. 2002. Disponível em: www.cdcc.usp.br. Acesso em: 28 fev. 2012 (adaptado).

De acordo com o texto, qual dos polímeros seguintes seria condutor de eletricidade?

a), b), c), d), e) [estruturas representadas]

## Relacione seus conhecimentos

**1** (Cesgranrio-RJ) Na coluna A estão representadas as fórmulas estruturais de alguns monômeros e na coluna B estão relacionados alguns polímeros que podem ser obtidos a partir desses monômeros.

| A | B |
|---|---|
| (1) $H_2C = CH_2$ | (5) PVC |
| (2) $H_2C = CHC\ell$ | (6) poliestireno (isopor) |
| (3) $H_2C = CH$ — ⌬ | (7) teflon |
|  | (8) náilon |
| (4) $F_2C = CF_2$ | (9) polietileno |

Tabela com monômeros e polímeros

Assinale a opção que apresenta todas as associações corretas:
a) (1)-(5); (2)-(9); (3)-(6); (4)-(8)
b) (1)-(8); (2)-(5); (3)-(6); (4)-(7)
c) (1)-(9); (2)-(5); (3)-(6); (4)-(7)
d) (1)-(9); (2)-(5); (3)-(7); (4)-(6)
e) (1)-(9); (2)-(6); (3)-(8); (4)-(7)

**2** (PUC-PR) O poliestireno (PS) é um polímero muito utilizado na fabricação de recipientes de plásticos, tais como: copos e pratos descartáveis, pentes, equipamentos de laboratório, partes internas de geladeiras, além do isopor (poliestireno expandido). Este polímero é obtido na polimerização por adição do estireno (vinilbenzeno). A cadeia carbônica deste monômero é classificada como sendo:
a) Normal, insaturada, homogênea e aromática.
b) Ramificada, insaturada, homogênea e aromática.
c) Ramificada, saturada, homogênea e aromática.
d) Ramificada, insaturada, heterogênea e aromática.
e) Normal, saturada, heterogênea e alifática.

**3** (Unirio-RJ)

A maior fabricante de resinas termoplásticas da América Latina começa este ano a investir para que a unidade do Polo Petroquímico de Triunfo (RS) alcance 200 mil toneladas anuais de produção de polietileno "verde" – feito a partir de fontes renováveis de matérias-primas – até 2010. [...] A empresa já distribuiu amostras do polietileno ecológico a clientes, a partir de uma produção em escala piloto de 12 toneladas em Paulínia (SP). [...] Esta deverá ser a primeira empresa do mundo a ter uma unidade de produção de polietileno a partir de fonte renovável [...].

Qual dos monômeros apresentados a seguir seria mais adequado como material de partida para a síntese do polímero no texto?

a) $H_2C = CH_2$

b) $HC \equiv CH$

c)

d) ⟍$NO_2$

e) ⟍$CH_3$

**4** (ITA-SP) Escreva as equações químicas que representam as reações de polimerização ou copolimerização dos monômeros abaixo, apresentando as fórmulas estruturais de reagentes e produtos.
a) Eteno
b) 2-propenonitrila (cianeto de vinila)
c) 2-metilpropenoato de metila
d) Etenilbenzeno (vinilbenzeno)

**5** (Unifesp) O etino é uma excelente fonte de obtenção de monômeros para a produção de polímeros. Os monômeros podem ser obtidos pela reação geral representada pela equação

$$H-C\equiv C-H + XY \longrightarrow \begin{matrix} Y \\ \phantom{a} \end{matrix} C=C \begin{matrix} X \\ H \end{matrix}$$

onde se pode ter X = Y e X ≠ Y.

Esses monômeros podem se polimerizar, segundo a reação expressa pela equação

$$n \begin{matrix}Y\\H\end{matrix}C=C\begin{matrix}X\\H\end{matrix} \longrightarrow \left[ \begin{matrix} Y & X \\ | & | \\ C-C \\ | & | \\ H & H \end{matrix} \right]_n$$

Dentre as alternativas, indique a que contém a combinação correta de XY e das fórmulas do monômero e do polímero correspondentes.

a)

XY: $CH_3COOH$

monômero: $\begin{matrix}H\\\phantom{a}\end{matrix}C=C\begin{matrix}H\\C=O\\|\\OCH_3\end{matrix}$

polímero: $\left[\begin{matrix}H & H\\|&|\\C-C\\|&|\\H & C=O\\&|\\&OCH_3\end{matrix}\right]_n$

b) XY: HCN — monômero: 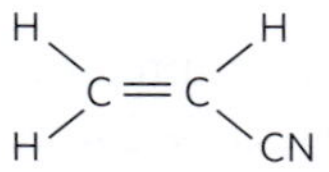 — polímero: 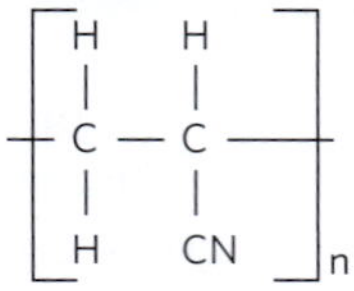

c) XY: $H_2O$ — monômero: 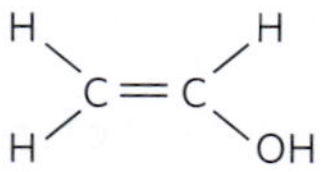 — polímero: 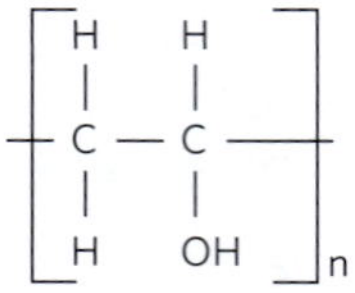

d) XY: $F_2$ — monômero: 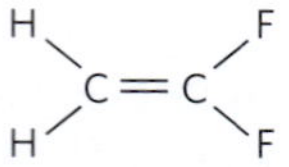 — polímero: 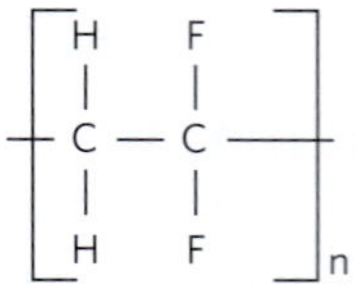

e) XY: $C\ell_2$ — monômero: 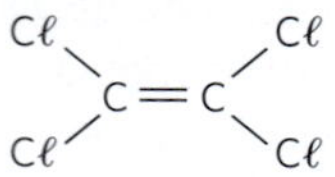 — polímero: 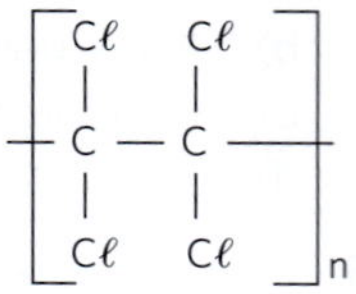

**6** (Fuvest-SP) O monômero utilizado na preparação do poliestireno é o estireno:

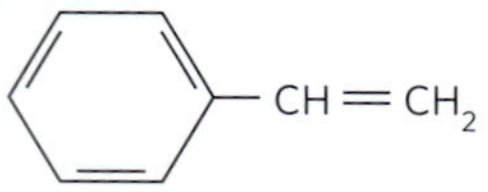

O poliestireno expandido, conhecido como isopor, é fabricado polimerizando-se o monômero misturado com pequena quantidade de um outro líquido. Formam-se pequenas esferas de poliestireno que aprisionam esse outro líquido. O posterior aquecimento das esferas a 90 °C, sob pressão ambiente, provoca o amolecimento do poliestireno e a vaporização total do líquido aprisionado, formando-se, então, uma espuma de poliestireno (isopor).

Considerando que o líquido de expansão não deve ser polimerizável e deve ter ponto de ebulição adequado, dentre as substâncias abaixo,

| | Substância à pressão ambiente | Temperatura de ebulição (°C) |
|---|---|---|
| I | $CH_3(CH_2)_3CH_3$ | 36 |
| II | $CN — CH = CH_2$ | 77 |
| III | 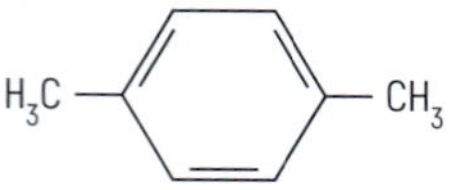 | 138 |

é correto utilizar, como líquido de expansão, apenas:

a) I.
b) II.
c) III.
d) I ou II.
e) I ou III.

**7** (UFSC)

**Funcionárias passam mal após inalar poli(metilmetacrilato)**

Em agosto de 2016, funcionárias da equipe de limpeza de uma empresa de Maceió precisaram de atendimento médico após limpar o chão do almoxarifado sem equipamentos de proteção individual. No local, dois vidros contendo poli(metilmetacrilato) haviam caído no chão e quebrado, liberando o líquido para o ambiente. Essa substância química é tóxica e tem causado danos irreparáveis quando utilizada em procedimentos estéticos. O poli(metilmetacrilato) – PMMA – também é conhecido como "acrílico" e pode ser obtido a partir da polimerização, sob pressão, da molécula representada como I no esquema abaixo, na presença de catalisador e sob aquecimento:

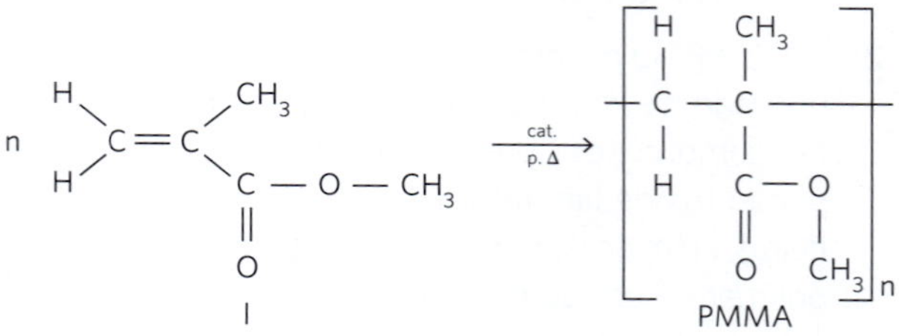


Disponível em http://g1.globo.com/al/alagoas/2016/08/funcionarias-do-pam-salgadinho-passam-mal-ao-inalar-produtotoxico.html [adaptado]. Acesso em: 14 ago. 2016.

Sobre o assunto, é correto afirmar que:

01) o PMMA é um polímero de condensação.
02) a molécula de I apresenta a função orgânica éter.
04) a molécula de I apresenta isomeria geométrica.
08) a molécula de I é o monômero do PMMA.
16) a nomenclatura IUPAC de I é 2-metilprop-2-enoato de metila.
32) o catalisador, a pressão e o aquecimento influenciam a velocidade da reação de formação do PMMA.
64) o PMMA apresenta o radical metil ligado a um átomo de carbono insaturado.

## Polímeros de condensação

Os polímeros de condensação são formados por meio de reações de condensação, ou seja, da eliminação de pequenas moléculas, principalmente água. Ocorrem entre monômeros que apresentam pelo menos dois grupos funcionais, que podem ser iguais ou diferentes.

Veja a seguir alguns exemplos de polímeros de condensação e suas respectivas aplicações.

### Poliéster

Os poliésteres são compostos que apresentam o grupo funcional éster em sua cadeia polimérica. Embora seja relativamente genérico, o termo poliéster em geral se refere ao polietileno tereftalato (PET), que é formado pela reação entre os monômeros etilenoglicol e ácido tereftálico. Observe a seguir a representação da reação de polimerização que leva à formação do PET:

Os polímeros do tipo poliéster apresentam diversas características que os tornam muito úteis, como fibras flexíveis e resistentes que podem ser aplicadas em tecidos variados para a confecção de diferentes peças. Já o PET é comumente utilizado na produção de garrafas plásticas.

Fibras de poliéster.

### Poliamidas

As poliamidas são compostos que apresentam o grupo funcional amida em sua cadeia polimérica. Um dos principais exemplos de poliamida é o náilon, polímero considerado uma alternativa sintética para a seda, de origem natural, e que foi largamente utilizado para a confecção das lonas de paraquedas durante a Segunda Guerra Mundial por causa de sua grande resistência.

O náilon é sintetizado por meio da reação entre os monômeros 1,6-diamino-hexano e o ácido adípico. Observe o esquema representativo dessa reação:

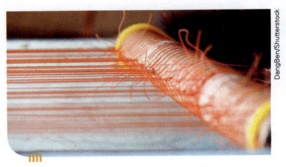

Fibras de náilon no tear de uma aldeia rural no leste da Tailândia.

Náilon 66, que recebe essa nomenclatura pelo fato de cada monômero apresentar 6 carbonos.

## Unidade 15 – Polímeros

Além dos poliésteres e das poliamidas, existem outros polímeros de condensação que estão presentes em nosso cotidiano, como o silicone e os policarbonatos. Veja a seguir exemplos desses tipos de compostos e de suas aplicações:

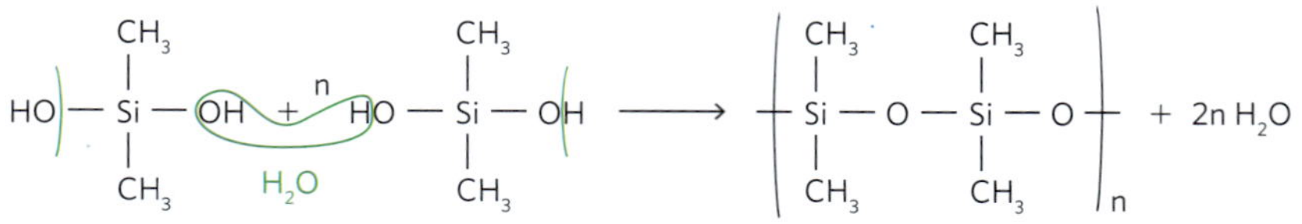

### Silicone

O silicone é um polímero constituído por cadeias contendo átomos de silício. Ele apresenta diversas aplicações, desde a confecção de próteses cirúrgicas até brinquedos.

### Policarbonato

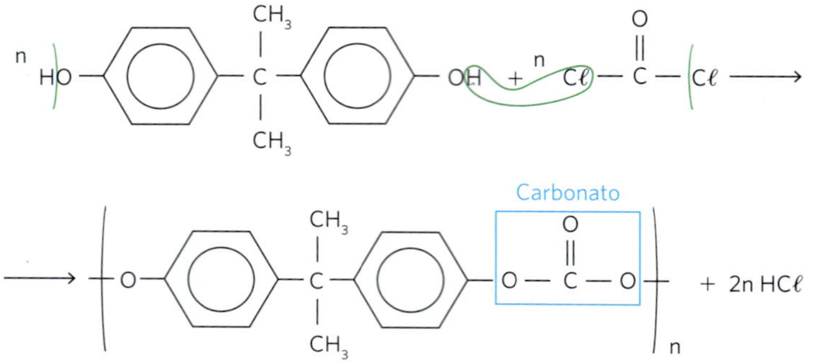

O policarbonato é um plástico extremamente resistente, utilizado na produção de diversos utensílios, como lentes para óculos, escudos de proteção para tropas policiais, coberturas para piscinas e janelas de aviões.

## Explore seus conhecimentos

**1** Diversos produtos apresentam na sua composição o **p**oli**e**tileno **t**ereftalato (PET). Sua estrutura pode ser representada por:

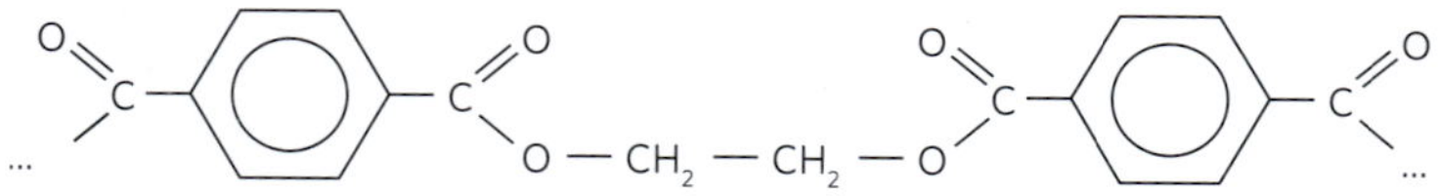

Com base na estrutura, responda aos itens:

a) Indique o grupo funcional característico do polímero.
b) Esse polímero é obtido através de uma reação de adição ou de condensação?
c) Indique as funções orgânicas dos monômeros que originaram o polímero.
d) Indique os monômeros envolvidos nessa polimerização.

I. HOOC–C₆H₄–COOH

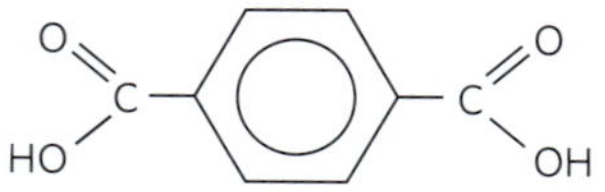

II. OHC–C₆H₄–CHO

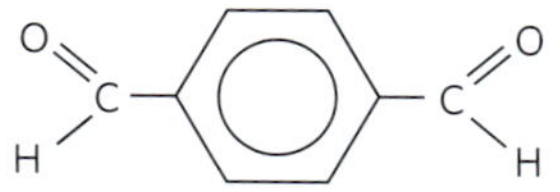

III. C₆H₅–CHO

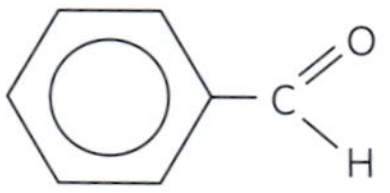

IV. $H_3C-OH$

V. $HO-CH_2-CH_2-OH$

VI. $H_3C-CH_2-CH_2-OH$

**2** (Uema) Analise as figuras 1 e 2 abaixo.

Figura 1 — ácido tereftálico

Figura 2 — etilenoglicol

O termo PET, sinônimo de embalagem de refrigerante, deriva do nome científico dado a esse plástico: poli(tereftalato de etileno).

O PET é obtido, industrialmente, a partir de transformações químicas especiais, chamadas de reações de polimerização (moléculas menores reagem e formam moléculas bem maiores). No caso do PET, os reagentes mais utilizados para formar os monômeros são as substâncias orgânicas, usualmente denominadas ácido tereftálico (Figura 1) e etilenoglicol (Figura 2). Entretanto, a IUPAC estabelece nomenclaturas oficiais para esses compostos.

Para o ácido tereftálico e para o etilenoglicol, as respectivas nomenclaturas oficiais são:
a) 1,3-benzenodioico e etanodiol.
b) ácido 1,3-benzenodioico e etanodiol.
c) 1,4-benzenodioico e 1,2-etanodiol.
d) ácido 1,4-benzenodioico e 1,2-etanodiol.
e) ácido 1,2-benzenodioico e 1,2-etanodiol.

**3** (Enem)

O uso de embalagens plásticas descartáveis vem crescendo em todo o mundo, juntamente com o problema ambiental gerado por seu descarte inapropriado. O politereftalato de etileno (PET), cuja estrutura é mostrada, tem sido muito utilizado na indústria de refrigerantes e pode ser reciclado e reutilizado. Uma das opções possíveis envolve a produção de matérias-primas, como o etilenoglicol (1,2-etanodiol), a partir de objetos compostos de PET pós-consumo.

Disponível em: www.abipet.org.br. Acesso em: 27 fev. 2012 (adaptado).

Com base nas informações do texto, uma alternativa para a obtenção de etilenoglicol a partir do PET é a:
a) solubilização dos objetos.
b) combustão dos objetos.
c) trituração dos objetos.
d) hidrólise dos objetos.
e) fusão dos objetos.

**4** (FGV-SP) O náilon-66, estrutura representada na figura, é um polímero de ampla aplicação na indústria têxtil, de autopeças, de eletrodomésticos, de embalagens e de materiais esportivos.

Esse polímero é produzido a partir da reação do ácido hexanodioico com o 1,6-diamino-hexano, formando-se também água como subproduto.

Quanto à classificação do polímero náilon-66 e ao tipo de reação de polimerização, é correto afirmar que se trata de:
a) poliéster e reação de adição.
b) poliéster e reação de condensação.
c) poliamida e reação de adição.
d) poliamina e reação de condensação.
e) poliamida e reação de condensação.

**5** (Vunesp) O *Kevlar*, um polímero de excepcional resistência física e química, tem a unidade básica de repetição representada a seguir.

Na reação de condensação entre os reagentes precursores, ocorrem a formação do polímero e a eliminação de água como subproduto. Identifique as funções orgânicas dos dois reagentes precursores.

**6** (Enem) O Nylon® é um polímero (uma poliamida) obtido pela reação do ácido adípico com a hexametilenodiamina, como indicado no esquema reacional.

Ácido hexanodioico (ácido adípico) + 1,6-diamino-hexano (hexametilenodiamina) → Nylon 6,6 + n H$_2$O

Na época da invenção desse composto, foi proposta uma nomenclatura comercial, baseada no número de átomos de carbono do diácido carboxílico, seguido do número de carbonos da diamina.

De acordo com as informações do texto, o nome comercial de uma poliamida resultante da reação do ácido butanodioico com o 1,2-diaminoetano é:

a) Nylon 4,3.
b) Nylon 6,2.
c) Nylon 3,4.
d) Nylon 4,2.
e) Nylon 2,6.

## Relacione seus conhecimentos

**1** (UFSCar-SP) Existe um grande esforço conjunto, em muitas cidades brasileiras, para a reciclagem do lixo. Especialmente interessante, tanto do ponto de vista econômico como ecológico, é a reciclagem das chamadas garrafas PET. Fibras têxteis, calçados, malas, tapetes, enchimento de sofás e travesseiros são algumas das aplicações para o PET reciclado. A sigla PET se refere ao polímero do qual as garrafas são constituídas, o polietileno tereftalato. Esse polímero é obtido da reação entre etilenoglicol e ácido tereftálico, cujas fórmulas são:

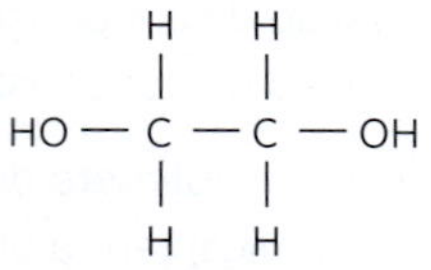

Etilenoglicol (1,2-etanodiol)

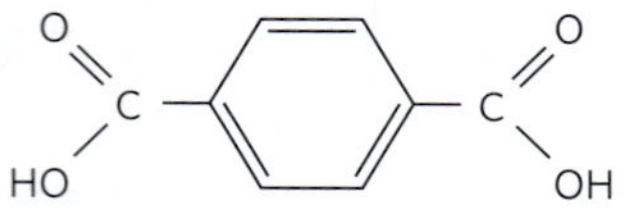

Ácido tereftálico

a) Esquematize a reação de polimerização entre o etilenoglicol e o ácido tereftálico. Essa é uma reação de adição ou condensação?
b) Reescreva as fórmulas dos reagentes e a fórmula geral do polímero e identifique as funções orgânicas presentes em cada uma delas.

**2** (Fuvest-SP) Alguns polímeros biodegradáveis são utilizados em fios de sutura cirúrgica, para regiões internas do corpo, pois não são tóxicos e são reabsorvidos pelo organismo. Um desses materiais é um copolímero de condensação que pode ser representado por:

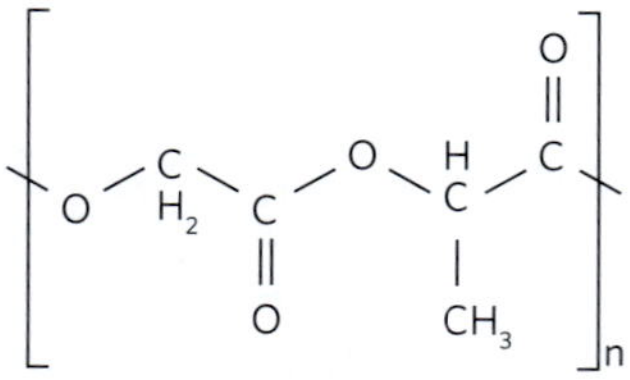

Dentre os seguintes compostos, os que dão origem ao copolímero citado são:

I. 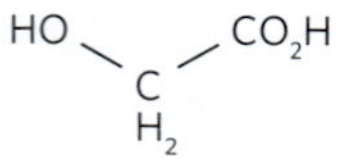 HO—CH₂—CO₂H

II. 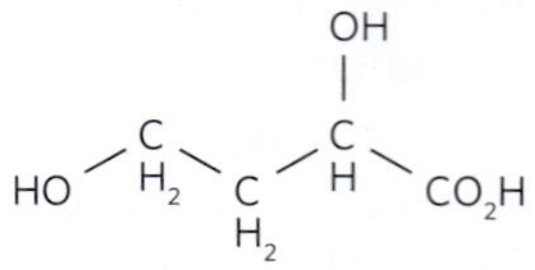 HO—CH₂—CH(OH)—CH—CO₂H

III. 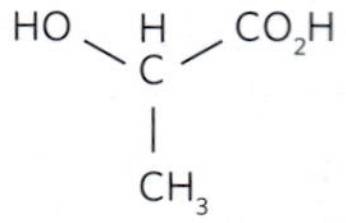 HO—CH(CH₃)—CO₂H

IV. 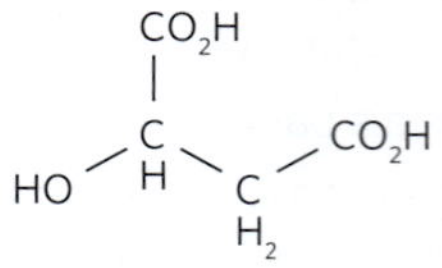 HO—CH(CO₂H)—CH₂—CO₂H

a) I e III.
b) II e III.
c) III e IV.
d) I e II.
e) II e IV.

**3** (UFRGS-RS) A reação de hidrólise alcalina, mostrada abaixo, é um processo utilizado para a reciclagem química do PET – poli(tereftalato de etileno), um poliéster.

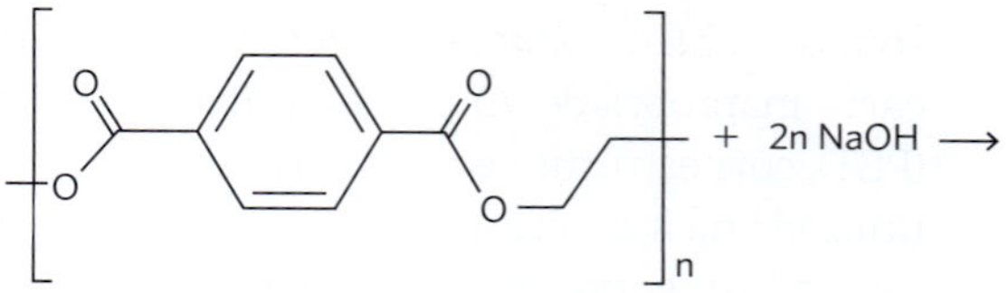

[estrutura do PET] + 2n NaOH →

Os produtos gerados nessa reação são:

a) 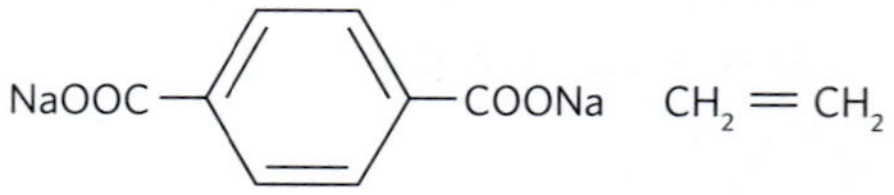 NaOOC—C₆H₄—COONa    CH₂=CH₂

b) 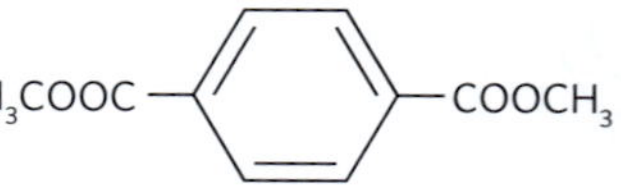 H₃COOC—C₆H₄—COOCH₃

    HO—CH₂—CH₂—OH

c) 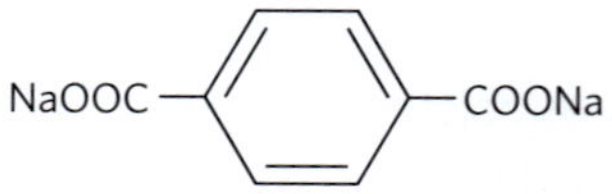 NaOOC—C₆H₄—COONa

    HO—CH₂—CH₂—OH

d) [benzeno]    CH₃—CH₂—COOH            e) H₃COOC—[benzeno]—COOCH₃    CH₂=CH₂

**4** (UEM-PR) O PET é obtido pela reação de polimerização do ácido tereftálico com etilenoglicol. Sobre esse assunto, assinale o que for correto.

Ácido tereftálico                    Etilenoglicol

01) O PET é um polímero de adição.
02) O PET é um poliéster utilizado na fabricação de fibras têxteis e de embalagens para refrigerantes.
04) Na reação de polimeração para obtenção do PET, também é produzido metanol.
08) A principal vantagem do uso do PET em embalagens que substituem o vidro é o fato de o vidro não ser um material reciclável.
16) O nome IUPAC do ácido tereftálico é ácido parabenzenodioico.

**5** (Fuvest-SP) O polímero PET pode ser preparado a partir do tereftalato de metila e etanodiol. Esse polímero pode ser reciclado por meio da reação representada por:

$$\left[-C(=O)-C_6H_4-C(=O)-O-CH_2-CH_2-O-\right]_n + 2n\,X \rightarrow$$

$$\rightarrow n\,HO-CH_2-CH_2-OH + n\,CH_3O-C(=O)-C_6H_4-C(=O)-OCH_3$$

Etanodiol                    Tereftalato de metila

em que o composto X é:
a) eteno.
b) metanol.
c) etanol.
d) ácido metanoico.
e) ácido tereftálico.

**6** (Uerj) O polímero denominado *Kevlar* apresenta grande resistência a impactos. Essa propriedade faz com que seja utilizado em coletes à prova de balas e em blindagem de automóveis. Observe sua estrutura.

$$\left[-C(=O)-C_6H_4-C(=O)-NH-C_6H_4-NH-\right]_n$$

A reação química de obtenção desse polímero tem como reagentes dois monômeros, um deles de caráter ácido e outro de caráter básico.

a) Indique a classificação dessa reação de polimerização.
b) Considerando o monômero de caráter básico, apresente uma equação química completa que demonstre esse caráter na reação com o ácido clorídrico.

CAPÍTULO

# 43 Polímeros naturais

Este capítulo favorece o desenvolvimento das habilidades
EM13CNT207
EM13CNT302

Os polímeros naturais consistem em macromoléculas biológicas encontradas em seres vivos animais ou vegetais. Podemos citar como exemplos a borracha natural, os polissacarídeos, as proteínas e os ácidos nucleicos. Esses compostos são essenciais para a manutenção de todas as formas de vida. Neste capítulo, estudaremos mais detalhadamente cada um deles.

## A borracha natural

A seringueira, uma árvore típica da região amazônica, é a principal fonte de látex, matéria-prima da borracha natural. O látex é formado por uma mistura de diversas substâncias, entre as quais estão alguns hidrocarbonetos. O principal hidrocarboneto presente no látex e que atua como um monômero para a formação da borracha natural é o isopreno ou 2-metil-1,3-butadieno.

$$CH_2=C(CH_3)-CH=CH_2$$
2-metil-buta-1,3-dieno (isopreno)

Esse monômero sofre polimerização por adição do tipo 1:4, ou seja, ocorre ruptura simultânea de ambas as ligações pi (π) presentes em sua estrutura, com o surgimento de valências livres nas extremidades das cadeias, como representado a seguir:

$$n\ CH_2=C(CH_3)-CH=CH_2 \xrightarrow[\text{cat.}]{P,T} {\left[-CH_2-C(H)=C(H)-CH_2-\right]}_n$$

Isopreno → Poli-isopreno (borracha natural)

Note que, na reação, ocorre a formação de uma ligação pi (π) entre os carbonos 1 e 3 (região intermediária) da cadeia carbônica.

### Vulcanização da borracha

A borracha natural, produzida do látex extraído da seringueira, possui um número limitado de aplicações, uma vez que suas propriedades são diretamente influenciadas pelas variações de temperatura: torna-se muito viscosa em dias quentes e relativamente rígida e quebradiça em dias mais frios.

Em 1839, Charles Goodyear, inventor estadunidense, percebeu que as propriedades da borracha poderiam ser alteradas se esta fosse aquecida com enxofre, procedimento que a tornava muito mais resistente ao ser submetida a deformações mecânicas e a variações de temperatura. Goodyear denominou esse processo vulcanização, em homenagem ao deus romano do fogo, Vulcano.

No processo de vulcanização ocorre a formação de ligações cruzadas de enxofre (pontes de dissulfeto) unindo as cadeias poliméricas da borracha, o que a deixa mais dura e resistente. O processo encontra-se esquematizado a seguir:

Em função de suas propriedades mecânicas, como a elevada resistência à deformação, a borracha vulcanizada é muito utilizada na fabricação de pneus para os mais diversos meios de transporte, desde caminhões até aviões; pode ou não formar mistura com a borracha natural nessas composições, dependendo das características que o material constituinte do pneu deve apresentar. De modo geral, quanto maior o teor de enxofre associado à borracha, maior o número de ligações cruzadas entre as cadeias formadas, diminuindo progressivamente a elasticidade do material, com consequente aumento de sua dureza.

A ebonite é um tipo de borracha vulcanizada de alta resistência que apresenta de 25% a 50% de enxofre, com valor médio aproximado de 32%. Esse material é muito utilizado em produtos que precisam de elevada durabilidade, como bolas de boliche, borrachas empregadas em veículos, palhetas de flautas, saxofones e outros instrumentos musicais de sopro, assim como na produção de pentes, vasos plásticos e na confecção de isolantes elétricos.

## Polissacarídeos

Os carboidratos são compostos formados por átomos dos elementos carbono, hidrogênio e oxigênio que se apresentam na forma de açúcares simples (monossacarídeos) ou em seus polímeros (polissacarídeos).

Um dos principais monossacarídeos que atua como monômero na síntese de carboidratos complexos é a glicose, que pode existir nas formas de cadeia aberta ou cíclica, como representado pelas estruturas a seguir:

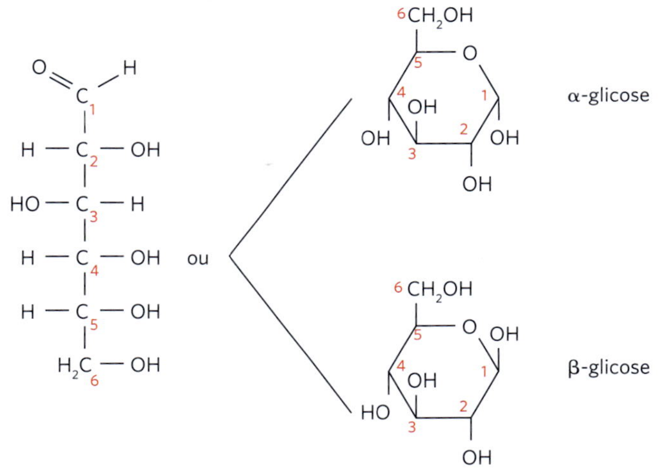

Glicose (cadeia aberta)

α-glicose

β-glicose

Glicose (cadeia fechada)

Assim como a glicose, a frutose é um monossacarídeo que também pode apresentar as formas de cadeia aberta ou cíclica como se vê ao lado.

Os monossacarídeos constituintes dos carboidratos sofrem polimerização por reação de condensação, com a eliminação de moléculas de água. A ligação formada entre dois monossacarídeos é denominada **ligação glicosídica** e forma um dissacarídeo.

| | | | | |
|---|---|---|---|---|
| $C_6H_{12}O_6$ | + | $C_6H_{12}O_6$ | $\longrightarrow$ $C_{12}H_{22}O_{11}$ + $H_2O$ |
| α-glicose | + | frutose | sacarose | + água |
| α-glicose | + | α-glicose | maltose | + água |
| β-glicose | + | β-glicose | celobiose | + água |
| α-glicose | + | α-galactose | lactose | + água |
| Monossacarídeos | | | Dissacarídeos | |

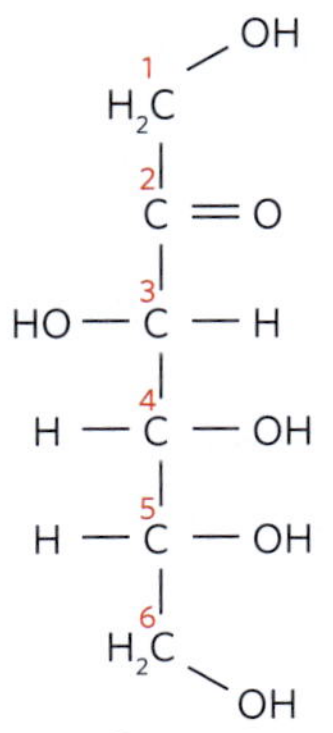

Frutose

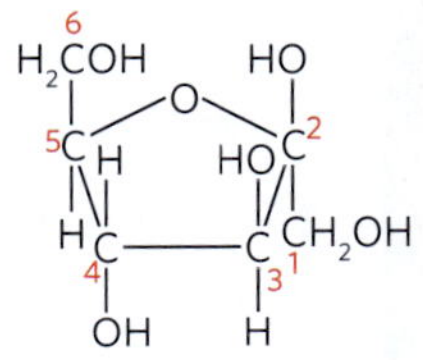

Frutose

## Em contexto

### Intolerância à lactose

O dissacarídeo presente no leite é a lactose, que é quebrada pela enzima lactase no trato intestinal em monossacarídeos, os quais são fonte de energia. Bebês e crianças pequenas produzem lactase para quebrar a lactose encontrada no leite. É raro um bebê não ter a capacidade de produzi-la. Entretanto, a produção de lactase diminui à medida que as pessoas envelhecem, o que causa a intolerância à lactose. Essa condição afeta aproximadamente 25% da população dos Estados Unidos. A deficiência de lactase ocorre em adultos de diferentes partes do mundo, mas nesse país é prevalente entre as populações afro-americana, hispânica e asiática.

Produtos derivados do leite.

Quando a lactose não é quebrada em glicose e galactose, não pode ser absorvida pela parede intestinal e permanece no trato intestinal. Nos intestinos, sofre fermentação por produtos que incluem ácido láctico e gases como o metano ($CH_4$) e $CO_2$. Sintomas de intolerância à lactose aparecem aproximadamente de meia hora a uma hora depois de ingerir leite ou produtos derivados do leite e incluem náuseas, cólicas abdominais e diarreia. A severidade dos sintomas depende de quanta lactose está presente no alimento e de quanta lactase uma pessoa produz.

### Tratamento

Uma maneira de reduzir a reação à lactose é evitar produtos que contenham esse dissacarídeo, incluindo leite e seus derivados, como queijo, manteiga e sorvete. Contudo, é importante consumir alimentos que forneçam cálcio para o corpo. Muitas pessoas com intolerância à lactose parecem tolerar iogurte, que é uma boa fonte de cálcio. Embora contenha lactose, o iogurte apresenta bactérias que podem produzir alguma lactase, o que ajuda a digerir a lactose. Alimentos como produtos de panificação, cereais, bebidas de café da manhã, molho de salada e até frios podem conter lactose nos seus ingredientes. É preciso ler os rótulos dos alimentos com atenção para ver se "leite" ou "lactose" estão entre os ingredientes.

A enzima lactase atualmente está disponível em diferentes formas, como tabletes que são ingeridos junto à refeição, em gotas para serem adicionadas ao leite, ou como aditivos em muitos produtos de consumo diário, como é o caso do leite. Quando a lactase é adicionada ao leite que é deixado no refrigerador por 24 h, o nível de lactose é reduzido de 70% a 90%. Pílulas de lactase ou tabletes mastigáveis devem ser consumidos quando a pessoa inicia a refeição de alimentos com lactose. Se ingeridos muito antes, a maior parte da lactase será degradada pelo ácido estomacal. Se tomados logo após a refeição, a lactose já terá entrado no intestino grosso.

Fonte: TIMBERLAKE, K. C. *Chemistry*: An Introduction to General, Organic and Biological Chemistry. 12. ed. Upper Saddle River: Prentice Hall, 2015. Traduzido pelos autores.

**1** Você conhece alguém que tenha intolerância à lactose?

**2** É recomendado a uma pessoa que tem intolerância à lactose remover completamente o leite e seus derivados da dieta? Faça uma pesquisa.

A reação de condensação entre as formas cíclicas da glicose e da frutose, representada a seguir, dá origem à sacarose, substância conhecida como açúcar de mesa.

Fonte: TRO, N. J. *Chemistry*: A Molecular Approach. 4. ed. Pearson Education, 2017. p. 1037.

Analogamente à reação apresentada, a reação entre várias moléculas de monossacarídeos origina um polissacarídeo, como amido, glicogênio e celulose. Os três polissacarídeos mencionados são constituídos pela união de várias moléculas de glicose e diferem quanto ao arranjo estrutural de suas cadeias poliméricas, ou seja, ao modo como ocorre a união das moléculas de glicose para que haja sua formação.

No caso da celulose, os átomos de oxigênio estão dispostos praticamente em paralelo aos planos dos anéis. Esse tipo de arranjo é denominado **ligação β-glicosídica**. Já no amido e no glicogênio, os átomos de oxigênio encontram-se deslocados para baixo em relação ao plano de união dos anéis. Essa configuração, por sua vez, é denominada **ligação α-glicosídica**.

Fonte: TRO, N. J. *Chemistry*: A Molecular Approach. 4. ed. Pearson Education, 2017. p. 1037.

A celulose, um polissacarídeo com função estrutural, está presente principalmente na parede celular das células vegetais.

O amido, por sua vez, é um polissacarídeo que atua como reserva energética vegetal. Nos períodos em que a taxa de fotossíntese é reduzida, a hidrólise da cadeia polimérica do amido fornece glicose para a realização da respiração celular e da produção de ATP (adenosina trifosfato) nas células vegetais.

Com relação aos animais, o polissacarídeo que atua como reserva energética é o glicogênio, cuja estrutura é semelhante à do amido. É armazenado preferencialmente nas células do fígado e dos músculos. Durante os períodos de jejum, esse composto pode ser metabolizado e hidrolisado, fornecendo moléculas de glicose para a manutenção da respiração celular e da síntese de ATP nas células animais. Observe a estrutura do glicogênio a seguir:

## Investigue seu mundo

### Ingestão diária de carboidratos

Você já parou para pensar na quantidade de carboidratos que ingere em um único dia? Será que essa quantidade é adequada?

Durante uma semana, você vai construir um diário alimentar com as seguintes informações:
- porção recomendada;
- alimento e porção consumida;
- quantidade de carboidratos e açúcares por porção recomendada;
- quantidade de carboidratos e açúcares por porção consumida.

As informações sobre porção recomendada e quantidade de nutrientes por porção podem ser encontradas no rótulo dos alimentos industrializados ou em *sites* que contenham informações nutricionais de alimentos naturais ou caseiros.

Pesquise na internet a quantidade máxima recomendada para a ingestão diária de carboidratos e açúcares. Após a construção do diário, responda:

**1** Seu consumo diário de carboidratos e açúcares está acima, de acordo ou abaixo do valor recomendado?

**2** Pesquise em livros, em revistas ou na internet os efeitos do consumo excessivo de carboidratos e açúcares. Quais doenças estão relacionadas a esse hábito? Como podemos prevenir e tratá-las?

**3** Comumente, alimentos industrializados contêm elevadas quantidades de açúcar. Além disso, esses alimentos costumam apresentar preços mais baixos do que alimentos naturais ou orgânicos, razão pela qual são amplamente consumidos por famílias de classe econômica média e baixa. Avalie o impacto social desses fatos, considerando, principalmente, as consequências de uma dieta rica em alimentos industrializados durante a infância e a adolescência.

## Proteínas ou polipeptídeos

Proteínas são macromoléculas biológicas de fundamental importância, pois exercem diversas funções nos organismos vivos, desde atuações estruturais até atividades catalítico-enzimáticas. Esses compostos são formados pela união de monômeros denominados **aminoácidos**.

Aminoácido é um composto orgânico que apresenta um grupo carboxila (—COOH) e um grupo amino (—NH$_2$), assim como um grupo orgânico lateral (—R), diferenciando os diversos tipos de aminoácidos entre si.

Estrutura geral do aminoácido

A união entre os aminoácidos ocorre por meio de reações de condensação, com a consequente formação da **ligação amídica** ou **ligação peptídica**.

$$H-\underset{\underset{H}{|}}{\overset{\overset{H}{|}}{N}}-\underset{\underset{R_1}{|}}{C}-\overset{\overset{O}{\|}}{C}-OH + H-\underset{\underset{H}{|}}{\overset{\overset{H}{|}}{N}}-\underset{\underset{R_2}{|}}{C}-\overset{\overset{O}{\|}}{C}-OH \longrightarrow H-\underset{\underset{H}{|}}{\overset{\overset{H}{|}}{N}}-\underset{\underset{R_1}{|}}{C}-\overset{\overset{O}{\|}}{C}-\underset{\underset{H}{|}}{N}-\underset{\underset{R_2}{|}}{C}-\overset{\overset{O}{\|}}{C}-OH + H_2O$$

Ligação peptídica

Na união de diversos aminoácidos, para a formação de uma cadeia proteica longa, genericamente, temos:

$$n\,H-\underset{\underset{H}{|}}{N}-\underset{\underset{R_1}{|}}{CH}-C\overset{\overset{O}{\nwarrow}}{\underset{OH}{\searrow}} + n\,H-\underset{\underset{H}{|}}{N}-\underset{\underset{R_2}{|}}{CH}-C\overset{\overset{O}{\nwarrow}}{\underset{OH}{\searrow}} \longrightarrow \left[-\underset{\underset{H}{|}}{N}-\underset{\underset{R_1}{|}}{CH}-\overset{\overset{O}{\|}}{C}-\underset{\underset{H}{|}}{N}-\underset{\underset{R_2}{|}}{CH_2}-\overset{\overset{O}{\|}}{C}-\right]_n$$

amida + lig. peptídica 2n H₂O

É importante destacar que a ordem na qual os aminoácidos se ligam determina qual peptídeo será formado e que a sequência de aminoácidos em uma proteína está relacionada à sua estrutura primária. Como exemplo, considere a formação de um dipeptídeo formado pela ligação dos aminoácidos alanina e glicina:

$$H-\underset{\underset{H}{|}}{N}-CH_2-\overset{\overset{O}{\|}}{C}-OH + H-\underset{\underset{H}{|}}{N}-\underset{\underset{CH_3}{|}}{CH}-\overset{\overset{O}{\|}}{C}-OH \longrightarrow H-\underset{\underset{H}{|}}{N}-CH_2-\overset{\overset{O}{\|}}{C}-\underset{\underset{H}{|}}{N}-\underset{\underset{CH_3}{|}}{CH}-\overset{\overset{O}{\|}}{C}-OH + H_2O$$

Glicina        Alanina        Dipeptídeo Gli-Ala

$$H-\underset{\underset{H}{|}}{N}-\underset{\underset{CH_3}{|}}{CH}-\overset{\overset{O}{\|}}{C}-OH + H-\underset{\underset{H}{|}}{N}-CH_2-\overset{\overset{O}{\|}}{C}-OH \longrightarrow H-\underset{\underset{H}{|}}{N}-\underset{\underset{CH_3}{|}}{CH}-\overset{\overset{O}{\|}}{C}-\underset{\underset{H}{|}}{N}-CH_2-\overset{\overset{O}{\|}}{C}-OH + H_2O$$

Alanina        Glicina        Dipeptídeo Ala-Gli

## Estrutura das proteínas

As proteínas apresentam diversos níveis de organização relacionados à sua estrutura.
**Estrutura primária**: consiste na sequência de α-aminoácidos que formam a proteína.

| Representação esquemática da estrutura primária de uma proteína.

**Estrutura secundária**: consiste em rearranjos tridimensionais da cadeia polimérica em função de interações intramoleculares do tipo ligação de hidrogênio. Existem basicamente duas estruturas secundárias principais para as cadeias proteicas: α-hélice e conformação beta (β).

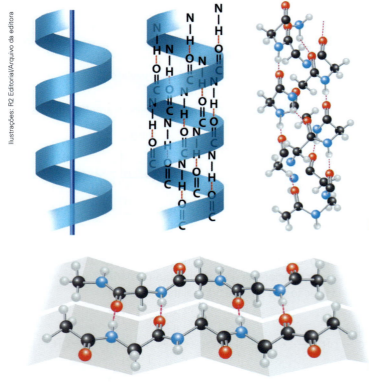

Elaborado com base em: TRO, N. J. *Chemistry*: A Molecular Approach. 4. ed. Pearson Education, 2017. p. 1044.

| Representação esquemática da estrutura secundária do tipo α-hélice de uma proteína.

Elaborado com base em: TRO, N. J. *Chemistry*: A Molecular Approach. 4. ed. Pearson Education, 2017. p. 1045.

| Representação esquemática da estrutura secundária do tipo conformação β de uma proteína.

**Estrutura terciária**: estrutura relacionada a diversos tipos de interação que podem ocorrer entre as cadeias laterais (—R) presentes nos aminoácidos constituintes das proteínas. Observe a figura a seguir, que ilustra alguns dos tipos de interação que podem se efetivar.

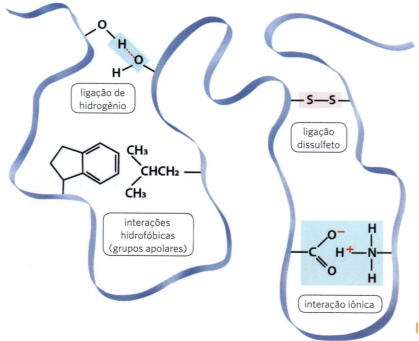

> **Dica**
>
> *O que é vida?*, de Lynn Margulis e Dorion Sagan. Editora Jorge Zahar.
>
> Este livro mergulha na tentativa de responder à pergunta do título, uma das questões mais antigas da humanidade, e investiga ideias como a de que a Terra é um superorganismo, a conexão entre morte programada e sexo, a evolução simbiótica dos cinco reinos dos seres vivos, a hipótese de que a vida tem liberdade de ação, tendo desempenhado papel importante e inesperado em nossa evolução.

Elaborado com base em: TRO, N. J. *Chemistry*: A Molecular Approach. 4. ed. Pearson Education Inc., 2017. p. 1045.

| Representação esquemática da estrutura terciária de uma proteína.

**Estrutura quaternária**: existem proteínas que apresentam mais de uma cadeia polipeptídica, cada uma delas com as respectivas estruturas primárias, secundárias e terciárias. A associação entre essas cadeias ou subunidades resulta na denominada estrutura quaternária das proteínas.

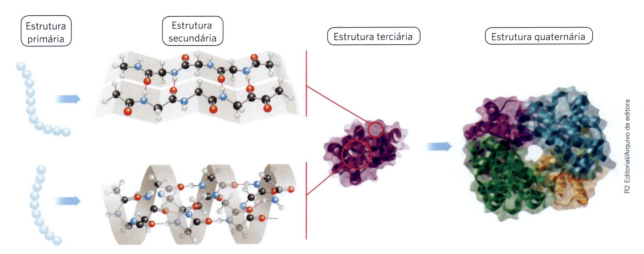

Representação esquemática da estrutura quaternária de uma proteína.

Elaborado com base em: TRO, N. J. *Chemistry*: A Molecular Approach. 4. ed. Pearson Education, 2017. p. 1043.

As diversas formas de organização das proteínas podem ser destruídas por fatores como aumento de temperatura, alterações de pH no meio, presença de agentes oxidantes ou redutores e agitação intensa. Esse fenômeno no qual as proteínas perdem a sua conformação é denominado **desnaturação proteica**.

### Intolerância ao glúten

O glúten é uma mistura de proteínas presente em cereais como cevada, centeio, trigo e malte. A doença celíaca é caracterizada por intolerância à ingestão do glúten e pode surgir em indivíduos geneticamente predispostos. A doença leva a um processo de inflamação que envolve a mucosa do intestino delgado, causando a atrofia das vilosidades presentes no intestino. As proteínas do glúten são resistentes à ação das enzimas digestivas.

A doença só pode ser diagnosticada por meio de exames de sangue, pois os sintomas são muito variados e constantemente associados com outras doenças. Normalmente se manifesta em crianças com até um ano de idade, quando começam a ingerir alimentos que contenham glúten ou seus derivados.

A demora no diagnóstico leva a deficiências no desenvolvimento da criança. Em alguns casos, manifesta-se somente na idade adulta, dependendo do grau de intolerância ao glúten, afetando homens e mulheres. Alguns dos sintomas característicos da doença celíaca são diarreia, vômito, perda de peso, inchaço nas pernas, anemias, alterações na pele, fraqueza das unhas, queda de pelos, diminuição da fertilidade, alterações do ciclo menstrual e sinais de desnutrição.

O tratamento mais indicado é a remoção total do glúten da dieta; a exclusão da mistura de proteínas da alimentação leva ao desaparecimento dos sintomas. A doença celíaca não tem cura; por isso, a dieta deve ser seguida rigorosamente pelo resto da vida. É importante que os celíacos fiquem atentos à possibilidade de desenvolver câncer de intestino e ter problemas de infertilidade.

Fontes: http://bvsms.saude.gov.br/bvs/dicas/83celiaca.html e http://www.scielo.br/pdf/ramb/v56n1/27.pdf. Acesso em: 12 maio 2020.

**1** O glúten está presente na maioria das farinhas brancas, muito utilizadas na produção de pães. Pesquise o papel do glúten no aspecto final da massa.

**2** É obrigatório, por lei federal (Lei nº 10 674, de 16 de maio de 2003), que no rótulo de todos os alimentos industrializados seja informada a presença ou não de glúten para resguardar o direito à saúde das pessoas com doença celíaca. Pesquise e leia o rótulo da embalagem de diversos alimentos. Depois, liste aqueles que apresentam glúten em sua composição. Existem outros alimentos, sem glúten, que podem substituí-los?

# Unidade 15 – Polímeros

## Explore seus conhecimentos

**1** (PUC-RS) A utilidade dos polímeros para o ser humano parece não ter fim. Nossa espécie encontrou inúmeras aplicações para os polímeros sintéticos, mas os polímeros naturais também não ficam atrás: não só nós, como também outros seres vivos valem-se deles para uma infinidade de usos. São exemplos de polímeros naturais os componentes majoritários de:
a) unhas e conchas.
b) azeite e farinha.
c) papel e madeira.
d) vidro e teias de aranha.
e) plástico verde e celofane.

**2** (FGV-SP) Vulcanização é um processo de produção de borracha comercial que consiste, basicamente, na:
a) polimerização do isopreno.
b) interligação das cadeias dos polímeros da borracha natural por átomos de carbono.
c) interligação das cadeias dos polímeros da borracha natural por átomos de silício.
d) interligação das cadeias dos polímeros da borracha natural por átomos de enxofre.
e) desidratação da borracha natural seguida de adição de negro de fumo.

**3** (Vunesp) Compostos insaturados do tipo

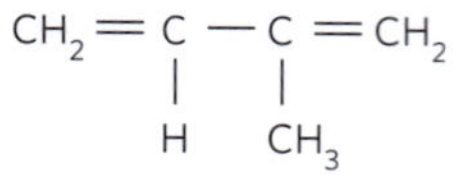

$$CH_2=C-C=CH_2$$
$$\quad\quad\; |\;\; |$$
$$\quad\quad\; H\; CH_3$$

podem polimerizar segundo a reação representada pela equação geral:

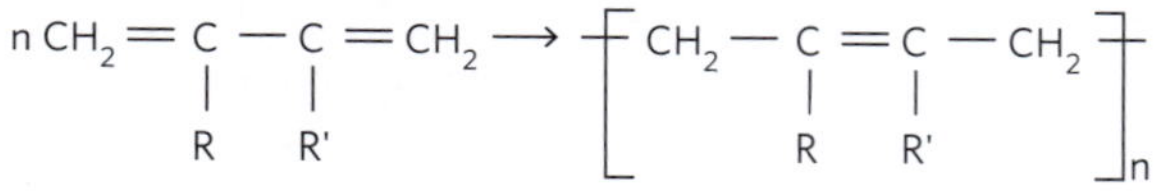

$$n\,CH_2=C-C=CH_2 \rightarrow \left[ CH_2-C=C-CH_2 \right]_n$$
$$\qquad\quad |\;\;\; |\qquad\qquad\qquad\; |\;\;\; |$$
$$\qquad\quad R\;\; R'\qquad\qquad\qquad R\;\; R'$$

com n < 2 000.
A borracha natural é obtida pela polimerização do composto para o qual R e R' são, respectivamente, H e CH$_3$.
a) Escreva o nome oficial do monômero que dá origem à borracha natural.
b) A reação de polimerização pode dar origem a dois polímeros com propriedades diferentes. Escreva as fórmulas estruturais dos dois polímeros que podem ser formados na reação, identificando o tipo de isomeria existente entre eles.

**4** (Unicamp-SP) Mais de 2 000 plantas produzem látex, a partir do qual se produz a borracha natural. A *Hevea brasiliensis* (seringueira) é a mais importante fonte comercial desse látex. O látex da *Hevea brasiliensis* consiste em um polímero do *cis*-1,4-isopreno, fórmula C$_5$H$_8$, com uma massa molecular média de 1 310 kDa (quilodaltons). De acordo com essas informações, a seringueira produz um polímero que tem em média
Dados de massas atômicas em Dalton: C = 12 e H = 1.
a) 19 monômeros por molécula.
b) 100 monômeros por molécula.
c) 1 310 monômeros por molécula.
d) 19 000 monômeros por molécula.

**5** (UFSM-RS) A tecnologia ambiental tem direcionado as indústrias à busca da redução dos desperdícios nos processos de produção. Isso implica a redução ou o reaproveitamento de resíduos. Os resíduos são vistos como desperdício, pois é material que foi comprado e está sendo jogado fora, o que reduz a competitividade econômica de um processo. Dentre os mais estudados em busca de reaproveitamento estão os resíduos da agroindústria, bagaços, palhas e cascas. Esses componentes integram uma biomassa rica em glicose, frutose e celulose, produtos com alto valor para indústrias químicas e de alimentos. Qual a relação estrutural entre os monossacarídeos citados no texto e a celulose?
a) Glicose e frutose formam a sacarose, que, por sua vez, é o monômero constituinte da celulose.
b) A frutose é o monômero formador da celulose.
c) Glicose e frutose são constituintes da celulose.
d) A glicose é o monômero formador da celulose.
e) Glicose, frutose e celulose são monossacarídeos distintos.

**6** (Fuvest-SP) O grupo amino de uma molécula de aminoácido pode reagir com o grupo carboxila de outra molécula de aminoácido (igual ou diferente), formando um dipeptídeo com eliminação de água, como exemplificado para a glicina:

Dado: 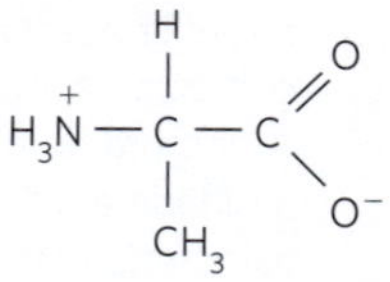
$$H_3\overset{+}{N}-\underset{CH_3}{\underset{|}{C}}-C\overset{O}{\underset{O^-}{\diagup\!\!\!\diagdown}}$$
$$\; |$$
$$\; H$$
L-alanina (fórmula estrutural plana)

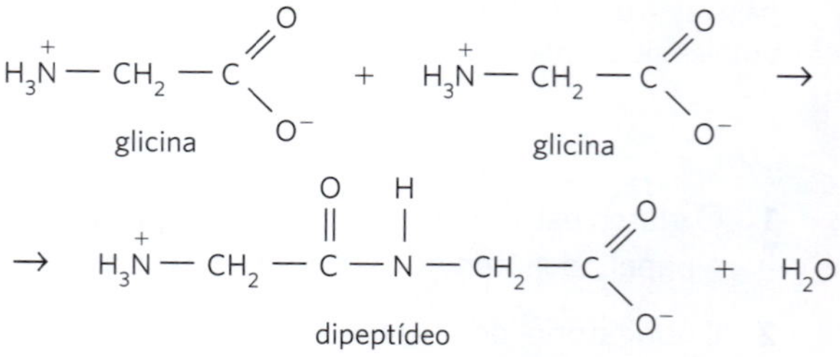

$$H_3\overset{+}{N}-CH_2-C\overset{O}{\underset{O^-}{\diagup\!\!\!\diagdown}} + H_3\overset{+}{N}-CH_2-C\overset{O}{\underset{O^-}{\diagup\!\!\!\diagdown}} \rightarrow$$
glicina \qquad\qquad glicina

$$\rightarrow H_3\overset{+}{N}-CH_2-\underset{||}{C}-\underset{|}{N}-CH_2-C\overset{O}{\underset{O^-}{\diagup\!\!\!\diagdown}} + H_2O$$
$$\qquad\qquad\quad O\;\; H$$
dipeptídeo

Analogamente, de uma mistura equimolar de glicina e L-alanina, poderão resultar dipeptídeos diferentes entre si, cujo número máximo será:
a) 2. b) 3. c) 4. d) 5. e) 6.

## Relacione seus conhecimentos

**1** (Fuvest-SP) Os pneus das aeronaves devem ser capazes de resistir a impactos muito intensos no pouso e bruscas alterações de temperatura. Esses pneus são constituídos de uma câmara de borracha reforçada, preenchida com o gás nitrogênio ($N_2$) a uma pressão típica de 30 atm a 27 °C. Para a confecção dessa câmara, utiliza-se borracha natural modificada, que consiste principalmente do poli-isopreno, mostrado a seguir:

—$CH_2$—$C(CH_3)$=$CH$—$CH_2$—$CH_2$—$C(CH_3)$=$CH$—$CH_2$—$CH_2$—$C(CH_3)$=$CH$—$CH_2$—

Em um avião, a temperatura dos pneus, recolhidos na fuselagem, era −13 °C durante o voo. Próximo ao pouso, a temperatura desses pneus passou a ser 27 °C, mas seu volume interno não variou.

a) Qual é a pressão interna de um dos pneus durante o voo? Mostre os cálculos.
b) Qual é o volume interno desse mesmo pneu, em litros, dado que foram utilizados 14 kg de $N_2$ para enchê-lo? Mostre os cálculos.
c) Escreva a fórmula estrutural do monômero do poli-isopreno.

Note e adote:
Massa molar do $N_2$ = 28 g/mol
Constante universal dos gases = 0,082 atm · L · $K^{-1}$ · $mol^{-1}$
K = °C + 273

**2** (Unicamp-SP) Os heróis estranharam a presença dos dois copos sobre a mesa, indicando que teria passado mais alguém por ali. Além disso, havia leite e, pela ficha cadastral, eles sabiam que o guarda não podia tomá-lo, pois sofria de deficiência de lactase, uma enzima presente no intestino delgado. Portanto, se o guarda tomasse leite, teria diarreia. Na presença de lactase, a lactose, um dissacarídeo, reage com água, dando glicose e galactose, monossacarídeos.

a) Complete a equação a seguir, que representa a transformação do dissacarídeo em glicose e galactose:

$C_{12}H_{22}O_{11}$ + ___ → ___ + $C_6H_{12}O_6$

b) Se, com a finalidade de atender as pessoas deficientes em lactase, principalmente crianças, um leite for tratado com a enzima lactase, ele terá o seu "índice de doçura" aumentado ou diminuído? Justifique. Lembre-se de que o "poder edulcorante" é uma propriedade aditiva e que traduz quantas vezes uma substância é mais doce do que o açúcar, considerando-se massas iguais. A lactose apresenta "poder edulcorante" 0,26, a glicose, 0,70, e a galactose, 0,65.

**3** (Unifesp) As seguintes afirmações foram feitas com relação à química dos alimentos:

I. O amido é um polímero nitrogenado que, por ação de enzimas da saliva, sofre hidrólise, formando aminoácidos.
II. O grau de insaturação de um óleo de cozinha pode ser estimado fazendo-se a sua reação com iodo.
III. Sacarose é um dissacarídeo que, por hidrólise, produz glicose e frutose, que são isômeros entre si.
IV. Maionese é um sistema coloidal constituído de gema de ovo disperso em óleo comestível e é, portanto, rico em carboidratos e lipídios.

As duas afirmações verdadeiras são:

a) I e II.   b) I e III.   c) II e III.   d) II e IV.   e) III e IV.

**4** (Fuvest-SP) Considere a estrutura cíclica da glicose (ao lado), em que os átomos de carbono estão numerados.

O amido é um polímero formado pela condensação de moléculas de glicose, que se ligam, sucessivamente, através do carbono 1 de uma delas com o carbono 4 de outra (ligação "1 — 4").

a) Desenhe uma estrutura que possa representar uma parte do polímero, indicando a ligação "1 — 4" formada.
b) Cite outra macromolécula que seja polímero da glicose.

# Projeto
# Alimentação saudável e sustentável

## Pensando no problema

Você já pensou na possibilidade de faltar alimentos diante do crescimento da população mundial?

E você se perguntou se o que está comendo é ou não saudável? Se compromete o meio ambiente?

O tema alimentação carece de discussões mais aprofundadas e vai muito além da nutrição, envolvendo perspectivas da sustentabilidade global, da cadeia produtiva, do papel das tecnologias, do consumo... Enfim, é um tema tão complexo que exige reflexões tanto dos órgãos públicos como dos cidadãos, como você.

A base de uma alimentação saudável é uma dieta equilibrada.

## Como se organizar

- Organizem seis grupos. Cada grupo será responsável pela pesquisa sob uma ótica diferente, relacionada à questão norteadora: Como o alimento sai do campo e chega à mesa?
- Escolham o líder do grupo, que será responsável pela distribuição das tarefas, pelo cumprimento dos tempos estabelecidos previamente e pela manutenção da seriedade no desenvolvimento das atividades. Escolham também um secretário, responsável pela elaboração do diário de bordo, com anotações da data dos encontros e dos conteúdos relevantes do trabalho executado pelos integrantes do grupo. Esses papéis podem ser alternados a cada encontro.

## Em ação!

### ETAPA 1 A escolha do tema

Para responder à questão norteadora, são propostas seis dimensões, pautadas por uma questão, cujas orientações vocês encontram abaixo. Cada grupo deve selecionar uma das dimensões e justificar a escolha.

**Grupo 1: Dimensão da produção de alimentos**
Questão: Será possível alimentar 9 bilhões de habitantes, previstos para viver no planeta em 2050, sem degradá-lo irreversivelmente?
Considere na sua pesquisa os sistemas de sustentabilidade alimentar mais utilizados no Brasil, como o plantio direto e a integração lavoura-pecuária, a agricultura orgânica, a familiar, a hidroponia, além do uso de fertilizantes químicos, agrotóxicos, manejo integrado de pragas, alimentos transgênicos, etc.

**Grupo 2: Dimensão do processamento de alimentos no âmbito da Ciência**
Questão: Qual é a importância da conservação de alimentos?
Inclua na pesquisa o aprofundamento dos quatro grupos alimentares (*in natura*, ingredientes processados, alimentos processados e ultraprocessados) e as técnicas de processamento (cozimento, desidratação, fermentação, defumação, pasteurização, esterilização, uso de açúcar e sal, congelamento, resfriamento, acidificação, aditivos, conservantes, irradiação, etc.).

**Grupo 3: Dimensão do processamento de alimentos no âmbito social**
Questão: Comer é uma ação social?
A problemática social dos alimentos envolve questões de saúde pública, como a desnutrição em parte da população brasileira e também o aumento dos casos de obesidade, principalmente no ambiente urbano. Está relacionada ao desperdício de alimentos, ao consumo acelerado de alimentos ultraprocessados, ao descarte de embalagens, aos hábitos alimentares de indivíduos e grupos e aos aspectos ambientais. O estudo desses aspectos fomentará uma análise crítica sobre o ato de comer.

**Grupo 4: Dimensão da comercialização de alimentos**
Questão: Qual é importância do conhecimento dos rótulos nos alimentos comercializados?
A pesquisa pode contemplar a proximidade entre produção e consumo, a legislação sanitária, o significado de cada informação no rótulo, a integridade da embalagem e o regulamento sobre rotulagem nutricional.

**Grupo 5: Dimensão do consumo de alimentos**
Questão: Como a industrialização/urbanização influenciam os hábitos alimentares dos brasileiros?
Na pesquisa, destaque a alimentação caracterizada pelo estilo de vida moderno, o *fast food* e o *slow food*, o impacto das mudanças alimentares sobre a saúde da população brasileira, a influência da mídia no consumo alimentar e a conscientização a respeito da necessidade de uma alimentação saudável.

**Grupo 6: Dimensão do *Guia Alimentar* para a população brasileira**
Questão: O *Guia Alimentar* pode ajudar o consumidor a fazer melhores escolhas?
Considere na pesquisa questões relacionadas aos alimentos (nutrientes), aos ambientes (onde adquirir e onde comer) e aos comportamentos e atitudes (tempo de alimentação, companhia, local). Atente para a necessidade de indicar por que os alimentos ultraprocessados devem ser evitados, além de explicitar as dificuldades para entender a ação de substâncias com nomes técnicos, indicados nos rótulos, e comentar a importância do consumo de alimentos sazonais e a nova pirâmide alimentar, a fim de orientar os consumidores a fazerem escolhas alimentares saudáveis.

Todos os estudantes devem fazer parte do planejamento e da construção ou ampliação de uma horta comunitária, orientando-se pelas sugestões a seguir.

1 Escolha do local: pode ser um espaço não pavimentado ou local apropriado para a colocação de vasos ou suportes alternativos, como caixotes, pneus e garrafas PET.
2 Preparo da terra e correção do solo, se necessário.
3 Adubação, priorizando a natural (esterco, palhas, cascas de frutas, etc.).
4 Plantio das sementes ou mudas de hortaliças, com a identificação de cada uma delas.
5 Irrigação diária e cuidado constante.

Agora é só aguardar o desenvolvimento e marcar o dia da colheita! Os alimentos poderão ser utilizados na preparação escolar ou levados para o consumo doméstico dos estudantes.

### ETAPA 2 Pesquisa

Procurem as informações necessárias para responder à questão formulada em cada dimensão. Vocês podem usar diversas fontes, inclusive a digital (cuidado: usem fontes confiáveis!). Não se esqueçam de indicar as fontes, para garantir a confiabilidade das informações.

Procurem encontrar palavras-chaves capazes de auxiliar na busca do conteúdo desejado. Conversem sobre o que cada elemento do grupo pesquisou para que o secretário possa fazer as anotações que darão suporte à construção do produto final.

### ETAPA 3 Montagem do material

Os painéis, pôsteres ou cartazes devem ter aproximadamente 50 cm × 60 cm, contendo informações relevantes sobre o tema de cada dimensão, com linguagem acessível a todos (funcionários, crianças, adolescentes), incluindo ilustrações, gráficos, fotos, enfim, o que proporcionar o entendimento mais efetivo do assunto tratado.

A construção ou ampliação da horta comunitária deve ser feita após a pesquisa e pode ser anunciada concomitantemente à exposição dos cartazes. Um estudante deverá fazer um breve relato da importância da horta comunitária para a comunidade escolar.

### ETAPA 4 Comunicação à comunidade

A divulgação das pesquisas será realizada por meio da exposição dos cartazes produzidos pelos diversos grupos, considerando uma ordenação lógica das diferentes dimensões, em local de grande circulação, como o pátio ou próximo à biblioteca, a fim de impactar o maior número possível de pessoas.

Na data prevista para a exposição, em horário oportuno, como o intervalo, todos os alunos serão convidados a inaugurar a horta comunitária. O momento pode se tornar mais solene com um discurso sobre a importância desse feito.

 **Unidade 11**

# Os compostos orgânicos

### Capítulo 31 – As cadeias carbônicas

**Explore seus conhecimentos** (p. 366)
1. a.  2. c.  3. b.  4. b.  5. b.  6. e.
7. a) Homogênea e insaturada.
   b) Fórmula molecular: $C_{18}H_{34}O_2$.
      Fórmula mínima: $C_9H_{17}O$.
8. c.

**Relacione seus conhecimentos** (p. 367)
1. a) Heterogênea, insaturada e ramificada.
   b) $C_{39}H_{42}O_2$.
   c) 16 ligações π.
   d) 8 carbonos terciários.
2. d  3. e.  4. c.  5. c.  6. e.
7. a) $H_3C — CH_3$
   b) $H_3C — \underset{H}{C} = \underset{\underset{CH_3}{|}}{C} — CH_3$
   c) (metilbenzeno / tolueno)
8. F-V-V-F-V.

**Explore seus conhecimentos** (p. 375)
1. a) $H_3C — CH_2 — CH_2 — CH_2 — CH_3$
   b) $H_3C — CH = CH — CH_2 — CH_2 — CH_3$
   c) ciclobutano (H₂C—CH₂ / H₂C—CH₂)
   d) $H_2C = CH — CH = CH_2$
   e) $H_3C — \underset{OH}{CH} — CH_2 — CH_2 — CH_2 — CH_2 — CH_3$
   f) $H_3C — CH_2 — CH_2 — C(=O)H$
   g) $H_3C — CH_2 — C(=O) — CH_2 — CH_3$
   h) $H_3C — CH_2 — C(=O)OH$
2. a) $H_3C — \underset{CH_3}{CH} — CH_2 — CH_2 — CH_2 — CH_3$
   b) $C \equiv C — \underset{CH_3}{CH} — CH_3$
   c) ciclopentano com $CH_2-CH_3$ e $CH_3$
   d) $H_3C — \underset{CH_3}{CH} — CH_2 — CH_2 — C(=O)H$
   e) $H_3C — \underset{CH_3}{CH} — CH_2 — C(=O) — CH_2 — CH_2 — CH_3$
   f) $H_3C — CH_2 — \underset{\underset{CH_3}{|}}{CH} — \underset{\underset{CH_2-CH_3}{|}}{CH} — C(=O)OH$ (com CH₃ ramificação)

3. d.  4. d.  5. b.

**Relacione seus conhecimentos** (p. 376)
1. a.  2. b.  3. b.  4. e.  5. c.

### Capítulo 32 – Funções orgânicas e suas interações moleculares

**Explore seus conhecimentos** (p. 378)
1. e.  2. b.  3. e.  4. b.

**Relacione seus conhecimentos** (p. 379)
1. b.  2. b.  3. a.

**Explore seus conhecimentos** (p. 381)
1. c.  2. d.

**Relacione seus conhecimentos** (p. 382)
1. b.  2. b.
3. a) A fibra de algodão absorve muito bem a umidade ($H_2O$), pois é composta de celulose que possui grupos hidroxila (OH) em sua estrutura. Os grupos hidroxila realizam ligação de hidrogênio com a água, absorvendo-a.
   b) Os tipos de interações intermoleculares responsáveis por atrair as fibras e resultar no encolhimento do tecido de algodão são as ligações de hidrogênio.

### Capítulo 33 – Isomeria

**Explore seus conhecimentos** (p. 385)
1. b.  2. d.  3. c.  4. c.  5. b.

**Relacione seus conhecimentos** (p. 386)
1. c.  2. a.  3. e.  4. b.
5. a) Nomenclatura IUPAC: propanona. Nomenclatura comercial: acetona.
   b) $H_3C—CH_2—C(=O)H$
6. a) Ortometilfenol; metameteilfenol e parametilfenol.
   b) D: (benzeno com $CH_2—OH$)
   álcool benzílico

**Explore seus conhecimentos** (p. 390)
1. b; d.
2. a) cis-but-2-eno.  c) cis-hepta-3-eno.
   b) trans-octa-3-eno.
3. d.
4. a) Cetona e ácido carboxílico.

b)

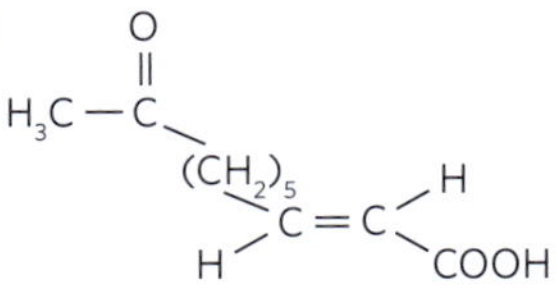

(*trans*)

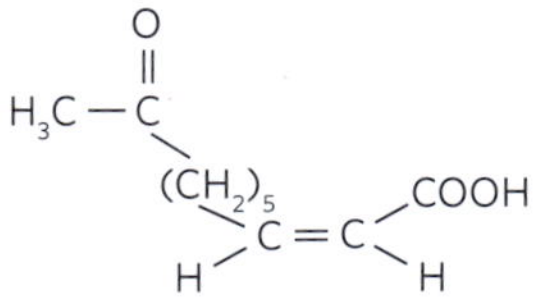

(*cis*)

**5.** d.

**Relacione seus conhecimentos** (p. 391)

**1.** b. **2.** a. **3.** a.

**Explore seus conhecimentos** (p. 395)

**1.** a. **3.** d. **5.** c.

**2.** a. **4.** a.

**Relacione seus conhecimentos** (p. 396)

**1.** Função: álcool.

Sensação: felicidade.

Neurotransmissor: adrenalina.

Fórmula: $C_9H_{13}NO_3$.

**2.** a) Ácido carboxílico.

b) Carbono quiral: alanina. Menor solubilidade em água (polar): vitamina A.

**3.** c. **4.** a. **5.** d. **6.** b.

## Capítulo 34 – Tipos de reações orgânicas

**Explore seus conhecimentos** (p. 401)

**1.**

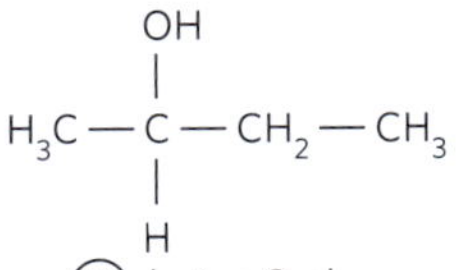

(W) butan-2-ol

**2.**

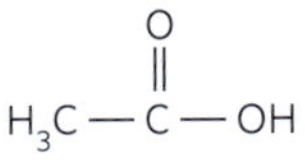

Ácido acético

(A)

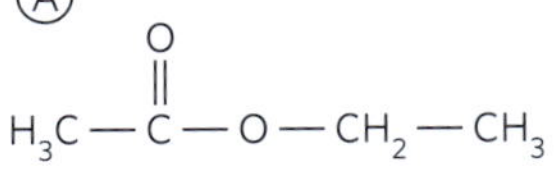

Acetato de etila

(B)

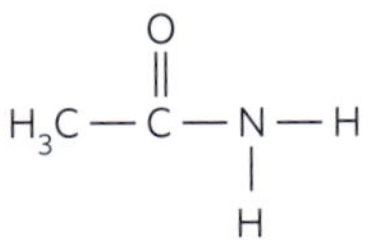

Etanoamida

(C)

**3.** a)

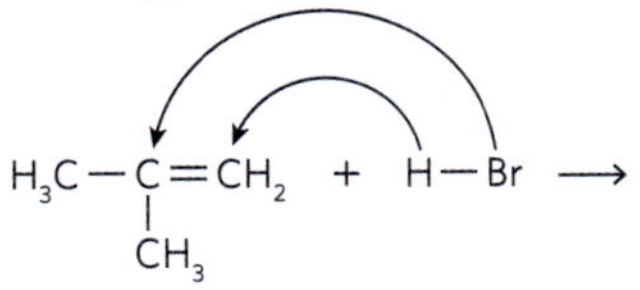

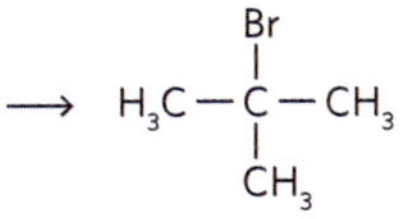

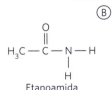

2-bromometilpropano

b)

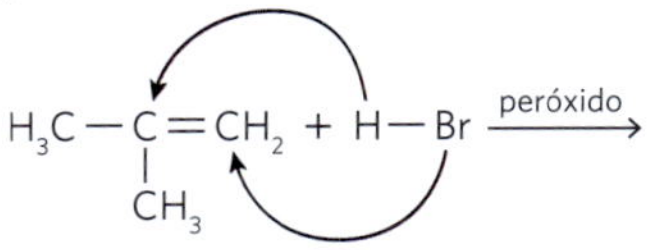

peróxido

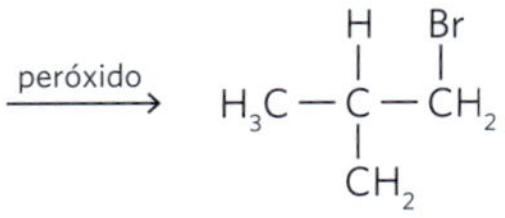

peróxido

1-bromometilpropano

**4.** a)

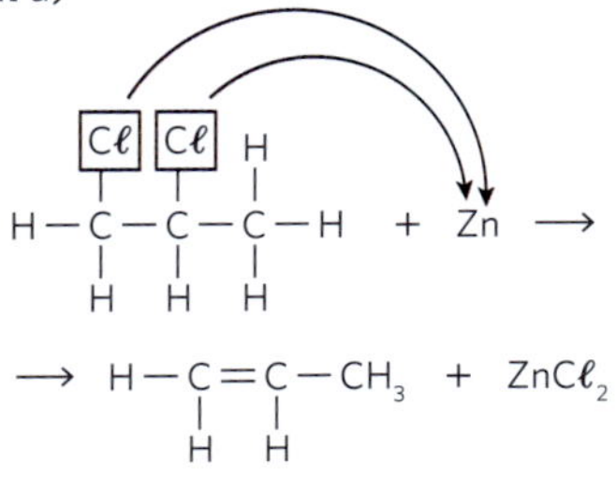

prop-1-eno

b)

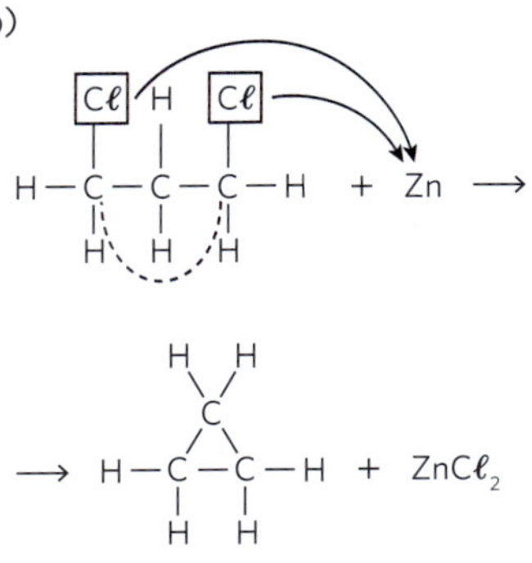

ciclopropano

**Relacione seus conhecimentos** (p. 402)

**1.** c. **3.** d.

**2.** e.

# Unidade 12

# Hidrocarbonetos

## Capítulo 35 – Petróleo e reações de combustão

**Explore seus conhecimentos** (p. 410)

**1.** e. **3.** c. **5.** c.

**2.** d. **4.** b. **6.** c.

**Relacione seus conhecimentos** (p. 412)

**1.** a. **2.** 02, 08 e 16.

**3.** 01, 02, 04 e 08.

**4.** a) Destilação fracionada; temperatura de ebulição.

b) 1 - $C_3$ a $C_4$

2 - $C_5$ a $C_{12}$

3 - $C_{12}$ a $C_{16}$

4 - $C_{12}$ a $C_{20}$

5 - > $C_{20}$

**5.** 02, 04 e 08.

**6.** e.

I. Verdadeira.

**7.** b. **8.** c.

**Explore seus conhecimentos** (p. 415)

**1.** a) Fórmula mínima: $CH_4$.

Massa molar = 16 g/mol.

b) $CH_4 + 2\,O_2 \rightarrow 1\,CO_2 + 2\,H_2O$

**2.** d. **3.** e. **4.** d.

**5.** a) $CH_4(g) + 2\,O_2(g) \rightarrow$

$\rightarrow CO_2(g) + 2\,H_2O(v)$

$\Delta H = -890$ kJ/mol

b) 4 g.

**6.** b.

**Relacione seus conhecimentos** (p. 415)

**1.** e.

**2.** a) $C_2H_5OH + 3\,O_2 \rightarrow$

$\rightarrow 2\,CO_2 + 3\,H_2O$

$C_6H_{12}O_6 \rightarrow 2\,C_2H_5OH + 2\,CO_2$

b) Destilação fracionada.

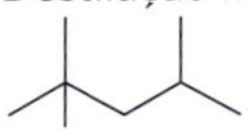

**3.** a. **4.** e. **5.** e.

## Capítulo 36 – Reações envolvendo hidrocarbonetos

**Explore seus conhecimentos** (p. 420)

**1.** a) cloroetano

$H_3C—CH_2—C\ell$

b) 2-bromopropano

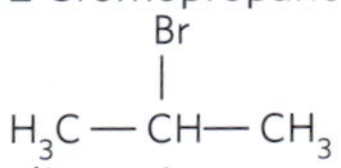

c) nitrometano

$H_3C—NO_2$

d) ácido etanossulfônico

$H_3C—CH_2—SO_3H$

e) bromobenzeno

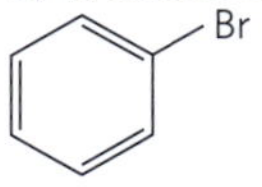

f) nitrobenzeno

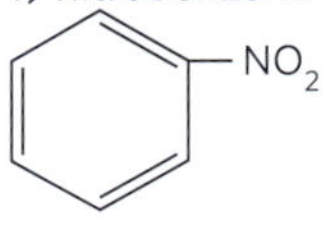

**2.** c. **3.** c.

**Relacione seus conhecimentos** (p. 420)

**1.** b.

**2.** a)

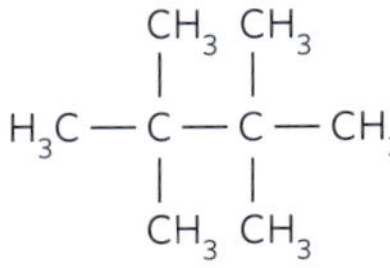

b) Massa molar = 735 g/mol

**3.** b.
**4.** 01, 02, 04, 08 e 16.

**Explore seus conhecimentos** (p. 425)
**1.** d.
**2.** a) H₃C—CH₂—CH₃
　　　　Propano

b) H₃C—CH=CH₂
　　　Propeno

c) H₃C—CH₂—CH₃
　　　　Propano

d) H₂C=CH—CH₂—CHCℓ—CH₂Cℓ
　　　4,5-dicloropent-1-eno

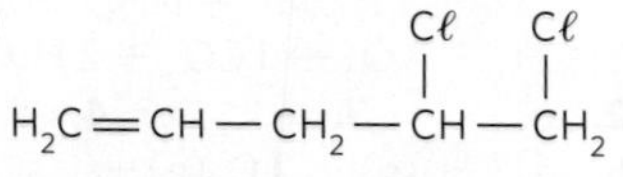

e) H₃C—CHBr—CH₂—CH₃
　　　2-bromobutano

f) H₃C—CH=CCℓ—CH₃
　　　2-clorobut-2-eno

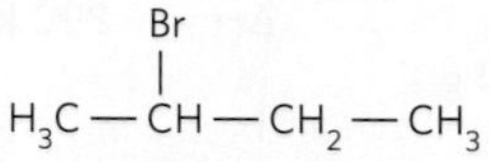

g) [H₃C—C(OH)=CH—CH₃] ⇌ H₃C—CO—CH₂—CH₃
　　　But-2-en-2-ol　　　　　Butanona

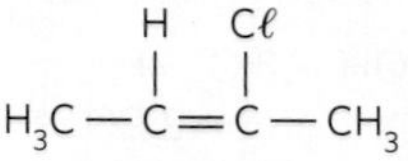

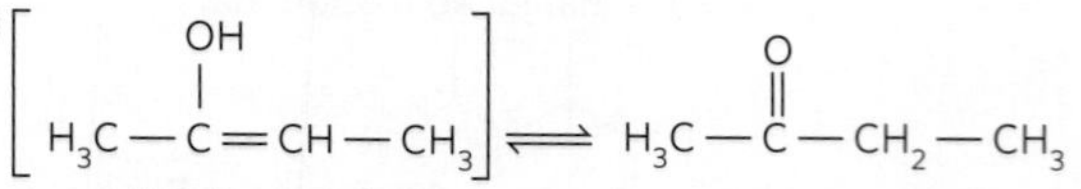

**3.** d.
**4.** a) Adição.
b) H₃C—C(CH₃)(CH₃)—CHCℓ—CH₃

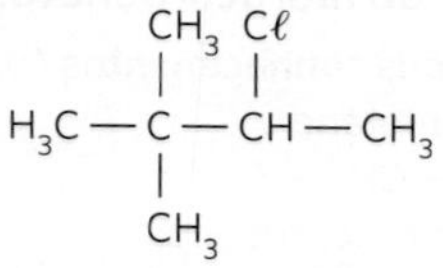

**5.** d.

**Relacione seus conhecimentos** (p. 426)
**1.** 2-2, 3-3 e 4-4.
**2.**
I. HC≡C—CH₃ + Br—Br ⟶ HCBr=CBr—CH₃
　　　　　　　　　　1,2-dibromopropeno

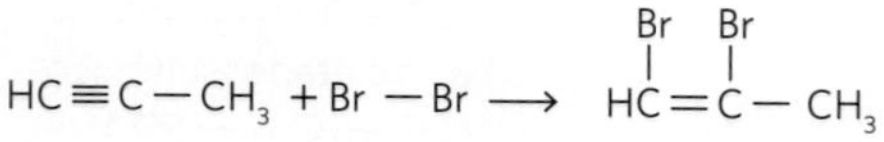

II. (cis) e (trans) da dibromopropeno

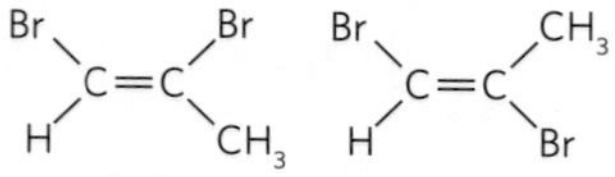

**3.** a) estrutura com CH₃, Br, CH₃, CH₃, CH₂—CH₃
b) 3-etil-4-metil-hex-1-eno.
c) Algumas possibilidades são: (cicloexanos substituídos) ou ... ou ...

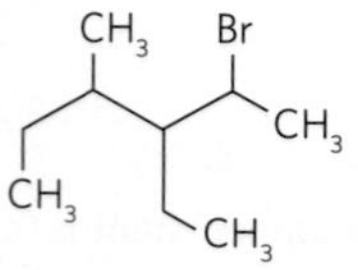

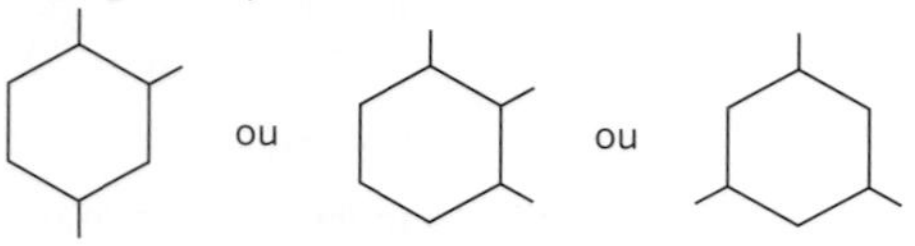

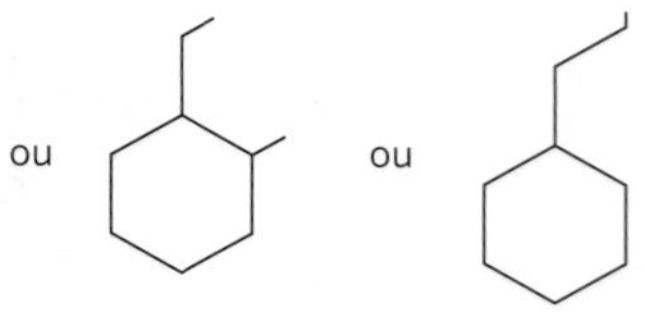

**4.** Adição ou adição eletrofílica.

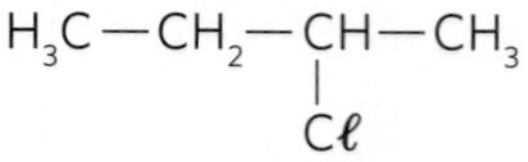

H₃C—CH₂—CHCℓ—CH₃ (A)

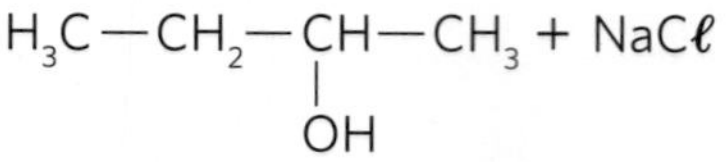

H₃C—CH₂—CH(OH)—CH₃ + NaCℓ (B)

**5.** e.
**6.** a) Hidratação catalisada por ácido.

(cicloexeno com CH₃) + HOH ⟶ (cicloexanol com CH₃ e OH)

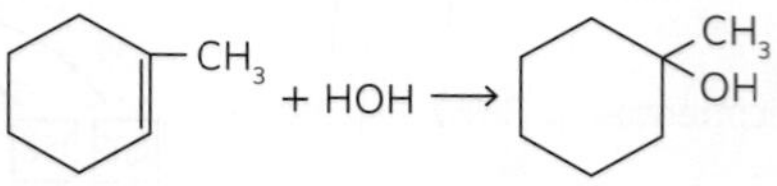

b) Tanto a hidratação catalisada por ácido como a hidroboração.

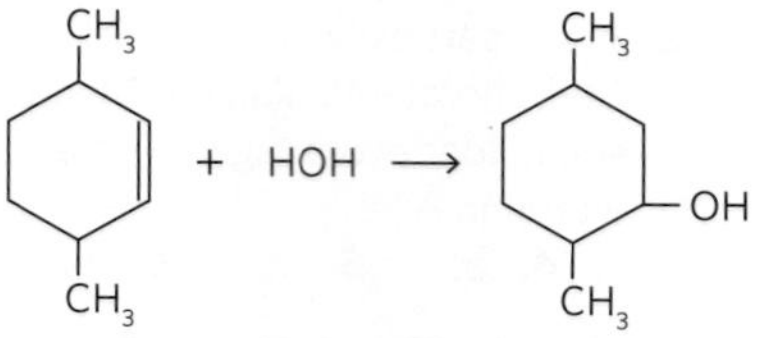

(1,4-dimetilcicloexeno) + HOH ⟶ (1,2,4 ou similar)

c) Álcool I: não apresenta carbonos assimétricos.
Álcool II: (com carbonos assimétricos marcados com *)

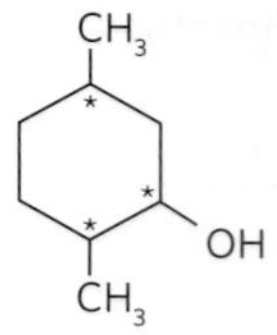

**Explore seus conhecimentos** (p. 430)
**1.** c.　**2.** c.　**3.** a.　**4.** c.
**5.** a) CH₂=C(CH₃)—CH(CH₃)—CH₃ (estrutura com CH₂, C, CH₃, H₃C, CH, CH₃)

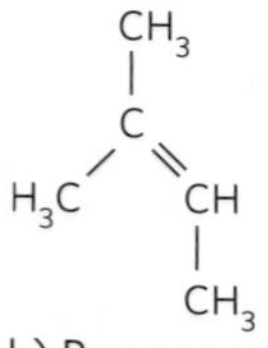

b) Propanona; 25% em átomos de carbono.
**6.** a.

**Relacione seus conhecimentos** (p. 431)
**1.** 02 e 08.　**3.** b.　**5.** e.
**2.** e.　　　**4.** d.　**6.** e.
**7.** a) R—C≡C—R + O₂ ⟶ 2 R—CHO

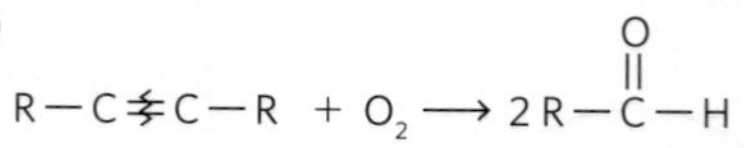

b) Após a abertura da embalagem, o alimento passa a ter contato com o oxigênio presente no ar.
c) As baixas temperaturas desaceleram a reação de degradação do alimento.

# Unidade 13
## Funções oxigenadas
### Capítulo 37 – Álcoois
**Explore seus conhecimentos** (p. 445)
1. b.
2. I. H₃C—CH₂—CH₂—CH₂—O—CH₂—CH₂—CH₂—CH₃
   II. H₃C—CH₂—CH(CH₃)—O—CH(CH₃)—CH₂—CH₃
   III. H₃C—CH(CH₃)—CH₂—O—CH₂—CH(CH₃)—CH₃
   IV. H₃C—C(CH₃)₂—O—C(CH₃)₂—CH₃
3. a) I, IV, VII e VIII.   c) II, III e V.
   b) I, IV, VII e VIII.   d) VI.
4. a.   5. d.   6. a.   7. a.

**Relacione seus conhecimentos** (p. 446)
1. a.
2. a) Butan-1-ol.
   b) (di-n-butil éter)
   c) Butan-2-ol   1-metilpropan-2-ol
3. c.   4. a.   5. a.
6. a) Propanotriol ou glicerol.
   b) Álcool e aldeído.
   c) Oxidação.
7. b.
8. a) Amida e éster.
   b) (estrutura com HO, HO, OH e éster etílico)
9. a) Éster com odor de banana (acetato de isopentila/3-metilbut-2-enila)
   Éster com odor de abacaxi (butanoato de etila)
   b) 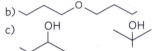 + HOH ⇌ (H₂SO₄)
   
   Éster com odor de banana

---

H₂SO₄ ⇌ Ácido etanoico (odor de vinagre) + Álcool isoamílico

### Capítulo 38 – Fenóis, éteres, aldeídos e cetonas
**Explore seus conhecimentos** (p. 451)
1. Isoeugenol, timol e eugenol: fenol e éter; vanilina: fenol, éter e aldeído.
2. Orto-cresol   Meta-cresol   Para-cresol
3. (fenol-CH₃) + NaOH → (fenóxido de sódio-CH₃) + H₂O

**Relacione seus conhecimentos** (p. 452)
1. b.   2. c.
3. I. (meta-cresol sódico) O⁻Na⁺ + H₂O
   II. (orto-CH₂OH fenóxido) O⁻Na⁺ + H₂O

**Explore seus conhecimentos** (p. 454)
1. d.   3. e.
2. d.   4. Metoxietano.

**Relacione seus conhecimentos** (p. 454)
1. a) O₂.
   b) H₃C—O—CH₃.
2. a) A: H₃C—O—CH₃; metoximetano
   b) B: H₃C—CH₂—O—CH₂—CH₃; etoxietano

**Explore seus conhecimentos** (p. 457)
1. d.   2. d.   3.

**Relacione seus conhecimentos** (p. 458)
1. Aldeído.
2. (cadeia com H—O—, OH, OH, OH, OH, O, OH)
3. d.   5. e.
4. b.

## Capítulo 39 – Ácidos carboxílicos e ésteres

**Explore seus conhecimentos** (p. 464)
1. c.
2. d.
3. b.
4. a) Ácido octanoico.
   b) $H_3CCH_2CH_2CH_2CH_2CH_2CH_2CH_2C(=O)O-CH_3$
   c) Saturados.
   d) Ácido caproico.
5. b.
6. d.

**Relacione seus conhecimentos** (p. 466)
1. c.
2. e.
3. c.
4. e.

**Explore seus conhecimentos** (p. 476)
1. c.
2. b.
3. b.
4. a) Saponificação.
   b) Sal de ácido carboxílico.
5. b.
6. A adição de um excesso de álcool (reagente) causará o deslocamento do equilíbrio químico no sentido de formação dos produtos. O éster é o propanoato de etila.

**Relacione seus conhecimentos** (p. 477)
1. b.
2. a.
3. V-V-V-V-F.
4. d.
5. e.
6. b.
7. a.
8. b.
9. e.

## Unidade 14
# Funções nitrogenadas e haletos orgânicos

## Capítulo 40 – Aminas e amidas

**Explore seus conhecimentos** (p. 488)
1. I. $H_3C-CH_2-NH-CH_2-CH_2-CH_3$
   II. (fenil)-$NH_2$
2. I. etilmetilamina
   II. etilfenilisopropilamina
3. e.
4. a.
5. I. $CH_3-CH_2-NH_2 + HCl \rightarrow CH_3-CH_2-NH_3^+Cl^-$
   II. $H_3C-CH_2-NH(CH_3) + HCl \rightarrow CH_3-CH_2-NH_2^+(CH_3)Cl^-$
6. b.
7. I. Amina e ácido carboxílico
   II. Amina – Básica; Ácido carboxílico – Ácido
   III. $H_2N-CH_2-COOH + NaOH \rightarrow H_2N-CH_2-COO^-Na^+ + H_2O$
   $H_2N-CH_2-COOH + HCl \rightarrow ^+H_3N-CH_2-COOH + Cl^-$
8. a) $CH_3-CH_2-CH_2-C(=O)NH_2$
   b) $CH_2=CH-C(=O)NH_2$
   c) $CH_3-CH_2-CH(CH_3)-CH_2-C(=O)NH_2$
9. $CH_3-C(=O)OH + NH_3 \rightarrow CH_3-C(=O)NH_2 + H_2O$ (etanamida)

**Relacione seus conhecimentos** (p. 489)
1. 01, 08 e 32.
2. c.
3. d.
4. c.
5. a) Oxigênio.
   b) $(H_3C)_2CH-CH(NH_2)-C(=O)-NH(H)-CH(CH_3)-C(=O)OH$
   c) Isoleucina.
6. d.

## Capítulo 41 – Haletos orgânicos

**Explore seus conhecimentos** (p. 492)
1. $H_2C(Cl)-CH_2-CH_2-CH_2-CH_3$
2. 1-cloropentano
3. $C_5H_{11}Cl$
4. $H_3C-CH(Cl)-CH_2-CH_2-CH_3$ — 2-cloropentano
5. I. $I-CH(CH_3)-CH_3$
   II. $Br$-(fenil)
   III. $F-CH=CH_2$

**Relacione seus conhecimentos** (p. 493)
1. a.
2. a) pentaclorofenol
   b) hexaclorobenzeno

**3.** c.
**4.** a) I. But-2-eno.
   II. 2-clorobutano.
   b)

**5.** a) Etano.
   b) Cloreto de n-propila ou 1-cloropropano.
**6.** a) CH₃—CH₂—CH₂—COOH + HI → CH₃—CH₂—CH₂—COI + H₂O
   b) CH₃—CH₂—COOH + HBr → CH₃—CH₂—COBr + H₂O
   c) CH₃—COOH + HCℓ → CH₃—COCℓ + H₂O
   d) C₆H₅—COOH + HBr → C₆H₅—COBr + H₂O

## Unidade 15
# Polímeros

### Capítulo 42 – Polímeros artificiais
**Explore seus conhecimentos** (p. 499)
**1.** d.
**2.** I. Eteno (etileno)

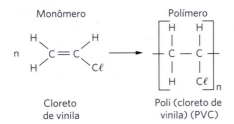

II. Cloroeteno (cloreto de vinila)

III. Tetrafluoreteno

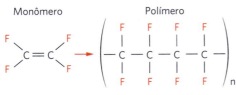

**3.** e.
**4.** e.
**5.** b.
**6.** d.
**7.** a.

**Relacione seus conhecimentos** (p. 501)
**1.** d.
**2.** b.
**3.** a.
**4.** a) n H₂C=CH₂ →(P,T) (—CH₂—CH₂—)ₙ
        Eteno            Polietileno - PE
   b) n H₂C=CH(CN) →(P,T) (—CH₂—CH(CN)—)ₙ
        2-propeno-nitrila    Poliacrionitrila
   c) n H₂C=C(CH₃)(COOCH₃) →(P,T) (—CH₂—C(CH₃)(COOCH₃)—)ₙ
        2-metil-propenoato de metila    Poliametacrilato de metila
   d) n H₂C=CH(C₆H₅) →(P,T) (—CH—CH₂—)ₙ
        Etenil-benzeno ou estireno    Poliestireno - PS

**5.** b.
**6.** a.
**7.** 08, 16 e 32.

**Explore seus conhecimentos** (p. 504)
**1.** a) Éster.
   b) Condensação.
   c) Ácido carboxílico e álcool.
   d) I e IV.
**2.** d.
**3.** d.
**4.** e.
**5.** Ácido carboxílico e amina.
**6.** d.

**Relacione seus conhecimentos** (p. 506)
**1.** Condensação:
   a)
   n HO—CH₂—CH₂—OH + n HOOC—C₆H₄—COOH →
   → [—O—CH₂—CH₂—O—CO—C₆H₄—CO—]ₙ + n H₂O

b)

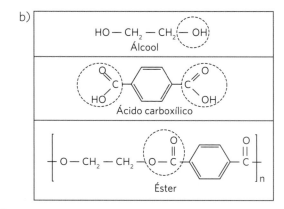

**2.** a.
**3.** c.
**4.** 02 e 16.
**5.** b.
**6.** a) Polimerização por condensação.
b) 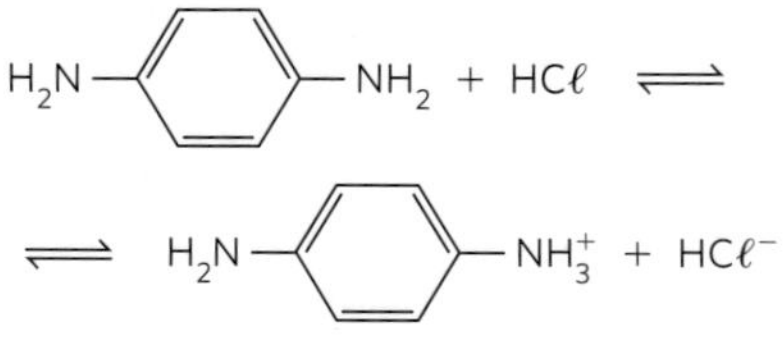
H₂N—⬡—NH₂ + HCℓ ⇌

⇌ H₂N—⬡—NH₃⁺ + HCℓ⁻

## Capítulo 43 – Polímeros naturais
Explore seus conhecimentos (p. 516)
**1.** c.
**2.** d.
**3.** a) 2-metilbuta-1,3-dieno.
b) Os polímeros apresentam isomeria geométrica:

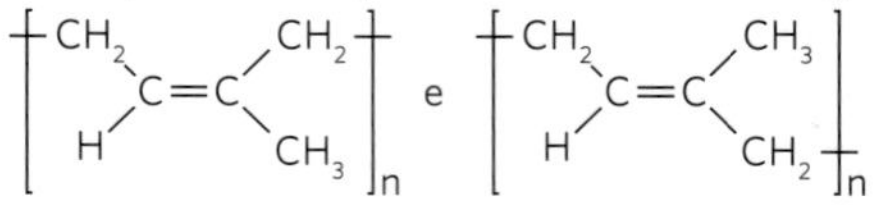

$$\left[ \begin{array}{c} CH_2 \\ \phantom{X} \\ H \end{array} C=C \begin{array}{c} CH_2 \\ \phantom{X} \\ CH_3 \end{array} \right]_n \text{ e } \left[ \begin{array}{c} CH_2 \\ \phantom{X} \\ H \end{array} C=C \begin{array}{c} CH_3 \\ \phantom{X} \\ CH_2 \end{array} \right]_n$$

**4.** d.
**5.** d.
**6.** c.

**Relacione seus conhecimentos** (p. 517)
**1.** a) 26 atm.
b) 410 L.
c) 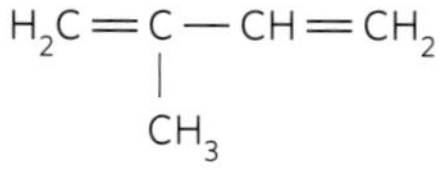 H₂C=C—CH=CH₂
          |
          CH₃

**2.**
a) $C_{12}H_{22}O_{11} + H_2O \rightarrow C_6H_{12}O_6 + C_6H_{12}O_6$
b) Aumentado. Glicose e galactose são mais edulcorantes do que a lactose.
**3.** c.
**4.** a)

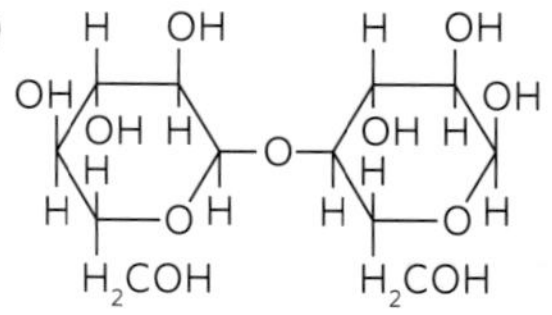

[estrutura da celulose: dois anéis de glicose ligados por O, com grupos OH, H e H₂COH]

b) Celulose.

# Habilidades da BNCC do Ensino Médio: Ciências da Natureza e suas Tecnologias

**(EM13CNT101)** Analisar e representar, com ou sem o uso de dispositivos e de aplicativos digitais específicos, as transformações e conservações em sistemas que envolvam quantidade de matéria, de energia e de movimento para realizar previsões sobre seus comportamentos em situações cotidianas e em processos produtivos que priorizem o desenvolvimento sustentável, o uso consciente dos recursos naturais e a preservação da vida em todas as suas formas.

**(EM13CNT102)** Realizar previsões, avaliar intervenções e/ou construir protótipos de sistemas térmicos que visem à sustentabilidade, considerando sua composição e os efeitos das variáveis termodinâmicas sobre seu funcionamento, considerando também o uso de tecnologias digitais que auxiliem no cálculo de estimativas e no apoio à construção dos protótipos.

**(EM13CNT103)** Utilizar o conhecimento sobre as radiações e suas origens para avaliar as potencialidades e os riscos de sua aplicação em equipamentos de uso cotidiano, na saúde, no ambiente, na indústria, na agricultura e na geração de energia elétrica.

**(EM13CNT104)** Avaliar os benefícios e os riscos à saúde e ao ambiente, considerando a composição, a toxicidade e a reatividade de diferentes materiais e produtos, como também o nível de exposição a eles, posicionando-se criticamente e propondo soluções individuais e/ou coletivas para seus usos e descartes responsáveis.

**(EM13CNT105)** Analisar os ciclos biogeoquímicos e interpretar os efeitos de fenômenos naturais e da interferência humana sobre esses ciclos, para promover ações individuais e/ou coletivas que minimizem consequências nocivas à vida.

**(EM13CNT106)** Avaliar, com ou sem o uso de dispositivos e aplicativos digitais, tecnologias e possíveis soluções para as demandas que envolvem a geração, o transporte, a distribuição e o consumo de energia elétrica, considerando a disponibilidade de recursos, a eficiência energética, a relação custo/benefício, as características geográficas e ambientais, a produção de resíduos e os impactos socioambientais e culturais.

**(EM13CNT107)** Realizar previsões qualitativas e quantitativas sobre o funcionamento de geradores, motores elétricos e seus componentes, bobinas, transformadores, pilhas, baterias e dispositivos eletrônicos, com base na análise dos processos de transformação e condução de energia envolvidos - com ou sem o uso de dispositivos e aplicativos digitais -, para propor ações que visem a sustentabilidade.

**(EM13CNT201)** Analisar e discutir modelos, teorias e leis propostos em diferentes épocas e culturas para comparar distintas explicações sobre o surgimento e a evolução da Vida, da Terra e do Universo com as teorias científicas aceitas atualmente.

**(EM13CNT202)** Analisar as diversas formas de manifestação da vida em seus diferentes níveis de organização, bem como as condições ambientais favoráveis e os fatores limitantes a elas, com ou sem o uso de dispositivos e aplicativos digitais (como softwares de simulação e de realidade virtual, entre outros).

**(EM13CNT203)** Avaliar e prever efeitos de intervenções nos ecossistemas, e seus impactos nos seres vivos e no corpo humano, com base nos mecanismos de manutenção da vida, nos ciclos da matéria e nas transformações e transferências de energia, utilizando representações e simulações sobre tais fatores, com ou sem o uso de dispositivos e aplicativos digitais (como softwares de simulação e de realidade virtual, entre outros).

**(EM13CNT204)** Elaborar explicações, previsões e cálculos a respeito dos movimentos de objetos na Terra, no Sistema Solar e no Universo com base na análise das interações gravitacionais, com ou sem o uso de dispositivos e aplicativos digitais (como softwares de simulação e de realidade virtual, entre outros).

**(EM13CNT205)** Interpretar resultados e realizar previsões sobre atividades experimentais, fenômenos naturais e processos tecnológicos, com base nas noções de probabilidade e incerteza, reconhecendo os limites explicativos das ciências.

**(EM13CNT206)** Discutir a importância da preservação e conservação da biodiversidade, considerando parâmetros qualitativos e quantitativos, e avaliar os efeitos da ação humana e das políticas públicas para a garantia da sustentabilidade do planeta.

**(EM13CNT207)** Identificar, analisar e discutir vulnerabilidades vinculadas às vivências e aos desafios contemporâneos aos quais as juventudes estão expostas, considerando os aspectos físico, psicoemocional e social, a fim de desenvolver e divulgar ações de prevenção e de promoção da saúde e do bem-estar.

**(EM13CNT208)** Aplicar os princípios da evolução biológica para analisar a história humana, considerando sua origem, diversificação, dispersão pelo planeta e diferentes formas de interação com a natureza, valorizando e respeitando a diversidade étnica e cultural humana.

**(EM13CNT209)** Analisar a evolução estelar associando-a aos modelos de origem e distribuição dos elementos químicos no Universo, compreendendo suas relações com as condições necessárias ao surgimento de sistemas solares e planetários, suas estruturas e composições e as possibilidades de existência de vida, utilizando representações e simulações, com ou sem o uso de dispositivos e aplicativos digitais (como softwares de simulação e de realidade virtual, entre outros).

**(EM13CNT301)** Construir questões, elaborar hipóteses, previsões e estimativas, empregar instrumentos de medição e representar e interpretar modelos explicativos, dados e/ou resultados experimentais para construir, avaliar e justificar conclusões no enfrentamento de situações-problema sob uma perspectiva científica.

**(EM13CNT302)** Comunicar, para públicos variados, em diversos contextos, resultados de análises, pesquisas e/ou experimentos, elaborando e/ou interpretando textos, gráficos, tabelas, símbolos, códigos, sistemas de classificação e equações, por meio de diferentes linguagens, mídias, tecnologias digitais de informação e comunicação (TDIC), de modo a participar e/ou promover debates em torno de temas científicos e/ou tecnológicos de relevância sociocultural e ambiental.

**(EM13CNT303)** Interpretar textos de divulgação científica que tratem de temáticas das Ciências da Natureza, disponíveis em diferentes mídias, considerando a apresentação dos dados, tanto na forma de textos como em equações, gráficos e/ou tabelas, a consistência dos argumentos e a coerência das conclusões, visando construir estratégias de seleção de fontes confiáveis de informações.

**(EM13CNT304)** Analisar e debater situações controversas sobre a aplicação de conhecimentos da área de Ciências da Natureza (tais como tecnologias do DNA, tratamentos com células-tronco, neurotecnologias, produção de tecnologias de defesa, estratégias de controle de pragas, entre outros), com base em argumentos consistentes, legais, éticos e responsáveis, distinguindo diferentes pontos de vista.

**(EM13CNT305)** Investigar e discutir o uso indevido de conhecimentos das Ciências da Natureza na justificativa de processos de discriminação, segregação e privação de direitos individuais e coletivos, em diferentes contextos sociais e históricos, para promover a equidade e o respeito à diversidade.

**(EM13CNT306)** Avaliar os riscos envolvidos em atividades cotidianas, aplicando conhecimentos das Ciências da Natureza, para justificar o uso de equipamentos e recursos, bem como comportamentos de segurança, visando à integridade física, individual e coletiva, e socioambiental, podendo fazer uso de dispositivos e aplicativos digitais que viabilizem a estruturação de simulações de tais riscos.

**(EM13CNT307)** Analisar as propriedades dos materiais para avaliar a adequação de seu uso em diferentes aplicações (industriais, cotidianas, arquitetônicas ou tecnológicas) e/ ou propor soluções seguras e sustentáveis considerando seu contexto local e cotidiano.

**(EM13CNT308)** Investigar e analisar o funcionamento de equipamentos elétricos e/ou eletrônicos e sistemas de automação para compreender as tecnologias contemporâneas e avaliar seus impactos sociais, culturais e ambientais.

**(EM13CNT309)** Analisar questões socioambientais, políticas e econômicas relativas à dependência do mundo atual em relação aos recursos não renováveis e discutir a necessidade de introdução de alternativas e novas tecnologias energéticas e de materiais, comparando diferentes tipos de motores e processos de produção de novos materiais.

**(EM13CNT310)** Investigar e analisar os efeitos de programas de infraestrutura e demais serviços básicos (saneamento, energia elétrica, transporte, telecomunicações, cobertura vacinal, atendimento primário à saúde e produção de alimentos, entre outros) e identificar necessidades locais e/ou regionais em relação a esses serviços, a fim de avaliar e/ou promover ações que contribuam para a melhoria na qualidade de vida e nas condições de saúde da população.

# Bibliografia

American Chemical Society. ChemCom: Chemistry in the community. Dubuque: Kendall/Hunt Publishing Company, 1998.

AQUARONE, Eugênio; LIMA, Urgel de Almeida; BORZANI, Walter. *Alimentos e bebidas produzidos por fermentação*. São Paulo: Edgard Blücher/Edusp, 1983.

ASIMOV, Isaac. *Cronologia das ciências e das descobertas*. Rio de Janeiro: Civilização Brasileira, 1993.

ATKINS, P. W. *Moléculas*. São Paulo: Edusp, 2000.

BLOOMFIELD, Molly M.; STEPHENS, Lawrence J. *Chemistry and the living organism*. New York: John Wiley and Sons Inc., 1996.

BRADY, James E.; HUMISTON, Gerard E. *Química geral*. Rio de Janeiro: Livros Técnicos e Científicos, 1985.

BROWN, Theodore L. BURSTEN, Bruce E.; LEMAY, Eugene H.; WOODWARD, Patrick H.; MURPHY, Catherine. *Química*: a ciência central. 13. ed. São Paulo: Pearson/Prentice Hall, 2017.

CAMPOS, Marcello M.; Blücher, Edgard. *Química orgânica*. São Paulo: Edusp, 1976.

CAVALIERI, Ana Lúcia Ferreira; EGYPTO, Antonio Carlos. *Drogas e prevenção: a cena e a reflexão*. São Paulo: Saraiva, 2002.

CHANG, Raymond. *Chemistry*. New York: McGraw-Hill, 2007.

CLAYDEN, J. et. ali. *Organic Chemistry*. 2. ed. New York: Oxford University Press, 2012.

COMPANION, Audrey L. *Ligação química*. São Paulo: Edgard Blücher/Edusp, 1970.

CORWIN, C. H. *Introductory Chemistry*. Concepts and critical thinking. 7. ed. Upper Saddle River: Pearson Education, 2014.

CUEILLERON, Jean. *Histoire de la Chimie*. Paris: Presses Universitaires de France, 1979.

EBBING, D. Darrel; GAMMON, Steven D. *General Chemistry*. 9th edition. New York: Houghton Mifflin, 2009.

FELLENBERG, Günter. *Introdução aos problemas de poluição ambiental*. São Paulo: Edusp, 1980.

FERGUSSON, J. E. *Inorganic Chemistry and the Earth*. Oxford: Pergamon Press, 1985.

FIESER, Louis F.; FIESER, Mary. *Química orgânica fundamental*. Barcelona: Reverté, 1984.

FREEMANTLE, Michael. *Chemistry in action*. London: Macmillan Educations, 1987.

GEBELEIN, Charles G. *Chemistry and our world*. Dubuque: Wm. C. Brown Publishers, 1997.

GENTIL, Vicente. *Corrosão*. Rio de Janeiro: Guanabara, 1987.

GILBERT, Thomas R. et alii. Chemistry: the science in context. 4th edition. London/New York: WW Norton, 2008.

GLINCKA, N. *Química geral*. Moscou: Mir, 1988.

HART, Harold; SCHUETZ, Robert D. *Química orgânica*. São Paulo: Campus, 1983.

HARWOOD, Peter; Hughes, Mike; Nicholls, Lyn. *Further Chemistry*. London: Collins Educational, 1997.

HILL, John W. *Chemistry for changing times*. New York: Macmillan, 1992.

HILL, John W; Petrucci, Ralph H. *General Chemistry*: an integrated approach. New Jersey: Prentice Hall, 1999.

HOLMAN, John. *The material world*. Searborough: Thomas Nelson International Thomson Publishing Company, 1996.

HOLUM, John R. *Fundamentals of general, organic, and biological Chemistry*. New York: John Wiley and Sons, 1998.

KEENAN, Charles W.; KLEINFELTER, Donald C.; WOOD, Jesse H. *General college Chemistry*. San Francisco: Harper & Row, 1980.

KOROLKOVAS, Andrejus; BURCKHALTER, Joseph H. *Química farmacêutica*. Rio de Janeiro: Guanabara, 1988.

LEMAY JR., H. Eugene et alii. *Chemistry*: connections to our changing world. New Jersey: Prentice Hall, 1996.

MANO, Eloísa Biasotto. *Introdução a polímeros*. São Paulo: Edgard Blücher/Edusp, 1986.

MASTERTON, William L.; HURLEY, Cecile N. *Chemistry*: principles & reactions. Philadelphia: Saunders College, 1989.

MASTERTON, William; SLOWINSKI, Emil J.; STANITSKI, Conrad. *Princípios de Química*. Rio de Janeiro: Guanabara, 1985.

MCMURRY, John; CASTELLION, Mary E. *Fundamentals of general, organic, and biological Chemistry*. New Jersey: Pearson Education, 2003.

MCMURRY, John; FAY; Fay, Robert C. *Chemistry*. New Jersey: Pearson Education, 2004.

MCQUARRIE, Donald A.; ROCK, Peter A. *General Chemistry*. New York: W. H. Freeman, 1984.

MENGER, Frederic M.; GOLDSMITH, David J.; MANDELL, Leon. *Química orgânica*. Califórnia: Fondo Educativo Interamericano, 1976.

MOORE, W. J. *Físico-química*. São Paulo: Ao Livro Técnico/Edusp, 1968.

PANICO, R.; POWELL, W. H.; RICHER, Jean-Claude. *A guide to IUPAC nomenclature of organic compounds*. Oxford: Blackwell Science, 1993.

PARTINGTON, J. R. *A short history of Chemistry*. New York: Dover Publications, 1989.

RAMANATHAN, Lalgudi V. *Corrosão e seu controle*. São Paulo: Bisordi, 1978.

REGER, Daniel L.; GOODE, Scott R.; MERCER, Edward E. *Chemistry: principles & practice*. Philadelphia: Saunders College, 1993.

RICHEY JR., Herman G. *Química orgânica*. Rio de Janeiro: Prentice Hall do Brasil, 1983.

SCHWARTZ, A. Truman et alii. *Chemistry in context*. New York: American Chemical Society, 1997.

SHREVE, R. Norris; BRINK JR., Joseph A. *Indústrias de processos químicos*. Rio de Janeiro: Guanabara, 1977.

SILBERBERG, M. AMATEIS, P. *Chemistry*. The molecular nature of matter and change. 7. ed. New York: McGraw-Hill Education, 2015.

SPIRO, T. G. STIGLIANI, W. M. *Química Ambiental*. 2. ed. São Paulo: Pearson/Prentice Hall, 2009.

TIMBERLAKE, K. An introduction to general, organic and biological Chemistry. 12. ed. Upper Saddle River: Pearson Education, 2015.

_____ *Química general, orgánica y biológica*. Estructuras de la vida. 4. ed. Naucalpan de Juarez: Pearson, 2013.

TRO, N. J. *Chemistry: A molecular approach*. 4. ed. Upper Saddle River: Pearson Education, 2017.

ZUMDAHL, S. S. ZUMDAHL, S. A. *Chemistry*. 7. ed. Boston: Houghton Mifflin Company, 2007.